法定药用植物志

华东篇
（第三册）

Legal Medicinal Flora
The Eastern Part of China
Volume III

赵维良／主编

科学出版社
北京

内 容 简 介

《法定药用植物志》华东篇共收载我国历版国家标准、各省（自治区、直辖市）地方标准及其附录收载药材饮片的基源植物，即法定药用植物在华东地区有分布或栽培的共1230种（含种下分类群）。科属按植物分类系统排列。内容有科形态特征、科属特征成分和主要活性成分、属形态特征、属种检索表。每种法定药用植物记载中文名、拉丁学名、别名、形态、分布与生境、原植物彩照、药名与部位、采集加工、药材性状、质量要求、药材炮制、化学成分、药理作用、性味与归经、功能与主治、用法与用量、药用标准、临床参考、附注及参考文献等内容。

本书适用于中药鉴定分析、药用植物、植物分类、植物化学、中药药理、中医等专业从事研究、教学、生产、检验、临床等有关人员及中医药、植物爱好者。

Brief Introduction

There are 1230 species of legal medicinal plants in the collection of the *Chinese Legal Medicinal Flora* in Eastern China, that have met the national and provincial as well as local municipal standards of Chinese medicinal materials. Families and genera are arranged taxonomically. This includes morphology, characteristic chemical constituents of the families and genera, as well as the indexes of genera and species. The description of the species are followed by Chinese names, Latin names, synonymy, morphology, distribution and habitat, the original color photos of the plants, name of the crude drug which the medicinal plant used as, the medicinal part of the plant, collection and processing, description, quality control, chemistry, pharmacology, meridian tropism, functions and indications, dosing and route of administration, clinical references, other items and literature, etc.

It provides the guidance for those who are in the fields of research, teaching, industrial production, laboratory and clinical application, as well as enthusiasts, with regard to the identification and analysis of the traditional Chinese medicines, medicinal plants, phytotaxonomy, phytochemistry and pharmacology.

图书在版编目（CIP）数据

法定药用植物志. 华东篇. 第三册 / 赵维良主编. —北京：科学出版社，2019.6
ISBN 978-7-03-061385-1

Ⅰ. ①法… Ⅱ. ①赵… Ⅲ. ①药用植物－介绍－华东地区 Ⅳ. ① R282.71

中国版本图书馆CIP数据核字(2019)第104945号

责任编辑：刘　亚 / 责任校对：王晓茜
责任印制：肖　兴 / 封面设计：黄华斌

科学出版社 出版
北京东黄城根北街16号
邮政编码：100717
http://www.sciencep.com

北京汇瑞嘉合文化发展有限公司 印刷
科学出版社发行　各地新华书店经销
*
2019年6月第 一 版　开本：889×1194　1/16
2019年6月第一次印刷　印张：41 1/2
字数：1 170 000
定价：418.00 元
（如有印装质量问题，我社负责调换）

法定药用植物志　华东篇　第三册
编　委　会

主　　编　赵维良

顾　　问　陈时飞　洪利娅

副 主 编　马临科　沈钦荣　闫道良　周建良　张芬耀

　　　　　　杨秀伟　郭增喜　戚雁飞

编　　委（按姓氏笔画排序）

　　　　马临科　王　钰　王娟娟　方翠芬　史煜华

　　　　闫道良　严爱娟　杨　欢　杨秀伟　沈钦荣

　　　　张文婷　张立将　张如松　张芬耀　陆静娴

　　　　陈　浩　陈时飞　陈琦军　范志英　依　泽

　　　　周建良　郑　成　赵维良　徐　敏　郭增喜

　　　　黄文康　黄盼盼　黄琴伟　戚雁飞　褚晓芳

　　　　谭春梅

审　　稿　来复根　汪　琼　宣尧仙　徐增莱

序 一

中医药是中华民族的瑰宝，我国各族人民在长期的生产、生活实践和与疾病的抗争中积累并发展了中医药的经验和理论，为我们民族的繁衍生息和富强昌盛做出了重要贡献，也在世界传统医药学的发展中起到了不可或缺的作用。

华东地区人杰地灵，既涌现出华佗、朱丹溪等医学大家，亦诞生了陈藏器、赵学敏等本草学界的翘楚，又孕育了陆游、徐渭、章太炎等亦医亦文的大师。该地区自然条件优越，气候温暖，雨水充沛，自然植被繁茂，中药资源丰富，中药材种植历史悠久，为全国药材重要产地之一。"浙八味"、金银花、瓜蒌、天然冰片、沙参、丹参、太子参等著名的药材就主产于这片大地。

已出版的《中国法定药用植物》一书把国家标准和各省、自治区、直辖市中药材（民族药）标准收载的中药材饮片的基源植物，定义为法定药用植物，这一概念，清晰地划定了植物和法定药用植物、药用植物和法定药用植物之间的界限。

为继承和发扬中药传统经验和理论，并充分挖掘法定药用植物资源，浙江省食品药品检验研究院组织有关专家，参考历版《中国药典》等国家标准，以及各省、自治区、直辖市中药材（民族药）标准，根据华东地区地方植物志，查找华东地区有野生分布或较大量栽培的法定药用植物种类，参照《中国植物志》和《中国法定药用植物》等著作，对基源植物种类和植物名、拉丁学名进行考订校对归纳，共整理出法定药用植物1230种（含种以下分类单位），再查阅了大量的学术文献资料，编著成《法定药用植物志》华东篇一书。

该书收录华东地区有分布的法定药用植物有关植物分类学、中药学、化学、药理学、中医临床等内容，每种都有收载标准和原植物彩照，整体按植物分类系统排列。这是我国第一部法定药用植物志，是把中药标准、中药和药用植物三者融为一体的综合性著作。该书内容丰富、科学性强，是一本供中医药学和植物学临床、科研、生产、管理各界使用的有价值的参考书。相信该书的出版，将更好地助力我国中医药事业的传承与发展。

对浙江省食品药品检验研究院取得的这项成果深感欣慰，故乐为之序！

第十一届全国人大常委会副委员长
中国药学会名誉理事长 桑国卫
中国工程院院士

2017 年 12 月

序　二

　　我国有药用植物 12 000 余种，而国家标准及各省、自治区、直辖市标准收载药材饮片的基源植物仅有 2965 种，这些标准收载的药用植物为法定药用植物，为药用植物中的精华，系我国中医药及各民族医药经验和理论的结晶。

　　华东地区的地质地貌变化较大，湖泊密布，河流众多，平原横亘，山脉纵横，丘陵起伏，海洋东临，是药用植物生长的理想环境，出产中药种类众多，仅各种标准收载的药材饮片的基源植物即法定药用植物就多达 1230 种，分布于 175 科，占我国法定药用植物的三分之一强，且类别齐全，菌藻类、真菌类、地衣类、苔藓类、蕨类、裸子植物和被子植物中的双子叶植物、单子叶植物均有分布，囊括了植物分类系统中的所有重要类群。

　　法定药用植物比之一般的药用植物，其研究和应用的价值更大，经历了更多的临床应用和化学、药理的实验研究，故临床疗效更确切。药品注册管理的有关法规规定，中药新药研究中，有标准收载的药用植物，可以免做药材临床研究等资料。《法定药用植物志》华东篇一书收集的药用植物皆为我国国家标准和各省、自治区、直辖市标准收载的药材基源植物，并在华东地区有野生分布或较大量栽培，其中很多植物种类在华东地区以外的更大地域范围广泛存在。

　　植物和中药一样，同名异物或同物异名现象广泛存在，不但在中文名中，在拉丁学名中也同样如此。该书对此进行了考证归纳。编写人员认真严谨、一丝不苟，无论是文字的编写，还是植物彩照的拍摄，都是精益求精。所有文字和彩照的原植物，均经两位相关专业的专家审核鉴定，以确保内容的正确无误。

　　该书收载内容丰富，包含法定药用植物的科属特征、科属特征成分、种属检索、植物形态、生境分布、原植物彩照、收载标准、化学成分、药理作用、临床参考，以及用作药材的名称、性状、药用部位、性味归经、功能主治及用法用量等，部分种的本草考证、近似种、混淆品等内容，列于附注中，学术专业涉及植物分类、化学、中药鉴定、中药分析、中药药理、中医临床等。

　　这部《法定药用植物志》华东篇，既有学术价值，也有科普应用价值，相信该丛书的出版，将为我国中医药和药用植物的研究应用做出贡献。

　　欣然为序！

中国工程院院士　王永炎

2018 年 1 月

前　言

　　人类在数千年与疾病的斗争中，凭借着智慧和勤奋，积累了丰富而有效的传统药物和天然药物知识，这对人类的发展和民族的昌盛起到了非常重要的作用。尤其是我国，在远古时期，就积累了丰富的中医中药治病防病经验，并逐渐总结出系统的理论，为中华民族的繁荣昌盛做出了不可磨灭的贡献。

　　我国古代与中药有关的本草著作，可分两类，一为政府颁布的类似于现代药典和药材标准的官修本草，二为学者所著民间本草，而后者又可分以药性疗效为主的中药本草和以药用植物形态为主的植物本草。但无论是官修本草、中药本草，还是植物本草，其记载的药用植物，在古代皆可用于临床，其区别在于官修本草更多的为官方御用，而民间本草更多的应用于下层平民，中药本草偏重于功能主治，而植物本草更多注重形态。当然，三类著作间内容和功能亦有重复，不如现代三类著作间的界限清晰而明确。

　　官修本草在我国始于唐代，唐李勣等于公元 659 年编著刊行《新修本草》，实际载药 844 种，在《本草经集注》的基础上新增 114 种，为我国以国家名义编著的首部药典，亦为全球第一部药典。官修本草在宋代发展到了高峰，宋开宝六年（公元 973 年）刘翰、马志等奉诏编纂《开宝本草》，宋嘉祐五年（公元 1060 年）校正医书局编纂《嘉祐补注神农本草》（《嘉祐本草》）、嘉祐六年（公元 1061 年）校正医书局苏颂编纂《本草图经》，另南宋绍兴年间校订《绍兴校定经史证类备急本草》，这四版均为宋朝官方编纂、校订刊行的药典，且每版均有药物新增，《开宝本草》并有宋太祖为之序，宋代的官修本草为中国医药学的发展起了极大的促进作用。明弘治十八年（公元 1505 年）太医院刘文泰、王磐等修编《本草品汇精要》（《品汇精要》），收载药物 1815 种，并增绘彩图。清宫廷编《本草品汇精要续集》，此书为综合性的本草拾遗补充，其在规模和质量上均无大的建树。

　　民国年间，政府颁布了《中华药典》，其收载内容很大程度上汲取了西方的用药，与古代官方本草相比，更侧重于西药，其中植物药部分虽有我国古代本草使用的少量中药，但亦出现了部分我国并无分布和栽培的植物药，类似现的进口药材，总体《中华药典》洋为中用的味道更为浓厚。

　　1949 年中华人民共和国成立后，制定了较为完备的中药、民族药标准体系。这些标准，尽管内容和体例与古代本草有了很大的变化和发展，但性质还是与古代的官修本草类似。总体的分为国家标准和地方标准两大类，前者为全国范围普遍应用，主要有 1953 年到 2015 年共 10 版《中华人民共和国药典》（简称《中国药典》），1953 年版中西药合为一部，从 1963 年版至 2015 年版，中药均独立收载于一部。另有原国家卫生部和国家食品药品监督管理总局颁布的中药材标准、中药成方制剂（附录中药材目录）、藏药、维药、蒙药成册标准及个别零星颁布的标准。后者为各省、自治区、直辖市根据本地区及各民族特点制定颁布的历版成册中药材和民族药地方标准，如北京市中药材标准、四川省中药材标准，以及西藏、新疆、云南、广西等省（自治区）的藏药、维药、蒙药、壮药、瑶药、傣药、彝药、苗药、畲药标准。截至目前，我国各类中药材成册标准共有 130 余册，另有个别零星颁布的标准；此外尚有国家和各省、自治区、直辖市颁布的中药饮片炮制规范，一般而言，炮制规范收载的为已有药材标准的植物种类。这些标准收载的中药材约 85% 来源于植物，即法定药用植物，其种类丰富，包含了藻菌类、地衣、苔藓、蕨类、裸子和被子类等所有的植物种类，共计 2965 种。

　　中药本草在数量上占绝对多数。著名的如东汉末年（约公元 200 年）的《神农本草经》，共收录药物 365 种，其中植物药 252 种；另有南北朝陶弘景约公元 490 年编纂的《本草经集注》、唐陈藏器公元 739 年编纂的《本草拾遗》、宋苏颂公元 1062 年编纂的《图经本草》及唐慎微公元 1082 年编纂的《经史证类备急本草》；明李时珍 1578 年编纂的《本草纲目》，共 52 卷，200 余万字，载药 1892 种，新增药物 374 种，是一部集大成的药学巨著；清代赵学敏《本草纲目拾遗》对《本草纲目》所载种类进行补充。

民国年间出版的本草书籍有《现代本草生药学》、《中国新本草图志》、《祁州药志》、《本草药品实地的观察》及《中国药学大辞典》等。

中华人民共和国成立后，中药著作大量编著出版。重要的有中国医学科学院药物研究所等于 1959～1961 年出版的《中药志》四册，收载常用中药 500 余种，还于 1979～1998 年陆续出版了第二版共六册，并于 2002～2007 年编著了《新编中药志》；南京药学院药材学教研组于 1960 年出版的《药材学》，收载中药材 700 余种，并附图 1300 余幅，全国中草药汇编编写组于 1975 年和 1978 年出版的《全国中草药汇编》上、下册，记载中草药 2300 种，并出版了有 1152 幅彩图的专册，王国强、黄璐琦等于 2014 年编辑出版了第三版，增补了大量内容；江苏新医学院于 1977 年出版的《中药大辞典》收载药物 5767 种，其中植物性药物 4773 种；还有吴征镒等于 1988～1990 年出版的《新华本草纲要》共三册，共收载包括低等、高等植物药达 6000 种；此外，楼之岑、徐国钧、徐珞珊等于 1994～2003 年出版的《常用中药材品种整理和质量研究》北方编和南方编，亦为重要的著作。图谱类著作有原色中国本草图鉴编辑委员会于 1982～1984 年编著的《原色中国本草图鉴》。民族药著作有周海钧、曾育麟于 1984 年编著的《中国民族药志》和刘勇民于 1999 年编著的《维吾尔药志》。值得一提的是 1999 年由国家中医药管理局《中华本草》编辑委员会编著的《中华本草》，共 34 卷，其中中药 30 卷，藏药、蒙药、维药、傣药各 1 卷。收载药物 8980 味，内容有正名、异名、释名、品种考证、来源、原植物（动物、矿物）、采收加工、药材产销、药材鉴别、化学成分、药理、炮制、药性、功能与主治、应用与配伍、用法用量、使用注意、现代临床研究、集解、附方及参考文献，该著作系迄今中药和民族药著作的集大成者。

植物本草在古代相对较少。这类著作涉及对原植物形态的描述、药物（植物）采集及植物图谱。例如，梁代《七录》收载的《桐君采药录》，唐代《隋书·经籍志》著录的《入林采药法》、《太常采药时月》等，而宋王介编绘的《履巉岩本草》，是我国现存最早的彩绘地方本草类植物图谱。明朱橚的《救荒本草》记载可供食用的植物 400 多种，明代另有王磐的《野菜谱》和周履靖的《茹草编》，后者收载浙江的野生植物 102 种，并附精美图谱。清吴其濬刊行于 1848 年的《植物名实图考》收载植物 1714 种，新增 519 种，加上《植物名实图考长编》，两书共载植物 2552 种，介绍各种植物的产地生境、形态及性味功用等，所附之图亦极精准，并考证澄清了许多混乱种，学术价值极高，为我国古代植物本草之集大成者。其他尚有《群芳谱》《花镜》等多种植物本草类书籍。

植物本草相当于最早出现于民国时期的"药用植物"，著作有 1939 年裴鉴的《中国药用植物志》（第二册）、王道声的《药用植物图考》、李承祜的《药用植物学》、第二军医大学生药教研室《中国药用植物图志》等，均为颇有学术价值的药用植物学著作。

中华人民共和国成立后，曾组织过多次全国各地中草药普查。1961 年完成的首部《中国经济植物志》（上、下册），其中药用植物章收载植物药 466 种；于 1955～1956 年和 1985 年出版齐全的《中国药用植物志》共 9 册，收载药用植物 450 种，并有图版，新版的《中国药用植物志》目前正在陆续编辑出版。

"药用植物"一词应用广泛，但植物和药用植物间的界限却无清晰的界定。不同的著作以及不同的中医药学者，对何者是药用植物、何者是不供药用的普通植物的回答并不一致；况且某些植物虽被定义为药用植物，但因其不属法定标准收载中药材的植物基源，根据有关医药法规，其采集加工炮制后不能正规的作为中药使用，导致了药用植物不能供药用的情况。为此，《中国法定药用植物》一书首先提出了"法定药用植物"（Legal Medicinal Plants）的概念，其狭义的定义为我国历版国家标准和各省、自治区、直辖市历版地方标准及其附录收载的药材饮片的基源植物，即"中国法定药用植物"的概念。而广义的法定药用植物为世界各国药品标准收载的来源于植物的传统药、植物药、天然药物的基源植物，包含世界各国各民族传统医学和现代医学使用药物的基源植物。例如，美国药典（USP）收载了植物药 100 余种，英国药典（BP）收载了植物药共 300 余种，欧洲药典（EP）共收载植物药约 300 种，日本药局方（JP）共收载植物药 200 余种，其基源植物可分别定义为美国法定药用植物、英国法定药用植物等。另外，法国药典、印度药典、非洲等国的药典均收载传统药物、植物药或天然药物，其收载的基源植物，均可按每个国家和地区的名称命名。全球各国药典或标准收载的传统药、植物药和天然药物的所有基源植物，可总称为"国际法定药用植物"（The International Legal Medicinal Plants）。相应地，对法定药用植物分类鉴定、基源考证、道地性、栽培、化学成分、药理作用、中医临床及各国法定药用植物种类等各方面进行研究的学科，可定义为"法定药用植物学"（Legal Medicinal Botany）。

法定药用植物为官方认可的药用植物，为药用植物中的精华。全球法定药用植物的数量尚无精确统计，初步估计约 5000 种，而全球植物种数达 10 余万种。我国法定药用植物数量属全球之冠，达 2965 种，药用植物约有 12 000 种，而普通的仅维管植物种数就约达 35 000 种。法定药用植物在标准的有效期内和有效辖地范围内，可采集加工炮制或提取成各类传统药物、植物药或天然药物，合法正规的供临床使用，并在新药研究注册方面享有优惠条件，如在中国，如果某一植物为法定药材标准收载，则在把其用于中药新药研究时，该植物加工炮制成的药材，可直接作为原料使用。一般而言，如某一植物为非标准收载的药用植物，则仅能采集加工成为民间经验使用的草药，可进行学术研究，但不能正规的应用于医院的临床治疗，其使用不受法律法规的保护。

随着近现代科学技术的日益发展，学科间的分工愈加精细，官方的药典（标准）、学者的中药著作和药用植物学著作三者区分清晰。但近代以来，尚无一部把三者的内容相结合的学术著作，随着《中国法定药用植物》一书的出版，开始了三者有机结合的开端，为进一步把药典（标准）、中药学和药用植物学的著作文献做有机结合，并把现代的研究成果反映在学术著作中，浙江省食品药品检验研究院酝酿编著《法定药用植物志》一书，并率先出版华东篇。希望本书能为法定药用植物的研究起到引导作用并奠定一定的基础。

承蒙桑国卫院士和王广基院士为本书撰写序言，徐增莱、叶喜阳、浦锦宝、张水利、李华东等植物分类专家对彩照原植物进行鉴定，还得到了浙江省食品药品检验研究院相关部门的大力协助，在此谨表示衷心的感谢！

由于水平所限，疏漏之处，敬请指正。

赵维良

2017 年 10 月于西子湖畔

编 写 说 明

一、《法定药用植物志》华东篇收载我国历版国家标准，各省、自治区、直辖市地方标准及其附录收载药材饮片的基源植物，即法定药用植物，在华东地区有自然分布或大量栽培的共 1230 种（含种下分类群）。共分 6 册，每册收载约 200 种，第一册收载蕨类、裸子植物、被子植物木麻黄科～毛茛科，第二册木通科～豆科，第三册酢浆草科～柳叶菜科，第四册五加科～茄科，第五册玄参科～泽泻科，第六册禾本科～兰科、藻类、真菌类、地衣类和苔藓类。每册附有该册收录的法定药用植物中文名与拉丁名索引，第六册并附所有六册收载种的中文名与拉丁名索引。

二、收载的法定药用植物排列顺序为蕨类植物按秦仁昌分类系统（1978），裸子植物按郑万钧分类系统（1978），被子植物按恩格勒分类系统（1964），真菌类按《中国真菌志》，藻类按《中国海藻志》，苔藓类按陈邦杰（1972）系统。

三、各科内容有科形态特征，该科植物国外和我国的属种数及分布，我国和华东地区法定药用植物的属种数，该科及有关属的特征化学成分和主要活性成分，含 3 个属以上的并编制分属检索表。

四、科下各属内容有属形态特征，该属植物国外和我国的种数及分布，该属法定药用植物的种数，含 3 个种以上的并编制分种检索表。

五、植物种的确定基本参照《中国植物志》，如果《中国植物志》与 *Flora of China*（FOC）或《中国药典》不同的，则根据植物种和药材基源考证结果确定。例如，《中国植物志》楝 *Melia azedarach* L. 和川楝 *Melia toosendan* Sieb. et Zucc. 各为两个独立种，而 FOC 将其合并为一种，《中国药典》中该两种亦独立，川楝为药材川楝子的基源植物，楝却不作为该药材的基源植物，故本书按《中国植物志》和《中国药典》，把二者作为独立的种。

六、每种法定药用植物记载的内容有中文名、拉丁学名、原植物彩照、别名、形态、生境与分布、药名与部位、采集加工、药材性状、质量要求、药材炮制、化学成分、药理作用、性味与归经、功能与主治、用法与用量、药用标准、临床参考、附注及参考文献。未见文献记载的项目阙如。

七、中文名一般同《中国植物志》，如果《中国植物志》与《中国药典》（2015 年版）不同，则根据考证结果确定。例如，*Alisma orientale*（Samuel.）Juz. 的中文名，《中国植物志》为东方泽泻，《中国药典》为泽泻，根据 orientale 的意义为东方，且 FOC 及其他地方植物志均称该种为东方泽泻，故本书使用东方泽泻为该种的中文名，如此亦避免与另一植物泽泻 *Alisma plantago-aquatica* Linn. 相混淆。

八、拉丁学名按照国际植物命名法规，一般采用《中国植物志》的拉丁学名，《中国植物志》与 FOC 或《中国药典》（2015 年版）不同的，则根据考证结果确定。例如，FOC 及《中国药典》绵草薢的拉丁学名为 *Dioscorea spongiosa* J. Q. Xi，M. Mizuno et W. L. Zhao，《中国植物志》为 *Dioscorea septemlobn* Thunb.，据考证，*Dioscorea septemlobn* Thunb. 为误定，故本书采用前者。另外标准采用或文献常用的拉丁学名，且为《中国植物志》或 FOC 异名的，本书亦作为异名加括号列于正名后。

九、别名项收载中文通用别名、地方习用名或民族药名。药用标准或地方植物志作为正名收载，但与《中国植物志》或《中国药典》名称不同的，亦列入此项，标准误用的名称不采用。

十、形态项描述该植物的形态特征，并尽量对涉及药用部位的植物形态特征进行重点描述。

十一、生境与分布项叙述该植物分布的生态环境，在华东地区、我国及国外的分布。

十二、药名与部位指药用标准收载该植物用作药材的名称及药用部位，《中国药典》和其他国家标准收载的名称及药用部位在前，华东地区各省市标准其次，其余各省、自治区、直辖市按区域位置排列。

十三、采集加工项叙述该植物用作药材的采集季节、方法及产地加工方法。

十四、药材性状项描述该植物用作药材的形态、大小、表面、断面、质地、气味等。

十五、质量要求项对部分常用法定药用植物用作药材的传统经验质量要求进行简要叙述。

十六、药材炮制项简要叙述该植物用作药材的加工炮制方法，全国各地炮制方法有别的，一般选用华东地区的方法。

十七、化学成分项叙述该植物所含的至目前已研究鉴定的化学成分。按药用部位叙述成分类型及单一成分的中英文名称。

对仅有英文通用名而无中文名的，则根据词根含义翻译中文通用名，一般按该成分首次被发现的原植物拉丁属名和种加词，结合成分结构类型意译，尽量少用音译。对有英文化学名而无中文名的，则根据基团和母核的名称，按化学命名原则翻译中文化学名。

对个别仅有中文名的，则根据上述相同的原则翻译英文名。

新译名在该成分名称右上角以"*"标注。

十八、药理作用项叙述该植物或其药材饮片、提取物、提纯化学成分的药理作用。相关毒理学研究的记述不单独立项，另起一段记录于该项下。未指明新鲜者，均指干燥品。

十九、性味与归经、功能与主治、用法与用量各项是根据中医理论及临床经验对标准收载药材拟定的内容，主要内容源自收载该药材的标准，用法未说明者，一般指水煎口服。

二〇、药用部位和药材未指明新鲜或鲜用者，均指干燥品。

二一、药用标准项列出收载该植物的药材标准简称，药材标准全称见书中所附标准简称及全称对照。

二二、临床参考项汇集文献报道及书籍记载的该植物及其药材饮片、提取物、成分或复方的临床试验或应用的经验，仅供专业中医工作者参考，其他人员切勿照方试用。古代医籍中的剂量，仍按原度量单位两或斤。

二三、附注项主要记述本草考证、近似种、种的分类鉴定变化、地区习用品、混淆品、毒性及使用注意等。

二四、参考文献项分别列出化学成分、药理作用、临床参考和个别附注项所引用的参考文献。参考文献报道的该植物和或药材的基源均经仔细查考，确保引用文献的可靠性。

二五、所有植物种均附野外生长状态拍摄的全株、枝叶及花果（孢子）原植物彩照，原植物均经两位分类专家鉴定。另标注整幅照片的拍摄者，加"等"字者表示枝叶及花果（孢子）的特写与整幅照片为不同人员所拍摄。

二六、上述项目内容因引自不同的参考文献及著作，互不匹配之处在所难免，很多内容有待进一步研究完善。

临床参考内容仅供中医师参考
其他人员切勿照方试用

华东地区自然环境及植物分布概况[*]

我国疆域广阔，陆地面积约 960 万 km²，位于欧亚大陆东南部，太平洋西岸，海岸线漫长，西北深入亚洲腹地，西南与南亚次大陆接壤，内陆纵深。漫长复杂的地壳构造运动，奠定了我国地形和地貌的基本轮廓，构成了全国地形的"三大阶梯"。最高级阶梯是从新生代以来即开始强烈隆起的海拔 4000～5000m 的青藏高原，由极高山、高山组成的第一级阶梯。青藏高原外缘至大兴安岭、太行山、巫山和雪峰山之间为第二级阶梯，主要由海拔 1000～2000m 的广阔的高原和大盆地所组成，包括阿拉善高原、内蒙古高原、黄土高原、四川盆地和云贵高原以及天山、阿尔泰山及塔里木盆地和准噶尔盆地。我国东部宽阔的平原和丘陵是最低的第三级阶梯，自北向南有低海拔的东北平原、黄淮海平原、长江中下游平原，东面沿海一带有海拔 2000m 以下的低山丘陵。由于"三大阶梯"的存在，特别是西南部拥有世界上最高大的青藏高原，其突起所形成的大陆块，对中国植被地理分布的规律性起着明显的作用。所以出现一系列的亚热带、温带的高寒类型的草甸、草原、灌丛和荒漠，高原东南的横断山脉还残留有古地中海的硬叶常绿阔叶林。

我国纬度和经度跨越范围广阔，东半部从北到南有寒温带（亚寒带）、温带、亚热带和热带，植被明显地反映着纬向地带性，因而相应地依次出现落叶针叶林带、落叶阔叶林带、常绿阔叶林带和季雨林、雨林带。我国的降水主要来自太平洋东南季风和印度洋的西南季风，总体上东部和南部湿润，西北干旱，两者之间为半干旱过渡地带；从东南到西北的植被分布的经向地带明显，依次出现森林带、草原带和荒漠带。由于我国东部大面积属湿润亚热带气候，且第四纪冰期的冰川作用远未如欧洲同纬度地区强烈而广泛，故出现了亚热带的常绿阔叶林、落叶阔叶—常绿阔叶混交林及一些古近纪和新近纪残遗的针叶林，如杉木林、银杉林、水杉林等。

此外，全国地势变化巨大，从东面的海平面，到青藏高原，其间高山众多，海拔从数百米到 8000m 以上不等，所以呈现了层次不一的山地植被垂直带现象。另全国各地地质构造各异、地表物质组成和地形变化又造成了局部气候、水文状况和土壤性质等自然条件丰富多样。再由于中国人口众多，历史悠久，人类活动频繁，故次生植被和农业植被也是多种多样。

上述因素为植物的生长创造了各种良好环境，决定了在中国境内分布了欧洲大陆其他地区所没有的植被类型，几乎可以见到北半球所有的自然植被类型。故我国的植物种类繁多，高等植物种类达 3.5 万种之多，仅次于印度尼西亚和巴西，居全球第三。药用植物约达 1.2 万种，各类药材标准收载的基源植物即法定药用植物达 2965 种，居全球首位。

一、华东地区概述

华东地区在行政区划上由江苏、浙江、安徽、福建、江西、山东和上海六省一直辖市组成，面积约 77 万 km²，位于我国东部，东亚大陆边缘，太平洋西岸，陆地最东面为山东荣成，东经 122.7°，最南端为福建东山，北纬 23.5°，最西边为江西萍乡，东经 113.7°，最北侧为山东无棣，北纬 38.2°，属低纬度地区。东北接渤海，东临黄海和东海，我国最长的两大河流长江和黄河穿越该区入海。总体地形为

---

[*] 华东地区自然地理概念上包含台湾，但本概况暂未述及。

平原和丘陵，为我国最低的第三级阶梯，自北向南主要有华东平原、黄淮平原、长江中下游平原及海拔2000m以下的低山丘陵。本区属吴征镒植物区系（吴征镒等，中国种子植物区系地理，2010）华东地区、黄淮平原亚地区和闽北山地亚地区的全部，赣南—湘东丘陵亚地区、辽东—山东半岛亚地区、华北平原亚地区及南岭东段亚地区的一部分。

华东各地理小区自北向南气候带可细分为暖温带，年均温 8～14℃；北亚热带，年均温 15～20℃；中亚热带，年均温 18～21℃；半热带，年均温 20～24℃。年降水量北侧较少，向东南雨量渐高。山东及淮河—苏北灌溉总渠以北地区年降水量一般 600mm 左右或稍高，年雨日 60～70 天，连续无雨日可达 100 天或稍多，属旱季显著的湿润区。长江中下游平原、江南丘陵、浙闽丘陵地区年降水量一般为1000～1700mm，东南沿海可达 2000mm，年雨日 100～150 天，属旱季较不显著的湿润区。

由于大气环流的变化，季风及气团进退所引起的主要雨带的进退，导致各地区在一年内各季节的降水量很不均匀。绝大部分地区的降水集中在夏季风盛行期，随着夏季风由南往北，再由北往南的循序进退，主要降雨带的位置也作相应的变化。一般来说，最大雨带 4～5 月出现在长江以南地区，6～7 月在江淮流域，8 月可达到山东北部，9 月起又逐步往南移。例如，长江中下游及以南地区春季降水较多，约占全年的 30% 或稍多；秋冬两季降水量也不少。山东一带夏季的降水量大，一般占全年降水量的 50% 以上，冬季最少，不到 5%，所以春旱严重。

山地的降水量一般较平原为多，由山麓向山坡循序增加到一定高度后又降低，如江西九江的年降水量为1400mm，而相近的庐山则达 2500mm；山东泰安的年降水量为 720mm，而同地的泰山则为 1160mm。同一山地的降水量也与坡向有关，一般是迎风坡多于背风坡，如福建武夷山的迎风坡年降水量达 2000mm，而附近背风坡为 1500mm。

华东地区土壤种类复杂，北部平原地区为原生和次生黄土，河谷和较干燥地区为冲积性褐土，山地和丘陵区为棕色森林土。中亚热带地区为红褐土、黄褐土及沿海地区的盐碱土等。南部亚热带地区主要是黄棕壤、黄壤和红壤，以及碳酸盐风化壳形成的黑色石灰岩土、紫色土，闽浙丘陵南部以红壤和砖红壤为主。

本地区自然分布或栽培的主要法定药用植物有忍冬（*Lonicera japonica* Thunb.）、紫珠（*Callicarpa bodinieri* Lévl.）、酸枣［*Ziziphus jujuba* Mill. var. *spinosa*（Bunge）Hu ex H. F. Chow］、枸杞（*Lycium chinense* Mill.）、中华栝楼（*Trichosanthes rosthornii* Harms）、防风［*Saposhnikovia divaricata*（Trucz.）Schischk.］、地黄［*Rehmannia glutinosa*（Gaetn.）Libosch.ex Fisch. et Mey.］、丹参（*Salvia miltiorrhiza* Bunge）、槐（*Sophora japonica* Linn.）、沙参（*Adenophora stricta* Miq.）、山茱萸（*Cornus officinalis* Siebold et Zucc.）、党参［*Codonopsis pilosula*（Franch.）Nannf.］、侧柏［*Platycladus orientalis*（Linn.）Franco］、乌药［*Lindera aggregata*（Sims）Kosterm］、前胡（*Peucedanum praeruptorum* Dunn）、浙贝母（*Fritillaria thunbergii* Miq.）、菊花［*Dendranthema morifolium*（Ramat.）Tzvel.］、麦冬［*Ophiopogon japonicus*（Linn. f.）Ker-Gawl.］、铁皮石斛（*Dendrobium officinale* Kimura et Migo）、白术（*Atractylodes macrocephala* Koidz.）、延胡索（*Corydalis yanhusuo* W.T.Wang ex Z.Y.Su et C.Y.Wu）、芍药（*Paeonia lactiflora* Pall.）、光叶菝葜（*Smilax glabra* Roxb.）、水烛（*Typha angustifolia* Linn.）、菖蒲（*Acorus calamus* Linn.）、满江红［*Azolla imbricata*（Roxb.）Nakai］、凹叶厚朴（*Magnolia officinalis* Rehd.et Wils. var. *biloba* Rehd.et Wils.）、吴茱萸［*Evodia rutaecarpa*（Juss.）Benth.］、木通［*Akebia quinata*（Houtt.）Decne.］、樟［*Cinnamomum camphora*（Linn.）Presl］、银杏（*Ginkgo biloba* Linn.）、柑橘（*Citrus reticulata* Blanco）、酸橙（*Citrus aurantium* Linn.）、淡竹叶（*Lophatherum gracile* Brongn.）、八角（*Illicium verum* Hook.f.）、狗脊［*Woodwardia japonica*（Linn. f.）Sm.］、龙眼（*Dimocarpus longan* Lour.）等。

二、华东各地理小区概述

华东地区大致可分为暖温带落叶阔叶林、亚热带的落叶阔叶—常绿阔叶混交林、亚热带常绿阔叶林、半热带的雨林性常绿阔叶林及海边红树林四个地带。结合地貌，划分为下述四个地理小区。在华东地区，针叶林多为次生林，故仅在具体分布中述及。

1. 山东丘陵及华北黄淮平原区

本区包含山东和安徽淮河至江苏苏北灌溉总渠以北部分，北部属吴征镒植物区系辽东—山东半岛亚地区及华北平原亚地区的一部分，南部平原地区为黄淮平原亚地区。东北濒渤海，东临黄海，南界淮河，黄河穿越山东入海。山东丘陵呈东北—西南走向，其中胶东丘陵，有昆嵛山、崂山等，鲁中为泰山、沂蒙山山地丘陵，中夹胶莱平原，鲁西有东平湖、微山湖等湖泊。该地区大部分海拔 200～500m，仅泰山、鲁山、崂山等个别山峰海拔超过 1000m，鲁西北为华北平原一部分。华北黄淮平原区是海河、黄河、淮河等河流共同堆积的大平原，地势低平，是我国最大的平原区的一部分，海拔 50～100m，堆积的黄土沉积物深厚，黄河冲积扇保存着黄河决口改道所遗留下的沙岗、洼地等冲积、淤积地形，淮河平原水网稠密、湖泊星布。

淮河以北到山东半岛、鲁中南山地和平原一带，夏热多雨，温暖，冬季晴朗干燥，春季多风沙。年均温为 11～14℃，最冷月均温为 -5～1℃，绝对最低温达 -28～-15℃，最热月均温 24～28℃，全年无霜期为 180～240 天，日均温 ≥5℃ 的有 210～270 天，≥10℃ 的有 150～220 天，年积温 3500～4600℃。降水量一般在 600～900mm，沿海个别地区达 1000mm 以上，属暖温带半湿润季风区。

土壤为原生和次生黄土，沿海、河谷和较干燥的地区多为冲积性褐土和盐碱土，山地和丘陵区为棕色森林土。

本区属暖温带落叶阔叶林植被分布区，并分布有次生的常绿针叶林。山东一带的植物起源于北极古近纪和新近纪植物区系，由于没受到大规模冰川的直接影响，残留种类较多，本区植物与日本中北部、朝鲜半岛植物区系有密切联系。建群树种有喜酸的油松（*Pinus tabuliformis* Carr.）、赤松（*Pinus densiflora* Siebold et Zucc.）和喜钙的侧柏等。这些针叶林现多为阔叶林破坏后的半天然林或人工栽培林，但它们都有一定的分布规律。赤松林只见于较湿润的山东半岛近海丘陵的棕壤上，而油松和侧柏分布于半湿润、半干旱区的内陆山地。

在石灰性或中性褐土上分布有榆科植物、黄连木（*Pistacia chinensis* Bunge）、天女木兰（*Magnolia sieboldii* K.Koch）、山胡椒［*Lindera glauca*（Siebold et Zucc.）Blume］、三桠乌药（*Lindera obtusiloba* Blume）等落叶阔叶杂木林，其间夹杂黄栌（*Cotinus coggygria* Scop.）、鼠李（*Rhamnus davurica* Pall.）等灌木；这些树种破坏后阳坡上则见有侧柏疏林。另有次生的荆条［*Vitex negundo* Linn.var.*heterophylla*（Franch.）Rehd.］、鼠李、酸枣、胡枝子（*Lespedeza bicolor* Turcz.）、河北木蓝（*Indigofera bungeana* Walp.）、细叶小檗（*Berberis poiretii* Schneid.）、枸杞等灌丛，而草本植物以黄背草［*Themeda japonica*（Willd.）Tanaka］、白羊草［*Bothriochloa ischaemum*（Linn.）Keng］为优势群落，在阴坡还有黄栌灌丛矮林。

另在微酸性或中酸性棕壤上分布地带性植被类型为多种栎属（*Quercus* Linn.）落叶林，有辽东栎（*Quercus wutaishanica* Mayr）林、槲栎（*Quercus aliena* Blume）林及槲树（*Quercus dentata* Thunb.）林。海边或南向山麓为栓皮栎（*Quercus variabilis* Blume）林、麻栎（*Quercus acutissima* Carruth.）林。上述多种组成暖温性针阔叶混交林或落叶阔叶林。

山东半岛有辽东—山东半岛亚地区特有类群，如山东柳（*Salix koreensis* Anderss.var.*shandongensis* C.F.Fang）、胶东椴（*Tilia jiaodongensis* S. B. Liang）、胶东桦（*Betula jiaodogensis* S. B. Liang）等。南部丘陵和山地残存落叶和常绿阔叶混交林，常绿阔叶树种分布较少，仅在低海拔局部避风向阳温暖的谷地有较耐旱的青冈［*Cyclobalanopsis glauca*（Thunb.）Oerst.］、苦槠［*Castanopsis sclerophylla*（Lindl.）Schott.］、冬青（*Ilex chinensis* Sims）等；落叶阔叶树种有麻栎、茅栗（*Castanea seguinii* Dode）、化香树（*Platycarya strobilacea* Sieb. et Zucc.）、山槐［*Albizia kalkora*（Roxb.）Prain］等。

平原地区由于人口密度大，农业历史悠久，长期开发，多垦为农田，原生性森林植被保存很少，大多为荒丘上次生疏林和灌木丛呈零星状分布，海滩沙地亦有部分植物分布。

本区为我国地道药材"北药"的产区之一，除自然分布外，还有大面积栽培的法定药用植物，主要有文冠果（*Xanthoceras sorbifolium* Bunge）、臭椿［*Ailanthus altissima*（Mill.）Swingle］、构树［*Broussonetia papyrifera*（Linn.）L'Hér. ex Vent.］、旱柳（*Salix matsudana* Koidz.）、垂柳（*Salix babylonica* Linn.）、毛白杨（*Populus tomentosa* Carr.）、槐、忍冬、蔓荆（*Vitex trifolia* Linn.）、紫珠、栝楼、防风、地黄、香附（*Cyperus rotundus* Linn.）、荆条、柽柳（*Tamarix chinensis* Lour.）、锦鸡儿［*Caragana sinica*（Buc'hoz）Rehd.］、酸枣、黄芩（*Scutellaria baicalensis* Georgi）、知母（*Anemarrhena asphodeloides* Bunge）、牛膝（*Achyranthes bidentata* Blume）、连翘［*Forsythia suspensa*（Thunb.）Vahl］、薯蓣（*Dioscorea opposita* Thunb.）、中华栝楼、芍药、沙参、菊花、丹参、苹果（*Malus pumila* Mill.）、白梨（*Pyrus bretschneideri* Rehd.）、桃（*Amygdalus persica* Linn.）、葡萄（*Vitis vinifera* Linn.）、胡桃（*Juglans regia* Linn.）、枣、柿（*Diospyros kaki* Thunb.）、山楂（*Crataegus pinnatifida* Bunge）、樱桃［*Cerasus pseudocerasus*（Lindl.）G.Don］、栗（*Castanea mollissima* Blume）、珊瑚菜（*Glehnia littoralis* Fr.Schmidt ex Miq.）等。

2. 长江沿岸平原丘陵区

本区包含上海、江苏靠南大部、浙江北部、安徽中部和江西北部，包括鄱阳湖平原、苏皖沿江平原、里下河平原、长江三角洲及长江沿岸低山丘陵等。本区属吴征镒植物区系的华东地区的大部。本区地势低平，水网交织，湖泊星布，是我国主要的淡水湖分布区，有鄱阳湖、太湖、高邮湖、巢湖等。本区平原海拔多在 50m 以下，山地丘陵海拔一般数百米，气候温暖而湿润，四季分明，夏热冬冷，但无严寒。年均温 14 ～ 18℃，最冷月均温为 2.2 ～ 4.8℃，最热月均温为 27 ～ 29℃，全年无霜期 230 ～ 260 天，日均温≥ 5℃的有 240 ～ 270 天，≥ 10℃的有 220 ～ 240 天，年积温 4500 ～ 5000℃。年均降水量在 800 ～ 1600mm。

土壤主要是黄棕壤和红壤。黄棕壤分布于苏皖二省沿长江两岸的低山丘陵，淮河与长江之间为黄棕壤、黄褐土，长江以南为红壤、黄壤、紫色土、黑色石灰岩土，低山丘陵多属红壤和山地红壤。

本区北部属南暖温带，南部为北亚热带，植被区系组成比较丰富，兼有我国南北植物种类，长江以北，既有亚热带的常绿阔叶树，又有北方的落叶阔叶树，亦有次生的常绿针叶树，植被类型主要为落叶阔叶—常绿阔叶混交林，靠南地区为亚热带区旱季较不显著的常绿阔叶林小区。且可能是银杏属 *Ginkgo* Linn.、金钱松属 *Pseudolarix* Gord. 和白豆杉属 *Pseudotaxus* Cheng 的故乡，银杏在浙江天目山仍处于野生和半野生状态。

在平原边缘低山丘陵岗酸性黄棕壤上主要分布有落叶阔叶树，以壳斗科栎属最多，如小叶栎、麻栎、栓皮栎等。此外还混生有枫香（*Liquidambar formosana* Hance）、黄连木、化香树（*Platycarya strobilacea* Siebold et Zucc.）、山槐［*Albizia kalkora*（Roxb.）Prain］、盐肤木（*Rhus chinensis* Mill.）、灯台树［*Bothrocaryum controversum*（Hemsl.）Pojark.］等落叶树；林中夹杂分布的常绿阔叶树有女贞（*Ligustrum lucidum* Ait.）、青冈［*Cyclobalanopsis glauca*（Thunb.）Oerst.］、柞木［*Xylosma racemosum*（Siebold et Zucc.）Miq.］、冬青（*Ilex chinensis* Sims）等。原生林破坏后次生或栽培为马尾松林和引进的黑松林，另湿地松（*Pinus elliottii* Engelm.）生长良好；次生灌木有白鹃梅［*Exochorda racemosa*（Lindl.）Rehd.］、连翘、栓皮栎、化香树等。偏北部有耐旱的半常绿的槲栎林和华山松林。

在石灰岩上生长有榆属（*Ulmus* Linn.）、化香树、枫香及黄连木落叶阔叶林和次生的侧柏疏林，其间分布有箬竹［*Indocalamus tessellatus*（Munro）Keng f.］、南天竹（*Nandina domestica* Thunb.）、小叶女贞（*Ligustrum quihoui* Carr.）等常绿灌木。森林破坏后次生为荆条、马桑（*Coriaria nepalensis* Wall.）、黄檀（*Dalbergia hupeana* Hance）、黄栌灌丛或矮林。另外亚热带的马尾松（*Pinus massoniana* Lamb.）、杉木［*Cunninghamia lanceolata*（Lamb.）Hook.］、毛竹（*Phyllostachys pubescens* Mazel ex Lehaie）分布相当普遍。上述植被分布的过渡性十分明显。

典型的亚热带常绿阔叶树主要分布在长江以南。最主要的是锥属［*Castanopsis*（D.Don）Spach］、青冈属（*Cyclobalanopsis* Oerst.）、柯属（*Lithocarpus* Blume）等三属植物，杂生的落叶阔叶树有木荷（*Schima superba* Gardn. et Champ.）、马蹄荷［*Exbucklandia populnea*（R.Br.）R.W.Brown］等，并有杉木、马尾松等针叶树种。林间还有藤本植物和附生植物。另有古近纪和新近纪残余植物，如连香树（*Cercidiphyllum japonicum* Siebold et Zucc.）和鹅掌楸［*Liriodendron chinense*（Hemsl.）Sargent.］等的分布。

落叶果树如石榴（*Punica granatum* Linn.）、桃、无花果（*Ficus carica* Linn.）均生长良好。另亦栽培油桐［*Vernicia fordii*（Hemsl.）Airy Shaw］、漆［*Toxicodendron vernicifluum*（Stokes）F.A.Barkl.］、乌桕［*Sapium sebiferum*（Linn.）Roxb.］、油茶（*Camellia oleifera* Abel.）、茶［*Camellia sinensis*（Linn.）O.Ktze.］、棕榈［*Trachycarpus fortunei*（Hook.）H.Wendl.］等，本区为这些植物在我国分布的北界。

本区主要是冲积平原的耕作区，气候适宜、土质优良，适用于很多种类药材的栽种，且湖泊星罗棋布，水生植物十分丰富，另有部分丘陵地貌，故分布着许多水生、草本和藤本法定药用植物，是我国地道药材"浙药"等的产区。自然分布和栽培的法定药用植物有莲（*Nelumbo nucifera* Gaertn.）、芡实（*Euryale ferox* Salisb. ex Konig et Sims）、睡莲（*Nymphaea tetragona* Georgi）、眼子菜（*Potamogeton distinctus* A.Benn.）、水烛、黑三棱［*Sparganium stoloniferum*（Graebn.）Buch.-Ham.ex Juz.］、苹（*Marsilea quadrifolia* Linn.）、菖蒲、满江红、地黄、番薯［*Ipomoea batatas*（Linn.）Lam.］、独角莲（*Typhonium giganteum* Engl.）、温郁金（*Curcuma* wenyujin Y. H. Chen et C. Ling）、芍药、牡丹（*Paeonia suffruticosa* Andr.）、白术、薄荷（*Mentha canadensis* Linn.）、延胡索、百合（*Lilium brownii* F.E.Br.var.*viridulum* Baker）、天门冬［*Asparagus cochinchinensis*（Lour.）Merr.］、菊花、红花（*Carthamus tinctorius* Linn.）、白芷［*Angelica dahurica*（Fisch. ex Hoffm.）Benth.et Hook.f.ex Franch.et Sav.］、藿香［*Agastache rugosa*（Fisch.et Mey.）O.Ktze.］、丹参、玄参（*Scrophularia ningpoensis* Hemsl.）、牛膝、三叶木通［*Akebia trifoliata*（Thunb.）Koidz.］、百部［*Stemona japonica*（Blume）Miq.］、海金沙［*Lygodium japonicum*（Thunb.）Sw.］、何首乌（*Polygonum multiflorum* Thunb.）等。

3. 江南丘陵和闽浙丘陵区

本区包含浙江南部、福建靠北大部、安徽南部、江西南面大部，地貌包括闽浙丘陵和南岭以北、长江中下游平原以南的低山丘陵，本区包含吴征镒植物区系赣南—湘东丘陵亚地区一部分和闽北山地亚地区的全部。区内河流众多，且多独流入海，如闽江、瓯江、飞云江等。江南名山多含其中，如浙江天目山、雁荡山，福建武夷山、戴云山，安徽黄山、大别山，江西庐山、武功山等。该区的山峰不少海拔超过1500m，其中武夷山最高峰黄岗山达2161m。

这一带年均温18～21℃，最冷月均温5～12℃，最热月均温28～30℃，年较差17～23℃，全年无霜期为270～300天，日均温≥5℃的有240～300天，≥10℃的有250～280天，年积温5000～6500℃。雨量较多，年平均降水量1200～1900mm。旱季较不显著，属东部典型湿润的亚热带（中亚热带）山地丘陵，夏季高温，冬季不甚寒冷，闽浙丘陵依山濒海，气候受海洋影响甚大。

土壤为红壤和黄壤。

本区典型植被为湿性常绿阔叶林、马尾松林、杉木林和毛竹林等。

在酸性黄壤上生长的植物以壳斗科常绿的栎类林为主，有青冈栎林、甜槠［*Castanopsis eyrei*（Champ.）Tutch.］林、苦槠［*Castanopsis sclerophylla*（Lindl.）Schott.］林、柯林或它们的混交林；偏南地区为常绿栎类、樟科、山茶科、金缕梅科所组成的常绿阔叶杂木林，树种有米槠［*Castanopsis carlesii*（Hemsl.）Hay.］、甜槠、紫楠［*Phoebe sheareri*（Hemsl.）Gamble］、木荷、红楠（*Machilus thunbergii* Siebold et Zucc.）、栲（*Castanopsis fargesii* Franch.）等。阔叶林破坏后，在排水良好、阳光充足处，次生着大量马尾松林和杜鹃（*Rhododendron simsii* Planch.）、檵木［*Loropetalum chinense*（R.Br.）Oliver］、江南越橘（*Vaccinium mandarinorum* Diels）、柃木（*Eurya japonica* Thunb.）、白栎（*Quercus fabri* Hance）等灌丛；地被植物主要为铁芒萁［*Dicranopteris linearis*（Burm.）Underw.］。偏南区域尚分布桃金娘［*Rhodomyrtus tomentosa*（Ait.）Hassk.］和野牡丹（*Melastoma candidum* D.Don）等。在土层深厚、阴湿处则分布着杉木及古老的南方红豆杉［*Taxus chinensis*（Pilger）Rchd.var. *mairei*（Lemée et H.Lév.）Cheng et L.K.Fu］、三

尖杉（*Cephalotaxus fortunei* Hook.f.）等针叶树；另分布种类丰富的竹林。

在石灰岩上分布着落叶阔叶树—常绿阔叶树混交林。落叶阔叶树多属榆科、胡桃科、漆树科、山茱萸科、桑科、槭树科、豆科、无患子科等，以榆科种类最多，另有枫香树（*Liquidambar formosana* Hance）、青钱柳［*Cyclocarya paliurus*（Batal.）Iljinsk.］等，常绿阔叶树以壳斗科的青冈最有代表性，另有化香树、黄连木、元宝槭（*Acer truncatum* Bunge）、鹅耳枥（*Carpinus turczaninowii* Hance）等。偏南的混交林出现许多喜暖的树种，落叶阔叶树种有大戟科的圆叶乌桕（*Sapium rotundifolium* Hemsl.）、漆树科的南酸枣［*Choerospondias axillaris*（Roxb.）Burtt et Hill.］，常绿阔叶树种有桑科的榕属（*Ficus* Linn.）、芸香科的假黄皮（*Clausena excavata* Burm.f.）等。石灰岩地带混交林破坏后次生或栽培为柏木疏林及南天竹、檵木、野蔷薇（*Rosa multiflora* Thunb.）、荚蒾（*Viburnum dilatatum* Thunb.）等灌丛；沿海丘陵平原上还有多种榕树分布。

本区普遍栽培农、药两用的甘薯［*Dioscorea esculenta*（Lour.）Burkill］、陆地棉（*Gossypium hirsutum* Linn.）、苎麻［*Boehmeria nivea*（Linn.）Gaudich.］、栗、柿、胡桃、油桐、油茶、杨梅［*Myrica rubra*（Lour.）Siebold et Zucc.］、枇杷［*Eriobotrya japonica*（Thunb.）Lindl.］和柑橘类等。

本区野生及栽培的主要法定药用植物有凹叶厚朴、吴茱萸、樟、柑橘、皱皮木瓜［*Chaenomeles speciosa*（Sweet）Nakai］、钩藤［*Uncaria rhynchophylla*（Miq.）Miq. ex Havil.］、杜仲（*Eucommia ulmoides* Oliver）、银杏、大血藤［*Sargentodoxa cuneata*（Oliv.）Rehd. et Wils.］、木通、越橘（*Vaccinium bracteatum* Thunb.）、淡竹叶、前胡、翠云草［*Selaginella uncinata*（Desv.）Spring］、桔梗［*Platycodon grandiflorus*（Jacq.）A.D.C.］、阔叶麦冬（*Ophiopogon platyphyllus* Merr.et Chun）、浙贝母、东方泽泻［*Alisma orientale*（Samuel.）Juz.］、忍冬、明党参（*Changium smyrnioides* Wolff）、杭白芷（*Angelica dahurica* 'Hangbaizhi'）、党参、川芎（*Ligusticum chuanxiong* Hort.）、防风、牛膝、补骨脂（*Psoralea corylifolia* Linn.）、云木香［*Saussurea costus*（Falc.）Lipech.］、宁夏枸杞（*Lycium barbarum* Linn.）、茯苓［*Poria cocos*（Schw.）Wolf］、天麻（*Gastrodia elata* Blume）、青羊参（*Cynanchum otophyllum* C.K.Schneid.）、丹参、白术、石斛（*Dendrobium nobile* Lindl.）、黄连（*Coptis chinensis* Franch.）、半夏［*Pinellia ternata*（Thunb.）Breit.］等。

4. 闽浙丘陵南部区

本区位于福建省东南沿海，闽江口以南沿戴云山脉东南坡到平和的九峰以南部分，为吴征镒植物区系南岭东段亚地区的一部分。有晋江、九龙江等众多独流入海的河流，地形西部为多山丘陵，东部沿海有泉州、漳州等小平原。

本区是亚热带与热带之间的过渡地带，由于武夷山和戴云山两大山脉的屏障及台湾海峡暖流的作用，气候更加暖热，使本区既有亚热带的特色，又显露出热带的某些植被，故又称半热带。年均温 20～24℃，最冷月均温 12～14℃，最热月均温 28～30℃，年较差 16～12℃，日均温全年≥5℃ 和≥10℃的均有 300 天以上，年积温 6500～8000℃或8500℃，无霜期 260～325 天。年平均降水量 1400～2000mm，东部可达 2000～3000mm。本区属旱季较不显著的热带季雨林、雨林气候小区。

土壤以红壤、砖红壤、黄壤为主，盆地为水稻土。

从植被地理的角度而言，这一带已属热带范围。山谷中的雨林性常绿阔叶林（常绿季雨林），海边的红树林，次生灌丛的优势种和典型的热带植物几无差别。

半热带的酸性砖红壤性土壤上生长着大戟科、罗汉松科等热带树种，雨林性常绿阔叶林中，小乔木层和灌木层几全属热带树木，如热带种类的青冈属植物毛果青冈［*Cyclobalanopsis pachyloma*（Seem.）Schott.］、栎子青冈［*Cyclobalanopsis blakei*（Skan）Schott.］等，樟科植物也渐增多，山茶科、金缕梅科亦较多。阔叶林破坏后，次生为马尾松疏林及桃金娘、岗松（*Baeckea frutescens* Linn.）、野牡丹、大沙叶（*Pavetta arenosa* Lour.）灌丛。

石灰岩上为半常绿季雨林，主要由榆科、椴树科、楝科、藤黄科、无患子科、大戟科、梧桐科、漆树科、桑科等一些喜热好钙的树种组成，如蚬木［*Excentrodendron hsienmu*（Chun et How）H.T.Chang et R.H.Miau］、闭花木［*Cleistanthus sumatranus*（Miq.）Muell.Arg.］、金丝李（*Garcinia paucinervis* Chun et How）、肥牛树［*Cephalomappa sinensis*（Chun et How）Kosterm.］等。木质藤本植物很多，并有相当数量的热带成分，如鹰爪花［*Artabotrys hexapetalus*（Linn.f.）Bhandari］、紫玉盘（*Uvaria microcarpa* Champ.ex Benth.）等。

海边的盐性沼泽土上，分布着硬叶常绿阔叶稀疏灌丛（红树林），高 0.5～2.0m，多属较为耐寒的种类，如老鼠簕（*Acanthus ilicifolius* Linn.）、蜡烛果［*Aegiceras corniculatum*（Linn.）Blanco］，间有秋茄树［*Kandelia candel*（Linn.）Druce］等。

本区广泛栽培热带果树如荔枝（*Litchi chinensis* Sonn.）、龙眼、黄皮［*Clausena lansium*（Lour.）Skeels］、芒果（*Mangifera indica* Linn.）、橄榄［*Canarium album*（Lour.）Raeusch.］、乌榄（*Canarium pimela* Leenh.）、阳桃（*Averrhoa carambola* Linn.）、木瓜［*Chaenomeles sinensis*（Thouin）Koehne］、番荔枝（*Annona squamosa* Linn.）、香蕉（*Musa nana* Lour.）、番木瓜（*Carica papaya* Linn.）、菠萝［*Ananas comosus*（Linn.）Merr.］、芭蕉（*Musa basjoo* Siebold et Zucc.）等，另普遍栽培木棉（*Bombax malabaricum* DC.），亦能栽培经济作物如剑麻（*Agave sisalana* Perr.ex Engelm.）等。在亚热带作为一年生草本植物的辣椒（*Capsicum annuum* Linn.）在本区可越冬长成多年生灌木，蓖麻（*Ricinus communis* Linn.）长成小乔木。

本区是我国道地药材"南药"的部分产区。法定药用植物有肉桂（*Cinnamomum cassia* Presl）、八角、山姜［*Alpinia japonica*（Thunb.）Miq.］、红豆蔻［*Alpinia galangal*（Linn.）Willd.］、狗脊、淡竹叶、龙眼、巴戟天（*Morinda officinalis* How）、广防己（*Aristolochia fangchi* Y.C.Wu ex L.D.Chow et S.M.Hwang）、蒲葵［*Livistona chinensis*（Jacq.）R.Br.］等。

三、山地植被的垂直分布

1. 安徽大别山

约位于北纬 31°、东经 116°，是秦岭向东的延伸部分。主峰白马尖海拔 1777m。从海拔 100m 的山麓到山顶可分为下列植被垂直带：海拔 100～1400m 为落叶阔叶树—常绿阔叶树混交林和针叶林带，在海拔 100～700m 地段，有含青冈、苦槠、樟的栓皮栎林和麻栎林以及含檵木、乌饭树、山矾（*Symplocos sumuntia* Buch.-Ham.ex D.Don）等的马尾松林和杉木林。在海拔 700～1400m 地段，山脊上有茅栗（*Castanea seguinii* Dode）、化香树林和黄山松林，山谷中有榔栎林。海拔 1400～1750m 的山顶除有黄山松林外，还有含落叶—常绿灌丛和大油芒（*Spodiopogon sibiricus* Trin.）、芒（*Miscanthus sinensis* Anderss.）及草甸。

2. 安徽黄山

约位于北纬 30°、东经 118°，最高峰莲花峰海拔 1860m，可分为下列植被垂直带：海拔 600m 以下的低山、切割阶地与丘陵、山间盆地及小冲积平原，以马尾松和栽培植物为多，自然分布有三毛草［*Trisetum bifidum*（Thunb.）Ohwi］、鼠尾粟［*Sporobolus fertilis*（Steud.）W.D.Clayt.］等，草本植物有白茅［*Imperata cylindrica*（Linn.）Beauv.］等。海拔 600～1300m 为常绿阔叶林与落叶阔叶林带，有少量常绿阔叶林占绝对优势的群落地段，以甜槠、青冈、细叶青冈（*Cyclobalanopsis gracilis*）为主，林中偶见乌药等；常绿林与落叶阔叶林混交林中，以枫香树、糙叶树［*Aphananthe aspera*（Thunb.）Planch.］、甜槠、青冈为主，其中夹杂着南天竹、八角枫［*Alangium chinense*（Lour.）Harms］、醉鱼草（*Buddleja lindleyana* Fortune）等灌木。海拔 1300～1700m 为落叶阔叶林带，主要为黄山栎（*Quercus stewardii* Rehd.）等，也有昆明山海棠［*Tripterygium hypoglaucum*（Lévl.）Hutch］、黄连、三枝九叶草［*Epimedium sagittatum*（Siebold et Zucc.）Maxim.］、黄精（*Polygonatum sibiricum* Delar. ex Redoute）等。海拔 1700～1800m 为灌丛带，灌木及带有灌木习性的主要有黄山松（*Pinus taiwanensis* Hayata）、黄山栎、白檀［*Symplocos paniculata*（Thunb.）Miq.］等群落。海拔 1800～1850m 为山地灌木草地带，有野古草（*Arundinella anomala* Steud.）、龙胆（*Gentiana scabra* Bunge）等。

3. 浙江天目山

位于北纬 30°、东经 119°，主峰西天目山海拔为 1497m。海拔 300m 以下，低山河谷地段散生的乔木有垂柳、枫杨（*Pterocarya stenoptera* C. DC.）、乌桕、楝（*Melia azedarach* Linn.）等；灌木有山胡椒、白檀、算盘子［*Glochidion puberum*（Linn.）Hutch.］、枸骨（*Ilex cornuta* Lindl. et Paxt.）等；山脚常见香附、鸭跖草（*Commelina communis* Linn.）、萹蓄（*Polygonum aviculare* Linn.）、石蒜［*Lycoris radiata*（L' Her.）Herb.］、葎草［*Humulus scandens*（Lour.）Merr.］、益母草（*Leonurus japonicus* Houtt.）等草本。海拔 300～800m，为低山常绿—落叶阔叶林，主体为人工营造的毛竹林、柳杉林、杉木林，其他主要有青冈、樟、猴樟（*Cinnamomum bodinieri* H.Lévl.）、木荷、银杏、响叶杨（*Populus adenopoda* Maxim.）、金钱松［*Pseudolarix amabilis*（Nelson）Rehd.］、檵木、石楠、南天竹、三叶木通等；地被植物主要有吉祥草［*Reineckia carnea*（Andr.）Kunth］、麦冬、前胡、蓬蘽（*Rubus hirsutus* Thunb.）、地榆（*Sanguisorba officinalis* Linn.）等。海拔 800～1200m 植物为常绿—落叶针阔叶混交林，乔木主要有青钱柳、柳杉（*Cryptomeria fortunei* Hooibrenk ex Otto et Dietr.）、金钱松、银杏、杉木、黄山松、青冈、天目木兰［*Yulania amoena*（W.C.Cheng）D.L.Fu］、紫荆（*Cercis chinensis* Bunge）、马尾松、云锦杜鹃（*Rhododendron fortunei* Lindl.）等；灌木有野鸦椿［*Euscaphis japonica*（Thunb.）Dippel］、马银花［*Rhododendron ovatum*（Lindl.）Planch.ex Maxim.］、南天竹、金缕梅（*Hamamelis mollis* Oliver）等；地被植物有忍冬、石菖蒲（*Acorus tatarinowii* Schott）、紫萼（*Teucrium tsinlingense* C.Y.Wu et S.Chow var. *porphyreum* C.Y.Wu et S.Chow）、蕺菜（*Houttuynia cordata* Thunb）、及已［*Chloranthus serratus*（Thunb.）Roem et Schult］、孩儿参［*Pseudostellaria heterophylla*（Miq.）Pax］、麦冬、七叶一枝花（*Paris polyphylla* Sm.）等。海拔 1200m 以上，木本植物主要为暖温带落叶灌木及乔木。主要有四照花［*Cornus kousa* F. Buerger ex Hance Subsp.*chinensis*（Osborn）Q.Y.Xiang］、川榛（*Corylus heterophylla* Fisch.var.*sutchuenensis* Franch.）、大叶胡枝子（*Lespedeza davidii* Franch.）等；另有大血藤、华中五味子（*Schisandra sphenanthera* Rehd.et Wils.）、穿龙薯蓣（*Dioscorea nipponica* Makino）、草芍药（*Paeonia obovata* Maxim.）、玄参、孩儿参、野菊（*Chrysanthemum indicum* Linn.）等。

4. 福建武夷山

约位于北纬 27°～28°、东经 118°，最高峰黄岗山海拔 2161m，可分为下列山地植被垂直带。海拔 800m 以下为常绿阔叶林，以甜槠、苦槠、钩锥（*Castanopsis tibetana* Hance）、木荷等杂木林为主。海拔 800～1400m 以较耐寒的青冈等常绿栎林为主；阔叶林破坏后次生马尾松林、杉木林、柳杉林和毛竹林。海拔 1400～1800m 为针叶林、常绿阔叶树—落叶阔叶树混交林、针叶林带，有铁杉［*Tsuga chinensis*（Franch.）Pritz.］、木荷、水青冈混交林和黄山松林。海拔 1800～2161m 为山顶落叶灌丛草甸带，有茅栗灌丛和野古草、芒等。

5. 江西武功山

约位于北纬 27°、东经 114°，主峰武功山海拔 1918m。海拔 200～800m（南坡）、200～1100m（北坡）为常绿阔叶林、针叶林带；常绿阔叶林以稍耐寒的青冈、甜槠、苦槠等常绿栎类林为主，林中混生有喜湿气落叶的水青冈（*Fagus longipetiolata* Seem.），针叶林有马尾松林和杉木林，还有毛竹林。海拔 800（南坡）～1600m，或 1100（北坡）～1600m 为中山常绿阔叶树—落叶阔叶树混交林、针叶林带，下段混交林中的常绿阔叶树有较耐寒的蚊母树（*Distylium racemosum* Sieb.）等，落叶树种有椴树（*Tilia tuan* Szyszyl.）、水青冈等。海拔 1400～1600m 排水良好的浅层土上分布有常绿—落叶混交矮林和黄山松林。海拔 1600～1918m 为山顶灌丛草甸带；有落叶—常绿混交的杜鹃灌丛和野古草、芒等禾草。

赵维良

2017 年 12 月于西子湖畔

标准简称及全称对照

药典 1953　中华人民共和国药典 . 1953 年版 . 中央人民政府卫生部编 . 上海：商务印书馆 . 1953

药典 1963　中华人民共和国药典 . 1963 年版一部 . 中华人民共和国卫生部药典委员会编 . 北京：人民卫生出版社 . 1964

药典 1977　中华人民共和国药典 . 1977 年版一部 . 中华人民共和国卫生部药典委员会编 . 北京：人民卫生出版社 . 1978

药典 1977 附录　中华人民共和国药典 . 1977 年版一部 . 附录

药典 1985　中华人民共和国药典 . 1985 年版一部 . 中华人民共和国卫生部药典委员会编 . 北京：人民卫生出版社、化学工业出版社 . 1985

药典 1990　中华人民共和国药典 . 1990 年版一部 . 中华人民共和国卫生部药典委员会编 . 北京：人民卫生出版社、化学工业出版社 . 1990

药典 1995　中华人民共和国药典 . 1995 年版一部 . 中华人民共和国卫生部药典委员会编 . 广州：广东科技出版社、化学工业出版社 . 1995

药典 2000　中华人民共和国药典 . 2000 年版一部 . 国家药典委员会编 . 北京：化学工业出版社 . 2000

药典 2005　中华人民共和国药典 . 2005 年版一部 . 国家药典委员会编 . 北京：化学工业出版社 . 2005

药典 2010　中华人民共和国药典 . 2010 年版一部 . 国家药典委员会编 . 北京：中国医药科技出版社 . 2010

药典 2015　中华人民共和国药典 . 2015 年版一部 . 国家药典委员会编 . 北京：中国医药科技出版社 . 2015

部标蒙药 1998　中华人民共和国卫生部药品标准・蒙药分册 . 中华人民共和国卫生部药典委员会编 . 1998

部标维药 1999　中华人民共和国卫生部药品标准・维吾尔药分册 . 中华人民共和国卫生部药典委员会编 . 乌鲁木齐：新疆科技卫生出版社 . 1999

部标维药 1999 附录　中华人民共和国卫生部药品标准・维吾尔药分册 . 附录

部标藏药 1995　中华人民共和国卫生部药品标准・藏药・第一册 . 中华人民共和国卫生部药典委员会编 . 1995

部标中药材 1992　中华人民共和国卫生部药品标准・中药材・第一册 . 中华人民共和国卫生部药典委员会编 . 1992

部标成方四册 1991 附录　中华人民共和国卫生部药品标准中药成方制剂・第四册・附录 . 中华人民共和国卫生部药典委员会编 . 1991

部标成方六册 1992 附录　中华人民共和国卫生部药品标准中药成方制剂・第六册・附录 . 中华人民共和国卫生部药典委员会编 . 1992

北京药材 1998　北京市中药材标准 . 1998 年版 . 北京市卫生局编 . 北京：首都师范大学出版社 . 1998

山西药材 1987　山西省中药材标准 . 1987 年版 . 山西省卫生厅编

内蒙古蒙药 1986　内蒙古蒙药材标准 . 1986 年版 . 内蒙古自治区卫生厅编 . 赤峰：内蒙古科学技术出版社 . 1987

内蒙古药材 1988　内蒙古中药材标准 . 1988 年版 . 内蒙古自治区卫生厅编

辽宁药品 1987　辽宁省药品标准 . 1987 年版 . 辽宁省卫生厅编

辽宁药材 2009　辽宁省中药材标准・第一册 . 2009 年版 . 辽宁省食品药品监督管理局编 . 沈阳：辽宁科学技术出版社 . 2009

吉林药品 1977　吉林省药品标准 . 1977 年版 . 吉林省卫生局编

黑龙江药材 2001　黑龙江省中药材标准 . 2001 年版 . 黑龙江省药品监督管理局编

上海药材 1994　上海市中药材标准 . 1994 年版 . 上海市卫生局编 . 1993

上海药材 1994 附录　上海市中药材标准 . 1994 年版 . 附录

江苏药材 1989　江苏省中药材标准 . 1989 年版 . 江苏省卫生厅编 . 南京：江苏省科学技术出版社

浙江药材 2000　浙江省中药材标准 . 浙江省卫生厅文件 . 浙卫发［2000］228 号 . 2000

浙江药材 2006　浙江省中药材标准 . 浙江省食品药品监督管理局文件 . 浙药监注［2006］51、56、186、189 号 . 2006

浙江药材 2007　浙江省中药材标准 . 浙江省食品药品监督管理局文件 . 浙药监注［2007］97 号 . 2007

浙江炮规 2005　浙江省中药炮制规范 . 2005 年版 . 浙江省食品药品监督管理局编 . 杭州：浙江科学技术出版社 . 2006

浙江炮规 2015　浙江省中药炮制规范 . 2015 年版 . 浙江省食品药品监督管理局编 . 北京：中国医药科技出版社 . 2016

山东药材 1995　山东省中药材标准 . 1995 年版 . 山东省卫生厅编 . 济南：山东友谊出版社 . 1995

山东药材 2002　山东省中药材标准.2002 年版.山东省药品监督管理局编.济南：山东友谊出版社.2002

山东药材 2012　山东省中药材标准.2012 年版.山东省食品药品监督管理局编.济南：山东科学技术出版社.2012

江西药材 1996　江西省中药材标准.1996 年版.江西省卫生厅.南昌：江西科学技术出版社.1997

江西药材 2014　江西省中药材标准.江西省食品药品监督管理局编.上海：上海科学技术出版社.2014

福建药材 1990　福建省中药材标准（试行稿）第一批.1990 年版.福建省卫生厅编

福建药材 1995　福建省中药材标准（试行本）第三批.1995 年版.福建省卫生厅编

福建药材 2006　福建省中药材标准.2006 年版.福建省食品药品监督管理局.福州：海风出版社.2006

河南药材 1991　河南省中药材标准.1991 年版.河南省卫生厅编.郑州：中原农民出版社.1992

河南药材 1993　河南省中药材标准.1993 年版.河南省卫生厅编.郑州：中原农民出版社.1994

湖北药材 2009　湖北省中药材质量标准.2009 年版.湖北省食品药品监督管理局编.武汉：湖北科学技术出版社.2009

湖南药材 1993　湖南省中药材标准.1993 年版.湖南省卫生厅编.长沙：湖南科学技术出版社.1993

湖南药材 2009　湖南省中药材标准.2009 年版.湖南省食品药品监督管理局编.长沙：湖南科学技术出版社.2010

广东药材 2004　广东省中药材标准·第一册.广东省食品药品监督管理局编.广州：广东科技出版社.2004

广东药材 2011　广东省中药材标准·第二册.广东省食品药品监督管理局编.广州：广东科技出版社.2011

广西药材 1990　广西中药材标准.1990 年版.广西壮族自治区卫生厅编.南宁：广西科学技术出版社.1992

广西药材 1990 附录　广西中药材标准.1990 年版.附录

广西药材 1996　广西中药材标准·第二册.1996 年版.广西壮族自治区卫生厅编

广西壮药 2008　广西壮族自治区壮药质量标准·第一卷.2008 年版.广西壮族自治区食品药品监督管理局编.南宁：广西科学技术出版社.2008

广西壮药 2011 二卷　广西壮族自治区壮药质量标准.第二卷.2011 年版.广西壮族自治区食品药品监督管理局编.南宁：广西科学技术出版社.2011

广西瑶药 2014 一卷　广西壮族自治区瑶药材质量标准.第一卷.2014 年版.广西壮族自治区食品药品监督管理局编.南宁：广西科学技术出版社.2014

海南药材 2011　海南省中药材标准·第一册.海南省食品药品监督管理局编·海口：南海出版公司.2011

四川药材 1977　四川省中草药标准（试行稿）第一批.1977 年版.四川省卫生局编.1977

四川药材 1979　四川省中草药标准（试行稿）第二批.1979 年版.四川省卫生局编.1979

四川药材 1984　四川省中草药标准（试行稿）第四批.1984 年版.四川省卫生厅编

四川药材 1987　四川省中药材标准.1987 年版.四川省卫生厅编

四川药材 1987 增补　四川省中药材标准.1987 年版增补本.四川省卫生厅编.成都：成都科技大学出版社.1991

四川药材 2010　四川省中药材标准.2010 年版.四川省食品药品监督管理局编.成都：四川科学技术出版社.2011

四川藏药 2014　四川省藏药材标准.四川省食品药品监督管理局编.成都：四川科学技术出版社.2014

贵州药材 1965　贵州省中药材标准规格·上集.1965 年版.贵州省卫生厅编

贵州药材 1988　贵州省中药材质量标准.1988 年版.贵州省卫生厅编.贵阳：贵州人民出版社.1990

贵州药材 1988 附录　贵州省中药材质量标准.1988 年版.附录

贵州药品 1994　贵州省药品标准.1994 年版修订本.贵州省卫生厅批准

贵州药材 2003　贵州省中药材、民族药材质量标准.2003 年版.贵州省药品监督管理局编.贵阳：贵州科技出版社.2003

贵州药材 2003 附录　贵州省中药材、民族药材质量标准.2003 年版附录

云南药品 1974　云南省药品标准.1974 年版.云南省卫生局编

云南药品 1996　云南省药品标准.1996 年版.云南省卫生厅编.昆明：云南大学出版社.1998

云南药材 2005 一册　云南省中药材标准·2005 年版.第一册.云南省食品药品监督管理局.昆明：云南美术出版社.2005

云南彝药 2005 二册　云南省中药材标准·2005 年版.第二册·彝族药.云南省食品药品监督管理局编.昆明：云南科技出版社.2007

云南傣药 2005 三册　云南省中药材标准·2005 年版.第三册·傣族药.云南省食品药品监督管理局编.昆明：云南科技出版社.2007

云南彝药 II 2005 四册　云南省中药材标准·2005 年版.第四册·彝族药（II）.云南省食品药品监督管理局编.昆明：云南科技出版社.2008

云南傣药Ⅱ2005五册　云南省中药材标准·2005年版·第五册·傣族药（Ⅱ）·云南省食品药品监督管理局编·昆明：云南科技出版社·2005

云南药材2005七册　云南省中药材标准·2005年版·第七册·云南省食品药品监督管理局编·昆明·云南科技出版社·2013

藏药1979　藏药标准·第一版第一、二分册合编本·西藏、青海、四川、甘肃、云南、新疆卫生局编·1979

宁夏药材1993　宁夏中药材标准·1993年版·宁夏回族自治区卫生厅编·银川：宁夏人民出版社·1993

甘肃药材（试行）1992　水飞蓟等二十二种甘肃省中药材质量标准（试行）·甘卫药字（92）第417号·甘肃省卫生厅编

甘肃药材2009　甘肃省中药材标准·2009年版·甘肃省食品药品监督管理局编·兰州：甘肃文化出版社·2009

青海药品1986　青海省药品标准·1986年版·青海省卫生厅编

青海藏药1992　青海省藏药标准·1992年版·青海省卫生厅编

新疆维药1993　维吾尔药材标准·上册·新疆维吾尔自治区卫生厅编·新疆科技卫生出版社（K）·1993

新疆药品1980一册　新疆维吾尔自治区药品标准·第一册·1980年版·新疆维吾尔自治区卫生局编

新疆药品1980二册　新疆维吾尔自治区药品标准·第二册·1980年版·新疆维吾尔自治区卫生局编

新疆药品1987　新疆维吾尔自治区药品标准·1987年版·新疆维吾尔自治区卫生厅编

中华药典1930　中华药典·卫生部编印·上海：中华书局印刷所·1930（中华民国十九年）

香港药材三册　香港中药材标准·第三册·香港特别行政区政府卫生署中医药事务部编制·2010

香港药材四册　香港中药材标准·第四册·香港特别行政区政府卫生署中医药事务部编制·2012

香港药材五册　香港中药材标准·第五册·香港特别行政区政府卫生署中医药事务部编制·2012

香港药材六册　香港中药材标准·第五册·香港特别行政区政府卫生署中医药事务部编制·2013

香港药材七册　香港中药材标准·第五册·香港特别行政区政府卫生署中医药事务部编制·2015

台湾1980　中华中药典·"行政院卫生署"中华药典编修委员会编·台北："行政院卫生署"·1980

台湾1985一册　中华民国中药典范（第一辑全四册）·第一册·"行政院卫生署"中医药委员会、中药典编辑委员会编·台北：达昌印刷有限公司·1985

台湾1985二册　中华民国中药典范（第一辑全四册）·第二册·"行政院卫生署"中医药委员会、中药典编辑委员会编·台北：达昌印刷有限公司·1985

台湾2004　中华中药典·"行政院卫生署"中华药典中药集编修小组编·台北："行政院卫生署"·2004

台湾2013　中华中药典·"行政院卫生署"中华药典编修小组编·台北："行政院卫生署"·2013

目　　录

被子植物门

被子植物门 ANGIOSPERMAE

双子叶植物纲 DICOTYLEDONEAE

原始花被亚纲 ARCHICHLAMYDEAE

四五 酢浆草科 Oxalidaceae

一年生或多年生草本，稀为灌木或乔木。叶互生或基生，掌状或羽状复叶，稀单叶。花两性，辐射对称，单生或组成伞形、伞房、聚伞或总状花序；萼片5枚，覆瓦状排列；花瓣5枚，基部稍联合，旋转排列；雄蕊10枚，排成2轮，花丝基部常合生，全部或一部分基部有腺状附属物；花药2室，纵裂；子房上位，5室，每室有1至数粒胚珠；花柱5枚，离生，柱头头状或短2裂。果为开裂蒴果或肉质浆果；胚乳丰富，胚直立。

8属，约950种，分布于热带至温带地区。中国3属，约13种，广布于南北各地，法定药用植物2属，2种。华东地区法定药用植物2属，2种。

酢浆草科法定药用植物主要含黄酮类、木脂素类、酚酸类、醌类、生物碱类等成分。黄酮类包括黄酮、黄酮醇、二氢黄酮等，如槲皮素（quercetin）、木犀草素 -7-O-β-D- 葡萄糖苷（luteolin-7-O-β-D-glucoside）、异荭草素（isoorientin）等；木脂素类如（+）- 异落叶松脂素 -3α-O-β-D- 吡喃葡萄糖苷［(+)-isolariciresinol-3α-O-β-D-glucopyranoside］、（-）- 南烛木树脂酚 -3α-O-β-D- 吡喃葡萄糖苷［(-)-lyoniresinol-3α-O-β-D-glucopyranoside］等；酚酸类如对羟基肉桂酸（p-hydroxycinnamic acid）、1-O- 阿魏酸 -β-D- 葡萄糖［1-O-feruloyl-β-D-glucose］、没食子酸（gallic acid）等；醌类包括苯醌、萘醌等，如 5-O- 酸藤子酚（5-O-methylembelin）和 2- 脱羟基 -5-O- 甲基酸藤子酚（2-dehydroxy-5-O-methylembelin）、（+）- 隐孢菌素［(+)-cryptosporin］等；生物碱类如（1R, 3S）-1-（5- 羟甲基 -2- 呋喃）-3- 羧基 -6- 羟基 -8- 甲氧基 -1, 2, 3, 4- 四氢异喹啉［(1R, 3S)-1-(5-hydroxymethyl-2-furan)-3-carboxy-6-hydroxy-8-methoxyl-1, 2, 3, 4-tetrahydroisoquinoline］、（1S, 3S）-1- 甲基 -3- 羧基 -6- 羟基 -8- 甲氧基 -1, 2, 3, 4- 四氢异喹啉［(1S, 3S)-1-methyl-3-carboxy-6-hydroxy-8-methyoxyl-1, 2, 3, 4-tetrahydroisoquinoline］等。

1. 阳桃属 *Averrhoa* Linn.

常绿乔木。奇数羽状复叶互生，有小叶5～13枚；小叶互生或近对生，全缘；无托叶。花小，芳香，多朵组成聚伞状圆锥花序，腋生或有时生于老枝或树干上；萼片5枚，覆瓦状排列；花瓣5枚，紫红色至淡红色，旋转排列；雄蕊10枚，长、短各5枚，彼此相间，基部合生；子房5室，每室有多数胚珠，花柱5枚，分离。浆果肉质，多汁，长椭圆状至卵形，下垂，有明显的3～5（7）棱，横切面星形；种子多数。

2种，分布于亚洲热带地区。中国南方引种栽培2种，法定药用植物1种。华东地区法定药用植物1种。

450. 阳桃（图 450）• *Averrhoa carambola* Linn.

【别名】五敛子。

【形态】乔木，高达 12m。幼枝被柔毛，老枝无毛。奇数羽状复叶，小叶5～13枚，叶轴及叶柄被柔毛；小叶片卵形至椭圆形，顶生小叶片长 3～6.5cm，宽 2～3.5cm，最下部的侧生小叶片长 1～2cm，

图 450 阳桃

摄影 张芬耀等

宽 0.8 ～ 1.5cm, 顶端短尖, 基部阔楔形至近圆形, 偏斜, 全缘, 上面无毛, 下面被微柔毛; 小叶柄长 1 ～ 3mm。花序长约 3cm, 被柔毛; 萼片红紫色, 披针形; 花瓣紫红色至淡红色, 稀近白色; 雄蕊 10 枚, 其中 5 枚较短且无花药; 子房 5 室, 花柱 5 枚, 分离。浆果肉质, 卵形至椭圆形, 多汁, 3 ～ 5 (7) 翅棱, 横切面呈星形, 绿色至蜡黄色; 种子多数, 黑色。花期 5 ～ 6 月, 果期 9 ～ 10 月。

【生境与分布】浙江、江西、福建等省有栽培。分布于广东、广西、云南、台湾等省区, 热带地区许多国家有栽培; 原产于马来西亚。

【药名与部位】阳桃根, 根。

【采集加工】全年可采, 秋冬较佳, 除去泥土, 干燥。

【药材性状】类圆柱形, 稍弯曲, 有分枝, 直径 1 ～ 8cm。表面棕褐色或黑褐色。具细皱纹, 皮孔横向突起, 栓皮脱落处显棕红色。质坚实, 断面皮部薄, 约 1mm, 显纤维性; 木质部宽广, 类白色或微带棕红色。气微, 味淡、微涩。

【药材炮制】除去杂质, 洗净, 润透, 切片, 干燥。

【化学成分】根含木脂素类: (+)-5′-甲氧基异落叶松脂素 -3α-O-β-D- 吡喃葡萄糖苷 [(+)-5′-methoxyisolariciresinol-3α-O-β-D-glucopyranoside]、(+)-异落叶松脂素 -3α-O-β-D- 吡喃葡萄糖苷 [(+)-isolariciresinol-3α-O-β-D-glucopyranoside]、(-)-5′-甲氧基异落叶松脂素 -3α-O-β-D- 吡喃葡萄糖苷 [(-)-5′-methoxyisolariciresinol-3α-O-β-D-glucopyranoside]、(-)-异落叶松脂素 -3α-O-β-D- 吡喃葡萄糖苷 [(-)-isolariciresinol-3α-O-β-D-glucopyranoside]、(+)-南烛木树脂酚 -3α-O-β-D- 吡喃葡萄糖苷 *[(+)-lyoniresinol-3α-O-β-D-glucopyranoside] 和 (-)-南烛木树脂酚 -3α-O-β-D- 吡喃葡萄糖苷 *[(-)-lyoniresinol-3α-O-β-D-glucopyranoside] [1]; 酚苷类: 3, 4, 5- 三甲氧基苯 -1-O-β-D- 吡喃葡萄糖苷 (3, 4, 5-trimethoxyphenol-1-O-β-D-glucopyranoside)、苯基 -1-O-β-D- 吡喃葡萄糖苷 (benzyl-1-O-β-D-glucopyranoside)、

卡布鲁苷 *（koaburaside）、3, 5- 二甲氧苯基 -4- 羟苯基 -1-O-β- 呋喃芹糖（1″→6′）-O-β-D- 吡喃葡萄糖苷［3, 5-dimethoxy-4-hydroxyphenyl-1-O-β-apiofuranosyl（1″→6′）-O-β-D-glucopyranoside］、3, 4, 5- 三甲氧苯基 -1-O-β- 呋喃芹糖（1″→6′）-β- 吡喃葡萄糖苷［3, 4, 5-trimethoxyphenyl-1-O-β-apiofuranosyl（1″→6′）-β-glucopyranoside］、甲氧基对氢醌 -4-β-D- 吡喃葡萄糖苷（methoxy-p-hydroquinone-4-β-D-glucopyranoside）、（2S）-2-O-β-D- 吡喃葡萄糖 -2- 羟基苯乙酸［（2S）-2-O-β-D-glucopyranosyl-2-hydroxyphenylacetic acid］、3- 羟基 -4- 甲氧基苯酚 -1-O-β-D- 呋喃芹糖 -（1″→6′）-O-β-D- 吡喃葡萄糖苷［3-hydroxy-4-methoxyphenol-1-O-β-D-apiofuranosyl-（1″→6′）-O-β-D-glucopyranoside］和 4- 羟基 -3- 甲氧基苯酚 -1-O-β-D- 呋喃芹糖 -（1″→6′）-O-β-D- 吡喃葡萄糖苷［4-hydroxy-3-methoxyphenol-1-O-β-D-apiofuranosyl-（1″→6′）-O-β-D-glucopyranoside］[1]；环酮类：2- 十二烷基 -6- 甲氧基 -2, 5- 二烯 -1, 4- 环己二酮（2-dodecyl-6-methoxycyclohexa-2, 5-diene-1, 4-dione）[2]。

叶含黄酮类：杨桃黄酮（carambola flavone）、异牡荆素（isovitexin）[3]，芹菜素 -6-C-β- 吡喃岩藻糖苷（apigenin-6-C-β-fucopyranoside）和芹菜素 -6-C-（2″-O-α- 吡喃鼠李糖）-β- 吡喃岩藻糖苷［apigenin-6-C-（2″-O-α-rhamnopyranosyl）-β-fucopyranoside］[4]。

木材含苯酚类：2, 5- 二甲氧基 -3- 十一基苯酚（2, 5-dimethoxy-3-undecyl phenol）和 5- 甲氧基 -3- 十一基苯酚（5-methoxy-3-undecyl phenol）[5]；苯醌类：5-O- 甲基恩贝素，即 5-O- 酸藤子酚（5-O-methylembelin）和 2- 脱羟基 -5-O- 甲基酸藤子酚（2-dehydroxy-5-O-methylembelin）[5]。

果实含黄酮类：阳桃苷 *E、F、G、H、I、J（carambolaside E、F、G、H、I、J）[6]；酚苷类：阳桃苷 *K、L（carambolaside K、L）[7]；木脂素类：（+）- 异落叶松脂素 9-O-β-D- 葡萄糖苷［（+）-isolariciresinol 9-O-β-D-glucoside］、（+）- 南烛木树脂酚 -9-O-β-D- 葡萄糖苷 *［（+）-lyoniresinol-9-O-β-D-glucoside］、（-）- 南烛木树脂酚 -9-O-β-D- 葡萄糖苷 *［（-）-lyoniresinol-9-O-β-D-glucoside］[7]；酚酸类：1-O- 阿魏酸 -β-D- 葡萄糖［1-O-feruloyl-β-D-glucose］、原儿茶酸（protocatechuic acid）、1-O- 香草酰 -β-D- 葡萄糖（1-O-vanilloyl-β-D-glucose）、拉帕醇（tecomin）、卡布鲁苷 *（koaburaside）[7]，香草酸（vanillic acid）、阿魏酸（ferulic acid）和 8, 9, 10- 三羟基麝香草酚（8, 9, 10-trihydroxythymol）[8]；萘醌类：（+）- 隐孢菌素［（+）-cryptosporin］[7]；生物碱类：（1R*, 3S*）-1-（5- 羟甲基 -2- 呋喃）-3- 羧基 -6- 羟基 -8- 甲氧基 -1, 2, 3, 4- 四氢异喹啉［（1R*, 3S*）-1-（5-hydroxymethyl-2-furan）-3-carboxy-6-hydroxy-8-methoxyl-1, 2, 3, 4-tetrahydroisoquinoline］和（1S*, 3S*）-1- 甲基 -3- 羧基 -6- 羟基 -8- 甲氧基 -1, 2, 3, 4- 四氢异喹啉［（1S*, 3S*）-1-methyl-3-carboxy-6-hydroxy-8-methyoxyl-1, 2, 3, 4-tetrahydroisoquinoline］[8]；皂苷类：阿江榄仁酸（arjunolic acid）[8]；氨基酸类：γ- 氨基丁酸（γ-aminobutyric acid）[9]。

【药理作用】1. 降血糖　根的 60% 乙醇提物能降低链脲佐菌素（STZ）诱导糖尿病小鼠的血糖水平，其机制可能是改善血糖血脂代谢，降低总胆固醇、甘油三酯和游离脂肪酸，升高血清胰岛素含量，抑制胰腺组织细胞凋亡，从而起到降血糖的作用[1]；根中提取的多糖成分能显著降低 STZ 所致糖尿病小鼠的空腹血糖，改善糖尿病小鼠对胰岛素的敏感性，增强糖尿病小鼠的免疫功能[2]；根中分离纯化的 2- 十二烷基 -6- 甲氧基 -2, 5- 二烯 -1, 4- 环己二酮（2-dodecyl-6-methoxycyclohexa-2, 5-diene-1, 4-dione）能降低 2 型糖尿病肾损害小鼠晚期糖基化终末产物 AGEs 水平，减轻糖尿病肾损害，抑制糖尿病肾病发展[3]；叶的 80% 乙醇提取物、乙酸乙酯、正丁醇萃取部位及从中分离纯化的黄酮类化合物芹菜素 -6-C-β- 吡喃福考糖苷（apigenin-6-C-β-fucopyranoside）和芹菜素 -6-C-（2″-O-α- 鼠李糖）-β- 吡喃福考糖苷［apigenin-6-C-（2″-O-α-rhamnopyranosyl）-β-fucopyranoside］对高血糖大鼠的血糖均具有潜在的降低作用，两种黄酮类化合物并可增加肝糖原、肌糖原储存量，从而提高外周组织对葡萄糖的利用[4]。2. 抗氧化　果实和叶的 70% 丙酮提取物以及正己烷、乙酸乙酯、水萃取部位和葡聚糖凝胶柱分离部分（WS1、WS2）对 1, 1- 二苯基 -2- 三硝基苯肼自由基（DPPH）和 2, 2, - 联氮 - 二（3- 乙基 - 苯并噻唑 -6- 磺酸）二铵盐自由基（ABTS）均具有清除作用和铁离子还原作用，其中 WS2 部分抗氧化作用最强，主要成分为原花青素类[5]。3. 抗炎　根中分离纯化的 2- 十二烷基 -6- 甲氧基 -2, 5- 二烯 -1, 4- 环己二酮（2-dodecyl-6-methoxycy clohexa-2,

5-diene-1, 4-dione, DMDD) 能保护棕榈酸诱导的 MIN6 细胞功能障碍, 减轻 MIN6 细胞炎症反应和细胞凋亡, 其机制可能是通过下调 TLR4/MyD88/NF-κB 信号通路来实现的[6]。4. 降血压 叶的水提物能降低正常大鼠的血压, 并呈量 - 效依赖关系, 其作用机制可能是阻断 Ca^{2+} 经钙通道进入细胞内, 从而引起外周血管阻力下降[7]。5. 减肥 未成熟果皮的 50% 乙醇提取物能抑制 3T3-L1 前脂肪细胞的脂肪分化, 减少脂肪细胞分化过程中脂质堆积, 其机制可能与下调脂肪细胞分化相关基因 *C/EBPα* 和 *PPARγ* 并上调 *PPARα* 受体基因有关, 其主要活性成分为 (-) - 表儿茶素[8]。6. 抗肿瘤 根中分离纯化的 DMDD 可通过细胞内活性氧 (ROS) 的产生和抑制核转录因子 (NF-κB) 活化而诱导乳腺癌细胞凋亡[9]。

毒性 1. 神经毒性 果实中分离的一种非蛋白质成分 γ- 氨基丁酸 (γ-aminobutyric acid) [半数抑制浓度 (IC_{50} 为 0.89μmol/L) 对大鼠、小鼠可引起强直 - 阵挛性发作, 并逐渐演变成癫痫持续状态伴有皮质痫性活动[10]。2. 心脏毒性 叶的水提物能引起正常豚鼠心脏房室传导阻滞, 增加 QT 间期、QRS 波时限, 降低心率, 延迟心房起搏脉冲传导, 减少心室压力, 增加右心房和希氏束间的传导时间[11]。

【性味与归经】 酸、涩、平。归肝、胃经。

【功能与主治】 祛风除湿, 行气止痛, 涩精止带。用于风湿痹痛, 骨节风, 头风, 心胃气痛, 遗精, 白带过多, 尿路结石。

【用法与用量】 15 ～ 30g。

【药用标准】 广西壮药 2008。

【临床参考】 1. 中暑烦渴、热病口渴: 鲜果实 100g, 加番茄 100g, 去皮榨汁, 兑入冷开水适量饮服, 每日 3 ～ 5 次[1]。

2. 小便淋涩疼痛: 鲜果实 50g, 加淡竹叶 10g, 水煎取汁饮, 每日 1 剂[1]。

3. 石淋: 果实 75 ～ 125g, 和蜜煎汤服。(《泉州本草》)

4. 疟母 (脾脏肿大): 鲜果实 125g, 洗净切碎, 捣烂绞汁, 以温水冲服。(《福建民间草药》)

5. 中耳炎: 用鲜果实汁滴入耳内。(《广西本草选编》)

【附注】 阳桃亦作杨桃, 始载于《临海异物志》。《南方草木状》名为五敛子, 云: "五敛子", 大如木瓜, 黄色, 皮肉脆软, 味极酸, 上有五棱, 如刻出。南人呼棱为敛, 故以为名, 以蜜渍之, 甘酢而美。出南海。"《本草纲目》载: "五敛子出岭南及闽中, 闽人呼为阳桃。其大如拳, 其色青黄润绿, 形甚诡异, 状如田家碌碡, 上有五棱如刻起, 作剑脊形, 皮肉脆软, 其味初酸久甘, 其核如奈。五月熟, 一树可得数石, 十月再熟。"《本草纲目拾遗》云: "羊桃, 其种来自大洋, 一曰洋桃, 高五六丈, 大者数围, 花红色, 一蒂数子。七八月间熟, 色如蜡。"以上所述产地及形态特征均与本种一致。

本种的花、叶及果实民间也作药用。其果实脾胃虚寒者忌服。

【化学参考文献】

[1] Wen Q, Lin X, Liu Y, et al. Phenolic and lignan glycosides from the butanol extract of *Averrhoa carambola* L. root [J]. Molecules, 2012, 17 (10): 12330-12340.

[2] Zheng N, Lin X, Wen Q, et al. Effect of 2-dodecyl-6-methoxycyclohexa-2, 5-diene-1, 4-dione, isolated from *Averrhoa carambola* L. (Oxalidaceae) roots, on advanced glycation end-product-mediated renal injury in type 2 diabetic KKAy mice [J]. Toxicol Lett, 2013, 219 (1): 77-84.

[3] Araho D, Chou M W H, Kambara T, et al. A new flavone C-glycoside from the leaves of *Averrhoa carambola* [J]. Nat Med, 2005, 59 (3): 113-116.

[4] Cazarolli L H, Kappel V D, Pereira D F, et al. Anti-hyperglycemic action of apigenin-6-C-β-fucopyranoside from *Averrhoa carambola* [J]. Fitoterapia, 2012, 83 (7): 1176-1183.

[5] Chakthong S, Chiraphan C, Jundee C, et al. Alkyl phenols from the wood of *Averrhoa carambola* [J]. Chin Chem Lett, 2010, 21 (9): 1094-1096.

[6] Yang D, Jia X, Xie H, et al. Further dihydrochalcone C-glycosides from the fruit of *Averrhoa carambola* [J]. LWT-Food Sci Tech, 2016, 65: 604-609.

［7］Jia X，Yang D，Xie H，et al. Non-flavonoid phenolics from *Averrhoa carambola*，fresh fruit［J］. J Funct Foods，2017，32：419-425.

［8］Yang D，Xie H，Yang B，et al. Two tetrahydroisoquinoline alkaloids from the fruit of *Averrhoa carambola*［J］. Phytochem Lett，2014，7（1）：217-220.

［9］Carolino R O G，Beleboni R O，Pizzo A B，et al. Convulsant activity and neurochemical alterations induced by a fraction obtained from fruit *Averrhoa carambola*（Oxalidaceae：Geraniales）［J］. Neurochem Int，2005，46（7）：523-531.

【药理参考文献】

［1］Xu X，Liang T，Wen Q，et al. Protective effects of total extracts of *Averrhoa carambola* L.（Oxalidaceae）roots on streptozotocin-induced diabetic mice［J］. Cellular Physiology Biochemistry & Pharmacology，2014，33（5）：1272-1282.

［2］黄桂红，黄纯真，黄仁彬. 阳桃根多糖对糖尿病小鼠胰岛素及胸、脾指数的影响［J］. 中国药师，2009，12（7）：848-850.

［3］Zheng N，Lin X，Wen Q，et al. Effect of 2-dodecyl-6-methoxycyclohexa-2, 5-diene-1，4-dione，isolated from *Averrhoa carambola* L.（Oxalidaceae）roots，on advanced glycation end-product-mediated renal injury in type 2 diabetic KKAY mice［J］. Toxicology Letters，2013，219（1）：77-84.

［4］Cazarolli L H，Kappel V D，Pereira D F，et al. Anti-hyperglycemic action of apigenin-6-C-β-fucopyranoside from *Averrhoa carambola*［J］. Fitoterapia，2012，83（7）：1176-1183.

［5］Wei S D，Chen H，Yan T，et al. Identification of antioxidant components and fatty acid profiles of the leaves and fruits from *Averrhoa carambola*［J］. LWT-Food Science and Technology，2014，55（1）：278-285.

［6］Xie Q，Zhang S，Chen C，et al. Protective effect of 2-dodecyl-6-methoxycyclohexa-2, 5-diene-1，4-dione，isolated from *Averrhoa carambola* L. against palmitic acid-induced inflammation and apoptosis in Min 6 cells by inhibiting the TLR4-MyD88-NF-κB signaling pathway［J］. Cellular Physiology Biochemistry & Pharmacology，2016，39（5）：1705-1715.

［7］Soncini R，Santiago M B，Orlandi L，et al. Hypotensive effect of aqueous extract of *Averrhoa carambola* L.（Oxalidaceae）in rats：an *in vivo* and *in vitro* approach［J］. Journal of Ethnopharmacology，2011，133（2）：353-357.

［8］Mohamed R A，Lu K，Yip Y M，et al. *Averrhoa carambola* L. peel extract suppresses adipocyte differentiation in 3T3-L1 cells［J］. Food & Function，2016，7（2）：881-892.

［9］Ying G，Huang R，Gong Y，et al. The antidiabetic compound 2-dodecyl-6-methoxycyclohexa-2, 5-diene-1，4-dione，isolated from *Averrhoa carambola* L. demonstrates significant antitumor potential against human breast cancer cells［J］. Oncotarget，2015，6（27）：24304-24319.

［10］Carolino R G，Beleboni R O，Pizzo A B，et al. Convulsant activity and neurochemical alterations induced by a fraction obtained from fruit *Averrhoa carambola*（Oxalidaceae：Geraniales）［J］. Neurochemistry International，2005，46（7）：523-531.

［11］Vasconcelos C M，Araújo M S，Condegarcia E A. Electrophysiological effects of the aqueous extract of *Averrhoa carambola* L. leaves on the guinea pig heart［J］. Phytomedicine，2006，13（7）：501-508.

【临床参考文献】

［1］佚名. 阳桃［N］. 家庭医生报，2008-2-4（7）.

2. 酢浆草属 *Oxalis* Linn.

一年生至多年生草本，稀半灌木。披散、匍匐或无地上茎，常有鳞茎或块茎。掌状复叶基生或互生，通常有小叶3枚；小叶微有敏感性，于黄昏后或天阴时常下垂闭合；托叶小或缺。花1至多朵组成伞房状聚伞花序或伞房花序，花序腋生或基生；萼片5枚；花瓣5枚，黄色、红色或淡紫色，稀白色；雄蕊10枚，离生或基部合生，长短各5枚；子房5室，每室有1至多粒胚珠，花柱5枚，离生。蒴果，室背开裂，果瓣宿存于中轴上；蒴果成熟开裂时，种子外面的外皮将种子弹出，胚乳肉质，胚直立。

约800种，广布于全球，主要分布于南非及南美。中国约10种，南北均有分布，法定药用植物1种。华东地区法定药用植物1种。

451. 酢浆草（图451）• *Oxalis corniculata* Linn.

图 451　酢浆草　　　　　　　　　　　　　　　摄影　赵维良等

　　酢浆草属与阳桃属的区别点：酢浆草属多为草本，掌状复叶，常 3 枚小叶；蒴果。阳桃属为乔木，奇数羽状复叶；浆果。

　　【别名】酸酸草、老鸦饭（浙江），酸咪咪（江苏常熟），酸梅草（江苏苏州），酢浆。

　　【形态】平卧、多分枝草本。茎柔弱，长可达 50cm，被疏柔毛，无鳞茎。叶互生；小叶 3 枚，倒心形，长 5 ～ 13mm；叶柄长 2 ～ 7cm，被疏柔毛；托叶小，与叶柄合生。花单生或数朵组成腋生聚伞花序；萼片 5 枚，披针形，先端急尖或钝，长约 6mm，密被柔毛；花瓣 5 枚，倒卵形，黄色，比萼片长；雄蕊 10 枚，5 长 5 短，花丝基部合生；子房圆柱形，5 室，密被柔毛，花柱 5 裂，花期比雄蕊长，被柔毛。蒴果圆柱状，长 1 ～ 2cm，有 3 条纵沟，被柔毛；种子黑褐色，具皱纹。花、果期 4 ～ 11 月。

　　【生境与分布】常生于房前屋后、山路边、路边田野等处，为常见杂草。华东各省、市及中国广泛分布；全世界温带至热带地区均有分布。

　　【药名与部位】酢浆草，全草。

　　【采集加工】夏、秋二季采收，洗净，干燥。

　　【药材性状】茎草质，多分枝，直径约 2mm，黄绿色，表面有多条纵纹，被疏长毛。叶纸质，三出复叶，多皱缩或破碎，倒心形，灰绿色。可见花和果，花单生或呈伞形花序，黄色，多皱缩，展开后直径不超过 1cm。可见蒴果长圆柱形，有 5 棱，被短柔毛。气微，味淡，略酸涩。

　　【药材炮制】除去杂质，洗净，切段，干燥。

　　【化学成分】全草含黄酮类：槲皮素（quercetin）[1]，酢浆草素 A*（corniculatin A）、木犀草素（luteolin）

和木犀草素 -7-*O*-β-D- 葡萄糖苷（luteolin-7-*O*-β-D-glucoside）[2]；酚酸类：对羟基肉桂酸（*p*-hydroxycinnamic acid）、咖啡酸（caffeic acid）和没食子酸（gallic acid）[1]；甾体类：β- 谷甾醇 -3-*O*-β-D- 葡萄糖苷（β-sitosterol-3-*O*-β-D-glucoside）[2]。

叶含黄酮类：异荭草素（isoorientin）、异牡荆素（isovitexin）和当药素（swertisin）[3]。

【药理作用】1. 抗菌　全草水提物对金黄色葡萄球菌、大肠杆菌的生长有一定的抑制作用，且作用随浓度升高而增强[1]；叶 80% 甲醇提取物在体外对金黄色葡萄球菌、大肠杆菌、痢疾志贺氏菌 1、福氏志贺氏菌 2a、鲍氏志贺氏菌 4 和宋内氏志贺氏菌 I 相的生长均有一定的抑制作用，在体内对痢疾志贺氏菌 1 和福氏志贺氏菌 2a 感染小鼠有一定的保护作用，且对痢疾志贺氏菌 1 的作用强于福氏志贺氏菌 2a[2]。2. 抗炎镇痛　全草水提物能显著抑制角叉菜胶所致大鼠的足肿胀[3]；水提物[4] 和乙醇提取物[5] 均能减少乙酸所致小鼠的扭体次数，降低乙酸所致小鼠的腹腔毛细血管的通透性；50% 乙醇提取物能延长热板致痛大鼠的甩尾潜伏期、提高热板致痛大鼠的痛阈值[6]。3. 护肝　全草的乙醇提取物对扑热息痛所致大鼠的肝损伤具有保护作用[7]；全草水提物对四氯化碳（CCl₄）所致小鼠的肝损伤有保护作用[8]；其机制可能与抗氧化有关。4. 抗氧化　全草水提取物对 1, 1- 二苯基 -2- 三硝基苯肼自由基（DPPH）具有清除作用，并呈明显的剂量 - 效应关系，其机制可能与其含有黄酮类化合物抗氧化活性成分有关[9]。5. 护肺肾　全草甲醇提取物对四氯化碳所致大鼠的肺损伤[10]、肾损伤[11] 均具有保护作用。6. 抗肿瘤　全草 80% 乙醇提取物能抑制埃希氏腹水瘤小鼠肿瘤细胞的生长[12]。7. 抗焦虑　全株 90% 乙醇提取物（100 ～ 300mg/kg）能显著增加旷场试验小鼠的跨格次数和高架十字迷宫试验小鼠进入开臂次数，显著减少小鼠足部电击诱发的攻击行为[13]。8. 保护心肌　叶水提物能保护心肌缺血，机制可能与抗氧化和降血脂有关[14]。9. 抗骨质疏松　全草水提物在体外可促进成骨细胞的增殖、分化和矿化，提示可能具有促进骨形成的作用[15]。

【性味与归经】酸，寒。归肝、肺、膀胱经。

【功能与主治】清热利湿，凉血散瘀，消肿解毒。用于咽喉肿痛，口疮，泄泻，痢疾，黄疸，淋病，赤白带下，麻疹，吐血，衄血，疔疮，疥癣，跌打损伤等。

【用法与用量】9 ～ 15g；外用适量，煎水洗或捣汁敷，或煎水漱口。

【药用标准】浙江炮规 2015、云南药品 1996、云南彝药 II 2005 四册、福建药材 2006、贵州药品 1994、贵州药材 2003、广西壮药 2011 二卷、江西药材 1996、上海药材 1994 和湖南药材 2009。

【临床参考】1. 夏日中暑：鲜全草 300g，用烧酒浸泡稍许，取草擦浴，以四肢关节皮肤为主，直至热退暑消[1]。

2. 黄疸：全草 150g，加白茅根 100g，水煎，分早、中、晚 3 次口服，每日 1 剂[2]。

3. 疱疹：鲜全草 250g，加水约 300ml，煮沸后取适量药液保留灌肠，余液则外洗患处，每日 2 次[3]。

4. 神经性皮炎：鲜全草 500g，洗净，捣烂，加入 50% 鞣酸 3ml，酒石酸钾钠 3g，充分拌匀备用，用时以两层纱布包药揉擦患处，每日数次，每次 2 ～ 3min[4]。

5. 淋病：全草 30 ～ 45g，加金丝草 20 ～ 30g、败酱草 20 ～ 30g、白芷 12 ～ 30g、炒穿山甲 10g、木通 10g、车前子（布包）15g、蒲公英 30g、甘草 3g，水煎服，每日 1 剂；鲜全草，加车前草、马齿苋各适量，水煎，浸洗前阴，每天 1 ～ 2 次[5]。

【附注】酢浆草始载于《新修本草》，云："酢浆生道旁阴湿处，叶如细萍，丛生，茎头有三叶。"《本草图经》载："今南中下湿地及人家园圃中多有之，北地亦或有生者。叶如水萍，丛生，茎端有三叶，叶间生细黄花，实黑，夏月采叶用。初生嫩时，小儿多食之。南人用揩鍮石器，令白如银。"《本草纲目》称："苗高一二寸，丛生布地，极易繁衍。一枝三叶，一叶两片，至晚自合帖，整整如一，四月开小黄花，结小角，长一二分，内有细子。冬亦不凋。"《本草纲目拾遗》称："酸迷迷草有赤白二种，赤带用赤者，白带用白者，捣汁半酒盏和匀，加绍兴酒半盏煮熟服。" 即为本种。

孕妇及体虚者慎服。

【化学参考文献】

［1］吴高兵，陈华，姚志云.苗药酢浆草的化学成分研究［J］.中国民族医药杂志，2014，20（1）：25-26.

［2］Ibrahim M，Hussain I，Imran M，et al. Corniculatin A，a new flavonoidal glucoside from *Oxalis corniculata*［J］. Rev Bras Farmacogn，2013，23（4）：630-634.

［3］Mizokami H，Tomitayokotani K，Yoshitama K. Flavonoids in the leaves of *Oxalis corniculata* and sequestration of the flavonoids in the wing scales of the pale grass blue butterfly，*Pseudozizeeria maha*［J］. J Plant Res，2008，121（1）：133-136.

【药理参考文献】

［1］Handali S，Hosseini H，Ameri A，et al. Formulation and evaluation of an antibacterial cream from *Oxalis corniculata* aqueous extract［J］. Jundishapur Journal of Microbiology，2011，4（4）：255-260.

［2］Mukherjee S，Koley H，Barman S，et al. *Oxalis corniculata*（Oxalidaceae）leaf extract exerts *in vitro* antimicrobial and *in vivo* anticolonizing activities against *Shigella dysenteriae* 1（NT4907）and Shigella flexneri 2a（2457T）in induced diarrhea in suckling mice［J］. Journal of Medicinal Food，2013，16（9）：801-809.

［3］王玉仙，丁良，申文增，等.酢浆草的抗炎作用［J］.医学研究与教育，2010，27（5）：11-13.

［4］崔珺，杨雅欣，郑林，等.贵州苗药酢浆草水提物的抗炎镇痛作用［J］.贵阳医学院学报，2016，41（4）：427-429.

［5］郭美仙，王艳双，施贵荣，等.酢浆草对小鼠急性腹膜炎的抗炎镇痛作用研究［J］.大理学院学报，2014，13（2）：6-8.

［6］Kumar V S，Venumadhav V，Jagadeeshwar K，et al. Evaluation of antioxidant，antinociceptive activities of *Oxalis corniculata* in biabetic neuropathy rats［J］. International Journal of Pharmacology，2012，8（2）：1-6.

［7］Sreejith G，Jayasree M，Latha P G，et al. Hepatoprotective activity of *Oxalis corniculata* L. ethanolic extract against paracetamol induced hepatotoxicity in Wistar rats and its *in vitro* antioxidant effects［J］. Indian Journal of Experimental Biology，2014，52（2）：147-152.

［8］陈应康，罗国忠，田培燕，等.水药酢浆草对四氯化碳致小鼠肝损伤的保护性研究［J］.中国现代医学杂志，2015，25（36）：12-15.

［9］丁良，李静，杨慧.酢浆草提取物体外抗氧化活性研究［J］.辽宁中医杂志，2011，38（10）：2055-2057.

［10］Ahmad B，Khan M R，Shah N A. Amelioration of carbon tetrachloride-induced pulmonary toxicity with *Oxalis corniculata*［J］. Toxicology & Industrial Health，2015，31（12）：1243-1251.

［11］Khan M R，Zehra H. Amelioration of CCl₄-induced nephrotoxicity by *Oxalis corniculata* in rat［J］. Experimental & Toxicologic Pathology，2013，65（3）：327-334.

［12］Kathiriya A，Das K，Kumar E P，et al. Evaluation of antitumor and antioxidant activity of *Oxalis corniculata* Linn. against Ehrlich ascites carcinoma on mice［J］. Iranian Journal of Cancer Prevention，2010，3（4）：157-165.

［13］Gupta G，Kazmi I，Afzal M，et al. Anxiolytic effect of *Oxalis corniculata*，（Oxalidaceae）in mice［J］. Asian Pacific Journal of Tropical Disease，2012，2（1）：S837-S840.

［14］Abhilash P A，Nisha P，Prathapan A，et al. Cardioprotective effects of aqueous extract of *Oxalis corniculata* in experimental myocardial infarction［J］. Experimental & Toxicologic Pathology，2011，63（6）：535-540.

［15］刘晓艳，董莉，刘亭，等.酢浆草提取物对成骨细胞增殖及分化的影响［J］.中国实验方剂学杂志，2015，21（1）：117-120.

【临床参考文献】

［1］夏玮.单味鲜酢浆草的临床应用［J］.浙江中医杂志，1999，34（5）：22.

［2］谷丽伟，丁良，马鸿军，等.酢浆草白茅根煎剂辅助治疗急性黄疸型肝炎52例临床观察［J］.临床合理用药，2012，5（4B）：26-27.

［3］李良，李传芹.酢浆草的临床应用［J］.中医临床与保健，1992，4（4）：49-50.

［4］贡道仁.酢浆草治疗神经性皮炎［J］.江西中医药杂志，1985，16（5）：8.

［5］赵伟强.酢浆克淋汤治疗淋病200例［J］.新中医，1993，25（3）：40-41.

四六 牻牛儿苗科 Geraniaceae

一年生或多年生草本，稀亚灌木。单叶或复叶，互生或对生；托叶通常成对。花两性，辐射对称或左右对称，单生或排成聚伞花序或伞房花序；萼片 4 ～ 5 枚，宿存，离生或中部以下合生；花瓣（4 ～）5 枚，稀缺；雄蕊 5 枚或为萼片数的 2 ～ 3 倍，最外轮雄蕊与花瓣对生，花药 2 室，纵裂，花丝基部多少合生；子房上位，3 ～ 5 室，每室有 1 ～ 2 粒倒生胚珠，中轴胎座。花柱与子房室同数。蒴果，每果瓣有种子 1 粒；种子悬垂。

约 11 属，800 种，广布于亚热带至温带地区。中国加上引入栽培的有 4 属，约 80 种，南北均有分布；法定药用植物 3 属，7 种 1 变种。华东地区法定药用植物 1 属，2 种。

牻牛儿苗科法定药用植物主要含黄酮类成分，包括黄酮、黄酮醇等，如槲皮素 -3-O- 葡萄糖苷（quercetin-3-O-glucoside）、山柰酚 -3-O- 鼠李糖苷（kaempferol-3-O-rhamnoside）、槲皮素 -3-O- 芸香糖苷（quercetin-3-O-rutinoside）、木犀草素 -7-O- 葡萄糖苷（luteolin-7-O-glucoside）等。

1. 老鹳草属 *Geranium* Linn.

一年生或多年生草本或亚灌木。叶互生或对生，深裂、浅裂或不裂，基生叶具长柄，有托叶。花单生或成聚伞花序，腋生，有苞片；花整齐，无距；萼片 5 枚，覆瓦状排列；花瓣 5 枚，与腺体互生；雄蕊 10 枚，均具花药，花丝基部扩大；子房 5 室，花柱 5 枚。蒴果 5 室，有喙，每室含 1 粒种子，果瓣 5 片，成熟时由基部向上背卷，与中轴分离，仅顶端联合，内面无毛。

约 400 种，广布于全球，主要分布于温带及热带山区。中国约 65 种，南北均有分布，主要分布于西南至西北部，法定药用植物 5 种 1 变种。华东地区法定药用植物 2 种。

452. 野老鹳草（图 452）· *Geranium carolinianum* Linn.

【形态】一年生草本，高 10 ～ 80cm。茎平卧或斜升，基部分枝，嫩枝密生倒生柔毛，老枝毛较疏。上部叶对生，下部叶互生，圆肾形，长 2 ～ 3cm，宽 4 ～ 7cm，基部心形，5 ～ 7 深裂，每裂片再 3 ～ 5 裂；小裂片条形，具锐尖头，两面被柔毛；基生叶柄长 10 ～ 20cm，被柔毛；托叶锥状，长 5 ～ 6mm，被柔毛。花成对聚生于茎端或叶腋；总梗短，稀长达 3cm，花梗短，被腺毛或因腺体早落而成柔毛状；萼片 5 枚，卵形，长 5 ～ 7mm，被疏长柔毛；花瓣淡红色，5 枚；雄蕊 10 枚，花丝基部离生；子房 5 室，密被柔毛。蒴果长约 2cm，成熟时 5 个果瓣向上卷曲；种子棕褐色，椭圆形。花期 4 ～ 5 月，果期 7 ～ 8 月。

【生境与分布】生于荒野、路旁、田园或沟边。分布于安徽、江苏、上海、浙江、江西、福建，另四川、云南、河南均有分布；美洲也有分布。

【药名与部位】老鹳草（短嘴老鹳草、野老鹳草），地上部分。

【采集加工】夏、秋二季果实近成熟时采收，捆成把，干燥。

【药材性状】茎较细，略短，多分枝，节膨大。表面灰绿色或带紫色，有纵沟纹和稀疏茸毛。质脆，断面黄白色，有的中空。叶对生，具细长叶柄；叶片卷曲皱缩，质脆易碎，完整者为圆形，掌状 5 ～ 7 深裂，裂片条形，每裂片又 3 ～ 5 深裂。果实球形，长 0.3 ～ 0.5cm。宿存花柱长 1 ～ 1.5cm，形似鹳喙，有的裂成 5 瓣向上卷曲呈伞形。气微，味淡。

【药材炮制】除去杂质，抢水洗净，润软，切段，干燥。

图 452　野老鹳草

摄影　李华东等

【化学成分】地上部分含鞣质类：老鹳草素（geraniin）和鞣花酸（ellagic acid）[1]；黄酮类：金丝桃苷（hyperin）[1]；烷基二糖苷类：野老鹳草苷 * A、B、C（caroliniaside A、B、C）[2]；酚酸类：没食子酸乙酯（ethyl gallate）[3]。

【药理作用】1. 抗乙型肝炎病毒　干燥地上部分提取的总黄酮对鸭乙型肝炎病毒引起的肝脏水样变性有明显的减轻作用；分离提取的老鹳草素（eranin）、金丝桃苷（hyperin）可较强抑制乙型肝炎病毒，且提取的鞣花酸（ellagic acid）在体外也具有较强抑制乙型肝炎病毒 HBsAg 和 HBeAg 的分泌，提示野老鹳草具有抗乙型肝炎病毒的作用[1, 2]。2. 抗菌　提取分离的没食子酸乙酯（ethyl gallate）对青枯雷尔氏菌（Ralstonia solanacerum）、链霉菌（Streptomyces scabies）和酸链霉菌（Streptomyces acidiscabies）有明显的抑制作用[3]。

【性味与归经】辛、苦，平。归肝、肾、脾经。

【功能与主治】祛风湿，通经络，止泻痢。用于风湿痹痛，麻木拘挛，筋骨酸痛，泄泻痢疾。

【用法与用量】9 ～ 15g。

【药用标准】药典 2000—2015、浙江炮规 2005 和江苏药材 1989。

【临床参考】1. 溃疡性结肠炎：老鹳草膏（全草制成含 1g/ml 生药的膏剂）口服，每次 10ml，每日 3 次[1]。

2. 风湿痹痛：全草 12g，水煎服；或全草 15g，加茜草根 15g，水煎服。

3. 肠炎、痢疾：全草 15 ～ 30g，水煎服；或加铁苋菜 30 ～ 60g，水煎服。（2 方、3 方引自《浙江药用植物志》）

【化学参考文献】

[1] Okuda T，Mori K，Terayama K，et al. Isolation of geraniin from plants of Geranium and Euphorbiaceae [J]. Yakugaku

Zasshi，1979，99（5）：543-545.

［2］Asai T，Sakai T，Ohyama K，et al. *n*-Octyl α-L-rhamnopyranosyl-（1 → 2）-β-D-glucopyranoside derivatives from the glandular trichome exudate of *Geranium carolinianum*［J］. Chem Pharm Bull，2011，59（6）：747-752.

［3］Atsushi O，Syuntaro H，Shinji K，et al. Identification and activity of ethyl gallate as an antimicrobial compound produced by *Geranium carolinianum*［J］. Weed Biology & Management，2009，9（2）：169-172.

【药理参考文献】

［1］李继扬 . 野老鹳草（*Geranium carolinianum* L.）抗乙肝病毒作用及化学组分研究［D］. 上海：复旦大学博士学位论文，2008.

［2］Li J，Huang H，Zhou W，et al. Anti-hepatitis B virus activities of *Geranium carolinianum* L. extracts and identification of the active components［J］. Biological & Pharmaceutical Bulletin，2008，31（4）：743-747.

［3］Atsushi O，Syuntaro H，Shinji K，et al. Identification and activity of ethyl gallate as an antimicrobial compound produced by *Geranium carolinianum*［J］. Weed Biology & Management，2009，9（2）：169-172.

【临床参考文献】

［1］刘荣汉 . 长嘴老鹳草治疗溃疡性结肠炎 67 例临床观察［J］. 甘肃中医学院学报，2005，22（2）：25-26.

453. 老鹳草（图 453）• *Geranium wilfordii* Maxim.

图 453 老鹳草

摄影 张芬耀等

【形态】多年生草本。茎直立或平卧,密被倒生细柔毛。叶对生,基生叶与下部茎生叶三角状心形,早落;茎生叶阔三角形,长 3 ~ 5cm,宽 4 ~ 6cm,基部心形,3 深裂;裂片菱状卵形,顶端短尖,边缘有粗齿,嫩叶两面疏生贴伏柔毛,成长叶除下面沿脉上毛较密外,毛渐脱落;叶柄长 4 ~ 10cm,密生倒生柔毛,托叶锥状,顶端锐尖,基部宽约 1.5mm。花序腋生或顶生,总花梗长 2 ~ 4cm,有花(1 ~)2 朵,花梗稍短于总梗,被倒生柔毛;萼片椭圆状长圆形,长 5 ~ 6mm,外面被柔毛,内面无毛;花瓣淡红色至白色,有 5 条紫红色脉,基部有短爪;花丝下部宽展;子房密被柔毛。蒴果长约 2cm,被短柔毛,种子黑褐色,有网纹或平滑。花期 7 ~ 8 月,果期 8 ~ 10 月。

【生境与分布】生于山坡草地、林下、林缘、溪边或灌丛中。分布于华东各省市,另湖南、河南、四川、辽宁、吉林、黑龙江、陕西、甘肃等省均有分布。

老鹳草与野老鹳草的区别点:老鹳草为多年生草本,叶 3 深裂,小裂片菱状卵形;花梗无腺毛。野老鹳草为一年生草本,叶 5 ~ 7 深裂,每裂片再 3 ~ 5 裂,小裂片条形;花梗被腺毛或因腺体早落而呈柔毛状。

【药名与部位】老鹳草(短嘴老鹳草),地上部分。

【采集加工】全年均可采收,洗净,晒干。

【药材性状】茎较细,略短,多分枝,节膨大。表面灰绿色或带紫色,有纵沟纹和稀疏茸毛。质脆,断面黄白色,有的中空。叶对生,具细长叶柄;叶片卷曲皱缩,质脆易碎,完整者为圆形,3 或 5 深裂,裂片较宽,边缘具缺刻。果实球形,长 0.3 ~ 0.5cm。宿存花柱长 1 ~ 1.5cm,形似鹳喙,有的裂成 5 瓣向上卷曲呈伞形。气微,味淡。

【药材炮制】除去杂质,抢水洗净,润软,切段,干燥。

【化学成分】全草含鞣质类:老鹳草素(geraniin)和柯里拉京(corilagin)[1, 2];酚酸类:没食子酸(gallic acid)[3],没食子酸乙酯(ethyl gallate)、水杨酸(salicylic acid)和短叶苏木酚酸乙酯(ethyl brevifolin carboxylate)[4];黄酮类:山奈酚 -7-O-α-L- 鼠李糖苷(kaempferol-7-O-α-L-rhamnoside)[4],山奈酚(kaempferol)、山奈酚 -3,7-O-α-L- 鼠李糖苷(kaempferol-3,7-O-α-L-rhamnoside)[5, 6]和槲皮素(quercetin)[7];低碳羧酸类:琥珀酸(succinic acid)[5, 6];甾体类:β- 谷甾醇(β-sitosterol)[4]和胡萝卜苷(daucosterol)[5, 6]。

【药理作用】1. 抗菌　全草的水醇提液对痢疾杆菌、金黄色葡萄球菌、八叠球菌、枯草杆菌、绿脓杆菌的生长均有明显的抑制作用,且在伊红、美蓝培养基上对大肠杆菌也有明显的抑制作用[1];提取分离的没食子酸衍生物和黄酮化合物类对金黄色葡萄球菌具有较好的抑制作用,尤其是提取的山奈酚(kaempferol)对金黄色葡萄球菌的生长具有明显的抑制作用[2]。2. 抗氧化　全草分离得到的没食子酸衍生物和黄酮类化合物对 1, 1- 二苯基 -2- 三硝基苯肼自由基(DPPH)均有较好的清除作用[2];带果地上部分提取的老鹳草总鞣质、乙酸乙酯萃取物和正丁醇萃取物在浓度相同的情况下都可阻断亚硝胺的合成及清除亚硝酸盐[3]。3. 抗炎　全草制成的老鹳草膏可显著降低完全弗氏佐剂所致关节炎大鼠的血清细胞因子水平,提高血清中转化生长因子 -β$_1$(TGF-β$_1$)的含量[4];提取物可减轻佐剂性关节炎大鼠的足关节肿胀度,可降低血清中白细胞介素 -1β(IL-1β)和肿瘤坏死因子 -α(TNF-α)水平,并有助于恢复机体免疫稳定状态[5];乙酸乙酯提取部分和水部分可明显抑制二甲苯所致小鼠的耳廓肿胀,且乙酸乙酯提取部分可明显延长小鼠第 1 次舔足时间并具有减少乙酸所致小鼠的扭体次数[6];同时对小鼠耳肿胀、棉球肉芽组织增生、腹腔毛细血管通透性增加和抑制大鼠佐剂性关节炎均有明显的抑制作用[7, 8];乙酸乙酯层浸膏和正丁醇层浸膏具有较强的抑制一氧化氮(NO)发生量的作用,抑制一氧化氮上调导致的巨噬细胞释放活性氧中间体和炎症性细胞因子[9]。4. 止泻　提取的老鹳草总鞣质和水煎剂均可减少番泻叶或蓖麻油引起的小鼠腹泻次数,并可显著抑制正常及推进功能亢进小鼠的墨水胃肠推进率[10, 11]。5. 抗胃溃疡　水提物能明显降低无水乙醇型胃溃疡小鼠的胃溃疡指数和血清中一氧化氮含量,提高血清中一氧化氮含量;醇提物能明显提高模型小鼠胃黏膜中前列腺素 E$_2$(PGE$_2$)的含量,且水提物抗溃疡作用优于醇提物[12, 13];

提取物可显著降低幽门结扎型胃溃疡、乙酸灼伤型胃溃疡及乙醇和吲哚美辛诱导胃溃疡模型大鼠的溃疡指数，且能抑制幽门结扎型胃溃疡大鼠的胃酸分泌、抑制胃蛋白酶活性[14]。6. 抗肿瘤　乙醇提取物可显著降低肝转移裸鼠血中 pS2 表达，抑制裸鼠结肠癌肝转移的发展[15]。

【性味与归经】 辛、苦，平。归肝、肾、脾经。

【功能与主治】 祛风湿，通经络，止泻痢。用于风湿痹痛，麻木拘挛，筋骨酸痛，泄泻痢疾。

【用法与用量】 9 ～ 15g。

【药用标准】 药典 1963—2015、浙江炮规 2005 和新疆药品 1980 二册。

【临床参考】 1. 慢性乙型肝炎：老鹳草口服液（每 10ml 含生药 3g）口服，每次 10ml，每日 2 次[1]。

2. 外耳道湿疹：老鹳草软膏（主要药味为老鹳草）适量涂擦患处，并加微波照射[2]。

【附注】 老鹳草的近似种牻牛儿苗始载于《救荒本草》，云："牻牛儿苗又名斗牛儿苗。生田野中。就地拖秧而生，茎蔓细弱，其茎红紫色。叶似芫荽叶，瘦细而稀疏。开五瓣小紫花。结青蓇葖果儿，上有一嘴甚尖锐，如细锥子状。"《植物名实图考》云："按汜水俗呼牵巴巴，牵巴巴者，俗呼啄木鸟也。其角极似鸟嘴，因以名焉。"根据以上记载及《植物名实图考》附图，牻牛儿苗及本种与记载极相似。两者皆为《中国药典》2015 年版一部药材老鹳草的植物来源，前者称长嘴老鹳草，后者称短嘴老鹳草。

此外，尼泊尔老鹳草 *Geranium nepalense* Sweet 在贵州、云南及四川等省作老鹳草（滇老鹳草或尼泊尔老鹳草）药用；中日老鹳草 *Geranium nepalense* Sweet var.*thubergii*（Sieb.et Zucc.）Kudo 在贵州作老鹳草（破铜钱）药用；草地老鹳草 *Geranium pratense* Linn. 在四川、青海作老鹳草药用。

【化学参考文献】

［1］Liu D，Ma Y，Gu M，et al. Liquid-liquid/solid three-phase high-speed counter-current chromatography，a new technique for separation of polyphenols from *Geranium wilfordii* Maxim［J］. J Sep Sci，2012，35（16）：2146-2151.

［2］Liu D，Ma Y，Wang Y，et al. One-step separation and purification of hydrolysable tannins from *Geranium wilfordii* Maxim by adsorption chromatography on cross-linked 12% agarose gel［J］. J Sep Sci，2011，34（9）：995-998.

［3］Liu D，Su Z，Wang C，et al. Separation and purification of hydrolyzable tannin from *Geranium wilfordii* Maxim by reversed-phase and normal-phase high-speed counter-current chromatography［J］. J Sep Sci，2010，33（15）：2266-2271.

［4］程小伟，马养民，康永祥，等 . 老鹳草化学成分研究［J］. 中药新药与临床药理，2013，24（4）：390-392.

［5］程小伟 . 老鹳草化学成分及其生物活性研究［D］. 西安：陕西科技大学硕士学位论文，2014.

［6］杨秀芳，程小伟，马养民，等 . 老鹳草化学成分研究（Ⅱ）［J］. 陕西科技大学学报（自然科学版），2015，33（1）：95-98.

［7］徐放 . 老鹳草（*Geranium wilfordii* Maxim.）有效成分的提取及其药效的研究［D］. 哈尔滨：东北林业大学硕士学位论文，2011.

【药理参考文献】

［1］吴玉贵，孙志安，周政岐，等 . 老鹳草制剂对大肠菌 O_{111}，O_{112} 和痢疾福氏四型菌引起的仔猪下痢病的临床疗效观察［J］. 中国兽医杂志，1981，（2）：8-11.

［2］程小伟 . 老鹳草化学成分及其生物活性研究［D］. 西安：陕西科技大学硕士学位论文，2014.

［3］车环宇，刘畅，孙仁爽 . 老鹳草鞣质体外抗氧化作用研究［J］. 通化师范学院学报，2013，34（10）：37-38.

［4］万永霞，王汉海，冯道俊 . 老鹳草膏对佐剂性关节炎大鼠血清 VEGF 和 TGF-β_1 表达的影响［J］. 湖北农业科学，2014，53（9）：2111-2113.

［5］王汉海，万永霞，郭焕美，等 . 老鹳草膏对大鼠佐剂性关节炎疗效观察及血清 IL-1β 和 TNF-α 表达的影响［J］. 黑龙江畜牧兽医，2014，（5）：157-159.

［6］胡迎庆，刘岱琳，周运筹，等 . 老鹳草的抗炎、镇痛活性研究［J］. 西北药学杂志，2003，18（3）：113-115.

［7］冯平安，贾德云，刘超，等 . 老鹳草抗炎作用的研究［J］. 中医药临床杂志，2003，15（6）：511-512.

［8］相应征，雷汉民，姜孝文，等 . 老鹳草鞣质类化合物的抗炎、免疫和镇痛作用［J］. 西北国防医学杂志，1998，（3）：12-14.

［9］刘岱琳，胡迎庆，刘成航，等．老鹳草粗提物抑制大鼠巨噬细胞中一氧化氮发生的实验研究［J］．武警医学，2003，14（1）：18-20.

［10］王丽敏，卢春凤，路雅真，等．老鹳草鞣质类化合物的抗腹泻作用研究［J］．黑龙江医药科学，2003，26（5）：28-29.

［11］王丽敏，王汉明，毛金军，等．老鹳草水煎剂急性毒性及抗腹泻作用初步观察［J］．黑龙江医药科学，2001，24（5）：44-44.

［12］于海玲，郭建鹏，王丹．老鹳草对小鼠无水乙醇型胃溃疡的影响［J］．时珍国医国药，2007，18（4）：874-875.

［13］于海玲，郭建鹏，孙连平．老鹳草提取物对实验性胃溃疡小鼠胃黏膜的保护作用机制研究［J］．延边大学医学学报，2007，30（1）：29-31.

［14］李祎，刘利民，李超，等．老鹳草提取物抗胃溃疡作用实验研究［J］．南京中医药大学学报，2016，32（1）：54-57.

［15］黄国栋，游宇，黄媛华，等．老鹳草提取物对人结肠癌细胞株裸鼠肝转移的影响［J］．中药材，2009，32（1）：97-99.

【临床参考文献】

［1］朱牧，任光荣．老鹳草口服液治疗慢性乙型肝炎的临床研究［J］．苏州医学院学报，1995，15（6）：1122.

［2］梅燕，王磊．微波加老鹳草治疗外耳道湿疹 60 例的临床疗效观察［J］．中医临床研究，2015，7（16）：78-79.

四七 蒺藜科 Zygophyllaceae

草本或矮小灌木，稀乔木。小枝常有关节。叶对生或互生，通常为偶数羽状复叶，稀单叶或奇数羽状复叶；托叶2枚，对生，宿存，常呈刺状。花两性，辐射对称或左右对称，白色、黄色或红色，单生于叶腋或成顶生的总状花序或聚伞状圆锥花序；萼片5枚，稀4枚，分离或于基部稍联合，覆瓦状、稀镊合状排列；花盘隆起或平压状，雄蕊与花瓣同数或为其2～3倍，长短不等，着生于花盘基部，花丝基部或中部有1腺体；子房上位，无柄或有短柄，通常5室，稀2～12室，每室胚珠2至多数，中轴胎座。果为蒴果，稀为核果状或浆果状；种子常悬垂而单生，稀2或多个，通常有少量胚乳。

约27属，350种，主要分布于热带和亚热带地区及温带的干燥地区。中国6属，约33种，南北各地都有分布，以西北部最盛，法定药用植物2属，3种。华东地区法定药用植物1属，1种。

蒺藜科法定药用植物主要含黄酮类成分，包括黄酮、黄酮醇等，如刺槐素（acacetin）、去乙酰基骆驼蓬苷（deacetyl peganetin）、槲皮素-3-O-龙胆二糖苷（quercetin-3-O-gentiobioside）、异鼠李素-3-O-芸香糖苷（isorhamnetin-3-O-rutinoside）等。

1. 蒺藜属 *Tribulus* Linn.

一年生或多年生分枝匍匐草本，通常被丝状毛。叶通常对生，偶数羽状复叶，有托叶。花单生于叶腋，白色或黄色；萼片5枚，覆瓦状排列，广展，早落；花盘坏状，10裂；雄蕊10枚，5长5短，着生于花盘基部，其中5枚长的与花瓣对生，5枚短的与萼片对生，基部有腺体；子房无柄，5～12室，具长硬毛，5～12裂，每室胚珠有1～5粒，花柱短，柱头5～12裂，果由数个分果瓣组成，每果瓣有长短棘刺各1对；背面有短硬毛及瘤状突起。种子斜悬，种皮薄膜质，无胚乳。

约15种，广布于全世界，大部分产于温带地区。中国2种，分布于南北各地，法定药用植物2种。华东地区法定药用植物1种。

454. 蒺藜（图454）· *Tribulus terrester* Linn.（*Tribulus terrestris* Linn.）

【别名】白蒺藜（山东），蒺骨子（江苏连云港），蒺藜骨子（江苏徐州），野菱角、地菱儿（江苏泰州）。

【形态】一年生或二年生草本。茎柔软强韧，自基部多分枝，淡褐色，长30～60cm，平卧地面，被长硬毛和稍卷曲的短柔毛。叶对生，偶数羽状复叶，不等大；小叶6～14枚，对生，长圆形或斜长圆形，长6～15mm，宽2～5mm，顶端锐尖或钝，基部近圆形，稍偏斜，全缘，上面无毛或沿脉上有毛，下面密被银色绢状柔毛；托叶对生，披针形，被丝状柔毛。花小，黄色，单生于叶腋；花梗短，被丝状柔毛；萼片5枚，外面被长柔毛，宿存；花瓣5枚，早落；雄蕊10枚，生于花盘基部，基部有鳞片状腺体；子房有粗毛，花柱短，柱头5裂，胚珠每室3～4粒。果由5个分果瓣组成，扁球形，每果瓣有长短棘刺各1对，背面有短硬毛及瘤状突起。花期5～10月，果期5～11月。

【生境与分布】喜生于海滨砂地、荒地或路旁。分布于华东各省市，另中国其他各地尤其长江以北最普遍；世界温带地区都有分布。

【药名与部位】蒺藜（刺蒺藜），果实。蒺藜草，地上部分。

【采集加工】蒺藜：秋季果实成熟时采收，除去杂质，干燥。蒺藜草：秋季果实成熟时采割植株，晒干，除去沙土杂质。

图 454　蒺藜

摄影　徐克学

【药材性状】蒺藜：由 5 个分果瓣组成，呈放射状排列，直径 7 ～ 12mm。常裂为单一的分果瓣，分果瓣呈斧状，长 3 ～ 6mm；背部黄绿色，隆起，有纵棱和多数小刺，并有对称的长刺和短刺各 1 对，两侧面粗糙，有网纹，灰白色。质坚硬。气微，味苦、辛。

蒺藜草：茎直径 1 ～ 3mm，有棱脊、纵纹，表面黄绿色，具柔毛，质略硬，易折断；羽状复叶对生，小叶 5 ～ 14 对，绿色或棕绿色，具柔毛，多皱缩易碎，完整叶展开后呈长椭圆形，全缘，长 1.5 ～ 6.5cm；果实由 5 个分果瓣组成，呈放射状排列，直径 7 ～ 12mm；分果瓣呈斧状，长 3 ～ 6mm；背部黄绿色，隆起，有纵棱及多数小瘤状突起，并有对称的长刺和短刺各 1 对，两侧面粗糙，有网纹，灰白色；质坚硬，气微，味微苦。

【质量要求】蒺藜：粒大均匀，色灰白，坚实，无碎屑。

【药材炮制】蒺藜：除去杂质。炒蒺藜：取蒺藜饮片，炒至表面微黄色时，取出，摊凉。

蒺藜草：除去杂质，喷淋清水，稍润，切小段，晒干。

【化学成分】全草含皂苷类：龙葵皂苷 B（uttroside B）、晚香玉苷 D（polianthoside D）、替告皂苷元 -3-O-β-D- 吡喃木糖 -（1→2）-［β-D- 吡喃木糖 -（1→3）］-β-D- 吡喃葡萄糖（1→4）-［α-L- 吡喃鼠李糖（1→2）］-β-D- 吡喃半乳糖苷 {tigogenin-3-O-β-D-xylopyranosyl-（1→2）-［β-D-xylopyranosyl-（1→3）］-β-D-glucopyranosyl-（1→4）-［α-L-rhmnopyranosyl-（1→2）］-β-D-galactopyranoside}、（25R）-26-O-β-D- 吡喃葡萄糖 -5α- 呋甾 -12- 酮 -3β，22α，26- 三醇 -3-O-β-D- 吡喃葡萄糖（1→4）- 吡

喃半乳糖苷［（25R）-26-O-β-D-glucopyranosyl-5α-furost-12-one-3β，22α，26-triol-3-O-β-D-glucopyranosyl-（1→4）-β-D-galactopyranoside］、海柯皂苷元 -3-O-β-D- 吡喃葡萄糖 -（1→2）-［β-D- 吡喃木糖 -（1→3）］-β-D- 吡喃葡萄糖 -（1→4）-β-D- 吡喃半乳糖苷 {hecogenin-3-O-β-D-glucopyranosyl-（1→2）-［β-D-xylopyranosyl-（1→3）］-β-D-glucopyranosyl-（1→4）-β-D-galactopyranoside}[1]，3-O-β- 木糖（1→2）-［β- 葡萄糖 -（1→3）］-β- 葡萄糖（1→4）-β- 甘露糖 - 海柯皂苷 {hecogenin-3-O-β-xylose（1→2）-［β-glucose-（1→3）］-β-glucose（1→4）-β-mannopyranoside}、3-O-β- 木糖 -（1→2）-［β- 木糖 -（1→3）］-β- 葡萄糖（1→4）-［α- 鼠李糖 -（1→2）］-β- 甘露糖 - 海柯皂苷 {hecogenin-3-O-β-xylose（1→2）-［β-xylose-（1→3）］-β-glucose（1→4）-［α-rhamnose（1→2）］-β-mannopyranoside}、海柯皂苷元（hecogenin）、25R- 螺甾 -4- 烯 -3，12- 二酮（25R-spirostan-4-ene-3，12-dione）[2]，蒺藜宁 J、K、L、M、N、O、P、Q、R、S、T、U（terrestrinin J、K、L、M、N、O、P、Q、R、S、T、U）、（25R）-3β- 羟基 -5α- 螺甾 -12- 酮 3-O-β-D- 吡喃木糖 -（1→2）-［β-D- 吡喃木糖 -（1→3）］-β-D- 吡喃葡萄糖 -（1→4）-［α-L- 吡喃鼠李糖 -（1→2）]-β-D- 吡喃半乳糖苷 {（25R）-3β-hydroxy-5α-spirostan-12-one 3-O-β-D-xylopyranosyl-（1→2）-［β-D-xylopyranosyl-（1→3）］-β-D-glucopyranosyl-（1→4）-［α-L-rhamnopyranosyl-（1→2）］-β-D-galactopyranoside}、（25R）-26-［（β-D- 吡喃葡萄糖）氧基］-5α- 呋甾 -3β，22α- 二醇 -3-O-α-L- 吡喃鼠李糖 -（1→2）-［β-D- 吡喃葡萄糖 -（1→4）］-β-D- 吡喃半乳糖苷 {（25R）-26-［（β-D-glucopyranosyl）oxy］-5α-furostane-3β，22α-diol-3-O-α-L-rhamnopyranosyl-（1→2）-［β-D-glucopyranosyl-（1→4）］-β-D-galactopyranoside}、25S- 蒺藜辛 I（25S-terrestrosin I）、25R- 蒺藜辛 I（25R-terrestrosin I）、细刺蒺藜皂苷 *A、B（parvispinoside A、B）[3]，海柯皂苷元 -3-O-β- 吡喃木糖（1→3）-β- 吡喃葡萄糖（1→4）-β- 吡喃半乳糖苷［hecogenin-3-O-β xylopyranosyl（1→3）-β-glucopyranosyl（1→4）-β-galactopyranoside］、海柯皂苷元 -3-O-β- 吡喃葡萄糖（1→2）- 吡喃葡萄糖（1→4）-β- 吡喃半乳糖苷［hecogenin-3-O-β-glucopyranosyl（1→2）-β-glucopyranosyl（1→4）-β-galactopyranoside］、3-O-{β- 吡喃木糖（1→2）-［β- 吡喃木糖（1→3）-β- 吡喃半乳糖 }-26-O-β- 吡喃葡萄糖 -22- 甲氧基 -（3β，5α，25R）- 呋甾 -3，26- 二醇 {3-O-{β-xylopyranosyl（1→2）-［β-xylopyranosyl（1→3）］-β-galactopyranosyl}-26-O-β-glucopyranosyl-22-methoxy-（3β，5α，25R）-furostan-3，26-diol}[4]，（R，S）- 海柯皂苷元 -3-O-β-D- 吡喃葡萄糖（1→2）-［β-D- 吡喃木糖（1→3）-β-D- 吡喃葡萄糖（1→4）-β-D- 吡喃半乳糖苷 {（R，S）-hecogenin-3-O-β-D-glucopyranosyl（1→2）-［β-D-xylopyranosyl（1→3）］-β-D-glucopyranosyl（1→4）-β-D-galactopyranoside}[5]，替告皂苷元 -3-O-β-D- 吡喃木糖 -（1→2）-［β-D- 吡喃木糖 -（1→3）］-β-D- 吡喃葡萄糖（1→4）-［α- 吡喃鼠李糖（1→2）]-β-D- 吡喃甘露糖 {tigogenin-3-O-β-D-xylopyranosyl-（1→2）-［β-D-xylopyranosyl-（1→3）］-β-D-glucopyranosyl-（1→4）-［α-rhamnopyranosyl-（1→2）］-β-D-mannopyranoside}[6]，海柯皂苷元 -3-O-β-D- 吡喃葡萄糖（1→4）-β-D- 吡喃半乳糖苷［hecogenin-3-O-β-D-glucopyranosyl（1→4）-β-D-galactopyranoside］、替告皂苷元 -3-O-β-D- 吡喃葡萄糖（1→4）-β-D- 吡喃半乳糖苷［tigogenin-3-O-β-D-glucopyranosyl（1→4）-β-D-galactopyranoside］、海柯皂苷元 -3-O-β-D- 吡喃葡萄糖（1→2）-β-D- 吡喃葡萄糖（1→4）-β-D- 吡喃半乳糖苷［hecogenin-3-O-β-D-glucopyranosyl（1→2）-β-D-glucopyranosyl（1→4）-β-D-galactopyranoside］、海柯皂苷元 -3-O-β-D- 吡喃木糖（1→3）-β-D- 吡喃葡萄糖（1→4）-β-D- 吡喃半乳糖苷［hecogenin-3-O-β-D-xylopyranosyl（1→3）-β-D-glucopyranosyl（1→4）-β-D-galactopyranoside］、替告皂苷元 -3-O-β-D- 吡喃木糖（1→2）-［β-D- 吡喃木糖（1→3）］-β-D- 吡喃葡萄糖（1→4）-［α-L- 吡喃鼠李糖（1→2）]-β-D- 吡喃半乳糖苷 {tigogenin-3-O-β-D-xylopyranosyl（1→2）-［β-D-xylopyranosyl（1→3）］-β-D-glucopyranosyl（1→4）-［α-L-rhamnopyranosyl（1→2）]-β-D-galactopyranoside}、3-O-{β- 吡喃木糖（1→2）-［β-D- 吡喃木糖（1→3）］-β-D- 吡喃葡萄糖（1→4）-［α-L- 吡喃鼠李糖（1→2）］-β-D- 吡喃半乳糖 }-26-O-β-D- 吡喃葡萄糖 -22- 甲氧基 -（3β，5α，25R）- 呋甾 -3，26- 二醇 {3-O-{β-D-xylopyranosyl（1→2）-［β-D-xylopyranosyl（1→3）］-β-D-glucopyranosyl（1→4）-［α-L-rhamnopyranosyl（1→2）］-β-D-galactopyranosyl}-26-O-β-D-glucopyranosyl-22-methoxy-（3β, 5α, 25R）-furostan-3，26-diol}、海柯皂苷元 -3-O-β-D- 吡喃葡萄糖（1→2）-［β-D- 吡喃木糖（1→3）］-β-D- 吡喃葡萄糖（1→4）-β-D- 吡喃半乳糖苷 {hecogenin-3-O-β-D-glucopyranosyl（1→2）-［β-D-xylopyranosyl（1→3）］-β-D-glucopyranosyl（1→4）-β-D-galactopyranoside}、替告皂苷元 -3-O-β-D- 吡喃葡萄糖（1→2）-［β-D- 吡喃木糖（1→3）］-β-D- 吡喃葡萄糖（1→4）-β-D- 吡喃半乳糖 {tigogenin-3-O-β-D-glucopyranosyl（1→2）-［β-D-xylopyranosyl（1→3）］-β-D-glucopyranosyl（1→4）-β-D-galactopyranoside}和蒺藜宁 C、D、E、F、G、H、I（terrestrinin C、D、E、F、G、H、I）[8]；黄酮类：槲皮素 -3-O-β-D- 葡萄糖苷（quercetin-3-O-β-D-glucoside）、槲皮素 -3-O- 龙胆二糖苷（quercetin-3-O-gentiobioside）、山奈酚 -3-O- 龙胆二糖苷（kaempferol-3-O-gentiobioside）、山奈酚 -3-O-β-D- 葡萄糖苷（kaempferol-3-O-β-D-glucoside）、槲皮素（quercetin）和山奈酚（kaempferol）[6, 9]；甾体类：胡萝卜苷（daucosterol）[2]，β- 谷甾醇（β-sitosterol）和 β- 谷甾醇 -β-D- 吡喃葡萄糖苷（β-sitosterol-β-D-glucopyranoside）[5]。

地上部分含皂苷类：蒺藜酮 *A$_2$（terrestrinone A$_2$）[10]，薯蓣皂苷元 -3-O-α-L- 吡喃鼠李糖 -（1→4）-β-D- 吡喃葡萄糖苷［diosgenin-3-O-α-L-rhamnopyranosyl-（1→4）-β-D-glucopyranoside］、薯蓣皂苷（dioscin）[11]，海柯皂苷元 -3-O-β-D- 吡喃葡萄糖（1→4）-β-D- 吡喃半乳糖苷［hecogenin-3-O-β-D-glucopyranosyl（1→4）-β-D-galactopyranoside］、26-O-β-D- 吡喃葡萄糖 -3-O-［β-D- 吡喃木糖（1→3）β-O- 吡喃半乳糖（1→2）-β-D- 吡喃葡萄糖（1→4）-β-D- 吡喃葡萄糖］-5α- 呋甾 -20（22）- 烯 -12- 酮 -3β，26- 二醇 {26-O-β-D-glucopyranosyl-3-O-［β-D-xylopyranosyl（1→3）β-O-galactopyranosyl（1→2）-β-D-glucopyranosyl（1→4）-β-D-glucopyranosyl］-5α-furost-20（22）-en-12-one-3β, 26-diol} 和 26-O-β-D- 吡喃葡萄糖 -3-O-［β-D- 吡喃木糖（1→3）β-O- 吡喃半乳糖（1→2）-β-D- 吡喃葡萄糖（1→4）-β-D- 吡喃葡萄糖］-5α- 呋甾 -12- 酮 -3β, 22, 26- 三醇 {26-O-β-D-glucopyranosyl-3-O-［β-D-xylopyranosyl（1→3）β-O-galactopyranosyl（1→2）-β-D-glucopyranosyl（1→4）-β-D-glucopyranosyl］-5α-furostan-12-one-3β, 22, 26-triol}[12]；黄酮类：异鼠李素 -3-O-β-D- 葡萄糖 -7-O-β-D- 葡萄糖苷（isorhamnetin-3-O-β-D-glucoside-7-O-β-D-glucoside）、槲皮素 -3-O-β-D- 龙胆二糖苷（quercetin-3-O-β-D-gentiobioside）、异荭草苷（isoorientin）、山奈酚 -3-O-β-D- 葡萄糖 -（1→6）-D- 葡萄糖 -7-O-β-D- 葡萄糖苷（kaempferol-3-O-β-D-glucosyl-（1→6）-D-glucosyl-7-O-β-D-glucoside）和山奈酚 -3-O-β-D- 龙胆二糖 -7-O-β-D- 葡萄糖苷（kaempferol-3-O-β-D-gentiobioside-7-O-β-D-glucoside）[10]；酚酸类：5- 对 - 反式 - 香豆酰奎宁酸（5-p-trans-coumaroyl quinic acid）、5- 对 - 顺式 - 香豆酰奎宁酸（5-p-cis-coumaroyl quinic acid）和 4，5- 二 - 对 - 顺式 - 香豆酰奎宁酸（4，5-di-p-cis-coumaroyl quinic acid）[11]；酚苷类：乙酰丁香酮葡萄糖苷（glucoacetosyringone）[10]；香豆素类：异嗪皮啶 -7-O-β-D- 葡萄糖苷（isofraxidin-7-O-β-D-glucoside）[10]；寡糖类：O-β-D- 呋喃果糖 -（2→6）-α-D- 吡喃葡萄糖 -（1→6）-β-D- 呋喃果糖 -（2→6）-β-D- 吡喃果糖 -（2→1）-α-D- 吡喃葡萄糖 -（6→2）-β-D- 呋喃果糖苷［O-β-D-fructofuranosyl-（2→6）-α-D-glucopyranosyl-（1→6）-β-D-fructofuranosyl-（2→6）-β-D-fructofuranosyl-（2→1）-α-D-glucopyranosyl-（6→2）-β-D-fructofuranoside］和 O-α-D- 吡喃葡萄糖 -（1→4）-α-D- 吡喃葡萄糖 -（1→4）-α-D- 吡喃葡萄糖 -（1→2）-β-D- 呋喃果糖苷［O-α-D-glucopyranosyl-（1→4）-α-D-glucopyranosyl-（1→4）-α-D-glucopyranosyl-（1→2）-β-D-fructofuranoside］[11]。

茎叶含皂苷类：蒺藜酮 *A$_2$（terrestrinone A$_2$）[13]和 25-R- 螺甾烷 -4- 烯 -3, 12- 二酮（25R-spirost-4-en-3, 12-dione）[14]；黄酮类：异鼠李素 -3-O-β-D- 葡萄糖 -7-O-β-D- 葡萄糖苷（isorhamnetin-3-O-β-D-glucoside-7-O-β-D-glucoside）、槲皮素 -3-O-β-D- 龙胆二糖苷（quercetin-3-O-β-D-gentiobioside）、异荭草苷（isoorientin）、山奈酚 -3-O-β-D- 龙胆二糖 -7-O-β-D- 葡萄糖苷（kaempferol-3-O-β-D-gentiobioside-7-O-β-D-glucoside）、异鼠李素 -3-O-β-D- 龙胆二糖 -7-O-β-D- 葡萄糖苷（isorhamnetin-3-O-β-D-gentiobioside-7-O-β-D-glucoside）[13]和山奈酚 -3-O-β-D- 龙胆二糖苷（kaempferol-3-O-β-D-gentiobioside）[15]；香豆素类：异嗪皮啶 -7-O-β-D- 吡喃葡萄糖苷（isofraxidin-7-O-β-D-glucopyranoside）[13]和麻风素（jatrophin）[14]；酚苷类：

乙酰丁香酮葡萄糖苷（glucoacetosyringone）[13]；酚酸衍生物：邻苯二甲酸二丁酯（dibutyl phthalate）和邻苯二甲酸二辛酯(dioctyl phthalate)[13]；萜类：3,5- 二羟基 -6,7- 大柱香波龙二烯 -9- 酮（3,5-dihydroxy-6,7-megastigmadien-9-one）和假虎刺酮（carissone）[14]；木脂素类：去氢双松柏醇（dehydrodiconiferyl alcohol）[14]；甾体类：胡萝卜苷（daucosterol）[14]。

　　果实含皂苷类：3-O-{β-D- 吡喃木糖（1→3）-[β-D- 吡喃木糖（1→2）]-β-D- 吡喃葡萄糖（1→4）-[α-L- 吡喃鼠李糖（1→2）]-β-D- 吡喃半乳糖}-26-O-β-D- 吡喃葡萄糖 -5α- 呋甾 -12- 酮 -22- 甲氧基 -3β,26- 二醇 {3-O-{β-D-xylopyranosyl（1→3）-[β-D-xylopyranosyl（1→2）]-β-D-glucopyranosyl（1→4）-[α-L-rhamnopyranosyl（1→2）]-β-D-galactopyranosy}-26-O-β-D-glucopyranosyl-5α-furost-12-one-22-methoxyl-3β,26-diol}，即蒺藜甾苷 A（terrestroside A）、3-O-{β-D- 吡喃木糖（1→3）-[β-D- 吡喃木糖（1→2）]-β-D- 吡喃葡萄糖（1→4）-[α-L- 吡喃鼠李糖（1→2）]-β-D- 吡喃半乳糖 }-26-O-β-D- 吡喃葡萄糖 -5α- 呋甾 -22- 甲氧基 -3β,26- 二醇 {3-O-{β-D-xylopyranosyl（1→3）-[β-D-xylopyranosyl（1→2）]-β-D-glucopyranosyl（1→4）-[α-L-rhamnopyranosyl（1→2）]-β-D-galactopyranosy}-26-O-β-D-glucopyranosyl-5α-furost-22-methoxyl-3β,26-dio}，即蒺藜甾苷 B（terrestroside B）[16]，3-O-{[β-D- 吡喃木糖（1→3）][β-D- 吡喃木糖 -（1→2）]-[β-D- 吡喃葡萄糖（1→4）]}[α-L- 吡喃鼠李糖（1→2）]-[β-D- 吡喃半乳糖]-26-O-β-D- 吡喃葡萄糖 -25（R）-5α- 呋甾 -12- 酮 -3β,22,26- 三醇 {3-O-{[β-D-xylopyranosyl（1→3）][β-D-xylopyranosyl-（1→2）]-[β-D-glucopyranosyl（1→4）]}[α-L-rhamnopyranosyl（1→2）]-[β-D-galactopyransyl]-26-O-β-D-glucopyranosyl-25（R）-5α-furost-12-one-3β,22,26-triol}、3-O-{[β-D- 吡喃木糖（1→3）][β-D- 吡喃半乳糖 -（1→2）]-[β-D- 吡喃葡萄糖（1→4）]}-[β-D- 吡喃葡萄糖]-26-O-β-D- 吡喃葡萄糖 -25（R）-5α- 呋甾 -12- 酮 -3β,22,26- 三醇 {3-O-{[β-D-xylopyranosy（1→3）][β-D-galactopyransyl-（1→2）]-[β-D-glucopyranosyl（1→4）]}-[β-D-glucopyranosyl]-26-O-β-D-glucopyranosyl-25（R）-5α-furost-12-one-3β,22,26-triol}、3-O-{[β-D- 吡喃木糖（1→3）][β-D- 吡喃木糖 -（1→2）]-[β-D- 吡喃葡萄糖（1→4）]}[α-L- 吡喃鼠李糖（1→2）]-[β-D- 吡喃半乳糖]-26-O-β-D- 吡喃葡萄糖 -25（R）-5α- 呋甾 -3β,-22α-26- 三醇 {3-O-{[β-D-xylopyranosy（1→3）][β-D-xylopyranosy-（1→2）]-[β-D-glucopyranosyl（1→4）]}[α-L-rhamnopyranosyl（1→2）]-[β-D-galactopyransyl]-26-O-β-D-glucopyranosyl-25（R）-5α-furost-3β,-22α-26-triol}，即蒺藜皂苷 A（terreside A）、3-O-[β-D- 吡喃葡萄糖（1→2）]-[β-D- 吡喃葡萄糖（1→4）]-[β-D- 吡喃半乳糖]-26-O-β-D- 吡喃葡萄糖 -25（S）-5α- 呋甾 -12- 酮 -2α,3β,22α,26- 四醇 {3-O-[β-D-glucopyranosyl（1→2）]-[β-D-glucopyranosyl（1→4）]-[β-D-galactopyransy]-26-O-β-D-glucopyranosyl-25（S）-5α-furost-12-one-2α,3β,22α,26-tetraol}、3-O-[β-D- 吡喃葡萄糖（1→2）]-[β-D- 吡喃葡萄糖（1→4）]-[β-D- 吡喃半乳糖]-26-O-β-D- 吡喃葡萄糖 -25（R）-5α- 呋甾 -12- 酮 -2α,3β,22α,26- 四醇 {3-O-[β-D-glucopyranosyl（1→2）]-[β-D-glucopyranosyl（1→4）]-[β-D-galactopyransy]-26-O-β-D-glucopyranosyl]-25（R）-5α-furost-12-one-2α,3β,22α,26-tetraol}、3-O-{[β-D- 吡喃木糖（1→3）][β-D- 吡喃半乳糖（1→2）]-β-D- 吡喃葡萄糖（1→4）}-[β-D- 吡喃葡萄糖]-26-O-β-D- 吡喃葡萄糖 -25（R）-5α- 呋甾 -3β,22α,26- 三醇 {3-O-{[β-D-xylopyranosyl（1→3）][β-D-galactopyransyl（1→2）]-β-D-glucopyranosyl（1→4）}-[β-D-glucopyranosyl]-26-O-β-D-glucopyranosyl-25（R）-5α-furost-3β,22α,26-triol}[17]，26-O-β-D- 吡喃葡萄糖 -（25R）-5α- 呋甾 -3β,22α,26- 三醇 -3-O-[β-D- 吡喃木糖（1→3）]-[β-D- 吡喃木糖（1→2）]-β-D- 吡喃葡萄糖（1→4）-[α-L- 吡喃鼠李糖（1→2）]-β-D- 吡喃半乳糖苷 {26-O-β-D-glucopyranosyl-（25R）-5α-furost-3β,22α,26-triol-3-O-[β-D-xylopyranosyl（1→3）]-[β-D-xylopyranosyl（1→2）]-β-D-glucopyranosyl（1→4）-[α-L-rhamnopyranosyl（1→2）]-β-D-galactopyranoside}、26-O-β-D- 吡喃葡萄糖 -（25R）-5α- 呋甾 -20（22）- 烯 -2α,3β,26- 三醇 -3-O-β-D- 吡喃半乳糖（1→2）-β-D- 吡喃葡萄糖（1→2）-β-D- 吡喃半乳糖苷 [26-O-β-D-glucopyranosyl-（25R）-5α-furost-20（22）-ene-2α,3β,26-triol-3-O-β-D-galactopyranosyl

（1→2）-β-D-glucopyranosyl（1→2）-β-D-galactopyranoside］、25R-5α- 呋甾 -Δ20（22）- 烯 -12- 酮 -3β，26- 二 醇 -26-O-β-D- 吡 喃 葡 萄 糖 苷［25R-5α-furost-Δ20（22）-ene-12-one-3β，26-diol-26-O-β-D-glucopyranoside］、26-O-β-D- 吡喃葡萄糖 -5α- 呋甾 -20（22）-烯 -3β，26- 二醇 -3-O-α-L- 吡喃鼠李糖（1→2）-［β-D- 吡喃葡萄糖（1→4）］-β-D- 吡喃半乳糖苷 {26-O-β-D-glucopyranosyl-5α-furost-20（22）-ene-3β，26-diol-3-O-α-L-rhamnopyranosyl（1→2）-［β-D-glucopyranosyl（1→4）］-β-D-galactopyranoside}、26-O-β-D- 吡喃葡萄糖 -5α- 呋甾 -12- 酮 -2α，3β，22α，26- 四醇 -3-O-α-L- 吡喃葡萄糖（1→2）-β-D- 吡喃葡萄糖（1→4）-β-D- 吡喃半乳糖苷［26-O-β-D-glucopyranosyl-5α-furost-12-one-2α，3β，22α，26-tetraol-3-O-α-L-glucopyranosyl（1→2）-β-D-glucopyranosyl（1→4）-β-D-galactopyranoside］[18]，海柯皂苷元 -3-O-β-D- 吡喃葡萄糖（1→4）-β-D- 吡喃半乳糖苷［hecogenin-3-O-β-D-glucopyranosyl（1→4）-β-D-galactopyranoside］、新海柯皂苷元 -3-O-β-D- 吡喃葡萄糖（1→4）-β-D- 吡喃半乳糖苷［neohecogenin-3-O-β-D-glucopyranosyl（1→4）-β-D-galactopyranoside］、海柯皂苷元 -3-O-β-D- 吡喃葡萄糖（1→2）-β-D- 吡喃葡萄糖（1→4）-β-D- 吡喃半乳糖苷［hecogenin-3-O-β-D-glucopyranosyl（1→2）-β-D-glucopyranosyl（1→4）-β-D-galactopyranoside］[19]，26-O-β-D- 吡喃葡萄糖 -25（S）-5α- 呋甾 -12- 酮 -3β，22α，26- 三醇 -3-O-β-D- 吡喃葡萄糖（1→2）-β-D- 吡喃葡萄糖（1→4）-β-D- 吡喃半乳糖苷［26-O-β-D-glucopyranosyl-25（S）-5α-furost-12-one-3β，22α，26-triol-3-O-β-D-glucopyranosyl（1→2）-β-D-glucopyranosyl（1→4）-β-D-galactopyranoside］、26-O-β-D- 吡喃葡萄糖 -25（R）-5α- 呋甾 -12- 酮 -3β，22α，26- 三醇 -3-O-β-D- 吡喃葡萄糖（1→2）-β-D- 吡喃葡萄糖（1→4）-β-D- 吡喃半乳糖苷［26-O-β-D-glucopyranosyl-25（R）-5α-furost-12-one-3β，22α，26-triol-3-O-β-D-glucopyranosyl（1→2）-β-D-glucopyranosyl（1→4）-β-D-galactopyranoside］[20]，25R-5α- 螺甾 -12- 羰 -3-O-β-D- 吡喃葡萄糖（1→2）-β-D- 吡喃葡萄糖（1→4）-β-D- 吡喃半乳糖苷［25R-5α-spirostan-12-one-3-O-β-D-glucopyranosyl（1→2）-β-D-glucopyranosyl（1→4）-β-D-galactopyranoside］、25S-5α- 螺甾 -12- 羰 -3β- 羟基 -3-O-β-D- 吡喃葡萄糖（1→4）-β-D- 吡喃半乳糖苷［25S-5α-spirostan-12-one-3β-hydroxy-3-O-β-D-glucopyranosyl（1→4）-β-D-galactopyranoside］、25R-5α- 螺甾 -12- 羰 -3β- 羟基 -3-O-β-D- 吡喃葡萄糖（1→2）-［β-D- 吡喃木糖（1→3）］-β-D- 吡喃葡萄糖（1→4）-β-D- 吡喃半乳糖苷 {25R-5α-spirostan-12-one-3β-hydroxy-3-O-β-D-glucopyranosyl（1→2）-［β-D-xylopyranosyl（1→3）］-β-D-glucopyranosyl（1→4）-β-D-galactopyranoside }、26-O-β-D- 吡喃葡萄糖 -（25R）-5α- 呋甾 -3β，22α，26- 三醇 -3-O-［β-D- 吡喃木糖（1→3）］-［β-D- 吡喃木糖（1→2）］-β-D- 吡喃葡萄糖（1→4）-［α-L- 吡喃鼠李糖（1→2）］-β-D- 吡喃半乳糖苷 {26-O-β-D-glucopyranosyl-（25R）-5α-furost-3β，22α，26-triol-3-O-［β-D-xylopyranosyl（1→3）］-［β-D-xylopyranosyl（1→2）］-β-D-glucopyranosyl（1→4）-［α-L-rhamnopyranosyl（1→2）］-β-D-galactopyranoside }、26-O-β-D- 吡喃葡萄糖 -22- 甲氧基 -（25R）-5α- 呋甾 -3β，26- 二醇 -3-O-［β-D- 吡喃木糖（1→3）］-［β-D- 吡喃木糖（1→2）］-β-D- 吡喃葡萄糖（1→4）-［α-L- 吡喃鼠李糖（1→2）］-β-D- 吡喃半乳糖苷 {26-O-β-D-glucopyranosyl-22-methoxy-（25R）-5α-furost-3β，26-diol-3-O-［β-D-xylopyranosyl（1→3）］-［β-D-xylopyranosyl（1→2）］-β-D-glucopyranosyl（1→4）-［α-L-rhamnopyranosyl（1→2）］-β-D-galactopyranoside}[21]，替告皂苷元（tigogenin）、吉托皂苷元（gitogenin）、曼诺皂苷元（manogenin）[22]，26-O-β-D- 吡喃葡萄糖 -（25S）-5α- 呋甾 -20（22）- 烯 -12- 酮 -3β，26- 二醇 -3-O-α-L- 吡喃鼠李糖 -（1→2）-［β-D- 吡喃葡萄糖 -（1→4）］-β-D- 吡喃半乳糖苷 {26-O-β-D-glucopyranosyl-（25S）-5α-furostane-20（22）-en-12-one-3β，26-diol-3-O-α-L-rhamnopyranosyl-（1→2）-［β-D-glucopyranosyl-（1→4）］-β-D-galactopyranoside}[23]，大叶吊兰苷 E（chloromaloside E）、蒺藜宁 B（terrestrinin B）、蒺藜新苷 A（terrestroneoside A）[24]，26-O-β-D- 吡喃葡萄糖 -（25R）-5α- 呋甾 -12- 酮 -3β，22α，26- 三醇 -3-O-β-D- 吡喃葡萄糖（1→4）-β-D- 吡喃半乳糖［26-O-β-D-glucopyranosyl-（25R）-5α-furostane-12-one-3β，22α，26-triol-3-O-β-D-glucopyranosyl（1→4）-β-D-galactopyranoside］、26-O-β-D- 吡喃葡萄糖 -25（R）-5α- 呋甾 -12- 酮 -3β，22α，26- 三醇 -3-O-α-L- 吡喃鼠李糖 -（1→2）-O-［β-D-

吡喃葡萄糖 -（1→4）］-β-D- 吡喃半乳糖苷 {26-O-β-D-glucopyranosyl-25（R）-5α-furostan-12-one-3β, 22α, 26-triol-3-O-α-L-rhamnopyranosyl-（1→2）-O-［β-D-glucopyranosyl-（1→4）］-β-D-galactopyranoside}[25], 16β-（4′- 甲基 -5′-O-β-D- 吡喃葡萄糖 - 戊烷氧基）-5α- 孕甾 -3β- 醇 -12, 20- 二酮 -3-O-β-D- 吡喃葡萄糖（1→2）-β-D- 吡喃葡萄糖（1→4）-β-D- 吡喃半乳糖苷［16β-（4′-methyl-5′-O-β-D-glucopyranosyl-pentanoxy）-5α-pregn-3β-ol-12, 20-dione-3-O-β-D-glucopyranosyl-（1→2）-β-D-glucopyranosyl-（1→4）-β-D-galactopyranoside］、2α, 3β- 二羟基 -5α- 孕甾 -16- 烯 -20- 酮 3-O-β-D- 吡喃葡萄糖 -（1→4）-β-D- 吡喃半乳糖苷［2α, 3β-dihydroxy-5α-pregn-16-en-20-one 3-O-β-D-glucopyranosyl-（1→4）-β-D-galactopyranoside］、26-O-β-D- 吡喃葡萄糖 -（25R）-5α- 呋甾 -20（22）- 烯 -2α, 3β, 26- 三醇 -3-O-β-D- 吡喃葡萄糖 -（1→4）-β-D- 吡喃半乳糖［26-O-β-D-glucopyranosyl-（25R）-5α-furostan-20（22）-en-2α, 3β, 26-triol-3-O-β-D-glucopyranosyl-（1→4）-β-D-galactopyranoside][26]、26-O-β-D- 吡喃葡萄糖 -5α- 呋甾 -12- 酮 -20（22）- 烯 -3β, 23, 26- 三醇 -3-O-β-D- 吡喃木糖 -（1→2）-[β-D- 吡喃木糖 -（1→3）] -β-D- 吡喃葡萄糖 -（1→4）-[α-L- 吡喃鼠李糖 -（1→2）] -β-D- 吡喃半乳糖苷 {26-O-β-D-glucopyranosyl-5α-furostan-12-one-20（22）-ene-3β, 23, 26-triol-3-O-β-D-xylopyranosyl-（1→2）-[β-D-xylopyranosyl-（1→3）] -β-D-glucopyranosyl-（1→4）-[α-L-rhamnopyranosyl-（1→2）] -β-D-galactopyranoside}、26-O-β-D- 吡喃葡萄糖 -5α- 呋甾 -20（22）- 烯 -3β, 23, 26- 三醇 -3-O-β-D- 吡喃木糖 -（1→2）-[β-D- 吡喃木糖 -（1→3）] -β-D- 吡喃葡萄糖 -（1→4）-[α-L- 吡喃鼠李糖 -（1→2）] -β-D- 吡喃半乳糖 {26-O-β-D-glucopyranosyl-5α-furostan-20（22）-ene-3β, 23, 26-triol-3-O-β-D-xylopyranosyl-（1→2）-[β-D-xylopyranosyl-（1→3）] -β-D-glucopyranosyl-（1→4）-[α-L-rhamnopyranosyl-（1→2）] -β-D-galactopyranoside}[27]、（23S, 25S）-5α- 螺甾 -24- 酮 -3β, 23- 二醇 -3-O-{α-L- 吡喃鼠李糖 -（1→2）-O-[β-D- 吡喃葡萄糖 -（1→4）] -β-D- 吡喃半乳糖苷 }{（23S, 25S）-5α-spirostane-24-one-3β, 23-diol-3-O-{α-L-rhamnopyranosyl-（1→2）-O-[β-D-glucopyranosyl-（1→4）] -β-D-galactopyranoside}}、（24S, 25S）-5α- 螺甾 -3β, 24- 二醇 -3-O-{α-L- 吡喃鼠李糖 -（1→2）-O-[β-D- 吡喃葡萄糖 -（1→4）] -β-D- 吡喃半乳糖苷 }{（24S, 25S）-5α-spirostane-3β, 24-diol-3-O-{α-L-rhamnopyranosyl-（1→2）-O-[β-D-glucopyranosyl-（1→4）] -β-D-galactopyranoside}}、26-O-β-D- 吡喃葡萄糖 -（25R）-5α- 呋甾 -2α, 3β, 22α, 26- 四醇 -3-O-[β-D- 吡喃葡萄糖 -（1→2）-O-β-D- 吡喃葡萄糖 -（1→4）-β-D- 吡喃半乳糖苷] {26-O-β-D-glucopyranosyl-（25R）-5α-furostan-2α, 3β, 22α, 26-tetraol-3-O-[β-D-glucopyranosyl-（1→2）-O-β-D-glucopyranosyl-（1→4）-β-D-galactopyranoside] }、26-O-β-D- 吡喃葡萄糖 -（25R）-5α- 呋甾 -20（22）- 烯 -2α, 3β, 26- 三醇 -3-O-[β-D- 吡喃葡萄糖 -（1→2）-O-β-D- 吡喃葡萄糖 -（1→4）-β-D- 吡喃半乳糖苷] {26-O-β-D-glucopyranosyl-（25R）-5α-furostan-20（22）-en-2α, 3β, 26-triol-3-O-[β-D-glucopyranosyl-（1→2）-O-β-D-glucopyranosyl-（1→4）-β-D-galactopyranoside] }、26-O-β-D- 吡喃葡萄糖 -（25S）-5α- 呋甾 -12- 酮 -22- 甲氧基 -3β, 26- 二醇 -3-O-{α-L- 吡喃鼠李糖 -（1→2）-O-[β-D- 吡喃葡萄糖 -（1→4）] -β-D- 吡喃半乳糖苷 }{26-O-β-D-glucopyranosyl-（25S）-5α-furostan-12-one-22-methoxy-3β, 26-diol-3-O-{α-L-rhamnopyranosyl-（1→2）-O-[β-D-glucopyranosyl-（1→4）] -β-D-galactopyranoside}}[28]、（25R, S）-5α- 螺甾 -12- 酮 -3β- 醇 -3-O- 吡喃木糖（1→2）-[β- 吡喃木糖 -（1→3）] -β- 吡喃葡萄糖（1→4）-[α- 吡喃鼠李糖（1→2）] -β- 吡喃半乳糖苷 {（25R, S）-5α-spirostane-12-one-3 β-ol-3-O-β-xylopyranosyl（1→2）-[β-xylopyranosyl（1→3）]-β-glucopyranosyl（1→4）-[α-rhamnopyranosyl（1→2）] -β-galactopyranoside}、26-O-β- 吡喃葡萄糖 -（25S）-5α- 呋甾 -12- 酮 -3 β, 22α, 26- 三醇 -3-O-β- 吡喃葡萄糖（1→2）-β- 吡喃半乳糖苷［26-O-β-glucopyranosyl-（25S）-5α-furostane-12-one-3 β, 22α, 26-triol-3-O-β-glucopyranosyl（1→2）-β-galactopyranoside］、26-O-β- 吡喃葡萄糖 -（25S）-5α- 呋甾 -12- 酮 -3β, 22α, 26- 三醇 -3-O-β- 吡喃葡萄糖（1→4）-[α- 吡喃鼠李糖（1→2）] -β- 吡喃半乳糖苷 {26-O-β-glucopyranosyl-（25S）-5α-furostane-12-one-3β, 22α, 26-triol-3-O-β-glucopyranosyl（1→4）-[α-rhamnopyranosyl（1→2）] -β-galactopyranoside}[29]，蒺藜呋甾苷 *I、J（tribufuroside I、J）[30]，

蒺藜呋甾苷 *B、C（tribufurosides B、C）[31]，26-O-β-D- 吡喃葡萄糖 -（25S）-5α- 呋甾 -20（22）- 烯 -3β，26- 二醇 -3-O-α-L- 吡喃鼠李糖 -（1→2）-［β-D- 吡喃葡萄糖 -（1→4）］-β-D- 吡喃半乳糖苷 {26-O-β-D-glucopyranosyl-（25S）-5α-furost-20（22）-en-3β, 26-diol-3-O-α-L-rhamnopyranosyl-（1→2）-［β-D-glucopyranosyl-（1→4）］-β-D-galactopyranoside}、26-O-β-D- 吡喃葡萄糖 -（25S）-5α- 呋甾 -20（22）- 烯 -12- 酮 -3β, 26- 二醇 -3-O-β-D- 吡喃半乳糖 -（1→2）-β-D- 吡喃葡萄糖 -（1→4）-β-D- 吡喃半乳糖苷［26-O-β-D-glucopyranosyl-（25S）-5α-furost-20（22）-en-12-one-3β, 26-diol-3-O-β-D-galactopyranosyl-（1→2）-β-D-glucopyranosyl-（1→4）-β-D-galactopyranoside］[32]，蒺藜呋甾苷 *D、E（tribufuroside D、E）[33]，（23S, 24R, 25R）-5α- 螺甾 -3β, 23, 24- 三醇 -3-O-{α-L- 吡喃鼠李糖 -（1→2）-［β-D- 吡喃葡萄糖 -（1→4）］-β-D- 吡喃半乳糖苷 }{（23S, 24R, 25R）-5α-spirostane-3β, 23, 24-triol-3-O-{α-L-rhamnopyranosyl-（1→2）-［β-D-glucopyranosyl-（1→4）］-β-D-galactopyranoside}}、（23S, 24R, 25S）-5α- 螺甾 -3β, 23, 24- 三醇 -3-O-{α-L- 吡喃鼠李糖苷 -（1→2）-［β-D- 吡喃葡萄糖苷 -（1→4）］-β-D- 吡喃半乳糖苷 }{（23S, 24R, 25S）-5α-spirostane-3β, 23, 24-triol-3-O-{α-L-rhamnopyranosyl-（1→2）-［β-D-glucopyranosyl-（1→4）］-β-D-galactopyranoside}}[34]，海柯酮（hecogenone）、25R- 螺甾 -4- 烯 -3, 12- 二酮（25R-spirostan-4-ene-3, 12-dione）[35,36] 和 3β- 羟基 -5α- 孕甾 -16（17）- 烯 -20- 酮 -3-O-β-D- 吡喃木糖（1→2）-［β-D- 吡喃木糖 -（1→3）］-β-D- 吡喃葡萄糖 -（1→4）-［α-L- 吡喃鼠李糖 -（1→2）］-β-D- 吡喃半乳糖苷 {3β-hydroxy-5α-pregn-16（17）-en-20-one-3-O-β-D-xylopyranosyl（1→2）-［β-D-xylopyranosyl-（1→3）］-β-D-glucopyranosyl-（1→4）-［α-L-rhamnopyranosyl-（1→2）］-β-D-galactopyranoside}[37]；酰胺类：蒺藜酰胺（terrestriamide）[38]，蒺藜酰亚胺 C（tribulusimide C）、N- 对香豆酰酪胺（N-p-coumaroyltyramine）[39]，顺式蒺藜酰胺（cis-terrestriamide）、N- 反式肉桂酰酪胺（N-trans-cinnamoyltyramine）、N- 反式阿魏酰酪胺（N-trans-feruloyltyramine）、N- 反式阿魏酰章胺（N-trans-feruloyloctopamine）、阿魏酸酰胺（ferulamide）、N- 顺式阿魏酰酪胺（N-cis-feruloyltyramine）、N- 顺式咖啡酰酪胺（N-cis-caffeoyltyramine）[40]，刺蒺藜酰胺 C（tribulusamide C）[41]，刺蒺藜酰胺 D（tribulusamide D）[42] 和 N- 反式 -ρ- 咖啡酰酪胺（N-trans-ρ-caffeoyl tyramine）[43]；甾体类：3- 羟基 - 豆甾 -5- 烯 -7- 酮（3-hydroxy-stigmast-5-en-7-one）[38]，β- 谷甾醇（β-sitosterol）、7α- 羟基谷甾醇 -3-O-β-D- 葡萄糖苷（7α-hydroxysitosterol-3-O-β-D-glucoside）、酵母甾醇（cerevisterol）[35,36] 和胡萝卜苷（daucosterol）[44]；蒽醌类：大黄素（emodin）和大黄素甲醚（physcion）[44]；黄酮类：山奈酚（kaempferol）[44]，山奈酚 -3-O-β-D- 葡萄糖苷（kaempferol-3-O-β-D-glucoside）、3′- 甲氧基 - 山奈酚 -3-O-β-D- 葡萄糖苷（3′-methoxy-kaempferol-3-O-β-D-glucoside）和 3′- 甲氧基 - 山奈酚 -3-O-β-D- 龙胆二糖苷（3′-methoxy-kaempferol-3-O-β-D-gentiobioside）[45]；脂肪酸及酯类：棕榈酸单甘油酯（glycerol monopalmitate）[38]；低碳羧酸类：琥珀酸（succinic acid）[38]；酚酸类：香草酸（vanillic acid）[38]，苯甲酸（benzoic acid）[45]，香草醛（vanillin）、2- 甲基苯甲酸（2-methyl benzoic acid）和阿魏酸（ferulic acid）[46]；核苷类：尿嘧啶核苷（uridine）[45]；挥发油类：（E, E）-2, 4- 癸二烯醛［（E, E）-2, 4-decadienal］、香芹烯（limonene）、反式 - 茴香烯（trans-anethole）、肉桂酸乙酯（ethyl cinnamate）、己醛（hexanal）和 α- 松油醇（α-terpineol）等[47]。

【药理作用】 1. 抗疲劳 提取物可延长大鼠跑台至力竭时间，其抗疲劳作用可能与其增加糖原含量和升高血睾酮的水平有关[1]。2. 改善心肌 提取的皂苷可明显缩小麻醉犬梗死范围，降低犬心梗后谷丙转氨酶（ALT）、心肌酶 CK 活性，降低心肌酶学指标[2]；提取的皂苷对肿瘤坏死因子 -α（TNF-α）损伤心肌细胞线粒体酶有保护作用，并可抑制再灌注后乳酸脱氢酶（LDH）的漏出量，减少丙二醛（MDA）含量，升高超氧化物歧化酶（SOD）活性，抑制肿瘤坏死因子 -α 和白细胞介素 -6（IL-6）的分泌量[3]。3. 护脑 果实提取的总皂苷能明显减轻大鼠脑含水量及血管通透性，降低脑缺血后大鼠血中的内皮素含量，提高血中超氧化物歧化酶的活性，对实验性脑缺血有明显的保护作用[4]。4. 降血脂 提取的总皂苷对高脂高糖饲料诱导的营养性肥胖大鼠能有效控制其体重的增加，显著降低其血脂水平，同时可提高肥胖大鼠的胰岛素敏感性, 对口服糖耐量的改善效果与罗格列酮相当[5]; 蒺藜皂苷能有效阻止血清固醇、低密度脂蛋白胆固醇 (LDL-C) 的升高, 降低肝脏胆固醇、三酰甘油的含量, 提高肝脏超氧化物歧化酶的活性[6]。5.抗肿瘤 蒺藜皂苷在体外对人乳腺癌髓样细胞系 Bcap-37 细胞的增殖有较强的抑制作用, 尚能抑制人肝癌 BEL-7402 细胞的增殖并诱导其凋亡, 其机制与下调 Bcl-2 蛋白的表达有关[7, 8]。6.改善记忆 蒺藜皂苷对记忆障碍小鼠的学习记忆均有明显改善, 可提高学习记忆能力, 减少健忘[9, 10]; 蒺藜皂苷可有效对抗谷氨酸所致的阿尔茨海默病 (AD) 小鼠的学习记忆能力降低, 具有明显的促智作用, 且可明显增加 AD 小鼠脑内神经氨酸酶 (NA)、多巴胺 (DA) 和 5- 羟色胺 (5-HT) 含量, 明显减少 AD 小鼠背海马和齿状回内 β- 淀粉样肽阳性神经元的个数, 对谷氨酸所致的阿尔茨海默病有明显的改善作用[10]。7.抗血栓 蒺藜皂苷能降低血栓湿重, 延长血栓形成时间, 缩短体外血栓长度, 降低体外血栓湿重和干重, 并可明显降低血液黏度, 其机制与降低血液黏度、改善血液流变性有关[11]。

【性味与归经】蒺藜: 辛、苦, 微温; 有小毒。归肝经。蒺藜草: 苦、辛, 温。归肺、肝、肾经。

【功能与主治】蒺藜: 平肝解郁, 活血祛风, 明目, 止痒。用于头痛眩晕, 胸胁胀痛, 乳闭乳痈, 目赤翳障, 风疹瘙痒。蒺藜草: 平肝解郁, 活血, 理气化痰, 补益肝肾。用于胸痹, 胸胁胀痛, 头痛眩晕。

【用法与用量】蒺藜: 6 ~ 9g。蒺藜草: 6 ~ 15g, 水煎服。

【药用标准】蒺藜: 药典 1963—2015、浙江炮规 2005、新疆药品 1980 二册、内蒙古蒙药 1986、藏药 1979、云南药品 1996 和台湾 2013。蒺藜草: 福建药材 2006。

【临床参考】1.白癜风: 复方白蒺藜片 (白蒺藜、黄芩、补骨脂、当归、丹参、潼蒺藜、功劳叶、六月雪、土木香、黄芩、何首乌、白芍药、大枣、自然铜等组成) 口服, 每次 2.5g, 每日 3 次[1]。

2. 脑动脉硬化症和脑血栓形成后遗症: 心脑舒通胶囊 (主要药味为白蒺藜) 口服, 每次 30 ~ 45mg, 每日 3 次, 8 周为 1 疗程[2]。

3. 寻常疣: 嫩果实 (以不扎手为佳), 用其反复揉擦患处, 以疣体轻微潮红为度, 每日 1 次, 直到疣体全部脱落为止[3]。

4. 牙痛: 果实 6 ~ 10g, 水煎服, 代茶饮[4]。

5. 头痛: 果实 30g, 加葛根 30g、地龙 12g, 水煎服[5]。

6. 肝郁阳痿: 果实 9g, 水煎服, 每日 2 次[6]。

7. 银屑病: 果实 150g, 水煎, 频服[7]。

【附注】以蒺藜子之名始载于《神农本草经》, 列为上品。《本草经集注》云:"多生道上而叶布地, 子有刺, 状如菱而小。"《本草图经》云:"布地蔓生, 细叶, 子有三角刺人是也。"《本草衍义》谓:"蒺藜有两等, 一等杜蒺藜, 即今之道傍布地而生, 或生墙上, 有小黄花, 结芒刺, 此正是墙有茨者。"《本草纲目》载:"蒺藜, 叶如初生皂荚叶, 整齐可爱。刺蒺藜状如赤根菜子及细菱, 三角四刺, 实有仁。"即为本种。

蒺藜全草血虚气弱者及孕妇慎服。

本种的花、根及苗民间也作药用。

大花蒺藜 *Tribulus cistoides* Linn. 的果实在云南作蒺藜药用。

蒺藜果实并无毒性, 但有人内服仅 6g, 却引起猩红热样药疹, 有报道服后 1h 即全身皮肤有扎刺感, 随后发现有针头大的红色疹点; 继之皮肤普遍潮红, 瘙痒, 甚至有心烦不安等症。解救方法: 可用脱过敏药物治疗, 如苯海拉明、维生素 C、硫代硫酸钠或钙剂, 并大量饮水。(《浙江药用植物志》)

【化学参考文献】

[1] 吴克磊, 康利平, 熊呈琦, 等. 蒺藜全草中甾体皂苷类化学成分研究 [J]. 天津中医药大学学报, 2012, 31 (4): 225-228.

[2] 李君玲. 蒺藜全草中皂苷类化学成分的研究 [D]. 沈阳: 辽宁中医药大学硕士学位论文, 2006.

[3] Wang Z F, Wang B B, Zhao Y, et al. Furostanol and spirostanol saponins from *Tribulus terrestris* [J]. Molecules,

2016，21：429-432.

［4］Xu Y X，Chen H S，Liang H Q，et al. Three new saponins from *Tribulus terrestris*［J］. Planta Med，2000，66：545-550.

［5］宁哲. 蒺藜化合物的分离鉴定及抗癌活性研究［D］. 长春：吉林农业大学硕士学位论文，2008.

［6］曲宁宁. 中药蒺藜黄酮类活性成分的研究［D］. 沈阳：辽宁中医药大学硕士学位论文，2007.

［7］Zhang J D，Xu Z，Cao Y B，et al. Antifungal activities and action mechanisms of compounds from *Tribulus terrestris* L.［J］. J Ethnopharmacol，2006，103（1）：76-84.

［8］Kang L P，Wu K L，Yu H S，et al. Steroidal saponins from *Tribulus terrestris*［J］. Phytochemistry，2014，107：182-189.

［9］曲宁宁，杨松松. 蒺藜黄酮类化学成分的分离和鉴定［J］. 辽宁中医药大学学报，2007，9（3）：182-183.

［10］范冰舵. 蒺藜地上部分化学成分研究［D］. 北京：北京中医药大学硕士学位论文，2014.

［11］Hammoda H M，Ghazy N M，Harraz F M，et al. Chemical constituents from *Tribulus terrestris* and screening of their antioxidant activity［J］. Phytochemistry，2013，92（4）：153-159.

［12］Wu G，Jiang S，Jiang F，et al. Steroidal glycosides from *Tribulus terrestris*［J］. Phytochemistry，1996，42（6）：1677-1681.

［13］李春娜，范冰舵，刘洋洋，等. 蒺藜茎叶的化学成分研究［J］. 中华中医药杂志，2015，30（9）：3294-3297.

［14］李春娜. 蒺藜茎叶化学成分及质量分析研究［D］. 北京：北京中医药大学硕士学位论文，2015.

［15］桂海水. 蒺藜茎叶化学成分及含量测定研究［D］. 北京：北京中医药大学硕士学位论文，2013.

［16］Yuan W H，Wang N L，Yang-Hua Y I，et al. Two furostanol saponins from the fruits of *Tribulus terrestris*［J］. Chin J Nat Med，2008，6（3）：172-175.

［17］金银花. 蒺藜果呋甾型皂苷类成分的研究［D］. 长春：吉林大学硕士学位论文，2013.

［18］徐雅娟. 蒺藜果甾体皂苷成分鉴定及其对脑缺血损伤保护作用研究［D］. 长春：吉林大学博士学位论文，2007.

［19］徐雅娟，谢旭东，赵洪峰，等. 藜果甾体皂甙的研究［C］. 国际传统医药大会论文摘要汇编，2000.

［20］程小平. 蒺藜甾体皂苷化学成分的研究［D］. 长春：长春中医药大学硕士学位论文，2008.

［21］黄小蕾. 蒺藜甾体皂苷化学成分的研究［D］. 延吉：延边大学硕士学位论文，2006.

［22］王浩. 蒺藜甾体皂苷元分离鉴定及含量测定研究［D］. 延吉：延边大学硕士学位论文，2009.

［23］Xu Y J，Liu Y H，Xu T H，et al. A new furostanol glycosides from *Tribulus terrestris*［J］. Molecules，2010，15：613-618. doi：10. 3390/molecules15020613.

［24］Wang J，Zu X，Jiang Y. Five furostanol saponins from fruits of *Tribulus terrestris* and their cytotoxic activities［J］. Nat Prod Res，2009，23（15）：1436-1444.

［25］Chen G，Su L，Feng S G，et al. Furostanol saponins from the fruits of *Tribulus terrestris*［J］. Nat Prod Res，2013，27（13）：1186-1190.

［26］Liu T，Chen G，Yi G Q，et al. New pregnane and steroidal glycosides from *Tribulus terrestris* L.［J］. J Asian Nat Prod Res，2010，12（3）：209-214.

［27］Chen G，Liu T，Lu X，et al. New steroidal glycosides from *Tribulus terrestris* L.［J］. J Asian Nat Prod Res，2012，14（8）：780-784.

［28］Su L，Chen G，Feng S G，et al. Steroidal saponins from *Tribulus terrestris*［J］. Steroids，2009，74：399-403.

［29］Cai L，Wu Y，Zhang J，et al. Steroidal saponins from *Tribulus terrestris*［J］. Planta Med，2001，67（2）：196-198.

［30］Xu T，Xu Y，Liu Y，et al. Two new furostanol saponins from *Tribulus terrestris* L.［J］. Fitoterapia，2009，80（6）：354-357.

［31］Xu T H，Xu Y J，Xie S X，et al. Two new furostanol saponins from *Tribulus terrestris* L.［J］. J Asian Nat Prod Res，2008，10（5）：419-423.

［32］Xu Y J，Xu T H，Zhou H O，et al. Two new furostanol saponins from *Tribulus terrestris*［J］. J Asian Nat Prod Res，2010，12（5）：349-354.

［33］Xu Y J，Xu T H，Liu Y，et al. Two new steroidal glucosides from *Tribulus terrestris* L.［J］. J Asian Nat Prod Res，2009，11（6）：548-553.

［34］Liu T，Lu X，Wu B，et al. Two new steroidal saponins from *Tribulus terrestris* L.［J］. J Asian Nat Prod Res，

2010，12（1）：30-35.

［35］靳德君.蒺藜果实化学成分的研究［D］.沈阳：沈阳药科大学硕士学位论文，2003.

［36］靳德军，廖矛川，王喆星，等.蒺藜果实化学成分研究［J］.中南药学，2006，4（4）：248-250.

［37］刘颖.蒺藜果实的化学成分和其药理作用研究［D］.北京：北京化工大学硕士学位论文，2010.

［38］吕阿丽，张囡，马宏宇，等.蒺藜果实的化学成分研究［J］.中国药物化学杂志，2007，17（3）：170-172.

［39］Lv A L，Zhang N，Sun M G，et al. One new cinnamic imide dervative from the fruits of *Tribulus terrestris*［J］. Nat Prod Res，2010，22（11）：1007-1010.

［40］Kim H S，Lee J W，Jang H，et al. Phenolic amides from *Tribulus terrestris* and their inhibitory effects on nitric oxide production in RAW 264. 7 cells［J］. Arch Pharm Res，2018，41：192-195.

［41］Zhang X，Wei N，Huang J，et al. A new feruloyl amide derivative from the fruits of *Tribulus terrestris*［J］. Nat Prod Res，2012，26（20）：1922-1925.

［42］Lee H H，Ahn E K，Hong S S，et al. Anti-inflammatory effect of tribulusamide D isolated from *Tribulus terrestris* in lipopolysaccharide-stimulated RAW264. 7 macrophages［J］. Mol Med Rep，2017，16（4）：4421-4428.

［43］Ko H J，Ahn E K，Oh J S. N-trans-ρ-caffeoyl tyramine isolated from *Tribulus terrestris* exerts anti-inflammatory effects in lipopolysaccharide-stimulated RAW 264. 7 cells［J］. Int J Mol Med，2015，36：1042-1048.

［44］刘杰.刺蒺藜和射干的化学成分的研究［D］.上海：第二军医大学硕士学位论文，2002.

［45］王如意.白蒺藜果实的化学成分研究［D］.北京：北京化工大学硕士学位论文，2009.

［46］吕阿丽.蒺藜果实的化学成分研究［D］.沈阳：沈阳药科大学硕士学位论文，2007.

［47］霍昕，刘建华，高玉琼，等.蒺藜挥发性成分的 GC-MS 分析［J］.中国药房，2014（11）：1025-1027.

【药理参考文献】

［1］熊正英，刘社琴.蒺藜提取物对训练大鼠糖原、血睾酮和运动能力的影响［J］.体育科学，2004，24（8）：35-37.

［2］吕文伟，曲极冰，杨世杰.注射用蒺藜皂苷对麻醉开胸犬急性心肌梗塞的保护作用［J］.吉林大学学报（医学版），2005，（1）：17-20.

［3］侯俊英，王秀华，李红，等.蒺藜皂苷对缺血再灌注损伤心肌细胞的保护作用［J］.中国药理学通报，2004，20（4）：418-420.

［4］姜宗文，吕文伟，张志强，等.蒺藜果总皂苷对大鼠实验性脑缺血的保护作用［J］.中草药，2002，33（11）：1020-1022.

［5］牛伟，瞿伟菁，王煜非，等.蒺藜总皂苷对营养性肥胖大鼠胰岛素抵抗和高脂血症的影响［J］.营养学报，2006，28（2）：170-173.

［6］褚书地，瞿伟菁，逄秀凤，等.蒺藜皂苷对高脂血症的影响［J］.中药材，2003，26（5）：341-344.

［7］孙斌，瞿伟菁，柏忠江.蒺藜皂苷对乳腺癌细胞 Bcap-37 的体外抑制作用［J］.中药材，2003，26（2）：104-106.

［8］孙斌，瞿伟菁，张晓玲，等.蒺藜皂苷对人肝癌细胞 BEL7402 生长抑制和诱导凋亡作用的研究［J］.中国中药杂志，2004，（7）：75-78.

［9］张季，张丹参，严春临，等.蒺藜皂苷对小鼠记忆障碍的影响［J］.中药药理与临床，2007，23（3）：47-49.

［10］马玉奎，渠广民.蒺藜皂苷对谷氨酸致阿尔茨海默病模型小鼠的作用［J］.中国新药杂志，2009，18（6）：538-540.

［11］李红，王秀华，崔佳乐，等.注射用蒺藜皂苷的抗血栓形成作用［J］.吉林大学学报（医学版），2005，31（1）：14-16.

【临床参考文献】

［1］汤依晨，谢韶琼，徐晓云，等.复方白蒺藜片治疗白癜风疗效观察［J］.上海中医药杂志，2009，43（6）：43-44.

［2］陈国平，顾仁樾.白蒺藜（全草）治疗脑血管障碍性病变的临床与实验研究进展［J］.中国中医药科技，1998，5（3）：194-196.

［3］闫倩，李德义，王洪山.白蒺藜治疗寻常疣［J］.山东中医杂志，1999，18（5）：40.

［4］高涛，龙继红.白蒺藜治牙痛［J］.中国民间疗法，2010，18（3）：72.

［5］黄进，易梅.中药葛根白蒺藜地龙配伍治疗头痛体会［J］.中医药学刊，2006，24（9）：1763-1764.

［6］孟景春.白蒺藜治肝郁阳萎［J］.江苏中医，1997，18（3）：32.

［7］魏道雷.白蒺藜运用一得［J］.吉林中医药，1990，（5）：32.

四八 芸香科 Rutaceae

常绿或落叶的乔木、灌木，或木质藤本，或草本，通常具刺，全株含挥发油，揉之有特殊香味。单叶或复叶，互生，稀对生；叶片通常有半透明油点；无托叶。花两性或单性，辐射对称，稀左右对称，聚伞花序，稀总状或穗状花序或单花；萼片 4～5 枚；花瓣 4～5 枚；雄蕊与花瓣同数或为花瓣数目的 2 倍，花丝分离，稀合生成束；子房上位，心皮 2～5 枚或多数，离生或不同程度合生，花盘明显，柱头通常头状，每心皮有胚珠 1 粒、2 粒至多粒。果为蓇葖果、蒴果、核果、浆果或柑果，稀翅果；种子有或无胚乳。

本科栽培品种极多，近年的研究结果，对属及属以下分类有较大变动。本书仍以《中国植物志》的分类为基础予以记载。

约 150 属，1600 种，主产于热带、亚热带地区。中国加上引种栽培的共有 28 属，约 150 种，分布于全国各地，主产于西南和南部，法定药用植物 19 属，47 种 3 变种 9 栽培变种。华东地区法定药用植物 9 属，25 种 2 变种 5 栽培变种。

芸香科法定药用植物主要含挥发油类、生物碱类、黄酮类、香豆素类等成分。挥发油含单萜类衍生物和芳香族化合物，如芳樟醇（linalool）、对 - 茴香醛（anisaldehyde）等。生物碱构型多样，其中呋喃喹啉类、吡喃喹啉类、吖啶酮类为特征性成分，呋喃喹啉类如白鲜碱（dictamnine）、茵芋碱（skimmianine）等，吖啶酮类如辛弗林（synephrine）、加锡弥罗果碱（edulinine）、山油柑碱（acronycine）等；异喹啉类多见于花椒属、飞龙掌血属、吴茱萸属，如小檗碱（berberine）、黄柏碱（phellodendrine）等；吲哚类存在于吴茱萸中，如吴茱萸胺（evodiamine）。黄酮类多见于柑橘属、枸橘属、芸香属、花椒属、黄柏属等属，包括黄酮、黄酮醇、二氢黄酮、二氢黄酮醇、异黄酮、花色素等，如香叶木苷（diosmin）、柠檬素 -3-O-β-D- 葡萄糖苷（limocitrin-3-O-β-D-glucoside）、橙皮苷（hesperidin）、淫羊藿苷（icariin）、柚皮苷（naringin）、矢车菊素 -3-O- 葡萄糖苷（cyanidin-3-O-glucoside）等。香豆素类广泛存在，如花椒内酯（xanthyletin）、异茴芹香豆素（isopimpinellin）等。

胡椒属含挥发油类、生物碱类、木脂素类、香豆素、黄酮类等成分。挥发油含烯烃、醇、酮等成分，如柠檬烯（limonene）、芳樟醇（linalool）、胡椒酮（piperitone）等；生物碱类包括异喹啉衍生物、喹啉衍生物、苯并菲啶衍生物、喹诺酮衍生物，如木兰碱（magnoflorine）、茵芋碱（skimmianine）、N- 去甲白屈菜红碱（N-desmethyl chelerythrine）等；木脂素类如发氏玉兰素（fargesin）、落叶松树脂酚（lariciresinol）等；香豆素类如东莨菪素（scopoletin）、异嗪皮啶（异白蜡树定）（isofraxidin）、滨蒿内酯（scoparone）等。

吴茱萸属含生物碱类、香豆素类、黄酮类、萜类等成分。生物碱类包括吲哚类、喹诺酮类、异喹啉类等，如吴茱萸次碱（rutaecarpine）、茵芋碱（skimmianine）、小檗碱（berberine）等；香豆素类如伞花内酯（umbelliferone）、嗪皮啶（白蜡树定）（fraxidin）、欧前胡素（欧前胡内酯）（imperatorin）等；黄酮类包括黄酮、黄酮醇、二氢黄酮、二氢黄酮醇、异黄酮等，如香叶木苷（diosmin）、柠檬素 -3-O-β-D- 葡萄糖苷（limocitrin-3-O-β-D-glucoside）、橙皮苷（hesperidin）、淫羊藿苷（icariin）等；萜类较重要的为含呋喃环四环三萜化合物，如黄柏酮（obacunone）、吴茱萸苦素（rutaevin）、12α- 羟基吴茱萸内酯醇（12α-hydroxyevodol）等。

黄皮属含生物碱类、香豆素类等成分。生物碱类包括酰胺类、吲哚类等，如 3- 甲基卡巴唑（3-methylcarbazole）、黄皮内酰胺（clausenamide）等；香豆素类如异栓翅芹醇（isogosferol）、山黄皮素（clausenidin）等。

九里香属含香豆素类、黄酮类、生物碱类、萜类等成分。香豆素类如九里香乙素（murpanidin）、过氧九里香醇（peroxymurraol）、海南九里香内酯（hainanmurpanin）等；黄酮类如 5，7，3′，4′- 四甲氧基黄酮（5，7，3′，4′-tetramethoxyxanthone）、5，3′，4′- 三甲氧基黄酮（5，3′，4′-trimethoxyflavone）等；生物碱类多为吲哚类，如九里香碱（murrayanine）、柯氏九里香酚碱（koenine）等。

柑橘属含香豆素类、萜类、生物碱类、黄酮类等成分。香豆素类如滨蒿内酯（scoparone）、伞花内酯（umbelliferone）、异橙皮内酯（isomeramazin）等；萜类主要为柠檬苦素（limonin），其他如闹米林（nomilin）、去乙酰闹米林（deacetylnomilin）等；生物碱类以吖啶酮类为主，如辛弗林（synephrine）、加锡弥罗果碱（edulinine）等；黄酮类包括黄酮、二氢黄酮、花色素等，如川陈皮素（nobiletin）、橙皮苷（hesperidin）、矢车菊素 -3-O- 葡萄糖苷（cyanidin-3-O-glucoside）等。

分属检索表

1. 多年生草本···1. 芸香属 Ruta
1. 乔木、灌木或木质藤本。
  2. 叶对生···2. 吴茱萸属 Evodia
  2. 叶互生。
    3. 枝无刺；浆果。
      4. 叶片椭圆形或宽卵形，基部偏斜；圆锥花序，花蕾球形或宽卵形；果实黄色·················
      ···3. 黄皮属 Clausena
      4. 叶片椭圆形或倒卵形，基部不偏斜；伞房状聚伞花序，花蕾长圆形或长卵形，果实朱红色·····
      ···4. 九里香属 Murraya
    3. 枝有刺，稀无刺；不为浆果。
      5. 单身复叶，稀单叶，常绿。
        6. 果实小，通常直径不超过 3cm，子房 3～6 室，每室有 2 粒胚珠·········5. 金橘属 Fortunella
        6. 果实大，直径通常 4～7cm，大的可达 30cm；子房 8～14 室，稀更多或仅 6 室，每室有 4～12
          粒胚珠，稀更少或在有些栽培品种中无胚珠·······························6. 柑橘属 Citrus
      5. 羽状复叶或掌状三出复叶，落叶或常绿。
        7. 奇数羽状复叶；蓇葖果···7. 花椒属 Zanthoxylum
        7. 掌状三出复叶；不为蓇葖果。
          8. 常绿；木质藤本；小枝细，圆柱形，刺短小，长约 2mm，向下弯；叶柄无翅；核果·········
          ···8. 飞龙掌血属 Toddalia
          8. 落叶；乔木；枝粗壮，扁形，刺粗长，通常 1cm 以上，直生，稀稍上弯；叶柄有狭翅；
          柑果···9. 枳属 Poncirus

1. 芸香属 Ruta Linn.

多年生草本，有时基部木质化，有强烈刺激气味。羽状复叶互生，有油点。聚伞圆锥花序伞房状，顶生，花两性，萼片 4～5 枚，离生或基部合生，宿存，花瓣 4～5 枚，覆瓦状排列，黄色或带黄绿色，边缘呈流苏状撕裂，雄蕊 8 枚或 10 枚，长短相间，插生于花盘基部；心皮 4～5 枚，上部离生，4～5 室，每室有胚珠多粒。蒴果开裂。种子具棱，种皮有小瘤状突起，胚乳肉质。

约 10 种，主产于地中海沿岸及亚洲西部。中国引入栽培 2 种，法定药用植物 1 种。华东地区法定药用植物 1 种。

455. 芸香（图 455）• Ruta graveolens Linn.

【别名】芸香草，臭草（安徽）。

【形态】多年生草本，基部木质化，高可达 1m。枝、叶粉状蓝绿色，有油点，气味浓烈。叶具柄，2～3

图 455 芸香   摄影 李华东等

回羽状复叶或羽状深裂，长 6～12cm，末级裂片或小叶长 1～2cm，无毛，密生油点，全缘。聚伞花序顶生，花盛开时直径约 2cm，花瓣金黄色，边缘流苏状撕裂，齿长 1～2mm，雄蕊 8～10 枚，子房通常 4 室，每室有胚珠数粒，花盘有油点；心皮 4～5 枚。蒴果圆形，表面具多数油点。种子有棱，种皮有小瘤状突起。花期 4～6 月，果期 7～8 月。

【生境与分布】浙江、福建、江西有栽培，另中国长江以南其他各省区均有栽培；原产于欧洲南部。

【药名与部位】芸香，地上部分。

【化学成分】地上部分含挥发油类：2- 十一酮（2-undecanone）、2- 壬酮（2-nonanone）、2- 十三醇乙酸酯（2-acetoxytridecane）、3-（1- 甲基 -2- 丙烯基）-1, 5- 环辛二烯［3-（1-methyl-2-propenyl）-1, 5-cyclooctadiene］、2- 十二烷酮［2-dodecanone］、2- 十四醇乙酸酯（2-acetoxytetradecane）和 3, 7, 11, 15- 四甲基 -2- 十六烯 -1- 醇（3, 7, 11, 15-tetramethyl-2-hexadece-1-ol），即植醇（phytol）等[1]；香豆素类：芸香苦素（rutamarin）、香柑内酯（bergapten）、花椒毒素（xanthotoxin）、缬瓣芸香品（chalepin）和芸香毒素（rutaretin）[2]；生物碱类：香草木宁碱（kokusagenin）和茵芋碱（skimmianin）[2]；黄酮类：芦丁（rutin）[2]。

叶含挥发油类：2- 十一酮（2-undecanone）、2- 壬酮（2-nonanone）、2- 十三酮（2-tridecanone）、1- 壬烯（1-nonene）、2- 癸酮（2-decanone）、2- 壬醇乙酯（2-nonyl acetate）、乙酸正壬酯（n-nonyl acetate）和 2- 十二酮（2-dodecanone）等[3]。

【药理作用】抗肿瘤　甲醇提取物可抑制前列腺癌细胞的存活率和克隆能力，降低细胞周期蛋白 B_1，抑制癌细胞的增殖和存活[1]。

毒性　10% 和 20% 水提取物对胚胎有一定的毒性，可明显导致胚胎异常，高剂量时可减少细胞数量并延迟胚胎运输期[2]。

【药用标准】部标维药 1999 附录。

【附注】《本草纲目拾遗》引石振锋《本草补》，云："泰西既产香草，复产臭草。虽熏不同范，效用则一。其株高尺余，开小黄花，摘花蕊阴干待用，与叶同功。结子成实，裂分四房，每房子数粒，春秋二季一皆可种之，春月将枝插之亦活，不畏霜雪，亦不喜肥，须浇以清水。人以手捋之，便臭气拂拂，亦非秽污朽腐可比也。"所述为本种。

孕妇慎服。

【化学参考文献】

［1］唐祖年，杨月，杨扬，等．芸香挥发油 GC-MS 分析及其生物活性研究［J］．中国现代应用药学，2011，28（9）：834-838.

［2］Kostova I，Ivanova A，Mikhova B，et al. Alkaloids and Coumarins from *Ruta graveolens*［J］．Monatshefte Für Chemie，1999，130（5）：703-707.

［3］Sagarika B D，Manikkannan T K. Essential oils from leaves of micropropagated *Ruta graveolens*［J］．J Essent Oil Bear Pl，2012，15（2）：296-299.

【药理参考文献】

［1］Fadlalla K，Watson A，Yehualaeshet T，et al. *Ruta graveolens* extract induces DNA damage pathways and blocks akt activation to inhibit cancer cell proliferation and survival［J］．Anticancer Research，2011，31（1）：233-241.

［2］Gutiérrez-Pajares J L，Zúñiga L，Pino J. *Ruta graveolens* aqueous extract retards mouse preimplantation embryo development［J］．Reproductive Toxicology，2003，17（6）：667-672.

2. 吴茱萸属 *Evodia* J.R.et G.Forst.

常绿或落叶乔木或灌木，无刺。叶对生，单叶、掌状三出复叶或奇数羽状复叶；小叶对生，有透明油点，明显易见或很小，肉眼几不可见。聚伞花序排成圆锥状或伞房状，顶生或腋生；花单性异株，稀为两性；萼片与花瓣 4 枚或 5 枚，花盘细小；雄花的雄蕊 4 枚或 5 枚，花丝有疏长毛，雌花的雌蕊由 4 枚或 5 枚心皮组成，花柱联合，柱头头状，每心皮有 2 粒胚珠。蓇葖果开裂，每果瓣有种子 1～2 粒。种子着生于结果时增大的珠柄上，种子黑色或栗褐色；胚乳肉质，含油丰富。

本属植物三桠苦 *Evodia lepta*（Spreng.）Merr. 在 *Flora of China* 中已被归属于蜜茱萸属 *Melicope* J. R. Forster et G. Forster 中，吴茱萸 *Evodia ruticarpa*（Juss.）Benth. 及石虎 *Evodia ruticarpa*（Juss.）Benth. var. *officinalis*（Dode）Huang 已被归属于四数花属 *Tetradium* Lour. 中（变种石虎亦被归并）。根据 *Flora of China* 记载，四数花属植物共 9 种，主要分布于东亚、南亚至东南亚，与分布于澳洲等地的 *Evodia* J. R. Forst. et G. Forst.（亦拼写为 *Euodia* J.R.Forst.et G.Forst 或 *Evodea* Knuth）和蜜茱萸属 *Melicope* R. Forst. et G. Forst 很近似，故长期混淆。本属在《中国药典》等标准和文献仍使用吴茱萸属 *Evodia* J. R. et G. Forst. 这一名称。

约 150 种，分布于亚洲、大洋洲至非洲东部。中国 19 种 3 变种，从东北至西南广布，法定药用植物 2 种。华东地区法定药用植物 2 种 1 变种。

分种检索表

1. 掌状三出复叶；茎、叶无毛……………………………………………………三桠苦 *E. lepta*

1. 奇数羽状复叶。

　2. 小叶椭圆形至卵形，下面被短柔毛，沿叶脉密被疏展长柔毛…………………吴茱萸 *E. ruticarpa*

　2. 小叶片狭长椭圆形，下面密被长柔毛，脉上尤密……………………石虎 *E. ruticarpa* var. *officinalis*

456. 三桠苦（图 456）· *Evodia lepta*（Spreng.）Merr.［*Melicope pteleifolia*（Champ. ex Benth.）T. G. Hartley］

图 456 三桠苦　　　　　　　　　　　　　　　　　　摄影　徐克学等

【别名】三叉苦。

【形态】灌木或小乔木，高 4 ～ 6m。树皮灰白色，纵向细条浅裂，小枝髓心大，枝、叶无毛，掌状 3 出复叶，对生；小叶椭圆状披针形，长 6 ～ 12cm，宽 2 ～ 6cm，顶端短尖至渐尖，基部楔形，全缘或有时有浅波状齿，有油点。聚伞花序呈伞房状，腋生，花略芳香，4 数；萼片阔卵形，长约 0.5mm；花瓣白色至淡黄色，长 1.5 ～ 2mm，干后油点黑色；雄花的雄蕊长约 3mm，退化雌蕊成垫状凸起；雌花子房密被柔毛，退化雄蕊有花药无花粉，花柱与子房近等长，柱头头状。蓇葖果 2 ～ 3 个，顶端无喙，外果皮淡黄褐色，有油点。种子亮黑色。花期 3 ～ 5 月，果期 7 ～ 10 月。

【生境与分布】生于山坡疏林或灌木丛中。分布于浙江、江西、福建，另广东、广西、云南、贵州、台湾等省区均有分布；中南半岛至马来半岛、菲律宾也有分布。

【药名与部位】三叉苦（三叉苦木、三丫苦），茎及带叶嫩枝。

【采集加工】全年采收，横切或纵切成段、块，晒干。

【药材性状】茎呈圆柱形，多已切成段、块状；表面灰棕色至棕褐色，有密集的淡褐色皮孔，或间有白色皮斑；质坚硬，不易折断，断面皮部薄，灰棕色，易脱落，木质部黄白色，有数个同心环纹，中央有极小的髓。嫩枝略呈方柱形，灰绿色或绿褐色；质坚而脆，易折断，断面中央有白色髓，具败油气，味苦。三出掌状复叶，对生，具长柄；小叶多皱缩，完整叶片展平后呈长圆形，长 7 ～ 12cm，宽 2 ～ 6cm；先端渐尖或急尖，基部渐窄下延成小叶柄；全缘或不规则微波状。上表面黄绿色，光滑，可见小油点；

下表面颜色较浅；纸质；揉之有香气，味极苦。

【药材炮制】除去杂质，整理洁净。

【化学成分】茎含苯并吡喃类：三桠苦素 A、B、C（leptin A、B、C）、异吴茱萸酮酚（isoevodionol）[1]，甲基异吴茱萸酮酚（methylevodinol）[2]，顺式 -3, 4- 二羟基 -5, 7- 二甲氧基 -6- 乙酰基 -2, 2- 二甲基苯并二氢吡喃（cis-3, 4-dihydroxy-5, 7-dimethoxy-6-acetyl-2, 2-dimethyl chroman）[3] 和三桠苦素 D、E、F、G、H（leptin D、E、F、G、H）[4]；香豆素类：3- 异戊烯基伞形花内酯（3-isopentenyl umbelliferone）、7- 去甲基软木花椒素（7-demethyl suberosin）、紫花前胡内酯（nodakenetin）[2]，三桠苦素 D（petleifolosin D）、二氢花椒内酯（dihydroxanthyletin）、印度枸橘素 [（+）-marmesin]、粗梅南香豆素* C（rudicoumarin C）[3]，补骨脂素（psoralen）[5] 和三叉苦甲素（evodosin A）[6]；甾体类：3- 乙酰基 -β- 谷甾醇（sitost-5-en-3β-ol acetate）、4- 豆甾烯 -3- 酮（stigmast-4-en-3-one）、7α- 羟基甾醇（7α-hydroxysitosterol）[2]、β- 谷甾醇（β-sitosterol）[6]，豆甾 -3, 5- 二烯 -7- 酮（stigmata-3, 5-dien-7-one）、β- 谷甾酮（β-sitostenone）、（24R）- 乙基 -3β, 5α, 6β- 三羟基胆甾烷 [24（R）-ethyl-cholestane-3β, 5α, 6β-triol][3]、7- 氧基 -β- 谷甾醇（7-oxy-β-sitosterol）[7] 和胡萝卜苷（daucosterol）[8]；黄酮类：5- 羟基 -6- 乙酰基 -7- 甲氧基色原酮（5-hydroxy-6-acety-7-methoxychromnone）[2]、3, 7, 3'- 三甲氧基槲皮素（3, 7, 3'-trimethoxyquercetin）、3, 7- 二甲氧基山奈酚（3, 7-dimethoxykaempferol）[9]、3, 5, 3'- 三羟基 -8, 4'- 二甲氧基 -7- 异戊烯氧基黄酮 [3, 5, 3'-trihydroxy-8, 4'-dimethoxy-7-isopentenyloxy flavone] 和山奈酚 -3-O-α-D- 阿拉伯吡喃糖苷（kaempferol-3-O-α-D-arabinopyranoside）[8]；木脂素类：芝麻素（sesamin）[9]；蒽醌类：大黄素甲醚（physcion）和大黄素（emodin）[3]；生物碱类：吴茱萸春（evolitrine）、香草木宁（kokusaginine）、白鲜碱（dictamnine）[10]，2', 3'- 去氢枸橘素（2', 3'-dehydromarmesin）和茵芋碱（skimmianine）[3]；脂肪酸及酯类：蜡酸（cerotic acid）[5]，正十六酸十八烷基酯（n-octadecanyl palmitate）和棕榈酸（palmitic acid）[8]；酚酸类：水杨酸（salylic acid）[8] 和 p-O- 香叶基香豆酸（p-O-geranyl coumaric acid）[9]；喹啉类：4- 甲氧基 -2（1H）- 喹啉酮 4-methoxy-2（1H）-quinolinone][5]。

叶含黄酮类：山奈酚（kaempferol）、槲皮素（quercetin）、异鼠李素（isorhamnetin）、山奈酚 -3-O-β-D- 吡喃葡萄糖苷（kaempferol-3-O-β-D-glucopyranoside）、山奈酚 -3-O-β-D- 吡喃葡萄糖醛酸苷（kaempferol-3-O-β-D-pyranuronic glucosides）、3, 5, 4'- 三羟基 -8, 3'- 二甲氧基 -7- 异戊烯氧基黄酮（3, 5, 4'-trihydroxy-8, 3'-dimethoxy-7-prenyloxyflavone）[11]、3, 5, 3'- 三羟基 -4'- 甲氧基 -7- 异戊烯氧基黄酮 [3, 5, 3'-trihydroxy-4'-methoxy-7-isopentenyloxyflavone]、3, 7- 二甲氧基山奈酚（3, 7-methoxyl kaempferol）[12]，芒柄花素（formononetin）、大豆苷元（daidzein）、千层纸素 A（oroxylin A）、汉黄芩素（wogonin）、5, 7- 二羟基 -3, 4'- 二甲氧基黄酮（5, 7-dihydroxy-3, 4'-dimethoxyflavone）[13]，山奈酚 -3- 洋槐糖苷（kaempferol-3-robinobioside）、山奈酚 -3-O-β-D- 吡喃葡萄糖基（1→2）-α-D- 吡喃木糖苷 [kaempferol-3-O-β-D-glucopyranosyl（1→2）-α-D-xylopyranoside]、柽柳黄素 -3- 洋槐糖苷（tamarixetin-3-robinobioside）、3, 5, 4'- 三羟基 -8, 3'- 二甲氧基 -7-（3- 甲基丁 -2- 烯氧基）黄酮 [3, 5, 4'-trihydroxy-8, 3'-dimethoxy-7-（3-methylbut-2-enyloxy）flavone] 和 3, 5, 3'- 三羟基 -8, 4'- 二甲氧基 -7-（3- 甲基丁 -2- 烯氧基）黄酮 [3, 5, 3'-trihydroxy-8, 4'-dimethoxy-7-（3-methylbut-2-enyloxy）flavone][14]；螺缩酮类：三桠苦螺缩酮*A、B、C、D、E（melicospiroketal A、B、C、D、E）[14]；乙酰间苯三酚类：5-C-β-D- 吡喃葡萄糖基 -3-C-（6-O- 反式 - 对香豆酰基）-β-D- 吡喃葡萄糖苷乙酰间苯三酚 [5-C-β-D-glucopyranosyl-3-C-（6-O-trans-p-coumaroyl）-β-D-glucopyranoside phloroacetophenone] 和 3, 5- 二 -C-β-D- 吡喃葡萄糖乙酰间苯三酚（3, 5-di-C-β-D-glucopyranosyl phloroacetophenone）[14]；苯乙酮类：三桠苦酚*A、B、C、D（pteleifolol A、B、C、D）、2, 4, 6- 三羟基苯乙酮 -3, 5- 二 -C-D- 吡喃葡萄糖苷（2, 4, 6-trihydroxyacetophenone-3, 5-di-C-glucopyranoside）[15]，2, 4, 6- 三羟基苯乙酮 -3, 5- 二 -C-β-D- 葡萄糖苷（2, 4, 6-trihydroxyacetophenone-3, 5-di-C-β-D-glucoside）和三桠苦双碳苷 A、B、C（eptabiside A、B、C）[16]；苯并吡喃类：三桠苦吡喃醇*（leptonol）、7- 乙酰基 -6- 羟基 -5, 8- 二甲氧基 -2, 2- 二甲基 -2H-1- 苯并吡喃（7-acetyl-6-hydroxy-5, 8-dimethoxy-2, 2-dimethyl-2H-1-benzopyran）、6- 乙酰基 -8- 羟基 -5, 7- 二甲氧基 -2, 2- 二甲基 -2H-1- 苯并吡喃（6-acetyl-8-hydroxy-5,

7-dimethoxy-2, 2-dimethyl-2H-1-benzopyran）、8- 乙酰基 -7- 羟基 -5, 6- 二甲氧基 -2, 2- 二甲基 -2H-1- 苯并吡喃（8-acetyl-7-hydroxy-5, 6-dimethoxy-2, 2-dimethyl-2H-l-benzopyran）、吴茱萸啶酮（evodione）、异吴茱萸酮酚（isoevodionol）、6- 乙酰基 -7- 羟基 -5- 甲氧基 -2, 2- 二甲基 -2H- 苯并吡喃（6-acetyl-7-hydroxy-5-methoxy-2, 2-dimethyl-2H-chromene）、6-（1- 甲氧基乙基）-5, 7, 8- 三甲氧基 -2, 2- 二甲基 -2H-1- 苯并吡喃［6-（1-methoxyethyl）-5, 7, 8-trimethoxy-2, 2-dimethyl-2H-l-benzopyran］、山油柑亭 G（acronyculatin G）、6-（1- 羟乙基)-5, 7, 8- 三甲氧基 -2, 2- 二甲基 -2H-1- 苯并吡喃［6-(l-hydroxyethyl)-5, 7, 8-trimethoxy-2, 2-dimethyl-2H-1-benzopyran］、三桠苦烯*A（leptene A）[14]、三桠苦酚*E（pteleifolol E）、吴茱萸酮酚甲基醚（evodionol methyl ether）、三桠苦醇*B（leptol B）、甲基三桠苦醇*B（methyl leptol B）、乙基三桠苦醇*B（ethyl leptol B）和三桠苦烯*B（leptene B）[15]；甾体类：胡萝卜苷（daucosterol）[11]和β-谷甾醇（β-sitosterol）[12]；生物碱类：N- 反式香豆酰基酪胺（N-trans-coumarinyl tyramide）[13]和吴茱萸春（evolitrine）[15]；萜类：（6R, 7E）-4, 7- 大柱香波龙二烯 -3, 9- 二酮［（6R, 7E）-4, 7-megastigmadien-3, 9-dione］和4- 大柱香波龙烯 -3, 9- 二酮（4-megastigmen-3, 9-dione）[13]；酚酸类：香草酸（vanillic acid）[12]和对羟基肉桂酸（p-hydroxycinnamic acid）[13]。

　　根和根茎含生物碱类：4, 7- 二甲氧基呋喃喹啉碱（4, 7-dimethoxy-furan quinoline）[17]，香草木宁（kokusaginine）和茵芋碱（skimmianine）[18]；色烷类：顺式 -3, 4, 5- 三羟基 -6- 乙酰基 -7- 甲氧基 -2, 2- 二甲基色烷（cis-3, 4, 5-trihydroxy-6-acetyl-7-methoxy-2, 2-dimethyl chroman）、3- 羟基 -4- 乙氧基 -5, 7- 二甲氧基 -6- 乙酰 -2, 2- 二甲基色烷（3-hydroxy-4-ethoxy-5, 7-dimethoxy-6-acetyl-2, 2-dimethyl chroman）、3, 5- 二羟基 -4- 乙氧基 -6- 乙酰基 -7- 甲氧基 -2, 2- 二甲基色烷（3, 5-dihydroxy-4-ethoxy-6-acetyl-7-methoxy-2, 2-dimethyl chroman）[17]，反式 -3, 4, 5- 三羟基 -6- 乙酰基 -7- 甲氧基 -2, 2- 二甲基色烷（trans-3, 4, 5-trihydroxy-6-acetyl-7-methoxy-2, 2-dimethyl chroman）和反式 -3, 4- 二羟基 -5- 甲氧基 -6- 乙酰基 -7- 甲氧基 -2, 2- 二甲基色烷（trans-3, 4-dihydroxy-5-methoxy-6-acetyl-7-methoxy-2, 2-dimethyl chroman）[18]；苯并吡喃类：异吴茱萸酮酚（isoevodionol）和异吴茱萸酮酚甲醚（isoevodionol methyl ether）[17]；萜苷类：三桠苦苷*A、B、C、D（pteleifoside A、B、C、D）和苦楝子紫罗醇苷 B（meliaionoside B）[19]；黄酮类：三桠苦苷*F、G（pteleifoside F、G）[19]；酚苷类：它乔糖苷（tachioside）、异它乔糖苷（isotachioside）、1-O-［β-D- 鸟苷酰（1→6）-β-D- 吡喃葡萄糖基］-3-O- 甲基间苯二酚 {1-O-［β-D-apiosyl（1→6）-β-D-glucopyranosyl］-3-O-methyl phloroglucinol}、香草醇 4-O-β-D- 吡喃葡萄糖苷（vanillyl alcohol 4-O-β-D-glucopyranoside）、丁香酚基丙三醇 -9-O-β-D- 吡喃葡萄糖苷（syringoyl glycerol-9-O-β-D-glucopyranoside）、大血藤苷 D（cuneataside D）和鱼骨木苷 D（canthoside D）[19]；木脂素类：（+）-南烛树脂酚 -9′-O-β-D- 吡喃葡萄糖苷［（+）-lyoniresinol-9′-O-β-D-glucopyranoside］[19]；酚酸苷类：二氢肉桂酸 3-O-β-D- 吡喃葡萄糖苷（dihydrophaseic acid-3-O-β-D-glucopyranoside）和三桠苦苷*E（pteleifoside E）[19]。

　　【药理作用】1. 抗肿瘤　分离提取的香豆素类和生物碱类等化合物对前列腺癌 DU145 细胞的增殖有抑制作用，其半数抑制浓度（IC_{50}）范围为 33.1 ～ 55.1μmol/L[1]。2. 抗氧化　提取分离的 3，7，3′- 三甲氧基槲皮素（3，7，3′-trimethoxy quercetin）和 2′，3′- 去氢木橘辛素（2′3′-dehydromarmesin）对过氧化氢氧化损伤细胞具有一定的保护作用，其半数抑制浓度分别为 96.8μmol/L、206.9μmol/L[2]。3. 抗肿瘤　提取分离的吴茱萸春（evolitrine）和茵芋碱（skimmianine）化合物对白血病 HL60 细胞均具有不同程度的抑制作用，其半数抑制浓度分别为 135.5μmol/L、190.3μmol/L[2]。

　　【性味与归经】苦，寒。归肝、肺、胃经。

　　【功能与主治】清热解毒，行气止痛，燥湿止痒。用于热病高热不退、咽喉肿痛、热毒疮肿、湿热痹痛、胃脘痛、跌打肿痛，外用治湿热疮疹、皮肤瘙痒、痔疮。

　　【用法与用量】15 ～ 30g；外用适量，捣敷或煎水洗。

　　【药用标准】药典 1977、湖南药材 2009、广东药材 2004、海南药材 2011、广西药材 1996、广西壮药 2008 和广西瑶药 2014 一卷。

【临床参考】腹胀、便秘：三桠苦生药末制成片剂，5 片含生药 1 分，每次口服 15 片，开水送服；手术后 8～24h 有腹胀或便秘的病人，给予用药，若服后 4～8h 肠蠕动无明显增加，又无自觉不适症状者，可再服 1 次[1]。

【化学参考文献】

［1］李国林，朱大元．三个新 2，2- 二甲基苯并二氢吡喃类化合物的分离与鉴定［J］．植物学报，1997，39（7）：670-674.

［2］李硕果，杨茵，叶文才，等．三桠苦的化学成分研究［J］．中草药，2010，41（7）：1052-1056.

［3］Li S G，Tian H Y，Ye W C，et al. Benzopyrans and furoquinoline alkaloids from *Melicope pteleifolia*［J］．Biochem Syst Ecol，2011，39（1）：64-67.

［4］Li G L，Zeng J F，Zhu D Y. Chromans from *Evodia lepta*［J］．Phytochemistry，1998，47（47）：101-104.

［5］李斯达，褚晨亮，崔婷，等．三桠苦茎枝化学成分的研究［J］．中草药，2017，48（6）：1076-1079.

［6］高幼衡，朱盛华，魏志雄，等．三叉苦中一个新的香豆素类化合物［J］．中草药，2009，40（12）：1860-1862.

［7］刁远明，高幼衡，彭新生，等．三叉苦化学成分研究（Ⅱ）［J］．中草药，2006，37（9）：1309-1311.

［8］谢郁峰，梁粤，杜清涛，等．三桠苦化学成分研究［J］．中药材，2011，34（3）：386-388.

［9］康国娇，杨树娟，周海瑜，等．傣药三桠苦化学成分研究［J］．中药材，2014，37（1）：74-76.

［10］刁远明，高幼衡，彭新生．三叉苦化学成分研究（Ⅰ）［J］．中草药，2004，35（10）：24-25.

［11］卢海啸，倪林，李树华，等．三桠苦叶的化学成分研究［J］．广州中医药大学学报，2012，29（1）：56-58，65.

［12］朱盛华，高幼衡，魏志雄，等．三桠苦的化学成分研究［J］．中草药，2011，42（10）：1891-1893.

［13］魏荷琳，周思祥，姜勇，等．三叉苦叶的化学成分研究（英文）［J］．中国中药杂志，2013，38（8）：1193-1197.

［14］Nguyen N H，Ha T K，Choi S，et al. Chemical constituents from *Melicope pteleifolia* leaves［J］．Phytochemistry，2016，130：291-300.

［15］Nakashima K I，Abe N，Chang F R，et al. Pteleifolols A-E，acetophenone di-c-glycosides and a benzopyran dimer from the leaves of *Melicope pteleifolia*［J］．J Nat Med，2016，71（1）：299-304.

［16］杨树娟，袁玲玲，余玲，等．傣药三桠苦叶的化学成分研究［J］．中草药，2014，45（14）：1971-1975.

［17］张军锋，窦智峰，白洋，等．三丫苦的化学成分研究［J］．天然产物研究与开发，2011，23（6）：1061-1063.

［18］张军锋，张名楠，梁远学，等．三丫苦的化学成分研究（Ⅱ）［J］．海南大学学报（自然科学版），2011，29（1）：39-41.

［19］Zhang Y，Yang L J，Jiang K，et al. Glycosidic constituents from the roots and rhizomes of *Melicope pteleifolia*［J］．Carbohydrate Res，2012，361（6）：114-119.

【药理参考文献】

［1］李硕果，叶文才，江仁望．三桠苦的化学成分及抗前列腺癌活性［C］．中国化学会天然有机化学学术研讨会，2010.

［2］刁远明．三桠苦活性成分的研究［D］．广州：广州中医药大学硕士学位论文，2005.

【临床参考文献】

［1］广东番禺县人民医院外科．三桠苦治疗腹胀、便秘 57 例疗效观察［J］．新医学，1978，9（8）：封 3- 封 4.

457. 吴茱萸（图 457）• *Evodia rutaecarpa*（Juss.）Benth.［*Tetradium ruticarpum*（A. Juss.）Hartley；*Evodia rutaecarpa*（Juss.）Benth. var. *bodinieri*（Dode）Huang］

【别名】小果吴茱萸、疏毛吴茱萸，伏辣子（山东）。

【形态】灌木，高 3～10m。嫩枝密被锈褐色绒毛，后渐脱落，散生灰白色细小皮孔。奇数羽状复叶对生，长 16～32cm，有小叶 5～9 枚，小叶对生，椭圆形至卵形，稀椭圆状披针形，长 6～15cm，宽 3～7cm，顶端短尖至渐尖，基部阔楔形，稀近圆形，略偏斜，上面深绿色，被疏柔毛，下面被短柔毛，沿叶脉密被疏展长柔毛，油点肉眼明晰可见，叶轴与叶柄密被绒毛。聚伞圆锥花序顶生，花单性，雌雄异株，

图 457　吴茱萸　　　　　　　　　　　　　　摄影　张芬耀等

花序轴粗壮，密被绒毛，花 5 基数，白色；雄花有雄蕊 5 枚，较花瓣长；雌花有心皮（4～）5（～6）枚，每室有 2 粒胚珠。蓇葖果紫红色，表面有粗大腺点，每分果瓣有 1 粒种子。种子卵球形，亮黑色。花期 6～8 月，果期 9～10 月。

【生境与分布】生于疏林中及林缘。分布于浙江、福建、江西，另长江以南其他各省区均有分布。

【药名与部位】吴茱萸，近成熟果实。

【采集加工】8～11 月果实尚未开裂时，剪下果枝，晒干或低温干燥，除去枝、叶、果梗等杂质。

【药材性状】呈球形或略呈五角状扁球形，直径 2～5mm。表面暗黄绿色至褐色，粗糙，无毛或几无毛，有多数点状突起或凹下的油点。顶端有五角星状的裂隙，基部残留被有黄色茸毛的果梗。质硬而脆，横切面可见子房 5 室，每室有淡黄色种子 1 粒。气芳香浓郁，味辛辣而苦。

【质量要求】粒净，不开裂，香气浓，不霉，味辛辣。

【药材炮制】吴茱萸：除去杂质。制吴茱萸：取甘草捣碎，加适量水，煎汤，去渣，加入吴茱萸饮片，闷润吸尽后，炒至微干，取出，干燥。

【化学成分】果实含生物碱类：吴茱萸碱（evodiamine）、去氢吴茱萸碱（dehydroevodiamine）、小檗碱（berberine）[1]，吴茱萸次碱（rutaecarpine）、7β- 羟基吴茱萸碱（7β-hydroxyrutaecarpine）、吴茱萸果酰胺Ⅰ、Ⅱ（goshuyuamideⅠ、Ⅱ）、14- 甲酰基二氢吴茱萸次碱（14-formyl dihydrorutaecarpine）[2]，猪毛菜碱 A（salsoline A）[3]，β- 咔啉（β-carboline）、1, 2, 3, 4- 四氢 -1- 氧化 -β- 咔啉（1, 2, 3, 4-tetrahydro-1-oxo-β-carboline）、N- 甲基邻氨基苯甲酰胺（N-methyl anthranylamide）[4]，羟基吴茱萸碱（hydroxyevodiamine）[5]，二氢吴茱萸新碱（dihydroevocarpine）[6]，白鲜碱（dictamnine）、吴茱萸春（evolitrine）、6- 甲氧基白鲜碱（6-methoxydictamnine）、茵芋碱（skimmiamine）、7- 羟基吴茱萸次碱（7-hydroxyrutaecarpine）、阿塔宁Ⅰ（atanineⅠ）、3-（2′- 羟基乙酰基）- 吲哚［3-（2′-hydroxyacetyl）-indole］、N- 反式对羟基肉桂酰

基对羟基苯乙胺（N-trans-p-hydroxy-cinnamoyl tyramine）、N- 顺式对羟基肉桂酰基对羟基苯乙胺（N-cis-p-hydroxy-cinnamoyl tyramine）[7]，吴茱萸宁碱（evodianinine）[8]，吴茱萸新碱（evodiaxinine）[9]和吴茱萸新碱 A、B（wuzhuyurutine A、B）[10]；黄酮类：橙皮苷（hesperidin）、金丝桃苷（hyperoside）、紫丁香苷（syringin）、异鼠李素 -3-O-β-D- 半乳糖苷（isorhamnetin-3-O-β-D-galactoside）、淫羊藿新苷 C（epimedoside C）[2]，苜蓿素 -7-O-β-D- 吡喃葡萄糖苷（tricin-7-O-β-D-glucopyranoside）、儿茶素（catechin）、辛可耐因（cinchonain）[3]，槲皮素（quercetin）[9]，异鼠李素（isorhamnetin）[10]和芦丁（rutin）[11]；甾体类：β- 谷甾醇（β-sitosterol）和胡萝卜苷（daucosterol）[2,8]；酚和酚酸类：对羟基苯甲酸乙酯（ethyl p-hydroxybenzoate）[1]，咖啡酸（caffeic acid）、儿茶酚（catechol）[2]，异香草醛（isovanillin）[9]，反式咖啡酸甲酯（methyl trans-caffeate）[10]，5-O- 咖啡酰奎宁酸（5-O-caffeoylquinic acid），即新绿原酸（neochlorogenic acid）、绿原酸（chlorogenic acid）和 4-O- 咖啡酰奎宁酸（4-O-caffeoylquinic acid），即隐绿原酸（cryptochlorogenic acid）[11]；柠檬苦素类：柠檬苦素（limonin）、6β- 乙酰氧基 -5- 表柠檬苦素（6β-acetoxy-5-epilimonin）、吴茱萸苦素（rutaevine）、吴茱萸苦素乙酸酯（rutaevine acetate）、吴茱萸内酯醇（evodol）、加洁茉里苦素（jangomolide）、异柠檬酸（isolimonexic acid）[3]和石虎柠檬素 A（shihulimonin A）[10]；皂苷类：齐墩果酸（oleanolic acid）[1]和熊果 -12- 烯 -3- 醇（12-ursen-3-ol）[9]；倍半萜类：1β, 4β- 二羟基桉叶烷 -11- 烯（1β, 4β-dihydroxyeudesman-11-ene）[3]；核苷类：尿嘧啶（uracil）[9]；喹诺酮类：1- 甲基 -2-[（6Z, 9Z）6, 9- 十五二烯]-4（1H）- 喹诺酮 {1-methy-2-[（6Z, 9Z）-6, 9-pentadecadienyl]-4（1H）-quinolone}[6]，其他尚含：2- 十五烷酮（2-pentadecaone）[9]和蔗糖（sucrose）[10]。

　　【药理作用】1. 保护心肌　近成熟果实提取的吲哚喹唑啉类生物碱吴茱萸次碱能显著减少心肌缺血再灌注损伤模型大鼠的心肌梗死面积，降低血清肌酸激酶（CK）水平，升高血浆降钙素基因相关肽（CGRP）浓度，提示对大鼠心肌缺血再灌注损伤有保护作用，其保护作用机制与通过激动辣椒素受体而激活辣椒素敏感的感觉神经有关[1]；且提取的吴茱萸碱对心肌的保护作用可被 capsazepine 彻底阻断[2]；降钙素基因相关肽能减轻豚鼠心脏过敏损伤，显著减轻抗原攻击所致的心功能抑制，并降低心肌组织中肿瘤坏死因子 -α（TNF-α）含量，同时可显着改善心功能并减轻 PR 间期的延长[3]；提取的水浸膏、醇浸膏和水煎液可使气管夹闭法诱导急性心肌缺血缺氧模型大鼠的心率（HR）、左心室收缩压（LVSP）及左心室内压最大上升速率和最大下降速率（±dp/dt$_{max}$）升高，降低左心室舒张末期压力（LVEDP），明显缩短大鼠窒息后抢救的复苏时间，且明显降低血清乳酸脱氢酶（LDH）和肌酸激酶的含量，其中醇浸膏的作用最为显著[4]。2. 降血压　乙醇提取液对丙酸睾酮诱导的高血压大鼠在给药 5min、10min、15min 后血压均有不同程度的降低[5]；70% 甲醇提取物灌胃给予 50mg/kg、200mg/kg 及 500mg/kg 剂量时可增加大鼠背部皮肤血流量，使其直肠温度上升，并可增加正常大鼠腹主动脉和腔静脉血流量，对水浸应激造成的血流量减少和温度下降有恢复作用[6]；对自发性高血压大鼠腹腔给予甲醇提取物 0.5mg/kg 剂量，能降低大鼠动脉血压并持续 4h 以上，且降血压作用明显强于 α 肾上腺素能受体抑制剂酚妥拉明，但降血压作用可被 N-ω- 硝基 -L- 精氨酸甲酯（NAME）拮抗[7]；1ml/ 100g（相当于生药 10g/kg）的水蒸馏液给予正常大鼠可出现明显的降血压作用，但 75% 乙醇提取的总碱降血压作用不明显[8]；提取的吲哚喹唑啉类生物碱吴茱萸次碱（rutaecarpine）能显著降低自发性高血压大鼠（SHR）的血压，同时可剂量依赖性地增加血浆降钙素基因相关肽（CGRP）浓度及上调背根神经节中降钙素基因相关肽 mRNA 的表达，氯沙坦也可显著降低自发性高血压大鼠动脉压，但增加降钙素基因相关肽血浆浓度及上调 mRNA 的表达作用弱于吴茱萸次碱[9]。3. 抗肿瘤　吴茱萸碱粗品对人乳腺癌 MCF-7 细胞、人肺腺癌 SPC-A-1 细胞、人小细胞肺癌 NCI-H446 细胞、腹水瘤 S180 细胞、小鼠胃癌 MFC 细胞、人肝癌 Hep 细胞等均有明显的抑制作用[10]；提取的吴茱萸碱（evodiamine）可诱导小鼠肝癌 H22 细胞和人胃癌（低分化黏液腺癌）MGC803 细胞的凋亡[11, 12]；可将人宫颈癌 HeLa 细胞的细胞周期阻滞在 G$_2$/M 期并诱导细胞凋亡[13]。4. 抗炎镇痛　近成熟果实提取的净制组、药典组和砂烫盐组的不同炮制品对二甲苯所致小鼠的耳肿胀有明显的抑制作用，并可明显提高热板和扭体实验小鼠的痛阈值[14]。5. 抗菌　80% 乙醇浸泡后的正丁醇提取液经乙醚脱脂后的提取物对铜绿假单胞菌等 10 种临床常见细菌有一定的抑制作用[15]；提取物中的小檗碱（berberine）、黄芩素（baicalein）、大黄酸（rhein）、厚朴酚（magnolol）等有效成分对牙龈卟啉单胞菌等菌株有较强的抑制作用[16]。6. 其他　提取的吴茱萸碱能减少大鼠体内睾酮的释放，且与辣椒素受体结合产生支气管收缩作用，又去氢吴茱萸碱（dehydroevodiamine）、吴茱萸次碱、芸香碱（graveoline）对子宫平滑肌有兴奋作用[17]。

【性味与归经】辛、苦，热；有小毒。归肝、脾、胃、肾经。

【功能与主治】散寒止痛，降逆止呕，助阳止泻。用于厥阴头痛，寒疝腹痛，寒湿脚气，经行腹痛，脘腹胀痛，呕吐吞酸，五更泄泻；外治口疮，高血压。

【用法与用量】1.5～4.5g；外用适量。

【药用标准】药典 1963—2015、浙江炮规 2005、新疆药品 1980 二册、贵州药材 1965 和台湾 2004。

【临床参考】1. 化疗后失眠症：果实研粉，贴双足涌泉穴，每晚 1 次[1]。

2. 鹅口疮、口腔溃疡：果实 15g，研末，用米醋调匀如糊状，贴双侧涌泉穴，每日 2 次[2]。

3. 疰腮：果实 15g，研末，鸡蛋清搅匀，贴涌泉穴，每日 1 次[2]。

4. 急性腹痛：果实 250g，加粗盐 500g，微波炉加热，放入药包中，热熨腹部[3]。

【附注】吴茱萸始载于《神农本草经》，列入中品。《名医别录》称：“吴茱萸生上谷川谷及冤句，九月九日采，阴干，陈久者良。”《本草图经》云：“今处处有之，江浙、蜀汉尤多，木高丈余。皮青绿色，叶似椿而阔厚，紫色，三月开红紫色细花，七月八月结实似椒子，嫩时微黄，至熟则深紫。”即为本种。

不宜多服久服，无寒湿气滞及阴虚火旺者禁服。

本种的根、叶民间也药用。

【化学参考文献】

[1] 张起辉，高慧媛，吴立军，等. 吴茱萸的化学成分 [J]. 沈阳药科大学学报，2005，22（1）：12-14.

[2] 张晓拢，经雅昆，彭四威，等. 吴茱萸的化学成分研究 [J]. 天然产物研究与开发，2013，25（4）：470-474.

[3] 赵楠，李达翃，李占林，等. 吴茱萸化学成分的分离与鉴定 [J]. 沈阳药科大学学报，2016，33（2）：103-109.

[4] 唐元清，冯孝章，黄量. 吴茱萸化学成分的研究 [J]. 药学学报，1996，34（2）：151-155.

[5] 邓银华，徐康平，李福双，等. 吴茱萸化学成分研究 [J]. 中南药学，2003，1（1）：44-45.

[6] 孟娜，陈凤凰，惠斌，等. 吴茱萸化学成分研究 [J]. 贵州大学学报：自然科学版，2006，23（2）：188-190.

[7] 王晓霞，高慧媛，姜勇，等. 吴茱萸化学成分研究 [J]. 中草药，2013，44（10）：1241-1244.

[8] 王奇志，梁敬钰. 吴茱萸化学成分研究 [J]. 药学学报，2004，39（8）：605-608.

[9] 王奇志，梁敬钰，陈军. 吴茱萸化学成分研究 II [J]. 中国药科大学学报，2005，36（6）：520-522.

[10] Yang X W, Teng J. Chemical constituents of the unripe fruits of *Evodia rutaecarpa* [J]. J Chin Pharma Sci, 2007, 16（1）：20-23.

[11] 刘珊珊，周兴清，梁彩霞，等. 吴茱萸水提取物化学成分研究 [J]. 中国实验方剂学杂志，2016，22（8）：58-64.

【药理参考文献】

[1] 胡长平，李年生，肖亮，等. 吴茱萸次碱的心脏保护作用涉及辣椒素敏感的感觉神经 [J]. 中南药学，2003，1（2）：67-70.

[2] Takada Y, Kobayashi Y, Aggarwal B B. Evodiamine abolishes constitutive and inducible NF-kappaB activation by inhibiting IkappaBalpha kinase activation, thereby suppressing NF-kappaB-regulated antiapoptotic and metastatic gene expression, up-regulating apoptosis, and inhibiting invasion [J]. Journal of Biological Chemistry, 2005, 280（17）：17203.

[3] Yi H H, Rang W Q, Deng P Y, et al. Protective effects of rutaecarpine in cardiac anaphylactic injury is mediated by CGRP [J]. Planta Medica, 2004, 70（12）：1135.

[4] 张洁. 吴茱萸对急性心肌缺血缺氧大鼠心功能影响的实验研究 [D]. 贵阳：贵阳中医学院硕士学位论文，2013.

[5] 李成，麦春秋，莫景兰，等. 吴茱萸提取液对大白鼠降压作用的实验研究 [J]. 右江民族医学院学报，2005，27（2）：134-136.

[6] 李春梅编译. 吴茱萸甲醇提取物及其生物碱成分对血液循环的影响 [J]. 国外医学中医中药分册，1999，21（5）：9-11.

[7] 梅洁. 吴茱萸对自发性高血压大鼠血压的影响 [J]. 国外医学中医中药分册，1999，21（4）：23.

[8] 黎刚, 余丽梅, 戴支凯, 等. 两种提取工艺的吴茱萸提取物对正常大鼠血压的影响 [J]. 遵义医学院学报, 2005, 28 (1): 4-6.

[9] 李岱, 罗丹, 郭韧, 等. 降钙素基因相关肽介导吴茱萸次碱的降压作用 [J]. 中南药学, 2007, 5 (5): 420-423.

[10] 李光子, 吕小丹, 赵春芳, 等. 吴茱萸生物碱抗肿瘤活性的研究 [J]. 中国现代中药, 2005, 7 (3): 11-14.

[11] 谭宇蕙, 吴映雅, 钟富有, 等. 吴茱萸碱对小鼠肝癌细胞生长的抑制和诱导凋亡作用 [J]. 中药药理与临床, 2006, 22 (3, 4): 33-35.

[12] 谭宇慧, 陈蔚文, 吴映雅, 等. 小檗碱、吴茱萸碱和靛玉红对人胃癌细胞的作用比较 [J]. 世界华人消化杂志, 2005, 13 (4): 472-476.

[13] 张莹, 张起辉, 吴立军, 等. 吴茱萸碱诱导人宫颈癌 HeLa 细胞凋亡过程中非 caspase 调控因素 [J]. 中国药理学通报, 2004, 20 (1): 61-64.

[14] 杨磊, 黄开颜, 陈兴, 等. 吴茱萸不同炮制方法对抗炎镇痛作用的影响研究 [J]. 中国药业, 2013, 22 (5): 4-5.

[15] 乔海霞, 甄攀, 李秀娟, 等. 吴茱萸提取物体外抗菌作用初步研究 [J]. 神经药理学报, 2009, 26 (1): 27-29.

[16] 张卫, 高燕飞, 张敏. 吴茱萸提取物和挥发油对牙龈卟啉单胞菌的影响 [J]. 时珍国医国药, 2013, 24 (9): 2136-2137.

[17] 严春临, 张季, 薛贵平. 中药吴茱萸药理作用研究概况 [J]. 神经药理学报, 2009, 26 (1): 77-79.

【临床参考文献】

[1] 张慧兰. 吴茱萸贴敷涌泉穴防治艾素静脉化疗患者失眠症的临床观察 [J]. 上海针灸杂志, 2014, 33 (3): 204-205.

[2] 蓝荔, 赵同远. 吴茱萸临床外用. 中医外治杂志 [J], 1996, 6 (1): 25.

[3] 李建英, 林晓燕, 甘有君, 等. 吴茱萸外用缓急急性腹痛临床护理 [J]. 新中医, 2013, 45 (8): 248-249.

458. 石虎（图 458）• *Evodia rutaecarpa*（Juss.）Benth. var. *officinalis*（Dode）Huang

图 458　石虎

摄影　张芬耀

【形态】与原变种主要区别在于：小叶 3 ～ 11 枚，小叶片狭长椭圆形，长 4 ～ 11cm，宽 2.5 ～ 5.5cm，上面被稀疏短柔毛或几无毛，下面密被长柔毛，脉上尤密，油点粗大；果序上果较稀疏。

【生境与分布】生于山坡、沟谷或草丛中。分布于浙江、江西，另中国中部、东南部及南部均有分布。

【药名与部位】吴茱萸，近成熟果实。

【采集加工】8 ～ 11 月果实尚未开裂时，剪下果枝，晒干或低温干燥，除去枝、叶、果梗等杂质。

【药材性状】呈球形或略呈五角状扁球形，直径 2 ～ 5mm。表面暗黄绿色至褐色，粗糙，表面疏生短硬毛，有多数点状突起或凹下的油点。顶端有五角星状的裂隙，基部残留被有黄色茸毛的果梗。质硬而脆，横切面可见子房 5 室，每室有淡黄色种子 1 粒。气芳香浓郁，味辛辣而苦。

【质量要求】粒净，不开裂，香气浓，不霉，味辛辣。

【药材炮制】吴茱萸：除去杂质。制吴茱萸：取甘草捣碎，加适量水，煎汤，去渣，加入吴茱萸饮片，闷润吸尽后，炒至微干，取出，干燥。

【化学成分】果实含生物碱类：吴萸碱（evodiamine）、去甲基吴萸碱，即吴茱萸次碱（rutaecarpine）、羟基吴萸碱（hydroxyevodiamine）[1]，去氢吴茱萸碱（dehydroevodiamine）[2]，茵芋碱（skimmianine）、吴茱萸苦素（rutaevine）、二氢吴茱萸新碱（dihydroevocarpine）、14-甲酰基二氢吴茱萸次碱（14-formyldihydrorutaecarpine）、吴茱萸酰胺（evodiamide）和吴茱萸酰胺 I（goshuyuamide I）[3]；蒽醌类：大黄酚（chrysophanol）、大黄素（emodin）和大黄素甲醚（physcion）[3]；柠檬苦素类：吴萸内酯（evodin），即柠檬苦素（limonin）[1, 3]和石虎柠檬素 A（shihulimonin A）[3]；黄酮类：金丝桃苷（hyperin）[4]；酚酸类：绿原酸（chlorogenic acid）、5-O-咖啡酰奎宁酸（5-O-caffeoylquinic acid），即新绿原酸（neochlorogenic acid）和 4-O-咖啡酰奎宁酸（4-O-caffeoylquinic acid），即隐绿原酸（cryptochlorogenic acid）[4]。

【药理作用】抗炎　未成熟果实乙醇提取的正丁醇部位（1）和水提液除蛋白质及多糖纯化后部位（2）对大鼠原发性佐剂性关节炎有明显的抗炎作用，对大鼠原发性完全傅氏佐剂性关节炎的免疫细胞 CD4 和 CD8 有明显的调节作用，且（1）和（2）部位对佐剂性关节炎大鼠的巨噬细胞、T 细胞、胸腺 T 细胞均有明显的抑制作用；未成熟果实提取的黄酮类化合物和羟基吴茱萸碱对脂多糖（LPS）刺激佐剂性关节炎大鼠腹腔巨噬细胞、刀豆蛋白 A（ConA）刺激佐剂性关节炎大鼠成熟 T 细胞、佐剂性关节炎大鼠 Thymus T 细胞的培养有显著地促进作用和抑制作用[1]。

【性味与归经】辛、苦，热；有小毒。归肝、脾、胃、肾经。

【功能与主治】散寒止痛，降逆止呕，助阳止泻。用于厥阴头痛，寒疝腹痛，寒湿脚气，经行腹痛，脘腹胀痛，呕吐吞酸，五更泄泻；外治口疮，高血压。

【用法与用量】1.5 ～ 4.5g；外用适量。

【药用标准】药典 1977—2015、浙江炮规 2005、新疆药品 1980 二册、贵州药材 1965 和台湾 2004。

【附注】以望水檀为名始载于《植物名实图考》，云"望水檀，生庐山，茎直劲，色赤褐，嫩枝赤润，对发条叶，叶似檀而尖，皆仰翕不平展，枝梢开小黄花如粟米攒密。"所述似为本种。

不宜多服久服，无寒湿气滞及阴虚火旺者禁服。

本种的根、叶民间也药用。

混淆品有臭辣树 *Evodia fargesii* Dode 的果实。区别为蓇葖果 4 ～ 5 个上部离生，常单个脱落。外表面红棕色至暗棕色。有不适气，味辛麻。

【化学参考文献】

［1］李明道，黄和意．石虎的化学成分研究［J］．药学学报，1966，13（4）：265-272.

［2］赵正煜，李妮．石虎化学成分分离及结构表征［J］．辽宁中医药大学学报，2009，11（11）：190-191.

［3］盖玲，饶高雄，宋纯清，等．石虎化学成分研究［J］．药学学报，2001，36（10）：743-745.

［4］刘珊珊，周兴清，梁彩霞，等．吴茱萸水提取物化学成分研究［J］．中国实验方剂学杂志，2016，22（8）：58-64.

【药理参考文献】

［1］盖玲．石虎化学药理及代谢研究［D］．上海：上海中医药大学博士学位论文，2001.

3. 黄皮属 *Clausena* Burm.f.

常绿乔木或灌木，无刺。小枝、叶轴及花序轴常有微凸起呈小瘤状的油点并丛生细短毛。奇数羽状复叶，小叶片有透明的油点，两侧明显不对称。圆锥花序，顶生或腋生，花蕾圆球形，稀阔卵形；萼片4～5枚，基部合生，花瓣4枚（近镊合状排列）或5枚（覆瓦状排列），有油点；雄蕊6～8（～10）枚，2轮，外轮与萼片对生，着生于隆起花盘基部，花丝中部呈曲膝状；子房有透明油点，4～5室，有时因不育成1～3室，每室有胚珠2粒，花柱比子房短或等长，脱落，柱头与花柱等粗或稍粗。浆果，球形或卵球形。种子1～4粒；种皮薄，子叶深绿色。

约30种，分布于东半球热带亚热带地区。中国约10种2变种，分布于长江以南各地，以云南、广西及广东的种类最多，法定药用植物2种。华东地区法定药用植物1种。

459. 黄皮（图459） • *Clausena lansium*（Lour.）Skeels

图 459 黄皮　　　　　　　摄影 郭增喜等

【形态】小乔木，高4～6（～12）m。嫩枝被很快脱落的微柔毛，枝条有疣状突起，无毛。奇数羽状复叶有小叶5～13枚，小叶椭圆形至阔卵形，长6～13cm，宽2.5～6cm，顶端短尖或短渐尖，基部阔楔形至近圆形，歪斜，两侧不对称，边全缘或浅波状，两面无毛，下面油点明晰。圆锥花序顶生，密被柔毛，花蕾近球状；萼片 5 枚，长约 1mm，花瓣 5 枚，白色，长约 4mm；雄蕊 10 枚；子房密被柔毛。浆果球形至卵球形，长 1～3cm，直径 1～2cm，黄色至暗黄色，密被毛，2～3 室，有种子 1～3（～5）粒。花期 5～6 月，果期 7～9 月。

【生境与分布】多为栽培。分布于浙江、福建，另广东、广西、云南、贵州、四川、台湾等省区均有分布；全世界热带亚热带地区有栽培。

【药名与部位】黄皮核，种子。黄皮叶，叶。

【采集加工】黄皮核：夏、秋季采摘成熟果实，剥去果皮及果肉，收集种子，洗净，蒸透，晒干。黄皮叶：全年可采收，除去杂质，干燥。

【药材性状】黄皮核：呈卵圆形，稍扁，长 10～18mm，宽 5～9mm，厚 3～5mm；表面较光滑，明显分成两色，顶部呈淡黄色，下部呈黄绿色，顶端略弯向一侧，有一长椭圆形种脐；基部钝圆，有合点，种脊略突起，自种脐通向合点。种皮菲薄，质脆易破碎：子叶 2 枚，土黄色，扁平而肥厚。质脆，气微，味苦涩，微辛。

黄皮叶：为单数羽状复叶，小叶 5～13 枚，多皱缩，破碎，黄绿色至深绿色，完整者呈阔卵形或卵状椭圆形，密布细小半透明油点及疏柔毛，长 4～13cm，宽 2～5cm，先端急尖或短渐尖，基部楔形至圆形，两侧不对称，边全缘或浅波状至浅圆齿状，略反卷，叶脉于叶面凹下，于背面凸起，小叶柄被短柔毛，长 2～4mm，质脆。气香，味微苦、辛。

【药材炮制】黄皮核：除去杂质，洗净，干燥。

黄皮叶：除去杂质及枝梗，洗净，切碎，干燥。

【化学成分】叶含内酰胺类：黄皮酰胺（clausenamide）、新黄皮酰胺（neoclausenamide）和环黄皮酰胺（cycloclausenamide）[1]；黄酮类：芦丁（rutin）、槲皮素 -3-O- 刺槐双糖（quercetin-3-O-robinobioside）、槲皮素 -3-O- 绵枣儿波苷*（quercetin-3-O-scillabioside）、山奈酚 -3-O-α-L- 吡喃鼠李糖 -（1→2）-［α-L- 吡喃鼠李糖（1→6）]-β-D- 吡喃葡萄糖苷 {keampferol-3-O-α-L-rhamnopyranosyl（1→2）[α-L-rhamnopyranosyl-（1→6）]-β-D-glucopyranoside} 和毛里求斯排草素（mauritianin）[2]；香豆素类：1'-O-β-D- 吡喃葡萄糖 -（2R, 3S）-3- 羟基紫花前胡苷元［1'-O-β-D-glucopyranosyl-（2R, 3S）-3-hydroxynodakenetin］[2]；烯酮类：黄麻诺苷 C（corchoionoside C）和（6S, 7E, 9S）-6, 9, 10- 三羟基 -4, 7- 大柱香波龙二烯 -3- 酮 -9-O-β-D- 吡喃葡萄糖苷［（6S, 7E, 9S）-6, 9, 10-trihydroxy-4, 7-megastigmadien-3-one-9-O-β-D-glucopyranoside］[2]；挥发油类：α- 蒎烯（α-pinene）、β- 石竹烯（β-caryophyllene）、α- 石竹烯（α-caryophyllene）、α- 檀香烯（α-santalene）、顺 -β- 法呢烯（cis-β-farnesene）、β- 芹子烯（β-selinen）、α- 法呢烯（α-farnesene）、γ- 荜澄茄烯（γ-cadinene）、β- 红没药烯（β-bisabolene）、反 -3-（4, 8 二甲基 -3, 7- 壬二烯基）呋喃［trans-3-（4, 8-dimethyl-3, 7-nonadienyl）-furan］、α- 红没药醇（α-bisabolol）、匙叶桉油烯醇（spathulenol）、2- 甲基 -5- 异丙烯基环己醇乙酸酯（2-methyl-5-isopropenyl-cyclohxanol acetate）、榄香醇（elemol）、γ- 桉叶醇（γ-eudesmol）、氧化石竹烯（caryophyllene oxide）、α- 桉叶醇（α-eudesmol）、顺 -3, 7, 11- 三甲基 -1, 6, 10- 十二碳三烯 -3- 醇（cis-3, 7, 11-trimethyl-1, 6, 10-dodecatrien-3-ol）、α- 檀香醇（α-santalol）、反 -4- 十六碳烯 -6- 炔（trans-4-hexadecen-6-yne）、六氢法呢基丙酮（hexahydrofarnesyl acetone）、十六烷酸（hexadeanoic acid）和 2, 6- 二甲基 -6-（4- 甲基 -3- 戊烯基）-二环［3, 1, 1］庚 -2- 烯 {2, 6-dimethyl-6-（4-methyl-3-pentenyl）-bicyclo［3, 1, 1］hept-2-ene} 等[3,4]。

种子含挥发油：β- 蒎烯（β-pinene）、β- 月桂烯（β-myrcene）、α- 水芹烯（α-phellandrene）、α- 松油烯（α-terpinene）、对聚伞花素（p-cymene）、柠檬烯（limonene）、γ- 松油烯（γ-terpinene）、2- 辛烯 -4- 醇（2-octen-4-ol）、3, 7- 二甲基 -1, 6- 辛二烯 -3- 醇（3, 7-dimethyl-1, 6-octadien-3-ol）、柠檬醛（citral）、α- 松油醇（α-terpineol）和反 - 石竹烯（trans-caryophyllene）[5]；酰胺类：黄皮新肉桂酰胺 A、B、C、I（lansiumamide A、B、C、I）[6]和 N- 甲基桂皮酰胺（N-methyl cinnamamide）[7]。

果实含挥发油类：α- 蒎烯（α-pinene）、苯甲醛（benzaldehyde）、β- 水芹烯（β-phllandrene）、β- 蒎烯（β-pinene）、6- 甲基 -5- 庚烯 -2- 酮（6-methyl-5-hepten-2-one）、β- 月桂烯（β-myrcene）、α- 水芹

烯（α-phellandrene）、α- 松油烯（α-terpinene）、松萜（sabinene）、苯乙醛（hyacinthin）、γ- 松油烯（γ-terpinene）和隐酮（cryptone）等[8]；氨基酸类：天冬氨酸（Asp）、谷氨酸（Glu）、丝氨酸（Ser）、组氨酸（His）、甘氨酸（Gly）、苏氨酸（Thr）、精氨酸（Arg）、丙氨酸（Ala）、酪氨酸（Tyr）和蛋氨酸（Met）等[9]。

茎含香豆素类：欧前胡素（imperatorin）、8- 羟基呋喃香豆素（8-hydroxyfurocoumarin）、5- 羟基 -8-（3′- 甲基 -2′- 丁烯基）- 呋喃香豆素［5-hydroxy-8-（3′-methyl-2′-butenyl）-furocoumarin］[10]，黄皮呋喃香豆精（wampetin）和别异欧前胡素（alloisoimperatorin）等[11]；生物碱类：印度黄皮唑碱（indizoline）、甲基咔唑 -3- 羧酸酯（methyl carbazole-3-carboxylate）、3- 甲酰咔唑（3-formyl carbazole）、黄皮碱 O（clausine O）、黄皮唑灵 K（clauszoline K）、1-（3′- 甲基 -2′- 丁烯基）-2- 羟基 -3- 甲酰咔唑［1-（3′-methyl-2′-butenyl）-2-hydroxy-3-formyl carbazole］[10]，黄皮辛碱 A、B、C（claulansine A、B、C）、黄皮吲哚*（clauseindole）和黄皮斯碱*（claulansitin）等[11]；甾体类：β- 谷甾醇（β-sitosterol）[10]。

根含生物碱类：2, 7- 二羟基 -3- 甲酰 -1-（3- 甲基 -2′- 丁烯基）咔唑［2, 7-dihydrooxy-3-formyl-1-（3-methyl-2′-butenyl）carbazole］[12]，3- 甲酰 -6- 甲氧基咔唑（3-formyl-6-methoxycarbazole）、甲基 -6- 甲氧基咔唑 -3- 羧酸酯（methyl-6-methoxycarbazole-3-carboxylate）、3- 甲酰 -1, 6- 二甲氧基咔唑（3-formyl-1, 6-dimethoxycarbazole）、3- 甲酰咔唑（3-formyl carbazole）、甲基咔唑 -3- 羧酸酯（methyl carbazole-3-carboxylate）、九里香碱（murrayanine）、山小橘灵（glycozoline）和印度黄皮唑碱（indizoline）[13]。

【药理作用】1. 抗氧化　果皮的乙醇、己烷、乙酸乙酯、丁醇和水 5 种不同溶剂的提取物可清除 1, 1- 二苯基 -2- 三硝基苯肼自由基（DPPH），其中乙酸乙酯的抗氧化作用最强，甚至强于丁基化羟基甲苯（BHT）[1]；果皮提取的多糖对植物油和动物油都有一定的抗氧化作用，随着多糖添加量增加，其过氧化值逐渐降低，且呈一定的剂量 - 效应关系[2]；枝条、果皮、果肉和种子 4 个部位的 95% 乙醇浸提物对 1, 1- 二苯基 -2- 三硝基苯肼自由基、2, 2′-联氮 - 二（3- 乙基 - 苯并噻唑 -6- 磺酸）二铵自由基（ABTS）、羟自由基（·OH）和过氧化氢（H_2O_2）均有较好的清除作用，且清除作用依次为果皮 > 枝条 > 果肉 > 枝子[3]；提取分离的 8- 羟基补骨脂素对 1, 1- 二苯基 -2- 三硝基苯肼自由基和超氧阴离子自由基具有较强的清除作用及显著的还原作用[4]。2. 抗肿瘤　提取分离的 8- 羟基补骨脂素（8-hydroxy psoralen）对人肝癌 HepG2 细胞、人肺腺癌 A549 细胞和人宫颈癌 HeLa 细胞的增殖均有显著的抑制作用[1, 4]。3. 抗菌　小枝和根粗提取的 3- 甲酰基 -6- 甲氧基咔唑（3-formyl-6-methoxycarbazole）、赖氨酸（Lys）和糖基固醇对牙周牙龈卟啉单胞菌（Porphyromonas gingivalis）具有抑制作用，但作用不明显[5]；果皮的乙醇提取物中分离的黄皮兰辛（lansine）、3- 甲酰基咔唑（3-formyl carbazole）、3- 甲酰基 -6- 甲氧基咔唑、7- 羟基香豆素（7-hydroxycoumarin）、8- 羟基呋喃香豆素（8-hydroxy furocoumarin）和对羟基肉桂酸甲酯（methyl p-hydroxy oxycinnamate）对金黄色葡萄球菌有显著的抑制作用[6]。4. 降血糖　叶分离提取的香豆精灌胃可使四氧嘧啶所致高血糖小鼠的血糖明显下降[7]；叶提取物可降低链脲佐菌素引起的糖尿病大鼠的血糖[8]。5. 抗过敏　叶的水和乙醇提取物对透明质酸酶均有较明显的抑制作用，而石油醚提取物无抑制作用[9]。6. 镇咳　石油醚萃取物和二氯甲烷萃取物对浓氨水引咳的小鼠能延长咳嗽潜伏期并减少 2min 内的咳嗽次数，并能减少哮喘小鼠支气管肺泡灌洗液（BALF 液）中的白细胞总数、嗜酸性粒细胞比例及中性粒细胞比例[10]。

【性味与归经】黄皮核：辛，苦，微温。归胃、肠经。黄皮叶：苦、辛，凉。归肺、脾经。

【功能与主治】黄皮核：理气消滞，散结止痛。用于食滞胃痛。疝气疼痛，睾丸肿痛。黄皮叶：疏风解表，除痰行气，用于感冒发热，咳嗽哮喘，气胀腹痛、疟疾，小便不利，热毒疥癞。

【用法与用量】黄皮核：4.5 ～ 9g。黄皮叶：15 ～ 30g；外用适量，煎水洗。

【药用标准】黄皮核：广东药材 2004 和广西药材 1990。黄皮叶：广西壮药 2008、广西药材 1996 和海南药材 2011。

【临床参考】1. 糖尿病：根适量，水煎服[1]。

2. 痰湿喘咳：鲜叶 30 ～ 60g，水煎服。

3. 胃病：根 30 ～ 60g，水炖服。（2 方、3 方引自《福建中草药》）

【附注】《本草纲目》三十三卷附录诸果载："出广西横州。状如楝子及小枣而味酸。"《岭南杂记》云："黄皮果大如龙眼，又名黄弹，皮黄白，有微毛，瓤白如猪肪。有青核数枚，酸涩不成味，久之少甘。树似橄榄，绿条开小花，夏末结实，小儿嗜之。"《植物名实图考》云："黄皮果，详见《岭外代答》，能消食，桂林以为酱，其浆酸甘似葡萄，食荔枝厌饫以此解之。谚曰：饥食荔枝，饱食黄皮。又谚曰：黄皮白蜡，酸甘相杂。"综上所述，即为本种。

【化学参考文献】

［1］杨明河，陈延镛，黄量．黄皮叶化学成分的研究 Ⅱ．两个新的环酰胺化合物的结构［J］.化学学报，1987，45（12）：30-34.

［2］赵青，张东明．黄皮叶的化学成分研究（摘要）［C］.全国中药和天然药物学术研讨会，2009.

［3］罗辉，蔡春，张建和，等．黄皮叶挥发油化学成分研究［J］.中药材，1998，21（8）：405-406.

［4］唐冰，王成芳，费超，等．GC-MS 法分析黄皮叶挥发油的化学成分［J］.中国实验方剂学杂志，2011，17（17）：94-97.

［5］张建和，蔡春．黄皮果核挥发油成分的研究［J］.中药材，1997，20（10）：518-519.

［6］Lin J H, Lin J H. Cinnamamide derivatives from *Clausena lansium*［J］. Phytochemistry，1989，28（2）：621-622.

［7］卢晓旭，黄雪松．黄皮核中 N- 甲基 - 桂皮酰胺的提取分离与鉴定［J］.中国调味品，2008，（7）：40-42.

［8］唐闻宁，康文艺，穆淑珍，等．黄皮果挥发油成分研究［J］.天然产物研究与开发，2002，14（2）：26-28.

［9］张永明，黄亚非，黄际薇，等．黄皮果氨基酸成分分析［J］.中药材，2006，29（9）：921-924.

［10］李芳，罗秀珍，谢忱．黄皮化学成分研究［J］.科技导报，2009，27（10）：82-84.

［11］李芳．黄皮 *Clausena lansium* 化学成分研究［D］.北京：北京协和医学院硕士学位论文，2009.

［12］张瑞明，万树青，赵冬香．黄皮的化学成分及生物活性研究进展［J］.天然产物研究与开发，2012，24（1）：118-123.

［13］Li W S, James D M, Faroijk S E. Carbazole alkaloids from *Clausena lansium*［J］. Phytochemistry，1991，30（1）：343-346.

【药理参考文献】

［1］Prasad K N, Hao J, Yi C, et al. Antioxidant and anticancer activities of wampee［*Clausena lansium*（Lour.）Skeels］peel［J］. Journal of Biomedicine & Biotechnology，2009，2009（1）：612805-612810.

［2］马超，刘杰凤，周天，等．黄皮果多糖提取工艺优化及抗氧化性研究［J］.江苏农业科学，2013，41（8）：290-292.

［3］李奕星，袁德保，陈娇，等．黄皮不同部位提取物的抗氧化活性［J］.贵州农业科学，2015，43（5）：75-78.

［4］Prasad K N, Xie H, Hao J, et al. Antioxidant and anticancer activities of 8-hydroxypsoralen isolated from wampee［*Clausena lansium*（Lour.）Skeels］peel［J］. Food Chemistry，2010，118（1）：62-66.

［5］Rodanant P, Surarit R, Laphookhieo S, et al. In vitro evaluation of the antibacterial and anti-inflammation activities of *Clausena lansium*（Lour.）skeels［J］. Songklanakarin Journal of Science & Technology，2015，37（1）：43-48.

［6］邓会栋，梅文莉，左文健，等．黄皮果皮中的抗菌活性成分研究［J］.热带亚热带植物学报，2014，22（2）：195-200.

［7］申竹芳，陈其明，刘海帆，等．黄皮香豆精的降血糖作用［J］.药学学报，1989，24（5）：391-392.

［8］熊曼琪，张横柳，朱章志，等．黄皮叶、小叶山绿豆、广木香降血糖作用的实验研究［J］.广州中医药大学学报，1994，11（1）：41-45.

［9］赵丰丽，李洁荣，杨健秀．黄皮叶不同溶剂提取物抗过敏活性研究［J］.食品工业科技，2009，30（1）：110-112.

［10］黄桂红，邓航，陈薇，等．黄皮叶萃取物镇咳、祛痰及平喘作用研究［J］.天津医药，2013，41（3）：234-237.

【临床参考文献】

［1］吴清和，梁颂名，李育浩，等．中医治疗糖尿病单方验方的筛选研究［J］.广州中医学院学报，1991，8（2-3）：218-223.

4. 九里香属 *Murraya* Koen.ex Linn.

无刺灌木或小乔木。奇数羽状复叶，小叶互生。聚伞花序伞房状，花萼 4 或 5 深裂，裂片细小，花瓣 4 枚或 5 枚，覆瓦状排列，白色，芳香，有油点；雄蕊 8 枚或 10 枚，花丝分离，花药细小，花盘略隆起；

子房 2 ~ 5 室，每室有胚珠 1 粒或 2 粒，花柱细长，通常比子房长 1 倍或更长，柱头增大，头状。浆果，具胶质黏液，种子 1 ~ 4 粒，子叶等大，平凸。

约 12 种，分布于东亚至印度尼西亚及太平洋诸岛屿。中国 9 种 1 变种，分布于北纬 26° 以南各地，法定药用植物 4 种。华东地区法定药用植物 1 种。

460. 九里香（图 460）• *Murraya exotica* Linn.

图 460 九里香　　　　　　　　　　　　　　摄影 李华东等

【形态】常绿灌木或小乔木，高 1 ~ 3（~ 5）m。茎枝淡黄色至灰白色，无毛。叶互生，奇数羽状复叶有小叶 5 ~ 9 枚，小叶片互生，薄革质，倒卵状椭圆形，长 2 ~ 7cm，宽 1 ~ 2.5cm，中部以上最宽，顶端钝、圆形、短尖或稀为短渐尖，基部楔形，有时两侧不等，全绿，两面无毛，小叶柄短，长 1 ~ 3mm。花序腋生或顶生，通常有花 10 朵以上，稀多达 30 朵，花白色，有浓烈香气；萼片 5 枚；花瓣 5 枚；雄蕊 10 枚；花柱与子房无明显界限，柱头黄色，头状。果卵形至纺锤形，朱红色，长 1 ~ 2cm，直径 6 ~ 12mm，果肉有胶质黏液。花期 4 ~ 6 月，果期 9 ~ 11 月。

【生境与分布】多盆栽。分布于福建，另广东、广西、台湾等省区均有分布。

【药名与部位】九里香，叶和带叶嫩枝。

【采集加工】全年均可采收，除去老枝，阴干。

【药材性状】嫩枝呈圆柱形，直径 1 ~ 5mm。表面灰褐色，具纵皱纹。质坚韧，不易折断，断面不平坦。羽状复叶有小叶 3 ~ 9 片，多已脱落；小叶片呈倒卵形或近菱形，最宽处在中部以上，长约 3cm，宽约 1.5cm；先端钝，急尖或凹入，基部略偏斜，全缘；黄绿色，薄革质，上表面有透明腺点，小叶柄短或近无柄。

下部有时被柔毛。气香，味苦、辛，有麻舌感。

【药材炮制】除去杂质，切碎。

【化学成分】叶含黄酮类：5, 7, 3′, 4′- 四甲氧基黄酮（5, 7, 3′, 4′-tetramethoxyflavone）、5, 7- 二羟基 -3′, 4′, 5′- 三甲氧基黄酮（5, 7-dihydroxy-3′, 4′, 5′-trimethoxyflavone）、5- 羟基 -3, 7, 3′, 4′- 四甲氧基黄酮（5-hydroxy-3, 7, 3′, 4′-tetramethoxyflavone）、3- 羟基 -5, 6, 7, 4′- 四甲氧基黄酮（3-hydroxy-5, 6, 7, 4′-tetramethoxyflavone）、川陈皮素（nobiletin）、5- 羟基 -7, 3′, 4′- 三甲氧基黄酮（5-hydroxy-7, 3′, 4′-trimethoxyflavone）、3, 5- 二羟基 -6, 7, 3′, 4′- 四甲氧基黄酮（3, 5-dihydroxy-6, 7, 3′, 4′-tetramethoxyflavone）、5, 6, 4- 三羟基 -3, 7- 二甲氧基黄酮（5, 6, 4-trihydroxy-3, 7-dimethoxyflavone）、山奈酚（kaemperol）[1], 3, 5, 6, 7, 3′, 4′, 5′- 七甲氧基黄酮（3, 5, 6, 7, 3′, 4′, 5′-heptamethoxyflavone）、3, 5, 6, 8, 3′, 4′, 5′- 七甲氧基黄酮（3, 5, 6, 8, 3′, 4′, 5′-heptamethoxyflavone）[2], 5, 3′- 二羟基 -6, 4′- 二甲氧基黄酮 -7-O-β-D- 葡萄糖苷（5, 3′-dihydroxy-6, 4′-dimethoxyflavone-7-O-β-D-glucoside）、6′- 羟基 -3, 4, 5, 2′, 5′- 五甲氧基黄酮（6′-hydroxy-3, 4, 5, 2′, 5′-pentamethoxyflavone）[3], 5, 7, 3′, 4′- 四甲氧基黄酮（5, 7, 3′, 4′-tetramethoxyflavone）、5, 7, 3′, 4′, 5′- 五甲氧基黄酮（5, 7, 3′, 4′, 5′-pentamethoxyflavone）和 5, 6, 7, 3′, 4′, 5′- 六甲氧基黄酮（5, 6, 7, 3′, 4′, 5′-hexamethoxyflavone）等[4]; 酚酸类：香草酸（vanillic acid）和咖啡酸乙酯（ethyl caffeate）[1]; 香豆素类：橙皮内酯水合物（meranzin hydrate）、酸橙素烯醇（auraptenol）[2], 过氧酸橙素烯醇（peroxyauraptenol）、顺式脱氢欧前胡醇 *（cis-dehydroosthol）、九里香醇（murraol）、长叶九里香内酯酮醇（murranganon）、异长叶九里香内酯醇酮千里光酸酯（isomurranganon senecioate）、马钱霉素乙酸酯（murrangatin acetate）、异柠檬烯醇乙酸酯（isomurralonginol acetate）、氯化小叶九里香内酯醇（chloticol）、7- 甲氧基 -8- 甲酰香豆素（7-methoxy-8-formyl coumarin）、7- 甲氧基 -8-（1′- 乙酰氧基 -2′- 氧代 -3′- 甲基丁基）香豆素［7-methoxy-8-（1′-acetoxy-2′-oxo-3′-methyl butyl）coumarin］、九里香亭（murrangatin）、反式去氢蛇床子素（*trans*-dehydroosthol）、脱水长叶九里香内酯（phebalosin）、小芸木香豆精（minumicrolin）、蛇床子素（osthol）、橙皮内酯（meranzin）、水合橙皮内酯异戊酸酯（murrayatin）、异味决明内酯醇（casegravol）、异橙皮内酯（isomeranzin）、欧芹烯酮酚甲醚（osthenon）、九里香醛（murralongin）、伞形花内酯（umbelliferone）、东莨菪素（scopoletin）、西伯利亚邪蒿内酯酸（sibiricol）[5]和九里香卡品（murracarpin）[6]; 生物碱类：小叶九里香咔唑碱（exozolin）[7], 柯式九里香卡任碱（murrayacarine）和柯式九里香酚碱（koenimbine）[8]; 挥发油类：双环大香叶烯（bicyclogermacrene）、β- 石竹烯（β-caryophyllene）、α- 石竹烯（α-caryophyllene）、δ- 杜松烯（δ-cadinene）、匙叶桉油烯（spathulenol）、反式 -α- 香柠檬烯（*trans*-α-bergamotene）、大香叶烯 D（germacrene D）、β- 红没药烯（β-bisabolene）和芳香 - 姜黄烯（ar-curcumene）等[9]。

枝含香豆素类：双长叶九里香亭（bismurrangatin）和九里香马灵 A（murramarin A）[10]。

【药理作用】1. 抗炎镇痛　叶的醇提物可明显减少乙酸所致小鼠的扭体次数，提高小鼠的痛阈值，明显抑制二甲苯及角叉菜胶所致小鼠的耳、足肿胀[1, 2]; 醇提物对膝骨关节炎模型大鼠的关节平面具有显著的保护作用，可提高大鼠血清中超氧化物歧化酶（SOD）含量、明显降低白细胞介素 -1β（IL-1β）、肿瘤坏死因子 -α（TNF-α）及一氧化氮合成酶（NOS）含量[3]; 提取物能以剂量相关性的方式减少滑液及炎性软骨细胞中的肿瘤坏死因子 -α 和白细胞介素 -1β 的量[4]。2. 抗菌　果树、叶子及果实提取的精油对白色念珠菌、大肠杆菌、铜绿假单胞菌和金黄色葡萄球菌的生长均具有一定的抑制作用[5]。

【性味与归经】辛、微苦，温；有小毒。归肝、胃经。

【功能与主治】行气止痛，活血散瘀。用于胃痛，风湿痹痛；外治牙痛，跌扑肿痛，虫蛇咬伤。

【用法与用量】6 ～ 12g。

【药用标准】药典 1995—2015 和广西壮药 2008。

【临床参考】1. 胃痛：叶 9g，加煅瓦楞子 30g，共研末，每次 3g，每日 3 次。（《香港中草药》）

2. 骨折肿痛：鲜叶或根捣烂，加鸡蛋清调敷患处。（《云南中草药》）

3. 久年痛风：根 15g，酒水煎服。（《福建中草药》）

【附注】《本草纲目》引傅滋《医学集成》："治肚痛，以九里香草捣碎浸酒服。"可能即为本种。阴虚患者慎用。

本种的根与花民间也药用。

《中国药典》2015 年版一部收载千里香 *Murraya paniculata*(Linn.)Jack 亦作为药材九里香的基源之一。

小叶九里香 *Murraya exotica* Linn.var.*exotica*（Linn.）Huang 的茎叶在福建、广东、广西、云南民间也作九里香药用。

【化学参考文献】

［1］李林福，肖海，胡海波，等. 九里香叶中的化学成分［J］. 中国实验方剂学杂志，2016，22（7）：50-53.

［2］Barik B R，Dey A K，Das P C，et al. Coumarins of *Murraya exotica* absolute configuration of auraptenol［J］. Phytochemistry，1983，22（3）：792-794.

［3］郭培，柳航，朱怀军，等. 九里香化学成分和药理作用的研究进展［J］. 现代药物与临床，2015，30（9）：1172-1178.

［4］王晓中，马彦冬，李绪文，等. 九里香叶中甲氧基黄酮类化合物的 NMR 研究［J］. 波谱学杂志，2007，24（3）：341-346.

［5］Ito C，Furukawa H. Constituents of *Murraya exotica* L. structure elucidation of new coumarins［J］. Chem Pharm Bull，1987，35（10）：4277-4285.

［6］吴龙火，刘昭文，曾靖，等. 九里香叶中香豆素类化合物的抗炎镇痛活性［J］. 光谱实验室，2011，28（6）：2999-3003.

［7］Ganguly S N，Sarkar A. Exozoline，a new carbazole alkaloid from the leaves of *Murraya exotica*［J］. Phytochemistry，1978，17（10）：1816-1817.

［8］Desoky E K，Kanwl M S，Bishay D W. Alkaloids of *Murraya exotica* L.（Rutaceae）cultivated in Egypt［J］. Bull Fac Pharm，1992，30（3）：235-238.

［9］姜平川，周军，曹斌，等. 九里香挥发油成分研究［J］. 中药材，2009，32（8）：1224-1227.

［10］Negi N，Ochi A，Kurosawa M，et al. Two new dimeric coumarins isolated from *Murraya exotica*［J］. Chem Pharm Bull，2006，37（8）：1180-1182.

【药理参考文献】

［1］吴龙火，刘昭文，许瑞安. 九里香叶的抗炎镇痛作用研究［J］. 湖北农业科学，2011，50（21）：4435-4438.

［2］Wu L，Li P，Wang X，et al. Evaluation of anti-inflammatory and antinociceptive activities of *Murraya exotica*［J］. Pharmaceutical Biology，2010，48（12）：1344-1353.

［3］肖月星，刘海清，李林福，等. 九里香醇提物抗膝骨关节炎研究［J］. 湖北农业科学，2014，53（1）：126-129.

［4］Wu L，Liu H，Zhang R，et al. Chondroprotective activity of *Murraya exotica* through inhibiting β-catenin signaling pathway［J］. Evidence-Based Complementary and Alternative Medicine，2013，752150：1-8.

［5］El-Sakhawy F S，El-Tantawy M E，Ross S A，et al. Composition and antimicrobial activity of the essential oil of *Murraya exotica* L.［J］. Flavour & Fragrance Journal，2015，13（1）：59-62.

5. 金橘属 *Fortunella* Swingle

常绿灌木或小乔木。新生枝略扁、具棱，刺生于叶腋间或无刺。单身复叶或单叶，叶片无毛，密生油点，与叶柄相连处有关节，稀无关节；柄轴具狭翅或仅具痕迹。花两性，单朵或数朵簇生于叶腋，芳香，花萼 4～5 裂，花瓣 5 枚，覆瓦状排列；雄蕊为花瓣的 3～4 倍，不同程度合生成 4 束或 5 束；子房生于稍隆起的花盘上，3～5（～6）室，每室有 2 粒胚珠，花柱长，柱头头状。柑果圆形、扁圆形至卵状椭圆形，果皮肉质，味甜或酸，油点多，瓢囊 3～5（～6）瓣。种子阔卵形，端尖，平滑，胚及子叶深绿色，多胚。

根据 *Flora of China*，本属已被归并入柑橘属 *Citrus* Linn. 中，且山橘 *Fortunella hindsii*（Champ.ex Benth.）Govaerts［*Fortunella hindsii*（Champ.ex Benth.）Swingle］、金橘 *Fortunella margarita*（Lour.）

Swingle（*Citrus margarita* Lour.）均作为金柑 *Citrus japonica* Thunb. 的异名。

约 8 种，分布于亚洲东南部。中国 5 种及少数杂交种，见于长江以南各地，法定药用植物 3 种，1 栽培变种。华东地区法定药用植物 3 种。

分种检索表

1. 单身复叶，稀杂有几枚单叶；果较小，有 3 ～ 4 瓣瓤囊··山橘 *F. hindsii*
1. 单身复叶；果较大，有 4 ～ 6（～ 9）瓣瓤囊。
  2. 枝有刺，果实圆球形，直径约 2.7cm，顶端圆，瓤囊 4 ～ 7 瓣，有种子 4 ～ 6 粒；叶片长圆状披针形··金柑 *F. japonica*
  2. 枝无刺，果实长圆形或倒卵形，直径 2 ～ 3cm，顶端圆钝，瓤囊 4 ～ 5 瓣，种子 3 ～ 4 粒；叶片椭圆形至长圆形··金橘 *F. margarita*

461. 山橘（图 461）· *Fortunella hindsii*（Champ.ex Benth.）Swingle

图 461　山橘　　　　　　　　　　　　摄影　徐克学等

【别名】山桔，金豆（安徽歙县），野橘（安徽休宁）。

【形态】常绿灌木，高 1 ～ 2m，具刺。枝细小，嫩枝有细棱，无毛。单身复叶，有时伴有单叶，互生；叶片革质，卵状椭圆形，长 3.5 ～ 8cm，宽 1.5 ～ 4cm，先端圆钝或短尖，微凹或钝头，基部宽楔形至近圆形，全缘或具不明显浅圆细锯齿，两面无毛，上面深绿色，光亮，下面青灰色，叶脉在两面均较明显；

叶柄有狭翅或仅具痕迹，与叶片连接处有明显易断的关节。单花，稀 2～3 朵腋生；花小，5 基数；萼片细小，花瓣白色；雄蕊约 20 枚，不同程度合生成几束；雌蕊短，子房 3～4 室，每室有 2 粒胚珠。果实小，鲜橙色或朱红色，圆球形或扁球形，直径 1～1.5cm，果皮极薄，干硬。种子卵球形，平滑；子叶绿色。花期 5～6 月，果期 11 月。

【生境与分布】生于山坡林下、林缘或裸岩旁，常栽培于庭园。分布于安徽、浙江、江西、福建，另湖南、广东、香港、海南、广西等省区均有分布。

【药名与部位】山橘干，果肉。

【采集加工】冬末春初，果实近成熟时采收，除去果核，干燥。

【药材性状】呈类扁球形，果皮暗棕褐色，具皱纹和细小颗粒状突起。基部有凹陷果梗脱落的痕迹。质坚硬，气清香，味苦微酸。

【药材炮制】除去杂质，干燥。

【化学成分】叶含挥发油类：（+）-4- 蒈烯［（+）-4-carene］、白菖烯（calarene）、γ- 榄香烯（γ-elemene）、α- 石竹烯（α-caryophyllene）、异喇叭烯（isoledene）、α- 荜澄茄油烯（α-cubebene）、β- 倍半水芹烯（β-sesquiphellandrene）、β- 桉叶醇（β-eudesmol）、橙花叔醇（nerolidol）和叶绿醇（phytol）等[1]；脂肪酸类：n- 十六酸（n-hexadecanoic acid）、十四酸（tetradecanoic acid）和十五酸（pentadecanoic acid）[1]。

果实挥发油类：β- 月桂烯（β-myrcene）、萜品烯（terpinene）、δ- 榄香烯（δ-elemene）、γ- 榄香烯（γ-elemene）、β- 金合欢烯（β-farnesene）、α- 荜澄茄油烯（α-cubebene）、β- 蒎烯（β-pinene）和柠檬烯（limonene）等[1]；脂肪酸类：n- 十六酸（n-hexadecanoic acid）、n- 十四酸（n-tetradecanoic acid）和 n- 十五酸（n-pentadecanoic acid）[1]。

【性味与归经】辛、酸、甘，温。

【功能与主治】宽中化气，止咳化痰。用于急性肝炎、胆囊炎，胆石症，胃痛，疝气，慢性气管炎，脱肛，子宫脱垂。

【用法与用量】内服：9～15g，水煎服或开水泡服。

【药用标准】福建药材 2006。

【附注】宋韩彦直《橘录》云："山金橘，俗名金豆，木高尺许，实如樱桃，内止一核，俱可蜜渍，香味清美。"刘恂《岭表录异》云："山橘子大如土瓜，次如弹丸，小树绿叶，夏结冬熟，金色薄皮，而味酸，偏能破气。"似为本种。

本种的根及叶民间也作药用。

【化学参考文献】

［1］陈伟鸿，张媛燕，卢丽平，等. 山橘果皮及叶片挥发油成分的分析比较［J］. 福建师范大学学报（自然科学版），2016，32（2）：69-75.

462. 金柑（图 462）• *Fortunella japonica*（Thunb.）Swingle

【别名】罗纹（浙江、安徽）。

【形态】常绿灌木或小乔木，高 1～5m。有小刺，多分枝，无毛；小枝绿色，扁圆，有棱，光滑。叶片卵状椭圆形至长圆披针形，长 2.5～5cm，宽 1～2cm，顶端钝、短尖或微凹，基部阔楔形，全缘或中部以下有细钝齿；叶柄有狭翅或仅具痕迹，与叶片连结处关节明显而易断。单花或数花生于叶腋，花瓣白色，5 枚，略芳香；萼片 5 枚，无毛，常宿存；雄蕊 20 枚或较少，长短不一，中部以下合生成 5 束，较花瓣短；子房近球形，5～6 室，稀 4 室或 7 室，无毛，花柱较雄蕊短。果小，扁圆形至近圆形，直径 2～3cm，橙黄色，果皮甜，平滑，瓤囊 4～6（～9）瓣，味酸或甜。种子 4～6 粒，胚绿色。

图 462　金柑　　　　摄影　陈征海等

【生境与分布】华东各省市多有栽培，另秦岭以南各省区均有栽培或野生；日本、印度也有分布。

【药名与部位】金柑，果实。

【化学成分】果实含黄酮类：2-O-α-L- 鼠李糖 -4-O- 甲基牡荆素（2-O-α-L-rhamnosyl-4-O-methylvitexin）、6, 8- 二 -C- 葡萄糖芹菜素（6, 8-di-C-glucosyl apigenin）、2-O-α-L- 鼠李糖 -4-O- 甲基异牡荆黄素（2-O-α-L-rhamnosyl-4-O-methyl isovitexin）、3, 6- 二 -C- 葡萄糖金合欢素（3, 6-di-C-glucosyl acacetin）、2-O-α-L- 鼠李糖荭草素（2-O-α-L-ramosorientin）、2-O-α-L- 鼠李糖牡荆素（2-O-α-L-rhamnosyl vitexin）、2-O-α-L- 鼠李糖 -4-O- 甲基荭草素（2-O-α-L-rhamnosyl-4-O-methyl orientin）、枸橘苷（poncirin）[1]，新西兰牡荆苷 Ⅱ（vicenin Ⅱ）、光牡荆素 -2, 4′- 二甲醚（lucenin-2, 4′-dimethyl ether）、柚皮芸香苷 -4′-O- 葡萄糖苷（narirutin-4′-O-glucoside）、芹菜素 -8-C- 新橙皮苷（apigenin-8-C-neohesperidoside）、根皮素 -3′, 5′- 二 -C- 葡萄糖苷（phloretin-3′, 5′-di-C-glucoside）、橙皮苷（hesperidin）、野漆树苷（rhoifolin）、金合欢素 -8-C- 新橙皮苷（acacetin-8-C-neohesperidoside）、金合欢素 -6-C- 新橙皮苷（acacetin-6-C-neohesperidoside）、香风草苷（didymin）和金合欢素 -7-O- 新橙皮苷（acacetin-7-O-neohesperidoside）[2]；氨基酸类：天冬氨酸（Asp）、苏氨酸（Thr）、丝氨酸（Ser）、谷氨酸（Glu）、甘氨酸（Gly）、丙氨酸（Ala）、缬氨酸（Val）、蛋氨酸（Met）、异亮氨酸（Ile）、赖氨酸（Lys）、酪氨酸（Tyr）、苯丙氨酸（Phe）、组氨酸（His）、精氨酸（Arg）和脯氨酸（Pro）[3]；维生素类：维生素 B_1（vitamin B_1）、维生素 B_2（vitamin B_2）、维生素 C（vitamin C）和叶酸（folic acid）[3]；元素：钙（Ga）、镁（Mg）、锌（Zn）、锰（Mn）、铁（Fe）和铜（Cu）[3]。

【药理作用】1. 增加胃肠蠕动　金柑总黄酮可提高阿托品诱导抑制胃肠吸收小鼠的胃排空，其作用可能与减少阿托品与 M 胆碱受体结合，减少竞争性拮抗乙酰胆碱对 M 胆碱受体的刺激作用，提高胃肠道蠕动的幅度和频率，减少胰液素的分泌，增加胃肠蠕动有关[1]。2. 抗氧化　黄酮类粗提物对羟自由基（·OH）、超氧阴离子自由基（O_2^-·）和 1.1- 二苯基 -2- 三硝基（DPPH）苯肼自由基均有清除作用[2]。3. 抗菌　黄酮类粗提物对金黄色葡萄球菌、枯草杆菌、大肠杆菌及毛霉有一定的抑制作用；柠檬苦素类粗提物对枯草杆菌、金黄色葡萄球菌、大肠杆菌及黑曲霉均有抑制作用[2]。

【药用标准】部标成方六册 1992 附录。

【临床参考】阑尾切除术后腹胀：制金柑（主要药味金柑，每丸净重约6g）口服，每次2枚，每4h 1次[1]。

【附注】其果实在国内大多省区作金柑药用。

有含量测定文献报道本种果实含柠檬苦素类成分柠檬苦素（limonin）和诺米林（nomilin）[1]。

【化学参考文献】

［1］Hiroyasu K，Yoshiharu M，Yoshitomi I，et al. Structure and hypotensive effect of flavonoid glycosides in kinkan（*Fortunella japonica*）peelings［J］. Agricultural and Biological Chemistry，1985，49（9）：2613-2618.

［2］Davide B，Ersilia B，Corrado C，et al. Kumquat（*Fortunella japonica* Swingle）juice：Flavonoid distribution and antioxidant properties［J］. Food Res Int，2011，44：2190-2197.

［3］陈金印，郭成志，刘后根，等. 遂川金柑营养成分的分析研究［J］. 江西农业大学学报，1998，20（4）：44-47.

【药理参考文献】

［1］黎继烈，刘宗敏，钟海雁，等. 金柑总黄酮对小鼠胃肠吸收功能的影响［J］. 中南林业科技大学学报，2007，27（2）：79-82.

［2］张慧. 金柑主要活性成分提取及体外抗氧化、抑菌作用研究［D］. 长沙：中南林业科技大学硕士学位论文，2007.

【临床参考文献】

［1］胡明灿，陆建平. 制金柑治疗阑尾切除术后腹胀［J］. 中成药研究，1982，（5）：48.

【附注参考文献】

［1］孟鹏，郑宝东. 超高效液相色谱法快速并同时检测金柑中柠檬苦素和诺米林［J］. 中国食品学报，2013，13（2）：177-181.

463. 金橘（图 463）• *Fortunella margarita*（Lour.）Swingle

【别名】金枣（山东），金桔、罗浮、长金柑（安徽）。

【形态】灌木或小乔木，高 2～6m。通常无刺，嫩枝略起棱，无毛。叶椭圆形至长圆形，长 6～9cm，宽 2～3.5cm，顶端渐狭而短尖，尖头微凹且常有中脉延伸的细尖头，基部阔楔形，全缘或有不明显细钝齿，两面无毛，叶柄有狭翅，与叶片连接处关节明显而易断。花单朵或 2～3 朵生于叶腋，白色，稍芳香；萼片 5 枚，花瓣 5 枚；雄蕊 16～25 枚，长短不一，不同程度合生成若干束；雌蕊生于稍凸起的花盘上。果卵状椭圆形至广椭圆形，直径 2～3cm，金黄色，果皮薄，甜，果肉微酸，有 4～5 瓣瓤囊。种子 2～5 粒，卵球形，子叶及胚绿色，单胚。花期夏季，果期 11～12 月。

【生境与分布】华东多栽培，另广东、海南、广西有野生分布。

【药名与部位】金柑，果实。

【化学成分】果皮含黄酮类：金柑苷（fortunellin）、根皮素 -3′, 5′- 二 -C-β- 吡喃葡萄糖苷（phloretin-3′, 5′-di-C-β-glucopyranoside）、芦丁（rutin）、4′- 甲氧基牡荆素 -2″-O-α-L- 吡喃鼠李糖苷（4′-methoxyvitexin-2″-O-α-L-rhamnopyranoside）和野漆树苷（rhoifolin）[1]；甾体类：胡萝卜苷（daucosterol）[1]。

果实含挥发油类：α- 蒎烯（α-pinene）、消旋柠檬烯（*dl*-limonene）、α- 萜品油烯（α-terpinolene）、β- 萜品醇（β-terpineol）、丙酸芳樟酯（linalyl propionate）、乙酸牻牛儿酯（geranyl acetate）、β- 荜澄茄油烯（β-cubebene）、δ- 杜松烯（δ-cadinene）、3，7，11- 三甲基 -2，6，10- 三烯月桂醇（3, 7, 11-trimethyl-2, 6, 10-trienlauryl alcohol）、十六烷酸（hexadecoic acid）[2]，柠檬烯（D-limonene）、β- 月桂烯（β-myrcene）、β- 可巴烯（β-copaene）、γ- 榄香烯（γ-elemene）、β- 水芹烯（β-phellandrene）和乙酸香叶酯（geranyl acetate）等[3]；其他尚含：多糖（polysaccharide）[4]。

图 463　金橘

摄影　张芬耀等

种子含脂肪酸类：亚油酸（linoleic acid）、油酸（oleic acid）、棕榈酸（palmitic acid）和硬脂酸（stearic acid）等[5]；烯醇类：9（Z）-十八碳烯-1-醇［9（Z）-octadecene-1-ol）］[5]。

【药用标准】部标成方六册 1992 附录。

【临床参考】乳腺增生：先食金桔罐头 1 个，分 3 次服完，连服 3 天，再用蓖麻籽 10～15 个、鸡蛋 1 个，白面包裹，放入灰火中煨熟食用，除蛋壳外全部吃完，每晚食 1 个，连服 10 天[1]。

【附注】宋·欧阳修《归田录》载："金橘产于江西，以远难致，都人初不识。明道、景祐初，始与竹子俱至京师……而金橘香清味美，置之樽俎间，光彩灼灼如金弹丸，……温成皇后尤好食之，由是价重京师。"又宋·韩彦直《橘录》载："金柑在他柑特小，其大者如钱，小者如龙目，色似金，肌理细莹，圆丹可觇。藏绿豆中可以经时不变，盖橘性热，豆性凉也。"《本草纲目》载："金橘生吴粤、江浙、川广间，或言出营道者为冠，而江浙者皮甘肉酸，次之。其树似橘，不甚高大，五月开白花结实，秋冬黄熟，大者径寸，小者如指头，形长而皮坚，肌理细莹，生则深绿色，熟乃黄如金，其味酸甘，而芳香可爱，糖造蜜煎皆佳。"《植物名实图考》云："金橘，……今江南亦多有之，唯宁都产者瓤甜如柑，冬时色黄，经春复青，或即以为卢橘。又一种小者为金豆，味烈，赣南糖煎之。"即为本种。

本种的核、果实蒸馏液（金橘露）、根及叶民间也作药用。

金弹 *Fortunella margarita* 'Chintan'（*Fortunella crassfolia* Swingle）的果实国内大多省区也作金柑药用。

【化学参考文献】

［1］王治元，李宁，王开金，等. 金橘果皮的化学成分［J］. 植物资源与环境学报，2010，19（1）：92-94.

［2］杨燕军. 金桔挥发油成分的 GC-MS 分析［J］. 中药材，1998，21（2）：87-88.

［3］宋莎娜，米娜，许立拔，等. 金桔精油化学成分 GC-MS 分析及其对小鼠急性毒性［J］. 国际药学研究杂志，2017，44（5）：

461-465.

[4] 曾红亮，张怡，薛雅茹，等 . 响应面法优化金柑多糖碱提取工艺的研究 [J] . 热带作物学报，2015，36（1）：179-184.

[5] 张怡，谢加凤，曾绍校，等 . 金柑籽油超声波辅助提取工艺及其成分研究 [J] . 中国食品学报，2013，13（02）：35-42.

【临床参考文献】

[1] 贾培林 . 金桔蓖麻籽治疗乳腺增生症 [J] . 新中医，1991，33（10）：50.

6. 柑橘属 *Citrus* Linn.

常绿灌木或小乔木。常有刺，幼枝略扁且具棱。单身复叶，稀单叶互生；叶柄通常有狭翅或仅具痕迹，叶片密生透明油点，揉之有香气。花两性或因发育不全而趋于单性，单朵腋生、数朵簇生或为少花的总状花序；花萼杯状，3～5 浅裂，花瓣 5 枚，覆瓦状排列，盛花时常背卷，芳香，雄蕊 20～25（～60）枚，子房 7 至多室，花柱棒状，柱头甚大，花盘明显，有蜜腺。柑果，外果皮密生油点，中果皮最内层白色、线网状，称为橘络，内果皮由多个心皮发育而成，发育心皮称瓢囊，瓢囊内壁上的细胞发育成纺锤状半透明的汁胞（可食部分）；种子椭圆形；子叶和胚同色，绿色或乳白色，单胚或多胚，多胚时通常仅 1 个有性胚，其余为无性胚，种子萌发时子叶出土。

约 20 种和上千个栽培品系，原产于亚洲东南部、南部和东部，现许多国家和地区有栽培。中国加上引种栽培的约 14 种，主产于秦岭以南各地，法定药用植物 10 种 1 变种 7 栽培变种。华东地区法定药用植物 6 种 1 变种 5 栽培变种。

分种检索表

1. 单叶，叶柄无翅，与叶片连接处无关节；果皮比果肉厚。
　　2. 果不分裂成指状………………………………………………………………………香橼 *C. medica*
　　2. 果上部分裂成多条指状肉条………………………………………佛手 *C. medica* var. *sarcodactylis*
1. 单身复叶，叶柄有翅，稀仅具痕迹，与叶片连接处有关节；果肉比果皮厚。
　　3. 嫩枝上部、叶下面至少在中脉中部以下、花梗、花萼及子房均有柔毛………………柚 *C. maxima*
　　3. 各部无毛或仅嫩叶的叶翅中脉上被毛。
　　　　4. 叶翅甚窄或仅留下痕迹，仅在夏季徒长枝上叶翅明显；单花或 2～3 花簇生叶腋，稀较多；果皮甚易剥离；子叶及胚多为深绿色，少淡绿色。
　　　　　　5. 果黄色、橙黄色或橙红色………………………………………………柑橘 *C. reticulata*
　　　　　　5. 果实在栽培中出现果皮颜色及形态上的变异。
　　　　　　　　6. 果皮橙红色，较光滑，果顶端通常平，果肉橙黄色…………福橘 *C. reticulata* 'Tangerina'
　　　　　　　　6. 果皮朱红色，稍粗糙，果顶端稍凹入，常乳头状凸起，果肉淡黄色……………………………………………………………………………………九月黄 *C. reticulata* 'Erythrosa'
　　　　4. 叶翅通常明显或较宽；通常总状花序，单花或数花簇生于叶腋；果皮较难剥离；子叶及胚均乳白色。
　　　　　　7. 果肉味甜或稍酸；种子少且小，或无，种皮略显肋状纹…………………甜橙 *C. sinensis*
　　　　　　7. 果肉味酸或稍甜，有时带苦味；种子大且多，种皮具明显肋状纹。
　　　　　　　　8. 雄蕊 24～38 枚；果实长圆形至近球形………………………………香圆 *C. wilsonii*
　　　　　　　　8. 雄蕊常 20～25 枚；果实球形至扁球形。
　　　　　　　　　　9. 叶片卵状长圆形或倒卵形，先端急尖………………………酸橙 *C. aurantium*
　　　　　　　　　　9. 叶片椭圆形，或卵形至卵状长圆形，先端钝尖或渐尖。
　　　　　　　　　　　　10. 果肉带甜味，或酸甜适度，可食用，果皮较易剥离…………………………………………………………………………常山柚橙 *C. aurantium* 'Changshan-huyou'

10. 果肉味酸，常带苦味，不堪食用，果皮紧贴果肉难剥离。

11. 叶片椭圆形至卵状，果冬季深橙色，至次年夏季又变为污绿色，果皮稍粗糙⋯⋯
⋯⋯⋯⋯⋯⋯⋯⋯⋯⋯⋯⋯⋯⋯⋯⋯⋯⋯代代酸橙 *C. aurantium* 'Daidai'

11. 叶片椭圆形，果橙红色，果皮光滑⋯⋯⋯⋯⋯⋯⋯朱栾 *C. aurantium* 'Zhulan'

464. 香橼（图 464）• *Citrus medica* Linn.

图 464　香橼　　　　　　　　　　　　摄影　郭增喜等

【别名】枸橼（山东）。

【形态】常绿小乔木或灌木。幼枝、嫩芽带紫红色，刺多，长可达 4cm。单叶，叶片椭圆形或卵状椭圆形，通常长 6～12cm，宽 3～6cm，顶端圆形，稀钝头，基部阔楔形至近圆形，边缘有细锯齿，两面无毛，叶柄长 3～10mm，无翅，无关节。总状花序有花 3～10 朵，稀单花或 2 花簇生于叶腋；花两性，花蕾、花瓣背面均带紫红色；花瓣长 1.5～2cm；雄蕊 30～60 枚。果椭圆形、圆形或为两端狭的纺锤形，淡黄色；顶端有 1 乳头状突起，果皮粗糙，难剥离，内果皮白色带淡黄色，松软，瓤囊约 10 瓣，果肉白色或淡黄色，味酸或微甜。种子小，种皮平滑，子叶和胚均乳白色，多胚。花期 1～4 月，果期 10～11 月。

【生境与分布】华东各省市有栽培。

【药名与部位】香橼，果实切成的片。枸橼皮，新鲜或干燥果皮。

【采集加工】香橼：秋季果实成熟时采收，趁鲜切片，低温干燥。

【药材性状】香橼：呈圆形或长圆形片，直径4～10cm，厚0.2～0.5cm。横切片外果皮黄色或黄绿色，边缘呈波状，散有凹入的油点；中果皮厚1～3cm，黄白色或淡棕黄色，有不规则网状突起的维管束；瓤囊10～17室。纵切片中心柱较粗壮。质柔韧。气清香，味微甜而苦辛。

枸橼皮：新鲜品外面显淡黄色或黄色，有多数窝点；内面附有少量白色的海绵状物。干燥品多数切成细长的条，长约20cm，宽约1.5cm；外面显黄色；易折断。臭强烈、香、特殊。味香苦。

【药材炮制】香橼：润透，切丝，晾干。

【化学成分】果实含香豆素类：柠檬内酯（limettin）、东莨菪亭（scopoletin）[1]，7-羟基香豆素（7-hydroxycoumarin）、5,7-二羟基香豆素（5,7-dihydroxycoumarin）、7-羟基-6-甲氧基香豆素（7-hydroxy-6-methoxycoumarin）、5,7-二甲氧基香豆素（5,7-dimethoxycoumarin）、6,7-二甲氧基香豆素（6,7-dimethoxycoumarin）、佛手柑内酯（bergapten）和九里香素（mexoticin）[2]；黄酮类：橙皮素（hesperetin）、柚皮素-7-O-β-D-葡萄糖苷（hesperetin-7-O-β-D-glucoside），即樱桃苷（prunin）、柚皮苷（naringin）、橙皮苷（hesperidin）[1]、香叶木素（diosmetin）、柚皮素（naringenin）[2]和刺槐素（acacetin）[3]；柠檬苦素类：奥巴叩酮（obacunone）、诺米林（nomilin）、柠檬苦素（limonin）和异奥巴叩酸（isoobacunoic acid）[1]；甾体类：胡萝卜苷（daucosterol）、β-谷甾醇（β-sitosterol）[1]和β-蜕皮甾酮（β-ecdysone）[3]；皂苷类：羽扇豆醇（lupeol）、白桦脂酸（betulinic acid）和β-香树脂醇乙酸酯（β-amyrin acetate）[3]；酚酸类：4-甲氧基水杨酸（4-methoxysalicylic acid）、对甲氧基桂皮酸（p-methoxycinnamic acid）、甲基阿魏酸（ferulic acid）和阿魏酸（ferulic acid）[3]；黄酮类：表没食子儿茶素（epigallocatechin）和原儿茶醛（pyrocatechualdehyde）[3]；生物碱类：1-O-（β-D-葡萄糖基）-（2S,3S,4E,8E）-2-[（2′R）-2′-羟基十六酰氨基]-4（E），8（E）-十八二烯-1,3-二醇{1-O-（β-D-glucopyranosyl）-（2S,3S,4E,8E）-2-[（2′R）-2′-hydroxyhexadecanoyl amino]-4（E），8（E）-octadecadiene-1,3-diol}[1]，二氢-N-咖啡酰酪胺（dihydro-N-caffeoyl tyramine）、尼克酰胺（nicotinamide）和（-）-蛇菰宁[（-）-balanophonin][3]。

叶含挥发油类：柠檬烯（limonene）、橙花醛（neral）、香叶醛（geranial）、乙酸香叶酯（geranyl acetate）、芳樟醇（linalool）、香叶醇（geraniol）、α-侧柏烯（α-thujene）、α-蒎烯（α-pinene）、β-蒎烯（β-pinene）、香桧烯（sabinene）、月桂烯（myrcene）、丁香烯（caryophyllene）、罗勒烯（ocimene）和香茅醛（citronellal）等[4]。

种子含脂肪酸和低碳羧酸类：亚油酸（linoleic acid）、油酸（oleic acid）、棕榈酸（palmitic acid）和己二酸（adipic acid）等[5]。

【性味与归经】香橼：辛、苦、酸，温。归肝、脾、肺经。

【功能与主治】香橼：舒肝理气，宽中，化痰。用于肝胃气滞，胸胁胀痛，脘腹痞满，呕吐噫气，痰多咳嗽。

【用法与用量】香橼：3～9g。

【药用标准】香橼：药典1963—2015、浙江炮规2015、新疆药品1980二册、云南药品1974和贵州药材1965。枸橼皮：药典1953和中华药典1930。

【临床参考】1.胆汁反流性胃炎：胆胃片（香橼皮、黄芩、郁金、柴胡等组成）饭后口服，每次4～6片，每日3次[1]。

2.功能性消化不良：果实12g，加佛手12g、白术12g、茯苓18g、法半夏9g、厚朴9g、枳壳12g、陈皮9g、生姜6g、大枣2枚、甘草6g，水煎服，每日1剂，7天为1疗程[2]。

3.寻常型银屑病：果实10g，加枳壳、柴胡、女贞子、旱莲草、白术、太子参、枸杞子各10g，赤芍、连翘各15g，金银花30g、丹皮20g、甘草5g，水煎服，每日1剂，分2次服，1个月为1疗程，连续2疗程[3]。

【附注】香橼原名枸橼，始载于《本草经集注》。《本草拾遗》谓："枸橼生岭南，大叶，甘橘属也。子大如盏。"《本草图经》在橘柚项下载："枸橼，如小瓜状，皮若橙而光泽可爱，肉甚厚，切如萝卜，虽味短而香氛大胜柑橘之类。置衣笥中，则数日香不歇，……今闽广、江西皆有，彼人但谓之香橼子。"
即本种。

【化学参考文献】

［1］董丽荣，刘晓秋，李忠荣，等.枸橼果实化学成分研究［J］.精细化工，2010，27（10）：982-986.

［2］李建绪，王红程，高美华，等.枸橼果实的香豆素和黄酮类成分研究［J］.药学研究，2013，32（4）：187-189.

［3］尹伟，宋祖荣，刘金旗，等.香橼化学成分研究［J］.中药材，2015，38（10）：2091-2094.

［4］孙汉董，丁立生，吴玉，等.云南野香橼叶油的化学成分［J］.植物分类与资源学报，1984，6（4）：457-460.

［5］董丽荣，李忠荣，阎玉鑫，等.香橼种子油脂成分的GC-MS分析［J］.中国现代中药，2010，12（7）：19-21.

【临床参考文献】

［1］王玉龙.胆胃片的制备工艺及临床疗效［J］.中国社区医师（医学专业），2010，12（26）：19.

［2］杨维平.香橼佛手饮治疗功能性消化不良96例［J］.中国中医药现代远程教育，2010，8（8）：46-47.

［3］汪文星，汪洋.香橼汤治疗寻常型银屑病临床观察［J］.湖北中医杂志，2012，34（1）：41-42.

465. 佛手（图465） • *Citrus medica* Linn. var. *sarcodactylis*（Noot.）Swingle

图 465　佛手

摄影　徐克学

【别名】佛手柑（安徽、山东）。

【形态】本变种叶片先端钝，有时微凹；果实略呈长圆形，果上部分裂成多条指状肉条，如手指，其裂数即为心皮数目，有两种类型；指抱合如拳者，称拳佛手；指开张如掌者，称开佛手。花期4～10月，果期7～11月。

【生境与分布】华东各省市有栽培，以浙江金华最为著名。

【药名与部位】佛手（佛手柑），果实。佛手花，花及花蕾。

【采集加工】佛手：秋季果实始变黄时采收，纵切薄片，低温干燥；或直接低温干燥。佛手花：3 ～ 4 月采收或及时拾取落地花，干燥；或稍闷润，蒸后干燥。

【药材性状】佛手：为类椭圆形或卵圆形的薄片，常皱缩或卷曲，长 6 ～ 10cm，宽 3 ～ 7cm，厚 0.2 ～ 0.4cm。顶端稍宽，常有 3 ～ 5 个手指状的裂瓣，基部略窄，有的可见果梗痕。外皮黄绿色或橙黄色，有皱纹和油点。果肉浅黄白色或浅黄色，散有凹凸不平的线状或点状维管束。质硬而脆，受潮后柔韧。气香，味微甜后苦。

佛手花：长 1.5 ～ 2cm，表面淡黄棕色或淡棕褐色。花梗长 2 ～ 7mm，具纵皱纹。花萼杯状。常有小凹点。花瓣 5 片，披针形或长卵形，常弯曲卷缩，长 1 ～ 2cm，宽约 0.5cm，外表面淡黄色，具众多棕褐色细小凹点，质厚，易脱落。雄蕊多数，黄白色，着生于花盘周围。子房上部狭尖。有的花瓣脱落后，可见渐发育成微呈指状的小果实。花蕾色较深。气香，味微苦。

【质量要求】佛手：张大色白不霉。佛手花：色金黄，不碎无杂。

【药材炮制】佛手：除去杂质，刷净，切丝或小片块。

佛手花：除去杂质，筛去灰屑。

【化学成分】果实含黄酮类：3, 5, 6- 三羟基 -4′, 7- 二甲氧基黄酮（3, 5, 6-trihydroxy-4′, 7-dimethoxyflavone）、3, 5, 6- 三羟基 -3′, 4′, 7- 三甲氧基黄酮（3, 5, 6-trihydroxy-3′, 4′, 7-trimethoxyflavone）[1]，3, 5, 8- 三羟基 -7, 4′- 二甲氧基黄酮（3, 5, 8-trihydroxy-7, 4′-dimethoxyflavone）[2] 和橙皮苷（hesperidin）[3]；香豆素类：5, 7- 双乙酸基 -8- 甲基香豆素（5, 7-diacetoxy-8-methyl coumarin）、5- 甲氧基 -8- 羟基补骨脂素（5-methoxy-8-hydroxypsoralen）[3]，柠檬内酯（limettin）[4]，7- 羟基 -6- 甲氧基香豆素（7-hydroxy-6-methoxy-coumarin），即莨菪亭（scopoletin）、7- 羟基香豆素（7-hydroxycoumarin），即伞形花内酯（umbelliferon）、7- 羟基 -5- 甲氧基香豆素（7-hydroxy-5-methoxycoumarin）、对香豆酸（p-coumaric acid）、6, 7- 二甲氧基香豆素（6, 7-dimethoxycoumarin），即滨蒿内酯（scoparone）[5]，西伯利亚酯醇 *（sibiricol）、6- 羟基 -7- 甲氧基香豆素（6-hydroxy-7-methoxycoumarin）和佛手柑内酯（bergapten）[6]；柠檬苦素类：柠檬苦素（limonin）和诺米林（nomilin）[4]；挥发油类：柠檬烯（limonene）、α- 蒎烯（α-pinene）、β- 蒎烯（β-pinene）、β- 非兰烯（β-phellandrene）、苯乙醇（phenethyl alcohol）、β- 香叶烯（β-myrcene）、顺 -β- 松油醇（cis-β-terpineol）、β- 松油醇（β-terpineol）和 γ- 松油醇（γ-terpineol）[7]；甾体类：β- 谷甾醇（β-sitosterol）、胡萝卜苷（daucosterol）、豆甾醇（stigmasterol）和豆甾醇乙酸酯（stigmasteryl acetate）[4, 6]；脂肪酸及低碳羧酸类：琥珀酸（amber acid）、棕榈酸（palmitic acid）[4]，3- 羟基 -3, 7- 二甲基 -1, 6- 辛二酸（3-hydroxy-3, 7-dimethyl-1, 6-octanedioic acid）和柠檬酸（citric acid）等[7]；酚酸类：对羟基苯丙烯酸（p-hydroxycinnamic acid）[7]；糖类：β-D- 葡萄糖（β-D-glucoside）[5] 和多糖 FCp-1、FCp-2、FCp-3、FCp-4（polysaccharide FCp-1、FCp-2、FCp-3、FCp-4）[8]；氨基酸：天冬氨酸（Asp）、谷氨酸（Glu）、甘氨酸（Gly）、丙氨酸（Ala）、亮氨酸（Leu）和异亮氨酸（Ile）等[9]；元素：铁（Fe）、钠（Na）、铜（Cu）、硒（Se）、锌（Zn）和钾（K）等[9]；其他尚含：5- 甲氧基糠醛（5-methoxyfurfural）[6]。

根含甾体类：β- 谷甾醇（β-sitosterol）和胡萝卜苷（daucosterol）[10]；糖类：蔗糖（surcrose）、α- 葡萄糖（α-glucose）和 β- 葡萄糖（β-glucose）[10]；酚酸类：4- 羟基苯甲醛（4-hydroxybenzaldehyde）和 4- 羟基 -3- 甲氧基苯甲酸（4-hydroxy-3-methoxybenzoic acid）[10]。

叶含挥发油类：柠檬烯（limonene）、α- 柠檬醛（α-citral）、反式香叶醇（trans-geraniol）、反式罗勒烯（trans-ocimene）、香茅醛 [(R)-(+)-citronellal]、顺式罗勒烯（cis-ocimene）、辛醛（octanal）、壬醛（nonanal）、癸醛（decanal）和 d- 马鞭烯醇（d-verbenol）等[11]。

【药理作用】1. 抗肿瘤　果实挥发油能显著抑制雌性荷瘤小鼠移植 B16 黑色素瘤的增殖，显著提高肝脏中超氧化物歧化酶（SOD）活性[1]；叶的挥发油可使 HeLa 细胞膜裂解、内容物外泄和细胞碎片增多[2]。2. 抗抑郁　果实挥发油可显著改善慢性应激造成抑郁模型大鼠糖水偏爱和旷场测试中的行为变化，且具有剂量依赖性，显著降低模型大鼠血清中皮质酮水平，显著升高模型大鼠脑组织神经营养因子的蛋白质表达水平[3]。3. 抗疲劳　干燥果实水提取液能明显减少小鼠负重游泳力竭时间，降低小鼠运动后的血乳酸、尿素氮浓度，并能提高小鼠肝脏中糖原的含量[4]。4. 抗氧化　叶的乙醇提取物具有较好清除 1,1- 二苯基 -2- 三硝基苯肼自由基（DPPH）、超氧阴离子自由基（$O_2 \cdot$）和羟自由基（$\cdot OH$）的作用[5]。5. 降血压　果实提取物可降低自发性高血压模型大鼠的血压，且能抑制血管紧张素转化酶活性[6]。6. 抗炎　果实挥发油对二甲苯所致小鼠的足肿胀和角叉菜所致大鼠的足肿胀均有一定的抑制作用[7]。

【**性味与归经**】佛手：辛、苦、酸，温。归肝、脾、肺经。佛手花：辛、微苦，温。归肺、脾经。

【**功能与主治**】佛手：舒肝理气，和胃止痛。用于肝胃气滞，胸胁胀痛，胃脘痞满，食少呕吐。佛手花：理气，散瘀。用于肝胃气痛，月经不调。

【**用法与用量**】佛手：3 ～ 9g。佛手花：4.5 ～ 9g。

【**药用标准**】佛手：药典 1963—2015、浙江药材 2006、浙江炮规 2015、新疆药品 1980 二册、云南药品 1974、贵州药材 1965 和台湾 2013。佛手花：部标中药材 1992、浙江炮规 2015、新疆药品 1980 二册、四川药材 1987 增补和贵州药材 2003。

【**临床参考**】1. 功能性消化不良：白仁佛手丸（果实 10g，加炒白术 100g、砂仁 40g、党参 120g、柴胡 80g、木香 40g、甘松 40g、半夏 60g、炒白芍 60g、茯苓 120g、炙甘草 40g、乌贼骨 120g、陈皮 80g、神曲 120g、麦芽 120g）口服，每次 6g，每日 3 次，2 周 1 疗程[1]。

2. 恶劣心境：果实 15g，加肉苁蓉 30g、冰糖 3g，水煎服，每日 2 次，30 天为 1 疗程，连用 2 疗程[2]。

3. 原发性肝癌、晚期胃癌：少林佛手昆布胶囊（果实，加昆布、麝香、莪术、冰片、白花蛇舌草等组成）口服，每次 2 粒，每日 2 次，3 个月为 1 疗程[3, 4]。

【**附注**】佛手柑，古代常与枸橼、香橼等相混。《本草纲目》云："枸橼产闽广间，木似朱栾而叶尖长，枝间有刺，植之近水乃生，其实状如人手，有指，俗呼为佛手柑。"即为此种。

【**化学参考文献**】

［1］何海音，凌罗庆. 佛手柑化学成分的研究［J］. 药学学报，1985，20（6）：433-435.

［2］何海音，凌罗庆，史国萍，等. 中药广佛手的化学成分研究［J］. 中国中药杂志，1988，13（6）：32-33.

［3］钟艳梅，田庆龙，肖海文，等. 不同产地佛手药材的化学成分比较研究［J］. 中南药学，2014，12（1）：63-66.

［4］高幼衡，徐鸿华，刁远明，等. 佛手化学成分的研究（Ⅰ）［J］. 中药新药与临床药理，2002，13（5）：315-316.

［5］尹锋，楼凤昌. 佛手化学成分的研究［J］. 中国天然药物，2004，2（3）：20-21.

［6］崔红花，高幼衡，蔡鸿飞，等. 川佛手化学成分研究（Ⅱ）［J］. 中草药，2007，38（9）：344-347.

［7］金晓玲，徐丽珊. 佛手挥发性成分的 GC-MS 分析［J］. 中草药，2001，32（4）：304-305.

［8］He Z C, Liang F J, Zhang Y Y, et al. Water-soluble polysaccharides from finger citron fruits（*Citrus medica* L. var. *sarcodactylis*）［J］. Carbohydrate Res, 2014, 388（3）：100-104.

［9］包志华，王美玲，李存保. 中药佛手柑中微量元素与氨基酸的测定［J］. 内蒙古科技与经济，2000，（S1）：377-378.

［10］周凌云. 佛手根化学成分的研究［J］. 中国民族民间医药，2009，18（9）：29-30.

［11］赵静芳，蒋立勤，钟晓明. 佛手叶挥发性成分的提取鉴定［J］. 中华中医药学刊，2013，31（8）：1773-1777.

【**药理参考文献**】

［1］邵邻相，高海涛，成文召，等. 佛手挥发油对小鼠体内 B16 黑色素瘤生长的影响［J］. 浙江师范大学学报（自然科学版），2012，35（2）：184-188.

［2］成文召，麻艳芳，邵邻相，等. 佛手叶挥发油对 HeLa 细胞形态与结构的影响［J］. 浙江师范大学学报（自然科学版），2013，36（3）：331-336.

［3］高洪元，田青. 佛手挥发油的抗抑郁作用机制探讨［J］. 中国实验方剂学杂志，2012，18（7）：231-234.

［4］张颖，江玲丽，赵小平. 佛手水提取物对小鼠抗运动性疲劳作用研究［J］. 淮阴师范学院学报（自然科学版），2014，13（1）：63-65.

［5］蔡丹燕，祁龙凯，林励. 佛手叶总黄酮超声提取工艺优化及其抗氧化活性研究［J］. 广州中医药大学学报，2015，

32（2）：308-312.

[6] 常雯.佛手降血压活性部位的研究[D].重庆：西南大学硕士学位论文，2011.

[7] 王建英，施长春，朱婉萍，等.金华佛手挥发油抗炎及急性毒性的实验研究[J].现代中药研究与实践，2004，18（2）：46-48.

【临床参考文献】

[1] 李西坡，尚勇.白仁佛手丸治疗功能性消化不良临床研究[J].中国社区医师（医学专业），2010，12（31）：133.

[2] 魏绪华.肉苁蓉佛手方治疗恶劣心境的临床研究[J].内蒙古中医药，2017，36（8）：6-7.

[3] 杨峰，释延林，释延院.少林佛手昆布胶囊治疗原发性肝癌50例临床观察[J].河南中医，2008，28（11）：53.

[4] 王祥麒，释延琳，释延院.少林佛手昆布胶囊联合化疗治疗晚期胃癌23例[J].河南中医，2009，29（2）：172.

466. 柚（图466）• *Citrus maxima*（Burm.）Merr.［*Citrus grandis*（Linn.）Osbeck］

图466 柚　　　　摄影 李华东等

【别名】香抛、葫芦抛（安徽），抛（浙江）。

【形态】常绿乔木。嫩枝、叶背、花梗、花萼及子房均被柔毛。多分枝，刺长，柔弱，稀无刺。叶片宽卵形至椭圆形，长7～20cm，宽4～12cm，顶端钝或圆，微凹，有时短尖，基部圆，边缘具细钝锯齿，上面无毛；叶柄具倒心形宽翅，翅长2～4cm，宽0.5～3cm。总状花序，有时兼有腋生单花；花瓣白色；花萼不规则5浅裂；花瓣长1.5～2cm；雄蕊20～25枚，有时部分雄蕊不育；花柱粗长，柱头略较子房大。果圆球形、扁圆形、梨形或阔圆锥状，直径通常10cm以上，淡黄色或黄绿色，杂交种有朱红色的，果皮厚，海绵质，油胞大，凸起，果心实但松软，瓢囊8～16瓣或多至19瓣，汁胞白色、粉红色或鲜红色，少有带乳黄色；每瓣有种子约9粒。种子多棱皱，子叶乳白色，单胚。花期4～5月，果期9～12月。

【生境与分布】长江以南各地，最北限见于河南省信阳及南阳一带，全为栽培；东南亚各国有栽种。

【药名与部位】柚果，未成熟的果实。化橘红，外层果皮。橘红花，花蕾或已开放的花。

【采集加工】柚果：3～4月果实为3～7cm时采收，洗净，切为两半或片，晒干或低温干燥。化橘红：夏季果实未成熟时采收，置沸水中略烫后，将果皮割成5瓣或7瓣，除去果瓤和部分中果皮，压制成形，干燥。橘红花：春季拾取落花，晒干。

【药材性状】柚果：为圆形、椭圆形、半圆形或不规则片状，直径1～4cm。外表面棕黄色，切面淡黄色或棕黄色，有不规则皱纹。质韧。气芳香，味苦、微辛。

化橘红：呈对折的七角状或展平的五角星状，单片呈柳叶形。完整者展平后直径15～28cm，厚0.2～0.5cm。外表面黄绿色至黄棕色，无毛，有皱纹及小油室；内表面黄白色或淡黄棕色，有脉络纹。质脆，易折断，断面不整齐，外缘有1列不整齐的下凹的油室，内侧稍柔而有弹性。气芳香，味苦、微辛。

橘红花：花蕾呈椭圆形至长圆形，顶端稍膨大，长7～17mm，直径5～8mm，表面棕黄色或黄棕色。花柄长12～23mm，略弯曲，具数条纵棱，被黄白色短毛。花萼浅杯状，扭曲，有凹陷的腺点，密被黄白色短毛，硬革质。花瓣4～5枚，矩圆形，表面具棕色凹陷腺点。雄蕊25～45枚，花丝下部联合成数束。花药条形，棕黄色。雌蕊1枚。子房长圆形或卵圆形，呈灰褐色，密被柔毛或无毛，柱头扁头状。花瓣多脱落而单独存在，较长，多卷曲。雄蕊脱落不见。质脆，气微香，味微苦。

【药材炮制】柚果：除去杂质，润透，切薄片，低温干燥。

化橘红：除去杂质，洗净，闷润，切丝或块，晒干。蜜化橘红：取化橘红饮片，与炼蜜拌匀，稍闷，炒至不粘手时，取出，摊凉。

橘红花：除去杂质，晒干。

【化学成分】果皮含香豆素类：葡萄内酯（aurepten）、异前胡素（isoimperatorin）、马尔敏缩酮*（marmin acetonide）、野栓翅芹素（pranferin）、异米拉素（isomerancin）、花椒毒酚（xanthotoxol）和伞形花内酯（umbelliferone）[1]；挥发油类：α-蒎烯（α-pinene）、β-蒎烯（β-pinene）、月桂烯（myrcene）、D-柠檬烯（D-limonene）、α-萜品醇（α-terpinol）、香叶醛（geranial）和β-石竹烯（β-caryophyllene）等[2]；柠檬苦素类：柠檬苦素（limonin）、闹米林（nomilin）和异黄柏酮酸（isoobacunoic acid）[3]；

茎皮含生物碱类：山小橘碱I（glycocitrine-I）、5-羟基降真香醇碱*（5-hydroxynoracronycine alcohol）、5-羟基降真香碱（5-hydroxynoracronycine）、甜橙碱I（citrusinine-I）、柚碱*I（grandisine I）、夏橙碱-Ⅱ（natsucitrine-Ⅱ）和柑橘吖啶酮Ⅲ（citracridone Ⅲ）[4]。

花含挥发油类：β-月桂烯（β-myrcene）、柠檬烯（limonene）、罗勒烯（ocimene）、石竹烯（caryophyllene）、芳樟醇（linalool）、2-呋喃基乙醇（2-furanmethanol）、香叶醇（geraniol）、吲哚（indole）、甲基-2-氨基苯甲酸（methyl-2-amino-benzoic acid）、二十二烷（docosane）和萘（naphthalene）等[5]。

【药理作用】1. 抗糖尿病　果汁可显著增加四氧嘧啶所致糖尿病模型小鼠的体重，显著降低血糖、血胆固醇及血甘油三酯水平，但对高密度脂蛋白胆固醇具有升高作用[1]。经酶改性的柚皮可显著降低链脲佐菌素所致糖尿病模型大鼠的胰岛素和糖化血清蛋白水平，且能显著提高C-肽和总抗氧化能力水平[2]。2. 镇静　叶的乙醇提取物可增强小鼠的繁殖能力，抑制中枢活动，增加迷宫实验及雅图光度计实验中小鼠进入开放臂次数及时间，减少移动距离，对抗戊四唑及士的宁所致的惊厥小鼠能延长补药持续时间及催眠药作用时间，降低小鼠运动协调性[3]。3. 抗炎镇痛　叶、茎及果皮的乙醇提取物可显著抑制乙酸所致小鼠的关节肿痛，提高热板法所致小鼠的痛阈值，显著抑制福尔马林所致大鼠的关节肿[4]。4. 抗氧化　叶的甲醇提取物可降低扑热息痛所致大鼠肝毒性的血清胆红素、血清总蛋白和血清肝药酶水平，且具有剂量依赖性，可降低硫代巴比妥酸反应物水平，升高谷胱甘肽及过氧化氢水平[5]。内外果皮的乙醇提取物在体外可清除2,2′-联氮-二（3-乙基-苯基噻唑-6-磺酸）二铵盐自由基（ABTS），外果皮作用强于内果皮[6]。5. 抗抑郁　叶的水提物可显著减少强迫游泳实验及悬尾实验中小鼠的不动时间，增强自主活动实验中小鼠的攀爬行为[7]。6. 降血脂　果肉多糖可显著降低高脂饲料所致高脂模型小鼠的血清总胆固醇、甘油三酯、低密度脂蛋白含量，显著升高血清高密度脂蛋白含量[8]。7. 化痰止咳　外层果皮中提取的多糖可减轻二甲苯所致小鼠的耳廓肿胀，可延长浓氨水刺激引起小鼠的咳嗽潜伏期及减少 2min 内的咳嗽次数，可显著增加小鼠气管段酚红的排泄量[9]；提取的柚皮苷可显著促进豚鼠气管平滑肌细胞增殖，水合橘皮内酯对豚鼠气管平滑肌细胞增殖有明显的抑制作用[10]。8. 抗血小板聚集　外层果皮中的柚皮苷（naringin）、柚皮素（naringenin）、橙皮苷（hesperidin）、橙皮素（hesperetin）、橘红素（tangeretin）和川陈皮素（nobiletin）6 种黄酮类成分可显著抑制二磷酸腺苷诱导大鼠的血小板聚集，其中川陈皮素抑制作用最强，随后依次是橘红素、橙皮素、柚皮素或橙皮苷、柚皮苷，其抑制血小板聚集的作用与结构密切相关，甲氧基和酚羟基数目以及 A 环 C_7 羟基可能影响黄酮抑制血小板聚集的生物活性[11]。9. 保护精子　外层果皮的乙醇提取物能有效抵消因 900MHz 电磁辐照所带来的氧化压力所致的细胞凋亡，从而对 SD 大鼠精子起到保护作用，明显减少因为 900MHz 电磁辐照所引起的睾丸组织中活性氧浓度，能有效地通过抑制组织内活性氧浓度而调节凋亡相关基因表达，从而起到保护精子的作用[12]。

【性味与归经】柚果：辛、甘、苦，温。归肺、脾经。化橘红：辛、苦，温。归肺、脾经。橘红花：辛，温。

【功能与主治】柚果：燥湿化痰，宽中行气，消食。用于风寒咳嗽，喉痒痰多，气郁胸闷，食积伤酒，脘腹冷痛，呕恶泄泻。化橘红：散寒，燥湿，利气，消痰。用于风寒咳嗽，喉痒痰多，食积伤酒，呕恶痞闷。橘红花：行气，化痰，镇痛。用于风寒咳嗽，气喘痰滞，胃脘胸膈间痛。

【用法与用量】柚果：3 ～ 6g。化橘红：3 ～ 6g。橘红花：1.5 ～ 4.5g。

【药用标准】柚果：广东药材 2011。化橘红：药典 1963、药典 1985—2015、浙江炮规 2015、广西壮药 2011 二卷和台湾 2013。橘红花：广西药材 1990。

【临床参考】1. 喉痒咳嗽、痰多色白：果皮 9g，加冰糖少许，隔水炖汁服。（《浙江药用植物志》）

2. 疝气：果皮 10g，加樱桃核、八月瓜、茴香根、算盘子根、香通、婆婆纳各 10g，水煎服。（《四川中药志》1979 年）

3. 中耳炎：鲜叶适量，捣烂绞汁滴耳，每天 2 ～ 3 次。

4. 妊娠呕吐：叶 3g，加桃叶、牡荆叶各 3g，研粉，水煎服。

5. 乳腺炎：叶 20 片，加金樱子根 30g，水煎，熏洗患处。（3 方至 5 方引自《福建药物志》）

6. 关节痛：叶 5 片，加生姜 4 片，桐油 20g，共捣烂敷患处。

7. 冻疮：叶 30g，加干姜 10g，共煮水浸泡冻疮部位，每日 2 次，每次约 30min。（6 方、7 方引自《食治本草》）

8. 乳痈：叶 4 ～ 7 片，加青皮、蒲公英各 30g，水煎服。（《湖南药物志》）

【附注】柚始载于《本草经集注》。《本草衍义》称："柚似橙而大于橘，此即是识橘柚者也。今若不如此言之，恐后世亦以柚皮为橘皮，是贻无穷之患矣。"《番禺县志》："柚有大小红白数种，八月食。中秋夜，童子取红者雕花，或作龙凤形为灯，携以玩月。一种白而皮香者，形高于凡柚，名香柚，味佳，十一月食。一种如斗大，曰斗柚，十二月食。"《岭南杂记》："柚子花香，酷似栀子花，肉红者甘，白者酸。然增城香柚小而白，肉香甘异常。"即为本种。

本种的种子（柚核）、叶及根民间也药用。

【化学参考文献】

［1］冯宝民，裴月湖.柚皮中的香豆素类化学成分的研究［J］.沈阳药科大学学报，2000，17（4）：253-255.

［2］原鲜玲，梁臣艳，谈远锋，等.不同产地柚果皮挥发油的 GC-MS 分析［J］.中国药房，2011，22（47）：4481-4483.

［3］Xiang Y，Cao J，Luo F，et al. Simultaneous purification of limonin, nomilin and isoobacunoic acid from pomelo fruit（*Citrus grandis*）segment membrane［J］. J Food Sci, 2014, 79（10）：C1956-C1963.

［4］Teng W Y，Huang Y L，Shen C C，et al. Cytotoxic acridone alkaloids from the stem bark of *Citrus maxima*［J］. J Chin Chem Soc-Taip, 2005, 52（6）：1253-1255.

［5］Zakaria Z，Zakaria S，Azlan M，et al. Analysis of major fragrant compounds from *Citrus grandis* flowers extracts［J］.

Sains Malaysiana，2010，39（4）：565-569.

【药理参考文献】

［1］Oyedepo，T. A. Effect of *Citrus maxima*（Merr.）fruit juice in alloxan-induced diabetic wistar rats［J］. Science Journal of Medicine & Clinical Trial，2012，125：1-8.

［2］王强，王睿，李贵节，等. 改性柚皮膳食纤维对大鼠肌肉及血糖水平的影响［J］. 中国食品学报，2014，14（8）：54-61.

［3］Sheik H S，Vedhaiyan N，Singaravel S. Evaluation of central nervous system activities of *Citrus maxima* leaf extract on rodents［J］. Journal of Applied Pharmaceutical Science，2014，4（9）：77-82.

［4］Shivananda A，Rao D M，Jayaveera K N. Analgesic and anti-inflammatory activities of *Citrus maxima*（J. Burm）Merr in animal models［J］. Research Journal of Pharmaceutical Biological & Chemical Sciences，2013，4（2）：1800-1810.

［5］Kundusen S. Exploration of *in vivo* antioxidant potential of *Citrus maxima* leaves against paracetamol induced hepatotoxicity in rats［J］. Der Pharmacia Sinica，2011，2（3）：156-163.

［6］冯改利，邓翀，董媛媛. 柚子内外果皮的抗氧化活性研究［J］. 陕西中医学院学报，2012，35（5）：92-93.

［7］Potdar V H，Kibile S J. Evaluation of antidepressant-like effect of *Citrus maxima* leaves in animal models of depression［J］. Iranian Journal of Basic Medical Sciences，2011，14（5）：478-483.

［8］陈传平，张庭廷，曹承和，等. 柚肉多糖的提取及其降血脂作用研究［J］. 中国实验方剂学杂志，2007，13（1）：29-31.

［9］侯秀娟，沈勇根，徐明生，等. 化州橘红多糖对小鼠消炎、止咳及化痰功效的影响研究［J］. 现代食品科技，2013，29（6）：1227-1229.

［10］董晶，肖移生，陈海芳，等. 化橘红中主要活性成分对豚鼠气管平滑肌细胞增殖的影响［J］. 井冈山大学学报（自然科学版），2015，36（1）：88-90.

［11］黄曼婷，吴焕林，徐丹苹. 化橘红黄酮抗血小板聚集作用及其构效关系研究［J］. 中药新药与临床药理，2017，28（3）：268-272.

［12］刘齐. 900MHz 电磁辐照对 SD 大鼠生殖系统影响以及化橘红提取物保护作用的探讨［D］. 武汉：华中农业大学博士学位论文，2015.

467. 柑橘（图 467）• *Citrus reticulata* Blanco

【别名】橘，柑桔（山东、安徽），宽皮橘（安徽、浙江），橘、柑（安徽）。

【形态】常绿小乔木或灌木。多分枝，枝扩展或下垂性，有棘刺。叶片椭圆形至椭圆状披针形，长 5.5～8cm，宽 2.5～4cm，顶端渐尖、钝或近圆形，尖头通常凹，凹口处有小油点，基部楔形，边缘具细钝齿或圆齿，两面无毛，叶柄有狭翅或仅具痕迹。花单朵或 2～3 朵生于叶腋；花萼不规则 4～5 裂，长 1～2.5mm；花瓣白色，5 枚，长约 1.5cm；雄蕊 20～30 枚，约与雌蕊等长，花丝联合呈筒状；花柱细长。柑果黄色、橙黄色或橙红色，通常扁圆形，皮较薄且光滑，也有较粗厚的，甚易剥离，果心空，瓤囊 8～13（～14）瓣，果肉味甜或酸甜。种子小，黄白色，顶端尖，基部圆；子叶和胚均绿色，多胚或单胚。花期 4～5 月，果期 10～12 月。

【生境与分布】安徽、江苏、浙江、江西、福建有栽培，中国秦岭、淮河以南其他省区均有栽培。

【药名与部位】青皮，幼果或未成熟果皮。陈皮，成熟果皮。橘红（芸皮），外层果皮。橘络，成熟果实中果皮与内果皮之间的维管束群。橘核，种子。橘叶，叶。

【采集加工】青皮：5～6 月收集自落的幼果，干燥，习称"个青皮"；7～8 月采收未成熟的果实，在果皮上纵剖成四瓣至基部；除尽瓤瓣，干燥，习称"四花青皮"。陈皮：果实成熟时采收，剥取果皮，低温干燥。橘红：果实成熟时采收，选红色果皮，湿润，用刀削取外果皮，低温干燥。橘络：果实成熟时采收，撕取内面的白色分支状筋络，低温干燥。橘核：果实成熟时采收，收集种子，洗净，干燥。橘叶：秋、冬二季采摘，鲜用、阴干或晒干。

图 467　柑橘　　　　　　摄影　张芬耀等

【**药材性状**】青皮：四花青皮，果皮剖成 4 裂片，裂片长椭圆形，长 4～6cm，厚 0.1～2cm。外表面灰绿色或黑绿色，密生多数油室；内表面类白色或黄白色，粗糙，附黄白色或黄棕色小筋络。质稍硬，易折断，断面外缘有油室 1～2 列。气香，味苦、辛。

个青皮：呈类球形，直径 0.5～2cm。表面灰绿色或黑绿色，微粗糙，有细密凹下的油室，顶端有稍突起的柱基，基部有圆形果梗痕。质硬，断面果皮黄白色或淡黄棕色，厚 0.1～0.2cm，外缘有油室 1～2 列。瓤囊 8～10 瓣，淡棕色。气清香，味酸、苦、辛。

陈皮：陈皮常剥成数瓣，基部相连，有的呈不规则的片状，厚 1～4mm。外表面橙红色或红棕色，有细皱纹和凹下的点状油室；内表面浅黄白色，粗糙，附黄白色或黄棕色筋络状维管束。质稍硬而脆。气香，味辛、苦。

广陈皮：常 3 瓣相连，形状整齐，厚度均匀，约 1mm。点状油室较大，对光照视，透明清晰。质较柔软。

橘红：呈长条形或不规则薄片状，边缘皱缩向内卷曲。外表面黄棕色或橙红色，存放后呈棕褐色，密布黄白色突起或凹下的油室。内表面黄白色，密布凹下透光小圆点。质脆易碎。气芳香，味微苦、麻。

橘络：凤尾橘络，呈长形松散的网络状，上端与蒂相连，下侧筋络交叉而顺直，每支长 6～10cm，宽 0.6～1cm。蒂呈圆形帽状，筋络稍弯曲，多为淡黄白色。质轻虚而软，压紧为长方形块状，干后质脆，易折断。香气淡，味微苦。

金丝橘络，呈不整齐的松散的乱丝团状，长短不一，与蒂相混合，其余与凤尾橘络同。

橘核：略呈卵形，长 0.8～1.2cm，直径 0.4～0.6cm。表面淡黄白色或淡灰白色，光滑，一侧有种脊棱线，一端钝圆，另一端渐尖呈小柄状。外种皮薄而韧，内种皮菲薄，淡棕色。子叶 2 枚，黄绿色，有油性。气微，味苦。

橘叶：多卷缩，完整者展平后呈披针形、卵圆形或卵状长椭圆形，长 5～10cm，宽 2～4.5cm。灰绿色或黄绿色，略具光泽，对光照可见众多小腺点。先端渐尖或尖长，基部楔形，全缘或微波状；叶柄长 0.6～1.8cm，翼叶狭窄或无；叶柄与叶片间可见有隔痕，常于此断离。质脆，易碎。气香，味微苦。

【质量要求】青皮：质坚实，无泥杂。四化青皮：四开，外色青，内色白。陈皮：外红、内白、无烂皮。橘络：色黄白，无蒂或略带蒂。橘核：色青白，无杂不油。橘叶：色绿，无柄和枯叶。

【药材炮制】青皮：除去杂质，洗净，闷润，切厚片或丝，晒干。醋青皮：取青皮饮片，与醋拌匀，稍闷，炒至微黄色时，取出，摊凉。蜜麸青皮：取蜜炙麸皮，置热锅中翻动，待其冒烟，投入青皮，迅速翻炒至表面深黄色时，取出，筛去麸皮，摊凉。

陈皮：除去杂质，喷淋水，润透，切丝，干燥。炒陈皮：取陈皮饮片，炒至表面色变深，微具焦斑时，取出，摊凉。

橘红：除去杂质，切碎。炒橘红：取橘红饮片，炒至表面微具焦斑时，取出，摊凉。蜜橘红：取橘红饮片，与炼蜜拌匀，稍闷，炒至不粘手时，取出，摊凉。

橘络：除去果蒂等杂质，筛去灰屑。炒橘络：取橘络饮片，炒至表面黄色，微具焦斑时，取出，摊凉。蜜橘络：取橘络饮片，与炼蜜拌匀，稍闷，炒至不粘手时，取出，摊凉。

橘核：除去杂质，洗净，干燥。用时捣碎。盐橘核：取橘核饮片，与盐水拌匀，稍闷，炒至表面微黄色，微具焦斑时，取出，摊凉。用时捣碎。

橘叶：除去杂质，喷淋清水，稍润，切丝，干燥。

【化学成分】果皮含黄酮类：柚皮黄素（natsudaidain）、蜜橘黄素（nobiletin）、3, 5, 6, 7, 8, 3′, 4′-七甲氧基黄酮（3, 5, 6, 7, 8, 3′, 4′-heptamethoxyflavone）[1]、川陈皮素（nobiletin）、橘皮素（tangeretin）[2]，柑橘亭黄酮*A（citrusunshitin A）、甜橙黄酮（sinensetin）、异甜橙黄酮（isosinensetin）、3, 5, 7, 8, 2′, 5′-六甲氧基黄酮（3, 5, 7, 8, 2′, 5′-hexamethoxyflavone）[3]、5-去甲基川陈皮素（5-demethylnobiletin）、四甲基-O-灯盏花乙素苷元（tetramethyl-O-scutellarein）、四甲基-O-异高山黄芩素（tetramethyl-O-isoscutellarein）、五甲氧基黄酮（pentamethoxyflavone）、橙黄酮（sinensetin）[4]、5, 6, 7, 3′, 4′-五甲氧基黄酮（5, 6, 7, 3′, 4′-pentamethoxyflavanone）、5, 7, 3′, 4′-四甲氧基黄酮（5, 7, 3′, 4′-tetramethoxyflavone）、3, 5, 7, 4′-四甲氧基黄酮（3, 5, 7, 4′-tetramethoxyflavone）、5, 7, 4′-三甲氧基黄酮（5, 7, 4′-trimethoxyflavone）、5-羟基-6, 7, 8, 3′, 4′-五甲氧基黄酮（5-hydroxy-6, 7, 8, 3′, 4′-pentamethoxyflavone）[5]、5, 6, 7, 8, 3′, 4′-六甲氧基黄酮（5, 6, 7, 8, 3′, 4′-hexamethoxyflavone）、5, 6, 7, 8, 4′-五甲氧基黄酮（5, 6, 7, 8, 4′-pentamethoxyflavone）、5, 7-二羟基-8-甲氧基色酮（5, 7-dihydroxy-8-methoxychromone）[6]、5-羟基-7, 4′-二甲氧基黄酮（5-hydroxy-7, 4′-dimethoxyflavone）、橘皮苷（hesperidin）、圣草次苷（eriocitrin）、芸香柚皮苷（narirutin）和芦丁（rutin）[7]；香豆素类：8, 3′-β-葡萄糖氧基-2′-羟基-3′-甲基丁基-5-羟基-7-甲氧基香豆素（8, 3′-β-glucosyloxy-2′-hydroxy-3′-methylbutyl-5-hydroxy-7-methoxycoumarin）[7]、5-香叶草氧基香豆素（5-geranyloxy coumarin）、7-香叶草氧基香豆素（7-geranyloxy coumarin）和花椒毒素（xanthotoxin）[8]；挥发油类：α-蒎烯（α-pinene）、β-蒎烯（β-pinene）、石竹烯（caryophyllene）、百里香酚（thymol）、异松油烯（terpinolene）、4-松油醇（4-terpineol）、2-甲氨基苯酸甲酯［methyl 2-(methylamino) benzoate］、α-法尼烯（α-farnesene）、α-松油醇（α-terpineol）、α-松油烯（α-terpinene）和柠檬烯（limonene）等[9]；酚酸类：3, 4-二羟基苯甲酸（3, 4-dihydroxy benzoic acid）[7]；酚醛类：柑橘酚醛*（reticulatal）[8]；元素：钾（K）、钠（Na）、钙（Ca）、镁（Mg）、铜（Cu）、锌（Zn）、铁（Fe）、锶（Sr）和锰（Mn）[10]。

未成熟果皮含黄酮类：橙皮苷（hesperidin）、新橙皮苷（neohesperidin）、川陈皮素（nobiletin）和红橘素（tangertin）[11]；挥发油类：β-榄香烯（β-elemen）、麝香草酚（thymol）、癸醇（decanol）和石竹烯（caryophyllene）等[12]。

叶含黄酮类：5-去甲基川陈皮素（5-demethyl nobiletin）、橘皮素（tangeretin）、川陈皮素（nobiletin）[7]、7-羟基-3′, 4′, 5, 6-四甲氧基黄酮（7-hydroxy-3′, 4′, 5, 6-tetramethoxyflavone）和3′-羟基-4′, 5, 6, 7, 8-五甲氧基黄酮（3′-hydroxy-4′, 5, 6, 7, 8-pentamethoxyflavone）[13]；香豆素类：花红天素（crenulatin）、东莨

莨内酯（scopoletin）、7- 香叶草氧基香豆素（7-geranyloxy coumarin）和 5-（2- 己烯 -3- 甲基丁基）氧基 -7-羟基香豆素 [5-（2-enyl-3-methylbut）oxy-7-hydroxycoumarin] [7]；皂苷类：桦木酸（betulinic acid）和栀子黄素 B（gardenin B）[7]；酚酸类：4- 羟基苯甲醛（4-hydroxybenzaldehyde）、台马素 *（tymusin）[7]和 N- 甲基邻氨基苯甲酸甲酯（methyl N-methyl anthranilate）[14]。

枝皮含生物碱类：5- 羟基去甲降真香碱（5-hydroxynoracronycine）、甜橙碱 I（citrusinine I）、柑橘吖啶酮 I、III（citracridone I、III）和西特拉明（citramine）[7]；黄酮类：柑橘黄烷酮 *（citflavanone）和柠檬酚（citrusinol）[7]；香豆素类：8- 羟基 -6- 甲氧基 - 戊烷基异香豆素（8-hydroxy-6-methoxy-pentyl isocoumarin）和东莨菪素（scopoletin）[7]；酚酸类：柑橘缩酚 *A（depcitrus A）、4- 羟基苯甲酸（4-hydroxybenzoic acid）和荔枝素（atranorin）[7]；柠檬苦素类：柠檬苦素（limonin）[7]。

种子含柠檬苦素类：诺米林（nomilin）、柑橘内酯 *A（citriolide A）、黄柏酮（obacunone）、柠檬苦素（limonin）、黄柏酮 -17-O-β-D- 葡萄糖（obacunone-17-O-β-D-glucoside）[15]和诺米林（nomilin）[16]；黄酮类：圣草枸橼苷（eriocitrin）[16]；环烷烃类：1（22）.7（16）- 二环氧基 -[20.8.0.0（7, 16）]- 三环三十烷 {1（22）.7（16）-diepoxy-[20.8.0.0（7, 16）]-tricycltriacontane} [16]。

木材含生物碱：柑橘吖啶酮 *（citruscridone）和甜橙碱 I（citrusinine- I）[17]；柠檬苦素类：柠檬酸（limonexic acid）和柠檬苦素（limonin）[17]；酚酸类：瓦伦西亚橘酸（valencic acid）和香豆酸（coumarate）[17]。

橘白和橘络含挥发油类：D- 柠檬烯（D-limonene）、α- 蒎烯（α-pinene）、β- 月桂烯（β-myrcene）、α- 水芹烯（α-phellandrene）、β- 水芹烯（β-phellandrene）、6, 6- 二甲基 -2- 亚甲基 -（1S）- 双环 [3, 1, 1]庚烷 {6, 6-dimethyl-2-methylene-（1S）-bicyclo [3, 1, 1] heptane} 和 1- 甲基 -4-（1- 甲基乙基）-1, 4- 环己二烯 [1-methyl-4-（1-methyl ethyl）-1, 4-cyclohexadiene] [18]；脂肪酸类：花生酸（icosanoic acid）、亚油酸（linoleic acid）和反油酸（elaidic acid）[18]。

【药理作用】1. 抗菌　果皮的正己烷、三氯甲烷及丙酮提取物的乙醇可溶部分可明显抑制蜡样芽孢杆菌、凝结芽孢杆菌、枯草芽孢杆菌和金黄色葡萄球菌等革兰氏阳性菌及大肠杆菌和铜绿假单胞菌等革兰氏阴性菌的生长，其有效成分可能为去甲基川陈皮素（demethylnobiletin）、川陈皮素（nobiletin）和橘皮素，即橘红素（tangeretin）[1]。2. 抗氧化　叶的甲醇及水提取物对 1, 1- 二苯基 -2- 三硝基苯肼自由基（DPPH）具有明显的清除作用。3. 抗炎镇痛　叶的甲醇及水提取物可明显抑制二甲苯所致小鼠的耳肿胀，显著减少乙酸所致小鼠的扭体次数，显著抑制脂多糖刺激的 Huh7 细胞氧化应激反应[2]；醋制青皮和麸炒青皮水煎液均可降低乙酸所致小鼠的扭体次数，提高热板法所致小鼠的痛阈值，且醋制青皮作用较明显[3]；陈皮及橘叶的水煎液可减轻金黄色葡萄球菌所致乳腺炎模型小鼠的乳腺组织病变[4]。4. 抗肺纤维化　果皮中提取的有机胺类成分对甲氧基盐酸盐可显著抑制体外培养的人胚胎肺纤维母细胞，从中分离得到的胺类成分可显著降低博来霉素所致的肺纤维化模型大鼠的血清及肺组织中羟脯氨酸的水平，减轻肺泡炎及纤维化，其机制可能为下调肺转化生长因子 -β₁（TGF-β₁）的表达[5]。5. 抗痴呆　陈皮可促进培养的海马神经元中 CRE 介导调节酶的转录，刺激环磷酸腺苷、蛋白激酶 A、细胞外信号调节激酶和环磷腺苷效应元件结合蛋白信号传送[6]。6. 升血压　青皮陈皮及枳实的水溶性注射液可升高大鼠血压，抑制离体家兔十二指肠平滑肌的收缩[7]。7. 祛痰　陈皮挥发油可显著增加气管酚红排泄量，抑制大白兔十二指肠自发收缩活动[8]。8. 抗肿瘤　陈皮乙酸乙酯提取物可抑制小鼠皮下移植 S180 肉瘤的生长[9]。9. 改善脾虚　陈皮超临界 CO_2 萃取物可显著增加利血平所致脾虚消瘦模型小鼠的体重、优化脂体比及脾指数，显著降低小肠推进率、血浆中胃动素及八肽胆囊收缩素水平，显著升高血清中胃泌素水平[10]。

【性味与归经】青皮：苦、辛，温。归肝、胆、胃经。陈皮：苦、辛，温。归肺、脾经。橘红：辛、苦，温。归肺、脾经。橘络：甘、苦，平。归肺、胃经。橘核：苦，平。归肝、肾经。橘叶：苦、辛，平。归肝、胃经。

【功能与主治】青皮：疏肝破气，消积化滞。用于胸胁胀痛，疝气，乳核，乳痈，食积腹痛。陈皮：

理气健脾，燥湿化痰。用于胸脘胀满，食少吐泻，咳嗽痰多。橘红：散寒，燥湿，利气，消痰。用于风寒咳嗽，喉痒痰多，食积伤酒，呕恶痞闷。橘络：化痰，通络。用于痰热咳嗽，胸胁痛，咯血。橘核：理气，散结，止痛。用于小肠疝气，睾丸肿痛，乳痈肿痛。橘叶：疏肝行气，化痰散结，杀虫。用于胁痛，乳痈，肺痈，咳嗽，胸膈痞满，疝气；驱蛔虫、蛲虫。

【用法与用量】青皮：3～9g。陈皮：3～9g。橘红：3～9g。橘络：3～9g。橘核：3～9g。橘叶：6～15g；鲜品：60～120g。捣汁服。

【药用标准】青皮：药典1963-2015、浙江炮规2015、新疆药品1980二册、贵州药材1965和台湾2013。陈皮：药典1963—2015、浙江炮规2015、新疆药品1980二册和台湾2013。橘红：药典1963、药典1985—2015、浙江炮规2015、新疆维药1993、四川药材1984、香港药材七册和台湾2013。橘络：药典1963、部标中药材1992、浙江炮规2015、四川药材1987、内蒙古药材1988、江苏药材1989和贵州药材2003。橘核：药典1963—2015、浙江炮规2015和新疆药品1980二册。橘叶：湖南药材2009、上海药材1994、湖北药材2009、贵州药材2003、北京药材1998、江苏药材1989、山东药材2012和甘肃药材2009。

【临床参考】1.子宫切除术后腹胀：鲜皮20g，沸水300ml浸泡1h，手术后6h开始饮用，每日2次，连饮2天[1]。

2.慢性附睾炎：种子15g，加荔枝核15g，川芎、赤芍、车前子、当归、桃仁、干地龙、小茴香各10g，生黄芪、生牡蛎各30g，肉桂6g，水煎服，每日1剂，连服4周[2]。

3.男性免疫性不育症：种子（炒）30g，加炒海藻、炒昆布、炒海带、炒川楝子、麸炒桃仁各30g，姜汁炒厚朴、麸炒木通、麸炒枳实、炒延胡索、炒肉桂、炒木香各15g，水煎服，每日1剂，早晚各1次，1.5个月1疗程，1疗程后抗精子抗体仍阳性者，继续第2疗程，总疗程为3个月[3]。

4.糖尿病：橘络适量，磨细后加入食用纤维混匀，加水调匀后服用，每次5g，每日3次，连服30天[4]。

5.乳腺增生病：种子15g，加海藻15g、昆布15g、川楝子10g、厚朴10g、木香10g、大枣15g、枳壳12g、桃仁12g、浙贝母15g，水煎，每日1剂，分2次服[5]。

【附注】《本草经集注》："以东橘为好，西江亦有，而不如，其皮小冷，疗气乃言胜橘，北方亦用之，并以陈者为良。"《本草图经》云："橘、柚生南山川谷及江南，今江、浙、荆、襄、湖、岭皆有之。木高一二丈，叶与枳无辨，刺出于茎间。夏初生白花，六月、七月而成实。至冬而黄熟，乃可啖。"《汤液本草》称："橘皮以色红日久者为佳，故曰红皮、陈皮。"《本草纲目》："橘、柚、柑三者相类而不同。橘实小，其瓣味微酢，其皮薄而红，味辛而苦。柑大于橘，其瓣味甘，其皮稍厚而黄，味辛而甘。柚大小皆如橙，其瓣味酢，其皮最厚而黄，味甘而不甚辛。如此分之，即不误矣。按《事类合璧》云：橘树高丈许，枝多生刺。其叶两头尖，绿色光面，大寸余，长二寸许。四月着生小白花，甚香。结实至冬黄熟，大者如杯，包中有瓣，瓣中有核也。"即为本种及栽培变种。

陈皮气虚证、阴虚燥咳、吐血症及舌赤少津、内有实热者慎服。

【化学参考文献】

［1］钱士辉，陈廉.陈皮中黄酮类成分的研究［J］.中药材，1998，21（6）：301-302.

［2］郑国栋，周芳，蒋林，等.高速逆流色谱分离制备广陈皮中多甲氧基黄酮类成分的研究［J］.中草药，2010，41（1）：52-55.

［3］Zhong W J，Luo Y J，Li J，et al. Polymethoxylated flavonoids from *Citrus reticulata* Blanco［J］. Biochem System Ecol，2016，68：11-14.

［4］Wu T，Cheng D，He M，et al. Antifungal action and inhibitory mechanism of polymethoxylated flavones from *Citrus reticulata* Blanco peel against *Aspergillus niger*［J］. Food Control，2014，35（1）：354-359.

［5］Ke Z，Yang Y，Tan S，et al. Characterization of polymethoxylated flavonoids in the peels of Chinese wild mandarin（*Citrus reticulata* Blanco）by UPLC-Q-TOF-MS/MS［J］. Food Anal Methods，2017，10（5）：1328-1338.

［6］Lin C L，Kao C L，Liu C M，et al. A new chromone from *Citrus reticulata*［J］. Chem Nat Compd，2016，52（5）：

789-790.

［7］Phetkul U，Phongpaichit S，Watanapokasin R，et al. New depside from *Citrus reticulata* Blanco［J］. Nat Prod Res，2014，28（13）：945-951.

［8］Saleem M，Afza N，Anwar M A，et al. Aromatic constituents from fruit peels of *Citrus reticulata*［J］. Nat Prod Res，2005，19（6）：633-638.

［9］潘靖文. GC-MS 分析不同采收期广陈皮中挥发油成分的变化［J］. 中国医药指南，2011，9（21）：258-259.

［10］林广云，陈红英，蔡葵花，等. 火焰原子吸收分光光度法测定陈皮中微量元素［J］. 中国卫生检验杂志，2002，12（3）：270-271.

［11］郭绪林，王铁军，郭敏杰. 炒青皮的黄酮类成分研究［J］. 中国中药杂志，2000，25（3）：146-148.

［12］徐蓉，吴红旗. 青皮药材挥发性成分的气相色谱 - 质谱分析［J］. 中医临床研究，2016，8（34）：37-40.

［13］Mizuno M，Matoba Y，Tanaka T，et al. Two new flavones in *Citrus reticulata*［J］. J Nat Prod，1987，50（4）：751-753.

［14］Correa E，Quiñones W，Echeverri F. Methyl-*N*-methylanthranilate，a pungent compound from *Citrus reticulata* Blanco leaves［J］. Pharm Biol，2016，54（4）：569-571.

［15］Liao J，Xu T，Liu Y H，et al. A new limonoid from the seeds of *Citrus reticulata* Blanco［J］. Nat Prod Res，2012，26（8）：756-761.

［16］曾锐，付娟，武拉斌，等. UPLC-Q-TOF/MS 分析橘核盐制前后成分差异［J］. 中国中药杂志，2013，38（14）：2318-2320.

［17］Phetkul U，Wanlaso N，Mahabusarakam W，et al. New acridone from the wood of *Citrus reticulata* Blanco［J］. Nat Prod Res，2013，27（20）：1922-1926.

［18］陈帅华，李晓如，何昱，等. 橘白与橘络挥发油成分的比较［J］. 中国现代应用药学，2011，28（4）：326-330.

【药理参考文献】

［1］Jayaprakasha G K，Negi P S，Sikder S，et al. Antibacterial activity of *Citrus reticulata* peel extracts［J］. Zeitschrift Fur Naturforschung C Journal of Biosciences，2000，55（12）：1030-1034.

［2］Nasri M，Bedjou F，Porras D，et al. Antioxidant，anti-inflammatory，and analgesic activities of *Citrus reticulata* Blanco leaves extracts：an *in vivo* and *in vitro* study［J］. Phytotherapie，2017，8：1-13.

［3］张先洪，毛春芹. 炮制对青皮镇痛作用影响［J］. 时珍国医国药，2000，11（5）：413-414.

［4］游元元，祝捷，李建春，等. 红橘陈皮与橘叶对小鼠实验性乳腺炎的影响［J］. 时珍国医国药，2012，23（4）：909-910.

［5］Zhou X M，Cao Z D，Xiao N，et al. Inhibitory effects of amines from *Citrus reticulata* on bleomycin-induced pulmonary fibrosis in rats［J］. International Journal of Molecular Medicine，2016，37（2）：339-346.

［6］Kawahata I，Yoshida M，Sun W，et al. Potent activity of nobiletin-rich *Citrus reticulata*，peel extract to facilitate cAMP/PKA/ERK/CREB signaling associated with learning and memory in cultured hippocampal neurons：identification of the substances responsible for the pharmacological action［J］. Journal of Neural Transmission，2013，120（10）：1397-1409.

［7］陈廉，王殿俊，常复蓉，等. 青皮、陈皮、枳实药理作用的比较［J］. 江苏中医杂志，1981，（3）：60-61.

［8］罗琥捷，刘硕，杨宜婷. 不同产地陈皮多甲氧基黄酮含量及祛痰、理气功效比较研究［J］. 湖北中医药大学学报，2015，17（5）：38-40.

［9］胡燕飞. 陈皮中抗肿瘤活性成分的研究［D］. 大连：大连理工大学硕士学位论文，2004.

［10］罗琥捷，杨宜婷，区海燕，等. 陈皮超临界 CO_2 萃取物对脾虚消瘦模型小鼠的实验研究［J］. 中国民族民间医药，2013，22（5）：33-33.

【临床参考文献】

［1］杨秀芳，王娟，胡士英. 妇科子宫切除术后橘皮水促进肠功能恢复的临床观察［J］. 中国医药指南，2009，7（1）：63-64.

［2］黄健，杨秀珍. 加味橘核汤治疗慢性附睾炎 48 例［J］. 四川中医，2006，24（12）：67.

［3］程可佳，陈桂冰，黎杰运，等. 橘核丸治疗男性免疫性不育症 132 例疗效观察［J］. 新中医，2007，39（7）：39-40.

［4］裴洞.“橘络”治疗糖尿病初步观察［J］. 苏州医学院学报，1998，18（7）：777.

［5］吴华. 橘核丸加减治疗乳腺增生病观察［J］. 湖北中医药，2016，38（1）：38-39.

468. 福橘（图 468）• *Citrus reticulata* 'Tangerina'（*Citrus reticulata* 'Fuju'；*Citrus tangerina* Hort.et Tanaka）

图 468　福橘　　　　　　　　　　　　　　　　　　摄影　张芬耀

【形态】树冠半圆形，枝疏生，稍倒披。小枝节间长。叶片椭圆形，两端尖，全缘或有疏浅钝锯齿，叶柄有狭翅或几不可见。果实橙红色扁圆形，长 4 ～ 5cm，直径 5 ～ 6.5cm，顶端通常平，基部稍突起，有棱肋，表面光滑，果皮薄，易剥离，质脆弱，油胞密生，平或凸起，稀凹入，有香气，瓤囊 9 ～ 11 瓣，果心大，中空，果肉橙黄色，汁多，甘甜微酸；有种子 16 ～ 19 粒。种子宽卵形，顶端有长喙。果期 11 ～ 12 月。

【生境与分布】浙江、福建、江西有栽培，原产于福州。

【药名与部位】橘叶，叶。

【采集加工】全年可采，12 月至翌年 2 月采者为佳，采后阴干或晒干。也可鲜用。

【药材性状】为卷缩叶片。平展后呈菱状长椭圆形或椭圆形。灰绿色或黄绿色，光滑，对光可见众多的透明小腺点。质厚，硬而脆。气香，味苦。

【药材炮制】拣去杂质，晒干；或切丝，干燥。

【化学成分】果皮含挥发油类：α- 蒎烯（α-pinene）、β- 蒎烯（β-pinene）、d- 柠檬烯（d-limonene）、异松油烯（terpinolene）、芳樟醇（linalool）、α- 水芹烯（α-phellandrene）、桧烯（sabinene）、3- 蒈烯（3-carene）和 α- 甜橙醛（α-sinensal）等[1]。

【性味与归经】苦、辛、平。归肝经。

【功能与主治】疏肝，行气，化痰，消肿毒。用于胁痛，乳痈，肺痈，咳嗽，胸膈痞满，疝气。

【用法与用量】6 ～ 15g，鲜品 60 ～ 240g，或捣汁服。

【药用标准】山东药材 2002、新疆药品 1980 二册和内蒙古药材 1988。
【化学参考文献】

[1] 陈丽. 福橘果皮挥发油化学成分的分析 [J]. 康复学报，1998，8（1）：29-30.

469. 九月黄（图 469）• *Citrus reticulata* 'Erythrosa'（*Citrus erythrosa* Tanaka）

图 469　九月黄　　　　　　　　　　　　　　　　　摄影　王军峰

【别名】朱橘。

【形态】树冠尖圆头形，半直立性，后期开展呈半圆形；有棘刺。叶片椭圆形或宽披针形，长约 8cm，宽约 3cm，两端钝尖，全缘或有波状钝齿；叶柄有狭翅或不明显。果实朱红色，扁圆形或圆形，长 3～4cm，直径 4～5cm，顶端圆钝，稍凹入，有乳头状突起，基部圆形，有稍隆起的肋，表面微粗糙有皱纹，果皮易剥离，油胞小，圆形，平或凸起，有时凹入，瓤囊 8～10 瓣，果心大，中空，果肉淡黄色，味甜而酸，少香气；有 8～20 粒种子。种子卵形，顶端油短喙。果期 11 月。

【生境与分布】浙江、江西和福建有栽培，另湖北、湖南、广东均有栽培。

【药名与部位】橘叶，叶。

【采集加工】全年可采，12 月至翌年 2 月采者为佳，采后阴干或晒干。也可鲜用。

【药材性状】为卷缩叶片。平展后呈菱状长椭圆形或椭圆形。灰绿色或黄绿色，光滑，对光可见众多的透明小腺点。质厚，硬而脆。气香，味苦。

【药材炮制】拣去杂质，晒干；或切丝，干燥。

【化学成分】果皮含挥发油类: α-蒎烯(α-pinene)、β-水芹烯(β-phellandrene)、β-月桂烯(β-myrcene)、柠檬烯(limonene)、R-松油烯(R-pineoilene)、异松油烯(terpinolene)、芳樟醇(linalool)和榄香烯(elemene)等[1]。

【性味与归经】苦、辛,平。归肝经。

【功能与主治】疏肝,行气,化痰,消肿毒。用于胁痛,乳痈,肺痈,咳嗽,胸膈痞满,疝气。

【用法与用量】6～15g,鲜品60～240g,或捣汁服。

【药用标准】山东药材2002。

【临床参考】1.呕吐哕逆、腹胀食少:橘皮汤(《金匮要略》:陈皮、生姜),适量,水煎服。

2.脾胃不和、咳嗽胀满:二陈汤(《和剂局方》:陈皮、半夏、茯苓、甘草),水煎服。

3.胃虚呃逆:橘皮竹茹汤(《金匮要略》:橘皮、竹茹、人参、甘草、生姜、大枣),水煎服。

4.睾丸肿痛:橘核9g,加海藻、川楝子各9g,桃仁、木通各6g,木香12g,水煎服。

5.乳腺炎:橘核研粉,每次3～9g,黄酒送服。(1方至5方引自《浙江药用植物志》)

【化学参考文献】

[1]陈有根,黄敏,成维玲.不同贮存期的陈皮化学成分比较研究(Ⅱ)[J].中国药业,1998,7(11):32-32.

470. 甜橙(图470) · *Citrus sinensis*(Linn.)Osbeck(*Citrus aurantium* var. *sinensis* Linn.)

图 470 甜橙　　　　　　　　　　　　　摄影　张芬耀等

【别名】广橘、广柑（浙江），橙，柑。

【形态】常绿小乔木，高达 8m。刺细，生于叶腋，稀无刺。叶片卵状椭圆形至卵形，有时披针形，长 4 ～ 10cm，宽 2 ～ 5cm，顶端短尖，基部阔楔形，全缘，两面无毛，具半透明油点；叶柄有狭翅。花单朵至数朵簇生于叶腋，萼片 4 ～ 5 枚，或不规则浅裂，花瓣 5 枚，白色，长 1 ～ 1.5cm；雄蕊 20 ～ 25 枚，花丝联合成束；子房近球形，10 ～ 13 室，花柱细，不久脱落，柱头头状。果实扁圆形、圆形至阔卵形，橙黄色至橙红色，难剥离，瓢囊 9 ～ 14 瓣，果心通常充实，果肉橙黄色、橙红色或肉红色，甜或偏酸，每瓣瓢囊有种子数粒。种子灰白色，表面平滑；子叶和胚均乳白色，多胚。花期 4 ～ 5 月，果期 10 ～ 12 月或翌年 1 ～ 2 月。

【生境与分布】安徽、江苏、浙江、江西、福建多有栽培，另中国秦岭以南、西藏以东广大省区均有栽培；非洲北部、欧洲南部地中海沿岸及美洲各国有栽培。

【药名与部位】枳实（广柑枳实），幼果。甜橙壳（枳壳），未成熟果实。橙皮（陈皮），成熟果皮。橘核，种子。

【采集加工】枳实：夏季拾取自落果实，除去杂质，较大者自中部横切成两爿，低温干燥。甜橙壳：7 月果皮尚绿时采收，自中部横切为两半，晒干或低温干燥。橙皮：果实成熟后收集，低温干燥。橘核：果实成熟后收集，洗净，干燥。

【药材性状】枳实：呈半球形，少数为球形，直径 0.5 ～ 2.5cm。外果皮黑绿色或棕褐色，具颗粒状突起和皱纹，有明显的花柱残迹或果梗痕。切面中果皮略隆起，厚 0.3 ～ 1.2cm，黄白色或黄褐色，边缘有 1 ～ 2 列油室，瓢囊棕褐色。质坚硬。气清香，味苦、微酸。

甜橙壳：呈半圆球形，直径 3 ～ 5cm，外表青绿色，有凹下小点和突起小麻点，麻点中心亦有凹下小孔。有明显的花柱残迹或果梗痕。切面边缘有明显的油点，中果皮类白色，厚约 0.6cm，向外翻。瓢松而软，瓢囊 10 ～ 12 瓣，种子缺乏或偶有几粒未发育的种子。气香，皮味微苦辛，瓢味酸。

橙皮：为尖椭圆形或带状切片，厚 2 ～ 6mm。外表面黄绿色、黄棕色或红棕色，有细皱纹，密布凹下的点状油室；内表面类白色或黄白色，附有黄白色或黄棕色筋络状维管束。质稍硬韧或脆。气香，味苦、辛。

橘核：呈卵圆形、长卵圆形或扁卵圆形，长 1 ～ 1.6cm，直径 0.5 ～ 0.9cm，表面淡黄白色至淡黄褐色，光滑，有数条稍凸起的脉纹，侧边有一条明显的种脊棱线；一端钝圆，另一端呈扁平楔状，少数呈长尖形。外种皮薄而质韧，易剥落，内种皮菲薄，淡棕色。子叶 2 枚，淡绿色或黄白色，有油性。气微，味微苦。

【药材炮制】枳实：除去杂质，洗净，润透，切薄片，干燥。麸炒枳实：取麸皮，置热锅中翻动，待其冒烟，投入枳实，迅速翻炒至色变深时取出，筛去麸皮，摊凉。麸枳实：取蜜炙麸皮，置热锅中翻动，待其冒烟，投入枳实饮片，迅速翻炒至表面深黄色时，取出，筛去麸皮，摊凉。蜜枳实：取枳实饮片，与炼蜜拌匀，稍闷，炒至不粘手时，取出，摊凉。枳实炭：取枳实饮片，炒至浓烟上冒，表面焦黑色，内部棕褐色时，微喷水，灭尽火星，取出，晾干。

橘核：橙核 除去杂质，洗净，干燥。盐橙核 取净橙核，用盐水拌匀，稍润，炒至微黄色，并有香气为度，取出，干燥。

【化学成分】果皮含挥发油类：α- 蒎烯（α-pinene）、β- 蒎烯（β-pinene）、d- 柠檬烯（d-limonene）、芳樟醇（linalool）、巴伦西亚橘烯（valencene）、辛烯（octene）、壬醛（nonanal）、十四醛（tetradecanal）、环己烯（cyclohexene）、3- 蒈烯（3-carene）、（R）- 氧化柠檬烯 [（R）-oxide-limonene]、香芹醇（dihydrocarveol）、α- 萜品醇（α-terpineol）、柠檬醛（geranial）、正葵醛（decanal）、甲基环戊烷（methyl cyclopentane）、1R-α- 蒎烯（1R-α-pinene）、β- 水芹烯（β-phellandrene）、4 - 甲基 -1-（1- 甲基乙基）双环 [3.1.0] -2- 烯 {4-methyl-1-（1-methylethyl）bicyclo [3.1.0] -2-ene}、d- 苧烯（d-limonene）、葵醛（decanal）和月桂烯（myrcene）等[1-4]。

幼果含挥发油类：（+）- 香桧烯［（+）-sabinene］、β- 香叶烯（β-myrcene）、柠檬烯（limonene）、γ- 松油二醇（γ-menthanediol）、β- 芳樟醇（β-linalool）、4- 松油醇（4-terpineol）和（－）-α- 松油醇［（－）-α-terpineol］[5]。

种子含柠檬苦素类：柠檬苦素（limonin）和诺米林（nomilin）[6]。

叶含挥发油类：柠檬烯（limonene）、（Z）-β- 罗勒烯［（Z）-β-ocimene］、芳樟醇（linalool）、α- 松油醇（α-terpineol）、橙花醇（nerol）、香叶醇（geraniol）、乙酸芳樟酯（linalyl acetate）、橙花醇乙酯（neryl acetate）、乙酸香叶酯（geranyl acetate）和 β- 石竹烯（β-caryophyllene）等[7]。

【药理作用】1. 抗结核　果皮的甲醇提取物可显著抑制结核杆菌，其中甲醇提取物的水萃取部分作用最强[1]。2. 抗菌　果皮及叶的乙醇提取物可明显抑制金黄色葡萄球菌、肺炎双球菌、大肠杆菌、奇异变形杆菌及铜绿假单胞菌的生长[2]。3. 抗氧化　果皮及叶的乙醇提取物可清除一氧化氮（NO）及抗脂质过氧化，且具有剂量依赖性[2]；皮提取物具有较强清除超氧自由基的作用[3]。4. 抗炎　叶的甲醇提取物可抑制蛋清所致关节炎模型大鼠的炎症反应[2]。5. 调节平滑肌　干燥幼果的 70% 乙醇提取物对呼吸道平滑肌具有一过性的兴奋作用[4]。

【性味与归经】枳实：苦、辛、酸，温。归脾、胃经。甜橙壳：酸、甜，温。归脾、胃经。橙皮：苦、辛，温。归肺、脾、胃经。橘核：苦，平。

【功能与主治】枳实：破气消积，化痰散痞。用于积滞内停，痞满胀痛，泻痢后重，大便不通，痰滞气阻胸痹，结胸，脏器下垂。甜橙壳：理气宽中，行滞消胀。用于胸胁气滞，胀满疼痛，食积不化，痰饮内停，胃下垂，脱肛，子宫脱垂。橙皮：行气宽中，化痰降逆，和胃解醒。用于胸脘气滞，胃脘胀满，胁肋闷痛，咳嗽痰多，饮食不消，恶心呕吐，醉酒。橘核：理气，散结，止痛。用于小肠疝气，睾丸肿痛，乳房胀痛。

【用法与用量】枳实：3～9g。甜橙壳：3～9g。橙皮：3～9g。橘核：3～9g。

【药用标准】枳实：药典 1985—2015、浙江炮规 2015、四川药材 1984、贵州药材 1965、香港药材四册和台湾 2013。甜橙壳：贵州药材 2003。橙皮：广东药材 2010 和台湾 1985 二册。橘核：湖南药材 1993。

【附注】《开宝本草》始载之。《植物名实图考》新会橙条云："广东新会县橙为岭南佳品，皮薄紧，味甜如蜜……。"所述即为本种。

本种的叶民间也药用。

【化学参考文献】

[1] 陈丽，蔡琪，包国荣，等. 甜橙果皮挥发油的气相色谱 - 质谱分析 [J]. 海峡药学，1997，9（4）：3-4.

[2] 吴均，杨德莹，李抒桐，等. 甜橙精油的化学成分、抑菌和抗氧化活性研究 [J]. 食品工业科技，2016，37（14）：148-153.

[3] 李泽洪，任文彬，白卫东. 甜橙皮精油提取及其主要化学成分分析 [J]. 香料香精化妆品，2015，（3）：22-24.

[4] 王兆玉，郑家欢，黎恩立，等. 三种芸香科植物果皮挥发油成分 GC-MS 分析与比较 [J]. 中药材，2016，39（5）：1071-1074.

[5] 刘元艳，王淳，宋志前，等. 重庆产酸橙与甜橙枳实中挥发油成分的对比分析[J]. 中国实验方剂学杂志，2011，17（11）：45-48.

[6] 田庆国，丁霄霖. 甜橙种子中柠檬苦素类化合物的提取 [J]. 林产化学与工业，1999，19（3）：71-74.

[7] Pino J，Luis C G，Enrique S D.Volatile constituents of peel and leaf oils of cajel orange（*Citrus sinensis* L.Osbeck）[J].J Essent Oil Bear Pl，2010，13（6）：742-746.

【药理参考文献】

[1] Somashekhar M，Ar M，Kashyap M.Evaluation of antitubercular activity of methanolic extract of *Citrus sinensis* [J]. International Journal of Pharma Research & Review，2013，2（8）：18-22.

[2] Omodamiro O D，Umekwe C J.Evaluation of anti-inflammatory，antibacterial and antioxidant properties of ethanolic extracts

of *Citrus sinensis* peel and leaves [J].Journal of Chemical & Pharmaceutical Research, 2013, 5（5）: 56-66.

［3］秦德安, 何学民. 甜橙皮提取物清除超氧自由基作用的研究［J］. 华东师范大学学报（自然科学版）, 1992,（2）: 104-106.

［4］崔海峰, 周艳华, 吕署一, 等. 不同品种枳实对大鼠心血管及呼吸系统的影响［J］. 中国中医药信息杂志, 2010, 17（6）: 41-43.

471. 香圆（图 471）• *Citrus wilsonii* Tanaka

图 471 香圆

摄影 李华东

【形态】常绿乔木。枝无毛, 多分枝, 刺长, 稀无刺。叶片宽卵形至椭圆形, 长约 8cm, 宽约 5.5cm, 顶端钝或圆, 微凹, 有时短尖, 基部圆, 边缘具细钝锯齿; 叶柄具倒心形宽翅, 宽 1～3cm。总状花序, 有时兼有腋生单花; 花瓣白色; 花萼不规则 5 浅裂; 花瓣长 1.5～2cm; 雄蕊 24～38 枚。果实较小, 长圆形至近球形, 直径 9～10cm, 瓤囊约 10 瓣, 果皮粗糙, 果肉味酸苦, 不堪食用。

【生境与分布】华东各省市均有栽培。

【药名与部位】香橼, 成熟果实。枳壳, 未成熟果实。枳实, 幼果。

【采集加工】香橼: 秋季果实成熟时采收, 趁鲜切片, 低温干燥; 或自中部对剖两片, 低温干燥。

【药材性状】香橼: 呈类球形、半球形或圆片, 直径 4～7cm。表面黑绿色或黄棕色, 密被凹陷的小油点及网状隆起的粗皱纹, 顶端有花柱残痕及隆起的环圈, 基部有果梗残基。质坚硬。剖面或横切薄片, 边缘油点明显; 中果皮厚约 0.5cm; 瓤囊 9～11 室, 棕色或淡红棕色, 间或有黄白色种子。气香, 味酸而苦。

香橼枳壳: 呈半圆形, 直径 3～6cm。外表多为黄绿色、黄褐色至暗棕褐色, 极粗糙, 并有不规则的隆起, 顶端正中有时可见环状隆起。肉最厚, 0.8～1.3cm。气清香而纯厚, 皮味先香微辣而后苦。

香橼枳实：呈圆球形或卵状球形，直径 0.6 ～ 1.3cm，或半球形，表面黄棕色或黑褐色，极为粗糙，皱缩不平，先端有时可见在花柱脱落的痕迹周围有一圈环状隆起，称"金钱环"。气清香，味苦微酸。

【药材炮制】香橼：未切片者，打成小块；切片者润透，切丝，晾干。

枳壳：挖去囊核，洗净，润软，切片，干燥。炒枳壳：取麸皮，置热锅中翻动，待其冒烟，投入枳壳，迅速翻炒至色变深时取出，筛去麸皮，摊凉。

枳实：除去杂质，洗净，润软，切片，干燥。炒枳实：取麸皮，置热锅中翻动，待其冒烟，投入枳壳，迅速翻炒至色变深时取出，筛去麸皮，摊凉。

【化学成分】果实含黄酮类：芹菜素 -6，8- 二 -C- 葡萄糖苷（apigenin-6，8-di-C-glucoside）、野漆树苷 -4'-O- 葡萄糖苷（rhoifolin-4'-O-glucoside）、圣草次苷（eriocitrin）、新圣草次苷（neoeriocitrin）、野漆树苷（rhoifolin）、柚皮苷（naringin）和橘红亭素（melitidin）[1]；香豆素类：蛇床子素（osthole）、水合橙皮内酯（meranzin hydrate）、橙皮内酯（meranzin）、异橙皮内酯（isomeranzin）、水合氧化前胡素（oxypeucedanin hydrate）、异欧前胡素（isoimperatorin）和马尔敏（marmin）[1]；柠檬苦素类：柠檬苦素（limonin）、诺米林（nomilin）和黄柏酮（obacunone）[1]；挥发油类：$1R$-α- 蒎烯（$1R$-α-pinene）、β- 蒎烯（β-pinene）、β- 香叶烯（β-myrcene）、D- 柠檬烯（D-limonene）、β- 水芹烯（β-phellandrene）、邻异丙基 - 甲苯［2-（1-methylethyl）-loluene］、罗勒烯（ocimene）、γ- 萜品烯（γ-terpene）、芳樟醇（linalool）、孟二烯（menthdiene）、二氢葛缕醇 -4（dihydro-4-carvenol）、α- 松油醇（α-terpineol）、β- 石竹烯（β-caryophyllene）、法呢烯（farnesene）、杜松二烯（cadindiene）、1- 甲基 -5- 甲撑基 -8- 异丙基 -1，6- 环辛二烯［1-methyl-5-methylene-8-（1-methylethyl）-1，6-cyclodecadiene］、β- 荜茄澄烯（β-cubebene）、α- 蒎烯（α-pinene）、β- 月桂烯（β-myrcene）、D- 柠檬烯（D-limonene）、对伞花烃（p-cymene）和丙酸松油酯（terpineol propionate）[2, 3]。

叶含挥发油类：β- 蒎烯（β-pinene）、α- 蒎烯（α-pinene）、γ- 松油烯（γ-terpinene）、D- 香茅醛（D-citronellal）、香茅醇（citronellol）和乙酸橙花酯（neryl acetate）等[4]。

【药理作用】抗炎　果肉提取物可抑制脂多糖（LPS）刺激 RAW 264.7 巨噬细胞中前列腺素 E_2（PGE_2）的产生和环氧化酶 -2（COX-2）蛋白的分泌，并显著抑制环加氧酶 -2、肿瘤坏死因子 α（TNF-α）、白细胞介素 -1β（IL-1β）和白细胞介素 -6（IL-6）等炎症介质 mRNA 的表达[1]。

【性味与归经】香橼：辛、苦、酸，温。归肝、脾、肺经。枳壳：苦、酸，微寒。枳实：苦，寒。

【功能与主治】香橼：舒肝理气，宽中，化痰。用于肝胃气滞，胸胁胀痛，脘腹痞满，呕吐噫气，痰多咳嗽。枳壳：破气、行痰、消食。胸膈痰滞，心腹结气，两胁胀痛，宿食不消。枳实：破气，泻痰，消积，除痞。胸胁痰癖，胸痹结胸，胀满，痞痛，食积，便秘。

【用法与用量】香橼：3 ～ 9g。枳壳：3 ～ 9g。枳实：3 ～ 6g。

【药用标准】香橼：药典 1963—2015、浙江炮规 2015、贵州药材 1965 和新疆药品 1980 二册。枳壳：药典 1963、贵州药材 1965 和台湾 1985 二册。枳实：药典 1963、贵州药材 1965 和台湾 1985 二册。

【临床参考】1. 气滞腹满、胁肋胀痛：果皮 9g，加制香附 9g、厚朴花 3g，水煎服。

2. 咳嗽痰多、胸膈不利：果皮 9g，加制半夏 9g、茯苓 9g、生姜 3g，水煎服。

3. 乳腺炎：果核炒研粉，每次 1.5 ～ 3g，黄酒送服。（1 方至 3 方引自《浙江药用植物志》）

【化学参考文献】

［1］Pan Z，Li D，Long G，et al. Chemical and biological comparison of the fruit extracts of *Citrus wilsonii* Tanaka and *Citrus medica* L.［J］. Food Chem，2015，173（173）：54-60.

［2］杨辉，杨培君，李会宁 . 中药材香圆挥发油成分 GC-MS 分析与比较［J］. 食品与生物技术学报，2010，29（2）：219-229.

［3］牛丽影，郁萌，刘夫国，等 . 香橼精油的组成及香气活性成分的 GC-MS-O 分析［J］. 食品与发酵工业，2013，39（4）：186-191.

［4］Chen H，Yang K，You C，et al. Chemical constituents and biological activities against *Tribolium castaneum*（Herbst）of the essential oil from *Citrus wilsonii* leaves［J］. J Serb Chem Soc，2014，79（10）：1213-1222.

【药理参考文献】

［1］Cheng L，Ren Y，Lin D，et al. The anti-Inflammatory properties of *Citrus wilsonii* Tanaka extract in LPS-Induced raw 264. 7 and primary mouse bone marrow-derived dendritic cells［J］. Molecules，2017，22（7）：1213.

472. 酸橙（图 472）• *Citrus aurantium* Linn.

图 472　酸橙　　　　　　　摄影　王军峰等

【别名】橙、橙树，代代花（山东）。

【形态】常绿小乔木，高 5～6m。多分枝，多刺。枝三棱状，叶片革质，卵状长圆形或倒卵形，长 5～10cm，宽 2～5cm，先端急尖，基部宽楔形，全缘或具波状锯齿，两面无毛，具半透明油点；叶柄有狭长形或倒心形翅，翅宽 0.6～1.8cm。总状花序或 1 至数朵花生于当年新枝的顶端或叶腋；花直径达 3.5cm，芳香，花萼杯状，5 裂，花后增大，花瓣白色，5 枚；雄蕊 20～25 枚或更多，花丝基部部分合生；子房上位，约 12 室，花柱圆柱形，柱头头状。柑果橙黄色，近球形，直径 4～8cm，果皮厚，粗糙，不易剥离，油胞大小不一、凹凸不平，果心充实或半充实，瓤囊 9～12 瓣，果肉味酸。种子有棱；子叶白色，单胚或多胚。花期 4～5 月，果期 11 月。

【生境与分布】华东各省市有零散栽培，中国秦岭以南均有栽培；世界热带、亚热带地区也有栽培。原产于东南亚。

【药名与部位】枳壳，未成熟果实。枳实，幼果。橙皮（苦橙皮），果实的新鲜或干燥外层果皮。橘核，种子。

【采集加工】枳壳：夏季果皮尚绿时采收，自中部横切成两爿，低温干燥。枳实：夏季拾取自落果实，除去杂质，较大者自中部横切成两爿，低温干燥。橘核：果实成熟后采集，洗净，干燥。

【药材性状】枳壳：呈半球形，直径 3 ～ 5cm。外果皮棕褐色至褐色，有颗粒状突起，突起的顶端有凹点状油室；有明显的花柱残迹或果梗痕。切面中果皮黄白色，光滑而稍隆起，厚 0.4 ～ 1.3cm，边缘散有 1 ～ 2 列油室，瓤囊 7 ～ 12 瓣，少数至 15 瓣，汁囊干缩呈棕色至棕褐色，内藏种子。质坚硬，不易折断。气清香，味苦、微酸。

枳实：呈半球形，少数为球形，直径 0.5 ～ 2.5cm。外果皮黑绿色或棕褐色，具颗粒状突起和皱纹，有明显的花柱残迹或果梗痕。切面中果皮略隆起，厚 0.3 ～ 1.2cm，黄白色或黄褐色，边缘有 1 ～ 2 列油室，瓤囊棕褐色。质坚硬。气清香，味苦、微酸。

橙皮：为尖椭圆形或带形的切片，厚 2 ～ 6mm。外面浅棕色或黄绿色，有多数细小的窝点与细密的网状棱线。内面淡黄色或淡绿黄色，有多数维管束组成的细密线纹、多数圆锥形的突起物与少量白色的海绵状物。折断面平坦。臭佳适。味香、苦。

橘核：呈卵圆形、长卵圆形或扁卵圆形，长 1 ～ 1.6cm，直径 0.5 ～ 0.9cm，表面淡黄白色至淡黄褐色，光滑，有数条稍凸起的脉纹，侧边有一条明显的种脊棱线；一端钝圆，另一端呈扁平楔状，少数呈长尖形。外种皮薄而质韧，易剥落，内种皮菲薄，淡棕色，子叶 2 枚，淡绿色或黄白色，有油性。气微，味微苦。

【质量要求】枳壳：肉白坚实，不霉烂。枳实：皮坚肉厚，不霉。

【药材炮制】枳壳：除去杂质，洗净，润透，切薄片，干燥后筛去碎落的瓤核。麸炒枳壳：取麸皮，置热锅中翻动，待其冒烟，投入枳壳，迅速翻炒至色变深时取出，筛去麸皮，摊凉。麸枳壳：取蜜炙麸皮，置热锅中翻动，待其冒烟，投入枳壳，迅速翻炒至表面深黄色时，取出，筛去麸皮，摊凉。蜜枳壳：取枳壳饮片，与炼蜜拌匀，稍闷，炒至不粘手时，取出，摊凉。枳壳炭：取枳壳饮片，炒至浓烟上冒、表面焦黑色、内部棕褐色，微喷水，灭尽火星，取出，晾干。

枳实：除去杂质，洗净，润透，切薄片，干燥。麸炒枳实：取麸皮，置热锅中翻动，待其冒烟，投入枳实，迅速翻炒至色变深时取出，筛去麸皮，摊凉。麸枳实：取蜜炙麸皮，置热锅中翻动，待其冒烟，投入枳实饮片，迅速翻炒至表面深黄色时，取出，筛去麸皮，摊凉。蜜枳实：取枳实饮片，与炼蜜拌匀，稍闷，炒至不粘手时，取出，摊凉。枳实炭：取枳实饮片，炒至浓烟上冒，表面焦黑色，内部棕褐色时，微喷水，灭尽火星，取出，晾干。

橘核：除去杂质，洗净，干燥。盐橘核：取橘核饮片，用盐水拌匀，稍润，炒至微黄色，并有香气为度，取出，干燥。

【化学成分】果实含挥发油类：D- 柠檬烯（D-limonene）、芳樟醇（linalool）、罗勒烯（ocimene）、γ- 松油烯（γ-terpinene）、大根叶烯 B、D（germacrene B、D）、β- 月桂烯（β-myrcene）、α- 蒎烯（α-pinene）和 β- 蒎烯（β-pinene）等[1]；黄酮类：新圣草苷（neoeriocitrin）、异柚皮苷（isonaringin）、柚皮苷（naringin）、橙皮苷（hesperidin）、新橙皮苷（neohesperidin）、新枸橘苷（neoponcirin）[2]，异樱花素 -7-O-β-D- 新橙皮糖苷（isosakuranetin-7-O-β-D-neohesperidoside）、红橘素（tageritin）、柚皮素（naringenin）、橙皮素 -7-O-β-D- 吡喃葡萄糖苷（hesperetin-7-O-β-D-glucopyranoside）[3]，橙皮素（hesperetin）、4′, 5, 7, 8- 四甲氧基黄酮（4′, 5, 7, 8-tetramethoxyflavone）[4]，（2R）-6″-O- 乙酸基洋李苷［（2R）-6″-O-acetyl prunin］、（2S）-6″-O- 乙酸基洋李苷［（2S）-6″-O-acetyl prunin］、柚皮素 -7-O-β-D- 葡萄糖苷（naringenin-7-O-β-D-glucopyranside）、5, 7, 4′- 三羟基 -8, 3′- 二甲氧基黄酮 -3-O-6″-（3- 羟基 -3- 甲基戊二酰基）-β-D- 葡萄糖苷［5, 7, 4′-trihydroxy-8, 3′-dimethoxyflavone-3-O-6″-（3-hydroxyl-3-methylglutaroyl）-β-D-glucopyranoside］、4′- 羟基 -5, 6, 7- 三甲氧基黄酮（4′-hydroxy-5, 6, 7-trimethoxyflavone）、柚皮黄素（natsudaidain）、川陈皮素（nobiletin）、甜橙素（sinensetin）、5, 6, 7, 4′- 四甲氧基黄酮（5, 6, 7, 4′-tetramethoxyflavone）、5, 7, 8, 4′- 四甲氧基黄酮（5, 7, 8, 4′-tetramethoxyflavone）、3, 5, 6, 7, 8, 3′, 4′- 七甲氧基黄酮（3, 5, 6, 7, 8, 3′, 4′-heptamethoxyflavone）、橘皮素（tangeretin）、5- 去甲川陈皮素（5-demethyl nobiletin）和 5- 羟基 -6, 7, 3′, 4′- 四甲氧基黄酮（5-hydroxy-6, 7, 3′, 4′-tetramethoxyflavone）[5]；生物碱类：对辛弗林（*p*-synephrine）和大麦芽碱（hordenine）[6]；香豆素类：马尔敏（marmin）、5, 7- 二羟基香豆素 -5-*O*-β-D- 吡喃葡萄糖苷（5, 7-dihydroxycoumarin-5-*O*-β-D-glucopyranoside）、3, 5- 二羟基苯基 -1-*O*-β-D- 吡喃葡萄糖苷（3, 5-dihydroxy-1-*O*-β-D-glucopyranoside）[3]、伞形花内酯（umbelliferone）、佛手酚（bergaptol）和水合橙皮内酯（meranzin hydrate）[7]；酚苷类：3, 5- 二羟基苯基 -1-*O*-（6′-*O*- 反式阿魏酰基）-β-D- 吡喃葡萄糖苷［3, 5-dihydroxyphenyl-1-*O*-（6′-*O*-*trans*-feruloyl）-β-D-glucopyranoside］[4]；酚酸类：阿魏酸（ferulic acid）[7]；柠檬苦素类：7′- 二羟基香柠檬素（7′-dihydroxybergamottin）和柠檬苦素（limonin）[7]；甾体类：胡萝卜苷棕榈酸酯（aucosterol palmitate）和胡萝卜苷（daucosterol）[7]；核苷类：腺苷（adenosine）[3]；氨基酸类：γ- 氨基丁酸（γ-aminobutyric acid）[6]。

【**药理作用**】1. 抗菌　果皮挥发油对革兰氏阳性菌（单核细胞增多性李斯特氏菌和金黄色葡萄球菌）及革兰氏阴性菌（大肠杆菌和柠檬酸杆菌）均有较好的抑制作用；另对酵母菌生长速率也具有较明显的抑制作用[1]。2. 调节电解质　乙醇提取物可有效将帕罗西汀引起的低钠血症小鼠的血清总蛋白、血清胆固醇、血清甘油三酯、血钙、血清钠、血清钾等指标恢复至正常水平[2]。3. 护肝　乙醇提取物可显著降低实验性糖尿病小鼠的血糖水平、谷胱甘肽过氧化物酶活性、丙二醛（MDA）和一氧化氮（NO）含量，增加谷胱甘肽（GSH）含量、超过氧化物歧化酶（SOD）活性；降低肝组织细胞损伤，增强肝脏的抗氧化能力[3]。4. 改善肠道　果实水煎液对正常小鼠小肠推进有明显促进作用；黄酮苷类新橙皮苷（neohesperidoside）、柚皮苷（naringin）单独给药对正常小鼠小肠推进无明显促进作用，两者联用对正常小鼠小肠推进具有明显的促进作用[4]。5. 改善肺功能　果皮醇提物可有效改善铬引起的大鼠氧化应激性肺功能障碍[5]。6. 抗氧化　果总黄酮有效部位对 1, 1- 二苯基 -2- 三硝基苯肼自由基（DPPH）、羟自由基（·OII）均具有良好的清除作用，同时对小鼠肝脂质过氧化具有显著的抑制作用，并呈良好的量效相关性[6]。

【**性味与归经**】枳壳：苦、辛、酸，微寒。归脾、胃经。枳实：苦、辛、酸，微寒。归脾、胃经。橘核：苦，平。归肝、肾经。

【**功能与主治**】枳壳：理气宽中，行滞消胀。用于胸肋气滞，胀满疼痛，食积不化，痰饮内停；胃下垂，脱肛，子宫脱垂。枳实：破气消积，化痰散痞。用于积滞内停，痞满胀痛，泻痢后重，大便不通，痰滞气阻，胸痹，结胸，脏器下垂。橘核：理气，散结，止痛。用于小肠疝气，睾丸肿痛，乳房胀痛。

【**用法与用量**】枳壳：3 ～ 9g。枳实：3 ～ 10g。橘核：3 ～ 9g。

【**药用标准**】枳壳：药典 1963—2015、浙江炮规 2015、新疆药品 1980 二册、云南药品 1974、贵州药材 1965、香港药材四册和台湾 2013。枳实：药典 1963—2015、浙江炮规 2015、贵州药材 1965、新疆药品 1980 二册、香港药材四册和台湾 2013。橙皮：药典 1953 和中华药典 1930。橘核：湖南药材 2009。

【**临床参考**】1. 脊髓综合征：果实 20g，加甘草 5g、当归 25g、莪术 10g、大黄 30g、芒硝 15g，水煎，每日 1 剂，分 2 次服[1]。

　　2. 反流性食管炎：果实 15g，加桔梗 10g、半夏 10g、黄连 6g、黄芩 10g、瓜蒌 10g、麦冬 10g、石斛 12g、川贝母 5g、佛手 12g、炙甘草 4g，反酸明显可加刺猬皮 15g、乌贼骨 15g；胸骨后疼痛明显加川楝子 12g、没药 10g；咽部有异物感加苏叶 6g、厚朴 8g；嗳气明显加旋覆花 8g、沉香 5g，上药煎汁 150ml，分早晚 2 次温服，每日 1 剂[2]。

　　3. 抑郁症功能性消化不良：果实 40g，加郁金 40g，水煎，每日 1 剂，分 2 次服[3]。

　　4. 不全性嵌顿疝：种子 30g，果实 60g，加荔枝核 7 枚、炒小茴香 6g、乌药 10g，延胡索、川楝子、木香、昆布、制半夏、竹茹各 10g，水煎，每日 1 剂，分 2 次服[4]。

【**附注**】《图经本草》云："如橘而小，高亦五七尺，叶如枨，多刺，春生白花，至秋成实，九月十月采，阴干，……今医家多以皮厚而小者为枳实，完大者为壳，皆以翻肚如盆口唇状，须陈久者为胜。"及"近道所出者，俗呼臭橘（此为枸橘别名），不堪用。"据专家考证，唐以前本草所载枳实当为枸橘无疑，自宋代起主流品种改为本种及其栽培变种。脾胃虚弱者及孕妇慎服。

《中国药典》2015 年版一部规定：本种及其栽培变种如代代酸橙、黄皮酸橙等为中药材枳壳的基源；本种及其栽培变种与甜橙 Citrus sinensis（Linn.）Osbeck 为中药材枳实的基源。

香圆 Citrus wilsonii Tanaka 的未成熟果实在贵州作枳壳或枳实药用；常山柚橙（常山胡柚）Citrus aurantium 'Changshan-huyou' 的未成熟果实在浙江作衢枳壳药用。

【化学参考文献】

［1］黄爱华，吴波，曾元儿，等.酸橙幼果中挥发油的 GC-MS 分析［J］.中药材，2010，33（11）：1748-1750.

［2］周大勇，徐青，薛兴亚，等.高效液相色谱-电喷雾质谱法测定枳壳中黄酮苷类化合物［J］.分析化学，2006，34（S1）：31-35.

［3］张永勇，叶文才，范春林，等.酸橙中一个新的香豆素苷［J］.中国天然药物，2005，3（3）：141-143.

［4］张永勇，倪丽，范春林，等.枳实中一个新的酚苷成分［J］.中草药，2006，37（9）：1295-1297.

［5］丁邑强，熊英，周斌，等.枳壳中黄酮类成分的分离与鉴定［J］.中国中药杂志，2015，40（12）：2352-2356.

［6］Arbo M D，Larentis E R，Linck V M，et al. Concentrations of p-synephrine in fruits and leaves of Citrus species（Rutaceae）and the acute toxicity testing of Citrus aurantium extract and p-synephrine［J］.Food Chem Toxicol，2008，6（8）：2770-2775.

［7］邓可众，丁邑强，周斌，等.枳壳化学成分的分离与鉴定［J］.中国实验方剂学杂志，2015，21（14）：36-38.

【药理参考文献】

［1］Bendaha H，Bouchal B，Mounsi I E，et al. Chemical composition, antioxidant, antibacterial and antifungal activities of peel essential oils of Citrus aurantium grown in Eastern Morocco［J］.Der Pharmacia Lettre，2016，8（4）：239-245.

［2］Sudha M，Venkatalakshmi P. Effect of Citrus aurantium Linn. in paroxetine induced hyponatremia in albino mice［J］.Journal of Chemical and Pharmaceutical Research，2012，4（4）：2043-2045.

［3］焦士蓉，黄承钰，王波，等.枳实提取物对实验性糖尿病小鼠肝脏抗氧化防御功能的影响［J］.卫生研究，2007，36（6）：689-692.

［4］易徐航，夏放高，陈海芳，等.枳壳中黄酮苷类成分对正常小鼠小肠推进的影响［J］.时珍国医国药，2015，26（2）：278-280.

［5］Soudani N，Rafrafi M，Ben A I，et al. Oxidative stress-related lung dysfunction by chromium（VI）：alleviation by Citrus aurantium L.［J］.Journal of Physiology & Biochemistry，2013，69（2）：239-253.

［6］刘永静，陈丹，邱红鑫，等.玳玳果总黄酮体外抗氧化作用的研究（英文）［J］.中国现代应用药学，2012，29（2）：97-101.

【临床参考文献】

［1］陈华，沈晓峰，龚正丰，等.枳壳甘草汤治疗脊髓综合征药效学分析研究［J］.颈腰痛杂志，2014，35（4）：250-253.

［2］胡亚莉，沈舒文.桔梗枳壳汤加味方治疗反流性食管炎临床观察［J］.现代中西医结合杂志，2012，21（23）：2546-2547.

［3］周静，黄熙，王杨，等.郁金枳壳汤治疗抑郁症功能性消化不良共病1例［J］.山东中医杂志，2015，34（10）：801-802.

［4］余金木，朱春伟.橘核枳壳汤治疗不全性嵌顿疝［J］.中国中医急症，2004，13（9）：608.

473. 常山柚橙（图 473）• Citrus aurantium 'Changshan-huyou'（Citrus changshan-huyou Y. B. Chang；Citrus changshanensis K. S. Chen et C. X. Fu）

【别名】常山胡柚、胡柚、金柚。

【形态】与原变种的主要区别点：叶片椭圆形，长 5～9cm，宽 2.3～5.8cm，先端钝尖，微凹头，全缘或有不明显微浅钝齿。雄蕊 18～24（～30）枚。柑果近球形至梨形，直径 6～13cm，果皮较易剥离，果心中空。种子有棱。

图 473 常山柚橙 摄影 宋剑锋等

【生境与分布】主产于浙江常山，江山、龙游等地也有分布，多栽培。

【药名与部位】衢枳壳，未成熟果实。

【采集加工】7 月果皮尚绿时采收，自中部横切为两半，晒干或低温干燥。

【药材性状】呈半球形。直径 3 ~ 5cm。外果皮棕褐色至褐色，部分有颗粒状突起，部分较光滑，突起的顶端有凹点状油室；有明显的花柱残迹或果梗痕，中果皮黄白色，光滑而稍隆起，厚 0.4 ~ 1.3cm，边缘散有 1 ~ 2 列油室，瓤囊 7 ~ 12 瓣，少数至 15 瓣，汁囊干缩呈棕色至棕褐色，内藏种子。质坚硬，不易折断。气清香，味苦、微酸。

【药材炮制】衢枳壳：除去杂质及霉黑者，洗净，润透，切薄片，干燥，筛去碎落的瓤核。麸炒衢枳壳：取麸皮，置热锅中翻动，待其冒烟，投入衢枳壳饮片，迅速翻炒至表面深黄色时，取出，筛去麸皮，摊凉。麸衢枳壳：取蜜炙麸皮，置热锅中翻动，待其冒烟，投入衢枳壳饮片，迅速翻炒至表面深黄色时，取出，筛去麸皮，摊凉。蜜衢枳壳：取衢枳壳饮片，与炼蜜拌匀，稍闷，炒至不粘手时，取出，摊凉。衢枳壳炭：取衢枳壳饮片，炒至浓烟上冒，表面焦黑色，内部棕褐色，微喷水，灭尽火星，取出，晾干。

【化学成分】果皮含黄酮类：橙皮苷（hesperidin）、柚皮素（naringenin）、川陈皮素（3′, 4′, 5, 6, 7, 8-hexamethoxyflavone）、4′, 5, 6, 7, 8- 五甲氧基黄酮（4′, 5, 6, 7, 8-pentamethoxyflavone），即柑橘黄酮（tangeritin）、5- 羟基 -3′, 4′, 6, 7, 8- 五甲氧基黄酮（5-hydroxy-3′, 4′, 6, 7, 8-pentamethoxyflavone）、5- 羟基 -3′, 4′, 3, 6, 7, 8- 六甲氧基黄酮（5-hydroxy-3′, 4′, 3, 6, 7, 8-hexamethoxyflavone）[1]，柚皮素 -7-O-α- 葡萄糖苷（naringenin-7-O-α-glucoside）、橙皮素 -7-O-α- 葡萄糖苷（hesperetin-7-O-α-glucoside）[2]，柚皮素（naringerin）、柚皮苷（naringin）[3]，3′- 羟基 -4′, 5, 6, 7, 8- 五甲氧基黄酮（3′-hydroxy-4′, 5, 6, 7, 8-pentamethoxyflavone）、圣草酚（eriodictyol）、新圣草枸橼苷（neoeriocitrin）和新橙皮苷（neohesperidin）[4]；柠檬苦素类：柠檬苦素（limonin）[3]；皂苷类：胡柚三萜（huyou-triterpenoid）[5]；甾体类：胡萝卜苷

A、B（daucosterol A、B）[5]；香豆素类：6, 7- 二甲氧基香豆素（6, 7-dimethoxycoumarin）和 6′, 7′- 二羟基香柠檬亭（6′, 7′-dihydroxybergamottin）[5]；酚及酚酸类：胡柚皮甲素（huyoujiasu）、4- 甲氧基 -3- 羟基苯甲酸（4-methoxy-3-hydroxybenzoic acid）[4]，3- 羟基 -4- 甲氧基苯甲酸（3-hydroxy-4-methoxybenzoic acid）、3, 4- 二羟基苯甲酸（3, 4-dihydroxybenzoic acid）[5]，异阿魏酸（isoferulic acid）、1, 2, 3- 三羟基苯酚（1, 2, 3-trihydro phenol）和对 - 羟基苯酚（*p*-hydrophenol）[6]；挥发油类：甲基异丁基酮（methyl isobutyl ketone）、甲苯（toluene）、2, 6- 二甲基 -4- 庚酮（2, 6-dimethyl-4-heptanone）、4- 羟基 -4- 甲基 -2- 戊酮（4-hydroxy-4-methyl-2-pentanone）、2, 6- 二甲基 -4- 庚酮（2, 6-dimethyl-4-heptanone）、十氢 -1, 5, 5, 8- 四甲基 -1, 2, 4- 亚甲基薁烯（decahydro-1, 5, 5, 8-tetramethyl-1, 2, 4-methenoazulene）、1a, 2, 3, 5, 6, 7, 7a, 7b- 庚氢 -1 氢 - 环丙［e］薁烯 {1a, 2, 3, 5, 6, 7, 7a, 7b-octahydr-1H-cycloprop［e］azulene }、6- 乙烯基 -6- 甲基 -1-（1- 甲基乙基）-3- 环己烯［cyclohexene, 6-ethenyl-6-methyl-1-（1-methylethyl)-3］、1, 3- 二氧戊环 -4- 甲醇（1, 3-dioxolane-4-methanol）、δ- 芹子烯（δ-selinene）、α- 蒎烯（α-pinene）、β- 蒎烯（β-pinene）、D- 柠檬烯（D-limonene）、4- 乙基 - 十一烷（4-ethyl-undecane）、3- 乙基 -3- 甲基庚烷（3-ethyl-3-methylheptane）和 2- 甲基 - 十一烷（2-methyl undecane）[7]；胺类：N, N, - 二甲基甲酰胺（N, N-dimethyl formamide）和 1- 苯基 -2- 环五亚乙基六胺 -1- 醇（1-phenyl-2-cyclopentaethylidene hexaamine-1-ol）[7]；萘类：1, 3, 4, 5, 6, 7- 六氢 -2H-2, 4a- 亚甲基萘（1, 3, 4, 5, 6, 7-hexahydro-2H-2, 4a-methanonaphthalene）和 1a, 2, 3, 5, 6, 7, 7a, 7b- 庚 -1H- 环丙［a］萘 {1a, 2, 3, 5, 6, 7, 7a, 7b-oct-1H-cyclopropa［a］naphthalene}[7]；呋喃类：2H- 呋喃［3′, 2′, 4, 5］呋喃［2, 3-h］-1- 苯并吡喃 -2- 酮 {2H-furo［3′, 2′, 4, 5］furo［2, 3-h］-1-benzopyran-2-one} 等[7]；脂肪酸及其酯类：二十四酸（tetradecanoic acid）、十二酸甘油酯（glycerol 5-hydroxydodecanoate）[4] 和甘油酯（glyceride）[5]；元素：锌（Zn）、铁（Fe）、锰（Mn）、铜（Cu）、铅（Pb）和镉（Cd）[8]；其他尚含：胡柚皮乙素（huyouyisu）和紫罗兰醇（ionol）[6]。

　　果实含黄酮类：圣草次苷（eriocitrin）、新北美圣草苷（neoeriocitrin）、柚皮芸香苷（narirutin）和新橙皮苷（neohesperidin）[9]；甾体类：胡萝卜苷（daucosterol）和 β- 谷甾醇（β-sitosterol）[9]；柠檬苦素类：柠檬苦素（limonin）[9]；糖类：蔗糖（surose）[9]。

　　【药理作用】1. 降血脂　果皮果渣 95% 乙醇提取物具有较强的胰脂肪酶抑制作用[1]。2. 止咳祛痰　果皮的水提物可减少氨水所致小鼠的咳嗽次数，延长咳嗽潜伏期，可促进小鼠气管的酚红排泄[2]。3. 理气　未成熟果实的芳香成分及水提物可显著增加小鼠的酚红排泄量，显著抑制豚鼠离体气管平滑肌的自主收缩，显著提高正常小鼠的小肠碳末推进率，显著抑制豚鼠离体回肠的自主收缩[3]。

　　【性味与归经】苦、辛、酸，微寒。归脾、胃经。

　　【功能与主治】理气宽中，行滞消胀。用于胸肋气滞，胀满疼痛，食积不化，痰饮内停；胃下垂，脱肛，子宫脱垂。

　　【用法与用量】3 ～ 9g。

　　【药用标准】浙江炮规 2015。

　　【临床参考】足跟痛：皮（带白瓤），撕成 3 ～ 4 大块，加 2000ml 水，煮沸后再加热 15min，先用热气熏蒸，待水温不烫时，将患足浸入盆内的大块胡柚皮内，用手将胡柚皮贴紧足跟部皮肤，若水温下降可再加温，每次熏洗 1h 左右，每日 2 次，每次熏洗前需将药液加热，每剂药只用 1 天，一般用药 1 周[1]。

　　【附注】根据研究[1]，柑橘属植物间 *ITS2* 基因片段无区别，*ITS1* 片段是柑橘属植物亲本分析和系统谱研究的主要依据，常山柚橙的 *ITS1B* 基因片段与酸橙完全相同，其 *ITS1A* 与柚完全相同，且其抗冻等特性也与酸橙类似，故认为常山柚橙来源于亲本柚和酸橙，应为栽培变种，不应如文献报道的为一个独立的种[2]。

　　【化学参考文献】

［1］赵雪梅, 叶兴乾, 席屿芳, 等 . 胡柚皮中的黄酮类化合物［J］. 中草药, 2003, 34（1）: 11-13.

［2］李春美，钟朝辉，窦宏亮，等.胡柚皮中两个二氢黄酮的分离与鉴定［J］.食品科学，2006，27（6）：161-164.

［3］赵雪梅，叶兴乾，席屿芳，等.胡柚皮有效成分的分离鉴定及其药理活性［J］.果树学报，2006，23（3）：458-461.

［4］赵雪梅，叶兴乾，朱大元.胡柚皮的化学成分研究（Ⅲ）［J］.中草药，2009，40（1）：6-8.

［5］赵雪梅，叶兴乾，朱大元.常山胡柚皮的化学成分分离鉴定［J］.北京大学学报（医学版），2009，41（5）：575-577.

［6］赵雪梅，叶兴乾，朱大元.常山胡柚皮中的一个新化合物（英文）［J］.药学学报，2008，43（12）：1208-1210.

［7］赵雪梅，叶兴乾，朱大元.常山胡柚皮中挥发性成分分析［J］.果树学报，2007，24（1）：109-112.

［8］徐青华，寿申岚，李芳.微波消解-火焰原子吸收光谱法测定常山胡柚中微量元素[J].中国卫生检验杂志，2011，21（1）：53-54.

［9］闵鹏，赵庆春，高云佳，等.常山胡柚汁化学成分的研究［J］.中国药物化学杂志，2010，20（2）：129-132.

【药理参考文献】

［1］林敏，任思婕，张真真，等.常山胡柚降血脂成分提取工艺及其功能研究［J］.核农学报，2015，29（12）：2343-2348.

［2］徐雪梅.常山胡柚皮水提取物止咳祛痰作用考察［J］.中国药师，2011，14（2）：227-228.

［3］徐礼萍，宋剑锋，赵四清，等.常山胡柚与不同来源枳壳对理气宽中功能的药效差异比较［J］.中国实验方剂学杂志，2016，22（7）：156-160.

【临床参考文献】

［1］李玉新，彭丽云，方丽.胡柚皮熏洗外敷治疗足跟痛［J］.中国误诊学杂志，2007，7（25）：6195.

【附注参考文献】

［1］Xu C J，Bao L，Zhang B，et al. Parentage analysis of huyou（*Citrus changshanensis*）based on internal transcribed spacer sequences［J］．Plant Breeding，2006，125：519-522.

［2］Chang Y B. A new species of genus *Citrus* from China［J］．Bulletin of Botanical Research，1991，11（2）：5-7.

474. 代代酸橙（图 474）• *Citrus aurantium* 'Daidai'

【别名】玳玳花，代代花。

【形态】与原变种的主要区别点在于：叶片椭圆形至卵状长圆形，先端渐尖，钝头；柑果冬季深橙色，至翌年夏季又变为污绿色，扁球形，果皮稍粗糙，果实成熟后不易落果，能长期挂在树上，于同株枝头可见三代果实。

【生境与分布】华东各省市有栽培；原产于印度。

【药名与部位】代代花，花蕾。

【采集加工】5～6月花未开放时分次采收，低温干燥。

【药材性状】略呈长卵形，顶端稍膨大，长 1～2cm，有梗。花萼基部联合，先端 5 裂，灰绿色，有凹陷的小油点，内侧有毛；花瓣 5，覆瓦状抱合，黄白色或灰黄色，具棕色油点和纵脉；雄蕊多数，基部联合成数束；花柱合生呈柱状，子房倒卵形。体轻，质脆。气芳香，味微苦。

【质量要求】色松黄，含苞未开，无烘焦花。

【药材炮制】除去花梗等杂质。筛去灰屑。

【化学成分】花含挥发油类：侧柏烯（thujene）、α-蒎烯（α-pinene）、莰烯（camphene）、β-蒎烯（β-pinene）、柠檬烯（limonene）、β-罗勒烯（β-ocimene）、反式-芳樟醇氧化物（*trans*-linalool oxide）、顺式-芳樟醇氧化物（*cis*-linalool oxide）、香叶烯（myrcene）、萜品-4-醇（terpinen-4-ol）、α-松香醇（α-terpineol）、橙花醇（nerol）、柠檬醛（citral）、香叶醇（geraniol）、乙酸芳樟酯（linalyl acetate）、香叶醛（geranial）、反式-芳樟醇氧化物（*trans*-linalool oxide）、邻氨基苯甲酸甲酯（methyl anthranilate）、乙酸松油酯（terpinyl acetate）、顺式-芳樟醇氧化物（*cis*-linalool oxide）、乙酸橙花酯（linalyl acetate）、乙酸香叶酯（geranyl

图 474　代代酸橙　　　　　　　　　　　　　　　　　　　　　　摄影　李华东

acetate）、壬醛（nonanal）、β- 石竹烯（β-carenene）、α- 葎草烯（α-humulene）、γ- 木罗烯（γ-muurolene）、β- 橙花叔醇（β-nerolidol）、金合欢醇（farnesol）、α- 橙花叔醇（α-nerolidol）[1], 3, 7- 二甲基 -1, 6- 辛二烯 -3- 醇（3, 7-dimethyl-1, 6-octadien-3-ol）、榄香醇（elemol）、α- 香柠檬烯（α-bergamotene）、β- 红没药烯（β-bisabolene）、橙花叔基乙酸酯（nerolidyl acetate）[2], 5, 5- 二甲基 -6- 甲炔基二环［2.2.1］庚 -2- 醇｛5, 5-dimethyl-6-methylenebicyclo[2.2.1]heptan-2-ol｝、α- 莳烯（α-fenchene）、γ- 榄香烯（γ-elemene）、2, 4, 5, 6, 7, 7a- 六氢 -4, 7- 甲醇 -1H- 茚（2, 4, 5, 6, 7, 7a-hexahydro-4, 7-methano-1H-indene）、毕澄茄烯（cadinene）、5, 5- 二甲基 -1, 3- 二氧基 -2- 酮（5, 5-dimethyl-1, 3-diox-2-one）、（5E）-6, 10- 二甲基 -5, 9- 十一双烯 -2- 酮［（5E）-6, 10-dimethyl-5, 9-undecadien-2-one］、β- 荜澄茄烯（β-cubebene）、α- 愈创木烯（α-guaiene）、瓦伦烯（valencene）、金合欢烯（farnesene）、石竹烯氧化物（caryophylleneoxide）、（－）- 匙叶桉油醇［（－）-spathulenol］、γ- 古芸烯（γ-gurjunene）、γ- 木罗烯（γ-muurolene）、τ- 杜松醇（τ-cadinol）、广藿香烯（patchoulene）、α- 金合欢醇（α-farnesol）等[3], 萜品醇（terpineol）、柠檬烯（limonene）、γ- 萜品烯（γ-terpinene）、异松油烯（terpinolene）、2- 甲氧基 -4- 乙烯基苯酚（2-methoxy-4-vinylphenol）、9, 12- 十八碳二烯酸 -2- 氯乙胺（9, 12-octadecadienoic acid-2-chlorethylamine）、正十七烷（n-heptadecane）、正二十烷（n-eicosane）、正二十一烷（n-heneicosane）、正二十四烷（n-tetracosane）、1- 氯十九烷（1-chloro-nonadecane）[4], α- 侧柏烯（α-thujene）、反式 -β- 罗勒烯（trans-β-ocimene）、芳樟醇（linalool）、乙酸芳樟醇（linalyl acetate）、乙酸芳樟酯（linalyl acetate）和法尼醇（farnesol）等[5]; 酰胺类:（Z）-9- 十八烯酸酰胺［（Z）-9-octadecenoic acid amide］和 N-（2- 三氟甲基苯）-3- 吡啶甲酰胺肟［N-（2-trifluoromethyl）-3-pyridamidoxime］[4]; 黄酮类: 5- 羟基 -6, 7, 3′, 4′- 四甲氧基黄酮（5-hydroxy-6, 7, 3′, 4′-tetramethoxyflavone）[6]; 甾体类: β- 谷甾醇（sitosterol）[6]; 酚酸类: 安息香酸（benzoic acid）[4];

脂肪酸类：十六烷酸（hexadecanoic acid）[2]，棕榈酸（palmitic acid）、十八碳烷酸（stearic acid）、9,12,15- 十八碳三烯酸（9,12,15-calendic acid）、9,12,15- 十八碳三烯酸（9,12,15-calendic acid）和十八碳 -9,12- 二烯酸（octodecane-9,12-dienoic acid）[6]；多元羧酸类：柠檬酸（limonexic acid）[6]。

果实含挥发油类：β- 蒎烯（β-pinene）、α- 柠檬烯（α-limonene）、反式罗勒烯（*trans*-ocimene）、杜鹃酮（germacrone）、苯乙酸芳樟酯（linalyl phenylacetate）、乙酸松油酯（terpinyl acetate）和 3- 蒈烯（3-carene）等[2]。

叶含挥发油类：月桂烯（myrcene）、反式罗勒烯（*trans*-ocimene）、芳樟醇（linalool）、苯乙醇（phenethyl alcohol）、γ- 松油醇（γ-terpineol）、香茅醇（citronellol）、乙酸芳樟酯（linalyl acetate）、乙酸橙花酯（neryl acetate）和乙酸香叶酯（geranyl acetate）[7]，5,5- 二甲基 -1,3- 二氧基 -2- 酮（5,5-dimethyl-1,3-diox-2-one）、β- 松油烯（β-terpinene）、β- 蒎烯（β-pinene）、α- 柠檬烯（α-limonene）、顺式罗勒烯（*cis*-ocimene）、香叶醇丁酸（geraniolbutyrate）、苯乙酸芳樟酯（linalyl phenylacetate）、橙花醇（nerol）、3- 蒈烯（3-carene）、（+）- 莰烯［（+）-camphene］、α- 葑烯（α-fenchene）和石竹烯（caryophyllene）等[2]。

【药理作用】1. 免疫调节　提取的多糖可促进 RAW264.7 巨噬细胞释放一氧化氮（NO），提高白细胞介素 -6（IL-6）、肿瘤坏死因子 -α（TNF-α）含量，其作用可能与丝裂原活化蛋白激酶（MAPK）通路和核转录因子 -κb（NF-κB）通路有关[1]；多糖中分离的得到的单体 CAVAP- Ⅱ，其免疫调节作用更明显[2]。2. 护肝　花中提取分离得到的化合物 5- 羟基 -6,7,30,40- 四甲氧基黄酮（5-hydroxy-6,7,30,40-tetramethoxyflavone）和柠檬苦素烯酸（limonexic acid）能降低四氯化碳（CCl₄）所诱导人肝 HL-7702 细胞的活力，减少乳酸脱氢酶和天冬氨酸氨基转移酶的释放，抑制脂质过氧化[3]。3. 抗炎　花中提取得到的多糖可减少脂多糖诱导的 RAW264.7 巨噬细胞白细胞介素 -6、肿瘤坏死因子 -α、白细胞介素 -1β 的释放，并抑制相关因子的 mRNA 的释放，其作用可能与抑制丝裂原活化蛋白激酶通路和核转录因子 -κb 通路有关[4]；另有研究发现，5- 羟基 -6,7,30,40- 四甲氧基黄酮和柠檬苦素烯酸能减少脂多糖诱导的 RAW264.7 巨噬细胞一氧化氮的释放[5]。4. 抗氧化　不同部位提取物在体外具有不同的抗氧化作用，其中总黄酮对 1,1- 二苯基 -2- 三硝基苯肼自由基（DPPH）具有较强的清除作用，对铁还原具有较强的抗氧化能力和还原性；多糖和生物碱对羟自由基（·OH）具有较强的清除作用；生物碱对 2,2′- 联氮 - 二（3- 乙基 - 苯并噻唑 -6- 磺酸）二铵盐自由基（ABTS）具有明显的清除作用[6]；另有研究发现，化合物 5- 羟基 -6,7,30,40- 四甲氧基黄酮和柠檬苦素烯酸对过氧化氢（H₂O₂）诱导的 PC12 细胞活力降低有较好的修复作用[5]。

【性味与归经】甘、微苦，平。归肝、胃经。

【功能与主治】理气宽胸，开胃止呕。用于胸脘胀闷，恶心呕吐，食欲不振。

【用法与用量】1.5 ～ 6g。

【药用标准】药典 1977、部标中药材 1992、浙江炮规 2015、福建药材 2006、四川药材 1987 增补、江苏药材 1989、内蒙古药材 1988 和新疆药品 1980 二册。

【临床参考】1. 消化不良：鲜果皮 15 ～ 18g，水煎服[1]。

2. 小儿脱肛：未成熟果实，烘干研末，糖水送服，每日 15g，分 3 次服[1]。

3. 胃痛：花蕾 6g，加橘皮 6g、甘草 3g，开水泡服[1]。

4. 肝气郁结症：花蕾 2g，加厚朴花、合欢花、扁豆花各 3g，玫瑰花 2g，水煎服[1]。

【化学参考文献】

［1］林正奎，华映芳，谷豫红 . 玳玳花、叶和果皮精油化学成分研究［J］. 植物学报，1986，28（6）：635-640.

［2］陈丹，刘永静，曾绍炼，等 . 代代叶、花与果挥发油中化学成分的 GC-MS 分析［J］. 中国现代应用药学，2008，25（2）：117-119.

［3］刘廷礼，邱琴，赵怡 . 代代花挥发油化学成分的 GC-MS 研究［J］. 中国药物化学杂志，2000，38（4）：38-40.

［4］姜明华，姜建国，杨丽 . 不同方法提取代代花中挥发油成分的 GC-MS 分析［J］. 现代食品科技，2010，26（11）：1271-1275，1279.

［5］马莲，郑瑶青，孙亦樑，等.玳玳鲜花中芳香挥发组分的研究［J］.北京大学学报（自然科学版），1988，24（6）：687-694.

［6］杨丽.代代花化学成分的研究［D］.广州：华南理工大学硕士学位论文，2010.

［7］盛君益.中国产玳玳叶油的化学成份研究［J］.中国调味品，2011，36（1）：111-113.

【药理参考文献】

［1］Shen C Y，Yang L，Jiang J G，et al. Immune enhancement effects and extraction optimization of polysaccharides from *Citrus aurantium* L. var. *amara* Engl［J］. Food & Function，2017，8（2）：1-27.

［2］Shen C Y，Jiang J G，Li M Q，et al. Structural characterization and immunomodulatory activity of novel polysaccharides from *Citrus aurantium* Linn. *variant amara* Engl［J］. Journal of Functional Foods，2017，35：352-362.

［3］Lu Q，Yang L，Zhao H Y，et al. Protective effect of compounds from the flowers of *Citrus aurantium* L. var. *amara* Engl against carbon tetrachloride-induced hepatocyte injury［J］. Food & Chemical Toxicology，2013，62（12）：432-435.

［4］Shen C Y，Jiang J G，Huang C L，et al. Polyphenols from blossoms of *Citrus aurantium* L. var. *amara* Engl. show significant anti-complement and anti-inflammatory effects［J］. J Agric Food Chem，2017，65（41）：9061-9068.

［5］Zhao H Y，Yang L，Wei J，et al. Bioactivity evaluations of ingredients extracted from the flowers of *Citrus aurantium* L. var. *amara* Engl［J］. Food Chemistry，2012，135（4）：2175-2181.

［6］Shen C Y，Wang T X，Zhang X M，et al. Various antioxidant effects were attributed to different components in the dried blossoms of *Citrus aurantium* L. var. *amara* Engl［J］. Journal of Agricultural and Food Chemistry，2017，65：6087-6092.

【临床参考文献】

［1］王婷，娄鑫，苗明三.代代花的现代研究与思考［J］.中医学报，2017，32（2）：276-278.

475. 朱栾（图475）· *Citrus aurantium* 'Zhulan' ［*Citrus aurantium* Linn. var. *decumana* Bonav.］

【别名】香栾、酸栾。

【形态】与原变种的主要区别点：叶片椭圆形，两端钝，边缘微波状；柑果橙红色，扁球形，果皮光滑，无香气。

【生境与分布】主产于浙江、江苏。

【药名与部位】枳壳，未成熟果实。

【采集加工】夏季果皮尚绿时采收，自中部横切成两爿，低温干燥。

【药材性状】呈半球形，直径3～5cm。外果皮棕褐色至褐色，有颗粒状突起，突起的顶端有凹点状油室；有明显的花柱残迹或果梗痕。切面中果皮黄白色，光滑而稍隆起，厚0.4～1.3cm，边缘散有1～2列油室，瓤囊7～12瓣，少数至15瓣，汁囊干缩呈棕色至棕褐色，内藏种子。质坚硬，不易折断。气清香，味苦、微酸。

【药材炮制】除去杂质，洗净，润透，切薄片，干燥后筛去碎落的瓤核。麸炒枳壳：取麸皮，置热锅中翻动，待其冒烟，投入枳壳，迅速翻炒至色变深时取出，筛去麸皮，摊凉。

【药理作用】1.止咳化痰　未成熟果实的水提物可显著增加小鼠气管酚红排泌量，显著抑制豚鼠离体气管平滑肌的自主收缩[1]；2.促肠蠕动　未成熟果实的水提物显著提高正常小鼠的小肠碳末推进率，显著抑制豚鼠离体回肠的自主收缩[1]。

【性味与归经】苦、辛、酸，微寒。归脾、胃经。

【功能与主治】理气宽中，行滞消胀。用于胸肋气滞，胀满疼痛，食积不化，痰饮内停；胃下垂，脱肛，子宫脱垂。

【用法与用量】3～9g。

图 475 朱栾

摄影 张芬耀

【**药用标准**】枳壳：药典 1985—2015。

【**附注**】朱栾为中国药典 1985 年版至 2015 年版收载枳壳的基源植物之一，主要分布于浙江温州、洞头、乐清，金华、台州亦有分布。加工成的枳壳品种称温枳壳，原系浙江枳壳的主流品种，但其黄酮类成分含量较低，故自中国药典收载柚皮苷和新橙皮苷的含量测定项目后，检验结果常不符合规定，目前已基本为市场所淘汰[1]。另朱栾符合中国药典枳实基原植物定义，其幼果可加工作为枳实。

【**药理参考文献**】

[1] 徐礼萍，宋剑锋，赵四清，等. 常山胡柚与不同来源枳壳对理气宽中功能的药效差异比较 [J]. 中国实验方剂学杂志，2016，22（7）：156-160.

【**附注参考文献**】

[1] 赵维良，郭增喜，张文婷，等. 药材枳壳基源植物种类及地理分布研究 [J]. 中国中药杂志，2018，43（21）：4361-4364.

7. 花椒属 *Zanthoxylum* Linn.

乔木、灌木或木质藤本，通常有皮刺。叶互生，奇数羽状复叶，稀为 1～3 叶的复叶，小叶片有半透明油点。花序顶生或腋生；花小，单性异株或杂性同株；花被 5～8 枚，排成一轮，大小不等或萼片 4～5 枚，离生或基部合生，花瓣 4～5 枚，覆瓦状排列；雄花的雄蕊 5～8 枚，退化雌蕊细小；雌花通常由 2～5 枚或 5～7 枚心皮组成，每心皮 1 室，每室有 2 粒胚珠，花柱略侧生，分离或黏合状，柱头头状。蓇葖果红色或紫红色，外果皮常有腺点，开裂，有 1 粒种子。种子黑色，有光泽，胚乳肉质，含油丰富。

约 250 种，广布于亚洲、非洲、大洋洲至美洲热带、亚热带地区。中国约 39 种 14 变种，广布于南北各省区，法定药用植物 11 种 1 变种。华东地区法定药用植物 9 种。

分种检索表

1. 乔木或灌木；皮刺挺直或向上弯曲；叶片两面中脉无向下弯曲的皮刺。
  2. 花萼、花瓣、雄蕊均为 5 枚，萼片与花瓣明显可辨，雌花心皮 3 ～ 5 枚，花柱挺直，彼此贴合；叶轴无翅，稀有狭翅。
    3. 乔木，树干有锥形突起的鼓钉状大皮刺；小枝粗壮，中空，有时呈薄片状隔膜或近充实；小叶片较大，长 7 ～ 16cm，宽 2 ～ 7cm。
      4. 小叶片下面无毛，两面油点明显可见 ·······················椿叶花椒 *Z. ailanthoides*
      4. 小叶片下面密被毡状绒毛，上面散生稀不明显油点 ·······················朵花椒 *Z. molle*
    3. 灌木或小乔木，树干无鼓钉状大皮刺；小枝细，髓部小，充实；小叶片较小，长 1.5 ～ 11cm，宽 0.7 ～ 4cm。
      5. 叶轴有狭翅，上面有短微毛 ·······················青花椒 *Z. schinifolium*
      5. 叶轴无翅，小叶片两面无毛。
        6. 小叶 9 ～ 22（～ 31）枚，小叶斜卵形至斜长方形，两侧明显不对称 ······簕欓花椒 *Z. avicennae*
        6. 小叶 7 ～ 11 枚，小叶长圆状披针形、披针形或卵状椭圆形，略偏斜···岭南花椒 *Z.austrosinense*
  2. 花被片 4 ～ 8 枚，大小形状近相等，成一轮排列，雄花有雄蕊 5 ～ 9 枚，雌花有心皮 2 ～ 4 枚，花柱向背面弓弯；叶轴有翅。
    7. 叶轴有较宽的翅，小叶通常 3 ～ 5 枚，稀达 9 枚；花序腋生 ·······················竹叶花椒 *Z.armatum*
    7. 叶轴的翅很狭窄，小叶 3 ～ 11 枚；花序顶生或顶生于侧枝上。
      8. 皮刺小，基部稍扁；小叶散生明显油点，叶面有小刺，稀无；果瓣基部有突然收窄如漏斗状的短柄 ·······················野花椒 *Z.simulans*
      8. 皮刺大，基部极宽扁；小叶仅叶缘及齿缝处有油点，叶面无小刺；果瓣基部无上述短柄········ ·······················花椒 *Z. bungeanum*
1. 藤本；皮刺通常向下弯曲，稀间有稍直的刺；叶片两面中脉有向下弯曲的皮刺······两面针 *Z. nitidum*

476. 椿叶花椒（图 476）· *Zanthoxylum ailanthoides* Sieb. et Zucc.

【别名】樗叶花椒、满天星（江西）。

【形态】落叶乔木，高达 15m。树干具锥形凸起鼓钉状大皮刺，嫩芽黏胶状，幼枝粗壮，髓部常中空。奇数羽状复叶互生，长 25 ～ 60cm，有小叶 9 ～ 27 枚；小叶对生，椭圆状长圆形至条状披针形，长 7 ～ 13cm，宽 2 ～ 4cm，顶端渐尖至尾状长渐尖，稀短尖，基部近圆形，边缘有细锯齿；齿缝间有粗且透明腺点，两面无毛，或仅在下面中脉基部两侧有柔毛，散生明显透明腺点，上面深绿色，下面灰白色，有粉霜；小叶柄长 1 ～ 5mm，密被短柔毛。伞房状圆锥花序顶生，长 10 ～ 30cm；花小，萼片 5 枚；花瓣 5 枚，淡绿色；雄花的雄蕊 5 枚；雌花心皮 5 枚，无毛。蓇葖果 2 ～ 3 个，红色，顶端喙尖。种子棕黑色，有光泽。花期 7 ～ 8 月，果期 10 ～ 11 月。

【生境与分布】生于山地杂木林湿润处。分布于浙江、江西、福建、江苏，另长江以南其他各地均有分布；日本也有分布。

【药名与部位】浙桐皮（海桐皮），树皮。

【采集加工】初夏采剥具"钉刺"者，干燥。

【药材性状】呈片状或板片状，两边略卷曲，厚约 0.1cm。外表面灰褐色，具纵裂纹，并有分布较密

图 476 椿叶花椒

摄影 张芬耀

的钉刺；钉刺类圆形，高 1 ～ 1.5cm，顶尖，基部直径 1 ～ 1.5cm。内表面棕黄色，光滑，在钉刺相对的皮内有印痕。质硬而韧，不易折断，断面不整齐。气微香，味微麻辣。

【质量要求】 皮上有鼓钉，皮薄钉圆有背影，张大不霉。

【药材炮制】 除去杂质，洗净，润软，击平刺尖。先切成条，再横切成片块，干燥。

【化学成分】 根皮含倍半萜类：10β- 甲氧基依兰烷 -4- 烯 -3- 酮（10β-methoxymuurolan-4-en-3-one）、10α- 甲氧基杜松烷 -4- 烯 -3- 酮（10α-methoxycadinan-4-en-3-one）[1]，氧化石竹烯（caryophyllene oxide）和斯巴醇（spathulenol）[2]；香豆素类：美洲花椒素（xanthyletin）、鲁望素（luvangetin）、欧芹酚（osthenol）、帕拉饱食桑素（brosiparin）、秦皮乙素二甲醚（aesculetin dimethyl ether）、布拉易林（braylin）、异茴芹内酯（isopimpinellin）、珊瑚菜素（phellopterin）、佛手苷内酯（bergapten）、6，7，8- 三甲氧基香豆素（6，7，8-trimethoxycoumarin）、5，7，8- 三甲氧基香豆素（5，7，8-trimethoxycoumarin）、伞形花内酯（umbelliferone）、橙皮油素（auraptene）、绣球亭（hydrangetin）、乙酰氧基橙皮油内酯（acetoxyaurapten）、O- 甲基拟洋椿素（O-methyl cedrelopsin）、去甲花椒素（demethylsuberosin）、东莨菪内酯（scopoletin）、5- 甲氧基苏北任酮（5-methoxysuberenon）和（－）- 异紫花前胡内酯 [（－）-marmesin] [2]；生物碱类：羟基兰屿酰胺Ⅰ、Ⅱ（hydroxylanyuamide Ⅰ、Ⅱ）、兰屿酰胺Ⅲ（lanyuamide Ⅲ）、（＋）- 坦伯酰胺 [（＋）-tembamide]、6- 乙酰甲基二氢白屈菜红碱（6-acetonyl dihydrochelerythrine）、6- 乙酰甲基二氢两面针碱（6-acetonyl dihydronitidine）、阿尔洛花椒酰胺（arnottianamide）、异阿尔洛花椒酰胺（isoarnottianamide）、全缘叶花椒酰胺（integriamide）、氧化两面针碱（oxynitidine）、二氢两面针碱（dihydronitidine）、德卡林碱（decarine）、两面针碱（nitidine）、氧化勒檬碱（oxyavicine）、二氢勒檬碱（dihydroavicine）、白屈菜红碱（chelerythrine）、去甲白屈菜红碱（norchelerythrine）、氧化白屈菜红碱（oxychelerythrine）、二氢白屈菜红碱（dihydrochelerythrine）、6- 甲氧基二氢白屈菜红碱（6-methoxydihydrochelerythrine）、6- 羧甲

基二氢白屈菜红碱（6-carboxymethyl dihydrochelerythrine）、十三烷酮白屈菜红碱（tridecanonchelerythrine）、博落回碱（bocconoline）、山刈碱（confusameline）、（+）-普拉得斯碱［（+）-platydesmine］、4-甲氧基-1-甲基-2-喹啉（4-methoxy-1-methyl-2-quinoline）、合帕洛平（haplopine）、γ-崖椒碱（γ-fagarine）、白鲜碱（dictamnine）、茵芋碱（skimmianine）、绕布亭（robustine）、全缘喹啉碱*（integriquinoline）、加锡果亭（edulitine）和（-）-四氢小檗碱［（-）-tetrahydroberberine］[2]；酚酸及酯类类：阿魏酸二十四醇酯（tetracosyl ferulate）、（E）-对香豆醇［（E）-p-coumaryl alcohol］、对羟基苯甲醛（p-hydroxybenzaldehyde）、对羟基苯甲酸（p-hydroxybenzoic acid）、香草醛（vanillin）、香草酸（vanillic acid）、丁香醛（syringaldehyde）、丁香酸（syringic acid）、对羟基苯甲酸甲酯（methyl paraben）和芥子醛（sinapic aldehyde）[2]；内酯类：兰屿内酯（lanyulactone）[2]；黄酮类：阿亚黄素（ayanin）、槲皮素（quercetin）、山豆根黄酮a₂（euchrenone a₂）和胡枝子素B（lespedezaflavanone B）[2]；木脂素类：樗叶花椒醇（ailanthoidol）、（+）-马台树脂醇［（+）-matairesinol］、（±）-南烛木树脂酚［（±）-lyoniresinol］、（+）-丁香脂素［（+）-syringaresinol］、（+）-芝麻素［（+）-sesamin］、（-）-芝麻素［（-）-sesamin］、（+）-扁柏脂素［（+）-hinokinin］、（+）-松脂醇［（+）-pinoresinol］和（+）-表芝麻酮［（+）-episesaminone］[2]；甾体类：孕烯醇酮（pregnenolone）和麦角甾醇过氧化物（ergosterol peroxide）[2]；皂苷类：β-香树脂醇（β-amyrin）、β-香树脂素乙酸酯（β-amyrin acetate）、羽扇豆醇（lupeol）、羽扇豆醇乙酸酯（lupeol acetate）、羽扇烯酮（lupenone）、木栓酮（friedelin）和角鲨烯（squalene）[2]；萜类：植醇（phytol）；萘酮类：4-羟基-4，7-二甲基-1-四氢萘酮（4-hydroxy-4，7-dimethyl-1-tetralone）[2]；脂肪酸酯类：棕榈酸甲酯（methyl palmitate）[2]；其他尚含：2-十三酮（2-tridecanone）和（+）-甘露醇［（+）-mannitol］[2]。

茎皮含香豆素类：鲁望素（luvangetin）[3]，美洲花椒素（xanthyletin）[4]，香柑内酯（bergapten）[5]和美花椒内酯（xanthoxyletin）[6]；生物碱类：椿叶花椒酰胺（ailanthamide）、N-（4-甲氧基苯乙基）-N-甲基苯甲酰胺［N-（4-methoxyphenethyl）-N-methyl benzamide］、德卡林碱（decarine）、γ-崖椒碱（γ-fagarine）[5]，14-羟基-N-甲基四氢唐松草分定（14-hydroxyl-N-methyl tetrahydrothalifendine）、14-羟基-N-甲基四氢伪小檗碱*（14-hydroxyl-N-methyl tetrahydropseudoberberine）、14-羟基-N-甲基白毛茛定（14-hydroxyl-N-methyl canadine）和木兰花碱（magnoflorine）[7]；苯丙素类：紫丁香苷（syringin）[7]；木脂素类：扁柏脂素（hinokinin）、芝麻素（sesamin）[4]，（+）-南烛木树脂酚-3-O-β-D-吡喃葡萄糖苷［（+）-lyoniresinol-3-O-β-D-glucopyranoside］和（-）-南烛木树脂酚-3-O-β-D-吡喃葡萄糖苷［（-）-lyoniresinol-3-O-β-D-glucopyranoside］[7]；皂苷类：β-香树脂醇（β-amyrin）[5]；其他尚含：4-（4′-羟基-3′-甲基丁氧基）苯甲醛［4-（4′-hydroxy-3′-methylbutoxy）benzaldehyde］[5]。

树枝含生物碱类：氧化去甲白屈菜红碱（oxynorchelerythrine）、德卡林碱（decarine））和6-乙酰甲基二氢白屈菜红碱（6-acetonyl dihydrochelerythrine）[8]；木脂素类：（-）-丁香脂素［（-）-syringaresinol］、5′，5″-二去甲氧基松脂醇（5′，5″-didemethoxypinoresinol）、（+）-细辛脂素［（+）-episesamin］、秃毛冬青素Ⅰ（glaberide Ⅰ）和（-）-二氢荜澄茄素［（-）-dihydrocubebin］[8]；香豆素类：美洲花椒素（xanthyletin）[8]；内酯类：兰屿内酯（lanyulactone）[8]；酚酸及酯类：3，4-二甲氧基苯甲酸甲酯（methyl 3，4-dimethoxybenzoate）和对羟基苯甲酸（p-hydroxybenzoic acid）[8]；酯类：4-（2-羟基-4-甲氧基-3-甲基-4-氧化丁氧基）苯甲酸甲酯［methyl 4-（2-hydroxy-4-methoxy-3-methyl-4-oxobutoxy）benzoate］和（E）-4-［4-（Z）-3-甲氧基-3-氧化丙-1-烯基）苯氧基］-2-甲基丁烯-2-酸甲酯｛methyl（E）-4-［4-（Z）-3-methoxy-3-oxoprop-1-enyl）phenoxy］-2-methylbut-2-enoate｝[8]。

去皮树干含木脂素类：樗叶花椒醇（ailanthoidol）[9]；生物碱类：6-乙酰甲基二氢白屈菜红碱（6-acetonyl dihydrochelerythrine）、6-乙酰甲基二氢两面针碱（6-acetonyl dihydronitidine）、阿尔洛花椒酰胺（arnottianamide）、异阿尔洛花椒酰胺（isoarnottianamide）、白鲜碱（dictamnine）、4-甲氧基-1-甲基-2-喹诺酮（4-methoxy-1-methyl-2-quinolone）、二氢翅多子橘酰胺（dihydroalatamide）、N-苯甲酰酪胺（N-benzoyl tyramine）和N-对香豆酰酪胺（N-p-coumaroyl tyramine）[9]；香豆素类：美洲花椒素

（xanthyletin）、秦皮乙素二甲醚（aesculetin dimethyl ether）、东莨菪内酯（scopoletin）和伞形花内酯（umbelliferone）[9]；甾体类：谷甾醇（sitosterol）[9]。

叶含环己烯衍生物：花椒酸*（zanthoionic acid）、花椒叶苷*A、B、C、D、E（zanthoionoside A、B、C、D、E）、菊属苷 B（dendranthemoside B）、猕猴桃苷（kiwiionoside）、淫羊藿次苷 B₁（icariside B₁）和柑橘苷 A（citroside A）[10]；叶绿酸类：脱镁叶绿酸 -a 甲酯（pheophorbide-a methyl ester）、脱镁叶绿酸 -b 甲酯（pheophorbide-b methyl ester）、13²- 羟基（13²-S）脱镁叶绿酸 -a 甲酯［13²-hydroxyl（13²-S）pheophorbide-a methyl ester］和 13²- 羟基（13²-R）脱镁叶绿酸 -b 甲酯［13²-hydroxyl（13²-R）pheophorbide-b methyl ester］[11]；挥发油类：2- 壬酮（2-nonanone）、β 芳樟醇（β-linalool）和 β- 水芹烯（β-phellandrene）等[12]；糖类：西伯利亚远志糖 A₅（sibiricose A₅）[10]；其他尚含：芳樟醇 -3-O-α-L- 吡喃阿拉伯糖 -（1″→ 6′）-β-D- 吡喃葡萄糖苷［linalool-3-O-α-L-arabinopyranosyl-（1″→ 6′）-β-D-glucopyranoside］[10]。

果实含挥发油类：2- 十一酮（2-undecanone）、乙烯基癸酸（vinyl decanoate）、3- 亚甲基 -6-（1- 甲基乙基）环己烯［3-methylene-6-（1-methylethyl）-cyclohexene］、2- 壬酮（2-nonanone）和 2- 十三酮（2-tridecanone）等[13, 14]。

【药理作用】抗氧化　树皮提取的精油对超氧阴离子自由基（O_2^-·）、羟自由基（·OH）、1，1- 二苯基 -2- 三硝基苯肼自由基（DPPH）均有清除作用，且对羟自由基的清除率强于抗坏血酸[1]。

【性味与归经】辛，微苦，温。

【功能与主治】祛风湿，通络，止痛。用于腰膝肩臂疼痛；外治皮肤湿疹。

【用法与用量】3 ～ 9g；外用适量。

【药用标准】药典 1977、浙江炮规 2015、上海药材 1994、黑龙江药材 2001 和北京药材 1998。

【附注】本种的根、叶、果实民间也药用。

【化学参考文献】

［1］Cheng M J，Lee K H，Tsai I L，et al. Two new sesquiterpenoids and anti-HIV principles from the root bark of *Zanthoxylum ailanthoides*［J］. Bioorg Med Chem，2005，13（21）：5915-5920.

［2］Cheng M J，Tsai I L，Chen I S. Chemical constituents from the root bark of formosan *Zanthoxylum ailanthoides*［J］. J Chin Chem Soc，2013，50（6）：1241-1246.

［3］Bai G，Xu J，Cao X L，et al. Preparative separation of luvangetin from *Zanthoxylum ailanthoides* Sieb. & Zucc. by centrifugal partition chromatography［J］. J Liq Chromatogr R T，2014，37（13）：1819-1826.

［4］Cao X L，Xu J，Bai G，et al. Isolation of anti-tumor compounds from the stem bark of *Zanthoxylum ailanthoides* Sieb. & Zucc. by silica gel column and counter-current chromatography［J］. J Chromatogr B，2013，929：6-10.

［5］Chen J J，Chung C Y，Hwang T L，et al. Amides and benzenoids from *Zanthoxylum ailanthoides* with inhibitory activity on superoxide generation and elastase release by neutrophils［J］. J Nat Prod，2009，72（1）：107-111.

［6］罗泽渊，陈 燕，姜荣兰，等. 海桐皮的化学成分研究［J］. 中药材，1995，18（9）：460-463.

［7］Han T，Cao X，Xu J，et al. Separation of the potential G-quadruplex ligands from the butanol extract of *Zanthoxylum ailanthoides* Sieb. & Zucc. by countercurrent chromatography and preparative high performance liquid chromatography［J］. J Chromatogr A，2017，1507：104-114.

［8］Chung C Y，Hwang T L，Kuo L M，et al. New benzo［c］phenanthridine and benzenoid derivatives，and other constituents from *Zanthoxylum ailanthoides*：Effects on Neutrophil Pro-Inflammatory Responses［J］. Int J Mol Sci，2013，14（11）：22395-22408.

［9］Sheen W S，Tsai I L，Teng C M，et al. Nor-neolignan and phenyl propanoid from *Zanthoxylum ailanthoides*［J］. Phytochemistry，1994，36（1）：213-215.

［10］Teshima S，Kawakami S，Sugimoto S，et al. Aliphatic glucoside，zanthoionic acid and megastigmane glucosides：zanthoionosides A-E from the leaves of *Zanthoxylum ailanthoides*［J］. Chem Pharm Bull，2017，65（8）：754-761.

［11］Chou S T，Chan H H，Peng H Y，et al. Isolation of substances with antiproliferative and apoptosis-inducing activities against leukemia cells from the leaves of *Zanthoxylum ailanthoides*，Sieb. & Zucc［J］. Phytomedicine，2011，18（5）：

344-348.

［12］吴刚，秦民坚，张伟，等.椿叶花椒叶挥发油化学成分的研究［J］.中国野生植物资源，2011，30（3）：60-63.

［13］余汉谋，冯世秀，姜兴涛，等.深圳产椿叶花椒果实精油化学成分的研究［J］.香料香精化妆品，2015，4：9-12.

［14］张云，彭映辉，朦飞飞，等.椿叶花椒果实精油对两种蚊虫的生物活性及成分分析［J］.昆虫学报，2009，52（9）：1028-1033.

【药理参考文献】

［1］任永权，陶光林，周江菊.樗叶花椒树皮精油化学成分及其抗氧化活性［J］.天然产物研究与开发，2014，26（9）：1407-1411.

477. 朵花椒（图 477）• *Zanthoxylum molle* Rehd.

图 477 朵花椒　　　　　　　　　　摄影 李华东等

【别名】鼓钉皮（浙江），剁椒、刺风树（江西）。

【形态】落叶乔木，高 4～10m。树皮灰褐色；树干上有锥形鼓钉状大皮刺。幼枝红褐色；髓部中空，有时为实心。奇数羽状复叶生，有小叶 7～9 枚，有时可达 19 枚；叶轴、叶柄均呈紫红色，初时被短柔毛；小叶片宽卵形至卵状长圆形，长 8～14cm，宽 3.5～6.5cm，先端短骤尖，基部圆形、宽楔形或微心形，全缘或在中部以上有细小圆齿，齿缝有油点，上面深绿色，散生不明显油点，下面苍绿色或灰绿色，密被毡状绒毛。伞房状圆锥花序顶生；总花梗被短柔毛和短刺；花单性；萼片 5 枚，被短睫毛；花瓣白色，5 枚；雄花有雄蕊 5 枚，雌花有心皮 5 枚，花柱短，柱头头状。蓇葖果紫红色，具细小明显的腺点。花期 7～8 月，果期 9～10 月。

【生境与分布】生于丘陵地较干燥的疏林或灌木丛或密林中。分布于安徽、浙江和江西，另湖南、贵州均有分布。

【药名与部位】浙桐皮（海桐皮），树皮。

【采集加工】初夏采剥具"钉刺"者，干燥。

【药材性状】呈片状或板片状，两边略卷曲，厚约 0.1cm。外表面灰褐色，粗糙，具纵裂纹，并有分布较密稍大的钉刺；钉刺类圆形，高 1～1.5cm，刺尖多脱落，基部直径 1～1.5cm。内表面棕黄色，光滑，在钉刺相对的皮内有印痕。质硬而韧，不易折断，断面不整齐。气微香，味微麻辣。

【药材炮制】除去杂质，洗净，润软，击平刺尖。先切成条，再横切成片块，干燥。

【性味与归经】辛、微苦，温。

【功能与主治】祛风湿，通络，止痛。用于腰膝肩臂疼痛；外治皮肤湿疹。

【用法与用量】3～9g；外用适量。

【药用标准】药典 1977、浙江炮规 2015、上海药材 1994、黑龙江药材 2001 和北京药材 1998。

478. 青花椒（图 478）· *Zanthoxylum schinifolium* Sieb. et Zucc.

图 478 青花椒　　　　　　摄影　张芬耀等

【别名】小花椒、王椒（安徽），山香椒（安徽太平），虎刺（安徽祁门），野椒（安徽休宁），崖椒（山东），青椒。

【形态】落叶灌木，高 1～3m。枝灰褐色，无毛，髓部不空心，皮刺小，直伸。奇数羽状复叶有小叶 11～21 枚，小叶对生或互生；叶轴纤细，具狭翅，有稀疏向上弯曲小皮刺；小叶卵形至椭圆状披针形，长 1.5～4.5（～6）cm，宽 0.7～1.5（～2）cm，顶端渐尖，基部阔楔形至近圆形，边缘有细锯齿，齿缝间有腺点，上面绿色，下面苍灰色至灰绿色，疏生油点。伞房状圆锥花序顶生，长 3 ～ 8cm，无毛；花小，单性，淡绿色，萼片 5 枚；花瓣 5 枚，雄花的雄蕊 5 枚，伸出花瓣外，雌花有 3 枚心皮，无花柱，柱头头状。蓇葖果 1 ～ 3 个，紫红色，顶端有很小的喙尖。种子蓝黑色，有光泽。花期 8 ～ 9 月，果期 10 ～ 11 月。

【生境与分布】生于林中或林缘。分布于华东各省市，另辽宁以南大部分省区均有分布；日本、朝鲜也有分布。

【药名与部位】花椒，果皮。花椒目，种子。

【采集加工】花椒：秋季果实成熟时采收，除去杂质，干燥。花椒目：秋季果实成熟时采收，晒干或阴干，除去果皮、果柄及杂质。

【药材性状】花椒：多为 2 ～ 3 个上部离生的小蓇葖果，集生于小果梗上，蓇葖果球形，沿腹缝线开裂，直径 3 ～ 4mm。外表面灰绿色或暗绿色，散有多数油点和细密的网状隆起皱纹；内表面类白色，光滑。内果皮常由基部与外果皮分离。残存种子呈卵形，长 3 ～ 4mm，直径 2 ～ 3mm，表面黑色，有光泽。气香，味微甜而辛。

花椒目：呈圆球形、椭圆形或略呈半圆形，直径 3 ～ 4mm，表面黑色，光亮，具众多点状突起，并呈现网状纹理。种脐椭圆形，种脊明显。种皮质硬脆，易剥落，除去种皮后可见淡黄色胚乳及肥厚的子叶，胚根大，胚芽明显。气芳香，味辛辣。

【药材炮制】花椒：除去椒目、果柄等杂质。炒花椒：取花椒饮片，炒至有香气时，取出，摊凉。

花椒目：除去杂质，筛去灰屑。

【化学成分】叶含香豆素类：7-［(E)-3′, 7′- 二甲基 -6′- 氧化 -2′, 7′- 辛二烯］氧化香豆素 {7-［(E)-3′, 7′-dimethyl-6′-oxo-2′, 7′-octadienyl］oxycoumarin}、青椒烯醇 I（schinilenol I）、青椒二醇（schinindiol）和 7-［(E)-7′- 羟基 -3′, 7′- 二甲基 -2′, 5′- 辛二烯］氧化香豆素 {7-［(E)-7′-hydroxy-3′, 7′-dimethylocta-2′, 5′-octadiene］-oxycoumarin}[1]；挥发油类：芳樟醇（linalool）、芳香姜黄酮（ar-tumerone）和柠檬烯（limonene）等[2]。

茎含香豆素类：莨菪亭（scopoletin）、菲托道洛（phytodolor）、瑞香素 -7- 甲基醚（daphnetin-7-methyl ether）、滨蒿内酯（scoparone）、细裂叶蒿素（lacinartin）、软毛青霉素（puberulin）、丘生巨盘木素（collinin）、8- 甲氧基氨基香豆素 H（8-methoxyanisocoumarin H）、乙酰氧青椒内酯（acetoxyschinifolin）、青花椒萨亭（schinifolisatin）、莨菪林（scopoline）、花椒苷（zanthoxyloside）和毛土连翘素（hymexelsin）[3]；酚苷类：团花树苷 A（kelampayoside A）、松柏苷（coniferin）、紫丁香苷（syringin）、高香草醇 -4′- 葡萄糖苷（homovanillyl alcohol-4′-glycoside）、丁子香基 -O-β- 呋喃芹糖基 -(1″→6′)-O-β- 吡喃葡萄糖苷［eugenyl-O-β-apiofuranosyl-(1″→6′)-O-β-glucopyranoside］和 2- 羟基 -4-(2- 羟乙基) 苯基 -6-(4- 羟基 -3, 5- 二甲氧基苯甲酸酯)-O-β-D- 吡喃葡萄糖苷［2-hydroxy-4-(2-hydroxyethyl)phenyl-6-(4-hydroxy-3, 5-dimethoxybenzoate)-O-β-D-glucopyranoside］[3]；萜苷类：花椒苷 B（zanthoxyloside B）和白桦萜苷 A（betulalbuside A）[3]；木脂素类：表松脂酚（epipinoresinol）、单爵麻脂苷（simplexoside）、(+)- 丁香脂素 - 二 -O-β-D- 吡喃葡萄糖苷［(+)-syringaresinol-di-O-β-D-glucopyranoside］、(+)- 落叶松树脂醇［(+)-lariciresinol］、5′- 甲氧基落叶松酯醇（5′-methoxylariciresinol）、(+)-5, 5′- 二甲氧基落叶松酯醇［(+)-5, 5′-dimethoxylariciresinol］、落叶松树脂醇乙酸酯（lariciresinol acetate）、(+)-9′-O- 反式 - 阿魏酸 -5, 5′- 二甲氧基落叶松树酯醇［(+)-9′-O-trans-feruloyl-5, 5′-dimethoxylariciresinol］、(+)- 落叶松树酯醇 -9-O-β-D- 吡喃葡萄糖苷［(+)-lariciresinol-9-O-β-D-glucopyranoside］、八角枫木脂苷 C（alangilignoside C）、青花椒萨亭 A（schinifolisatin A）、花椒苷 A（zanthoxyloside A）、枸橼苦素 B（citrusin B）和淫羊藿次苷 E₅（icariside E₅）[3]；生物碱类：茵芋碱（skimmianine）、拟芸香品（haplopine）、拟芸香品葡萄糖苷 *（glycohaplopine）、去甲白屈菜红碱（norchelerythrine）、雷尼替丁（nornitidine）和德卡林碱（decarine）[3]；黄酮类：橙皮素（hesperidin）、高橙皮素 *-7-O- 芸香糖苷（homoesperetin-7-O-rutinoside）和金丝桃苷（hyperin）[3]；萜类：长寿花糖苷 A（roseoside A）[3]；黄酮类：淫羊藿次苷 F₂ （icariside F₂）[3]；呋喃类：（4-甲氧苯基）甲基-6-O-β-D-呋喃芹糖基-β-D-吡喃葡萄糖苷〔（4-methoxyphenyl）methyl-6-O-β-D-apiofuranosyl-β-D-glucopyranoside〕[3]；其他尚含：异丙基芹糖葡萄糖苷（isopropyl apioglucoside）[3]。

　　果实含挥发油类：沉香醇（linalool）、柠檬烯（limonene）、侧柏烯（sabinene）[2,4]和3,7,7-三甲基-（1S）-双环〔4.1.0〕庚-3-烯 {3,7,7-trimethyl-（1S）-bicyclo〔4.1.0〕heptane-3-ene}[5]；脂肪酸类：9-十六碳烯酸（9-hexadecenoic acid）、十六酸（hexadecenoic acid）、9,12-十八碳二烯酸（9,12-octadecadienoic acid）、9-十八碳烯酸（9-octadecenoic acid）和十八酸（octadecenoic acid）[6]；香豆素类：香柑内酯（bergamten）和伞形花内酯（umbelliferone）[7]；生物碱类：茵芋碱（skimmianine）和N-甲基-2-庚基-4-喹诺酮（N-methyl-2-heptyl-4-quinolone）[7]。

　　【性味与归经】花椒：辛，温。归脾、胃、肾经。花椒目：辛、苦，寒，有毒。归脾、膀胱经。

　　【功能与主治】花椒：温中止痛，杀虫止痒。用于脘腹冷痛，呕吐泄泻，虫积腹痛，蛔虫症；外治湿疹瘙痒。花椒目：行水消肿，平喘。用于水肿胀满，小便不利，痰饮喘逆。

　　【用法与用量】花椒：3～6g；外用适量，煎汤熏洗。花椒目：3～9g。

　　【药用标准】花椒：药典1977—2015、浙江炮规2005、藏药1979、内蒙古蒙药1986、新疆药品1980二册和台湾2013。花椒目：上海药材1994、山东药材2012、贵州药材2003和湖南药材2009。

　　【化学参考文献】

［1］Bo K M，Dong G H，Su Y J，et al. A new cytotoxic coumarin，7-〔（E）-3′，7′-dimethyl-6′-oxo-2′，7′-octadienyl〕oxy coumarin，from the leaves of *Zanthoxylum schinifolium*〔J〕. Arch Pharm Res，2011，34（5）：723-726.

［2］Wang C F，Yang K，Zhang H M，et al. Components and insecticidal activity against the maize weevils of *Zanthoxylum schinifolium* fruits and leaves〔J〕. Molecules，2011，16（4）：3077-88.

［3］Li W，Zhou W，Shim S H，et al. Chemical constituents of *Zanthoxylum schinifolium*（Rutaceae）〔J〕. Biochem Syst Ecol，2014，55（2）：60-65.

［4］Diao W R，Hu Q P，Feng S S，et al. Chemical composition and antibacterial activity of the essential oil from green huajiao（*Zanthoxylum schinifolium*）against selected foodborne pathogens〔J〕. J Agric Food Chem，2013，61（25）：6044-6049.

［5］林佳彬，李冬梅，郑炜. 青花椒挥发油的GC-MS分析〔J〕. 安徽农业科学，2012，40（30）：14724-14725.

［6］曹蕊，杨潇，蒋珍菊，等. 红花椒油和青花椒油中脂肪酸组成的GC-MS的对比研究〔J〕. 中国调味品，2011，36（8）：102-105.

［7］刘锁兰，魏璐雪，王动，等. 青花椒化学成分的研究〔J〕. 药学学报，1991，26（11）：836-840.

479. 簕欓花椒（图479）· *Zanthoxylum avicennae*（Lam.）DC.

　　【别名】簕欓、簕觉。

　　【形态】常绿灌木或乔木，高可达12m。枝条无毛，皮刺水平伸出，稍上弯。羽状复叶有小叶9～22（～31）片，小叶斜卵形至斜长方形，长2～6cm，宽1～2cm，顶端短尖，基部楔形，两侧不等齐，全缘或稍具疏细齿，两面无毛，干后苍灰色；小叶柄长1～4mm。伞房状圆锥花序顶生，长10～20cm；花小，淡绿色；萼片5枚，长约0.5mm，花瓣5枚，长1～2mm，雄花有雄蕊5枚，长于花瓣；雌花有2枚离生心皮，柱头头状。蓇葖果1～2个，紫红色，有粗大腺点，顶端喙尖；种子黑色，有光泽。

　　【生境与分布】生于低海拔平地、坡地或谷地，多见于次生林中。分布于福建，另广东、海南、台湾、广西和云南均有分布；菲律宾、越南北部也有分布。

　　【药名与部位】鹰不泊，根。

　　【采集加工】全年均可采挖，洗净，晒干。

　　【药材性状】为圆柱形，直径0.5～6cm。表面黄棕色，有不显著的纵皱纹及沟纹，密布突起略钝尖

图 479 簕欓花椒　　　　　　　　　　摄影 袁井泉等

的刺基。质坚硬。横断面皮部较厚，易剥离。木质部黄白色，具有较密的同心性环纹。中央有小型髓。气微，味微苦、辛。

【**药材炮制**】除去杂质，洗净，切片，干燥。

【**化学成分**】根和茎含香豆素类：簕欓内酯（avicennin）、美花椒内酯（xanthoxyletin）和鲁望素（luvangetin）[1]；生物碱类：去甲白屈菜红碱，即去甲白屈菜赤碱（norchelerythrine）、白屈菜红碱，即白屈菜赤碱（chelerythrine）、白鲜碱（dictamine）、γ-花椒碱（γ-fagarine）和茵芋碱（skimmianine）[1]；木脂素类：芝麻素（sesamin）和丁香脂素（syringaresinol）[1]；酚酸类：邻苯二甲酸二异丁酯（diisobutyl phthalate）和对羟基苯甲酸（p-hydroxybenzoic acid）[1]；皂苷类：β-香树脂醇（β-amyrin）和羽扇豆醇（lupeol）[1]。

树皮含香豆素类：8-甲酰别美花椒内酯（8-formyl alloxanthoxyletin）、簕欓花椒酮*（avicennone）、（Z）-簕欓花椒酮*[（Z）-avicennone]、别美花椒内酯（alloxanthoxyletin）、鹰不泊内酯醇（avicennol）、鹰不泊内酯醇甲醚（avicennol methyl ether）、顺式-鹰不泊内酯醇甲醚（cis-avicennol methyl ether）、簕欓内酯（avicennin）、美花椒内酯（xanthoxyletin）、鲁望素（luvangetin）、东莨菪素（scopoletin）和秦皮乙素二甲醚（aesculetin dimethyl ether）[2]；生物碱类：去甲白屈菜红碱（norchelerythrine）、山椒酰胺（arnottianamide）和γ-花椒碱（γ-fagarine）[2]；甾体类：β-谷甾醇（β-sitosterol）和豆甾醇（stigmasterol）[2]。

去皮树干含木脂素类：（7'S, 8'S）-双棱扁担杆素*[（7'S, 8'S）-bilagrewin]、（7'S, 8'S）-5-去甲氧基双棱扁担杆素*[（7'S, 8'S）-5-demethoxybilagrewin]、（7'S, 8'S）-5-O-去甲基-4'-O-甲基双棱扁担杆素*[（7'S, 8'S）-5-O-demethyl-4'-O-methylbilagrewin]、（7'S, 8'S）-那可莫醛[（7'S, 8'S）-nocomtal]、（7'S, 8'S）-4'-O-甲基黄花菜木脂素 D[（7'S, 8'S）-4'-O-methyl cleomiscosin D]、（+）-9'-O-（Z）-阿魏酰基-5, 5'-二甲氧基落叶松树脂醇[（+）-9'-O-（Z）-feruloyl-5, 5'-dimethoxylariciresinol]、（+）-9'-O-（E）-阿魏酰基-5,

5′-二甲氧基落叶松树脂醇[（+）-9′-O-（E）-feruloyl-5, 5′-dimethoxylariciresinol]、臭矢菜素 D（cleomiscosin D）和（-）- 丁香脂素 [（-）-syringaresinol] [3]；香豆素类：秦皮乙素二甲醚（aesculetin dimethyl ether）、东莨菪素（scopoletin）、6, 7, 8, - 三甲氧基香豆素（6, 7, 8, -trimethoxycoumarin）、鲁望素（luvangetin）、鹰不泊内酯醇（avicennol）和鹰不泊内酯醇甲醚（avicennol methyl ether）[3]；生物碱类：γ- 花椒碱（γ-fagarine）、白鲜碱（dictamnine）、茵芋碱（skimmianine）、绕布亭（robustine）、异白鲜碱（isodictamnine）和 4- 甲氧基 -1- 甲基 -2- 喹诺酮（4-methoxy-1-methyl-2-quinolone）和加锡果亭（edulitine）[3]；苯丙素类：兰屿花椒素（integrifoliolin）[3]；甾体类：β- 谷甾醇（β-sitosterol）[3]。

　　叶含生物碱类：（-）- 簕欓碱 A[（-）-culantraramine] [4,5]；（-）- 库兰花椒胺醇 [（-）-culantraraminol]、（-）- 簕欓碱氮氧化物 [（-）-culantraramine N-oxide]、（-）- 库兰花椒胺醇氮氧化物 [（-）-culantraraminol N-oxide] 和阿维森纳碱（avicennamine）[4]；香豆素类：5′- 甲氧基橙皮油素（5′-methoxyauraptene）、6, 5′- 二甲氧基橙皮油素（6, 5′-dimethoxyauraptene）和 5′- 甲氧基丘生具盘木素（5′-methoxycollinin）[6]；挥发油类：芳樟醇（linalool）、β- 榄香烯（β-elemene）、（E）-2- 己烯 -1- 醇 [（E）-2-hexen-1-ol] 和石竹烯氧化物（caryophyllene oxide）等 [7]。

　　【药理作用】1. 抗菌　叶挥发油对枯草杆菌、大肠杆菌、金黄色葡萄球菌的生长均具有一定的抑制作用 [1]。2. 抗肿瘤　叶挥发油对肺腺癌 SPCA-1 细胞、肝癌 BEL-7402 细胞、胃癌 SGC-7901 细胞和白血病 K-562 细胞的生长均有一定的抑制作用，其中对白血病 K-562 细胞的抑制作用最强，半数抑制浓度（IC_{50}）值为 1.76μg/ml，而对其他三种肿瘤细胞的半数抑制浓度均在 30μg/ml 左右 [1]。3. 改善肝功能　根的水提取物和正丁醇提取物能显著降低 α- 萘异硫氰酸酯（ANIT）所致胆汁淤积模型小鼠的肝脏指数、谷丙转氨酶（ALT）、天冬氨酸氨基转移酶（AST）、碱性磷酸酶（ALP）、γ- 谷氨酰转移酶（γ-GT）水平，并具有较好的降酶退黄作用 [2]。4. 抗氧化　根的提取物均有一定的抗氧化作用，作用强度顺序为丙酮提取物＞乙醇提取物＞水提物，但作用均低于维生素 C [3]。

　　【性味与归经】味苦、辛，性温。归肺、胃经。

　　【功能与主治】祛风化湿，消肿通络。用于黄疸，咽喉肿痛，疟疾，风湿骨痛，跌打挫伤。

　　【用法与用量】30 ～ 60g。水煎或浸酒；外用浸酒擦患处。

　　【药用标准】海南药材 2011 和广东药材 2004。

　　【化学参考文献】

[1] Guo T, Tang X F, Zhang J B, et al. Chemical constituents from the root and stem of *Zanthoxylum avicennae* [J]. Appl Mech Mater, 2014, 618：426-430.

[2] Chen J J, Yang C K, Kuo Y H, et al. New coumarin derivatives and other constituents from the stem bark of *Zanthoxylum avicennae*：effects on neutrophil pro-inflammatory responses [J]. Int J Mol Sci, 2015, 16（5）：9719-9731.

[3] Chen J J, Wang T Y, Hwang T L. Neolignans, a coumarinolignan, lignan derivatives, and a chromene：anti-inflammatory constituents from *Zanthoxylum avicennae* [J]. J Nat Prod, 2008, 71（2）：212-217.

[4] Thuy T T, Porzel A, Ripperger H, et al. Bishordeninyl terpene alkaloids from *Zanthoxylum avicennae* [J]. Phytochemistry, 1999, 50（5）：903-907.

[5] 缪振春, 吴文铸, 冯锐. 选择性远程 DEPT NMR 新技术用于 culantraramine 结构鉴定 [J]. 波谱学杂志, 1993, 10（2）：189-194.

[6] Cho J Y, Hwang T L, Chang T H, et al. New coumarins and anti-inflammatory constituents from *Zanthoxylum avicennae* [J]. Food Chem, 2012, 135（1）：17-23.

[7] 张大帅, 钟琼芯, 宋鑫明, 等. 簕欓花椒叶挥发油的 GC-MS 分析及抗菌抗肿瘤活性研究 [J]. 中药材, 2012, 35（8）：1263-1267.

　　【药理参考文献】

[1] 张大帅, 钟琼芯, 宋鑫明, 等. 簕欓花椒叶挥发油的 GC-MS 分析及抗菌抗肿瘤活性研究 [J]. 中药材, 2012, 35（8）：1263-1267.

［2］ 吴晓华，田素英，郭巧玲.簕欓根不同提取物降酶退黄作用研究［J］.中国药业，2017，26（21）：18-20.
［3］ 牟振鑫，李洪娟，王雪，等.两种中药的体外抗氧化活性研究［J］.时珍国医国药，2014，25（4）：809-810.

480. 岭南花椒（图 480）• *Zanthoxylum austrosinense* Huang

图 480　岭南花椒　　　　　　　　　　　　　　　　摄影　徐克学

【**形态**】落叶灌木至小乔木，高可达 6m。树干有圆锥状刺，长约 1cm，刺基部直径粗约 1cm；小枝细，暗紫色，皮刺疏少。羽状复叶有小叶 7 ～ 15 枚，叶轴和叶柄紫红色；小叶长 4 ～ 11cm，宽 1.2 ～ 4cm，顶端渐尖至长渐尖，稀短尖，基部阔楔形至近圆形，略偏斜，边缘具疏细锯齿，齿缝有半透明油点，两面无毛或上面偶见毛状小突起，上面深绿色，下面浅绿色，有半透明油点；小叶柄长 1 ～ 3mm。聚伞状伞房花序长 10 ～ 30cm，疏散，少花，淡绿色，5 基数；萼片长约 0.5mm；花瓣长约 1.5mm；雄花的雄蕊 5 枚，雌花的心皮 3（～ 4）枚。蓇葖果 1 ～ 3 个，淡紫色，有粗大腺点。种子近球形，亮黑色。果期 6 ～ 9 月。

【**生境与分布**】生于山谷林缘、路旁或山地岩石上。分布于浙江、江西和福建，另湖南、广东和广西也有分布。

【**药名与部位**】搜山虎，根、茎皮或根皮。

【**化学成分**】果实含挥发油类：D- 柠檬烯（D-limonene）、邻异丙基苯（*O*-isopropyl benzene）、1*R*-α- 蒎烯（1*R*-α-pinene）、1，2，3，4，4a，8a- 六氢萘（1，2，3，4，4a，8a-hexahydronaphthalene）、7，7- 二甲基 -2- 亚甲基 - 双环［2.2.1］庚烷 {7, 7-dimethyl-2-methylene bicyclo［2.2.1］heptane}、4-（1- 甲基乙基）-1- 环己烯基 -1- 甲醛［4-（1-methylethyl）-1-cyclohexene-1-carboxaldehyde］和 3- 甲基 -4- 异丙基苯

酚（3-methyl-4-isopropylphenol）等[1]。

【药用标准】部标成方四册 1991 附录和广西药材 1990 附录。

【临床参考】1. 感冒风寒：根 6g，加青蒿 15g、紫苏 10g，水煎服。

2. 风湿痹痛：根 15g，加六方藤、黑老虎根、鸡血藤各 10g，酒 500g，浸 7 天后服，每次服 15 ～ 30g，每日 2 次，并取药酒外涂。（1 方、2 方引自《中国民间生草药原色图谱》）

【附注】有小毒。（《全国中草药汇编》）

【化学参考文献】

［1］彭映辉，张云，陈飞飞，等. 岭南花椒果实精油成分的分析及对两种蚊虫的毒杀活性［J］. 中南林业科技大学学报，2010，30（2）：60-64，69.

481. 竹叶花椒（图 481）• *Zanthoxylum armatum* DC.（*Zanthoxylum planispinum* Sieb. et Zucc.）

图 481 竹叶花椒　　　　　　　　　　　　　　　　　　摄影 赵维良等

【别名】万花针、竹叶总管（江西），川椒（江苏徐州），花椒（江苏苏州），山椒（山东），竹叶椒（安徽），土花椒（江西全南）。

【形态】常绿灌木或小乔木，高 2 ～ 5m。枝条无毛，散生劲直皮刺。羽状复叶有小叶 3 ～ 9 枚，叶轴及叶柄有宽翅，稀窄狭；叶柄基部具 1 对托叶状皮刺；小叶形状变异大，通常披针形，有时卵形、椭圆形或条状披针形，长 3 ～ 12cm，宽 1 ～ 3cm，顶端短尖至渐尖，基部楔形或阔楔形，叶缘有疏细齿或近全缘，齿间腺点粗且明显，叶无毛或仅于下面中脉基部被褐色绒毛；小叶近无柄。花序腋生或生于侧枝顶端；花被 6 ～ 8 枚；雄花有雄蕊 6 ～ 8 枚；雌花的心皮 2 ～ 4 枚，通常仅 1 ～ 2 枚发育。蓇葖果 1 ～ 2 个，紫红色，有粗大突起油点。种子黑色，有光泽。花期 3 ～ 5 月，果期 8 ～ 10 月。

【生境与分布】生于山坡灌木丛中或林缘。分布于华东各省市，另秦岭以南各省区（海南不产）均有分布；日本、朝鲜也有分布。

【药名与部位】竹叶椒根（两面针），根。竹叶花椒（野花椒），果皮。

【采集加工】竹叶椒根：全年可采挖，除去泥沙，洗净，干燥。竹叶花椒：秋季果实成熟时采收，干燥，除去种子及杂质。

【药材性状】竹叶椒根：呈圆柱形，略弯曲，长 20 ～ 30cm，直径 1.5 ～ 4.5cm。表面棕褐色，粗糙，有纵沟纹；除去粗皮呈淡黄色。气微，味苦、辛。

竹叶花椒：呈球形，多单生，自果顶端沿腹背缝线开裂，直径 3 ～ 4mm。基部部分有果柄或已脱落，顶端具短小喙尖，外表面红棕色至棕褐色，散有多数疣状突起的小油点，对光透视呈半透明状；内表面光滑，淡棕色，有的内果皮与外果皮分离而卷起。残留种子略呈卵形，长约 3mm，直径 2 ～ 2.5mm，表面黑色，有光泽。香气较浓，味辛辣。

【药材炮制】竹叶花椒：除去椒目、果柄等杂质。炒竹叶花椒：取竹叶花椒饮片，炒至有香气时，取出，摊凉。

【化学成分】根及根茎含木脂素类：（ - ）- 辛夷脂素 [（ - ）-fargesin]、芝麻素（sesamin）、L- 细辛脂素（L-asarinin）[1, 2]，竹叶椒脂素（L-planinin）[2]，风吹楠素 14（horsfieldin14）、竹叶花椒脂素（armatumin）、桉脂素（eudesmin）、松脂醇 - 二 -3, 3- 二甲基烯丙基醚（pinoresinol-di-3, 3-dimethylallyl ether）、竹叶椒根脂素 A*（planispine A）、胡椒醇（piperitol）、松脂醇（pinoresinol）、松脂醇单甲醚（pinoresinol monomethyl ether）、（ - ）- 几内亚胡椒素 [（ - ）-yangambin]、丁香脂素（syringaresinol）和竹叶花椒根脂素 *（armatunine）[3]；酚酸及酯类：3, 4- 二甲氧基 -5- 甲基苯甲酸（3, 4-dimethoxy-5-methyl benzoic acid）、3, 4, 5- 三甲氧基苯甲酸丁酯（butyl 3, 4, 5-trimethoxybenzoate）[1]、对羟基苯甲酸（p-hydroxybenzoic acid）、邻苯二甲酸二异丁酯（diisobutyl phthalate）、邻苯二甲酸二丁酯（dibutyl phthalate）[3] 和丁香酸（syringic acid）[4]；皂苷类：β- 白檀酮（β-amyrone）、α- 香树脂醇（α-amyrin）、β- 香树脂醇（β-amyrin）和羽扇豆醇（lupeol）[3]；生物碱类：去 -N- 甲基白屈菜红碱（de-N-methyl chelerythrine）、异德卡林碱（isodecaline）、N- 去甲两面针碱（N-nornitidine）、木兰碱（magnoline）、6- 丙酮基二氢白屈菜红碱（6-acetonyldihydrochelerythrine）、茵芋碱（skimmianine）和白鲜碱（dictamine）[3]；香豆素类：佛手柑内酯（bergapten）和伞形花内酯（umbelliferone）[3]；酚醛类：香草醛（vanillic aldehyde）[3]；脂肪酸类：正十四酸（n-tetradecanoic acid）；烷烃类：二十四烷（tetracosane）[3]；甾体类：β- 谷甾醇（β-sitosterol）[4]。

茎含木脂素类：（7S, 8R）- 愈创木基丙三醇阿魏酸醚 -7-O-β-D- 吡喃葡萄糖苷 [（7S, 8R）-guaiacyl glycerol ferulic acid ether-7-O-β-D-glucopyranoside][5]；苯丙素类：赤式 -1-（4- 羟苯基）丙三醇 [erythro-1-（4-hydroxyphenyl）glycerol]、苏式丁香酚基丙三醇（threo-syringyl glycerol）、赤式丁香酚基丙三醇（erythro-syringyl glycerol）、7-（3- 羟基 -5- 甲氧基苯基）丙烷 -7, 8, 9- 三醇 [7-（3-hydroxy-5-methoxyphenyl）propane-7, 8, 9-triol]、苏式愈创木基丙三醇（threo-guaiacyl glycerol）、（ - ）-（7R, 8S）- 愈创木基丙三醇 8-O-β-D- 吡喃葡萄糖苷 [（ - ）-（7R, 8S）-guaiacyl glycerol 8-O-β-D-glucopyranoside]、紫丁香苷（syringin）、松柏苷（coniferin）和 3- 羟基 -2-[4-（1E-3- 羟基丙 -1- 烯）-2- 甲氧基苯氧基] 丙基 -D- 吡喃葡萄糖苷 {3-hydroxy-2-[4-（1E-3-hydroxyprop-1-en）-2-methoxyphenoxy]propyl-D-glucopyranoside}[5]；苯并呋喃类：补骨脂苷（psoralenoside）和异补骨脂苷（isopsoralenoside）[5]；酚苷类：2- 甲氧基 -4- 羟基苯基 -1-O-α-L- 吡喃鼠李糖基 -（1″→ 6′）-β-D- 吡喃葡萄糖苷 [2-methoxy-4-hydroxyl phenyl-1-O-α-L-rhamnopyranosyl-（1″→ 6′）-β-D-glucopyranoside] 和苏式 -3- 甲氧基 -5- 羟基苯基丙三醇 -8-O-β-D- 吡喃葡萄糖苷（threo-3-methoxy-5-hydroxy-phenylpropanetriol-8-O-β-D-glucopyranoside）[6]。

叶含木脂素类：竹叶椒木脂素 *（zanthonin）[7]；挥发油类：桉树脑（eucalyptol）、（ - ）-4- 萜品醇［(－)-4-terpineol］和4-甲基-1-（1-甲基乙基）二环［3.1.0］己-2-烯｛4-methyl-1-（1-methylethyl）-bicyclo［3.1.0］hex-2-ene｝[8]，α-萜品醇（α-terpineol）、甲壬酮（2-undecanone）、α-红没药醇（α-bisabolol）和桃金娘醇（myrtenol）等[9]。

　　果实含香豆素类：香柑内酯（bergapten）和伞形花内酯（umbelliferone）[10]；生物碱类：茵芋碱（skimmianine）[10]；黄酮类：山奈酚（kaempferol）和3,5-二乙酰基坦布林（3,5-diacetyltambulin）[10]；腈类：花椒腈*（zanthonitrile）[10]；挥发油类：芳樟醇（linalool）、柠檬烯（cinene）、(－)-4-萜品醇[(－)-4-terpineol]、乙酸芳樟酯（linalyl acetate）、α-萜品醇（α-terpineol）和大根香叶烯D（germacrene D）等[11, 12]；脂肪酸类：棕榈酸（palmitic acid）、m-甲氧基棕榈基氧化苯（m-methoxypalmityloxy benzene）和亚油酸基-O-α-D-吡喃木糖苷（linoleiyl-O-α-D-xylopyranoside）[13]；环己醇类：2α-甲基-2β-乙烯基-3β-异丙基-环己-1β, 3α-二醇（2α-methyl-2β-ethylene-3β-isopropyl-cyclohexan-1β, 3α-diol）[13]；酯类：苯乙酸酯（acetyl phenyl acetate）[13]；醚类：m-羟基苯基醚（m-hydroxyphenoxybenzene）[13]。

　　树皮含木脂素类：桉脂素（eudesmin）、松脂醇单甲醚（pinoresinol monomethyl ether）、里立脂素B-二甲醚（lirioresinol B-dimethyl ether）、4′-去-O-甲基扬甘比胡椒素（4′-de-O-methyl yangambin）[14]，松脂素（pinoresinol）、丁香树脂酚（syringaresinol）、表芝麻素（asarinin）、辛夷脂素（fargesin）、花椒酚（horsfieldin）、表松脂醇（epipinoresinol）、3′-O-去甲基表松脂素（3′-O-demethyl epipinoresinol）、落叶松树脂醇二甲醚（lariciresinol dimethyl ether）[15]，L-竹叶椒脂素（L-planinin）[16]，4′, 4″-去-O-二甲基表望春花素（4′, 4″-de-O-dimethylepimagnolin）、柄果花椒素A（zanthpodocarpin A）和竹叶椒素B（biplanispine B）[17]；皂苷类：β-白檀酮（β-amyrone）和β-香树脂醇（β-amyrin）[16]；甾体类：胡萝卜苷（daucosterol）和β-谷甾醇（β-sitosterol）[16]；酚酸及酯类：香草酸（vanillic acid）[16]和3-O-阿魏酰基奎尼酸甲酯［methyl 3-O-（E）-feruloyl quinate］[17]；生物碱类：竹叶椒根脂素*A、B（planispine A、B）、竹叶椒素A、B、C（biplanispine A、B、C）[15]，降白屈菜赤碱（norchelerythrine）、德卡林碱（decarine）、6-丙酮基-N-甲基-二氢得卡瑞花椒碱（6-acetonyl-N-methyl-dihydrodecarine）、山椒酰胺（arnottianamide）、β-［（3-甲氧基-1, 3-二氧正丙基）胺基］苯丙酸甲酯｛methyl β-［（3-methoxy-1, 3-dioxopropyl）amino］benzenepropanoate｝、阔带明（platydesmine）和4-甲氧基-1-甲基-2-喹诺酮（4-methyoxy-N-methyl quinolin-2-one）[17]；呋喃酮类：竹叶椒苷*（zantholide）[18]。

　　【药理作用】1.抗炎镇痛　竹叶花片能明显减少乙酸所致小鼠的扭体次数，提高热板所致小鼠的痛阈值，对二甲苯、甲醛所致小鼠的急性和亚急性炎症均有明显的抑制作用[1]。2.解热　果实和叶的乙醇提取物均具有解热作用，其果实的解热作用强于叶；果实乙醇提取物在300mg/kg、200mg/kg、100mg/kg剂量时，显示出显著的解热作用，其解热作用率分别为83.84%、80.70%、44.18%，并呈剂量-时间依赖关系，在3h时达到最大值，在5h内有效[2]。3.护肝　叶的脱脂乙醇提取物在500mg/kg剂量时能显著降低四氯化碳（CCl₄）引起的肝损伤血清中的天冬氨酸氨基转移酶（AST）、谷丙转氨酶（ALT）、碱性磷酸酶（ALP）、总胆红素（TBiL）水平，减轻肝脏炎症[3]。4.解痉　乙醇提取物呈浓度依赖性地对K⁺（80mmol/L）诱导的离体兔空肠收缩产生明显的舒张作用，在300～1000mg/kg剂量时，可抑制蓖麻油引起的小鼠腹泻，对福林（1μmol/L）和K⁺引起的血管收缩有扩张作用；提取物对豚鼠心房率和自发性收缩率都有抑制作用，作用与维拉帕米类似，其解痉作用可能与钙离子拮抗有关[4]。5.抑制血小板聚集　根和茎的石油醚及二氯甲烷提取物中分离得到的L-细辛脂素（L-asarinin）、L-竹叶椒脂素（L-planinin）、花椒明碱（znthobungeanine）均具有抑制血小板活化因子（PAF）聚集的作用，以L-竹叶椒脂素作用最强[5]。6.抗菌　竹叶椒片可明显减少金黄色葡萄球菌感染小鼠的死亡率[6]；对大肠杆菌的生长有较强的抑制作用，但对金黄色葡萄球菌的生长抑制作用较弱[7]。7.增强免疫　竹叶椒片可显著提高小鼠腹腔巨噬细胞吞噬率与吞噬指数，也能显著提高小鼠外周血E-花环形成率，提示有提高小鼠非特异性细胞免疫力及T细胞免疫力的作用[7]。

　　【性味与归经】竹叶椒根：辛、苦，温。竹叶花椒：辛，温。归脾、胃、肾经。

【功能与主治】竹叶椒根：活血，止痛，解毒。用于胃痛，跌打损伤，齿龈炎，感冒，气管炎。竹叶花椒：温中止痛，杀虫止痒。用于脘腹冷痛，呕吐泄泻，虫积腹痛；外用治湿疹瘙痒。

【用法与用量】竹叶椒根：15～30g；竹叶花椒：3～6g；外用适量，煎汤熏洗。

【药用标准】竹叶椒根：浙江药材2000、湖南药材2009、贵州药材2003、甘肃药材2009和云南彝药Ⅱ2005四册。竹叶花椒：湖南药材2009、贵州药材2003和广西药材1990。

【临床参考】1. 腹胀腹泻：果皮3～4.5g，水煎服[1]。

2. 跌打损伤：根15～30g，水煎，黄酒适量冲服[1]。

3. 齿龈炎：鲜根皮，捣烂敷患处；或煎汁漱口[1]。

【附注】以竹叶椒之名始载《本草图经》，云："陆玑疏云椒似茱萸，有针刺茎，叶坚而滑，蜀人作茶，吴人作茗，皆合煮其叶以为香，今成皋诸山谓之竹叶椒，其木亦如蜀椒，少毒热，不中合药，可著饮中。"《本草纲目》载："今成都诸山有竹叶椒，其木亦如蜀椒。"《本草图经》的归州秦椒图、《履巉岩本草》的山椒图及《植物名实图考》的秦椒、蜀椒图，即为本种。

孕妇禁服。

【化学参考文献】

[1] 黄艳. 竹叶椒乙酸乙酯部位化学成分及降血糖活性初步研究[D]. 兰州：兰州理工大学硕士学位论文，2014.
[2] 陈瑾，耿桂兰，叶光华，等. 竹叶椒化学成分的研究[J]. 药学学报，1988，6：422-425.
[3] 郭涛. 竹叶椒（*Zanthoxylum armatum* DC.）和簕欓[*Z.avicenna*（Lam.）DC.]的化学成分及竹叶椒镇痛抗炎活性研究[D]. 上海：复旦大学博士学位论文，2011.
[4] 孙莉. 竹叶椒粗提物药理活性及氯仿部位化学成分初步研究[D]. 兰州：兰州理工大学硕士学位论文，2014.
[5] Guo T，Tang X F，Chang J，et al.A new lignan glycoside from the stems of *Zanthoxylum armatum* DC[J].Nat Prod Res，2016，31（1）：16-21.
[6] Guo T，Dai L P，Tang X F，et al.Two new phenolic glycosides from the stem of *Zanthoxylum armatum* DC[J].Nat Prod Res，2017，31（20）：2335-2340.
[7] Bhatt V，Sharma S，Kumar N，et al.A new lignan from the leaves of *Zanthoxylum armatum*[J].Nat Prod Commun，2016，12（1）：99-100.
[8] 王佩玲，潘祖连，张剑寒，等. 浙产竹叶椒叶挥发性成分的GC-MS分析[J]. 海峡药学，2010，22（12）：47-50.
[9] 黄爱芳，林崇良，林观样，等. 浙产竹叶椒叶挥发油化学成分的研究[J]. 海峡药学，2011，23（4）：40-42.
[10] 李航，李鹏，朱龙社，等. 竹叶椒的化学成分研究[J]. 中国药房，2006，17（13）：1035-1037.
[11] 卢俊宇，梅国荣，刘飞，等.GC-MS-AMDIS结合保留指数分析比较青椒与竹叶花椒挥发油的组成成分[J]. 中药与临床，2015，6（5）：18-21，35.
[12] 樊丹青，陈鸿平，刘荣，等.GC-MS-AMDIS结合保留指数分析花椒、竹叶花椒挥发油的组成成分[J]. 中国实验方剂学杂志，2014，20（8）：63-68.
[13] Nooreen Z，Kumar A，Bawankule D U，et al.New chemical constituents from the fruits of *Zanthoxylum armatum* and its *in vitro* anti-inflammatory profile[J].Nat Prod Res，2017，10：1080-1087.
[14] 杨光忠. 竹叶椒木脂素成分的研究[C]. 中华中医药学会、青海省中医药管理局、青海省中医药学会药用植物化学与中药资源可持续发展学术研讨会论文集（上），2009：4.
[15] 胡昀. 竹叶椒木脂素成分的研究[D]. 武汉：中南民族大学硕士学位论文，2009.
[16] 李晓蒙，李贞，郑庆安，等. 竹叶花椒化学成分研究[J]. 天然产物研究与开发，1996，8（4）：24-27.
[17] 陈玉，胡昀，贺红武，等. 竹叶椒化学成分的研究[J]. 中草药，2013，44（24）：3429-3434.
[18] Bhatt V，Kumar V，Singh B，et al.A new geranylbenzofuranone from *Zanthoxylum armatum*[J].Nat Prod Commun，2015，10（2）：313-314.

【药理参考文献】

[1] 杨军英，程体娟，于颖，等. 竹叶椒片的镇痛、抗炎作用[J]. 中药药理与临床，2003，19（3）：36-37.
[2] Barkatullah B.Evaluation of *Zanthoxylum armatum* DC for *in vitro* and *in vivo* pharmacological screening[J].African Journal of Pharmacy & Pharmacology，2011，5（14）：1718-1723.

［3］Verma N，Khosa R L.Hepatoprotective activity of leaves of *Zanthoxylum armatum* DC in CCl₄ induced hepatotoxicity in rats［J］.Indian Journal of Biochemistry & Biophysics，2010，47（2）：124.

［4］Gilani S N，Khan A U，Gilani A H.Pharmacological basis for the medicinal use of *Zanthoxylum armatum* in gut，airways and cardiovascular disorders［J］.Phytotherapy Research Ptr，2010，24（4）：553-558.

［5］洪美芳，潘竞先，郝美荣，等.竹叶椒抑制血小板活化因子（PAF）的活性成分［J］.植物资源与环境，1993，2（2）：25-27.

［6］程体娟，田金徽，于颖，等.竹叶椒片的急性毒性和抗菌作用研究［J］.中药药理与临床，2003，19（1）：44-45.

［7］兰中芬，徐凤霞，时立仕，等.竹叶椒片剂对小鼠免疫功能影响及抑菌作用观察［J］.兰州大学学报（医学版），1989，15（1）：1-3.

【临床参考文献】

［1］滕崇德，李继瓒，杨懋琛，等，竹叶椒［J］.山西医药杂志，1976，（S1）：63.

482. 野花椒（图482） • *Zanthoxylum simulans* Hance ［*Zanthoxylum simulans* Hance var. *podocarpum*（Hemsl.）Huang；*Zanthoxylum podocarpum*（Hemsl.）Huang］

图 482　野花椒

摄影　张芬耀等

【别名】刺椒（山东），大花椒（江苏），花椒（苏南），六角刺、黄总管、香椒（江西），柄果花椒。

【形态】落叶灌木，高1～2m。枝条无毛，皮刺水平斜出或稍斜上升，基部扁而宽，长短不等。奇数羽状复叶有小叶3～9（～11）枚，小叶对生，叶轴有狭翅和皮刺；小叶卵形至椭圆形，长2.5～6cm，宽1.8～3.5cm，顶端短尖，基部楔形，边缘具细齿及粗大腺点，上面常疏生刚毛状细刺，下面沿中脉疏生小刺，除下面中脉基部被柔毛外，两面无毛。聚伞状圆锥花序顶生或生于侧枝顶端，黄绿色；花被5～8枚；

雄花有雄蕊 5 ～ 7 枚；雌花有心皮 2 ～ 3 枚，无毛，花柱外倾。蓇葖果 1 ～ 2（～ 3）个，红色或紫红色，表面有粗大腺点，基部有伸长的子房柄。种子近球形，亮黑色。花期 3 ～ 5 月，果期 6 ～ 8 月。

【生境与分布】生于灌木丛中。分布于华东各省市，另黄河以南、南岭以北其他省区均有分布。

【药名与部位】野花椒（山花椒），果实。皮子药（麻口皮子药），干皮及枝皮。

【采集加工】野花椒：秋季采收，除去杂质，阴干。皮子药：春末、夏初剥取，低温干燥。

【药材性状】野花椒：呈圆球形或扁球形，直径 3 ～ 5mm，外表面红褐色至暗紫色，有凸起的油点，顶端沿腹缝线开裂至基部成二瓣，基部残存长 2 ～ 5mm 小果梗，内表面类白色至黄白色，光滑。种子卵圆形，黑色，有光泽；一端微凹，可见白色的点状种脐，直径约 3mm。气香，味辛麻。

皮子药：呈卷筒状，片状或卷曲状，厚 0.1 ～ 0.4mm。外表面棕褐色或灰褐色，具细密纵皱纹，有类圆形灰白色点状皮孔，直径约 0.5mm，较稀疏；具椭圆形皮刺及脱落疤痕，长 0.8 ～ 1cm，宽 0.4 ～ 0.6cm。内表面淡黄色至棕褐色，光滑，质柔韧，断面纤维性。气微、味辛、麻辣、微涩。

【药材炮制】皮子药：除去杂质，洗净，捞出，稍润，切段，低温干燥，筛去灰屑。

【化学成分】根和根皮含生物碱类：N- 去甲基白屈菜红碱（N-demethyl chelerythrine）[1]，茵芋碱（skimmianine）、（−）- 加锡弥罗果碱 [（−）-edulinine]、（±）- 日巴里宁碱 [（±）-ribalinine]、（−）- 阿瑞罗甫碱 [（−）-araliopsine] [2]、巨盘木碱（flindersine）、N- 甲基巨盘木碱（N-methyl flindersine）[3]，N- 乙酰番荔枝碱（N-acetylanonaine）、白屈菜红碱（chelerythrine）、去甲白屈菜红碱（norchelerythrine）、博落回碱（bocconoline）、8- 甲氧基 -N- 甲基巨盘木碱（8-methoxy-N-methyl flindersine）、N- 乙酰原荷叶碱（N-acetyl nornuciferine）、山椒酰胺（arnottianamide）、德卡林碱（decarine）、野花椒碱（zanthosimuline）、野花椒酮碱（huajiaosimuline）、野花椒喹啉（simulanoquinoline）[4]、野花椒喹啉 A、B、C（zanthoxylumines A、B、C）、6- 乙酰甲基 -N- 甲基二氢德卡林碱（6-acetonyl-N-methyl dihydrodecarine）、8- 羟基 -7- 甲氧基 -5- 甲基 -2, 3- 亚甲二氧基苯并 [c] 菲啶 -6（5H）- 酮 {8-hydroxy-7-methoxy-5-methyl-2, 3-methylenedioxybenzo [c] phenanthridin-6（5H）-one}、鹅掌揪碱（liriodenine）和观音莲明碱（lysicamine）[5]；木脂素类：异野花椒脂素 * B（isozanthpodocarpin B）、考布素 *（kobusin）、（+）- 辛夷脂素 [（+）-fargesin]、表桉叶明（epieudesmin）[6]、野花椒素 * A、B（zanthoxylumin A、B）、（−）- 木兰脂素 [（−）-magnolin] 和（−）- 松脂醇 - 二 -3, 3- 二甲基烯丙基醚 [（−）-pinoresinol-di-3, 3-dimethylallyl ether] [7]；香豆素类：紫花前胡内酯（nodakenetin）[1]；萜苷类：野花椒苷 A（zansiumloside A）[3]；甾体类：β- 谷甾醇（β-sitosterol）[1] 和胡萝卜苷（daucosterol）[3]；皂苷类：β- 香树脂醇（β-amyrin）[1]；脂肪酸及酯类：三亚麻油酸甘油酯（glyceryl trilinoleate）[1]；挥发油类：β- 桉叶醇（β-eudesmol）[1]；烷烃类：正二十七烷（n-heptacosane）[1]；黄酮类：淫羊藿苷 E₅（icariside E5）[3]。

茎木含生物碱类：吡咯花椒碱（pyrrolezanthine）、大叶桉亭（robustine）、γ- 崖椒碱（γ-fagarine）、拟芸香品（haplopine）、野花椒碱（zanthosimuline）、野花椒酮碱（huajiaosimuline）、巨盘木碱（flindersine）、花椒朋碱（zanthobungeanine）、苯并野花椒碱（benzosimuline）、羟基花椒碱（zanthodioline）、（+）- 普拉得斯碱 [（+）-platydesmine] 和博落回碱（bocconoline）[8]；香豆素类：莨菪亭（scopoletin）和异嗪皮啶（isofraxidin）[8]；木脂素类：（−）- 野花椒醇 * [（−）-simulanol]、（−）- 松脂醇 [（−）-pinoresinol]、（−）- 丁香酯醇 [（−）-syringaresinol]、（−）- 柳叶柴胡酚 [（−）-salicifoliol]、（−）- 蛇菰宁 [（−）-balanophonin] 和愈创木基甘油 -β- 松柏醚醛（guaiacylglycerol-β-coniferyl aldehyde ether）[8]；倍半萜类：（+）- 脱落酸 [（+）-abscisic acid] 和石竹烯氧化物（caryophyllene oxide）[8]；皂苷类：β- 香树脂醇（β-amyrin）[8]；甾体类：β- 谷甾醇（β-sitosterol）、β- 谷甾酮（β-sitosterone）和色培特醇 *（sepesteonol）[8]；酚酸类：丁香酸（syringic acid）[8]；吡喃类：花椒吡喃酮 *（zanthopyranone）[8]。

果皮含挥发油类：1, 8- 桉油素（1, 8-cineole）、柠檬烯（limonene）、β- 榄香烯（β-elemene）、α- 萜品醇（α-terpineol）和反油酸甘油酯（trielaidin）等 [1]；酚苷类：熊果苷（arbutin）[1]。

种子含脂肪酸类：十六烷酸（hexadecanoic acid）、9- 十六碳烯酸（9-hexadecenoic acid）、油酸（oleic acid）、亚油酸（linoleic acid）和 9, 12, 15- 十八碳三烯酸甲酯（methyl 9, 12, 15-octadecatrienoate）[1]。

【药理作用】1. 抗菌　水蒸气蒸馏和微波炉萃取提取的挥发油对枯草芽孢杆菌、酵母菌、白色葡萄球菌和大肠杆菌的生长均有明显的抑制作用，其作用强度依次为枯草芽孢杆菌、酵母菌、白色葡萄球菌和大肠杆菌[1]。2. 护脑　提取的总生物碱分别在 250mg/kg、500mg/kg 剂量下能延长小鼠亚硝酸钠性缺氧存活时间和断头张口喘气时间以及双侧颈总动脉结扎后存活时间，还可抑制大鼠急性脑缺血损伤后皮层强啡肽的降低[2]。3. 抗血小板聚集　茎中分离的吡咯并三氮烯和木脂素等成分在体外均有抗血小板聚集作用[3]。

【性味与归经】野花椒：辛、微苦，温；小毒。归脾、胃经。皮子药：辛，温；小毒。归肺、肝、脾经。

【功能与主治】野花椒：温中燥湿，散寒止痛，驱虫止痒。用于脘腹冷痛，寒湿吐泻，蛔虫腹痛，龋齿，牙痛，湿疹。皮子药：祛风散寒，活血止痛，解毒消肿。用于风寒湿痹，腹痛泄泻，咽喉疼痛，牙龈肿痛，无名肿毒，跌打损伤，毒蛇咬伤，吐血，衄血。

【用法与用量】野花椒：6 ～ 9g；研末，1 ～ 3g；外用适量，煎水洗或含漱，或浸酒外搽。皮子药：3 ～ 9g；宜浸酒或入丸、散服，入煎剂宜后下。

【药用标准】野花椒：贵州药材 2003。皮子药：湖南药材 2009。

【临床参考】1. 脘腹寒痛、寒湿吐泻：果壳 3 ～ 6g，加干姜 6g、吴茱萸 6g，水煎服。

2. 蛔虫腹痛、呕吐：果壳 6g，加乌梅 15 ～ 30g，水煎服。

3. 寒饮咳喘：果壳或种子 3g，加细辛 1.5 ～ 3g、干姜 6g、五味子 5g（打碎），水煎，分次缓服。

4. 回乳：果壳 9 ～ 15g，煎水兑糖服，连服 2 天。（1 方至 4 方引自《湖南药物志》）

【化学参考文献】

［1］朱红枚. 野花椒化学成分的研究［D］. 成都：西南交通大学硕士学位论文，2007.
［2］常志青，刘峰，王树玲，等. 芸香科植物野花椒化学成分的研究［J］. 药学学报，1981，16（5）：394-396.
［3］吴娇，梅文莉，戴好富. 野花椒中一个新的单萜苷［J］. 中草药，2007，38（4）：488-490.
［4］Wu S J，Chen I S. Alkaloids from *Zanthoxylum simulans*［J］. Phytochemistry，1993，34（6）：1659-1661.
［5］Yang S H，Liu Y Q，Wang J F，et al. Isoquinoline alkaloids from *Zanthoxylum simulans* and their biological evaluation［J］. J Antibiotics，2015，68（4）：289-292.
［6］李定祥，刘敏，周小江. 野花椒中一个新的木脂素二聚体［J］. 中国中药杂志，2015，40（14）：2843-2848.
［7］Peng C Y，Liu Y Q，Deng Y H，et al. Lignans from the bark of *Zanthoxylum simulans*［J］. J Asian Nat Prod Res，2015，17（3）：232-238.
［8］Yang Y P，Cheng M J，Teng C M，et al. Chemical and anti-platelet constituents from formosan *Zanthoxylum simulans*［J］. Phytochemistry，2002，61（5）：567-572.

【药理参考文献】

［1］沈慧，吴奶珠，周先礼，等. 山东产野花椒挥发油抑菌活性的研究［J］. 陕西农业科学，2009，55（5）：62-64.
［2］刘方洲，张莉蓉，何美霞. 野花椒总生物碱和加锡果宁脑保护作用的实验研究［J］. 中药药理与临床，1998，14（4）：11-13.
［3］Yang Y P，Cheng M J，Teng C M，et al. Chemical and anti-platelet constituents from formosan *Zanthoxylum simulans*［J］. Phytochemistry，2002，61（5）：567-572.

483. 花椒（图 483）• *Zanthoxylum bungeanum* Maxim.

【形态】落叶灌木或小乔木，高 3 ～ 7m。枝条皮刺劲直，基部宽而扁。奇数羽状复叶有小叶 5 ～ 9（～ 11）枚，叶轴有狭翅；小叶对生，卵形至椭圆形，稀披针形，长 1.5 ～ 7cm，宽 1 ～ 3cm，顶端短尖，基部阔楔形至近圆形，叶有细锯齿，齿缝有粗大油点，除下面中脉基部被柔毛外，无毛。聚伞状圆锥花序生于侧枝顶端，花序轴被短柔毛，花黄绿色；花被 5 ～ 8 枚，雄花有雄蕊 5 ～ 8 枚；雌花心皮 2 ～ 3（～ 4）

图 483　花椒　　　　　　　　　　　　　　摄影　徐克学

枚，子房无柄，花柱斜向背弯。蓇葖果紫红色，果瓣近圆球形，密生瘤状腺点。种子亮黑色。花期 3 ～ 5 月，果期 7 ～ 10 月。

【生境与分布】分布于华东各省市，多栽培，另中国其他诸多省区有栽培或野生。

【药名与部位】花椒，果皮。花椒目，种子。花椒叶，小叶。

【采集加工】花椒：秋季果实成熟时采收，除去杂质，干燥。花椒目：秋季果实成熟时采收，取出种子，除去杂质，干燥。花椒叶：全年可采，干燥。

【药材性状】花椒：蓇葖果多单生，球形，沿腹缝线开裂，直径 4 ～ 5mm。外表面紫红色或棕红色，散有多数疣状突起的油点，直径 0.5 ～ 1mm，对光观察半透明；内表面淡黄色，光滑。内果皮常由基部与外果皮分离。残存种子呈卵形，长 3 ～ 4mm，直径 2 ～ 3mm，表面黑色，有光泽。香气浓，味麻辣而持久。

花椒目：呈类球形，直径 3 ～ 4mm。表面黑色，有光泽，具极致密的颗粒状突起。种仁乳白色，富油性，质坚。气微香，味稍麻辣。

花椒叶：多呈破碎的片状。叶片卵状长圆形，浅黄棕色至暗绿色，散生透明腺点；边缘有稀疏细锯齿；上表面有硬毛，主脉凹陷，下表面主脉隆起，侧脉斜向上展。气香，味辛、微苦。

【药材炮制】花椒：除去椒目、果柄等杂质。炒花椒：取花椒饮片，炒至有香气时，取出，摊凉。

花椒目：除去果皮等杂质，筛去灰屑。

花椒叶：除去叶轴、叶柄等杂质。筛去灰屑。

【化学成分】果实含黄酮类：槲皮素 -3- 阿拉伯糖苷（quercetin-3-arabinoside）、槲皮素 -7- 葡萄糖苷（quercetin-7-glucoside）、芦丁（rutin）、槲皮素 -3- 半乳糖苷（quercetin-3-galactoside）[1]，柽柳黄素 -3, 7-

双葡萄糖苷（tamarixetin-3, 7-bisglucoside）、金丝桃素（hyperin）、槲皮素（quercetin）、槲皮苷（quercitrin）、茴香苷（foeniculin）、异鼠李素 -7- 葡萄糖苷（isorhamnetin-7-glucoside）和 3, 5, 6- 三羟 - 基 7, 4′- 二甲氧基黄烷酮（3, 5, 6-trihydroxy-7, 4′-dimethoxyflavone）[2]；挥发油类：2, 6, 9, 11- 十二碳四烯 -1- 羧酸甲酯（methyl 2, 6, 9, 11-dodecatraene-1-carboxylate）、乙酸 -4- 萜烯酯（4-terpinenyl acetate）、氧化石竹烯（caryophyllene oxide）、D- 柠檬烯（D-limonene）、桉叶油醇（eucalyptol）[3], 6, 6- 二甲基 -2- 亚甲基双环［3.1.1］庚烷 {6, 6-dimethyl-2-methylene-bicyclo［3.1.1］heptane}、1, 7, 7- 三甲基 - 三环［2.2.1.0（2, 6）］庚烷 {1, 7, 7-trimethyl-tricyclo［2.2.1.0（2, 6）］heptane}、β- 水芹烯（β-phellandrene）、4- 甲基 -1-（1- 甲乙基）-3- 环己烯 -1- 醇［4-methyl-1-（1-methylethyl）-3-cyclohexen-1-ol］、α, α, 4- 三甲基 -3- 环己烯 -1- 甲醇（α, α, 4-trimethyl-3-cyclohexene-1-methanol）、α- 异戊酸松油酯（α-terpinyl isovalerate）、1- 甲基 -5- 亚甲基 -8-（1- 甲乙基）-1, 6- 环癸二烯［1-methyl-5-methylene-8-（1-methylethyl）-1, 6-cyclodecadiene］[4]，芳樟醇（linalool）和乙酸芳樟酯（linalyl acetate）[5]；脂肪酸类：棕榈酸（palmitic acid）[2]、9- 十六碳烯酸（9-hexadecenoic acid）、十六酸（hexadecanoic acid）、9, 12- 十八碳二烯酸（9, 12-octadecadienoic acid）、9- 十八碳烯酸（9-octadecenoic acid）和十八酸（octadecanoic acid）[5]；酚酸类：4-O-β-D- 吡喃葡萄糖基二氢阿魏酸（4-O-β-D-glucopyranosyl dihydroferulic acid）[6]；烷基酰胺类：（10RS, 11RS）-（2E, 6Z, 8E）-10, 11- 二羟基 -N-（2- 羟基 -2- 甲基丙基）-2, 6, 8- 十二碳三烯酰胺［（10RS, 11RS）-（2E, 6Z, 8E）-10, 11-dihydroxy-N-（2-hydroxy-2-methylpropyl）-2, 6, 8-dodecatrienamide］、6, 11- 二羟基 -N-（2- 羟基 -2- 甲基丙基）-2, 7, 9- 十二碳三烯酰胺［6, 11-dihydroxy-N-（2-hydroxy-2-methylpropyl）-2, 7, 9-dodecatrienamide］、羟基 -β- 山椒素（hydroxy-β-sanshool）[7]、（2E, 4E）-2′- 羟基 -N- 异丁基 -2, 4- 十四碳二烯酰胺［（2E, 4E）-2′-hydroxy-N-isobutyl-2, 4-tetradecadienamide］，即四氢花椒酰胺醇*（tetrahydrobungeanool）、（2E, 4E, 8Z）-2′- 羟基 -N- 异丁基 -2, 4, 8- 十四碳三烯酰胺［（2E, 4E, 8Z）-2′-hydroxy-N-isobutyl-2, 4, 8-tetradecatrienamide］，即二氢花椒酰胺醇*（dihydrobungeanool）、（2E, 4E, 8Z, 10E, 12E）-1′- 异丙烯基 -N-（2′- 异丁烯基）-2, 4, 8, 10, 12- 十四碳五烯酰胺［（2E, 4E, 8Z, 10E, 12E）-1′-isopropenyl-N-（2′-isobutenyl）-2, 4, 8, 10, 12-tetradecapentaenamide］，即四氢 -γ- 山椒素（dehydro-γ-sanshool）[8]、（2E, 7E, 9E）-N-（2- 羟基 -2- 甲基丙基）-6, 11- 二氧化 -2, 7, 9- 十二碳三烯酰胺［（2E, 7E, 9E）-N-（2-hydroxy-2-methylpropyl）-6, 11-dioxo-2, 7, 9-dodecatrienamide］、（2E, 6E, 8E）-N-（2- 羟基 -2- 甲基丙基）-10- 氧化 -2, 6, 8- 癸三烯酰胺［（2E, 6E, 8E）-N-（2-hydroxy-2-methylpropyl）-10-oxo-2, 6, 8-decatrienamide］、羟基 -α- 山椒素（hydroxy-α-sanshool）、（2E, 7E, 9E）-6- 羟基 -N-（2- 羟基 -2- 甲基丙基）-11- 氧化 -2, 7, 9- 十二碳三烯酰胺［（2E, 7E, 9E）-6-hydroxy-N-（2-hydroxy-2-methylpropyl）-11-oxo-2, 7, 9-dodecatrienamide］和（2E, 4E, 8Z, 11Z）-N-（2- 羟基 -2- 甲基丙基）-2, 4, 8, 11- 十四碳四烯酰胺［（2E, 4E, 8Z, 11Z）-N-（2-hydroxy-2-methylpropyl）-2, 4, 8, 11-tetradecatetraenamide］[9]；香豆素类：7- 甲氧基香豆素（7-methoxycoumarin）[7]；木脂素类：L- 芝麻素（L-sesamin）[2]；内酯类：色二孢呋喃酮*A（diplofuranone A）和兰屿内酯（lanyulactone）[7]；甾体类：谷甾醇 -β- 葡萄糖苷（sitosterol-β-glucoside）[2]和 β- 谷甾醇（β-sitosterol）[9]；酯类：反 -7- 羟基 -3, 7- 二甲基 -1, 5- 辛二烯 -3- 醇 - 乙酸酯（trans-7-hydroxy-3, 7-dimethyl-1, 5-octadien-3-ol-acetate）和对羟基苯丙烯酸甲酯（p-hydroxyphenyl methacrylate）[7]；酚苷类：熊果苷（arbutin）[2]；其他尚含：3′, 4′- 二甲醚 -7- 葡萄糖苷（3′, 4′-dimethyl ether-7-glucoside）[2]。

茎叶含黄酮类：芦丁（rutin）、牡荆素（vitexin）、金丝桃素（hyperin）、异鼠李素 -3-O-α-L- 鼠李糖苷（isorhamnetin-3-O-α-L-rhamnoside）、槲皮素 -3-O-β-D- 葡萄糖苷（quercetin-3-O-β-D-glucoside）、三叶豆苷（trifolin）、槲皮苷（quercitrin）、阿福豆苷（afzelin）和槲皮素（quercetin）[10]。

叶含黄酮类：槲皮素（quercetin）、阿福豆苷（afzelin）、槲皮苷（quercitrin）、三叶豆苷（trifolin）、槲皮素 -3-O-β-D- 葡萄糖苷（quercetin-3-O-β-D-glucoside）、异鼠李素 -3-O-α-L- 鼠李糖苷（isorhamnetin-3-O-α-L-rhamnoside）、金丝桃苷（hyperoside）、牡荆素（vitexin）、芦丁（rutin）[11]、表儿茶素（epicatechin）、丁香亭 -3- 葡萄糖苷（syringetin-3-glucoside）、槲皮素 -3- 阿拉伯糖苷（quercetin-3-arabinoside）和异鼠李素 -3-

葡萄糖苷（isorhamnetin-3-glucoside）[12]；酚酸类：香草酸 -4- 葡萄糖苷（vanillic acid-4-glucoside）、绿原酸（chlorogenic acid）、5- 阿魏酰奎尼酸（5-feruloyquinic acid）和奎尼酸（quinic acid）[12]。

【药理作用】1. 抗氧化　不同发育时期的果皮均具有清除羟自由基（·OH）的作用，其作用随果实发育时间的增长而增强，且果皮中总黄酮和总多酚含量与羟自由基清除能力之间均呈显著正相关[1]；种子提取物在体外浓度为 1.0mg/ml 时，总还原力和总抗氧化能力吸光度值分别为 0.78 ± 0.065 和 0.18 ± 0.003，对脂质过氧化抑制率达 65.68%，并与维生素 C（VC）接近，在浓度分别为 0.66mg/ml 和 0.76mg/ml 时，对 1，1- 二苯基 -2- 三硝基苯肼自由基（DPPH）和羟自由基清除率达 50%，但以上指标均低于维生素 C，浓度为 0.1mg/ml 时对超氧阴离子自由基（O_2^-·）清除率达 65.43%，远远高于维生素 C[2, 3]。2. 抗菌　超临界 CO_2 萃取法和乙醇回流法提取的花椒挥发油及硅胶柱分离乙醇回流法所得的挥发油对受试菌种的生长均有明显的抑制作用，且乙醇回流萃取法所得挥发油对大肠杆菌有很强的抑制作用，而乙醇回流法所得挥发油继续经柱层析分离后的样品对细菌生长有较强的抑制作用，但所有样品对金黄色葡萄球菌均无抑制作用[4]；花椒挥发油对金黄色葡萄球菌、白色葡萄球菌、伤寒杆菌、大肠杆菌、细球菌、肺炎球菌等多种细菌和真菌的生长均有不同程度的抑制作用[5]；花椒挥发油主要含有的烯醇及其酯类、萜烯类等化合物对 6 种细菌和 5 种真菌的最低杀菌浓度分别为：枯草芽孢杆菌和金黄色葡萄球菌为 25.0ml/L，大肠杆菌、蜡状芽孢杆菌和普通变形杆菌为 12.5ml/L，沙门氏菌为 6.3ml/L，黑曲霉、青霉、黄曲霉和酵母均为 12.5ml/L，根霉为 25.0ml/L，且高温加热减弱挥发油的抑制作用[6]。3. 抗肿瘤　4mg/ml 的花椒挥发油处理 H22 细胞 72h 后可显著抑制 H22 细胞增殖，1mg/ml 挥发油处理 H22 细胞 72h 后即可导致亚凋亡峰的出现，且 G_0/G_1 期细胞增多，S 期和 G_2/M 期细胞减少；花椒挥发油对小鼠实体瘤生长具有显著抑制作用，但不能提高荷瘤小鼠血清中白细胞介素 -2（IL-2）和白细胞介素 -12（IL-12）的水平[7]。

【性味与归经】花椒：辛，温。归脾、胃、肾经。花椒目：苦，寒。花椒叶：辛，温。

【功能与主治】花椒：温中止痛，杀虫止痒。用于脘腹冷痛，呕吐泄泻，虫积腹痛，蛔虫症；外治湿疹瘙痒。花椒目：行水消肿。用于胸腹胀满，小便不利。花椒叶：温中散寒，行水杀虫。用于脘腹冷痛，水肿，呕吐，蛔虫病。

【用法与用量】花椒：3 ～ 6g；外用适量，煎汤熏洗。花椒目：2.4 ～ 2.5g。花椒叶：3 ～ 9g。

【药用标准】花椒：药典 1977—2015、浙江炮规 2005、贵州药材 1965、内蒙古蒙药 1986、新疆药品 1980 二册、藏药 1979、台湾 2004 和台湾 2013。花椒目：浙江炮规 2015、上海药材 1994、甘肃药材 2009、贵州药材 2003、河南药材 1993、山东药材 2012、山西药材 1987、四川药材 2010 和湖南药材 2009。花椒叶：浙江炮规 2015。

【临床参考】1. 变态反应性鼻炎：果皮 12g，加乌梅 20g、清半夏 12g、白芍 20g、辛夷 10g、威灵仙 12g、白芷 10g，水煎服，每日 1 剂，分早晚服[1]。

2. 百日咳、哮喘：果皮 6g，加沙参、百部、白前、甘草各 10g，冰糖、蜂蜜适量，水煎服[2]。

3. 牙痛：果皮 9g，加五倍子 9g，雄黄 6g，樟脑 6g，加水 200ml 浓煎后置于瓶中备用，痛时用棉签蘸药液涂于患处[3]。

4. 阳痿：果皮 10g，加干姜 10g、人参 10g、红糖（烊化）50g，水酒同煎，每日 1 剂[4]。

【附注】本种始载于《尔雅》。《本草经集注》云："秦椒，今从西来，形似椒而大，色黄黑，味亦颇有椒气，或呼为大椒。" 其蜀椒条下云："出蜀都北部，人家种之。皮肉厚，腹里白，气味浓。江阳、晋原及建平间亦有而细赤，辛而不香，力势不如巴郡巴椒。"《本草图经》云："秦椒，初秋生花，秋末结实。九月、十月采。" 又在蜀椒条下云："人家多作园圃种之。高四五尺，似茱萸而小，有针刺，叶坚而滑……四月结子，无花，但生于叶间，如小豆颗而圆，皮紫赤色。八月采实，焙干。此椒江淮及北土皆有之，茎、实都相类，但不及蜀中者皮肉厚，腹里白，气味浓烈耳。"《本草纲目》云："秦椒，花椒也。始产于秦，今处处可种，最易蕃衍。其叶对生，尖而有刺。四月生细花。五月结实，生青熟红，大于蜀椒，其目亦不及蜀椒目光黑也。" 即为本种。

《中国药典》2015 年版载青花椒 *Zanthoxylum chlnifoiium* Sieb.et Zucc. 亦作为药材花椒的基原之一。

【化学参考文献】

［1］吴亮亮. 花椒黄酮成分提取分离及抗氧化活性研究［D］.南京：南京农业大学硕士学位论文，2010.

［2］Xiong Q，Shi D，Mizuno M. Flavonol glucosides in pericarps of *Zanthoxylum bungeanum*［J］. Phytochemistry，1995，39（3）：723-725.

［3］吴静. 花椒精油的提取工艺、化学成分分析与抗菌活性研究［D］.合肥：合肥工业大学硕士学位论文，2017.

［4］曹雁平，张东. 固相微萃取-气相色谱质谱联用分析花椒挥发性成分［J］.食品科学，2011，32（8）：190-193.

［5］曹蕊，杨潇，蒋珍菊，等.红花椒油和青花椒油中脂肪酸组成的 GC-MS 的对比研究［J］.中国调味，2011，36（8）：102-105.

［6］Yasuhiro T，Shiho I. Screening of Chinese herbal drug extracts for inhibitory activity on nitric oxide production and identification of an active compound of *Zanthoxylum bungeanum*［J］. J Ethnopharmacol，2001，77（2-3）：209-217.

［7］张敬文. 花椒中麻味物质标准品的制备及其含量测定［D］.成都：西南交通大学硕士学位论文，2016.

［8］Xiong Q，Dawen S，Yamamoto H，et al. Alkylamides from pericarps of *Zanthoxylum bungeanum*［J］. Phytochemistry，1997，46（6）：1123-1126.

［9］Huang S，Zhao L，Zhou X L，et al. New alkylamides from pericarps of *Zanthoxylum bungeanum*［J］. Chin Chem Lett，2012，23（11）：1247-1250.

［10］张玉娟. 花椒叶抗氧化活性成分的分离、结构鉴定及其构效关系［D］.咸阳：西北农林科技大学硕士学位论文，2014.

［11］Zhang Y，Wang D，Yang L，et al. Purification and characterization of flavonoids from the leaves of *Zanthoxylum bungeanum* and correlation between their structure and antioxidant activity［J］. PLos One，2014，9（8）：e105725.

［12］Yang L C，Li R，Tan J，et al. Polyphenolics composition of the leaves of *Zanthoxylum bungeanum* Maxim. grown in Hebei，China，and their radical scavenging activities［J］. J Agric Food Chem，2013，61（8）：1772-1778.

【药理参考文献】

［1］张艳军. 花椒黄酮和多酚含量及抗氧化活性研究［D］.咸阳：西北农林科技大学硕士学位论文，2013.

［2］董小华. 花椒籽活性物质的提取、抗氧化和抑菌活性的研究［D］.成都：四川农业大学硕士学位论文，2016.

［3］杨立琛，李荣，姜子涛. 花椒叶黄酮的微波提取及其抗氧化性研究［J］.中国调味品，2012，37（9）：36-41.

［4］弭向辉，龚祝南，张卫明，等.花椒挥发油的提取、分离和抗菌实验［J］.南京师大学报（自然科学版），2004，27（4）：63-66.

［5］杨靖，曹宁. 花椒挥发油的抗菌作用及对小鼠免疫机能的影响［J］.济宁医学院学报，1993，16（4）：26-28.

［6］唐裕芳，唐小辉，张妙玲，等.花椒挥发油化学组成及抑菌活性研究［J］.湘潭大学自科学报，2013，35（2）：64-69.

［7］袁太宁，王艳林，汪鋆植. 花椒体内外抗肿瘤作用及其机制的初步研究［J］.时珍国医国药，2008，19（12）：2915-2916.

【临床参考文献】

［1］董斌. 川椒乌梅汤治疗变态反应性鼻炎 60 例观察［J］.实用中医药杂志，2012，28（2）：95.

［2］戴海安，阎生萍. 川椒治疗百日咳、哮喘［J］.江西中医学院学报，2000，12（3）：48-49.

［3］宫丽梅，丁美松，邢跃萍. 川椒方治牙痛［J］.中国民间疗法，2007，15（8）：18-19.

［4］朱树宽. 川椒善治阳痿［J］.浙江中医杂志，1996，31（2）：69.

484. 两面针（图 484）• *Zanthoxylum nitidum*（Roxb.）DC.（*Zanthoxylum nitidum* f. *fastuosum* How ex Huang）

【别名】钉板刺（福建福州），入地金牛、毛两面针。

【形态】常绿木质藤本。全株无毛，茎、枝、叶轴均有下弯皮刺，皮刺长 1～2.5mm。奇数羽状复叶有小叶 5～9（～11）片；小叶阔椭圆形至阔卵形，长 4.5～11cm，宽 2.5～6cm，顶端短尖，基部阔

图 484　两面针　　　　　　　　摄影　张芬耀等

楔形至近圆形，叶缘具细齿或近全缘，疏生疏粗腺点，两面无毛，光亮，中脉上常疏生下弯锐尖皮刺；小叶柄长 1 ～ 5mm。花序腋生，长 2 ～ 8cm，花序轴被微柔毛；萼片 4 枚，长不及 1mm，花瓣 4 枚，淡绿色，长 2 ～ 3mm，雄花有雄蕊 4 枚，开花时伸出花瓣外；雌花有心皮 4 枚。蓇葖果 1 ～ 2（～ 4）个，紫红色，表面有皱褶，有粗大腺点。种子圆球形，亮黑色。花期 3 ～ 5 月，果期 9 ～ 11 月。

【生境与分布】生于山坡灌丛中。分布于浙江、江西和福建，另广东、广西、云南、台湾等省区均有分布。

【药名与部位】两面针（入地金牛），根。

【采集加工】全年均可采挖，洗净，切片或段，晒干。

【药材性状】为厚片或圆柱形短段，长 2 ～ 20cm，厚 0.5 ～ 6（10）cm。表面淡棕黄色或淡黄色，有鲜黄色或黄褐色类圆形皮孔样斑痕。切面较光滑，皮部淡棕色，木质部淡黄色，可见同心性环纹和密集的小孔。质坚硬，气微香，味辛辣麻舌而苦。

【化学成分】根含生物碱类：白屈菜红碱（chelerythrine）、二氢白屈菜红碱（dihydrochelerythrine）、8- 乙酰基二氢白屈菜红碱（dihydrochelerythrinyl-8-acetaldehyde）、8-（1- 羟基）- 乙基二氢白屈菜红碱［8-（1-hydroxy）-ethyl dihydrochelerythrine］、8- 甲氧基去甲白屈菜红碱（8-methoxy-norchelerythrine）、8- 羟基二氢白屈菜红碱（8-hydroxy-dihydrochelerythrine）、8- 甲氧基二氢白屈菜红碱（8-methoxy-dihydrochelerythrine）、4, 5- 二羟基 -1- 甲基 -3- 氧化 -2-（三氯甲基）-3H- 吲哚［4, 5-dihydroxy-1-methyl-3-oxo-2-（trichloromethyl）-3H-indolium］、两面针碱（nitidine）、氧化勒檬碱（oxyavicine）、德卡林碱（decarine）、漆叶花椒碱 A（rhoifoline A）、血根碱（sanguinarine）、异阿尔洛花椒酰胺（isoarnottianamide）、阿尔洛花椒酰胺（arnottianamide）、全缘叶花椒酰胺（integriamide）、鹅掌楸碱（liriodenine）、黄连碱（coptisine）、小檗红碱（berberrubine）、白鲜碱（dictamnine）、2, 4- 二羟基嘧啶（2, 4-dihydroxypyrimidine）[1]，

茵芋碱（skimmianine）、毛两面针素（toddalolactone）、崖椒碱（γ-fagarine）、木兰花碱（magnolone）、（-）-（S）-加锡弥罗果碱［（-）-（S）-edulinine］、羟基花椒碱（zanthodioline）、加锡果亭（edulitine）、拟芸香品（haplopine）[2]、6，7，8-三甲氧基-2，3-亚甲氧基二氧苯并菲次碱（6，7，8-trimethoxy-2，3-methylendioxybenzophenanthridine）[3]、8-（2′-环己酮）-7，8-二氢白屈菜红碱［8-（2′-cyclohexanone）-7，8-dihydrochelerythrine］、8-（1′-羟乙基）-7，8-二氢白屈菜红碱［8-（1′-hydroxyethyl）-7，8-dihydrochelerythrine］[4]、4，5-二羟基-1-甲基-3-氧化-2-（三氯甲基）-3H-吲哚氯化物［4，5-dihydroxy-1-methyl-3-oxo-2-（trichloromethyl）-3H-indolium chloride］、4-（2-甲氧基乙基）-N，N-二甲基苯胺［4-（2-methoxyethyl）-N，N-dimethyl benzenamine］[5]和两面针酰胺A、B、C、D（zanthoxylumamide A、B、C、D）[6]；木脂素类：L-芝麻素（L-sesamin）、D-表芝麻脂素（D-episesamin）和风吹楠素（horsfieldin）[1]；甾体类：β-谷甾醇（β-sitosterol）、豆甾-9-（11）-烯-3-醇［stigmast-9-（11）-en-3-ol］和胡萝卜苷（daucosterol）[1]；香豆素类：5，6，7-三甲氧基香豆素（5，6，7-trimethoxycoumarin）[1]；酚酸类：（E）-3-（2′，3′，4′-三甲氧基苯基）丙烯酸［（E）-3-（2′，3′，4′-trimethoxyphenyl）acrylic acid］、紫丁香酸（syringic acid）、对羟基苯甲酸乙酯（ethyl p-hydroxybenzoate）和对羟基苯甲酸（4-hydroxybenzoic acid）；苯醌类：2，6-二甲氧基对苯醌（2，6-dimethoxy benzoquinone）[1]；烷胺类：三十四烷胺（tetratriacontanamine）[1]；烷醇类：10-二十烷醇（10-eicosanol）[1]。

　　根茎含生物碱类：8-甲氧基异德卡林碱（8-methoxyisodecarine）和8-甲氧基血根碱（8-methoxysanguinarine）[7]。

　　茎含苯烃类：（E）-4-（4-羟基-3-甲基丁烯-2-烯基氧代）苯甲醛［（E）-4-（4-hydroxy-3-methylbut-2-enyloxy）benzaldehyde］、（E）-甲基3-｛4-［（E）-4-羟基-3-甲基丁烯-2-烯基氧代］苯基｝苯丙酸酯｛（E）-methyl 3-｛4-［（E）-4-hydroxy-3-methylbut-2-enyloxy］phenyl｝acrylate｝和（Z）-甲基3-｛4-［（E）-4-羟基-3-甲基丁烯-2-烯基氧代］苯基｝苯丙酸酯｛（Z）-methyl 3-｛4-［（E）-4-hydroxy-3-methylbut-2-enyloxy］phenyl｝acrylate｝[8]。

【药理作用】1. 抗炎镇痛　根及茎的70%乙醇粗提取物、乙酸乙酯部位、正丁醇部位及水层可明显抑制二甲苯所致小鼠的耳廓肿胀、角叉菜胶所致小鼠的足肿胀、热板法所致小鼠的舔后足反应和冰醋酸所致小鼠的扭体次数，且根的作用比茎明显，正丁醇部位更具强的抗炎镇痛作用[1]；叶的不同提取部位均有显著的抗炎镇痛作用，且提取的正丁醇部位在二甲苯所致的耳廓肿胀、棉球肉芽肿胀、足跖肿胀3个抗炎实验和热板法镇痛实验中均显示了明显的抑制作用，且乙酸乙酯提取部位在扭体法镇痛试验中的抑制作用为最强[2]；根中分离出的一种褐色油状物对乙酸所致小鼠的扭体反应有显著的抑制作用，且其中分离出的化合物 $C_{20}H_{18}O_6$ 可明显提高大鼠的痛阈值，其镇痛作用可被利血平对抗，但不会被丙烯吗啡拮抗[3]；根、茎提取物均能不同程度改善大鼠腿部击打损伤部位的外观和组织学症状表现，减少乙酸所致小鼠的疼痛扭体次数和提高热板所致小鼠的痛阈值，抑制角叉菜胶所致大鼠的足肿胀和棉球所致大鼠的肉芽增生的炎症反应[4]；提取的两面针总碱可使溃疡性结肠炎大鼠的疾病活动指数、肿瘤坏死因子-α（TNF-α）、白细胞介素-8（IL-8）和丙二醛（MDA）的含量显著降低，超氧化物歧化酶（SOD）的活性显著升高[5]。2. 解痉　根提取的化合物 $C_{20}H_{18}O_6$ 对乙酰胆碱、毛果芸香碱、氧化钡及组胺所致的收缩有松弛作用，且根提取的油状物对乙酰胆碱和氯化钡所致离体豚鼠回肠的收缩也有明显的拮抗作用[3]。3. 抗菌　叶的乙酸乙酯部位对副溶血性弧菌、白色念珠菌、金黄色葡萄球菌和枯草芽孢杆菌有较好的抑制作用，正丁醇部位对白色念珠菌的抑菌作用最明显，水层对副溶血性弧菌的抑制作用最明显[6]；根提取的化合物茵芋碱（skimmianine）、8-甲氧基二氢白屈菜红碱（8-methoxydihydrochelerythrine）、8-甲氧基-9-羟基白屈菜红碱（8-methoxy-9-hydroxychelerythrine）、鹅掌楸碱（liriodenine）和两面针碱（nitidine）5种化合物均能显著抑制金黄色葡萄球菌，其中鹅掌楸碱的抗菌作用最强[7]。4. 抗肿瘤　根中分离的两面针碱和6-甲氧基-5，6-二氢白屈菜红碱（6-methoxy-5，6-dihydrochelerythrine）能延长艾氏腹水癌小鼠的生命，肿瘤抑制率分别为279%和145%[8]；根中分离的氯化两面针碱（nitidinechloride）在浓度为0.75mg/L、

1.5mg/L、3mg/L、6mg/L 和 12mg/L 时可依赖性地降低人口腔鳞癌多药耐药细胞 KBV200 的存活率，在浓度为 6mg/L 时可使 KBV200 细胞 caspase3 含量升高，在浓度为 3mg/L 分别作用 12h、24h 和 48h 时可增加 KBV200 细胞 G_2/M 期细胞比例，提示提取的氯化两面针碱对多药耐药 KBV200 细胞具有抑制生长、促进细胞凋亡和阻滞周期的作用[9]；氯化两面针碱低、高剂量能延长荷瘤 H22 腹水小鼠的生存期，明显抑制腹水的形成，提高小鼠的生命延长率[10]；氯化两面针碱在 0.8～12.8μg/ml 时人肿瘤细胞株的增殖均有不同程度的抑制作用，且对人肿瘤 SMMC-7721 细胞均表现明显的细胞毒作用并呈剂量依赖关系，在体外对人正常胚肝 L-02 细胞和人正常胚肾 293 细胞的增殖也有一定的抑制作用，且随药物剂量的增大其抑制率也相应增强，提示氯化两面针碱抑制肿瘤细胞增殖可能与细胞周期阻滞和诱导细胞凋亡有关[11]；氯化两面针碱能抑制前列腺癌 PC-3 细胞的增殖与侵袭，且具有剂量依赖性，并可下调 B 细胞淋巴瘤 -2 基因（Bcl-2），上调细胞凋亡蛋白 B 细胞淋巴瘤基因 -2 相关 X 蛋白（Bax）的表达，两者的比例明显上升，提示氯化两面针碱能抑制前列腺癌 PC-3 细胞的增殖与侵袭[12]。5. 抗氧化　根茎的水、乙醇和乙醇加酸提取物对炎大鼠全血化学发光均有抑制作用，对由碱性连苯三酚体系产生的氧负离子有不同程度的清除作用，对由 Fe^{2+}- 半胱氨酸诱发的肝脂质过氧化也有明显的抑制作用[13]。6. 保护心肌细胞　提取的氯化两面针碱能降低心肌缺血再灌注大鼠心律失常的发生率，推迟心律失常的发生时间并缩短其持续时间，降低再灌注 15min 和 60min 时 ST 段抬高程度，其作用强度与维拉帕米相当；1mg/kg 和 2mg/kg 的氯化两面针碱能减少心肌缺血再灌注大鼠心肌酶的释放，减轻氧自由基损伤程度并起到保护大鼠缺血再灌注心肌细胞损伤的作用，其作用呈一定的剂量依赖性[14]。7. 抗胃溃疡　提取的总碱成分可降低冷冻法和幽门结扎法所致小鼠胃溃疡的溃疡指数，降低胃液中胃蛋白酶活性，降低胃黏膜丙二醛含量，升高超氧化物歧化酶和一氧化氮（NO）的含量，对胃液量、游离酸和总酸度无明显影响[15]。

【性味与归经】苦、辛，平；有小毒。归肝、胃经。

【功能与主治】活血化瘀，行气止痛，祛风通络，解毒消肿。用于跌扑损伤，胃痛，牙痛，风湿痹痛，毒蛇咬伤；外治烧烫伤。

【用法与用量】5～10g；外用适量，研末调敷或煎水洗患处。

【药用标准】药典 1977—2015、上海药材 1994、广西壮药 2008、广西药材 1996、广东药材 2011、贵州药材 1988 和香港药材五册。

【临床参考】1. 小儿疱疹性口炎：根 10g，加知母 6g、土牛膝 12g、生地黄 10g、石斛 10g、麦冬 8g，根据不同年龄煎成约一碗至一碗半，饭后分多次含服，每日 1 剂[1]。

2. I 期肛裂：根 30g，加毛冬青 30g、防风 10g、五倍子 15g、芒硝 15g，打磨成粉末，用纱布包好，用时将包好的药粉放入盆中，加入沸水 1000～1500ml 浸泡，待药液温度适宜时坐浴，每次 15min，每天 2 次（大便后及睡前各 1 次），坐浴后局部涂马应龙麝香痔疮膏，同时嘱患者保持大便通畅，若便秘加服麻仁丸[2]。

3. 风湿痹痛、跌打肿痛、脘腹寒痛：根 9～15g，水煎服或浸酒服。

4. 牙痛：根 9～15g，水煎服；或鲜根 60g，水煎，调醋 1 盏含漱，蛀牙痛可用根研粉塞蛀洞。

5. 无名肿毒：鲜根 15～30g，水煎冲酒服。

6. 麻醉拔牙：根皮研粉制成乙醇甘油浸出液或流浸膏，每 10ml 加入冰片、薄荷脑各 0.4g，用棉球蘸药液置于牙周 3～5min，分离牙龈，再将药液滴入牙周膜，即可拔牙。（3 方至 6 方引自《浙江药用植物志》）

7. 胃、十二指肠溃疡：根 15g，加金豆根 30g、石仙桃 30g，水煎服。（《福建植物志》）

8. 肋间神经痛：根 15g，加土丁桂 15g、盐肤木 30g、黄皮根 30g，水煎服。

9. 胆道蛔虫症：根 15g，加柘树 15g、十大功劳根 15g，水煎服。（8 方、9 方出自《福建中草药处方》

【附注】以蔓椒之名始载于《神农本草经》，列入下品。《名医别录》以猪椒、狗椒为名，云："生云中川谷及丘冢间，采茎根煮酿酒。"《本草经集注》云："山野处处有，俗呼为樬子……小不香尔，一名豨椒。"《本草纲目》云："蔓椒野生林箐间，枝软如蔓，子、叶皆似椒。"又云："此椒蔓生，气息如狗、虥故得诸名。"《本草求原》以入地金牛为名，云："细叶者良。"以上所述均与本种相符。

果、叶、根均有毒。误食果实，会引起头晕，眼花，呕吐等症。民间用鲜根 30g，水煎服；另用鲜根磨酒外敷，治疗毒蛇咬伤。

孕妇禁服。

【化学参考文献】

[1] 胡疆.两面针中活性成分的研究 [D].上海：第二军医大学硕士学位论文，2006.

[2] Yang Z D，Zhang D B，Ren J，et al. Skimmianine，a furoquinoline alkaloid from *Zanthoxylum nitidum*，as a potential acetylcholinesterase inhibitor [J]. Med Chem Res，2012，21（6）：722-725.

[3] Liang M J，Zhang W D，Hu J，et al. Simultaneous analysis of alkaloids from *Zanthoxylum nitidum* by high performance liquid chromatography-diode array detector-electrospray tandem mass spectrometry [J]. J Pharm Biomed Anal，2006，42：178-183.

[4] Di G，Li D X，Yao S，et al. A new benzophenanthridine alkaloid from *Zanthoxylum nitidum*[J]. Chin J Nat Med，2009，7（4）：274-277.

[5] Hu J，Zhang W，Shen Y，et al. Two novel alkaloids from *Zanthoxylum nitidum* [J]. Helv Chim Acta，2010，90（4）：720-722.

[6] Zhu L J，Ren M，Yang T C，et al. Four new alkylamides from the roots of *Zanthoxylum nitidum* [J]. J Asian Nat Prod Res，2015，17（7）：711-716.

[7] Cui X G，Zhao Q J，Chen Q L，et al. Two new benzophenanthridine alkaloids from *Zanthoxylum nitidum* [J]. Helv Chim Acta，2008，91（1）：155-158.

[8] Chen J J，Lin Y H，Day S H，et al. New benzenoids and anti-inflammatory constituents from *Zanthoxylum nitidum* [J]. Food Chem，2011，125：282-287.

【药理参考文献】

[1] 冯洁，周劲帆，覃富景，等.两面针根和茎抗炎镇痛不同部位活性比较研究 [J].中药药理与临床，2011，27（6）：60-63.

[2] 韦锦斌，周劲帆，冯洁，等.两面针叶不同提取部位的抗炎镇痛作用研究 [J].中药新药与临床药理，2013，24（2）：122-125.

[3] 洪庚辛，曾雪瑜.两面针结晶-8 镇痛作用机理的研究 [J].药学学报，1983，18（3）：227-230.

[4] 陈炜璇，秦泽慧，曾丹，等.两面针根、茎抗击打损伤和镇痛抗炎作用比较研究 [J].中药材，2015，38（11）：2358-2363.

[5] 徐露，黄彦，董志，等.两面针总碱对溃疡性结肠炎大鼠抗炎作用的实验研究 [J].中国中医急症，2010，19（3）：480-480.

[6] 黄依玲，冯洁，赖茂祥.两面针叶抗菌活性部位研究 [J].中国医药导报，2014，11（21）：13-16.

[7] 叶玉珊，刘嘉炜，刘晓强，等.两面针根抗菌活性成分研究 [J].中草药，2013，44（12）：1546-1551.

[8] 黄治勋，李志和.两面针抗肿瘤有效成分的研究 [J].化学学报，1980，38（6）：535-542.

[9] 王博龙，刘华钢，杨斌，等.氯化两面针碱体外对人口腔鳞癌多药耐药细胞 KBV200 的抗癌活性 [J].中国药理学与毒理学杂志，2007，21（6）：512-515.

[10] 刘丽敏，刘华钢，杨斌，等.氯化两面针碱对小鼠腹水型 H22 肝癌的抑制作用及机制研究 [J].中国药理学通报，2008，24（10）：1392-1394.

[11] 李丹妮.氯化两面针碱对肝癌抑制作用及机制的研究 [D].南宁：广西医科大学硕士学位论文，2009.

[12] 程翔宇，邢锐，邢召全，等.氯化两面针碱对前列腺癌细胞 PC-3 增殖与凋亡的影响 [J].山东大学学报（医学版），2015，53（9）：13-18.

[13] 谢云峰.两面针提取物抗氧化作用 [J].时珍国医国药，2000，11（1）：1-2.

[14] 韦锦斌，龙盛京，覃少东，等.氯化两面针碱对大鼠心肌缺血再灌注损伤的保护作用 [J].中国临床康复，

2006，10（27）：171-174.

[15]庞辉，何惠，简丽娟，等.两面针总碱抗胃溃疡作用研究［J］.中药药理与临床，2007，23（1）：38-39.

【临床参考文献】

[1]杨辉，龙佩华，郑湘宏.金牛汤治疗小儿疱疹性口炎临床体会［J］.中国中医急症，2009，18（11）：1857.

[2]陈华兵，刘少琼.两面针洗剂治疗Ⅰ期肛裂35例［J］.新中医，2009，41（12）：73-74.

8. 飞龙掌血属 *Toddalia* Juss.

常绿木质藤本，茎枝有皮刺。叶互生，掌状三出复叶，小叶无柄。聚伞花序圆锥状，花单性，细小；萼片4～5枚，基部合生，花瓣4～5枚，镊合状排列；雄花的雄蕊4～5枚，退化雌蕊圆筒状，花盘延长，常有细小凸起腺体4～5枚，雌花的退化雄蕊4～5枚，线形，子房由4～8枚心皮组成，4～8室，每室有2粒胚珠，无花柱，柱头头状。核果近圆球形，肉质，4～8室；每室有1～2粒种子。种子肾形，种皮硬骨质，具胚乳。

仅1种，分布于非洲东部至亚洲热带、亚热带地区。中国1种，分布于长江以南各省区，法定药用植物1种。华东地区法定药用植物1种。

485. 飞龙掌血（图485）• *Toddalia asiatica*（Linn.）Lam.

图485　飞龙掌血

摄影　张芬耀

【形态】常绿木质藤本，蔓生，茎枝皮刺倒生，嫩枝密被锈褐色粉状绒毛。掌状三出复叶互生，小叶椭圆形至倒卵形，长 3～9cm，宽 1.5～3.5cm，顶端短尖，有时尖头尾状，稀渐尖，基部楔形，边缘有细齿或近全缘，两面无毛，有半透明油点；小叶近无柄。花单性，雄花序伞房状，雌花序圆锥状，密被红褐色短柔毛；苞片细小，鳞片状；花白色至淡黄色；萼片 4～5 枚，边缘被短绒毛，花瓣 4～5 枚。核果橙黄色至朱红色，近圆球形，直径 8～10mm，果皮平滑，干后有 3～5 条肋状凸起。种子亮黑色，肾形，种皮硬骨质。花果期全年可见。

【生境与分布】生于山坡疏林中及林缘灌丛中。分布于浙江、江西和福建，另长江以南各省区广泛分布；非洲东部至亚洲热带、亚热带地区常见。

【药名与部位】飞龙掌血（三百棒、见血飞），根。飞龙掌血叶（见血飞叶），新鲜或干燥叶。飞龙掌血茎，茎。

【采集加工】飞龙掌血：全年均可采挖，切段，洗净，干燥。飞龙掌血叶：全年均可采摘，鲜用、阴干或及时晒干。飞龙掌血茎：全年采收，干燥。

【药材性状】飞龙掌血：呈圆柱形，略弯曲，直径 2～4cm，有的根头部直径可达 8cm。表面深黄棕色至灰棕色，粗糙，具明显细纵纹及多数呈类圆形或长椭圆形稍凸的白色皮孔，有的可见横向裂纹，栓皮脱落处露出棕褐色或浅红棕色的皮部。质坚硬，不易折断，断面黄棕色。气微，味辛、苦，有辛凉感。

飞龙掌血叶：大多破碎，完整叶片展平后为三出复叶，叶柄长 2～4cm。小叶无柄，常向上反卷，上表面深绿色，下表面色稍浅；叶片展平后呈椭圆形、长椭圆形或卵状长圆形，长 2～9cm，宽 0.7～3cm，先端骤尖、渐尖或钝头，基部楔形或歪斜（两侧小叶），边缘前半部有细浅圆锯齿，叶片有透明的油点，表面较光滑，无毛或主脉处有少许柔毛，主脉于上下表面突起，侧脉羽状，小脉网状；叶近革质。气清香，味辣、微麻。

飞龙掌血茎：茎呈圆柱形，略弯曲，老茎直径 3～8cm，表面灰绿色至灰褐色，圆形皮孔众多，可见突起的茎刺或刺痕，嫩枝上有倒生尖刺。质坚硬，断面皮部红棕色，木质部淡黄色，中央可见白色的髓。气香，味淡，微苦。

【药材炮制】飞龙掌血：除去杂质，洗净，润透，切厚片，干燥。

【化学成分】根及根皮含香豆素类：（±）-飞龙掌血宁 [（±）-toddanin] [1]，飞龙掌血香豆亭（toddasiatin）[2]，飞龙掌血烯酮（toddalenone）、飞龙掌血内酯（toddalolactone）、异茴芹内酯（isopimpinellin）、月橘香豆素（coumurrayin）、飞龙掌血内酯酮（toddanone）、飞龙掌血素（toddaculin）、飞龙掌血内酯醇（toddanol）、5,7,8-三甲氧基香豆素（5,7,8-trimethoxycoumarin）、6,7-二甲氧基 -8-异戊烯基香豆素（6,7-dimethoxy-8-isopentenylcoumarin）、飞龙掌血双香豆精（toddasin）、6-（3-氯 -2-羟基 -3-甲丁基）-5,7-二甲氧基香豆素 [6-（3-chloro-2-hydroxy-3-methylbutyl）-5,7-dimethoxycoumarin] [3]，飞龙掌血香豆素 A、B、C、D（toddalin A、B、C、D）、3″-O-去甲基飞龙掌血香豆素 A（3″-O-demethyltoddalin A）[4]，小叶九里香内酯（murraxocin）、8-（2′,3′-二羟基 -3′-甲丁基）-5,7-二甲氧基香豆素 [8-（2′,3′-dihydroxy-3′-methylbut）-5,7-dimethoxycoumarin]，即迈月橘素（mexoticin）[6]，8-羟基 -6-甲氧基香豆素（8-hydroxy-6-methoxycoumarin）[7] 和茴芹内酯（pimpinellin）[8]；生物碱类：（-）异种荷包牡丹碱 [（-）isocoreximine] [1]，N,N′-二环己基脲（N,N′-dicyclohexylurea）、环己胺（cyclohexylamine）、N,N′-二环己基草酰胺（N,N′-dicyclohexyloxamide）[2]，白屈菜红碱（chelerythrine）、勒橙碱（avicine）、去甲白屈菜红碱（norchelerythrine）、白屈菜红碱 -ψ-氰化物（chelerythrine-ψ-cyanide）、阿尔诺花椒酰胺（arnottianamide）、茵芋碱（skimmianine）、4-甲氧基 -1-甲基 -2-喹诺酮（4-methoxy-1-methyl-2-quinolone）、花椒喹诺酮（integriquinolone）、氧化白屈菜红碱（oxychelerythrine）、N-甲基弗林德碱（N-methylflindersine）[2,3]，飞龙掌血喹啉（toddaquinoline）[5] 和原阿片碱（protopine）[6]；黄酮类：橙皮素（hesperitin）、橙皮苷（hesperidin）、橙皮素 -7-O-β-D-吡喃葡萄糖苷（hesperetin-7-O-β-D-glucopyranoside）、香叶木苷（diosmin）和新橙皮苷（neohesperidin）[9]；脂肪酸类：十八酸（octadecanoic acid）、油酸（oleic acid）和亚油酸（linoleic acid）[8]；甾体类：胡萝卜苷（daucosterol）[9]和 β- 谷甾醇（β-sitosterol）[8]；酚酸类：绿原酸（chlorogenic acid）[7]；挥发油类：δ- 荜澄茄烯（δ-cadinene）、α- 紫穗槐烯（α-amorphaene）、大香叶烯 D-4- 醇(germacrene D-4-ol)、卡达三烯(cadinatriene)、斯巴醇(spathulenol)和 α- 杜松醇（α-cadinol）等[10]。

茎含香豆素类：7- 香叶草氧基 -5- 甲氧基香豆素（7-geranyloxy-5-methoxycoumarin）、8- 香叶草氧基 -5, 7- 二甲氧基香豆素（8-geranyloxy-5, 7-dimethoxycoumarin）、蒿宁（artanin）、去甲布拉易林（norbraylin）、飞龙掌血新香豆精（toddalosin）[11]和 5- 甲氧基 -8- 香叶草氧基补骨脂素（5-methoxy-8-geranyloxylpsoralen）[12]；酚和酚酸类：4-O- 香叶草基松柏醛（4-O-geranylconiferyl aldehyde）、莲叶橐吾醇 A（nelumol A）和 1, 2- 开环 - 二氢甲基伞形花内酯甲酯（1, 2-seco-dihydromethyl umbelliferone methyl ester）[12]；皂苷类：2α, 3α, 19α- 三羟基 -11- 氧化 - 熊果 -12- 烯 -28- 酸（2α, 3α, 19α-trihydroxy-11-oxo-urs-12-en-28-oic acid）、2α, 3α, 11α, 19α- 四羟基 - 熊果 -12- 烯 -28- 酸（2α, 3α, 11α, 19α-tetrahydroxy-urs-12-en-28-oic acid）、2α, 3α- 二羟基 -19- 氧化 -18, 19- 开环熊果 -11, 13（18）- 二烯 -28- 酸［2α, 3α-dihydroxy-19-oxo-18, 19-seco-urs-11, 13（18）-dien-28-oic acid］、2α, 3β, 19α- 三羟基齐墩果酸 -11, 13（18）- 二烯 -28- 酸［2α, 3β, 19α-trihydroxyolean-11, 13（18）-dien-28-oic acid］、野鸭春酸（euscaphic acid）和阿江榄仁酸（arjunic acid）[13]；黄酮类：橙皮素（hesperitin）和橙皮苷（hesperidin）[14]。

叶含挥发油类：石竹烯（caryophyllene）、β- 榄香烯（β-elemene）和反式橙花叔醇（trans-nerolidol）[10]。

【药理作用】1. 抗炎镇痛　水提物可明显减少冰醋酸所致小鼠的扭体次数，可明显抑制角叉莱胶所致大鼠的足肿胀及二甲苯所致小鼠的耳肿胀[1]；醇提物能抑制二甲苯所致小鼠的耳廓肿胀，同时能明显减少冰醋酸所致小鼠的扭体次数，镇痛率达 80% 以上[2]；提取的生物总碱能明显抑制二甲苯所致小鼠的耳肿胀和琼脂所致的足肿胀，抑制羧甲基纤维素钠所致腹腔白细胞流失，并抑制乙酸所致小鼠的扭体次数，且较长时间使用对肝脏无损伤作用，血清中谷丙转氨酶（ALT）、天冬氨酸氨基转移酶（AST）及肝脏系数均与正常小鼠无显著差异[3]；甲醇提取的总膏及其各萃取部位对牛 II 型胶原（CIA）诱导的小鼠关节炎有较强的抑制作用，可抑制牛 II 型胶原小鼠免疫器官重量，明显下调牛 II 型胶原小鼠体内肿瘤坏死因子 -α（TNF-α）、白细胞介素 -1β（IL-1β）、白细胞介素 -6（IL-6）水平，对白细胞介素 -10（IL-10）有上调作用[4]；其乙酸乙酯提取部分也显示出了较强的抗风湿性关节炎的作用[5]；醇提物对佐剂性关节炎大鼠的原发性、继发性足趾肿胀度、关节炎指数升高、血清及关节滑膜组织中白细胞介素 -1β、白细胞介素 -6、肿瘤坏死因子 -α、前列腺素 E_2（PGE_2）含量的增加和白细胞介素 -10 含量的减少等现象均有明显的改善作用[6]；提取的挥发油对角叉莱胶所致的足肿胀有明显的抑制作用[7]；根的提取液在 100mg/kg 剂量条件下对福尔马林试验的晚期阶段有明显的抗伤害感染作用，且高剂量药液可减少过氧化物酶诱导的急性炎症爪的水肿胀[8]。2. 止血　70% 乙醇回流后的氯仿萃取液可使出血小鼠血液的凝血酶时间显著缩短，纤维蛋白原含量和血小板数目显著增加，血小板形态发生延展，止血作用的机制可能与通过增加纤维蛋白原含量促进内源性凝血途径、改变血小板形态数目有关[9]；根皮的 95% 乙醇冷浸提取物与 50% 乙醇回流提取物的乙酸乙酯萃取部位具有良好的止血凝血作用，其中乙醇冷浸提取的乙酸乙酯萃取部位止血作用最明显[10]；乙醇提取物、石油醚提取物、乙酸乙酯提取物和正丁醇提取物均能显著缩短小鼠的出血时间，其中乙醇提取部位的凝血作用最明显，其作用与三七粉相近[11]。3. 护心脏　水提物可明显缓解由结扎冠脉动脉前降支所致心肌缺血模型大鼠的 T 波、ST 段、病理性 Q 波的心电图改变，并使心肌梗死面积缩小，作用与维拉帕米相似[12]；水提物对异丙肾上腺素所致心脏过度兴奋的心肌缺血模型大鼠的心肌缺血有保护作用，其作用可能与抑制 Ca^{2+} 转运导致的心肌细胞内 Ca^{2+} 减少有关[13]；水提液可显著减少冠脉左前降支高位结扎造成的急性心肌缺血模型兔急性缺血心肌的作功和耗氧，通过纠正心脏对氧的供需平衡失调改善心脏收缩、舒张功能和泵血功能[14]。4. 抗氧化　提取的多糖成分在体外对 1, 1- 二苯基 -2- 三硝基苯肼自由基（DPPH）和羟自由基（·OH）均具有较强的清除作用[15, 16]；总提物、石油醚萃取相、乙酸乙酯萃取相、正丁醇萃取相和剩余水相对羟自由基和 1，1- 二苯基 -2- 三硝基苯肼自由基均有较好的清除作用，其清除效率与提取物浓度有一定的量 - 效关系，且适当浓度的总提取物、石油醚萃取相、乙酸乙酯萃取相和正丁醇萃取相对脂质过氧化也有较强的抑制作用[17]；叶的乙酸乙酯提取物可显著降低链脲佐菌素诱导糖尿病大鼠的血糖、血浆酶（SGOT、SGPT 和 ALP），显著增加体重、总蛋白质、血清胰岛素和肝糖原水平，且能将糖尿病大鼠体内的超氧化物歧化酶（SOD）、过氧化氢酶（CAT）和谷胱甘肽过氧化物酶（GSH-Px）的活性逆转到接近正常，显示出显著的降血糖和抗氧化作用[18]；树皮的 50% 乙醇提取物具有清除 1，1-二苯基 -2- 三硝基苯肼自由基和羟自由基的作用[19]。5.抗菌　根的石油醚提取物对金黄色葡萄球菌、耐甲氧西林金黄色葡萄球菌和超广谱 β- 内酰胺酶阳性金黄色葡萄球菌均有抑制作用[20, 21]。

【性味与归经】飞龙掌血：辛、苦、微温。归脾、胃经。飞龙掌血叶：辛、微苦，温。归脾、胃经。飞龙掌血茎：辛、微苦、涩、温。归肺、肝、胃经。

【功能与主治】飞龙掌血：祛风止痛，散瘀止血。用于风湿痹痛，胃痛，吐血，衄血，跌打损伤，刀伤出血，痛经，闭经等。飞龙掌血叶：散瘀止血，祛风除湿，消肿解毒。用于口舌生疮，牙龈肿痛、出血，外伤出血，痈疖肿毒，毒蛇咬伤。飞龙掌血茎：活血止痛，祛风散寒。用于胃脘疼痛；腰痛，寒湿痹痛，跌打损伤；皮肤瘙痒。

【用法与用量】飞龙掌血：9 ～ 30g；外用适量。飞龙掌血叶：30 ～ 50g；鲜品加倍；外用适量，煎水含漱，研末撒或鲜叶捣烂敷。飞龙掌血茎：10 ～ 15g；外用适量。

【药用标准】飞龙掌血：湖南药材 2009、湖北药材 2009、云南药品 1996、广西药材 1996、广西瑶药 2014 一卷和贵州药材 2003。飞龙掌血叶：贵州药材 2003。飞龙掌血茎：云南彝药 II 2005 四册。

【临床参考】1.复发性口疮：龙掌含液（全草，加升麻、地骨皮等）含漱，每次 10ml，每日 4 次，每次含漱 2min[1]。

2.风湿性关节炎：根皮 18g，加薜荔、鸡血藤、菝葜各 18g，威灵仙 9g，浸白酒 500ml，每服 30 ～ 60ml，每日 3 次。（《浙江药用植物志》）

【附注】始载于《植物名实图考》，云："飞龙掌血，生滇南，粗蔓巨齿，森如鳞甲，新蔓密刺，叶如橘叶，结圆实如枸橘微小。"即本种。

孕妇禁用。飞龙掌血的果实有毒，多食后会引起头晕。（《浙江药用植物志》）

【化学参考文献】

［1］Tsai I L，Wun M F，Teng C M，et al. Anti-platelet aggregation constituents from formosan *Toddalia asiatica*［J］. Phytochemistry，1998，48（8）：1377-1382.

［2］Tsai I L，Fang S C，Ishikawa T，et al. *N*-cyclohexyl amides and a dimeric coumarin from formosan *Toddalia asiatica*［J］. Phytochemistry，1997，44（7）：1383-1386.

［3］Ishii H，Kobayashi J I，Ishikawa T. Toddalenone：a new coumarin from *Toddalia asiatica*（*T. aculeata*）structural establishment based on the chemical conversion of limettin into toddalenone［J］. Chem Pharma Bull，2008，31（9）：3330-3333.

［4］Lin T T，Huang Y Y，Tang G H，et al. Prenylated coumarins：natural phosphodiesterase-4 inhibitors from *Toddalia asiatica*［J］. J Nat Prod，2014，77（4）：955-962.

［5］Chen I S，Tsai I L，Wu S J，et al. Toddaquinoline from formosan *Toddalia asiatica*［J］. Phytochemistry，1993，34（5）：1449-1451.

［6］楚冬海 . 飞龙掌血化学成分的研究［D］.咸阳：西北农林科技大学硕士学位论文，2008.

［7］刘志刚，王翔宇，毛北萍，等 . 飞龙掌血化学成分研究［J］.中药材，2014，37（9）：1600-1603.

［8］石磊，王微，姬志强，等 . 飞龙掌血石油醚部位的化学成分研究［J］.中国药房，2012，23（27）：2531-2532.

［9］石磊，姬志强，于秋影，等 . 飞龙掌血甲醇部位化学成分研究［J］.中国药师，2014，17（4）：534-537.

［10］刘志刚，李莹，朱芳芳，等 . 飞龙掌血挥发性化学成分的 GC-MS 分析［J］.辽宁中医药大学学报，2011，13（11）：150-151.

［11］Fei W，Yao X，Liu J K. New geranyloxycoumarins from *Toddalia asiatica*［J］. J Asian Nat Prod Res，2009，11（8）：

752-756.

［12］Phatchana R，Yenjai C. Cytotoxic coumarins from *Toddalia asiatica*［J］. Planta Med，2014，80（8-9）：719.

［13］黄平，Karagianis G，韦善新，等.飞龙掌血中三萜酸成分研究［J］.天然产物研究与开发，2005，17（4）：404-408.

［14］陈小雪，热合曼·司马义，龙盛京.飞龙掌血茎的化学成分研究［J］.西北药学杂志，2013，28（4）：337-339.

【药理参考文献】

［1］王秋静，路航，吕文伟，等.飞龙掌血水提物镇痛抗炎作用的实验研究［J］.中国实验方剂学杂志，2007，13（5）：35-37.

［2］刘明，罗春丽，张永萍，等.头花蓼、飞龙掌血的镇痛抗炎及利尿作用研究［J］.贵州医药，2007，31（4）：370-371.

［3］郝小燕，彭琳，叶兰，等.飞龙掌血生物总碱抗炎镇痛作用的研究［J］. Journal of Integrative Medicine［结合医学学报（英文）］，2004，2（6）：450-452.

［4］杨坤.飞龙掌血抗炎镇痛、抗 RA 活性研究［D］.武汉：华中科技大学硕士学位论文，2012.

［5］张鹏，皮慧芳，吴继洲.飞龙掌血抗 C Ⅱ 诱导关节炎药理活性研究［C］.中国化学会天然有机化学学术会议，2012.

［6］王先坤，李溥，任一，等.飞龙掌血醇提物对佐剂性关节炎模型大鼠炎症相关因子的影响［J］.中国药房，2016，27（25）：3524-3527.

［7］Kavimani S，Vetrichelvan T，Ilango R，et al. Antiinflammatory activity of the volatile oil of *Toddalia asiatica*［J］. Indian Journal of Pharmaceutical Sciences，1996，58（2）：67-70.

［8］Kariuki H N，Kanui T I，Yenesew A，et al. Antinocieptive and anti-inflammatory effects of *Toddalia asiatica*（L）Lam.（Rutaceae）root extract in *Swiss albino* mice［J］. Pan African Medical Journal，2013，14：133-138.

［9］刘志刚，王翔宇，毛北萍，等.飞龙掌血的止血活性及其机制的研究［J］.华西药学杂志，2016，31（2）：157-159.

［10］赵美雪，张晓燕，刘绍欢，等.飞龙掌血根皮的生药学鉴别与止血活性考察［J］.中国实验方剂学杂志，2016，22（24）：32-36.

［11］黄江红，谢楷标，邓永福，等.飞龙掌血提取物止血作用初步研究［J］.浙江中医杂志，2013，48（10）：773-774.

［12］何小萍，任先达.飞龙掌血水提取物对大鼠实验性心肌梗死的保护作用［J］.暨南大学学报（自然科学与医学版），1999，20（4）：15-18.

［13］任先达，何小萍.飞龙掌血水提物对异丙肾上腺素致大鼠心肌缺血的保护作用［J］.暨南大学学报（自然科学与医学版），1998，19（2）：22-25.

［14］叶开和，任先达，熊爱华，等.飞龙掌血水提物对心肌缺血兔心功能和血液动力学的影响［J］.中国病理生理杂志，2000，16（7）：606-609.

［15］田春莲，蒋凤开，文赤夫.飞龙掌血多糖清除自由基活性的研究［J］.食品工业科技，2011，32（11）：106-108.

［16］田春莲，康炼常，王鹏，等.流动注射化学发光法测定飞龙掌血多糖清除羟自由基的能力［J］.食品科学，2013，34（13）：79-82.

［17］陈小雪，龙盛京.飞龙掌血提取物体外抗氧化活性研究［J］.西北药学杂志，2013，28（1）：27-29.

［18］Irudayaraj S S，Sunil C，Duraipandiyan V，et al. Antidiabetic and antioxidant activities of *Toddalia asiatica*（L.）Lam. leaves in streptozotocin induced diabetic rats［J］. Journal of Ethnopharmacology，2012，143（2）：515-23.

［19］Balasubramanian A，Manivannan R，Paramaguru R，et al. Evaluation of antiinflammatory and antioxidant activities of stem bark of *Toddalia asiatica*（L.）Lam using different experimental models［J］. African Journal of Basic & Applied Sciences，2011，3（2）：39-44.

［20］Shi L，Ji Z Q，Li Y M，et al. Antioxidant and antibacterial activity of *Toddalia asiatica*（Linn）Lam root extracts［J］. African Journal of Traditional Complementary & Alternative Medicines，2015，12（6）：169-179.

［21］王培卿.飞龙掌血抑菌成分作用机制研究［D］.郑州：河南大学硕士学位论文，2014.

【临床参考文献】

［1］胡艾燕，谢军，姚佳，等.龙掌口含液治疗复发性口疮 100 例疗效观察［J］.贵阳中医学院学报，2002，24（4）：26-27.

9. 枳属 *Poncirus* Paf.

落叶灌木或小乔木。枝异型，具粗大、腋生单刺。叶互生，三出复叶，叶柄有翅；小叶片有半透明油点；无小叶柄。花单生或成对生于二年生枝条上，先于叶开放；萼片 5 枚；花瓣 5 枚，雄蕊为花瓣的 1 ～ 4 倍，离生；子房 6～8 室，每室有胚珠 4～8 粒，花柱粗短。柑果近球形，几无梗，黄色，被柔毛，多油点。种子卵形，多粒，子叶不出土。

　　Flora of China 把本属归并入柑橘属 *Citrus* Linn.。

　　2 种，中国特有，分布于长江中游以下流域及淮河流域一带，法定药用植物 1 种。华东地区法定药用植物 1 种。

486. 枳（图 486）· *Poncirus trifoliata*（Linn.）Raf.

图 486　枳　　　　　　　　　　　　　　　　　　　摄影　张芬耀等

　　【别名】臭杞（江苏、山东），臭辣子（江苏连云港）、江橘（江苏淮安），枸橘梨（江苏苏州、常熟），臭橘，枸橘（山东、安徽），臭枳（安徽），枸橘。

　　【形态】落叶灌木至小乔木，高可达 5m。幼枝扁而起棱，老枝浑圆，多刺，刺锐尖，长达 4cm 或更长。羽状复叶有小叶 3 枚，小叶卵形至椭圆形，长 1.5～5cm，宽 1～3cm，顶端钝圆至微凹，基部楔形，边缘具钝齿或近全缘，两面无毛；叶柄长 1～3cm，具翅。花通常先叶开放，单生或成对腋生，有短梗，花白色（或谈紫色），有香气，萼片卵形，长 5～6mm，花瓣匙形，长 1.8～3cm，顶端圆，基部有爪，雄蕊（5）20 枚，离生；子房密被毛，6～8 室，花柱短，柱头头状。柑果球形，黄色，密被短毛，有香气，直径 3～5cm。种子白色，椭圆状卵形。花期 5～6 月，果期 10～11 月。

　　【生境与分布】生于阔叶林中。分布于华东各省市，多有栽培或野生，原产于中国中部，现许多省区有栽培。

　　【药名与部位】枸橘（香橼），未成熟果实。绿衣枳实（枳实），幼果。枸橘叶，叶。

【采集加工】枸橘：夏、秋二季果实未成熟时采收，除去杂质，干燥。绿衣枳实：5 ~ 6月收集自落的果实，自中部横切为两半，晒干或低温干燥，较小者直接晒干或低温干燥。枸橘叶：春、夏季叶茂盛时采摘，晒干。

【药材性状】枸橘：呈圆球形，直径 2 ~ 3.5cm。表面黄绿色或褐绿色，密布凹下的小油点及微细的网状皱纹，被稀疏的短柔毛，有的可见花柱基痕或果柄痕。果皮薄，厚1 ~ 2mm。果瓣6 ~ 8瓣。种子大，多数，几占满瓣室。质坚硬。香气特异，味酸、苦。

绿衣枳实：半球形或圆球形，直径 0.8 ~ 2.0cm。外表面绿褐色，密披棕绿色毛茸，基部具圆盘状果柄痕，顶端有凸起的花柱基痕，破碎面类白色，边缘绿褐色，可见凹陷的小点，瓤囊黄白色，果瓣6 ~ 8瓣，每瓣内有黄白色长椭圆形的种子数粒。味苦，涩。

枸橘叶：为三出复叶或散乱的小叶。常卷曲或破碎，灰绿色或黄绿色。顶生小叶片椭圆形或倒卵形，长 2.5 ~ 6cm，宽 1.5 ~ 3cm，先端圆或微凹，基部楔形，侧生小叶较小，基部偏斜，叶缘具波形锯齿；总叶柄长 1 ~ 3cm，具翼。质坚脆，不易破碎。气微香，味微苦。

【药材炮制】枸橘：除去杂质，洗净，润软，自中部对切两片，干燥。

绿衣枳实：清水洗净，浸泡，取出，润透，切片，晒干。

【化学成分】果实含黄酮类：橙皮苷（hesperidin）、甲基橙皮苷查耳酮（hesperidin methyl chalcone）[1]，21R, 23R- 环氧 -21α- 甲氧基 -7, 24, 25- 三羟基 -14- 阿朴绿玉树烯 -3- 酮（21R, 23R-epoxy-21α-methoxy-7, 24, 25-trihydroxy-14-apotirucallen-3-one）、21S, 23R- 环氧 -21β- 甲氧基 -7, 24, 25- 三羟基 -14- 阿朴绿玉树烯 -3- 酮（21S, 23R-epoxy-21β-methoxy-7, 24, 25-trihydroxy-14-apotirucallen-3-one）和 21R, 23R- 环氧 -21α- 乙氧基 -24S, 25- 二羟基 - 阿朴绿玉树 -7- 烯 -3- 酮（21R, 23R-epoxy-21α-ethoxy-24S, 25-dihydroxy-apotirucalla-7-en-3-one）[2]；柠檬苦素类：21α- 甲基苦楝子二醇（21α-methyl melianodiol）、21β- 甲基苦楝子二醇（21β-methyl melianodiol）、21α, 25- 二甲基苦楝子二醇（21α, 25-dimethyl melianodiol）、21α- 甲基川楝子戊醇*（21α-methyl toosendanpentol）[2] 和 21（α, β）- 甲基苦楝酮二醇［21（α, β）-methyl melianodiols］[3]；皂苷类：宜昌橙酸（ichanexic acid）[2]；挥发油类：d- 柠檬烯（d-limonene）、γ- 萜品烯（γ-terpinene）、α- 蒎烯（α-pinene）、α- 榄香烯（α-elemene）、β- 月桂烯（β-myrcene）、顺式 - 石竹烯（cis-caryophyllene）、β- 蒎烯（β-pinene）、α- 松油烯（α-terpinene）、水芹烯（phellendrene）、莰烯（camphene）、沉香萜醇（linalool）、4- 松油醇（4-terpineol）、α- 松油醇（α-terpineol）、大根叶烯 B（germaciene B）、石竹烯氧化物（caryophyllene oxide）和 β- 毕澄茄油烯（β-cubebene）等[4,5]；香豆素类：珊瑚菜素（phellopterin）[1]、花椒毒酚（xanthotol）、别欧芹属素乙（isoimperatorin）[6]，7-（3′- 甲基 -2′, 3′- 环氧丁氧基）-8-（3″- 甲基 -2″- 氧化丁基胺）香豆素［7-（3′-methyl-2′, 3′-epoxybutyloxy）-8-（3″-methyl-2″-oxobutyl）coumarin］[7]，7- 香叶氧基香豆素（7-geranyloxycoumarin）、佛手柑内酯（bergapten）、6- 甲氧基 -7- 香叶基氧基香豆素（6-methoxy-7-geranyloxycoumarin）、7-（3′- 甲基 -2′, 3′- 环氧丁氧基）-8-（3″- 甲基 -2″, 3″- 环氧丁基）香豆素［7-（3′-methyl-2′, 3′-epoxybutyloxy）-8-（3″-methyl-2″, 3″-epoxybutyl）coumarin］和 7-（3′- 甲基 -2′, 3′- 环氧丁氧基）-8-（3″- 甲基 -2″- 丁氧基）香豆素［7-（3′-methyl-2′, 3′-epoxybutyloxy）-8-（3″-methyl-2″-oxobutyl）coumarin］[8]；甾体类：β- 谷甾醇（β-sitosterol）[6]；羧酸酯类：2- 羟基 -1, 2, 3- 三丙基羧酸 -2- 甲基酯（2-methyl 2-hydroxy-1, 2, 3-tripropyl carboxylate）[6]。

【药理作用】1. 抗肿瘤　果实提取的化合物 β- 谷甾醇（β-sitosterol）和 2- 羟基 -1, 2, 3- 丙三羧酸 2- 甲酯（2-hydroxy-1, 2, 3-propanetricarboxylic acid 2-methyl ester）在不同浓度下对人结肠癌 HT-29 细胞的繁殖均具有一定的抑制作用[1]。2. 促肠胃蠕动　未成熟果实的水提物对大鼠肠道中木炭的运输时间有显著的增加作用，且在高剂量下未显示明显的毒副作用[2]。

【性味与归经】枸橘：辛、苦，温。绿衣枳实：酸、苦，微寒。归脾、胃经。枸橘叶：辛，温。

【功能与主治】枸橘：理气健胃，消肿止痛。用于胃脘胀痛，消化不良，睾丸肿痛，子宫脱垂。绿衣枳实：破气，化痰，消积，除痞。用于食积，痰滞，胸腹胀满，胃下垂，痞块，脱肛，子宫脱垂，产后水肿。枸橘叶：行气，散结，止呕。用于噎膈反胃，呕吐，口疮。

【用法与用量】枸橘：9～15g。绿衣枳实：6～9g，水煎服；外用适量，水煎熏洗患处。枸橘叶：6～9g。

【药用标准】枸橘：浙江炮规 2015、上海药材 1994、江苏药材 1989、河南药材 1991 和台湾 1985 二册。绿衣枳实：福建药材 2006 和台湾 1985 二册。枸橘叶：上海药材 1994。

【临床参考】1. 胃脘痛、疝气、解酒毒：果实 10g，水煎服。

2. 下痢脓血：叶 10g，水煎服。

3. 中风强直：树皮 10g，水煎服。（1 方至 3 方引自《浙江天目山药用植物志》）

【附注】枸橘之名始见于《本草纲目》，称："枸橘处处有之。树、叶并与橘同，但干多刺，三月开白花，青蕊不香，结实大如弹丸，形如枳实而壳薄，不香，人家多收种为藩蓠，亦或收小实，伪充枳实及青橘皮售之，不可不辨。"《本草纲目拾遗》云："山野甚多，实小壳薄，枝多刺而实臭。"《植物名实图考》云："园圃种以为樊，刺硬茎坚，愈于杞柳。其橘气臭，亦呼臭橘。乡人云：有毒不可食，而市医或以充枳实。"其描述及附图，即指本种。

气血虚弱、阴虚有火者或孕妇慎服。

本种的根皮、茎枝及种子民间也作药用。

枸橘为枳壳的混淆品，枸橘表面绿褐色，密被棕绿色毛茸，味苦涩，应注意区别。

【化学参考文献】

［1］Nizamutdinova I T，Jeong J J，Xu G H，et al. Hesperidin，hesperidin methyl chalone and phellopterin from *Poncirus trifoliata*（Rutaceae）differentially regulate the expression of adhesion molecules in tumor necrosis factor-α-stimulated human umbilical vein endothelial cells［J］. Int Immunopharmacol，2008，8（5）：670-678.

［2］Ping Y U，Liang J Y，Liu X. Chemical constituents from the fruits of *Poncirus trifoliate*［J］. Chin J Nat Med，2010，8（2）：97-100.

［3］Zhou H Y，Shin E M，Guo L Y，et al. Anti-inflammatory activity of 21（alpha，beta）-methylmelianodiols，novel compounds from *Poncirus trifoliata* Rafinesque［J］. Eur J Pharmacol，2007，572（2-3）：239-248.

［4］刘谦光，高永吉，张尊听，等. 枸桔挥发油化学成分研究［J］. 陕西师范大学学报（自科版），1992，20（1）：88-89.

［5］潘馨，梁鸣. 绿衣枳壳中挥发油的气质联析药物分析杂志［J］. 2004，24（2）：200-202.

［6］蓝晓庆，高伟城，潘馨. 绿衣枳实的化学成分及药理活性研究进展［J］. 海峡药学，2009，21（9）：9-12.

［7］Guiotto A，Rodighiero P，Quintily U，et al. Isoponcimarin：New coumarin from *Poncirus trifoliata*［J］. Phytochemistry，1976，15（2）：348-348.

［8］Guiotto A，Rodighiero P，Pastorini G，et al. Coumarins from unripe fruits of *Ponicus trifoliata*［J］. Phytochemistry，1977，16（8）：1257-1260.

【药理参考文献】

［1］Jayaprakasha G K，Mandadi K K，Poulose S M，et al. Inhibition of colon cancer cell growth and antioxidant activity of bioactive compounds from *Poncirus trifoliata*（L.）Raf［J］. Bioorganic & Medicinal Chemistry，2007，15（14）：4923-4932.

［2］Lee H T，Seo E K，Chung S J，et al. Prokinetic activity of an aqueous extract from dried immature fruit of *Poncirus trifoliata*（L. Raf［J］. Journal of Ethnopharmacology，2005，102（2）：131.

四九　苦木科 Simaroubaceae

落叶或常绿乔木或灌木；树皮有苦味。枝条有髓部。叶螺旋状排列，单叶或一回羽状复叶；托叶通常缺。总状或圆锥花序，腋生，稀顶生，花单性或杂性，极少两性，辐射对称；萼片 3 ～ 5 枚；花瓣 3 ～ 5 枚，离生，稀缺失或连成管状；雄蕊着生于花盘基部，与花瓣同数或为其 2 倍，稀多数，花药 2 室，纵裂，丁字着生；花盘在雄蕊内，常有雌蕊柄，子房上位，2 ～ 5 裂，或由离生心皮组成，花柱 2 ～ 5 枚，中轴胎座，每室有 1 ～ 2 粒倒生胚珠。果为核果、蓇葖果或翅果。种子无胚乳或有极薄胚乳，种皮膜质。

约 20 属，90 种，主要分布于热带和亚热带地区，少数分布于温带地区。中国 5 属，约 11 种，南北多数省区有分布，法定药用植物 4 属，5 种。华东地区法定药用植物 3 属，3 种。

苦木科法定药用植物主要含萜类、生物碱类等成分。萜类多为苦味素，如苦木内酯 A、B、C、P、N（nigakilactone A、B、C、P、N）、苦树素 C、D、E、F、G（picrasin C、D、E、F、G）、苦树素苷 A、C、E、G（picrasinoside A、C、E、G）等；苦木生物碱为天然植物抗菌成分，如苦参碱（matrine）、氧化苦参碱（oxymatrine）等。

臭椿属含萜类、生物碱类等成分。萜类多为苦味素，如臭椿内酯 A、B、C、D、M、N（shinjulactone A、B、C、D、M、N）、臭椿苦酮（ailanthinone）等；生物碱主要是吲哚类，如 1- 甲氧基铁屎米酮（1-methoxycanthin-6-one）、1- 乙酰基 -4- 甲氧基 -β- 咔啉（1-acetyl-4-methoxy-β-carboline）等。

苦树属含生物碱类、萜类等成分。生物碱类多为吲哚类，如 1- 甲氧基 -β- 咔啉（1-methoxyl-β-carboline）、5- 甲氧基铁屎米酮（5-methoxycanthin-6-one）等；萜类多为苦味素，如苦木内酯 A、B、C（nigakilactone A、B、C）、苦树素苷 A、B、C、D、E、F、G（picrasinoside A、B、C、D、E、F、G）等。

鸦胆子属含萜类成分，多为苦味素，如鸦胆亭醇 A（bruceantinol A）、鸦胆子素 A、B、C、D、E、F、G（bruceine A、B、C、D、E、F、G）等。

分属检索表

1. 芽有 2 ～ 4 枚鳞片；花序顶生；翅果；雄蕊数为花瓣数的 2 倍……………………………1. 臭椿属 *Ailanthus*
1. 芽裸露；花序腋生；核果；雄蕊与花瓣同数。
  2. 小叶两面近无毛，叶缘锯齿较细小，无腺体，托叶早落；萼片宿存……………………2. 苦树属 *Picrasma*
  2. 小叶背面或两面被柔毛，叶缘锯齿较粗大，有腺体，无托叶；萼片脱落………3. 鸦胆子属 *Brucea*

1. 臭椿属 *Ailanthus* Desf.

落叶稀常绿乔木。腋芽近圆形，有 2 ～ 4 枚鳞片，缺顶芽。奇数羽状复叶或单叶，互生，小叶 11 ～ 41 枚，揉之有臭味，叶痕大；小叶片对生或近对生，基部边缘有 2 ～ 3 个大锯齿，齿端下面有腺体。圆锥花序顶生，花小，杂性或单性异株，绿色或带紫色；花萼 5（～ 6）裂或不整齐开裂至基部，稀杯状；花瓣 5（～ 6）枚，镊合状排列；雄蕊 10 枚，在雄花中长于花瓣，在雌花中短小或缺；花盘短，10 浅裂；子房在雄花中退化，在雌花及两性花中有 2 ～ 5 枚离生心皮，每室有 1 粒悬垂胚珠。翅果 1 ～ 6 个，条形至长圆状披针形。种子生于翅果中部，压扁，横生，无胚乳，种皮薄。

约 10 种，分布于东半球温带至热带池区。中国 5 种，除西北外均有分布，法定药用植物 1 种。华东地区法定药用植物 1 种。

487. 臭椿（图 487）· *Ailanthus altissima*（Mill.）Swingle

图 487　臭椿　　　　　　　　　　　　　　摄影　郭增喜等

【别名】樗（浙江），凤眼草（江苏连云港），青树花（江苏南京），樗树（安徽、山东），椿树（安徽），臭椿树。

【形态】落叶乔木，高达 30m。树皮平滑，有直浅裂纹；嫩枝被微柔毛，皮孔突出，明显，髓心大。奇数羽状复叶，长 30～90cm，小叶 13～25 枚，小叶对生，顶端渐尖至长渐尖，基部阔楔形至近圆形，两侧不等齐，除近叶基部有 1～2 对粗锯齿，齿端各有 1 枚大腺体外，全缘，下面明显灰黄色至灰黄绿色，除下面沿脉腋被柔毛外，无毛。圆锥花序顶生，长达 30cm；花小，白色带绿，杂性异株，花丝基部被丝毛。翅果长椭圆形，长 3～5cm。种子 1 粒，位于翅果近中部。花期 5～7 月，果期 8～10 月。

【生境与分布】生于阳坡疏林中、林缘、灌木丛中，或栽植于房前屋后，或作行道树。分布于华东各省市，另中国辽宁以南、广东以北、甘肃以东均有分布；日本、朝鲜也有分布。

【药名与部位】椿皮（臭椿皮），根皮或干皮。凤眼草（臭椿实），果实。

【采集加工】椿皮：全年均可采剥，干燥；或刮去粗皮后干燥。凤眼草：秋季果实成熟时采收，除去果柄，干燥。

【药材性状】椿皮：根皮呈不整齐的片状或卷片状，大小不一，厚 0.3～1cm。外表面灰黄色或黄褐色，粗糙，有多数纵向皮孔样突起和不规则纵、横裂纹，除去粗皮者显黄白色，内表面淡黄色，较平坦，密布梭形小孔或小点。质硬而脆，断面外层颗粒性，内层纤维性。气微，味苦。

干皮呈不规则板片状，大小不一，厚 0.5～2cm。外表面灰黑色，极粗糙，有深裂。

凤眼草：呈长圆状椭圆形，薄片状，两端稍尖，长 3.5～4cm，宽 1～1.2cm。果翅纸质，表面黄褐色，微有光泽，具辐射状的脉纹，间有网纹。种子扁圆形，位于果翅的中部，种皮黄褐色。子叶 2 枚，肥厚，黄绿色，富油性。气微，味苦。

【药材炮制】椿皮：除去杂质，洗净，润透，切丝或段，干燥。麸炒椿皮：取麸皮，置热锅中翻动，待其冒烟，投入椿皮饮片，炒至微黄色，取出，筛去麸皮，摊凉。炒椿皮：取蜜炙麸皮，置热锅中翻动，待其冒烟，投入椿皮饮片，炒至表面棕黄色时，取出，筛去麸皮，摊凉。

凤眼草：除去残留果柄等杂质，筛去灰屑。

【化学成分】茎含生物碱类：铁屎米 -6- 酮（canthin-6-one）和 1- 甲氧基铁屎米 -6- 酮（1-methoxycanthin-6-one）[1]；甾体类：β- 谷甾醇（β-sitosterol）[1]。

茎皮含生物碱类：马兜铃酸内酰胺 A Ⅱ（aristololactam A Ⅱ）、延胡索乙素（tetrahydropalmatine）[2]，（R）-5-（1- 羟乙基）铁屎米 -6- 酮［（R）-5-（1-hydroxyethyl）-canthin-6-one］、4- 羟基铁屎米 -6- 酮（4-hydroxycanthin-6-one）、9- 羟 基 铁 屎 米 -6- 酮（9-hydroxycanthin-6-one）、10- 羟 基 铁 屎 米 -6- 酮（10-hydroxycanthin-6-one）、11- 羟基铁屎米 -6- 酮（11-hydroxycanthin-6-one）[3]，铁屎米 -6- 酮 -1-O-β-D-芹菜糖（1→2）-β-D- 吡喃葡萄糖苷［canthin-6-one-1-O-β-D-apiofuranosyl-（1→2）-β-D-glucopyranoside］、铁屎米 -6- 酮 -1-O-［6-O-（3- 羟基 -3- 甲基戊二酰）］β-D- 吡喃葡萄糖苷 {canthin-6-one-1-O-［6-O-（3-hydroxy-3-methyl glutaryl）］-β-D-glucopyranoside} 和铁屎米 -6- 酮 1-O-［2-β-D- 芹菜糖 -6-O-（3- 羟基 -3- 甲基戊二酰）-β-D- 吡喃葡萄糖苷 {canthin-6-one-1-O-［2-β-D-apiofuranosyl-6-O-（3-hydroxy-3-methyl glutaryl）］-β-D-glucopyranoside}[4]；木脂素类：赤式愈创木基甘油醇 -β-O-4′- 松柏醚（erythro-guaiacyl glycerol-β-O-4′-coniferyl ether）、榕树木脂素 *B（ficusesquilignan B）[3]，丁香树脂酚（syringaresinol）[4]，（+）-新橄榄树脂素［（+）-neoolivil］、毛樱桃脂素 *AI（prunustosanan AI）、（7S, 8R）-4, 7, 9, 9′- 四羟基 -3, 3′- 二甲氧基 -8-O-4′- 新木脂素［（7S, 8R）-4, 7, 9, 9′-tetrahydroxy-3, 3′-dimethoxy-8-O-4′-neolignan］、（7R, 8S）-4, 7, 9, 9′- 四羟基 -3, 3′- 二甲氧基 -8-O-4′- 新木脂素［（7R, 8S）-4, 7, 9, 9′-tetrahydroxy-3, 3′-dimethoxy-8-O-4′-neolignan］、（7S, 8R）-1-（4- 羟基 -3- 甲氧苯基）-2-4-（3- 羟丙基）-2, 6- 二甲氧苯氧基 -1, 3- 丙 二 醇［（7S, 8R）-1-（4-hydroxy-3-methoxyphenyl）-2-4-（3-hydroxypropyl）-2, 6-dimethoxyphenoxy-1, 3-propanediol］、山楂脂素 *BV、BVI（pinnatifidanin BV、BVI）、（7R, 7′R, 7″S, 8S, 8′S, 8″S）-4′, 4″- 二羟基 -3, 3′, 3″, 5- 四甲氧基 -7, 9′：7′, 9- 二环氧 -4, 8″- 氧 -8, 8′- 倍半新木脂素 *-7″, 9″- 二醇［（7R, 7′R, 7″S, 8S, 8′S, 8″S）-4′, 4″-dihydroxy-3, 3′, 3″, 5-tetramethoxy-7, 9′：7′, 9-diepoxy-4, 8″-oxy-8, 8′-sesquineolignin-7″, 9″-diol］、耳草醇 D（hedyotol D）、5-（2- 丙烯基）-7- 甲氧基 -2-（3, 4- 亚甲基二氧苯基）苯并呋喃［5-（2-propenyl）-7-methoxy-2-（3, 4-methylenedioxyphenyl）benzofuran］和（7R, 8S, 7′E）- 愈创木基丙三醇 -β-O-4′-芥子醚［（7R, 8S, 7′E）-guaiacyl glycerol-β-O-4′-sinapyl ether］[5]；苦木素类：臭椿酮（ailanthone）、异臭椿酮（isoailanthone）、臭椿双内酯（shinjudilactone）、2- 二羟基臭椿酮（2-dihydroailanthone）、臭椿内酯 B（shinjulactone B）、12- 二羟基异臭椿酮（12-dihydroisoailanthone）[6]，臭椿内酯 A（shinjulactone A）、臭椿葡萄糖苷 *B（shinjuglycoside B）[4]，臭椿苦内酯（amarolide）、臭椿苦内酯 -11- 乙酸酯（amarolide-11-acetate）、臭椿内酯 C、K（shinjulactone C、K）、Δ13（18）- 去氢乐园树酮［Δ13（18）-dehydroglaucarubinone］、Δ13（18）- 去氢乐园树醇酮 *［Δ13（18）-dehydroglaucarubolone］和臭椿醇 A、B、C、D（ailantinol A、B、C、D）[7,8]；苯丙素类：二羟基松柏醇（dihydroconiferyl alcohol）、环氧松柏醇（epoxyconiferyl alcohol）和芥子醛（sinapaldehyde）[3]；甾体类：臭椿甾酮 A（alianthaltone A）、4, 4, 14- 三甲基 -3- 氧化 -24- 去甲 -5α, 13α, 14β, 17α, 20S- 胆甾 -7- 烯 -23- 酸（4, 4, 14-trimethyl-3-oxo-24-nor-5α, 13α, 14β, 17α, 20S-chol-7-en-23-oic acid）、羟基达玛烯酮 I（hydroxydammarenone I）、奥寇梯木酮（ocotillone）、豆甾 -4- 烯 -3-酮（stigmasta-4-ene-3-one）和豆甾 -4, 6, 8（14）, 22- 四烯 -3- 酮［stigmasta-4, 6, 8（14）, 22-tetraen-3-one］[9]；酚类：2, 6- 二甲氧基对苯二酚（2, 6-dimethoxyhydroquinone）和 3, 4, 5- 三甲氧基苯酚（3, 4, 5-trimethoxyphenol），即见血封喉酚（antiarol）和 4- 羟基苯甲醛（4-hydroxy-benzaldehyde）[9]；黄酮类：槲皮素（quercetin）[2]；香豆素类：东莨菪素（scopoletin）[3] 和异嗪皮啶（isofraxidin）[4]；皂苷类：齐墩果酸（oleanolic acid）[2]，20（R）-24, 25- 三羟基达玛 -3- 酮［20（R）-24, 25-trihydroxydammaran-3-

one〕、刚毛鹦鹉花醇 B（hispidol B）[3] 和臭椿替宁 A（alianthusaltinin A）[9]；酚酸类：3- 甲氧基 -4-
羟基苯甲酸（3-methoxy-4-hydroxybenzonic acid），即异香草酸（isovanillic acid）、阿魏酸（ferulic acid）[2]、
对香豆酸（p-coumaric acid）、反式 -4-O-β-D- 吡喃葡萄糖基阿魏酸（trans-4-O-β-D-glucopyranosyl ferulic
acid）、4- 羟基苯甲酸（4-hydroxybenzoic acid）、3- 羟基 -1-（4- 羟基 -3- 甲氧基苯基）-1- 丙酮〔3-hydroxy-1-
（4-hydroxy-3-methoxyphenyl）-propan-1-one〕和香草酸（vanillic acid）[4]；烯酸类：反式 -4（R）- 羟基 -2-
壬烯酸〔trans-4（R）-hydroxy-2-nonenoic acid〕[3]。

根含皂苷类：20β- 羟基达玛烷 -24- 烯 -3- 酮（20β-hydroxydammar-24-en-3-one）、奥寇梯木酮
（ocotillone）、尼洛替星（niloticin）、20S, 24S- 二羟基达玛烷 -25- 烯 -3- 酮（20S, 24S-dihydroxydammar-
25-en-3-one）、匹西狄醇 A（piscidinol A）、二氢尼洛替星（dihydroniloticin）、12β, 20β- 二羟基达玛
烷 -24- 烯 -3- 酮（dammar-24-ene-12β, 20β-diol-3-one）、12β- 羟基奥寇梯木酮（12β-hydroxyocotillone）
和 20S, 25- 环氧 -24R- 羟基 -3- 达玛烷（20S, 25-epoxy-24R-hydroxy-3-dammaranne）、异刺树酮过氧化物
（isofouquierone peroxide）和凤眼蓝类酸*（eichlerianic acid）[10]；香豆素类：5, 6, 7, 8- 四甲氧基香豆素
（5, 6, 7, 8-tetramethoxycoumarin）[10]；生物碱：铁屎米 -6- 酮（canthin-6-one）[10]；甾体类：β- 谷甾醇
（β-sitosterol）[10]。

根皮含木脂素类：开环脱氢双松柏醇 -4-O-β-D- 吡喃葡萄糖苷（seco-dehydrodiconiferyl alcohol-4-
O-β-D-glucopyranoside）、脱氢双松柏醇 -4-O-β-D- 吡喃葡萄糖苷（dehydrodiconiferyl alcohol-4-O-β-D-
glucopyranoside）、二氢脱氢双松柏醇（dihydrodehydrodiconiferyl alcohol）、二氢脱氢双松柏醇 -4-O-β-D-
吡喃葡萄糖苷（dihydrodehydrodiconiferyl alcohol-4-O-β-D-glucopyranoside）、7, 9, 9′- 三羟基 -3, 3′, 5′- 三甲氧
基 -8-O-4′- 新木脂素 -4-O-β-D- 吡喃葡萄糖苷（7, 9, 9′-trihydroxy-3, 3′, 5′-trimethoxy-8-O-4′-neolignan-4-O-β-D-
glucopyranoside）、苣叶木脂素*B（sonchifolignan B）和枸橼苦素 B（citrusin B）[11]；酚酸类：没食子酸
（gallic acid）和 4-O-β-D- 吡喃葡萄糖基 -3, 5- 二甲氧基没食子酸（4-O-β-D-glucopyranosyl-3, 5-dimethoxygallic
acid）[11]；皂苷类：20（R）-24, 25- 三羟基达玛烷 -3- 酮〔20（R）-24, 25-trihydroxy-dammaran-3-one〕，即
臭椿萜酮（ailanthterpenone）[12]；苦木素类：1α, 11α- 环氧 -2β, 11β, 12β, 20- 四羟基苦木烷*-3, 13-（21）-
二烯 -16- 酮〔1α, 11α-epoxy-2β, 11β, 12β, 20-tetrahydroxypicrasa-3, 13-（21）-dien-16-one〕、1α, 11α- 环氧 -2β,
11β, 12α, 20- 四羟基苦木烷 -3, 13-（21）- 二烯 -16- 酮*〔1α, 11α-epoxy-2β, 11β, 12α, 20-tetrahydroxypicrasa-3,
13-（21）-dien-16-one〕[13]，臭椿内酯 A、C、M、O（shinjulactone A、C、M、O）、卡帕里酮（chaparrinone）
和 6α- 查帕苦树素（6α-tigloyloxychaparrin）[14]；生物碱类：1-（1- 羟基 -2- 甲氧基）乙基 -4- 甲氧基 -β- 咔
啉〔1-（1-hydroxy-2-methoxy）ethyl-4-methoxy-β-carboline〕、5- 羟甲基铁屎米 -6- 酮（5-hydroxymethyl
canthin-6-one）、β- 咔啉 -1- 丙酸（β-carboline-1-propionic acid）、1- 胺甲酰基 -β- 咔啉（1-carbamoyl-β-carboline）、
1- 甲氧羰基 -β- 咔啉（1-carbomethoxy-β-carboline）[15] 和臭椿铁屎米碱苷 A（ailantcanthinoside A）[16]；
元素：铜（Cu）、锰（Mn）、铁（Fe）、锌（Zn）、硒（Se）、钼（Mo）、钾（K）、钠（Na）、钙（Ca）
和镁（Mg）[17]。

花含酚酸类：短叶苏木酚（brevifolin）、短叶苏木酚酸（brevifolin carboxylic acid）、短叶苏木酚酸
甲酯（methyl brevifolin carboxylate）、鞣花酸（ellagic acid）、二乙基 -2, 2′, 3, 3′, 4, 4′- 六羟基联苯 -6, 6′-
二羧酸酯（diethyl-2, 2′, 3, 3′, 4, 4′-hexahydroxybiphenyl-6, 6′-dicarboxylate）、没食子酸（gallic acid）和没
食子酸乙酯（ethyl gallate）[18]；黄酮类：芦丁（rutin）[18]。

果实含香豆素类：东莨菪内酯（scopoletin）[19]；木脂素类：(+)- 异落叶松树脂醇〔(+)-isolariciresinol〕[19]；
甾体类：β- 谷甾醇（β-sitosterol）和胡萝卜苷（daucoserol）[19]；脂肪酸类：十六烷酸（palmitic acid）[19]；
其他尚含：楂杷壬酮（chaparrinone）和巴西果蛋白（excelsin）[19]。

地上部分含苦木素类：臭椿醇 H（ailantinol H）[20]。

叶含黄酮类：槲皮素（quercetin）、阿福豆苷（afzelin）、槲皮苷（quercitrin）和异槲皮苷（isoquercitrin）[21]；
元素：铜（Cu）、锰（Mn）、铁（Fe）、锌（Zn）、硒（Se）、钼（Mo）、钾（K）、钠（Na）、钙（Ca）

和镁（Mg）[17]。

种子含元素：铜（Cu）、锰（Mn）、铁（Fe）、锌（Zn）、硒（Se）、钼（Mo）、钾（K）、钠（Na）、钙（Ca）和镁（Mg）[17]。

【药理作用】1.抗肿瘤　水提取物、乙醇提取物对小鼠移植性肿瘤 S180 肉瘤和肝癌 H22 细胞均有抑制作用[1]；臭椿苦酮（ailanthone）可破坏肿瘤血管，抑制肝癌裸鼠移植瘤的生长[2]。2.抗炎　叶提取物可抑制 10% 蛋清生理盐水所致小鼠的足肿胀和二甲苯所致小鼠的耳肿胀[3]。

【性味与归经】椿皮：苦、涩、寒。归大肠、胃、肝经。凤眼草：苦、涩、寒。

【功能与主治】椿皮：清热燥湿，收涩止带，止泻，止血。用于赤白带下，湿热泻痢，久泻久痢，便血，崩漏。凤眼草：止血，止痢。用于痢疾，肠风便血，尿血，崩漏，白带。

【用法与用量】椿皮 6 ～ 9g。凤眼草 3 ～ 10g。

【药用标准】椿皮：药典 1977-2015、浙江炮规 2015、新疆药品 1980 二册和台湾 2013。凤眼草：浙江炮规 2015、山东药材 2012、山西药材 1987、甘肃药材 2009、江苏药材 1989、上海药材 1994 和北京药材 1998。

【临床参考】1.暑天发痧（头痛、呕吐、腹胀）：根皮 21 ～ 24g，加黄荆柴、鱼腥草、椒草、青蒿各 12 ～ 15g，水煎服。（《浙江天目山药用植物志》）

2.股癣：果实 15g，水煎服，并取药汁外洗患处。

3.肺脓疡：果实 30 ～ 60g，加大青叶 30 ～ 60g，水煎服，每日 2 剂。（2方、3方引自《浙江药用植物志》）

4.功能性子宫出血、肠出血：根皮 9g，加槐花 9g、黄柏 6g、侧柏炭 15g，水煎服。（《山西中草药》）

5.滴虫性阴道炎：根皮 15g，水煎服，另用千里光 30g，薄荷、蛇床子各 15g，水煎外洗。（《江西中草药学》）

6.关节疼痛：根皮 30g，酒水各半，猪脚 1 只，同炖服。（《福建药物志》）

【附注】樗白皮始载于《药性论》。《新修本草》谓："（椿、樗）二树形相似，樗木疏，椿木实为别也。"《本草衍义》云："椿、樗皆臭，但一种有花结子，一种无花不实。世以无花不实，木身大，其干端直者为椿，椿用木叶；其有花而荚，木身小，干多迂矮者为樗，樗用根、叶、荚。故曰未见椿上有荚者，惟樗木上有。又有樗鸡，故知古人命名曰不言椿鸡，而言樗鸡者，以显有鸡者为樗，无鸡者为椿，其义甚明。"《植物名实图考》立"樗"条收载，并有附图。即为此种。

脾胃虚寒者慎服。

本种的叶（称樗叶）民间也药用。

【化学参考文献】

［1］王桂清，何直升，陆春娥，等.臭椿化学成分的初步研究［J］.广西植物，1981，1（4）：45-47.

［2］莫小宇，麦景标.臭椿皮乙酸乙酯部位化学成分研究［J］.中国实验方剂学杂志，2013，19（16）：136-138.

［3］Kim H M，Lee J S，Sezirahiga J，et al. A new canthinone-type alkaloid isolated from *Ailanthus altissima* Swingle［J］. Molecules，2016，21（5）：642.

［4］Kim H M，Kim S J，Kim H Y，et al. Constituents of the stem barks of *Ailanthus altissima* and their potential to inhibit LPS-induced nitric oxide production［J］. Bioorg Med Chem Lett，2015，25（5）：1017-1020.

［5］刘栋，张建，汤少男，等.臭椿皮中木脂素类成分研究［J］.中国中药杂志，2016，41（24）：4615-4620.

［6］Wang R X，Mao X X，Zhou J，et al. Antitumor activities of six quassinoids from *Ailanthus altissima*［J］. Chem Nat Compd，2017，53（1）：28-32.

［7］Kubota K，Fukamiya N，Hamada T，et al. Two new quassinoids，ailantinols A and B，and related compounds from *Ailanthus altissima*［J］. J Nat Prod，1996，59（7）：683-686.

［8］Kubota K，Fukamiya N，Okano M，et al. Two new quassinoids，ailantinols C and D，from *Ailanthus altissima*［J］. Bull Korean Chem Soc，1996，69（12）：3613-3617.

［9］Zhou X J，Xu M，Li X S，et al. Triterpenoids and sterones from the stem bark of *Ailanthus altissima*［J］. Bull Korean

Chem Soc，2011，32（1）：127-130.

[10] 图斯库，张树军，李涛，等. 臭椿树根化学成分研究［J］. 中草药，2015，46（10）：1426-1430.

[11] Tan Q W，Ouyang M A，Wu Z J. A new seco-neolignan glycoside from the root bark of *Ailanthus altissima*［J］. Nat Prod Res，2012，26（15）：1375-1380.

[12] 王乐飞，赵军，唐文照，等. 臭椿根皮中1个新的达玛烷型三萜［J］. 中草药，2014，45（2）：161-163.

[13] 吕金顺，熊波，郭迈，等. 臭椿中新苦木苦素的结构鉴定［J］. 中山大学学报（自然科学版），2002，41（3）：37-40.

[14] Yang X L，Yuan Y L，Zhang D M，et al. Shinjulactone O，a new quassinoid from the root bark of *Ailanthus altissima*［J］. Nat Prod Res，2014，28（18）：1432-1437.

[15] Ohmoto T，Koike K. Studies on the constituents of *Ailanthus altissima* Swingle. Ⅲ. the alkaloidal constituents［J］. Chem Pharm Bull，1984，32（1）：170-173.

[16] Zhang L P，Wang J Y，Wang W，et al. Two new alkaloidal glycosides from the root bark of *Ailanthus altissima*［J］. J Asian Nat Prod Res，2007，9（3）：253-259.

[17] 程富胜，董鹏程，金莉，等. 臭椿树不同药用部位元素的测定与分析［J］. 微量元素与健康研究，2005，22（5）：23-24.

[18] 娄可芹，唐文照，王晓静. 臭椿花化学成分研究［J］. 中药材，2012，35（10）：1605-1607.

[19] 杨成见，唐文照，王晓静，等. 臭椿果实化学成分研究［J］. 中成药，2010，32（7）：1176-1179.

[20] Tamura S，Fukamiya N，Okano M，et al. A new quassinoid，ailantinol H from *Ailanthus altissima*［J］. Nat Prod Res，2006，20（12）：1105-1109.

[21] Lee M K，Kim S Y，Park J H，et al. Flavonoids from the leaves of *Ailanthus altissima* Swingle and their antioxidant activity［J］. J Appl Biol Chem，2013，56（4）：213-217.

【药理参考文献】

[1] 杨莉芬，李雪萍. 臭椿皮提取物体内抗肿瘤作用的实验研究［J］. 甘肃医药，2010，29（6）：685-686.

[2] 卓振建. 臭椿苦酮抗肝癌活性和分子机制研究［D］. 广州：暨南大学硕士学位论文，2016.

[3] 霍清，王晓旭，郑蕾，等. 臭椿叶提取物抗炎作用研究［J］. 安徽农业科学，2010，38（9）：4524-4524.

2. 苦树属 *Picrasma* Blume

落叶或常绿乔木。树皮极苦，枝条髓部大，芽裸露。奇数羽状复叶，小叶对生或近对生，托叶早落。复聚伞花序腋生，有长总梗，花杂性或单性，雌雄同株或异株，苞片小，早落，花4～5基数，雌花通常比雄花大2倍；萼片小，离生至合生，宿存；花瓣黄绿色，比萼片长，镊合状排列；雄花的雄蕊4～5枚，花丝着生于花盘狭窄的基部；雌花的雄蕊退化，细小，子房具2～5（～7）枚离生心皮，在雄花中不育或缺，柱头离生，丝状，胚珠单生。果由1～5个肉质或革质小核果组成，有宿萼，小核果浆果状，外果皮薄，干时皱。种子有宽的种脐，无胚乳。

约9种，分布于亚洲和美洲热带、亚热带地区。中国2种，分布于南部、西南部、中部和北部各省区，法定药用植物2种。华东地区法定药用植物1种。

488. 苦树（图488）• *Picrasma quassioides*（D.Don）Bennett

【别名】苦桑头（江苏连云港），苦皮树（山东），苦木（安徽），苦木、黄楝树（浙江）。

【形态】落叶小乔木或灌木，高可达10m。叶与树皮极苦。芽裸露，密被锈褐色柔毛，枝条有灰白色皮孔。奇数羽状复叶，小叶7～15枚，长20～35cm；小叶卵形至长圆状卵形，长4～10cm，宽2～4cm，顶端短尖至渐尖，基部阔楔形至近圆形，两侧稍不等大，边缘有锯齿，除下面中脉上及叶轴、叶柄被微柔毛外，近无毛，侧脉6～10对；托叶早落。花雌雄异株，聚伞花序腋生，长达12cm，被柔毛，萼片4～5枚，花瓣黄绿色，与萼片同数；雄花的雄蕊4～5枚，退化子房微小；雌花的子房具4～5枚离生心皮，

图 488 苦树

摄影 徐克学等

花柱中部以下合生，柱头细长，离生。小核果蓝色或红色，卵球形，3～4 个并生，直径 6～8mm，干时皱缩，萼片宿存。花期 4～5 月，果期 6～9 月。

【生境与分布】生于湿润的沟谷、山坡等阔叶林中。分布于华东各省市，另中国黄河流域以南其他各省区均有分布；日本、朝鲜、印度也有分布。

【药名与部位】苦木，枝和叶。苦树皮，树皮或茎木。

【采集加工】苦木：夏、秋二季采收，干燥。苦树皮：全年均可采收，折断茎木或剥取树皮，晒干。

【药材性状】苦木：枝呈圆柱形，长短不一，直径 0.5～2cm；表面灰绿色或棕绿色，有细密的纵纹和多数点状皮孔；质脆，易折断，断面不平整，淡黄色，嫩枝色较浅且髓部较大。叶为单数羽状复叶，易脱落；小叶卵状长椭圆形或卵状披针形，近无柄，长 4～16cm，宽 1.5～6cm；先端锐尖，基部偏斜或稍圆，边缘具钝齿；两面通常绿色，有的下表面淡紫红色，沿中脉有柔毛。气微，味极苦。

苦树皮：茎木呈圆柱形，长短不一，直径 0.5～2cm；表面灰绿色或棕绿色，有细密的纵纹及多数点状皮孔；质脆，易折断，断面不平整，淡黄色，小枝色较浅且髓部较大。皮呈单卷筒状、槽状或长片状，大多数已除去栓皮。未去栓皮的幼皮表面棕绿色，皮孔细小，淡棕色，稍突起；未去栓皮的老皮表面棕褐色，圆形皮孔纵向排列，中央下凹，四周突起，常附有白色地衣斑纹。内表面黄白色，平滑。质脆，易折断，折断面略粗糙，可见微细的纤维。气微，味苦。

【化学成分】根含生物碱类：1- 乙酰基 -β- 咔啉（1-acetyl-β-carboline）、4, 8- 二甲氧基 -1- 乙基 -β-咔啉（4, 8-dimethoxy-1-ethyl-β-carboline）、4, 8- 二甲氧基 -1-（2- 甲氧乙基）-β- 咔啉［4, 8-dimethoxy-1-（2-methoxyethyl）-β-carboline］、β- 咔啉 -1-（4, 8- 二甲氧基）-β- 咔啉 -1- 乙烷基酮［β-carbolin-1-（4, 8-dimethoxy）-β-carbolin-1-ethyl ketone］和 3- 甲基铁屎米 -2, 6- 二酮（3-methylcanthin-2, 6-dione）[1]。

根的木质部含生物碱类：苦木西碱 V、U（picrasidine V、U）[2, 3]。

茎的木质部含生物碱类：β-咔啉-1-基-3-（4, 8-二甲氧基-β-咔啉-1-基）-1-甲氧丙基酮［β-carboline-1-yl 3-（4, 8-dimethoxy-β-carbolin-1-yl）-1-methoxypropyl ketone］、1-乙基-4-甲氧基-β-咔啉（1-ethyl-4-methoxy-β-carboline）、4-甲氧基-1-乙烯基-β-咔啉（4-methoxy-1-vinyl-β-carboline）、铁屎米-6-酮（carbolin-6-one）、5-甲氧铁屎米酮（5-methoxycanthin-6-one）[4]、4, 9-二甲氧基-1-乙烯基-β-咔啉（4, 9-dimethoxy-1-vinyl-β-carboline）、4, 8-二甲氧基-1-乙烯基-β-咔啉（4, 8-dimethoxy-1-vinyl-β-carboline）[4,5]、1-甲酯基-β-咔啉（1-carbomethoxy-β-carboline）、3-甲氧基铁屎米-5, 6-二酮（3-methoxycanthin-5, 6-dione）[5]、4, 5-二甲氧基铁屎米酮（4, 5-dimethoxycanthin-6-one）、5-羟基-4-甲氧基铁屎米-6-酮（5-hydroxy-4-methoxycanthin-6-one）[5,6]、苦木西碱E（picrasidine E）、1-甲氧羰基-β-咔啉（1-methoxycarbonyl-β-carboline）、1-乙氧羰基-β-咔啉（1-ethoxycarbonyl-β-carboline）、1-甲酰基-β-咔啉（1-formyl-β-carboline）、1-羟甲基-β-咔啉（1-hydroxymethyl-β-carboline）、β-咔啉-1-丙酸（β-carboline-1-propionic acid）[6]、苦木碱辛（kumujancine），即1-甲酰基-4-甲氧基-β-咔啉（1-formyl-4-methoxy-β-carboline）、苦木碱壬（kumujanrine），即3-β-咔啉-1-丙酸甲酯（methyl 3-β-carbolin-1-propionate）、1-乙烯基-4-甲氧基-β-咔啉（1-vinyl-4-methoxy-β-carboline）、3-甲基铁屎米-2, 6-二酮（3-methyl-canthin-2, 6-dione）[7]、苦木双碱甲（kumujansine）、苦木双碱乙（kumujantine）[8]、4-羟基-5-甲氧基铁屎米-6-酮（4-hydroxy-5-methoxycanthin-6-one）[9]、苦木西碱W、X、Y（picrasidine W、X、Y）[10]和1-羧基-3-甲基铁屎米-2, 6-二酮（1-carboxyl-3-methyl canthin-2, 6-dione）[11]。

茎含内酯类：苦木内酯甲（nigakulactone A）[12]、2′-异苦树素A（2′-isopicrasin A）和苦树素A（picrasin A）[13]；木脂素类：苦树木脂素A（picrasmalignan A）和醉鱼草醇A、C（buddlenol A、C）[13]；黄酮类：漆黄素（fisetin）[13]；生物碱类：苦木西碱F、G、S（picrasidine F、G、S）[14]、苦树西定碱E、F、G、H（quassidine E、F、G、H）、铁屎米-16-酮-14-丁酸（canthin-16-one-14-butyric acid）、3-（1, 1-二甲氧基甲基）-β-咔啉［3-（1, 1-dimethoxylmethyl）-β-carboline］、6, 12-二甲氧基-3-甲酰基-β-咔啉（6, 12-dimethoxy-3-formyl-β-carboline）[15]、6, 12-二甲氧基-3-（2-羟基乙基）-β-咔啉［6, 12-dimethoxy-3-（2-hydroxylethyl）-β-carboline］、3, 10-二羟基-β-咔啉（3, 10-dihydroxy-β-carboline）、6, 12-二甲氧基-3-（1-羟基乙基）-β-咔啉［6, 12-dimethoxy-3-（1-hydroxylethyl）-β-carboline］、6, 12-二甲氧基-3-（1, 2-二羟基乙基）-β-咔啉［6, 12-dimethoxy-3-（1, 2-dihydroxylethyl）-β-carboline］、6-甲氧基-3-（2-羟基-1-乙氧基乙基）-β-咔啉［6-methoxy-3-（2-hydroxyl-1-ethoxylethyl）-β-carboline］、6-甲氧基-12-羟基-3-甲氧羰基-β-咔啉（6-methoxy-12-hydroxy-3-methoxycarbonyl-β-carboline）、3-羟基-β-咔啉（3-hydroxy-β-carboline）、6-甲氧基-3-（2-羟基乙基）-β-咔啉［6-methoxy-3-（2-hydroxylethyl）-β-carboline］、6-甲氧基-3-（1, 2-二羟基乙基）-β-咔啉［6-methoxy-3-（1, 2-dihydroxylethyl）-β-carboline］、3-羟甲基-β-咔啉（3-hydroxymethyl-β-carboline）、3-甲酰基-β-咔啉（3-formyl-β-carboline）、3-甲氧羰基-β-咔啉（3-methoxycarbonyl-β-carboline）、3-乙氧羰基-β-咔啉（3-ethoxycarbonyl-β-carboline）、6-甲氧基-3-乙基-β-咔啉（6-methoxyl-3-ethyl-β-carboline）、6, 12-二甲氧基-3-乙基-β-咔啉（6, 12-dimethoxyl-3-ethyl-β-carboline）、6-甲氧基-3-乙烯基-β-咔啉（6-methoxy-3-vinyl-β-carboline）、6, 12-二甲氧基-3-乙烯基-β-咔啉（6, 12-dimethoxy-3-vinyl-β-carboline）、3-甲氧基-β-咔啉（3-methoxy-β-carboline）、6-甲氧基-3-甲基-β-咔啉（6-methoxy-3-methyl-β-carboline）、3-甲酰基-6-甲氧基-β-咔啉（3-formyl-6-methoxy-β-carboline）、β-咔啉-3-丙酸（β-carboline-3-propionic acid）、苦木西碱X（picrasidine X）[16]、苦木西碱C（picrasidine C）和苦树西定碱A、B、C、D（quassidine A、B、C、D）[17]、4, 5-二甲氧基-10-羟基铁屎米酮（4, 5-dimethoxy-10-hydroxycanthin-6-one）、8-羟基铁屎米酮（8-hydroxycanthin-6-one）[18]、4, 5-二甲氧基铁屎米酮（4, 5-dimethoxycanthin-6-one）、5-羟基-4-甲氧基铁屎米酮（5-hydroxy-4-methoxycanthin-6-one）、3-甲基铁屎米-5, 6-二酮（3-methylcanthin-5, 6-dione）[18,19]、6-羟基-β-咔啉-1-羧酸（6-hydroxy-β-carboline-1-carboxylic acid）、β-咔啉-1-羧酸（β-carboline-1-carboxylic acid）、β-咔啉-1-丙酸（β-carboline-1-propanoic acid）和1-甲氧羰基-β-咔啉（1-methoxycarbonyl-β-carboline）[19]。

茎心含生物碱类：1- 甲氧甲酰 -β- 咔啉（1-carbomethoxy-β-carboline）、4.5- 二甲氧基铁屎米 -6- 酮（4, 5-dimethoxycanthin-6-one）、铁屎米 -6- 酮（canthin-6-one）、4- 甲氧基 -5- 羟基铁屎米 -6- 酮（4-methoxy-5-hydroxycanthin-6-one）、1- 乙氧甲酰 -β- 咔啉（1-carboethoxy-β-carboline）、1- 甲酰 -β- 咔啉（1-formyl-β-carboline）和 1- 乙烯基 -4,8- 二甲氧基 -β- 咔啉（1-vinyl-4, 8-dimethoxy-β-carboline）[20]。

枝叶含生物碱类：铁屎米 -6- 酮（canthin-6-one）、4, 5- 二甲氧基铁屎米 -6- 酮（4, 5-dimethoxycanthin-6-one）、3- 甲基 - 铁屎米 -2, 6- 二酮（3-methylcanthin-2, 6-dione）、1- 甲酰 -4- 甲氧基 -β- 咔啉（1-formyl-4-methoxy-β-carboline）、1- 甲氧基 -β- 咔啉（1-methoxy-β-carboline）、1- 乙基 -4, 8- 二甲氧基 -β- 咔啉（1-ethyl-4, 8-dimethoxy-β-carboline）、1- 甲氧羰基 -4- 羟基 -β- 咔啉（1-methoxycarbonyl-4-hydroxyl-β-carboline）、1- 甲基 -4- 甲氧基 -β- 咔啉（1-methyl-4-methoxy-β-carboline）、1- 乙氧羰基 -β- 咔啉（1-ethoxycarbonyl-β-carboline）、1- 甲酰基 -β- 咔啉（1-formyl-β-carboline）、1- 乙基 -4- 甲氧基 -β- 咔啉（1-ethyl-4-methoxy-β-carboline）、1, 2, 3, 4- 四氢 -1, 3, 4- 三氧 -β- 咔啉（1, 2, 3, 4-tetrahydro-1, 3, 4-trioxo-β-carboline）[21]、5- 甲氧基铁屎米 -6- 酮（5-methoxycanthin-6-one）、11- 羟基铁屎米 -6- 酮（11-hydroxycanthin-6-one）、4- 甲氧基 -5- 羟基 - 铁屎米 -6- 酮（4-methoxy-5-hydroxycanthin-6-one）、1- 甲氧羰基 -β- 咔啉（1-methoxycarbonyl-β-carboline）[21, 22]、4, 5- 二甲氧基 - 铁屎米 -6- 酮（4, 5-dimethoxycanthin-6-one）和 1- 羟甲基 -β- 咔啉（1-hydroxymethyl-β-carboline）[22]；内酯类：苦木内酯 F（nigakilactone F）和苦树素 B（picrasin B）[22]；黄酮类：高丽槐素（maackiain）、高丽槐素 -3-O-β-D- 葡萄糖苷（maackiain-3-O-β-D-glucoside），即红车轴草根苷（trifolirhizin）和 3′, 7- 二羟基 -4- 甲氧基异黄酮（3′, 7-dihydroxy-4′-methoxylisoflavone）[22, 23]；香豆素类：伞形花内酯（umbelliferone）[22, 23]；蒽醌类：大黄素（emodin）[22, 23]。

根皮含生物碱类：苦木西碱 L、M、P（picrasidine L、M、P）[24] 和苦木西碱 G、S（picrasidine G、S）[25]。

树皮含生物碱类：苦木西碱 T（picrasidine T）[26]；内酯类：苦树萜内脂 A、B、C、D、E（picraqualide A、B、C、D、E）、苦木内酯 B、C、E、F（nigakilactone B、C、E、F）、苦树内酯（kusulactone）、瓜哇镰菌素 U（javanicin U）、12- 去甲苦木素（12-norquassin）、苦木素（quassin）、2, 3- 二去氢苦树素 B（2, 3-didehydropicrasin B）、苦树素 B（picrasin B）和苦木内脂 C（simalikalactone C）[27]。

【药理作用】1. 抗溃疡　全株的水提物对大鼠阿司匹林幽门结扎性溃疡、浸水束缚应激所致大鼠应激性胃溃疡及盐酸乙醇所致小鼠溃疡具有显著的抑制作用[1]。2. 抗肿瘤　茎的甲醇提取物的正丁醇萃取部位可显著促进人胃癌 NCI-N87 细胞的凋亡，而对人正常肾脏细胞无毒性作用[2]；茎的乙醇提取物可显著抑制人肝癌 HepG-2 细胞的生长，并促进凋亡[3]。3. 抗炎　茎中分离得到的生物碱可抑制脂多糖诱导小鼠单核巨噬细胞 RAW264.7 中的一氧化氮（NO）、肿瘤坏死因子 -α（TNF-α）及白细胞介素 -6（IL-6）的释放，结构中的羰基及 C_{14} 位的双键为其发挥抗炎作用的有效基团[4]。4. 降血压　茎枝中提取的生物碱可显著降低自发性高血压大鼠的收缩压及舒张压，升高大鼠血清中的超氧化物歧化酶（SOD）及一氧化氮水平，并可增强一氧化氮合酶（NOS）的表达[5]。5. 抗菌　茎中分离得到的 4, 5- 二甲氧基—铁屎米酮对肺炎球菌有显著的抑制作用[6]。6. 改善心功能　茎中提取的总生物碱可延长小鼠 P-R 间期，具有轻度的减慢房室传导的作用[7]；对蟾蜍离体心脏的心率有减慢作用，但不降低心肌收缩力[7]。7. 扩张血管　茎中分离的总生物碱对离体兔耳血管及蟾蜍血管均有明显的扩张作用[7]。

毒性　茎中提取的总生物碱对小鼠灌胃给药的半数致死剂量（LD_{50}）为 1.971g/kg，约相当于成人每日每千克用量的 6570 倍[7]。

【药材炮制】苦木：除去杂质，枝洗净，润透，切片，干燥；叶喷淋清水，稍润，切丝，干燥。

【性味与归经】苦木：苦，寒；有小毒。归肺、大肠经。苦树皮：苦，寒；小毒。归肺、大肠经。

【功能与主治】苦木：清热解毒，祛湿。用于风热感冒，咽喉肿痛，湿热泻痢，湿疹，疮疖，蛇虫咬伤。苦树皮：清热燥湿，解毒杀虫。用于痢疾，泄泻，蛔虫病，疮毒，疥癣，湿疹，烧伤。

【用法与用量】苦木：枝 3 ～ 4.5g；叶 1 ～ 3g；外用适量。苦树皮：3 ～ 9g；外用适量，煎水洗或研末敷。

【药用标准】苦木：药典 1977—2015、湖南药材 1993、湖南药材 2009 和广西壮药 2008。苦树皮：

贵州药材 2003。

　　【临床参考】1. 肝癌：苦木提取物汤剂，每次 15g，每日早晚各 1 次，连续服 3 周[1]。

　　2. 高血压：苦木片（每片含总生物碱 3mg）口服，第 1 疗程 10 天，第 2 疗程 20 天，第 3 疗程 30 天，均以每天 3 次，每次 1 片开始，第 2 疗程开始疗效不佳者，每次可增至 2 ～ 3 片[2]。

　　3. 阿米巴痢疾：茎枝 15g，加石榴皮 15g、竹叶椒根 9 克，水煎，分 2 次服。

　　4. 菌痢：茎枝 9 ～ 12g 研粉，分 3 ～ 4 次吞服。

　　5. 烫伤：10% ～ 20% 苦木水煎液外洗伤口后，用 5% ～ 30% 苦木软膏外涂。（3 方至 5 方引自《浙江药用植物志》）

　　【附注】本种有一定毒性，内服不宜过量。孕妇慎服。

　　本种的根及叶民间均药用。

　　【化学参考文献】

［1］Ohmoto T，Koike K. Studies on the Constituents of *Picrasma quassioides* Bennet. I . On the alkaloidal constituents［J］. Chem Pharm Bull，1982，31（9）：3198-3204.

［2］Koike K，Ohmoto T，Ikeda K. β-carboline alkaloids from *Picrasma quassioides*［J］. Phytochemistry，1990，29（9）：3060-3061.

［3］Koike K，Ohmoto T. Picrasidine-U，dimeric alkaloid from *Picrasma quassioides*，［J］. Phytochemistry，1988，27（9）：3029-3030.

［4］Ohmoto T，Koike K. Studies on the constituents of *Picrasma quassioides* Bennet. II . On the alkaloidal constituents［J］. Chem Pharm Bull，1983，31（9）：3198-3204.

［5］Lee J J，Oh C H，Yang J H，et al. Cytotoxic alkaloids from the wood of *Picrasma quassioides*［J］. J Korean Soc Appl Biol Chem，2009，52（6）：663-667.

［6］Ohmoto T，Koike K. Studies on the constituents of *Picrasma quassioides* Bennet. III . The alkaloidal constituents［J］. Chem Pharm Bull，1984，32（9）：3579-3583.

［7］杨峻山，宫丹. 自苦木中分离得到两个新的 β- 咔啉生物碱——苦木碱辛和苦木碱壬［J］. 化学学报，1984，42：679-683.

［8］杨峻山，于德泉，梁晓天. 苦木双碱甲和苦木双碱乙的结构［J］. 药学学报，1988，23（4）：267-272.

［9］Liu J，Davidson R S，Heijden R D，et al. Isolation of 4-hydroxy-5-methoxycanthin-6-one from *Picrasma quassioides* and revision of a previously reported structure［J］. Eur J Org Chem，1992，9：987-988.

［10］Li H Y，Koike K，Ohmoto T. New alkaloids，picrasidines W，X and Y，from *Picrasma quassioides* and X-ray crystallographic analysis of picrasidine Q［J］. Chem Pharm Bul，1993，41（10）：1807-1811.

［11］张振杰，姜菊梅. 苦木新生物碱的分离与鉴定［J］. 西北植物学报，1987，7（4）：63-64.

［12］张振杰，李遂英，郭立，等. 苦木降压成分的分离与鉴定［J］. 西北植物学报，1986，6（2）：60-62.

［13］Jiao W H，Gao H，Zhao F，et al. A new neolignan and a new sesterterpenoid from the stems of *Picrasma quassioides* Bennet［J］. Chem Biodivers，2011，8（6）：1163-1169.

［14］石国华，焦伟华，杨帆，等. 苦木中 3 个二聚 β- 卡巴林生物碱及其生物活性研究［J］. 中草药，2015，46（6）：803-807.

［15］Jiao W H，Gao H，Zhao F，et al. Anti-inflammatory alkaloids from the stems of *Picrasma quassioides* Bennet［J］. Chem Pharm Bull，2011，59（3）：359-364.

［16］Jiao W H，Gao H，Li C Y，et al. β-carboline alkaloids from the stems of *Picrasma quassioides*［J］. Magn Reson Chem，2010，48（6）：490-495.

［17］Jiao W H，Gao H，Li C Y，et al. Quassidines A-D，bis-beta-carboline alkaloids from the stems of *Picrasma quassioides*［J］. J Nat Prod，2010，73（2）：167-171.

［18］Jiang M X，Zhou Y J. Canthin-6-one alkaloids from *Picrasma quassioides* and their cytotoxic activity［J］. J Asian Nat Prod Res，2008，10（11）：1009-1012.

［19］Lai Z Q，Liu W H，Ip S P，et al. Seven alkaloids from *Picrasma quassioides*，and their cytotoxic activities［J］. Chem

Nat Compd，2014，50（5）：884-888.

［20］杨峻山，罗淑荣，沈秀兰，等.苦木生物碱的化学研究［J］.药学学报，1979，14（3）：167-177.

［21］陈猛，范华英，戴胜军，等.苦木生物碱的化学研究［J］.中草药，2007，38（6）：807-810.

［22］祝晨蔯，邓贵华，林朝展.苦树化学成分研究［J］.中国中药杂志，2011，36（7）：886-890.

［23］祝晨蔯，邓贵华，林朝展.苦木化学成分研究［J］.天然产物研究与开发，2012，24（4）：476-478.

［24］Ohmoto T，Koike K. Studies on the alkaloids from *Picrasma quassioides* Bennet. V. structures of picrasidines L，M，and P［J］. Chem Pharm Bull，1985，34（5）：2090-2093.

［25］Koike K，Ohmoto T. Studies on the alkaloids from *Picrasma quassioides* Bennet. IX. structures of two β-carboline dimeric alkaloids，picrasidines-G and-S［J］. Chem Pharm Bull，1985，34（5）：2090-2093.

［26］Koike K，Ohmoto T，Higuchi T. Picrasidine-T，a dimeric β-carboline alkaloid from *Picrasma quassioides*［J］. Phytochemistry，1987，26（12）：3375-3377.

［27］Yang S P，Yue J M. Five new quassinoids from the bark of *Picrasma quassioides*［J］. Helv Chim Acta，2004，87：1591-1600.

【药理参考文献】

［1］Hwisa N T，Gindi S，Chandu B R，et al. Evaluation of antiulcer activity of *Picrasma quassioides*（D. Don）Bennett aqueous extract in rodents［J］. Phytomedicine，2013，1（1）：27-33.

［2］Yin Y，Heo S I K S，Wang M H. Biological activities of fractions from methanolic extract of *Picrasma quassioides*［J］. Journal of Plant Biology，2009，52（4）：325-331.

［3］刘岩，张虹，戴玮，等.苦木对HepG-2细胞增殖抑制作用及机制的研究［J］.中药材，2010，33（7）：1143-1146.

［4］Jiao W H，Gao H，Zhao F，et al. Anti-inflammatory alkaloids from the stems of *Picrasma quassioides* Bennet［J］. Chemical & Pharmaceutical Bulletin，2011，59（3）：359-364.

［5］赵文娜，苏琪，何姣，等.苦木提取物对原发性高血压大鼠的降压作用研究［J］.中药药理与临床，2012，28（5）：108-111.

［6］陈猛，范华英，戴胜军，等.苦木生物碱抗菌活性成分的研究［C］.全国创新药物及新品种研究、开发学术研讨会，2006.

［7］杜志德，张爱武.苦木总生物碱的药理研究［J］.中国医药工业杂志，1982，（6）：21-26.

【临床参考文献】

［1］李玥，罗鑫，李玉凤，等.苦木提取物汤剂对肝癌患者治疗的效果观察［J］.中医临床研究，2017，9（20）：41-42.

［2］希仁，高岩，魏克如，等.苦木治疗高血压126例疗效观察［J］.中药通报，1983，8（1）：40-41.

3. 鸦胆子属 *Brucea* J. F. Mill.

灌木或小乔木，全株有苦味。奇数羽状复叶，小叶3～15枚；无托叶。花很小，单性或两性，雌雄同株或异株；花序腋生，由小聚伞花序组成大多为不分枝的圆锥花序；花萼细小，4裂，裂片覆瓦状排列；花瓣4枚，离生，覆瓦状排列，花盘厚，4裂；雄蕊4枚，花丝短，雄蕊在雌花中不育或缺；子房由4枚离生心皮组成，每心皮有1粒倒生胚珠，花柱分离或基部合生。核果，卵圆形，多少肉质；无宿萼。种子单生，无胚乳。

约6种，分布于东半球热带地区。中国2种，分布于福建、广东、广西和云南等省区，法定药用植物1种。华东地区法定药用植物1种。

489. 鸦胆子（图489）• *Brucea javanica*（Linn.）Merr.

【别名】鸦蛋子（浙江），苦参子。

【形态】常绿灌木或小乔木，高达3m。全株被黄褐色短柔毛。奇数羽状复叶互生，长20～40cm，有小叶5～11枚，通常为7枚；小叶纸质，卵形至卵状披针形，长5～10（～13）cm，宽2～5（～6）cm，

图 489　鸦胆子　　　　　　　　　　　　　　摄影　徐克学

顶端渐尖，有时尖头尾状，基部阔楔形至近圆形，两侧稍不等，边缘有粗锯齿，两面均被柔毛，下面较密，侧脉 5 ～ 7 对，伸达齿端，小叶柄长 4 ～ 8mm。雄花序长 15 ～ 25（～ 40）cm，雌花序长约为雄花序的 1/2，花细小，花瓣暗紫色，4 枚；花萼极小，4 裂，密被柔毛；雄花的雄蕊 4 枚，雌花的雄蕊退化或无，子房由完全分离的心皮组成。核果 1 ～ 4 个，卵形，直径 4 ～ 6mm，成熟时变黑紫色，干时有网状肋纹。花期 7 ～ 9 月，果期翌年 1 ～ 2 月。

【生境与分布】生于疏林、荒坡及灌木林中。中国南部常见；亚洲东南部至大洋洲也有。

【药名与部位】鸦胆子，果实。

【采集加工】秋季果实成熟时采收，除去杂质，干燥。

【药材性状】呈卵形，长 6 ～ 10mm，直径 4 ～ 7mm。表面黑色或棕色，有隆起的网状皱纹，网眼呈不规则的多角形，两侧有明显的棱线，顶端渐尖，基部有凹陷的果梗痕。果壳质硬而脆，种子卵形，长 5 ～ 6mm，直径 3 ～ 5mm，表面类白色或黄白色，具网纹；种皮薄，子叶乳白色，富油性。气微，味极苦。

【药材炮制】除去杂质。用时除去果壳。

【化学成分】地上部分含皂苷类：鸦胆子宁 C（bruceajavanin C）[1]；甾体类：（20R）-O-（3）-α-L-吡喃阿拉伯糖孕甾 -5- 烯 -3β，20- 二醇 [（20R）-O-（3）-α-L-arabinopyranosyl pregn-5-ene-3β, 20-diol] 和，（3β，20R）-3- 羟基孕甾 -5- 烯 -20-α-D- 吡喃葡萄糖苷 [（3β, 20R）-3-hydroxypregn-5-en-20-α-D-glucopyranoside][1]；苦木素类：鸦胆子苦苷 A、B（bruceoside A、B）、鸦胆子苦素 D、E（bruceine D、E）和鸦胆子苷 A、G（yadanzioside A、G）[1]。

茎叶含甾体类：3-O-β-D- 吡喃葡萄糖基 -（1 → 2）-α-L- 吡喃阿拉伯糖基 -（20R）- 孕甾 -5- 烯 -3β，20- 二 醇 [3-O-β-D-glucopyranosyl-（1 → 2）-α-L-arabinopyranosyl-（20R）-pregn-5-ene-3β, 20-diol]、3-O-α-D-L- 吡喃阿拉伯糖基 -（20R）- 孕甾 -5- 烯 -3β，20- 二醇 -20-O-β-D- 吡喃葡萄糖苷 [3-O-α-L-arabinopyranosyl-（20R）-pregn-5-ene-3β, 20-diol-20-O-β-D-glucopyranoside］、3-O-α-D-L- 吡喃阿拉伯糖基 -（20R）- 孕甾 -5- 烯 -3β, 20- 二醇 -20-O-β-D- 吡喃葡萄糖基 -（1→2）-β-D- 吡喃葡萄糖苷［3-O-α-D-L-arabinopyranosyl-（20R）-pregn-5-ene-3β, 20-diol-20-O-β-D-glucopyranosyl-（1→2）-β-D-glucopyranoside］和（20R）-3-O-α-L- 吡喃阿拉伯糖孕甾 -5- 烯 -3β, 20- 二醇［（20R）-3-O-α-L-arabinopyranosyl pregn-5-ene-3β, 20-diol］[2]；黄酮类：木犀草素（luteolin）、木犀草素 -7-O-β-D- 吡喃葡萄糖苷（luteolin-7-O-β-D-glucopyranoside）和芹菜素 -7-O-β- 新橙皮糖苷（apigenin-7-O-β-neospheroside）[2]。

叶枝和花序含皂苷类：鸦胆子酮 A、B、C（bruceajavanone A、B、C）、鸦胆子酮 A-7- 乙酸酯（bruceajavanone A-7-acetate）和鸦胆子尼酮 A（bruceajavaninone A）[3]；苦木素类：鸦胆亭（bruceantin）和鸦胆子苦素 A（bruceine A）[3]；黄酮并木脂素类：（-）- 次大风子素［（-）-hydnocarpin］[3]。

枝含皂苷类：鸦胆子新酮 A、B、C、D、E、F、G、H、I、J、K、L、M、N（brujavanone A、B、C、D、E、F、G、H、I、J、K、L、M、N）[4]。

果实含苦木素类：去氢鸦胆子苦素 B（dehydrobruceine B）、鸦胆子酮酸（bruceaketolic acid）[5]，鸦胆子苦醇（brusatol）[5-9]，鸦胆子苦素 D（bruceine D）[5-8, 10, 11]，鸦胆子苦素 E（bruceine E）[5, 6, 10]，双氢鸦胆子苦醇（dihydrobrusatol）、鸦胆子苦素 B、H（bruceine B、H）[7, 11]，鸦胆子苦素 K、L（bruceine K、L）[12]，鸦胆子苦素 M、F、J（bruceine M、F、J）、鸦胆子内酯 A（yadanziolide A）、鸦胆亭（bruceantin）、鸦胆子苦内酯 S（yadanziolide S）[6]，鸦胆亭醇（bruceantinol）[6, 12]，鸦胆子苷 A（yadanzioside A）[6, 7, 11]，鸦胆子苦苷 A（bruceoside A）[6-9, 11]，鸦胆子苦烯（bruceene）[6, 13]，鸦胆子苦素 I（brueeine I）[14] 和鸦胆子苦素 E-2-β-D- 吡喃葡萄糖苷（bruceine E-2-β-D-glucopyranoside）[15]；香豆素类：黄花菜木脂素 A、C（cleomiscosin A、C）和臭矢菜素 B（cleomiscosin B）[12]；黄酮类：木犀草素（luteoline）、槲皮素（quercetine）、黄花夹竹桃黄酮（thevetiaflavone）[12]，毛地黄黄酮（luteolin）和安告佛醇（angophorol）[16]；木脂素类：松脂醇（pinoresinol）[12]；生物碱类：4- 乙氧甲酰基喹诺 -2- 酮（4-ethoxycarbonyl-2-quinoloe）[14]；酚酸类：对羟基苯甲酸（p-hydroxybenzoic acid）、3, 4- 二羟基苯甲酸（3, 4-dihydroxybenzoic acid）、没食子酸（gallic acid）、丁香酸（syringic acid）、二氢阿魏酸（dihydroferulic acid）、3, 4- 二羟基苯甲酸甲酯（methyl 3, 4-dihydroxybenzoate）和对羟基苯甲醛（p-hydroxybenzaldehyde）[16]；脂肪酸类：硬脂酸（stearic acid）[16]；甾体类：胡萝卜苷（daucosterol）和 β- 谷甾醇（β-sitosterol）[10, 16]；萜类：（6S, 7E）-6, 9, 10- 三羟基大柱香波龙 -4, 7- 二烯 -3- 酮［（6S, 7E）-6, 9, 10-trihydroxymegastigma-4, 7-dien-3-one］和（6S, 7E）-6, 9- 二羟基大柱香波龙 -4, 7- 二烯 -3- 酮［（6S, 7E）-6, 9-dihydroxymegastigma-4, 7-dien-3-one］[12]；多环烷醇类：2β, 6β, 9β- 三羟基丁香烷（2β, 6β, 9β-trihydroxyclovane）[16]。

种子含苦木素类：鸦胆子内酯 A、B、C、D、F、I、J、L、W、S（yadanziolide A、B、C、D、F、I、J、L、W、S）[17-25]，鸦胆子苦素 B、D、E、H（bruceine B、D、E、H）[20-23, 26]，鸦胆子苷 A、B、C、D、E、F、G、H、I、K、N、M、O、L、P（yadanzioside A、B、C、D、E、F、G、H、I、K、N、M、O、L、P）[20-22, 27-31]，鸦胆子新苷 A（javanicoside A）、鸦胆子苦内酯 A（javanicolide A）[23]，鸦胆子苦内酯 B（javanicolide B）[18]，鸦胆子苦内酯 C、D（javanicolide C、D）、鸦胆子新苷 B、C、D、E、F（javanicoside B、C、D、E、F）、鸦胆子苦苷 A、B、C、D、E、F（bruceoside A、B、C、D、E、F）[20, 26, 30]，鸦胆子苦内酯 E、H（javanicolide E、H）、鸦胆子酸 E、F（bruceanic acid E、F）、鸦胆子酸甲酯（methyl bruceanate）、鸦胆子酸 A、B（javanic acid A、B）[26]，鸦胆子新苷 G、H（javanicoside G、H）[32]，抗痢鸦胆子苷 A（bruceantinoside A）[20]，鸦胆子苦醇（brusatol）[20, 21, 24]，去氢鸦胆子苦醇（dehydrobrusatol）[24, 26, 31] 和去氢鸦胆亭醇（dehydrobruceantinol）[31]；甾体类：（20R）-O-（3）-β-D- 吡喃葡萄糖基 -（1→2）-α-L- 吡喃阿拉伯糖基孕甾 -5- 烯 -3β, 20- 二醇［（20R）-O-（3）-β-D-glucopyranosyl-（1→2）-α-L-arabinopyranosyl-pregn-5-en-3β, 20-diol］[21], 3β- 羟基孕甾 -5- 烯 -20- 酮（3β-hydroxypregnan-5-en-20-one）、3β- 羟基 -5α- 孕甾 -20- 酮（3β-hydroxy-5α-pregnan-20-one）、3-O-β-D- 吡喃葡萄糖基 -（1→2）-α-L- 吡喃阿拉伯糖基 -（20R）- 孕甾 -5- 烯 -3β, 20- 二醇［3-O-β-D-glucopyranosy-（1→2）-α-L-arabinopyranosyl-（20R）-

pregn-5-ene-3β, 20-diol］和 6, 22- 二烯 -3β- 羟基（22E, 24R）-5α, 8α- 环过氧麦角甾［（22E, 24R）-5α, 8α-epidioxyergosta-6, 22-dien-3β-ol］[22]；木脂素类：愈创木基丙三醇 -β-O-6'-（2- 甲氧基）肉桂醇醚［guaiacyl glycerol-β-O-6'-（2-methoxy）cinnamyl alcohol ether］[24]，松脂醇（pinoresinol）[33]，7, 8- 环氧木脂素（7, 8-epoxylignan）、二氢去氢愈创木基醇（dihydrodehydrodiconiferyl alcohol）、7'- 羟基落叶松脂素（7'-hydroxylariciresinol）、开环异落叶松脂素（seco-isolariciresinol）、4- 甲氧基愈创木酚基甘油（4-methoxyguaiacyl glycerol）、7- 羰基愈创木酚基甘油（7-carbonyl guaiacyl glycerol）和黄花菜木脂素 A、E（cleomiscosin A、E）[34]；萜类：布鲁门醇 A（blumenol A）[24]和鸦胆子萜烷 1、2、3（brucojavan 1、2、3）[33]；香豆素类：臭矢菜素 B（cleomiscosin B）[33]；酚酸类：4- 羟基 -3- 甲氧基苯甲酸（4-hydroxy-3-methoxybenzoic acid）和 3, 4- 二羟基苯甲酸（3, 4-dihydroxybenzoic acid）[33]。

【药理作用】1. 抗菌抗虫　果实乙醇提取物对金黄色葡萄球菌、大肠杆菌、绿脓杆菌、白色念珠菌、溶血性链球菌和淋球菌均具有较强的抑制作用，并具有抗阴道滴虫的作用[1]。2. 抗肿瘤　鸦胆子油对人膀胱癌 BIU-87 细胞具有抑制作用，并破坏其微结构和超微结构，改变其细胞性质并致其坏死，阻止人膀胱癌细胞由 G_0 期向 S 期进展以及抑制 DNA 的合成，同时可显著抑制亚硝酸胺诱导小鼠的膀胱癌[2]；鸦胆子油对肺癌 A549 细胞的增殖具有抑制作用，抑制裸鼠 A549 肿瘤的生长，抑制 Bcl-2 蛋白的表达，促进 Bax 蛋白的表达[3]；鸦胆子蛋白质酶解物对人乳腺癌 MCF-7 细胞具有抑制作用，且具有一定剂量依赖性[4]。3. 抗病毒　鸦胆子油对肝病毒 DNA 具有显著破坏作用[5]。4. 抗炎　鸦胆子可显著抑制白细胞介素 -1β（IL-1β）及肿瘤坏死因子 -α（TNF-α）的表达，显著抑制与骨关节炎相关细胞的一氧化氮（NO）产物[6]。

毒性　果实全组分、水提组分、醇提组分对小鼠口服的半数致死剂量（LD_{50}）分别为 3.14g/kg、4.023g/kg、3.320g/kg，分别相当于人临床日用量的 110 倍、140.8 倍、116 倍。其主要毒副反应为腹泻、尾部发绀[7]；水提组分长期给药对大鼠可造成明显的肾毒性，且呈明显的"时 - 毒"和"量 - 毒"关系，但部分毒性属可逆性[8]。

【性味与归经】苦，寒；有小毒。归大肠、肝经。

【功能与主治】清热解毒，截疟，止痢，腐蚀赘疣。用于痢疾，疟疾；外用于赘疣，鸡眼。

【用法与用量】0.5～2g，用龙眼肉包裹或装入胶囊吞服；外用适量。

【药用标准】药典 1963—2015、浙江炮规 2005 和新疆药品 1980 二册。

【临床参考】1. 烧伤瘢痕增生：果实 1 份，加海藻 2 份，研末，用醋调成糊状，按瘢痕面积大小敷在皮肤上，无菌纱块覆盖包扎，次日晨去除敷料，15 次为 1 疗程[1]。

2. 尖锐湿疣亚临床感染：复方鸦胆子液（以鸦胆子、紫草、苦参、板蓝根、大青叶、鱼腥草、土茯苓为主要药味）外敷，每日 3 次，连续使用 4 天停 3 天，为 1 疗程，连用 3 疗程[2]。

3. 溃疡性结肠炎：果实 30g，加大黄、黄连、黄芩、甘草各 15g，加水 500ml，煎至 150ml，保留灌肠，每晚 1 次，14 天为 1 个疗程[3]。

4. 小儿喉乳头状瘤：术后，用鸦胆子油涂抹喉腔内，连续 7～10 天为 1 疗程[4]。

5. 老年中晚期原发性肝癌：鸦胆子油灌注栓塞治疗[5]。

【附注】鸦胆子始载于《本草纲目拾遗》，云："鸦胆子，出闽广……形如梧子，其仁多油，生食令人吐。""此物出闽省云贵；虽诸家本草未收，而药肆皆有，其形似益智子而小，外壳苍褐色，内肉白，有油，其味至苦，用小铁锤轻敲其壳，壳破肉出，其大如米，敲碎者不用，专取全仁用之。"《植物名实图考》云："鸦蛋子生云南，小树圆叶，结实三粒相并，中有一棱。"以上所述，即为本种。

本种的果实对胃肠道有刺激作用，可引起恶心、呕吐、腹痛，对肝肾也有损害，故不宜多服久服。脾胃虚弱呕吐者禁服。

本种的叶、根民间也作药用。

【化学参考文献】

［1］Liu J H，Qin J J，Jin H Z，et al. A new triterpenoid from Brucea javanica［J］. Arch Pharm Res，2009，32（5）：661-666.

［2］Chen Y Y，Pan Q D，Li D P，et al. New pregnane glycosides from *Brucea javanica* and their antifeedant activity［J］. Chem Biodivers，2011，8（3）：460-466.

［3］Pan L，Chin Y W，Chai H B，et al. Bioactivity-guided isolation of cytotoxic constituents of *Brucea javanica* collected in Vietnam［J］. Bioorg Med Chem，2009，17（6）：2219-2224.

［4］Dong S H，Liu J，Ge Y Z，et al. Chemical constituents from *Brucea javanica*［J］. Phytochemistry，2013，85（1）：175-184.

［5］林隆泽，张金生，陈仲良，等. 鸦胆子化学成分的研究 I . 鸦胆子酮酸等五个苦木素的分离和鉴定［J］. 化学学报，1982，40（1）：73-78.

［6］Su Z W，Hao J，Xu Z F，et al. A new quassinoid from fruits of *Brucea javanica*［J］. Nat Prod Res，2013，27（21）：2016-2021.

［7］杨正奇，孙铁民. 鸦胆子抗肿瘤活性成分的化学研究（I）［J］. 沈阳药科大学学报，1996，8（2）：36-39.

［8］谢慧媛，邓胡宁，黄淑霞，等. 鸦胆子化学成分研究［J］. 中药材，1998，21（8）：398-400.

［9］林爱秋，刘寿荣，姬政，等. 中药鸦胆子化学成分的研究 II . 鸦胆子酚 I 和甙IV的分离与鉴定［J］. 北京师范大学学报（自然科学版），1982，3：71-73.

［10］谢晶曦，姬政. 中药鸦胆子化学成分的研究 I . 鸦胆子甲、乙和丙素的分离与鉴定［J］. 药学学报，1981，16（1）：53-55.

［11］杨正奇，谢慧媛，王金锐，等. 鸦胆子抗肿瘤活性成分化学研究（II）［J］. 沈阳药科大学学报，1997，14（1）：46-47.

［12］Zhao M，Lau S T，Zhang X Q，et al. Bruceines K and L from the ripe fruits of *Brucea javanica*［J］. Helv Chim Acta，2011，94：2099-2105.

［13］张金生，徐任生，李育辉，等. 鸦胆子化学成分的研究III . 新苦木素 - 鸦胆子苦烯的分离和结构［J］. 化学学报，1984，42（7）：684-687.

［14］于雅男，李铣. 鸦胆子化学成分的研究［J］. 药学学报，1990，25（5）：382-386.

［15］张金生，林隆泽，陈仲良，等. 鸦胆子化学成分的研究 II . 鸦胆子苦素 E- 葡萄糖苷［J］. 化学学报，1983，41（2）：149-152.

［16］苏志维，邱声祥. 鸦胆子果实的化学成分研究［J］. 热带亚热带植物学报，2013，21（5）：466-470.

［17］Yoshimura S，Sakaki T，Ishibashi M，et al. Structures of yadanziolides A，B，and C，new bitter principles from *Brucea javanica*［J］. Chem Pharm Bull，1984，32（11）：4698-4701.

［18］Kim I H，Suzuki R，Hitotsuyanagi Y，et al. Three novel quassinoids，javanicolides A and B，and javanicoside A，from seeds of *Brucea javanica*［J］. Tetrahedron，2003，59（50）：9985-9989.

［19］Yoshimura S，Sakaki T，Ishibashi M，et al. Constituents of seeds of *Brucea javanica*. Structures of new bitter principles，yadanziolides A，B，C，yadanziosides F，I，J，and L［J］. Bull Chem Soc Japan，2006，58（9）：2673-2679.

［20］Kim I H，Takashima S，Hitotsuyanagi Y，et al. New quassinoids，javanicolides C and D and javanicosides B-F，from seeds of *Brucea javanica*［J］. J Nat Prod，2004，67（5）：863-868.

［21］Liu J Q，Wang C F，Li X Y，et al. One new pregnane glycoside from the seeds of cultivated *Brucea javanica*［J］. Arch Pharm Res，2011，34（8）：1297-1300.

［22］王立军，黄娴，祝静静，等. 鸦胆子化学成分及肿瘤细胞毒活性研究［J］. 天然产物研究与开发，2013，25（6）：772-777.

［23］王群，杨勇勋，刘庆鑫，等. 鸦胆子种子化学成分的研究［J］. 中草药，2015，46（19）：2839-2842.

［24］Luyengi L，Suh N，Fong H H，et al. A lignan and four terpenoids from *Brucea javanica* that induce differentiation with cultured HL-60 promyelocytic leukemia cells［J］. Phytochemistry，1996，43（2）：409-412.

［25］Su B N，Chang L C，Park E J，et al. Bioactive constituents of the seeds of *Brucea javanica*［J］. Planta Med，2002，68（8）：730-733.

［26］Liu J H，Zhao N，Zhang G J，et al. Bioactive quassinoids from the seeds of *Brucea javanica*［J］. J Nat Prod，2012，75：683-688.

［27］Sakaki T，Yoshimura S，Ishibashi M，et al. New quassinoid glycosides，yadanziosides A-H，from *Brucea javanica*［J］.

Chem Pharm Bull，2008，32（11）：4702-4705.

［28］Sakaki T，Yoshimura S，Tsuyuki T，et al. Structures of yadanziosides K，M，N，and O，new quassinoid glycosides from *Brucea javanica*（L.）Merr.［J］. Bull Chem Soc Japan，1986，59（11）：3541-3546.

［29］Sakaki T，Yoshimura S，Tsuyuki T，et al. Yadanzioside P，a new antileukemic quassinoid glycoside from *Brucea javanica*（L.）Merr with the 3-*O*-（beta-D-glucopyranosyl）bruceantin structure［J］. Chem Pharm Bull，1986，34（10）：4447-4450.

［30］Ohnishi S，Fukamiya N，Okano M，et al. Bruceosides D，E，and F，Three new cytotoxic quassinoid glucosides from *Brucea javanica*［J］. J Nat Prod，1995，58（7）：1032-1038.

［31］Sakaki T，Yoshimura S，Ishibashi M，et al. Structures of new quassinoid glycosides，yadanziosides A，B，C，D，E，G，H，and new quassinoids，dehydrobrusatol and dehydrobruceantinol from *Brucea javanica*（L.）Merr.［J］. Bull Chem Soc Japan，2006，58（9）：2680-2686.

［32］Kim I H，Hitotsuyanagi Y，Takeya K. Quassinoid xylosides，javanicosides G and H，from seeds of *Brucea javanica*［J］. Cheminform，2004，35（50）：691-697.

［33］Chen Q J，Ouyang M A，Tan Q W，et al. Constituents from the seeds of *Brucea javanica* with inhibitory activity of tobacco mosaic virus［J］. J Asian Nat Prod Res，2009，11（6）：539-547.

［34］Yang J H，Liu W Y，Li S C，et al. Coumarinolignans isolated from the seeds of *Brucea javanica*［J］. Helv Chim Acta，2014，97（2）：278-282.

【药理参考文献】

［1］丘明明，王受武，韦荣芳，等. 鸦胆子治疗尖锐湿疣活性成分的提取分离［J］. 广西中医药大学学报，1999，16（4）：82-88.

［2］顾恺龙. 鸦胆子油乳对膀胱癌影响的实验分析［J］. 生物技术世界，2016，（4）：187-188.

［3］宋广福，陈丽娜，许玉凤，等. 鸦胆子油乳对 A549 肺癌细胞及 A549 肺癌裸鼠的肿瘤抑制作用和凋亡机制研究［J］. 中医药导报，2017，23（24）：26-29.

［4］冀会方. 鸦胆子生物肽的分离纯化及其对人乳腺癌细胞 MCF-7 作用机制研究［D］. 北京：北京中医药大学硕士学位论文，2017.

［5］冯怡，邓远辉，陈桂容，等. 鸦胆子抗人乳头瘤病毒的作用研究［J］. 中成药，2006，28（12）：1819-1820.

［6］Njunge L W，潘连红，夏婷婷，等. 鸦胆子对骨关节炎抗炎作用的研究［C］. 第十一届全国生物力学学术会议暨第十三届全国生物流变学学术会议论文摘要，2015：2.

［7］孙蓉，杨倩，张作平，等. 鸦胆子不同组分对小鼠急性毒性的比较研究［J］. 中国药物警戒，2010，7（2）：73-77.

［8］杨倩，龚彦胜，孙虎，等. 鸦胆子水提组分大鼠长期毒性实验研究［J］. 中国药物警戒，2011，8（6）：339-342.

【临床参考文献】

［1］李开琴，赵斌，许宏龙，等. 醋调海藻、鸦胆子治疗烧伤瘢痕增生的临床探索［J］. 内蒙古中医药，2012，31（23）：43-44.

［2］郭书萍，白莉. 复方鸦胆子液治疗尖锐湿疣亚临床感染疗效观察［J］. 山西医科大学学报，2001，32（6）：551-552.

［3］毛炯，李艳嫦. 鸦胆子三黄汤保留灌肠治疗溃疡性结肠炎的临床观察［J］. 浙江中西医结合杂志，2002，12（12）：764.

［4］李成，谷长宏，孙庆智. 鸦胆子油治疗小儿喉乳头状瘤的临床观察［J］. 中国中西医结合耳鼻咽喉科杂志，2003，11（2）：87-88.

［5］杨明镇，王慧，蒋国军，等. 鸦胆子油乳介入治疗老年中晚期原发性肝癌［J］. 中国实验方剂学杂志，2011，17（2）：235-237.

五〇　橄榄科 Burseraceae

常绿乔木或灌木，有树脂。奇数或偶数羽状复叶，稀单叶，互生或对生；小叶片有腺点；托叶缺或少数种类具托叶。花细小，两性或单性，排成腋生或顶生的圆锥花序或总状花序，花萼 3 ~ 5 裂，花瓣 3 ~ 5 枚，离生，稀合生，覆瓦状排列或镊合状排列，花盘环状或杯状，雄蕊与花瓣同数或为花瓣数的 2 倍，着生于花盘的基部或边缘，花药 2 室，纵裂，子房上位，2 ~ 5 室，稀 1 室，每室有胚珠 2 粒，稀 1 粒，中轴胎座，花柱单生，柱头不裂或 2 ~ 5 裂。核果，不开裂，稀呈蒴果状而开裂，内果皮骨质。种子 1 粒，种皮膜质，无胚乳。

16 属，约 550 种，分布于热带地区。中国 4 属，14 种，分布于南部、东南部地区，法定药用植物 4 属，9 种。华东地区法定药用植物 1 属，1 种。

橄榄科法定药用植物主要含皂苷类、黄酮类、香豆素类、酚酸类等成分。皂苷类包括齐墩果烷型、熊果烷型等，如 β- 香树脂醇（β-amyrin）、3- 表 -α- 香树脂醇（3-epi-α-amyrin）等；黄酮类包括黄酮醇、双黄酮等，如金丝桃苷（hyperoside）、槲皮素（quercetin）、穗花杉双黄酮（amentoflavone）等；香豆素类如东莨菪素（scopoletin）等；酚酸类多为鞣质，如焦性没食子酸（pyrogallic acid）、3，4- 二羟基苯甲酸乙酯（ethyl 3，4-dihydroxybenzoate）等。

1. 橄榄属 *Canarium* Linn.

常绿大乔木，含芳香树脂。奇数羽状复叶，互生；小叶对生或近对生，基部小叶常较小。花细小，通常单性而雌雄异株，偶有单性花与两性花同株，排成顶生或腋生的狭圆锥花序，多少呈聚伞状或总状；花萼杯状或钟状，3 ~ 5 裂，花瓣 3 ~ 5 枚，通常比花萼长；离生雄蕊 6 枚，着生于花盘边缘或其外面，花丝分离或基部多少合生，花药背着；雌花的雄蕊发育不良，子房无柄，上位子房，3 ~ 4 室，每室有胚珠 2 粒，柱头 3 浅裂；雄花的退化子房圆球形，通常被毛。核果，卵形或多少略呈三角状的椭圆形，有硬核 1 枚，内含种子 1 ~ 3 粒。

约 75 种，分布于亚洲热带地区、大洋洲及非洲。中国约 7 种，广泛栽培于南部省区，法定药用植物 1 种。华东地区法定药用植物 1 种。

490. 橄榄（图 490）· *Canarium album*（Lour.）Rauesch.

【别名】青果（通称）。

【形态】常绿乔木，高达 20m。树皮苍灰色，平滑，有芳香树脂。裸芽，有褐色密短柔毛。奇数羽状复叶，互生，长 15 ~ 30cm，有小叶 7 ~ 15 枚；小叶对生，革质，长圆状披针形，长 5 ~ 18cm，宽 2.5 ~ 7cm，顶端渐尖，基部楔形至圆形，略偏斜，全缘，两面无毛，仅中脉有短毛，叶脉明显。圆锥花序多少聚伞状或总状，通常比叶短；花萼杯状，3 浅裂，稀 5 裂；花瓣 3 枚，白色，芳香，长约为花萼的 2 倍；两性花雄蕊 6 枚，比花瓣短，花丝基部合生，花盘橘红色，环状，子房上位。核果卵形，长约 3cm；黄绿色，核两端钝尖，淡黄褐色。种子 1 ~ 3 粒。花期 5 ~ 6 月，果期 9 ~ 11 月。

【生境与分布】浙江、江西、福建有栽培，另广东、广西、云南等省区均有栽培或野生；越南也有分布。

【药名与部位】青果（橄榄、鲜青果），果实。青果核（橄榄核），果核。

【采集加工】青果：秋季果实成熟时采收，干燥。青果核：秋季果实成熟时采收，除去果肉，洗净，晒干。

【药材性状】青果：呈纺锤形，两端钝尖，长 2.5 ~ 4cm，直径 1 ~ 1.5cm。表面棕黄色或黑褐色，

图 490 橄榄   摄影 邱燕连等

有不规则皱纹。果肉灰棕色或棕褐色，质硬。果核梭形，暗红棕色，具纵棱；内分 3 室，各有种子 1 粒。气微，果肉味涩，久嚼微甜。

青果核：呈梭形，两端尖，暗红棕色或灰褐色。表面具不规则皱纹，有纵棱 3 条，两棱间又有自珠孔一端开始的凸起各一条，至中部以下渐平坦，凸起两侧各有弧线形凹陷一条。坚硬，木质。破开后，内分 3 室。木质内果皮分为 2 层，外层黄绿色，厚约 2mm，内层黄白色，光滑有光泽，厚约 0.3mm。核仁长椭圆形，略扁。种皮表面红棕色；种仁玉白色，富含油质。气微香，味淡。

【药材炮制】青果：除去杂质，洗净，干燥；用时捣碎。

青果核：除去杂质，洗净，干燥；用时捣碎。青果核炭：取橄榄核饮片，炒至表面焦黑色、内部焦黄色。

【化学成分】全株含皂苷类：α- 香树脂醇（α-amyrin）、β- 香树脂醇（β-amyrin）、3- 表 -α- 香树脂醇（3-*epi*-α-amyrin）、3- 表 -β- 香树脂醇（3-*epi*-β-amyrin）、熊果 -12 烯 -3α, 16β- 二醇（urs-12-ene-3α, 16β-diol）、齐墩果 -12- 烯 -3α, 16β- 二醇（olean-12-ene-3α, 16β-diol）和熊果 -12 烯 -3β, 16β- 二醇（urs-12-ene-3β, 16β-diol）[1]。

叶含酚酸类：没食子酸（gallic acid）、没食子酸乙酯（ethyl gallate）和 4, 5- 去氢诃子裂酸三乙酯（triethyl 4, 5-didehydrochebulate）[2]；黄酮类：穗花杉双黄酮（amentoflavone）和槲皮素（quercetin）[2]；香豆素类：东莨菪素（scopoletin）[2]；挥发油类：反式 -3- 己烯 -1- 醇（*trans*-3-hexene-1-ol）、异香橙烯（alloaromadendren）和 β- 石竹烯（β-caryophyllene）等[3]；甾体类：β- 谷甾醇（β-sitosterol）[2]；环烷醇类：肌醇（myo-inositol）[2]。

果实含皂苷类：α- 香树脂醇（α-amyrin）、α- 香树脂醇乙酸酯（α-amyrin acetate）、β- 香树脂醇（β-amyrin）、齐墩果酸（oeanlic acid）和 β- 香树脂酮（β-amyrenone）[4]；酚酸类：邻羟基苯甲酸（2-hydroxybenzoic acid）、焦性没食子酸（pyrogallic acid）、鞣花酸（ellagic acid）、3, 4- 二羟基苯甲酸乙酯（3, 4-dihydroxybenzoic acid ether）[5]，没食子酸（gallic acid）、没食子酸乙酯（ethyl gallate）[5,6]，没食子酸甲酯（methyl gallate）、鞣云实素（corilagin）[6] 和 3-O- 没食子酰奎宁酸丁酯（butyl 3-O-galloyl quinate）[7]；黄酮类：金丝桃苷（hyperin）、山柰酚 -3- 葡萄糖苷（kaempferol-3-glucoside）和穗花杉双黄酮（amentofavone）[6]；挥发油类：反式 - 石竹烯（trans-caryopsyllene）、D- 大根香叶烯（D-germacrene）、α- 蒎烯（α-pinene）、莰烯（camphene）和 β- 蒎烯（β-pinene）等[8,9]。

【药理作用】1. 抗氧化　叶及枝、干中提取得到的丹宁类成分可显著清除 1, 1- 二苯基 -2- 三硝基苯肼自由基（DPPH），显著还原三价铁离子[1]；根乙醇提取物对羟自由基（·OH）具有一定的清除作用[2]。2. 免疫调节　叶的提取物可显著抑制 HaCaT 细胞的增殖，显著抑制过氧叔丁醇诱导的白细胞介素 -1α（IL-1α）及角蛋白 16 mRNA 的表达[3]。3. 改善糖脂代谢　成熟果实水提物可显著抑制链脲佐菌素（STZ）结合高脂饲料所致糖尿病模型大鼠的 α- 葡萄糖苷酶活性，增强肝细胞活力，缓解糖尿病大鼠体重减轻，改善口服葡萄糖耐量，降低空腹血糖及总胆固醇水平，提高高密度脂蛋白胆固醇（HDL-C）水平[4]。4. 抗病毒　成熟果实的水提氯仿萃取部位可抑制 HIV-1$_{JRFL}$ 及 HIV-1$_{HXB2}$ 假病毒感染作用[5]。5. 抗炎镇痛　成熟果实水提液及其石油醚、氯仿、乙酸乙酯萃取部位均能减轻二甲苯所致小鼠的耳廓肿胀和角叉菜胶所致大鼠的足跖肿胀，提高热板法所致小鼠的痛阈值，减少扭体的次数，其中乙酸乙酯萃取部位作用最明显，但青果挥发油和正丁醇萃取部位无明显的抗炎镇痛作用。成熟果实水提液的乙酸乙酯萃取部位具有显著抑制角叉菜胶所致大鼠的足跖肿胀，降低细胞因子白细胞介素 -1β 和肿瘤坏死因子 -α（TNF-1α）的蛋白质表达，但对白细胞介素 -10（IL-10）表达无明显的影响[6]。6. 抗菌　果实橄榄乙酸乙酯部位对金黄色葡萄球菌、枯草杆菌、大肠杆菌有较强的抑制作用[7]；橄榄总黄酮对金黄色葡萄球菌、枯草杆菌、大肠杆菌、变形杆菌、痢疾杆菌、黑曲霉和青霉皆有抑制作用[8]。7. 护肝　橄榄总黄酮可降低白酒所致急性酒精中毒模型小鼠的肝组织丙二醛（MDA）的含量，升高谷胱甘肽的含量，降低小鼠血清中甘油三酯的含量，对小鼠肝组织琥珀酸脱氢酶及糖原的下降有明显的抑制作用[9]。8. 抗乙型肝炎病毒　成熟果实中提取的没食子酸（gallic acid）具有抗表面抗原（HBsAg）及 e 抗原（HBeAg）的作用[10]。

【性味与归经】青果：甘、酸，平。归肺、胃经。青果核：甘、涩、温。归肺、胃经。

【功能与主治】青果：清热，利咽，生津，解毒。用于咽喉肿痛，咳嗽，烦渴，鱼蟹中毒。青果核：治胃痛，疝气，肠风下血。

【用法与用量】青果 4.5 ～ 9g。青果核 3 ～ 15g。

【药用标准】青果：药典 1963—2015、浙江炮规 2005、福建药材 2006、新疆药品 1980 二册和台湾 1985 一册。青果核：浙江炮规 2005、上海药材 1994、湖北药材 2009 和山东药材 2012。

【临床参考】1. 高脂血症：橄榄降脂胶囊（橄榄、神曲、山楂、莪术、柴胡、泽泻、大黄等组成，每粒相当于含生药 6g）口服，每次 2 粒，每日 2 次，早晚饭后服，连服 8 周为 1 疗程[1]。

2. 颈动脉粥样硬化：橄榄降脂胶囊（橄榄、神曲、山楂、莪术、柴胡、泽泻、大黄等组成，每粒相当于含生药 6g）口服，每次 2 粒，每日 2 次，早晚饭后服，连服 12 周为 1 疗程[2]。

3. 过敏性咳嗽：橄榄止咳颗粒（果实 10g，加桑白皮 15g，地骨皮、射干、百部、玄参、麦冬、台乌、茯苓、瓜蒌各 20g 等组成）口服，每次 1 袋，每日 3 次，7 天为 1 疗程[3]。

【附注】橄榄始载于万震《南州异物志》。《海药本草》引《南州异物志》云："闽广诸郡及缘海浦屿间皆有之，树高丈余，叶似桦柳，二月开花，八月成实，状如长枣，两头尖，青色，核亦两头尖而有棱，核内有三窍，窍中有仁，可食。"《食疗本草》云："其树大数围、实长寸许，先生者向上，后生者渐高，熟时生食味酢，蜜渍极甜。"《本草纲目》载："其子生食甚佳，蜜渍、盐藏皆可致远。其木脂状如黑胶者，土人采取，热之清烈，谓之榄香。"即为本种。

【化学参考文献】

［1］Tamai M，Watanabe N，Someya M，et al. New hepatoprotective triterpenes from *Canarium album*［J］. Planta Med，1989，55（1）：44-47.

［2］陈荣，梁敬钰，卢海英，等. 青橄榄叶的化学成分研究［J］. 林产化学与工业，2007，27（2）：45-48.

［3］谢惜媚，陆慧宁. 新鲜橄榄叶挥发油成分的气相色谱 - 质谱联用分析［J］. 时珍国医国药，2007，18（11）：2761-2762.

［4］项昭保，陈海生，陈薇，等. 橄榄中三萜类化学成分研究［J］. 中成药，2009，31（12）：1904-1905.

［5］项昭保，徐一新，陈海生，等. 橄榄中酚类化学成分分析［J］. 中成药，2009，31（6）：917-918.

［6］He Z，Xia W，Jie C. Isolation and structure elucidation of phenolic compounds in Chinese olive（*Canarium album* L.）fruit［J］. Eur Food Res Tech，2008，226（5）：1191-1196.

［7］He Z Y，Xia W S，Liu Q H，et al. Identification of a new phenolic compound from Chinese olive（*Canarium album* L.）fruit［J］. Eur Food Res Tech，2009，228（3）：339-343.

［8］钟明，陈玉芬，甘廉生，等. 冬节圆橄榄果实挥发油化学成分分析［J］. 果树学报，2004，21（5）：494-495.

［9］Kameoka H，Cheng Y J，Miyazawa M. Constituents of the essential oil from fruit of *Canarium album* Raeusch［J］. Yakugaku Zasshi，1976，96（3）：293-298.

【药理参考文献】

［1］Zhang L L，Lin Y M. Tannins from *Canarium album* with potent antioxidant activity［J］. 生物医学与生物技术，2008，9（5）：407-415.

［2］贤景春，吴燕红. 橄榄根多酚提取及其抗氧化性研究［J］. 上海农业学报，2014，30（6）：112-115.

［3］栃尾巧，田中浩，中田梧. *Canarium album* leaves extract inhibits abnormal follicular keratinization induced by lipid peroxide［J］. Journal of Japanese Cosmetic Science Society，2009，33（4）：279-283.

［4］侯晓军，唐菱，袁野，等. 青果水提物抑制 α- 葡萄糖苷酶及改善糖脂代谢作用研究［J］. 中药材，2016，39（5）：1152-1155.

［5］谭穗懿，段恒，梁铮林，等. 青果氯仿提取组分体外抗人类免疫缺陷病毒活性及其作用机制［J］. 中国医院药学杂志，2014，34（15）：1247-1251.

［6］徐富翠，刘明华，孙玉红，等. 青果抗炎镇痛活性部位的筛选研究［J］. 中药药理与临床，2014，30（6）：121-124.

［7］项昭保，胡波，何从林. 橄榄抑菌活性部位研究［J］. 食品工业科技，2013，34（12）：149-152.

［8］曲中堂，项昭保，赵志强. 橄榄总黄酮抑菌作用研究［J］. 中国酿造，2010，29（4）：62-64.

［9］朱良，赵冠欣，沈耀威，等. 橄榄总黄酮对小鼠急性酒精性肝损伤的保护作用［J］. 食品与机械，2010，26（3）：91-93.

［10］孔庚星，张鑫，陈楚城，等. 青果抗乙肝病毒成分研究［J］. 解放军广州医高专学报，1997，20（2）：84-86.

【临床参考文献】

［1］彭勃，张金生. 橄榄降脂胶囊治疗高脂血症 56 例临床观察［J］. 河南中医，2005，25（2）：31-33.

［2］张金生. 橄榄降脂胶囊治疗颈动脉粥样硬化 32 例临床观察［J］. 中医杂志，2008，49（5）：411-413.

［3］周健. 橄榄止咳颗粒治疗过敏性咳嗽 120 例临床观察［J］. 中国中医药科技，2005，12（3）：182-183.

五一　棟科 Meliaceae

乔木、灌木，稀为茎基部木质化的草本。叶螺旋状排列，稀为交互对生，通常为羽状复叶，稀为二至三回羽状复叶、单叶或 3 小叶复叶，小叶全缘，稀具齿，基部多少偏斜；无托叶及小托叶。花序通常腋生，稀顶生，有时茎上生花或枝上生花，通常为聚伞分歧的圆锥花序，稀为总状、穗状或单生；花两性、单性或杂性异株，辐射对称；花萼小，通常 4～5 裂，稀 6 裂，花瓣 4～5 枚，稀 3 枚，离生或部分合生；花丝通常全部或部分合生为一个短于花瓣的雄蕊管，稀离生，雄蕊 4～10 枚或更多，花盘生于雄蕊管的内侧；子房上位，4～5 室或更多，每室有胚珠 1～2 粒或更多，花柱单生或不存在。蒴果、浆果或核果，果皮木质、革质，少有肉质。种子有时有翅，常有假种皮。

约 50 属，650 种，分布于热带和亚热带地区，少数分布至温带地区。中国 14 属，约 60 种，此外引入栽培 3 属，3 种，主要分布于长江以南省区，法定药用植物 2 属，3 种。华东地区法定药用植物 2 属，3 种。

棟科法定药用植物主要含萜类、生物碱类、香豆素类、黄酮类等成分。萜类多为三萜，具苦味，如川棟素（toosendanin）、苦棟萜醇内酯（kulolactone）等；生物碱类如 4,8- 二甲氧基 -1- 乙烯基 -β- 咔啉（4,8-dimethoxy-1-vinyl-β-carboline）等；香豆素类如东莨菪素（scopoletin）等；黄酮类包括黄酮、黄酮醇、黄烷等，如槲皮素 -3-O-β-D- 葡萄糖苷（quercetin-3-O-β-D-glucoside）、杨梅苷（myricitrin）、（+）- 儿茶素［（+）-catechin］等。

香椿属含黄酮类、皂苷类、香豆素类等成分。黄酮类包括黄酮、黄酮醇、黄烷等，如槲皮素（quercetin）、杨梅苷（myricitrin）、（+）- 儿茶素［（+）-catechin］等；皂苷类如环桉烯醇（cycloeucalenol）等；香豆素类如东莨菪素（scopoletin）等。

棟属含萜类、黄酮类等成分。萜类多为三萜，具苦味，如川棟素（toosendanin）、印苦棟子素 D、E、F、I（azadirachtin D、E、F、I）、印棟波力定 A、B、C、F（nimbolidin A、B、C、F）等；黄酮类多为黄酮醇，如槲皮素 -3-O-β-D- 葡萄糖苷（quercetin-3-O-β-D-glucoside）、山奈酚 -3-O-β-D- 葡萄糖苷（kaempferol-3-O-β-D-glucoside）等；生物碱类如 4，8- 二甲氧基 -1- 乙烯基 -β- 咔啉（4,8-dimethoxy-1-vinyl-β-carboline）等。

1. 香椿属 *Toona* Roem.

落叶乔木，芽有鳞片。叶互生，通常为一回偶数羽状复叶；小叶具柄，对生或互生，小叶全缘，稀具疏锯齿。花小，两性，排成顶生或腋生的圆锥花序；花萼短小，5 齿裂或 5 枚；花瓣 5 枚，离生，覆瓦状排列；雄蕊 5 枚，离生，退化雄蕊 5 枚或不存在；花盘厚，肉质；子房 5 室，每室有胚珠 8～12 粒或更多，排成两行，花柱单生，柱头盘状。蒴果木质或革质，5 室，成熟时室轴开裂为 5 个果瓣。种子每室多粒，侧向压扁，两端或仅下端具膜质狭翅，有胚乳。

约 15 种，分布于亚洲至大洋洲。中国 4 种 2 变种，分布几遍全国，法定药用植物 1 种。华东地区法定药用植物 1 种。

491. 香椿（图 491）• *Toona sinensis*（A.Juss.）Roem.

【形态】落叶乔木，高达 25m。树干高大端直，树皮暗褐色，浅纵裂，片状剥落。叶互生，偶数羽状复叶，长 25～50（～90）cm，小叶 10～22（～34）枚，对生或近对生，纸质，椭圆状长圆形至长圆状披针形，长 8～15（～18）cm，宽 2.5～4（～7）cm，顶端渐尖，基部楔形或近圆形，两侧不等大，全缘或具不明显的钝锯齿，两面无毛或仅下面沿叶脉被短柔毛，下面苍灰色；侧脉约 18 对，小叶柄长 0.5～1.5cm，

图 491　香椿　　　　　　　　　摄影　赵维良等

无毛。圆锥花序顶生，下垂；花小，芳香，花萼 5 裂，花瓣 5 片，白色；雄花 10 枚，其中 5 枚退化，花盘无毛；子房 5 室，无毛，每室有 8 粒胚珠，柱头盘状。蒴果狭椭圆形，木质，具明显皮孔，5 瓣裂。种子一端具膜质长翅，红褐色。花期 5 ～ 6 月，果期 8 ～ 10 月。

【**生境与分布**】生于向阳山坡杂木林内或山谷溪边、林缘，常栽培。中国西南部、中部、东部及华北地区都有分布；朝鲜、日本也有分布。

【**药名与部位**】香椿子，果实。香椿皮，干皮或枝皮。

【**采集加工**】香椿子：秋季采收成熟果实，晒干。香椿皮：夏季剥取，干燥。

【**药材性状**】香椿子：长 2.5 ～ 4.0cm。果皮常开为 5 瓣，如毛瓣状，约裂至全长的 2/3。裂瓣披针形，先端尖，外表面黑褐色，有细纹理，内面黄棕色，光滑，厚约 2.5mm，质脆。果轴呈圆锥形，顶端钝尖，黄棕色，有 5 条棕褐色棱线，断面内心松泡如通草状，黄白色。种子着生于果轴及果瓣之间，5 列，有极薄的种翅，黄白色，半透明，基部斜口状。种仁细小不明显。气微，味苦。

香椿皮：呈半卷筒状或片状，厚 0.2 ～ 0.6cm。外表面红色、棕色或棕褐色，有纵纹及裂隙，有的可见圆形细小皮孔。内表面棕色，有细纵纹。质坚硬，断面纤维性，呈层状。有香气，味淡。

【**药材炮制**】香椿子：除去杂质。

香椿皮：除去栓皮，清水浸泡，捞出，润透，切丝或切小方块片，干燥。

【**化学成分**】根含柠檬苦素类：香椿素 A、B（toonin A、B）[1]；皂苷类：布约巨盘木醇酮 A（bourjotinolone A）和高大苦油楝酮（proceranone）[1]；木脂素类：香椿素 C（toonin C）、罗汉松脂素（matairesinol）和南烛木树脂酚（lyoniresinol）[1]；香豆素类：异东莨菪素（isoscopoletin）[1]；蒽醌类：芦荟大黄素（aloeemodin）[1]；酚酸类：丁香酸（syringic acid）；甾体类：β- 谷甾醇（β-sitosterol）[1]；吡喃类：4- 甲氧基 -6-（2′, 4′- 二羟基 -6′- 甲苯基）- 吡喃 -2- 酮［4-methoxy-6-（2′, 4′-dihydroxy-6′-methylphenyl）-pyran-2-one］[1]；其他尚含：4- 甲氧基 -3-

甲氧苯乙醇（4-hydroxy-3-methoxybenzeneethanol）[1]。

枝和叶含黄酮类：槲皮素 -3-O-β-D- 吡喃葡萄糖苷（quercetin-3-O-β-D-glucopyranoside）、槲皮苷（quercetrin）、芦丁（rutin）、紫云英苷（astragalin）和山奈酚 -3-O-α-L- 吡喃阿拉伯糖苷（kaempferol-3-O-α-L-arabinopyranoside）[2]；酚酸类：没食子酸（gallic acid）、没食子酸甲酯（methyl gallate）、三没食子酸（trigallic acid）、6-O- 没食子酰基 -D- 吡喃葡萄糖（6-O-galloyl-D-glucopyranose）、1, 2, 3- 三 -O- 没食子酰基 -β-D- 吡喃葡萄糖（1, 2, 3-tri-O-galloyl-β-D-glucopyranose）、1, 2, 3, 6- 四 -O- 没食子酰基 -β-D- 吡喃葡萄糖（1, 2, 3, 6-tetra-O-galloyl-β-D-glucopyranose）和 1, 2, 3, 4, 6- 五 -O- 没食子酰基 -β-D- 吡喃葡萄糖（1, 2, 3, 4, 6-penta-O-galloyl-β-D-glucopyranose）[2]。

叶含香豆素类：东莨菪素（scopoletin）和 4, 7- 二甲氧基 -5- 甲基香豆素（4, 7-dimethoxy-5-methyl coumarin）[3]；黄酮类：（+）- 儿茶素 [（+）-catechin] [3]，槲皮素 -3-O-α-L- 吡喃鼠李糖苷（quercetin-3-O-α-L-rhamopyranoside）[3,4]，山奈酚 -3-O-α-L- 吡喃鼠李糖苷（kaempferol-3-O-α-L-rhamopyranoside）[3-5]，紫云英苷（astragalin）[3,5]，槲皮苷（quercetrin）、槲皮素（quercetin）、山奈酚（kaempferol）[5]，槲皮素 -3-O-β-D- 吡喃葡萄糖苷（quercetin-3-O-β-D-glucopyranoside）、槲皮素 -3-O-α-L- 吡喃阿拉伯糖苷（quercetin-3-O-α-L-arabinopyranoside）、山奈酚 -3-O-β-D- 吡喃葡萄糖苷（kaempferol-3-O-β-D-glucopyranoside）和槲皮素 -3-O-β-D- 吡喃半乳糖苷（quercetin-3-O-β-D-galactopyranoside）[6]；柠檬苦素类：香椿苦素 *A、B、C、D、E、F、G、H、I、J（toonasinenine A、B、C、D、E、F、G、H、I、J）、香椿叶素（toonafolin）和思茅红椿素 *D（toonacilianin D）[7]；酚酸类：1, 2, 3, 4, 6- 五没食子酸 -β-D- 吡喃葡萄糖苷（1, 2, 3, 4, 6-penta-O-galloyl-β-D-glucopyranoside）[3-6]，没食子酸乙酯（ethyl gallate）[3-5]，没食子酸甲酯（methyl gallate）[5]，邻苯二甲酸二丁酯（dibutyl phthalate）、1, 2, 3, 6- 四 -O- 没食子酰 -β-D- 吡喃葡萄糖苷（1, 2, 3, 6-tetra-O-galloyl-β-D-glucopyranose）和（-）- 表没食子儿茶素没食子酸酯 [（-）-epi-gallocatechin gallate] [6]。

根皮含柠檬苦素类：香椿楝酮素 *A、B、C、D、E、F、G、H、I、J、K（toonasinemine A、B、C、D、E、F、G、H、I、J、K）[8]。

茎皮含皂苷类：（20S）-3- 氧化甘遂烷 -25- 去甲 -7- 烯 -24- 酸 [（20S）-3-oxotirucalla-25-nor-7-en-24-oic acid]、（20S）-5α, 8α- 环二氧 -3- 氧化 -24- 去甲 -6.9（11）- 二烯 -23- 酸 [（20S）-5α, 8α-epidioxy-3-oxo-24-nor-6.9（11）-dien-23-oic acid]、奥寇梯木酮（ocotillone）、（20S, 24R）- 环氧达玛烷 -12, 25- 二醇 -3- 酮 [（20S, 24R）-epoxydammarane-12, 25-diol-3-one]、（20S, 24R）- 环氧达玛烷 -3β, 25- 二醇 - 玛烷 -3β, 25- 二醇 [（20S, 24R）-epoxydammarane-3β, 25-diol-marane-3β, 25-diol]、娑罗双酸甲酯 *（methyl shoreate）、娑罗双酸 *（shoreic acid）、里奇悭木烯酮 *（richenone）、拟西洋杉内酯（cabralealactone）、水红木酮 D（cylindrictone D）、20- 羟基 -24- 达玛烯 -3- 酮（20-hydroxy-24-dammaren-3-one）、匹西狄醇 A（piscidinol A）、刚毛鹧鸪花醇 B（hispidol B）、红隆二酮 *（hollongdione）、4, 4, 14- 三甲基 -3- 氧 -24- 去甲 -5α, 13α, 14β, 17α, 20S- 胆甾 -7- 烯 -23- 酸（4, 4, 14-trimethyl-3-oxo-24-nor-5α, 13α, 14β, 17α, 20S-chol-7-en-23-oic acid）、（20S, 24S）- 二羟基达玛脂 -25- 烯 -3- 酮 [（20S, 24S）-dihydroxydammar-25-en-3-one] 和布约巨盘木醇酮 B（bourjotinolone B）[9]。

【药理作用】 1. 护肺　叶的水提物可保护盲肠结扎穿孔所致脓毒症肺损伤模型大鼠的肺组织损伤而增加其存活率，减弱脂多糖诱导的巨噬细胞 RAW 264.7 中一氧化氮（NO）的释放，增加诱导型血红素氧合酶的释放，而对其他细胞因子的水平无影响[1]。2. 抗神经炎　叶的水提物可抑制脂多糖诱导的 BV-2 小胶质细胞介导的神经炎症中一氧化氮及肿瘤坏死因子 -α（TNF-α）的释放及一氧化氮合酶（NOS）的表达而无细胞毒性，且具有一定量 - 效关系[2]。3. 促脂肪分解　叶的 50% 乙醇提取物可增加 3T3-L1 成熟脂肪细胞中甘油的分泌，且具有量 - 效及时 - 效关系[3]。4. 抗肿瘤　叶的水提物中分离得到的 99.5% 醇不溶性成分可使 SKOV3 卵巢癌细胞分裂止于 G_2/M 期从而诱导其凋亡，抑制裸鼠体内 SKOV3 卵巢癌细胞的分裂增殖而无明显的肝肾毒性及骨髓抑制作用[4]；叶的水提物可将肺腺癌 H441 细胞、肺大细胞癌 H661 细胞及肺鳞状细胞癌 H520 细胞的细胞分裂阻滞在 G_1 期从而使其细胞凋亡，还可通过上调 p27 蛋白的表达减少细胞周期蛋白 D1 及细胞周期蛋白依赖性激酶的分泌，同时降低三种肺癌细胞中 Bcl-2 凋亡蛋白水平，提高 Bax 蛋白水平[5]。5. 抗疲劳 叶的水提物可延长小鼠强迫游泳时间并减少运动引起的氧化应激反应[6]。6. 降血糖 叶的 70% 乙醇提取物可降低四氧嘧啶诱导糖尿病模型小鼠的血糖[7]；香椿子总多酚可降低链脲佐菌素诱导糖尿病小鼠的血糖、肝脏指数、丙二醛（MDA）含量，增加超氧化物歧化酶（SOD）活性，而对正常小鼠血糖无降低作用[8]；香椿子石油醚提取物可降低链脲佐菌素所致糖尿病肾病模型大鼠的血糖、尿蛋白及氧化应激指标，降低血肌酐与尿素氮，明显改善模型大鼠肾脏病理学异常，降低肾脏转化生长因子 -β_1（TGF-β_1）、结缔组织生长因子、IV 型胶原蛋白的表达[9]。7. 护心肌 香椿子总多酚可显著降低左冠状动脉前降支结扎 30min 再灌 120min 方法所致心肌缺血再灌注损伤模型大鼠血清中的磷酸肌酸激酶、肌钙蛋白及丙二醛的水平，增加超氧化物歧化酶的活性，减轻心肌梗死程度[10]。8. 抗凝血 香椿子正丁醇提取物可显著延长急性高凝模型大鼠血浆的复钙时间、活化部分凝血活酶时间、凝血酶原时间、凝血酶时间，升高抗凝血酶 III 活性，并呈一定的剂量依赖关系，而对大鼠血浆纤维蛋白原含量及发色底物法检测蛋白 C 活性无明显作用[11]。9. 护脑 果实正丁醇提取物可改善脑缺血再灌注大鼠的神经功能损伤、降低血脑屏障通透性，减少胃和小肠组织丙二醛和一氧化氮的生成，降低超氧化物歧化酶及谷胱甘肽过氧化物酶活性[12]。10. 降尿酸 叶总黄酮可极显著地降低氧嗪酸钾所致高尿酸模型小鼠的血清尿酸水平，且在体外能抑制黄嘌呤氧化酶活性[13]。11. 抗氧化 叶的 50% 乙醇提取物可清除 1, 1- 二苯基 -2- 三硝基苯肼自由基（DPPH）和羟自由基（·OH），且呈一定量 - 效关系[14]。12. 抗菌 叶的 50% 乙醇提取物对大肠杆菌、金黄色葡萄球菌和枯草芽孢杆菌具有一定的抑制作用[14]。13. 降血脂 叶 50% 乙醇提取物可显著降低高脂饲料所致高脂血症模型小鼠的血清总胆固醇、甘油三酯、低密度脂蛋白胆固醇（LDL-C）水平，升高高密度脂蛋白胆固醇（HDL-C）的浓度，降低小鼠肝指数和肝脏总胆固醇及甘油三酯含量，提高血清总抗氧化作用，改善血清和肝脏超氧化物歧化酶及血清谷胱甘肽过氧化物酶的活性，并能降低血清和肝脏丙二醛含量[15]。14. 抗神经炎 果实多酚可降低神经毒素 6- 羟多巴胺所诱导 PC12 帕金森病模型细胞的活力，显著降低细胞中一氧化氮合酶、环氧化酶 -2（COX-2）、核因子 κBp65、p38 促分裂原活化蛋白激酶和 p-p38 MAPK 促分裂原活化蛋白激酶的表达[16]。

【性味与归经】香椿子：辛、苦，温，归肝、肺经。香椿皮：苦、涩，微寒。归大肠、胃经。

【功能与主治】香椿子：祛风，散寒，止痛。用于风寒外感，心胃气痛，风湿痹痛，疝气。香椿皮：清热燥湿，涩肠，止血，止带，杀虫。用于泄泻，痢疾，肠风便血，崩漏，带下，蛔虫病，丝虫病，疮癣。

【用法与用量】香椿子：3 ～ 9g。香椿皮：6 ～ 15g；外用煎水或熬膏涂患处。

【药用标准】香椿子：山东药材 2012。香椿皮：湖南药材 2009 和贵州药材 2003。

【临床参考】1. 慢性疲劳综合征：枝叶 50g，水煎 2 次，混匀后分 3 次口服，每日 1 剂，4 周为 1 个疗程，共治疗 2 个疗程[1]。

2. 气滞纳呆：树皮 30 ～ 60g，水煎服；或嫩叶，用开水泡成半生半熟，加酱油食用。（《浙江天目山药用植物志》）

【附注】《新修本草》始载之，谓："椿、樗（臭椿）二树，形相似，樗木疏，椿木实。"《本草纲目》载："椿、樗、栲，乃一木三种也。椿木皮细肌实而赤嫩，叶香甘可茹；樗木皮粗肌虚而白，其叶臭恶，歉年人或采食；栲木即樗之生山中者，木亦虚大，梓人亦或用之，然爪之如腐朽，故古人以为不材之木，不似椿木坚实可入栋樑也。"《植物名实图考》谓："椿，即香椿。叶甘可茹，木理红实，俗名红椿。"上述椿，即为本种。

泻痢初起及脾胃虚寒者慎服。

本种的根皮、叶及花民间也作药用。

【化学参考文献】

[1] Dong X J, Zhu Y F, Bao G H, et al. New limonoids and a dihydrobenzofuran norlignan from the roots of *Toona sinensis* [J].

Molecules，2013，18：2840-2850.

［2］Wang K J，Yang C R，Zhang Y J. Phenolic antioxidants from chinese toon（fresh young leaves and shoots of *Toona sinensis*）［J］. Food Chem，2007，101：365-371.

［3］沈玉萍，钟雄雄，余筱洁，等 . 中药香椿叶的化学成分研究［J］. 中国药学杂志，2013，　48（1）：22-24.

［4］Zhang W，Li C，You L J，et al. Structural identification of compounds from *Toona sinensis* leaves with antioxidant and anticancer activities［J］. J Funct Foods，2014，10：427-435.

［5］Yang H，Gu Q，Gao T，et al. Flavonols and derivatives of gallic acid from young leaves of *Toona sinensis*（A. Juss.）Roemer and evaluation of their anti-oxidant capacity by chemical methods［J］. Phcog Mag，2014，10：185-190.

［6］孙小祥，杨娅娅，盛玉青，等 . 香椿叶中多酚类成分的研究［J］. 中成药，2016，38（9）：1974-1977.

［7］Hu J，Song Y，Mao X，et al. Limonoids isolated from T*oona sinensis*，and their radical scavenging，anti-inflammatory and cytotoxic activities［J］. J Funct Foods，2016，20：1-9.

［8］Li J H，An F L，Luo J，et al. Limonoids with modified furan rings from root barks of *Toona sinensis*［J］. Tetrahedron，2016，72：7481-7487.

［9］Tang J，Xu J，Zhang J，et al. Novel tirucallane triterpenoids from the stem bark of *Toona inensis*［J］. Fitoterapia，2016，112：97-103.

【药理参考文献】

［1］Yang C J，Chen Y C，Tsai Y J，et al. *Toona sinensis* leaf aqueous extract displays activity against sepsis in both *in vitro* and *in vivo* models［J］. Kaohsiung Journal of Medical Sciences，2014，30（6）：279-285.

［2］Wang C C，Tsai Y J，Hsieh Y C，et al. The aqueous extract from *Toona sinensis* leaves inhibits microglia-mediated neuroinflammation［J］. Kaohsiung Journal of Medical Sciences，2014，30（2）：73-81.

［3］Hsu H K，Yang Y C，Hwang J H，et al. Effects of *Toona sinensis* leaf extract on lipolysis in differentiated 3T3-L1 adipocytes［J］. Kaohsiung Journal of Medical Sciences，2003，19（8）：385-389.

［4］Chen C H，Li C J，Tai I C，et al. The fractionated *Toona sinensis* leaf extract induces apoptosis of human osteosarcoma cells and inhibits tumor growth in a murine xenograft model［J］. Integrative Cancer Therapies，2016，102：309-314.

［5］Yang C，Huang Y J，Wang C Y，et al. Antiproliferative effect of T*oona sinensis* leaf extract on non-small-cell lung cancer［J］. Translational Research the Journal of Laboratory & Clinical Medicine，2010，155（6）：305-315.

［6］Hai F，Hai M，Lin H Y，et al. Antifatigue activity of water extracts of *Toona sinensis* Roemor leaf and exercise-related changes in lipid peroxidation in endurance exercise［J］. Journal of Medicinal Plant Research，2009，3（11）：949-954.

［7］任美萍，李春红，李蓉 . 香椿总黄酮对糖尿病小鼠及正常小鼠血糖的影响［J］. 泸州医学院学报，2012，35（3）：261-262.

［8］邢莎莎，陈超 . 香椿子总多酚对糖尿病小鼠的降血糖作用［J］. 中国实验方剂学杂志，2011，17（11）：169-171.

［9］李万忠，王晓红，韩玮娜，等 . 香椿子石油醚提取物对大鼠糖尿病肾病的保护作用［J］. 天然产物研究与开发，2015，27（12）：2035-2039.

［10］李红月，陈超 . 香椿子总多酚对心肌缺血再灌注大鼠的保护作用［J］. 中国实验方剂学杂志，2011，17（1）：117-119.

［11］金桂兰，陈超 . 香椿子正丁醇提取物抗凝血作用及其机制［J］. 中国医院药学杂志，2011，31（11）：913-914.

［12］袁成，陈超，游艳，等 . 香椿子正丁醇提取物对脑缺血再灌注致多器官功能障碍综合征的保护作用［J］. 中草药，2013，44（3）：323-326.

［13］王昌禄，李贞景，江慎华，等 . 香椿叶总黄酮对高尿酸血症小鼠影响研究［J］. 辽宁中医杂志，2011，38（10）：1933-1935.

［14］赵二劳，冯冬艳，武宇芳，等 . 香椿叶提取物抗氧化及抑菌活性研究［J］. 河南工业大学学报（自然科学版），2013，34（6）：69-72.

［15］张京芳，张强，陆刚，等 . 香椿叶提取物对高血脂症小鼠脂质代谢的调节作用及抗氧化功能的影响［J］. 中国食品学报，2007，7（4）：3-7.

［16］刘飞，费学超，李侃，等 . 香椿子多酚通过 p38MAPK 通路抑制 6-OHDA 诱导的神经炎症反应［J］. 神经解剖学杂志，2017，33（6）：665-671.

【临床参考文献】

[1] 许彦来，李富玉. 香椿治疗慢性疲劳综合征 52 例临床观察 [J]. 江苏中医药，2005，26（10）：30-31.

2. 棟属 *Melia* Linn.

落叶或半常绿，乔木或灌木。幼嫩部分常被粉状星状毛或单毛，小枝有叶痕。叶互生，一回或二至三回羽状复叶，小叶具柄。圆锥花序腋生，末级分枝常为聚伞状，花两性，花萼 5 ～ 6 深裂，常覆瓦状排列；花瓣白色或紫色，5 ～ 6 枚，离生，旋转状排列；雄蕊管狭圆筒形，在口部稍展平，有 10 ～ 12 条肋纹，花药 10 ～ 12 枚，着生于雄蕊管上部裂齿间，内藏或部分突出，花盘小，环状或盘状，围绕子房基部，子房 3 ～ 6 室，每室有 2 粒叠生胚珠，柱头头状，有 3 ～ 6 裂片。核果，近肉质，内果皮骨质，每室有种子 1 粒。

约 3 种，分布于亚洲热带及亚热带地区。中国 3 种，分布于东南部至西南部，法定药用植物 2 种。华东地区法定药用植物 2 种。

Flora of China 意见，本属中国仅有棟 *Melia azedarach* Linn.1 种，而将川棟 *Melia too sendan* Sieb. et Zucc. 并入棟。

棟属与香椿属的区别点：棟属叶为二至三回羽状复叶；果为核果，不开裂；种子无翅。香椿属通常为一回偶数羽状复叶；蒴果，开裂；种子具膜质翅。

492. 棟（图 492）• *Melia azedarach* Linn.

图 492　棟

摄影　赵维良等

【别名】苦楝（通称），楝树（江苏、山东、安徽），紫花树（江苏），楝枣树（江苏徐州）。

【形态】落叶乔木，高达 18m。树皮灰褐色，不规则纵裂；小枝粗壮，有叶痕。芽及嫩枝密生粉状星状毛。二至三回奇数羽状复叶，长 20～40cm，小叶对生，薄纸质，卵形、椭圆形至披针形，长 2～8cm，宽 1.5～3cm，顶端渐尖，稀为短尖，基部楔形，略偏斜，边缘有钝锯齿。圆锥花序腋生，无毛或幼时被粉状柔毛，花芳香，花萼 5（～6）深裂，两面或仅外面被毛；花瓣 5 枚，淡紫色，外面被短柔毛；雄蕊 10 枚，合生成管，紫色，管口有齿状裂片 10 枚，花药着生于裂片内侧，与裂片互生，部分突出，花盘小，围绕子房基部；子房 5（～6）室，每室有 2 粒胚珠，无毛，柱头头状。核果球形至椭圆形，成熟时蜡黄色，近肉质，长 1～2cm，内果皮近骨质，每室有种子 1 粒。花期 5～6 月，果期 10～11 月。

【生境与分布】生于低海拔旷野、山脚、路旁或疏林，现广泛栽培；中国黄河以南各省区都有分布；亚洲热带、亚热带地区也有分布。

【药名与部位】苦楝子，果实。苦楝皮，树皮及根皮。

【采集加工】苦楝子：冬季果实成熟时采收，除去杂质，干燥。苦楝皮：春、秋二季采剥，干燥；或除去粗皮，干燥。

【药材性状】苦楝子：呈长椭圆形，长 1.5～2cm，直径 1～1.5cm。表面淡黄棕色至棕黄色，微有光泽，多皱缩，具深棕色小点。顶端钝圆，微下陷，有花柱残痕，基部凹陷，有果梗痕。外果皮草质，果肉松软，淡黄色，带黏性。果核呈圆形，质坚硬，一端平截，一端尖，有 5～6 条纵棱，内分 5～6 室，每室含黑褐色扁椭圆形种子 1 粒。气特异，味酸、苦。

苦楝皮：呈不规则板片状、槽状或半卷筒状，长宽不一，厚 2～6mm。外表面灰棕色或灰褐色，粗糙，有交织的纵皱纹和点状灰棕色皮孔，除去粗皮者淡黄色；内表面类白色或淡黄色。质韧，不易折断，断面纤维性，呈层片状，易剥离。气微，味苦。

【药材炮制】苦楝子：除去杂质，用时捣碎。炒苦楝子：取苦楝子饮片，炒至表面焦黄色。

苦楝皮：除去杂质，洗净，润软，先切成宽约 3cm 的条，再横切成丝，干燥。

【化学成分】根含柠檬苦素类：9α-羟基 -12α-乙酸梣酮（9α-hydroxy-12α-acetoxyfraxinellone）、7, 14-环氧楝树素 B（7, 14-epoxyazedarachin B）、12α-羟基梣酮（12α-hydroxyfraxinellone）、9α-羟基梣酮（9α-hydroxyfraxinellone）、楝树素 B，即川楝素 B，或苦楝素 B（azedarachin B）、新楝树素 B（neoazedarachin B）[1]、日楝醇醛（salannal）、印楝沙兰林（salannin）和印楝波灵素 B（nimbolinin B）[2]；帖内酯类：楝巴卡亚内酯（bakayanolide）、楝萜内酯（sendanolactone）和苦楝萜酮内酯（kulactone）[3]；甾体及内酯类：2α-羟基 -3β-甲氧基 -6-氧化 -13α, 14β, 17α-羊毛甾 -7, 24-二烯 -21, 16β-内酯（2α-hydroxy-3β-methoxy-6-oxo-13α, 14β, 17α-lanosta-7, 24-dien-21, 16β-olide）、6β-羟基 -3-氧化 -13α, 14β, 17α-羊毛甾 -7, 24-二烯 -21, 16β-内酯（6β-hydroxy-3-oxo-13α, 14β, 17α-lanosta-7, 24-dien-21, 16β-olide）和 β-谷甾醇（β-sitosterol）[3]。

枝叶含皂苷类：3α-惕各酰基 -17α-20S-21, 24-环氧 -阿朴绿玉树 -14-烯 -7α, 23α, 25-三醇（3α-tigloyl-17α-20S-21, 24-epoxy-apotirucalla-14-en-7α, 23α, 25-triol）、3S, 23R, 25-三羟基甘遂 -7-烯 -24-酮（3S, 23R, 25-trihydroxytirucall-7-en-24-one）、毛红椿素 *C（toonapubesin C）、3α-（2-甲基丁酰基）-1, 20-二乙酰 -11-甲氧基楝果宁 [3α-(2-methylbutyryl)-1, 20-diacetyl-11-methoxymeliacarpinin]、1-肉桂酰 -3-乙酰 -11-甲氧基楝果宁（1-cinnamoyl-3-acetyl-11-methoxymeliacarpinin）和 3-惕各酰基 -1, 20-二乙酰 -11-甲氧基楝果宁（3-tigloyl-1, 20-diacetyl-11-methoxymeliacarpinin）[4]；柠檬苦素类：楝钦素 A、B、C、D、E、F、G、H、I、J、K（meliarachin A、B、C、D、E、F、G、H、I、J、K）、川楝素（toosendanin）、异川楝素（isochuanliansu）、12α-羟基大叶山楝抑素，即 12α-羟基崖摩抑素（12α-hydroxyamoorastatin）、新楝树素 D（neoazedarachin D）和 12α-羟基山楝酮（12α-hydroxyamoorastatone）[5]；甾体类：2α, 3β-二羟基雄甾烷 -16-酮 -2β, 19-半缩酮（2α, 3β-dihydroxyandrostan-16-one-2β, 19-hemiketal）和 2α, 3α, 16β-三羟基 -5α-孕甾 20R-甲基丙烯酸酯（2α, 3α, 16β-trihydroxy-5α-pregnane 20R-methacrylate）[4]。

叶含酰基苷类：肉桂酰基 -1-α-L- 鼠李糖苷（cinnamoyl-1-α-L-rhamnoside）[6]；黄酮类：槲皮素 -3-O-
[鼠李糖基（1 → 6）-4″- 丙醇酰葡萄糖苷]-4′-O- 葡萄糖苷 {quercetin-3-O-[rhamnosyl（1 → 6）-4″-lactoyl
glucoside] -4′-O-glucoside}、山奈酚 -3-O- 芸香糖苷（kaempferol-3-O-rutinoside）、3-O- 鼠李糖苷
（3-O-rhamnoside）、槲皮素 -3-O- 芸香糖苷（quercetin-3-O-rutinoside）、槲皮素（quercetin）和山奈酚
（kaempferol）[6]；柠檬苦素类：垂齐林 B（trichilinin B）、3- 去乙酰基 -4′- 去甲基 -28- 氧化印楝沙兰林
（3-deacetyl-4′-demethyl-28-oxosalannin）、日楝宁（ohchinin）、23- 羟基日楝宁内酯（23-hydroxyohchininolide）
和 21- 羟基异日楝内酯（21-hydroxyisoohchinolide）[7]；生物碱类：吲哚甲酸甲酯（methyl indole-3-
carboxylate）[7]；皂苷类：苦楝植酸甲酯（methyl kulonate）[7]；甾体类：（2α, 3α, 20R）- 三羟基 -5α-
孕甾 16β- 甲基丙烯酸酯 [（2α, 3α, 20R）-trihydroxy-5α-pregnane 16β-methacrylate] [7]；单萜类：黑麦草
内酯（loliolide）[7]。

　　果实含皂苷类：（21S, 23R, 24R）-21, 23- 环氧 -21, 24- 二羟基 -25- 甲氧基甘遂 -7- 烯 -3- 酮 [（21S,
23R, 24R）-21, 23-epoxy-21, 24-dihydroxy-25-methoxytirucall-7-en-3-one]、（3S, 21S, 23R, 24S）-21, 23-
环氧 -21, 25- 二甲氧基甘遂 -7- 烯 -3, 24- 二醇 [（3S, 21S, 23R, 24S）-21, 23-epoxy-21, 25-dimethoxytirucall-
7-ene-3, 24-diol]、（21S, 23R, 24R）-21, 23- 环氧 -24- 羟基 -21- 甲氧基甘遂 -7, 25- 二烯 -3- 酮 [（21S,
23R, 24R）-21, 23-epoxy-24-hydroxy-21-methoxytirucalla-7, 25-dien-3-one]、（21S, 23R, 24R）-21, 23- 环氧 -21,
24- 二羟基甘遂 -7, 25- 二烯 -3- 酮 [（21S, 23R, 24R）-21, 23-epoxy-21, 24-dihydroxytirucalla-7, 25-dien-3-
one]、3α, 7α- 二羟基 -21, 23- 环氧 -1α, 6α, 12α- 三乙酰氧基 -24, 25, 26, 27- 四去甲阿朴绿玉树 -14, 20, 22-
三烯 -28- 醇（3α, 7α-dihydroxy-21, 23-epoxy-1α, 6α, 12α-triacetoxy-24, 25, 26, 27-tetranorapotirucalla-14, 20,
22-trien-28-ol）、12β, 20β- 二羟基达玛脂 -24- 烯 -3- 酮（12β, 20β-dihydroxydammar-24-en-3-one）、21α-
O- 甲基苦楝二醇（21α-O-methyl melianodiol）、21-O- 甲基苦楝二醇（21-O-methyl melianodiol）、苦楝
三醇（meliantriol）、楝抑素 3（meliastatin 3）、楝瑟宁 S、T（meliasenin S、T）、（21R, 23R, 24S）-21,
25- 二 -O- 甲基苦楝二醇 [（21R, 23R, 24S）-21, 25-di-O-methyl melianodiol]、（21S, 23R, 24S）-21, 25- 二 -O-
甲基苦楝二醇 [（21S, 23R, 24S）-21, 25-di-O-methyl melianodiol]、（23R, 24S）-21- 氧代苦楝二醇 [（23R,
24S）-21-oxomelianodiol]、21- 氧代苦楝三醇（21-oxomeliantriol）、川楝酸 A（toosendanic acid A）[8]、
苦楝二醇（melianodiol）、21α, 25- 二甲氧基苦楝酮二醇（21α, 25-dimethyl melianodiol）[9]、苦楝苦酸
（azedarachic acid）[10]、楝瑟宁 E、G（meliasenin E、G）、苦楝萜酸甲酯（methyl kulonate）和 3β, 16β-
二羟基大戟 -7, 24- 二烯 -21- 甲酸酯（methyl 3β, 16β-dihydroxyeupha-7, 24-dien-21-oate）[11]；柠檬苦素类：
垂齐林 E（trichilinin E）[8]、3- 去乙酰基 -4′- 去甲基印楝沙兰林（3-deacetyl-4′-demethyl salannin）、3- 去
乙酰基 -28- 氧化印楝沙兰林（3-deacetyl-28-oxosalannin）、1- 去惕各酰基奇诺醛（1-detigloylohchinolal）、
1- 肉桂酰垂齐林（1-cinnamoyl trichilinin）、3- 去乙酰基印楝沙兰林（3-deacetyl salannin）、日楝宁
（ohchinin）、日本楝苦素乙酸酯（ohchinin acetate）、1- 去肉桂酰 -1- 苯甲酰日楝宁（1-decinnamoyl-1-
benzoyl ohchinin）、日楝宁内酯（ohchininolide）、1- 去肉桂酰 -1- 苯甲酰日楝宁内酯（1-decinnamoyl-1-
benzoyl ohchininolide）、23- 甲氧基日楝宁内酯 A、B（23-methoxyohchininolide A、B）、23- 羟基日楝宁
内酯（23-hydroxyohchininolide）、1- 去肉桂酰 -1- 苯甲酰 -28- 氧化日楝宁（1-decinnamoyl-1-benzoyl-
28-oxoohchinin）、3- 去乙酰基 -4′- 去甲基 -28- 氧化印楝沙兰林（3-deacetyl-4′-demethyl-28-oxosalannin）、
川楝萜素* E（mesendanin E）、奇诺醛（ohchinolal）[10]、垂齐林 D（trichilinin D）[10, 11]、3α- 乙酰
氧基 -1α, 7α- 二羟基 -12α- 甲氧基印楝波灵素（3α-acetoxy-1α, 7α-dihydroxy-12α-methoxynimbolinin）、
3α- 乙酰氧基 -1α, 12α- 二羟基 -7α-（2- 甲基丙 -2- 烯基）印楝波灵素 [3α-acetoxy-1α, 12α-dihydroxy-7α-
（2-methylprop-2-enoyl）nimbolinin]、1- 去乙酰基印楝波灵素 B（1-deacetyl nimbolinin B）、日楝醇醛（salannal）、
12-O- 甲基沃氏藤黄辛（12-O-methyl volkensin）、1- 苯甲酰印楝波灵素 C（1-benzoy lnimbolinin C）和 1, 3-
二肉桂酰 -11- 羟基美迪紫檀素（1, 3-dicinnamoyl-11-hydroxymeliacarpin）[11]；黄酮类：芦丁（rutin）[9]；
酚酸类：苯甲酸（benzoic acid）和香草酸（vanillic acid）[12]；甾体类：β- 谷甾醇（β-sitosterol）和胡萝

卜苷（daucosterol）[12]；醛类：原儿茶醛（protocatechualdehyde）[9]，香草醛（vanillin）、松柏醛（coniferaldehyde）和 5- 羟甲基糠醛（5-hydroxymethylfurfural）[12]；甾体类：16- 羟基牛油果醇（16-hydroxybutyrospermol）[11]；酚酮类：2, 3- 二羟基 -1-（4- 羟基 -3- 甲氧基）苯基 -1- 酮［2, 3-dihydroxy-1-（4-hydroxy-3-methoxy）phenyl-1-one］[12]；二苯乙烯类：（E）-3, 3′- 二甲氧基 -4, 4′- 二羟基二苯乙烯［（E）-3, 3′-dimethoxy-4, 4′-dihydroxystilben］[12]；糖类：α-D- 吡喃葡萄糖（α-D-glucopyranose）[12]；其他尚含：苦楝新醇（melianoninol）[9]。

种子含柠檬苦素类：1- 苯甲酰印楝波灵素 C（1-benzoyl nimbolinin C）、7- 苯甲酰基川楝素（7-benzoyl toosendanin）、7- 肉桂酰基川楝素（7-cinnamoyl toosendanin）、12- 羟基山楝酮（12-hydroxyamoorastatone）、异川楝素（isochuanliansu）、川楝素（chuanliansu）、鹧鸪花素 B、D（trichilin B、D）、12-O- 甲基沃氏藤黄辛（12-O-methyl volkensin）[13]，印楝沙兰林（salannin）、楝树宁（meldenin）和 6- 乙酸基 -11α- 羟基 -7- 氧 -14β, 15β- 环氧苦楝子新素 -1, 5- 二烯 -3-O-α-L- 吡喃鼠李糖苷（6-acetoxy-11α-hydroxy-7-oxo-14β, 15β-epoxymeliacin-1, 5-diene-3-O-α-L-rhamnopyranoside）[14]；皂苷类：21α- 甲基 -25- 乙基苦楝二醇（21α-methyl-25-ethyl melianodiol）、21α- 甲基苦楝二醇（21α-methyl melianodiol）、21β- 甲基苦楝二醇（21β-methyl melianodiol）、21α, 25- 二甲基苦楝二醇（21α, 25-dimethyl melianodiol）、21β, 25- 二甲基苦楝二醇（21β, 25-dimethyl melianodiol）和［21α- 甲基苦楝醇 -（21R, 23R）环氧 -24- 羟基 -21α- 甲氧基］甘遂 -7, 25- 二烯 -3- 酮｛［21α-methyl melianol-（21R, 23R）epoxy-24-hydroxy-21α-methoxyl］triucalla-7, 25-dien-3-one｝[13]；甾体类：21, 23- 环氧 -21- 甲氧基 -17H- 羊毛甾 -7- 烯 -3, 24, 25- 三醇（21, 23-epoxy-21-methoxy-17H-lanost-7-ene-3, 24, 25-triol）[13]。

根皮含柠檬苦素类：楝树素 C（azedarachin C）[15]，苦楝降内酯（azedararide）、12α- 乙酸基梣酮（12α-acetoxy fraxinellone）、梣酮（fraxinellone）、白鲜双酮（fraxinellonone）[16]，12- 去乙酰基鹧鸪花素 I（12-deacetyl trichilin I）、1- 乙酰基鹧鸪花素 H（1-acetyl trichilin H）、3- 去乙酰基鹧鸪花素 H（3-deacetyl trichilin H）、1- 乙酰基 -3- 去乙酰基鹧鸪花素 H（1-acetyl-3-deacetyl trichilin H）、1- 乙酰基 -2- 去乙酰基鹧鸪花素 H（1-acetyl-2-deacetyl trichilin H）、楝毒素 B₁（meliatoxin B₁）、鹧鸪花素 H、D（trichilin H、D）、1, 12- 二乙酰基 - 鹧鸪花素 B（1, 12-diacetyl trichilin B）[17]，29- 异丁基印楝沙兰林（29-isobutyl sendanin）、12- 羟基山楝素*（12-hydroxyamoorastin）和 29- 去乙酰基印楝沙兰林（29-deacetyl sendanin）[18]；皂苷类：1- 惕各酰基 -3- 乙酰 -11- 甲氧基楝果宁（1-tigloy-3-acetyl-11-methoxymeliacarpinin）、1- 乙酰 -3- 惕各酰基 -11- 甲氧基楝果宁（1-acetyl-3-tigloy-11-methoxymeliacarpinin）[18]，1- 惕各酰基 -3, 20- 二乙酰 -11- 甲氧基楝果宁（1-tigloyl-3, 20-diacetyl-11-methoxymeliacarpinin）、3- 惕各酰基 -l, 20- 二乙酰 -11- 甲氧基楝果宁（3-tigloyl-l, 20-diacetyl-11-methoxymeliacarpinin）、1- 肉桂酰 -3- 羟基 -11- 甲氧基楝果宁（1-cinnamoyl-3-hydroxy-11-methoxymeliacarpinin）、1- 去氧 -3- 甲基丙酸烯基 -11- 甲氧基楝果宁（1-deoxy-3-methacrylyl-11-methoxymeliacarpinin）、1- 肉桂酰 -3- 乙酰基 -11- 甲氧基楝果宁（1-cinnamoyl-3-acetyl-11-methoxymeliacarpinin）[19]，苦楝萜酮（kulinone）、苦楝萜酮内酯（kulactone）、南岭楝酮 B（dubione B）和苦楝酸（kulonic acid）[20]；萘醌类：4, 8- 二羟基 -1- 四氢萘醌（4, 8-dihydroxy-1-tetrahydronaphthoquinone），即异核盘菌酮（isosclerone）[20]；甾体类：β- 谷甾醇（β-sitosterol）[20]；呋喃类：5- 羟甲基 -2- 呋喃甲醛（5-hydroxymethyl-2-furaldehyde）[20]；其他尚含：丁二酸（succinic）[20]。

树皮含皂苷类：3α- 羟基甘遂 -7, 24（25）- 二烯 -6- 氧 -21, 16- 内酯［3α-hydroxytirucalla-7, 24（25）-dien-6-oxo-21, 16-olide］、甘遂 -7, 25（26）- 二烯 -3, 24- 二酮 -21, 16- 内酯［tirucalla-7, 25（26）-diene-3, 24-dione-21, 16-olide］、25- 过氢氧基甘遂 -7, 23（24）- 二烯 -3, 6- 二酮 -21, 16- 内酯［25-hydroperoxytirucalla-7, 23（24）-dien-3, 6-dion-21, 16-olide］、16β- 羟基甘遂 -7, 24（25）- 二烯 -3- 氧 -21, 23- 内酯［16β-hydroxytirucalla-7, 24（25）-dien-3-oxo-21, 23-olide］、3, 20- 二乙酰基甲氧基楝果宁（3, 20-diacetyl methoxymeliacarpinin）[21]，苦楝萜酸甲酯（methyl kulonate）[7, 22]，甘遂 -5（6）, 7, 24（25）- 三烯 -3- 氧化 -21, 16- 内酯［tirucalla-5（6）, 7, 24（25）-triene-3-oxo-21, 16-olide］、24- 过氢氧基甘遂 -7, 25（26）- 二烯 -3, 6- 二酮 -21, 16- 内酯［24-hydroperoxytirucalla-7, 25（26）-diene-3, 6-dion-21, 16-olide］[22]，甘遂 -5（6）, 7,

24（25）- 三烯 -3- 二酮 -21, 16- 内酯［tirucalla-5（6），7, 24（25）-triene-3-dion-21, 16-olide］、24- 过氢氧甘遂 -7, 25（26）- 二烯 -3, 6- 二酮 -21, 16- 内酯［24-hydroperoxytirucalla-7, 25（26）-diene-3, 6-dion-21, 16-olide］、16- 羟基丁酰鲸鱼醇（16-hydroxybutyrospermol）、苦楝萜酮内酯（kulactone）[22]、3β- 乙酰氧基 -12β- 羟基大戟 -7, 24- 二烯 -21, 16β- 内酯（3β-acetoxy-12β-hydroxyeupha-7, 24-dien-21, 16β-olide）、21, 24- 环大戟 -7- 烯 -3β, 16β, 21α, 25- 四醇（21, 24-cycloeupha-7-ene-3β, 16β, 21α, 25-tetraol）[23]、（－）-12β- 羟基苦内酯［（－）-12β-hydroxykulactone］、南岭楝酮 B（dubione B）、24, 25- 二氢苦楝酮（24, 25-dihydrokulinone）[22] 和苦楝酮（kulinone）[22, 23]；柠檬苦素类：楝瑟宁（meliasenin）、楝瑟宁 J、W、M（meliasenins J、W、M）、大叶山楝宁 G（aphagranin G）、川楝萜苷 * M、L、R（mesendanin M、L、R）[22]、川楝萜苷 * K、I（mesendanin K、I）、1, 12- 二乙酰基鹧鸪花素 B（1, 12-diacetyltrichilin B）、29- 异丁基印楝沙兰林（29-isobutyl sendanin）、29- 去乙酰基印楝沙兰林（29-deacetyl sendanin）、川楝苦苷 * F（meliatoosenin F）、6- 去乙酰氧基 -7- 去乙酰基溪杪素 *（6-deacetyloxy-7-deacetyl chisocheton）、苦楝降内酯（azedararide）和印楝波灵素 B（nimbolinin B）[24]；甾体类：21, 24- 环大戟 -7- 烯 -3β, 16β, 21α, 25- 四醇（21, 24-cycloeupha-7-ene-3β, 16β, 21α, 25-tetrol）、29- 过氢氧豆甾 -7, 24（28）E- 二烯 -3β- 醇［29-hydroperoxystigmasta-7, 24（28）E-dien-3β-ol］、24ξ- 过氢氧 -24- 乙烯基 - 烯胆甾烷醇 16β- 甲基丙烯酸酯（24ξ-hydroperoxy-24-vinyl-lathosterol 16β-methacrylate）、24ξ- 过氢氧 -24- 乙烯基 - 胆甾醇［24ξ-hydroperoxy-24-vinyl-cholesterol］、17β, 20β- 环氧麦角甾 -5, 24（28）- 二烯 -3β, 16β, 22α- 三醇［17β, 20β-epoxyergosta-5, 24（28）-diene-3β, 16β, 22α-triol］、2α, 3α, 20R- 三羟基 -5α- 孕甾烷 16β- 甲基丙烯酸酯（2α, 3α, 20R-trihydroxy-5α-pregnane 16β-methacrylate）、（22E, 24S）-5α, 8α- 环二氧 -24- 甲基胆甾 -6, 22- 二烯 -3β- 醇［（22E, 24S）-5α, 8α-epidioxy-24-methyl cholesta-6, 22-dien-3β-ol］[23]、2, 19- 氧化沃肯楝素（2, 19-oxymeliavosin）、川楝子甾醇 A（toosendansterol A）、5, 6- 去氢川楝子甾醇 A（5, 6-dehydrotoosendansterol A）、谷甾醇（sitosterol）、谷甾醇 -3-O-β-D- 吡喃葡萄糖苷（sitosterol 3-O-β-D-glucopyranoside）[7]、2, 3- 开环乙二酸孕甾 -17- 烯 -16- 酮（2, 3-secodicarboxylpregn-17-en-16-one）、2α, 3β, 4β, 18- 四羟基孕甾 -5- 烯 -16- 酮（2α, 3β, 4β, 18-tetrahydroxypregn-5-en-16-one）和 3α, 16β, 20, 22- 四羟基麦角甾 -5, 24（28）- 二烯［3α, 16β, 20, 22-tetrahydroxyergosta-5, 24（28）-diene］[21]；黄酮类：（+）- 儿茶素［（+）-catechin］和（－）- 表儿茶素［（－）-epicatechin］[7]；倍半萜类：1α, 4α, 6β- 三羟基桉叶烷（1α, 4α, 6β-trihydroxyeudesmane）[24]；酚酸酯类：1, 2- 苯二羧酸二丁酯（dibutyl 1, 2-benzenedicarboxylate）和 1, 2- 苯二羧酸二异丁基酯（diisobutyl 1, 2-benzenedicarboxylate）[22]；醛类：香草醛（vanillin）、4- 羟基 -3- 甲氧基肉桂醛（4-hydroxy-3-methoxycinnamaldehyde）和藜芦醛（veratraldehyde）[22]；酚类：愈创木酚（creosol）[22]。

【药理作用】1. 护肝　叶的乙酸乙酯提取物可降低四氯化碳（CCl_4）所致肝损伤模型大鼠的血清天冬氨酸氨基转移酶（AST）及谷丙转氨酶（ALT）水平[1]。2. 抗丁酰胆碱酯酶　叶的水提物、磷酸钾缓冲液和氢氧化乙醇溶液（70∶30）提取物及超临界提取物均可降低大鼠肝组织中的丁酰胆碱酯酶的活性[2]。3. 降血糖　叶的水提物可显著降低糖尿病模型小鼠的血糖及血胰岛素水平，促进胃排空，呈剂量依赖性[3]；叶的 90% 乙醇提取物可显著降低四氧嘧啶所致糖尿病模型大鼠的血糖水平[4]。4. 抗菌　果实的甲醇提取石油醚萃取部位对巨大芽孢杆菌、短芽孢杆菌、地衣芽孢杆菌和枯草芽孢杆菌具有抑制作用，且具有剂量依赖性[5]。5. 抗氧化　果实多糖对 1, 1- 二苯基 -2- 三硝基苯肼自由基（DPPH）、羟自由基（·OH）均有良好的清除作用[6]。6. 镇痛　种核的甲醇提取物对蛙离体神经干 A、C 两类纤维复合动作电位的幅度和传导速度均有明显的抑制作用[7]。7. 免疫调节　叶的氯化钾的磷酸钾缓冲液提取物可对刀豆球蛋白 A 或脂多糖刺激的正常小鼠脾或淋巴细胞的增殖有显著的抑制作用，且无细胞毒性，可显著抑制绵羊血细胞血凝抗体的水平及每个脾脏溶血空斑形成数，显著降低迟发型超敏反应中的足肿胀[8]。8. 抗肿瘤　皮甲醇提取物对肺癌 A549 细胞的增殖有抑制的作用[9]。

【性味与归经】苦楝子：苦、寒；有小毒。归肝、小肠、膀胱经。苦楝皮：苦，寒；有毒。归肝、脾、胃经。

【功能与主治】苦楝子：舒肝行气止痛，驱虫。用于胸胁、腹脘胀痛，疝痛，虫积腹痛。苦楝皮：驱虫，疗癣。用于蛔虫、蛲虫病，虫积腹痛；外治疥癣瘙痒。

【用法与用量】苦楝子 4.5 ～ 9g。苦楝皮 3 ～ 6g；外用适量，研末，用猪脂调敷患处。

【药用标准】苦楝子：部标中药材 1992、内蒙古药材 1988、云南药品 1996 和台湾 1985 二册。苦楝皮：药典 1963—2015、浙江炮规 2005 和新疆药品 1980 二册。

【临床参考】1. 手足癣：根皮 20g，加蒲公英、连翘、白花蛇舌草、黄柏、白鲜皮、地肤子、蛇床子、花椒各 20g，硫黄粉 20g（待药煎好后放入并搅均），苦参、明矾各 30 ～ 50g，加清水 5000ml，武火煎 30min 取汁 4000ml 置于盆中，趁药液温热时，将患足手浸入约 30min，每日 1 剂，早晚各 1 次，连用 3 剂为 1 疗程[1]。

2. 神经性皮炎：根皮 30g，加鸡血藤 35g、白鲜皮 30g、羌活 15g，荆芥、黄柏、苦参各 25g，赤芍 20g，蝉衣、僵蚕各 15g，乌蛇 20g，研末，加醋配成药剂，在皮损处火疗[2]。

3. 阴痒、阴疮、阴虱：根皮 20g，加蛇床子、地肤子、白鲜皮、苦参、百部、黄柏、野菊花各 20g，龙胆草、苍术各 15g，北防风 10g，水煎，患部熏洗[3]。

4. 滴虫性阴道炎：根皮 30g，水煎熏洗，每日 1 ～ 2 次。

5. 荨麻疹：根皮 60g，加乙醇 1000ml，浸泡 2 天后，取浸出液外搽。（4 方、5 方引自《浙江药用植物志》）

6. 疝气：果实 7 枚，加酸枣核 5 枚，焙干研末，开水冲服。（《湖南药物志》）

【附注】本种的树皮及根皮对于体弱及肝肾功能障碍者、孕妇及脾胃虚寒者均慎服。亦不宜持续和过量服用。其有一定的毒副作用，中毒后可有头痛、头晕、恶心、呕吐、腹痛等症状。严重中毒，可出现内脏出血、中毒性肝炎、精神失常、呼吸中枢麻痹，甚至休克、昏迷死亡。本种的果实脾胃虚寒者禁服。亦不宜持续和过量服用。内服量过大，可有恶心、呕吐等不良反应，甚至中毒死亡。

本种的叶及花民间也作药用。

【化学参考文献】

[1] Fukuyama Y，Nakaoka M，Yamamoto T，et al. Degraded and oxetane-bearing limonoids from the roots of *Melia azedarach* [J]. Cheminform，2006，54（8）：1219-1222.

[2] Nakatani M，Huang R C，Okamura H，et al. Salannal, a new limonoid from *Melia azedarach* Linn [J]. Chem Lett，1995，24（11）：995-996.

[3] Faizi S，Wasi A，Siddiqui B S，et al. New terpenoids from the roots of *Melia azedarach* [J]. Aust J Chem，2002，55：291-296.

[4] Zhang W M，Liu J Q，Peng X R，et al. Triterpenoids and sterols from the leaves and twigs of *Melia azedarach* [J]. Nat Prod Bioprosp，2014，4（3）：157-162.

[5] Su Z，Yang S，Sheng Z，et al. Meliarachins A-K：eleven limonoids from the twigs and leaves of *Melia azedarach* [J]. Helv Chim Acta，2011，94：1515-1526.

[6] Salib J Y，Michael H N，El-Nogoumy S I. New lactoyl glycoside quercetin from *Melia azedarach* leaves [J]. Chem Nat Compd，2008，44（1）：13-15.

[7] Pan X，Matsumoto M，Nishimoto Y，et al. Cytotoxic and nitric oxide production-inhibitory activities of limonoids and other compounds from the leaves and bark of *Melia azedarach* [J]. Chem Biodivers，2014，11：1121-1139.

[8] Zhou F，Ma X，Li Z，et al. Four new tirucallane triterpenoids from the fruits of *Melia azedarach* and their cytotoxic activities [J]. Chem Biodivers，2016，13：1738-1746.

[9] 种小桃，时岩鹏，程战立. 苦楝子的化学成分研究（Ⅱ）[J]. 中草药，2011，42（2）：244-246.

[10] Pan X，Matsumoto M，Nakamura Y，et al. Three new and other limonoids from the hexane extract of *Melia azedarach* fruits and their cytotoxic activities [J]. Chem Biodivers，2014，11（7）：987-1000.

［11］Jin Q，Lee C，Lee J W，et al. Two new C-seco limonoids from the fruit of *Melia azedarach*［J］. Cheminform，2014，97：1152-1157.

［12］种小桃，田桂珍，程战立，等.苦棟子的化学成分研究［J］.食品与药品，2009，11（3）：30-31.

［13］Liu H B，Zhang C R，Dong S H，et al. Limonoids and triterpenoids from the seeds of *Melia azedarach*［J］. Cheminform，2011，59（8）：1003-1007.

［14］Srivastava S D. Limonoids from the seeds of *Melia azedarach*［J］.J Nat Prod，1986，49（1）：56-61.

［15］Huang R C，Okamura H，Iwagawa T，et al. Azedarachin C，A limonoid antifeedant from *Melia azedarach*［J］. Phytochemistry，1995，38（3）：593-594.

［16］Nakatani M，Huang R C，Okamura H，et al. Degraded limonoids from *Melia azedarach*［J］. Phytochemistry，1998，49（6）：1773-1776.

［17］Takeya K，Qiao Z S，Hirobe C，et al. Cytotoxic trichilin-type limonoids from *Melia azedarach*［J］. Bioorg Med Chem，1996，4（8）：1355-1359.

［18］Itokawa H，Qiao Z S，Hirobe C，et al. Cytotoxic limonoids and tetranortriterpenoids from *Melia azedarach*［J］. Chem Pharm Bull，1995，43（7）：1171-1175.

［19］Takeya K，Qiao Z S，Hirobe C，et al. Cytotoxic azadirachtin-type limonoids from *Melia azedarach*［J］. Bioorg Med Chem，1996，42（3）：709-712.

［20］刘少超，白虹，唐文照，等.苦棟皮化学成分研究［J］.中国实验方剂学杂志，2011，17（6）：93-96.

［21］Tan Q G，Li X N，Chen H，et al. Sterols and terpenoids from *Melia azedarach*［J］.J Nat Prod，2010，73：693-697.

［22］Ge J J，Wang L T，Chen P，et al. Two new tetracyclic triterpenoids from the barks of *Melia azedarach*［J］.J Asian Nat Prod Res，2016，18（1）：20-25.

［23］Wu S B，Bao Q Y，Wang W X，et al. Cytotoxic triterpenoids and steroids from the bark of *Melia azedarach*［J］. Planta Med，2011，77：922-928.

［24］Yuan C M，Zhang Y，Tang G H，et al. Cytotoxic limonoids from *Melia azedarach*［J］. Planta Med，2013，79（2）：163-168.

【药理参考文献】

［1］Sumathi D A. Hepatoprotective activity of *Melia azedarach* L. against carbontetrachloride-induced hepatic damage in rats［J］. International Journal of Pharma Sciences & Research，2012，3（5）：387-388.

［2］Marek C B. Influence of leaf extracts from *Melia azedarach* L. on butyrylcholine esterase activity in rat liver［J］. Journal of Medicinal Plant Research，2012，6（22）：3931-3938.

［3］Seifu D，Gustafsson L，Chawla R，et al. Antidiabetic and gastric emptying inhibitory effect of herbal *Melia azedarach* leaf extract in rodent models of diabetes type 2 mellitus［J］. Journal of Experimental Pharmacology，2017，9：23-29.

［4］Daniel S，Lars E G，Rajinder C，et al. Antihyperglycemic effect of the leaves of *Mella azedaravh* onalloxan induced diabetic rats［J］. International Journal of Pharma Propessional's Reseaech，2014，5（4）：1121-1124.

［5］翟兴礼，王启明，王立娟.苦棟果实提取物对几种芽孢杆菌的抑菌活性［J］.安徽农业科学，2006，34（9）：1908-1909.

［6］贺亮，殷宁，程俊文，等.苦棟子多糖的提取工艺及其抗氧化活性的研究［J］.中草药，2009，40（S）：117-120.

［7］王天仕，姚焕玲.苦棟种核提取物对蛙神经干动作电位的影响［J］.河南大学学报（自然版），2003，33（3）：4-6.

［8］Courreges M C.苦棟叶水提取物对鼠淋巴细胞的体内外活性（英文）［J］. Phytomedieine，1998，5（1）：47-53.

［9］吴世标，王文宣，鲍秋颖，等.苦棟皮中抗肺癌细胞增值活性成分的研究［C］.全国化学生物学学术会议，2009.

【临床参考文献】

［1］赵志刚.克癣宁洗剂治疗手足癣168例［J］.湖南中医杂志，2006，22（4）：52.

［2］黄玉琼.中医护理活络止痒方火疗联合皮炎宁酊外涂治疗神经性皮炎多中心随机平行对照研究［J］.实用中医内科杂志，2014，28（6）：138-140.

［3］吴品琼，吴毓骧，吴爱芬，等.自拟十味清阴灵外治妇科隐疾举隅［J］.浙江中医杂志，2006，41（8）：469.

493. 川楝（图 493）• *Melia toosendan* Sieb. et Zucc.

图 493　川楝　　　　　　　　　　　　　摄影　李华东等

【别名】川楝树，川楝子（通称），金泡子、唐苦楝（安徽）。

【形态】落叶乔木，高达 10m。嫩枝密被星状鳞毛，老枝无毛，皮孔明显。叶互生，二回奇数羽状复叶，长 35 ～ 45cm，小叶对生，椭圆状披针形，长 4 ～ 10cm，宽 2 ～ 4cm，顶端渐尖，基部楔形，稀近圆形，全缘或有不明显钝齿，两面无毛。圆锥花序聚生于小枝顶部叶腋，长 6 ～ 18cm，分枝少，花较大，花萼被柔毛，花瓣 5 枚，浅蓝色至淡紫色，外面被疏柔毛，雄蕊 10 ～ 12 枚，花丝紫色，合生成管，顶端有 3 裂的齿 10 ～ 12 枚，花药略突出于雄蕊管之外；子房上位，近球形，无毛，6 ～ 8 室，花柱无毛，柱头包藏于雄蕊管内。核果大，椭圆状球形，熟时淡黄色，长约 3cm，果皮薄，核稍硬。种子扁平。花期 4 ～ 5 月，果期 10 ～ 11 月。

【生境与分布】华东地区有栽培，分布于广西、湖南、湖北、河南、贵州、四川、甘肃等省区；越南也有分布。

川楝与楝的区别点：川楝小叶全缘或有不明显锯齿；果较大，长达 3cm，子房 6 ～ 8 室。楝的小叶有明显锯齿；果较小，长 1 ～ 2cm，子房 5 ～ 6 室。

【药名与部位】川楝子，果实。苦楝皮，树皮及根皮。

【采集加工】川楝子：冬季果实成熟时采收，除去杂质，干燥。苦楝皮：春、秋二季采剥，干燥；或除去粗皮，干燥。

【药材性状】川楝子：呈类球形，直径 2 ～ 3.2cm。表面金黄色至棕黄色，微有光泽，少数凹陷或皱缩，具深棕色小点。顶端有花柱残痕，基部凹陷，有果梗痕。外果皮革质，与果肉间常成空隙，果肉松软，淡黄色，遇水润湿显黏性。果核球形或卵圆形，质坚硬，两端平截，有 6 ～ 8 条纵棱，内分 6 ～ 8 室，每室含黑棕色长圆形的种子1粒。气特异，味酸、苦。

苦楝皮：呈不规则板片状、槽状或半卷筒状，长宽不一，厚2～6mm。外表面灰棕色或灰褐色，粗糙，有交织的纵皱纹和点状灰棕色皮孔，除去粗皮者淡黄色；内表面类白色或淡黄色。质韧，不易折断，断面纤维性，呈层片状，易剥离。气微，味苦。

【质量要求】川楝子：皮黄有光泽，粒大而匀。

【药材炮制】川楝子：除去杂质，用时捣碎。炒川楝子：取川楝子饮片，切厚片或碾碎，炒至表面焦黄色。

苦楝皮：除去杂质，洗净，润软，先切成宽约3cm的条，再横切成丝，干燥。

【化学成分】茎含皂苷类：川楝素A（toosendanin A）、南岭楝素（meliastatin）和熊果酸（ursolic acid）[1]。

果实含柠檬苦素类：12α/β-1-O-惕各酰基-1-O-去乙酰基印楝波灵素B（12α/β-1-O-tigloyl-1-O-deacetyl nimbolinin B）、印楝波灵素A（nimbolinin A）[2]、1-去乙酰基印楝波灵素B（1-deacetyl nimbolinin B）[2,3]、印楝波灵素B（nimbolinin B）[2-6]、1-去肉桂酰-1-（20-甲基丙烯酰基）印楝波灵素C［1-decinnamoyl-1-（20-methyl acryloyl）nimbolinin C］、1-去肉桂酰印楝波灵素C（1-decinnamoyl nimbolinin C）、3-去乙酰-12-O-甲基沃氏藤黄辛（3-deacetyl-12-O-methyl volkensin）、14,15-deoxy-11-氧化哈湾鹧鸪花素-3,12-二乙酸盐（14,15-deoxy-11-oxohavanensin-3,12-diacetate）、11,15-二氧化垂齐林（11,15-dioxotrichilinin）、12α-羟基苦楝毒素B₁（12α-hydroxymeliatoxin B₁）、12α-乙酰氧基楝毒素B₂（12α-acetoxyl meliatoxin B₂）、12α-羟基川楝内酯*I（12α-hydroxymeliatoosenin I）、12-O-甲基沃氏藤黄辛（12-O-methyl volkensin）、1-苯甲酰印楝波灵素C（1-benzoyl nimbolinin C）、12-乙氧基印楝波灵素A（12-ethoxynimbolinin A）、3α-乙酰氧基-12α-乙氧基-7α-羟基-1α-惕各酰基氧化印楝波灵素（3α-acetoxy-12α-ethoxy-7α-hydroxy-1α-tigloypoxynimbolinin）、3α-乙酰氧基-1α-苯甲酰氧基-12α-乙氧基-7α-羟基印楝波灵素（3α-acetoxyl-1α-benzoyloxy-12α-ethoxyl-7α-hydroxyl nimbolinin）、12-乙氧基印楝波灵素C（12-ethoxyl nimbolinin C）、12-乙氧基印楝波灵素B（12-ethoxyl nimbolinin B）、印楝波灵素C（nimbolinin C）、印楝沙兰素（salannal）、川楝内酯*P、K（meliatoosenins P、K）、1-乙酰基垂齐林（1-acetyl trichilinin）、垂齐林B、H（trichilinin B、H）、垂齐林，即鹧鸪花宁（trichilinin）、川楝素（toosendanin）、异川楝素（isotoosendanin）、楝毒素B₁、B₂（meliatoxins B₁、B₂）[3]、12-O-乙酰垂齐林B（12-O-acetyl trichilin B）[3,4]、14,15-去氧-11-氧化哈湾鹧鸪花素3,12-二乙酸酯（14,15-deoxy-11-oxohavanensin 3,12-diacetate）[3,5]、垂齐林D（trichilinin D）[3,6]、1-O-巴豆酰-1-O-去苯甲酰基印楝醛（1-O-tigloyl-1-O-debenzoyl ohchinal）、1-肉桂酰垂齐林（1-cinnamoyl trichilinin）[3,7]、24,25,26,27-四去甲阿朴绿玉树阿朴甘遂-1α,6α,12α-三乙酰氧基-3α,7α-二羟基-28-乙醛-14,20,22-三烯-21,23-环氧（24,25,26,27-tetranorapotirucalla-apoeupha-1α,6α,12α-triacetoxyl-3α,7α-dihydroxyl-28-aldehyde-14,20,22-trien-21,23-epoxy）、1α,3α-二羟基-7α-惕各酰氧基-12α-乙氧基印楝波灵素（1α,3α-dihydroxyl-7α-tigloyloxy-12α-ethoxyl nimbolinin）、1α-苯甲酰氧基-3α-乙酰氧基-7α-羟基-12β-乙氧基印楝波灵素（1α-benzoyloxy-3α-acetoxyl-7α-hydroxyl-12β-ethoxyl nimbolinin）[4]、川楝内酯*L（meliatoosenin L）[4,5]、1α,7α-二惕各酰氧基-3α-乙酰氧基-12α-乙氧基印楝波灵素（1α,7α-ditigloyloxy-3α-acetoxyl-12α-ethoxyl nimbolinin）、12-O-乙基-1-去乙酰基印楝波灵素B（12-O-ethyl-1-deacetyl nimbolinin B）、12-O-乙基印楝波灵素B（12-O-ethyl nimbolinin B）[4,8]、12-乙氧基印楝波灵素E（12-ethoxynimbolinin E）、12-乙氧基印楝波灵素F（12-ethoxynimbolinin F）、1α-苯甲酰氧基-3α-乙酰氧基-7α-羟基-12β-乙氧基印楝波灵素（1α-benzoyloxy-3α-acetoxyl-7α-hydroxy-12β-ethoxy nimbolinin）、12α-羟基川楝内酯*（12α-hydroxymeliatoosenin）[5]、印楝醛（ohchinal）[7,9]、川楝子苦素*A、B、C、D（toosendansin A、B、C、D）[5,10]、24,25,26,27-四去甲阿朴绿玉树阿朴甘遂-1α-惕各酰氧基-3α,7α-二羟基-12α-乙酰氧基-14,20,22-三烯-21,23-环氧-6,28-环氧（24,25,26,27-tetranorapotirucalla-apoeupha-1α-tigloyloxy-

3α, 7α-dihydroxyl-12α-acetoxyl-14, 20, 22-trien-21, 23-epoxy-6, 28-epoxy）[6]、3, 7- 二乙酰 -14, 15- 去氧哈湾鹨鸪花素（3, 7-diacetyl-14, 15-deoxyhavanensin）、7-O- 乙酰基 -14, 15- 去氧哈湾鹨鸪花素（7-O-acetyl-14, 15-deoxyhavanensin）、6α-O- 乙酰基 -7- 去乙酰尼莫西诺（6α-O-acetyl-7-deacetyl nimocinol）、6α- 羟基印苦楝酮（6α-hydroxyazadirone）[7]、1α, 7α- 二羟基 -3α- 乙酰氧基 -12α- 乙氧基印楝波灵素（1α, 7α-dihydroxyl-3α-acetoxyl-12α-ethoxyl nimbolinin）、1α- 惕各酰氧基 -3α- 乙酰氧基 -7α- 羟基 -12β- 乙氧基印楝波灵素（1α-tigloyloxy-3α-acetoxyl-7α-hydroxyl-12β-ethoxyl nimbolinin）、1α, 3α- 二羟基 -7α- 惕各酰氧基 -12α- 乙氧基印楝波灵素（1α, 3α-dihydroxyl-7α-tigloyloxy-12α-ethoxyl nimbolinin）[8] 和 Δ5, 6- 异川楝素（Δ5, 6-isotoosendanin）[11]；皂苷类：桦木烯二酚酮*（betulafolienediolone）[7]；木脂素类：耳草脂醇 A（hedyotol A）、2, 6- 双（3- 甲氧基 -4- 羟苯基）-3, 7- 二氧二环［3, 3, 0］辛 -8- 酮 {2, 6-bis（3-methoxy-4-hydroxyphenyl）-3, 7-dioxabicyclo［3, 3, 0］octan-8-one}、 外 - 内 -2, 6- 双（4′- 羟基 -3′- 甲氧基苯基）-3, 7- 二氧二环［3, 3, 0］辛烷 {exo-endo-2, 6-bis（4′-hydroxy-3′-methoxyphenyl）-3, 7-dioxabicyclo［3, 3, 0］octane}[7]、苏式愈创木基甘油（threo-guaiacyl glycerol）[12]、苏式愈创木基乙氧基甘油 -β-O-4′- 松柏醛醚（threo-guaiacyl ethoxyglycerol-β-O-4′-coniferyl aldehyde ether）、赤式愈创木基乙氧基甘油 -β-O-4′- 松柏醛醚（erythro-guaiacyl ethoxyglycerol-β-O-4′-coniferyl aldehyde ether）、苏式愈创木基乙氧基甘油 -β-O-4′- 愈创木基醛醚（threo-guaiacyl ethoxyglycerol-β-O-4′-guaiacyl aldehyde ether）、赤式愈创木基乙氧基甘油 -β-O-4′- 愈创木基醛醚（erythro-guaiacyl ethoxyglycerol-β-O-4′-guaiacyl aldehyde ether）、反式 -2- 愈创木基 -3- 羟甲基 -5-（顺式 -3′- 羟甲基 -5′- 甲酰基 -7′- 甲氧基苯并呋喃基）-7- 甲氧基苯并呋喃［trans-2-guaiacyl-3-hydroxymethyl-5-（cis-3′-hydroxymethyl-5′-formyl-7′-methoxybenzofuranyl）-7-methoxy benzofuran］、赤式愈创木基甘油 -β-O-4′-（＋）-5, 5′- 二甲氧基落叶松树脂醇醚［erythro-guaiacyl glycerol-β-O-4′-（＋）-5, 5′-dimethoxylariciresinol ether］、（2R*, 3R*, 4S*）-2, 3- 二愈创木基 -4- 羟基四氢呋喃［（2R*, 3R*, 4S*）-2, 3-diguaiacyl-4-hydroxyl tetrahydrofuran］、金樱子脂素 A（rosalaevin A）、榕树木脂素*A（ficusesquilignan A）、醉鱼草醇 E（buddlenol E）、5′- 去甲氧基醉鱼草醇 E（5′-demethoxybuddlenol E）、细叶脂醇*D（leptolepisol D）、南烛木糖苷（lyoniside）、苦木脂素 A（picrasmalignan A）、苏式愈创木基甘油 -β- 松柏醛醚（threo-guaiacyl glycerol-β-coniferyl aldehyde ether）、赤式愈创木基甘油 -β- 松柏醛醚（erythro-guaiacyl glycerol-β-coniferyl aldehyde ether）、苏式愈创木基甘油 -β- 松柏醚（threo-guaiacyl glycerol-β-coniferyl ether）、赤式愈创木基甘油 -β- 松柏醚（erythro-guaiacyl glycerol-β-coniferyl ether）、赤式二羟基去氢二松柏醇（erythro-dihydroxydehydrodiconiferyl alcohol）、川木香醇 D（vladinol D）、（－）- 开环异落叶松树脂醇［（－）-secoisolariciresinol］、榕醛（ficusal）、（2S）-3, 3- 二愈创木基 -1, 2- 丙二醇［（2S）-3, 3-diguaiacyl-1, 2-propanediol］[13]、（＋）- 松脂醇［（＋）-pinoresinol］[13, 14]、苏式二羟基脱氢二松柏醇（threo-dihydroxydehydrodiconiferyl alcohol）、1-（4- 羟基 -3- 甲氧基苯基）-2-［3-（1E-3- 羟基 -1- 丙烯基）-5- 甲氧基苯氧基］-（1S, 2R）-1, 3- 丙二醇 {1-（4-hydroxy-3-methoxyphenyl）-2-［3-（1E-3-hydroxy-1-propenyl）-5-methoxyphenoxy］-（1S, 2R）-1, 3-propanediol}、苏式愈创木基甘油 -β-O-4′- 松柏醚（threo-guaiacyl glycerol-β-O-4′-coniferyl ether）、赤式愈创木基甘油 -8′- 香草醛醚（erythro-guaiacyl glycerol-8′-vanillin ether）、苏式愈创木基甘油 -8′- 香草醛醚（threo-guaiacyl glycerol-8′-vanillin ether）、赤式愈创木基甘油 -8′-（4- 羟甲基 -2- 甲氧苯基）乙醚［erythro-guaiacyl glycerol-8′-（4-hydroxymethyl-2-methoxyphenyl）ether］、苏式愈创木基甘油 -8′-（4- 羟甲基 -2- 甲氧苯基）乙醚［threo-guaiacyl glycerol 8′-（4-hydroxymethyl-2-methoxyphenyl）ether］、（7S, 8R, 8′S）-3, 3′- 二甲氧基 -4, 4′, 9- 三羟基 -7, 9′- 环氧木脂素 -7′- 酮［（7S, 8R, 8′S）-3, 3′-dimethoxy-4, 4′, 9-trihydroxy-7, 9′-epoxylignan-7′-one］[14]、楝叶吴萸素 B（evofolin B）[14, 15]、表松脂素（epipinoresinol）、皮树脂醇（medioresinol）、松柏醛（coniferyl aldehyde）和铁线莲酚（clemaphenol）[15]；苯丙素类：川楝苷 A、B（meliadanoside A、B）[12] 和蛇菰脂醛素（balanophonin）[15]；黄酮类：高圣草素（homoeriodictyol）[9]、槲皮素（quercetin）、异槲皮苷（isoquercitrin）、芦丁（rutin）[15]、山奈酚（kaempferol）、大豆苷元（daidzein）

和铁线莲亭（clematine）[16]；酚酸类：香草酸（vanillic acid）、阿魏酸（ferulic acid）[9, 16]，丁香酸（syringic acid）、异香草酸（isovanillic acid）、对羟基苯甲酸（p-hydroxybenzoic acid）[15]，咖啡酸（caffeic acid）和原儿茶酸（protocatechuic acid）[16]；脂肪酸和低碳羧酸类：硬脂酸（stearic acid）、亚油酸（linoleic acid）、琥珀酸（succinic acid）[9]，壬酸十五醇酯（pentadecane pelargonate）和己酸十三烷 -（12- 甲基）-2- 醇酯［2-hydroxy（12-methyl）-tridecane caproate］[11]；甾体类：24- 去甲 -5ξ-13α, 17α- 胆烷 -14, 20, 22- 三烯 -3β, 7α- 二醇 -21, 23- 环氧 -4, 4, 8- 三甲基 -3- 醋酸酯（24-nor-5ξ-13α, 17α-chola-14, 20, 22-triene-3β, 7α-diol-21, 23-epoxy-4, 4, 8-trimethyl-3-acetate）[7]，豆甾醇（stigmasterol）和 β- 谷甾醇（β-sitosterol）[11]；烷烃类：正三十一烷（n-hentriacontane）、正二十八烷醇（noctacosyl alcohol）[9] 和三十烷 -15- 醇（15-triacontanol）[11]；醛类：异香草醛（isovanillin）、香草醛（vanillin）[9]，对羟基苯甲醛（p-hydroxybenzaldehyde）、5- 羟甲基糠醛（5-hydroxymethylfurfural）和蓟醛，即滇大蓟醛（cirsiumaldehyde）[15]。

【药理作用】1. 抗溃疡　皮 70% 乙醇提取物可显著抑制小鼠水浸应激性和盐酸性溃疡的形成，但对吲哚美辛 - 乙醇性溃疡的形成无抑制作用[1]。2. 止泻利胆　皮 70% 乙醇提取物可减少蓖麻油及番泻叶引起的小鼠腹泻次数，能增加麻醉大鼠的胆汁分泌量，但对小鼠胃肠推进运动无明显影响[1]。3. 抗炎镇痛　皮 75% 乙醇提取物可显著抑制角叉菜胶所致小鼠的足跖肿胀、二甲苯所致小鼠的耳壳肿胀，减少小鼠腹腔毛细血管通透性[2]，其有效成分可能是乙酸乙酯提取物部位，且毒性成分和有效物质可能为同一类物质[3]；炒黄川楝子的乙醇提取物可减少大鼠坐骨神经髓鞘纤维脱髓鞘施万细胞数目[4]。3. 抗血栓　皮 75% 乙醇提取物可显著延长血栓形成时间及凝血时间[2]。4. 抗氧化　果实总黄酮和多糖对超氧阴离子自由基（O_2^-·）及羟自由基（·OH）具有显著的清除作用[5]。5. 抗肿瘤　皮 95% 乙醇提物对人肝癌 BEL7402、人肺癌 H460 和人胃癌 SGC-7901 细胞的增殖均具有抑制作用[6]。6. 抗病毒　果实乙酸乙酯提取物可显著抑制单纯疱疹病毒（HSV-1）的致病变作用，且主要是通过直接灭活 HSV-1 发挥作用，而对吸附与穿入细胞的病毒抑制作用较差[7]。7. 护肝　果实水提醇沉物可显著降低正常大鼠肝组织中的超氧化物歧化酶（SOD）、谷胱甘肽过氧化物酶（GSH-Px）的活性，显著升高丙二醛（MDA）含量、γ- 谷氨酰转肽酶（γ-GT）活性、肿瘤坏死因子 -α（TNF-α）水平，显著增强细胞间黏附分子 -1 及核转录因子 NF-κBp65 的表达[8]。其影响这些作用的主要成分可能为楝瑟宁 B（meliasenin B）、鹇鸪花宁 D（trichilinin D）、1-O- 当归酰基 -1-O- 去苯甲酰日楝醛（1-O-tigloy-1-O-debenzoylohchinal）[9]。

毒性　果实长期给药对肝肾具有一定的剂量依赖性毒性[10]，但具可逆性[11]；小鼠口服果实生品或炒黄果实 70% 乙醇提取物的半数致死剂量（LD_{50}）分别为 80.92g 原生药 /kg 和 67.75g 原生药 /kg[12]。

【性味与归经】川楝子：苦，寒；有小毒。归肝、小肠、膀胱经。苦楝皮：苦，寒；有毒。归肝、脾、胃经。

【功能与主治】川楝子：舒肝行气止痛，驱虫。用于胸胁、脘腹胀痛，疝痛，虫积腹痛。苦楝皮：驱虫，疗癣。用于蛔虫、蛲虫病，虫积腹痛；外治疥癣瘙痒。

【用法与用量】川楝子：4.5 ～ 9g。苦楝皮：3 ～ 6g；外用适量，研末，用猪脂调敷患处。

【药用标准】川楝子：药典 1963—2015、浙江炮规 2005、云南药品 1996、内蒙古蒙药 1986、新疆药品 1980 二册和台湾 2013。苦楝皮：药典 1963—2015、浙江炮规 2005 和新疆药品 1980 二册。

【临床参考】1. 肋间神经痛：果实 9g，加橘络 6g，水煎服。（《浙江药用植物志》）

2. 冻疮：果实 120g，水煎，趁热熏洗患处。（《湖北中草药志》）

3. 阴道滴虫：果实，加苦参、蛇床子各等分，研细末，棉包纳入阴道中。（《万县中草药》）

【附注】以楝实之名始载于《神农本草经》，列为下品。《本草图经》云："楝实，即金铃子也，生荆山山谷，今处处有之，以蜀川者为佳。木高丈余，叶密如槐而长，三四月开花，红紫色，芳香满庭间。实如弹丸，生青熟黄。"《本草纲目》云："楝长甚速，三五年即可作椽。其子正如圆枣，以川中者为良。"《植物名实图考》载："楝，处处有之。四月开花，红紫可爱，故花信有楝花风。"观历代本草附图，可知历代所谓楝包括现今川楝和楝两种植物。

本种的毒性同楝，应予注意。

本种的叶及花民间也作药用。

【化学参考文献】

［1］Zhu Q，Lin L，Tang C，et al. Antibacterial triterpenoids from *Melia toosendan*［J］. Rec Nat Prod，2015，9（2）：267-270.

［2］Su S，Shen L，Zhang Y，et al. Characterization of tautomeric limonoids from the fruits of *Melia toosendan*［J］. Phytochem Lett，2013，6：418-424.

［3］Zhu G Y，Bai L P，Liu L，et al. Limonoids from the fruits of *Melia toosendan* and their NF-κB modulating activities［J］. Phytochemistry，2014，107：175-181.

［4］Zhang Q，Li J K，Ge R，et al. Novel NGF-potentiating limonoids from the fruits of *Melia toosendan*［J］. Fitoterapia，2013，90：192-198.

［5］Zhang Q，Zhang Y，Li Q，et al. Two new nimbolinin - type limonoids from the fruits of *Melia toosendan*［J］. Cheminform，2016，99：462-465.

［6］张琼，李青山，梁敬钰，等. 川楝子中的柠檬苦素成分研究［J］. 药学学报，2010，45（4）：475-478.

［7］陈琳，穆淑珍，晏晨，等. 川楝子中的化学成分研究［J］. 中国实验方剂学杂志，2013，19（18）：90-95.

［8］Zhang Q，Zheng Q H，Liang J Y，et al. Two new limonoids isolated from the fuits of *Melia toosendan*［J］. Chin J Nat Med，2016，14（9）：692-696.

［9］陈敏，胡芳，李丰，等. 川楝子化学成分研究（Ⅲ）［J］. 中药材，2011，34（12）：1879-1881.

［10］Chen L，Zhang J X，Wang B，et al. Triterpenoids with anti-tobacco mosaic virus activities from *Melia toosendan*［J］. Fitoterapia，2014，97（9）：204-210.

［11］周英，王慧娟，郭东贵，等. 川楝子化学成分的研究（Ⅰ）［J］. 中草药，2010，41（9）：1421-1423.

［12］昌军，徐亚明. 川楝子中两个新的苯丙三醇甙［J］. 植物生态学报（英文版），1999，41（11）：1245-1248.

［13］Wang H，Geng C A，Xu H B，et al. Lignans from the fruits of *Melia toosendan* and their agonistic activities on melatonin receptor MT1［J］. Planta Med，2015，81：847-54.

［14］Wang L，Li F，Yang C Y，et al. Neolignans，lignans and glycoside from the fruits of *Melia toosendan*［J］. Fitoterapia，2014，99：92-98.

［15］谢帆，张勉，张朝凤，等. 川楝子的化学成分研究［J］. 中国药学杂志，2008，43（14）：1066-1069.

［16］李丰，朱训，陈敏，等. 川楝子化学成分研究［J］. 中药材，2010，33（6）：910-912.

【药理参考文献】

［1］沈雅琴，张明发，朱自平，等. 苦楝皮的消化系统药理研究［J］. 现代中药研究与实践，2000，14（1）：3-5.

［2］沈雅琴，张明发，朱自平，等. 苦楝皮的镇痛抗炎和抗血栓形成作用［J］. 中国药业，1998，7（10）：30-31.

［3］程蕾，雷勇，梁媛媛，等. 川楝子不同提取部位药效及毒性的比较研究［J］. 中药材，2007，30（10）：1276-1279.

［4］向晓雪，唐大轩，熊静悦，等. 川楝子对神经系统的作用及机理探讨［J］. 中药材，2013，36（5）：767-771.

［5］贺亮，宋先亮，殷宁，等. 川楝子总黄酮和多糖提取及其抗氧化活性研究［J］. 林产化学与工业，2007，27（5）：78-82.

［6］李桂英，支国. 苦楝皮提取物的抗肿瘤活性研究［J］. 安徽农业科学，2012，40（11）：6433-6434.

［7］赖志才，瞿畅，曾恕芬，等. 川楝子提取物体外抗单纯疱疹病毒1型活性的实验研究［J］. 中药新药与临床药理，2010，21（1）：7-10.

［8］齐双岩，金若敏，刘红杰，等. 川楝子致大鼠肝毒性机制研究［J］. 中国中药杂志，2008，33（16）：2045-2047.

［9］赵筱萍，葛志伟，张玉峰，等. 川楝子中肝毒性成分的快速筛查研究［J］. 中国中药杂志，2013，38（11）：1820-1822.

［10］李文华，王英姿，骆声秀，等. 川楝子炒制对长期给药大鼠肝肾毒性影响［J］. 辽宁中医药大学学报，2018，20（1）：48-51.

［11］唐大轩，向晓雪，熊静悦，等. 炒黄川楝子乙醇提取物对大鼠血液生化学及血液细胞学的影响［C］. 全国有毒中药的研究及其合理应用交流研讨会，2012.

［12］唐大轩，熊静悦，谭正怀. 川楝子与炒黄川楝子急性毒性作用比较研究［J］. 四川生理科学杂志，2013，35（2）：57-59.

五二 远志科 Polygalaceae

草本或灌木，稀小乔木。单叶，互生，对生或轮生，全缘，稀退化为鳞片状；通常无托叶。花排成总状、穗状或圆锥花序，稀为单生；花两性，左右对称；具苞片和小苞片，萼片通常 5 枚，多为分离，大小近相等或不相等，内面 2 枚较大，常呈花瓣状；花瓣 3（～5）枚，不等大，基部常合生，中央 1 片常呈龙骨瓣状，顶端常有鸡冠状附属物；雄蕊通常 8 枚，花丝常在下部合生成一开放的鞘，并和花瓣贴生，花药 1～2 室，孔裂，子房上位，通常 2 室，胚珠每室 1 粒，稀多粒。蒴果、坚果或核果。种子有毛或无毛，通常具种阜，有或无胚乳。

13 属，约 1000 种，广布于世界各地。中国 5 属，约 50 种，分布于南北各省区，法定药用植物 2 属，9 种。华东地区法定药用植物 1 属，5 种。

远志科法定药用植物主要含皂苷类、𠮿酮类、生物碱类等成分。皂苷类如远志皂苷 A、B、C、H（onjisaponin A、B、C、H）和细叶远志素（tenuifolin）等；𠮿酮类如远志𠮿酮Ⅰ、Ⅱ（onjixanthone Ⅰ、Ⅱ）、黄花远志素 E（arillanin E）等；生物碱类如细叶远志定碱（tenuidine）、黑麦草碱（perlolyrine）等。

远志属含皂苷类、𠮿酮类、生物碱类等成分。皂苷类多为齐墩果烷型，如远志皂苷 A、B、H（onjisaponin A、B、H）等；𠮿酮类如 4-β-D- 葡萄糖基 -1, 3, 7- 三羟基𠮿酮（4-β-D-glucosyl-1, 3, 7, -trihydroxy xanthone），即玉山双蝴蝶灵（lancerin）、黄花远志素 D（arillanin D）等；生物碱类如哈尔满（harman）、黑麦草碱（perlolyrine）等。

1. 远志属 *Polygala* Linn.

一年生或多年生草木，稀为半灌木或小乔木。单叶，互生，稀轮生；叶片全缘。总状或穗状花序腋生或顶生；花两侧对称；萼片 5 枚，不等长，内面 2 枚较大，呈花瓣状，称为翼瓣；花瓣 3 枚，下部与雄蕊鞘合生，下方 1 枚龙骨状，有鸡冠状附属物；雄蕊 8 枚，花丝中、下部合生，呈鞘状，向一侧开裂，花药孔裂；子房 2 室，每室有胚珠 1 粒。蒴果，两侧压扁，2 室，室背开裂，边缘无小齿，有种子 2 粒。种子有毛，或有假种皮。

约 500 种，广布于全世界；中国 44 种，南北均有分布，法定药用植物 8 种。华东地区法定药用植物 5 种。

分种检索表

1. 灌木或小乔木；萼片开花后全部脱落··荷包山桂花 *P. arillata*
1. 草本；萼片开花后全部宿存。
  2. 一年生草本；总状花序极短，仅具数朵花，花密集。
    3. 叶片长 2～5cm，宽 10～15mm；花淡黄色、白色或紫红色··········华南远志 *P. glomerata*
    3. 叶片长 0.5～1.2cm，宽 2～5mm；花白色或紫色··········小花远志 *P. polifolia*
  2. 多年生草本；总状花序长，有多花，花疏生，白色或紫色。
    4. 植株有毛；花序腋生；叶侧脉明显；蒴果有宽翅··········瓜子金 *P. japonica*
    4. 植株光滑；花序顶生；侧脉不明显；蒴果具狭翅··········远志 *P. tenuifolia*

494. 荷包山桂花（图 494）· *Polygala arillata* Buch.-Ham. ex D. Don

【别名】木本远志、荷包山（安徽黄山），黄花远志（浙江）。

图 494　荷包山桂花　　　　摄影　徐克学

【形态】落叶灌木或小乔木，高 1～5m。叶片纸质，椭圆形、长椭圆形至长圆状披针形，长 4～14cm，宽 2～4cm，先端渐尖，基部楔形至宽楔形，全缘，上面绿色，下面淡绿色，幼嫩时两面有疏毛，后渐无毛；叶柄长约 10mm，被短柔毛。总状花序下垂，与叶对生，被短柔毛；花稀疏，黄色或上部带红棕色；萼片 5 枚，早落，外面 3 枚甚小，其中上面 1 枚深兜状，内面 2 枚较大，呈花瓣状，红紫色；花瓣 3 枚，肥厚，侧瓣长 1.1～1.5cm，龙骨瓣盔形，背面先端有细裂、无柄的鸡冠状附属物；雄蕊 8 枚，花丝 2/3 以下合生成鞘；子房上位，2 室，每室有胚珠 1 粒。蒴果，宽肾形至略近心形，顶端微凹，有 2 粒种子。种子球形，被白色微柔毛。花期 5～6 月，果期 6～8 月。

【生境与分布】生于山坡或溪边等处。分布于安徽、江西、浙江、福建，另广东、陕西及西南部均有分布。

【药名与部位】鸡根，根和茎。

【采集加工】全年均可采挖，洗净，干燥。

【药材性状】根呈圆柱形，偶有分枝，直径 0.8～7cm，表面灰黄色至灰棕色，具纵皱或纵沟。茎呈圆柱形，直径 1.3～2.5cm，表面黄绿色、灰棕色或棕色，具纵皱纹和圆点状皮孔。质硬，断面木质部较大，呈类白色或淡黄色，有数个环纹。中央具髓。气微，味淡。

【化学成分】地上部分含黄酮类：1, 3- 二羟基 -2- 甲氧基𠮩酮（1, 3-dihydroxy-2-methoxyxanthone）和 1- 羟基 -2, 3- 二甲氧基𠮩酮（1-hydroxy-2, 3-dimethoxyxanthone）[1]；甾体类：豆甾醇（stigmaterol）和豆甾醇 -3-O- 葡萄糖苷（stigmaterol-3-O-glucopyranoside）[1]；低碳羧酸和酚酸类：丁二酸（succinic acid）和对羟基苯甲酸（p-hydroxybenzoic acid）[1]；其他尚含：远志醇（polygalitol）[1]。

根含黄酮类：1, 3- 二羟基 -2- 甲氧基𠮩酮（1, 3-dihydroxy-2-methoxyxanthone）、1- 羟基 -2, 3- 二甲氧基𠮩酮（1- hydroxy-2, 3-dimethoxyxanthone）[2]，1- 甲氧基 -2, 3- 亚甲二氧基𠮩酮（1-methoxy-2, 3-methylenedioxyxanthone）、1, 7- 二羟基 -2, 3- 亚甲二氧基𠮩酮（1, 7-dihydroxy-2, 3-methylenedioxyxanthone）和 1, 6, 7- 三羟基 -2, 3- 二甲氧基𠮩酮（1, 6, 7-trihydroxy-2, 3-dimethoxyxanthone）[3]；酚酸类：对羟基苯甲酸（p-hydroxybenzoic acid）[3]；甾体类：豆甾醇（stigmaterol）和豆甾醇 -β-D- 吡喃葡萄糖苷（stigmaterol-β-D-glucopyranoside）[2]；其他尚含：远志醇（polygalitol）[3, 4]。

茎皮含皂苷类：黄花远志皂苷 A、B、C、D（arillatanoside A、B、C、D）和远志苷 XXXV（polygalasaponin XXXV）[5]；酚苷类：α-D-（6-O- 白芥子酰基）- 葡萄吡喃糖基（1 → 2）-β-D-（3-O- 白芥子酰基）- 果呋喃糖［α-D-（6-O-sinapoyl）-glucopyranosyl（1 → 2）-β-D-（3-O-sinapoyl）-fructofuranose］、α-D-（6-O- 白芥子酰基）- 葡萄吡喃糖基（1 → 2）-β-D-（3-O-3, 4, 5- 三甲氧基桂皮酰基）- 果呋喃糖［α-D-（6-O-sinapoyl）-glucopyranosyl（1 → 2）-β-D-（3-O-3, 4, 5-trimethoxyl cinnamoyl）-fructofuranose］、α-D-（3-O-β-D- 葡萄吡喃糖基）（6-O- 白芥子酰基）- 葡萄吡喃糖基（1 → 2）-β-D-（3-O- 白芥子酰基）- 果呋喃糖［α-D-（3-O-β-D-glucopyranosyl）（6-O-sinapoyl）- glucopyranosyl（1 → 2）-β-D-（3-O-sinapoyl）-fructofuranose］和黄花远志素 F（arillanin F）[6]；糖酯类：黄花远志素 A、B、C（arillanin A、B、C）[6]；黄酮类：2- 羟基 -3, 4- 二甲氧基𠮩酮（2-hydroxy-3, 4-dimethoxyxanthone）和黄花远志素 D、E（arillanin D、E）[6]；木脂素类：鹅掌楸素（liriodendrin）[6]；脂肪酸类：蜡酸（cerotic acid）和丙三醇 -1- 棕榈酸酯（glycerol-1-palmitate）[6]；酚酸类：1-O-［α-L- 阿拉伯吡喃糖基（1 → 6）］-β-D- 葡萄吡喃糖基 - 水杨酸甲酯 {1-O-［α-L-arabinopyranosyl（1 → 6）］-β-D- glucopyranosyl methyl salicylate}[6]。

【药理作用】护肝　根和叶乙醇提取物对四氯化碳（CCl$_4$）所致急性肝损伤小鼠具有保护作用，能显著降低四氯化碳肝损伤模型小鼠的谷丙转氨酶（ALT）、天冬氨酸氨基转移酶（AST），明显改善四氯化碳对肝组织的病理损伤[1]。

【性味与归经】甘，平。归肺、脾、肝、肾经。

【功能与主治】益气养阴，补肾健脾，祛风除湿。用于病后体虚，产后虚弱，乳汁不足，带下，月经不调，久咳不止，肺痨，夜尿频数，失眠，风湿疼痛。

【用法与用量】25～50g。

【药用标准】云南彝药 2005 二册和云南药品 1996。

【临床参考】1. 肺结核：根皮 15～30g，加猪肺 125g，水煎，食肺喝汤。

2. 失眠：根皮 15～30g，加茯神 15g，水煎服。（1 方、2 方引自《浙江药用植物志》）

【附注】《植物名实图考》载有荷包山桂花，云："生云南山中。小木绿枝，叶如橘叶，翻反下垂。叶间出小枝，开花作穗，淡黄长瓣，类小豆花。花未开时，绿蒂扁苞，累累满树，宛荷包形，故名。近之亦有微馨。"根据形态描述和附图，其原植物与今之荷包山桂花一致。

【化学参考文献】

［1］李文魁，肖培根，陈志良，等 . 黄花远志化学成分研究［J］. 中国中药杂志，1999，24（8）：477-479.

［2］毛士龙，廖时萱，吴久鸿，等 . 黄花远志根中两个新𠮩酮化合物的结构鉴定［J］. 药学学报，1997，32（5）：360-362.

［3］毛士龙，廖时萱，吴久鸿，等 . 黄花远志根化学成分的分离和结构鉴定［J］. 药学学报，1996，31（2）：118-121.

［4］毛士龙，廖时萱，张灿坤.民间药黄花远志化学成分研究［J］.中国民族民间医药杂志，1994，3：35-36.

［5］吴志军，欧阳明安，杨崇仁.黄花远志的新齐墩果烷型三萜皂甙［J］.云南植物研究，1999，21（3）：357-363.

［6］吴志军，欧阳明安，杨崇仁.黄花远志茎皮的寡糖酯和酚类成分［J］.植物分类与资源学报，2000，22（4）：482-494.

【药理参考文献】

［1］谢伟容，高斐雄，林燕燕，等.黄花远志根和叶提取物对急性肝损伤小鼠的保护作用［J］.天津药学，2016，28（6）：15-17.

495. 华南远志（图 495）• *Polygala glomerata* Lour.（*Polygala chinensis* Linn.）

图 495　华南远志　　　　　　　　　　摄影　徐克学等

【别名】金不换，节节花（福建厦门）。

【形态】一年生直立草本，高 10～30cm。全株被卷曲短柔毛。叶纸质，椭圆形至长圆状披针形，长 2～5cm，宽 1～1.5（～2.2）cm，顶端急尖至钝圆形，具小尖头，基部楔形至钝，边缘稍反卷，无毛或有缘毛；叶柄长 1～2mm。总状花序腋外生或腋生，长不超过 1cm，仅有数朵花；花紫红色、淡黄色或白色，长约 4mm；萼片 5 片，宿存，外面 3 枚小，内面 2 枚大，呈花瓣状；花瓣 3 枚，侧生的 2 枚较龙骨瓣短，腹面基部各具 1 束白色柔毛，龙骨瓣顶端背面具 2 束鸡冠状附属物；雄蕊 8 枚，花丝 3/4～1/2 以下合生成鞘，花药孔裂；花柱弯曲；蒴果扁球形，具缘毛，边缘具狭翅；萼片宿存。种子黑色，密被白色短柔毛。

花果期 3～11 月。

【生境与分布】生于山坡草地、路旁、山谷杂木林中或溪边。分布于浙江、福建，另广东、广西和云南均有分布；菲律宾、越南及印度也有分布。

【药名与部位】大金牛草（紫背金牛草、大金不换），全草。

【采集加工】夏、秋二季采挖全株，晒干或扎成小把，晒干。

【药材性状】全长可达 40cm，茎被柔毛或已脱落。叶片皱缩，展平后呈椭圆形、长圆状披针形或卵圆形，长 1～6cm，宽 0.2～2cm，灰绿色或黄褐色，顶端常有一小突尖；叶柄短，有柔毛。花、果常见存在，花数朵，花瓣枯黄色，外有宿萼合抱。果实倒心形，长约 3mm，边缘有睫毛。种子有假种皮，并密被绢状毛。气微，味淡。

【化学成分】全草含碳苷类：华南远志碳苷 A、B、C、D（glomeratide A、B、C、D）、2′, 4′, 6′, 4-四羟基 -3- 甲氧基苯甲酮 -3′, 5′-C-β-D- 二葡萄糖苷（2′, 4′, 6′, 4-tetrahydroxy-3-methoxybenzophenone-3′, 5′-C-β-D-diglucoside）和阿瑞兰素*G（arrilanin G）[1,2]；黄酮类：华南远志碳苷 E、F（glomeratide E、F）、华南远志𠮿酮*A、B、C（glomerxanthone A、B、C）、2-β-D- 吡喃葡萄糖 -1, 2, 3, 7- 四羟基 -4, 8- 二𠮿酮（2-β-D-glucopyranosyl-1, 2, 3, 7-tetrahydroxy-4, 8-bisxanthone）[1]和芒果苷（mangiferin）[3]；酰基苷类：6-O- 阿魏酰远志糖醇（6-O-feruloyl polygalytol）、6-O- 阿魏酰 -3-O-2- 羟甲基 -5- 羟基 -2- 戊酸远志糖醇（6-O-feruloyl-3-O-2-hydroxymethyl-5-hydroxyl-2-pentenoic acid polygalytol）、3-O-2- 羟基甲基 -5- 羟基 -2- 戊酸 - 远志糖醇（3-O-2-hydroxymethyl-5-hydroxyl-2-pentenoic acid-polygalytol）、3-O-β-D- 吡喃葡萄糖苷 -（1→5）-2- 羟基甲基 -5- 羟基 -2- 戊酸远志糖醇［3-O-β-D-glucopyranosyl-（1→5）-2-hydroxymethyl-5-hydroxyl-2-pentenoic acid polygalytol］[1]和远志醇（polygalitol）[3]；皂苷类：瓜子金皂苷 XLIV、XXX、XLIII（polygalasaponins XLIV、XXX、XLIII）和远志苷 II（senegin II）[1]；黄酮类：芦丁（rutin）、山奈酚 -3-O- 芸香糖苷（kaempferol-3-O-rutinoside）、紫云英苷（astragalin）、山奈酚（kaempferol）和槲皮素 -3-O-β-D- 吡喃葡萄糖苷（quercetin-3-O-β-D-glucopyranoside）[3]。

【药理作用】1. 保护神经　全草 95% 乙醇提取物、丙酮洗脱部分可促使 PC12 神经细胞分化，使细胞突起长度明显增加，具有神经营养作用；95% 乙醇提取物经甲醇洗脱分离的 2 种皂苷对去血清造成的神经损伤具有保护作用[1]。2. 护肝　全草 95% 乙醇提取物、30% 乙醇洗脱部位（粗浸膏）和分离的 11 个化合物对 D- 氨基半乳糖引起的肝细胞损伤具有保护作用[1]。

【性味与归经】甘，平。

【功能与主治】止咳，消积，活血散瘀。用于痰咳痨嗽，痢疾，疳积，瘰疬，跌打损伤。

【用法与用量】4.5～9g。

【药用标准】上海药材 1994、广西药材 1990、广西瑶药 2014 一卷和广西壮药 2011 二卷。

【临床参考】1. 小儿疳积：全草，研粉，每次 3g，调热粥或蒸猪肝服。

2. 结膜炎、角膜云翳、角膜溃疡：全草 15～30g，水煎服，或炖猪骨服。

3. 跌打损伤、毒蛇咬伤：全草 9～15g，水煎服，并用鲜全草捣烂外敷伤口周围。（1 方至 3 方引自《广西本草选编》）

【附注】本种的全草在广西作大金不换药用。

【化学参考文献】

［1］李创军. 远志和华南远志的化学成分及其生物活性研究［D］. 北京：中国协和医科大学博士学位论文，2008.

［2］Li C J, Zhang D M, Yu S S. Benzophenone C-glucosides from *Polygala glomerata* Lour［J］. J Asian Nat Prod Res，2008, 10（4）：293-297.

［3］李创军, 张东明, 庾石山. 金不换的化学成分研究［J］. 中草药，2007, 38（8）：1146-1148.

【药理参考文献】

［1］李创军. 远志和华南远志的化学成分及其生物活性研究［D］. 北京，中国协和医科大学博士学位论文，2008.

496. 小花远志（图 496）• *Polygala arvensis* Willd.（*Polygala polifolia* Presl；*Polygala telephioides* Willd.）

图 496　小花远志　　　　　　　　　　　　　　　　摄影　王军峰

【别名】下淋草（江苏淮安）。

【形态】一年生草本，高 10～15cm。茎多分枝，铺散，密被卷曲短柔毛。叶互生，全缘，叶片厚纸质，倒卵形、长圆形或椭圆状长圆形，长 5～12mm，宽 2～5mm，先端钝，具刺毛状锐尖头，基部阔楔形至钝。总状花序腋生或腋外生；总花梗极短；花少，密集；花梗短，基部具苞片 3 枚，不等大，具缘毛，早落；萼片 5 枚，宿存，具缘毛，外面 3 枚不等大，里面 2 枚；花瓣 3 枚，白色或紫色，侧瓣边缘皱波状，基部与龙骨瓣合生，无毛，龙骨瓣盔状，较侧瓣长，顶端背部具 2 束多分枝的鸡冠状附属物；雄蕊 8 枚，1/2 以下合生成鞘，并与花瓣贴生，无缘毛；花柱弯曲。蒴果近圆形，有种子 2 粒。种子黑色，密被白色短柔毛；种阜白色，3 裂。花果期 5～10 月。

【生境与分布】生于海岸边瘠土、湿沙土以及中低海拔的山坡草地。分布于安徽、江苏、浙江、江西和福建，另广东、台湾、海南、广西和云南均有分布；斯里兰卡、印度、孟加拉等国也有分布。

【药名与部位】金牛草（小金牛草），全草。

【采集加工】夏、秋二季采收，扎成小把，晒干。

【药材性状】长 8～20cm。根细小，淡黄色或淡棕色。茎细弱，很少分枝，棕黄色，被柔毛；折断面中空。叶互生，展平后呈椭圆形至矩圆状倒卵形，长 0.5～1.8cm，宽 3～5mm，边缘稍反卷，两面均黄绿色，疏披短柔毛，厚纸质，易碎，叶腋常见数朵小花或蒴果。气微，味淡。

【化学成分】全草含黄酮类成分：1, 3, 7- 三羟基叫酮（1, 3, 7-trihydroxyxanthone）、1, 7- 二羟基 -3-

甲氧基𠮿酮（1, 7-dihydroxy-3-methoxyxanthone）、1, 3- 二羟基𠮿酮（1, 3-dihydroxyxanthone）、1, 7- 二甲基𠮿酮（1, 7-dihyroxyxanthone）、1- 甲氧基 -2, 3- 亚甲二氧基𠮿酮（1-methoxy-2, 3-methylenedioxanthone）、1, 7- 二甲氧基𠮿酮（1, 7-dimethoxyxanthone）[1]，异芒果苷（isomangiferin）和槲皮素 -3-O-β-D- 吡喃葡萄糖苷（quercetin 3-O-β-D-glucopyranoside）[2]；苯甲酮苷类：小花远志糖 D、G（telephiose D、G）[2]；酚酮类：小花远志酮*A、B、D（telephenone A、B、D）和莽吉柿酮（garcimangosone）[3]。

【药理作用】1. 拮抗吗啡　全草 80% 甲醇提取物可拮抗热板试验中吗啡诱导小鼠的痛觉缺失，改善高架十字迷宫试验中吗啡诱导小鼠的记忆损伤，抑制吗啡依赖小鼠注射纳洛酮（吗啡拮抗剂）后的跳跃反应（撤药副作用）[1]。2. 护肝　叶氯仿提取物可改善 D- 半乳糖胺诱导的肝损伤模型大鼠的肝功能，显著降低天冬氨酸氨基转移酶（AST）、谷丙转氨酶（ALT）、碱性磷酸酶（ALP）、总胆红素（TBIL）、乳酸脱氢酶（LDH）、总胆固醇（TC）水平，升高总蛋白质（TP）和甘油三酯（TG）水平[2]。

【性味与归经】辛，平。

【功能与主治】活血散瘀，止痛，镇咳。用于胸痛咳嗽，百日咳，小儿麻痹后遗症。

【用法与用量】4.5 ～ 9g。

【药用标准】浙江炮规 2005、上海药材 1994、内蒙古药材 1988 和新疆药品 1980 二册。

【附注】蕨类中国蕨科银粉背蕨 Aleuritopteris argentea（Gmél.）Fée 的全草在山东也作金牛草药用，注意区别。

【化学参考文献】

［1］常海涛，牛锋，温晶，等. 小花远志中𠮿酮类化学成分的研究［J］. 中国中药杂志，2007，32（21）：2259-2261.

［2］李建晨，冯丽，戴敬，等. 小花远志的化学成分研究［J］. 中国中药杂志，2009，34（4）：402-405.

［3］Ma T J，Shi X C，Jia C X. Telephenone D, a new benzophenone C-glycoside from *Polygala telephioides*［J］. Chin J Nat Med，2010，8（1）：9-11.

【药理参考文献】

［1］Egashira N，Li J C，Mizuki A，et al. Antagonistic effects of methanolic extract of *Polygala telephioides* on morphine responses in mice［J］. J Ethnopharmacol，2006，104：193-198.

［2］Dhanabal S P，Syamala G，Satish Kumar M N，et al. Hepatoprotective activity of the Indian medicinal plant *Polygala arvensis* on D-galactosamine-induced hepatic injury in rats［J］. Fitoterapia，2006，77（6）：472-474

497. 瓜子金（图 497）• *Polygala japonica* Houtt.

【别名】小叶地丁草、小叶瓜子草（浙江），产后草（江苏），日本远志（安徽），歼疟草、散雪丹（江西），扭伤草（福建漳州）。

【形态】多年生草本，高 10 ～ 30（～ 38）cm。根木质，细长。茎自基部丛生，向上倾斜，被细毛。叶片卵形或长椭圆形，先端尖，基部圆钝或楔形，边缘反卷，两面中脉上被短柔毛，叶脉两面明显隆起。总状花序与叶对生或腋外生，长 1 ～ 3（～ 5）cm；花白色或紫色，花梗被短柔毛；小苞片披针形，早落；萼片 5 枚，宿存，外面 3 枚较小，不具狭翅，内面 2 枚较大，呈花瓣状；花瓣 3 枚，基部合生，侧瓣短于龙骨瓣，龙骨瓣先端背面具流苏状附属物，雄蕊 8 枚，全部合生成鞘，花药无柄，着生于鞘筒顶端；子房扁圆形，2 室，花柱线形，柱头 2 裂。蒴果压扁，顶端微凹，边缘具宽翅，无缘毛，有种子 2 粒。种子黑色，被白绢毛。花期 4 ～ 5 月，果期 5 ～ 8 月。

【生境与分布】生于低海拔的林下、山坡草地、路旁或田岸边。分布于华东各省市，另中国其他各地均有分布；菲律宾、印度和日本也有分布。

【药名与部位】瓜子金（竹叶地丁草），全草。

图 497　瓜子金　　　　摄影　李华东等

【采集加工】春末花开时采挖，除去泥沙，晒干。

【药材性状】根呈圆柱形，稍弯曲，直径可达 4mm；表面黄褐色，有纵皱纹；质硬，断面黄白色。茎少分枝，长 10～30cm，淡棕色，被细柔毛。叶互生，展平后呈卵形或卵状披针形，长 1～3cm，宽 0.5～1cm；侧脉明显，先端短尖，基部圆形或楔形，全缘，灰绿色；叶柄短，有柔毛。总状花序腋生，最上的花序低于茎的顶端；花蝶形。蒴果圆而扁，直径约 5mm，边缘具膜质宽翅，无毛，萼片宿存。种子扁卵形，褐色，密被柔毛。气微，味微辛苦。

【质量要求】色绿，满叶，无泥。

【药材炮制】除去杂质，洗净，稍润至软，切段，干燥。

【化学成分】地上部分含皂苷类：瓜子金皂苷甲、乙（polygalasaponin A、B）[1] 和瓜子金皂苷丙、丁（polygalasaponin C、D）[2]。

根和全草含皂苷类：瓜子金皂苷戊、已、庚、辛（polygalasaponin E、F、G、H）[3,4]，瓜子金皂苷 I 、 II 、 III 、 IV 、 V 、 VI 、 VII 、 VIII 、 IX 、 X 、 XI 、 XII 、 XIII 、 XIV 、 XV 、 XVI 、 XVII 、 XVIII 、 XIX 、 XX 、 XXI 、 XXII 、 XXIII 、 XXIV 、 XXV 、 XXVI 、 XXVII 、 LI 、 LII 、 LIII （polygalasaponin I 、 II 、 III 、 IV 、 V 、 VI 、 VII 、 VIII 、 IX 、 X 、 XI 、 XII 、 X III 、 XIV 、 XV 、 XVI 、 XVII 、 XVIII 、 XIX 、 XX 、 XXI 、 XXII 、 XXIII 、 XXIV 、 XXV 、 XXVI 、 XXVII 、 LI 、 LII 、 LIII ）[3-7] 和常春藤皂苷元 -3-O-β-D- 吡喃葡萄糖（1→2）-β-D- 吡喃葡萄糖苷［hederagenin-3-O-β-D-glucopyranosyl（1→2）-β-D-glucopyranoside］[5]；黄酮类：

山奈酚 -7, 4'- 二甲醚 -3-*O*-β-D- 芹菜糖基（1 → 2）-β-D- 半乳糖苷［kaempferol-7, 4'- dimethyl ether-3-*O*-β-D-apiofuranosyl（1 → 2）-β-D-galactopyranoside］、3, 5, 3'- 三羟基 -7, 4'- 二甲氧基黄酮 -3-*O*-β-D- 呋喃芹菜糖基（1 → 2）-β-D- 吡喃半乳糖苷［3, 5, 3'-trihydroxy-7, 4'-dimethoxyflavone-3-*O*-β-D-apiofuranosyl（1 → 2）-β-D-galactopyranoside］、山奈酚 -7, 4'- 二甲醚（kaempferol-7, 4'-dimethyl ether）、5, 3'- 二羟基 -7, 4'- 二甲氧基黄酮醇（5, 3'-dihydroxy-7, 4'-dimethoxyflavonol）、鼠李亭（rhamnetin）、山奈酚（kaempferol）、槲皮素（quercetin）、鼠李柠檬素 -3-*O*-β-D- 吡喃半乳糖苷（rhamnocitrin-3-*O*-β-D-galactopyranoside）、紫云英苷（astragalin）、鼠李亭 -3-*O*-β-D- 半乳糖苷（rhamnetin-3-*O*-β-D-galactopyranoside）、槲皮苷（quercitrin）、鼠李亭 -3-*O*-β-D- 吡喃葡萄糖苷（rhamnetin-3-*O*-β-D-glucopyranoside）、鼠李柠檬素（rhamnocitrin）、3, 5- 二羟基 -7, 4'- 二甲氧基黄酮 -3-*O*-β-D- 吡喃半乳糖苷（3, 5-dihydroxy-7, 4'-dimethoxyflavone-3-*O*-β-D-galactopyranoside）、3, 5, 3'- 三羟基 -7, 4'- 二甲氧基黄酮 -3-*O*-β-D- 吡喃半乳糖苷（3, 5, 3-trihydroxy-7, 4'-dimethoxyflavone-3-*O*-β-D-galactopyranoside）[3, 4, 7-9]、1, 3- 二羟基 -2, 5, 6, 7- 四甲氧基𠮿酮（1, 3-dihydroxy-2, 5, 6, 7-tetramethoxyxanthone）、3- 羟基 -1, 2, 5, 6, 7- 五甲氧基𠮿酮（3-hydroxy-1, 2, 5, 6, 7-pentamethoxyxanthone）、3, 8- 二羟基 -1, 2, 6- 三甲氧基𠮿酮（3, 8-dihydroxy-1, 2, 6-trimethoxyxanthone）、1, 7- 二羟基 -2, 3, 4- 甲氧基𠮿酮（1, 7-dihydroxy-2, 3, 4-trimethoxyxanthone）、1, 7- 二羟基 -3, 4- 二甲氧基𠮿酮（1, 7-dihydroxy-3, 4-dimethoxyxanthone）、6- 羟基 -1, 2, 3, 7- 四甲氧基𠮿酮（6-hydroxy-1, 2, 3, 7-tetramethoxyxanthone）、1, 6- 二羟基 -3, 7, 8- 三甲基𠮿酮（1, 6-dihydroxy-3, 7, 8-trimethoxyxanthone）、7- 羟基 -1- 甲氧基 -2, 3- 亚甲二氧基𠮿酮（7-hydroxy-l-methoxy-2, 3-methylenedioxyxanthone）、3, 6- 二羟基 -1, 2, 7- 三甲氧基𠮿酮（3, 6-dihydroxy-1, 2, 7-trimethoxyxanthone）、1, 2, 7- 三羟基 -3- 甲氧基𠮿酮（1, 2, 7-trihydroxy-3-methoxyxanthone）、3, 7- 二羟基 -1, 2- 二甲氧基𠮿酮（3, 7-dihydroxy-1, 2-dimethoxyxanthone）、1, 3, 7- 三羟基𠮿酮（1, 3, 7-trihydroxyxanthone）、瓜子金𠮿酮 *（guazijinxanthone）、2-β-D- 吡喃葡萄糖基 -1, 3, 7- 三羟基𠮿酮（2-β-D- glucopyranosyl-1, 3, 7- trihydroxyxanthone），即新玉山双蝴蝶灵（neolancerin）、远志𠮿酮 Ⅲ（polygalaxanthone Ⅲ）和西伯利亚远志𠮿酮 A（sibiricaxanthone A）[3, 4, 7-9]；甾体类：β- 谷甾醇（β-sitosterol）、豆甾醇（stigmasterol）、豆甾 -7, 22- 二烯 -3- 酮（stigmas-7, 22-dien-3-one）、麦角甾 -7, 22- 二烯 -3- 酮（stigmasta-7, 22-di-ene-3-one）和胡萝卜苷（daucosterol）[3]；酚酸类：对羟基苯甲酸（*p*-hydroxybenzoic acid）和香豆酸（coumaric acid）[3]；脂肪酸类：二十四烷酸（lignoceric acid）、二十二烷酸（docosanoic acid）和正十六烷酸（*n*-hexadecanoic acid）[8]；糖类：荷花山桂花糖 A（arillatose A）和西伯利亚远志糖 A$_5$、A$_6$（sibirieose A$_5$、A$_6$）[9]；烷醇类：正三十二烷醇（*n*-dotriacontanol）和正十六烷醇（*n*-hexadecanol）[3]；酚苷类：β-D-（3-*O*- 芥子酰基）- 呋喃果糖基 -α-D-（6-*O*- 芥子酰基）- 吡喃葡萄糖苷［β-D-（3-*O*-sinapoyl）-fructofuranosyl-α-D-（6-*O*-sinapoyl）-glcuopyranoside］[9]；其他尚含：远志醇（polygalatol）[9]。

【药理作用】1. 抗炎　全草 70% 乙醇提取的以总黄酮、总皂苷为主要成分的有效部位群对脂多糖（LPS）诱导的巨噬细胞系 RAW264.7 细胞具有明显的抗炎作用，其作用可能是通过调节巨噬细胞产生一氧化氮（NO）、肿瘤坏死因子 -α（TNF-α）及白细胞介素 -6（IL-6）等炎症因子而发挥的[1]。2. 保护神经　提取分离的瓜子金皂苷可明显提高氧糖剥夺 / 复灌、氧化应激和去血清处理后大鼠原代皮层神经细胞的存活率，改善细胞形态；可通过调节凋亡相关蛋白质的表达，抑制线粒体途径介导的细胞凋亡，发挥神经保护作用；对过氧化氢氧化应激损伤的 PC12 神经细胞具有保护作用[2]。3. 抗抑郁　全草 70% 乙醇提取物及正丁醇萃取部位能明显缩短小鼠强迫游泳及悬尾的不动时间，可改善小鼠的抑郁状态行为[3]。

【性味与归经】辛、苦，平。归肺经。

【功能与主治】祛痰止咳，活血消肿，解毒止痛。用于咳嗽痰多，咽喉肿痛；外治跌打损伤，疔疮疖肿，蛇虫咬伤。

【用法与用量】15 ～ 30g。

【药用标准】药典 1977、药典 2010、药典 2015、浙江炮规 2015、上海药材 1994、贵州药材 2003、河南药材 1993、湖北药材 2009 和江苏药材 1989。

【临床参考】1. 小儿急性咽炎：复方瓜子金颗粒（瓜子金、大青叶、野菊花、海金沙、白花蛇舌草、紫花地丁）口服，每次 7g，每日 3 次[1]。

2. 小儿疱疹性咽峡炎：复方瓜子金颗粒剂（瓜子金、大青叶、野菊花、海金沙、白花蛇舌草、紫花地丁）口服，2 岁及以下每次 5g，每日 3 次；大于 2 岁，每次 10g，每日 3 次，同时常规抗炎或抗病毒治疗[2]。

3. 急性骨髓炎：有效抗菌治疗的同时，鲜瓜子金药酒（采鲜瓜子金根、茎、叶 200g，切碎，加入 60°高粱酒 500ml，密封浸泡 7 天后过滤）口服，7～12 岁每次 15ml，13～18 岁每次 20ml，18 岁以上成年人 25ml，每日 2 次，早晚空腹服，连服 1 月[3]。

【附注】《植物名实图考》载："瓜子金，江西、湖南多有之，……高四五寸，长根短茎，数茎为丛，叶如瓜子而长，唯有直纹一线。叶间开小圆紫花，中有紫蕊。"所述及附图，即为本种。

本种全草上海作竹叶地丁草药用。

西伯利亚远志（卵叶远志）Polygala sibirica Linn. 的全草在贵州作瓜子金药用。此外，香港远志 Polygala hongkongensis Hemsl. 的全草在江西、福建、湖南、广东、四川等省，狭叶香港远志（狭叶远志）Polygala hongkongensis Hemsl. var. stenophylla（Hay.）Migo（Polygala stenophylla Hayata）的全草在浙江、湖南、广东、广西等省区，民间均作瓜子金药用。

【化学参考文献】

［1］方乍浦，尹国江. 瓜子金皂苷乙的化学结构研究［J］. 植物学报，1986，28（2）：196-200.

［2］方乍浦，尹国江. 瓜子金皂苷丙和丁的化学结构研究［J］. 植物学报，1989，31（9）：708-712.

［3］李廷钊. 瓜子金中抗抑郁活性成分的研究及糙叶败酱活性成分的研究［D］. 上海：第二军医大学博士学位论文，2005.

［4］张景景，王旭，崔占虎，等. 瓜子金的化学成分及药理作用研究进展［J］. 中国现代中药，2015，17（11）：1216-1222.

［5］Zhang D M，Toshio M，Masanori K，et a1. Studies on the constituents of Polygala japonica Houtt Ⅲ structures of polygalasaponins XX-XXVⅡ［J］. Chem Pharm Bull，1996，44（1）：173-177.

［6］Li C J，Fu J，Yang J Z，et al. Three triterpenoid saponins from the roots of Polygala japonica Houtt［J］. Fitoterapia，2012，83：1184-1190.

［7］薛清春. 远志属植物瓜子金根的化学成分研究及茵芋苷的合成研究［D］. 北京：中国协和医科大学硕士学位论文，2009.

［8］王洪兰，李祥，陈建伟. 远志属药用植物瓜子金的化学成分研究［J］. 南京中医药大学学报，2011，27（5）：470-473.

［9］张东明，单卫华. 瓜子金根的化学成分研究［J］. 中草药，2005，36（12）：1767-1771.

【药理参考文献】

［1］赵清超，黄显章，胡久略，等. 瓜子金有效部位群抗炎作用机制研究［J］. 中国实验方剂学杂志，2011，17（2）：131-134.

［2］石瑞丽，李培锋，陈乃宏. 瓜子金皂苷己神经保护作用的体外研究［J］. 中药新药与临床药理，2013，24（1）：1-5.

［3］王洪兰，王怡然，周荧，等. 植物药瓜子金抗抑郁活性部位初步研究［J］. 现代中药研究与实践，2015，29（1）：32-35.

【临床参考文献】

［1］彭君，刘政. 复方瓜子金颗粒治疗小儿急性咽炎疗效观察［J］. 实用中西医结合临床，2012，12（1）：44-56.

［2］刘小妹. 复方瓜子金佐治小儿疱疹性咽峡炎 44 例疗效观察［J］. 实用中西医结合临床，2003，3（4）：35.

［3］滕衍海，滕宏楼. 鲜瓜子金药酒强化治疗急性骨髓炎 91 例体会［J］. 铁道医学，1994，22（1）：35.

498. 远志（图 498）· *Polygala tenuifolia* Willd.

图 498　远志　　　　　　　　　　　　摄影　李华东

【**别名**】细叶远志（安徽），小草根（山东），山茶叶（江苏徐州）。

【**形态**】多年生草本，高 15～50cm。茎多数，丛生，直立或倾斜，被短柔毛或近无毛。单叶互生，叶片纸质，条形至条状披针形，长 1～3cm，宽 0.5～1（～3）mm，先端渐尖，基部楔形，全缘，反卷，主脉上面凹陷，背面隆起，侧脉不明显。总状花序顶生，长 5～7cm，通常略下垂，少花，稀疏；苞片 3 枚，早落；萼片 5 枚，宿存，无毛，外面 3 枚线状披针形，里面 2 枚花瓣状；花瓣 3 枚，紫色，侧瓣基部与龙骨瓣合生，基部内侧具柔毛，龙骨瓣较侧瓣长，具流苏状附属物；雄蕊 8 枚，花丝 3/4 以下合生成鞘，具缘毛，3/4 以上两侧各 3 枚合生，花药无柄，花丝丝状，具狭翅；子房扁圆形，顶端微缺，花柱弯曲。蒴果圆形，顶端微凹，具狭翅，光滑，无缘毛。种子黑色，密被白色柔毛。花果期 5～9 月。

【**生境与分布**】生于山坡草地或路旁。分布于山东、安徽、江苏，另中国东北、华北及陕西、甘肃等地均有分布。

【**药名与部位**】远志，根。远志小草（西小草），地上部分。

【**采集加工**】远志：春、秋二季采挖，除去须根和泥沙，干燥；或趁未干燥时除去木心，干燥（远志肉）。远志小草：春季采收，干燥。

【**药材性状**】远志：呈圆柱形，略弯曲，长 3～15cm，直径 0.3～0.8cm。表面灰黄色至灰棕色，有较密并深陷的横皱纹、纵皱纹及裂纹，老根的横皱纹较密更深陷，略呈结节状。质硬而脆，易折断，断面皮部棕黄色，木质部黄白色，皮部易与木质部剥离。远志肉呈圆筒状、片状，不具木心。气微，味苦、微辛，嚼之有刺喉感。

远志小草：茎细，黄褐色至灰绿色，有纵棱；切面类白色。叶互生；叶片线形，长 1.3～3cm，宽 2～3mm，灰绿色，侧脉不明显。果实倒卵形而扁平，边缘有狭翅。种子卵形，黑色，密生白色茸毛。气微，味微苦。

【药材炮制】 远志：除去杂质，略洗，润透，切段，干燥。制远志：取甘草，加适量水煎汤，去渣，加入远志饮片，用文火煮至汤吸尽，取出，干燥。制远志肉：取远志肉，除去杂质，抢水洗净，润透，切段，干燥，与甘草汁拌匀，煮至汁液被吸尽，口尝微有刺喉感时，取出，干燥。蜜远志：取制远志，与炼蜜拌匀，稍闷，炒至不粘手时，取出，摊凉。蜜远志肉：取制远志肉，与炼蜜拌匀，稍闷，炒至不粘手时，取出，摊凉。

远志小草：除去杂质，抢水洗净，切段，干燥。

【化学成分】 根含皂苷类：远志皂苷 A、B、E（onjisaponin A、B、E）[1]，远志皂苷 F、G（onjisaponin F、G）[2]，远志皂苷 V、W、X、Vg（onjisaponin V、W、X、Vg）[3]，E-远志皂苷 H（E-onjisaponin H）、Z-远志皂苷 H（Z-onjisaponin H）[4] 和远志皂苷元（presenegenin）；糖和糖酯类：3, 6′-二芥子酰基蔗糖（3, 6-disinapoyl sucrose）、远志蔗糖酯 A、B、C、D、E（tenuifoliside A、B、C、D、E）[5-8]，苦味远志糖 A、B、C、D、E、F、G、H、I、J、K、L、M、N、O、P、Q（tenuifoliose A、B、C、D、E、F、G、H、I、J、K、L、M、N、O、P、Q）[9] 和西伯利亚远志糖 A1、A2、A3、A4、A5、A6（sibiricose A1、A2、A3、A4、A5、A6）[10, 11]；黄酮类：6-羟基-1, 2, 3, 7-四甲氧基叫酮（6-hydroxy-1, 2, 3, 7-tetramethoxyxanthone）、1, 2, 3, 7-四甲氧基叫酮（1, 2, 3, 7-tetramethoxyxanthone）、1, 2, 3, 6, 7-五甲氧基叫酮（1, 2, 3, 6, 7-pentamethoxyxanthone）、1, 7-二羟基叫酮（1, 7-dihydroxyxanthone）、1, 7-二甲氧基叫酮（1, 7-dimethoxyxanthone）、1, 7-二羟基-2, 3-二甲氧基叫酮（1, 7-dihydroxy-2, 3-dimethoxyxanthone）、1-羟基-3, 7-二甲氧基叫酮（1-hydroxy-3, 7-dimethoxyxanthone）、1, 7-二甲氧基-2, 3-亚甲二氧基叫酮（1, 7-dimethoxy-2, 3-methylenedioxyxanthone）、远志叫酮 Ⅰ、Ⅱ（onjixanthone Ⅰ、Ⅱ）、1, 6-二羟基-3, 7-二甲氧基叫酮（1, 6-dihydroxy-3, 7-dimethoxyxanthone）、1, 7-二羟基-3-甲氧基叫酮（1, 7-dihydroxy-3-methoxyxanthone）、1, 6 二羟基-3, 5, 7-三甲氧基叫酮（1, 6-dihydroxy-3, 5, 7-trimethoxyxanthone）、1-羟基-3, 6, 7-三甲氧基叫酮（1-hydroxy-3, 6, 7-trimethoxy xanthone）和 1, 3, 6-三羟基-2, 7-二甲氧基叫酮（1, 3, 6-trihydroxy-2, 7-dimethoxyxanthone）[9, 12, 13]；生物碱类：N-9-甲酰基哈尔满（N-9-formyl harman）、1-丁氧羰基-β-咔啉（1-carbobytoxy-β-carboline）、1-乙氧羰基-β-咔啉（1-carbethoxy-β-carboline）、1-甲氧羰基-β-咔啉（1-carbomethoxy-β-carboline）、川芎哚（perlolyrine）、降哈尔满（nonharman）和哈尔满（harman）[14, 15]。

【药理作用】 1. 抗炎镇痛　根水煎液可显著促进阳性疮疡模型豚鼠和大鼠疮面修复、提高血清溶菌酶的含量，显著抑制蛋清所致大鼠的足跖肿胀和二甲苯所致小鼠的耳廓肿胀，提高热板所致小鼠的痛阈值和甲醛所致小鼠的肿痛耐受[1]。2. 祛痰镇咳　根分离的皂苷 2D、3D、3C 对酚红及氨水引咳小鼠具有祛痰、镇咳作用[2]。3. 抗菌　根分离的皂苷 2D、3D、3C 对大肠杆菌和金黄色葡萄球菌的生长有抑制作用，其中 2D 可抑制变型杆菌，3C 可抑制金黄色葡萄球菌[2]。4. 抗氧化　远志石菖蒲水煎合剂能抑制 D-半乳糖对小鼠脑组织氧化损伤，对致衰老小鼠学习记忆功能有明显改善作用和延缓脑组织衰老的作用[3]。5. 抗诱变　水提物对小鼠雄性生殖细胞遗传物质具有保护作用，可显著降低铅诱发小鼠的精原细胞姐妹染色单体互换频率[4]。6. 保护神经　根 95% 乙醇提取物甲醇洗脱部分和粗分后的皂苷可促使 PC12 神经细胞分化，使细胞突起长度明显增加，具有神经营养作用；体外活性较强的 2 个皂苷组分和 2 个化合物具有提高小鼠学习记忆的作用[5]。

【性味与归经】 远志：苦、辛，温。归心、肾、肺经。远志小草：苦，温。归心、肾经。

【功能与主治】 远志：安神益智，祛痰，消肿。用于心肾不交引起的失眠多梦，健忘惊悸，神志恍惚，咳痰不爽，疮疡肿毒，乳房肿痛。远志小草：安神，化痰，消肿。用于怔忡，惊悸健忘，失眠，咳嗽多痰，疮痈肿痛。

【用法与用量】 远志：3～9g。远志小草：4.5～9g。

【药用标准】远志：药典 1953—2015、浙江炮规 2015、内蒙古蒙药 1986、新疆药品 1980 二册、中华药典 1930、香港药材三册和台湾 2013。远志小草：浙江炮规 2015、上海药材 1994、山东药材 2012 和江苏药材 1989。

【临床参考】1. 心律失常：根 9g，加茯苓 15g、石菖蒲 12g、白术 12g、陈皮 6g、磁石 30g、龙齿 24g、川芎 9g、丹参 12g、党参 9g、炙甘草 15g，每日 1 剂，水煎取汁 300～400ml，早晚温服[1]。

2. 太阴人型阿尔茨海默病：根 5g，加石菖蒲 5g、猪牙皂角 1.5g，研末，早晚空腹各服 1 次[2]。

3. 疮疡肿毒：根 50～80g（用量根据病灶大小而定），去心，加入白酒、食用醋各 100ml，煮烂，捣为泥状，外敷患处，上覆盖一层塑料薄膜或油纸，用胶布固定，24h 换药 1 次，1 周为 1 疗程，已化脓破溃者不宜用[3]。

4. 急性乳痈：根 25g，用适量米酒浸泡药物 15min，再加 300ml 水，小火煮沸 3min，温服，每日 1 剂，连服 3 剂，已化脓破溃者不宜用[3]。

5. 新生儿缺氧缺血性脑病后遗症：根 10g，加酸枣仁 20g、红花 6g、川芎 6g、当归 15g、黄连 6g、山茱萸 10g、天麻 6g、黄芩 6g，肝肾不足为主者，去黄连，加杜仲 10g、枸杞子 15g；肾虚肝旺为主者，加山栀子 6g、钩藤 10g；心脾两虚为主者，去黄连，加黄芪 15g、山药 12g、石菖蒲 6g；瘀血为主者，去熟地，加老葱 1 根、麝香 0.06g、赤芍 6g；属痰迷心窍者，去掉熟地、龙骨，加半夏 6g、石菖蒲 6g、竹茹 10g，1 个月为 1 疗程[4]。

6. 健忘：根，加石菖蒲等份，煎汤常服。（《卫生易简方》）

7. 不寐：根煎汤，随时饮之。（《普济方》）

【附注】远志始载《神农本草经》，列为上品。《本草经集注》云："小草状似麻黄而青。"《开宝本草》云："远志，茎、叶似大青而小。"《本草图经》云："今河、陕、京西州郡亦有之。根黄色，形如蒿根，苗名小草。似麻黄而青，又如荜豆。叶亦有似大青而小者。三月开花，白色，根长及一尺。四月采根、叶，……泗州出者花红，根、叶俱大于他处；商州者根又黑色。俗传夷门远志最佳。"《本草纲目》云："远志有大叶、小叶二种。陶弘景所说者小叶也，马志所说者大叶也，大叶者花红。"小叶者即本种。

阴虚火旺、脾胃虚弱者及孕妇慎服。用量不宜过大，以免引起呕吐恶心。

《中国药典》2015 年版一部收载西伯利亚远志（卵叶远志）*Polygala sibirica* Linn. 亦为药材远志的基源之一。

【化学参考文献】

［1］Sakuma S，Shoji J. Studies on the constituents of the root of *Polygala tenuifolia* Willd. Ⅱ.On the structures of onjisaponins A，B and E［J］. Chem Pharm Bull，1982，30（3）：810-821.

［2］Sakuma S，Shoji J.Studies on the constituents of the root of *Polygala tenuifolia* Willd I.Isolation of saponins andthe structures of onjisaponins G and F［J］.Chem Pharm Bull，1981，29（9）：2431-2441.

［3］Liu J Y，Yang X D，He J M，et al. Structure analysis of triterpene saponins in *Polygala tenuifolia* by electmspray ionization ion trap multiple-stage mass spectrometry［J］. J Mass Spectrom，2007，42（7）：86l-873.

［4］Li J，Jiang Y，Tu P F. New acylated triterpene saponinsfrom *Polygala tenuifolia* Willd［J］. J Asian Nat Prod Res，2006，8（6）：499-503.

［5］Jiang Y，Tu P F. Tenuifoliose Q，a new oligosaccharide ester from the root of *Polygala tenuifolia* Willd［J］. J Asian Nat Prod Res，2003，5（4）：279-283.

［6］Xu T H，Lv G. A novel triterpenoid saponin from *Polygala tenuifolia* Willd［J］. J Asian Nat Prod Res，2008，10（8）：803-806.

［7］姜勇，屠鹏飞.远志的化学成分研究Ⅱ［J］.中国中药杂志，2004，29（8）：751-753.

［8］Lkeya Y，Sugama K，Okada M，et al. Four new phenolicglycosides from *Polygala tenuifolia*［J］. Chem Pharm Bull，1994，42（11）：2305-2308.

［9］Miyase T，Iwata Y，Ueno A. Tenuifolioses G-P，oligosaccharide multi-ester from the roots of *Polygala tenuifolia* Willd［J］.

Chem Pharm Bull，1991，40（10）：2741-2748.

［10］Miyase T，Noguchi H，Chen X M. Sucrose esters andxanthone C-glycosides from the roots of *Polygala sibrica*［J］. J Nat Prod，1999，62（7）：993-996.

［11］姜艳艳，段以以，刘洋，等 . 远志化学成分分离与结构鉴定［J］. 北京中医药大学学报，2011，34（2）：122-125.

［12］Ikeya Y，Sugama K，Okada M，et al. Two xanthones from *Polygala tenuifolia*［J］. Phytochemistry，1991，30（6）：2061-2065.

［13］张陶珍，荣巍巍，李清等 . 远志的研究进展［J］. 中草药，2001，32（8）：2381-2388.

［14］姜勇，屠鹏飞 . 远志研究进展［J］. 中草药，2001，47（13）：759-761.

［15］金宝渊，朴政一 . 远志生物碱成分的研究［J］. 中国中药杂志，1993，18（11）：675-677.

【药理参考文献】

［1］吴巍 . 首乌藤、远志、益母草外用功能研究［D］. 郑州：河南中医学院硕士学位论文，2011.

［2］彭汶铎，许实波 . 四种远志皂苷的镇咳和祛痰作用［J］. 中国药学杂志，1998，33（8）：491.

［3］郑良朴，范廷校，林久茂，等 . 远志、石菖蒲水煎合剂对 D- 半乳糖导致小鼠衰老作用的实验研究［J］. 福建中医药，2002，33（4）：35-36.

［4］朱玉琢，庞慧民，高久春，等 . 中草药远志对实验性小鼠雄性生殖细胞遗传物质损伤的保护作用［J］. 吉林大学学报（医学版），2003，29（3）：258-259.

［5］李创军 . 远志和华南远志的化学成分及其生物活性研究［D］. 北京：中国协和医科大学博士学位论文，2008.

【临床参考文献】

［1］申艳慧，唐欣荣 . 茯苓远志散治疗心律失常临床观察［J］. 长春中医药大学学报，2010，26（6）：871-872.

［2］郑明昱 . 石菖蒲远志散治疗太阴人阿尔茨海默型痴呆［J］. 中国民族医药杂志，2010，16（2）：16-17.

［3］蒲昭和 . 远志治痈疮［J］. 农村百事通，2018，（5）：51.

［4］刘进龙，王书云，刘荣兵 . 自拟远志枣仁汤治疗新生儿缺氧缺血性脑病后遗症疗效观察［J］. 海南医学院学报，2012，18（4）：534-535，538.

五三 大戟科 Euphorbiaceae

乔木、灌木或草本，稀为木质藤本。有时含有乳状汁液。树皮常具有发达的韧皮纤维。单叶，稀为复叶，互生，有时退化为鳞片状；基部或顶端有时具有 1～2 枚腺体；通常具托叶。花单性，雌雄同株或异株，单花或组成各式花序，通常为聚伞花序；萼片分离或联合，有时退化或缺如，通常覆瓦状或镊合状排列；花瓣有或无；雄花通常具有多数雄蕊，分离或联合成柱状，常具花盘及退化雌蕊；雌花子房上位，通常3室，胚珠每室2粒或1粒，花柱与房室同数，分离或部分联合；花盘通常存在，环状或分裂为腺体。果为蒴果，或为浆果或核果状；种子常有种阜，胚乳丰富。

300 余属，8000 余种，主要分布于热带和温带。中国包括栽培的约 58 属，300 余种，全国各地均有分布，主要分布于西南及台湾，法定药用植物 17 属，41 种 3 变种 1 栽培变种。华东地区法定药用植物 12 属，22 种 1 栽培变种。

大戟科法定药用植物主要含生物碱类、黄酮类、二萜类、皂苷类等成分。生物碱类如一叶萩碱（securinine）、美登碱（maytansine）等；黄酮类包括黄酮、黄酮醇、黄烷、花色素等，如穗花杉双黄酮（amentoflavone）、金丝桃苷（hyperoside）、没食子儿茶精（gallocatechin）、矢车菊素 -3-O-β-D- 半乳糖苷（cyanidin-3-O-β-D-galactoside）等；二萜类如岩大戟内酯 A、B（jolkinolide A、B）、千金子甾醇（euphobiasteroid）等；皂苷类如羽扇豆醇（lupeol）、木栓酮（friedelin）等。此外，种子中含有的脂肪油和蛋白质多具毒性，如巴豆毒素（crotin）等。

叶下珠属含黄酮类、生物碱类、酚酸类、木脂素类等成分。黄酮类如槲皮素 -3-O- 葡萄糖苷（quercetin-3-O-glucoside）、紫云英苷（astragalin）、芦丁（rutin）等；生物碱类如 4- 甲氧基一叶秋碱（4-methoxysecurinine）、4- 甲氧基去甲一叶秋碱（4-methoxy-nor-securinine）、4- 羟基一叶秋碱（4-hydroxysecurinine）等；酚酸类如没食子酸（gallic acid）、叶下珠鞣质 E（phyllanthusiin E）、短叶苏木酚酸甲酯（methyl brevifolincarboxylate）、短叶苏木酚酸乙酯（ethyl brevifolincarboxylate）等；木脂素类如叶下珠脂素（phyllanthin）、次叶下珠脂素（hypophyllanthin）等。

野桐属含萜类、皂苷类、酚酸类、黄酮类、生物碱类等成分。萜类包括单萜、倍半萜、二萜等，如淫羊藿苷 B（icariside B）、丁香三环烯 -2β，9α- 二醇（clovene-2β，9α-diol）、isoanomallotusin、白背叶素（malloapeltin）等；皂苷类如熊果酸（ursolic acid）、表无羁萜醇（epifriedelanol）、蒲公英赛酮（taraxerone）、β- 香树脂醇乙酸酯（β-amyrin acetate）等；酚酸类如没食子酸（gallic acid）、丁子芽鞣素（eugeniin）、诃子次鞣素（corilagin）等；黄酮类包括黄酮醇、二氢黄酮醇、黄烷等，如槲皮苷（quercitrin）、山奈酚 -3-O-α-L- 鼠李糖苷（kaempferol-3-O-α-L-rhamnoside）、落新妇苷（astilbin）、（+）- 儿茶素［（+）-catechin］等。

铁苋菜属含酚酸类、皂苷类、黄酮类、蒽醌类、生物碱类等成分。酚酸类多为鞣质，如牻牛儿鞣素（geraniin）、没食子酸（gallic acid）等；皂苷类如白桦酯酸（betulinic acid）、木栓酮（friedelin）、β- 香树脂醇（β-amyrin）等；黄酮类包括黄酮、黄酮醇、黄烷等，如白杨素（chrysin）、高良姜素（galangin）、杨梅树皮素（myricetin）、（+）- 儿茶素［（+）-catechin］等；蒽醌类如大黄素（emodin）、大黄素甲醚（physcion）等；生物碱类如枸杞酰胺（aurantiamide acetate）、丁二酰亚胺（succinimide）等。

巴豆属含萜类、酚酸类、生物碱类、黄酮类等成分。萜类主要为二萜及其内酯，如卡藜林 A（cascarillin A）、5β- 羟基顺式去氢巴豆宁（5β-hydroxy-cis-dehydrocrotonin）等；酚酸类多为鞣质，为表儿茶素（epicatechin）、儿茶素（catechin）组成的缩合鞣质；生物碱类如四氢原小檗碱（tetrahydro-protoberberine）等。

海漆属富含二萜类成分，构型包括半日花烷、海松烷、贝叶烷、贝壳杉烷、阿替烷、巴豆烷等，如海漆素 A、B、C（agallochin A、B、C）、3- 巴豆醇苯甲酸酯（3-benzoate-phorbol）等。

乌桕属含黄酮类、酚酸类、萜类等成分。黄酮类多为黄酮醇，如山奈酚 -3-O-β-D- 葡萄糖苷（kaempferol-3-O-β-D-glucoside）、槲皮素（quercetin）、异槲皮苷（isoquercitrin）、紫云英苷（astragalin）

等；酚酸类多为鞣质，如没食子酸乙酯（ethyl gallate）、香草酸（vanillic acid）等；萜类多为二萜类，如大戟二烯醇（euphol）、4- 脱氧大戟二烯醇（4-deoxyeuphol）等。

　　大戟属含黄酮类、萜类、酚酸类、皂苷类等成分。黄酮类多为黄酮醇，如山柰酚 -3-*O*-α-L- 鼠李糖苷（kaempferol-3-*O*-α-L-rhamnopyranoside）、杨梅苷（myricitrin）等；萜类多为二萜酯类，如惕压酚毒素（tinyatoxin）、巨大戟醇三乙酸酯（ingenol triacetate）等；酚酸类多为鞣质，如没食子酸（gallic acid）、原儿茶酸（protocatechuic acid）、原柯子酸（terchebin）等；皂苷类如 β- 香树脂醇（β-amyrin）、蒲公英赛酮（taraxerone）、环木菠萝烯醇（cycloartenol）等。

分属检索表

1. 子房每室有 2 粒胚珠。
  2. 萼片合生 ···1. 黑面神属 *Breynia*
  2. 萼片分离。
    3. 萼片 4 ～ 6 枚；子房 2 ～ 6 室；蒴果或浆果状，直径 2 ～ 8mm ·······2. 叶下珠属 *Phyllanthus*
    3. 萼片 6 枚；子房 3 ～ 5 室；蒴果扁圆形，较大，直径达 1.5cm 有余·······3. 算盘子属 *Glochidion*
1. 子房每室有 1 粒胚珠。
  4. 花无花被；花序为杯状聚伞花序；雄花仅有雄蕊 1 枚·····················4. 大戟属 *Euphorbia*
  4. 花有花被；花序不为杯状聚伞花序。
    5. 雄花有退化子房。
      6. 草本，稀木本。
        7. 叶掌状分裂；蒴果大，直径 1cm 以上，通常有软或变硬的刺·············5. 蓖麻属 *Ricinus*
        7. 叶不为掌状分裂；蒴果小，直径 2 ～ 6mm，无刺，有小疣状突起或有粗毛。
          8. 总状花序顶生；雄花有花瓣，雄蕊通常 10 ～ 15 枚，蒴果表面有疣状突起·····················
          ···6. 地构叶属 *Speranskia*
          8. 穗状花序腋生；雄花无花瓣，雄蕊 8 枚；蒴果表面有粗毛·····7. 铁苋菜属 *Acalypha*
      6. 木本植物。
        9. 雄花萼片镊合状排列；雄蕊多数或 6 ～ 8 枚。
          10. 花大，有花瓣和花盘；核果·······································8. 油桐属 *Vernicia*
          10. 花小，无花瓣和花盘；蒴果·······································9. 野桐属 *Mallotus*
        9. 雄花萼片开展或略覆瓦状排列，雄蕊 3 枚或 2 ～ 3 枚。
          11. 雌雄异株；雄花花萼 3 ～ 5 枚·······························10. 海漆属 *Excoecaria*
          11. 雌雄同株，通常同序；雄花花萼 2 ～ 3 裂·······················11. 乌桕属 *Sapium*
    5. 雄花无退化子房···12. 巴豆属 *Croton*

1. 黑面神属 *Breynia* J.R. et G. Forst

　　灌木或小乔木。单叶，互生，排成 2 列，全缘，干时常变黑色。花小，单性，雌雄同株，单生或数朵成簇腋生，无花瓣；雄花花萼陀螺形，合生，雄蕊 3 枚，花丝合生成柱状，花药 2 室，纵裂，贴生于花丝柱上，无退化雌蕊；雌花花萼陀螺状或钟状，6 深裂或浅裂，果时不增大或增大呈盘状，子房 3 室，胚珠每室 2 粒，花柱 3 枚，顶端各 2 裂或不裂。蒴果常呈浆果状，球形，肉质，不开裂，具宿存的花萼。种子少数。

　　约 25 种，分布于印度、马来西亚、澳大利亚和太平洋诸岛屿。中国 7 种，分布于东南至西南部，法定药用植物 1 种。华东地区法定药用植物 1 种。

499. 黑面神（图 499）• *Breynia fruticosa*（Linn.）Hook. f.

图 499 黑面神

摄影 张芬耀等

【形态】落叶灌木，高 1～2m。全株无毛；枝上部通常呈压扁状。叶革质，菱状卵形、卵形至卵状披针形，长 1.5～5.5cm，宽 1～3cm，两端钝或急尖，上面深绿色，下面粉绿色；叶柄短，长 2～4mm；托叶三角状披针形。花小，黄绿色，单生或 2～4 朵簇生于叶腋；雄花梗长 2～6mm，花萼陀螺形，长约 2mm，雄蕊紧包于花萼内；雌花萼钟状，6 深裂，裂片几相等，果时花萼扩大成盘状，子房卵圆形，花柱 3 枚，外弯，顶端各 2 裂。果肉质，近球形，直径 6～7mm，宿存花萼膨大呈盘状。花期 4～11 月，果期 6～12 月至翌年 2 月。

【生境与分布】生于山坡、荒野、路旁灌草丛中。分布于浙江、福建，另广东、广西、海南、云南、贵州均有分布；印度半岛，菲律宾也有分布。

【药名与部位】黑面神，根。鬼画符，全株。

【采集加工】黑面神：夏、秋季采收，洗净，切段，晒干。鬼画符：全年均可采挖，除去泥沙，晒干。

【药材性状】黑面神：为短柱状，长 0.5～3cm。表面灰褐色至浅红棕色，具须根及须根痕，有的外皮脱落。质硬，断面皮部薄，木质部黄白色。残留茎断面可见同心环。髓部小，色稍深。气微，味淡、微涩。

鬼画符：根呈圆柱形，长短不一，直径 5～40mm，表面棕红色，粗糙或具细纵皱纹。质坚实，断面淡黄色。茎圆柱形，上部分枝多，长 1～2m，直径 5～30mm，表面粉棕色或黄棕色，全体无毛。单叶互生，多已脱落，叶片革质，菱状卵形或阔卵形，长 25～60mm，宽 15～35mm，两端钝或急尖，上表面灰褐色，下表面红褐色或灰棕色，具细点，每边具 3～5 条侧脉。叶柄长 2～3mm。托叶三角状披针形，长约 1mm。花小，单生或 2～4 朵成簇。花梗长约 2mm。雄花生于下部花束上，萼长约 1.5mm，陀螺状，6 齿裂，雄蕊包于花萼内。雌花，花萼钟状，6 浅裂。蒴果棕黑色，球形。气微，味苦、微涩。

【化学成分】地上部分含螺环缩酮类：黑面神素 C、D、G（breynin C、D、G）和表黑面神素 D、E、F、G、H（epibreynin D、E、F、G、H）[1]；黄酮类：3- 乙酰 -（−）- 表儿茶素 -7-O-β- 吡喃葡萄糖苷［3-acetyl-（−）-epicatechin-7-O-β-glucopyranoside］、3- 乙酰 -（−）- 表儿茶素 -7-O-（6- 异丁酰氧基）-β- 吡喃葡萄糖苷［3-acetyl-（−）-epicatechin-7-O-（6-isobutanoyloxyl）-β-glucopyranoside］、3- 乙酰 -（−）- 表儿茶素 -7-O-［6-（2- 甲基丁酰氧基）］-β- 吡喃葡萄糖苷［3-acetyl-（−）-epicatechin-7-O-［6-（2-methyl butanoyloxyl）］-β-glucopyranoside］、淫羊藿次苷 B₂（icariside B₂）、柚皮素 -7-O-β-D- 吡喃葡萄糖苷（naringenin-7-O-β-D-glucopyranoside）[2]，5- 羟基 -7, 8, 4′- 三甲氧基黄酮（5-hydroxy-7, 8, 4′-trimethoxy flavone）[3]，（−）- 表儿茶素［（−）-epicatechin］[4] 和 8- 羟基木犀草素 -8- 鼠李糖苷（8-hydroxyluteolin-8-rhamnoside）[5]；倍半萜类：（5Z）-6-［5-（2- 羟丙烷 -2）-2- 甲基 - 四氢呋喃 -2］-3- 甲基己烷 -1, 5- 二烯 -3-O-β- 吡喃葡萄糖苷 {（5Z）-6-［5-（2-hydroxypropan-2）-2-methyl-tetrahydrofuran-2］-3-methylhexa-1, 5-dien-3-O-β-glucopyranoside}、八角枫香堇苷 A、B（alangionoside A、B）、博氏木林素 -4′-O-β-D- 吡喃葡萄糖苷（boscialin-4′-O-β-D-glucopyranoside）、3α, 6α- 二羟基大柱香波龙烷 -7- 烯 -9- 酮 -3-O-β-D- 呋喃芹糖基 -（1→6）-β-D- 吡喃葡萄糖苷［3α, 6α-dihydroxymegastigman-7-en-9-one-3-O-β-D-apiofuranosyl-（1→6）-β-D-glucopyranoside］和吐叶醇（vomifoliol）[5]；苯丙素类：紫丁香苷（syringin）[2]；木脂素类：萹蓄素（aviculin）[2]；酚酸类：氢醌 -O-［6-（3- 羟基异丁酰基）-β- 吡喃半乳糖苷 {hydroquinone-O-［6-（3-hydroxyisobutanoyl）-β-galactopyranoside}、4-（4-O-β- 吡喃葡萄糖苯氧基）-1-O-β- 吡喃葡萄糖基 -1, 3- 苯二酚［4-（4-O-β-glucopyranosyl phenoxy）-1-O-β-glucopyranosyl-1, 3-benzenediol］、7, 8- 赤 - 二羟基 -3, 4, 5- 三甲氧基苯丙烷 -8-O-β- 吡喃葡萄糖苷（7, 8-erythro-dihydroxy-3, 4, 5-trimethoxyphenyl propane- 8-O-β-glucopyranoside）、顺式对香豆酸 -4-O-（2′-O-β-D- 呋喃芹糖基）-β-D- 吡喃葡萄糖苷［cis-p-coumaric acid- 4-O-（2′-O-β-D-apiofuranosyl）-β-D-glucopyranoside］、反式对香豆酸 -4-O-（2′-O-β-D- 呋喃芹糖基）-β-D- 吡喃葡萄糖苷［trans-p-coumaric acid-4-O-（2′-O-β-D-apiofuranosyl）-β-D-glucopyranoside］[2]，2, 4- 二羟基 -6- 甲氧基 -3- 甲基 - 苯乙酮（2, 4-dihydroxy-6-methoxy-3-methyl acetophenone）[3]，阿魏酸二十四烷醇酯（tetracosyl ferulate）[4]，原儿茶醛（protocatechualdehyde）、香草醛（vanillin）[5]、咖啡酸（caffeic acid）和 3, 5- 二甲氧基 -4- 羟基苯甲醛（3, 5-dimethoxy-4-hydroxybenzaldehyde）[6]；皂苷类：木栓醇（friedelinol）、木栓酮（friedelin）、乔木萜酮（arborinone）、异乔木萜醇（isoarborinol）[3] 和熊果酸（ursolic acid）[6]；甾体类：β- 谷甾醇（β-sitosterol）、胡萝卜苷（daucosterol）[4] 和豆甾醇（stigmasterol）[6]；烷基糖苷类：正丁基 -α-D- 呋喃果糖苷（n-butyl-α-D-fructofuranoside）[2]，正丁基 -β-D- 吡喃果糖苷（n-butyl-β-D-fructopyranoside）和乙基 -β-D- 吡喃果糖苷（ethyl-β-D-fructopyranoside）[4]；酚苷类：2- 苯乙基 -β-D- 吡喃葡萄糖苷（2-phenylethyl- β-D-glucopyranoside）、苄基 -O-β-D- 吡喃葡萄糖苷（benzyl-O-β-D-glucopyranoside）[2] 和熊果苷（arbutin）[4]；烷醇类：正三十二烷醇（n-dotriacontanol）[4]；烯酮类：4- 羟基 -3, 5, 5- 三甲基 -2- 环己烯 -1- 酮（4-hydroxy-3, 5, 5-trimethyl-2-cyclohexen-1-one）和异佛尔酮（isophorone）[5]。

根含皂苷类：黑面神美洲茶酸（breynceanothanolic acid）、黑面神苷*A、B、C、D、E、F、G（fruticosides A、B、C、D、E、F、G）[7]，木栓酮（friedelin）、木栓醇（friedelinol）、羽扇烯酮（lupenone）和算盘子二醇（glochidiol）[8]；甾体类：β- 谷甾醇（β-sitosterol）、豆甾烷 -3β, 6β- 二醇（stigmast-3β, 6β-diol）和 β- 谷甾葡萄糖 -6′- 硬脂酸酯（β-sitosteryl glucoside-6′-octadecanoate）[8]；脑苷类：1-O-β-D- 吡喃葡萄糖 -（2S, 3R, 4E, 8Z）-2-［（2- 羟基十八酰基）氨基］-4, 8- 十八碳二烯 -1, 3- 二醇 {1-O-β-D-glucopyranosyl-（2S, 3R, 4E, 8Z）-2-［（2-hydroxyoctadecanoyl）amido］-4, 8-octadecadiene-1, 3-diol} 和 1-O-β-D- 吡喃葡萄糖 -（2S, 3S, 4R, 8Z）-2-［（2R）-2- 羟基二十五酰基氨基］-8- 十八烯 -1, 3, 4- 三醇 {1-O-β-D-glucopyranosyl-（2S, 3S, 4R, 8Z）-2-［（2R）-2-hydroxypentacosanoylamino］-8-octadecene-1, 3, 4-triol}[8]；黄酮类：（−）- 表

儿茶素［（-）-epicatechin］[8]；木脂素类：萹蓄素（aviculin）[8]；酚酸类：香草醛（vanillin）[8]。

全草含木脂素类：（7S, 8R, 7'S）-9, 7', 9'- 三羟基 -3, 4- 亚甲二氧基 -3'- 甲氧基［7-O-4', 8-5'］新木脂素 {（7S, 8R, 7'S）-9, 7', 9'-trihydroxy-3, 4-methylenedioxy-3'-methoxy［7-O-4', 8-5'］neolignan}、（7S, 8R, 7'S）-9, 9'- 二羟基 -3, 4- 亚甲二氧基 -3', 7'- 二甲氧基［7-O-4', 8-5'］新木脂素 {（7S, 8R, 7'S）-9, 9'-dihydroxy-3, 4-methylenedioxy-3', 7'-dimethoxy［7-O-4', 8-5'］neolignan}、9, 9'- 二羟基 -3, 4- 亚甲二氧基 -3'- 甲氧基［7-O-4', 8-5'］新木脂素 {9, 9'-dihydroxy-3, 4-methylenedioxy-3'-methoxy［7-O-4', 8-5'］neolignan}[9] 和松脂素（pinoresinol）[10]；酚苷类：熊果苷（arbutin）[9] 和焦儿茶酚 -O-β-D- 吡喃葡萄糖苷（pyrocatechol-O-β-D-glucopyranoside）[10]；皂苷类：熊果酸（ursolic acid）[10]；酚酸类：罗布麻酚 A（apocynol A）、肉桂酸（cinnamic acid）和 3, 4- 二羟基肉桂醛（3, 4-dihydroxy cinnamaldehyde）[10]；黄酮类：柚皮素（naringenin）[10]。

【药理作用】1. 抗炎　水提物对二甲苯所致小鼠耳廓肿胀及乙酸所致组织毛细血管的通透性均具有明显的抑制作用，表明水提液具有明显的抗急性炎症作用[1]。2. 抗菌　枝叶水提物和醇提物对金黄色葡萄球菌、铜绿假单胞菌的生长均具有明显的抑制作用，枝叶水提物对金黄色葡萄球菌的最低抑菌浓度（MIC）和最低杀菌浓度（MBC）分别为 15.625mg/ml 和 125mg/ml，醇提物的最低抑菌浓度和最低杀菌浓度分别为 31.25mg/ml 和 500mg/ml 时，其抑菌率分别达 257.0% 和 115.5%；枝叶水提物对铜绿假单胞菌的最低抑菌浓度和最低杀菌浓度均为 125mg/ml、醇提物均为 250mg/ml 时，抑菌率分别达 115.5% 和 31.0%[2]。3. 免疫抑制　地上部分水提物对小鼠免疫功能有抑制作用，能明显降低正常小鼠的脾脏和胸腺指数及网状内皮系统（RES）中巨噬细胞（MΦ）吞噬碳粒的能力[3]。4. 抗过敏　地上部分水提物对低分子右旋糖酐诱发小鼠阵发性皮肤瘙痒的发作次数有明显的减少作用，并能明显缩短瘙痒持续时间，明显降低毛细血管通透性，表明可通过抑制组胺的释放发挥抗皮肤 I 型超敏反应的作用[4]。5. 抗皮炎　嫩枝叶水提物乙酸乙酯部位和正丁醇部位对 2, 4- 二硝基氟苯诱导慢性皮炎 - 湿疹模型小鼠有较明显的治疗作用，能有效减轻慢性皮炎 - 湿疹模型小鼠的耳组织增厚、肿胀，显著抑制免疫器官指数，改善病理学改变，并呈剂量依赖性[5]。

【药材炮制】鬼画符：除去杂质，洗净，润透，切厚片，晒干。

【性味与归经】黑面神：苦，凉。归肝、脾、肺经。鬼画符：微苦、涩，凉；有小毒。归肺、胃、肝经。

【功能与主治】黑面神：调补水血，清火解毒，消肿止痛。用于产后腹痛，水血不足；月经不调，痛经，闭经；感冒发热，咽喉肿痛，咳嗽，疟腮；腹痛下利，痢疾；风湿痹痛；疔毒疮疖，斑疹；跌打损伤，瘀血肿痛。鬼画符：清热解毒，散瘀止痛，收敛止痒。用于斑痧发热，头痛，急性胃肠炎，扁桃体炎，产后宫缩痛，功能性子宫出血，毒疮痈肿，漆毒，皮肤湿疹，过敏性皮炎，毒蛇咬伤。

【用法与用量】黑面神：15 ～ 30g；外用适量。鬼画符：15 ～ 30g；外用适量，水煎洗。

【药用标准】黑面神：云南傣药 II 2005 五册；鬼画符：广西药材 1990 和广西壮药 2008。

【临床参考】1. 急（亚急）性湿疹：肤悦康洗剂（根 30g，加白鲜皮、广东紫荆皮、苦参、土槿皮、芦荟、石菖蒲各 30g，蛇床子、地肤子、艾叶、荆芥、生地黄各 20g）湿敷患处，每次 20min，每日 2 次，连用 2 周[1]。

2. 产后子宫收缩疼痛：根 15g，水煎服。

3. 阴道炎、外阴瘙痒：叶适量，煎水坐浴或阴道冲洗，每日 1 次。（2 方、3 方引自《浙江药用植物志》）

【附注】黑面神始载于《生草药性备要》。《本草求原》载："黑面神，一名钟馗草，言其叶黑也。"《本草纲目拾遗》引《岭南杂记》云："产粤，道旁小树也，状如木兰，亦类紫薇，高一二尺，叶大如指头，颇带蓝色，叶老则有白篆文如蜗涎，名鬼画符，叶下有小花如粟米，至晚香闻数十步，恍若芝兰。又名蚊惊树，暑月有蚊，折此树逐之即惊散。"又转引《粤语》云："夜兰，木本，高尺许，叶如槐，花如粟米，至夜则芳香如兰，折之可以辟蚊，插门上，蚊不敢入，一名蚊惊树……叶上有篆文如符，又名神符树。"即为本种。

本种的根不宜过量服、久服，孕妇禁服。过量服用可引起中毒性肝炎。中毒症状主要为头晕，周身不适，呕吐，肝脏肿大并有压痛，严重者则精神萎靡不振，出现黄疸，甚至肝昏迷等症。解救方法：以甘草煎水代茶饮，并对症治疗。

【化学参考文献】

［1］Meng D，Chen W，Zhao W．Sulfur-containing spiroketal glycosides from *Breynia fruticosa*［J］．J Nat Prod，2007，70（5）：824-829.

［2］Meng D，Wu J，Zhao W．Glycosides from *Breynia fruticosa*，and *Breynia rostrata*［J］．Phytochemistry，2010，71（3）：325-331.

［3］浮光苗，徐增莱，余伯阳，等．民间药物黑面神化学成分研究［J］．中国中药杂志，2004，29（11）：1052-1054.

［4］浮光苗，余伯阳，朱丹妮．黑面神化学成分的研究［J］．中国药科大学学报，2004，35（2）：114-116.

［5］毛华丽，占扎君，钱捷．黑面神化学成分的研究［J］．中草药，2009，40（s1）：100-102.

［6］毛华丽．黑面神化学成分的分离及结构鉴定［D］．杭州：浙江工业大学硕士学位论文，2009.

［7］Liu Y P，Cai X H，Feng T，et al．Triterpene and sterol derivatives from the roots of *Breynia fruticosa*［J］．J Nat Prod，2011，74（5）：1161-1168.

［8］林理根，柯昌强，叶阳．黑面神根部化学成分的研究［J］．中草药，2013，44（22）：3119-3122.

［9］Li Y P，Dong L B，Chen D Z，et al．Two new dihydrobenzofuran-type neolignans from *Breynia fruticosa*［J］．Phyto Chem Lett，2013，6（2）：281-285.

［10］李艳平．三种药用植物的化学成分和生物活性研究［M］．昆明：昆明理工大学博士学位论文，2013.

【药理参考文献】

［1］彭伟文，谭泳怡，梅全喜，等．黑面神水提物抗炎作用实验研究［J］．今日药学，2012，22（3）：145-147.

［2］彭伟文，王英晶，陆丹倩，等．黑面神茎、叶不同提取物抑菌作用对比研究［J］．中国医院药学杂志，2014，34（11）：869-873.

［3］彭伟文，戴卫波，梅全喜，等．黑面神水提物免疫抑制作用实验研究［J］．中华中医药学刊，2013，31（11）：2423-2424.

［4］彭伟文，戴卫波，梅全喜，等．黑面神水提物抗皮肤Ⅰ型超敏反应的研究［J］．中国药房，2013，24（19）：1747-1749.

［5］彭伟文，王英晶，王书芹，等．黑面神嫩枝叶治疗小鼠慢性皮炎-湿疹有效部位的筛选［J］．中国医院药学杂志，2014，34（24）：2095-2099.

【临床参考文献】

［1］张玲，林素财，郑永平．肤悦康洗剂治疗急（亚急）性湿疹疗效观察［J］．光明中医，2015，30（5）：987-988.

2. 叶下珠属 *Phyllanthus* Linn.

乔木、灌木或草本。单叶，互生，通常2列排列，宛如羽状复叶，全缘；具柄或无柄；托叶2。花雌雄同株，通常簇生或单生于叶腋，无花瓣；雄花的花萼4～6枚，覆瓦状排列，花盘通常分裂为腺体，与萼片互生，雄蕊2～5枚，稀6枚或更多，花丝分离或合生，花药2室；雌花的萼片与雄花同数或更多，花盘形状不一，极少缺如，子房通常圆球形，稍扁，通常3室，胚珠每室2粒，花柱与子房室同数，分离或合生。蒴果或浆果状，圆球形；种子三棱形，直径2～8mm，种皮硬脆，胚乳肉质，不具种阜。

约500种，分布于全世界热带及亚热带地区，少数分布至北温带。中国约33种，主要分布于长江以南各省区，法定药用植物4种1变种。华东地区法定药用植物2种。

500. 余甘子（图500）• *Phyllanthus emblica* Linn.

【别名】油甘（福建南部）。

【形态】落叶小乔木或灌木。最末小枝较细，被锈色短柔毛。叶互生，排成2列，宛如羽状复叶，近革质，线状长圆形，长 1～2.5cm，宽 3～8mm，顶端通常钝圆形，常具小尖头，基部通常浅心形，有时近圆形，边缘稍反卷，两面无毛，侧脉 6～8 对，两面均不明显；托叶细。花雌雄同株，通常数朵雄花和 1 朵雌花同生于叶腋内，雄花花萼 6 枚，质薄，雄蕊通常 3 枚，花丝合生呈柱状，长约 1mm，花盘腺体 6 枚，分离，与萼片互生；雌花花萼 6 枚，质稍厚，子房 3 室，花柱 3 枚，基部合生，顶端各 2 裂，花盘环状，边缘撕裂，包藏子房达 1/2 以上。果近球形，外果皮肉质，内果皮硬壳质，直径 1～2cm；种子表面具极细网纹。花期夏季，果期秋季。

图 500　余甘子　　　　　　　　摄影　李华东等

【生境与分布】生于山地疏林、灌丛、荒地或山沟向阳处。分布于江西、福建，另台湾、广东、海南、广西、四川、贵州、云南等省区均有分布；印度、斯里兰卡等国也有分布。

【药名与部位】余甘子，果实。紫荆皮（广东紫荆皮、余甘子树皮），树皮。

【采集加工】余甘子：冬季至次春果实成熟时采收，除去杂质，干燥。紫荆皮：全年均可采集，洗净切片，干燥。

【药材性状】余甘子：呈球形或扁球形，直径 1.2～2cm。表面棕褐色或墨绿色，有浅黄色颗粒状突起，具皱纹及不明显的 6 棱，果梗长约 1mm。外果皮厚 1～4mm，质硬而脆。内果皮黄白色，硬核样，表面略具 6 棱，背缝线的偏上部有数条筋脉纹，干后可裂成 6 瓣，种子 6 粒，近三棱形，棕色。气微，味酸涩，回甜。

紫荆皮：完整者呈半卷筒状，或槽状，大小、长短不一，厚 0.5～1cm；外表面紫褐色，有灰白色斑块，粗糙有纵裂纹或横裂纹，有些栓皮已脱落而露出暗棕色内皮；内表面暗棕色至紫棕色，光滑，有细纹。质坚硬而脆，不易折断，断面棕紫色，平坦，略呈颗粒状；气微，味涩。

【药材炮制】紫荆皮：除去杂质，洗净，闷润，晒干。

【化学成分】果实含酚酸类：诃尼酸（chebulinic acid）、鞣花酸（ellagic acid）、3-乙基没食子酸（3-ethoxygallic acid）、诃黎勒酸（chebulagic acid）、没食子酸（gallic acid）[1]，L-苹果酸-2-O-没食子酸酯（L-malic acid-2-O-gallate）、黏酸二甲酯-2-O-没食子酸酯（mucic acid dimethyl ester-2-O-gallate）、黏酸-6-甲基酯-2-O-没食子酸酯（mucic acid 6-methyl ester-2-O-gallate）、黏酸-1-甲基酯-2-O-没食子酸酯（mucic acid-1-methyl ester 2-O-gallate）、黏酸-2-O-没食子酸酯（mucic acid-2-O-gallate）、黏酸-1,4-内酯-2-O-没食子酸酯（mucic acid-1,4-lactone-2-O-gallate）、黏酸-1,4-内酯甲酯-2-O-没食子酸酯（mucic acid-1,4-lactone methyl ester-2-O-gallate）、黏酸-1,4-内酯-5-O-没食子酸酯（mucic acid-1,4-lactone-5-O-gallate）、黏酸-1,4-内酯甲酯-5-O-没食子酸酯（mucic acid-1,4-lactone methyl ester-5-O-gallate）、黏酸-1,4-内酯-5-O-没食子酸酯（mucic acid-1,4-lactone-5-O-gallate）、黏酸-1,4-内酯3,5-二-O-没食子酸酯（mucic acid-1,4-lactone 3,5-di-O-gallate）[2]和余甘子鞣酸素*A、B、C、D、E、F（phyllanemblinin A、B、C、D、E、F）等[3]；挥发油类：β-波旁烯（β-bourbonene）、二十四醇（tetracosanol）、二十四烷（tetmcosane）、丁香油酚（eugenol）和β-丁香烯（β-pcaryophyllene）等[4]。

叶和枝条含酚及酚酸类：2-(2-甲基丁酰)间苯三酚-1-O-(6-O-β-D-呋喃芹糖基)-β-D-吡喃葡萄糖苷[2-(2-methyl butyryl) phloroglucinol-1-O-(6-O-β-D-apiofuranosyl)-β-D-glucopyranoside][5]，没食子酸（gallic acid）和鞣花酸（ellagic acid）[6]；黄酮类：（S）-圣草酚-7-O-(6'-O-反式-对香豆酰基)-β-D-吡喃葡萄糖苷[（S）-eriodictyol-7-O-(6'-O-trans-p-coumamyl)-β-D-glucopyranoside]和（S）-圣草酚-7-O-(6'-D-没食子酰基)-β-D-吡喃葡萄糖苷[（S）-eriodictyol-7-O-(6'-D-galloyl)-β-D-glucopyranoside][5]；酚酸类：肉桂酸（cinnamic acid）[6]；其他尚含：5-羟甲基糠醛（5-hydroxymethylfural）[6]。

根含降没药烷类：余甘子酸（phyllaemblic acid）[7]；倍半萜类：余甘子酸B、C（phyllaemblic acid B、C）、余甘子素D（phyllaemblicin D）[8]和余甘子素A、B、C（phyuaemblicin A、B、C）[9]等。

【药理作用】1.抗氧化　果实超临界CO_2萃取精油具有较强的抗氧化活性，其清除1，1-二苯基-2-三硝基苯肼自由基（DPPH）的作用优于维生素C和合成抗氧化剂丁基羟基茴香醚（BHA），抑制亚油酸过氧化的能力优于维生素C[1]；果汁粉可降低高脂模型家兔血浆中的丙二醛（MDA）含量，显著提高血浆总抗氧化能力[2]。2.抗突变　果实水提液可明显降低氯化铯诱导小鼠的骨髓细胞染色体畸变，维生素C是其主要抗突变成分[3]。3.抗肿瘤　根60%丙酮提取物分离的花青素原聚合物、果汁或茎叶提取分离的6种酚类化合物以及根提取分离的2种降倍半萜化合物均具有显著的抗肿瘤作用，对人胃腺癌MK-1细胞、人子宫癌HeLa细胞和小鼠黑素瘤B16F10细胞的增殖均有较强的抑制作用[4]；果实水提取物可抑制人肝癌HepG2细胞和人肺癌A549细胞的生长，其抑制作用与阿霉素及顺铂有协同效应[5]。4.抗菌　果实70%乙醇提取物对金黄色葡萄球菌、大肠杆菌、枯草芽孢杆菌、变形杆菌和嗜热脂肪芽孢杆菌均有明显的抑制作用[6]。5.抗炎　果汁粉能显著抑制琼脂所致大鼠的足跖肿胀和二甲苯所致小鼠的耳壳肿胀，抑制羧甲基纤维素钠所致小鼠腹腔白细胞游走，抑制组胺所致小鼠毛细管通透性增强[7]。6.抗病毒　水提物对单纯疱疹Ⅱ型病毒所致地鼠的肾细胞株BHK和原代兔肾细胞的细胞病变均有抑制作用[8]。7.增强免疫　果实水提取物能明显增加小鼠血清溶血素含量、增强巨噬细胞吞噬功能、改善迟发型变态反应，促进T淋巴细胞增殖，提高自然杀损性（NK）细胞活性[9]。8.护肝　新鲜果实水提醇沉物可降低扑热息痛、硫代乙酰胺所致的急性肝损伤小鼠的血清谷丙转氨酶（ALT）、天冬氨酸氨基转移酶（AST）、碱性磷酸酶（ALD）水平及肝脏系数，并能增加肝糖原含量，改善肝脏组织病理损伤，减轻肝细胞变性、坏死[10]。9.降血脂　果汁浓缩粉能显著抑制高脂饮食模型家兔的血清总胆固醇（TC）、甘油三酯（TG）、低密度脂蛋白胆固醇（LDL-C）水平，升高高密度脂蛋白胆固醇（HDL-C）水平，并能减少主动脉壁和肝脏脂质沉积、动脉粥样硬化斑块面积及厚度[2, 11]。10.降血糖　果实乙酸乙酯提取物能降低由链脲佐菌素所致小鼠的高血糖，并抑制小鼠体重的降低[12]。

【性味与归经】余甘子：甘、酸、涩，凉。归肺、胃经。紫荆皮：甘、涩，微寒。归肺、大肠经。

【功能与主治】余甘子：清热凉血，消食健胃，生津止咳。用于血热血瘀，消化不良，腹胀，咳嗽，喉痛，口干。紫荆皮：清热利湿，祛风止痒。用于水湿泄泻；外用治皮肤瘙痒，湿疹。

【用法与用量】 余甘子：3 ～ 9g，多入丸散服。紫荆皮：4.5 ～ 9g，水煎服；外用研末敷患处。

【药用标准】 余甘子：药典 1977—2015、广东药材 2004、广西壮药 2008、内蒙古蒙药 1986、云南药品 1974、藏药 1979 和香港药材五册。紫荆皮：北京药材 1998、广东药材 2004 和云南傣药 2005 三册。

【临床参考】 1.反流性喉炎：果实 20g（去核、捣碎），加桔梗 10g、玄参 10g、金银花 15g、甘草 10g、陈皮 10g，加水 500ml 用武火煮开后，再用文火熬制 30min，过滤得药汤，加入蜂蜜和捣碎的余甘子，含服，每日 1 剂，1 日 3 次，配合耳穴贴敷[1]。

2.乙型肝炎：余甘冲剂（果实经加工提纯制成，每包 15g）冲服，每次 1 ～ 2 包，每日 3 次，饭后服[2]。

3.乌发：果实，煎汤，加适量指甲花汁洗发[3]。

4.久泻：果实适量，浸泡于水中使其软化后，研末，与适量食盐调配制成胡豆大小丸剂，每次口服 2 丸，每日 2 次[3]。

5.鼻血：果实研成粗粉，用车前汁制成敷剂，敷于额头[3]。

6.糖尿病、高血脂：果汁 30ml，每日 3 次[4]。

7.感冒发热、咳嗽：果实 10 ～ 30 个，水煎服。（广州部队《常用中草药手册》）

8.白喉：果实 21 个，先煮猪心、肺，去浮沫后加果实煮熟，连汤服。（《昆明民间常用草药》）

9.肠炎腹泻：根 15 ～ 24g，水煎服。（广州部队《常用中草药手册》）

10.高血压：鲜叶适量，水煎，代茶冲冰糖服。（《福建中草药》）

【附注】 以庵摩勒之名始载于《新修本草》，云：“庵摩勒生岭南交、广、爱等州。树叶细似合欢，花黄，子似李、柰，青黄色，核圆，作六七棱，其中仁亦入药用。”《本草图经》载：“今二广诸郡及西川蛮界山谷中皆有之。木高一二丈，枝条甚软，叶青细密，朝开暮敛如夜合，而叶微小，春生冬凋，三月有花，著条而生如粟粒，微黄，随即结实作荚，每条三两子，至冬而熟，如李子状，青白色，连核作五六瓣，干即并核皆裂。其俗亦作果子啖之，初觉味苦，良久便甘，故以名也。”《云南记》云：“泸水南岸有馀甘子树，子如弹丸许，色微黄，味酸苦，核有五棱。其树枝如柘枝，叶如小夜合叶。”即为本种。

脾胃虚寒者慎服。

本种根、叶及花民间也作药用。

【化学参考文献】

［1］张兰珍，赵文华，郭亚健，等.藏药余甘子化学成分研究［J］.中国中药杂志，2003，28（10）：940-943.

［2］Zhang Y J，Tanaka T，Yang C R，et al. New phenolic constituents from the fruit juice of *Phyllanthus emblica*［J］. Chem Pharm Bull，2001，49（5）：537-540.

［3］Zhang Y J，Abe T，Tranaka T，et al. Phyuanemblinins A-F，new ellgitannins from *Phyllanthus emblica*［J］. J Nat Prod，2001，64：1527-1532.

［4］王辉.余甘子的化学成分和药理作用研究进展［J］.中国现代中药，2011，13（11）：52-56.

［5］Zhang Y J，Abe T，Tranaka T，et al. Two new acylated flavanone glycosides from the leaves and branches of *Phyllanthus emblica*［J］. Chem Pharm Bull，2002，50（6）：841-843.

［6］Luo W，Zhao M M，Yang B，et al. Identification of bioactive compounds in *Phyllanthus emblica* L. fruit and their free radical scavenging activities［J］. Food Chem，2009，114：499-504.

［7］Zhallg Y J，Tanaka T，IwaInoto Y，et al. Phyllaemblic acid，a novel highly oxygenated norbisabolane from the roots of *Phyllanthus emblica*［J］. Tetrahedron Lett，2000，41：1781-1784.

［8］Zhang Y J，Tanaka T，Iwamoto Y，et al. Novel sesquiterpenoids from the roots of *Phyllanthus emblica*［J］. J Nat Prod，2001，64：870-873.

［9］Zhang Y J，Thanaka T，lwamoto Y，et al. Novel norsesquiterpenoids from the root of *Phyllanthus emblica*［J］. J Nat Prod，2000，63：1507-1510.

【药理参考文献】

［1］Liu X L，Zhao M M，Cui C，et al.A study of the composition of essential oils from emblica（*Phyllanthus emblica* L.）fruit by supercritical fluid extraction and their antioxidant activity［J］.Journal of Southw est University（Natural Science

Edition）, 2007, 29（5）: 122-127.

［2］王绿娅, 王大全, 秦彦文, 等. 余甘子抗脂质过氧化和保护血管内皮的实验研究［J］. 中国药学杂志, 2003, 38（10）: 505-506.

［3］Ghosh A, Sharma A, Talukder G. Relative protection given by extract of *Phyllanthus emblica* fruit and equivalent amount of vitamin C against a known clastogen-caesium chloride［J］. Food and Chemical Toxicology, 1992, 30（10）: 865-869.

［4］Zhang Y J, Nagao T, Tanaka T, et al. Antiproliferative activity of the main constituents from *Phyllanthus emblica*［J］. Biological & Pharmaceutical Bulletin, 2004, 27（2）: 251-255.

［5］Pinmai K, Chunlaratthanabhom S, Ngamkitidechakul C, et al. Synergistic growth inhibitory effects of *Phyllanthus emblica* and *Terminalia bellerica* extracts with conventional cytotoxic agents: Doxorubicin and cisplatin against human［J］. World Journal of Gastroenterology, 2008, 14（10）: 1491-1497.

［6］唐春红, 陈岗, 陈冬梅, 等. 余甘子果实粗提物的抑菌活性研究［J］. 食品科学, 2009, 30（7）: 106-109.

［7］高鹰, 李存仁. 余甘子的抗炎作用与毒性的实验研究［J］. 云南中医中药杂志, 1996, 17（2）: 47-50.

［8］郭卫真, 邓学龙, 董伯振, 等. 叶下珠属植物体外抗单纯疱疹病毒Ⅱ型的作用［J］. 广州中医药大学学报, 2000, 17（1）: 54-57.

［9］崔炳权, 何震宇, 杨泽民, 等. 余甘子提取物对小鼠免疫功能的影响［J］. 时珍国医国药, 2010, 21（8）: 1920-1922.

［10］李萍, 林启云, 谢金鲜, 等. 余甘子护肝作用的实验研究［J］. 中医药学刊, 2003, 9（21）: 1589-1593.

［11］王绿娅, 王大全, 潘晓冬, 等. 余甘子减少高脂血症对兔动脉壁损伤作用的实验研究［J］. 中国中西医结合杂志, 2004, 24（S1）: 12-15.

［12］康文娟, 张广梅, 赵协慧, 等. 不同溶剂余甘子提取物的降血糖作用研究［J］. 安徽农业科学, 2011, 39（30）: 18545-18547.

【临床参考文献】

［1］彭卓嵛, 张晶晶. 耳穴贴敷联合玄桔余甘方治疗反流性喉炎40例［J］. 江西中医药, 2015, 46（8）: 47-49.

［2］陈章荣. 余甘冲剂治疗乙型肝炎30例疗效观察［J］. 福建中医药, 1985, 16（1）: 32.

［3］茹克娅·胡加阿不都拉, 帕提古力·雅克甫, 希尔艾力·吐尔逊, 等. 余甘子的维吾尔医应用及研究进展［J］. 中国民族医药杂志, 2011, 17（12）: 61-63.

［4］蔡敦保, 陈一农, 黄松春, 等. 余甘果治疗糖尿病高血脂临床观察［J］. 福建医药杂志, 1994, 16（4）: 41-42.

501. 叶下珠（图501）· *Phyllanthus urinaria* Linn.

【别名】阴阳草、假油树。

【形态】一年生草本, 高10～35（～55）cm。茎通常直立, 具细纵棱, 无毛或近无毛。叶互生, 排成2列, 薄纸质, 长圆形至倒卵状长圆形, 长5～15mm, 宽2～6mm, 顶端骤尖, 或钝而具锐尖头, 基部近圆钝而稍偏斜, 全缘, 上面绿色, 下面近灰色, 侧脉略明显; 叶柄短, 长约1mm: 托叶小。花雌雄同株; 雄花2～3朵簇生于叶腋, 花萼6枚, 稀5枚或4枚, 质薄, 近透明, 腺体花盘6枚, 分离, 与萼片互生, 雄蕊3枚, 花丝合生; 雌花单朵生于叶腋, 花萼6枚, 稀5枚, 质薄, 近透明, 花盘圆盆状, 子房3室, 花柱3枚, 分离, 极短小, 顶端各2浅裂。蒴果, 圆球形, 表面具瘤状体凸起, 直径1～2mm, 具宿存萼片及花柱: 种子三棱形, 长约1mm, 具极明显横沟纹。花果期夏季至冬季。

【生境与分布】生于田野草地、山坡路旁或林下。分布于华东各省市, 另华南、西南及西北均有分布; 日本、中南半岛及印度也有分布。

叶下珠与余甘子的区别点: 叶下珠是草本植物; 果实小, 果实表面具瘤状突起。余甘子是小乔木或灌木; 果实大, 外果皮肉质。

【药名与部位】叶下珠, 全草。

图 501 叶下珠　　　　　　　　　　摄影 李华东等

【采集加工】夏、秋二季采收，除去杂质，晒干。

【药材性状】主根灰棕色，须根多数。茎直径 2～3mm，老茎多呈灰褐色，有纵皱纹；嫩茎及分枝多呈灰绿色，有纵皱纹及 3 条狭翅状的脊线。托叶膜质，披针形，叶片长圆形，长 7～18mm，先端钝或具小尖头，基部常偏斜，全缘，叶缘常具毛，易脱落。花小，几无梗，生于叶腋，萼片 6 枚，无花瓣。蒴果扁球形，直径 2～2.5mm，黄棕色或淡棕褐色，表面散生鳞状凸起，成熟时 6 纵裂，无梗。种子淡褐色，三角状卵形，长约 1mm，表面有横纹。气微，味微苦。

【药材炮制】除去杂质，洗净，切段，干燥。

【化学成分】全草含木脂素类：5- 去甲氧基珠子草素（5-demethoxyniranthin）、叶下珠四氢萘（urinatetralin）、（8S, 8$'S$）-3, 4- 二甲氧基 -3', 4'- 亚甲基二氧木脂素 -9, 9'- 内酯［（8S, 8$'S$）-3, 4-dimethoxy-3', 4'-methylenedioxylignan-9, 9'-olide］，即右旋裂榄莲叶桐素（dextrobursehernin）、叶下珠大脂素（urinaligran）、叶下珠脂素（phyllanthin）、珠子草素（niranthin）、叶下珠新素（phyltetralin）、叶下珠次素（hypophyllanthin）、珠子草次素（nirtetralin）、珠子草四氢萘林（lintetralin）、异珠子草四氢萘林（isolintetralin）、天芥牛眼菊内酯（heliobuphthalmin lactone）和黄珠子草素（virgatusin）[1]；鞣质类：路边青鞣质 D（gemin D）、老鹳草素（geraniin）、1, 3, 4, 6- 四 -O- 没食子酰基 -β-D- 葡萄糖（1, 3, 4, 6-tetra-O-galloyl-β-D-glucose）[2]，柯里拉京（corilagin）[3] 和叶下珠素 U（phyllanthusiin U）[4]；酚酸类：短叶苏木酚酸乙酯（ethyl brevifolincarboxylate）、短叶苏木酚（brevifolin）、原儿茶酸（protocatechuic acid）、没食子酸（gallic acid）、鞣花酸（ellagic acid）[3]，3, 3', 4- 三甲氧基鞣花酸（3, 3', 4-trimethoxyl ellagic acid）、阿魏酸（ferulic acid）[5]，短叶苏木酚酸甲酯（methyl brevifolincarboxylate）、去氢诃子次酸三甲酯（trimethyl dehydrochebulate）[6]，去氢诃子次酸甲酯（methyl dehydrochebulate）[7]，咖啡酸（caffeic acid）、没食子酸乙酯（ethyl gallate）、没食子酸甲酯（methyl gallate）、4- 乙氧基苯甲酸（4-ethoxybenzoic acid）、邻苯二甲酸二异丁酯（diisobutyl phthalate）、邻苯

二甲酸二丁酯（dibutyl phthalate）[8]、绿原酸（chlorogenic acid）和 4- 乙氧基没食子酸（4-ethoxygallic acid）[9]；皂苷类：28- 去甲羽扇 -20（29）- 烯 -3, 17β- 二醇［28-norlup-20（29）-ene-3, 17β-diol］、白桦脂醇（betulin）、β- 白桦脂酸（β-betulinic acid）、3- 氧化 - 木栓烷 -28- 羧酸（3-oxo-friedelan-28-oic acid）、齐墩果酸（oleanolic acid）、3R-E- 香豆酰蒲公英赛醇（3R-E-coumaroyl taraxerol）、3R-Z- 香豆酰蒲公英赛醇（3R-Z-coumaroyl taraxerol）[10]和羽扇豆醇（lupeol）[11]；甾体类：胡萝卜苷（daucosterol）[5]、β- 谷甾醇（β-sitosterol）[6]、豆甾醇（stigmasterol）和豆甾醇 -3-O-β-D- 葡萄糖苷（stigmasterol-3-O-β-D-glucoside）[11]；黄酮类：山奈酚（kaempferol）[6]、异泽兰黄素（eupatilin）[9]、槲皮素（quercetin）、芦丁（rutin）[12]、槲皮素 -3-（4″-O- 乙酰基）-O-α-L- 吡喃鼠李糖 -7-O-α-L- 吡喃鼠李糖苷［quercetin-3-（4″-O-acetyl）-O-α-L-rhamnopyranoside-7-O-α-L-rhamnopyranoside］、槲皮素 -7-O-α-L- 鼠李糖苷（quercetin-7-O-α-L-rhamnoside）、槲皮素 -3-O-α-L- 鼠李糖苷（quercetin-3-O-α-L-rhamnoside）、槲皮素 -3-O-β-D- 吡喃葡萄糖苷（quercetin-3-O-β-D-glucopyranoside）、山奈酚 -3-O-α-L- 鼠李糖苷（kaempferol-3-O-α-L-rhamnoside）、木犀草素（luteolin）、木犀草素 -7-O-β-D- 葡萄糖苷（luteolin-7-O-β-D-glucoside）、蒙花苷（buddleoside）、山奈酚 -3-O-β-D- 芸香糖苷（kaempferol-3-O-β-D-rutinoside）、柚皮苷（naringin）和橙皮苷（hesperidin）[13]；烷烃类：正十八烷（n-octadecane）[6]；脂肪酸类：正三十二烷酸（n-dotriacontanoic acid）[11]；低碳羧酸类：丁二酸（succinic acid）[11]；脂肪醇类：正三十烷醇（n-triacontanol）[11]；多糖类：叶下珠多糖 I、II、III、IV（pulp I、II、III、IV）[14]。

地上部分含黄酮类：槲皮素 3-O-α-L-（2, 4- 二 -O- 乙酰基）吡喃鼠李糖 -7-O-α-L- 吡喃鼠李糖苷［quercetin 3-O-α-L-（2, 4-di-O-acetyl）rhamnopyranoside-7-O-α-L-rhamnopyranoside］、槲皮素 -3-O-α-L-（3, 4- 二 -O- 乙酰基）吡喃鼠李糖 -7-O-α-L- 吡喃鼠李糖苷［quercetin- 3-O-α-L-（3, 4-di-O-acetyl）rhamnopyranoside-7-O-α-L-rhamnopyranoside］、槲皮素（quercetin）和槲皮素 -3-O-α-L- 吡喃鼠李糖苷（quercetin-3-O-α-L-rhamnopyranoside）[15]。

叶含黄酮类：叶下珠黄酮 *（urinariaflavone）、黄芪苷（astragalin）和槲皮素 -3- 芸香糖苷（quercetin-3-rutinoside）[16]；木脂素类：叶下珠次素（hypophyllanthin）、天芥牛眼菊内酯 *（heliobuphthalmin lactone）、新珠子草次素 *（neonirtetralin）和珠子草素（niranthin）[16]；萜类：菊苷 B, 即菊属苷 B（dendranthemoside B）[16]。

【药理作用】1. 抗病毒　全草醇提物能明显降低乙肝病毒（HBV）感染小鼠血清中的乙肝表面抗原（HBs Ag）、乙肝 e 抗原（HBe Ag）含量和乙肝病毒 -DNA 水平，明显抑制急性乙肝病毒感染模型小鼠乙肝病毒的复制与表达，具有直接抗病毒的作用[1]；叶下珠水提物在地鼠肾细胞（BHK）和原代兔肾细胞培养中均显示对单纯疱疹病毒 II 型有明显的抑制作用[2]。2. 抗肿瘤　血清经叶下珠处理能抑制人肝癌细胞的生长，预防原发性肝癌发生的作用，能明显抑制克隆形成，减少甲胎球蛋白（AFP）和 γ- 谷氨酰转肽酶（γ-GT）的合成和分泌，促进白蛋白（ALB）的合成和分泌，诱导细胞形态向正常方向分化，且呈一定的浓度 - 时间依赖关系[3]，经叶下珠提取物处理后，人肝癌 SMMC 7721 细胞的增殖能力明显减弱，氚标胸腺嘧啶核苷（^{3}H-TdR）掺入率明显降低，DNA 合成抑制率与药物剂量呈线性关系[4]。3. 抗菌　全草甲醇提取物、乙醇提取物和丙酮提取物对痢疾志贺氏菌、金黄色葡萄球菌和伤寒沙门氏菌的生长均具有较强的抑制作用，其抑菌率均不低于 60%[5]。4. 抗血栓　叶下珠醇提物可明显减少高血脂症模型小鼠的活化血小板比率、单核细胞 - 血小板聚集率和中性粒细胞血小板聚集率[6]。5. 免疫调节　全草提取的成分能有效抑制脂多糖所致小鼠脾细胞肿瘤坏死因子 -α（TNF-α）的过度释放，使免疫系统恢复平衡状态，发挥免疫系统对病毒的清除作用[7]。6. 护肝　全草乙醇提取物及其乙酸乙酯提取物对四氯化碳损伤的肝细胞有明显的保护作用，经叶下珠提取物预先处理过的细胞，其天冬氨酸氨基转移酶（AST）活性、谷丙转氨酶（ALT）活性、丙二醛（MDA）含量明显低于因四氯化碳损伤后的细胞，且对细胞的保护作用呈一定剂量依赖关系[8]。7. 抗氧化　全草醇提取物具有较明显的超氧自由基（$O_2 \cdot$）清除作用，对脂质过氧化和自由基诱导红细胞氧化损伤有抑制作用[9]。8. 抗炎镇痛　全草甲醇提取物可明显减轻二甲苯所致小鼠的耳廓肿胀，明显抑制小鼠腹腔毛细血管通透性增加，明显减少冰醋酸所致小鼠的扭体次数，可明显减轻福尔马林所致第 I 时相的疼痛强度，在较高剂量时对第 II 时相的疼痛也有明显的减轻作用[10]。

【性味与归经】甘、苦，凉。归肝、肺经。

【功能与主治】清热，利湿解毒。用于治疗肝胆湿热证。

【用法与用量】30 ～ 45g。

【药用标准】浙江炮规 2015、福建药材 2006、湖南药材 2009、湖北药材 2009、云南药材 2005 一册、海南药材 2011 和广西药材 1990。

【临床参考】1. 慢性乙型肝炎：叶下珠片（每片含生药 0.3g）口服，每次 6 片，每日 3 次，3 个月为 1 疗程[1]。

2. 乙肝肝纤维化：全草 30g，加山豆根 12g、白花蛇舌草 30g、丹参 30g、柴胡 10g、郁金 12g、延胡索 15g、炮甲片 12g、当归 15g、生黄芪 15g、鳖甲 12g、生甘草 9g，水煎服，每日 1 剂，分上、下午服，3 个月为 1 疗程，连服 2 疗程[2]。

【附注】以真珠草之名始载于《本草纲目拾遗》，云："此草叶背有小珠，昼开夜闭，高三四寸，生人家墙脚下，处处有之。"又云："癸亥予寓西溪看地，见山野间道旁有小草，叶如槐而狭小，叶背生小珠，如凤仙子大，累累直缀，经霜辄红，询土人皆不识，偶归阅指南始悟此真珠草也，薄暮取视，其叶果闭。"《植物名实图考》云："叶下珠，江西、湖南砌下墙阴多有之。高四五寸，宛如初出夜合树芽，叶亦昼开夜合。叶下顺茎结子如粟，生黄熟紫。俚医云性凉，能除瘴气。"根据上述植物形态、产地、疗效记叙，即为本种。

【化学参考文献】

［1］Chang C C，Lien Y C，Liu K C，et al. Lignans from *Phyllanthus urinaria*［J］. Phytochemistry，2003，63（7）：825-833.

［2］Yang C M，Cheng H Y，Lin T C，et al. The *in vitro* activity of geraniin and 1，3，4，6-tetra-*O*-galloyl-beta-D-glucose isolated from *Phyllanthus urinaria* against herpes simplex virus type 1 and type 2 infection［J］. J Ethnopharmacol，2007，110（3）：555-558.

［3］沙东旭，刘英华，王龙顺，等. 叶下珠化学成分的研究［J］. 沈阳药科大学学报，2000，17（3）：176-178.

［4］陈玉武，任丽娟，李克明，等. 叶下珠中新多酚化合物的分离与鉴定［J］. 药学学报，1999，34（7）：526-529.

［5］万振先，周国平，易扬华. 叶下珠化学成分的研究［J］. 中草药，1994，25（9）：455-456，492，502.

［6］姚庆强，左春旭. 叶下珠化学成分的研究［J］. 药学学报，1993，28（11）：829-835.

［7］仲英，左春旭，李风琴，等. 叶下珠化学成分及其抗乙肝病毒活性的研究［J］. 中国中药杂志，1998，23（6）：363-364.

［8］杨孟妮，张慧，刘娟，等. 叶下珠化学成分研究［J］. 中草药，2016，47（20）：3573-3577.

［9］祖鲁宁，杨帆，李大同，等. 叶下珠化学成分研究［J］. 药学实践杂志，2014，32（1）：53-55.

［10］Xie S S，Hu Z X，Wu Z D，et al. Triterpenoids from whole plants of *Phyllanthus urinaria*［J］. Chin Herb Med，2017，9（2）：193-196.

［11］李瑞声，王三永. 叶下珠化学成分的研究［J］. 中草药，1995，26（5）：231-232.

［12］万振先，喻庆禄，易扬华. 叶下珠化学成分的研究（Ⅱ）［J］. 中草药，1997，28（3）：134-135.

［13］魏春山，吴春，胡辰，等. 叶下珠中黄酮类化学成分及其生物活性［J］. 天然产物研究与开发，2017，29（12）：2056-2062.

［14］张丽丽. 叶下珠多糖的提取分离及分子结构与生物活性初步研究［D］. 福州：福建农林大学硕士学位论文，2012.

［15］Wu C，Wei C S，Yu S F，et al. Two new acetylated flavonoid glycosides from *Phyllanthus urinaria*［J］. J Asian Nat Prod Res，2013，15（7）：703-707.

［16］Thanh N V，Huong P T T，Nam N H，et al. A new flavone sulfonic acid from *Phyllanthus urinaria*［J］. Phytochem Lett，2014，7（2）：182-185.

【药理参考文献】

[1] 吴莹，雷宇，王媛媛，等．叶下珠提取物对急性乙型肝炎小鼠乙型肝炎病毒复制及其抗原表达的影响［J］.中国中医药信息杂志，2014，21（12）：51-54.

[2] 郭卫真，邓学龙，董伯振，等．叶下珠属植物体外抗单纯疱疹病毒Ⅱ型的作用［J］.广州中医药大学学报，2000，17（01）：54-57.

[3] 张建军，黄育华，晏雪生，等．叶下珠药物血清对人肝癌细胞株的诱导分化作用的实验研究［J］.中国中医药科技，2002，9（5）：289-291.

[4] 王昌俊，袁德培，陈伟，等．叶下珠对人肝癌细胞的影响［J］.时珍国药研究，1997，8（6）：22-23.

[5] 邓志勇．叶下珠提取物的抑菌活性研究［J］.湖北农业科学，2013，52（12）：2812-2814.

[6] 朱艳芳，黄海定，朱伟．叶下珠提取物对高血脂症小鼠血小板功能的影响［J］.中成药，2012，34（6）：1029-1033.

[7] 曾伟成，黄颖，黄恺飞．叶下珠成分对脂多糖诱导小鼠脾细胞产生 TNF-α、IFN-γ 的影响［C］.中国细胞生物学学会2013年全国学术大会，2013：49-50.

[8] 李兰岚，范适，饶力群，等．叶下珠提取物对体外四氯化碳损伤肝细胞的保护作用［J］.中国组织工程研究与临床康复，2007，11（25）：4909-4912.

[9] 李乔丽，戴建辉，高云涛．傣族药叶下珠提取物抗氧化活性研究［J］.中国医药指南，2011，9（16）：67-68.

[10] 戴卫波，吴凤荣，肖文娟，等．叶下珠甲醇提取物抗炎镇痛及体外抑菌作用研究［J］.中华中医药学刊，2016，34（4）：978-981.

【临床参考文献】

[1] 程延安，王顺达，党双锁，等．叶下珠抗病毒治疗慢性乙型肝炎140例疗效分析［J］.中西医结合肝病杂志，2009，19（4）：195-197.

[2] 黄远媛．叶下珠汤治疗乙肝肝纤维化50例临床观察［J］.中国中医药信息杂志，2003，10（9）：55-56.

3. 算盘子属 *Glochidion* J.R. et G. Forst.

灌木或小乔木。单叶，全缘，互生，有时排成2列，具短柄；托叶小，宿存。花雌雄同株，稀异株，组成簇生或短小聚伞花序，雌花通常位于雄花簇之上着生于小枝上部，或雌雄花簇分别生于叶腋内；无花瓣，花盘通常缺如；雄花梗纤细，花萼常6枚，覆瓦状排列，雄蕊3～8枚；花丝及花药全部合生呈柱状；雌花梗常粗短或无梗，花萼通常6枚，稀4枚或5枚，子房圆球形，3～5室，胚珠每室2粒，花柱合生。蒴果扁球形至球形，直径达1.5cm以上，室背开裂。花柱通常宿存，种子红色，胚乳肉质，子叶扁平。

约280种，主要分布于亚洲热带地区，美洲热带地区约有10种，澳大利亚、非洲东部也有少数种类。中国25种，分布于西南部，东至台湾省，法定药用植物2种。华东地区法定药用植物1种。

502. 算盘子（图502）• *Glochidion puberum*（Linn.）Hutch.

【别名】馒头果（上海、浙江、江苏南京），算盘珠子（江苏南通），小孩拳（江苏连云港），野北瓜（江西南昌）。

【形态】落叶直立灌木，多分枝，高1～3m。小枝被灰白色细柔毛。叶长圆形至狭长圆形，有时近椭圆形，长3～9cm，宽1.2～35cm，顶端钝至急尖，常具小尖头，基部楔形至钝形，上面除中脉外常无毛，下面密被柔毛，侧脉5～8对，下面明显；叶柄短，长1～2mm，被柔毛；托叶长1～2mm，被柔毛。花数朵簇生于叶腋；雄花梗细，长4～10mm，通常被柔毛，花萼6枚，质较厚，长圆形至狭长圆形，长2～3mm，通常被疏柔毛，雄蕊3枚；雌花梗长1～3mm，密被柔毛，花萼6枚，两面均被毛，子房8～10（～12）室，密被绒毛，花柱合生呈环状，与子房近等长。蒴果扁球形，顶基压扁，直径8～12mm，常具8～12条浅沟，被柔毛，通常红褐色。种子红色。花期夏季至秋季，果期秋季至冬季。

图 502 算盘子 摄影 赵维良等

【生境与分布】生于山地及路旁灌丛，是酸性土壤的指示植物。分布于华东各省市，另广东、广西、湖南、湖北、云南、贵州和西藏等省区也有分布。

【药名与部位】算盘子根，根。算盘子，全株。

【采集加工】算盘子根：秋季采集，除去泥土，洗净，晒干。算盘子：全年均可采收，洗净，晒干。

【药材性状】算盘子根：呈圆柱形，表面棕褐色，栓皮粗糙，极易剥落，有细纵纹和横裂。质坚硬，不易折断，断面浅棕色。气微，味苦。

算盘子：根呈圆锥形，略弯曲，有分枝，表面浅灰色至棕褐色，栓皮易脱；质硬，难折断；断面浅棕色或灰棕色。茎呈圆柱形，嫩枝表面暗棕色，密被微茸毛；老枝浅灰色或灰棕色，有纵皱纹，栓皮易脱落。质坚硬；断面黄白色。叶多卷曲，展平呈长圆形或长圆状披针形，全缘，叶背密被短茸毛。气微，味微苦涩。

【药材炮制】算盘子根：除去杂质，洗净，略泡，润透，切薄片，干燥。

算盘子：除去杂质，洗净，切片，干燥。

【化学成分】地上部分含木脂素类：算盘子宁 A（glochinin A）[1] 和丁香脂素（syringaresinol）[2]；倍半萜类：红算盘子素 D（glochicoccin D）和余甘子酸（phyllaemblic acid）[1]；三萜皂苷类：算盘子萜

苷 A、B、C、D、E（puberoside A、B、C、D、E）[3, 4]；黄酮类：牡荆素（vitexin）[2]；酚酸类：4-O-乙基没食子酸（4-O-ethyl gallic acid）和没食子酸（gallic acid）[4]；甾体类：胡萝卜苷（daucosterol）和 β-谷甾醇（β-sitosterol）[2]；烯烃苷类：β-D- 吡喃半乳糖 -（3 → 3）-O-β-D- 吡喃半乳糖［β-D-galactopyranosyl-（3 → 3）-O-β-D-galactopyranose］、（Z）-3- 己烯 -D- 吡喃葡萄糖苷［（Z）-3-hexenyl-D-glucopyranoside］和（E）-2- 己烯 -D- 吡喃葡萄糖苷［（E）-2-hexenyl-D-glucopyranoside］[2]。

枝和枝叶含倍半萜类：算盘子素 A（glochipuberin A）和红算盘子素 A（glochicoccin A）[5]；皂苷类：3-O-（E）- 香豆酰齐墩果酸［3-O-（E）-coumaroyloleanolic acid］、3β-E- 咖啡酰齐墩果酸（3β-E-caffeoyl oleanolic acid）、3β-E- 阿魏酰齐墩果酸（3β-E-feruloyl oleanolic acid）、齐墩果酸（oleanolic acid）、山楂酸（maslinic acid）、β- 香树脂醇（β-amyrin）、羽扇 -20（29）- 烯 -3α, 23- 二醇［lup-20（29）-en-3α, 23-diol］、Δ¹- 羽扇烯酮（Δ¹-lupenone）、算盘子酮醇（glochidonol）、算盘子二醇（glochidiol）和羽扇 -20（29）- 烯 -1β, 3β- 二醇［lup-20（29）-en-1β, 3β-diol］[5]；木脂素类：（+）-松脂醇［（+）-pinoresinol］、四氢 -l, 4- 双（4- 羟基 -3, 5- 二甲氧基苯基）呋喃并［3, 4-c］呋喃 {tetrahydro-l, 4-bis（4-hydroxy-3, 5-dimethoxyphenyl）furo［3, 4-c］furan}、异落叶松树脂醇（isolariciresinol）、（+）-落叶松树脂醇［（+）-lariciresinol］、（-）- 开环异落叶松树脂醇［（-）-secoisolariciresinol］和开环异落叶松树脂醇 -9, 9'- 缩丙酮（secoisolariciresinol-9, 9'-acetonide）[5]；黄酮类：5, 7, 3', 5'- 四羟基黄烷酮（5, 7, 3', 5'-tetrahydroxyflavanone）、草大戟素（steppogenin）、槲皮素（quercetin）、花旗松素（taxifolin）、二氢桑色素（dihydromorin）和（+）- 儿茶素［（+）-catechin］[5]；酚酸及酯类：没食子酸乙酯（ethyl gallate）、3- 甲氧基 -4- 羟基苯甲酸（3-methoxy-4-hydroxybenzoic acid）、3, 4- 二羟基苯甲酸（3, 4-dihydroxybenzoic acid）和没食子酸（gallic acid）[5]；甾体类：3β- 羟基豆甾 -5- 烯 -7-酮（3β-hydroxystigmast-5-en-7-one）、3β- 羟基豆甾 -5, 22- 二烯 -7- 酮（3β-hydroxystigmast-5, 22-dien-7-one）、（20R）-6β- 羟基 -24- 乙基胆甾 -4- 烯 -3- 酮［（20R）-6β-hydroxy-24-ethylcholest-4-en-3-one］、（20R）-22E-6β- 羟基 -24- 乙基胆甾 -4, 22- 二烯 -3- 酮［（20R）-22E-6β-hydroxy-24-ethylcholesta-4, 22-dien-3-one］[5]，7- 氧 -β- 胡萝卜苷（7-oxo-β-daucosterol）、β- 谷甾醇（β-sitosterol）和胡萝卜苷（daucosterol）[6]。

【药理作用】1. 抗溃疡性结肠炎　地上部分的水煎液可明显降低溃疡性结肠炎（UC）大鼠巨噬细胞中的肿瘤坏死因子 -α（TNF-α）和白细胞介素 -6（IL-6）的水平[1]。2. 抗炎镇痛　根 80% 乙醇提取液能明显抑制角叉菜胶所致大鼠的足跖肿胀，能明显提高热刺激所致小鼠的痛阈值[2]。3. 抗菌　醇提物对金黄色葡萄球菌和耐甲氧西林金黄色葡萄球菌的生长均具有明显的抑制作用[3]；叶水煎液对志贺氏痢疾杆菌的生长具有较好的抑制作用[4]。

【性味与归经】算盘子根：微苦，平。归肝、肾、肺经。算盘子：微苦、微涩，凉。归肺、肝、胃、大肠经。

【功能与主治】算盘子根：清热利湿，活血解毒。用于治疗痢疾，疟疾，黄疸，白浊，劳伤咳嗽，风湿痹痛，崩漏，带下，喉痛，痈肿，跌打损伤。算盘子：清热利湿，消肿解毒。用于痢疾，黄疸，疟疾，腹泻，感冒发热口渴，咽喉炎，淋巴结炎，白带，闭经，脱肛，大便下血，睾丸炎，瘰疬，跌打肿痛，蜈蚣咬伤，疮疖肿痛，外痔。

【用法与用量】算盘子根：1.5 ～ 6g。算盘子：9 ～ 15g。

【药用标准】算盘子根：湖北药材 2009；算盘子：广西瑶药 2014 一卷。

【临床参考】1. 急性肠炎、中毒性消化不良：根 1000g，加鸡内金 250g、地茄 1000g、黄荆子 500g、紫珠 750g，加水煎至 1000ml，每次服 20 ～ 30ml，每日 3 ～ 4 次。

2. 跌打损伤：根 30 ～ 60g，水煎，黄酒冲服；另取鲜叶捣烂敷患处。（1 方、2 方引自《浙江药用植物志》）

3. 久咳不止：根 250g，炖猪蹄吃，早晚各 1 次。（《贵州民间药物》）

【附注】算盘子始载于《植物名实图考》山草类，云："野南瓜，一名算盘子，一名柿子椒，抚、建、赣南、长沙山坡皆有之。高尺余，叶附茎，对生如槐、檀。叶微厚硬，茎下开四出小黄花，结实如南瓜，形小于凫茈。秋后迸裂，子缀壳上如丹珠。土人取茎及根治痢疾。"并附野南瓜图。即为本种。

本种的果实、叶及茎民间也作药用。

本种的根及叶孕妇禁服。

【化学参考文献】

［1］Liu M，Xiao H T，He H P，et al. A novel lignanoid and norbisabolane sesquiterpenoids from *Glochidion puberum*［J］. Chem Nat Compd，2008，44（5）：588-590.

［2］张桢，刘光明，任艳丽，等. 算盘子的化学成分研究［J］. 天然产物研究与开发，2008，20（3）：447-449.

［3］Zhang Z，Gao Z L，Fang X，et al. Two new triterpenoid saponins from *Glochidion puberum*［J］. J Asian Nat Prod Res，2008，10（11）：1029-1034.

［4］Zhang Z，Fang X，Wang Y H，et al. Puberosides C-E，triterpenoid saponins from *Glochidion puberum*［J］. J Asian Nat Prod Res，2011，13（9）：838-844.

［5］张来宾. 车桑子和三种大戟科药用植物的化学成分及生物活性研究［D］. 上海：复旦大学博士学位论文，2012.

［6］肖怀，张桢，何文姬. 药用植物算盘子化学成分的初步研究［J］. 大理学院学报，2009，8（10）：1-2.

【药理参考文献】

［1］丁水平，丁水生，李涵志. 算盘子对溃疡性结肠炎大鼠细胞因子的影响［J］. 医药导报，2002，21（2）：76-77.

［2］黄爱军. 算盘子提取物抗炎镇痛作用的实验研究［J］. 湖北民族学院学报（医学版），2010，27（4）：17-19.

［3］王锋，左国营，韩峻，等. 37 种滇产中草药体外抗菌活性筛选［J］. 中国临床药理学杂志，2013，29（7）：523-526.

［4］邱明庆，何晓青，赖东耀. 算盘子叶、野南瓜根对九种肠道菌抗菌作用的实验报告［J］. 江西医学院学报，1962，（1）：21-23.

4. 大戟属 *Euphorbia* Linn.

一年生或多年生草本、灌木或仙人掌状，具乳汁。茎草质、木质或肉质。单叶，互生、对生或有时轮生，全缘或有齿缺。花单性，无花被；杯状聚伞花序多数，即由多数雄花和 1 朵雌花同生于萼状总苞内，总苞杯状、钟状或陀螺状，辐射对称或稍偏斜，顶端 4～5 裂，少 6～8 裂，裂片全缘或撕裂，裂片间有腺体，并常有花瓣状附片，杯状聚伞花序通常再排成腋生或顶生的聚伞花序，有时单生或簇生；雄花仅具 1 枚雄蕊，花丝短，有一明显的关节；雌花单生于总苞的中央，子房有长柄，通常伸出总苞外，3 室，每室 1 粒胚珠，花柱 3 枚，离生或多少合生，顶端常 2 裂或不分裂。蒴果成熟时分裂为 3 个 2 瓣裂的分果爿。种子卵圆形，表面光滑或有疣状突起或横沟。

约 2000 种，广布于亚热带和温带地区。中国 80 余种，广布于全国，法定药用植物 17 种 1 变种。华东地区法定药用植物 7 种。

分种检索表

1. 直立草本。
  2. 果实表面有疣状突起；茎有白色柔毛···大戟 *E. pekinensis*
  2. 果实表面无疣状突起；茎无毛或略有疏毛。
    3. 叶倒卵形、宽卵形或匙形，边缘或中上部边缘有细锯齿；总苞腺体头状或肾形·····························
    ···泽漆 *E. helioscopia*
    3. 叶条形、倒披针或阔披针形，全缘；总苞腺体弯月形。
      4. 植株高 15～60cm；总苞杯状；种子卵圆形，长约 2mm·····················乳浆大戟 *E. esula*

503. 大戟（图 503） • *Euphorbia pekinensis* Rupr.

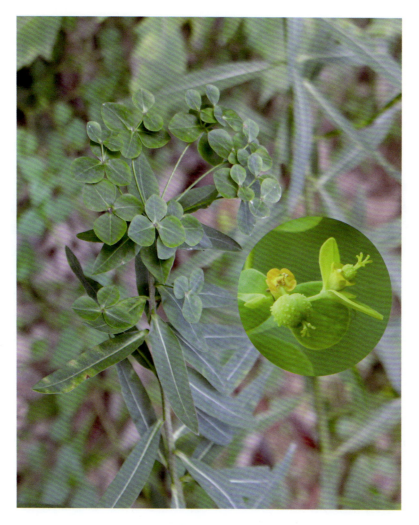

图 503　大戟　　　　　　　摄影　郭增喜等

【**别名**】京大戟（通称），将军草、膨胀草、九头狮子草（江苏南京、镇江），天平一枝香、黄芽大戟（江苏苏州），茏鸡草（江西九江）。

【**形态**】多年生草本，高 30 ～ 100cm。根粗壮，圆锥形；茎直立，常丛生，不分枝，下部稍木质化，被白色短柔毛，尤以幼茎更密。叶互生，披针形至长圆状披针形，少为线状披针形，长 2.5 ～ 10cm，宽 0.5 ～ 1.2cm，顶端钝或尖，基部渐狭，全缘，上面绿色，下面灰绿色，稍被白粉，中脉明显，在下面隆起，侧脉不明显；无柄。杯状聚伞花序顶生或腋生，顶生者有花序梗 5～7 枝，基部轮生叶 5 枚，广卵形，腋生者花序梗单一；苞叶卵状长圆形，顶端尖：总苞钟形或陀螺形，顶端 4～5 裂，腺体 4～5 枚，长圆形，肉质肥厚；雄花多数；雌花 1 朵，子房近球形，外面有疣状突起，3 室，花柱 3 枚，顶端 2 裂。蒴果三棱状球形，表面具疣状突起。种子卵圆形，光滑。花期 5～6 月，果期 7 月。

【生境与分布】生于山坡、路旁、荒地及疏林下。分布于华东各省市，除新疆、西藏外，几遍全国；朝鲜、日本也有分布。

【药名与部位】京大戟（龙虎草），根。

【采集加工】秋、冬二季采挖，洗净，干燥。

【药材性状】呈不整齐的长圆锥形，略弯曲，常有分枝，长 10～20cm，直径 1.5～4cm。表面灰棕色或棕褐色，粗糙，有纵皱纹、横向皮孔样突起及支根痕。顶端略膨大，有多数茎基及芽痕。质坚硬，不易折断，断面类白色或淡黄色，纤维性。气微，味微苦湿。

【质量要求】内色白，无泥屑。

【药材炮制】京大戟：除去杂质，洗净，润透，切厚片，干燥。醋京大戟：取京大戟饮片，加醋适量煮至醋吸尽。醋京大戟（浙）：取京大戟饮片，与醋拌匀，待醋被吸尽，置适宜容器内，蒸 3～4h，取出，摊凉。

【化学成分】根含挥发油类：沉香螺旋醇（agarospirol）和四甲基环癸二烯异丙醇（tetramethyl cyclodecadien- isopropanol），即甜核树醇（hedycaryol）等[1]；二萜类：京大戟素（euphpekinensin）、3, 12-O- 二乙酰 -7-O- 苯甲酰 -8- 甲氧基巨大戟醇（3, 12-O-diacetyl-7-O-benzoyl-8-methoxyingol）、巨大戟醇 -12- 乙酸酯*（ingol-12-acetate）、巨大戟醇（ingol）[2]，京大戟醛*（pekinenal）[3]，京大戟素*A、B（pekinenin A、B）[4]，月腺大戟素 B（yuexiandajisu B）、京大戟素*C、D、E、F、G（pekinenin C、D、E、F、G）[5-6]，（ - ）-（1S）-15- 羟基 -18- 羧基松柏烯［（ - ）-（1S）-15-hydroxy-18-carboxycembrene］[7]，异大戟素（isoeuphpekinensin）[8]，对映 -（5β, 8α, 9β, 10α, 11α, 2α）-11- 羟基阿替生烷 -16- 烯 -3, 14- 二酮［ent-（5β, 8α, 9β, 10α, 11α, 2α）-11-hydroxyatis-16-ene-3, 14-dione］、京大戟酮*A、B（euphorpekone A、B）、泽漆内酯（helioscopinolide）、泽漆内酯 B、C（helioscopinolide B、C）、4α- 羟基 -2- 甲基 -5α-（1- 甲基乙基）-2- 环己烯 -1- 酮［4α-hydroxy-2-methyl-5α-（1-methylethyl）-2-cyclohexen-1-one］[9]，（3β, 12α, 13α）-3, 12- 二羟基海松 -7, 15- 二烯 -2- 酮［（3β, 12α, 13α）-3, 12-dihydroxypimara-7, 15-dien-2-one］[10]，月腺大戟素 C（yuexiandajisu C）、泽漆内酯 E（helioscopinolide E）[11] 和泪杉醇（manool）[12]；皂苷类：25- 甲氧基大戟 -8, 23- 二烯 -3β- 醇（25-methoxyeupha-8, 23-diene-3β-ol）、27- 羟基 -3- 氧化羽扇豆 -12- 烯（27-hydroxy-3-oxolup-12-ene）、28- 羟基羽扇豆 -20（29）- 烯 -3- 酮［28-hydroxylup-20（29）-en-3-one］[9]，新莫替醇（neomotiol）[10]，大戟醇（euphol）[13, 14]，24- 亚甲基环阿尔廷醇（24-methene cycbartenol）[14]，地榆皂苷 I（ziyuglycoside I）和 3β-［（α-L- 阿拉伯吡喃糖）氧基］-12, 19（29）- 二烯熊果酸 -28-β-D- 吡喃葡萄糖酯 {3β-［（α-L-arabinopyranosyl）oxy］urs-12, 19（29）-dien-28-oic acid-28-β-D-glucopyranosyl ester}[15]；黄酮类：球松素（pinostrobin）[12]，槲皮素（quercetin）、槲皮素 -3-O-（2″-O- 没食子酰）-α-L- 吡喃鼠李糖苷［quercetin-3-O-（2″-O-galloyl）-α-L-rhamnopyranoside］、槲皮素 -3-O-（2″-O- 没食子酰）-β-D- 吡喃葡萄糖苷［quercetin-3-O-（2″-O-galloyl）-β-D-glucopyranoside］、槲皮素 -3-O-（2″-O- 没食子酰）- 芸香糖苷［quercetin-3-O-（2″-O-galloyl）-rutinoside］和山奈酚 -3-O-（2″-O- 没食子酰）-β-D- 吡喃葡萄糖苷［kaempferol-3-O-（2″-O-galloyl）-β-D-glucopyranoside］[16]；甾体类：3β, 25- 二羟基羊毛甾 -8, 23- 二烯（3β, 25-dihydroxylanosta-8, 23-diene）[9]，α- 菠菜甾醇（α-spinasterol）和（3β）- 豆甾 -5- 烯 -3- 棕榈酸酯［（3β）-stigmast-5-en-3-palmitate］、（3β）-3- 羟基羊毛脂甾 -8, 24- 二烯 -7, 11- 二酮［（3β）-3-hydroxylanosta-8, 24-diene-7, 11-dione］[12]，甘遂甾醇（tirucallol）[14, 17]，钝叶甾醇（obtusifoliol）[17]，羊毛甾醇（lanosterol）[18]，β- 谷甾醇（β-sitosterol）、胡萝卜苷（daucosterol）[19] 和豆甾醇（stigmasterol）[20]；烷烃及衍生物：二十四烷醇（tetracosanol）[10]，3- 甲氧基 -4- 羟基反式苯

丙烯酸正十八醇酯（octadecanyl 3-methoxy-4-hydroxy-*trans*-benzeneacrylate）、正十八烷醇（*n*-octadecanol）、正三十烷酸（*n*-triacontanoic acid），即蜂花酸（melissic acid）[17]，肉豆蔻酸（myristic acid）、阿魏酸二十八酯（octacosyl ferulate）、十四烷酸丁基酯（butyl myristate）、油酸（oleic acid）和亚油酸（linoleic acid）[12]；香豆素类：伞形花内酯（umbelliferone）[18]；酚酸及衍生物：3, 3′- 二 -*O*- 甲基鞣花酸 -4′-*O*-β-D- 吡喃木糖苷（3, 3′-di-*O*-methyl ellagic acid-4′-*O*-β-D-xylopyranoside）、3, 3′- 二 -*O*- 甲基鞣花酸 -4′-*O*-β-D- 吡喃葡萄糖苷（3, 3′-di-*O*-methyl ellagic acid-4′-*O*-β-D-glucopyranoside）、3, 3′- 二 -*O*- 甲基鞣花酸（3, 3′-di-*O*-methyl ellagic acid）[19]，丹酚酸 B（salvianolic acid B）[15]，2, 2′- 二甲氧基 -3, 3′- 二羟基 -5, 5′- 氧 -6, 6′- 联苯二甲酸酐（2, 2′-dimethoxy-3, 3′-dihydroxy-5, 5′-oxygen-6, 6′-biphenylformic anhydride）、3, 4 - 二甲氧基苯甲酸（3, 4-dimethoxybenzoic acid）和 3, 4- 二羟基苯甲酸（3, 4-dihydroxybenzoic acid）[18]；木脂素类：*d*- 松脂素（*d*-pinoresinol）[18]。

【药理作用】抗肿瘤　根中提取得到的二萜类化合物京大戟醛 *（pekinenal）对人肝癌细胞的增殖有明显的抑制作用，并呈明显的浓度依赖关系，其作用可能是 pekinenal 通过抑制癌细胞 DNA 的合成，将人肝癌细胞周期阻滞在 S 期，抑制其增殖，通过诱导人肝癌细胞发生凋亡等[1]。

毒性　京大戟生品对大鼠肠细胞具有较明显的毒性，但醋制可降低京大戟对肠细胞的毒性，其机制可能为降低京大戟对 IEC-6 细胞膜通透性[2]。

【性味与归经】苦，寒；有毒。归肺、脾、肾经。

【功能与主治】泻水逐饮。用于水肿胀满，胸腹积水，痰饮积聚，气逆喘咳，二便不利。

【用法与用量】1.5 ～ 3g。

【药用标准】药典 1977—2015、浙江炮规 2015、内蒙古蒙药 1986 和台湾 1985 一册。

【临床参考】1. 胸腔积液：根 5g，加甘遂、芫花各 5g，研末，加白醋调匀成膏，做成饼状约 5mm 厚，贴敷肺腧穴、膏肓穴及胸水病变部位并固定，每次贴敷 4 ～ 6h，每周 2 ～ 3 次[1]。

2. 肾炎水肿：根去粗皮，每 500g 加食盐 9g，加水混匀后烘干，研细粉装入胶囊，每次 0.45 ～ 0.6g，每日 2 次，隔天服 1 次，空腹温开水送服，6 ～ 9 次为 1 疗程。

3. 痈疽肿毒：鲜根或鲜叶适量，捣烂敷患处。（2 方、3 方引自《浙江药用植物志》）

【附注】大戟始载于《神农本草经》，列为下品。《蜀本草》载："苗似甘遂，高大，叶有白汁，花黄，根似细苦参，皮黄黑，肉黄白。五月采苗，二月、八月采根用。"《本草图经》云："春生红芽，渐长作丛，高一尺已来；叶似初生杨柳，小团；三月、四月开黄紫花，团圆似杏花，又似芫荑；根似细苦参。皮黄黑，肉黄白色，秋冬采根阴干。"《本草纲目》云："大戟生平泽甚多。直茎高二三尺，中空，折之有白浆。叶长狭如柳叶而不团，其梢叶密攒而上。"以上所述基本与本种相符。

孕妇禁服。体弱者慎服。大戟反甘草。

大戟有强烈刺激性，接触皮肤引起皮炎，口服可使口腔、咽喉黏膜以及胃肠黏膜充血、肿胀，甚至糜烂，内服过量会导致腹痛、泄泻、脱水、虚脱，甚至呼吸麻痹而死亡。

甘青大戟（疣果大戟）*Euphorbia micractina* Boiss. 的块根在西藏作大戟药用。

【化学参考文献】

［1］李雪飞，白根本，王如峰，等 . 京大戟挥发油化学成分分析［J］. 中药材，2013，36（2）：237-239.

［2］Kong L Y，Li Y，Wu X L，et al. Cytotoxic diterpenoids from *Euphorbia pekinensis*［J］. Planta Med，2002，68（3）：249-252.

［3］Liang Q L，Dai C C，Jiang J H，et al. A new cytotoxic casbane diterpene from *Euphorbia pekinensis*［J］. Fitoterapia，2009，80（8）：514-516.

［4］Shao F G，Bu R，Zhang C，et al. Two new casbane diterpenoids from the roots of *Euphorbia pekinensis*［J］. J Asian Nat Prod Res，2011，13（9）：805-810.

［5］Tao W W，Duan J A，Tang Y P，et al. Casbane diterpenoids from the roots of *Euphorbia pekinensis*［J］. Phytochemistry，2013，94：249-253.

［6］Wang K L，Yu H L，Wu H，et al. A new casbane diterpene from *Euphorbia pekinensis*［J］. Nat Prod Res，2015，29（15）：1456-1460.

［7］Hou P Y，Zeng Y，Ma B J，et al. A new cytotoxic cembrane diterpene from the roots of *Euphorbia pekinensis* Rupr［J］. Fitoterapia，2013，90：10-13.

［8］高羽.京大戟的化学成分研究［D］.南京：南京中医药大学硕士学位论文，2010.

［9］李文海.箭舌豌豆和京大戟化学成分及生物活性研究［D］. 兰州：兰州大学硕士学位论文，2010.

［10］陈海鹰，陶伟伟，曹雨诞，等.京大戟化学成分的研究［J］.中成药，2013，35（4）：745-748.

［11］曾颜，侯朋艺，马冰洁，等.京大戟化学成分的分离与鉴定［J］.沈阳药科大学学报，2013，30（3）：178-181，196.

［12］张楷承，姚芳，曹雨诞，等.京大戟的化学成分分离及其对斑马鱼胚胎的毒性［J］.中国实验方剂学杂志，2018，24（16）：21-27.

［13］梁侨丽，戴传超，吴启南，等.京大戟的化学成分研究［J］.中草药，2008，39（12）：1779-1781.

［14］姜文红，刘静，麻风华，等.京大戟石油醚提取部分化学成分的研究［J］.中医药信息，2009，26（6）：15-16，4.

［15］孔艺，刘媛，李国锋，等.大戟根的化学成分分析［J］.南方医科大学学报，2013，33（12）：1748-1751.

［16］Ahn M J，Kim C Y，Lee J S，et al. Inhibition of HIV-1 integrase by galloyl glucoses from *Terminalia chebula* and flavonol glycoside gallates from *Euphorbia pekinensis*［J］. Planta Med，2002，68（5）：457-459.

［17］张瑜洋.京大戟化学成分的研究［D］.长春：吉林大学硕士学位论文，2010.

［18］孔令义，闵知大.大戟根化学成分的研究［J］.药学学报，1996，31（7）：45-50.

［19］姜禹，金永日，张昌壮，等.京大戟的化学成分［J］.吉林大学学报（理学版），2010，48（5）：868-870.

［20］刘竹乾.京大戟化学成分及其杀鼠活性的研究［D］. 咸阳：西北农林科技大学硕士学位论文，2012.

【药理参考文献】

［1］陈飞燕，陶伟伟，陈扣玉，等.京大戟中二萜类化合物 pekinenal 对肝癌细胞增殖、周期和凋亡的影响［J］.中国药理学通报，2016，32（4）：519-524.

［2］曹雨诞，颜晓静，张丽，等.醋制降低京大戟对大鼠小肠隐窝上皮细胞IEC-6毒性研究［J］.中国中药杂志，2014，39（6）：1069-1074.

【临床参考文献】

［1］张柏盛.十枣汤外用贴敷治疗胸腔积液2例［J］.中医药导报，2015，21（20）：96-97.

504. 泽漆（图 504）• *Euphorbia helioscopia* Linn.

【别名】五灯头草（江苏无锡），五点草（江苏镇江），乳腺草（江苏泰州），猫耳眼（江苏徐州）。

【形态】一年生或二年生草本，高 10～30cm。茎通常由基部分枝，枝斜升，基部常带紫红色，无毛或仅小枝略具疏毛。叶互生，倒卵形或匙形，长 1.5～4cm，宽 0.7～1.8cm，顶端钝圆、截形或微凹，基部楔形，边缘自中部以上有细锯齿，两面深绿色或灰绿色，被疏长毛，无柄或叶基部突狭而成短柄；下部叶小，开花后渐脱落。多歧聚伞花序顶生，花序梗 5 枝，每花序梗再分生 2～3 枝小梗，花序梗基部有轮生叶 5 枝，与下部叶同形而较大；总苞钟形，顶端 4 浅裂，腺体 4 枚，肾形；雄花多数；雌花 1 朵，子房 3 室，花柱 3 枚，柱头 2 裂。蒴果球形，直径约 3mm。种子卵形，长约 2mm，褐色，表面有突起的网纹。花果期 3～10 月。

【生境与分布】生于荒地、路旁及湿地。分布于华东各省市，另除新疆、西藏外的南北各省区均有分布；欧洲、日本、印度也有分布。

【药名与部位】泽漆，地上部分。

【采集加工】夏季采收，除去杂质，晒干。

【药材性状】茎长 20～30cm，直径 0.3～0.5cm，中空，无毛，中部以下呈圆柱形，具细纵纹，质硬，蓝紫色或棕褐色，中部以上纵向皱缩，具深浅不一纵槽，棕色至棕褐色。叶破碎，多脱落，仅见叶痕。可见蒴果三棱状近球形，直径 3～4mm，光滑无毛，有明显的三纵沟。种子暗褐色，卵形，长约 2mm，表面有凸起网纹，气微，味淡。

图 504　泽漆　　　　　摄影　郭增喜等

【**药材炮制**】除去残根等杂质，喷潮，切段，干燥。筛去灰屑。

【**化学成分**】全草含二萜类：大戟素，即大戟苷（euphorbin）[1]，泽漆萜 A、B、C、D、E、F、G、H、I、J、K、L（euphoscopins A、B、C、D、E、F、G、H、I、J、K、L）、表泽漆萜 A、B、D、F（epieuphoscopin A、B、D、F）、泽漆三环萜 A、B（euphohelioscopin A、B）、泽漆环氧萜（euphohelionone）、大戟苷 A、B、C、D、E、F、G、H、I、J、K（euphornin A、B、C、D、E、F、G、H、I、J、K）[2]，泽漆新萜 A、B、C、D（euphoheliosnoid A、B、C、D）、泽漆内酯 B（helioscopinolide B）、2α- 泽漆内酯 B（2α-helioscopinolide B）、4, 5- 二羟基布卢门 A（4, 5-dihydroblumenol A）、淫羊藿苷 B2 苷元（aglycone of icariside B2）、泥胡菜素（hemistepsin）[3]，泽漆酸 A（urushi acid A）[4]，（6R, 9S）- 大柱香波龙烷 -3- 酮 -4, 7- 烯 -9- 醇 -9-O-α-L- 呋喃阿拉伯糖 -（1→6）-β-D- 吡喃葡萄糖苷［（6R, 9S）-megastigman-3-one-4, 7-ene-9-ol-9-O-α-L-arabinofuranosyl-（1→6）-β-D-glucopyranoside］、獐牙菜苦苷（swertiamarin）、

泽漆新鞣质 D（helioscopin D）[5] 和 14α, 15β- 二乙酰氧基 -3α, 7β- 二苯甲酰基 -9- 氧化 -2β, 13α- 麻风树 -5E, 11E- 二烯（14α, 15β-diacetoxy-3α, 7β-dibenzoyl-9-oxo-2β, 13α-jatropha-5E, 11E-diene）[6]；黄酮类：甘草查耳酮 A、B（licochalcone A、B）、2′, 4, 4′- 三羟基查耳酮（2′, 4, 4′-trihydroxychalcone）、紫锥菊（echinatia）、光甘草酮（glabrone）、4′, 5, 7- 三羟基黄烷酮（4′, 5, 7-trihydroxyflavanone）[3]，樱花苷（sakuranin）、桃皮素 -3′- 葡萄糖苷（persicogenin-3′-glucoside）[4]，槲皮素（quercetin）、5- 羟基 -6, 7- 二甲氧基黄酮（5-hydroxy-6, 7-dimethoxy flavone）、银椴苷（tiliroside）、柚皮素（naringenin）[6]，木犀草素（luteolin）、木犀草苷（luteoloside）、4, 2′, 4′- 三羟基查耳酮（4, 2′, 4′-trihydroxychalcone）、山奈酚（kaempferol）、槲皮素 -3-O-β-D- 半乳糖苷（quercetin-3-O-β-D-galactoside）[7]、芦丁（rutin）、杨梅素 -3-O-（2″-O- 没食子酰基）-β-D- 葡萄糖苷［myricetin-3-O-（2″-O-galloyl）-β-D-glucopyranoside］、槲皮素 -3-O-β-D- 葡萄糖糖苷 -2″- 没食子酸酯（quercetin-3-O-β-D-glucoside-2″-gallate）、山奈酚 -3-O-β-D- 葡萄糖基 -（1→2）-β-D- 葡萄糖苷［kaempferol-3-O-β-D-glucopyranoyl-（1→2）-β-D-glucopyranoside］[8] 和泽漆马灵（tithymalin）[9]；香豆素类：异嗪皮啶（isofraxidin）[6]；苯并呋喃类：2S, 3R-2, 3- 二氢 -2-（4- 羟基 -3- 甲氧基苯基）-3- 羟甲基 -7- 甲氧基苯并呋喃 -5- 反式丙烯 -1- 醇 -3-O-β- 葡萄糖苷［2S, 3R-2, 3-dihydro-2-（4-hydroxy-3-methoxyphenyl）-3-hydroxymethyl-7-methoxybenzofuran-5-trans-propen-1-ol-3-O-β-glucoside］和 2R, 3R-2, 3- 二氢 -2-（4′- 羟基 -3′- 甲氧基苯基）-3- 葡糖氧基甲基 -7- 甲氧基 - 苯并呋喃 -5- 丙醇（二氢脱氢十二烷基醇 -β-D- 葡萄糖苷）［2R, 3R-2, 3-dihydro-2-（4′-hydroxy-3′-methoxyphenyl）-3-glucosyloxymethyl-7-methoxy-benzofuran-5-propanol（dihydrodehydrodiconiferyl-alcohol-β-D-glucoside）][5]；酰胺类：金色酰胺醇脂（aurantiamide acetate）[6]；木脂素类：4, 4′- 二甲氧基 -3′- 羟基 -7, 9′, 7′, 9- 双环氧木脂素 -3-O-β-D- 吡喃葡萄糖苷（4, 4′-dimethoxy-3′-hydroxy-7, 9′, 7′, 9-diepoxyligan-3-O-β-D-glucopyranoside）[5] 和松脂素（pinoresinol）[6]；酚酸类：咖啡酸（caffeic acid）、没食子酸乙酯（ethyl gallate）[7] 和 4-（3- 羟基苯基）-2- 丁酮［4-（3-hydroxyphenyl）-2-butanone］[8]；甾体类：β- 谷甾醇（β-sitosterol）[6]，胡萝卜苷（daucosterol）和豆甾醇 -3-O-β-D- 吡喃葡萄糖苷（stigmasterol-3-O-D-glycopyranoside）[7]；核苷类：胸腺嘧啶核苷（thymidine）和脱氧尿苷（deoxyuridine）[5]。

【药理作用】 1. 抗肿瘤　根水提液在体外对人肝癌 7721 细胞、人宫颈癌 HeLa 细胞、人胃癌 MKN-45 细胞的增殖均有明显的抑制作用，其半数抑制浓度（IC_{50}）分别为 1.43mg/ml、1.67mg/ml、0.97mg/ml，抑制率分别为 59.8%、66.4%、70.5%[1]；根水提液对荷 S180、H22 瘤模型小鼠移植瘤的生长有明显的抑制作用和延长荷瘤小鼠的存活期，并能降低荷瘤小鼠脾指数，升高胸腺指数，使之趋向正常值[2]；全草水提物氯仿萃取液在体外对肝癌 SMMC7721、HepG2 和胃癌 SGC-7901 细胞的增殖均有较明显的抑制作用，其中对肝癌 SMMC7721 细胞的增殖抑制作用为最强，对肺癌 A549 细胞的增殖抑制作用最弱，抑制强弱依次为肝癌 SMMC7721、胃癌 SGC-7901、肝癌 HepG2 A549 细胞，且呈现一定的量 - 效关系；此外，氯仿萃取液对肝癌 SMMC7721、HepG2 和胃癌 SGC-7901 细胞也均具有一定的细胞周期阻滞作用，随着药物浓度的增加阻滞作用增强[3]；乙酸乙酯和氯仿萃取物在体外对胃癌 SGC-7901 细胞，肝癌 HepG2、SMMC-772、BEL-7402 细胞，结肠癌 SW-480 细胞的增殖均具有明显的抑制作用，作用强度呈浓度 - 时间依赖性，在相同的浓度和作用时间下乙酸乙酯萃取物的作用强于氯仿萃取物，其最高抑制率为 80.91%；乙酸乙酯部位分离纯化得到的杨梅素在体外对肝癌 BEL-7402、SMMC-7721 和 HepG2 细胞的增殖均具有明显的抑制作用，其中对肝癌 BEL-7402 细胞的抑制作用最为明显，并具有明显的细胞周期阻滞作用，使其阻滞在 S 期，呈剂量 - 时间依赖性[4, 5]；乙酸乙酯提取液能明显下调荷瘤模型小鼠移植瘤中的 G_1/S 期特异性周期蛋白 D1（CyclinD1）、B 淋巴细胞瘤 -2（Bcl-2）和基质金属蛋白酶 9（MMP-9）在细胞质内的着色程度和明显减少显色的细胞数目，而 bax、Caspase-3 蛋白酶和 nm23-H1 则出现着色程度加深和显色的细胞数目明显增加，显示出能明显抑制肝癌细胞在体内的生长[6]。2. 抗病毒　茎叶水煎剂在体外对非洲绿猴肾细胞（Vero）、单纯疱疹病毒 - Ⅱ型（HSV-2）有明显的抑制作用，其半数抑制浓度分别为（1.633±0.014）g/ml、（0.558±0.001）g/ml，但对单纯疱疹病毒 -I 型（HSV-1）无抑制作用[7]。3. 抗氧化 80% 乙醇提取物的正己烷、二氯甲烷、乙酸乙酯和丁醇萃取部分对 1, 1- 二苯基 -2- 三硝基苯肼自由基（DPPH）、超氧阴离子自由基（O_2^-·）和黄嘌呤氧化酶具有清除作用，其中乙酸乙酯萃取部分清除作用最为明显[8]；地上部分的乙醇和甲醇提取物可清除 1, 1- 二苯基 -2- 三硝基苯肼自由基，其中甲醇提取物的清除作用较明显[9]。4. 抗过敏 分离提取的多酚类化合物血凝素 -A 在大鼠被动皮肤过敏试验中对毛细血管渗透性有一定的抑制作用，在豚鼠实验性哮喘模型中对抗原诱导的支气管收缩也具有一定的抑制作用[10]。

【性味与归经】 辛、苦，微寒；有毒。归大肠、小肠、脾经。

【功能与主治】 利水消肿，化痰散结，杀虫。用于腹水，面目浮肿，瘰疬结核，肺热咳嗽，痰饮喘咳。

【用法与用量】 5 ～ 10g。

【药用标准】 浙江炮规 2015、上海药材 1994、山东药材 2012、江苏药材 1989、青海药品 1986、贵州药材 2003、河南药材 1993 和台湾 1985 一册。

【临床参考】 1. 肺癌并胸腔积液：全草 40g（先煎），加桂枝 15g、法半夏 30g、黄芩 15g、麦冬 21g、猪苓 30g、泽泻 30g、茯苓 30g、蜂房 20g、白术 15g、王不留行 15g、水红花子 20g、全蝎 10g，每日 1 剂，水煎服[1]。

2. 寻常性银屑病：复方泽漆冲剂（全草，加白花蛇舌草、大青叶、板蓝根、鸡血藤等制成冲剂，每包含生药 30g）冲服，每次 1 包，每日 3 次，1 月 1 疗程[2]。

3. 早期肝癌：鲜全草 500g，水煎取汁 400ml，分早晚服，每日 1 次[3]。

4. 咳喘：泽漆浸膏片口服，每次 4 片，每日 3 次（相当于生药每日 90g）[4]。

5. 腮腺炎：鲜全草适量，熬膏备用，敷患处，待泽漆膏干后，即更换，每天 2 ～ 3 次，如果黏结牢固，不可硬揭，可待其自然脱落或湿润后慢慢揭去[5]。

6. 乳糜尿：全草 30g，水煎约 30min，分 3 次服，连用 10 天；或全草 30g，加生地炭 30g、仙鹤草 20g、茜草 15g，水煎，每日 1 剂，分 3 次服[6]。

【附注】 明代以前泽漆与大戟有混淆现象。李时珍纠正了上述文献的错误。《本草纲目》云："泽漆是猫儿眼睛草，一名绿叶绿花草，一名五凤草。江湖原泽平陆多有之。春生苗，一科分枝成丛，柔茎如马齿苋，绿叶如苜蓿叶，叶圆而黄绿，颇似猫睛，故名猫儿眼。茎头凡五叶中分，中抽小茎五枝，每枝开细花青绿色，复有小叶承之，齐整如一，故又名五凤草，绿叶绿花草。掐一茎有汁粘人。"以上描述与本种相同。

气血虚弱和脾胃虚者慎用，孕妇禁服。

本种鲜茎叶的乳状汁液对皮肤、黏膜有很强的刺激性。可致皮肤发红，甚至发炎溃烂等。误服鲜草或乳状汁液可导致消化道黏膜发炎、糜烂，出现灼痛、恶心、呕吐、腹痛、腹泻，严重者会出现脱水和酸中毒。

【化学参考文献】

［1］尚上，穆淑珍，黄友明，等 . 泽漆中假白榄烷型二萜成分的分离鉴定［J］. 山地农业生物学报，2011，30（1）：63-66.

［2］Yamamura S，Shizuri Y，Kosemura S，et al. Diterpenes from *Euphorbia helioscopia*［J］. Phytochemistry，1989，28（12）：3421-3436.

［3］Zhang W，Guo Y W. Chemical studies on the constituents of the Chinese medicinal herb *Euphorbia helioscopia* L.［J］. Cheminform，2006，54（7）：1037-1039.

［4］何江波，刘光明 . 泽漆化学成分的初步研究［J］. 大理学院学报，2010，9（6）：5-7.

［5］何江波，刘光明，程永现 . 泽漆的化学成分研究［J］. 天然产物研究与开发，2010，22（5）：731-735.

［6］赵杰，吴繁荣，韩续，等 . 泽漆化学成分研究［J］. 安徽医科大学学报，2016，51（3）：383-388.

［7］庞维荣，杜晨晖，闫艳 . 泽漆化学成分［J］. 中国实验方剂学杂志，2011，17（20）：118-121.

［8］高丽，郑晓珂，王彦志，等 . 泽漆的化学成分研究［C］. 中国药学会学术年会暨中国药师周，2008.

［9］Kawase A，Kutani N. Some properties of a new flavonoid，tithymalin，isolated from the herbs of *Euphorbia helioscopia* Linnaeous［J］. J Agric Chem Soc Japan，2008，32（1）：121-122.

【药理参考文献】

［1］蔡鹰，王晶.泽漆根体外抗肿瘤实验研究［J］.中药材，1999，22（2）：85-87.

［2］蔡鹰，陆瑜，梁秉文，等.泽漆根体内抗肿瘤作用研究［J］.中药材，1999，22（11）：579-581.

［3］刘海鹏.泽漆的体外抗肿瘤作用及其生物活性组分研究［D］.兰州：兰州大学硕士学位论文，2011.

［4］王哲元.泽漆抗肿瘤活性部位筛选及主要成分杨梅素的作用［D］.兰州：兰州大学硕士学位论文，2012.

［5］杨莉，陈海霞，高文远.泽漆化学成分及其体外抗肿瘤活性研究［J］.天然产物研究与开发，2008，20（4）：575-577.

［6］程军胜.泽漆乙酸乙酯提取物对裸鼠肝癌移植瘤作用的研究［D］.兰州：兰州大学硕士学位论文，2014.

［7］张军峰，马肖兵，詹瑧.泽漆体外抗单纯疱疹病毒活性研究［J］.安徽农业科学，2008，36（19）：8134-8134.

［8］Kim J Y，Kim L N，Song G P，et al. Antioxidative and antimicrobial activities of *Euphorbia helioscopia* extracts［J］. Journal of the Korean Society of Food Science & Nutrition，2007，36（9）：1106-1112.

［9］Maoulainine L M，Jelassi A，Hassen I，et al. Antioxidant proprieties of methanolic and ethanolic extracts of *Euphorbia helioscopia*（L.）aerial parts［J］. International Food Research Journal，2012，19：1125-1130.

［10］Park K H，Koh D，Lee S，et al. Anti-allergic and anti-asthmatic activity of helioscopinin-A，a polyphenol compound，isolated from *Euphorbia helioscopia*［J］. Journal of Microbiology & Biotechnology，2001，11（1）：138-142.

【临床参考文献】

［1］张炜，高元喜.泽漆汤加减治疗肺癌并胸腔积液［J］.湖北中医杂志，2015，37（3）：49.

［2］张虹亚，孙捷，刘涛峰，等.复方泽漆冲剂治疗进行期寻常性银屑病的疗效观察及对血清 TNF-α，IL-8 的影响［J］.中国皮肤性病学杂志，2008，22（5）：281-282.

［3］高志良.大剂量泽漆为主治疗早期肝癌［J］.江苏中医，1997，18（2）：28.

［4］吴昆仑，余小萍.黄吉赓治咳喘善用泽漆［J］.上海中医药杂志，1996，30（8）：34.

［5］刘国强.泽漆膏外敷治疗腮腺炎 63 例［J］.河南中医，2003，23（9）：54.

［6］吕丽青.泽漆治疗乳糜尿有良效［J］.浙江中医杂志，2001，35（4）：22.

505. 乳浆大戟（图 505）· *Euphorbia esula* Linn.（*Euphorbia lunulata* Bge.）

【别名】大戟（通称），猫猫眼、牛眼睛、五灯草、猫儿眼（江苏连云港）。

【形态】多年生草本，高 15～60cm。全体无毛；茎直立，自基部多分枝，基部带紫红色。短枝和营养枝上的叶密生，条形，长 1.5～3cm，长枝或可育枝上的叶互生，线状披针形或倒披针形，长 2.5～4cm，顶端钝圆，微凹或具凸尖，全缘；均无柄。多歧聚伞花序顶生，通常具 5 枝花序梗，每花序梗再作 2～3 回分叉，顶端常有短的续发的枝叶；苞叶对生，半圆形或宽心形，总苞杯状，长约 2mm，顶端 4 裂，腺体 4 枚，位于裂片之间，黄色、新月形，两端呈短角状；雄花多数，雌花 1 朵，子房近圆形，花柱 3 枚。蒴果卵状球形，直径 3～3.5mm，黄褐色，具 3 分果爿。种子卵圆形，长约 2 mm，灰褐色，有棕色斑点。花果期 4～5 月。

【生境与分布】生于山坡路旁或沙丘上。分布于华东各省市，另湖北、湖南、四川、贵州、云南、河北、山西、陕西、甘肃、内蒙古及东北均有分布；亚洲其他地区及欧洲也有分布。

【药名与部位】猫眼草，地上部分。

【采集加工】夏季采割，除去杂质，晒干。

【药材性状】茎呈圆柱形，长 20～40cm，表面黄绿色，基部多呈紫红色，有纵纹；体轻，质脆，易折断。叶互生，无柄；叶片多皱缩破碎，易脱落，完整者展平后呈狭条形，长 2.5～5cm，宽 0.2～0.3cm，茎上部的分枝处有数叶轮生。多歧聚伞花序，花序顶生及生于上部叶腋，基部的叶状苞片呈扇状半月形至三角状肾形。蒴果三棱状卵圆形，光滑。气特异，味淡。

图 505　乳浆大戟　　　　　　　　　　　　　　　　　摄影　徐克学

【药材炮制】除去杂质，切段。

【化学成分】地上部分含二萜类：8- 苯甲酰基猫眼草素（8-benzoyl esulatin A）[1]，水杨内酯*（salicinolide）、2α, 3β, 5α, 9α, 15β- 五乙酰氧基 -11, 12- 环氧 -7β, 8α- 二异丁酰氧基麻风树烷 -6（17）-烯 -14- 酮［2α, 3β, 5α, 9α, 15β-pentaacetoxy-11, 12-epoxy-7β, 8α-diisobutyryloxyjatropha-6（17）-en-14-one］、3β, 5α, 15β- 三乙酰氧基 -7β- 异丁酰氧基 -9α- 烟酰氧基麻风树烷 -6（17）, 11（E）- 二烯 -14-酮［3β, 5α, 15β-triacetoxy-7β-isobutyryloxy-9α-nicotinoyloxyjatropha-6（17）, 11（E）-dien-14-one］、卡西波红树醇（cassipourol）[2]，16- 苯甲酰氧基 -20- 去氧巨大戟醇 -5- 苯甲酸酯（16-benzoyloxy-20-deoxyingenol- 5-benzoate）、巨大戟醇 3, 20- 二苯甲酸酯（ingenol 3, 20-dibenzoate）、13, 16- 二苯甲酰氧基 -20- 去氧巨大戟醇 -3- 苯甲酸酯（13, 16-dibenzoyloxy-20-deoxyingenol-3-benzoate）[3]，17- 羟基岩大戟内酯 A（17-hxdroxyjolkinolide A）和岩大戟内酯 A、B（jolkinolide A、B）[4]；皂苷类：羽扇豆醇（lupeol）、大戟醇（euphol）、24- 亚甲基环木菠萝烷 -3β- 醇（24-methylenecycloartan-3β-ol）、24- 过氢氧环木菠萝烷 -25- 烯 -3β- 醇（24-hydroperoxycycloart-25-en-3β-ol）、25- 过氢氧环木菠萝烷 -23- 烯 -3β-醇（25-hydroperoxycycloart-23-en-3β-ol）、白桦脂醇（betulin）、熊果醇（uvaol）、（23E）-25- 甲氧基环木菠萝烷 -23- 烯 -3β- 醇［（23E）-25-methoxycycloart-23-en-3β-ol］、（23E）- 环木菠萝烷 -23, 25- 二烯 -3β-醇［（23E）-cycloart-23, 25-dien-3β-ol］、24- 亚甲基环木菠萝烷 -3β, 28- 二醇（24-methylenecycloartan-3β, 28-diol）[2]、β- 香树脂醇（β-amyrin）、环木菠萝烷 -23Z- 烯 -3β, 25- 二醇（cycloart-23Z-en-3β, 25-diol）、24- 亚甲基环木菠萝烷醇（24-methylenecycloartanol）[4] 和科罗索酸（corosolic acid）[5]；烷烃及衍生物：正二十八烷醇（1-octacosanol）、咖啡酸十八烷酯（octadecyl caffeate）和阿魏酸二十六烷酯（hexacosyl ferulate）[4]；甾体类：β- 谷甾醇（β-sitosterol）、豆甾醇（stigmasterol）[4]，3β- 羟基 -7β- 甲氧基 -5- 豆甾烯（7β-methoxystigmast-5-ene-3β-ol）和 3β, 22β- 二羟基 -7β- 甲氧基 -5- 豆甾

烯（7β-methoxystigmast-5-ene-3β, 22β-diol）[5]；酚酸类：没食子酸（gallic acid）[4]，对羟基苯甲酸（p-hydroxybenzoic acid）和 3- 甲氧基 -4- 羟基苯甲酸（3-methoxy-4-hydroxy benzoic acid）[5]；酰胺类：灰绿曲霉酰胺（asperglaucide）[5]；菲类：2, 5- 二羟基 -4- 甲氧基菲（2, 5-dihydroxy-4-methoxyphenanthrene），即拖鞋状石斛素（moscatin）[5]；挥发油类：（Z）-3- 己烯 -1- 醇［（Z）-3-hexen-1-ol］、正己醇（n-hexanol）、2- 庚酮（2-heptanone）、苯甲醛（benzaldehyde）、桉油精（eucalyptol）和斯巴醇（spathulenol）等[6]；木脂素类：反式 -2-（4″- 羟基 -3″- 甲氧苯基）-3-（3′, 4- 二甲氧苯基）丁内酯［trans-2-（4″-hydroxy-3″-methoxybenzyl）-3-（3′, 4-dimethoxybenzyl）butyolactone］、反式 -2-（3″, 4″- 二甲氧苯基）-3-（3′, 4′- 二甲氧苯基）丁内酯［trans-2-（3″, 4″-dimethoxybenzyl）-3-（3′, 4′-dimethoxybenzyl）butyolactone］和异美商陆酚 A（isoamericanol A）[7]；黄酮类：5, 7, 4′- 三羟基双氢黄酮（5, 7, 4′-trihydroxyflavanone）、金合欢素（acacetin）、山柰酚（kaempferol）、槲皮素（quercetin）、灯盏花苷 C（erigeside C）[5]、山柰酚 -3- 单 -L- 鼠李糖苷（kaempferol-3-mono-L-rhammoside）、槲皮素 -3- 单 -L- 鼠李糖苷（quercetin-3-mono-L-rhammoside）[8]、槲皮素 -3-O-α-L- 鼠李糖苷（quercetin-3-O-α-L-rhammoside）、山柰酚 -3-O-β-D- 吡喃葡萄糖苷（kaempferol-3-O-β-D-glucopyranoside）和槲皮素 -7-O-β-D- 吡喃葡萄糖苷（quercetin-7-O-β-D-glucopyranside）[9]；多酚类：短叶苏木酚（brevifolin）[4]；香豆素类：东莨菪素（scopoletin）、东莨菪素苷（scopolin），即东莨菪素 -7- 葡萄糖苷（scopoletin-7-glucoside）[4]和猫眼草素（maoyancaosu）[8]。

全草含黄酮类：金丝桃苷（hyperoside）、槲皮素 -3-O-（6″- 没食子酰）-β-D- 吡喃半乳糖苷［quercetin-3-O-（6″-galloyl）-β-D-galactopyranoside］、槲皮素 -3-O-（2″- 没食子酰）-β-D- 吡喃半乳糖苷［quercetin-3-O-（2″-galloyl）-β-D-galactopyranoside］和槲皮素（quercetin）[10]。

【药理作用】1. 抗肿瘤　全草分离提取的正二十八烷醇（n-octacosanol）、β- 谷甾醇（β-sitosterol）、咖啡酸十八烷酯（octadecyl caffeate）等化合物对人肺癌 A549 细胞和人前列腺癌 DU145 细胞的增殖均有不同程度的抑制作用，其中三萜成分 24- 亚甲基环阿尔廷醇（24-methylene-cycloartenol）对人肺癌 A549 细胞的抑制作用最强，其半数抑制浓度（IC_{50}）为 218.15μmol/L；二萜成分岩大戟内酯 B 对人前列腺癌 DU145 细胞的增殖有非常明显的抑制作用，其半数抑制浓度为 180.25μmol/L[1]；全草 60% 乙醇提取物的乙酸乙酯萃取层中分离得到的大戟素 M（euphpekinensin M）、泽泻醇 A（alisol A）、大戟苷 A（euphornin A）和甘遂大戟萜酯 D（kansuiphorin D）4 个化合物对肿瘤细胞均具有较强的抑制作用，尤其对人肝癌 HepG2 细胞有很强的抑制作用[2]；全草经水提后，再通过石油醚、乙酸乙酯和正丁醇萃取的化合物 4, 8- 二羟基 -1- 四氢萘酮（4, 8-dihydroxy-1-tetralone）、N-［2-（1H-3- 吲哚基）- 乙基］- 乙酰胺 {N-［2-（1H-3-indolyl）- ethyl］- acetamide}、β- 谷甾醇（β-sitosterol）和 N-［2-（4- 羟基苯基）- 乙基］- 乙酰胺 {N-［2-（4- hydroxybenzyl）- ethyl］- acetamide } 都有一定程度的细胞凋亡、坏死性细胞毒作用或细胞增殖抑制作用[3]；含全草 50% 乙醇溶液提取的黄酮类粗提物的兔血清可明显抑制肺癌 A549 细胞的增殖，且抑制作用具有一定的浓度和时间相关性，在 20% 浓度下作用 72h 对 A549 细胞的增殖抑制率为 39.08%，且此兔血清可明显阻滞肺癌 A549 细胞于 G_1 期，并出现明显的细胞凋亡，此外，提取的黄酮类粗提物在 1g/kg 和 0.5g/kg 剂量下连续服用 19 天可明显抑制 Lewis 肺癌在小鼠体内的生长，且对肿瘤生长的抑制率分别为 41.14% 和 40.40%，在 0.25g/kg 剂量下连续服用 19 天，对 Lewis 肺癌在小鼠体内的生长有一定的抑制作用，其对肿瘤生长的抑制率为 21.31%，在 1g/kg 和 0.5g/kg 剂量下连续服用 19 天，对荷 Lewis 肺癌小鼠的胸腺和脾脏重量均有一定的减轻作用[4]；全草水提物在 30g/kg、60g/kg 剂量下可明显降低荷瘤小鼠脾指数，提示其全草可抑制 Lewis 肺癌生长，且对小鼠血液系统无明显毒副作用[5]；提取物在 10.0mg/L、5.0mg/L、1.0mg/L、0.1mg/L 浓度下培养 48h，对人胃癌 AGS 细胞、SGC-7901 细胞和 BCG-823 细胞的增殖均有明显的抑制作用，且具有良好的量 - 效关系，活细胞数随培养时间的延长而减少，对胃癌 AGS 细胞、SGC-7901 细胞和 BGC-823 细胞的增殖抑制具有明显的时 - 效关系[6-8]；全草提取的乙酸乙酯、氯仿部分对乳腺癌 2R-75-30 细胞的增殖有抑制作用，且随浓度升高而抑制作用增强[9]；全草的提取物以时间和剂量依赖的关系能显著抑制宫颈癌 HeLa 细胞的生长和增殖，使宫颈癌 HeLa 细胞线粒体膜电位明显降低，诱导细胞发生凋亡，并明显阻滞宫颈癌 HeLa 细胞在 G_0/G_1 期，降低 G_1/S 期特异性周期蛋白 D1（Cyclin D1）、G_1/S 期特异性周期蛋白 E（Cyclin E）和 CDK4 抗体的表达水平，增加 P21 的表达水平[10]。2. 调节纤维细胞　全草的不同浓度提取物均能改变成纤维细胞形态，抑制人增生性瘢痕成纤维细胞的增殖，且浓度在 500μg/ml 以下无明显细胞毒作用[11]。3. 抗氧化　全草 60% 乙醇提取物的乙酸乙酯萃取层（活性部位）分离得到的金丝桃苷（hyperoside）、槲皮素 -3-O-（6″- 没食子酰)-β-D- 吡喃半乳糖苷［quercetin-3-O-（6″-galloyl)-β-D-galactopyranoside］、槲皮素 -3-O-（2″- 没食子酰)-β-D- 吡喃半乳糖苷［quercetin-3-O-（2″-galloyl)-β-D-galactopyrano-side］和槲皮素（quercetin）在体外对 1, 1- 二苯基 -2- 三硝基苯肼自由基（DPPH）具有较明显的清除作用[12]。

【性味与归经】苦，微寒；有毒。

【功能与主治】祛痰，散结消肿。用于慢性支气管炎咳嗽、痰多；外治淋巴结结核。

【用法与用量】供制剂用；外脾煎熬成膏，取适量敷患处。

【药用标准】药典 1977、山东药材 2002 和北京药材 1998。

【临床参考】1. 缓解肺癌症状：全草 6g，水煎 15 ～ 20min，药汁分 4 次代茶饮[1]。

2. 银屑病：鲜全草 10 ～ 30g（干品 3 ～ 9g），水煎服，每日 1 剂，早晚分服[2]。

【附注】本种有毒，内服宜慎。

本种的地上部分在吉林作乳浆草药用。

【化学参考文献】

[1] 李军，吴霜，赵明，等.猫眼草中 1 个新假白榄烷型二萜 [J].中草药，2015，46（14）：2045-2047.

[2] 赵明，吴霜，李军，等.猫眼草化学成分研究 [J].中国中药杂志，2014，39（12）：2289-2294.

[3] Wang Y B, Ping J, Wang H B, et al. Diterpenoids from *Euphorbia esula* [J]. Chin J Nat Med, 2010, 8（2）：94-96.

[4] 张文静，翁连进，易立涛，等.猫眼草化学成分的研究 [J].中草药，2016，47（4）：554-558.

[5] 刘超，孙会，王维婷，等.猫眼草化学成分研究 [J].中药材，2015，38（3）：514-517.

[6] 王欣，苏洪丽，李卫敏，等.猫眼草挥发油成分的 GC-MS 分析 [J].西北药学杂志，2016，31（4）：353-356.

[7] 李荣，王乃利.猫眼草中酚酸类及木脂素类化合物的研究 [J].内蒙古中医药，2012，31（11）：87-88.

[8] 尚天民，王琳，梁晓天，等.猫眼草化学成分的研究 [J].化学学报，1979，37（2）：44-53.

[9] 柴国生，赵明.乳浆大戟中黄酮类化学成分研究 [J].齐齐哈尔大学学报（自然科学版），2012，28（2）：9-11.

[10] 李荣，王珏，吴慧星，等.猫眼草的抗氧化活性成分的分离鉴定与活性测定 [J].沈阳药科大学学报，2011，28（1）：25-29.

【药理参考文献】

[1] 张文静.猫眼草的化学成分及抗肿瘤活性研究 [D].泉州：华侨大学硕士学位论文，2016.

[2] 王珏，李晓帆，王铁杰.猫眼草的抗肿瘤活性成分研究 [J].中草药，2012，43（10）：1891-1895.

[3] 戎晋华.猫眼草抗氧化、抗肿瘤作用有效成分的研究 [D].青岛：青岛科技大学硕士学位论文，2014.

[4] 姜山.猫眼草活性成分提取物的肺癌抑制作用及其机制研究 [D].青岛：中国海洋大学硕士学位论文，2011.

[5] 肖宝红.猫眼草水提物对小鼠 Lewis 肺癌增殖的抑制作用及其机制研究 [D].青岛：青岛大学硕士学位论文，2005.

[6] 姜奎，王秀杰，刘江月，等.猫眼草提取物对胃癌细胞增殖的影响及其机制探讨 [J].中国临床实用医学，2010，4（8）：18-19.

[7] 王亚萍.中草药猫眼草提取物诱导人胃癌 SGC-7901 细胞凋亡的研究 [D].延安：延安大学硕士学位论文，2015.

[8] 刘江月，李香玲，刘同美，等.猫眼草提取物对人胃癌细胞 BCG-823 增殖影响的实验观察 [J].潍坊医学院学报，2010，32（6）：437-438.

[9] 张彦，雷姣姣，郑蕾，等.猫眼草提取物对乳腺癌 2R-75-30 细胞抑制作用的研究 [J].中医药导报，2017，23（15）：34-35.

[10] 明平红，陈红波，蔡婷，等.乳浆大戟提取物诱导 HeLa 细胞凋亡及其机制研究 [J].时珍国医国药，2013，24（6）：1318-1321.

[11] 万鲲，王世岭.猫眼草提取物对人增生性瘢痕成纤维细胞抑制作用的研究 [J].中国药物应用与监测，2007，4（1）：37-39.

［12］李荣，王珏，吴慧星，等.猫眼草的抗氧化活性成分的分离鉴定与活性测定［J］.沈阳药科大学学报，2011，28（1）：25-29.

【临床参考文献】
［1］迟静，王沙平，于海萍.猫眼草缓解肺癌症状20例［J］.中国民间疗法，2003，11（8）：51.
［2］滕上仁，栗秀玲.猫眼草治疗银屑病10例疗效观察［J］.中国社区医师，2005，21（21）：34.

506. 续随子（图506）• *Euphorbia lathylris* Linn.

图506 续随子

摄影 周重建

【别名】千金子（江苏镇江）。

【形态】二年生草本，高50～100cm。灰绿色，全体无毛。茎直立，粗壮，圆柱形，表面微被白粉，基部稍木质化，微带红色。茎下部的叶密生，线状披针形至条形，全缘；茎上部的叶交互对生，卵状披针形，长4～13cm，宽0.8～2.5cm，顶端锐尖；基部略呈心形，多少抱茎，全缘，上面绿色，下面灰绿色，中脉明显，侧脉多而不明显；均无柄。多歧聚伞花序顶生，花序梗2～4枝，基部轮生叶2～4枚，每个花序梗再叉状分枝；苞叶2枚；总苞钟状，直径约3mm，顶端4～5裂，腺体4枚，新月形，两端具短而钝的角；雄花多数；雌花1朵，子房三角状卵形，花柱3枚，顶端2裂。蒴果近球形。种子长圆状球形，长约6mm，表面有黑、褐两色相间的斑点。花期4～7月，果期6～9月。

【生境与分布】原产于欧洲。华东各省市有栽培，另全国其他各地均有栽培。

【药名与部位】千金子，种子。

【采集加工】夏、秋二季果实成熟时采收，堆置室外，烂去果皮，取出种子，洗净，干燥。

【药材性状】呈椭圆形或倒卵形，长约 5mm，直径约 4mm。表面灰棕色或灰褐色，具不规则网状皱纹，网间隙灰黑色。一侧有纵沟状种脊，顶端为突起的合点，基部有类白色突起的种阜或具脱落后的疤痕。种皮薄脆，种仁白色或黄白色，富油质。气微，味辛。

【质量要求】饱满，色白，不油黑。

【药材炮制】生千金子：除去杂质，筛去泥沙，洗净，捞出，干燥，用时打碎。千金子霜：取生千金子，去壳，研成糊状，压榨除去大部分油脂，含油量符合要求后，取残渣研制成符合规定的松散粉末。

【化学成分】种子含挥发油类：β- 榄香烯（β-elemene）、α- 金合欢烯（α-farnesene）、1, 3, 5, 10-红没药四烯（1, 3, 5, 10-bisabolene）、香橙烯（aromadendrene）、蛇床二烯（selinadiene）、α- 杜松烯（α-cadinene）、石竹烯氧化物（caryophyllene oxide）、1, 3, 8- 卡达三烯（1, 3, 8-cadalene）、长叶烯氧化物（longifolene oxide）、9, 10- 去氢长叶烯（9, 10-dehydrolongifolene）、α- 雪松烯环氧化物（α-cedenene epoxide）、α- 桉叶醇（α-eudesmol）、桉脑（cineol）和新西柏烯（neocembrene）[1]；二萜类：大戟因子 L1、L2、L3、L4、L5、L6（euphobia L1、L2、L3、L4、L5、L6）、大戟因子 L7a（euphobia L7a）、大戟因子 L7b（euphobia L7b）、大戟因子 L8、L9、L10、L11（euphobia L8、L9、L10、L11）、20-O- 十六碳酰基巨大戟醇（20-O-hexadecanoyl ingenol）、3-O- 十六碳酰基巨大戟醇（3-O-hexadecanoyl ingenol）、巨大戟醇（ingenol）、续随子醇（lathyrol）、千金子二萜醇 5, 15- 二乙酸 -3- 苯乙酸酯（lathyrol 5, 15-diacetyl-3-phenylacetate）[2,3]、3-O-苯乙酰基 -5, 15- 二乙酰基 -6（17）- 环氧续随子醇［3-O-phenylacetyl-5, 15-diacetyl-6（17）-epoxylathyrol］[4]、7- 羟基千金二萜醇（7-hydroxy lathyrol）、6, 20- 环氧千金二萜醇（6, 20-epoxylathyrol）、千金二萜醇二乙酸苯甲酸酯（lathyrol diacetate benzoate）、千金二萜醇二乙酸烟酸酯（lathyrol diacetate nicotinate）、6, 20- 环氧千金二萜醇苯乙酸二乙酸酯（6, 20-epoxylathyrol phenylacetate diacetate）[5]和大环二萜千金子 A（euphorbialathyris A）[6]；皂苷类：环木菠萝烯醇（cycloarterol）、24- 亚甲基环木菠萝烯醇（24-methylene cycloartanol）[5]、α- 大戟甲烯醇（α-euphoubol）[7]、羽扇豆醇（lupeol）、羊齿烯醇（fernenol）、蒲公英赛醇（taraxerol）、β- 香树脂醇（β-amyrin）、羽扇烯酮（lupenone）[8]和熊果酸（ursolic acid）[9]；甾体类：β-谷甾醇（β-sitosterol）[2]、羊毛甾醇（lanosterol）、胡萝卜苷（daucosterol）[5]、γ- 大戟甾醇（γ-euphol）、4- 蒲公英甾醇（4-taraxasterol）和蒲公英甾酮（taraxerone）[8]；香豆素类：秦皮乙素（aesculetin）[2]、双七叶内酯（euphorbetin）、异双七叶内酯（isoeuphorbetin）、瑞香素（daphnetin）[5]、嗪皮啶（fraxidine）和东莨菪素（scopoletin）[10]；黄酮类：山奈酚 -3- 葡萄糖醛酸苷（kaempferol-3-glucuronide）和槲皮素 -3- 葡萄糖醛酸苷（quercetin-3-glucuronide）[5]、蔓荆子黄素（vitexicarpin）、青蒿亭，即蒿黄素（artemetin）[9]、1- 羟基 -3, 5, 8- 三甲氧基叫酮（1-hydroxyl-3, 5, 8-trimethoxyxanthone）和 1, 5- 二羟基 -3, 8- 二甲氧基叫酮（1, 5-dihydroxyl-3, 8-dimethoxyxanthone）[10]；二肽类：金色酰胺醇脂（aurantianide acetate）[2]；酚酸类：1, 2, 3- 三羟基苯（benzene-1, 2, 3-triol）、苯甲酸（benzoic acid）、对羟基苯甲酸（p-hydroxybenzoic acid）[2]和水杨酸（salicylic acid）[10]；脂肪酸及酯类：（E）-9- 十八烯酸甲酯［methyl（E）-9-octadecenate］、油酸乙酯（ethyl oleate）、（E）-9- 十八烯酸［（E）-9-octadecenic acid］[1]、2, 3- 二羟丙基十九碳酸酯（2, 3-dihydroxypropyl nonadecenoate）、2, 3- 二羟丙基 -9- 烯十七碳酸酯（2, 3-dihydroxypropyl- 9-en-heptadecanoate）、2, 3, 4- 三羟基丁基十五碳 -3- 碳烯酸酯（2, 3, 4-trihydroxybutyl pentadeca-3-enoate）、油酸（oleic acid）[2]、月桂酸（lauric acid）、豆蔻酸（myristic acid）、棕榈酸（palmitic acid）、亚油酸（linoleic acid）、亚麻酸（linolenic acid）和芥酸（erucic acid）[11]；氨基酸类：天冬氨酸（Asp）、苏氨酸（Thr）、丝氨酸（Ser）、谷氨酸（Glu）、脯氨酸（Pro）、甘氨酸（Gly）、丙氨酸（Ala）、胱氨酸（Cyr）、缬氨酸（Val）、蛋氨酸（Met）、异亮氨酸（Ile）、亮氨酸（Leu）、酪氨酸（Tyr）、苯丙氨酸（Phe）、赖氨酸（Lys）、组氨酸（His）和精氨酸（Arg）[11]。

【药理作用】1.抗肿瘤　种子提取物在体外对人宫颈癌细胞的增殖有明显的抑制作用，在体内对肉瘤 180 和艾氏腹水癌荷瘤小鼠的肿瘤生长有抑制作用[1]；种子千金子甲醇提取物在体外对人宫颈癌细胞、人红白血病细胞、人单核细胞性白血病细胞、人急性淋巴细胞性白血病细胞和人肝癌细胞的增殖均具有较明显的抑制作用，在体内对肉瘤 180 和艾氏腹水癌细胞的生长也有较明显的抑制作用[2]。2. 抗肺纤维化　种子提取液对大鼠原代培养的肺成纤维细胞的增殖有较强的抑制作用，且呈剂量依赖性[3]。3. 抗真菌　种子可明显降低须癣毛癣菌感染大鼠的体癣症状积分，可明显提高皮肤逆培养转阴率，明显改善体癣症状的病理变化，且呈剂量相关性[4]。

【**性味与归经**】辛，温；有毒。归肝、肾、大肠经。

【**功能与主治**】逐水消肿，破血消癥。用于水肿，痰饮，积滞胀满，二便不通，血瘀经闭；外用于顽癣，疣赘。

【**用法与用量**】1 ～ 2g，去壳、去油用，多入丸散服；外用适量，捣烂敷患处。

【**药用标准**】药典 1977、药典 1990—2015、浙江炮规 2005、贵州药材 1988、内蒙古药材 1988、新疆药品 1980 二册和香港药材七册。

【**临床参考**】1. 肝硬化腹水：种子 30 粒捣烂，加冰片 0.2g、麝香 0.1g、生大黄粉 5g、干蟾皮（研末）8g、米醋适量，拌成干糊状药饼，直接外敷脐部（神阙穴），用胶布固定，2h 后揭去，一次未效，可隔日再敷[1]。

2. 颈椎病：种子 10 粒，平行两排分别粘在麝香止痛膏上捣烂（每粒横距 2.5cm，直距 0.5cm），敷贴在颈椎患处两侧，2 日 1 换，3 次为 1 疗程（过敏者停用），连用 3 疗程[1]。

3. 尿潴留：种子 20g，加黑丑 30g、蝼蛄 30g、大黄 20g，焙干研末，每次服 3 ～ 5g，6h 服 1 次，温开水调服，尿通即停服[2]。

4. 胆囊炎：种皮适量，经粉碎过筛、加辅料等工艺，制成胶囊口服，每日 6 粒，30 天为 1 疗程[3]。

【**附注**】续随子始载于《蜀本草》，《开宝本草》云："生蜀郡及处处有之。苗如大戟。"《本草图经》云："今南中多有，北土差少，苗如大戟，初生一茎，茎端生叶，叶中复出数茎相续。花亦类大戟，自叶中抽干而生，实青有壳。人家园亭中多种以为饰。秋种冬长，春秀夏实。"《本草纲目》将其入草部毒草类。卢之颐《本草乘雅半偈》云："苗如大戟，初生一茎，叶在茎端，叶复生茎，茎复生叶，转辗叠加，宛如十字。作花也类大戟，但从叶中抽干，并结实耳。"即为本种。

体虚便溏者及孕妇禁服。

种子（续随子）对胃肠黏膜有刺激作用，对中枢神经系统也有毒性作用。过量服用可产生头晕头痛、恶心流涎、剧烈呕吐、精神不振、腹痛、腹泻、心悸、发热、冷汗、面色苍白、尿少、心率加快，甚至血压下降、大汗淋漓、四肢厥冷、气息微弱、呼吸浅促、舌光无苔、脉细欲绝等症。

本种的叶民间也作药用，仅作外用。

【**化学参考文献**】

［1］焦威，王燕军，白冰如，等. 四川产千金子挥发油的 GC-MS 分析［J］. 分析试验室，2008，27（S1）：1-3.

［2］焦威，鲁璐，邓美彩，等. 千金子化学成分的研究［J］. 中草药，2010，41（2）：181-187.

［3］张建业，汤依娜，赵中振，等. 高分辨 LC-MS 鉴定千金子的微量二萜成分［J］. 中药材，2013，36（12）：1969-1972.

［4］朱娟娟，张超，王英姿，等. 千金子石油醚部位化学成分的研究［J］. 山东中医药大学学报，2014，38（4）：381-382，391.

［5］刘玉婷，杨洋，弓佩含，等. 千金子化学成分研究进展［J］. 中国实验方剂学杂志，2017，23（13）：220-225.

［6］Li S H，Cheng Y，Hu J P. A new macrocyclic diterpene derived from the seed of *Euphorbia lathyris*［J］. Asian J Chem，2013，25（4）：2331-2332.

［7］刘米达夫. 最新生药学［M］. 东京：广川书店，1963：412.

［8］慈倩倩. 不同产地毒性中药千金子质量研究［D］. 济南：山东中医药大学硕士学位论文，2011.

［9］郑飞龙，罗跃华，魏孝义，等. 千金子中非萜类化学成分的研究［J］. 热带亚热带植物学报，2009，17（3）：298-301.

［10］杨君，卢禁，王书云，等. 千金子中非萜类化学成分的分离与鉴定［J］. 沈阳药科大学学报，2016，33（3）：194-

197，214.

［11］王亚辉，李招娣，邓红，等.续随子冷榨油脂肪酸及蛋白质氨基酸组成分析［J］.中国粮油学报，2009，24（11）：74-77.

【药理参考文献】

［1］黄晓桃，黄光英，薛存宽，等.千金子I号体内外抗肿瘤药理作用的实验研究［J］.中国药理学通报，2004，20（1）：79-82.

［2］黄晓桃，黄光英，薛存宽，等.千金子甲醇提取物抗肿瘤作用的实验研究［J］.肿瘤防治研究，2004，31（9）：556-558.

［3］杨珺，王世岭，付桂英，等.千金子提取液对大鼠肺成纤维细胞增殖的影响及细胞毒性作用［J］.中国组织工程研究，2005，9（27）：101-103.

［4］苗明三，郭琳，白明，等.千金子醋糊外用对大鼠体癣的影响［J］.中华中医药杂志，2016，31（2）：392-395.

【临床参考文献】

［1］沈绍英.续随子外敷疗疾两则［J］.中国民间疗法，2010，18（9）：20.

［2］梅九如.祖传验方"通关利尿散"运用经验举例［J］.江苏中医，1989，20（5）：14-15.

［3］胡顺利，何亚新，胡顺泉.续随子种皮治疗胆囊炎55例［J］.中国民间疗法，1996，4（5）：39-40.

507. 地锦草（图 507）• *Euphorbia humifusa* Willd. ex Schlecht.

图 507　地锦草

摄影　李华东

【别名】地锦（江苏），抓地锦、舗地锦（江苏徐州），花被单（江苏南通）。

【形态】一年生草本，长 10～30cm。茎平卧，纤细，常带紫红色，近基部多分枝，无毛或疏被白色长柔毛。叶对生；叶片长圆形，长 5 ～ 15mm，宽 3 ～ 8mm，先端钝圆，基部常偏斜，边缘有细锯齿，两面无毛或疏被柔毛；叶柄短，长约 1mm；托叶深裂，裂片条形。杯状花序单生于叶腋；总苞浅红色，倒圆锥形，顶端 4 裂，腺体 4 枚，扁圆形，具白色花瓣状附属物；子房 3 室，花柱 3 枚，2 裂。蒴果三棱状球形，光滑无毛。种子紫褐色，卵形。花期 6 ～ 10 月，果期 7 ～ 10 月。

【生境与分布】生于平原荒地、路旁、田间。分布于华东各省市，另全国其他各地均有分布；日本也有分布。

【药名与部位】地锦草（斑鸠窝），全草。

【采集加工】夏、秋二季采收，洗净，干燥。

【药材性状】常皱缩卷曲，根细小。茎细，呈叉状分枝，表面带紫红色，光滑无毛或疏生白色细柔毛；质脆，易折断，断面黄白色，中空。单叶对生，具淡红色短柄或几无柄；叶片多皱缩或已脱落，展平后呈长椭圆形，长 5 ～ 10mm，宽 4 ～ 6mm；绿色，通常无毛；先端钝圆，基部偏斜，边缘具小锯齿或呈微波状。杯状聚伞花序腋生，细小。蒴果三棱状球形，表面光滑。种子细小，卵形，褐色。气微，味微涩。

【药材炮制】除去杂质，喷淋清水，稍润，切段，干燥。

【化学成分】全草含黄酮类：芹菜素 -7-O-β-D- 葡萄糖苷（apigenin-7-O-β-D-glucoside）、木犀草素 -7-O-β-D- 葡萄糖苷（luteolin-7-O-β-D-glucoside）、槲皮素 -3-O- 阿拉伯糖苷（quercetin-3-O-arabinoside）[1]，槲皮素（quercetin）、山奈酚（kaempferol）[2]，洋芹素 -7-β-O-D- 葡萄糖苷（celery-7-β-O-D-glucoside）[3]，木犀草素 -7-O-（6″-O- 反式阿魏酰）-β-D- 葡萄糖苷［luteolin-7-O-（6″-O-trans-feruloyl）-β-D-glucoside］和芹菜素 -7-O-（6″-O- 没食子酰）-β-D- 葡萄糖苷［apigenin-7-O-（6″-O-galloyl）-β-D-glucoside］[4]；环烷醇类：肌醇（inosito）[2]；多酚类：短叶苏木酚（brevifolin）[1]，短叶苏木酚酸乙酯（ethyl brevifolin carboxylate）[3]，短叶苏木酚酸（brevifolin carboxylic acid）和短叶苏木酚酸甲酯（methyl brevifolin carboxylate）[5]；酚酸类：没食子酸（gallic acid）、鞣花酸（ellagic acid）[1]，没食子酸甲酯（methyl gallate）[2]，地榆酸双内酯（sanguisorbic acid dilactone）和 3, 3′- 二甲氧基鞣花酸（3, 3′-dimethoxyellagic acid）[5]；脂肪酸及酯类：莽草酸（shikimic acid）、棕榈酸（palmitic acid）、亚麻酸（linolenic acid）[3]，1- 棕榈酸甘油酯（1- palmitate）、棕榈酸 -α, α′- 双甘油酯（palmitic acid-α, α′-diglyceride）、1- 棕榈酸 -3- 亚麻酸甘油酯（1-palmitic acid-3-linolenic acid glyceride）[3]和正十六碳酸 α- 甘油酯（α- glycerol n-hexadecylate）[6]；生物碱类：5β- 甲氧基 -4β- 羟基 -3- 亚甲基 -α- 吡咯烷酮（5β-methoxy-4β-hydroxy-3-methylene-α-pyrrolidinone）、5β- 甲氧基 -4α- 羟基 -3- 亚甲基 -α- 吡咯烷酮（5β-methoxy-4α-hydroxy-3-methylene-α-pyrrolidinone）、5β- 丁氧基 -4-α- 羟基 -3- 亚甲基 -α- 吡咯烷酮（5β-butoxy-4α-hydroxy-3-methylene-α-pyrrolidinone）和 3-（2- 羟乙基）-5-（1-O-β- 吡喃葡萄糖氧基）吲哚［3-（2-hydroxyethyl）-5-（1-O-β-glucopyranosyloxy）indole］[7]；环己丙烯酮类：（3R, 6R, 7E）-4, 7- 二烯 -3- 羟基 -9- 紫罗兰酮［（3R, 6R, 7E）-4, 7-dien-3-hydroxy-9-ionone］[3]和 3- 氧代 -7, 8- 二氢 -α- 紫罗兰酮 -11-O-β- 葡萄糖苷（3-oxo-7, 8-dihydro-α-ionone-11-O-β-glucoside）[7]；皂苷类：24- 亚甲基环阿尔廷醇（24-methylene cycloartenol）、3, 4- 开环羽扇豆 -4（23），20（29）- 二烯 -24- 羟基 -3- 羧酸（3, 4-seco-lupa-4（23），20（29）-dien-24-hydroxy-3-oic acid）、23（E）- 烯 -25- 乙氧基 -3β- 环阿尔廷醇［23（E）-en-25-ethoxy-3β- cycloartenol］[3]，羽扇豆醇（lupeol）、23Z- 烯 -3β, 25- 环阿尔廷二醇（cycloart-23Z-en-3β, 25-diol）、23E- 烯 -3β, 25- 环阿尔廷二醇（cycloart-23E-en-3β, 25-diol）和 25- 烯 -3β, 24- 环阿尔廷二醇（cycloart-25-en-3β, 24-diol）[6]；甾体类：β- 谷甾醇（β-sitosterol）[1]，β- 胡萝卜苷（β- carotene）、豆甾 -5- 烯 -3-O-（6- 亚麻酰基）-β-D- 吡喃葡萄糖胺［stigmasterol-5-en-3-O-（6-linolyl）-β-D-glucosamine］、7β- 羟基谷甾醇（7β-hydroxysterol）、4α, 14α- 二甲基 -8, 24（28）- 二烯 -3β- 羟基 -5α- 麦角甾 -7- 酮［4α, 14α-dimethyl-8, 24（28）-diene-3β-hydroxy-5α-ergost-7-one］、4α, 14α- 二甲基 -8, 24（28）- 二烯 -3β- 羟基 -5α- 麦角甾 -7, 11- 二酮［4α, 14α-dimethyl-8, 24（28）-diene-3β-hydroxy-5α-ergost-7, 11-dione］和 4α, 14α- 二甲基 -7, 9（11），24（28）- 三烯 -5α- 麦角甾 -3β- 醇［4α, 14α-dimethyl-7, 9（11），24（28）-triene-5α-ergoside-3β-ol］[3]；香豆素类：7- 甲氧基 -6- 羟基香豆素（7-methoxy-6-hydroxycoumarin）[3]；烷醇类：

正二十二烷醇（*n*-docosanol）[3]；多聚酚类：大戟米辛 M1、M2、M3（euphormisins M1、M2、M3）和老鹤草素（geraniin）等[8]。

【药理作用】1. 抗氧化　全草 75% 乙醇提取的黄酮类化合物可使抗 D- 半乳糖诱导衰老小鼠肝脏超氧化物歧化酶（SOD）、谷胱甘肽过氧化物酶（GSH-Px）含量降低，脂质过氧化产物丙二醛（MDA）含量升高，明显提高肝脏组织的抗氧化能力，并可清除羟自由基（·OH）、过氧自由基，抑制脂质过氧化，同时还可通过提高抗氧化酶系统活性而产生间接清除自由基作用[1-3]；水煎液可使小鼠的血清和肝脏中的超氧化物歧化酶，以及脾脏、肾脏和心脏中超氧化物歧化酶的含量明显升高，并可使小鼠肾脏中的丙二醛含量明显降低[4]，同时可增加小鼠内脏中的超氧化物歧化酶含量，降低丙二醛含量[5]；水提醇浸液可使小鼠心、肺和左肾指数明显增加[6]；全草的 95% 乙醇提取物在体外对 α- 葡萄糖苷酶有明显的抑制作用，再经乙醚萃取后对 α- 葡萄糖苷酶的抑制作用达到最强，其半数抑制浓度（IC$_{50}$）为 78.8μg/ml，且乙醚萃取物对铁离子、羟自由基和超氧阴离子自由基（O$_2^-$·）也具有较强的还原能力和清除作用[7]；全草提取物能明显降低肾缺血损伤模型大鼠的丙二醛含量，明显增强超氧化物歧化酶的含量，且肾组织中的 Na$^+$、K$^+$-ATP 酶和 Ca^{2+}-ATP 酶活性均有明显提高，提示全草能抑制肾缺血再灌注引起的肾功能损伤[8]。2. 抗真菌　全草提取物对红色毛癣菌、石膏样毛癣菌、紫色毛癣菌、许兰毛癣菌、疣状毛癣菌、犬小孢子菌 6 种真菌的生长均具有明显的抑制作用，其最低抑菌浓度（MIC）分别为 446μg/ml、652μg/ml、1024μg/ml、896μg/ml、853μg/ml、1024μg/ml，且提取物在 256μg/ml 时可明显降低红色毛癣菌中的角鲨烯环氧化酶的含量，提示提取物具有明显的抗真菌作用，对皮肤癣菌的敏感性比念珠菌高，且其抗真菌机制可能与抑制角鲨烯环氧化酶的活性有关[9-11]；全草的正丁醇及水提取部位对皮肤癣菌的生长有明显的抑制作用，且正丁醇部位的抑菌作用强于水提部位[12]；全草乙醇和石油醚提取物对变异链球菌、黏性放线菌和牙龈卟啉单胞菌 3 种常见口腔病原菌的生长均有较强的抑制作用，其中乙醇提物的抗菌作用更为明显[13]；95% 乙醇提取的石油醚、乙酸乙酯、正丁醇和水 4 个不同萃取部位对温和气单胞菌、嗜水气单胞菌及鳗弧菌的生长均有不同程度的抑制作用，且乙酸乙酯和石油醚的抗菌作用最明显[14]；提取的黄酮类化合物木犀草素 -7-*O*-β-D- 葡萄糖苷（luteolin-7-*O*-β-D-glucoside）、木犀草素 -7-*O*-（6″-*O*- 阿魏酰）-β-D- 葡萄糖苷［luteolin-7-*O*-（6″-*O*-*trans*-feruloyl）-β-D-glucoside］、芹菜素 -7-*O*-β-D- 葡萄糖苷（apigenin-7-*O*-β-D-glucoside）和芹菜素 -7-*O*-（6″-*O*- 没食子酰）-β-D- 葡萄糖苷［apigenin-7-*O*-（6″-*O*-galloyl）-β-D-glucoside］4 个化合物在体外对乙肝病毒（HBV）活性具有抑制作用，其中木犀草素 -7-*O*-β-D- 葡萄糖苷主要对 HepG2.2.15 细胞中乙肝表面抗原（HBsAg）分泌有抑制作用，其半数抑制浓度为 20μg/ml；木犀草素 -7-*O*-（6″-*O*- 阿魏酰）-β-D- 葡萄糖苷对 HepG2.2.15 细胞中乙肝 e 抗原（HBeAg）分泌的抑制作用较明显，其半数抑制浓度为 75.81μg/ml，对乙肝表面抗原分泌抑制率为 18.6%（80μg/ml）；芹菜素 -7-*O*-β-D- 葡萄糖苷和芹菜素 -7-*O*-（6″-*O*- 没食子酰）-β-D- 葡萄糖苷对 HepG2.2.15 细胞中乙肝 e 抗原分泌、乙肝表面抗原分泌均具剂量依赖性的抑制作用，其半数抑制浓度分别为 34.71μg/ml 和 16.27μg/ml、75.75μg/ml 和 36.90μg/ml[15-17]。3. 抗疲劳　全草热水浸提的多糖类成分可增加负重小鼠的游泳时间，提高小鼠的运动耐力，降低运动后小鼠的血乳酸，具有一定的抗疲劳作用[18]。4. 抗肿瘤　全草水提液高剂量组可减小 H22 荷瘤小鼠的肿瘤体积，且给药后小鼠的肿瘤组织血管内皮生长因子（VEGF）和基质金属蛋白酶 -3（MMP-3）明显下降，说明水提液抑制荷瘤小鼠肿瘤组织 VEGF、MMP-9 蛋白的表达可能是其抗肿瘤的主要机制之一[19, 20]；水提液有提高移植性肝癌 H22 小鼠超氧化物歧化酶活性的作用，对血清中丙二醛的含量和 Bcl-2 蛋白表达有降低作用，同时可提高 Bax、Caspase-3 蛋白表达，降低 Bcl-2/Bax 值[21]；提取的不同剂量的黄酮醇类化合物连续灌胃于 U14 宫颈癌移植瘤模型小鼠 14 天后，小鼠肿瘤组织的生长受到明显抑制，生命体征得到明显改善，低、高剂量均能明显抑制小鼠肿瘤的生长，其抑制率分别为 40.17% 和 55.06%，高剂量组可明显增强宫颈癌小鼠的胸腺和脾脏功能，且 NK 细胞的杀伤作用有明显的增强，并能刺激小鼠脾细胞增殖，外周血中 CD4$^+$T 淋巴细胞的数目呈剂量依赖性增加，使 T 淋巴细胞 CD4$^+$ 与 CD8$^+$ 的数量比值也发生改变，外周血中的白细胞介素 -2（IL-2）和肿瘤坏死因子 -α（TNF-α）

水平升高，从而增强细胞因子的抗肿瘤作用[22]；水提物能显著抑制 U14 宫颈癌模型小鼠肿瘤的生长，同时能使肿瘤组织的突变型 P53 蛋白的表达量明显下调，这可能是水提物抗肿瘤的潜在机制[23]。5.抗炎　全草分离提取的黄酮类化合物可抑制脂多糖诱导的 RAW264.7 细胞产生的一氧化氮和肿瘤坏死因子[24]。

【性味与归经】辛，平。归肝、大肠经。

【功能与主治】清热解毒，凉血止血。用于痢疾，肠炎，咯血，尿血，便血，崩漏，疮疖痈肿。

【用法与用量】9～20g；外用适量。

【药用标准】药典 1977、药典 1990—2015、浙江炮规 2015、福建药材 1990、河南药材 1991、辽宁药材 2009、贵州药材 1988、内蒙古药材 1986、内蒙古蒙药 1988、山西药材 1987 和新疆维药 1993。

【临床参考】1. 非特异性外阴炎：地锦草冲剂（全草 15g，加蛇床子 15g、白鲜皮 15g、土茯苓 15g、地肤子 15g、黄柏 25g、苦参 10g、甘草 6g，制成粉末干燥装袋）开水冲泡后坐浴，每次 1 袋，每日 1 次，坐浴 10～20min，同时莫匹罗星软膏外用[1]。

2. 老年性皮肤瘙痒症：鲜全草 200g，水煎服，每日 1 剂，分 2 次服；药渣加水再煎，熏洗皮肤，每晚睡前 1 次，7 天为 1 疗程，休息 1～2 天后开始下 1 疗程[2]。

3. 慢性特发性血小板减少症：鲜全草 30～50g，加生地 15g、丹皮 10g、赤芍 10g、当归 10g、独活 6g、补骨脂 10g、旱莲草 15g、黄芪 10g、党参 10g、五味子 6g、陈皮 6g，水煎服，每日 1 剂，15 天为 1 疗程[3]。

4. 小儿秋季腹泻：地锦草合剂（全草 20g，加葛根 20g、黄芩 15g、黄连 15g、诃子 12g、肉豆蔻 12g）水煎取 500ml 足浴，药液温度在 38～40℃，每次 40min，每日 2 次，5 天为 1 疗程[4]。

5. 乳糜尿：鲜全草 30～50g，加红糖 15g，水煎服，每日 1 剂[5]。

6. 粪毒（钩蚴性皮炎）：鲜全草适量洗净捣烂，外敷患处，干燥即换，每日数次[6]。

7. 泌尿系结石：鲜全草 100～200g，洗净捣烂，置一大碗中，上覆盖一较小盖碗，倒进煮沸糯米酒 1 杯（250～300ml），待其温热适当时服用（焗 10min 以上，服时不要将盖碗揭开），每日 1～2 次，7～10 天为 1 疗程[7]。

【附注】地锦草之名始载于宋《嘉祐本草》，云："生近道，田野，出滁州者尤良；茎叶细弱，蔓延于地，茎赤，叶青紫色，夏中茂盛，六月开红花，结细实。"《救荒本草》云："小虫儿卧单，一名铁线草。生田野中。苗揸地生，叶似苜蓿叶而极小，又似鸡眼草叶，亦小。其茎色红，开小红花。"《本草纲目》云："赤茎布地，故曰地锦。"又云："田野寺院及阶砌间皆有之小草也。就地而生，赤茎，黄花，黑实……断茎有汁。"《植物名实图考》载："奶花草，田塍阴湿处皆有之，形状似小虫儿卧单，而茎赤，叶稍大，断之有白汁。"均与今之地锦草及斑地锦基本一致。

血虚无瘀及脾胃虚寒者慎服。

毛地锦 *Euphorbia humifusa* Willd. var. *pilosa* Thell. 的全草在辽宁作地锦草药用。此外，千根草 *Euphorbia thymifolia* Linn. 及匍匐大戟（铺地草）*Euphorbia prostrata* Ait. 的全草民间亦作地锦草药用。

本种《中国植物志》中文名为地锦，该名与葡萄科植物地锦 *Parthenocissus tricuspidata*（S. et Z.）Planch. 同名，故本书使用"地锦草"一名。

【化学参考文献】

［1］柳润辉，王汉波，孔令义 . 地锦草化学成分的研究［J］. 中草药，2001，32（2）：107-108.

［2］李荣芷，何云庆，刘虎，等 . 地锦草化学成分的研究 - Ⅰ . 三种黄酮甙的分离及其甙元的鉴定［J］. 北京大学学报（医学版），1983，15（1）：72-74.

［3］裴英鸽 . 地锦草化学成分及生物活性研究［D］. 兰州：兰州大学硕士学位论文，2007.

［4］田瑛 . 中药地锦草抗 HBV 活性成分研究［D］. 北京：中国人民解放军军事医学科学院博士学位论文，2010.

［5］田瑛，孙立敏，刘细桥，等 . 中药地锦草酚性成分［J］. 中国中药杂志，2010，35（5）：613-615.

［6］柳润辉，孔令义 . 地锦草脂溶性成分研究［J］. 天然产物研究与开发，2005，17（4）：437-439.

［7］Deng F，Tang N，Xu J，et al. New alpha-pyrrolidinonoids and glycosides from *Euphorbia humifusa*［J］. J Asian Nat Prod

Res，2008，10（6）：531-539.

［8］Yoshida T，Amakura Y，Liu Y Z，et al. Tannins and related polyphenols of euphorbiaceous plants. XI. Three new hydrolyzable tannins and a polyphenol glucoside from *Euphorbia humifusa*［J］. Chem Pharm Bull，1994，42（9）：1803-1807.

【药理参考文献】

［1］曹瑞珍，魏永春，张国文，等.地锦草总黄酮对 D-半乳糖衰老模型小鼠抗氧化作用的研究［J］.卫生研究，2007，36（3）：387-387.

［2］曹瑞珍，张国文，薛燕，等.地锦草提取物对小鼠血液过氧化氢酶和谷胱甘肽过氧化物酶活性的影响［J］.时珍国医国药，2002，13（12）：724-725.

［3］曹瑞珍，张国文，佘集凯，等.地锦草总黄酮对老化模型小鼠血清衰老指标的影响［J］.中国老年学，2008，28（6）：562-563.

［4］陈福星，陈文英，宫新城，等.地锦草对小鼠不同组织抗氧化作用的研究［J］.黑龙江畜牧兽医，2008，（6）：91-92.

［5］刘力源，李静，任捷，等.地锦粗提物对脾虚小鼠抗氧化能力影响的试验［J］.畜牧与饲料科学，2010，31（10）：12-14.

［6］李静，刘力源，任捷，等.地锦粗提物对脾虚小鼠脏器指数和抗氧化能力的影响［J］.中国微生态学杂志，2011，23（12）：1060-1063.

［7］郑巧，杨二磊，朱影，等.地锦草提取物对体外 α-葡萄糖苷酶抑制及抗氧化活性研究［J］.中成药，2016，38（2）：252-257.

［8］张振涛，张威.地锦草抗氧化作用及对肾缺血再灌注损伤保护作用的实验研究［J］.中国中医药科技，1999，6（1）：30-31.

［9］古力娜•达吾提，斯拉甫•艾白，李治建，等.地锦草提取物抗真菌作用及对红色毛癣菌角鲨烯环氧化酶的影响［J］.医药导报，2009，28（11）：1404-1407.

［10］李治建，古力娜•达吾提，斯拉甫•艾白.地锦草提取物体外抗真菌作用研究［J］.时珍国医国药，2008，19（12）：2958-2960.

［11］周露，斯拉甫•艾白，李治建，等.地锦草不同醇浓度提取物体外抗真菌作用研究［J］.时珍国医国药，2011，22（5）：1106-1107.

［12］安惠霞，斯拉甫•艾白，古力娜•达吾提，等.地锦草不同萃取部位体外抗真菌作用研究［J］.中国中医药信息杂志，2010，17（1）：40-42.

［13］柳爱华，宝福凯，张杰，等.地锦草提取物抗口腔病原菌作用的体外研究［J］.中国热带医学，2007，7（12）：2194-2217.

［14］田海军.地锦草对水产病原菌体外抗活性的研究［J］.水生态学杂志，2010，3（1）：17-19.

［15］田瑛.中药地锦草抗 HBV 活性成分研究［D］.北京：中国人民解放军军事医学科学院博士学位论文，2010.

［16］Tian Y，Sun L M，Liu X Q，et al. Anti-HBV active flavone glucosides from *Euphorbia humifusa* Willd［J］. Fitoterapia，2010，81（7）：799-802.

［17］Tian Y，Sun L M，Li B，et al. New anti-HBV caryophyllane-type sesquiterpenoids from *Euphorbia humifusa* Willd［J］. Fitoterapia，2011，82（2）：251.

［18］黄浩.地锦草多糖的提取工艺及其抗疲劳作用研究［D］.长沙：湖南农业大学硕士学位论文，2009.

［19］邹志坚，刘海云，高增光，等.地锦草水提液对 H22 荷瘤小鼠生长抑制及其机制探讨［J］.中华肿瘤防治杂志，2014，21（12）：903-908.

［20］邹志坚，胡建新，王晓敏，等.地锦草水提液对 H22 荷鼠 VEGF、MMP-9 蛋白表达的影响［J］.中国现代医学杂志，2013，23（36）：11-14.

［21］邹志坚，刘海云，王晓敏.地锦草水提液对移植性肝癌的抑制作用及对凋亡蛋白表达的影响［J］.中国实验方剂学杂志，2013，19（21）：241-245.

［22］王培军.地锦草黄酮醇抗肿瘤作用及其机理的研究［D］.秦皇岛：燕山大学硕士学位论文，2013.

［23］玮罕，耿果霞，李青旺，等.地锦草抗宫颈癌活性研究［J］.中国畜牧兽医，2010，37（3）：192-194.

[24] Luyen B T，Tai B H，Thao N P，et al. Anti-inflammatory components of *Euphorbia humifusa* Willd［J］. Bioorganic & Medicinal Chemistry Letters，2014，45（8）：1895-1900.

【临床参考文献】

[1] 杨帆，刘笑梅. 地锦草冲剂联合莫匹罗星软膏治疗非特异性外阴炎临床疗效观察［J］. 亚太传统医药，2017，13（13）：148-150.

[2] 郭吟龙. 单味地锦草治疗老年性皮肤瘙痒症［J］. 中医药研究，2001，17（2）：30-31.

[3] 马朝斌. "复方地锦草汤"治疗慢性特发性血小板减少症35例［J］. 江苏中医药，2004，25（11）：31.

[4] 杨士珍，郝海英，黄俊敏. 地锦草合剂足浴治疗小儿秋季腹泻60例［J］. 陕西中医，2009，30（11）：1479-1480.

[5] 陈水山. 地锦草治乳糜尿效佳［J］. 浙江中医杂志，1994，29（11）：522.

[6] 顾天培. 鲜地锦草外敷治"粪毒"［J］. 新医药学杂志，1977，（6）：48.

[7] 肖金东. 单味地锦草治泌尿系结石［J］. 新中医，1984，（12）：14.

508. 斑地锦（图 508）• *Euphorbia maculata* Linn.（*Euphorbia supina* Rafin.）

图 508 斑地锦　　　　　　　　摄影　李华东等

【形态】 一年生草本，长 15～25cm。茎平卧，细弱，基部多分枝，疏被白色柔毛。叶对生，长椭圆形至倒卵形，长 4～12mm，宽 2～5mm，先端钝，基部偏斜，不对称，边缘中部以下全缘，中部以上常具细小疏锯齿；叶面绿色，中部常具有一个长圆形的紫色斑点，叶背淡绿色或灰绿色，新鲜时可见紫色斑，两面无毛；叶柄短，长约 1mm；托叶钻状，不分裂，边缘具睫毛。花序单生于叶腋，基部具短柄；总苞狭杯状，边缘 5 裂；腺体 4。雄花 4～5 朵，微伸出总苞外；雌花 1 朵，子房柄伸出总苞外；花柱短，近基部合生；柱头 2 裂。蒴果长约 2mm，被稀疏柔毛，成熟时易分裂为 3 个分果爿。种子卵状四棱形，长约 1mm，灰色或灰棕色，具横沟，无种阜。花果期 4～10 月。

【生境与分布】生于路旁、荒地、平原，常见杂草。原产于北美，归化于欧亚大陆；分布于华东各省市，另湖北、河南、河北和台湾等省均有分布。

【药名与部位】地锦草（斑鸠窝），全草。

【采集加工】夏、秋二季采收，洗净，干燥。

【药材性状】常皱缩卷曲，根细小。茎细，呈叉状分枝，表面带紫红色，光滑无毛或疏生白色细柔毛；质脆，易折断，断面黄白色，中空。单叶对生，具淡红色短柄或几无柄；叶片多皱缩或已脱落，展平后呈长椭圆形，长 5 ～ 10mm，宽 4 ～ 6mm；红褐色，通常具疏生细柔毛，上表面具红斑；先端钝圆，基部偏斜，边缘具小锯齿或呈微波状。杯状聚伞花序腋生，细小。蒴果三棱状球形，被稀疏白色短柔毛。种子细小，卵形，褐色。气微，味微涩。

【药材炮制】除去杂质，喷淋清水，稍润，切段，干燥。

【化学成分】全草含黄酮类：槲皮素（quercetin）、山柰酚（kaempferol）[1, 2]、芹菜素 -7-O-葡萄糖苷（apigenin-7-O-glucoside）、木犀草素 -7-O- 葡萄糖苷（luteolin-7-O-glucoside）和槲皮素 -3-O- 阿拉伯糖苷（quercetin-3-O-arabinoside）[2]；酚酸类：鞣花酸（ellagic acid）[1, 2]、1, 3, 6- 三 -O- 没食子酰 -4-O- 短叶老鹳草羧基 -β-D- 葡萄糖（1, 3, 6-tri-O-galloyl-4-O-brevifolincarboxyl-β-D-glucose），即大戟米辛 M1（euphormisin M1）、大戟米辛 M2（euphormisin M2）、1, 3, 6 - 三 - O - 没食子酰 -α-D- 葡萄糖（1, 3, 6-tri-O-galloyl-α-D-glucose），即大戟米辛 M3(euphormisin M3)、老鹳草素(geraniin)、大戟素 A(euphorbin A)、大戟素 B（euphorbin B）、海漆宁（excoecarianin）[3]，没食子酸乙酯（ethyl gallate）和短叶苏木酚（brevifolin）[4]；香豆素类：东莨菪素（scopoletin）和伞形花内酯（umbelliferone）[2]；皂苷类：木栓酮（foliegelin）、营实烯醇（multiflorenol）[4]，莫替醇（motiol）、异莫替醇（isomotiol）、斑地锦烯醇酮（supineolone）、阿帕醇 B（hopenol B）、羊齿 -8- 烯 -3β- 醇（fern-8-en-3β-ol）、平卧地锦酮 C*（supinenolone C），即 3β- 羟基羊齿 -8- 烯 -7, 11- 二酮（3β-hydroxyfern-8-en-7, 11- dione）[5]和异牡丹醇（isomultiflorenol）[6]；甾体类：β- 谷甾醇（β-sitosterol）[5]和胡萝卜苷（daucosterol）[6]；烷醇类：二十八烷醇（octacosyl alcohol）[5]；脂肪酸类：棕榈酸（palmitic acid）[6]。

叶含黄酮类：槲皮素 -3-O-（2″, 3″- 二 -O- 没食子酰 -β-D- 吡喃葡萄糖苷［quercetin-3-O-（2″, 3″-di-O-galloyl）-β-D- glucopyranoside］[7]；多酚类：1, 3, 6- 三 -O- 没食子酰 -β-D- 葡萄糖（1, 3, 6- 三 -O-galloyl-β-D-glucose）、3, 4, 6-tri-O- 没食子酰 -D- 葡萄糖（3, 4, 6-tri-O-galloyl-D-glucose）、1, 2, 3, 4, 6- 五 -O- 没食子酰 -β-D- 葡萄糖（1, 2, 3, 4, 6-penta-O-galloyl-β-D-glucose）、诃子宁*（chebulanin）、诃子鞣酸（chebulagic acid）、榄仁树鞣质（tercatain）、石榴皮苦素（granatin B）、1, 2, 6- 三 -O- 没食子酰 -α-D- 葡萄糖（1, 2, 6-tri-O-galloyl-α-D-glucose）、斑叶地锦素 B、D（eumaculin B、D）、3, 6- 二 -O- 诃子酰*-β-D- 葡萄糖（3, 6-di-O-chebuloyl-β-D-glucose），即斑叶地锦素 E（eumaculin E）[7]、大戟米辛 M3（euphormisin M3）、海漆宁（excoecarianin）和大戟素 A euphorbin A[3, 4]。

【药理作用】1. 抗菌　全草甲醇提取物的各部位对革兰氏阳性菌的生长具有较明显的抑制作用，尤其是乙酸乙酯部位，对金黄色葡萄球菌和枯草芽孢杆菌的生长有明显的抑制作用[1]，总黄酮是主要的抗菌成分之一，对温和气单胞菌的最低抑菌浓度（MIC）为 1.25mg/ml，最小杀菌浓度（MBC）为 10mg/ml[2]。
2. 抗炎　全草醇提物对脂多糖诱导的 RAW 264.巨噬细胞炎症模型具有较明显的抗炎作用，其作用可能与抑制一氧化氮（NO）、前列腺素 E$_2$（PGE$_2$）、白细胞介素 -6（IL-6）、白细胞介素 -10（IL-10）、肿瘤坏死因子 -α（TNF-α）的产生有关[3]。3. 降血压　全草水提液能明显降低盐酸肾上腺素所致家兔的血压[4]。4. 护肝　全草醇提物正丁醇萃取物对乙醇诱导的急性酒精性肝损伤具有保护作用，其作用机制与改善脂质代谢、抗氧化及通过抑制 TLR4-NF-κB 信号通路的活化来减少细胞炎症因子（如肿瘤坏死因子 -α）的产生等有关[5]。

【性味与归经】辛，平。归肝、大肠经。

【功能与主治】清热解毒，凉血止血。用于痢疾，肠炎，咯血，尿血，便血，崩漏，疮疖痈肿。

【用法与用量】9 ～ 20g；外用适量。

【药用标准】药典 1977、药典 1990—2015、浙江炮规 2015、河南药材 1991、内蒙古药材 1988 和贵州药材 1988。

【临床参考】1. 月经过多：全草 30g，加地骨皮 10g、生地 12g、丹皮 10g、郁金 9g、白茅根 10g、青蒿 6g、绿萼梅 9g、沙参 10g、麦冬 6g、焦山栀 6g、甘草 3g，水煎服，每日 1 剂[1]。

2. 痢疾：全草 30g，加丹皮 10g、赤芍 12g、白头翁 10g、木香 6g、槟榔 6g、蒲公英 15g，水煎服，每日 1 剂[1]。

3. 缺乳：全草 30g，加党参 12g、炙黄芪 15g、当归 10g、通草 10g、王不留行 10g、路路通 10g、茯苓 10g，水煎服，每日 1 剂，连服 5 剂[1]。

4. 疳积：全草 15g，加截叶胡枝子、爵床各 15g，水煎冲红糖服。

5. 各种出血：全草 30g，水煎服；或鲜全草捣烂敷患处。（4 方、5 方引自《浙江药用植物志》）

【化学参考文献】

［1］刘静. 斑地锦正丁醇萃取物对小鼠肝损伤的保护作用及其化学成分研究［D］. 武汉：湖北中医药大学硕士学位论文，2017.

［2］柳润辉，孔令义. 斑地锦的化学成分［J］. 植物资源与环境学报，2001，10（1）：60-61.

［3］Agata I，Hatano T，Nakaya Y，et al. Tannins and related polyhenols of Euphorbiaceous Plants Ⅷ. eumaculin A and eusupinin A，and accompanying polyphenols from *Euphorbia maculata* L. and *E. supina* Rafin［J］. Chem Pharm Bull，1991，39（4）：881-883.

［4］褚小兰，范崔生. 地锦类中草药的化学成分和药理研究概况［J］. 中国野生植物资源，1998，17（2）：19-21.

［5］Hunyo M，Keiko M. Hopenol-B，a triterpene alcohol from *Euphorbia supina*［J］. Phytochemistry，1983，22（2）：605-606.

［6］万亚坤，周乐，赵海双. 中药地锦草的研究与临床应用［J］. 动物医学进展，2000，21（4）：157-159.

［7］Yoshiaki A，Keita K，Tsutoma H，et al. Four new hydrocyzable tannins and an acylated flavonol glycoside from *Euphorbia maculata*［J］. Canadian Journal of Chemistry，1997，75（6）：727-733.

【药理参考文献】

［1］Choe Y H，Park Y J，Zhang X W，et al. Antibacterial activity of organic solvent fraction from *Euphorbia supina*［J］. African Journal of Pharmacy and Pharmacology，2014，8（22）：615-620.

［2］邵留，沈盎绿，郑曙明. 斑地锦总黄酮的提取及抑菌作用［J］. 西南大学学报（自然科学版），2005，27（6）：902-905.

［3］Park S C，Son D Y. Inhibitory effects of *Euphorbia supina* Rafin on the production of pro-inflammatory mediator by LPS-stimulated RAW 264. 7 macrophages［J］. Journal of the Korean Society of Food Science & Nutrition，2011，40（4）：486-492.

［4］张仁侠，张炳盛，孙永庆，等. 斑地锦降压作用的初步研究［J］. 中国医药导报，2009，6（34）：114-115.

［5］刘静. 斑地锦正丁醇萃取物对小鼠肝损伤的保护作用及其化学成分研究［D］. 湖北：湖北中医药大学硕士学位论文，2017.

【临床参考文献】

［1］卢建明. 斑地锦临床应用举隅［J］. 时珍国医国药，2000，11（4）：341.

509. 飞扬草（图 509）· *Euphorbia hirta* Linn.

【形态】一年生草本，高 10 ～ 50cm。全体被淡锈色粗硬毛。茎通常由基部多分枝，枝常淡红色或淡紫色，匍匐状或扩展。叶对生，披针长圆形、长椭圆状卵形或卵状披针形，长 1 ～ 5cm，宽 0.5 ～ 2.5cm，顶端急尖或钝，基部极为偏斜，边缘有细锯齿，少为全缘，上面绿色，中部常有紫色斑，下面灰绿色，两面均被柔毛，下面及脉上较密；叶柄长 1 ～ 2mm。杯状花序多数，排列成腋生紧密的头状花序，总花梗极短；总苞钟状，淡绿色或淡紫色，长约1mm，外面密被短柔毛，顶端5裂，裂片三角状卵形，腺体4枚，杯状，有白色花瓣状附片；雄花少数；雌花子房三棱形，花柱3枚，分离，顶端2浅裂。蒴果卵状三棱形，长约1.5mm，密被伏贴的短柔毛。种子栗褐色。花果期6～12月。

图 509　飞扬草　　　　　　　　　　　　　　　　　　　　摄影　徐克学

【**生境与分布**】生于路旁、屋旁草丛中或灌丛下，多见于砂质土。分布于江苏、浙江、江西及福建，另广东、广西、云南、台湾均有分布；世界亚热带地区广布。

【**药名与部位**】飞扬草，全草。

【**采集加工**】夏、秋二季采挖，洗净，晒干。

【**药材性状**】茎呈近圆柱形，长15～50cm，直径1～3mm。表面黄褐色或浅棕红色；质脆，易折断，断面中空；地上部分被长粗毛。叶对生，皱缩，展平后叶片椭圆状卵形或略近菱形，长1～4cm，宽0.5～1.3cm；绿褐色，先端急尖或钝，基部偏斜，边缘有细锯齿，有3条较明显的叶脉。聚伞花序密集成头状，腋生。蒴果卵状三棱形。气微，味淡、微涩。

【**药材炮制**】除去杂质，洗净，稍润，切段，干燥。

【**化学成分**】地上部分含木脂素类：肉果草苷 *A（tibeticoside A）[1]；黄酮类：高车前素（hispidulin）、槲皮素（quercetin）[2]和山柰酚 -3- 鼠李糖苷（kaempferol-3- L-rhamnoside），即阿福豆苷（afzelin）[3]；酚酸及酯类：邻苯二甲酸二异丁酯（diisobutyl-O-phthalate）、邻苯二甲酸二乙基己酯（diethylhexyl phthalate）、没食子酸（gallic acid）[2]，邻苯二甲酸二丁酯（dibutyl phthalate）和 3, 4- 二羟基苯甲酸（3, 4-dihydroxy-benzoic acid）[3]；皂苷类：蒲公英赛酮（taraxerone）、（23E）-25- 甲氧基环阿尔廷烯 -3-

醇［（23E）-25-methoxycycloart-23-en-3-ol］、环阿尔廷 -23- 烯 -3β，25- 二醇（cycloart-23-en-3β，25-diol）和环阿尔廷 -25- 烯 -3β，24ξ- 二醇（cycloart-25-en-3β，24ξ-diol）[3]；萜类：黑麦草内酯（loliolide）[3]；甾体类：β- 谷甾醇（β-sitosterol）和羊毛甾醇（lanosterol）[3]；其他尚含：过氧化乙酰（acetyl peroxide）[2]。

全草含黄酮类：木犀草素（luteolin）、槲皮素（quercetin）、3′- 甲基杨梅黄酮（larycitrin）[4]，山奈酚 -3- 鼠李糖苷（kaempferol-3-rhamnoside），即阿福豆苷（afzelin）、杨梅苷（myricitrin）[5]，槲皮素 -7- 葡萄糖苷（quercetin-7-glucoside）、异槲皮素（isoquercetin）、大戟黄素＊（euphorbianin）和山奈酚（kaempferol）[6]；酰胺类：橙黄胡椒酰胺乙酸酯（aurantiamide acetate）和橙黄胡椒酰胺（aurentiamide）[4]；酚酸类：咖啡酸（caffeic acid）、3，4- 二羟基苯甲酸（3，4-dihydroxy-benzoic acid）、香草酸（vanilic acid）、丁香酸（syringate）和没食子酸乙酯（ethyl gallate）[4]；木脂素类：4- 酮基松脂酚（4-ketopinoresinol）和松脂酚（pinoresinol）[4]；萜类：2β，16α，19- 三羟基对映贝壳杉烷（2β，16α，19-trihydroxy-ent-kaurane）、2β，16α- 二羟基对映贝壳杉烷（2β，16α-dihydroxy-ent-kaurane）、16α，19- 二羟基对映贝壳杉烷（16α，19-dihydroxy-ent-kaurane）[7]，亭牙毒素（tinyatoxin）和巨大戟萜醇三乙酸酯（ingenoltriacetate）[6]；烷烃苷类：正丁基 -1-O-β-L- 鼠李糖苷（n-butyl-1-O-β-L-rhamnopyranoside）和正丁基 -1-O-α-L- 鼠李糖苷（n-butyl-1-O-α-L-rhamnopyranoside）[6]。

叶含萜类：大戟素 A、B、C、E（euphorbin A、B、C、E）[8,9]；酚酸及衍生物：2，4，6- 三 -O- 没食子酰基 -D- 葡萄糖（2，4，6-tri-O-galloyl-D-glucose）、1，2，3，4，6- 五 -O- 没食子酰基 - β-D- 葡萄糖（1，2，3，4，6-penta-O-galloyl-β-D-glucose）、1，3，4，6- 四 -O- 没食子酰基 - β-D- 葡萄糖（1，3，4，6-tetra-O-galloyl-β-D-glucose）、诃子素（terchebin）、3，4- 二 -O- 没食子酰基奎尼酸（3，4-di-O-galloylquinic acid）、5-O- 咖啡酰基奎尼酸（5-O-caffeoylquinic acid）[8]和没食子酸（gallic acid）[10]；黄酮类：槲皮苷（quereitrin）和杨梅苷（myricitrin）[10]。

【药理作用】1. 抑制血管紧张肽转化酶　干燥叶、茎的甲醇提取的石油醚、氯仿和甲醇提取部位可抑制雄性大鼠的血管紧张肽转化酶，抑制率达 90% 以上[1]。2. 镇静　全草水提物冻干粉能明显减少小鼠的活动量、爬梯数和升高数，且能明显增加在明箱内的停留时间[2, 3]。3. 镇痛　全草水提物具有明显的镇痛作用，可明显减少乙酸所致疼痛小鼠的扭体次数，可明显提高热板法所致疼痛小鼠的痛阈值[4]；全株提取的冻干粉对乙酸所致小鼠和热板法所致小鼠的疼痛均有明显的镇痛作用，有效作用剂量在 20 ～ 25mg/kg[5]。4. 抗炎　水提物可抑制角叉菜胶所致大鼠的爪水肿，对二甲苯所致小鼠的耳壳肿胀也有明显的抑制作用，并可明显减少前列腺素 I$_2$、E$_2$ 和 D$_2$ 的释放[4, 6]，对急性炎症大鼠也有较好的抗炎作用[5]。5. 解热　全草水提物在 100mg/kg 和 400mg/kg 剂量时对酵母所致的高热大鼠具有明显的退热作用，在 100mg/kg 和 40mg/kg 剂量时能降低高体温大鼠的直肠温度，对正常大鼠体温也有降温作用[4]。6. 排尿　叶的水提物和醇提物在 10mg/kg 和 50mg/kg 剂量时均能明显增加大鼠的排尿量，其中水提物增加尿液中的 Na$^+$、K$^+$ 和 HCO$_3^-$，而醇提物可增加尿液中的 HCO$_3^-$，减少 K$^+$ 的损失，而对肾脏 Na$^+$ 的清除无明显影响[7]。7. 抗疟　叶乙醇和二氯甲烷的提取物在体外对疟原虫 P.falciparum 的生长有明显的抑制作用，作用浓度为 6μg/ml，抑制率为 60%[8]；全株的乙醇、石油及异戊醇提取物对疟原虫也均有明显的抑制作用，其作用可能与含有的萜类、类固醇、类黄酮、酚酸和木酚素类化合物有关[9]。

【性味与归经】辛、酸，凉；有小毒。归肺、膀胱、大肠经。

【功能与主治】清热解毒，利湿止痒，通乳。用于肺痈，乳痈，疔疮肿毒，牙疳，痢疾，泄泻，热淋，血尿，湿疹，脚癣，皮肤瘙痒，产后少乳。

【用法与用量】6 ～ 9g；外用适量，煎水洗。

【药用标准】药典 1977、药典 2010 和药典 2015。

【临床参考】1. 麦粒肿：鲜全草取白色浆液涂麦粒肿肿块上，每日 3 ～ 4 次，勿以手揉擦[1]。

2. 瘾疹、足癣：全草适量，加 75% 乙醇浸泡，药液外擦患处[2]。

3. 红臀：鲜全草 50g，加鲜小飞扬草 50g，加水 500ml 煎至 100ml，先洗净患处，再用药液浸洗，每日早晚 2 次[3]。

4. 细菌性痢疾、急性肠炎、肠道滴虫：全草 60 ～ 300g，水煎，分 2 ～ 4 次服。

5. 慢性气管炎：鲜全草 125g，加桔梗 9g，水煎 2 次，每次煎沸 2h，过滤，两次过滤混合浓缩至 60ml，加白糖适量，每次服 20ml，每天 3 次，10 天为 1 疗程，连服 2 疗程。

6. 湿疹：全草适量，水煎洗患处。（4 方至 6 方引自《浙江药用植物志》）

【附注】以大飞扬草名始载于《岭南采药录》，云："叶如柳叶，折之有白乳，性味与小飞扬同。"脾胃虚寒者及孕妇慎服。全株均有毒，误食会引起腹泻。（《浙江药用植物志》）

【化学参考文献】

［1］赵勇，王一，陈业高，等. 飞扬草中一个木脂素苷的结构研究［J］.云南师范大学学报（自然科学版），2011，31（4）：7-10.

［2］王壹，蒋金和，陈业高，等. 飞扬草化学成分研究［J］.安徽农业科学，2012，40（7）：4060-4062.

［3］王莉，李盈，杨梦莹，等. 飞扬草的化学成分研究（Ⅱ）［J］.中成药，2014，36（8）：1687-1692.

［4］杨光忠，石宽，甘飞，等. 飞扬草中酚类成分的分离与鉴定［J］.中南民族大学学报（自然科学版），2017，36（1）：43-46.

［5］Liu Y，Murakami N，Ji H，et al. Antimalarial flavonol glycosides from *Euphorbia hirta*［J］. Pharm Biol，2007，45（4）：278-281.

［6］宋龙，徐宏喜，杨莉，等. 飞扬草的化学成分与药理活性研究概况［J］.中药材，2012，35（6）：003-1009.

［7］Yan S，Ye D，Wang Y，et al. Ent-kaurane diterpenoids from *Euphorbia hirta*［J］. Rec Nat Prod，2011，5（4）：247-251.

［8］Yoshida T，Chen L，Shingu T，et al. Tannins and related polyphenols of Euphorbiaceous Plants IV；euphorbins A and B；novel dimeric dehydroellagitannins from *Euphorbia hirta* L.［J］. Chem Pharm Bull，1988，36（8）：2940-2949.

［9］Yoshida T，Namba O，Chen L，et al. Euphorbin E，a hydrolyzable tannin dimer of highly oxidized structure，from *Euphorbia hirta*［J］. Chem Pharm Bull，1990，38（4）：1113-1115.

［10］陈玲. 飞扬草叶中的多酚类成分研究［J］.中国中药杂志，1991，16（1）：38-39

【药理参考文献】

［1］杜海燕. 飞扬草提取物的血管紧张肽转化酶抑制作用和止渴作用［J］.国际中医中药杂志，1998，20（4）：44-45.

［2］Lanhers M C，Fleurentin J，Cabalion P，et al. Behavioral effects of *Euphorbia hirta* L.：sedative and anxiolytic properties［J］. Journal of Ethnopharmacology，1990，29（2）：189-198.

［3］汤以佳. 飞扬草的镇静和抗焦虑作用［J］.国外医药·植物药分册，1991，6（2）：85-86.

［4］Lanhers M C，Fleurentin J，Dorfman P，et al. Analgesic，antipyretic and anti-inflammatory properties of *Euphorbia hirta*［J］. Planta Medica，1991，57（3）：225-231.

［5］章鸣. 飞扬草的镇痛解热和抗炎作用［J］.国外医药·植物药分册，1992，71（1）：36-37.

［6］Hiermann A，Bucar F. Influence of some traditional medicinal plants of senegal on prostaglandin biosynthesis［J］. Journal of Ethnopharmacology，1994，42（2）：111.

［7］陈玲. 飞扬草叶中的多酚类成分研究［J］.中国中药杂志，1991，16（1）：38-39.

［8］Johnson P B，Abdurahman E M，Tiam E A，et al. *Euphorbia hirta* leaf extracts increase urine output and electrolytes in rats［J］. Journal of Ethnopharmacology，1999，65（1）：63-69.

［9］Tona L，Cimanga R K，Mesia K，et al. *In vitro* antiplasmodial activity of extracts and fractions from seven medicinal plants used in the Democratic Republic of Congo［J］. Journal of Ethnopharmacology，2004，93（1）：27-32.

【临床参考文献】

［1］王正春. 飞扬草治疗麦粒肿 30 例［J］.云南中医中药杂志，2012，33（9）：36.

［2］杨梅. 飞扬草的应用［J］.中国民族民间医药杂志，2006，（2）：121-122.

［3］李淑婉. 大、小飞扬草治疗红臀［J］.海峡药学，1997，9（4）：45-46.

5. 蓖麻属 *Ricinus* Linn.

一年生草本或灌木（热带地区）。单叶，互生，掌状分裂；具长柄，盾状着生；托叶合生，早落，留下明显环状托叶痕。花雌雄同株且同序，密集排成圆锥花序或总状花序，顶生或与叶对生，雄花生于花序轴下部，雌花密生于花序轴上部；无花瓣及花盘；雄花梗长约 1cm，花萼 3～5 裂，镊合状排列，在花蕾期圆球形，雄蕊多数，花丝合生成束，药室分离，无退化雌蕊；雌花梗较雄花梗稍长，花萼 5 裂，早落，子房 3 室，胚珠每室 1 粒，花柱长或短，开展，全缘或 2 裂。蒴果成熟时开裂为 3 个 2 瓣裂的分果爿。种子长椭圆形，具种阜，种皮坚脆；子叶阔而扁平，胚乳肉质。

仅 1 种，原产于非洲，现广布于热带地区。中国南北多数省区均有栽培，法定药用植物 1 种。华东地区法定药用植物 1 种。

510. 蓖麻（图 510）· *Ricinus communis* Linn.

图 510 蓖麻 摄影 徐克学等

【别名】蓖麻子（江苏）。

【形态】一年生草本或灌木，高达 5m。茎中空，幼时密被白粉。叶大，圆形，掌状深裂，具 7～11 裂片，裂片卵状披针形至长圆形，顶端急尖至渐尖，边缘具锯齿，齿尖具腺体，掌状脉与裂片同数，辐射状，下面凸起，次级脉羽状，弯拱，网脉明显，叶柄盾状着生，通常与叶片近等长，顶端具腺体；托叶长圆形，长 2 ～ 3cm，宽约 1cm。圆锥花序或总状花序，长 15 ～ 30cm，粗壮，无毛；雄花梗长 7 ～ 9mm，无毛，花萼 3 ～ 5 裂，雄蕊多数，花丝结合成数束；雌花梗长 10 ～ 12mm，顶端具 2 ～ 3 枚凸起的圆形腺体，花萼 5 裂，子房卵形，密被长软刺，少无刺；花柱 3 枚，各 2 裂。蒴果长圆形，长 1.5 ～ 2.5cm，通常具软刺，少无刺。种子平滑，长约 1.5cm，具灰白色斑纹，种阜突起，明显。花果期 6 ～ 11 月。

【生境与分布】华东各省市及全国其他省区普遍栽培，有时逸为野生。

【药名与部位】蓖麻根，根。蓖麻子，种子。蓖麻叶，新鲜或干燥叶。

【采集加工】蓖麻根：秋、冬二季采挖，除去须根，洗净，晒干。蓖麻子：秋季果实成熟，果皮尚未开裂时采收，取出种子，干燥。蓖麻叶：夏、秋二季采摘，鲜用或晒干。

【药材性状】蓖麻根：呈圆柱形，多有分枝，上端较粗，长约 20cm，直径 0.4 ～ 3.0cm。表面黄色或灰褐色，可见有不整齐的细密纵皱纹。质硬，易折断，断面不平坦，皮部薄，木质部白色。气微，味淡。

蓖麻子：呈椭圆形或卵形，稍扁，长 0.9 ～ 1.8cm，宽 0.5 ～ 1cm。表面光滑，有灰白色与黑褐色或黄棕色与红棕色相间的花斑纹。一面较平，一面较隆起，较平的一面有 1 条隆起的种脊；一端有灰白色或浅棕色突起的种阜。种皮薄而脆。胚乳肥厚，白色，富油性，子叶 2 枚，菲薄。气微，味微苦辛。

蓖麻叶：多缩皱破碎，完整叶片展平后呈盾状圆形，掌状分裂，深达叶片的一半以上，裂片一般 7 ～ 9，先端长尖，边缘有不规则的锯齿，齿端具腺体，下表面被白粉。气微，味甘、辛。

【质量要求】蓖麻子：粒壮，肉色白。

【药材炮制】蓖麻根：除去杂质，洗净，切段，干燥。

蓖麻子：除去杂质。筛去灰屑。用时除去壳及霉、油者，捣碎。

【化学成分】根含脂肪酸及酯类：3- 乙酰氧基油桐酸（3-acetoxyl aleuritic acid）、油桐酸（aleuritic acid）、蓖麻三甘油酯（ricintriglyceride）、棕榈酸（palmitic acid）和山嵛酸 9- 羟基十三烷酯（9-hydroxytridecyl docosanoate）[1]；酚和酚酸类：3, 4- 二羟基苯甲酸甲酯（methyl 3, 4-dihydroxybenzoate）、没食子酸（gallic acid）和短叶苏木酚酸乙酯（ethyl brevifolincarboxylate）[1]；烷烃类：二十八烷醇（n-octacosanol）和正十八烷（n-octadecane）[1]；生物碱类：蓖麻碱（ricinine）[1]；黄酮类：木犀草素（luteolin）[1]；皂苷类：羽扇豆醇（lupeol）[1]；甾体类：豆甾醇（stigmasterol）[1]。

叶含挥发油类：壬醛（nonanal）、二环 [3.2.0] 庚 -2- 酮 {bicyclo [3.2.0] heptan-2-one}、2, 4- 癸二烯醛（2, 4-decadienal）和（E）-4-（2, 6, 6 - 三甲基 -1- 环己烯 -1）-3- 丁烯 -2 酮 [（E）-4-（2, 6, 6-trimethyl-1-cyclohexen-1）-3-buten-2-one] 等 [2]。

种子含脂肪酸类：硬脂酸（stearic acid）和蓖麻油酸（ricinolcic acid）[3]。

【药理作用】1. 抗肿瘤 提取的高纯度蓖麻毒素有明显的抑制血管内皮细胞增殖和诱导肿瘤细胞凋亡的作用，在体外可抑制人静脉内皮细胞的增殖，具有明显的时间及剂量依赖关系，同时可明显诱导细胞凋亡，并呈明显的浓度 - 作用正相关 [1]；根石油醚提取物对 HepG2 细胞、NCI-H460 细胞和 SGC-7901 细胞的增殖有较强的抑制作用，乙酸乙酯提取物对 HepG2 细胞、NCI-H460 细胞和 SGC-7901 细胞增殖的有较为明显的抑制作用；氯仿提取物对 NCI-H460 细胞和 SGC-7901 细胞增殖的抑制作用不明显，对 HepG2 细胞的增殖基本无抑制作用 [2]；蓖麻毒素可诱导 U937 细胞分泌白细胞介素 -6（IL-6）和白细胞介素 -8（IL-8）两种细胞因子而产生抗肿瘤作用 [3]。2. 抗炎镇痛 叶甲醇提取物具有镇痛作用，其主要作用成分为皂苷、甾醇和生物碱 [4]；果壳水提液可剂量依赖性地减少乙酸所致小鼠扭体反应的次数，延长热板所致小鼠添后足的潜伏期，提高痛阈值 [5]。3. 抗菌 叶甲醇和乙醇提取物对金黄色葡萄球菌和大肠杆菌的生长均具有抑制作用，其中乙醇提取物在较低浓度下对金黄色葡萄球菌的生长有明显的抑制作用 [6]。4. 抗生育 种子乙醚提取物具有抗孕作用 [7]；其油可引起生殖损伤，使子宫壁明显变薄，肌纤维排列疏松、紊乱，子宫基质层变薄，内腺体减少，黏膜上皮增厚，使雌鼠生育能力降低 [8]。5. 抗糖尿病 地上部分甲醇提取物中分离得到的 30- 降羽扇豆 -3β- 醇 -20- 酮和羽扇豆 -20（29）- 烯 -3β, 15α- 二醇在体外对小鼠和人 11β- 羟基类固醇脱氢酶具有显著的抑制作用 [9]。

【性味与归经】蓖麻根：辛，平。归肝、心经。蓖麻子：甘、辛、平；有毒；归大肠、肺经。蓖麻叶：苦、辛，平；小毒。

【功能与主治】蓖麻根：祛风止痉，活血消肿。用于破伤风，癫痫，风湿痹痛，脑卒中。偏瘫，跌打损伤，疮痈肿毒，瘰疬，脱肛，子宫脱垂。蓖麻子：消肿拔毒，泻下通滞。用于痈疽肿毒，喉痹，瘰疬，大便燥结。蓖麻叶：清热解毒，拔毒消肿，祛风除湿。用于风湿痹痛，咳嗽痰喘，子宫下垂，脱肛，痈疮肿毒，疥癣瘙痒，脚气。

【用法与用量】蓖麻根：15～30g；外用适量，捣敷。蓖麻子：外用适量，捣敷患处，亦可入丸剂内服。蓖麻叶：5～10g；鲜品加倍；外用适量，捣烂敷，或煎水洗。

【药用标准】蓖麻根：广东药材 2011；蓖麻子：药典 1963—2015、浙江炮规 2005、内蒙古蒙药 1986、新疆维药 1993、新疆药品 1980 二册和台湾 1985 一册；蓖麻叶：贵州药材 2003。

【临床参考】1. 单纯性肠梗阻：在常规治疗基础上，蓖麻油口服或鼻饲 10～30ml，并夹管 2～3h，每日 1 次，观察患者有无排便或蓖麻油自肛门排出，若无排便或蓖麻油自肛门排出，可于次日重复 1 次，一般不超过 3 次，5 天 1 疗程[1]。

2. 骨关节痛：种子 20g，加鲜荠荠菜 30g，捣烂敷患处，24h 更换 1 次，7～10 天为 1 疗程[2]。

3. 面肌痉挛：灯芯草蘸取适量鲜榨蓖麻子油，依次点灸患侧商阳穴、合谷穴、丝竹空穴、地仓穴各 3～9 壮，观察面部是否有瞤动，如有则选取其中心点定为阿是穴，从口角向上依次如前法点灸阿是穴各 3～9 壮，治疗 2～5 次[3]。

【附注】以车麻子之名始载于《雷公炮炙论》。《新修本草》始称"蓖麻子"，云："此人间所种者，叶似大麻叶而甚大，其子如蜱，又名草麻。今胡中来者，茎赤，树高丈余，子大如皂荚核。"《蜀本草》云："树生，叶似大麻大数倍，子壳有刺，实大于巴豆，青黄色斑，夏用茎叶，秋收子，冬采根……胡中来者，茎子更倍大。"《本草图经》云："夏生苗，叶似葎草而厚大，茎赤有节如甘蔗，高丈许。秋生细花，随便结实，壳上有刺，实类巴豆，青黄斑褐，形如牛蜱，故名。"《本草纲目》云："其茎有赤有白，中空。其叶大如瓠叶，叶凡五尖。夏秋间丫里抽出花穗，累累黄色。每枝结实数十颗，上有刺，攒簇如猬毛而软。凡三四子合成一颗，枯时劈开，状如巴豆，壳内有子大如豆。壳有斑点，状如牛蜱子。再去斑壳，中有仁，娇白如续随子仁，有油可作印色及油纸，子无刺者良，子有刺者毒。" 即为本种，但其中胡中来者当为同属其他种。

蓖麻子孕妇及便滑者禁服。内服或外用均可能引起中毒，重者可危及生命。还可引起过敏性休克。本种的叶孕妇亦禁服。

【化学参考文献】

［1］唐祖年，谢丽霞，苏小建，等．蓖麻根化学成分的研究［J］．中草药，2012，43（1）：15-19.

［2］陈月华，陈利军，石庆锋．蓖麻叶挥发油化学成分分析［J］．信阳农业高等专科学校学报，2012，22（3）：117-119.

［3］贾淑杰，杨企铮，王士贤，等．蓖麻油中蓖麻油酸和硬脂酸的分离鉴定研究［J］．天津药学，1992，4（4）：7-8.

【药理参考文献】

［1］陈志奎，林礼务，黄剑钧，等．蓖麻毒素的纯化及其对血管内皮细胞增殖与凋亡的影响［J］．中药材，2009，32（5）：750-753.

［2］唐祖年，韦京辰．蓖麻根提取物对 HepG2、NCI-H460 和 SGC-7901 细胞增殖及凋亡作用的影响［J］．广西植物，2011，31（4）：564-568.

［3］董巨莹，张小光，赵英，等．蓖麻毒素诱导 U937 细胞分泌 IL-6 和 IL-8 的作用［J］．中国免疫学杂志，2000，16（8）：404-406.

［4］Dnyaneshwar J T，Maruti G W，Rajendra S B，et al. Antinociceptive activity of *Ricinus communis* L. leaves［J］．Asian Pacific Journal of Tropical Biomedicine，2011，1（2）：139-141.

［5］赵光，李珺，张美，等．蓖麻壳水提液的镇痛作用及其成分分析［J］．药物分析杂志，2007，27（12）：1928-1931.

［6］Jeyaseelan E C，Jashothan P T. *In vitro* control of *Staphylococcus aureus*（NCTC 6571）and *Escherichia coli*（ATCC

25922）by *Ricinus communis* L. ［J］. Asian Pacific Journal of Tropical Biomedicine，2012，2（10）：717-721.

［7］Okwuasaba F K. 蓖麻乙醚提取物 18312-J 的抗孕活性研究［J］. 国外医学. 中医中药分册，1998，20（3）：45-46.

［8］张小雪，韩峰，高平，等. 蓖麻籽提取物抗雌鼠生育活性成分体外筛选方法的建立［J］. 四川动物，2007，49（1）：179-182，243.

［9］黎伸华，邓青，朱丽，等. 蓖麻中的萜类和甾体及抗糖尿病活性研究［J］. 中国中药杂志，2014，39（3）：448-452.

【临床参考文献】

［1］伊兴旺. 蓖麻油在辅助治疗单纯性肠梗阻中的临床疗效［J］. 中国药物经济学，2014，13（11）：218-219.

［2］尹文芹. 蓖麻子、鲜荸荠菜外用治疗骨关节疼痛［J］. 中医外治杂志，2005，14（2）：56.

［3］葛毅力，冯小娥. 蓖麻籽油灯心草点灸治疗面风 28 例［J］. 中国民间疗法，2012，20（8）：80.

6. 地构叶属 *Speranskia* Baill.

草本。茎直立，基部常木质。叶互生，边缘具粗齿；具叶柄或无柄。雌雄同株；总状花序，顶生，雄花常生于花序上部，雌花生于花序下部，有时雌雄花同聚生于苞腋内；通常雄花生于雌花两侧；雄花蕾球形；花萼裂片 5 枚，膜质，镊合状排列；花瓣 5 枚，有爪，有时无花瓣；花盘 5 裂或为 5 个离生的腺体；雄蕊 8 ～ 10（～ 15）枚，2 ～ 3 轮排列于花托上，花丝离生，无不育雌蕊；雌花萼裂片 5 枚；花瓣 5 枚或缺，小；花盘盘状；子房 3 室，平滑或有突起，每室有胚珠 1 粒，花柱 3 枚，2 裂几达基部，裂片呈羽状撕裂。蒴果具 3 个分果爿。种子球形，胚乳肉质，子叶宽扁。

2 种，中国特有属。除东部和西部外，各省区均产，法定药用植物 1 种。华东地区法定药用植物 1 种。

511. 地构叶（图 511）· *Speranskia tuberculata*（Bunge）Baill.

【别名】瘤果地构叶（山东），珍珠透骨草（江苏）。

【形态】多年生草本。茎直立，高 25 ～ 50cm，多分枝，被伏贴短柔毛。叶纸质，披针形或卵状披针形，长 1.8 ～ 5.5cm，宽 0.5 ～ 2.5cm，顶端渐尖，稀急尖，尖头钝，基部阔楔形或圆形，边缘具疏离圆齿或有时深裂，齿端具腺体，上面疏被短柔毛，下面被柔毛或仅叶脉被毛；叶柄长不及 5mm 或近无柄；托叶卵状披针形，长约 1.5mm。总状花序长 6 ～ 15cm，上部有雄花 20 ～ 30 朵，下部有雌花 6 ～ 10 朵，位于花序中部的雌花两侧有时具雄花 1 ～ 2 朵；雄花 2 ～ 4 朵生于苞腋；花萼裂片疏被柔毛；花瓣倒心形，具爪，被毛；雄蕊 8 ～ 12（～ 15）枚，花丝被毛；雌花 1 ～ 2 朵生于苞腋；花萼裂片疏被长柔毛；花柱 3 枚，各 2 深裂，裂片呈羽状撕裂。蒴果扁球形，被柔毛和具瘤状突起。种子卵形，灰褐色。花果期 5 ～ 9 月。

【生境与分布】生于山坡草丛或灌丛中。分布于山东、安徽、江苏，另辽宁、吉林、内蒙古、河北、河南、山西、陕西、甘肃、四川均有分布。

【药名与部位】透骨草（珍珠透骨草），地上部分。

【采集加工】夏、秋二季割取带花果的地上全草，晒干。

【药材性状】茎多分枝，呈圆柱形或微有棱，长 10 ～ 30cm，直径 1 ～ 5mm，茎表面灰绿色，近基部淡紫色，被灰白色柔毛，具互生叶或叶痕；质脆，易折断，断面黄白色。茎基部有时连有根茎，根茎长短不一，表面灰棕色，略粗糙；质较坚硬，断面淡黄白色。叶多卷曲皱缩或破碎，呈灰绿色，两面均被白色细柔毛。枝梢有时可见总状花序或果序；花小；蒴果三角状扁圆形。气微，味淡而后微苦。

【药材炮制】除去杂质及残根，洗净，稍润，切段，干燥。

【化学成分】地上部分含黄酮类：香叶木素（diosmetin）、木犀草素（luteolin）、地构苷（speranskoside）、柚皮素 -7-*O*-β-D-（3″- 对香豆酰）- 吡喃葡萄糖苷［narigenin-7-*O*-β-D-（3″-*p*-coumaroyl）-glucopyranoside］、

穗花杉双黄酮（amentoflavone）和木犀草素 -7-O- 芸香糖苷（luteolin-7-O-rutinoside）[1]；酚酸类：阿魏酸（ferulic acid）、香草酸（vanillic acid）和对香豆酸（p-coumatic acid）[2]；单萜类：黑麦草内酯（loliolide）[2]；脂肪酸类：软脂酸（palmitic acid）[2]；脂肪醇类：三十烷醇（triacontyl alcohol）[2]；甾体类：β- 谷甾醇（β-sitosterol）[2]；核苷类：胸腺嘧啶（thymine）和尿嘧啶（uracil）[2]。

图 511　地构叶　　　　摄影　周欣欣

全草含生物碱类：地构叶吡啶碱 A、B（speranskatine A、B）[3]，地构叶双吡啶碱 A、B、C、C（speranculatine A、B、C）、地构叶吡咯吡啶碱 A（speranskilatine A）和地构叶倍吡啶碱 A（speranberculatine A）[4]；二萜类：18- 羟基（−）- 泪杉醇［18-hydroxy（−）-manool］[5]；甾体类：β- 谷甾醇（β-sitosterol）[5]。

【药理作用】1.抗炎镇痛　全草水提物对乙酸所致小鼠的腹痛和热板所致小鼠的足痛均有镇痛作用，能增加乙酸所致小鼠腹腔毛细血管的通透性，对巴豆油所致小鼠的耳肿胀有抑制作用[1]。

【性味与归经】辛，温。归肝、肾经。

【功能与主治】祛风除湿，舒筋活络，散瘀消肿。用于风湿痹痛，筋骨挛缩，寒湿脚气，腰部扭伤，瘫痪，闭经，阴囊湿疹，疮疖肿毒。

【用法与用量】9 ～ 15g；外用适量，煎水熏洗。

【药用标准】湖南药材 2009、山东药材 2012、山西药材 1987、宁夏药材 1993、河南药材 1993、甘肃药材 2009 和内蒙古药材 1988。

【临床参考】1. 脂溢性脱发：全草 60g（鲜者加倍），加水 2000～2500ml，煎煮 20min，取汤汁待温度适宜时外洗头发，每日 1 次，连洗 7 天为 1 疗程[1]。

2. 足跟痛：全草 100g，加艾叶 50g、花椒 50g、白芷 30g，加水 2500ml，将药液装入不锈钢盆或大口药锅内，煮沸 5～10min，患者取坐位或仰卧位，将患足悬于药锅之上，使药蒸气熏蒸于足跟部，待温度降低后，逐步把患足浸泡于药液中（注意勿烫伤皮肤），一般每次熏洗 30min，每日早晚各 1 次，每剂中药可用 3 天，3 剂为 1 疗程[2]。

3. 慢性盆腔炎：全草 20g，加三棱 15g、莪术 15g、赤芍 15g、牡丹皮 15g、红藤 15g、昆布 15g、皂角刺 15g、桃仁 15g、红花 15g、桂枝 12g、水蛭 10g、败酱草 20g、路路通 20g，加入细盐面 150g、黄酒 100g、温开水 120ml，拌匀装入布袋内，放在屉上蒸 40～60min 后放在小腹部热敷 1h，每天 2 次，1 剂中药用 2 天，连续治疗 4 天[3]。

4. 糖尿病足 0 级：全草 30g，加伸筋草 30g、威灵仙 30g、川乌 10g、草乌 10g、红花 10g、苏木 10g、鸡血藤 30g、白酒 100ml、姜汁醋 100ml，加水 2500ml，浸 60min，先用武火煎沸，再用文火煎煮 30min，将药汁及药渣一同倒入洗脚盆内，遂加入白酒 100ml、姜汁醋 100ml，先将患足放于盆上熏蒸，待药液温度适宜时，再将患足放入盆内洗之，第 2 次再放火上煎沸，加入白酒和醋如前熏洗，每天 1 剂，分早晚两次熏洗；麻木重者加木瓜 30g，肢端肿胀者加墓头回 30g，连续应用 40 天[4]。

5. 皮肌炎：全草 30g，加蒲公英、红花、紫草、菖蒲、甘草各 10g，煎水先熏后洗，早晚各 1 次[5]。

6. 急性湿疹：全草 200g（鲜品加倍，若只用叶量减半），可根据患部范围大小增减药量，水煎熏洗患部，每次 30min 以上，每天 2 次[6]。

7. 顽固性偏头痛：全草 30g，加土茯苓 30g、菊花 15g、柴胡 10g、川芎 20g、白芷 20g、僵蚕 12g、甘草 10g，随证加减，头晕、目胀、恶心、呕吐者加半夏 10g、吴茱萸 10g，眠差者加石菖蒲 12g、仙鹤草 20g，火盛者加黄芩 10g、丹皮 12g，心悸易惊者加百合 12g、知母 12g，水煎服，每日 1 剂，7 天为 1 疗程[7]。

8. 闭经：根 30g，加茜草 15g，水煎，加红糖、黄酒冲服。

9. 风湿性关节痛：全草 9g，加防风 9g、苍术 9g、牛膝 12g、黄柏 9g，水煎服。（8 方、9 方引自《青岛中草药手册》）

10. 风湿性关节炎、筋骨拘挛：全草 9g，加制川乌 3g、制草乌 3g、升筋草 6g，水煎服。（《陕甘宁中草药选》）

11. 腰扭伤：鲜根适量，加盐少许，捣烂外敷。（《青岛中草药手册》）

12. 跌打损伤、瘀血疼痛：全草 9g，加茜草、赤芍、当归各 9g，水煎服。（《山西中草药》）

【附注】本种以透骨草之称始载于《本草纲目》，有名未用，也无形态记载。《本草原始》，云："透骨草苗春生田野间，高尺余，茎圆，叶尖有齿，至夏抽三四穗，花黄色，结实三棱，类蓖麻子，五月采苗。"并有附图。据其花、果形态描述，即为本种。

孕妇禁服。

本种的全草在湖南、山西、甘肃、宁夏等省区作透骨草药用。另外，凤仙花科植物凤仙花 *Impatiens balsamina* Linn. 的地上部分在湖北作透骨草药用，杜鹃花科植物滇白珠 *Gaultheria leucocarpa* Blume var. *crenulate*（Kurz）T. Z. Hsu［*Gaultheria leucocarpa* Blume var. *yunnanensis*（Franch.）T. Z. Hsu et R. C. Fang］的地上部分在云南作透骨草药用，应注意区别。

【化学参考文献】

[1] Li Y M, Zhao Y Y, Fan Y B, et al. Flavonoids from *Speranskia tuberculata*［J］. J Chin Pharm Sci, 1997, 6（2）: 70-74.

［2］范云柏，赵玉英，李艳梅，等.地构叶化学成分的研究［J］.天然产物研究与开发，1996，8（4）：20-23.

［3］Shi J G，Wang H Q，Wang M，et al. Two pyridine-2，6（1H，3H）-dione alkaloids from *Speranskia tuberculata*［J］. Phytochemistry，1995，40（4）：1299-1302.

［4］Shi J G，Wang H Q，Wang M，et al. Polyoxygenated bipyridine，pyrrolylpyridine，and bipyrrole alkaloids from *Speranskia tuberculata*［J］. J Nat Prod，2000，63（6）：782-786.

［5］李冲，石建功.透骨草化学成分研究［J］.中国中药杂志，2000，25（5）：291-292.

【药理参考文献】

［1］王璇，崔景荣，肖志平，等.透骨草类药材抗炎镇痛作用的比较［J］.北京医科大学学报，1998，（2）：49-51，72.

【临床参考文献】

［1］孙玉齐.透骨草外洗治疗脂溢性脱发［J］.中医外治杂志，2000，9（4）：43.

［2］董明生，鲁海云.穴位推拿配合透骨草熏洗剂治疗足跟痛44例临床观察［J］.河南中医学院学报，2005，20（5）：66-67.

［3］朱端荣.透骨草组方外敷治疗慢性盆腔炎80例［J］.河南中医，2014，34（9）：1802-1803.

［4］赵毅鹏，王志刚.透骨草外洗方治疗糖尿病足0级临床研究［J］.中医学报，2013，28（6）：882-883.

［5］刘斌.透骨草治皮肌炎验方［N］.中国中医药报，2013-05-22（5）.

［6］李晓玲.透骨草治疗急性湿疹26例［J］.中医外治杂志，1997，6（3）：4.

［7］林君丽.复方透骨草汤治疗顽固性偏头痛25例［J］.现代中西医结合杂志，2005，14（5）：638.

7. 铁苋菜属 *Acalypha* Linn.

草本、灌木或乔木。单叶，互生，通常具锯齿，基出脉3～5条或羽状脉；有叶柄及托叶。花单性，无花瓣，雄花极小，雌花稍大，排成穗状花序，通常雌雄同株，少异株，同序或异序，或二者俱存，如为同序则雄花生于花序轴上部，雌花生于花序轴下部；雄花的苞片极小，花萼4枚，镊合状排列，无花盘，雄蕊多枚；雌花的苞片叶状，稍大，花萼3～4枚，覆瓦状排列，子房近圆球形，3室，胚珠每室1粒，花柱3枚，分离，羽状分裂至基部，如长毛状。蒴果开裂为3个2裂瓣的分果爿。种子近圆球形，有种阜，胚乳肉质。

约400种，分布于全世界的热带和亚热带地区。中国15种，多分布于西南部和台湾，法定药用植物1种1栽培变种。华东地区法定药用植物1种1栽培变种。

512. 铁苋菜（图512）· *Acalypha australis* Linn.

【别名】小耳朵草（江苏苏州），烂莲菜（江苏连云港），血旱头杆子（江苏徐州），见愁（山东），籍箕装珍珠（江西九江）。

【形态】一年生草本，高10～60cm。茎直立，被毛，多分枝，具细纵条纹。叶互生，薄纸质至近膜质，椭圆形，或椭圆状至卵状披针形，长2～10cm，宽1～4cm，顶端短渐尖至渐尖，基部钝圆形至阔楔形，边缘具钝齿，两面稍粗糙，3出脉；叶柄长0.5～4.5cm；托叶披针形，长约1.5mm。花雌雄同株且同序，花序穗状，腋生，少顶生，长2～10mm；雄花簇生于花序轴上部，雌花通常3～5朵生于下部；雄花较小，花萼4枚，镊合状排列，雄蕊通常7～8枚，无退化子房及花盘；雌花外围以叶状苞片，状如河蚌，花萼3枚，子房3室，花柱3枚，羽状分裂至基部。蒴果小，钝三棱形，表面被毛。种子近卵形，光滑。花期7～9月，果期8～10月。

【生境与分布】常生于园地、耕地和村落附近空旷地。分布于华东各省市，另长江、黄河流域中下游，沿海各省，西南及华南等地均有分布；菲律宾、越南、朝鲜及日本也有分布。

图 512 铁苋菜　　　　　　　　　　　　　　　　　　摄影　李华东等

【**药名与部位**】铁苋菜（血见愁），全草或地上部分。

【**采集加工**】夏、秋二季采收，除去杂质，干燥。

【**药材性状**】长 20 ～ 40cm，全体被灰白色细柔毛，粗茎近无毛。茎类圆柱形，有分枝，表面棕色，有纵条纹；质硬，易折断，断面黄白色，有髓。叶互生，有柄；叶片多皱缩、破碎，完整者展平后呈卵形或卵状菱形，长 2.5 ～ 5.5cm，宽 1.2 ～ 3cm，黄绿色，边缘有钝齿。花序腋生，苞片三角状肾形，合时如蚌。蒴果小，三角状扁圆形。气微，味淡。

【**药材炮制**】除去杂质，洗净，略润，切段，干燥。

【**化学成分**】全草含皂苷类：白桦脂酸（betulinic acid）、齐墩果酸（oleanolic acid）、表木栓醇（epicortisol）、木栓酮（corkone）和 β- 香树酯醇（β-amyrin）[1]；黄酮类：芦丁（rutin）、槲皮素（quercetin）、（+）- 儿茶素［（+）-catechin］、（−）- 表儿茶素［（−）-epicatechin］、没食子儿茶素（gallocatechin）和表没食子儿茶素（epigallocatechin）[2]；脂肪酸酯类：十八烷酸甘油酯（octadecanoic acid glyceride）[1]，棕榈油酸乙酯（ethyl palmitate）和棕榈酸（palmitic acid）[3]；烷烃类：十三烷（tridecane）和十四烷（tetradecane）[3]；挥发油类：乙酸龙脑酯（acetyl acetate）、龙脑（borneol）、α- 松油醇（α-terpineol）和 γ- 石竹烯（γ-caryophyllene）等[3]；甾体类：β- 谷甾醇（β-sitosterol）和胡萝卜苷（daucosterol）[4]；酚酸及衍生物：3, 4- 二羟基苯甲酸甲酯（methyl 3, 4-dihydroxybenzoate）、对羟基苯甲酸（p-hydroxybenzoic acid）[1]，绿原酸（chlorogenic acid）和对羟基苯甲醛（p-hydroxybenzaldehyde）[2]；内酯类：铁苋菜素（australisin）[4]。

地上部分含酚和酚酸类：原儿茶酸（protocatechuic acid）、没食子酸（gallic acid）和短叶苏木酚（brevifolin）[5]；黄酮类：芦丁（rutin）[5]；甾体类：β- 谷甾醇（β-sitosterol）和胡萝卜苷（daucosterol）[5]；醌类：2, 6- 二氧甲基 -1, 4- 苯醌（2, 6-dimethoxymethyl-1, 4-benzoquinone）和大黄素（emodin）[5]；内酯类：

毛地黄内酯（loliolide）[5]；维生素类：烟酸（niacin）[5]；低碳羧酸类：琥珀酸（succinic acid）[5]。

【药理作用】1. 抗炎　全草水提液能明显减轻二甲苯所致小鼠的耳廓肿胀，且随剂量增大而作用增强[1]；对结肠炎模型大鼠的炎症反应有缓解作用，可减轻结肠损伤[2]。2. 抗氧化　全草甲醇、70% 乙醇和水提取物能明显清除羟自由基（·OH）和超氧阴离子自由基（O₂·），其中 70% 乙醇提取物的抗氧化作用最明显[3]；不同醇沉浓度得到的多糖也均具有较明显的抗氧化作用，对超氧阴离子自由基和羟自由基的清除作用最为明显，清除率分别达到 92.47% 和 95.89%，几乎与抗坏血酸的清除作用相当，75% 乙醇沉淀得到的多糖对 1, 1- 二苯基 -2- 三硝基苯肼自由基（DPPH）的清除率达到 73.85%，对卵黄脂蛋白脂质过氧化物也有较强的抑制作用[4]；黄酮提取物对羟自由基具有一定的清除作用[5]。3. 抗菌　全草甲醇、70% 乙醇和水提取物对大肠杆菌、金黄色葡萄球菌、表皮葡萄球菌、枯草芽孢杆菌、绿脓杆菌的生长均具有一定的抑制作用[3]。4. 止咳祛痰　全草水提物有明显的止咳祛痰作用，能明显减少二氧化硫和氨水所致小鼠的咳嗽次数，明显延长其咳嗽的潜伏期[6]。

【性味与归经】苦、涩，凉。归心、肺经。

【功能与主治】清热利湿，收敛止血。用于肠炎，痢疾，吐血，衄血，便血，尿血，崩漏；外用于痈疖疮疡，皮炎湿疹。

【用法与用量】10 ～ 30g。

【药用标准】药典 1977、部标中药 1992、贵州药材 2003 和辽宁药材 2009。

【临床参考】1. 小儿腹泻：全草 30 ～ 50g（鲜者 50 ～ 100g），温水或冷水浸泡 5 ～ 10min，放入砂锅中，加水 500ml，煎至 150 ～ 300ml，每日 3 次，每次 50 ～ 100ml 口服，7 天为 1 疗程[1]。

2. 慢性结肠炎：全草 20g，加辣蓼 30g、马齿苋 30g、陈皮 6g、炒白芍 10g、炒防风 6g，气滞腹胀者加木香、藿香各 6g，发热湿重者加白头翁 12g，血便明显者加白及 12g、黄芩 10g，腹痛甚者加延胡索 10g、甘草 6g，气虚者加党参、白术各 10g，每日 1 剂，水煎 2 次分服[2]。

【附注】《植物名实图考》载："人苋，盖苋之通称。北地以色青黑而茎硬者当之，一名铁苋。叶极粗涩，不中食，为刀创要药。其花有两片，承一二圆蒂，渐出小茎，结子甚细，江西俗呼海蚌含珠，又曰撮斗撮金珠，皆肖其形。"从其形态及附图考证，即为本种。

老弱气虚者慎服，孕妇禁服。

裂苞铁苋菜（短穗铁苋菜）*Acalypha brachystachya* Hornem 的全草民间也作铁苋菜药用。

【化学参考文献】

［1］景书灏 . 铁苋菜、白三叶草的化学成分及抗菌活性研究［D］. 重庆：重庆大学硕士学位论文，2010.

［2］Fan J D，Song B A，Yang S. Phenolic compounds from *Acalypha australis*［J］. Chem Nat Compd，2012，48（3）：489-490.

［3］王晓岚，邹多生，王燕军，等 . 铁苋菜挥发性成分的 GC-MS 分析［J］. 药物分析杂志，2006，26（10）：1423-1425.

［4］董卫峰，林中文，孙汉董 . 铁苋菜中的一个新化合物［J］. 云南植物研究，1994，16（4）：413-416.

［5］王晓岚，郁开北，彭树林 . 铁苋菜地上部分的化学成分研究［J］. 中国中药杂志，2008，33（12）：1415-1417.

【药理参考文献】

［1］刘足桂，余学红，梁华丽，等 . 铁苋菜水煎剂的抗感染作用初探［J］. 中国医药指南，2012，10（25）：98-99.

［2］贺方兴，李洪亮 . 铁苋菜提取物对大鼠溃疡性结肠炎结肠组织的实验研究［J］. 赣南医学院学报，2010，30（3）：342-343.

［3］王春景，胡小梅，刘高峰，等 . 铁苋菜不同提取物的抗氧化性及抑菌活性［J］. 光谱实验室，2012，29（3）：1812-1816.

［4］魏秀娟，向发椿，崔明筠，等 . 铁苋菜多糖体外抗氧化研究［J］. 中国实验方剂学杂志，2013，19（3）：197-200.

［5］王春景，刘高峰，李晶，等 . 铁苋菜黄酮类化合物的提取及清除羟自由基作用的研究［J］. 光谱实验室，2010，27（3）：797-802.

[6] 李洪亮，丁冶青，孙立波，等．铁苋菜止咳祛痰作用的实验研究 [J]．时珍国医国药，2009，20（4）：856-857.

【临床参考文献】
[1] 陈友香．铁苋菜治疗小儿腹泻 85 例报告 [J]．中草药，1998，29（11）：761.
[2] 裘开明．自拟辣蓼铁苋菜汤治疗慢性结肠炎 [J]．光明中医，2000，15（3）：52-53.

513. 金边红桑（图 513） • *Acalypha wilkesiana* 'Marginata'

图 513　金边红桑　　　　　　　　　　　　摄影　张芬耀等

【别名】金边桑。

【形态】灌木，高 0.5～2.5m。多分枝，幼枝常被小柔毛。叶互生，纸质，阔卵形至卵形，长 6～18cm，宽 6～14cm，顶端短渐尖至渐尖，少急尖，基部钝圆形，边缘具粗锯齿，上面古铜绿色，常伴有红紫斑彩，下面略浅，叶缘红色至黄色，两面稍粗糙；叶柄密被柔毛；托叶披针形，通常被稀疏柔毛，早落。花通常雌雄同株且同序，稀异序，排成腋生穗状花序，雄花序细弱，排列密集，雄花多朵簇生于花序轴上，雌花序排列稀疏，有时间断，常 1～3 朵生于苞片内；雄花萼片 4 枚，雄蕊数枚，无退化雌蕊及花盘；雌花苞片阔三角形，花萼 3 枚，子房圆球形，密被毛，花柱 3 枚，羽状分裂至基部。花期夏季至秋季。

【生境与分布】原产于裴济群岛，现广植于各热带地区。福建有引进栽培，另中国南方各省也有栽培。

金边红桑与铁苋菜的区别点：金边红桑为木本；叶片大；栽培植物。铁苋菜为草本；叶片较小；野生植物。

【药名与部位】金边桑，叶。

【采集加工】全年均可采收，摘取叶片，晒干。

【药材性状】叶多皱缩，少数残存花枝和嫩芽。展平后完整叶呈类卵形，长 9～18cm，宽 4～9cm，顶端较尖，基部钝圆形，边缘呈淡红色半透明状，具粗锯齿，上下表面淡紫色，被极稀疏毛或无毛，叶柄长 4～9cm，密被柔毛及极稀疏长毛。气微，味微苦。

【药材炮制】除去杂质，干燥。

【药理作用】抗肿瘤　叶水提取物、醇提取物和醇提液物（未除去叶绿素）均有不同程度的抗肿瘤作用，其中对小鼠宫颈癌 U14 细胞的抑制作用最为明显，肿瘤抑制率水提取物为 41.0%，醇提取物为 54.57%，醇提液物（未除去叶绿素）为 45.57%；对 S180 实体瘤的抑制作用次之，对 EAC 和 L615 白血病小鼠未显示出明显的抑制作用[1]。

【性味与归经】微苦，凉。

【功能与主治】清热，消肿，凉血，止血。用于紫癜，牙龈出血，再生障碍性贫血。

【用法与用量】内服：15～30g，水煎服。

【药用标准】福建药材 2006。

【临床参考】血小板减少性紫癜：叶 7～11 片，冰糖适量，水煎服；或炖瘦猪肉服。（《福建药物志》）

【药理参考文献】

[1] 王永泉，王德昌，徐丽珍. 金边桑提取物抗肿瘤作用的实验观察（简报）[J]. 中国医学科学院学报，1991，（5）：371.

8. 油桐属 *Vernicia* Lour.

落叶乔木，含乳汁。叶互生，全缘或 3～5 裂，基部常心形，基出脉 3～7 条；叶柄长，顶端有 2 腺体。花大，直径 2.5cm 以上，单性，同株或异株，排成疏松的顶生圆锥状聚伞花序，花萼 2～3 裂，花瓣 5 枚；雄花有雄蕊 8～20 枚，成 1～4 层排列于短圆锥状的花托上，外层 5 枚与花瓣对生，内层的花丝较长，基部合生：雌花子房 3～5（～8）室，胚珠每室 1 粒，花柱 2 裂。果为大形核果，近球形或卵形，有柄，外果皮肉质，内果皮骨质，种子具厚壳状种皮，种仁富含油脂。

3 种，分布于东亚及太平洋群岛。中国 2 种，广布于长江以南各省，法定药用植物 1 种。华东地区法定药用植物 1 种。

514. 油桐（图 514）· *Vernicia fordii*（Hemsley）Airy Shaw

【别名】三年桐。

【形态】落叶乔木，高 3～12m。树皮灰色，枝粗壮，无毛，具明显的皮孔。叶互生，卵形或卵状圆形，长 10～18cm，宽 8～16cm，顶端短渐尖，基部近截形或心形，通常全缘，有时 1～3 浅裂，裂片间通常无腺体，上面绿色，有光泽，幼时两面被黄褐色短柔毛，后无毛，基出脉 5～7 条；叶柄长 7～16cm，顶端有 2 枚淡红色、扁平、无柄的腺体。花单性，同株，组成疏散的圆锥状聚伞花序；花大，直径约 3cm，花瓣白色，有淡红色条纹，先叶开放；雄花萼 2～3 裂，花瓣 5 枚，雄蕊 8～20 枚；雌花花被与雄花相似，子房近球形，通常 3～5 室，稀多至 8 室，外被短柔毛，花柱 2 裂。核果近球形，直径 3～6cm，平滑。种子 3～5 粒，少有 8 粒。花期 3～5 月，果期 5～10 月。

【生境与分布】生于丘陵山地，多为栽培。分布于华东各省市，另广东、广西、湖南、湖北、河南、云南、贵州、四川、台湾、陕西、甘肃均有分布；越南也有分布。

【药名与部位】桐油，种子所榨的油。

【药材性状】为淡黄色黏稠透明的液体。露置空气中易聚合而固化。

【化学成分】根含二萜类：12-*O*- 棕榈基 13-*O*- 乙酰基 -16- 羟基佛波醇（12-*O*-palmityl-13-*O*-acetyl-

16-hydroxyphorbal）[1]；香豆素类：石栗亭（aleuritin）[1]；木脂素类：（-)-丁香树脂醇［(-)-syringaresinol］[1]；皂苷类：乙酰石栗萜酸（acetylaleuritolic acid）[1]，羽扇豆醇（lupeol）、白桦酸（betulinic acid）和齐墩果酸（oleanolic acid）[2]；甾体类：胡萝卜苷（daucosterol）[1]；酚酸类：4- 羟基 -3，5- 二甲氧基苯甲酸（4-hydroxy-3，5-dimethoxybenzolicacid）[1]。

图 514 油桐　　　　　　　　　　　摄影 徐克学等

　　叶含黄酮类：槲皮素 -3-O-α-L- 吡喃鼠李糖苷（quercetin- 3-O-α-L-rhamnopyranoside）和杨梅素 -3-O-α-L- 吡喃鼠李糖苷（myricetin-3-O-α-L-rhamnopyranoside）[2]。

　　种子含二萜酯类：12- 去氧 -13- 棕榈酸佛波酯（12-deoxyphorbol-13-hexadecanoate）[3]；皂苷类：白桦酸（betulinic acid）、大戟醇（euphol）、α- 香树脂醇乙酸酯（α-amyrin acetate）、羽扇豆醇乙酸酯（lupeol acetate）和乙酰伪蒲公英甾醇（3- ψ -taraxasterol acetate）[3]；黄酮类：芹菜素（apigenin）、槲皮素（quercetin）和木犀草素（luteolin）[3]；甾体类：胡萝卜苷（daucosterol）和 β- 谷甾醇（β-sitosterol）[3]；酚酸类：肉桂酸（cinnamic acid）[3]。

　　【药理作用】 抗过敏　叶水提物在 0.2744g 生药 /ml、0.1829g 生药 /ml 条件下对卵清蛋白所致小鼠的过敏反应有明显的抑制作用[1]。

　　【性味与归经】 甘、辛，寒。有毒。归肝、胃、大肠经。

　　【功能与主治】 涌吐痰涎，解毒杀虫，润肤生肌。用于喉痹痈疡，疥癣臁疮，烫伤，冻疮皲裂。

　　【用法与用量】 外用涂搽，调敷或探吐。

　　【药用标准】 湖南药材 2009。

　　【临床参考】 1. 寻常疣：先用温开水浸泡患病部位软化疣体，再将疣的表面轻轻刮破，然后将新鲜果实的尖端切掉，将流出的透明胶汁涂满疣面，任其自然干涸结痂，自行脱落，如患处脱痂后仍残留部分组织，如上法再涂药数次，以愈为度，涂药后暂不用水洗涤患处，以免影响结痂及疗效[1]。

2. 烫伤：花，加檵木花、南瓜瓤、鳖蛋各适量，浸泡在茶油中，时间越长越好，用时取药油外敷患处。

3. 痢疾、肠炎：叶 45g，浓煎成 30ml，分 2 次服。

4. 哮喘：根皮 30g，加盐肤木根 30g，冰糖适量，水煎服。（2 方至 4 方引自《浙江药用植物志》）

【附注】以罂子桐为名始载于《本草拾遗》，云："有大毒……似梧桐，生山中。"《本草衍义》云："荏桐，早春先开淡红花，状如鼓子花，成筒子，子或作桐油。"《本草纲目》云："……油桐枝、干、花、叶并类岗桐而小，树长亦迟，花亦微红。但其实大而圆，每实中有二子或四子，大如大风子。其肉白色，味甘而吐人。亦或谓之紫花桐。人多种莳收子，货之为油，入漆家或舱船用，为时所须。"所述生长环境、形态特征及用途似为本种。

桐油的色、味与常用的植物油相似，易因误食而中毒，中毒症状首先为恶心、频繁的呕吐，其次为腹痛、头痛、头晕、呼吸困难、四肢抽搐、手足麻木、发冷、呕血、便血、发热，严重者出现昏迷和喉肌痉挛等，故仅作外用，禁内服。

油桐树皮、叶、种子均有毒，新鲜的毒性较剧，尤以种子最烈。误食后 0.5～4h 内发病，轻度者表现为胸闷、头晕，一般为恶心呕吐、腹痛腹泻，严重者出现血性大便、全身酸痛乏力、呼吸困难、抽搐，最后因心脏麻痹而死亡。

本种的果实、花、叶及根民间也作药用。

【化学参考文献】

[1] 谢郁峰，陶正明，王红兵，等.油桐根的化学成分（英文）[J].中国天然药物，2010，8（4）：264-266.

[2] 曹晖，肖艳华，王绍云，等.油桐叶和根化学成分的研究[J].西南师范大学学报（自然科学版），2008，33（2）：30-32.

[3] 毛绍名，章怀云，张盛，等.油桐籽化学成分研究[J].天然产物研究与开发，2012，24（11）：1557-1560.

【药理参考文献】

[1] 昝丽霞.桐子叶水提物对小鼠的抗敏作用研究[J].安徽农业科学，2011，39（36）：22300，22373.

【临床参考文献】

[1] 梁安乐.油桐果外用治疗寻常疣 9 例[J].中医外治杂志，1995，5（6）：43.

9. 野桐属 *Mallotus* Lour.

灌木或乔木。常被星状毛。叶互生或对生，全缘，或有锯齿或分裂，上面近基部常有两个腺体，下面常有腺点，具掌状脉或羽状脉。花小，单性，雌雄同株或异株，无花瓣，排成顶生或腋生的穗状花序、总状花序或圆锥花序；雄花多数簇生，雄花萼在蕾时球形或卵形，开放时 3～5 裂，裂片镊合状排列，雄蕊 20 枚以上，花丝分离，花药 2 室，无退化雌蕊；雌花单生，雌花萼佛焰苞状或 3～6 裂，裂片镊合状排列，子房通常 3 室，少有 2～4 室，每室胚珠 1 粒，花柱分离或下部联合，边缘呈羽毛状或乳头状。蒴果平滑，或有小疣或软刺，成熟时开裂为 2～3 个 2 裂的分果片。种子卵形、长圆形或球形，种皮脆壳质，胚乳肉质。

约 140 种，主要分布于亚洲热带和亚热带地区。中国 20 多种，分布于长江流域以南各省区，法定药用植物 3 种。华东地区法定药用植物 3 种。

分种检索表

1. 蒴果被软刺；叶背面白色 ··· 白背叶 *M. apelta*
1. 蒴果无刺；叶背面不为白色。
  2. 乔木或直立灌木；花雌雄同株；雄蕊 15～30 枚；蒴果密被红色腺点及红褐色星状毛 ···················· ··· 粗糠柴 *M. philippinensis*
  2. 攀援灌木；花雌雄异株；雄蕊 40～75 枚；蒴果密被黄色腺点及锈色星状毛 ···· 石岩枫 *M. repandus*

515. 白背叶（图 515）• *Mallotus apelta*（Lour.）Muell. Arg.

图 515　白背叶　　　　　　　　　　　　　摄影　郭增喜

【形态】落叶灌木或小乔木。小枝、叶柄和花序均被白色星状绒毛。叶互生，宽卵形，长 6.5～23cm，宽 3.5～16cm，顶端渐尖或长渐尖，基部近于截平或短楔形，或略为心形，具 2 枚腺体，全缘或顶部 3 浅裂，有钝齿，上面绿色，被星状柔毛或近无毛，下面白色，密被灰白色星状绒毛及红棕色腺点，掌状 3 出脉。花单性，雌雄异株，排成顶生或侧生、分枝或不分枝的穗状花序，长 4～15cm 或更长；雄花具短梗或近无梗，花萼 3～6 裂，外面密被星状绒毛，内面有红色腺点，雄蕊 50～75 枚；雌花无梗，花萼 3～5 裂，子房 3～4 室，被软刺，密生星状绒毛，花柱 3 枚。果序圆柱形，长 2.5～15cm 或以上；蒴果近球形，直径 7～8mm，密生线状软刺和灰白色或淡黄色星状绒毛。种子近球形，亮黑色。花期 4～11 月，果期 10～11 月。

【生境与分布】生于山坡路旁灌丛中或林缘。分布于华东各省市，另广东、广西、湖南、河南、陕西均有分布；越南也有分布。

【药名与部位】白背叶根，根及根茎。白背叶，叶。

【采集加工】白背叶根：全年可采，除去杂质，晒干。白背叶：全年可采，除去杂质，晒干。

【药材性状】白背叶根：根茎稍粗大，直径 1～6cm。表面黑褐色或棕褐色，具细纵裂纹，刮去栓皮呈棕红色。根呈长圆锥形，弯曲，有小分支，木质部细密，花纹不明显；皮部纤维性。无臭，味苦微涩。

白背叶：皱缩，边缘多内卷，完整叶片展平后呈阔卵形，长 7～17cm，宽 5～14cm，上表面绿色或黄绿色，下表面灰白色或白色。顶端渐尖，基部近截平或略呈心形，全缘或顶部微 3 裂，有钝齿，上表面近无毛，下表面被星状毛，基出脉 5 条，叶脉于下表面隆起。叶柄长 4～20cm，质脆。气微香，味微苦、辛。

【药材炮制】白背叶根：除去杂质，洗净，润透，切片，干燥。

白背叶：除去杂质，洗净，切丝，干燥。

【化学成分】根含二萜类：白背叶烯*（malloapeltene）和白背叶素（malloapeltin）[1]；倍半萜类：白背叶素 D（malloapelin D）[2]；三萜类：高根二醇 -3- 乙酯（erythrodiol-3-acetate）、油桐酸（aleuritic acid）[3]，β- 香树脂醇乙酸酯（β-amyrin acetate）、高根二醇（erythrodiol）、羽扇豆 -20（29）- 烯 -3β，30- 二醇［lup-20（29）-en-3β, 30-diol］、对羟基苯甲酸 -2α- 羟基油桐酸酯（2α-hydroxyaleuritolic acid p-hydroxybenzoate）和 α- 香树脂醇乙酸酯（α-amyrin acetate）[4]；苯并吡喃类：白背叶酸（malloapeltic acid）[3]；黄酮类：5- 羟基 -7- 甲氧基色原酮（5-hydroxy-7-methoxychromone）[3]和槲皮素（quercetin）[4]；香豆素类：东莨菪素（scopoletin）[3]和白背叶素 A、B、C（malloapelin A、B、C）[4]；木脂素类：黑色五味子单体苷（schizandriside）[2]，5′- 去甲基沉香木脂素（5′-demethylaquillochin）和黄花菜木脂素 A、B（cleomiscosins A、B）[4]；酚酸类：4，5，4′- 三甲基鞣花酸（4，5，4′-trimethylellagic acid）[3]，香草酸 -4-O-β-D- 吡喃葡萄糖苷（vanillic acid-4-O-β-D-glucopyranoside）、勾儿茶素（berchemolide）[4]、没食子酸（gallic acid）、3′-O- 甲基鞣花酸 -4-O-α-L- 吡喃鼠李糖苷（3′-O-methylellagic acid-4-O-α-L-rhamnopyranside）[5]和 3- 甲氧基 -4-O-β-D- 葡萄糖基苯甲酸（3-methoxy-4-O-β-D-glucosyl benzoic acid）[6]；甾体类：β- 谷甾醇（β-sitosterol）[3]，豆甾醇（stigmasterol）和胡萝卜苷（daucosterol）[4]。

枝含黄酮类：黑面色原酮*（melachromone）、5，7- 二羟基 -2- 丙基色原酮（5，7-dihydroxy-2-propylchromone）、去甲丁香色原酮（noreugenin）、5，7- 二羟基 -2，6，8- 三甲基色原酮（5，7-dihydroxy-2，6，8-trimethylchromone）、番樱桃醇（eugenitol）、芹菜素（apigenin）和山奈酚（kaempferol）[7]；香豆素类：瑞香素（daphnetin）和东莨菪素（scopoletin）[7]；苯丙素类：（E）-1，2- 双（4- 甲氧基苯基）乙烷［（E）-1,2-bis(4-methoxyphenyl)ethane］和 1-（4′- 甲氧基苯基)-（1R，2S）-丙二醇［1-(4′-methoxyphenyl)-(1R, 2S）-propanediol］[7]；酚和酚酸类：4- 甲氧基肉桂酸（4-methoxycinnamic acid）和 4- 羟基 -3- 甲氧基苯甲酸（4-hydroxy-3-methoxybenzoic acid）[7]。

叶含苯并吡喃类：4- 羟基 -2，6- 二甲基 -6-（3，7- 二甲基 -2，6- 辛二烯基）-8-（3- 甲基 -2- 丁烯基)-2H-1- 苯并吡喃 -5，7（3H，6H）- 二酮［4-hydroxy-2，6-dimethyl-6-（3，7-dimethyl-2，6-octadienyl）-8-（3-methyl-2-butenyl）-2H-1-benzopyran-5，7（3H，6H）-dione］、4- 羟基 -2，6，8- 三甲基 -6-（3，7- 二甲基 -2，6- 辛二烯基）-2H-1- 苯并吡喃 -5，7（3H，6H）- 二酮［4-hydroxy-2，6，8-trimethyl-6-（3，7-dimethyl-2，6-octadienyl）-2H-1-benzopyran-5，7（3H，6H）-dione］、5- 羟基 -2，8- 二甲基 -6-（3- 甲基 -2- 丁烯基)-8-（3，7- 二甲基 -2，6- 辛二烯基）-2H-1- 苯并吡喃 -4，7（3H，8H）- 二酮［5-hydroxy-2，8-dimethyl-6-（3-methyl-2-butenyl）-8-（3，7-dimethyl-2，6-octadienyl）-2H-1-benzopyran-4，7（3H，8H）-dione］、5- 羟基 -2，8，6- 三甲基 -8-（3，7- 二甲基 -2，6- 辛二烯基）-2H-1- 苯并吡喃 -4，7（3H，8H）-二酮［5-hydroxy-2，8，6-trimethyl-8-（3，7-dimethyl-2，6-octadienyl）-2H-1-benzopyran-4，7（3H，8H）-dione］、2，3- 二氢 -5，7- 二羟基 -2，6- 二甲基 -8-（3- 甲基 -2- 丁烯基)-4H-1- 苯并吡喃 -4- 酮［2，3-dihydro-5，7-dihydroxy-2，6-dimethyl-8-（3-methyl-2-butenyl）-4H-1-benzopyran-4-one］、2，3- 二氢 -5，7- 二羟基 -2，8- 二甲基 -6-（3- 甲基 -2- 丁烯基）-4H-1- 苯并吡喃 -4- 酮［2，3-dihydro-5，7-dihydroxy-2，8-dimethyl-6-（3-methyl-2-butenyl）-4H-1-benzopyran-4-one］、2，3- 二氢 -5，7- 二羟基 -2，6，8- 三甲基 -4H-1- 苯并吡喃 -4- 酮［2，3-dihydro-5，7-dihydroxy-2，6，8-trimethyl-4H-1-benzopyran-4-one］[8]，6β- 羟基 -2α，8β- 二甲基 -6-（3- 甲基 -2- 丁烯基）-8-（3，7- 二甲基 -2，6- 辛二烯基）-2H-1- 苯并吡喃 -4，5，7（3H，6H，8H）- 三酮［6β-hydroxy-2α，8β-dimethyl-6-（3-methyl-2-butenyl）-8-（3，7-dimethyl-2，6-octadienyl）-2H-1-benzopyran-4，5，7（3H，6H，8H）-trione］、6β- 羟 基 -2α，6α，8β- 三甲基 -8-（3，7- 二甲基 -2，6- 辛二烯基）-2H-1- 苯并吡喃 -4，5，7（3H，6H，8H）- 三酮［6β-hydroxy-2α，

6α, 8β-trimethyl-8-（3, 7-dimethyl-2, 6-octadienyl）-2H-1-benzopyran-4, 5, 7（3H, 6H, 8H）-trione］[9]，6-［1′-氧化 -3′（R）- 羟基 - 丁基］-5, 7- 二甲氧基 -2, 2- 二甲基 -2H-l- 苯并吡喃 {6-［1′-oxo-3′（R）-hydroxy-butyl］-5, 7-dimethoxy-2, 2-dimethyl-2H-l-benzopyran} 和 6-［1′- 氧化 -3′（R）- 甲氧基 - 丁基］-5, 7- 二甲氧基 -2, 2- 二甲基 -2H-l- 苯并吡喃 {6-［1′-oxo-3′（R）-methoxy-butyl］-5, 7-dimethoxy-2, 2-dimethyl-2H-l-benzopyran}[10]；黄酮类：芹菜素 -7-O-β-D- 葡萄糖苷（apigenin-7-O-β-D-glucoside）、芹菜素（apigenin）[11]，野桐素 *（mallotusin）[12] 和葫芦巴苷Ⅱ（viceninii）[13]；香豆素类：异东莨菪素（isoscopletin）和东莨菪素（scopoletin）[11]；蒽醌类：大黄酚（chrysophanol）[11]；甾体类：β- 谷甾醇（β-sitosterol）和胡萝卜苷（daucosterol）[11]；酚酸类：对甲氧基苯甲酸（4-methoxybenzoic acid）[11]；三萜类：蒲公英赛醇（taraxerol）[12]；挥发油类：橙花叔醇（nerolidol）、1, 6- 辛二烯 -3- 醇（1, 6-octadien-3-ol）、冰片基胺（bornylamine）、己二酸二异辛酯（diisooctyl adipate）和 2, 7- 二甲基 -1, 6- 辛二烯（2, 7-dimethyl-1, 6-octadiene）等[14]；维生素类：烟酸（nicotinic acid）[11]。

种子含脂肪酸类：油酸(oleic acid)、棕榈酸(palmitic acid)、亚油酸(linoleic acid)、硬脂酸(octadecanoic acid) 和杜鹃花酸（azelaic acid）等[15]。

【药理作用】1. 护肝　根水煎剂能明显改善四氯化碳（CCl_4）花生油所致肝纤维化模型大鼠血清中的球蛋白、谷丙转氨酶（ALT）、透明质酸（HA）、层黏蛋白（LN）和四型胶原（collagen Ⅳ）特定氨基酸的水平，并能缓解肝脏内胶原纤维增生和肝脏炎症[1]；根制成的制剂能明显降低由过氧化氢（H_2O_2）所致肝损伤模型大鼠过氧化氢引起的一氧化氮（NO）和丙二醛（MDA）水平的升高，降低干细胞混悬液中谷丙转氨酶的浓度，并提高超氧化物歧化酶（SOD）的活性[2]。2. 抗菌　根水煎剂对金黄色葡萄球菌的生长有抑制作用，乙醇提取物对志贺痢疾杆菌的生长有抑制作用，根中分离出的化合物对金黄色葡萄球菌、枯草杆菌、大肠杆菌及绿脓杆菌的生长均有不同程度的抑制作用[3]。3. 抗病毒　根水煎剂在体外具有直接抗乙肝病毒（HBV）的作用。对 HepG2.2.15 细胞的半数中毒浓度（TC_{50}）为 48.25mg/ml，对抑制 HepG2.2.15 细胞分泌乙肝表面抗原（HBsAg）和乙肝 e 抗原（HBeAg）的治疗指数分别为 13.26 和 43.08[4]。4. 抗炎　根提取物能明显减轻角叉菜胶所致小鼠的足趾肿胀，能明显降低角叉菜胶所致小鼠足肿胀中的一氧化氮含量，明显降低角叉菜胶所致小鼠足肿胀中的丙二醛含量，明显提高角叉菜胶所致小鼠足肿胀中的超氧化物歧化酶活力，表明其对急性炎症具有明显的抑制作用，其机理可能与抑制细胞内一氧化氮的释放、抑制脂质过氧化物生成和提高抗氧化能力有关[5]。

【性味与归经】白背叶根：微苦、涩，平。归肝经。白背叶：苦，寒。归肝、脾经。

【功能与主治】白背叶根：清热，祛湿，收敛，消瘀。用于癥瘕痞块，白带淋浊，子宫下垂，产后风瘫，肠风泻泄，脱肛，疝气，赤眼，喉蛾，耳风流脓。白背叶：清热解毒，消肿止痛，祛湿止血。用于痈疖疮疡，鹅口疮，皮肤湿痒，跌打损伤，外伤出血。

【用法与用量】白背叶根：15 ～ 30g；外用适量。白背叶：1.5 ～ 9.0g；外用适量，研末撒或煎水洗患处。

【药用标准】白背叶根：湖南药材 2009、广西药材 1996 和海南药材 2011；白背叶：湖南药材 2009、广西药材 1996、广西壮药 2008 和广西瑶药 2014 一卷。

【临床参考】1. 慢性乙型肝炎：根 30g，加黄芪 30g、茯苓 15g、虎杖 15g、丹参 15g、菟丝子、旱莲草、郁金、柴胡、山楂、枳壳、鸡内金各 10g，水煎服，每日 1 剂，3 个月为 1 疗程[1]。

2. 月经过多、产后恶露不绝：经血宁胶囊（主要药味白背叶、扶芳藤）口服，每次 2 粒，每日 4 次，7 天为 1 疗程[2]。

3. 手、足冻疮：叶 50g，加鸡血藤 50g、鸡骨香 50g、三叉苦 50g、细辛 20g、宽筋藤 50g、艾叶 20g、穿破石 50g、川芎 50g 等，熏洗患处，每日 1 ～ 2 次，3 ～ 5 天为 1 疗程[3]。

4. 慢性宫颈炎：壮药白石散（白背叶、石上柏、乌桕木、千斤拔、千里光、儿茶）外用，月经干净后（3 ～ 5 天）开始用药，每晚睡前阴道深部上药，7 天为 1 疗程，连续治疗 3 疗程[4]。

【附注】以酒药子树之名始载于《植物名实图考》，云："酒药子树生湖南冈阜，高丈余。皮紫微似桃树，叶如初生油桐叶而有长尖，面青背白，皆有柔毛；叶心亦白茸茸如灯心草。五月间梢开小黄白花，如粟粒成穗，长五六寸。叶微香，土人以制酒曲，故名。"据此描述并观其附图，与本种一致。

【化学参考文献】

［1］Cheng X F，Chen Z，Meng Z M. Two new diterpenoids from *Mallotus apelta* Muell. Arg［J］. J Asian Nat Prod Res，1999，1（3）：163-168.

［2］Xu J F，Li F S，Feng Z M，et al. A new sesquiterpenoid from *Mallotus apelta*［J］. Chem Nat Compd，2011，47（2）：218-219.

［3］Wang J J，Chen Z Q，Wang S X. Malloapeltic acid, a new benzopyran derivative from *Mallotus apelta*［J］. Chem Nat Compd，2010，46（1）：7-9.

［4］徐建富.传统中药白背叶和鹅绒委陵菜的化学成分及生物活性研究［D］.北京：中国协和医科大学博士学位论文，2008.

［5］彭妹.白背叶根药材指纹图谱及化学成分研究［D］.南宁：广西大学硕士学位论文，2013.

［6］冯子明，李福双，徐建富，等.白背叶根化学成分研究［J］.中草药，2012，43（8）：1489-1491.

［7］Lu T，Deng S，Li C，et al. A new chromone from the twig of *Mallotus apelta*［J］. Nat Prod Res，2014，28（21）：1864-1868.

［8］An T Y，Hu L H，Cheng X F，et al. Benzopyran derivatives from *Mallotus apelta*［J］. Phytochemistry，2001，57（2）：273-278.

［9］An T Y，Hu L H，Cheng X F，et al. Two new benzopyran derivatives from *Mallotus apelta*［J］. Nat Prod Res，2003，17（5）：325-328.

［10］Kiem P V，Dang N H，Bao H V，et al. New cytotoxic benzopyrans from the leaves of *Mallotus apelta*［J］. Arch Pharm Res，2005，28（10）：1131-1134.

［11］康飞.广西白背叶化学成分的研究［D］.广州：广东药学院硕士学位论文，2007.

［12］吴桂凡，韦松，蓝树彬，等.白背叶中一个新的异戊烯基二氢黄酮［J］.中草药，2006，37（8）：1126-1128.

［13］朱斌，白桂昌，蒋受军，等.白背叶化学成分和含量测定研究［J］.中国中药杂志，2007，32（10）：932-934.

［14］朱斌，蒋受军，林瑞超.GC-MS测定白背叶中的挥发油［J］.华西药学杂志，2008，23（1）：35-36.

［15］刘世彪，彭小列，易春华，等.白背叶种仁油的提取及成分分析［J］.广西植物，2009，29（3）：420-423.

【药理参考文献】

［1］赵进军，吕志平，张绪富.白背叶根对肝纤维化大鼠的实验研究［J］.现代诊断与治疗，2002，13（5）：257-259.

［2］赵进军，吕志平，张绪富.白背叶根对过氧化氢所致大鼠肝细胞损伤的保护作用［J］.华西药学杂志，2003，18（4）：257-259.

［3］单雪琴，冯廉彬，吴承顺.白背叶根的化学成分［J］.植物学报，1985，27（2）：192-195.

［4］张晓刚，吕志平，谭秦湘，等.白背叶根抗乙型肝炎病毒的体外实验研究［J］.时珍国医国药，2006，17（8）：1437-1438.

［5］黄卓坚，王志萍，夏星，等.白背叶根提取物的抗炎机制初探［J］.广西中医药大学学报，2014，17（1）：81-83.

【临床参考文献】

［1］王钦和，李孝保，许成勇.补脾肾、祛湿热、理气血法治疗慢性乙型肝炎［J］.光明中医，2005，20（2）：37-38.

［2］方显明，唐友明，周文光.经血宁胶囊治疗月经过多和产后恶露不绝的临床研究［J］.广西中医药，2002，25（6）：8-10.

［3］韦秋萍，伍艳靖.洗四方熏洗治疗手足冻疮63例［J］.广西中医药，2009，32（1）：40.

［4］梁峰艳，杨美春，刘群华，等.壮药白石散治疗慢性宫颈炎的临床观察［J］.北方药学，2012，9（3）：24-25.

516. 粗糠柴（图516）• *Mallotus philippinensis*（Lam.）Müll. Arg.（*Mallotus philippensis* M. Ar.）

【别名】红果果（福建），香楸藤（江西吉安），楸树（江西赣州）。

图 516　粗糠柴　　　　　　　　　　　　　　　　　　摄影　张芬耀

【形态】常绿小乔木，高 3 ~ 10m。小枝被褐色星状柔毛。叶互生或近对生，近革质，卵形、长圆形或卵状披针形，长 6 ~ 19cm，宽 2.5 ~ 7.5cm，顶端渐尖，基部圆形、钝或楔形，全缘，上面绿色，无毛，有稀疏的红色腺点，下面多少粉白色，被星状短柔毛和红色腺点，掌状 3 出脉，腺体 2 枚，着生于叶上面近叶柄处；叶柄长 1.5 ~ 5cm。花单性，雌雄同株，排成顶生或生于上部叶腋的总状花序，花序长 3 ~ 9cm，常具分枝，被褐色星状柔毛和红色腺点；雄花花萼 3 ~ 4 裂，雄蕊 15 ~ 30 枚；雌花花萼管状，3 ~ 5 裂，子房 3 室，花柱 3 枚，均被红色腺点。蒴果三棱状球形，直径 6 ~ 10mm，无软刺，密被深红色颗粒状腺点，成熟时开裂为 3 个分果片。种子球形，黑色。花期 4 ~ 7 月，果期 5 ~ 8 月。

【生境与分布】生于林缘、疏林或灌丛中。分布于安徽、江苏、浙江、江西、福建，另广东、广西、湖南、湖北、云南、贵州、四川、西藏、陕西均有分布；尼泊尔、印度、缅甸、不丹也有分布。

【药名与部位】粗糠柴根，根。楸荚粉（吕宋楸荚粉），果实表面的毛茸。

【采集加工】粗糠柴根：全年可采，洗净，除去须根，晒干。楸荚粉：采下成熟的果实，置于篮中，摩擦搓揉抖落毛茸，除去果实，收集毛茸，干燥。

【药材性状】粗糠柴根：呈圆柱状或圆锥状，长短不一，直径 1 ~ 4cm 或更粗。表面灰棕色或灰褐色，粗糙，有细纵纹，皮孔类圆形或纵向长圆形，明显突起，外皮剥落处显暗褐色或棕褐色。质硬。断面皮部棕褐色，木质部淡褐色，具放射状纹理，可见同心性环纹和密集的小孔。气微，味微涩。

楸荚粉：为细粒状、浮动性粉末，棕红色。轻微振荡之，其灰色部分（毛茸）聚集于表面，红色粉沉于下面。无臭，无味。

【药材炮制】粗糠柴根：除去杂质，洗净，润透，切片，干燥。

【化学成分】茎木部含内酯类：11-O- 没食子酰岩白菜素（11-O-galloylbergenin）[1]。
茎皮含三萜类：3β- 乙酰氧基 -22β- 羟基齐墩果 -18- 烯（3β-acetoxy-22β-hydroxyolean-18-ene）和木栓

酮（friedelin）[2]；内酯类：岩白菜素（bergenin）[3]。

　　果实含黄酮类：粗糠柴查耳酮 E（kamalachalcone E）、1-（5, 7- 二羟基 -2, 2, 6- 三甲基 -2H-1- 苯并吡喃 -8）-3- 苯基 -2- 丙烯 -1- 酮［1-（5, 7-dihydroxy-2, 2, 6-trimethyl-2H-1-benzopyran-8）-3-phenyl-2-propen-1-one］、卡马拉素（rottlerin）、4′- 羟基卡马拉素（4′-hydroxyrottlerin）[4]，粗糠柴查耳酮 A、B（kamalachalcone A、B）[5]，4′- 羟基异卡马拉素（4′-hydroxyisorottlerin）、粗糠柴查耳酮 C、D（kamalachalcone C、D）、异卡马拉素（isorottlerin）、5, 7- 二羟基 -8- 甲基 -6- 异戊二烯黄烷酮（5, 7-dihydroxy-8-methyl-6-prenylflavanone）和 6, 6- 二甲基吡喃酮（2″, 3″: 7, 6）-5- 羟基 -8- 甲基黄烷酮［6, 6-dimethyl pyrano（2″, 3″: 7, 6）-5-hydroxy-8-methyl flavanone］[6]。

　　花含黄酮类：粗糠柴素 F（mallotophilippen F）、卡马拉素（rottlerin）、异卡马拉素（isorottlerin）、8- 肉桂酰 -2, 2- 二甲基 -7- 羟基 -5- 甲氧基色烯（8-cinnamoyl-2, 2-dimethyl-7-hydroxy-5-methoxychromene）和 8- 肉桂酰 -5, 7- 二羟基 -2, 2, 6- 三甲基色烯（8-cinnamoyl-5, 7-dihydroxy-2, 2, 6-trimethylchromene）[7]。

　　【药理作用】1. 抗菌　根的乙酸乙酯部位、正丁醇部位和水层对铜绿假单胞菌及其耐药菌的生长均具有明显的抑菌作用，尤以乙酸乙酯部位的作用最为明显[1]。2. 免疫调节　分离得到的查耳酮衍生物对脂多糖和重组鼠干扰素（IFN-γ）诱导鼠巨噬细胞样细胞系 RAW 264.7 产生一氧化氮（NO）、一氧化氮合酶（NOS）基因表达具有抑制作用，同时下调环氧合酶 -2（COX-2）、白细胞介素 -6（IL-6）和白细胞介素 -1β（IL-1β）mRNA 基因表达，提示具有抗炎和免疫调节作用[2]。

　　【性味与归经】粗糠柴根：微苦、微涩，凉；有毒。归大肠、肺经。

　　【功能与主治】粗糠柴根：清热利湿，解毒消肿。用于湿热痢，咽喉肿痛。楸荚粉：清除异常黏液质，泻下通便，杀虫敛疮。用于体内异常黏液质的堆积（维医），大便秘结，肠内寄生虫，外用可治疮口不收。

　　【用法与用量】粗糠柴根：15 ～ 30g。楸荚粉：2 ～ 7g。

　　【药用标准】粗糠柴根：广西药材 1996 和广西壮药 2008；楸荚粉：部标维药 1999 和新疆维药 1993。

　　【临床参考】1. 外伤出血：鲜叶适量，捣烂外敷；或用叶研粉撒敷。

2. 疮疡溃烂久不收口：叶，水煎外洗，并用叶研粉撒敷患处。（1 方、2 方引自《浙江药用植物志》）

　　【附注】本种的叶民间也作药用。

本种的果实和叶背的红色粉末状小点有毒。

本种果实的腺毛、毛茸（吕宋楸荚粉）不宜久服。肠胃病患者慎服，不宜过量。

　　【化学参考文献】

［1］Arfan M, Amin H, Khan N, et al. Analgesic and anti-inflammatory activities of 11-O-galloylbergenin［J］. Journal of Ethnopharmacol, 2010, 131（2）: 502-504.

［2］Nair S P, Rao J M. Kamaladiol-3-acetate from the stem bark of *Mallotus philippinensis*［J］. Phytochemistry, 1993, 32（2）: 407-409.

［3］Vijaya K T, Tiwari A K, Robinson A, et al. Synthesis and antiglycation potentials of bergenin derivatives［J］. Bioorg Med Chem Lett, 2011, 21（16）: 4928-4931.

［4］Kulkarni R R, Tupe S G, Gample S P, et al. Antifungal dimericchalcone derivative kamalachalcone E from *Mallotus philippinensis*［J］. Nat Prod Res, 2014, 28（4）: 245-250.

［5］Tanaka T, Ito T, iinuma M, et al. Dimericchalcone derivatives from *Mallotus philippensis*［J］. Phytochemistry, 1998, 48（8）: 1423-1427.

［6］Furusawa M, Ido Y, Tanaka T, et al. Novel, complex flavonoids from *Mallotus philippensis*（Kamala Tree）［J］. Helv Chim Acta, 2005, 88: 1048-1058.

［7］Hong Q, Minter D E, Franzblau S G, et al. Anti-tuberculosis compounds from *Mallotus philippinensis*［J］. Natural Product Communications, 2010, 5（2）: 211-217.

【药理参考文献】

[1] 谢俊杰，韩峻，左国营，等. 10种中草药提取物体外抗铜绿假单胞菌作用研究 [J]. 广西植物，2016，36（2）：240-245.

[2] 肖苏萍. 纯天然抗过敏剂粗糠柴中的查耳酮衍生物对NO生成的抑制作用 [J]. 国外医学. 中医中药分册，2005，27（6）：34-35.

517. 石岩枫（图 517） • *Mallotus repandus*（Willd.）Muell. Arg.

图 517　石岩枫　　　　　　　　　　摄影　李华东等

【别名】假新妇木（福建），杠香藤（江苏）。

【形态】小乔木、攀援状灌木或有时藤本状。幼时被黄褐色星状绒毛，后光滑。叶互生，纸质，卵形、宽卵形或三角状卵形，长5～10cm，宽2～5cm，顶端渐尖，基部圆形、截平或稍呈心形，全缘或具波状齿，上面无毛，下面在脉上有小的星状毛或近光滑，具黄色腺点，掌状3出脉，叶柄长2～3cm，纤细，无毛。花单性，雌雄异株；雌雄花序均为顶生，雄花序为顶生圆锥花序，被黄色绒毛；雌花序总状；雄蕊40～75枚，雄花萼3裂，不等，反曲，长约3mm，密被黄色绒毛，并有颗粒状腺点；雌花萼5裂，长2～3mm，密被黄色绒毛，并有颗粒状腺点，子房2～3室，密被黄色绒毛，花柱2枚。蒴果球形，密被黄褐色绒毛，常具2果爿。种子球形，黑色。花期4～6月，果期6～8月。

【生境与分布】生于山路旁或山坡石缝中。分布于浙江、江西、福建，另广东、广西、湖南、湖北、云南、贵州、四川、陕西均有分布。

【药名与部位】山龙眼，根及茎。

【化学成分】全草含木脂素类：石岩枫素（repandusin）和石岩枫林素（repanduthylin）[1]；三萜类：石岩枫拉素*（repandulasin）、齐墩果-12-烯-3β，11α-二醇（3β，11α-di-hydroxyolean-12-oleanene）和齐墩果酸（oleanolic acid）[2]。

茎和根皮含三萜类：3α-羟基-13α-熊果烷-28，12β-内酯3-苯甲酸酯（3α-hydroxy-13α-ursan-28，12β-olide 3-benzoate）、3α-羟基-28β-甲氧基-13α-熊果烷-28，12β-环氧-3-苯甲酸酯（3α-hydroxy-28β-methoxy-13α-ursan-28，12β-epoxide 3-benzoate）、3α-羟基-13α-乌苏烷-28-酸（3α-hydroxy-13α-ursan-28-oic acid）、3-氧化-13α-熊果烷-28，12β-内酯（3-oxo-13α-ursan-28，12β-olide）、3α-羟基-13α-熊果烷-28，12β-内酯（3α-hydroxy-13α-ursan-28，12β-olide）、熊果酸（ursolic acid）[3]，3-O-D：A-弗瑞德齐墩果烷-27，16α-内酯（3-O-D：A-friedo-oleanan-27，16α-lactone）、3α-苯甲酰氧基-D：A-弗瑞德齐墩果烷-27，16α-内酯（3α-benzoyloxy-D：A-friedo-oleanan-27，16α-lactone）和3β-羟基-D：A-弗瑞德齐墩果烷-27，16α-内酯（3β-hydroxy-D：A-friedo-oleanan-27，16α-lactone）[4]；内酯类：岩白菜素（bergenin）[3]。

地上部分含吡啶酮类：石岩枫氰吡酮（mallorepine）[5]；内酯类：岩白菜素（bergenin）[5]。

【药用标准】药典1977附录。

【临床参考】1. 风湿痹痛：茎30g，炖猪脚或煮鸡蛋服。

2. 跌打损伤：叶研粉，茶油调敷伤处。

3. 乳痈：茎9～18g，酒炒，加猪肉适量同煮食。

4. 口眼㖞斜：茎、根30g，加甘草6g，水煎服。（1方至4方引自《浙江药用植物志》）

5. 淋巴结核：茎9～18g，水煎或煮鸡蛋服。（《万县中草药》）

【附注】倒挂金钩之名始载于《植物名实图考》，云："倒挂金钩生长沙山阜，小木、墨茎，叶如棠梨叶，光润无齿，梢端结实，圆扁，有青毛。"并观附其图，即为本种。

另有大叶石岩枫 *Mallotus repandus*（Willd.）Muell. Arg. var. *megaphyllus* Croiz 分布于贵州、云南等省，民间也作山龙眼药用。

《浙江植物志》收载本种，但《中国植物志》未记载浙江及华东地区有分布，可能为《浙江植物志》对杜香藤 *Mallotus repandus*（Willd.）Muell. Arg. var. *chrysocarpus*（Pamp.）S. M. Hwang 的误定，待考。

【化学参考文献】

［1］杨宁线，梁光义，曹佩雪.石岩枫中两个新的木脂素类化合物［J］.天然产物研究与开发，2014，26（7）：983-986.

［2］杨宁线，梁光义，曹佩雪，等.石岩枫中一个新的三萜类环内酯（英文）［J］.天然产物研究与开发，2013，25（6）：733-735.

［3］Huang P L，Wang L W，Lin C N. Newtriterpenoids of *Mallotus repandus*［J］. J Nat Prod，1999，62（6）：891-892.

［4］Sutthivaiyakit S，Thongtan J，Pisutjaroenpong S，et al. D：AFriedo-oleananelactones from the stems of *Mallotus repandus*［J］. J Nat Prod，2001，64（5）：569-571.

［5］Hikino H，Tamada M，Yen K Y. Mallorepine, cyano-r-pyridone from *Mallotus repandus*［J］. Planta Med，1978，33（4）：385-388.

10. 海漆属 *Excoecaria* Linn.

乔木或灌木。无毛，具丰富的刺激性乳汁。单叶，互生或对生，通常革质或纸质，全缘，羽状脉；具叶柄。花雌雄异株或同株，极少雌雄同序，排成腋生或顶生总状或穗状花序，花小，无花瓣，花盘缺如；雄花常1～3朵生于每1苞片内，小苞片2枚，萼片3枚，覆瓦状排列，雄蕊3枚，花丝分离，药室纵裂，无退化雌蕊；雌花常单朵生于不同花序上，很少生于雄花序基部，花萼3裂，子房1室，胚珠每室1粒，花柱粗大，基部合生，上部展开，外弯。蒴果自中轴开裂成2瓣裂的分果爿，分果爿常坚硬而稍扭曲，中轴宿存，具翅。种子圆球形，不具种阜，种皮硬壳质，胚乳肉质，子叶宽扁。

约30种，分布于东半球热带地区。中国5种，分布于西南部、中部至东部，法定药用植物1种。华东地区法定药用植物1种。

518. 红背桂花（图 518）· *Excoecaria cochinchinensis* Lour.

图 518　红背桂花　　　　摄影　徐克学

【别名】青紫木（通称），红紫木（上海），红背桂。

【形态】常绿灌木，高 1 ～ 2m。叶对生，少轮生或互生；纸质，通常狭长圆形至长圆形，有时倒披针状长圆形，少狭长椭圆形，长 5 ～ 11cm，宽 1.5 ～ 4cm，顶端渐尖，基部楔形至钝形，边具疏细锯齿，上面绿色，下面紫红色，侧脉 8 ～ 12 对，略明显，近叶柄顶端无腺体；叶柄长 3 ～ 10mm；托叶小，近三角形。花雌雄异株，排成近于顶生的穗状花序，雄花序长 1 ～ 2cm，雌花序极短，通常由数朵花组成；雄花梗较长，上面的基部两侧各具腺体 1 枚，小苞片 2 片，条形，基部具 2 枚腺体，萼片 3 枚，雄蕊 3 枚；雌花梗较短，长约 1mm，小苞片与雄花同，萼片 3 枚，子房近圆球形，花柱 3 枚，分离，开展或外反。蒴果圆球形，顶端凹陷，基部平。种子近圆球形，光滑。花期春季至夏季。

【生境与分布】原产于中南半岛及中国南部。浙江、江西、福建有栽培。

【药名与部位】红背桂，全株。

【采集加工】 全年均可采收，洗净，晒干或鲜用。

【药材性状】 长 30 ～ 100cm，根较粗大，圆锥形，棕褐色。木栓层易脱落，可见棕褐色皮层，质脆，易折断。茎圆柱形，多分枝，直径 0.5 ～ 2cm，表面暗褐色，有密集短纵纹，质坚硬，易折断。叶对生，多皱缩，完整叶展平后狭椭圆形或长圆形，长 6 ～ 14cm、宽 1.2 ～ 4cm，顶端渐尖，基部楔形，有时两侧边缘可见 2 ～ 3 个腺体，边缘有不明显细钝齿，两面无毛，上表面暗棕色，下表面暗红色，叶柄长 3 ～ 10mm。气微，味淡。

【药材炮制】 去杂质，洗净，切段，晒干。

【化学成分】 全株含皂苷类：浆果乌桕素（baccatin）、熊果酸（ursolic acid）[1]，齐墩果酸（oleanolic acid）、2α, 3β, 23- 三羟基齐墩果 -12- 烯 -28- 酸（2α, 3β, 23- trihydroxyolean-12-en-28-oic acid），即阿江榄仁酸（arjunolic acid）和桦木酸（betulinic acid）[2]；二萜类：海漆素 J、K（agallochins J、K）和海漆半日花酮 A（excolabdone A）[1]；黄酮类：山柰酚（kaempferol）、木犀草素（luteolin）[1]、槲皮素（quercetin）、高山黄芩（isoscutellarein）[2]、山柰酚 -3-O-β-D- 吡喃半乳糖苷（kaempferol-3-O-β-D-galactopyranoside）、山柰酚 -3-O-β-D- 吡喃葡萄糖苷（kaempferol-3-O-β-D-glucopyranoside）、5′, 4′- 二羟基 -7- 甲氧基黄酮 -3-O-β-D- 吡喃葡萄糖苷（5′, 4′-dihydroxy-7-methoxyflavone-3-O-β-D-glucopyranoside）、槲皮素 -3-O-β -D- 吡喃葡萄糖苷（quercetin-3-O-β-D-glucopyranoside）、山柰酚 -3α-L- 吡喃阿拉伯糖苷（kaempferol-3-α-L-arabinopyranoside）和山柰酚 -3-O-α-L- 鼠李糖基（1 → 6）-β-D- 吡喃葡萄糖苷［kampferol-3-O-α-L-rhamnosopyranosyl（1 → 6）-β-D-glucopyranoside］[3]；香豆素类：东莨菪素（scopoletin）[2]；酚酸类：间苯三酚（phloroglucinol）[2]。

花含酚酸类：没食子酸（ellagic acid）和对羟基苯甲醛（p-hydroxybenzaldehyde）[4]；甾体类：β- 谷甾醇（β-sitosterol）、豆甾醇（stigmasterol）、6- 羟基豆甾醇（6-hydroxystigmasterol），即豆甾烷 -3, 6- 二醇（stigmastane-3, 6-diol）和胡萝卜苷（daucosterol）[4]；脂肪酸类：棕榈酸（palmitic acid）[4]。

【性味与归经】 辛、微苦，平。归肝经。

【功能与主治】 祛风除湿，通络止痛，活血。用于风湿痹痛，腰肌劳损，跌打损伤。

【用法与用量】 3 ～ 6g；外用适量，鲜品捣敷。

【药用标准】 广西壮药 2011 二卷。

【临床参考】 深度压疮：鲜嫩叶，加红片糖，按重量 2：1 混合捣碎，创面处理后用消毒棉填抹于创口内，根据创面渗液情况每日换药 1 ～ 2 次[1]。

【化学参考文献】

［1］陈兵祥，王小玲 . 红背桂花的化学成分研究［J］. 药学研究，2015，34（3）：147-149.

［2］王业玲，黎平，郭凯静，等 . 红背桂花化学成分研究［J］. 天然产物研究与开发，2014，26（1）：47-49.

［3］李子燕，杨靖华，汪云松，等 . 红背桂花化学成分研究［J］. 中草药，2006，37（6）：826-829.

［4］汪云松，黄荣，张洪彬，等 . 红背桂花化学成份研究［J］. 热带亚热带植物学报，2009，17（2）：156-159.

【临床参考文献】

［1］张文娟 . 红背桂配合红片糖治疗深度压疮的效果观察［J］. 齐齐哈尔医学院学报，2015，36（33）：5119-5120.

11. 乌桕属 *Sapium* P. Br.

乔木或灌木，通常含有毒的乳汁。叶互生，全缘，少为钝锯齿；叶柄顶端有 2 枚腺体或无腺体。花单性，雌雄同株，无花瓣，排成顶生、少腋生的穗状总状花序；雄花常数朵生于每苞腋内，密集于花序的上部，雌花较雄花大，在每 1 苞腋内仅 1 朵，散生于花序的基部，少有雌雄异序；雄花通常黄色或淡黄色，花萼膜质，杯状，2 ～ 3 浅裂或具齿缺，雄蕊 2 ～ 3 枚，花丝分离，无退化雌蕊；雌花花萼 3 浅裂至近 3 深裂，子房 2 ～ 3 室，胚珠每室 1 粒，花柱 3 枚，分离或基部合生，柱头卷曲。蒴果，少为浆果状，通常 3 室，室背开裂。种子椭圆形或近球形，常附于宿存的中轴上，外被蜡质的假种皮或无假种皮，外种皮通常坚硬。

　　120 种以上，分布于热带地区，尤以南美洲最多。中国约 10 种，分布于西南部至东部，法定药用植物 1 种。华东地区法定药用植物 1 种。

519. 乌桕（图 519）• *Sapium sebiferum*（Linn.）Roxb.［*Triadica sebifera*（Linn.）Small］

图 519　乌桕　　　　　　　摄影　赵维良等

　　【**别名**】木子树（江西），腊子树（浙江温州），乌桕树（江苏）。

　　【**形态**】落叶乔木，高达 15m。叶互生，纸质，菱形至宽菱状卵形，长 3 ～ 10cm，宽 3 ～ 9cm，顶端渐尖至长渐尖，基部宽楔形至钝形，近截平，上而绿色，下面粉绿色，秋季变为红色，侧脉 5 ～ 10 对，纤细，叶柄细长，长 1.5 ～ 8cm，顶端有腺体 2 枚。花小，密集，排成顶生穗状的总状花序，长 4 ～ 13cm；花黄色，雄花每 10 ～ 15 朵簇生于苞腋内，苞片近基部两侧各有近肾形的腺体 1 枚，花梗长 1 ～ 3mm，花萼 3 浅裂，雄蕊 2 枚，少 3 枚；雌花少数，散生于花序的基部，着生处两侧各有 1 枚腺体，花梗长 3 ～ 4mm，花萼 3 深裂，子房光滑，3 室，花柱 3 枚，基部合生，柱头向外卷曲。蒴果木质，成熟时黑褐色。种子近圆形，黑色，外被蜡层，分果爿脱落后仍附着于宿存的中轴上。花期 4 ～ 8 月，果期 8 ～ 11 月。

　　【**生境与分布**】生于山坡或平地。分布于华东各省市，另长江中下游流域及华南、西南各省区均有分布；日本和印度也有分布。

【药名与部位】乌桕根，根。乌桕，根皮。

【采集加工】乌桕根：全年均可采挖，除去杂质，洗净，切片，晒干。乌桕：全年均可采挖，挖出根部，除去泥沙，剥取根皮，晒干。

【药材性状】乌桕根：呈不规则块片状，直径 0.5～6cm，厚 0.5～1.6cm，表面浅黄棕色。有细微皱纹，栓皮薄，易剥落。质硬，易折断；断面皮部较厚，黄褐色，木质部淡黄白色，气微，味微苦、涩。

乌桕：呈长槽状或筒状，长 10～40cm，厚约 0.1cm。外表面浅黄棕色，有细纵皱纹及圆形或横长的皮孔，栓皮薄，易呈片状脱落。内表面黄白色至浅黄棕色，具细密纵直纹理。质硬而韧，不易折断，断面纤维性。气微，味微苦涩。

【药材炮制】乌桕根：筛去灰屑。

乌桕：洗净，润透，切厚片，晒干。

【化学成分】叶含酚酸类：莽草酸（shikimic acid）[1,2]，没食子酸（gallic acid）[1]和没食子酸乙酯（ethyl gallate）[2,3]；黄酮类：芦丁（rutin）、山奈酚（kaempferol）、槲皮素（quercetin）、异槲皮苷（isoquercitrin）、金丝桃苷（hyperin）、山奈酚 -3-*O*-β-D- 吡喃葡萄糖苷（kaempferol-3-*O*-β-D-glucopyranoside）和山奈酚 -3-*O*-β-D- 吡喃半乳糖苷（kaempferol-3-*O*-β-D-glueopyranoside）[1-3]；香豆素类：秦皮素（fraxetin）[2]；萜类：角鲨烯（squalene）和布卢门醇 C- 葡萄糖苷（blumenol C-glucoside）[2]；苯苷类：1'-*O*- 苄基 -α-L- 吡喃鼠李糖 -（1"-6'）-β-D- 吡喃葡萄糖苷［1'-*O*-benzyl-α-L-rhamnopyranosyl-（1"-6'）-β-D-glucopyranoside］[2]；醛类：5- 羟甲基糠醛（5-hydroxymethylfurfural）、5- 甲氧甲基 -1H- 吡咯 -2 甲醛［5-（methoxymethyl）-1H-pyrrole-2-carbaldehyde］、松柏醛（coniferaldehyde）和香草醛（vanillin）[4]；皂苷类：3β- 羟基 - 黏霉 -5- 烯（3β-hydroxyglutin-5-ene）、木栓酮（friedelin）[2]和软木酮（3-friedelanone）[5]；甾体类：β- 谷甾醇（β-sitosterol）[2,5]；木脂素类：（+）-（7*R*, 7'*R*, 7"*S*, 7'''*S*, 8*S*, 8'*S*, 8"*S*, 8'''*S*）-4", 4'''- 二羟基 -3, 3', 3", 3''', 5, 5'- 六甲氧基 -7, 9'；7', 9- 二环氧 -4, 8"：4', 8'''- 二氧 -8, 8'- 二新木脂素 -7", 7''', 9", 9'''- 四醇［（+）-（7*R*, 7'*R*, 7"*S*, 7'''*S*, 8*S*, 8'*S*, 8"*S*, 8'''*S*）-4", 4'''-dihydroxy-3, 3', 3", 3''', 5, 5'-hexamethoxy-7, 9'；7', 9-diepoxy-4, 8"：4', 8'''-bisoxy-8, 8'-dineolignan-7", 7''', 9", 9'''-tetraol］[4]；苯丙素类：苏式 -2, 3- 二 -（4- 羟基 -3- 甲氧基苯）-3- 甲氧基丙醇［thero-2, 3-bis-（4-hydroxy-3-methoxyphenyl）-3-methoxypropanol］、1-（4'- 羟基 -3'- 甲氧苯基）-2-［4"-（3- 羟丙基）-2", 6"- 二甲氧基苯氧基］丙烷 -1, 3- 二醇 {1-（4'-hydroxy-3'-methoxyphenyl）-2-［4"-（3-hydroxypropyl）-2", 6"-dimethoxyphenoxy］propane-1, 3-dio}、波罗皮醇 *B（boropinol B）、苏式 -5- 羟基 -3, 7- 二甲氧基苯丙烷 -8, 9- 二醇（threo-5-hydroxy-3, 7-dimethoxyphenyl propane-8, 9-diol）和苏式 -8*S*-7- 甲氧基丁香酚甘油酯（threo-8*S*-7-methoxysyringyl glyceride）[4]；烷醇类：正二十七烷醇（*n*-heptacosanol）[4]和正三十二烷醇（*n*-dotiraconatnol）[5]；萘胺类：*N*- 苯基 -1- 萘胺（*N*-phenyl-1-naphthylamine）[5]；烷烃类：十七烷（heptadecane）和十九烷（nonadecane）[6]；脂肪酸类：十六烷酸（hexadecanoic acid）和十六酸 -15- 炔（hexadecanoic acid-15-ine）[6]；烷酮和醛类：6, 10, 14- 三甲基 -2- 十五烷酮（6, 10, 14-trimethyl-2-pentadecanone）和 2, 2, 8, 8- 四甲基十一醛 -4, 6- 二烯（undecylic aldehyde-2, 2, 8, 8-tetramethyl-4, 6-diene）[6]；挥发油类：α- 雪松醇（α-cedrol）等[6]。

茎皮含皂苷类：莫雷亭醇（moretenol）和莫雷亭酮（moretenone）[5]。

【药理作用】抗菌　叶 95% 乙醇提取液在 1g/ml 的浓度下对金黄色葡萄球菌的生长有较明显的抑制作用[1]；叶的不同溶剂提取物对金黄色葡萄球菌的生长均有不同程度的抑制作用，其中乙醇提取物和乙醇提取物乙酸乙酯提取部分的抑制作用最为明显[2]；叶的水、70% 乙醇和乙酸乙酯 3 种溶剂的提取物对大肠杆菌和金黄色葡萄球菌的生长有较明显的抑制作用，抗菌作用的主要成分是酸类物质和黄酮类物质[3]。

【性味与归经】乌桕根：苦，微温；有毒。归肺、肾、胃、大肠经。乌桕：苦，微温。

【功能与主治】乌桕根：泻下逐水，消肿散结，解蛇虫毒。用于水肿，鼓胀，便秘，癥瘕积聚，疔毒痈肿，湿疹，疥癣，毒蛇咬伤。乌桕：泻下逐水，利尿消肿。用于水肿胀满，二便不通，晚期血吸虫病。

【用法与用量】乌桕根：12 ～ 20g；外用适量，煎水洗或研末调敷。乌桕：9 ～ 12g。

【药用标准】乌桕根：浙江炮规 2005 和广西壮药 2011 二卷；乌桕：药典 1977。

【临床参考】1. 毒蛇咬伤：鲜叶捣烂如泥状，加适量白酒、少量面粉，调匀如膏状，伤口排毒后外敷约 1cm 厚，隔日更换，同时配合支持疗法及中药内服[1]。

2. 霉菌性阴道炎：鲜叶 5 斤①，加水 10 斤，煎至 5 斤，每天用 500ml 冲洗阴道；另用叶干燥研末，于冲洗后喷入阴道，每日 1 次[2]。

3. 血吸虫病腹水：叶、根 6 ～ 30g，水煎服，早晚各 1 次。（《浙江药用植物志》）

【附注】乌桕木之名始载于《唐本草》，云"树高数仞，叶似梨叶，花黄白，子黑色。"《本草衍义》载："子八九月熟，初青后黑，分为三瓣，取子出油，燃灯及染发。"《植物名实图考》载："俗呼木子树，子榨油，根解水莽毒。"即为本种。

体虚、溃疡病患者及孕妇禁服。乌桕叶、果、乳白色树液和用其木材做砧板切过的碎肉均有毒，中毒症状以急性胃肠道症状为主，如恶心、呕吐，其次为神经系统症状，如头痛、头昏、眼花等。

本种的叶、种子及种子榨取的油（桕油）民间也药用，仅作外用。

【化学参考文献】

［1］王洪庆，赵春阳，陈若芸. 乌桕叶化学成分研究［J］. 中国中药杂志，2007，32（12）：1179-1181.

［2］王富乾，张锦文，姚广民，等. 乌桕叶化学成分研究［J］. 中国药学杂志，2013，48（22）：1908-1911.

［3］周光雄，彭旦明. 乌桕叶化学成分的研究［J］. 中草药，1996，32（11）：652.

［4］高莉，田华，吕培军，等. 乌桕叶化学成分研究［J］. 中国中药杂志，2015，40（8）：1518-1522.

［5］张世琏，杨光忠. 乌桕化学成分的研究（Ⅰ）［J］. 天然产物研究与开发，1995，7（3）：12-15.

［6］朱正方，杨光忠，刘剑超. 从植物中寻找农药活性物质——乌桕叶精油化学成分的研究（Ⅲ）［C］. 中国化工学会农药专业委员会年会，1996.

【药理参考文献】

［1］魏金强. 乌桕［*Sapium sebiferum*（L.）Roxb］、大叶桉（*Eucalyptus robusta* Smith）抗菌活性研究［D］. 福州：福建农林大学硕士学位论文，2005.

［2］叶舟. 乌桕叶提取物抑菌活性研究［J］. 福建林学院学报，2007，27（3）：231-235.

［3］霍光华，高荫榆，陈明辉. 乌桕叶抑菌活性功能成分的研究［J］. 食品与发酵工业，2005，31（3）：52-56.

【临床参考文献】

［1］董鹏，张丽兰. 乌桕叶膏治疗毒蛇咬伤 66 例［J］. 中国社区医师，2002，（3）：41.

［2］何建伟，谌芳. 阴道炎的几种中草药介绍与治疗［J］. 大家健康（学术版），2013，7（11）：213-214.

12. 巴豆属 *Croton* Linn.

乔木或灌木，少为草本。通常被星状毛或星状鳞片，稀无毛。叶互生，少为对生，全缘、具齿或分裂，叶脉掌状或羽状，叶基部或叶柄顶端有 2 枚具柄或无柄的腺体。花单性，雌雄同株，少有异株，排成顶生或腋生的总状花序或穗状花序，具苞片；雄花萼 5 裂，花瓣与花萼裂片同数，花盘分裂成与萼裂片同数且与其对生的腺体，雄蕊 10 ～ 20 枚，生于被毛的花托上，花丝分离；雌花萼 5 裂，宿存，花瓣退化或不存在，花盘环状或分裂为小鳞片，子房 3 室，胚珠每室 1 粒，花柱 3 枚，通常离生，2 ～ 4 裂。蒴果开裂为 3 个 2 瓣裂的分果。种子平滑，种阜小，胚乳丰富。

约 750 种，分布于热带和亚热带地区。中国约 19 种，分布于西南部至东南部，南部尤多，法定药用植物 3 种，1 变种。华东地区法定药用植物 2 种。

---

① 1 斤 =500g，下同

520. 鸡骨香（图 520）• *Croton crassifolius* Geisel.

图 520　鸡骨香　　　　　　　　　　　　　　　　　　摄影　黄健等

【形态】小灌木，高 30～50cm，有时达 1m。枝、叶和花序密被星状绒毛或星状粗毛。叶互生，卵形、卵状披针形或长圆形，长 4～13cm，宽 2～6.5cm，顶端钝，基部圆形或稍呈心形，全缘或有细齿，齿间有时具小的杯状腺体，叶上面被星状粗毛，下面密被星状绒毛，掌状脉 3～5 条，腺体杯状，具短柄，着生在叶片基部或叶柄的顶端。花单性同株，排成顶生总状花序，长 5～11cm，花序轴上部为雄花，下部为雌花；雄花萼 5 枚，花瓣 5 枚，雄蕊多数；雌花萼 5 枚，无花瓣，子房球形，花柱 4 深裂，分支 12 条，稀不完全分裂而仅 10 条。蒴果球形，长约 1cm，被星状粗毛。种子椭圆形，黄褐色。花期 4～6 月，果期 6 月。

【生境与分布】生于山坡灌草丛中或旷野荒地上。分布于福建，另广东、广西和海南均有分布；越南、印度、中南半岛也有分布。

【药名与部位】鸡骨香，根。

【采集加工】秋、冬二季采挖，洗净，干燥。

【药材性状】呈圆柱形，直径 0.2～1cm，表面黄色或淡黄色，有纵纹及突起，具厚而浮离状的粗糙栓皮，或已脱落。质脆易断，断面黄白色，不平坦，纤维性。皮部占 1/4～1/3，呈淡黄色。木质部黄色。气微香，味苦涩。

【药材炮制】除去杂质，洗净，润透，切短段，干燥。

【化学成分】根含二萜类：白大风素Ⅰ、Ⅱ（chettaphanin Ⅰ、Ⅱ）、异藿香定（isoteucvin）、山藿香定（teucvin）、石岩枫二萜内酯 D（mallotucin D）[1]，垂花巴豆沃罗素（penduliflaworosin）[1,2]，5（10），

13E- 对映哈立烷二烯 -15, 16- 内酯 -l9α- 羧酸 [5（10）, 13E-ent-halimandien-15, 16-olide-l9α-oic acid]、5（10）, 13E- 对映哈立烷二烯 -15, 16- 内酯 -l9α- 羧酸甲酯 [methyl 5（10）, 13E-ent-halimandien-15, 16-olide-l9α-oate]、血见愁素（teucvidin）、石岩枫二萜内酯 C（mallotucin C）、（12S）-15, 16- 环氧 -6β- 甲氧基 -19- 去甲新克罗登烷 -4, 13（16）, 14- 三烯 -18, 6α, 20, 12- 二内酯 [（12S）-15, 16-epoxy-6β-methoxy-19-norneoclerodane-4, 13（16）, 14-triene-18, 6α, 20, 12-diolide] [3]、鸡骨香酸（crassifolius acid）、鸡骨香酯（crassifolius ester）[4]、克罗登烷 -5, 10- 烯 -19, 6β, 20, 12- 二内酯（neoclerodan-5, 10-en-19, 6β, 20, 12-diolide）、鸡骨香新素 *A（crassifoliusin A）[5]、鸡骨香素 *J、K、L、M、N、O、P（crassifolin J、K、L、M、N、O、P）[5,6]、鸡骨素 *A、B、C、D、E、F、G、H（crassin A、B、C、D、E、F、G、H）[7] 和石岩枫二萜内酯 B（mallotucin B）[8]；生物碱类：鸡骨香碱 *A、B、C（cracroson A、B、C）[9]；呋喃类：9- [2-（2（5H）- 呋喃酮 -4）乙基]-4, 8, 9- 三甲基 -1, 2, 3, 4, 5, 6, 7, 8- 八氢萘环 -1- 甲酯 {9- [2-（2（5H）-furanone-4）ethyl]-4, 8, 9-trimethyl-1, 2, 3, 4, 5, 6, 7, 8-octahydronaphthalene cyclo-1-methyl ester} [10]、螺 [呋喃 -3（2H）, 1′（2′H）- 萘]-5′- 羧酸 {spiro [furan-3（2H）, 1′（2′H）-naphthalene]-5′-carboxylic acid} [11]、9- [2-（2（5H）- 呋喃酮 -4）- 乙基]-4, 8, 9- 三甲基 -1, 2, 3, 4, 5, 6, 7, 8- 八氢萘 -4- 羧酸 {9- [2-（2（5H）-furanone-4）-ethyl]-4, 8, 9-trimethyl-1, 2, 3, 4, 5, 6, 7, 8-octahydronaphthalene-4-carboxylic acid} 和 9- [2-（2（5H）- 呋喃酮 -4）乙基]-4, 8, 9- 三甲基 -1, 2, 3, 4, 5, 6, 7, 8- 八氢萘 -4- 羧酸甲酯 {methyl 9- [2-（2（5H）-furanone-4）ethyl]-4, 8, 9-trimethyl-1, 2, 3, 4, 5, 6, 7, 8-octahydronaphthalene-4-carboxylate} [11]；倍半萜类：鸡骨香素 *A、B、C、D、E、F、G、H、I（crassifolins A、B、C、D、E、F、G、H、I）[1]、莎草酚 *（cyperenol）、莎草酸 *（cyperenoic acid）[3,8,12]、对映斯巴醇（ent-spathulenol）[8]、（4S^*, 7R^*, 8R^*, 10S^*）-8- 羟基 -α- 愈创木烯 [（4S^*, 7R^*, 8R^*, 10S^*）-8-hydroxy-α-guaiene]、1β, 11- 二羟基 -5- 桉叶烯（1β, 11-dihydroxy-5-eudesmene）[5]、莎草酸 -9-O-β-D- 吡喃葡萄糖苷（cyperenoic acid-9-O-β-D-glucopyranoside）、4β, 10α- 香橙烷二醇（4β, 10α-aromadendranediol）、香橙烷 -4α, 8α, 10α- 三醇（aromadendrane-4α, 8α, 10α-triol）、4β, 9β- 二羟基香橙烯（4β, 9β-dihydroxyaromadendrene）[13] 和鸡骨香斯素 *A、B（crocrassin A、B）[14]；皂苷类：羽扇豆烷（lupol）、乙酰石栗萜酸（acetyl aleuritolic acid）、石栗萜酸（aleuritolic acid）和异蒲公英赛醇（epitaraxerol）[1]；甾体类：β- 谷甾醇（β-sitosterol）和豆甾醇（stigmasterol）[1]；吡喃酮类：巴豆吡喃酮 *A、B、C（crotonpyrones A、B、C）[5]；酚酸类：丁香酸（syringic acid）[1]；其他尚含：1, 4- 亚甲基 -3- 苯并氧杂 -2（1H）- 酮 [1, 4-methano-3-benzoxepin-2（1H）-one] [1]。

【药理作用】抗炎镇痛　根醇提物和水提物均具有抗炎、抗外周性疼痛的作用，醇提物的抗炎镇痛作用优于水提物 [1]；醇提物能抑制二甲苯所致小鼠的耳肿胀，抑制角叉菜胶所致大鼠的足肿胀和琼脂所致大鼠的肉芽肿增生；能抑制胸膜炎大鼠胸腔渗出液白细胞募集、明显降低渗出液前列腺素 E_2（PGE_2）、肿瘤坏死因子 -α（TNF-α）和白细胞介素 -6（IL-6）的水平，能降低胸腔渗出液前列腺素 E_2、肿瘤坏死因子 -α 水平，推测其抗炎作用机制与影响炎症介质表达有关 [2]。

【性味与归经】辛，苦，温；有小毒。归胃、大肠、肝经。

【功能与主治】行气活血，祛风除湿，消肿止痛。用于胃脘胀痛，疝气痛，风湿痹痛，痛经，咽喉肿痛，跌打肿痛，蛇虫咬伤。

【用法与用量】6 ～ 15g。内服或研末外敷。

【药用标准】广东药材 2011、广西药材 1990 和贵州药材 2003。

【临床参考】1. 寒性风湿性关节痛：根 13g，加桂枝 7g、毛麝香 12g、海风藤 15g、半枫荷 20g、老鹳草 13g，加水 800ml，煎成 300ml，每日分 2 次温服 [1]。

2. 虚寒性胃痛：根 15g，加片姜黄 15g、干姜 4.5g、藿香 8g（后下）、两面针 12g、苍术 12g、甘草 7g，加水 600ml，煎成 300ml，每日分 2 次温服 [1]。

3. 劳损性关节痛：根 15g，加桃仁 10g、天香炉 13g、三桠苦 13g、川芎 5g、当归 6g、老鹳草 15g、白芥子 6g、甘草 10g，加水 700ml，煎成 300ml，每日分 2 次温服 [1]。

【附注】鸡骨香始载于《生草药性备要》，《岭南采药录》亦有收载。

本种的根有毒，中毒症状似巴豆，不可久服或过量服用。孕妇慎用。

【化学参考文献】

［1］李甲桂.鸡骨香的化学成分研究［D］.广州：暨南大学硕士学位论文，2013.

［2］Liang Y Y, Zhang Y B, Wang G C, et al. Penduliflaworosin, a diterpenoid from *Croton crassifolius*, exerts anti-angiogenic effect via VEGF receptor-2 signaling pathway［J］. Molecules, 2017, 22（1）: 126.

［3］李树华.鸡骨香化学成分的研究［D］.广州：广州中医药大学硕士学位论文，2012.

［4］朱耀魁，胡颖，程妮，等.鸡骨香化学成分研究［J］.中草药，2013，44（10）：1231-1236.

［5］王家建.鸡骨香的萜类成分研究［D］.广州：暨南大学硕士学位论文，2016.

［6］Wang J J, Chung H Y, Zhang Y B, et al. Diterpenoids from the roots of *Croton crassifolius* and their anti-angiogenic activity［J］. Phytochemistry, 2016, 122: 270-275.

［7］Yuan Q Q, Tang S, Song W B, et al. Crassins A-H, diterpenoids from the roots of *Croton crassifolius*［J］. J Nat Prod, 2017, 80（2）: 254-260.

［8］杨先会，陈尚文，林强，等.鸡骨香的萜类成分研究［J］.广西植物，2009，29（2）：272-274.

［9］Qiu M S, Cao D, Gao Y H, et al. New clerodane diterpenoids from *Croton crassifolius*［J］. Fitoterapia, 2016, 108: 81-86.

［10］Liu J L, Hao Y P, Wang J B, et al. Chemical constituents from *Croton crassifolius* Geisel［J］. J Chin Pharm Sci, 2016, 25（11）: 826-831.

［11］Hu Y, Zhang L, Wen X Q, et al. Two new diterpenoids from *Croton crassifolius*［J］. J Asian Nat Prod Res, 2012, 14（8）: 785-788.

［12］Boonyarathanakornkit L, Che C T, Fong H S, et al. Constituents of *Croton crassifolius* roots［J］. Planta Med, 1988, 54（1）: 61-63.

［13］Yuan Q Q, Song W B, Wang W Q, et al. A new patchoulane-type sesquiterpenoid glycoside from the roots of *Croton crassifolius*［J］. Nat Prod Res, 2017, 31（3）: 289-293.

［14］Zhang Z X, Li H H, Qi F M, et al. Crocrassins A and B: two novel sesquiterpenoids with an unprecedented carbon skeleton from *Croton crassifolius*［J］. RSC Adv, 2014, 4（57）: 30059-30061.

【药理参考文献】

［1］赵杰，陈慧瑶，肖惠玲，等.鸡骨香提取物抗炎镇痛作用的实验研究［J］.中国民族民间医药，2015，24（12）：8-10.

［2］赵杰，黄总军，杨金玉，等.鸡骨香醇提物的抗炎作用［J］.中药药理与临床，2015，31（2）：57-59.

【临床参考文献】

［1］潘文昭.鸡骨香可治劳损性关节肌肉疼痛［J］.农村新技术，2013，（1）：46.

521. 巴豆（图 521）• *Croton tiglium* Linn.

【别名】巴豆树。

【形态】灌木或乔木。幼枝绿色，被稀疏的星状毛，老枝无毛。叶互生，膜质，卵形或长圆状卵形，长 5～15cm，宽 3～8cm，顶端渐尖或长渐尖，基部圆形或宽楔形，边缘有疏浅锯齿，齿尖常具小腺体，幼时两面被疏散的星状毛，后变无毛，干时呈淡黄色，基出 3 脉，腺体杯状，无柄，着生在叶片近基部的边缘上；叶柄长 2.5～5（～9）cm。花单性同株，排成顶生总状花序，长 5～12cm，有时达20cm，花序轴上部着生雄花，下部着生雌花，稀全部为雄花而无雌花；雄花的花萼 5 枚，花瓣 5 枚，内面和边缘密被绵毛，雄蕊多数；雌花萼 5 枚，无花瓣，子房倒卵形，密被粗短的星状毛，花柱 2 深裂。蒴果倒卵形至长圆形。种子长圆形，淡黄褐色。花期 6～10 月，果期 7～11 月。

【生境与分布】生于杂木林中或栽培。分布于浙江、江西和福建，另广东、广西、湖南、湖北、云南、贵州、四川、台湾均有分布；越南、印度、印度尼西亚、菲律宾、日本也有分布。

图 521　巴豆　　　　　　　　　　　　　摄影　张芬耀等

巴豆与鸡骨香的区别点：巴豆的叶片腺体着生在叶片近基部的边缘上；叶幼时被疏散的星状毛，后变无毛。鸡骨香的叶片腺体着生在叶柄的顶端；叶两面均被星状毛，下面尤密。

【**药名与部位**】九龙川，根和茎。巴豆，果实。

【**采集加工**】九龙川：全年均可采收，除去杂质，切片，干燥。巴豆：秋季果实成熟时采收，堆置 2～3 天，摊开，干燥。

【**药材性状**】九龙川：为斜切片，略弯卷，大小不一。皮层菲薄，易脱落，有的可见微凸起黄白色圆点状皮孔，暗棕色或暗褐色。木质部类白色或淡棕黄色，有的中央具直径 2～4mm 的髓。质硬，易层层剥离。气微，味辛而有持久麻辣感。

巴豆：呈卵圆形，一般具三棱，长 1.8～2.2cm，直径 1.4～2cm。表面灰黄色或稍深，粗糙，有纵线 6 条，顶端平截，基部有果梗痕。破开果壳，可见 3 室，每室含种子 1 粒。种子呈略扁的椭圆形，长 1.2～1.5cm，直径 0.7～0.9cm，表面棕色或灰棕色，一端有小点状的种脐和种阜的疤痕，另一端有微凹的合点，其间有隆起的种脊；外种皮薄而脆，内种皮呈白色薄膜；种仁黄白色，油质。气微，味辛辣。

【**质量要求**】巴豆：粒大有种仁，种仁白色不油。

【**药材炮制**】巴豆：生巴豆仁：取原药，用时取出种子，剔除油黑者。巴豆霜：取生巴豆仁，研成糊状，用吸水纸包裹，压榨，间隔 1 天剥去纸，研散。如此反复多次，至油几尽，质地松散时，研成粉末。

【**化学成分**】种子含二萜酯类：7- 酮 -12-*O*- 巴豆酰基佛波醇 -13- 乙酸酯（7-keto-12-*O*- tiglylphorbol-13-acetate）、7- 酮佛波醇 -12- 巴豆酸酯（7-keto-phorbol-12-tiglate）、7- 酮佛波醇 -12-（2- 甲基）丁酸酯［7-keto-phorbol-12-（2-methyl）butyrate］、7- 酮佛波醇 -13- 乙酸酯（7-keto-phorbol-13-acetate）、7- 酮 -佛波醇 -13- 癸酸酯（7-keto-phorbol-13-decanoate）、20- 甲酰基佛波醇 -12- 巴豆酸酯（20-formyl phorbol-12-tiglate）、20- 甲酰基 - 佛波醇 -13- 十二烷酸酯（20-formyl-phorbol-13-dodecanoate）、20- 甲酰基佛波醇 -13-

癸酸酯（20-formyl phorbol-13-decanoate）、佛波醇 -13- 十二烷酸酯（phorbol-13-dodecanoate）、佛波醇 -12- 异丁酸酯（phorbol-12-isobutyrate）、12-O- 巴豆酰基佛波醇 -13- 乙酸酯（12-O-tiglylphorbol-13-acetate）、12-O-（2- 甲基）丁酰佛波醇 -13- 乙酸酯［12-O-（2-methyl）butyrylphorbol-13-acetate］、12-O- 巴豆酰基佛波醇 -13- 异丁酸酯（12-O-tiglylphorbol-13-isobutyrate）、佛波醇 -12- 巴豆酸酯（phorbol-12-tigliate）、佛波醇 -12-（2- 甲基）丁酸乙酯［phorbol-12-（2-methyl）butyrate］、佛波醇 -12- 十四酸酯（phorbol-12-tetradecanoate）、佛波醇 -13- 乙酸酯（phorbol-13-acetate）、佛波醇 -13- 癸酸酯（phorbol-13-decanoate）、4- 去氧 -4α- 佛波醇 -13- 乙酸酯（4-deoxy-4α-phorbol-13-acetate）、4- 脱氧 -4α- 佛波醇 -12- 巴豆酸酯（4-deoxy-4α-phorbol-12-tigliate）[1]，12-O-（α- 甲基）丁酰基佛波醇 -13- 癸酸酯［12-O-（α-methyl）butyryl phorbol-13-decanoate］、12-O- 巴豆酰基佛波醇 -13- 癸酸酯（12-O-tiglylphorbol-13-decanoate）[2]，20- 去氧 -20- 氧代佛波醇 -12- 巴豆酸酯13-（2- 甲基）丁酸酯［20-deoxy-20-oxophorbol-12-tiglate 13-（2-methyl）butyrate］、12-O- 乙酰佛波醇 -13- 异丁酸酯（12-O-acetylphorbol-13-isobutyrate）、12-O- 苯甲酰佛波醇 -13-（2- 甲基）丁酸酯［12-O-benzoyl phorbol-13-（2-methyl）butyrate］、12-O- 巴豆酯基 -7- 氧代 -5- 烯佛波醇 -13-（2- 甲基丁酸甲酯）［12-O-tiglyl-7-oxo-5-ene-phorbol-13-（2-methylbutyrate）］、13-O-（2- 甲酰基）丁酰基 -4- 去氧 -4α- 佛波醇［13-O-（2-metyl）butyryl-4-deoxy-4α-phorbol］[3]，12-O- 巴豆酯佛波醇 -4- 去氧 -4β- 佛波醇 -13- 乙酸酯（12-O-tiglylphorbol-4-deoxy-4β-phorbol-13-acetate）、12-O- 巴豆酯佛波醇 -4- 去氧 -4β- 佛波醇 -13- 十六酯酸（12-O-tiglylphorbol-4-deoxy-4β-phorbol-13-hexadecanoate）、13-O- 乙酰基佛波醇 -4- 去氧 -4β- 佛波醇 -20- 油酸酯（13-O-acetyl phorbol-4-deoxy-4β-phorbol-20-oleate）和 13-O- 乙酰基佛波醇 -4- 去氧 -4β- 佛波醇 -20- 亚油酸酯（13-O-acetylphorbol-4-deoxy-4β-phorbol-20-linoleate）[4]；脂肪酸酯类：壬二酸二甘油酯［bis（2, 3-diglyceryl）nonanedioate］、（9S, 10R, 11E, 13R）-9, 10, 13- 三羟基十八碳 -11- 烯酸［（9S, 10R, 11E, 13R）-9, 10, 13-trihydroxyoctadec-11-enoic acid］和（9S, 10R, 11E, 13R）-9, 10, 13- 三羟基十八碳 -11- 烯酸甲酯［methyl（9S, 10R, 11E, 13R）-9, 10, 13-trihydroxyoctadec-11-enoate］[2]；生物碱类：4（1H）- 喹啉酮［4（1H）-quinolinone］和 5- 羟基 -2- 羟甲基吡啶（5-hydroxy-2-pyridinemethanol）[2]。

枝叶含二萜酯类：12-O-（2- 甲基）丁酰基 -4α- 去氧佛波醇 -13- 异丁酸酯［12-O-（2-methyl）butyryl-4α-deoxyphorbol-13-isobutyrate］、20- 甲酰基 -4α- 去氧佛波醇 -13- 乙酸酯（20-formyl-4α-deoxyphorbol-13-acetate）、12-O- 乙酰基 -4α- 去氧佛波醇 -13-（2- 甲基）-丁酸酯［12-O-acetyl-4α-deoxyphorbol-13-（2-methyl）butyrate］、12-O- 巴豆酰 -4α- 去氧佛波醇 -13- 乙酸酯（12-O-tiglyl-4α-deoxyphorbol-13-acetate）、12-O- 巴豆酰 -4α- 去氧佛波醇 -13-（2- 甲基）丁酸酯［12-O-tiglyl-4α-deoxyphorbol-13-（2-methyl）butyrate］、12-O-（2- 甲基）丁酸酯 -4α- 去氧佛波醇 -13- 乙酸酯［12-O-（2-methyl）butyryl-4α-deoxyphorbol-13-acetate］、12-O- 巴豆酰 -4α- 去氧佛波醇 -13- 异丁酸酯（12-O-tiglyl-4α-deoxyphorbol-13-isobutyrate）、12-O- 巴豆酰佛波醇 -13-（2- 甲基）丁酸酯［12-O-tiglylphorbol-13-（2-methyl）butyrate］、12-O- 巴豆酰佛波醇 -13- 乙酸酯（12-O-tiglylphorbol-13-acetate）、12-O- 巴豆酯基 -7- 氧化 -5- 烯基佛波醇 -13-（2- 甲基）丁酸酯［12-O-tiglyl-7-oxo-5-ene-phorbol-13-（2-methyl）butyrate］[5]，12-O-（2- 甲基）丁酰佛波醇 -13- 辛酸酯［12-O-（2-methyl）butyrylphorbol-13-octanoate］、12-O- 异丁酰佛波醇 -13- 癸酸酯（12-O-isobutyrylphorbol-13-decanoate）[6]，12-O- 乙酰基 -5, 6- 二去氢 -7- 氧代（佛波醇 -13）-2- 甲基丁酸酯［12-O-acetyl-5, 6-didehydro-7-oxo（phorbol-13）-2-methyl butanoate］、12-O- 乙酰基 -5, 6- 二去氢 -7- 氧代（佛波醇 -13）- 基 2- 甲基丙酸酯［12-O-acetyl-5, 6-didehydro-7-oxo（phorbol-13）-2-methylpropanoate］、12-O- 乙酰基 -5, 6- 二去氢 -6, 7- 二氢 -7- 羟基（佛波醇 -13）-2- 甲基丁酸酯［12-O-acetyl-5, 6-didehydro-6, 7-dihydro-7-hydroxy（phorbol-13）-2-methylbutanoate］[7]和 12-O-（2- 甲基）- 丁酰佛波醇 -13- 乙酸酯［12-O-（2-methyl）-butyrylphorbol-13-acetate］[8]；甾体类：β- 谷甾醇（β-sitosterol）、豆甾醇（stigmasterol）和 24- 乙基 -5, 22- 胆甾二烯 -3- 醇（24-ethyl-5, 22-cholest-dien-3-ol）[8]；生物碱类：巴豆碱*（crotonine）[8]；烷醇类：1- 二十八烷醇（1-octacosanol）[8]。

【药理作用】1. 抗肿瘤　分离得到的化合物 12-O-（2- 甲基）丁酰基佛波醇 -13- 醋酸酯［12-O-（2-methyl） butyrylphorbol-13-acetate〕和 12-O- 巴豆酰佛波醇 -13- 异醋酸酯（12-O-tigolylphorbol-13-isobutyrate）对人白血病 HL-60 细胞的增殖有明显的抑制作用，其半数抑制浓度（IC_{50}）低于 0.01μmol/L；化合物 12-O- 巴豆酰佛波醇 -13- 醋酸酯（12-O-tigolylphorbol-13-acetate）和佛波醇 -13- 癸酸酯（phorbol-13-decanoate）对人白血病 HL-60 细胞的增殖有非常明显的抑制作用，其半数抑制浓度为 0.01 ～ 0.1μmol/L。化合物 12-O- 巴豆酰巴豆醇 -13- 异醋酸酯对人肺癌 A-549 细胞的增殖具有非常明显的抑制作用，其半数抑制浓度低于 0.01μmol/L，而化合物 12-O- 巴豆酰佛波醇 -13- 醋酸酯和 12-O-（2- 甲基）丁酰基佛波醇 -13- 醋酸酯对人肺癌 A-549 细胞的增殖具有一定的抑制作用，其 IC_{50} 为 0.01 ～ 0.1μmol/L[1]；提取分离的化合物 12-O-（α- 甲基丁酰基）佛波醇 -13- 癸酸酯和 12-O-（α- 甲基巴豆酰基）佛波醇 -13- 癸酸酯对人肺癌 A549 细胞和人肝癌 HepG2 细胞有明显的细胞毒作用，抑制人肺癌 A549 细胞增殖的半数抑制浓度分别为 47.8μmol/L 和 7.0μmol/L，抑制人肝癌 HepG2 细胞增殖的半数抑制浓度分别为 71.4μmol/L 和 44.0μmol/L[2]。2. 胃肠调节　巴豆霜对小鼠胃肠运动无抑制作用，巴豆炭对小鼠胃肠平滑肌既具有兴奋作用又具有抑制作用，其作用强弱随机体状态及剂量不同而作用不同[3]；种仁提取物对人肠上皮细胞生长的抑制呈剂量依赖性，大剂量可致细胞生长延缓或死亡，小剂量无明显影响；巴豆提取物长期使用递增剂量可诱导细胞增殖加快，异倍体 DNA 含量增加，促使细胞发生恶性转化[4]。

【性味与归经】九龙川：辛，温；有毒。巴豆：辛，热；有大毒。归胃、大肠经。

【功能与主治】九龙川：祛风消肿，杀虫解毒。用于痈疽，疔疮，跌打损伤，蛇伤，风湿痹痛，胃痛。巴豆：外用蚀疮。用于恶疮疥癣，疣痣。

【用法与用量】九龙川：3 ～ 6g；外用适量。巴豆：外用适量，研末涂患处，或捣烂以纱布包擦患处。

【药用标准】九龙川：广西药材 1990；巴豆：药典 1963—2015、浙江炮规 2005、内蒙古蒙药 1986、新疆药品 1980 二册和台湾 2013。

【临床参考】1. 口眼喎斜：果实（去皮）6g，捣碎，晚睡前敷于患者手心处，以塑料膜覆盖，外用纱布固定，12h 后洗去，连用 3 天，避风寒，掌面有破溃、掌心出现小水疱者禁用[1]。

2. 顽固性面瘫：果实，加蓖麻，去皮壳，研末，按 4.5 ∶ 5.5 混合，在患侧面部选取阳白、太阳、地仓、颊车、颧髎穴，先于局部皮肤用棉签涂抹香油，取黄豆大小的巴豆蓖麻药末用胶布固定，每次 12h，皮肤恢复后配合针刺 10 天，再进行第 2 次，5 次 1 疗程[2]。

3. 急性骨髓炎：内服法：果实 2 ～ 3g，加蒲公英 30g、生黄芪 30g、赤芍 20g、生地 30g、生猪脚 300 ～ 500g 或瘦肉 200 ～ 300g，放入药罐，加水 2000 ～ 2500ml，武火炖 30min，文火炖 1h，肉熟烂为宜，食猪脚或瘦肉为主，每次可喝汤 30 ～ 60ml，每日 2 次，上、下午各 1 次，2 ～ 4 天为 1 疗程；同时配合外敷法：果仁 40g，加露蜂房 60g、野菊花根 40g、地龙 40g、蒲公英 30g、生黄芪 30g、生大黄 40g、冰片 1g，诸药烘干研末，用生茶油调成糊状，外敷患处，隔日 1 次，皮肤过敏或发红者慎用，4 ～ 5 天为 1 个疗程，治疗 2 个疗程[3]。

4. 急慢性阑尾炎、阑尾脓肿：果实 1g，加朱砂 1.5g、芒硝 15g、大黄 10g，共研细末，外敷阑尾压痛点处[4]。

5. 腰椎结核：根据患者体质强弱，每次用果实 3 ～ 7 粒，去皮蘸蜂蜡，1 次服下，每隔日服 1 次；或减量每日服 1 次，服药时间视病程长短和疗效而定[5]。

6. 慢性腹泻：果实炒炭研末，装入胶囊口服，1 日 2g，分 3 次冷开水送服，配合早饭前服香砂六君丸 9g，晚饭前服四神丸 6g[6]。

7. 小儿疱疹性口炎：生果实 2 粒，去皮捣碎，外敷印堂穴，贴 5h 去掉，每日 1 次，连用 2 天，局部皮肤起水疱后次日不再敷贴[7]。

【附注】巴豆始载于《神农本草经》，列为下品。《新修本草》载："树高丈余，叶似樱桃叶，头微尖，十二月叶渐凋，至四月落尽，五月叶渐生，七月花，八月结实，九月成，十月采其子，三枚共蒂，各有壳裹。出眉州、嘉州者良。"《本草图经》云："巴豆，出巴郡川谷。今嘉、眉、戎州皆有之。木高一二丈，叶如樱桃而厚大，初生青，后渐黄赤，至十二月叶渐凋，二月复渐生，至四月旧叶落尽，新叶齐生，即花发成穗，微黄色。五六月结实作房，生青，至八月熟而黄白，类白豆蔻，渐渐白落，即收之。一房有三瓣，一瓣有实一粒，一房共实三粒也。戎州出者壳上有纵文，隐起如线，一道至两三道。彼土人呼为金线巴豆，最为上等，它处亦稀有。"即本种。

　　本种的果实（巴豆）无寒实积滞、体虚者及孕妇禁用；不宜与牵牛子同用。根及茎体弱者及孕妇忌服。内服过量中毒症状为口腔、咽部及胃部具灼热感，刺痛，流涎，恶心，呕吐，上腹剧痛，剧烈腹泻，大便呈米泔样；并可引起急性肾功能衰竭而致少尿尿闭。甚者出现脉细弱，体温和血压下降，呼吸困难，终致呼吸，循环衰竭而死亡；外用可使皮肤黏膜发赤起泡，形成炎症，乃至局部组织坏死。

　　本种的种皮（巴豆壳）、叶及种仁的脂肪油（巴豆油）民间也药用。

【化学参考文献】

［1］赵永春.巴豆的化学成分研究及抗肿瘤活性初步评价［D］.杭州：浙江工商大学硕士学位论文，2012.

［2］苏海国，杨槐，蒙春旺，等.巴豆化学成分及其细胞毒活性研究［J］.中国中药杂志，2016，41（19）：3620-3623.

［3］Wang J F，Yang S H，Liu Y Q，et al. Five new phorbol esters with cytotoxic and selective anti-inflammatory activities from *Croton tiglium*［J］.Bioorg Med Chem Lett，2015，25：1986-1989.

［4］Zhang X L，Ashfaq-Ahmad K，Wang L，et al. Four new phorboldiesters from *Croton tiglium* and their cytotoxic activities［J］.Phytochem Lett，2016，16：82-86.

［5］Dou W T，Hao Y P，Liu J L，et al. Two novel phorbol esters from *Croton tiglium* L.［J］.J Chin Pharm Sci，2016，25（10）：771-778.

［6］Jiang L，Zhang Y B，Jiang S Q，et al. Phorbol ester-type diterpenoids from the twigs and leaves of *Croton tiglium*［J］.J Asian Nat Prod Res，2017，10：1080-1086.

［7］Ren F X，Ren F Z，Yang Y，et al. Tigliane diterpene esters from the Leaves of *Croton tiglium*［J］.Helv Chim Acta，2014，97（7）：1014-1019.

［8］Wu X A，Zhao Y M，Yu N J. A novel analgesic pyrazine derivative from the leaves of *Croton tiglium* L.［J］.J Asian Nat Prod Res，2007，9（3-5）：437-441.

【药理参考文献】

［1］赵永春.巴豆的化学成分研究及抗肿瘤活性初步评价［D］.杭州：浙江工商大学硕士学位论文，2012.

［2］苏海国，杨槐，蒙春旺，等.巴豆化学成分及其细胞毒活性研究［J］.中国中药杂志，2016，41（19）：3620-3623.

［3］张培芳，苗彦霞，赵勤，等.巴豆不同炮制品对小鼠胃肠运动影响的实验研究［J］.陕西中医，2009，30（2）：241-242.

［4］兰梅，王新，吴汉平，等.巴豆提取物对人肠上皮细胞生物学特性的影响［J］.世界华人消化杂志，2001，9（4）：396-400.

【临床参考文献】

［1］于敏.巴豆妙治口眼㖞斜［J］.中国民间疗法，2015，23（8）：97.

［2］何晓华，杨立峰，肖银香.回药巴豆蓖麻散外敷治疗顽固性面瘫的临床观察［J］.宁夏医科大学学报，2015，37（7）：729-730，740.

［3］全韩.巴豆汤治疗急性骨髓炎54例［J］.中国中医药现代远程教育，2006，4（12）：35-36.

［4］郭一民，郭建生，曾伟刚.郭志远运用巴豆临床经验［J］.辽宁中医杂志，2006，33（6）：654.

［5］高淑琴.巴豆蘸蜂蜡治疗腰椎结核［J］.中国民间疗法，2001，9（7）：63-64.

［6］邱江东，邱江峰.邱志济妙用巴豆炭等治疗慢性腹泻的经验［J］.辽宁中医杂志，1999，（12）：539.

［7］乔学军.巴豆外敷印堂穴治疗小儿疱疹性口炎24例［J］.新中医，2008，40（10）：86.

五四 黄杨科 Buxaceae

常绿小乔木、灌木或草本。单叶，对生或互生，无托叶。花序总状、穗状或头状，具苞片；花小，单性，雌雄同株或异株，稀两性；辐射对称；无花瓣；雄花萼通常4枚，雌花萼4～6枚，均排成2轮，覆瓦状排列；雄蕊4枚，稀6枚，多数与萼片对生，分离，花药2室；子房上位，3室，稀2室，胚珠每室2（～1）粒，胚珠下垂，倒生，花柱3枚，稀2枚，果时宿存。蒴果或核果状。种子亮黑色，常有种阜，胚乳肉质，胚直立，子叶扁平或肥厚。

4属，约100种，分布于热带及温带地区。中国3属，约27种，分布于全国（除东北外）各省区，法定药用植物3属，4种。华东地区法定药用植物2属，2种。

黄杨科法定药用植物科特征成分鲜有报道。黄杨属含生物碱类、黄酮类、皂苷类、香豆素类等成分。生物碱类如雀舌黄杨碱A、B、C、D、E（buxbodine A、B、C、D、E），黄杨明F（buxamine F）等；黄酮类如5,4'-三羟基-3,6,7-甲氧基黄酮（5,4'-trihydroxy-3,6,7-trimethoxy-flavone）、5,4'-二羟基-3,3',7-三甲氧基-黄酮（5,4'-dihydroxy-3,3',7-trimethoxy-flavone）等；皂苷类如羽扇豆醇（lupeol）等。

1. 黄杨属 *Buxus* Linn.

常绿灌木或小乔木。小枝四棱形。叶对生，全缘，羽状脉。总状、穗状或头状花序腋生或顶生，具苞片数枚，花单性，雌雄同株；雄花数朵，生于花序下部；雌花1朵，生于花序顶部；雄花萼片4枚，排成2轮，雄蕊4枚，与萼片对生；雌花萼片6枚，排成2轮，外轮较小，子房3室，胚珠每室2粒，花柱3枚。蒴果，成熟时3瓣裂，顶端具角状的宿存花柱。种子每室2粒，黑色，有光泽，胚乳肉质。

70余种，分布于亚洲、欧洲、中美洲及热带非洲。中国约17种，主要分布于长江以南各省区，法定药用植物1种。华东地区法定药用植物1种。

522. 黄杨（图522）• *Buxus sinica*（Rehd. et Wils.）Cheng（*Buxus microphylla* Sieb. et Zucc. var. *sinica* Rehd. et Wils.）

【别名】瓜子黄杨（浙江、上海），小叶黄杨（浙江），锦熟黄杨（山东），黄杨树（江苏南通），小叶黄杨（江苏东阳）。

【形态】常绿灌木或小乔木，高1～6m。老枝圆柱形，粗糙，灰白色；小枝四棱形，被短柔毛。叶革质，阔倒卵形、倒卵形、倒卵状椭圆形、卵形或椭圆形，长1.5～2（～3.5）cm，宽0.8～1.3（～2）cm，顶端圆钝，常微凹，基部阔楔形或楔形，上面稍有光泽，中脉两面隆起，上面有微柔毛，下面无毛，常密生白色短线状钟乳体，侧脉上面明显，下面不明显或稍明显；叶柄长约1.5mm，上面被短柔毛。花序头状，腋生或顶生，被短柔毛，苞片阔卵形，长约2mm，稍被毛；雄花萼片4枚，外轮萼片卵状椭圆形，内轮萼片近圆形，长约2.5mm，雄蕊长约4mm，不育雌蕊长约为萼片长的2/3或与片近等长；雌花萼片6枚，长约3mm，子房卵形，稍长于花柱，花柱3枚，柱头倒心形。蒴果近球形。花果期3～6月。

【生境与分布】生于山坡岩石缝中或溪旁、林下。分布于华东各省市，中国中部、北部及其他省区也常见栽培。

【药名与部位】黄杨木，茎及枝。小叶黄杨，枝叶。

【采集加工】黄杨木：全年可采，锯段或切段，干燥。小叶黄杨：全年均可采收，鲜用或晒干。

【药材性状】黄杨木：茎已锯成长短不等、大小不一的段或块，直径5～15cm。外层粗皮灰褐色，呈鳞片状剥落。内面黄色，平滑，较粗者未去尽皮部可见细纵棱，粗茎横断面有锯纹及排列紧密淡黄色与棕黄色相间的细密的年轮；或有棕黄色环，木质部坚硬而致密。枝条直径粗细不等，小枝略呈方形，粗皮亦呈鳞片剥落，直径 0.2 ~ 4cm；砍或锯成碎块者，多为木质部，可见年轮或射线纹理，髓部外侧可见一棕黄色环圈。锯下的粉末呈淡黄色。气微，味微苦、涩。

图 522　黄杨　　　　　　　　　　　　　　　摄影　赵维良等

　　小叶黄杨：茎圆柱形，有纵棱，小枝四棱形，全面被短柔毛或外方相对两侧面无毛，灰白色。完整叶片展平后呈阔椭圆形、阔倒卵形、卵状椭圆形或长圆形，长 1 ~ 3cm，宽 0.8 ~ 2cm。先端圆或钝，常有小凹口，基部圆或急尖或楔形，叶面光亮，中脉凸出，侧脉明显，叶背中脉平坦或稍凸出，中脉上常密被短线状钟乳体。革质。叶柄长 0.1 ~ 0.2cm，上面被毛。气微，味苦。

　　【化学成分】地上部分含生物碱类：环维黄杨星 D（cyclovirobuxines D）[1]，环黄杨酰胺（cycloprotobuxinamine）和黄杨木定 A（buxmicrophylline A）[2]；黄酮类：3, 5- 二羟基 -4′, 6, 7- 三甲氧基黄酮 -3′-O-β-D- 吡喃葡萄糖苷（3, 5-dihydroxyl-4′, 6, 7-trimethoxyflavone-3′-O-β-D-glucopyranoside）和 5, 3′, 4′- 三羟基 -3, 6, 7- 三甲氧基黄酮（5, 3′, 4′-tetrahydroxyl-3, 6, 7-trimethyl flavone）[3]；香豆素类：异东莨菪香豆素（isoscopoletin）[2]；酚酸类：3, 5- 二甲氧基苯甲酸 -4-O-β-D- 吡喃葡萄糖苷（3, 5-dimethoxybenzoic acid-4-O-β-D-glucopyranoside）[2]；木脂素类：黄花菜木脂素 A（cleomiscosin A）、黄花菜木脂素 A-4′-O-β-D- 吡喃葡萄糖苷（cleomiscosin A-4′-O-β-D-glucopyranoside）和（+）- 松脂醇 -O-β-D- 吡喃葡萄糖苷［（+）-pinoresinol-O-β-D-glucopyranoside］[3]；三萜类：表羽扇豆醇（epi-lupeol）[2] 和羽扇豆烷醇（lupine）[3]；甾体类：黄杨它因 M（buxtauine M）[2]，β- 谷甾醇（β-sitosterol）和胡萝卜苷（daucosterol）[3]。

　　【药理作用】1. 降血脂　小叶黄杨的乙酸乙酯提取部位对 75% 蛋黄乳液所致高血脂症模型小鼠的血清总胆固醇和甘油三酯均有明显的降低作用[1]。2. 舒张血管　叶总碱对去氧肾上腺素和高钾引起的主动脉平滑肌收缩具有明显的抑制作用，其抑制作用与血管内皮无关，与抑制 [Ca^{2+}]$_i$ 有关，而 [Ca^{2+}]$_i$ 抑制主要是通过抑制电压依赖性钙通道（VDCC）和受体门控性钙通道（ROCC）介导的外钙内流及 IP_3 敏感钙池的储存 Ca^{2+} 释放，而与 Ryanodine 受体无关[2]。

【性味与归经】黄杨木：苦，平。归心、肝、肾经。小叶黄杨：苦，平。

【功能与主治】黄杨木：祛风除湿，理气止痛。用于风湿痹痛，胸腹气胀，牙痛，疝痛，跌打损伤。小叶黄杨：祛风除湿，行气止痛，活血通络。用于风湿痹痛，胸腹气胀，牙痛，疝痛，跌扑伤痛，胸痹心痛。

【用法与用量】黄杨木：9～15g。小叶黄杨：9～15g；或浸酒；外用适量，鲜品捣烂敷。

【药用标准】黄杨木：湖南药材 2009。小叶黄杨：贵州药材 2003。

【临床参考】1. 消化性溃疡：根 80～120g，切碎，1000ml 水煎至 500ml，童子鸡 1 只 750ml 水炖至 500ml，两汤液混合为 1 天量，分 2～3 次口服，5 天 1 疗程，一般用 1～3 疗程[1]。

2. 呃逆：根 50g，水煎服[2]。

3. 糖尿病足溃疡：根研粉外敷，或泡酒外涂[3]。

【附注】本品以山黄杨之名首载于《履巉岩本草》。《本草纲目》云："黄杨生诸山野中，人家多栽种之。枝叶攒簇上耸，叶似初生槐芽而青厚，……不花不实，四时不凋，其性难长，俗说岁长一寸，……其木坚腻，作梳剜印最良。"其中有"不花不实"之说，可能当时没有见到黄杨开花的原因。但其所述植物形态与本种基本一致。

黄杨属的少数植物如黄杨、雀舌黄杨（匙叶黄杨）和锦熟黄杨 *Buxus sempervirens* Linn. 有一定毒性，对人畜有一定危害。中毒主要出现消化系统和神经系统的异常症状，能引起呼吸抑制，其叶有接触性过敏作用，能致皮炎等。

本种的果实及根民间也药用。

雀舌黄杨（匙叶黄杨）*Buxus bodinieri* Levl.（*Buxus harlandii* Hance）的茎枝及叶民间也作黄杨木药用。

【化学参考文献】
［1］邱明华，聂瑞麟. 黄杨生物碱及其植物资源［J］. 天然产物研究与开发，1992，4（4）：41-57.
［2］杜江，邱明华，聂瑞麟，等. 黄杨木中的两个新黄杨生物碱［J］. 植物学报，1996，38（6）：483-488.
［3］林云良，邱明华，李忠荣，等. 黄杨中的非生物碱化学成分［J］. 云南植物研究，2006，28（4）：429-432.

【药理参考文献】
［1］李勇文，杨成芳，张惠勤，等. 小叶黄杨叶降血脂作用研究［J］. 时珍国医国药，2009，20（8）：1918-1919.
［2］刘妍妍. 小叶黄杨叶总碱对大鼠主动脉平滑肌的作用及机制研究［D］. 天津：天津医科大学硕士学位论文，2009.

【临床参考文献】
［1］林儒宝. 黄杨木汤治疗消化性溃疡 32 例［J］. 陕西中医，2001，22（10）：616.
［2］陆振家. 黄杨木治疗呃逆［J］. 新中医，1975，（3）：47.
［3］周宁，潘丽，吴江. 黄杨木治疗糖尿病足并感染二例［J］. 云南中医中药杂志，1995，16（4）：60.

2. 板凳果属 *Pachysandra* Michx.

常绿亚灌木或草本。茎下部匍匐，上部斜升，生不定根。单叶，互生，边缘常有粗锯齿，基部具 3 出脉。穗状花序顶生或腋生；具苞片；花单性，雌雄同株；雄花着生于花序上部，雌花着生于花序基部；雄花萼片 4 枚，排成 2 轮，雄蕊 4 枚，与萼片对生，花丝粗壮，花药 2 室，不育雌蕊 1 枚；雌花萼片 4～6 枚，子房 2～3 室，胚珠每室 2 粒，花柱 2～3 枚。果为核果状蒴果，花柱宿存。

约 3 种，分布于东亚及北美洲。中国约 2 种，分布于秦岭以南各省区，法定药用植物 2 种。华东地区法定药用植物 1 种。

板凳果属与黄杨属的区别点：板凳果属为半灌木；叶互生，基出 3 脉。黄杨属为灌木或小乔木；叶对生，羽状脉。

523. 顶花板凳果（图 523）· *Pachysandra terminalis* Sieb. et Zucc.

图 523　顶花板凳果　　　　　　　　摄影　李华东等

【别名】粉蕊黄杨、顶蕊三角咪。

【形态】常绿亚灌木。茎下部根茎状，横卧，密生须状不定根，上部屈曲或斜上直立，高约30cm。叶互生，薄革质，10多枚集生于枝顶；叶片菱状倒卵形，长 2～5（～9）cm，宽 1～3（～6）cm，上部边缘有粗齿，基部楔形，渐狭成长 1～3cm 的叶柄，叶面脉上有微毛。穗状花序顶生，长 2～4cm，直立，花序轴及苞片边缘均有短腺毛；花白色，雄花数超过 15，几占花序轴的全部，无花梗；雌花 1～2朵，生于花序轴基部，有时最上 1～2 叶的叶腋又各生 1 雌花；雄花苞片及萼片均阔卵形，苞片较小，萼片长 2.5～3.5mm，花丝长约 7mm，不育雌蕊长约 0.6mm；雌花连花梗长约 4mm，苞片及萼片均卵形，覆瓦状排列，花柱受粉后伸出花外甚长，上端旋曲。果卵形，长 5～6mm，花柱宿存，粗而反曲。花期 4～5月，果期 9～10 月。

【生境与分布】生于海拔较高的山区林下阴湿地。分布于浙江、江西、福建，另甘肃、陕西、四川、湖北等省均有分布；日本也有分布。

【药名与部位】转筋草，全草。

【采集加工】夏、秋二季开花时采挖后，除尽泥沙，晒干。

【药材性状】根茎呈圆柱形，常弯曲，长可达 30cm，直径 1.5～4mm，表面黄棕色，可见明显的类圆形叶痕；须根细小，扭曲，具分枝。茎呈圆柱形，少分枝，常弯曲，长短不一，直径 2～4mm，表面黄棕色、黄绿色或棕褐色，具纵棱及纵皱纹，中下部可见明显叶痕；断面平坦，皮部黄棕色，中心黄色。叶互生或近簇生；叶片倒卵形或菱状卵形，上部边缘粗锯齿，基部楔形，羽状叶脉于背面突出；黄绿色，革质，有光泽。穗状花序顶生；花小，淡黄棕色。气微，味苦。

【药材炮制】除去杂质，略洗，切段，晒干。

【化学成分】全草含生物碱类：富贵草碱 A、B、C、D（pachysandrine A、B、C、D）、表富贵草胺碱 A、B、C、D、E、F（epi-pachysamine A、B、C、D、E、F）、粉蕊黄杨醇碱（terminaline）、粉蕊黄杨环氮碱 A、B（pachystermine A、B）、富贵草特明胺 A（pachysantermine A）、表富贵草碱 A（epi-pachysandrine A）、螺粉蕊黄杨碱 A（spiropachysine A）、富贵草胺碱 E（pachysamine E）[1, 2]，顶花板凳孕甾碱*A、B、C、D、E、F、G（terminamine A、B、C、D、E、F、G）、3β-（二甲胺基）- 孕甾 -20α- 醇 -16- 酮［3β-（dimethylamino）-pregn-20α-ol-16-one］、3β-（二甲胺基）- 孕甾 -16- 酮 -5, 17- 二烯［3β-（dimethylamino）-pregn-16-one-5, 17-diene］、3β-（二甲胺基）- 孕甾 -20α- 醇 -16- 酮 -5- 烯［3β-（dimethylamino）-pregn-20α-ol-16-one-5-ene］、20β-（二甲胺基）-3β-（二甲烯丙酰胺基）-5α- 孕甾 -11α- 醇 -16- 烯［20β-（dimethylamino）-3β-（dimethylallyl amino）-5α-pregn-11α-ol-16-ene］、20β-（二甲胺基）-3β-（二甲烯丙酰胺基）-5α- 孕甾 -16- 烯［20β-（dimethylamino）-3β-（dimethylallyl amino）-5α-pregn-l6-ene］、（6R, 7E, 9R）-9- 甲胺基 -4, 7- 大柱香波龙二烯 -3- 酮［（6R, 7E, 9R）-9-methylamino-4, 7-megastigmedien-3-one］、（6R, 7E, 9S）-9- 甲胺基 -4, 7- 大柱香波龙二烯 -3- 酮［（6R, 7E, 9S）-9-methylamino-4, 7-megastigmedien-3-one］、（6S, 7E, 9R）-9- 甲胺基 -4, 7- 大柱香波龙二烯 -3- 酮［（6S, 7E, 9R）-9-methylamino-4, 7-megastigmedien-3-one］、螺粉蕊黄杨碱 -20- 酮［spiropachysine-20-one］、Z- 柳叶野扇花酮（Z-salignone）、E- 柳叶野扇花酮（E-salignone）[2-6]、20α- 二甲胺基 -3β- 异戊烯酰氨基 -16β- 羟基 - 孕甾 -5（6）- 烯［20α-dimethylamino-3β- senecioylamino-16β-hydroxy-pregn-5（6）-ene］、20α- 二甲胺基 -3β- 异戊烯酰氨基 - 孕甾 -5- 烯［20α-dimethylamino-3β-senecioylamino-pregn-5-ene］和顶花板凳孕甾碱*K、L、M、N、O、P、Q、R、S（terminamine K、L、M、N、O、P、Q、R、S）[7-9]；皂苷类：板凳果二醇 A、B（pachysandiol A、B）、粉蕊黄杨酮醇（pachysonol）、粉蕊黄杨三醇（pachysantriol）、富贵草二烯醇*A、B（pachysandienol A、B）、3β, 28- 二醇富贵草 -l6- 烯（3β, 28-diol-pachysan-l6-ene）、3β, 28- 二醇富贵草 -16, 21- 二烯（3β, 28-diol-pachysan-16, 21-diene）、木栓酮（friedelin）、木栓醇（friedelinol）、表木栓醇（epifriedelanol）、环木菠萝烯醇（cycloartenol）、23- 亚甲基环木菠萝烯醇（23-methylenecycloartenol）、23- 去氢环木菠萝烷 -3β, 25- 二醇（23-dehydrocycloartane-3β, 25-diol）和25- 去氢环木菠萝烷 -3β, 24ξ- 二醇（25-dehydrocycloartane-3β, 24ξ-diol）[1]；木脂素类：松脂素（pinoresinol）、松脂素 -4'-O-β-D- 葡萄糖苷（pinoresinol-4'-O-β-D-glucoside）和表松脂醇 3-O-β-D- 吡喃葡萄糖苷（epipinoresinol-3-O-β-D-glucopyranoside）[1]；烃烯醇类：4- 甲基 -3- 亚甲基戊烷 -1, 2, 5- 三醇（4-methyl-3-methylenepentane-1, 2, 5-triol）、3- 异丙烯基丁烷 -l, 2, 4- 三醇（3-isopropenyl-butane-l, 2, 4-triol）、4- 甲基 -3- 亚甲基戊烷 -1, 2, 5- 三醇 -O-β-D- 吡喃葡萄糖苷（4-methyl-3-methylenepentane-l, 2, 5-triol-O-β-D-glucopyranoside）和3- 亚甲基戊烷 -1, 2, 5- 三醇 -O-β-D- 吡喃葡萄糖苷（3-methylenepentan-1, 2, 5-triol-O-β-D-glucopyranoside）[1]；酚酸及衍生物：对羟基苯甲醛（p-hydroxybenzaldehyde）、香草醛（vanillin）、丁香醛（syringa-aldehyde）、阿魏酸（ferulic acid）、水杨酸（salicylic acid）、对羟基苯甲酸（p-hydroxybenzoic acid）、2, 3, 4- 三羟基苯甲酸（2, 3, 4- trihydroxybenzoic acid）、原儿茶酸（protocatechuic acid）、2-β-D- 葡萄糖苯乙醇苷（phenylethyl-2-β-D-glycoside）和顺式紫丁香苷（cis-syringin）[1]；萜类：博萨林素 -4-O-β-D- 吡喃葡萄糖苷（boscialin-4-O-β-D-glucopyranoside）[1]和3α- 羟基 -5, 6- 环氧 -7- 大柱香波龙 -9- 酮（3α-hydroxy-5, 6-epoxy-7-megastigmen-9-one）[10]。

【药理作用】1. 抗氧化　全草乙酸乙酯分离得到的对羟基苯甲醛（p-hydroxybenzaldehyde）、香草醛（vanillin）、3- 甲氧基 -4- 羟基苯乙酮（3 -methoxy -4-hydroxyacetophenone）、丁香醛（syringaldehyde）、水杨酸（salicylic acid）、对羟基苯甲酸（p-hydroxybenzoic acid）、阿魏酸（ferulic acid）、2, 3, 4- 三羟基苯甲酸（2, 3, 4-trihydroxybenzoic acid）和原儿茶酸（protocatechuic acid）对 1, 1- 二苯基 -2- 三硝基苯肼自由基（DPPH）均有一定的清除作用[1]；全草的乙酸乙酯和正丁醇萃取物中分离得到的 2β-D- 葡萄糖苯

乙醇苷（phenylethyl-2β-D-glycoside）、松脂素 -4′-*O*-β-D- 葡萄糖苷（pinoresinol -4′-*O*-β-D-glucoside）、松脂素（pinoresinol）、顺式紫丁香苷（*cis*-syringin）、3α- 羟基 -5, 6- 环氧 -7- 大柱香波龙 -9- 酮（3α-hydroxy-5, 6-epoxy-7-megastigmen-9-one）对 1, 1- 二苯基 -2- 三硝基苯肼自由基具有一定的清除作用[2]。2. 抗肿瘤　全草石油醚和乙酸乙酯层萃取物中分离得到的生物碱类在一定浓度下对人乳腺癌 MDA-MB-231 细胞的趋化迁移有明显的抑制作用[3]。

【性味与归经】辛、微苦，凉。归肝、脾经。

【功能与主治】祛风除湿，调经止血，止痛。用于风湿筋骨痛，胃痛，月经过多，白带。

【用法与用量】15 ～ 30g；研粉冲服，一次 3 ～ 6g。

【药用标准】湖北药材 2009。

【临床参考】1. 小腿转筋、胃痛、跌打损伤：全草适量，水煎服[1]。

2. 风湿疼痛：果实 5 ～ 7 枚，温开水吞服，每日 3 次[1]。

【化学参考文献】

［1］仙靓，李梦怡，薛璇玑，等 . 顶花板凳果化学成分及药理活性研究进展［J］. 西北药学杂志，2017，32（4）：534-538.

［2］Zhai H Y，Zhao C，Zhang N，et al. Alkaloids from *Pachysandra terminalis* inhibit breast cancer invasion and havepotential for development as antimetastasis therapeutic agents［J］. J Nat Prod，2012，75（7）：1305-1311.

［3］赵川 . 转筋草生物碱成分及抗肿瘤转移活性研究［D］. 天津：天津医科大学博士学位论文，2012.

［4］李晨阳 . 转筋草中极性化学成分及生物活性研究［D］. 天津：天津医科大学硕士学位论文，2010.

［5］翟慧媛 . 转筋草的脂溶性成分及其生物活性研究［D］. 天津：天津医科大学硕士学位论文，2010.

［6］肖会君，李晨阳，唐生安，等 . 转筋草中化学成分研究［J］. 中国中药杂志，2013，38（3）：350-353.

［7］王啸洋 . 三种太白山药用植物的活性成分研究［D］. 西安：第四军医大学博士学位论文，2014.

［8］Funayama　S，Noshita T，Shinoda K，et al. Cytotoxic alkaloids of *Pachysandra terminalis*［J］. Biol Pharm Bull，2000，23（2）：262-264.

［9］Li X Y，Yu Y，Jia M，et al. Terminamines K-S，antimctastatic pregnane alkaloids from the whole herb of *Pachysandra terminalis*［J］. Molecules，2016，21（10）：1283.

［10］李晨阳，翟慧媛，唐生安，等 . 转筋草化学成分及其活性研究［J］. 中药材，2010，33（5）：729-732.

【药理参考文献】

［1］翟慧媛，李晨阳，唐生安，等 . 转筋草中的酚类成分及其抗氧化活性［J］. 中国中药杂志，2010，35（14）：1820-1823.

［2］李晨阳，翟慧媛，唐生安，等 . 转筋草化学成分及其活性研究［J］. 中药材，2010，33（5）：729-732.

［3］翟慧媛 . 转筋草的脂溶性成分及其生物活性研究［D］. 天津：天津医科大学硕士学位论文，2010.

【临床参考文献】

［1］万定荣，陈卫江，钱赪，等 . 鄂西土家常用抗风湿类植物药［J］. 中国中药杂志，1993，18（10）：581-584.

五五 漆树科 Anacardiaceae

乔木或灌木，稀为木质藤本或亚灌木状草本。树皮常含有树脂。叶互生，稀对生，单叶、掌状 3 小叶或奇数羽状复叶；无托叶或托叶不明显。花通常排成顶生或腋生的圆锥花序；花小，辐射对称，两性、单性或杂性，通常为双被花，稀单被或无被；花萼多少合生，3～5 裂；花瓣 3～5 枚，分离或基部合生，覆瓦状排列，稀无花瓣；雄蕊与花瓣通常同数或为其 2 倍，稀更少，生于花盘外面基部或有时在花盘边缘，花丝线状或钻形，分离，花药 2 室，内向或侧向纵裂；花盘环状、坛状或杯状，全缘或分裂；子房上位，1 室，稀 2～5 室，胚珠每室 1 粒，花柱 1～5 枚，或柱头近无柄。果多为核果，稀坚果。种子每室 1 粒，胚稍大，肉质，无胚乳或有少量薄的胚乳。

约 60 属，600 余种，分布于全球热带、亚热带，少数延伸至北温带地区。中国 16 属，约 54 种，主要分布于长江以南各省区，法定药用植物 9 属，13 种 3 变种。华东地区法定药用植物 3 属，5 种。

漆树科法定药用植物科特征成分鲜有报道。南酸枣属含黄酮类、酚酸类等成分。黄酮类多为黄酮醇，如杨梅树皮素 -3-O-α-L- 鼠李糖苷（myricetin-3-O-α-L-rhamnoside）、柚皮素（naringenin）、山奈酚 -7-O-葡萄糖苷（kaempferol-7-O-glucoside）等；酚酸类如原儿茶酸（protocatechuic acid）、鞣花酸（ellagic acid）等。

盐肤木属含皂苷类、黄酮类、酚酸类、苯丙素类等成分。皂苷类包括达玛烷型、木栓烷型、羽扇豆烷型，如半翅盐肤木内酯（semialactone）、白桦酮酸（betulonic acid）、黄莲木酸（morolic acid）等；黄酮类包括黄酮醇、查耳酮等，如槲皮素（qercetin）、根皮苷（phloridzin）、漆树黄酮（fisetin）等；酚酸类如没食子酸乙酯（ethyl gallate）、没食子酸甲酯（methyl gallate）等；苯丙素类如二甲基咖啡酸（dimethylcaffeic acid）、东莨菪素（scopoletin）等。

分属检索表

1. 子房 5 室，心皮通常 5 枚 ··1. 南酸枣属 Choerospondias
1. 子房 1 室，心皮 3 枚。
  2. 圆锥花序顶生；果熟时红色，被腺毛和具节柔毛或单毛；外果皮与中果皮联合，内果皮分离 ·············
  ··2. 盐肤木属 Rhus
  2. 圆锥花序腋生；果熟时黄绿色，无毛或被长刺毛；外果皮薄，与中果皮分离，中果皮与内果皮连合 ···3. 漆树属 Toxicodendron

1. 南酸枣属 Choerospondias Burtt. et Hill

落叶乔木。叶互生，奇数羽状复叶，常集生于小枝顶端；小叶对生，具柄。花单性或杂性而异株；雄花和不孕的两性花排成腋生或近顶生的聚伞状圆锥花序；雌花常单生于上部叶腋：花萼浅杯状，5 裂；花瓣 5 枚，覆瓦状排列，雄蕊 10 枚，生于花盘的外面基部，与花盘裂片互生，花丝线形，花药长圆形，背部着生；花盘 10 裂；子房上位，5 室，胚珠每室 1 粒，悬垂于子房顶端，花柱 5 枚，合生，生于子房近顶端，柱头头状。核果卵圆形、长圆形或椭圆形，中果皮肉质浆状，内果皮骨质，顶端有 5 个小孔，具膜质盖；种子无胚乳，子叶厚。

仅 1 种，分布于印度东北部、中南半岛和日本。中国 1 种，主要分布于华东、华南及西南地区，法定药用植物 1 种。华东地区法定药用植物 1 种。

524. 南酸枣（图 524）• *Choerospondias axillaris*（Roxb.）Burtt et Hill

图 524 南酸枣 摄影 徐克学等

【别名】山枣（安徽宣城）。

【形态】落叶乔木，高 8～20m。树皮灰褐色，片状剥落，小枝粗壮，暗紫褐色，无毛，有皮孔。奇数羽状复叶，小叶 7～13 枚，膜质或纸质，卵形或卵状坡针形至卵状长圆形，长 4～14cm，宽 1.5～4.5cm，顶端长渐尖，基部多少偏斜，阔楔形或近圆形，全缘，或在幼株或萌枝上叶边缘具粗锯齿，上面绿色，下面灰绿色，两面无毛，极稀在下面脉腋间被毛，小叶柄纤细。雄花序长 4～10cm；雄花的花萼 5 裂，裂片三角状卵形或阔三角形，花瓣 5 枚，长圆形，无毛，雄蕊 10 枚，无不育雌蕊；雌花单生于上部叶腋，较大，子房 5 室，无毛，花柱短。核果椭圆形或倒卵状椭圆形，熟时黄色，长 2.5～3cm，果肉白色，黏糊状，果核顶端有 5 个小孔。花期 4～6 月，果期 8～10 月。

【生境与分布】多散生于山地丘陵林中或沟谷林缘。分布于安徽、江苏、浙江、江西和福建，另广东、广西、云南、贵州、湖南、湖北等省区均有分布；印度、日本和中南半岛也有分布。

【药名与部位】广枣，果实。

【采集加工】秋季果实成熟时采收，除去杂质，干燥。

【药材性状】呈椭圆形或近卵形，长 2～3cm，直径 1.4～2cm。表面黑褐色或棕褐色，稍有光泽，具不规则的皱褶，基部有果梗痕。果肉薄，棕褐色，质硬而脆。核近卵形，黄棕色，顶端有 5 个（偶有 4 个或 6 个）明显的小孔，每孔内各含种子 1 粒。气微，味酸。

【化学成分】果实含酚酸及衍生物：没食子酸（gallic acid）、水杨酸（salicylic acid）、原儿茶酸（protocatechuic acid）、邻苯二甲酸二（2- 乙基 - 己基）酯［bis（2- ethylhexyl）phthalate］[1]，3, 3'-

二甲氧基鞣花酸（3, 3′-dimethoxyl ellagic acid）[2]，原儿茶醛（protocatechualdehyde）、对羟基苯甲酸（p-hydroxybenzoic acid）[3]，没食子酸乙酯（ethyl gallate）、1-O- 没食子酰基 -β-D- 葡萄糖（1-O-galloyl-β-D-glucose）、1, 6- 二 -O- 没食子酰基 -β-D- 葡萄糖（1, 6-di-O-galloyl-β-D-glucose）、1, 4- 二 -O- 没食子酰基 -β-D- 葡萄糖（1, 4-di-O-galloyl-β-D-glucose）、1, 4, 6- 三 -O- 没食子酰基 -β-D- 葡萄糖（1, 4, 6-tri-O-galloyl-β-D-glucose）和 1, 3, 4, 6- 四 -O- 没食子酰基 -β-D- 葡萄糖（1, 3, 4, 6-tetra-O-galloyl-β-D-glucose）[4]；低碳羧酸及酯类：柠檬酸（citric acid）、2- 羟基 -1, 2, 3- 丙烷三羧酸 -2- 甲酯（2-hydroxy-1, 2, 3-propane tricarboxylic acid-2-methyl ester）和 2- 羟基 -1, 2, 3- 丙烷三羧酸 -2- 乙酯（2-hydroxy-1, 2, 3-propane tricarboxylic acid-2-ethyl ester）[1]；脂肪酸类：棕榈酸（palmic acid）、硬脂酸（stearic acid）[1]，三十烷酸（tracontanoic acid）[2]，亚油酸（linoleic acid）[5]，十六烷酸（hexadecanoic acid）[6] 和正四十二烷酸（n-dotetracontane acid）[7]；皂苷类：熊果酸（ursolic acid）[5]；黄酮类：槲皮素（quercetin）、山奈酚（kaemperol）、金丝桃苷（hyperin）、（+）- 儿茶素 [（+）-catechin）] [1]，双氢槲皮素（dihydroquercetin）[2]，芦丁（rutin）和木犀草素 -3′-O-β-D- 葡萄糖苷（luteolin-3′-O-β-D-glucoside）[7]；甾体类：β- 谷甾醇（β-sitosterol）、胡萝卜苷（daucoerol）[1]，麦角甾醇（ergosterol）[5] 和豆甾烷 -7- 酮（stigmastan-7-one）[3]；烷醇类：二十八烷醇（policosanol）[2]。

【药理作用】1. 心肌保护　果实模拟总有机酸对冠状动脉左前降支结扎法复制大鼠急性心肌缺血再灌注损伤模型及体外大鼠乳鼠心肌细胞缺氧复氧损伤模型心肌缺血再灌注损伤均具有明显的保护作用；柠檬酸、苹果酸、琥珀酸、酒石酸等小分子有机酸是广枣抗心肌缺血再灌注损伤的物质基础之一[1]；果实总黄酮在缺血心肌组织中可调节相关蛋白质表达谱，从而产生保护心肌的作用[2]。2. 抗氧化　广枣提取物在体外能有效清除氧自由基，对卵磷脂脂质过氧化损伤有明显的抑制作用[3]。3. 抗肿瘤　树皮中分离得到的化合物乔松素（pinocembrin）、柚皮素（naringenin）、白杨素（chrysin）、邻苯二甲酸二丁酯（dibutyl phthalate）和反式阿魏酸十四酯（tetradecyl trans-ferulate）对人癌 HCT-15、HeLa 细胞的增殖具有一定的抑制作用；乔松素和柚皮素对小鼠乳腺癌 tsFT210 细胞的 G_2/M 期有轻微的抑制作用，邻苯二甲酸二丁酯在高浓度时有一定的细胞毒作用，而在低浓度时具有 G_0/G_1 期抑制作用[4]；树皮中分离得到的没食子酸衍生物对人慢性髓细胞性白血病 K562 细胞有不同程度的抑制作用[5]。4. 神经保护　果实水提液及其小分子组分对拟衰老神经元有明显的直接和间接的保护作用，其作用机理可能与包括广枣总黄酮在内的小分子组分抗氧化、抑制细胞钙超载、刺激星型胶质细胞分泌生物活性物质有关[6]。5. 抗缺氧　树皮中分离得到的没食子酸衍生物在无明显细胞毒作用的浓度下，对人脐带静脉内皮 ECV304 细胞缺氧损伤模型大鼠和嗜铬瘤 PC12 细胞缺氧损伤模型大鼠具有较明显的抗缺氧作用[5]。

【性味与归经】甘、酸，平。

【功能与主治】行气活血，养心，安神。用于气滞血瘀，胸痹作痛，心悸气短，心神不安。

【用法与用量】1.5 ～ 2.5g。

【药用标准】药典 1977—2015、藏药 1979 和内蒙古蒙药 1986。

【临床参考】1. 烧伤：树皮 600g，加丹参 200g、大黄 200g，洗净干燥，加 70% 乙醇 1000ml 浸泡 2 周，取滤液 90ml，加樟脑 3g、冰片 3g、苯甲醇 4ml，制成烧伤液，用消毒棉签蘸药液涂于消毒后创面，每日 3 ～ 6 次[1]。

2. 冠心病心绞痛：复方广枣胶囊（果实，加苦参、诃子）口服，每次 3 粒，每日 3 次[2]。

3. 食滞腹满：鲜果 2 ～ 3 枚，嚼食。

4. 疮疡溃烂：根皮适量，水煎外洗。（3 方、4 方引自《浙江药用植物志》）

【化学参考文献】

［1］唐丽. 广枣和洋金花化学成分的研究［D］. 北京：北京中医药大学博士学位论文，2003.

［2］连珠，张承忠，李冲，等. 蒙药广枣化学成分的研究［J］. 中药材，2003，26（1）：23-24.

［3］邓科君. 民族药广枣的品质评价研究［D］. 成都：成都中医药大学硕士学位论文，2004.

［4］李长伟，崔承彬，　蔡兵，等．南酸枣中没食子酰葡萄糖苷类化学成分及其体外抗肿瘤抗缺氧抗菌活性［J］．国际药学研究杂志，2014，41（4）：449-455.

［5］田景民．广枣化学成分的研究［D］.　呼和浩特：内蒙古医学院硕士学位论文，2007.

［6］李国玉．广枣抗心肌缺血有效部位的化学成分研究［D］.哈尔滨：黑龙江中医药大学硕士学位论文，2003.

［7］李胜华，伍贤进，郑尧，等．南酸枣树皮化学成分研究［J］.中药材，2009，32（10）：1542-1544.

【药理参考文献】

［1］汤喜兰，刘建勋，李磊，等．广枣模拟总有机酸对心肌缺血再灌注损伤的保护作用［J］.中国实验方剂学杂志，2013，19（4）：168-172.

［2］张琪，杨玉梅，刘凤鸣，等．广枣总黄酮对大鼠缺血心肌组织蛋白质表达的影响［J］.中国药理学通报，2006，22（11）：1344-1348.

［3］郭英，贝玉祥，王雪梅，等．广枣提取物体外清除活性氧自由基及抗氧化作用研究［J］.微量元素与健康研究，2008，25（5）：22-24.

［4］李长伟，崔承彬，蔡兵，等．南酸枣的芳香族化合物及其体外抗肿瘤活性［J］.中国药物化学杂志，2005，15（3）：138-141.

［5］李长伟，崔承彬，蔡兵，等．南酸枣中没食子酰葡萄糖苷类化学成分及其体外抗肿瘤抗缺氧抗菌活性［J］.国际药学研究杂志，2014，41（4）：449-455.

［6］郭华，姚文兵，王华，等．广枣及其提取组分对神经细胞的保护作用［J］.中国生化药物杂志，2007，28（2）：87-90.

【临床参考文献】

［1］陈明哲，姜亚西．复方南酸枣树皮烧伤液的制备与应用［J］.中国医院药学杂志，1991，11（11）：42.

［2］李卓明．复方广枣胶囊治疗冠心病心绞痛临床研究［J］.中西医结合心脑血管病杂志，2009，7（12）：1387-1388.

2. 盐肤木属 *Rhus*（Tourn.）Linn. emend. Moench

落叶灌木或乔木。叶互生，奇数羽状复叶、3 小叶或单叶，叶轴具翅或无翅，小叶有柄或无柄，边缘具齿或全缘。花小，杂性或单性异株，多花，排成顶生聚伞状圆锥花序或复穗状花序；苞片宿存或脱落；花萼 5 裂，裂片覆瓦状排列，宿存；花瓣 5 枚，覆瓦状排列；雄蕊 5 枚，着生于花盘基部，伸出花外，花药卵圆形，背部着生，内向纵裂；花盘环状；子房无柄，1 室，胚珠 1 粒，花柱 3 枚，基部多少合生。核果球形，略压扁，被腺毛和具节的毛或单毛，成熟时红色，外果皮与中果皮联合，中果皮非蜡质。种子 1 粒，子叶扁平。

约 250 种，分布于亚热带和暖温带。中国 6 种，除东北、内蒙古、青海、新疆外，广布于全国各地，法定药用植物 3 种 2 变种。华东地区法定药用植物 2 种。

525. 盐肤木（图 525）• *Rhus chinensis* Mill.（*Rhus javanica* auct. non Linn.）

【别名】五倍子树（通称），乌酸桃、红叶桃（浙江），土椿树、酸酱头（山东），猪草树（安徽），红盐果、倍子柴（江西）。

【形态】落叶小乔木或灌木，高 2～10m。小枝、叶柄、花序均被锈色柔毛。叶互生，奇数羽状复叶，小叶 5～13 枚，卵形、椭圆状卵形或长圆形，长 3～12cm，宽 2～7cm，顶端急尖，基部圆形，顶生小叶的基部楔形，边缘具粗锯齿或圆齿，上面深绿色，下面粉绿色，被白粉和锈色柔毛，脉上尤密，侧脉和细脉在上面凹下，下面凸起；叶轴具叶状翅。花单性，排成大型的圆锥花序；雄花序长 30～40cm，雌花序较短；花白色；雄花花萼裂片长卵形，花瓣倒卵状长圆形，开花时外卷，雄蕊伸出，无毛；雌花花萼裂片较短，花瓣椭圆状卵形，雄蕊极短，子房卵形，密被白色微柔毛，花柱 3 枚，柱头头状。核果球形，略压扁，直径 4～5mm，被具节的柔毛和腺毛，成熟时红色。花期 7～9 月，果期 10～11 月。

图 525　盐肤木　　　　　　　　　　　　　　　　　　　　摄影　李华东等

【生境与分布】生于向阳山坡、沟谷、溪边的疏林边或灌丛中。分布于华东各省市，广布于中国除东北、内蒙古、新疆外的各省区；印度、日本、朝鲜、中南半岛等也有分布。

【药名与部位】盐芋根（盐肤木根），根。盐麸根白皮，除去栓皮的根皮。五倍子，叶上的虫瘿。

【采集加工】盐芋根：洗净，干燥。盐麸根白皮：全年可采收，挖根，洗净，除去栓皮，剥取根皮，晒干。五倍子：秋季采收，置沸水中略煮或蒸至表面呈灰色，杀死蚜虫，取出，干燥。

【药材性状】盐芋根：表面棕褐色至黑褐色，有的表面具红棕色或黄棕色突起的圆形皮孔，有的外皮易脱落。质坚，断面皮部红棕色至棕褐色，木质部浅棕色或黄白色，具放射状纹理，可见导管孔。气微，木质部味淡，皮部味涩。

盐麸根白皮：呈半筒状或筒状，有的呈片状或稍弯曲的不规则片状，厚 0.5 ～ 1mm。外表面黄棕色，可见横长的黄褐色皮孔；内表面黑褐色，具明显细纵纹。质轻，较柔韧，断面略呈片状。气微，味淡，微涩。

五倍子：肚倍　呈长圆形或纺锤形囊状，长 2.5 ～ 9cm，直径 1.5 ～ 4cm。表面灰褐色或灰棕色，微有柔毛。质硬而脆，易破碎，断面角质样，有光泽，壁厚 0.2 ～ 0.3cm，内壁平滑，有黑褐色死蚜虫及灰色粉状排泄物。气特异，味涩。

角倍　呈菱形，具不规则的钝角状分枝，柔毛较明显，壁较薄。

【药材炮制】盐芋根：除去杂质，洗净，润透，切段，干燥。

盐麸根白皮：润湿，切段，干燥。

五倍子：敲开，除去杂质。

【化学成分】果粕含黄酮类：芹菜素（apigenin）、山柰酚（kaempferol）、槲皮素（quercetin）、3, 7- 二甲氧基 -5, 3′, 4′- 三羟基黄酮（3, 7-dimethoxy-5, 3′, 4′-trihydroxyflavone）、槲皮苷（quereitrin）、山柰酚 -3-O-α-L- 鼠李糖苷（kaempferol-3-O-α-L-rhamnoside）、杨梅苷（myricetrin）和槲皮素 -3-O-（4″- 甲

氧基）-α-L- 吡喃鼠李糖苷［quercetin-3-O-（4″-methoxy）-α-L-rahmnopyranoside］[1]；酚酸及酯类：间二没食子酸（m-digalloyl acid）、间二没食子酸乙酯（ethyl m-digallate）[1]，没食子酸（gallic acid）、没食子酸甲酯（methyl gallate）、没食子酸乙酯（ethyl gallate）、没食子酸丙酯（propyl gallate）和原儿茶酸（protocatechuic acid）[2]；皂苷类：模绕酸（morolic acid）[2]；甾体类：β- 谷甾醇（β-sitosterol）[2]；脂肪酸类：α- 棕榈精（α-monpalmitin）和棕榈酸（palmitic acid）[2]。

　　茎皮含皂苷类：半翅盐肤木内酯（semialactone）、半翅盐肤木酸（semialaetic acid）、异刺树酮过氧化物（isofouquierone peroxide）和刺树酮（fouquierone）[3]。

　　叶含皂苷类：半翅盐肤木酸（semialaetic acid）[4]。

　　根茎含皂苷类：3- 酮 -6β- 羟基 - 齐墩果烷 -12- 烯 -28- 酸（3-one-6β-hydroxyl-oleanane-12-en-28-acid）、3- 酮 -6β- 羟基齐墩果烷 -18- 烯 -28- 酸（3-one-6β-hydroxyl-oleanane-18-en-28-acid）、桦木醇（betulin）和白桦酮酸（betulonic acid）[5]；黄酮类：槲皮素（qercetin）、漆黄素（fisetin）、3′, 4′, 7- 三羟基黄酮（3′, 4′, 7-trihydroxyflavone）、二氢漆黄素（dihydrofisetin）、盐肤木查耳酮 A（rhuschrone A）、梨根苷（phloridzin）和盐肤木双黄酮 A（rhusdiflavone A）[5]；酚酸及酯类：没食子酸甲酯（gallicin）、莽草酸甲酯（shikimic acid methyl ester）、3, 5- 二羟基甲苯（3, 5-dihydroxy toluene）、漆树酸（anacardic acid），即 6- 十五烷基水杨酸（6-pentadecyl salicylic acid）、3- 羟基 -5- 甲基苯酚 1-O-β-D-（6- 没食子酸）- 呋喃葡萄糖苷［3-hydroxyl-5-methylphenol-1-O-β-D-（6-galloyl）glucofuranoside］、3- 羟基 -5- 甲基苯酚 -1-O-β-D- 葡萄糖（3-hydroxyl-5-methylphenol-1-O-β-D-glucoside）、3, 4, 5- 三甲氧基苯基 -1-O-β-D- 吡喃葡萄糖苷（3, 4, 5-trimethoxyphenyl-1-O-β-D-glucopyranoside）、2［2, 3- 二羟基 -1-（4- 羟苯基）丙基］-5- 甲基苯 -1, 3- 二醇 {2-［2, 3-dihydroxy-1-（4-hydroxyphenyl）propyl］-5-methylbenzene-1, 3-diol}、五没食子酰基葡萄糖（pentagalloylglucose）、盐肤木内酯 A（rhuscholide A）和二甲基咖啡酸（dimethyl caffeic acid）[5]；木脂素类：（+）- 异落叶松树脂醇［（+）isolariciresinol］和（−）- 南烛木树脂酚［（−）-lyoniresinol］[5]；香豆素类：东莨菪素（scopoletin）[5]；糖苷类：甲基新南美牛奶菜三糖苷（methyl neocondurangotriose）[5]。

　　茎含酚酸类：二甲基咖啡酸（dimethyl caffic acid）[6]。

　　心材含酚酸及酯类：没食子酸乙酯（ethyl gallate）、没食子酸（gallic acid）、没食子酸甲酯（methyl gallate）和原儿茶酸（protocatechuic acid）[7]；黄酮类：3′, 4′, 7- 三羟基黄酮（3′, 4′, 7-trihydroxyflavone）和黄颜木素（fustin）[7]。

　　【药理作用】1.抗病毒　茎90% 乙醇提取物的石油醚萃取部位中分离纯化的盐肤木内酯 A（rhuscholide A）和乙酸乙酯萃取部位中分离纯化的二甲基咖啡酸（dimethylcaffic acid）能抑制 HIV-1 诱导的合胞体形成，治疗指数（TI）分别为 42.31 和 19.07，，其中前者作用于 HIV-1 生命周期的晚期，后者作用于早期，半数有效浓度（EC_{50}）为 7.16μg/ml[1, 2]。2.抗肿瘤　心材 75% 乙醇提取物的氯仿萃取部位和乙酸乙酯萃取部位均能抑制人白血病 K562 细胞的增殖，乙酸乙酯萃取部位作用较明显；分离纯化的没食子酸乙酯（ethyl gallate）、3′, 4′, 7- 三羟基黄酮（3′, 4′, 7-trihydroxyflavone）、没食子酸（gallic acid）、没食子酸甲酯（methyl gallate）、原儿茶酸（protocatechuic acid）和黄颜木素（fustin）对不同程度的 K562 细胞的增殖均有明显的抑制作用，其中没食子酸、原儿茶酸和黄颜木素作用最为明显，没食子酸甲酯的作用最弱[3]。

　　【性味与归经】盐芋根：酸、咸、微苦，平。归肝、肺经。盐麸根白皮：酸、咸，凉。归脾、肾经。五倍子：酸、涩，寒。归肺、大肠、肾经。

　　【功能与主治】盐芋根：祛风胜湿，利水消肿，活血散毒。用于黄疸胁痛，风湿痹痛，风疹，毒蛇咬伤。盐麸根白皮：清热利湿，解毒散瘀。用于湿热黄疸，水肿，风湿痹痛，小儿疳积，疮疡肿毒，跌打损伤，蛇虫咬伤，皮肤湿疹。五倍子：敛肺降火，涩肠止泻，敛汗止血，收湿敛疮。用于肺虚久咳，肺热痰嗽，久泻久痢，盗汗，消渴，便血痔血；外用于创伤出血，痈肿疮毒，皮肤湿烂。

　　【用法与用量】盐芋根：9～30g；外用适量。盐麸根白皮：15～60g；外用适量，捣敷。五倍子：3～6g；外用适量。

【**药用标准**】盐芋根：浙江炮规 2015、广东药材 2004 和福建药材 2006；盐麸根白皮：湖南药材 2009；五倍子：药典 1963—2015、浙江炮规 2015、贵州药材 1965、新疆药品 1980 二册、中华药典 1930 和台湾 2013。

【**临床参考**】1. 高血压：根 40g，加小红参、鬼针草、草决明各 20g，水煎服，30 天为 1 疗程[1]。

2. 小儿韩 - 薛 - 柯氏综合征：根，加适量丝毛草根同煎，加白糖少许当茶饮[2]。

3. 慢性气管炎：根 30g，加枇杷叶、金沸草、胡颓子各 9g，鼠曲草 4.5g，水煎服。

4. 瘢痕疙瘩：寄生在复叶轴上的虫瘿 560g，加蜈蚣 10 条，蜂蜜 180g，黑醋 2500ml，制成稠膏，局部搽敷。

5. 疮口不敛、湿疮：寄生在复叶轴上的虫瘿适量，研末外敷。

6. 口腔炎：寄生在复叶轴上的虫瘿制成 5% ～ 10% 溶液，作含漱剂，每天 3 ～ 4 次，漱口，亦可作溃疡洗涤剂。

7. 小儿脱肛：寄生在复叶轴上的虫瘿，加地榆等份，研末，每次 1.5 ～ 3g，米饭汤调服；或寄生在复叶轴上的虫瘿 60g，水煎外洗。（3 方至 7 方引自《浙江药用植物志》）

【**附注**】本种始载于《本草拾遗》，云："五倍，蜀人谓之酸桶，亦曰酢桶。吴人谓之盐麸。戎人谓之木盐。"《开宝本草》云："叶如椿，生吴、蜀山谷，子秋熟为穗，粒如小豆，上有盐似雪，食之酸咸，止渴。一名叛奴盐。"《本草纲目》载入果部，曰："肤木即构木，东南山原甚多。木状如椿，其叶两两对生，长而有齿，面青背白，有细毛，味酸。正叶之下，节节两边有直叶贴茎，如箭羽状。五六月开花，青黄色成穗，一枝累累。七月结子，大如细豆而扁，生青，熟微紫色。其核淡绿，状如肾形。核外薄皮上有薄盐，小儿食之，滇、蜀人采为木盐。叶上有虫，结成五倍子，八月取之。"《植物名实图考》云："盐麸子，江西、湖南山坡多有之，俗呼枯盐萁。"并附其图。即为本种。

本种的叶、花、苗及果实民间也作药用。

【**化学参考文献**】

［1］李斌，高洁莹，刘清茹，等. 盐肤木果粕化学成分研究（Ⅱ）［J］. 中药材，2015，39（4）：786-788.

［2］李斌，高洁莹，龚力民，等. 盐肤木果粕化学成分研究［J］. 中药材，2015，38（6）：1209-1211.

［3］龚苏晓. 盐肤木中 3 种新的达玛烷型三萜半翅盐肤木内酯、异刺树酮过氧化物和刺树酮［J］. 国际中医中药杂志，2002，24（4）：239-240.

［4］Parveen N，Singh M P，Khan N U，et al. Semialatic acid, a triterpene from *Rhus semialata*［J］. Phytochemistry，1991，30（7）：2415-2416.

［5］顾琼. 五种药用植物化学与抗 HIV 成分研究［D］. 昆明：中国科学院昆明植物研究所博士学位论文，2007.

［6］Wang R R，Gu Q，Wang Y H，et al. Anti-HIV-1 activities of compounds isolated from the medicinal plant *Rhus chinensis*［J］. J Ethnopharmacol，2008，117：249-256.

［7］赵军. 盐肤木抗肿瘤活性成分的研究［D］. 天津：天津大学硕士学位论文，2006.

【**药理参考文献**】

［1］Gu Q，Wang R R，Zhang X M，et al. A new benzofuranone and anti-HIV constituents from the stems of *Rhus chinensis*［J］. Planta Medica，2007，73：279-282.

［2］Wang R R，Gu Q，Wang Y H，et al. Anti-HIV-1 activities of compounds isolated from the medicinal plant *Rhus chinensis*［J］. Journal of Ethnopharmacology，2008，117：249-256.

［3］赵军. 盐肤木抗肿瘤活性成分的研究［D］. 天津：天津大学硕士学位论文，2006.

【**临床参考文献**】

［1］施玲，何增富，徐金富，等. 彝药盐肤木降压方治疗高血压病 108 例疗效观察［J］. 中国民族民间医药，2009，18（11）：163-164.

［2］黄荣年，徐长明，徐和吉，等. 盐肤木治疗小儿韩 - 薛 - 柯氏综合征一例报告［J］. 安徽医学，1984，（2）：2.

526. 青麸杨（图 526）· *Rhus potaninii* Maxim.

图 526　青麸杨　　　　　　　　　　　摄影　刘兴剑

【形态】落叶乔木，高 5～8m。小枝无毛；裸芽，叶柄下芽，密被黄褐色绢状毛。奇数羽状复叶；叶轴被柔毛，无翅或最上部有狭翅；小叶 7～11 枚；小叶片卵状长圆形或长圆状披针形，长 5～10cm，宽 2～4cm，先端渐尖，基部多少偏斜，近圆形，全缘，两面沿中脉被微柔毛或近无毛。圆锥花序长 10～20cm；苞片、花梗均被微柔毛；花小，直径 2.5～3mm；花萼 5 裂，外面被微柔毛，萼片卵形；花瓣白色，5 枚，卵形或卵状长圆形，长 1.5～2mm，边缘被睫毛，开放时先端向外反卷；雄蕊 5 枚，花丝线形；花盘厚，无毛；子房球形，密被白色绒毛。核果红色，近球形，直径 3～4mm，略压扁，密被具节柔毛和腺毛。花期 5～6 月，果期 8～9 月。

【生境与分布】生于海拔 1400m 以下的疏林中。分布于安徽、浙江、江苏、江西，另四川、云南、河南、山西、陕西、甘肃均有分布。

青麸杨与盐肤木的区别点：青麸杨小叶片卵状长圆形或长圆状披针形，全缘；叶柄无翅或最上部有狭翅。盐肤木小叶片卵形、椭圆状卵形或长圆形，边缘有粗锯齿或圆齿；叶柄具宽叶翅。

【药名与部位】五倍子，叶上的虫瘿。

【采集加工】秋季采收，置沸水中略煮或蒸至表面呈灰色，杀死蚜虫，取出，干燥。

【药材性状】肚倍：呈长圆形或纺锤形囊状，长 2.5～9cm，直径 1.5～4cm。表面灰褐色或灰棕色，微有柔毛。质硬而脆，易破碎，断面角质样，有光泽，壁厚 0.2～0.3cm，内壁平滑，有黑褐色死蚜虫及灰色粉状排泄物。气特异，味涩。

角倍：呈菱形，具不规则的钝角状分枝，柔毛较明显，壁较薄。

【药材炮制】敲开，除去杂质。

【性味与归经】酸、涩、寒。归肺、大肠、肾经。

【功能与主治】敛肺降火，涩肠止泻，敛汗止血，收湿敛疮。用于肺虚久咳，肺热痰嗽，久泻久痢，盗汗，消渴，便血痔血；外用于创伤出血，痈肿疮毒，皮肤湿烂。

【用法与用量】3～6g；外用适量。

【药用标准】药典 1963—2015、浙江炮规 2015、贵州药材 1965、新疆药品 1980 二册和台湾 2013。

3. 漆树属 *Toxicodendron*（Tourn.）Mill.

落叶乔木或灌木，稀攀援状灌木。具白色乳汁，干后变黑，有臭气。叶互生，奇数羽状复叶或掌状 3 小叶；小叶对生，叶轴通常无翅。花序腋生，聚伞圆锥状或聚伞总状。花小，单性异株；苞片披针形，早落；花萼 5 裂，覆瓦状排列，宿存；花瓣 5 枚，开花时顶端常外卷，雌花的花瓣较小；雄蕊 5 枚，生于花盘外侧基部，在雌花中较短，花盘环状、盘状或杯状浅裂；子房基部埋入下凹的花盘中，无柄，1 室，胚珠 1 粒，花柱 3 枚，基部多少合生。核果近球形或侧向压扁，无毛或被微柔毛或刺毛，但不被腺毛，外果皮薄且脆，常具光泽，中果皮厚，白色，蜡质，与内果皮联合，果核骨质。种子有胚乳，胚大。

20 余种，分布于亚洲东部至北美洲和中美洲。中国 15 种，主要分布于长江以南各省区，法定药用植物 2 种。华东地区法定药用植物 2 种。

527. 木蜡树（图 527）• *Toxicodendron sylvestre*（Sieb. et Zucc.）O. Kuntze*（*Rhus sylvestris* Tard.）

图 527　木蜡树

摄影　张芬耀等

【别名】野毛漆（浙江），野漆疮树、山漆树（安徽）。

【形态】落叶乔木。树皮灰褐色；嫩枝和顶芽均被黄褐色绒毛。叶互生，奇数羽状复叶；小叶 7 ～ 13 枚，纸质，卵形、卵状椭圆形或长圆形，长 4 ～ 13cm，宽 2 ～ 5cm，顶端渐尖或急尖，基部偏斜，圆形或阔楔形，全缘，上面中脉被卷曲柔毛，其余被平伏微柔毛，下面密被柔毛或仅脉较密。圆锥花序腋生，长 8 ～ 15cm，密被锈色绒毛；花黄色，花梗长约 1.5mm，被卷曲柔毛；花萼无毛；花瓣长圆形，具暗褐色脉纹，无毛；花盘无毛；子房球形，无毛。核果近球形，压扁，顶端偏斜，外果皮薄，无毛，有光泽，成熟时不裂，果核坚硬。花期 4 ～ 6 月，果期 7 ～ 9 月。

【生境与分布】通常生于山地林中、林缘或山坡灌丛。分布于安徽、江苏、浙江、江西和福建，广布于长江以南各省区；朝鲜、日本也有分布。

【药名与部位】漆树根，根。

【采集加工】全年均可采收，除去杂质，洗净，或切成片，干燥。

【药材性状】呈类圆柱形、圆锥形或不规则的块片状，直径 2 ～ 6cm。表面多呈灰棕色至棕褐色，粗糙，具微突的红棕色斑点状或条状残余栓皮，有纵向皱纹；除去外皮呈灰黄色，光滑。质坚实，断面黄白色至灰黄色。气微，味微苦、涩。

【药材炮制】除去杂质，洗净，切成短段，晒干。

【化学成分】茎和叶含环己烷烃类：木蜡树香堇苷 A（rhusonoside A）[1]；三萜类：10α- 葫芦二烯醇（10α-cucurbitadienol）、黏霉 -5 烯 -3- 醇（glut-5-en-3-ol）、β- 香树脂醇乙酸酯（β-amyrin acetate）、β- 香树脂醇（β-amyrin）、羽扇豆醇（lupeol）、环木菠萝 -24- 烯 -3- 酮（cycloart-24-en-3-one）、环木菠萝 -25- 烯 -3, 24- 二酮（cycloart-25-en-3, 24-dione）和 24- 羟基环木菠萝 -25- 烯 -3- 酮（24-hydroxycycloart-25-en-3-one）[2]；黄酮类：二氢槲皮素（dihydroquercetin）、紫云英苷（astragalin）、金丝桃苷（hyperin）、山奈酚 -3-O- 芸香糖苷（kaempferol-3-O-rutinoside）[1]和 2′- 羟基 -4, 4′- 二甲氧基查耳酮（2′-hydroxy-4, 4′-dimethoxychalcone）[2]；甾体类：β- 谷甾醇（β-sitosterol）[2]。

叶含酚酸酯类：没食子酸甲酯（methyl-3, 4, 5-trihydroxy-benzoate）[3]。

【药理作用】抗骨质疏松 茎叶甲醇提取物中分离纯化的甲基环己烯苷类化合物木蜡树香堇苷 A（rhusonoside A）对 MC3T3-E1 成骨细胞的增殖、碱性磷酸酶（ALP）活性、成骨细胞合成胶原蛋白的能力均有增长作用，当浓度为 10μmol/L 时，各项指标与基础值相比分别上调 155.39%、171.27% 和 134.25%；当浓度为 0.1μmol/L 时，MC3T3-E1 成骨细胞的矿化指标与基础值相比上调 142.78%，其作用呈浓度依赖性[1]。

【性味与归经】辛，温；有毒。归肝、肾、心经。

【功能与主治】活血散瘀，通经止痛。用于跌打瘀肿，气郁闷痛，胸肺受伤，咳血，吐血，经闭腹痛。

【用法与用量】6 ～ 15g；外用适量，捣敷。

【药用标准】广东药材 2011。

【附注】阴虚燥热者及孕妇禁用，对漆过敏者慎用。

本种的叶民间也药用。

毛漆树 *Toxicodendron trichocarpum*（Miq.）O.Kuntze 功效与本种相仿，浙江民间也作木蜡树药用。

【化学参考文献】

[1] Ding Y，Nguyen H E，Bae K，et al. Rhusonoside A，a new megastigmane glycoside from *Rhus sylvestris*，increases the function of osteoblastic MC3T3-E1 cells [J]. Planta Med，2009，75（2）：158.

[2] Ding Y，Nguyen H T，Kim S I. The regulation of inflammatory cytokine secretion in macrophage cell line by the chemical constituents of *Rhus sylvestris* [J]. Bioorg Med Chem Lett，2009，19（13）：3607.

[3] Yuan G Q，Li Q Q，Qin J，et al. Isolation of methyl gallate from *Toxicodendron sylvestre* and its effect on tomato Bacterial Wilt [J]. Plant Dis，2012，96（8）：1143-1147.

【药理参考文献】

［1］Ding Y，Nguyen H T，Choi E M，et al. Rhusonoside A，a new megastigmane glycoside from *Rhus sylvestris*，increases the function of osteoblastic MC3T3-E1 cells［J］. Planta Medica，2009，75（2）：158-162.

528. 漆（图 528）• *Toxicodendron vernicifluum*（Stokes）F. A. Barkl.（*Rhus verniciflua* Stokes）

图 528 漆　　　　　摄影　刘兴剑等

【别名】漆树（浙江），山漆（福建、湖南），大木漆、瞎妮子（山东）。

【形态】落叶乔木，高达 20m。树皮灰白色，通常呈不规则纵裂；小枝粗壮，被棕黄色柔毛，后无毛；顶芽大，被棕黄色绒毛。叶互生，奇数羽状复叶；小叶 9 ～ 15 枚，膜质或薄纸质，卵形、卵状椭圆形或长圆形，长 6 ～ 15cm，宽 3 ～ 7cm，顶端急尖或渐尖，基部偏斜，圆形或阔楔形，全缘，上面无毛或仅沿中脉疏被微柔毛，下面沿脉上被平伏黄色柔毛，稀近无毛；侧脉 10 ～ 15 对。腋生圆锥花序，长15 ～ 30cm；花单性，黄绿色；花萼无毛；花瓣长圆形；雄花的雄蕊长约 2.5mm，花丝与花药等长，在雌花中较短；花萼 5 浅裂，无毛，子房球形，花柱 3 枚。核果扁球形，不偏斜，长 5 ～ 6mm，外果皮黄色，无毛，有光泽，成熟时不裂，果核坚硬。花期 4 ～ 6 月，果期 7 ～ 10 月。

【生境与分布】多生于海拔 500m 以上的向阳山地，也常植于村前屋后及溪沟边。分布于华东各省市，除黑龙江、吉林、内蒙古和新疆外，南北各省区均有分布；印度、朝鲜、日本也有分布。

漆与木蜡树的区别点：漆的小枝、叶轴、叶柄及花序均无毛，小叶柄长 4 ～ 7mm；圆锥花序与叶近等长。木蜡树的小枝、叶轴及花序密被柔毛，小叶近无柄或具短柄；花序长约为叶长的一半。

【药名与部位】干漆，树脂。

【采集加工】多收集盛漆器具底部留下的残渣，干燥。

【药材性状】呈不规则块状，黑褐色或棕褐色，表面粗糙，有蜂窝状细小孔洞或呈颗粒状。质坚硬，不易折断，断面不平坦。具特殊臭气。

【药材炮制】取干漆，置火上烧枯；或砸成小块，置锅中炒至焦枯黑烟尽，取出，放凉。

【化学成分】树脂含倍半萜类：漆烷 A、B、C、D、E（toxicodenane A、B、C、D、E）[1,2]，菊蒿酮 *B（vulgarone B）、（2E, 6R*, 7R*, 9S*, 10S*）- 蛇麻烯 -6, 7, 9, 10- 二环氧化物 ［（2E, 6R*, 7R*, 9S*, 10S*）-humulene-6, 7, 9, 10-diepoxide］、（2E, 6S*, 7S*, 9S*, 10S*）- 蛇麻烯 -6, 7, 9, 10- 二环氧化物 ［（2E, 6S*, 7S*, 9S*, 10S*）-humulene-6, 7, 9, 10-diepoxide］、三环蛇麻二醇（tricyclohumuladiol）、石竹 -1, 9β- 二醇（caryolane-1, 9β-diol）和丁香烷 -2β, 9α- 二醇（clovane-2β, 9α-diol）[2]；酚类：1, 2- 二羟基苯壬酸（1, 2-dihydroxy-benzenenonanoic acid）、1, 2- 二羟基苯癸酸（1, 2-dihydroxy-benzenecapric acid）、1- 羟基苯辛酸甲醚（1-hydroxy-benzeneoctanoic acid methyl ester）、8-（3- 羟苯基）-2-（1- 辛基 -3- 羟苯基）-（2Z）-2- 辛烯醛 ［8-（3-hydroxyphenyl）-2-（1-octyl-3-hydroxyphenyl）-（2Z）-2-octenal］、3-（8'R, 9'R- 二羟基十五烷基）- 苯酚 ［3-（8'R, 9'R-dihydroxypentadecyl）-phenol］、1- ［3, 4- 二羟基 -5-（12'Z）-12- 十七烯 -1- 苯基 ］- 乙酮 {1- ［3, 4-dihydroxy-5-（12'Z）-12-heptadecen-1-phenyl］-ethanone}、2- 羟基 -4-（10'R/S- 羟基十五烯 -8'（Z）- 己烯）苯甲醛 ［2-hydroxy-4-（10'R/S-hydroxypentadec-8'（Z）-enyl）benzaldehyde］[3], 3-（8'Z, 11'E, 13'Z- 十五三烯基）儿茶酚 ［3-（8'Z, 11'E, 13'Z-pentadecatrienyl）catechol］[4], 3- 庚基苯酚（3-heptyl phenol）、3- 十七烷基儿茶酚（3-heptadecyl catechol）、3-（10E）-10- 十五烯 -1- 苯酚 ［3-（10E）-10-pentadecen-1-phenol］、3- ［10'（Z）- 十五烯基 ］苯酚 {3- ［10'（Z）-pentadecenyl］phenol}、［3-（10Z, 13E）-10, 13- 十五二烯 -1 ］-1, 2- 苯二酚 {［3-（10Z, 13E）-10, 13-heptadecadien-1 ］-1, 2-benzenediol}、3-（10Z）-10- 十五烯基 -1, 2- 苯二酚 ［3-（10Z）-10-heptadecenyl-1, 2-benzenediol］和 3, 3'-（8Z）-6- 十六烯 -1, 16- 双酚 ［3, 3'-（8Z）-6-hexadecene-1, 16-bisphenol］[3]。

叶含黄酮类：黄颜木素（fustin）、漆黄素（fisetin）、硫黄菊素（sulfuretin）、紫铆花素（butein）、紫铆亭（butin）、圣草酚（eriodictyol）、水合桑色素（morin hydrate）、槲皮苷（quercetin）、山奈酚（kaempferol）和异甘草素（isoliquiritigenin）[5]。

树干心材含黄酮类：3, 4', 7- 三羟基黄烷酮（3, 4', 7-trihydroxyflavanone），即鹰嘴黄酮 *（garbanzol）、硫黄菊素（sulfuretin）、漆黄素（fisetin）、黄颜木素（fustin）和莫里凯斯素 *（mollisacasidin）[6]。

树皮含黄酮类：硫黄菊素（sulfuretin）、漆黄素（fisetin）、黄颜木素（fustin）、紫铆亭（butin）[7]，2- 苄基 -2, 3', 4', 6- 四羟基苯并 ［b］呋喃 -3（2H）- 酮 {2-benzyl-2, 3', 4', 6-tetrahydroxybenzo ［b］ furan-3（2H）-one}、（+）-（2S, 3R）- 黄颜木素 ［（+）-（2S, 3R）-fustin］、（+）- 表花旗松素 ［（+）-epitaxifolin］、紫铆花素（butein）[8]和（αR）-α, 3, 4, 2', 4'- 五羟基二氢查耳酮 ［（αR）-α, 3, 4, 2', 4'-pentahydroxydihydrochalcone］[9]；酚及酚酸类：没食子酸甲酯（methyl gallate）[7], 漆多酚 *G、H、I（rhusopolyphenol G、H、I）[8], 漆多酚 *A、B、C、D、E、F（rhusopolyphenol A、B、C、D、E、F）、（2R, 3S, 10S）-7, 8, 9, 13- 四羟基 -2-（3, 4- 二羟基苯基）-2, 3- 反式 -3, 4- 顺式 -2, 3, 10- 三氢苯并吡喃 ［3, 4-c］-2- 苯并吡喃 -1- 酮 {（2R, 3S, 10S）-7, 8, 9, 13-tetrahydroxy-2-（3, 4-dihydroxyphenyl）-2, 3-trans-3, 4-cis-2, 3, 10-trihydrobenzopyrano ［3, 4-c］-2-benzopyran-1-one} 和豌豆多酚 C（peapolyphenol C）[9]。

木材含黄酮类：黄颜木素（fustin）、3, 4′, 7- 三羟基二氢黄酮醇（3, 4′, 7-trihydroxy-flavanonol）、漆黄素（fisetin）、硫黄菊素（sulfuretin）、紫铆花素（butin）和 3, 7- 二羟基黄酮醇 -4′- 鼠李糖苷（3, 7-dihydroxy flavanone-4′-rhamnose）[10]；酚酸及酯类：对乙氧基 -3- 羟基苯甲酸（p-ethoxy-3-hydroxy benzoic acid）、没食子酸（gallic acid）、3, 4- 二羟基杏仁酸（3, 4-dihydroxy almond acid）、没食子酸十六烷酯（ceryl gallate）、原儿茶酸（protocatechuic acid）和没食子酸乙酯（ethyl gallate）[10]。

树干含酚酸类：没食子酸（gallic acid）、原儿茶酸（protocatechuic acid）、1, 2, 3, 6- 四 -O- 没食子酰 -β-D- 葡萄糖（1, 2, 3, 6-tetra-O-galloyl-β-D-glucose）、1, 2, 3, 4, 6- 五 -O- 没食子酰 -β-D- 葡萄糖（1, 2, 3, 4, 6-penta-O-galloyl-β-D-glucose）和 2- 苯甲基 -2, 6, 3′, 4′- 四羟基香豆满 -3- 酮［2-benzyl-2, 6, 3′, 4′-tetrahydroxycoumaran-3-one］[11]；黄酮类：（－）- 黄颜木素［（－）-fustin］、（＋）- 花旗松素［（＋）-taxifolin］、3, 4′, 7- 三羟基黄烷酮（3, 4′, 7-trihydroxyflavanone），即（－）- 鹰嘴黄酮*［（－）-garbanzol］、（－）- 表黄颜木素［（－）-epifustin］、（－）- 黄颜木素 -3-O- 没食子酸酯［（－）-fustin-3-O-gallate］、（－）- 表黄颜木素 -3-O- 没食子酸酯［（－）-epifustin-3-O-gallate］、漆黄素（fisetin）、硫黄菊素（sulfuretin）、紫铆花素（butin）、槲皮苷（quercetin）、（－）- 非瑟酮醇 -4β- 醇［（－）-fisetinidol-4β-ol］和（－）- 非瑟酮醇 -4α- 醇［（－）-fisetinidol-4α-ol］[11]。

【药理作用】1. 抗肿瘤　茎中分离纯化的紫铆因，即紫铆酮（butein）可抑制乳腺癌细胞的克隆生长，其作用机理可能与干预人体乳腺癌 UACC- 812 细胞和纤维细胞相互作用有关[1]；树枝三氯甲烷 – 甲醇提取物（RCMF）能选择性地抑制转移肝细胞（BNL SV A.8）的生长，并诱导其凋亡，其作用机理可能与 RCMF 降低 BNL SV A.8 细胞的锰超氧化物歧化酶（MnSOD）的活性和细胞内谷胱甘肽（GSH）水平有关，黄酮为活性部位[2]，并在 100μg/ml 浓度下能使 B 人体淋巴瘤细胞从 802.11cpm 降至 48.06cpm，其主要机理是树枝的三氯甲烷 – 甲醇提取物能使细胞的循环周期停在 G_0/G_1 期或 G_2/M 期，而不是直接损伤肿瘤细胞的 DNA，从而有效抑制人体淋巴瘤细胞的增殖[3]；80% 乙醇提取物是通过抑制 PI3K-Akt/PKB 通路，激活胃癌 AGS 细胞凋亡信号通路，活化 Caspase 和 Bax 蛋白、抑制 Bcl-2 蛋白表达、释放细胞色素 c 而发挥抗肿瘤作用[4]。2. 抗炎　树皮中提取的酚类成分（PRF）具有抗炎作用，其作用机理是通过有效抑制氨基末端激酶（JNK）磷酸化与转录因子（NF-κB）的信号通路抑制脂多糖（LPS）诱导巨噬细胞 RAW 264.7 的炎症反应[5]；分离纯化的活性成分非瑟酮，即漆黄素（fisetin）通过降低血管通透性、白细胞迁移及提高细胞免疫力而显示抗炎作用，并能降低胶原诱导关节炎模型的炎症发生率与损害率[6]；心材中分离纯化的硫黄菊素（sulfuretin）能增强血红素加氧酶（HO）- 1 表达，抑制脂多糖诱导小鼠腹膜巨噬细胞 RAW 264.7 的一氧化氮（NO）、前列腺素 E_2（PGE_2）、肿瘤坏死因子 -α（TNF-α）和白细胞介素 -1β（IL-1β）的产生，达到抗炎作用[7]。3. 改善心血管　树脂能减少心肌缺血再灌注（I/R）损伤大鼠心肌坏死危险区域面积，并能明显降低心肌细胞 rock1 和 rock2 的表达[8]；心材的水提取及分离纯化的非瑟酮通过改善血液循环，抑制血管平滑肌 Ca^{2+} 通路，从而抑制大鼠主动脉血管平滑肌收缩[9]；树脂中分离纯化的 3-（8′R, 9′R- 二羟基 - 十五烷基苯酚［3-（8′R, 9′R-dihydroxypentadecyl）-phenol］能抑制二磷酸腺苷钠盐（ADP）诱导的血小板聚集，半数抑制浓度（IC_{50}）为（5.12 ± 0.85）μmol/L，1-［3, 4- 二羟基 -5-（12′Z）-12- 十七碳烯 -1- 苯基］乙酮 {1-［3, 4-dihydroxy-5-（12′Z）-12-heptadecen-1-ylphenyl］-ethanone} 能抑制花生四烯酸（AA）诱导的血小板聚集，半数抑制浓度为（3.09 ± 0.70）μmol/L[10]。4. 抗菌和病毒　树脂中提取的漆酚二聚体至四聚体能迅速促进小鼠体内幽门螺杆菌（Helicobacter pylori）菌株内的细胞膜分裂与细胞溶解，并降低或根除胃组织内的白细胞介素 -1β 表达[11]；树皮 80% 甲醇提取物中分离纯化的非瑟酮具有明显的抗传染性造血器官坏死病毒（IHNV）和病毒性出血性败血症病毒（VHSV）的作用，半数有效浓度（EC_{50}）分别为 27.1μmol/L 和 33.3μmol/L，黄颜木素（fustin）和硫黄菊素也有一定的抗传染性造血器官坏死病毒和病毒性出血性败血症病毒的作用[12]。5. 降血脂和血糖　果实中提取的糖蛋白具有调节转录因子与催化蛋白 -1 的转录因子水平，降低氚核华氏 -1339（Triton WR-1339）诱导高血脂模型小鼠的总胆固醇（TC）、甘油三酯（TG）、低密度脂蛋白（LDL）和一氧化氮产物，升高高密度脂蛋白

（HDL）和提高 3- 羟基 -3- 甲基辅酶 A（HMG-CoA）还原酶活性与硫代巴比妥酸反应物（TBARS）活性，同时增强过氧化氢酶（CAT）、超氧化物歧化酶（SOD）、谷胱甘肽过氧化物酶（GPx）的活性[13]；分离纯化的紫铆因通过抑制细胞因子诱导一氧化氮产物形成、一氧化氮合酶诱导蛋白质表达、转录因子及胰岛素分泌，保护胰腺 β 细胞，从而阻止 I 型糖尿病发展[14]。6. 护肝　果实中提取的糖蛋白对四氯化碳诱导小鼠的肝损伤具有保护作用，可能与其清除自由基能力有关[15]；树枝三氯甲烷 - 甲醇提取物（RCMF）对黄曲霉毒素 B₁诱导的小鼠肝损伤具有保护作用，机理与抗氧化及黄曲霉毒素 B₁和谷胱甘肽（AFB₁-GSH）形成共轭化合物有关[16]；木材水提物对瘀胆型肝硬化大鼠具有治疗作用，主要通过下调肝组织 Smad3、上调组织 Smad7，从而抑制肝纤维化[17]。7. 神经保护　树皮水提物在 mRNA 与蛋白质水平上，能明显调节大鼠大脑与人体多巴胺 SH- SY5Y 细胞的脑源性神经营养因子（BDNF）和神经胶质细胞源性的神经营养因子（GDNF）基因表达，具有神经调节和神经保护的作用[18]；叶 70% 甲醇提取物对鱼藤酮诱导的帕金森病 SH-SY5Y 细胞具有保护作用[19]。8. 抗氧化　树枝的乙醇提取物具有清除羟自由基和 1, 1- 二苯基 -2- 三硝基苯肼自由基（DPPH）的作用[20]。

【性味与归经】辛，温；有毒。归肝、脾经。

【功能与主治】破瘀血，消积，杀虫。用于妇女闭经，瘀血癥瘕，虫积腹痛。

【用法与用量】2 ～ 5g。

【药用标准】药典 1963、药典 1990—2015、浙江炮规 2015、四川药材 1987、新疆药品 1980 二册、贵州药材 1988 和内蒙古药材 1988。

【临床参考】1. 血栓闭塞性脉管炎：干燥树脂 10g，加三棱、莪术、地龙、元胡、川楝子、川芎、生甘草各 12g，当归、红花各 15g，水煎服，每日 1 剂，3 个月 1 疗程[1]。

2. 肝硬化：干燥树脂 20g（炒至烟尽），加生三七 25g，研筛成细粉，分 21 包，每次 1 包，每日 3 次，连服 5 天，鸡屎白 100g，瓦上焙干炒黄，加水 500ml，煮 1 沸，加入米酒 100ml，白糖 30g，再煮 2 沸，去渣滤过，澄清，取汁，1 天分 3 次服（兼吞服药粉），连服 7 天[1]。

3. 肠易激综合征：干燥树脂 2g，加马钱子 2g、玄明粉 2g、郁金 4g、炒枳壳 12g、白及 1g、酒大黄 3g、青黛 6g，共为细末，每次 5g，加生理盐水 100ml，保留灌肠[1]。

4. 臌胀：干燥树脂 200g，加漆粉 200g、鸡骨草 200g、丹参 1000g、谷芽 1000g、莪术 500g、山药粉 500g，干燥树脂炒至无烟，放冷研细过筛合条药制成丸剂，每丸重 10g，每次服 1 ～ 2 丸，每天 3 次[1]。

【附注】以干漆之名始载于《神农本草经》。《名医别录》云："生汉中川谷，夏至后采，干之。"《蜀本草》云："树高二丈余，皮白，叶似椿檞，皮似槐花，花、子若牛李，木心黄。六月、七月刻取滋汁，出金州者最善也。"《本草图经》云："干漆、生漆出汉中川谷，今蜀、汉、金、峡、襄、歙州皆有之。木高三二丈，皮白，叶似椿，花似槐，子若牛李，木心黄，六月、七月以竹简钉入木中取汁。"《本草纲目》载:"漆树人多种之，春分前移栽易成，有利。其身如柿，其叶如椿。以金州者为佳，故世称金漆。"综上所述，历代本草所载的干漆，均为本种。

对漆过敏、体虚无瘀滞者及孕妇禁服。

本种的种子、叶、根、树皮或心材民间均入药。

【化学参考文献】

［1］He J B, Luo J, Zhang L, et al. Sesquiterpenoids with new carbon skeletons from the resin of *Toxicodendron vernicifluum* as new types of extracellular matrix inhibitors［J］. Org Lett, 2013, 15（14）: 3602-3605.

［2］He J, Lu Q, Cheng Y. Two new sesquiterpenes from the resin of *Toxicodendron vernicifluum*［J］. Helv Chim Acta, 2015, 98（7）: 1004-1008.

［3］Xie Y, Jie Z, Liu W, et al. New urushiols with platelet aggregation inhibitory activities from resin of *Toxicodendron vernicifluum*［J］. Fitoterapia, 2016, 112: 38-44.

［4］贺潜，郑杰，田云刚，等 . 生漆中 C₁₅三烯漆酚的分离制备［J］. 吉首大学学报（自科版），2016，37（5）: 42-44.

［5］Cho N，Choi J H，Yang H，et al. Neuroprotective and anti-inflammatory effects of flavonoids isolated from *Rhus verniciflua* in neuronal HT22 and microglial BV2 cell lines［J］. Food Chem Toxicol，2012，50（6）：1940-1945.

［6］Park K Y，Jung G O，Lee K T，et al. Antimutagenic activity of flavonoids from the heartwood of *Rhus verniciflua*［J］. J Ethnopharmacol，2004，90（1）：73-79.

［7］Kang S Y，Kang J Y，Oh M J. Antiviral activities of flavonoids isolated from the bark of *Rhus verniciflua* stokes against fish pathogenic viruses *in vitro*［J］. J Microbiol，2012，50（2）：293-300.

［8］Kim K H，Moon E，Choi S U，et al. Identification of cytotoxic and anti-inflammatory constituents from the bark of *Toxicodendron vernicifluum*（Stokes）F. A. Barkley［J］. J Ethnopharmacol，2015，162：231-237.

［9］Kim K H，Moon E，Choi S U，et al. Polyphenols from the bark of *Rhus verniciflua* and their biological evaluation on antitumor and anti-inflammatory activities［J］. Phytochemistry，2013，92（4）：113-121.

［10］陈虹霞，王成章，周昊，等. 漆树木粉抗氧化活性成分的 HPLC-MS 分析［J］. 林产化学与工业，2017，37（1）：94-100.

［11］Hashida K，Tabata M，Kuroda K，et al. Phenolic extractives in the trunk of *Toxicodendron vernicifluum*：chemical characteristics，contents and radial distribution［J］. J Wood Sci，2014，60（2）：160-168.

【药理参考文献】

［1］Samoszuk M，Tan J，Chorn G. The chalcone butein from *Rhus verniciflua* Stokes inhibits clonogenic growth of human breast cancer cells co-cultured with fibroblasts［J］. BMC Complementary & Alternative Medicine，2005，5（5）：1-5.

［2］Son Y O，Lee K Y，Lee J C，et al. Selective antiproliferative and apoptotic effects of flavonoids purified from *Rhus verniciflua* Stokes on normal versus transformed hepatic cell lines［J］. Toxicology Letters，2005，155：115-125.

［3］Lee J C，Lee K Y，Kim J，et al. Extract from *Rhus verniciflua* Stokes is capable of inhibiting the growth of human lymphoma cells［J］. Food & Chemical Toxicology，2004，42：1383-1388.

［4］Kim J H，Go H Y，Jin D H，et al. Inhibition of the PI3K-Akt/PKB survival pathway enhanced an ethanol extract of *Rhus verniciflua* Stokes——induced apoptosis via a mitochondrial pathway in AGS gastric cancer cell lines［J］. Cancer Letters，2008，265（2）：197-205.

［5］Jung C H，Kim J H，Hong M H，et al. Phenolic-rich fraction from *Rhus verniciflua* Stokes（RVS）suppress inflammatory response via NF-κB and JNK pathway in lipopolysaccharide-induced RAW 264.7 macrophages［J］. Journal of Ethnopharmacology，2007，110（3）：490-497.

［6］Lee J D，Huh J E，Jeon G，et al. Flavonol-rich RVHxR from *Rhus verniciflua* Stokes and its major compound fisetin inhibits inflammation-related cytokines and angiogenic factor in rheumatoid arthritic fibroblast-like synovial cells and *in vivo* models［J］. International Immunopharmacology，2009，9（3）：268-276.

［7］Lee D S，Jeong G S，Li B，et al. Anti-inflammatory effects of sulfuretin from *Rhus verniciflua* Stokes via the induction of heme oxygenase-1 expression in murine macrophages［J］. International Immunopharmacology，2010，10（8）：850-858.

［8］赵震，石月萍，唐莎莎. 干漆对大鼠心肌缺血再灌注损伤保护作用的实验研究［J］. 解放军预防医学杂志，2017，35（1）：42-43.

［9］Park J M，Lee J H，Na C S，et al. Heartwood extract of *Rhus verniciflua* Stokes and its active constituent fisetin attenuate vasoconstriction through calcium-dependent mechanism in rat aorta［J］. Journal of the Agricultural Chemical Society of Japan，2015，80（3）：493-500.

［10］Xie Y，Zhang J，Liu W，et al. New urushiols with platelet aggregation inhibitory activities from resin of *Toxicodendron vernicifluum*［J］. Fitoterapia，2016，112：38-44.

［11］Suk K T，Baik S K，Kim H S，et al. Antibacterial effects of the urushiol component in the sap of the lacquer tree（*Rhus verniciflua* Stokes）on *Helicobacter pylori*［J］. Helicobacter，2011，16（6）：434-443.

［12］Kang S Y，Kang J Y，Oh M J. Antiviral activities of flavonoids isolated from the bark of *Rhus verniciflua* stokes against fish pathogenic viruses *in vitro*［J］. Journal of Microbiology，2012，50（2）：293-300.

［13］Oh P S，Lee S J，Lim K T. Hypolipidemic and antioxidative effects of the plant glycoprotein（36kDa）from *Rhus verniciflua* stokes fruit in Triton WR-1339-induced hyperlipidemic mice［J］. Journal of the Agricultural Chemical Society of Japan，2006，70（2）：447-456.

［14］Jeong G S，Lee D S，Song M Y，et al. Butein from *Rhus verniciflua* protects pancreatic β cells against cytokine-induced toxicity mediated by inhibition of nitric oxide formation［J］. Biological & Pharmaceutical Bulletin，2011，34（1）：97-102.

［15］Ko J H，Lee S J，Lim K T. *Rhus verniciflua* Stokes glycoprotein（36kDa）has protective activity on carbon tetrachloride-induced liver injury in mice［J］. Environ Toxicol Pharmacol，2006，22：8-14.

［16］Choi K C，Chung W T，Kwon J K，et al. Chemoprevention of a flavonoid fraction from *Rhus verniciflua* Stokes on aflatoxin B1-induced hepatic damage in mice［J］. Journal of Applied Toxicology Jat，2011，31（2）：150-156.

［17］Gil M N，Choi D R，Yu K S，et al. *Rhus verniciflua* Stokes attenuates cholestatic liver cirrhosis-induced interstitial fibrosis via Smad3 down-regulation and Smad7 up-regulation［J］. Anatomy & Cell Biology，2016，49（3）：189-198.

［18］Sapkota K，Kim S，Kim M K，et al. A detoxified extract of *Rhus verniciflua* stokes upregulated the expression of BDNF and GDNF in the rat brain and the human dopaminergic cell line SH-SY5Y［J］. Biosci Biotechnol Biochem，2010，74（10）：1997-2004.

［19］Kim S，Park S E，Sapkota K，et al. Leaf extract of *Rhus verniciflua* Stokes protects dopaminergic neuronal cells in a rotenone model of Parkinson's disease［J］. Journal of Pharmacy & Pharmacology，2011，63（10）：1358-1367.

［20］Lim K T，Hu C，Kitts D D. Antioxidant activity of a *Rhus verniciflua* Stokes ethanol extract［J］. Food & Chemical Toxicology，2001，39（3）：229-237.

【临床参考文献】

［1］金莲花.中药干漆的药理作用及临床应用［J］.现代医药卫生，2007，23（16）：2467-2468.

五六　冬青科 Aquifoliaceae

乔木或灌木，通常常绿，少落叶。幼枝常具棱沟，顶芽小。单叶，互生，稀对生，托叶小或缺如。花小，辐射对称，单性，雌雄异株，稀两性，排成腋生聚伞花序或簇生，稀为总状花序，少单生；花萼杯状或碟状，3～6裂，通常4裂，裂片覆瓦状排列；花冠辐射状，花瓣4～5枚，基部常合生，稀分离，雄蕊与花瓣同数而互生，常着生于花瓣基部，花丝短，花药2室，内向，无花盘；子房上位，2至多室，胚珠每室1～2粒，花柱短或缺；雄花中常具退化雌蕊；雌花中有退化雄蕊。核果具2至多个分核，稀合生为1个分核。种子每分核1粒，胚小，胚乳丰富。

2属，400多种，分布于热带和温带地区，主要在亚洲和美洲。中国仅1属，约204种，分布于秦岭以南各省区，法定药用植物1属，11种1变型。华东地区法定药用植物1属，7种。

冬青科法定药用植物主要含皂苷类、黄酮类等成分。皂苷类包括熊果烷型、齐墩果烷型、羽扇豆烷型，如2α，3β，19α，23-四羟基熊果-12-烯-28酸（2α，3β，19α，23-tetrahydroxyurs-12-ene-28-oic acid）、羽扇豆醇（lupeol）等；黄酮类包括黄酮、黄酮醇等，如山奈酚（kaempferol）、槲皮素（quercetin）、芹菜素（apigenin）等。

1. 冬青属 *Ilex* Linn.

乔木或灌木，多为常绿，少数落叶。叶片常革质而有光泽，全缘或有锯齿，有时锯齿延伸成刺，托叶常宿存。花序单生或簇生，有时为单生花；花萼小，宿存；花瓣白色、淡红色或紫色；雄蕊约与花瓣等长，花药长圆形或卵形；子房4至多室；柱头盘状、头状、乳突状或柱状，浅裂。核果呈浆果状，有宿存花萼及柱头，分核有多种雕纹；内果皮革质、木质或骨质。

400多种，主要分布于亚、美两洲热带和亚热带地区以及太平洋岛屿，少数分布于欧洲、非洲及大洋洲。中国约140种，分布于长江流域以南各省区，少数至长江以北，最北至秦岭南坡，法定药用植物11种1变型。华东地区法定药用植物7种。

分种检索表

1. 落叶灌木；当年生枝条疏生白色圆形的皮孔；叶片纸质·····秤星树 *I. asprella*
1. 常绿乔木或灌木；当年生枝条无显著皮孔；叶片通常革质。
　2. 雌花序单生或雌花单生，不为腋生的簇生花序。
　　3. 叶片全缘·····铁冬青 *I. rotunda*
　　3. 叶片边缘具锯齿。
　　　4. 雌花序有花3～5朵·····冬青 *I. chinensis*
　　　4. 雌花序通常退化而仅存1朵花·····具柄冬青 *I. pedunculosa*
　2. 雌花序或雄花序均为腋生的簇生花序。
　　5. 叶片四方长圆形，先端具刺3枚，稀全缘而先端有刺1枚·····枸骨 *I. cornuta*
　　5. 叶片非如上述形状。
　　　6. 叶片大，长8～28cm，厚革质，两面无毛·····大叶冬青 *I. latifolia*
　　　6. 叶片小，长2～6.5cm，膜质或纸质，两面被粗毛或短柔毛·····毛冬青 *I. pubescens*

529. 秤星树（图 529）· *Ilex asprella*（Hook. et Arn.）Champ. ex Benth.

图 529　秤星树　　　　　　　　　　摄影　张芬耀

　　【别名】梅叶冬青（浙江），岗梅。

　　【形态】落叶灌木，高达 3m。分枝多，有短枝；幼枝栗紫色或灰紫色，无毛，疏生白色圆形的皮孔，老枝皮孔更密。叶在长枝上互生，在短枝上簇生；叶膜质，卵形、卵状椭圆形或椭圆形，稀倒卵状椭圆形，长 3～7cm，宽 1～3cm，顶端渐尖或长渐尖，基部钝或楔形，边缘有细钝齿，有时波状，上面密生小刺毛或几无毛，常留下毛基之小突点，下面无毛，中脉上面平坦，网脉不明显；叶柄长 3～8mm，无毛。雄花 1～3 朵簇生于叶腋，花 4 或 5 数，花梗长约 5mm，无毛；雌花单生，花梗细长，最长达 3cm。果球形，直径 5～7mm，成熟时黑色；宿存柱头头状；分核 4～6 个，骨质，背面有网状条纹和槽，侧面平滑。花期 3～5 月，果期 7 月。

　　【生境与分布】生于常绿阔叶林中或灌丛中。分布于浙江、江西、福建，另台湾、湖南、广东、广西均有分布；菲律宾也有分布。

　　【药名与部位】岗梅（岗梅根），根及茎。

　　【采集加工】全年均可采挖，洗净，切片、段或劈成小块，晒干。

　　【药材性状】为类圆形片、段或类长方形块，直径 1.5～5cm。根表面浅棕褐色、灰黄棕色或灰黄白色，稍粗糙，有细纵皱纹、细根痕及皮孔。茎表面灰棕色或棕褐色，散有多数灰白色的类圆形点状皮孔。外皮薄，可剥落，剥去外皮处显灰白色或灰黄色，可见较密的点状或短条状突起。质坚硬，不易折断，断面黄白色或淡黄白色，有的略显淡蓝色，有放射状及不规则纹理。气微，味微苦而后甘。

【药材炮制】除去枝、叶及杂质，整理洁净，大块者劈成小片段。

【化学成分】根含皂苷类：秤星树醇 *A、B、C（asprellol A、B、C）、2, 6β- 二羟基 -3- 氧化 -11α, 12α- 环氧基 -24- 降熊果烷 -1, 4- 二烯 -28, 13β- 内酯（2, 6β-dihydroxy-3-oxo-11α, 12α-epoxy-24-norursa-1, 4-dien-28, 13β-olide）[1]、3β- 羟基 -27-（E）- 咖啡酰基 -12- 烯 -28- 熊果酸甲酯［methyl 3β-hydroxy-27-（E）-caffeoyloxyurs-12-en-28-oate］、3β- 羟基 -27-（E）- 香豆酰氧 -12- 烯 -28- 齐墩果酸甲酯［methyl 3β-hydroxy-27-（E）-coumaroyloxyolean-12-en-28-oate］、3β- 羟 基 -27-（E）- 阿魏酰氧坡模酸甲酯［methyl 3β-hydroxy-27-（E）-feruloyloxy pomolate］、11α, 12α- 环氧基 -3β, 6β- 二羟基 -24- 去甲熊果 -2- 氧化 -（28 → 13）- 内酯［11α, 12α-epoxy-3β, 6β-dihydroxy-24-norurs-2-oxo-（28 → 13）-olide］、冬青素 B-3β-O-D- 葡萄糖醛酸甲酯（ilexgenin B-3β-O-D-glucuronic acid methyl ester）、秤星树酸甲（asprellic acid A）、甲基 -27- 咖啡酰氧齐墩果酸酯（methyl-27-caffeoyloxyoleanolate）、熊果 -12- 烯 -3β, 28- 二醇 -3- 乙酸酯（urs-12-ene-3β, 28-diol-3-acetate）、杜仲醇（ulmoidol）、大叶冬青醇 B（ilelatifol B）、苦丁茶冬青醇 A、B（ilekudinol A、B）、坡模酸（pomolic acid）、2α, 3β- 二羟基 -23- 去甲 -4（24）, 12（13）- 二烯 -28- 齐墩果酸［2α, 3β-dihydroxy-23-norolean-4（24）, 12（13）-dien-28-oic acid］、铁冬青酸（rotundic acid）、毛花猕猴桃酸 B（eriantic acid B）、23- 羟基熊果酸（23-hydroxyursolic acid）、冬青素 B（ilexgenin B）、栀子皂苷 *B（gardeniside B）、3β-［（α-L- 吡喃阿拉伯糖）氧基］-19α- 羟基齐墩果 -12- 烯 -28- 酸 {3β-［（α-L-arabinopyranosyl）oxy］-19α-hydroxyolean-12-en-28-oic acid}、28-O-β-D- 吡喃葡萄糖坡模酸（28-O-β-D-glucopyranosyl pomolic acid）、长圆冬青苷 H（oblonganoside H）、地榆皂苷 I（ziyu-glycoside I）、19α, 23- 二羟基 -12- 烯 -28- 熊果酸 -3β-O-β-D- 吡喃葡萄糖苷 -6-O- 甲醚（19α, 23-dihydroxyurs-12-en-28-oic acid-3β-O-β-D-glucuronopyranoside-6-O-methyl ester）、苦丁茶苷 A（cornutaside A）、熊果酸（ursolic acid）[2]、3-O-α-L- 吡喃阿拉伯糖基 -19α- 羟基熊果酸（3-O-α-L-arabinopyranosyl-19α-hydroxy-ursolic acid）、毛冬青酸（ilexolic acid）[3]、熊果醇乙酸酯（uvaol acetate）、28- 去甲 -19βH, 20αH-12, 17- 二烯 -3- 熊果醇（28-nor-19βH, 20αH-ursa-12, 17-dien-3-ol）、山黄皮酸 *B（randialic acid B）、3-O-β-D- 吡喃木糖 -3β-O-28- 去甲 -12, 17（18）- 二烯熊果烷［3-O-β-D-xylopyranosyl-3β-O-28-nor-12, 17（18）-dien ursane］、岗梅苷 H（ilexasprellanoside H）、冬青苷 B（ilexoside B）、19- 去氢熊果酸（19-dehydrouraolic acid）[4], 冬青素 A（ilexgenin A）[5]、秤星树皂苷 *A、B（asprellanoside A、B）、长圆冬青苷 I（oblonganoside I）、毛冬青皂苷 A₁、B₂（ilexsaponin A₁、B₂）、冬青苷 I（ilexside I）[6], 秤星树皂苷 *C、D、E（asprellanosides C、D、E）[7]，（3β）-19- 羟基 -28- 氧化熊果 -12- 烯 -3- 基 -β-D- 吡喃葡萄糖醛酸正丁酯［（3β）-19-hydroxy-28-oxours-12-en-3-yl-β-D-glucuronopyranosyl n-butyl ester］、秤星树苷 *A（ilexasoside A）、冬青苷 A（ilexoside A）[8], 3-O-β-D- 吡喃木糖 -3- 羟基熊果 -12, 18（19）- 二烯 -28- 酸 -28-β-D- 吡喃葡萄糖酯［3-O-β-D-xylopyranosyl-3-hydroxyurs-12, 18（19）-dien-28-oic acid-28-β-D-glucopyranosyl ester］、冬青苷 XXIX（ilexoside XXIX）、刺参苷 F（monepaloside F）、长圆冬青苷 B（oblonganoside B）和毛冬青皂苷 B（ilexsaponin B）[9]；木脂素类：丁香脂素（syringaresinol）、丁香脂素 -O-β-D- 吡喃葡萄糖苷（syringaresinol-O-β-D-glucopyranoside）、（+）-1- 羟基松脂醇 -1-O-β-D- 吡喃葡萄糖苷［（+）-1-hydroxypinoresinol-1-O-β-D-glucopyranoside］、（7S, 8R）- 二氢去氢二松柏醇 -9'-β-D- 吡喃葡萄糖苷［（7S, 8R）-dihydrodehydrodiconiferyl alcohol-9'-β-D-glucopyranoside］和（+）- 法辛脂醇 *-1-O-β-D- 吡喃葡萄糖苷［（+）-faxinresinol-1-O-β-D-glucopyranoside］[6]；酚酸及酯类：原儿茶酸（protocatechuic acid）[3], 咖啡酸（caffeic acid）、咖啡酸甲酯（methyl caffeate）、绿原酸（chlorogenic acid）、隐绿原酸（cryptochlorogenic acid）和 3, 5-O- 二咖啡酰奎宁酸甲酯（methyl 3, 5-O-dicaffeoyl quinate）[10]；甾体类：β- 谷甾醇（β-sitosterol）、胡萝卜苷（daucosterol）[3]、赪酮甾醇（clerosterol）和赪酮甾醇 -3-O-β-D- 葡萄糖苷（clerosterol-3-O-β-D-glucoside）[4]；醛类：松柏醛（coniferylaldehyde）[3] 和丁香醛（syringaldehyde）[10]。

叶含皂苷类：秤星树酸甲、乙、丙（asprellic acid A、B、C）[11]、3β, 19α- 二羟基熊果 -12- 烯 -23,

28- 二羧酸（3β, 19α-dihydroxyurs-12-en-23, 28-dioic acid）、即救必应皂酸*（rotundioic acid）、2α, 3β, 19α- 三羟基熊果 -12- 烯 -23, 28- 二羧酸（2α, 3β, 19α-trihydroxyurs-12-en-23, 28-dioic acid）和 2α, 3β, 19α- 三羟基齐墩果 -12- 烯 -23, 28- 二羧酸（2α, 3β, 19α-trihydroxyolean-12-en-23, 28-dioic acid）[12]；黄酮类：山柰酚（kaempferol）和山柰酚 -3-O-β-D- 葡萄糖苷（kaempferol-3-O-β-D-glucoside）[12]；甾体类：β- 谷甾醇（β-sitosterol）和胡萝卜苷（daucosterol）[12]；酚酸类：2, 3- 二羟基苯甲酸（2, 3-dihydroxy benzoic acid）[12]。

茎含木脂素类：柳叶绣线菊新木脂醇（salicifoneoliganol）、rel-（7R, 8S）-3, 3′, 5- 三甲氧基 -4′, 7- 环氧 -8, 5′- 新木脂素 -4, 9, 9′- 三醇 -9-β-D- 吡喃葡萄糖苷［rel-（7R, 8S）-3, 3′, 5-trimethoxy-4′, 7-epoxy-8, 5′-neolignan-4, 9, 9′-triol-9-β-D-glucopyranoside］、（+）- 环橄榄树脂素［（+）-cyclooliliv］、（+）- 丁香树脂酚 -4′-O-β-D- 单葡萄糖苷［（+）-syringaresinol-4′-O-β-D-monoglucoside］和鹅掌楸苦素（liriodendrin）[13]；香豆素类：秦皮乙素（aeculetin）[13]；酚酸及酯类：咖啡酸（caffeic acid）、3, 4- 二羟基 -5- 甲氧基苯甲醛（3, 4-dihydroxy-5-methoxy-benzaldehyde）、1, 2, 4- 苯三酚（benzene-l, 2, 4-triol）、3, 4, 5- 三甲氧基苯基 -1-O-β-D- 呋喃芹菜糖 -（1″ → 6′）- 吡喃葡萄糖苷［3, 4, 5-trimethoxyphenyl-1-O-β-D-apiofuranosyl-（1″ → 6′）-glucopyranoside］、隐绿原酸乙酯（ethyl cryptochlorogenate）和绿原酸乙酯（ethyl chlorogenate）[13]。

【药理作用】 1. 抗补体　根中分离纯化的熊果烷和齐墩果烷型三萜类化合物 3β- 羟基 -27-（E）- 咖啡酰基 -12- 烯 -28- 熊果酸 - 甲酯［3β-hydroxy-27-（E）-caffeoyloxyurs-12-en-28-oic acid-methyl ester］、秤星树酸甲（asprellic acid A）、3β- 羟基 -27-（E）- 香豆酰氧 -12- 烯 -28- 齐墩果酸 - 甲酯［3β-hydroxy-27-（E）-coumaroyloxyolean-12-en-28-oic acid-methyl ester］、3β- 羟基 -27-（E）- 阿魏酰氧 - 坡模醇酸 - 甲酯［3β-hydroxy-27-（E）-feruloyloxy pomolic acid-methyl ester］和甲基 -27- 咖啡酰氧齐墩果酸酯（methyl-27-caffeoyloxyoleanolate）对补体经典途径和旁路途径均有较强的抑制作用，其 CH_{50} 和 AP_{50} 分别为 0.058 ~ 0.131mg/ml 和 0.080 ~ 0.444mg/ml，其中带咖啡酰基的前二者活性最强[1]。2. 抗炎　根水提物能明显抑制二甲苯所致小鼠的耳廓肿胀和角叉菜胶所致大鼠的足跖肿胀及炎性组织中前列腺素 E_2（PGE_2）的生成，减少大鼠棉球肉芽肿的形成，同时能明显抑制乙酸所致小鼠的毛细血管通透性增高[2]。3. 抗病毒　根水提物具有体内外抗流感病毒的作用，在体外对流感病毒引起的人喉癌 Hep-2 细胞病变有明显的抑制作用，其半数抑制浓度（IC_{50}）为 88.2μg/ml，治疗指数（TI）为 5.82[3]，在体内可明显降低流感病毒亚甲型鼠肺适应株（FM1）[3]、H9N2 亚型禽流感病毒[4] 滴鼻感染小鼠的肺指数，延长存活时间；此外，茎水提物也有一定的体外抗呼吸道病毒作用，但作用弱于根水提物，在无毒浓度下，根水提物能抑制流感病毒 FM1 株、腺病毒 3 型、合胞病毒 RSV 和副流感 3 型病毒，而茎的水提物仅能抑制腺病毒 3 型及呼吸道合胞病毒 RSV[5]；根中分离纯化的秤星树皂苷 A*（asprellanoside A）和长圆冬青苷 H（oblonganoside H）具有抑制单纯疱疹病毒 1 型（HSV-1）的作用，治疗指数浓度（TIC）分别为 0.14mmol/L 和 0.18mmol/L[6]。4. 调节脂代谢　根水煎液对束缚应激条件下高脂饮食性脂肪肝大鼠的脂蛋白代谢相关酶[7]和脂肪酸代谢[8] 有一定的干预作用。5. 抗氧化　根水提物、70% 乙醇提取物和 60% 丙酮提取物均有一定的清除羟自由基（·OH）、1, 1- 二苯基 -2- 三硝基苯肼自由基（DPPH）作用，抗氧化作用强弱依次为 60% 丙酮提取物＞ 70% 乙醇提取物＞水提物[9]。6. 抗菌　根水提物、70% 乙醇提取物和 60% 丙酮提取物对金黄色葡萄球菌、白色念珠菌、铜绿假单胞菌和大肠杆菌的生长均有一定的抑制作用，其中对金黄色葡萄球菌的抗菌作用最强，另外 70% 乙醇提取物的抗菌作用相对其他两种提取物更为明显[9]。

【性味与归经】 苦、微甘，凉。归肺、脾、胃经。

【功能与主治】 清热解毒，生津止渴，利咽消肿，散瘀止痛。用于感冒发热，肺热咳嗽，津伤口渴，咽喉肿痛，跌打瘀痛。

【用法与用量】 15 ～ 30g。治跌打损伤可内服并外敷。

【药用标准】 药典 1977、湖南药材 2009、广西壮药 2008、广东药材 2004、海南药材 2011 和贵州药材 2003。

　　【临床参考】1. 急性咽炎：复方岗梅合剂（岗梅根、土牛膝、板蓝根、甘草）口服，每次 15ml，每日 3 次，连服 3 日为 1 个疗程，服用 1 ~ 3 个疗程[1]。

　　2. 感冒：根 30g，加卤地菊 30g、生姜 3g，水煎服。（《福建药物志》）

　　3. 偏正头痛：鲜根 90g，加鸡矢藤 60g，鸭蛋 2 个，水煎，服蛋和汤。

　　4. 头目眩晕：鲜根 60g，加臭牡丹根 30g，水煎服。

　　5. 小儿百日咳：根 30g，加白茅根 30g，水煎，酌加蜂蜜兑服。（3 方至 5 方引自《江西草药手册》）

　　【附注】清代《植物名实图考》三十三卷秦皮条下有载："湖南呼称星树，以其皮有白点如称星"。所附图形及对树皮的描述分析，似为本种。（因本种树皮有明显的白色点状皮孔，形如秤星，故称秤星树。）

　　本种的叶（称岗梅叶）民间也作药用。随采鲜品随用。

【化学参考文献】

［1］Jiang K，Bai J，Chang J，et al. Three new 24-nortriterpenoids from the roots of *Ilex asprella*［J］. Helv Chim Acta，2014，97（1）：64-69.

［2］Wen Q，Lu Y，Chao Z，et al. Anticomplement triterpenoids from the roots of *Ilex asprella*［J］. Bioorg Med Chem Lett，2017，27（4）：880.

［3］温金莲，陈晓丽，莫瑞意，等. 岗梅根化学成分研究［J］. 广东药学院学报，2011，27（5）：468-470.

［4］黄锦茶，陈丰连，陈海明，等. 岗梅根的化学成分研究［J］. 中草药，2012，43（8）：1475-1478.

［5］Zhou M，Xu M，Ma X X，et al. Antiviral triterpenoid saponins from the roots of *Ilex asprella*［J］. Planta Med，2012，78（15）：1702-1705.

［6］李敏华，俞世杰，杜上鑑. 岗梅根化学成分的研究［J］. 中草药，1997，28（8）：454-456.

［7］Zhang Z X，Fu Q，Zheng Y Z. Three new triterpene glycosides from *Ilex asprella*［J］. J Asian Nat Prod Res，2013，15（5）：453-458.

［8］Zhao Z X，Lin C Z，Zhu C C，et al. A new triterpenoid glycoside from the roots of *Ilex asprella*［J］. Chin J Nat Med，2013，11（4）：415-418.

［9］蔡艳，张庆文，李旨君，等. 岗梅根化学成分的研究［J］. 中草药，2010，41（9）：1426-1429.

［10］邓桂球，彭敏桦，沈雅婕，等. 岗梅根中酚类化学成分研究［J］. 广东药学院学报，2015，31（3）：321-323.

［11］Kashiwada Y，Zhang D C，Chen Y P，et al. Antitumor agents，145. cytotoxic asprellic acids A and C and asprellic acid B，new *p*-coumaroyl triterpenes，from *Ilex asprella*［J］. J Nat Prod，1993，56（12）：2077-2082.

［12］王海龙，吴立军，雷雨，等. 岗梅叶的化学成分［J］. 沈阳药科大学学报，2009，26（4）：279-281.

［13］杜冰曌，张和新歌，杨鑫瑶，等. 岗梅茎的化学成分研究［J］. 中国中药杂志，2017，42（21）：4154-4158.

【药理参考文献】

［1］Wen Q，Lu Y，Chao Z，et al. Anticomplement triterpenoids from the roots of *Ilex asprella*［J］. Bioorganic & Medicinal Chemistry Letters，2017，27（4）：880-886.

［2］朱伟群，晏桂华，李沛波. 岗梅水提取物抗炎作用的实验研究［J］. 广东药学院学报，2007，23（3）：304-306.

［3］朱伟群，刘汉胜，晏桂华，等. 岗梅水提取物抗流感病毒的实验研究［J］. 热带医学杂志，2007，7（6）：555-557.

［4］李耿，汪天呈，姚海燕，等. 岗梅根水提物在小鼠体内抗 H9N2 亚型禽流感病毒实验研究［J］. 环球中医药，2012，5（2）：84-87.

［5］陈炜璇，韩正洲，仰铁锤，等. 岗梅根、茎体外抗呼吸道病毒的作用比较研究［J］. 中国现代中药，2016，18（2）：156-160.

［6］Zhou M，Xu M，Ma X X，et al. Antiviral triterpenoid saponins from the roots of *Ilex asprella*［J］. Planta Medica，2012，78（15）：1702-1705.

［7］胡向阳，林春淑，李安，等. 岗梅根水煎液对束缚负荷下脂肪肝大鼠脂蛋白代谢相关酶的影响研究［J］. 亚太传统医药，2012，8（9）：37-39.

［8］胡向阳，林春淑，李安，等. 岗梅根水煎液对束缚应激条件下非酒精性脂肪肝大鼠脂肪酸代谢的作用［J］. 中药与临床，2015，6（2）：68-71.

［9］肖彩虹.岗梅功效成分及抗氧化、抑菌活性研究［D］.广州：华南理工大学硕士学位论文，2014.

【临床参考文献】

［1］吴喜英，王明军，许为民.复方岗梅合剂的临床疗效观察［J］.时珍国医国药，2007，18（7）：1735-1736.

530. 铁冬青（图 530）• *Ilex rotunda* Thunb.

图 530　铁冬青　　　　　　　　　　　　　　　　　摄影　徐克学

【形态】常绿乔木，高达 20m。幼枝稍粗壮，有棱沟，红褐色或灰色，无毛。叶纸质或薄革质，椭圆形或倒卵状椭圆形，长 4 ～ 11cm，宽 1.5 ～ 4.5cm，顶端急尖或圆，稀长渐尖，基部楔形或钝，全缘，两面无毛，中脉上面稍凹陷，侧脉 6 ～ 9 对，网脉明显；叶柄长 1 ～ 2cm。伞形花序单生于叶腋；总花梗无毛；花黄白色，芳香，4 ～ 7 数。果椭圆形或近球形，长 6 ～ 8mm；宿萼碟状，裂片蚀啮状；宿存柱头头状或盘状；分核 4 ～ 7 个，背部具 3 条纹及 2 浅沟；内果皮近木质。花期 3 ～ 5 月，果期 9 ～ 11 月。

【生境与分布】生于常绿阔叶林中或林缘及灌丛中。分布于安徽、江苏、浙江、江西、福建，长江流域以南各省区及台湾均有分布；日本、朝鲜、越南也有分布。

【药名与部位】救必应，树皮。

【采集加工】夏、秋二季剥取，晒干。

【药材性状】呈卷筒状、半卷筒状或略卷曲的板状，长短不一，厚 1 ～ 15mm。外表面灰白色至浅褐色，较粗糙，有皱纹。内表面黄绿色、黄棕色或黑褐色，有细纵纹。质硬而脆，断面略平坦。气微香，味苦、微涩。

【药材炮制】除去杂质，洗净，润透，切片，干燥。

【化学成分】根皮含皂苷类：具栖冬青苷（pedunculoside）、苦丁冬青苷 H（kudinoside H）和 3-O-α-L- 吡喃阿拉伯糖 -3β, 19α- 二羟基齐墩果烷 -12- 烯 -28- 酸 -28-O-β-D- 吡喃葡萄糖酯（3-O-α-L-arabinopyranosyl-3β, 19α-dihydroxyolean-12-en-28-oic acid-28-O-β-D-glucopyranosyl ester）、铁冬青酸（rotundic acid）、坡模酸（pomolic acid）[1]，木栓酮（friedelin）和 3- 羟基齐墩果烷（3β-hydroxyoleanane）[2]；木脂素类：丁香脂素 -4′-O-β-D- 吡喃葡萄糖苷（syringaresinol-4′-O-β-D-glucopyranoside）[1]；酚酸及衍生物：咖啡酸 4-O-β-D- 吡喃葡萄糖苷（caffeic acid-4-O-β-D-glucopyranoside）、香草酸 -4-O-β-D- 吡喃葡萄糖苷（vanillic acid-4-O-β-D-glucopyranoside）和芥子醛葡萄糖苷（sinapaldehyde glucoside）[1]；苯丙素类：紫丁香苷（syringin）和二丁香醚（disyringin ether）[2]；脂肪酸类：十九烷酸（nonadecylic acid）和硬脂酸（stearic acid）[2]；甾体类：β- 谷甾醇（β-sitosterol）和胡萝卜苷（daucosterol）[1]。

茎皮含皂苷类：铁冬青酸（rotundic acid）、3- 乙酰基熊果酸（3-acetyl ursolic acid）、3-O-α-L- 阿拉伯糖基 -19α- 羟基熊果酸（3-O-α-L- arabinopyranosyl-19α-hydroxyursolic acid）、28-O-β-D- 葡萄糖基 - 齐墩果酸（28-O-β-D-glucosyl-oleanolic acid）、苦丁茶冬青苷 D（ilekudinoside D）、具栖冬青苷（pedunculoside）、苦丁冬青苷 H（kudinosideH）、齐墩果酸（oleanolic acid）[3]，3-O- 乙酰齐墩果酸（3-O-acetyl oleanolic acid）和铁冬青皂酸*（rotundanonic acid）[4]，冬青苷 K、O（ilexoside K、O）、铁冬青苷 *A、B、C、D（rotundinoside A、B、C、D）、毛冬青三萜苷 *E（ilexpublesnin E）、3β-O-β-D- 吡喃葡萄糖 -（1 → 2）-α-L- 吡喃阿拉伯糖 -19- 羟基 -20α- 熊果 -12- 烯 -28- 酸 -28-O-β-D- 葡萄糖酯［3β-O-β-D-glucopyranosyl-（1 → 2）-α-L-arabinopyranosyl-19-hydroxyl-20α-urs-12-en-28-oic acid -28-O-β-D-glucopyranosyl ester］、竹节参皂苷 V 甲酯（chikusetsusaponin V methyl ester）、长圆冬青苷 I（oblonganoside I）、19α, 23- 二羟基熊果 -12- 烯 -28- 酸 -3β-O- ［β-D- 吡喃葡萄糖醛酸苷 -6-O- 甲酯］-28-O-β-D- 吡喃葡萄糖酯 {19α, 23-dihydroxyurs-12-en-28-oic acid-3β-O- ［β-D-glucuronopyranoside -6-O-methyl ester］-28-O-β-D-glucopyranosyl ester}[5] 和 α- 香树脂醇（α-amyrin）[6]；脂肪酸及酯类：十六烷酸（hexadecanoic acid）、十六烷酸乙酯（ethyl hexadecanoate）、亚油酸（linoleic acid）、9- 油酸（9-octadecenoic acid）和亚油酸乙酯（ethyl linoleate）[6]；烷烃类：十七烷（heptadecane）和正二十烷（n-eicosane）[6]；酚及酚酸衍生物：紫丁香苷（syringin）、铁冬青素*（ilexrotunin）、丁香醛（syringaldehyde）、芥子醛（sinapaldehyde）、芥子醛葡萄糖苷（sinapaldehyde glucoside）[4]，二异丁基邻苯二甲酸二丁酯（dibutyl d Ⅱ sobutyl phthalate）和邻苯二甲酸二丁酯（dibutyl phtalate）[6]；甾体类：β- 豆甾醇（β-stigmasterol）和（23）- 乙基胆甾 -5- 烯 -3-β- 醇［（23）-ethylcholest-5-en-3-β-ol］[6]；挥发油类：顺细辛脑（cis-asarone）和角鲨烯（squalene）等[6]。

叶含皂苷类：冬青苷 XLⅥ、XLⅦ、XLⅧ、XLⅨ、XLL、XLLI（ilexoside XLⅥ、XLⅦ、XLⅧ、XLⅨ、XLL、XLLI）[7]，铁冬青萜苷 *A、B（rotundarpenoside A、B）[8]；酚酸类：咖啡酸（caffeic acid）、3, 4- 二咖啡酰奎宁酸（3, 4-dicaffeoyl quinic acid）、3, 5- 二咖啡酰奎宁酸（3, 5-dicaffeoyl quinic acid）、3, 4, 5- 三咖啡酰奎宁酸（3, 4, 5-tricaffeoyl quinic acid）和 3, 5- 二咖啡酰莽草酸（3, 5-dicaffeoyl shikimic acid）[8]。

【药理作用】 1. 降血压　树皮乙醇提取物、正丁醇提取物、水提取物对正常大鼠血压均有快速降低的作用[1]；乙醇提取物对应激性高血压大鼠的血压有降低作用[2]。2. 抗炎　树皮乙醇提取部分对二甲苯所致小鼠的耳肿胀具有明显的抑制作用，对棉球所致大鼠肉芽肿有明显的抑制作用[3]。3. 抗菌　树皮乙醇提取部位和蒸馏水提取部位对金黄色葡萄球菌、乙型溶血性链球菌的生长有较明显的抑制作用；正丁醇提取部位对金黄色葡萄球菌、乙型溶血性链球菌、白色念珠菌的抑制作用不明显[3]；水提取物对产超广谱 β- 内酰胺酶细菌的生长规律有影响，能使细菌严重破损，细胞壁和细胞膜通透性增加，细胞质外渗，菌液中碱性磷酸酶（AKP）含量、可溶性蛋白含量增多，大肠杆菌 DNA 荧光强度明显减弱[4]。4. 护肝　树皮水提液能降低 D- 氨基半乳糖实验性肝损伤小鼠血清谷丙转氨酶（ALT）和天冬氨酸氨基转移酶（AST）的活性，降低小鼠肝脏中丙二醛（MDA）含量，提高超氧化物歧化酶（SOD）活性，改善小鼠肝组织病理改变[5, 6]。5. 止血　树皮提取的救必应乙素能明显减少手术过程中的出血量，能使术后引流管引出的血液颜色变浅、量变少[7, 8]。6.抗肿瘤　三萜类化合物在体外对人鼻咽癌细胞、人乳腺癌细胞、人结肠癌细胞、人宫颈癌细胞、人肺癌细胞和人肝癌细胞的增殖均有明显的抑制作用[9]。

【性味与归经】苦，寒。归肺、胃、大肠、肝经。

【功能与主治】清热解毒，利湿止痛。用于暑湿发热，咽喉肿痛，湿热泻痢，脘腹胀痛，风湿痹痛，湿疹，疮疖，跌打损伤。

【用法与用量】9 ～ 30g；外用适量，煎浓汤涂敷患处。

【药用标准】药典 1977、药典 2010、药典 2015、广东药材 2004、海南药材 2011、贵州药材 2003 和香港药材七册。

【临床参考】1.慢性盆腔炎：根，加蒲公英、红花、当归、川芎、赤芍、皂角刺、苏木、十大功劳，浓煎 100ml，按常规灌肠保留 8h，月经前 1 周灌肠，每周 3 次，连用 1 周，经期停用[1]。

2.感冒发热、急性扁桃体炎、咽喉炎、急性胃肠炎、急性阑尾炎、肾炎水肿：树皮 9 ～ 15g，水煎服。

3.溃疡病出血：果实（晒干研粉）6g，加白及粉 6g，开水冲服。

4.痈疮疖肿、毒蛇咬伤：树皮 9 ～ 15g，水煎服，并外洗。

5.湿疹、稻田皮炎：树皮、叶适量，水煎外洗。（2 方至 5 方引自《浙江药用植物志》）

【化学参考文献】

［1］孙辉，张晓琦，蔡艳，等.救必应的化学成分研究［J］.林产化学与工业，2009，29（1）：111-114.

［2］许睿，高幼衡，魏志雄，等.救必应化学成分研究（Ⅰ）［J］.中草药，2011，42（12）：2389-2393.

［3］罗华锋，林朝展，赵钟祥，等.铁冬青茎皮五环三萜类化学成分的研究（Ⅰ）［J］.中草药，　2011，42（10）：1945-1947.

［4］Wen D X，Chen Z L. A dimeric sinapaldehyde glucoside from *Ilex rotunda*［J］. Planta Med，1990，56（6）：573.

［5］Fan. Z，Zhou. L，Xiong. T. Q，et al. Antiplatelet aggregation triterpenesaponins from the barks of *Ilex rotunda*［J］. Fitoterapia，2015，101：19-26.

［6］黎锦城，吴忠，林敬明.救必应超临界 CO_2 萃取物的 GC-MS 分析［J］.中药材，2001，24（4）：271-272.

［7］Amimoto K，Yoshikawa K，Arihara S. Triterpenoidsaponins of aquifoliaceous plants ⅩⅡ. Ilexosides XL Ⅵ -LI from the leaves of *Ilex rotunda* Thunb［J］. Chem Pharm Bull，1993，41（1）：77-80.

［8］Kim M H，Park K H，Oh M H，et al. Two new hemiterpene glycosides from the leaves of *Ilex rotunda* Thunb［J］. Arch Pharm Res，2012，35（10）：1779-1784.

【药理参考文献】

［1］董艳芬，梁燕玲，罗集鹏.救必应不同提取物对血压影响的实验研究［J］.中药材，2006，29（2）：172-174.

［2］梁燕玲，董艳芬，罗集鹏.救必应乙醇提取物对应激性高血压大鼠降压作用的实验研究［J］.中药材，2005，28（7）：582-584.

［3］赵榕文，黄兆胜，范庆亚，等.救必应抑菌抗炎有效部位筛选［J］.中华中医药学刊，2008，26（8）：1820-1822.

［4］宋剑武，吴永继，孙燕杰，等.救必应水提取物对产 ESBLs 细菌的抑菌机理研究［J］.中国畜牧兽医，2016，43（6）：1536-1543.

［5］丘芬，张兴燊，江海燕，等.救必应水提液对小鼠肝脏病理损害的治疗作用研究［J］.亚太传统医药，2015，11（5）：10-12.

［6］陈壮，肖刚.救必应对小鼠急性化学性肝损伤的保护作用［J］.中国医药导报，2012，9（26）：15-16.

［7］周荫宁.救必应乙素（丁香甙）注射剂止血效果观察［J］.广州医药，1980，（3）：24-25.

［8］谢培山.救必应止血成分的研究［J］.中国药学杂志，1980，15（5）：43.

［9］许睿.救必应化学成分研究及抗肿瘤活性成分初步筛选［D］.广州：广州中医药大学博士学位论文，2009.

【临床参考文献】

［1］钟英.复方铁冬青汤灌肠治疗慢性盆腔炎的疗效观察［J］.内蒙古中医药，2013，32（17）：9-10.

531. 冬青（图531）• *Ilex chinensis* Sims（*Ilex purpurea* Hassk.）

图531 冬青   摄影 徐克学等

【别名】四季青（上海），小苦酊。

【形态】常绿乔木，高达13m。当年生枝有棱，无毛。叶纸质或薄革质，椭圆形、长圆状椭圆形或卵状披针形，长5～14cm，宽2～4.5cm，顶端渐尖，基部钝或楔形，边缘波状，疏生细钝齿，两面无毛，中脉上面近平坦或下半部稍隆起，侧脉7～11对，网脉略明显；叶柄长1～1.5cm，无毛。聚伞花序单生于叶腋，雄花序有花7～15朵；雌花序有花3～5朵；花紫红色，4～5数。果椭圆形，果皮干时平滑，直径约7mm，宿萼裂片半圆形，啮蚀状或有细缘毛，宿存柱头薄盘状；分核长圆状披针形，长约9mm，有纵沟1条。花期4～7月，果期8～12月。

【生境与分布】生于山坡疏林中，在灌丛或路旁稍向阳处也能生长。分布于安徽、江苏、浙江、江西和福建，广布于长江流域以南各省区；日本也有分布。

【药名与部位】冬青子，果实。四季青，叶。

【采集加工】四季青：秋、冬二季采收，干燥。

【药材性状】冬青子：呈椭圆形，长0.5～0.8cm，直径0.3～0.5cm。表面紫棕色至黑紫色，有光泽，上部常有2～4个深浅不等的凹窝，顶端有宿存花柱，基部有果柄和宿存萼。体轻。果皮松脆，内含种子4～5粒。气微，味苦涩。

四季青：呈椭圆形或狭长椭圆形，长 6～12cm，宽 2～4cm。先端急尖或渐尖，基部楔形，边缘具疏浅锯齿。上表面棕褐色或灰绿色，有光泽；下表面色较浅；叶柄长 0.5～1.8cm。革质。气微清香，味苦、涩。

【药材炮制】 四季青：除去枝、叶芽等杂质，洗净，切丝，干燥。

【化学成分】 叶含皂苷类：2α, 3β- 二羟基 -23- 去甲 -4（24）-12（13）- 二烯齐墩果酸［2α, 3β- dihydroxy-23-norolean-4（24）-12（13）-dien-28-oic acid］、冬青皂苷元 *A（ilexosapogenin A）、救必应酸 -3, 23- 异亚丙基（rotundic acid-3, 23-isopropylidene）、2α, 3β- 二羟基 -23- 去甲 -4（24）-12- 二烯 - 熊果酸［2α, 3β-dihydroxy-23-norus-4（24）-12-dien-28-oic acid］、23- 羟基熊果酸（23-hydroxyursolic acid）、3β, 23- 二羟基 -12, 18- 二烯 - 熊果酸［3β, 23-dihydroxyursa-12, 18-dien-28-oic acid］、29- 羟基常春藤皂苷元（29-hydroxyhederagenin）、泰国树脂酸 -28-O-β-D- 葡萄糖酯苷（siaresinolic acid -28-O-β-D-glucopyranoside）、火焰树酸 *28-O-β-D- 吡喃葡萄糖苷（spathodic acid -28-O-β-D-glucopyranoside）、坡模酸 -28-O-β-D- 吡喃葡萄糖酯苷（pomolic acid -28-O-β-D-glucopyranoside）、3β, 23- 二羟基 -12, 18- 二烯熊果酸 -28-O-β-D- 吡喃葡萄糖酯苷（3β, 23-dihydroxyurs-12, 18-dien-28-O-β-D-glucopyranosyl ester）、3β, 23- 二羟基 -12, 19- 二烯熊果酸 -28-O-β-D- 吡喃葡萄糖酯苷（3β, 23-dihydroxyurs-12, 19-dien-28-O-β-D-glucopyranosyl ester）、3β, 23- 二羟基 -12, 19（29）- 二烯熊果酸 -28-O-β-D- 吡喃葡萄糖酯苷［3β, 23-dihydroxyurs-12, 19（29）-dien-28-O-β-D-glucopyranosyl ester］、积雪草酸（asiatic acid）[1]、2α, 3β, 19α, 23- 四羟基熊果 -12- 烯 -28- 酸（2α, 3β, 19α, 23-tetrahydroxyurs-12-en-28-oic acid）、熊果酸（urosolic acid）、救必应酸（rutundic acid）、3-O-β-D- 吡喃葡萄糖（1 → 2）-β-D- 吡喃葡萄糖醛酸 -6-O- 甲酯 - 齐墩果酸 - 28-O-β-D- 吡喃葡萄糖酯苷［3-O-β-D-glucopyranosyl（1 → 2）-β-D-（6-O-methyl glucumnopyranosyl）-oleanolic acid-28-O-β-D-glucopyranosyl ester］、23- 羟基委陵菜酸 -28-O-β-D- 吡喃葡萄糖苷（23-hydroxytormentic acid-28-O-β-D-glucopyranoside）、长梗冬青苷（pedunculoside）、冬青苷 A（ilexoside A）、地榆皂苷 I（ziyuglycoside I）和冬青苷 B（ilexoside B）[2]；酚和酚酸类：原儿茶酸（protocatechuic acid）、咖啡酸（caffeic acid）、丁香苷（syringin）[3]，原儿茶醛（protocatechuic aldehyde）、龙胆酸（gentisic acid）、异香草酸（isovanillic acid）[4]，四季青酚苷（Ilepuroside*），即 3, 4- 二羟基 -7-（3'-O-β-D- 吡喃葡萄糖基 -4'- 羟基苯甲酰基）苯甲醇［3, 4-dihydroxy-7-（3'-O-β-D-glucopyranosyl-4'-hydroxy-benzoyl）-benzyl alcohol］[5] 和绿原酸（chlorogenic acid）[6]；黄酮类：山奈酚 -3-O-β-D- 吡喃半乳糖苷（kampferol-3-O-β-D-galactopyranoside）、紫云英苷（astragalin）、山奈酚（kampferol）、芹菜素（apigenin）和槲皮素（quercetin）[7]；甾体类：豆甾醇（stigmasterol）、β- 谷甾醇（β-sitosterol）和胡萝卜苷（daucosterol）[7]；糖类：葡萄糖（glucose）[7]；挥发油类：2- 甲基 -1- 戊烯 -3- 醇（2-methyl-1-penten-3-ol）、苯甲醇（benzyl alcohol）和 3- 羰基 -α- 紫罗兰醇（3-carboxy-α-lonol）等[8]；脂肪酸类：十六碳酸（hexadecanoic acid）[8]。

【药理作用】 抗血小板凝聚 叶中分离纯化的原儿茶醛（protocatechuic aldehyde）能剂量依赖性地抑制二磷酸腺苷（ADP）诱导小鼠、家兔的血小板凝聚，减弱聚集程度，减慢聚集速度，并可促进聚集的血小板解聚[1]，原儿茶醛还可增加血小板膜的有序排列程度并降低膜流动性[2]。

【性味与归经】 冬青子：甘、苦，凉。四季青：苦、微涩，凉。归肺、大肠、膀胱经。

【功能与主治】 冬青子：去风，补虚。用于风湿痹痛，痔疮。四季青：清热解毒，凉血止血，收敛生肌。用于上呼吸道感染，慢性气管炎，肾盂肾炎，细菌性痢疾；外用于疮痈，水、火烫伤，下肢溃疡，创伤出血。

【用法与用量】 冬青子：4.5～9g。四季青：15～60g；外用适量，水煎外涂。

【药用标准】 冬青子：内蒙古药材 1988；四季青：药典 1977、药典 2010、药典 2015、浙江炮规 2015、上海药材 1994 和江苏药材 1989。

【临床参考】 1. 疮疡：冬青散（冬青叶、陈皮、薄荷、桔梗、冰片等组成）喷洒患处，每次适量，每日数次[1]。

2. 烫伤：叶适量，水煎浓缩成 1：1 药液，伤面清创后，用棉球蘸药液反复涂搽，如痂膜下有分泌物，

去痂后再涂。(《浙江药用植物志》)

【附注】冬青始见于《新修本草》。《本草拾遗》云："冬青，其叶堪染绯，子浸酒去风血，补益。木肌白有文，作象齿笏。冬月青翠，故名冬青，江东人呼为冻生。"《本草纲目》云："冻青亦女贞别种也。山中时有之。但以叶微团而子赤者为冻青，叶长而子黑者为女贞。"以上所述冬青特性均与本种相符。古代文献冬青与女贞常有混淆。

本种的树皮及根皮民间也药用，称作冬青皮。

【化学参考文献】

［1］夏文绮，崔保松，李帅.四季青化学成分的研究［J］.中草药，2016，47（8）：1272-1277.

［2］廖立平，毕志明，李萍，等.四季青叶中的三萜类化学成分［J］.中国天然药物，2005，3（6）：344-346.

［3］赵浩如，秦国伟.四季青的化学成分研究［J］.中国药科大学学报，1993，18（3）：226-228.

［4］解军波，李萍.四季青酚酸类化学成分研究［J］.中国药科大学学报，2002，33（1）：76-77.

［5］廖立平，毕志明，李萍，等.四季青中一个新的酚性化合物［J］.林产化学与工业，2005，25（3）：13-15.

［6］张玉梅，李春华，盛秀涛.中药四季青的化学成分研究［J］.吉林中医药，2010，30（3）：252-253.

［7］廖立平，李萍.四季青叶化学成分研究［J］.中国药科大学学报，2004，35（3）：205-206.

［8］廖立平，毕志明，李萍，等.四季青挥发油化学成分的研究［J］.中草药，2003，34（11）：984-985.

【药理参考文献】

［1］石琳，吴婵群，杨毓麟，等.原儿茶醛对血小板聚集性和血小板内 cAMP 含量的影响［J］.苏州大学学报（医学版），1982，（2）：1-6.

［2］石琳，秦正红，高苏祥.用荧光探剂 DPH 研究原儿茶醛对血小板膜流动性的影响［J］.药学学报，1984，19（7）：535-537.

【临床参考文献】

［1］巴焕玲，胡清华，余静.冬青散治疗疮疡 108 例［J］.医药导报，2003，22（3）：172.

532. 具柄冬青（图 532）· *Ilex pedunculosa* Miq.

【别名】长梗冬青。

【形态】常绿灌木或小乔木，高 2～10m。当年生枝有棱，淡褐色或栗色，无毛。叶片革质，长圆状椭圆形或长圆状披针形，长 4～10cm，宽 2～3cm，顶端渐尖，基部钝或圆形，边全缘或近顶端有不明显细齿 1～2 个，两面均无毛，中脉上面平坦或有时前半部稍凹陷，侧脉 10～12 对，网脉不明显；叶柄细长，长 1～2cm。聚伞花序单生；雄花序 1 至 2 回二歧分枝；雌花序常退化仅存 1 花，稀 3 花；花白色，4～6 数。果序有果 1～3 个；总果梗长约 4.5cm，果梗长 1.5～2cm，单花的果梗长 2.5～4cm；果球形，直径 7～8mm，宿存柱头厚盘状，分核 4～6 个，椭圆形，平滑。花期 6～7 月，果期 7～10 月。

【生境与分布】生于常绿阔叶林中或林缘及灌丛中。分布于安徽、浙江、江西、福建，另广西、四川、贵州、湖南、湖北、河南、台湾及陕西均有分布；日本也有分布。

【药名与部位】一口红，叶及嫩枝。

【采集加工】全年均可采收，摘取叶片及嫩枝，晒干。

【药材性状】叶片卵圆形或长圆状椭圆形，长 4～9cm，宽 2～4.5cm。先端渐尖，基部渐窄，边缘具疏细锯齿，中脉在背面凸起，稀有毛茸。上表面棕色至棕褐色，下表面色较浅。薄革质，易碎。叶柄纤细，长 1～2cm，上面具纵凹槽。嫩枝近圆柱形，具纵棱线，淡褐色。气微，味微苦涩。

【药材炮制】除去杂质，切段。

【性味与归经】苦、涩，凉。归肺、肝、大肠经。

【功能与主治】祛风除湿，散瘀止血。用于风湿痹痛，外伤出血，跌打损伤，皮肤皲裂。

图 532 具柄冬青　　　　　　　　　　　　摄影 李根有等

【用法与用量】5 ～ 10g；外用适量，研末调敷患处。
【药用标准】湖北药材 2009。

533. 枸骨（图 533）• *Ilex cornuta* Lindl. ex Paxt.

【别名】老虎刺（江苏镇江），猫儿香（江苏南京），老鼠树（江苏宜兴），鸟不宿（上海），枸肋（江西南昌）。

【形态】常绿灌木或小乔木，高 3 ～ 8m。小枝密粗壮。叶硬革质，长圆状方形、长圆形或倒卵状长圆形，长 4 ～ 8cm，宽 2 ～ 4cm，顶端尖而有硬刺，基部圆形或截形，边缘在中部以上常有硬刺 1 ～ 3 个，老树的叶全缘，上面有光泽，两面均无毛，中脉在上面下陷，侧脉约 6 对，与网脉均不明显；叶柄粗短，几无毛。花簇生于二年生枝上，腋生，4 数。果实球形，直径 0.8 ～ 1.2cm，熟时红色；分核 4 粒，表面有皱纹及洼穴；内果皮骨质。花期 4 ～ 5 月，果期 8 至翌年 2 月。

【生境与分布】生于荒地、山坡溪边杂木林或灌丛中，或房舍附近。分布于华东各省市，园林多有栽培，长江中、下游各省区均有分布。

【药名与部位】枸骨根，根。枸骨子（功劳子），果实。枸骨叶（功劳叶），叶。苦丁茶，嫩叶。

【采集加工】枸骨根：全年可采挖，洗净，或切成片段，晒干。枸骨子：冬季果实成熟时采收，干燥。枸骨叶：秋季采收，干燥。苦丁茶 清明前后采收，除去杂质，晾干或晒干。

图 533　枸骨　　　　　　　　　　摄影　郭增喜等

【**药材性状**】枸骨根：呈圆柱形，稍弯曲，有时大都切成片段状，大小不等。长 1～2cm，表面灰黄白色，外皮多数已脱落。质坚硬，断面皮部棕褐色，木质部黄白色，环纹明显，放射状纹理细而密。味微苦。

枸骨子：呈球形或类圆形，直径 0.6～0.8cm。果皮灰棕色或暗红色，微有光泽，果肉多干缩，形成深浅不等的网状皱纹。顶端宿存微突起的花柱基，基部有果柄及细小宿萼。外果皮质脆易碎，分果核 4 枚，棕色，遍体具不规则的雕纹，坚硬。气微，味微涩。

枸骨叶：呈类长方形或矩圆状长方形，偶有长卵圆形，长 3～8cm，宽 1.5～4cm。先端具 3 枚较大的硬刺齿，顶端 1 枚常反曲，基部平截或宽楔形，两侧有时各具刺齿 1～3 枚，边缘稍反卷；长卵圆形叶常无刺齿。上表面黄绿色或绿褐色，有光泽，下表面灰黄色或灰绿色。叶脉羽状，叶柄较短。革质，硬而厚。气微，味微苦。

苦丁茶：呈类长方形或长椭圆状方形，偶有长卵圆形，长 1.5～6cm，宽 1～3cm。先端具 3 枚较大的硬刺齿，顶端 1 枚常反曲，基部平截或宽楔形，两侧有时各有刺齿 1～3 枚，边缘稍反卷；长卵圆形叶两侧常无刺齿。上表面黄绿色或绿褐色，有光泽，下表面灰黄色或灰绿色。叶脉羽状，叶柄较短。革质，硬而厚。气微，味微苦。

【**质量要求**】枸骨子：色红黄，无泥杂。枸骨叶：色绿，无梗。苦丁茶：叶嫩，无梗。

【**药材炮制**】枸骨子：除去果梗等杂质。筛去灰屑。

枸骨叶：除去杂质及刺尖。筛去灰屑。

苦丁茶：除去杂质，洗净，稍润，切丝，干燥。

【化学成分】叶含皂苷类：枸骨苷 1、2、3、4、5、6、7（gouguside 1、2、3、4、5、6、7）[1]，冬青苷 Ⅱ（ilexside Ⅱ）、地榆苷 Ⅰ（ziguglucosid Ⅰ）、羽扇豆醇（lupeol）、12- 熊果酸 -3，28- 二醇（12-ursine-3，28-diol）、熊果酸（ursolic acid）[2]，坡模酸 -28-*O*-β-D- 葡萄糖苷（pomolic acid-28-*O*-β-D-glucopyranoside）、长梗冬青苷（pedunculoside）[3]，11- 酮基 -α- 香树脂棕榈酸酯（11-keto-α-amyrinpalmitate）、30- 醛基羽扇豆醇（30-oxolupeol）、熊果醇（uvaol）、3β- 羟基熊果 -11- 烯 -13β（28）- 内酯［3β-hydroxy-urs-11-en-13β（28）-olide］[3]，2α- 羟基熊果酸（2α-hydroxyursolic acid）、阿江榄仁酸（arjunolic acid）、23 - 羟基熊果酸（23-hydroxyursolic acid）、27-*O*-（*Z*）- 香豆酰基熊果酸［27-*O*-（*Z*）-coumaroyl ursolic acid］、27-*O*-9（*E*）- 香豆酰基熊果酸［27-*O*-（*E*）-coumaroyl ursolic acid］、积雪草酸（asiatic acid）[4]，24β- 羟基羽扇豆酮（24β-hydroxylupenone）、3β- 羟基羽扇 -20（29）- 烯 -24- 醛［3β-hydroxylup-20（29）-en-24-al］、28- 甲酰基 -3β- 羟基熊果 -12- 烯（28-formyl–3β-hydroxy-urs-12-ene）、28- 甲酰基 -3β- 乙酰基熊果 -12- 烯（28-formyl-3β-acetoxy-urs-12-ene）、羽扇豆酮（lupenone）、3- 表羽扇豆醇（3-epilupeol）、羽扇豆醇乙酯（lupeol acetate）、羽扇豆醇甲酯（lupenyl formate）、3-*O*- 乙酰白桦脂醇（3-*O*-acetyl betulin）、羽扇豆 -20（29）- 烯 -3β，24- 二醇［lup-20（29）-en-3β，24-diol］、3β- 羟基 - 羽扇豆 -20（29）- 烯 -30- 醛（3β-hydroxy-lup-20（29）-en-30-al）、3β- 羟基 -20- 氧 -30- 去甲羽扇烷（3β-hydroxy-20-oxo-30-norlupane）、白桦酮*（betulone）、α- 香树脂醇棕榈酸酯（α-amyrinpalmitate）、β- 香树脂醇棕榈酸酯（β-amyrinpalmitate）、α- 香树脂醇乙酸酯（α-amyrin acetate）、11- 氧化 -α- 香树脂醇棕榈酸酯（11-oxo-α-amyrinpalmitate）、11- 氧化 -β- 香树脂醇棕榈酸酯（11-oxo-β-amyrinpalmitate）、11- 氧化 -α- 香树脂醇（11-oxo-α-amyrin）、11- 氧化 -β- 香树脂醇（11-oxo-β-amyrin）、3β，28- 二羟基齐墩果 -12- 烯（3β，28-dihydroxyole-12-ene）、3，28- 二羟基熊果 -12- 烯（3，28-dihydroxy-urs-12-ene）、3β- 乙酰基 -28- 羟基齐墩果 -2- 烯（3β-acetoxy-28-hydroxy-ole-2-ene）、3β- 乙酰基 -28- 羟基熊果 -12- 烯（3β-acetoxy-28-hydroxy-urs-12-ene）、3β- 乙酰基 -13（28）- 环氧齐墩果 -11- 烯［3β-acetoxy-13（28）-epoxy-ole-11-ene］、3β- 羟基 -13（28）- 环氧熊果 -11- 烯［3β-hydroxy-13（28）-epoxyurs-11-ene］、3β- 羟基 -11- 甲氧基熊果 -12- 烯（3β-hydroxy-11-methoxy-urs-12-ene）、28- 去甲熊果 -12- 烯 -3，17- 二醇（28-nor-urs-12-ene-3，17-diol）和 17- 甲酰氧代 -28- 去甲熊果 -12- 烯 -3- 醇（17-formyloxy-28-nor-urs-12-en-3-ol）[5]；甾体类：胡萝卜苷（daucostorol）[1] 和 β- 谷甾醇（β-sitosterol）[3]；酚酸类：2，4- 二羟基苯甲酸（2，4-dihydroxybenzoicacid）和 3，4- 二羟基桂皮酸（3，4-dihyroxycinnamunic acid）[1]；黄酮类：异鼠李素（isorhamnetin）、山奈酚 -3-*O*-β-D- 吡喃葡萄糖苷（kaempferol-3-*O*-β-D-glucopyranoside）、异槲皮苷（isoquercitrin）、异鼠李素 -3-*O*-β-D- 吡喃葡萄糖苷（isorhamnetin-3-*O*-β-D-glucopyranoside）[2]，山奈酚 -3-*O*-β-D- 吡喃葡萄糖 -（1 → 2）-α-L- 吡喃阿拉伯糖苷［kaempferol-3-*O*-β-D-glucopyranosyl-（1 → 2）-α-L-arabinopyranoside］、槲皮素 -3-*O*-β-D- 吡喃葡萄糖 -（1 → 2）-α-L- 吡喃阿拉伯糖苷［quercetin-3-*O*-β-D-glucopyranosyl-（1 → 2）-α-L-arabinopyranoside］、异鼠李素 -3-*O*-β-D- 吡喃葡萄糖苷（isorharmetin-3-*O*-β-D-glucopyranoside）、金丝桃苷（hyperin）、3′- 甲氧基大豆苷（3′-methoxydaidzin）、异鼠李素（isorhamnetin）、芒柄花素（formononetin）、山奈酚（kaempferol）和槲皮素（quercetin）[6]；蒽醌类：大黄素甲醚（physcion）[3]；挥发油类：己醛（hexanal）、壬醛（nonanal）、3，7- 二甲基 -1- 辛烯（3，7-dimethyl-1-octene）、2，6，11- 三甲基十二烷（2，6，11-trimethyl dodecane）、1- 十四碳烯（1-tetradecene）、六氢假紫罗酮（hexahydroxpseudoionone）、香叶基丙酮（dihydropseudoionone）、4- 甲基十五烷（4-methyl pentadecane）、二氢猕猴桃内酯（dihydroactinidiolide）、正十六烷（*n*-hexadecane）、2，6，10- 三甲基十五烷（2，6，10-trimethyl pentadecane）、十七碳烷（heptadecane）、正十八烷（*n*-octadecane）和植酮（hexahydrofarnesyl acetone）[7]；呋喃类：（2*R*，3*S*，4*S*）-4-（4- 羟基 -3- 甲氧苄基）-2-（5- 羟基 - 甲氧苯基）-3- 羟甲基四氢呋喃 -3- 醇［（2*R*，3*S*，4*S*）-4-（4-hydroxy-3-methoxybenzyl）-2-（5-hydroxy-3-methoxyphenyl）-3-hydroxymethyl tetrahydrofuran-3-ol］[3]。

根含皂苷类：羽扇豆醇（lupeol）、白桦酸（betulonic acid）、常春藤皂苷元（hederagenin）、3β- 乙酰氧基 -28- 羟基熊果 -12- 烯（3β-acetoxy-28-hydroxyurs-12-ene）、熊果酸（ursolic acid）、19α- 羟基熊

果酸（19α-hydroxyursolic acid）、3β- 乙酰基熊果酸（3β-acetoxy-ursolic acid）、23- 羟基熊果甲酯（23-hydroxyl methyl ursolate）[8]，齐墩果酸（oleanolic acid）、19α- 羟基熊果酸 -28-O-β-D- 吡喃葡萄糖苷（19α-hydroxyursolic acid-28-O-β-D-glucopyranoside）、坡模酸（pomolic acid）、19α- 羟基齐墩果酸 -3β-O-α-L- 吡喃阿拉伯糖基 -28-O-β-D- 吡喃葡萄糖苷（19α-hydroxyoleanolic acid-3β-O-α-L-arabinopyranosyl-28-O-β-D-glucopyranoside）、23- 羟基羽扇豆醇（23-hydroxy-lupeol）、齐墩果酸 -3β-O-β-D- 吡喃葡萄糖醛酸（6′-O- 甲酯）苷［oleanolic acid-3-O-（6′-O-methyl）-β-D-glucuronopyranoside］、齐墩果酸 -3β-O-［α-L- 吡喃阿拉伯糖基（1→2）]-β-D- 吡喃葡萄糖醛酸 -6′-O- 甲酯苷 {oleanolic acid-3β-O-[α-L-arabinopyranosyl-（1→2）]-6′-O-methyl β-D-glucuronopyranoside}、暹罗树脂酸（siaresinolic acid）和竹节参皂苷Ⅳa 正丁酯（chikusetsusaponin Ⅳa butyl ester）[9]；甾体类：β- 谷甾醇（β-sitosterol）和胡萝卜苷（daucosterol）[8]；脂肪酸类：庚酸（heptanoic acid）[8]；黄酮类：槲皮素（quercetin）[10]。

茎含酚酸类：3, 4- 二咖啡酰奎宁酸（3, 4-dicaffeoyl quinic acid）、3, 4, 5- 三咖啡酰奎宁酸（3, 4, 5-tricaffeoylquinic acid）、4, 5- 二咖啡酰奎宁酸甲酯（methyl 4, 5-dicaffeoyl quinate）、3, 4- 二咖啡酰奎宁酸甲酯（methyl 3, 4-dicaffeoyl quinate）、3, 5- 二咖啡酰奎宁酸甲酯（3, 5-dicaffeoyl quinate）、3, 4, 5- 三咖啡酰奎宁酸甲酯（methyl 3, 4, 5-tricaffeoyl quinate）、没食子酸乙酯（ethyl gallate）和 1-O- 香草酸 -6-O-（3″, 5″- 二甲氧基没食子酰）-β-D- 葡萄糖苷［1-O-（vanillic acid）-6-O-（3″, 5″-dimethoxygalloyl）-β-D-glucoside］[11]；木脂素类：牛蒡苷元（arctigenin）和二氢芥子醇（dihydrosyringenin）[11]；苯醌类：2, 6- 二甲氧基 -1, 4- 苯醌（2, 6-dimethoxy-1, 4-benzoquinone）[11]；黄酮类：夏佛托苷，即夏佛塔雪轮苷（schaftoside）[11]；醇苷类：（+）-（7S, 8S）- 丁香酚基丙三醇 -8-O-β-D- 吡喃葡萄糖苷［（+）-（7S, 8S）-syringylglycerol-8-O-β-D-glucopyranoside］[11]；醛类：丁香醛（syringaldehyde）[11]。

【药理作用】1. 抗菌　叶乙酸乙酯提取物对金色葡萄球菌、枯草杆菌、大肠杆菌的生长均有明显的抑制作用[1]。2. 抗氧化　叶多酚类化合物能有效抑制猪油的氧化[2]。3. 降血脂　叶水提物可降低高脂小鼠的血清胆固醇水平、肝脏细胞中 3- 羟基 -3-甲戊二酸单酰辅酶 A 还原酶（HMG-CoA）水平和肝细胞中磷酸化表皮生长因子受体（p-EGFR）的表达[3]。

毒性　高剂量的水提物对孕鼠体重增长有明显的减轻作用，并易引起流产、死胎等[4]。

【性味与归经】枸骨根：微苦，凉。枸骨子 苦、涩，微温。枸骨叶：苦，凉。归肝、肾经。苦丁茶：甘、苦，寒。归肝、肺、胃经。

【功能与主治】枸骨根：祛风，清热。用于风湿痛，关节酸痛，流火。枸骨子：补肾，固涩。用于肾虚，崩漏，白带，泄泻，淋浊，筋骨酸痛。枸骨叶：清热养阴，平肝，益肾。用于肺痨咯血，骨蒸潮热，头晕目眩，高血压症。苦丁茶：散风热，清头目，除烦渴。用于风热头痛，齿痛，耳鸣，耳中流脓，口疮目赤，眩晕，热病烦渴。

【用法与用量】枸骨根：9～15g。枸骨子：4.5～9g。枸骨叶：9～15g。苦丁茶：3～9g。

【药用标准】枸骨根：上海药材 1994；枸骨子：浙江炮规 2015、江苏药材 1989 和上海药材 1994；枸骨叶：药典 1977—2015、浙江炮规 2005、内蒙古药材 1988、新疆药品 1980 二册和香港药材七册；苦丁茶：湖北药材 2009、北京药材 1998、甘肃药材（试行）1992 和内蒙古药材 1988。

【临床参考】1. 风火牙痛：根 10～15g，加水适量煎煮，去渣取浓汁，兑入热鸡汤温服，无鸡汤可放入鸡蛋 1 个同煮，待蛋熟，取出，去蛋壳，再次放入同煮，饮汤食蛋，每日 1 剂，分 3 次服[1]。

2. 肝肾阴虚头晕耳鸣、腰膝酸痛：嫩叶或叶 9-15g，加枸杞子、女贞子、旱莲草各 9～15g，水煎服。

3. 流火：鲜根 60g，加土牛膝 15g（或白茅根 30g），水煎服，连服 2 天。（2 方、3 方引自《浙江药用植物志》）

【附注】枸骨叶之名始载于《本草拾遗》。《本草图经》云："枸骨木多生江、浙间，木体白似骨，故以名。南人取以旋作合器甚佳。《本草纲目》云："枸骨树如女贞，肌理甚白。叶长二三寸，青翠而厚硬，有五刺角，四时不凋。五月开细白花。结实如女贞及菝葜子，九月熟时，绯红色，皮薄味甘，核有四瓣。

人采其木熬膏，以粘鸟雀，谓之黏樚。"《本经逢原》载："枸骨俗名十大功劳。"《本草纲目拾遗》云："角刺茶，出徽州。土人二三月采茶时，兼采十大功劳叶，俗名老鼠刺，叶曰苦丁。"即为本种。

本种的叶（功劳叶）脾胃虚寒及肾阳不足者慎用。

小檗科阔叶十大功劳 *Mahonia bealei*（Fort.）Carr.、十大功劳 *Mahonia fortunei*（Lindl.）Fedde 及台湾十大功劳（华南十大功劳）*Mahonia japonica*（Thunb.）DC. 等的叶在贵州、广西、湖南也作功劳叶或十大功劳叶药用。

【化学参考文献】

［1］李维林，吴菊兰，任冰如，等.枸骨的化学成分［J］.植物资源与环境学报，2003，12（2）：1-5.

［2］张洁，喻蓉，吴霞，等.枸骨叶的化学成分研究［J］.天然产物研究与开发，2008，20（5）：821-823.

［3］周思祥，姚志容，李军，等.枸骨叶的化学成分研究［J］.中草药，2012，43（3）：444-447.

［4］姚志容，李军，周思祥，等.枸骨叶中的三萜类成分［J］.中国中药杂志，2009，34（8）：999-1001.

［5］Young L S，Kyung K H，Ro L K. Four new triterpenes from *Ilex cornuta* Lindley［J］. Can J Chem，2012，91（6）：382-386.

［6］周思祥，姚志容，李军，等.枸骨叶中的黄酮类成分［J］.中国天然药物，2012，10（2）：84-87.

［7］魏金凤，顾海鹏，康文艺. HS-SPME-GC-MS 分析枸骨叶挥发性成分［J］.天然产物研究与开发，2013，25（3）：355-357.

［8］范琳琳，陈重，冯育林，等.枸骨根的化学成分研究［J］.中草药，2011，42（2）：234-236.

［9］周曦曦，许琼明，周英，等.枸骨根的化学成分研究［J］.中药材，2013，36（2）：233-236.

［10］曾海波，曾荣今，姚飞.中药枸骨根中槲皮素的提取分离与鉴定［J］.湖南工程学院学报（自科版），2010，20（2）：60-62.

［11］毛晨梅，李杉杉，许琼明，等.枸骨茎的化学成分研究［J］.中草药，2016，47（6）：891-896.

【药理参考文献】

［1］曾超珍，刘志祥.枸骨叶抑菌物质的提取及抑菌作用研究［J］.北方园艺，2009，（8）：129-131.

［2］旷春桃，陈如锋，吴斌，等.枸骨叶中多酚类物质的提取及抗氧化性能分析［J］.湖北农业科学，2009，48（2）：427-429.

［3］王宏婷，何丹，王存琴，等.枸骨叶水提物对高脂小鼠胆固醇合成代谢的影响［J］.中国现代医学杂志，2016，26（23）：1-5.

［4］邢建宏，庞铄权，梁一池.枸骨叶水提物对小鼠胚胎毒性的研究［J］.食品工程，2009，（3）：35-37.

【临床参考文献】

［1］汪剑龄.单味枸骨根治疗牙痛［J］.中国民间疗法，2004，12（6）：65.

534. 大叶冬青（图 534）· *Ilex latifolia* Thunb.

【别名】大苦酊（浙江），马蓝。

【形态】常绿乔木，高达 20m。幼枝粗壮，有棱，黄褐色，密生小疣点。叶硬革质，长圆形、长圆状披针形或长圆状椭圆形，稀卵圆状长圆形，长 8～28cm，宽 4～7cm，顶端急尖或短渐尖，稀钝，基部钝或渐狭，边缘疏生粗锯齿，齿端黑色，上面有光泽，两面无毛，中脉上面凹陷，侧脉 8～10（～14）对，两面隆起，网脉上面隆起，背面不明显；叶柄粗壮，长 1～2cm，上面有狭沟，下面有皱纹。花序簇生于叶腋，圆锥状；雄花序每枝有花 3～9 朵；雌花序每枝有花 1～3 朵，花 4 数。果序短总状，总梗长约 1.2cm。果球形，直径 5～8mm；宿萼方形；宿存柱头盘状，分核 4 个，椭圆形，有皱纹及洼穴；内果皮骨质。花期 4～5 月，果期 6～11 月。

【生境与分布】生于密林或疏林中，在山谷溪边也能生长。分布于安徽、江苏、浙江、江西、福建等省，另湖北也产；日本也有分布。

图 534　大叶冬青　　　　　　　摄影　浦锦宝等

【药名与部位】苦丁茶（大叶冬青），叶。

【采集加工】夏、秋二季采收，干燥。

【药材性状】叶略皱缩，黄绿色，展平后呈长圆状椭圆形或卵状长椭圆形，长 10～16cm，宽 8～9cm，上表面有光泽，叶缘具锐锯齿；上表面主脉凹陷，下表面主脉隆起；叶柄直径 2～3mm。革质或厚革质。气微，味苦。

【质量要求】叶嫩，无梗。

【药材炮制】除去杂质，洗净，切丝，干燥。

【化学成分】叶含皂苷类：羽扇豆醇（lupeol）、熊果酸（ursolic acid）、23-羟基齐墩果酸（23-hydroxy-oleanolic acid）、熊果醇（uvaol）、27-羟基-α-香树脂醇（27-hydroxy-α-amyranol）、坡模酸（pomolic acid）、3β, 23-二羟基熊果-12-烯-28-酸（3β, 23-dihydroxy-urs-12-en-28-oic acid）、羽扇-20(29)-烯-3β, 24-二醇［lup-20（29）-ene-3β, 24-diol］[1]，大叶冬青苷Ⅰ、Ⅱ、Ⅲ（macrophyllinⅠ、Ⅱ、Ⅲ）[2]，α-香树脂醇（α-amyrin）、β-香树脂醇（β-amyrin）、蒲公英萜醇（taraxerol）[3]，苦丁冬青苷 A、C、D、E、N、O（kudinoside A、C、D、E、N、O）、γ-苦丁内酯-3-O-β-D-吡喃葡萄糖（1→3）-［α-L-吡喃鼠李糖（1→2）］-α-L-吡喃阿拉伯糖苷 {γ-kudinglactone-3-O-β-D-pyranglucose（1→3）-［α-L-rhamnopyranosyl（1→2）］-α-L-arabinopyranoside}、阔叶冬青苷 G、H、Q（latifoloside G、H、Q）和苦丁茶冬青苷 G（ilekudinoside G）[4]；黄酮类：5-羟基-6, 7, 8, 4′-四甲氧基黄酮（5-hydroxy-6, 7, 8, 4′-tetramethoxyflavone）、橘红素（tangeretin）、川陈皮素（nobiletin）、5-羟基-6, 7, 8, 3′, 4′-五甲氧基黄酮（5-hydroxy-6, 7, 8, 3′, 4′-pentamethoxyflavone）、5, 6, 7, 8, 4′-五甲氧基黄酮醇（5, 6, 7, 8, 4′-pentamethoxyflavonol）、5, 6, 7, 8, 3′, 4′-六甲氧基黄酮醇（5, 6, 7, 8, 3′, 4′-hexamethoxyflavonol）、5-羟基-3′, 4′, 7-三甲氧基二氢黄酮（5-hydroxy-3′, 4′, 7-trimethoxyflavanone）和大豆脑苷Ⅰ、Ⅱ（soyacerebrosideⅠ、Ⅱ）[5]。

　　树皮含皂苷类：阔叶冬青苷 C、E、I、J（latifolosideC、E、I、J）[6]，苦丁茶冬青苷 A（ilekudinoside

A）和阔叶冬青苷 G、K、L（kudinoside G、K、L）[7]。

【药理作用】1. 降血脂 叶水提醇沉提取物可降低实验性高脂血症小鼠的血清总胆固醇（TC）和甘油三酯（TG）含量[1]；水提取物可降低高脂血症大鼠的血清胆固醇、甘油三酯含量，对高密度脂蛋白胆固醇（HDL-C）、低密度脂蛋白胆固醇（LDL-C）、动脉粥样硬化指数（AI）、冠心指数（R-CHR）也有一定的调节作用[2]。2. 抗肿瘤 叶乙醇提取物可抑制胃癌 SGC-7901 细胞的增殖；鲜叶挥发油可抑制肺癌 NCI-H$_{460}$ 细胞的增殖[3]。3. 护肝 叶多糖可抑制四氯化碳所致肝损伤小鼠的血清谷丙转氨酶（ALT）和天冬氨酸氨基转移酶（AST）的升高、丙二醛（MDA）的降低、超氧化物歧化酶（SOD）和谷胱甘肽过氧化物酶活性的增强[4]。4. 抗氧化 叶多酚与黄酮对 1，1-二苯基 -2- 三硝基苯肼自由基（DPPH）、2，2′- 联氮 - 二（3- 乙基 - 苯并噻唑 -6- 磺酸）二铵盐自由基（ABTS）和羟自由基（·OH）具有清除作用及还原 Fe^{3+} 为 Fe^{2+} 的作用[5]。5. 抗菌 叶水层物总生物碱和总黄酮苷对金黄色葡萄球菌和大肠杆菌的生长均有较明显的抑制作用[6]。

【性味与归经】苦，凉。归肝、肺、胃经。

【功能与主治】疏风清热，活血。用于头痛，目赤口苦，鼻炎，中耳炎。

【用法与用量】4.5～9g。

【药用标准】浙江炮规 2015、上海药材 1994、山东药材 2012、内蒙古药材 1988 和海南药材 2011。

【临床参考】1. 高脂血症：叶代茶常饮[1]。

2. 烫伤：叶适量，水煎外洗，并用叶焙干研粉，茶油调涂。

3. 黄水疮：树皮适量，研粉，菜油调涂。

4. 高血压症：鲜叶代茶常饮。

5. 口腔炎：叶 30g，水煎咽服。（2 方至 5 方引自《浙江药用植物志》）

【化学参考文献】

[1] 伍彬，郑曦孜 . 大叶冬青化学成分研究［J］. 中国药业，2009，18（10）：17-18.

[2] 王淘淘，鲁润华，汪汉卿，等 . 大叶冬青三萜糖甙结构的研究［J］. 波谱学杂志，2000，17（4）：283-296.

[3] Cao X，Liu Y，Li J，et al. Bioactivity-guided isolation of neuritogenic triterpenoids from the leaves of *Ilex latifolia* Thunb［J］. Food Funct，2017，8（10），DOI：10.1039/c7fo00981j.

[4] 范春林，范龙，张晓琦，等 . 大叶冬青的三萜皂苷类成分研究［J］. 中国药学杂志，2010，45（16）：1228-1232.

[5] 王存琴，王磊，李宝晶，等 . 大叶冬青的黄酮类成分研究［J］. 中国中药杂志，2014，39（2）：258-261.

[6] Huang J，Wang X，Ogihara Y，et al. Latifolosides I and J，two new triterpenoid saponins from the bark of *Ilex latifolia*［J］. Chem Pharm Bull，2001，49（2）：239-241.

[7] Huang J，Wang X，Ogihara Y，et al. Latifolosides K and L，two new triterpenoid saponins from the bark of *Ilex latifolia*［J］. ChemPharmBull，2001，49（6）：765-767.

【药理参考文献】

[1] 谭银丰，李海龙，王群，等 . 大叶冬青降血脂作用及多糖含量测定研究［J］. 海南医学院学报，2011，17（1）：24-26.

[2] 潘慧娟，廖志银，应奇才，等 . 苦丁茶大叶冬青的降脂作用研究［J］. 茶叶科学，2004，24（1）：49-52.

[3] 陈凤美，李晓储，杨守辉，等 . 大叶冬青叶抗肿瘤活性初步研究［J］. 林业工程学报，2007，21（5）：30-31.

[4] Fan J，Wu Z，Zhao T，et al. Characterization，antioxidant and hepatoprotective activities of polysaccharides from *Ilex latifolia* Thunb［J］. Carbohydrate Polymers，2014，101（1）：990.

[5] 张文芹，许文清，孙怡，等 . 苦丁茶冬青与大叶冬青苦丁茶提取物体外抗氧化活性比较研究［J］. 食品科学，2010，31（23）：22-26.

[6] 李晓储，蒋继宏，方德兰，等 . 大叶冬青叶若干生化指标测定及抗菌活性研究［J］. 扬州大学学报（农业与生命科学版），2006，27（1）：91-94.

【临床参考文献】

[1] 潘慧娟，廖志银，应奇才，等 . 苦丁茶大叶冬青的降脂作用研究［J］. 茶叶科学，2004，24（1）：49-52.

535. 毛冬青（图535） · *Ilex pubescens* Hook. et Arn.

图535　毛冬青　　　　　　　　　　　　　　　摄影　李华东等

【形态】常绿灌木或小乔木，高1.5～4m。幼枝纤细，有棱，密生粗毛或短柔毛。叶纸质，椭圆形或长卵形，长2～6.5cm，宽1～2.7cm，顶端渐尖，基部钝或近圆形，叶缘疏生少数细锐锯齿，齿端芒尖而弯曲，两面被粗毛或短柔毛，下面近中脉毛较密，中脉上面稍凹陷，侧脉4～5对，网脉略明显；叶柄长1～4mm，密生粗毛或短柔毛。花序簇生于叶腋；雄花序每枝具1～3花，雌花序每枝为1～3花；花6～8数。果簇常有果1～2个，果卵圆形，直径约4mm；果梗长约2mm，密生短柔毛；宿萼被短柔毛；宿存柱头头状；分核6～7个，椭圆形，两端尖，背面粗糙，内果皮革质。花期4～5月，果期7～8月。

【生境与分布】生于常绿阔叶林中或山坡灌丛中。分布于安徽、浙江、江西、福建，另广东、广西、湖南、云南、贵州、台湾等省区均有分布。

【药名与部位】毛冬青，根。

【采集加工】夏、秋季采挖，晒干；或切厚片，干燥

【药材性状】呈块片状，大小不等，厚0.5～1cm。外皮灰褐色或棕褐色，稍粗糙，有细皱纹和横向皮孔。切面皮部薄，老根稍厚，木质部黄白色或淡黄棕色，有致密的纹理。质坚实，不易折断。气微，味苦、涩而后甘。

【药材炮制】除去杂质，洗净，润透，切片，干燥。

【化学成分】根含环烯醚萜苷：（*R*）-β-羟基橄榄苦苷［（*R*）-β-hydroxyoleuropein］、2'-（3',4'-二羟基苯基）乙基-（6″-*O*-木犀榄苷-11-甲酯）-β-D-吡喃葡萄糖苷［2'-（3',4'-dihydroxyphenyl）ethyl-（6″-*O*-oleoside-11-methyl ester）-β-D-glucopyranoside］[1]，女贞子苷（nuezhenide）、（7″*S*）-7″-乙氧基

橄榄苦苷［（7″S）-7″-ethoxyoleuropein］、（7″R）-7″- 乙氧基橄榄苦苷［（7″R）-7″-ethoxyoleuropein］、
（7″S）-7″- 甲氧基橄榄苦苷［（7″S）-7″-methoxyoleuropein］和（7″R）-7″- 甲氧基橄榄苦苷［（7″R）-
7″-methoxyoleuropein］[2]；木脂素类：鹅掌楸苷（liriodendrin）、（+）- 环橄榄树脂素［（+）-cyclo-olivil］、
（-）- 橄榄树脂素［（-）-olivil］[3]，广玉兰赖宁苷 C（magnolenin C）[4]，丁香脂素（syringaresinol）、
1- 羟基松脂醇 -1-β-D- 葡萄糖苷（1-hydroxyresin-1-β-D-glucoside）[5]，丁香脂素 -4′-O-β-D- 葡萄糖苷
（syringaresinol-4′-O-β-D-glucoside）[6]，丁香脂素 -4-O-β-D- 葡萄糖苷（syringaresinol-4-O-β-D -glucoside）[7]、
（7R, 7′R, 7″R, 8S, 8′S, 8″S）-4′, 4″- 二羟基 -3, 3′, 3″, 5- 四甲氧基 -7, 9′：7′, 9- 二环氧 -4, 8″- 氧化 -8, 8′- 倍半
木脂素 -7″, 9″- 二醇［（7R, 7′R, 7″R, 8S, 8′S, 8″S）-4′, 4″-dihydroxy-3, 3′, 3″, 5-tetramethoxy-7, 9′：7′, 9-diepoxy-4,
8″-oxy-8, 8′-sesquineolignan-7″, 9″-diol］、赤 -（7S, 8R）-1-（4- 羟基 -3- 甲氧苯基）-2-{4-［（E）-3- 羟
基 -1- 丙烯基］-2- 甲氧苯氧基 }-1, 3- 丙二醇 {erythro-（7S, 8R）-1-（4-hydroxy-3-methoxyphenyl）-2-{4-
［（E）-3-hydroxy-1-propenyl］-2-methoxyphenoxy}-1, 3-propanediol}、赤 -（7R, 8S）- 愈创木酚甘油 -β-
松柏醛醚［erythro-（7R, 8S）-guaiacylglycerol-β-coniferyl aldehyde ether］、川木香醇 D（vladinol D）、
7S, 8R- 二氢去氢松柏醇（7S, 8R-dihydrodehydroconiferyl alcohol）、（-）- 丁香脂素［（-）-syringaresinol］、
（-）- 杜仲树脂酚［（-）-medioresinol］[8]，（7S, 8R）- 二氢去氢二松柏醇 -4-O-β-D- 吡喃葡萄糖苷
［（7S, 8R）-dihydrodehydrodiconiferylalcohol-4-O-β-D-glucopyranoside］、（-）- 橄榄树脂素 -4′-O-β-D-
吡喃葡萄糖苷［（-）-olivil-4′-O-β-D-glucopyranoside］、（7S, 8R）去氢二松柏醇 -4-O-β-D- 吡喃葡萄糖
苷［（7S, 8R）dehydrodiconiferyl alcohol-4-O-β-D-glucopyranosid］、（+）- 皮树脂醇二 -O-β-D- 吡喃葡萄
糖苷［（+）-medioresinol-di-O-β-D-glucopyranoside］、（+）- 松脂素 -4, 4′-O- 二吡喃葡萄糖苷［（+）-pinoresinol-4,
4′-O-bisglucopyranoside］[9]和冬青木脂素 *A（ilexlignan A）[10]；皂苷类：毛冬青皂苷元 A（ilexgenin A）、
冬青三萜苷 D（ilexoside D）[4]，毛冬青皂苷 A1、B1、B2、B3、O（ilex saponin A1、B1、B2、B3、O）[6]、
3-O-β-D- 吡喃木糖 - 3β, 19α, 24- 三羟基齐墩果酸 -28-β-D- 吡喃葡萄糖酯（3-O-β-D-xylopyranosyl- 3β, 19α,
24-trihydroxyoleanolic acid -28-β-D-glucopyranosyl ester）, 即 3-O-β-D- 吡喃木糖 - 苷斯帕司奥迪酸 * -28-β-
D- 吡喃葡萄糖酯（3-O-β-D-xylopyranosyl spathodic acid-28-β-D-glucopyranosyl ester）、冬青三萜苷 A（ilexoside
A）、冬青三萜苷 O（ilexoside O）[7], 3β- 乙酰齐墩果酸（3β-acetyl oleanolic acid）、3β- 乙酰熊果酸（3β-acetyl
ursolic acid）、熊果醇（uvaol）、积雪草酸（asiatic acid）、2α- 羟基熊果酸（2α-hydroxyursolic acid）、
齐墩果酸（oleanolic acid）、熊果酸（ursolic acid）[11]，3-O-β-D- 吡喃木糖基 - 斯帕司奥迪酸（3-O-β-D-
xylopyranosyl spathodic acid）[12]，冬青素 B-3-O-β-D- 吡喃木糖苷（ilexgenin B-3-O-β-D-xylpyranoside）、
齐墩果酸 -3-O-β-D- 葡萄糖苷（olenolic acid-3-O-β-D- glucoside）、长梗冬青苷（pedunculoside）、泰国
树脂酸 -28-O-β-D- 葡萄糖酯（siaresinolic acid-28-O-β-D-glucose ester）、冬青素 B -28-O-β-D- 葡萄糖苷
（ilexgenin B-28-O-β-D-glucoside）[13]，玉叶金花苷 R（mussaendoside R）、地榆苷 I（ziyu-glycoside I）、
丝瓜皂苷 H（lucyoside H）[14]，冬青苷 L1、L3（ilexin L1、L3）[15]，毛冬青皂苷 B4、C（ilex saponin
B4、C）[16]，毛冬青三萜苷 *N、O、P、Q、R（ilexpublesnin N、O、P、Q、R）、毛冬青皂苷 A1（ilexsaponin
A1）、玉叶金花苷 V（mussaendoside V）、3β, 19α- 二羟基齐墩 -12- 烯 -24, 28- 二酸 -O-β-D- 吡喃葡萄糖
酯（3β, 19α-dihydroxyolea-12-en-24, 28-dioic-O-β-D-glucopyranosyl ester）、长圆冬青苷 K（oblonganoside
K）[17]和毛冬青三萜苷 *C、D、E、F、G、H、I、J、K、L、M（ilexpublesnin C、D、E、F、G、H、
I、J、K、L、M）[18]；酚酸及衍生物：对羟基苯乙醇（hydroxyphenethyl alcohol）、芥子醛 -4-O-β-D- 吡
喃葡萄糖苷（sinapicaldehyde-4-O-β-D-glucopyranoside）[3], 4, 5- 二 -O- 咖啡酰奎宁酸（4, 5-di-O-caffeoyl
quinic acid）[4]，原儿茶醛（protocatechualdehyde）、对苯二酚（p-hydroquinone）、5-O- 咖啡酰基 - 奎宁
酸（5-O-caffeoyl quinic acid）[5], 3, 4- 二咖啡酰基奎宁酸甲酯（methyl 3, 4-dicaffeoyl quinate）、3, 4, 5-
三咖啡酰基奎宁酸甲酯（methyl 3, 4, 5-tricaffeoy lquinate）、异香草酸（isovanillic acid）、丁香酸（syringic
acid）[11]，冬青酸 A、B（ilex acid A、B）[19]和具毛冬青苷 A*（ilexpubside A），即 4-O-β-D-［6′-O-（4″-O-β-D-
吡喃葡萄糖基香草酰）吡喃葡萄糖基］香草酸 {4-O-β-D-［6′-O-（4″-O-β-D-glucopyranosyl vanilloyl）

glucopyranosyl〕vanillic acid}[20]；甾体类：菠菜甾醇（spinasterol）、β- 谷甾醇（β-sitosterol）、胡萝卜苷（daucosterol）[4]，豆甾醇（stigmasterol）[6] 和豆甾醇 -3-O-β-D- 吡喃葡萄糖苷（stigmasterol-3-O-β-D-glucopyranoside）[11]；香豆素类：伞形花内酯（umbelliferone）[6]；环烷醇类：肌醇（myoinositol）[8]。

叶含皂苷类：冬青素 A2（ilexgenin A2）、3β, 19α- 二羟基熊果 -12- 烯 -24, 28- 二酸 -24, 28- 二 -O-β-D- 吡喃葡萄糖苷（3β, 19α-dihydroxyurs-12-en-24, 28-dioic acid-24, 28-di-O-β-D-glucopyranoside）[21]，毛冬青素 A（ilexgenin A）、毛冬青皂苷 A1（ilexsaponin A1）和 3β, 19α- 二羟基齐墩果 -12- 烯 -24, 28- 二酸 -28-O-β-D- 吡喃葡萄糖苷（3β, 19α-dihydroxyolean-12-ene-24, 28-dioic-28-O-β-D-glucopyranoisde）[22]；黄酮类：大豆苷元（daidzein）、染料木苷（genistin）、山奈酚 -3-O-β- 龙胆二糖苷（kaempferol-3-O-β-gentiobioside）、山奈酚 -3-O-β- 刺槐双糖苷（kaempferol-3-O-β-robinobinoside）、山奈酚 -3-O-β- 半乳糖苷（kaempferol-3-O-β-galactopyranoside）和槲皮素 -3-O-β- 龙胆二糖苷（quercetin-3-O-β-gentiobioside）[22]；酚酸类：3, 4-O- 二咖啡酰基奎宁酸（3, 4-O-dicaffeoyl quinicacid）、3, 5-O- 二咖啡酰基奎宁酸（3, 5-O-dicaffeoyl quinic acid）、1, 5-O- 二咖啡酰基奎宁酸（1, 5-O-dicaffeoyl quinic acid）、4, 5-O- 二咖啡酰基奎宁酸（4, 5-O-dicaffeoyl quinic acid）、2- 羟甲基 -3- 咖啡酰氧 -1- 丁烯 -4-O-β-D- 吡喃葡萄糖苷（2-hydroxymethyl-3-caffeoyloxyl-1-butene-4-O-β-D-glucopyranoside）和 2- 咖啡酰甲基 -3- 羟基 -1- 丁烯 -4-O-β-D- 吡喃葡萄糖苷（2-caffeoylmethyl-3-hydroxyl-1-butene-4-O-β-D-glucopyranoside）[22]；醇苷类：2- 苯乙基 -O-α-L- 吡喃阿拉伯糖基（1→6）-O-β-D- 吡喃葡萄糖苷〔2-phenylethyl-O-α-L-arabinopyranosyl（1→6）-O-β-D-glucopyranoside〕[22]。

茎含皂苷类：冬青皂素 *A（ilexgein A）、毛冬青皂苷 A1、B1、B2（ilexsaponin A1、B1、B2）[23]；甾体类：β- 谷甾醇（β-sitosterol）[23]；黄酮类：木犀草素（luteolin）、槲皮素（quercetin）、金丝桃苷（hyperoside）和芦丁（rutin）[24]；蒽醌类：1, 5- 二羟基 -3- 甲基蒽醌（1, 5-dihydroxy-3-methyl-anthraquinone）[24]；酚酸类：3, 5- 二甲氧基 -4- 羟基 - 苯甲酸 -1-O-β-D- 葡萄糖苷（3, 5-dimethoxy-4-hydroxy-benzoic acid-1-O-β-D-glucoside）[24]；脂肪酸类：棕榈酸（palmitic acid）和硬脂酸（stearic acid）[24]；烷醇类：正三十四醇（n-tetratriacontanol）[24]。

【药理作用】1. 改善心功能　根水提液对慢性心力衰竭模型大鼠的心功能有改善作用，能上调微小 RNA133a 的表达[1]。2. 改善记忆　根 60% 乙醇提取物可明显延长恐惧记忆时间，改善大脑海马区的组织病变情况，增加海马区 B 淋巴细胞瘤 -2 基因（Bcl-2）/ 免抗人单克隆抗体（Bax）蛋白表达的值，改善血管性痴呆小鼠的学习记忆功能[2]。3. 保护脑神经　根总皂苷能明显改善血瘀大鼠的全血黏度，增强腺苷三磷酸酶（ATP）、总超氧化物歧化酶（T-SOD）活力及 B 淋巴细胞瘤 -2 基因（Bcl-2）阳性细胞的表达，降低免抗人单克隆抗体（Bax）阳性表达，对脑神经细胞的损伤有明显的保护作用[3]。4. 抗炎　根水提液对急慢性炎症有较好的抗炎作用，同时能有效抑制心血管疾病和肝损伤的炎症反应[4]。5. 抗血栓　根中分离的毛冬青皂苷 B$_3$（ilexsaponin B$_3$）能抑制胶原蛋白肾上腺素诱发的血栓形成所致小鼠的偏瘫和死亡及三氯化铁（FeCl$_3$）诱导大鼠腹主动脉的血栓形成[5]。

【性味与归经】苦、涩，寒。归心、肺经。

【功能与主治】凉血，活血，通脉，消炎解毒。用于血栓闭塞性脉管炎，冠状动脉硬化性心脏病；外治烧、烫伤。

【用法与用量】60～120g；外用适量，煎成 1∶1 煎剂，敷患处。

【药用标准】药典 1977、浙江炮规 2015、上海药材 1994、北京药材 1998、内蒙古药材 1988、广东药材 2011 和湖南药材 2009。

【临床参考】1. 糖尿病足：根 200g，水煎泡脚，每次 30min，每日 1～2 次，创面有新鲜肉芽生成时，可用药液纱布湿敷，同时配合降糖等全身治疗[1]。

2. 难愈性褥疮：叶及根皮 200g，加山芝麻根皮 100g、大黄 100g、冰片 30g，研细末，加入蜂蜜 500ml，拌匀成膏外敷患处，无菌纱布覆盖，每日 2 次[2]。

3. 血透患者血管通路血栓性闭塞：根 150g，水煎，用小方巾浸药液热敷穿刺部位[3]。

4. Ⅰ、Ⅱ度烧伤：叶，水煎浓缩，药液纱布湿敷创面，隔日 1 次，同时配合烧伤常规治疗[4]。

5. 慢性盆腔痛：根，加大黄、莪术、黄芪等水煎，取 50ml 保留灌肠，每日 1 次，10 天 1 疗程，连用 2 疗程[5]。

6. 急性扁桃体、急性咽炎：根皮（晒干碾成粉末）20～30g，冲泡代茶饮，每日 1 剂[6]。

7. 疖腮：根适量，加水 1000ml，煎沸 20～30min，加鱼腥草再沸 10min，稍凉，用纱布浸药液湿敷患处，每次 20～30min，每日 4～5 次[7]。

【化学参考文献】

［1］杨鑫，丁怡，张东明，等 . 毛冬青中环烯醚萜苷类化合物的分离与鉴定［J］. 中国药物化学杂志，2007，17（3）：173-177.

［2］杨燚，师帅，魏丹，等 . 毛冬青中环烯醚萜苷类化学成分的分离与鉴定［J］. 沈阳药科大学学报，2017，34（8）：634-639.

［3］杨鑫，丁怡，孙志浩，等 . 毛冬青的化学成分研究［J］. 中草药，2005，36（8）：1146-1147.

［4］吴婷，张晓琦，王英，等 . 毛冬青根的化学成分研究［J］. 时珍国医国药，2009，20（12）：2923-2925.

［5］尹文清，周中流，傅春燕，等 . 毛冬青根中酚性成分的研究［J］. 中成药，2008，30（9）：1400-1402.

［6］尹文清，周中流，邹节明，等 . 毛冬青根中化学成分的研究［J］. 中草药，2007，38（7）：995-997.

［7］冯锋，朱明晓，谢宁 . 毛冬青化学成分研究［J］. 中国药学杂志，2008，43（10）：732-736.

［8］杨燚，师帅，魏丹，等 . 毛冬青中木脂素类化学成分的分离与鉴定［J］. 沈阳药科大学学报，2017，34（6）：467-472.

［9］杨鑫，丁怡，张东明 . 毛冬青中木质素苷类化学成分的研究［J］. 中国中药杂志，2007，32（13）：1303-1305.

［10］Zhou Y B, Wang J H, Li X M, et al. A new lignan derivative from the root of Ilex pubescens［J］. Chin Chem Lett, 2008, 19（5）：550-552.

［11］姜一平，李华，潘学智，等 . 毛冬青根的化学成分［J］. 中药材，2013，36（11）：1774-1778.

［12］赵钟祥，曾瑞鑫，金晶，等 . 毛冬青根中的新三萜皂苷［J］. 中草药，2012，43（7）：1267-1269.

［13］赵钟祥，金晶，林朝展，等 . 毛冬青根中三萜苷类成分的研究［J］. 中国药师，2011，14（5）：599-601.

［14］张翠仙，林朝展，杨金燕，等 . 毛冬青中三萜皂苷类化合物的分离（Ⅲ）［J］. 中山大学学报（自然科学版），2011，50（1）：70-74.

［15］Wu T, Zhang Q W, Zhang X Q, et al. Two new compounds from the roots of Ilex pubescens［J］. Nat Prod Res, 2012, 26（15）：1408-1412.

［16］Feng F, Zhu M X, Xie N, et al. Two new triterpenoid saponins from the root of Ilex pubescens［J］. J Asian Nat Prod Res, 2008, 10（1）：71-75.

［17］Zhou Y, Zeng K, Zhang J, et al. Triterpene saponins from the roots of Ilex pubescens［J］. Chem Biodivers, 2014, 11（5）：767-775.

［18］Zhou Y, Chai X Y, Zeng K W, et al. Ilexpublesnins C-M, eleven new triterpene saponins from the roots of Ilex pubescens［J］. Planta Med, 2013, 79（1）：70-77.

［19］Yang X, Ding Y, Sun Z H, et al. Studies on chemical constituents from Ilex pubescens［J］. J Asian Nat Prod Res, 2006, 8（6）：505-510.

［20］Zhou Y B, Wang J H, Li X M, et al. Studies on the chemical constituents of Ilex pubescens［J］. J Asian Nat Prod Res, 2008, 10（9）：827-831.

［21］Zhou Z, Feng Z, Yin W, et al. A new triterpenesaponin from the leaves of Ilex pubescens, and its XOD inhibitory activity［J］. Chem Nat Compd, 2013, 49（4）：682-684.

［22］周渊，周思祥，姜勇，等 . 毛冬青叶的化学成分研究［J］. 中草药，2012，43（8）：1479-1483.

［23］应鸽，丁平，代蕾，等 . 毛冬青茎化学成分研究［J］. 中国实验方剂学杂志，2012，18（11）：118-120.

［24］邢贤冬，张倩，冯锋，等 . 毛冬青茎的化学成分研究［J］. 中药材，2012，35（9）：1429-1431.

【药理参考文献】

［1］黄习文，游志德，陈洁，等．毛冬青对心衰模型大鼠心功能及 miR133a 表达的影响［J］．中药新药与临床药理，2014，25（1）：48-50.

［2］闫晓宁，邢燕梅，余柱立，等．毛冬青改善血管性痴呆小鼠学习记忆作用的研究［J］．中药新药与临床药理，2017，28（1）：36-40.

［3］曹利华，苗明三，辛卫云，等．毛冬青总皂苷提高血瘀大鼠脑缺血耐受的作用机制［J］．中华中医药杂志，2017，32（12）：5513-5517.

［4］宋媛媛，李媛，张洪泉．毛冬青抗炎免疫药理作用的研究进展［J］．安徽医药，2009，13（10）：1157-1159.

［5］熊天琴，陈元元，李红侠，等．毛冬青皂苷 B$_3$ 的抗血栓作用研究［J］．中草药，2012，43（9）：1785-1788.

【临床参考文献】

［1］罗骞，黄运英，李咏梅，等．毛冬青煎剂浸泡治疗糖尿病足的临床效果［J］．中国当代医药，2016，23（31）：116-118.

［2］曾展清．毛冬青膏治疗难愈性褥疮 29 例［J］．中国社区医师，2003，18（3）：46.

［3］陈少英．毛冬青液外敷防治血透患者血管通路血栓性闭塞的临床研究［J］．现代护理，2005，11（15）：1185-1186.

［4］江水华，叶运廷，叶友燊，等．毛冬青叶浓缩液治疗Ⅰ、Ⅱ度烧伤的疗效［J］．今日药学，2017，27（6）：397-399.

［5］裴小黎．复方毛冬青液保留灌肠治疗妇科慢性盆腔痛的疗效［J］．中医临床研究，2017，9（7）：108-109.

［6］黄镇才．毛冬青治疗急乳蛾急喉痹 186 例［J］．广西中医药，1996，19（4）：39-40.

［7］朱会友，倪爱华．鱼腥草毛冬青治疗痄腮 150 例［J］．中国民间疗法，1997，5（4）：23-24.

五七 卫矛科 Celastraceae

常绿或落叶乔木或灌木，直立或攀援状。单叶，对生或互生；托叶小，早落。花小，整齐，两性，稀单性，淡绿色，常聚生成聚伞花序，稀圆锥花序或单生；萼片4～5裂；花瓣4～5枚，覆瓦状排列；雄蕊与花瓣同数，与花瓣互生，着生于花盘边缘；花盘发达，扁平或隆起；子房上位，2～5室，稀1室；胚珠每室1～2粒，花柱短或缺如，柱头通常头状，或2～5浅裂。果实为蒴果或浆果，稀翅果。种子常有颜色鲜艳的假种皮，胚乳常丰富。

55属，800多种，分布于热带至温带地区。中国10属，120余种，广布于华南、西南至华北，多数产于长江以南各省区，法定药用植物4属，15种。华东地区法定药用植物3属，10种。

卫矛科法定药用植物主要含皂苷类、萜类、生物碱类、黄酮类等成分。皂苷类包括木栓烷型、齐墩果烷型、熊果烷型、羽扇豆烷型等，如南蛇藤素（celastrol）、雷公藤酸（wilfordic acid）、2α-羟基熊果酸（2α-hydroxyursolic acid）、3β-羟基-20（29）-羽扇豆烯-28-醛-3-咖啡酸酯［3β-hydroxylup-20（29）-en-28-al-3-caffeate］等；萜类如雷公藤内酯（triptolide）、雷公藤羟内酯（tripdiolide）等；生物碱包括倍半萜类、吡啶类、吲哚类等，如雷公藤宁碱A、B、C、G（wilfornine A、B、C、G）、三尖杉种碱A、B、C（fortuneine A、B、C）、疣点卫矛碱A（euoverrine A）等；黄酮类包括黄酮、黄酮醇、黄烷等，如山柰酚（kaempferol）、槲皮素-3-β-D-葡萄糖基-7-α-L-鼠李糖苷（quercetin-3-β-D-gluco-7-α-L-rhamnoside）、（+）-儿茶素［（+）-catechin]等。

卫矛属含黄酮类、生物碱类、皂苷类、萜类等成分。黄酮类包括黄酮醇、二氢黄酮醇、黄烷等，如槲皮素-3-半乳糖基-木糖苷（quercetin-3-galactosyl-xyloside）、香树素（aromadendrin）、（+）-儿茶素［（+）-catechin］等；生物碱包括倍半萜类、吡啶类、吲哚类等，如雷公藤碱（alkaloid wilfordine）、三尖杉种碱A、B、C（fortuneine A、B、C）、疣点卫矛碱A（euoverrine A）等；皂苷类如木栓酮（friedelin）、美登木酸（polpunic acid）、雷公藤酸（wilfordic acid）等；萜类如β-二氢沉香呋喃倍半萜Ⅰ、Ⅲ（β-dihydroagarofuran sesquiterpenoid Ⅰ、Ⅲ）等。

南蛇藤属含萜类、皂苷类、黄酮类、生物碱类等成分。萜类以倍半萜居多，如1β，2β，9α-三羟基-β-二氢沉香呋喃（1β，2β，9α-trihydroxy-β-dihydgaroaroiuran）等；皂苷类包括羽扇豆烷型、齐墩果烷型、木栓烷型等，如β-香树素（β-amyrin）、木栓酮（friedelin）等；黄酮类包括黄酮醇、黄烷等，如山柰酚-3-芸香糖苷（kaempferol-3-rutinoside）、（-）-表儿茶素［（-）-epicatechin］等；生物碱类多具有二氢沉香呋喃型的结构特征。

雷公藤属含生物碱类、二萜类、皂苷类等成分。生物碱类多为二氢呋喃型倍半萜，其中具较强生物活性的为大环生物碱，具抗炎和免疫抑制等活性，如雷公藤宁碱A、B、D、G（wilfornine A、B、D、G）、雷公藤康碱（wilfordconine）、雷公藤榕碱（wilfordlongine）等；二萜类可分为贝壳杉烷型、泪柏醚型和松香烷型，具较强的免疫抑制活性，如雷公藤内酯（triptolide）、雷公藤二萜酸（triptoditerpenic acid）等；皂苷类包括齐墩果烷型、熊果烷型和木栓烷型，如雷公藤酸B（wilfordic acid B）、雷公藤亭C（triptotin C）等。

分属检索表

1. 叶对生；子房3～5室，与花的其他部分同数；花盘肥厚，扁平······1. 卫矛属 *Euonymus*

1. 叶互生；子房3室，少于花的其他部分；花盘较薄，通常杯状。

  2. 小枝四棱形或近圆形；聚伞花序排成总状或圆锥状；蒴果球形，黄色，开裂；种子具橙红色肉质假种皮······2. 南蛇藤属 *Celastrus*

  2. 小枝具5～6棱；圆锥花序；蒴果具3翅，棕红色，不开裂；种子无假种皮·············

    ······3. 雷公藤属 *Tripterygium*

1. 卫矛属 *Euonymus* Linn.

落叶或常绿灌木，或小乔木，有时以气生根攀附上升成为攀援植物。小枝常有4棱。叶多数对生，有柄，稀无柄，通常无毛，托叶早落。聚伞花序腋生或侧生，花小，两性，4～5基数，雄蕊花丝短，着生于花盘上，花药1～2室，花盘肉质，扁平，3～5裂，子房上位，与花盘贴生，3～5室，胚珠每室1～2粒，花柱短或缺如，柱头3～5裂。蒴果平滑，或具棱角，或延展成翅，或具刺状突起，每室有种子1～2粒。种子有橙红色或橙黄色的假种皮，具胚乳。

约170种，分布于北温带及大洋州，主要在亚洲。中国120余种，各地均有分布，尤以秦岭以南各地为多，法定药用植物6种。华东地区法定药用植物5种。

分种检索表

1. 果密生刺；叶柄长2～5mm至近无柄······棘刺卫矛 *E. echinatus*
1. 果无刺；叶具短柄或长柄。
　2. 蒴果4裂，深达中部至基部。
　　3. 枝通常具宽阔木栓翅；种子紫褐色······卫矛 *E. alatus*
　　3. 枝无木栓翅；种子白色或淡红色······白杜 *E. maackii*
　2. 蒴果不开裂或仅具4浅裂。
　　4. 直立灌木；无气生根；叶柄长5～15mm······冬青卫矛 *E. japonicus*
　　4. 匍匐或攀援灌木；小枝具气生根；叶柄长3～6mm······扶芳藤 *E. fortunei*

536. 棘刺卫矛（图536）• *Euonymus echinatus* Wall.（*Euonymus subsessilis* Sprague）

【别名】无柄卫矛。

【形态】常绿藤本或匍匐灌木。小枝四棱形，老枝常有瘤状突起。叶革质，卵形或椭圆形，长4～9.5cm，宽2～4cm，顶端短渐尖，基部阔楔形或钝形，边缘有锯齿，下半部较稀，上半部较密，中脉两面隆起，侧脉4～6对；叶柄很短，几无柄。聚伞花序顶生或近顶生，7至多花；总花梗长约2cm，有4棱，花梗长3～5mm，顶端稍膨大；雄蕊花丝细长，子房具疣状突起，有时雌雄蕊退化不发育。幼果密生红棕色刺，宿萼浅盘状，裂片不明显；果近球形，直径约1cm，密生褐色扁刺。种子棕褐色，被橙红色假种皮。花期4～5月，果期9～10月。

【生境与分布】生于山坡及沟谷灌丛中。分布于浙江、福建，另长江流域、珠江流域和西南各地均有分布。

【药名与部位】扶芳藤，地上部分。

【采集加工】全年均可采收，干燥。

【药材性状】茎枝常有不定根，呈圆柱状，有纵皱纹，略弯曲，长短不一，直径3～10mm。茎棕褐色，表面粗糙，有较大且突起皮孔；枝灰褐色，有细疣状密集皮孔，幼枝灰褐色，四棱形，有细密微突皮孔。质坚硬，不易折断，断面不整齐。单叶对生，叶片革质或近革质，长圆形或狭椭圆形，长4～10cm，宽2～4cm，边缘有细锯齿，叶脉两面隆起，侧脉每边5～6条；叶柄极短或无。聚伞花序；花4数。蒴果圆球状，果皮密生刺状突起。气微，味淡。

【药材炮制】除去杂质，洗净，润透，切段，干燥。

图 536　棘刺卫矛　　　　　　　　摄影　张芬耀

【**性味与归经**】微苦，微温。归肝、脾、肾经。

【**功能与主治**】益气血，补肝肾，舒筋活络。用于气血虚弱，腰肌劳损，风湿痹痛，跌打骨折，创伤出血。

【**用法与用量**】6～12g，煎汤或浸酒；外用适量，捣敷患处。

【**药用标准**】广西壮药 2008 和广西药材 1996。

537. 卫矛（图 537）• *Euonymus alatus*（Thunb.）Sieb.

【**别名**】鬼见羽（通称），披树（江苏淮安），鬼蓖子（江苏连云港），鬼箭（江苏南京），巴木、八树（安徽）。

【**形态**】落叶灌木，高 1～3m。全株无毛。小枝具 4 棱，通常具棕褐色宽阔木栓翅，翅宽可达 1.2cm，或有时无翅。叶片纸质，无毛，倒卵形、椭圆形或菱状倒卵形，长 1.5～7cm，宽 0.8～3.5cm，先端急尖，基部楔形，或阔楔形至近圆形，侧脉 6～8 对，网脉明显，叶柄长 1～2mm，或几无柄。聚伞花序腋生，有 3～5 花，总花梗长 0.5～3cm；花淡黄绿色，4 基数；萼片半圆形，绿色；花瓣倒卵圆形，长约 3.5mm，花盘方形肥厚，4 浅裂；雄蕊着生于花盘边缘，花丝略短于花药，子房 4 室，通常 1～2 心皮发育。蒴果棕褐色带紫色，几全裂，至基部相连，呈分果状。种子紫褐色，椭圆形，长 4～6mm，具橙红色假种皮，全部包围种子。花期 4～6 月，果期 9～10 月。

【**生境与分布**】生于沟谷、山坡阔叶混交林中以及林缘或草地。分布于华东各省市，长江中、下游至河北、辽宁、吉林各地均有分布；日本、朝鲜及俄罗斯也有分布。

【**药名与部位**】鬼箭羽，茎的翅状物。

图 537　卫矛　　　　　摄影　徐克学等

【采集加工】夏、秋二季采收，干燥。

【药材性状】呈长方形或不定形的片状，全体灰褐色，大小不一。一侧边缘平截，厚1～2mm，另侧渐薄；两面均有细纵线纹，微具光泽，隐显细密横纹。质轻而脆，易折断，断面平坦，棕黄色。气微，味微苦、涩。

【质量要求】有翅，无粗梗。

【药材炮制】除去杂质，筛去灰屑。

【化学成分】带翅枝条含甾体类：豆甾 -4- 烯 -3- 酮（stigmast-4-en-3-one）、6β- 羟基豆甾 -4- 烯 -3- 酮（6β-hydroxystigmast-4-en-3-one）[1]，6β- 羟基豆甾 -4- 烯 -3- 酮（6β-hydroxystigmast-4-en-3-one）[2]，β- 谷甾醇（β-sitosterol）[1, 3]，胡萝卜苷（daucosterol）[4] 和 Δ⁴β- 谷甾烯酮（Δ⁴β-sitosterone）[5]；皂苷类：表木栓醇（epifriedelinol）[1]，桦木酸（betulinic acid）、11- 羰基 -β- 乳香酸（11-keto-β-boswellic acid）、乙酰 -11- 羰基 -β- 乳香酸（acetyl-11-keto-β-boswellic acid）、脱氢山楂酸（camaldulenic acid）[2]，羽扇豆醇（lupeol）、2α, 3β- 二羟基熊果 -12- 烯 -28- 酸（2α, 3β-dihydroxy-urs-12-en-28-acid）、3β - 羟基 -21αH- 何帕 -22（29）- 烯 -30- 醇［3β-hydroxy-21αH-hop-22（29）-en-30-ol］[4]，木栓醇（friedelinol）、木栓酮（friedelin）、羽扇豆酮（lupenone）、白桦脂醇（betulin）、齐墩果酸（oleanolicacid）[6]，何帕 -22（29）- 烯 -3β- 醇［hop-（22）29-en-3β-ol］、雷公藤内酯甲（wilforlide A）[7] 和 3β- 羟基 -30- 降羽扇豆烷 -20- 酮（3β-hydroxy-30-norlupan-20-one）[8]；酚酸及衍生物：香草醛（vanillin）、2, 4- 二羟基 -3, 6- 二甲基苯甲酸甲酯（methyl 2, 4-dihydroxy-3, 6-dimethyl benzoate）、2, 4- 二羟基 -6- 甲基苯甲酸甲酯（methyl 2,

4-dihydroxy-6-methyl benzoate）[1]，4, 4′- 二甲氧基 -1, 1′- 联苯（4, 4′-dimethoxy-1, 1′-biphenyl）、苔黑酚羧酸乙酯（ethyl orcinol caroxylate）[2]，原儿茶酸（protocatechuic acid）[3]，2, 4- 二羟基 -3, 6- 二甲基苯甲酸甲酯（methyl 2, 4-dihydroxy -3, 6-dimethyl benzoate）[4]，松萝酸（usnic acid）[6]，苯甲酸（benzoic acid）[7]，2- 羟基 -4- 甲氧基 -3, 6- 二甲基苯甲酸（2-hydroxy-4-methoxyl-3, 6-dimethyl benzoic acid）[8]，对羟基苯甲酸（p-hydroxybenzoic acid）、原儿茶酸（protocatechuic acid）、3- 甲氧基 -4- 羟基苯甲酸（3-methoxy-4-hydroxybenzoic acid）、3, 5- 二甲氧基 -4- 羟基苯甲酸（3, 5-dimethoxy-4- hydroxybenzoic acid）[9]，C- 藜芦酰乙二醇（C-veratroylglycol）、阿魏酰苹果酸酯（feruloyl malate）、1′- 甲酯苹果酰阿魏酸酯（1′-methyl ester maloylferulate）和 4′- 甲酯苹果酰阿魏酸酯（4′-methyl ester maloylferulate）[10]；黄酮类：5- 羟基 -6, 7- 二甲氧基黄酮（5-hydroxy-6, 7-dimethoxyflavone）[2]，香橙素（aromadendrin）、槲皮素（quercetin）、芦丁（rutin）[3]，山奈酚（kaempferol）[4]，芹菜素（apigenin）、蒙花苷（linarin）、柚皮苷（naringin）、儿茶素（catechin）[11]，二氢槲皮素（dihydroquercetin）、橙皮苷（hesperidin）、山奈酚 -7-O-α-L- 鼠李糖苷（kaempferol-7-O-α-L-rhamnopyranoside）、山奈酚 -7-O-β-D- 葡萄糖苷（kaempferol-7-O-β-D-glucoside）、槲皮素 -7-O-α-L- 鼠李糖苷（quercetin-7-O-α-L-rhamnopyranoside）、金丝桃苷（hyperosid）、山奈酚 -3, 7- 二 -O-α-L- 鼠李糖苷（kaempferol-3, 7-O-α-L-dirhamnopyranoside）、槲皮素 -3, 7- 二 -O-α-L- 鼠李糖苷（quercetin-3, 7-di-O-α-L-dirhamnopyranoside）、去氢双儿茶素 A（dehydrodicatechin A）[12]，（2R, 3R）- 3, 5, 7, 4′- 四羟基二氢黄酮 [（2R, 3R）-3, 5, 7, 4′-tetrahydroxydihydroflavanone]、5, 7, 4′- 三羟基二氢黄酮（5, 7, 4′-trihydroxydihydroflavanone）[8] 和楝叶吴萸素 B（evofolin B）[10]；脂肪酸：正二十六烷酸（n-hexacosanoic acid）[6]，正二十四烷酸（n-lignoceric acid）[10]，十四烷酸（tetradecanoic acid）、十五烷酸（pentadecanoic acid）、（9E）-9- 十六碳烯酸 [（9E）-9-hexadecenoic acid]、正棕榈酸（n-hexadecanoic acid）、9, 12- 十八碳二烯酸（9, 12-octadecadienoic acid）和 9, 12, 15- 十八碳三烯酸（9, 12, 15-octadecatrienoic acid）[13]；烷烃及烷醇类：正二十八烷醇（n-octacosanol）[1, 6]，1, 30- 三十烷二醇（1, 30-triacontanae-diol）、正辛烷（n-octane）、正壬烷（n-nonane）[4]，角鲨烯（squalene）和正二十五烷（n-pentacosane）[7]；挥发油类：正己醛（hexanal）、壬醛（nonanal）、水杨酸甲酯（methyl salicylate）、顺式异黄樟油素（cis-isosafrole）、月桂酸（dodecanoic acid）和六氢金合欢基丙酮（hexahydrofarnesyl acetone）[13]；生物碱类：咖啡因（caffeine）[7]；萜类：黑麦草内酯（loliolide）、3β- 羟基 -5α, 6α- 环氧 -7- 大柱香波龙 -9- 酮（3β-hydroxy-5α, 6α-epoxy-7-megastimen-9-one）、（3S, 5R, 6R, 7E, 9S）-3, 5, 6, 9- 四羟基 -7- 烯 - 大柱香波龙烷 [（3S, 5R, 6R, 7E, 9S）-3, 5, 6, 9-tetrahydroxy-7-en-megastigmane]、8, 9- 二氢 -8, 9- 二羟基 - 大柱香波龙三烯酮（8, 9-dihydro-8, 9-dihydroxy-megastigmatrienone）、向日葵酮 D（annuionone D）、9- 表布卢门醇 B（9-epi-blumenol B）、黄麻香堇醇 C（corchoionol C）、蚱蜢酮（grasshopper ketone）、（3S, 5R, 6R）-5, 6- 二氢 -5- 羟基 -3, 6- 环氧 -β- 紫罗兰醇[（3S, 5R, 6R）-5, 6-dihydro-5-hydroxy-3, 6-epoxy-β-ionol]、6β- 羟基弥罗松酚（6β-hydroxyferruginol）和马兜铃萜 B（madolin B）[10]；呋喃类：4- 甲基 -7- 甲氧基异苯并呋喃酮（4-methyl -7-methoxyphthalide）[1]；醛类：5- 羟甲基糠醛（5-hydroxymethyl furfural）[7]；苯丙素类：松柏醛（coniferaldehyde）和（1′R, 2′R）- 愈创木基丙三醇 [（1′R, 2′R）-guaiacyl glycerol][10]；元素：铝（Al）、砷（As）、钙（Ca）、镉（Cr）、铁（Fe）、镁（Mg）、镍（Ni）、铅（Pb）、硅（Si）和锌（Zn）[14]。

【药理作用】 1. 降血糖　枝翅水煎液能降低糖尿病小鼠的血糖，同时降低糖尿病小鼠的高、低切变率下的全血黏度[1]；各提取组分能促进正常脂肪细胞低浓度胰岛素刺激脂肪细胞的葡萄糖摄取，促进胰岛素抵抗脂肪细胞的葡萄糖摄取[2]。2. 调节血脂　具翅枝条水煎液和有机试剂萃取后剩余部分可降低小鼠总胆固醇水平[3]；水煎剂可降低高脂饮食大鼠体重，提高高脂饮食大鼠的血清瘦素浓度[4]。3. 抗炎　具翅枝条水溶成分能明显改善氧化型低密度脂蛋白（ox-LDL）作用下 THP-1 源性巨噬细胞的细胞活力，抑制氧化型低密度脂蛋白诱导的细胞炎症因子释放[5]；醇提物和总黄烷能明显抑制胶原（PC）诱导的小鼠耳廓迟发型接触性皮炎[6]。4. 抗菌　具翅枝条醇提取物能抑制金黄色葡萄球菌和大肠杆菌的生长[6]。5. 抗氧

化　具翅枝条提取的总黄酮和总甾体具有清除过氧化氢（H_2O_2）诱导大鼠肝匀浆脂质过氧化体系中超氧自由基（$O_2^-\cdot$）的作用[7]；茎和叶浸膏与 D_{101} 型大孔吸附树脂拌样后的水和 50% 乙醇洗脱液均具有抑制邻苯三酚自氧化即清除超氧阴离子自由基的作用[8]。6. 抗心肌缺血　具翅枝条水提物能降低模型大鼠的血清肌酸激酶（CK）、肌酸激酶同工酶（CK-MB）、天冬氨酸氨基转移酶（AST）、乳酸脱氢酶（LDH）和血清丙二醛（MDA）水平，提高模型大鼠血清超氧化物歧化酶（SOD）和一氧化氮（NO）含量[9]。7. 抗血管生成　具翅枝条提取物能明显抑制人脐静脉内皮细胞的增殖，抑制大鼠动脉环新血管结构形成，抑制鸡胚绒毛尿囊膜（CAM）血管形成[10]。8. 抗肿瘤　从具翅枝条分离的化合物豆甾 -4- 烯 -3- 酮（stigmast-4-en-3-one）、（+）- 松萝酸［（+）-usnic acid］、羽扇豆醇（lupeol）、3β- 羟基 -30- 降羽扇豆烷 -20- 酮（3β-hydroxy-30-norlupan-20-one）对人急性髓细胞性白血病 HL-60 细胞的增殖均具有一定的抑制作用[11]。9. 抗肝纤维化　具翅枝条醇提物可减少肝脏表面塌陷区的数量和程度，升高谷丙转氨酶（ALT）、天冬氨酸氨基转移酶（AST）活性，恢复四氯化碳所致肝纤维化小鼠的肝小叶，减少炎症因子，降低小鼠肝组织 α- 平滑肌肌动蛋白（α-SMA）的表达，降低小鼠肝组织 Collagen I 的表达[12]。10. 抗过敏　茎皮醇提取物能抑制大鼠腹腔肥大细胞的释放，对 5- 羟色胺（5-H T）所致豚鼠回肠收缩也具有抑制作用，能抑制速发型和迟发型变态反应（DHT）[13]。11. 利尿　具翅枝条乙醇提取物可增加大鼠摄水量和排尿量，对酵母菌所致发热大鼠的体温升高有明显的抑制作用[14]。

【性味与归经】苦，寒。归肝经。

【功能与主治】破血，通经，杀虫。用于妇女经闭，产后瘀血腹痛，虫积腹痛。

【用法与用量】4.5 ～ 9g。

【药用标准】药典 1963、浙江炮规 2015、江苏药材 1989、贵州药材 2003、上海药材 1994、山东药材 2002、北京药材 1998、湖北药材 2009、湖南药材 2009、河南药材 1993、新疆药品 1980 二册、甘肃药材 2009、内蒙古药材 1988 和辽宁药材 2009。

【临床参考】1. 冠心病心绞痛：卫矛糖浆（1ml 浓缩液含生药 1g）口服，每次 10 ～ 20ml，每日 3 次[1]。

2. 2 型糖尿病血瘀证：枝条 200g，加水煎成 600ml，分早、中、晚餐前服用[2]。

3. 慢性肾炎：枝条，加车前草、益母草、黄芪、山茱萸水煎，浓缩至 300ml（1ml 合剂相当于鬼箭羽 1g），每日上午空腹口服 150ml[3]。

4. 关节酸痛、腰痛：枝条 60 ～ 90g，水煎服；或根 1500g，加牛膝 250g，加入黄酒中浸 1 周后，隔水炖 4h，加红糖适量，每天早晚按酒量各服 1 次。（《浙江药用植物志》）

【附注】卫矛始载于《神农本草经》，列为中品。《本草经集注》云："山野处处有，其茎有三羽状，状如箭羽，俗皆呼为鬼箭。而为用甚稀，用之削取皮羽。"《本草图经》："卫矛，鬼箭也。出霍山山谷，今江淮州郡或有之。三月以后生茎，苗长四五尺许，其干有三羽状如箭翎。叶亦似山茶，青色，八月、十一月、十二月采条茎，阴干。"《本草纲目》云："鬼箭生山石间，小株成丛，春长嫩条，条上四面有羽如箭羽，视之若三羽尔。青叶，状似野茶，对生，味酸涩。三、四月开碎花，黄绿色。结实大如冬青子。"《植物名实图考》载："卫矛，即鬼箭羽。湖南俚医谓之六月凌，用治肿毒。"即为本种。

孕妇、气虚崩漏者禁服。

【化学参考文献】

［1］方振峰，李占林，王宇，等. 鬼箭羽的化学成分研究［J］. 中草药，2007，38（6）：810-812.

［2］张蕾，邹妍，叶贤胜，等. 鬼箭羽的化学成分研究［J］. 中国中药杂志，2015，40（13）：2612-2616.

［3］陈云华，龚慕辛，卢旭然，等. 鬼箭羽的降糖有效部位的化学成分研究［J］. 中国实验方剂学杂志，2010，16（7）：42-43.

［4］刘赟，周欣，龚小见，等. 鬼箭羽化学成分的研究（Ⅲ）［J］. 中草药，2010，41（11）：1780-1781.

［5］姜志义，周伟澄，吕曙华，等. 中药鬼箭羽化学成分的研究（Ⅰ）［J］. 中国药科大学学报，1982，19（2）：93-95.

［6］刘赟，周欣，龚小见，等. 鬼箭羽化学成分的研究（Ⅰ）［J］. 华西药学杂志，2009，24（2）：107-109.

［7］周欣，刘赟，龚小见，等. 鬼箭羽化学成分的研究Ⅱ［J］. 中国药学杂志，2009，44（18）：1375-1377.

［8］方振峰，李占林，王宇，等. 中药鬼箭羽的化学成分研究Ⅱ［J］. 中国中药杂志，2008，33（12）：1422-1424.

［9］郎素梅，朱丹妮，余伯阳，等.中药鬼箭羽降糖有效部位的药效学和化学研究［J］.中国药科大学学报，2003，34（2）：128-131.

［10］Yan Z H，Han Z Z，Hu X Q，et al. Chemical constituents of *Euonymus alatus*［J］. Chem Nat Compd，2013，49（2）：340-342.

［11］巴寅颖，石任兵，刘倩颖，等.鬼箭羽化学成分研究［J］.北京中医药大学学报，2012，35（7）：480-483.

［12］巴寅颖，刘倩颖，石任兵，等.鬼箭羽中黄酮类化学成分研究［J］.中草药，2012，43（2）：242-246.

［13］刘赟，周欣，杨占南.鬼箭羽挥发性成分的GC-MS分析［J］.中华中医药杂志，2009，24（10）：1293-1295.

［14］唐睿，侯翔燕，孙晨，等.微波消解——ICP-AES法测定鬼箭羽中微量元素［J］.光谱学与光谱分析，2006，26（8）：1543-1546.

【药理参考文献】

［1］尚文斌，程海波，唐含艳.鬼箭羽对糖尿病小鼠血糖及全血黏度的影响［J］.南京中医药大学学报，2000，16（3）：166-167.

［2］杨海燕，王秋娟，朱丹妮，等.中药鬼箭羽提取物对脂肪细胞葡萄糖摄取作用的影响［J］.中国天然药物，2004，2（6）：365-368.

［3］齐昉，刘根尚，佘靖，等.鬼箭羽对实验性糖尿病小鼠血糖及血脂的影响［J］.中国中医药信息杂志，1998，5（7）：19-20.

［4］孙瑞茜，万茂婷，郭健，等.鬼箭羽对大鼠血清瘦素水平影响的实验研究［J］.首都医科大学学报，2015，36（3）：441-443.

［5］黄靓，熊文昊，王汉群，等.鬼箭羽水溶成分抑制氧化型低密度蛋白诱导的THP-1源性巨噬细胞炎症因子表达［J］.中国现代药物应用，2014，8（14）：250-251.

［6］谷树珍.鬼箭羽醇提物的抑菌、抗炎作用研究［J］.湖北民族学院学报（医学版），2006，23（1）：17-19.

［7］黄德斌，余昭芬.鬼箭羽三种提取物对氧自由基作用的影响［J］.湖北民族学院学报（医学版），2006，23（2）：4-6.

［8］孙学斌，程明，李娜，等.卫矛不同有效部位总黄酮含量及抗氧化性的研究［J］.植物研究，2007，27（5）：619-621.

［9］赵成国，秦书芝，张瑶，等.鬼箭羽抗心肌缺血作用的实验研究［J］.西部中医药，2015，28（3）：19-21.

［10］陈锡强，何秋霞，严守生，等.鬼箭羽提取物抑制血管生成的实验研究［J］.中南药学，2010，8（11）：820-823.

［11］方振峰.中药鬼箭羽的化学成分及抗肿瘤活性研究［M］.沈阳：沈阳药科大学硕士学位论文，2007.

［12］万星，郭琼，刘向东，等.鬼箭羽醇提物对四氯化碳诱导小鼠肝纤维化模型的作用［J］.中国药理学通报，2018，34（4）：485-490.

［13］黄德斌.鬼见羽70%醇提物对速发型和迟发型变态反应抑制作用的实验研究［J］.中国药理学通报，2003，19（6）：686-688.

［14］田振虎，柴焱，郭建芳，等.鬼箭羽提取物解热利尿作用及急性毒性研究［J］.西北药学杂志，2013，28（4）：388-390.

【临床参考文献】

［1］魏淑莲，邵静莲，陈嘉薇.卫矛治疗冠心病心绞痛的临床疗效观察［J］.哈医大学报，1977，（2）：47-49.

［2］李宇.鬼箭羽治疗2型糖尿病血瘀证30例临床观察［J］.湖南中医杂志，2015，31（6）：46-47.

［3］齐志兰，白明武，白萍，等.复方鬼箭羽合剂治疗慢性肾炎的临床观察［J］.河南预防医学杂志，2000，11（1）：64.

538. 白杜（图 538）· *Euonymus maackii* Rupr.（*Euonymus bungeanus* Maxim.）

【别名】丝棉木（通称），桃叶卫矛（安徽，山东），明开夜合、白树（江苏连云港），野狗骨树（江苏盐城），狗夹子（江苏赣榆）。

【形态】落叶灌木或小乔木，高达6m。小枝纤细，有棱，灰绿色，节间细长，老枝平滑。叶片纸质，卵形、椭圆状卵形至椭圆状披针形，长2.5～11cm，宽2～6cm，顶端长渐尖，基部阔楔形或近圆形，两面无毛，边缘密生细锯齿，侧脉6～9对，与网脉均不甚明显；叶柄纤细，长1.5～2.5cm，上面有狭沟，无毛。花黄绿色，4基数；花盘近方形，子房与花盘贴生。蒴果，倒圆锥形，4裂至中部，淡黄色或粉红色。种子白色或淡红色，有橙红色假种皮，全部包围种子。花期5～6月，果期8～10月。

图 538　白杜　　　　摄影　赵维良等

　　【生境与分布】生于山坡林缘或路旁。分布于华东各省市，野生或栽培，另中国中部、东部及北部均有分布。

　　【药名与部位】丝棉木，根。

　　【化学成分】种子含倍半萜类：1β, 2β, 6α, 12- 四乙酰氧基 -9α- 苯甲酰氧基 -β- 二氢沉香呋喃（1β, 2β, 6α, 12-tetraacetoxy-9α-benzoyloxy-β-dihydroagarofura）、2β, 6α, 12- 三乙酰氧基 -1β, 9α- 二（β- 呋喃羧氧基）-4α- 羟基 -β- 二氢沉香呋喃［2β, 6α, 12-triacetoxy-1β, 9α-di（β-furancarbonyloxy）-4α-hydroxy-β-dihydroagarofuran］、2β, 6α, 12- 三乙酰氧基 -1β, 9α- 二苯甲酰氧基 -4α- 羟基 -β- 二氢沉香呋喃（2β, 6α, 12-triacetoxy-1β, 9α-dibenzoyloxy-4α-hydroxy-β-dihydroagarofuran）、2β, 6α, 12- 三乙酰氧基 -1β- 苯甲酰氧基 -9α-β- 呋喃羧氧基 -4α- 羟基 -β- 二氢沉香呋喃（2β, 6α, 12-triacetoxy-1β-benzoyloxy-9α-β-furancarbonyloxy-4α-hydroxy-β-dihydroagarofuran）[1]，6α, 12- 二乙酰氧基 -1β, 2β, 9α- 三（β- 呋喃羧氧基）-4α- 羟基 -β- 二氢沉香呋喃［6α, 12-diacetoxy-1β, 2β, 9α-tri（β-furancarbonyloxy）-4α-hydroxy-β-dihydroagarofuran］、6α, 12- 二乙酰氧基 -1β, 9α- 二（β- 呋喃羧氧基）-4α- 羟基 -2β-2- 甲基丁酰氧基 -β- 二氢沉香呋喃［6α, 12-diacetoxy-1β, 9α-di（β-furancarbonyloxy）-4α-hydroxy-2β-2-methyl butanoyloxy-β-dihydroagarofuran］和 6α, 12- 二乙酰氧基 -2β, 9α- 二（β- 呋喃羧氧基）-4α- 羟基 -2β-2- 甲基丁酰氧基 -β- 二氢沉香呋喃［6α, 12-diacetoxy-2β, 9α-di（β-furancarbonyloxy）-4α-hydroxy-2β-2-methyl butanoyloxy-β- dihydroagarofuran］[2]。

茎木含皂苷类：模绕酮酸（moronic acid）、雷公藤内酯甲、乙（wilforlide A、B）、齐墩果酸（oleanolic acid）、3β，2α- 二羟基 -Δ^{12}- 齐墩果烯 -29- 羧酸（3β，2α-dyhydroxy-Δ^{12}-oleanene-29-carboxylic acid）[3]，马缨丹桦木酸（lantabetulic acid）和丝棉木酸（bungeanic acid）[4]。

【药理作用】1.降血糖　种子水提醇沉物能降低链脲霉素（STZ）诱导的糖尿病大鼠餐后的血糖[1]。2.抗氧化　叶醇提液的不同极性溶剂萃取部位（正丁醇相、乙酸乙酯相、水相、石油醚相）对 1, 1-二苯基 -2-三硝基苯肼自由基（DPPH）、2, 2′-联氮 - 二（3- 乙基 - 苯并噻唑 -6- 磺酸）二铵盐自由基（ABTS）均有一定的清除作用，且与浓度呈正相关，其中正丁醇相和乙酸乙酯相为主要作用部位[2]。3.护肝　叶醇提液的正丁醇和乙酸乙酯萃取部位对四氯化碳所致小鼠急性肝损伤有一定的保护作用[2]。4.抗菌　果实中提取的总皂苷对大肠杆菌、肠炎沙门氏菌、金黄色葡萄球菌和枯草芽孢杆菌的生长均有较明显的抑制作用，且对金黄色葡萄球菌和沙门氏菌的抑制作用要明显强于大肠杆菌和枯草芽孢杆菌[3]。5.抗肿瘤　果实中提取的总皂苷对人肝癌 SMMC 细胞、人宫颈癌 HeLa 细胞和乳腺癌 MCF7 细胞的增殖均有明显的抑制作用，但对胃癌 BGC823 细胞的增殖无抑制作用[3]。

【药用标准】上海药材 1994 附录。

【临床参考】1.血栓闭塞性脉管炎：根 15g，加牛膝 15g，水煎，黄酒适量冲服。（《安徽中草药》）

2.衄血：根及果各 6g，水煎服。（《贵州民间药物》）

3.膝关节酸痛：根 90 ～ 120g，加红牛膝（苋科牛膝）60 ～ 90g、钻地枫（五加科杞李葠）30 ～ 60g，水煎，冲黄酒、红糖，早晚空腹服。（《天目山药用植物志》）

【附注】《浙江药用植物志》认为《植物名实图考》木类（卷三十六）收载的金丝杜仲与本种相似，但金丝杜仲云南有分布，而本种在云南无分布，故存疑。

孕妇慎服。本种的根及茎皮民间常充杜仲药用；果实充合欢花药用，应注意区别。

【化学参考文献】

［1］Tu Y Q. Sesquiterpene polyol esters from *Euonymus bungeanus*［J］. J Nat Prod, 1990, 53（4）：915-919.

［2］Tu Y Q. Bioactive sesquiterpene polyol esters from *Euonymus bungeanus*［J］. J Nat Prod, 1990, 53（3）：603-608.

［3］周军良，潘德济，李珠莲. 丝棉木的三萜成分研究 I［J］. 复旦学报（医学版），1986，13（3）：189-194.

［4］周军良，潘德济，李珠莲. 丝棉木三萜成分研究 II［J］. 上海医科大学学报，1986，13（5）：340-345.

【药理参考文献】

［1］申大卫. 卫矛科植物成分、活性和鬼臼羧酸酯类 2 位立体异构体 EI-MS 质谱研究［D］. 兰州：兰州大学硕士学位论文，2008.

［2］孙荣花，周元飞，邵莹，等. 桃叶卫矛叶提取物的体外抗氧化活性及对 CCL4 致小鼠急性肝损伤的保护作用［J］. 辽宁中医药大学学报，2015，17（11）：28-31.

［3］刘继阳. 桃叶卫矛果实主要活性成分的提取及活性研究［D］. 长春：吉林农业大学硕士学位论文，2014.

539. 冬青卫矛（图 539）・*Euonymus japonicus* Thunb.

【别名】大叶黄杨、正木（通称）。

【形态】常绿灌木或小乔木，高达 6m。无毛。小枝近圆柱形，粗壮，平滑，冬芽纺锤形。叶革质，倒卵形、椭圆形或狭椭圆形，长 2 ～ 7cm，宽 1 ～ 4cm，顶端钝或急尖，基部楔形，上面有光泽，有时夹杂白斑块，边缘上半部或全部有细钝锯齿，中脉上面凸起，侧脉约 5 对，斜上弯拱连结；叶柄长 5 ～ 15mm，扁平。聚伞花序疏散，一至二回二歧分枝，每花序有花 5 ～ 12 朵；花绿白色；花萼 4 裂；花瓣 4 枚；雄蕊 4 枚，约与花瓣等长；花盘肉质；子房卵形，花柱细长，顶端 4 裂。蒴果淡红色，扁球形。种子有橙红色假种皮。花期 6 ～ 7 月，果期 9 ～ 10 月。

图 539　冬青卫矛　　　　　　　　摄影　张芬耀等

【生境与分布】最先发现于日本。华东各省市均有栽培，另全国各省区多有栽培。野生者多在近人家处发现，是否栽培逸出，尚待考证。

【药名与部位】扶芳藤，地上部分。

【采集加工】全年均可采收，干燥。

【药材性状】茎枝无不定根，呈圆柱状，有纵皱纹，略弯曲，长短不一，直径 3 ～ 10mm。茎棕褐色，表面粗糙，有较大且突起皮孔；枝灰褐色，有细疣状密集皮孔，幼枝灰褐色，扁圆柱形，有细密微突皮孔。质坚硬，不易折断，断面不整齐。单叶对生，叶片厚革质，略皱缩，灰绿色或黄绿色，完整叶片展平后倒卵形至狭椭圆形，长 2 ～ 7cm，宽 1 ～ 4cm，边缘有细锯齿，叶脉两面隆起，侧脉每边 5 ～ 6 条；叶柄长 5 ～ 15mm。聚伞花序；花 4 数。蒴果扁球形，果皮无刺。气微，味淡。

【药材炮制】除去杂质，洗净，润透，切段，干燥。

【化学成分】根皮含甾体类：β- 谷甾醇（β-sitosterol）[1]。

茎皮含鞘糖脂类：冬青卫矛鞘糖脂苷*A、B、C（euojaposphingoside A、B、C）、1-O-［β-D- 吡喃葡萄糖］-（2S, 3R, 9E）-3- 羟基甲基 -2-N-［（2R）- 羟基二十九烷基］- 十三烷基鞘氨 -9- 烯 {1-O-［β-D-glucopyranosyl］-（2S, 3R, 9E）-3-hydroxymethyl-2-N-［（2R）-hydroxynonacosanoyl］-tridecasphinga-9-ene}、1-O-［β-D- 吡喃葡萄糖］-（2S, 3R, 9E, 12E）-2-N-［（2R）- 羟基二十四烷基］十八烷基鞘氨 -9, 12- 二烯 {1-O-［β-D-glucopyranosyl］-（2S, 3R, 9E, 12E）-2-N-［（2R）-hydroxytetracosanoyl］octadecasphinga-9, 12-diene}和 1-O-［β-D- 吡喃葡萄糖］-（2S, 3R, 5R, 9E）-2-N-［十三烷基］二十九烷基鞘氨 -9- 烯 {1-O-［β-D-glucopyranosyl］-（2S, 3R, 5R, 9E）-2-N-［tridecanoyl］nonacosasphinga-9-ene}[2]；皂苷类：羽扇豆醇（lupeol）[2]；甾体类：豆甾醇（stigmasterol）、β- 谷甾醇（β-sitosterol）、α- 谷甾醇（α-sitosterol）和 β- 胡萝卜素（β-carotene）[2]；萜类：冬青卫矛素*A、B（ejaponine A、B）、1α, 2α, 13- 三乙酸基 -8β- 异丁酰氧基 -9α- 苯甲酸基 -4β, 6β- 二羟基 -β- 二氢沉香呋喃（1α, 2α, 13-triacetoxy-8β-isobutanoyloxy-9α-benzoyloxy-4β, 6β-dihydroxy-β-dihydroagarofuran）和苦皮藤素 I（celangulin I）[3]；生物碱类：卫矛羰碱（evonine）、1- 脱乙酰 -1- 苯甲酰卫矛羰碱（1-deacetyl-1-benzoyl evonine）、乌木叶碱 E_{IV}（ebenifoline E_{IV}）和美登木碱*（mayteine）[4]。

【性味与归经】微苦，微温。归肝、脾、肾经。

【功能与主治】益气血，补肝肾，舒筋活络。用于气血虚弱，腰肌劳损，风湿痹痛，跌打骨折，创伤出血。

【用法与用量】6～12g，煎汤或浸酒；外用适量，捣敷患处。

【药用标准】广西壮药 2008、广西药材 1996 和广东药材 2004。

【临床参考】1. 月经不调：根 30g，与猪肉同炖，喝汤食肉。

2. 痛经：根 15g，加水葫芦 15g，水煎服。（1 方、2 方引自《贵州草药》）

【化学参考文献】

［1］Wang M，Shi B，Zhang Q，et al. A new aromatic triterpene from *Euonymus japonicus*［J］. Nat Prod Res，2009，23（7）：617-621.

［2］Tantry M A，Idris A，Khan I A. Glycosylsphingolipids from *Euonymus japonicus* Thunb［J］. Fitoterapia，2013，89：58-67.

［3］Zhang Q D，Ji Z Q，Wang M A，et al. Two new insecticidal sesquiterpene esters from *Euonymus japonicus*［J］. Nat Prod Res，2009，23（15）：1402-1407.

［4］张启东，王明安，姬志勤，等. 冬青卫矛的大环生物碱分离鉴定及其杀虫活性研究［J］. 西北植物学报，2007，27（5）：983-988.

540. 扶芳藤（图 540）• *Euonymus fortunei*（Turcz.）Hand.-Mazz.

【别名】爬行卫矛。

【形态】常绿或半常绿灌木，或以气生根攀援。小枝近圆柱形，绿色，有棱，有细密疣状皮孔。叶薄革质，椭圆形、长圆状椭圆形或卵状椭圆形，稀倒卵状椭圆形，长 4～8cm，宽 1.5～4cm，顶端急尖或圆而短尖，基部楔形，两面无毛，边缘密生细锯齿，中脉两面凸起，侧脉 5～6 对，网脉不明显；叶柄很短。聚伞花序二歧分枝，花多数，各分枝中央具 1 朵花；花绿白色；总花梗长达 4cm，花梗长约 4mm；花萼 4 浅裂，花瓣 4 枚；雄蕊 4 枚，花丝细长，花药个字形着生；花盘肉质，4 裂；子房卵形，有棱，下部与花盘合生，花柱细长。蒴果近球形，淡红色，具 4 浅沟。种子卵形，有橙红色假种皮。花期 6～7 月，果期 10 月。

【生境与分布】生于溪边、山谷林缘，常攀援树上、石块上或墙上。分布于华东各省市，另湖南、湖北、云南、四川、河南、山西、陕西、甘肃等省均有分布；朝鲜、日本也有分布。

【药名与部位】扶芳藤，地上部分。

【采集加工】全年均可采收，洗净，干燥。

【药材性状】茎枝呈圆柱形，直径 0.1～0.3cm，粗至 3cm；表面灰褐色、灰黄色或灰绿色，通常有纤细的气生根；小枝常有细瘤状皮孔。叶对生，叶片革质，宽椭圆形至长圆状倒卵形，长 5.0～8.5cm，宽 1.5～4.0cm，先端急尖，基部宽楔形或近圆形，边缘具锯齿，侧脉 5～6 对，稍突起，网脉不明显；叶柄长 0.4～1.5cm。有的可见密集的花序或果序。老茎质坚硬，难折断，断面皮部棕褐色，可见白色丝状物，木质部黄白色；小枝质脆，易折断。断面通常中空。气微，味淡。

【药材炮制】除去杂质，润透，切厚片或段。

【化学成分】地上部分含黄酮类：山奈酚 -3-*O*-β-D-（2-*O*-E- 对香豆酰）- 吡喃葡萄糖基 -7-*O*-α-L- 吡喃鼠李糖苷［kaempferol-3-*O*-β-D-（2-*O*-E-*p*-coumaroyl）-glucopyranosyl-7-*O*-α-L-rhamnopyranoside］、山奈酚 -3-*O*-β-D- 吡喃葡萄糖基 -7-*O*-α-L- 吡喃鼠李糖苷（kaempferol-3-*O*-β-D-glucopyranosyl-7-*O*-α-L-rhamnopyranoside）、山奈酚 -3, 7-*O*-α-L- 二吡喃鼠李糖苷（kaempferol-3, 7-*O*-α-L-dirhamnopyranoside）、山奈酚 -3-（4-*O*- 乙酰基）-*O*-α-L- 吡喃葡萄糖基 -7-*O*-α-L- 吡喃鼠李糖苷［kaempferol-3-（4-*O*-acetyl）-*O*-α-L-rhamnopyranosyl-7-*O*-α-L-rhamnopyranoside］、槲皮素 -7-*O*-α-L- 吡喃鼠李糖苷（quercitin-7-*O*-α-L-rhamnopyranoside）[1]，山奈酚 -7-*O*-α-L- 吡喃鼠李糖苷（kaempferol-7-*O*-α-L-rhamnopyranoside）[1,2]，山奈酚 -3-*O*-β-D- 吡喃葡萄糖基 -（1→4）-α-L- 鼠李糖基 -7-*O*-β-D- 吡喃葡萄糖基 -（1→4）-α-L- 吡喃

图 540　扶芳藤　　　　　　　　　　　　　　　摄影　赵维良等

鼠李糖苷［kaempferol-3-O-β-D-glucopyranosyl-（1 → 4）-α-L-rhamnopyranosyl-7-O-β-D-glucopyranosyl-（1 → 4）-α-L-rhamnopyranoside］、山奈酚 -3,7-O-α- 二吡喃鼠李糖苷（kaempferol-3, 7-O-α-dirhamnopyranoside）、山奈酚 -3-（4″-O- 乙酰基）-O-α-L- 吡喃鼠李糖苷 -7-O-α-L- 吡喃鼠李糖苷［kaempferol-3-（4″-O-acetyl）-O-α-L-rhamnopyranoside-7-O-α-L-rhamnopyranoside］、芹菜素 -7-O-β-D- 吡喃葡萄糖苷（apigenin-7-O-β-D-glucopyranoside）和山奈酚 -3-O-β-D- 吡喃葡萄糖基 -7-O-α-L- 吡喃鼠李糖苷（kaempferol-3-O-β-D-glucopyranosyl-7-O-α-L-rhamnopyranoside）[2]；酚苷类：紫丁香苷（syringin）[1,2]；萜类：（6S, 7E, 9S）-6, 9, 10- 三羟基 -4, 7- 大柱香波龙二烯 -3- 酮 -9-O-β-D- 吡喃葡萄糖苷［（6S, 7E, 9S）-6, 9, 10-trihydroxy-4, 7-megastigmadien-3-one-9-O-β-D-glucopyranoside］和（6S, 9R）- 长寿花糖苷［（6S, 9R）-roseoside］[1]；皂苷类：表木栓醇（epifriedelinol）、异山柑子萜醇（isoarborinol）[1] 和木栓酮（friedelin）[2]；生物碱类：乙酰胺（acetamide）[2]，三尖杉种碱 A、B、C（fortuneine A、B、C）、雷公藤宁碱 E（wilfornine E）、刺叶美登木碱 E、F、G、H、I（aquifoliunine E、F、G、H、I）、疣点卫矛碱 B（euoverrine B）和冬青卫矛碱 I（euojaponine I）[3]；醛醇类：卫矛醇（dulcitol）[1]。

　　茎和叶含皂苷类：3, 4- 开环表木栓醇 -3- 羧酸（3, 4-seco-friedelan-3-oic acid）、木栓酮（friedelin）、表木栓醇（epifriedelinol）、异山柑子萜醇（isoarborinol）[4]、3-O- 咖啡酰基白桦酯醇（3-O-caffeoyl betulin）和 3-O- 咖啡酰基羽扇豆醇（3-O-caffeoyl lupoel）[5]；甾体类：豆甾烷醇 -3β, 5α, 6β- 三醇（stigmastan-3β, 5α, 6β-triol）、β- 谷甾醇（β-sitosterol）、β- 谷甾醇酯 -3-O-β-D- 吡喃葡萄糖苷（β-sitosteryl-3-O-β-D-glucopyranoside）[4] 和胡萝卜苷（daucosterol）[5]；木脂素类：刺苞木脂素 A（flagelignanin A）和丁香脂素（syringaresinol）[5]；黄酮类：3′, 4′, 7- 四羟基二氢黄酮（3′, 4′, 7-tetrahydroxyflavanone）、表儿茶素（epicatechin）、儿茶素（catechin）、没食子儿茶素（gallocatechin）和 7-O-β-L- 吡喃鼠李糖基山奈酚（7-O-β-L-rhamnopyranosyl kaempferol）[6]；酚类：1, 4- 二羟基 -2- 甲氧基苯（1, 4-dihydroxy-2-methoxyl benzene）[5]。

　　茎含吡啶类：3- 吡啶羧酸（3-pyridine carboxylic acid）[7]；酚酸类：丁香酸（syringic acid）、没食子酸（gallic acid）和原儿茶酸（protocatechuic acid）[7]；木脂素类：丁香脂素（syringaresinol）[7]；皂苷类：木栓酮（friedelin）、美登木酸（polpunonic acid）、绿舒筋酮（mupinensisone）和齐墩果酸 -12- 烯 -3, 29- 二醇（oleanolic acid-

12-ene-3, 29-diol）[8]。

【药理作用】1.抗凝血　地上部分的醇提液能明显缩短小鼠凝血酶时间（TT）、凝血酶原时间（PT）和活化部分凝血活酶时间（APTT），增加纤维蛋白原（FIB）含量[1]；茎叶水提醇沉液可延长心肌缺血小鼠的存活时间，抑制血栓形成，改善去甲肾上腺素（NA）所致的肠系膜微循环障碍，并可扩张氧耳廓微血管[2]。2.保护血管　地上部分的水煎液通过减少 Bax 蛋白的表达、升高 Bcl-2 及清除氧自由基、抑制脂质体，从而抑制兔心肌缺血再灌注诱发的心肌细胞凋亡[3, 4]；此外可提高血管内皮生长因子（VEGF）及其受体水平并相对降低血管内皮生长因子及其受体的高表达，减少炎症组织过度增生，上调缺氧/复氧（H/R）损伤的人心内膜微血管内皮细胞（HUMCE）一氧化氮（NO）水平，下调内皮素-1（ET-1）蛋白表达，维持 ET/NO 平衡，从而有效保护血管内皮细胞（VEC）的功能[5, 6]；地上部分水提醇沉液可保护大鼠急性脑缺血再灌注损伤，其机理可能与下调缺血脑组织中的白细胞介素-6（IL-6）、白细胞介素-1β（IL-1β）和肿瘤坏死因子-α（TNF-α）水平及 c-fos 基因表达有关[7-9]。3.免疫调节　地上部分水提醇沉液可明显提高环磷酰胺所致免疫抑制小鼠的脏器/体质量值、巨噬细胞吞噬率、淋巴细胞转化率及血清溶血素含量，增强免疫功能[10]。

【性味与归经】苦，温。归肝经。

【功能与主治】补肝肾，强筋骨，活血，止血。用于治疗肾虚腰痛，慢性腹泻，跌打损伤，月经不调。

【用法与用量】15～30g。

【药用标准】浙江药材 2000、广东药材 2004、广西药材 1996 和广西壮药 2008。

【临床参考】1.冠心病（气虚血瘀型）：地上部分 30g，加人参 10g、三七 10g、石菖蒲 8g，水煎，每日 1 剂，分 2 次温服[1]。

2.慢性疲劳综合征：扶芳藤合剂（扶芳藤、红参、黄芪、蔗糖）口服，每次 15ml，每日 2 次[2]。

3.腰肌劳损、关节酸痛：茎叶 30g，加大血藤 15g，或加梵天花根 15g，水煎，冲红糖、黄酒服。

4.小儿肾炎浮肿：茎叶 30～60g，加杠板归 9～15g，荔枝壳 30g，水煎服。

5.慢性腹泻：茎叶 30g，加白扁豆 30g，红枣 10 粒，水煎服。（3 方至 5 方引自《浙江药用植物志》）

【附注】扶芳藤始载于《本草拾遗》。《本草纲目》收入草部蔓草类，载："生吴郡。藤苗小时如络石，蔓延树木。"似为本种。

孕妇禁服。

冬青卫矛 Euonymus japonicus Thunb. 及无柄卫矛 Euonymus subsessilis Sprague 的地上部分在广西及广东也作扶芳藤药用。此外，胶州卫矛 Euonymus kiautschovicus Loes. 在华东诸省民间也作扶芳藤药用。

【化学参考文献】

［1］Yan L H, Liu X Q, Zhu H, et al. Chemical constituents of *Euonymus fortunei*［J］. J Asian Nat Prod Res, 2015, 17（9）: 952-958.

［2］Ouyang X L, Wei L X, Fang X M, et al. Flavonoid constituents of *Euonymus fortunei*［J］. Chem Nat Compd, 2013, 49（3）: 428-431.

［3］Yang Y D, Yang G Z, Liao M C, et al. Three new sesquiterpene pyridine alkaloids from *Euonymus fortunei*［J］. Helv Chim Acta, 2011, 94: 1139-1145.

［4］Katakawa J, Tetsumi T, Hasegawaet H, et al. A new triterpene from leaves and stems of *Euonymus fortunei* HAND. - MAZZ［J］. Nat Med, 2000, 54: 18-21.

［5］瞿发林, 丁青龙, 张汉民. 扶芳藤化学成分研究［J］. 南京军医学院学报, 2001, 23（4）: 221-226.

［6］瞿发林, 丁青龙, 张汉民. 扶芳藤化学成分研究（Ⅱ）［J］. 西南国防医药, 2002, 12（4）: 349-351.

［7］廖矛川, 杨颖达, 杨光忠, 等. 扶芳藤芳香类成分［J］. 中南民族大学学报（自然科学版）, 2009, 28（4）: 51-53.

［8］李鹏, 李航. 扶芳藤中的三萜化合物研究［J］. 中国药学杂志, 2000, 35（12）: 847-848.

【药理参考文献】

［1］蒋力群, 霍宇, 杨捷. 扶芳藤醇提液对小鼠凝血四项的影响［J］. 中国医药指南, 2016, 14（10）: 41-42.

［2］谢金鲜, 林启云, 班步阳. 扶芳藤对心血管作用的实验研究［J］. 广西中医药, 1999, 22（5）: 51-53.

［3］李成林，王庆高，朱智德，等.壮药扶芳藤对兔心肌缺血再灌注损伤诱发心肌细胞凋亡的保护作用［J］.辽宁中医杂志，2009，36（11）：1989-1991.

［4］李成林，王庆高，崔胜利.扶芳藤对兔心肌缺血再灌注损伤血清 SOD、MDA 的影响［J］.广西中医药，2011，34（2）：55-57.

［5］李成林，常拓，卢健棋，等.壮药扶芳藤对缺氧/复氧后人心内膜微血管内皮细胞 VEGFR-2、VEGF 的影响［J］.辽宁中医药大学学报，2016，18（8）：21-23.

［6］李成林，熊世磊，卢健琪，等.扶芳藤对缺氧/复氧损伤后人心内膜微血管内皮细胞内皮素-1 和一氧化氮水平的影响［J］.中华中医药杂志，2016，31（7）：2835-2837.

［7］肖艳芬，肖健，王坤，等.扶芳藤提取物对大鼠急性脑缺血再灌注后 IL-1β 与 TNF-α 的影响研究［J］.时珍国医国药，2011，22（2）：404-405.

［8］肖健，王坤，肖艳芬，等.扶芳藤提取物对局灶性脑缺血大鼠脑组织 IL-6 含量的影响［J］.中外医疗，2008，27（19）：25-26.

［9］肖健.扶芳藤提取物预防给药对大鼠急性脑缺血再灌注后 c-fos 表达的影响［J］.广西医学，2007，29（10）：1501-1502.

［10］肖艳芬，黄燕，王琳，等.扶芳藤提取物对小鼠免疫功能的影响研究［J］.现代医药卫生，2012，28（12）：1768-1769，1771.

【临床参考文献】

［1］陈博灵，李成林，潘朝锌，等.扶芳藤益心方治疗气虚血瘀型胸痹的疗效观察［J］.广西中医药，2014，37（4）：19-21.

［2］程世和.复方扶芳藤合剂治疗慢性疲劳综合征疗效观察［J］.辽宁中医药大学学报，2009，11（8）：135.

2. 南蛇藤属 *Celastrus* Linn.

落叶或常绿藤状灌木。小枝幼时常四棱形，髓片状或实心，有时中空；皮孔明显。冬芽具覆瓦状芽鳞片，最外 2 枚芽鳞片有时特化成刺，宿存。单叶，互生，有柄；托叶早落。聚伞花序或圆锥状聚伞花序顶生或腋生，花小，白色或绿色，有梗，花下有关节；雌雄异株或杂性；花萼 5 裂；花瓣 5 枚，生于花盘下方；雄蕊 5 枚，生于花盘边缘；花盘全缘或分裂；子房 3 室，稀 4 室，胚珠每室 1～2 粒；花柱短，柱头常 3 裂。蒴果通常黄色，室背开裂；种子 1～6 粒，褐色或黑色，外被橙黄色或橘红色假种皮。

约 50 种，分布于亚洲东部、大洋洲及美洲。中国约 22 种，南北各省区均有分布，法定药用植物 5 种。华东地区法定药用植物 3 种。

分种检索表

1. 聚伞花序排成圆锥状，全部顶生；小枝髓心片状······苦皮藤 *C.angulatus*
1. 聚伞花序腋生、侧生或兼有顶生，如全部顶生排成圆锥状；小枝髓实心。
  2. 常绿藤状灌木；小枝密生皮孔，幼时密生微柔毛或糙毛······过山枫 *C.aculeatus*
  2. 落叶藤状灌木；小枝皮孔稀疏，光滑无毛······南蛇藤 *C.orbiculatus*

541. 苦皮藤（图 541）· *Celastrus angulatus* Maxim.

【别名】 苦树、马断肠（江苏），牛虱姑（江西九江），苦树皮（山东）。

【形态】 落叶藤状灌木。小枝棕褐色，圆柱形，具棱，密生圆形突起白色皮孔；髓片状，白色。叶片纸质，阔卵形或长圆状卵形，长约 12cm，宽 7～8cm，顶端突尖，基部近截形或圆形，稍歪斜，上面褐色，下面脉上疏生柔毛，边缘疏生不规则圆钝齿，侧脉 6～7 对，弯拱，第 3 次细脉近横生，网脉稠密，

图 541 苦皮藤 摄影 张芬耀等

两面均明显；叶柄粗壮，长 1～3cm。花单性异株，黄绿色，5 数；聚伞状圆锥花序顶生；花梗粗壮有棱；花瓣边缘波状；花盘肉质；雄花雄蕊着生于花盘边缘；雌花子房卵球形，花柱极短。蒴果近球形，黄色，直径达 1.2cm。种子椭圆形，棕色，具红色假种皮。花期 5～6 月，果期 8～10 月。

【**生境与分布**】生于山坡灌丛中。分布于华东各省市，另广东、广西、云南、贵州、四川、湖南、湖北、河南、陕西、甘肃等省区均有分布。

【**药名与部位**】南蛇藤根，根。

【**采集加工**】秋季采挖，除去杂质，洗净，干燥。

【**药材性状**】呈圆柱形，细长而弯曲，有少数须根，外表棕褐色，具不规则的纵皱纹。主根坚韧，不易折断，断面黄白色，纤维性。须根较细，亦呈圆柱形，质较脆。气香，味微苦。

【**化学成分**】茎含黄酮类：表没食子儿茶素（epigallocatechin）、（-）-表阿福豆素［（-）-epiafzelechin］、槲皮素（quercetin）和赛金莲木儿茶素（ourateacatechin）[1]；木脂素类：（+）-南烛木树脂酚［（+）-lyoniresinol］、丁香树脂醇（syringaresinol）、皮树脂醇（medioresinol）和苏门树脂酸（sumaresinolic acid）[1]；皂苷类：6β-羟基熊果酸（6β-hydroxyursolic acid）、齐墩果酸（oleanolic acid）、黑蔓内酯（regelide）、雷公藤内酯 B（wilforlide B）、3β,29-二羟基羽扇-20（30）-烯-28-醛［3β,29-dihydroxylup-20（30）-en-28-al］、3β,28,29-三羟基羽扇烷（3β,28,29-trihydroxylupane）、3β-羟基羽扇-20（29）-烯-30-醛［3β-hydroxylup-20（29）-en-30-al］、3-氧化羽扇-20（29）-烯-30-醛［3-oxolup-20（29）-en-30-al］和 3β-咖啡酰氧基齐墩果-28-酸（3β-caffeoyl olean-28-oic acid）[1]；苯苷类：3,4-二甲氧基苯基-6-O-（6-脱氧-α-L-吡喃甘露糖基-β-D-吡喃葡萄糖苷）［3,4-dimethoxyphenyl-6-O-（6-deoxy-α-L-mannopyranosyl-β-D-glucopyranoside）］和 3-羟基-4,5-二甲氧基苯基-6-O-（6-脱氧-α-L-吡喃甘露糖基）-β-D-吡喃葡萄糖

苷［3-hydroxy-4, 5-dimethoxyphenyl-6-O-（6-deoxy-α-L-mannopyranosyl）-β-D-glucopyranoside］[1]。

叶含倍半萜类：1β, 2β, 9α- 三乙酰氧基 -8α-（2- 羟基异丁酰氧基）-15- 苯甲酰氧基 -4α- 二羟基 -β- 二氢沉香呋喃［1β, 2β, 9α- triacetoxy-8α-（2-hydroxy-isobutyryloxy）-15- benzoyloxy-4α-dihydroxy-dihydroagarofuan］[2]，1β, 9β- 双（苯甲酰氧基）-2β, 6α, 12- 三乙酰氧基 -8β-（β- 烟酰氧基）- 二氢沉香呋喃［1β, 9β-bis（benzoyloxy）-2β, 6α, 12-triacetoxy-8β-（β-nicotinoyloxy）-β-dihydroagarofuran］和 1β- 羟基 -2β, 6α, 12- 三乙酰氧基 -8β-（β- 吡啶甲酰基）-9β- 烟酰氧基 -β- 二氢沉香呋喃［1β-hydroxy-2β, 6α, 12-triacetoxy-8β-（β-nicotinoyloxy）-9β-（benzoyloxy）-β-dihydroagarofuran］[3]；生物碱类：6α, 9α- 二甲基 ,5α- 乙基 ,8α- 丙基 ,4β- 甲酰 ,8β- 乙酰氧基 ,N^3- 乙基哌啶［1, 2-a］哌嗪 {6α, 9α-dimethyl, 5α-ethyl, 8α-propyl, 4β-formyl, 8β-acetoxy, N^3-ethyl piperidino［1, 2-a］piperazine}[4]。

种子含倍半萜类：1β, 8α- 二乙酰氧基 -9α-（β- 烟酰氧基）-12- 苯甲酰氧基 -β- 二氢沉香呋喃［1β, 8α-diacetoxy-9α-（β-nicotinoyloxy）-12-（benzoyloxy）-β-dihydroagarofuran］[5]，1β, 8α- 二乙酰氧基 -9β- 苯甲酰氧基 -12-（β- 烟酰氧基）-β- 二氢沉香呋喃［1β, 8α-diacetoxy-9β-（benzoyloxy）-12-（β-nicotinoyloxy）-β-dihydroagarofuran］[5, 6]，1β, 8β- 二乙酰氧基 -9β-（β- 烟酰氧基）-12- 苯甲酰氧基 -β- 二氢沉香呋喃［1β, 8β-diacetoxy-9β-（β-nicotinoyloxy）-12-benzoyloxy-β-dihydroagarofuran］[6]，1β, 15- 二乙酰氧基 -8β, 9β- 二苯甲酰氧基 -β- 二氢沉香呋喃（1β, 15-diacetoxy-8β, 9β-dibenzoyloxy-β-dihydroagarofuran）、苦皮藤苷 H（angulatueoid H）、苦皮种素 Ⅱ、Ⅲ（angulatinoid Ⅱ、Ⅲ）、1β, 15- 二乙酰氧基 -8α- 羟基 -9β- 苯甲酰氧基 -β- 二氢沉香呋喃（1β, 15-diacetoxy-8α-hydroxy-9β-benzoyloxy-β-dihydroagarofuran）和 1β, 2β, 8α- 三乙酰氧基 -9β- 苯甲酰氧基 -β-15- 烟酰氧基 -β- 二氢沉香呋喃（1β, 2β, 8α-triacetoxy-9β-benzoyloxy-β-15-nicotinoyloxy-β-dihydroagarofuran）[7]。

根皮含倍半萜类：1β, 2β, 6α- 三乙酰氧基 -8β, 12- 二 -（α- 甲基）丁酰基 -9α- 苯甲酰氧基 -4α- 羟基 -β- 二氢沉香呋喃［1β, 2β, 6α-triacetoxy-8β, 12-di-（α-methyl）butanoyl-9α-benzoyloxy-4α-hydroxy-β-dihydroagarofuran］、1β, 2β, 6α, 8α, 12- 五乙酰氧基 -9α- 苯甲酰氧基 -4α- 羟基 -β- 二氢沉香呋喃（1β, 2β, 6α, 8α, 12-pentaacetoxy-9α-benzoyloxy-4α-hydroxy-β-dihydroagarofuran）、1β, 2β, 6α, 8β- 四乙酰氧基 -9β- 苯甲酰氧基 -12- 异丁酰氧基 -4α- 羟基 -β- 二氢沉香呋喃（1β, 2β, 6α, 8β-tetraacetoxy-9β-benzoyloxy-12-isobutanoyloxy-4α-hydroxy-β-dihydroagarofuran）、1β, 2β, 8α, 12- 四乙酰氧基 -9β- 苯甲酰氧基 -β- 二氢沉香呋喃（1β, 2β, 8α, 12-tetraacetoxy-9β-benzoyloxy-β-dihydroagarofuran）[8]，苦皮素 D（angulatin D）[9]，1α, 2α, 8β- 三乙酰氧基 -9α- 苯甲酰氧基 -12- 异丁酰氧基 -4β, 6β- 二羟基 -β- 二氢沉香呋喃（1α, 2α, 8β-triacetoxy-9α-benzoyloxy-12-isobutanoyloxy-4β, 6β-dihydroxy-β-dihydroagarofuran）、1α, 2α- 二乙酰 -8β-（α- 甲基）- 丁酰氧基 -9α- 苯甲酰氧基 -12- 异丁酰氧基 -4β, 6β- 二羟基 -β- 二氢沉香呋喃［1α, 2α-diacetyl-8β-（α-methyl）-butanoyloxy-9α-benzoyloxy-12-isobutanoyloxy-4β, 6β-dihydroxy-β-dihydroagarofuran］、1α, 2α, 12- 三乙酰氧基 -8α, 9β- 二呋喃甲酰氧 -4β, 6β- 二羟基 -β- 二氢沉香呋喃（1α, 2α, 12-triacetoxy-8α, 9β-difuroyloxy-4β, 6β-dihydroxy-β-dihydroagarofuran）、1α, 2α, 6β, 12- 四乙酰氧基 -8α, 9β- 二呋喃甲酰氧 -4β- 羟基 -β- 二氢沉香呋喃（1α, 2α, 6β, 12-tetraacetoxy-8α, 9β-difuroyloxy-4β-hydroxy-β-dihydroagarofuran）、1α, 2α, 6β, 8α, 12- 五乙酰氧基 -9β- 呋喃甲酰氧 -4β- 羟基 -β- 二氢沉香呋喃（1α, 2α, 6β, 8α, 12-pentaacetoxy-9β-furoyloxy-4β-hydroxy-β-dihydroagarofuran）[10]，苦皮藤素（celangulin）[11]，苦皮藤素 Ⅳ（celangulin Ⅳ）[12]，苦皮藤素 Ⅱ、Ⅲ（celangulin Ⅱ、Ⅲ）[12-14]，苦皮素 K、M、N（angulatin K、M、N）、1β- 乙酰氧基 -9β- 苯甲酰氧基 -4α, 6α- 二羟基 -8α, 15- 二异丁酰氧基 -2β-（α- 甲基）- 丁酰氧基 -β- 二氢沉香呋喃［1β-acetoxy-9β-benzoxy-4α, 6α-dihydroxy-8α, 15-diisobutanoyloxy-2β-（α-methyl）-butanoyloxy-β-dihydroagarofuran］[14]，苦皮素 A（angulatin A）[14-17]，苦皮素 F、I（angulatin F、I）、1β, 2β- 二乙酰氧基 -4α, 6α- 二羟基 -8α- 异丁酰氧基 -9β- 苯甲酰氧基 -15-（α- 甲基）丁酰氧基 -β- 二氢沉香呋喃［1β, 2β-diacetoxy-4α, 6α-dihydroxy-8α-isobutanoyloxy-9β-benzoyloxy-15-（α-methyl）butanoyloxy-β-dihydroagrofuran］、苦皮素 B（angulatin B）、1β, 2β, 15- 三乙酰氧基 -4α, 6α- 二羟基 -8α- 异丁酰

氧基 -9β- 苯甲酰氧基 -β- 二氢沉香呋喃（1β, 2β, 15-triacetoxy-4α, 6α-dihydroxy-8α-isobutanoyloxy-9β-benzoyloxy-β-dihydroagrofuran）、苦皮藤素 I（celangulin I）[15]，苦皮藤素 E（celangulatin E）[15, 16]，苦皮藤素 D、F（celangulatin D、F）、1α, 2α- 二乙酰氧基 -8β- 异丁酰氧基 -9α- 苯甲酰氧基 -13-（α- 甲基）丁酰氧基 -4β, 6β- 二羟基 -β- 二氢沉香呋喃［1α, 2α-diacetoxy-8β-isobutanoyloxy-9α-benzoyloxy-13-（α-methyl）butanoyloxy-4β, 6β-dihydroxy-β-dihydroagarofuran］、1α, 2α, 6β- 三 乙 酰 氧 基 -8β- 异 丁 酰 氧 基 -9β- 呋喃羰基氧 -13-（α- 甲基）丁酰氧基 -4β- 羟基 -β- 二氢沉香呋喃［1α, 2α, 6β-triacetoxy-8β-isobutanoyloxy-9β-furancarbonyloxy-13-（α-methyl）butanoyloxy-4β-hydroxy-β-dihydroagarofuran］、1α, 2α, 6β- 三乙酰氧基 -8α, 13- 二异丁酰氧基 -9β- 苯甲酰氧基 -4β- 羟基 -β- 二氢沉香呋喃（1α, 2α, 6β-triacetoxy-8α, 13-diisobutanoyloxy-9β-benzoyloxy-4β-hydroxy-β-dihydroagarofuran）、1α, 2α, 6β- 三乙酰氧基 -8α, 9β- 二呋喃羰基氧 -13- 异丁酰氧基 -4β- 羟基 -β- 二氢沉香呋喃（1α, 2α, 6β-triacetoxy-8α, 9β-difurancarbonyloxy-13-isobutanoyloxy-4β-hydroxy-β-dihydroagarofuran）[16]，苦皮藤素 C（celangulatin C）[16, 17]，南蛇藤碱 A（celastrine A）、苦皮素 E、H、J、P（angulatin E、H、J、P）、苦皮藤素 XIX（celangulin XIX）、苦皮藤素 III（celangulin III）[17], 1α, 2α, 6β, 8β, 13- 五乙酰氧基 -9β- 苯甲酰氧基 -4β- 羟基 -β- 二氢沉香呋喃（1α, 2α, 6β, 8β, 13-pentaacetoxy-9β-benzoyloxy-4β-hydroxy-β-dihydroagarofuran）、1α, 2α, 6β- 三乙酰氧基 -8α-（β- 呋喃羰基氧）-9β- 苯甲酰氧基 -13- 异丁酰氧基 -4β- 羟基 -β- 二氢沉香呋喃［1α, 2α, 6β-triacetoxy-8α-（β-furancarbonyloxy）-9β-oylоxg-13-isobutanoyloxy-4β-hydroxy-β-dihydroagarofuran］、1α, 2α, 6β- 三 乙 酰氧基 -8β- 异丁酰氧基 -9β-（β- 呋喃羰基氧）-13-（α- 甲基）丁酰氧基 -4β- 羟基 -β- 二氢沉香呋喃［1α, 2α, 6β-triacetoxy-8β-isobutanoyloxy-9β-（β-furancarbonyloxy）-13-（α-methyl）butanoyloxy-4β-hydroxy-β-dihydroagarofuran］、1α, 2α, 6β- 三乙酰氧基 -8α, 13- 二异丁酰氧基 -9β- 苯甲酰氧基 -4β- 羟基 -β- 二氢沉香呋喃（1α, 2α, 6β-triacetoxy-8α, 13-diisobutanoyloxy-9β-benzoyloxy-4β-hydroxy-β-dihydroagarofuran）、1α, 2α, 6β- 三乙酰氧基 -8α- 异丁酰氧基 -9β- 苯甲酰氧基 -13-（α- 甲基）丁酰氧基 -4β- 羟基 -β- 二氢沉香呋喃［1α, 2α, 6β-triacetoxy-8α-isobutanoyloxy-9β-benzoyloxy-13-（α-methyl）butanoyloxy-4β-hydroxy-β-dihydroagarofuran］[18]，（1α, 2α, 4β, 8α, 9α）-1, 2, 8, 12- 四（乙酰氧基）-9-（糠酰氧基）-4- 羟基二氢 -β- 沉香呋喃［（1α, 2α, 4β, 8α, 9α）-1, 2, 8, 12-tetrakis（acetyloxy）-9-（furoyloxy）-4-hydroxydihydro-β-agarofuran］、（1α, 2α, 6β, 8α, 9α）-1, 2, 6, 8, 12- 五（乙酰氧基）-9-（苯甲酰氧基）二氢 -β- 沉香呋喃［（1α, 2α, 6β, 8α, 9α）-1, 2, 6, 8, 12-pentakis（acetyloxy）-9-（benzoyloxy）dihydro-β-agarofuran］、（1α, 2α, 4β, 6β, 8α, 9β）-1, 2, 6- 三（乙酰氧基）-9- 苯甲酰氧基 -4- 羟基 -8, 12- 双（异丁酰氧基）二氢 -β- 沉香呋喃［（1α, 2α, 4β, 6β, 8α, 9β）-1, 2, 6-tris（acetyloxy）-9-（benzoyloxy）-4-hydroxy-8, 12-bis（isobutyryloxy）dihydro-β-agarofuran］、（1α, 2α, 4β, 6β, 8α, 9β）-1, 2, 6, 8- 四（乙酰氧基）-9- 呋喃甲酰氧基 -4- 羟基 -12-（异丁酰氧基）二氢 -β- 沉香呋喃［1α, 2α, 4β, 6β, 8α, 9β）-1, 2, 6, 8-tetrakis（acetyloxy）-9-（furoyloxy）-4-hydroxy-12-（isobutyryloxy）dihydro-β-agarofuran］、（1α, 2α, 6β, 8α, 9β）-1, 2, 6- 三（乙酰氧基）-9- 苯甲酰氧基 -4- 羟基 -8-（异丁酰氧基）-12-［（2- 甲基丁酰基）氧］二氢 -β- 沉香呋喃｛（1α, 2α, 6β, 8α, 9β）-1, 2, 6-tris（acetyloxy）-9-benzoyloxy-4-hydroxy-8-（isobutyryloxy）-12-［（2-methyl butanoyl）oxy］dihydro-β-agarofuran｝[19]，苦皮藤素 IV（celangulin IV）[20], 1α, 2α, 13- 三乙酰氧基 -8α, 9β- 二糠酰氧基 -4β, 6β- 二羟基 -β- 二氢沉香呋喃（1α, 2α, 13-triacetoxy-8α, 9β-difuroyloxy-4β, 6β-dihydroxy-β-dihydroagarofuan）、1α, 2α, 6α, 8α, 13- 五乙酰氧基 -9α- 苯甲酰氧基 -4β- 二羟基 -β- 二氢沉香呋喃（1α, 2α, 6α, 8α, 13-penta-acetoxy-9α-benzoyloxy-4β-dihydroxy-β-dihydroagarofuan）、1α, 2α, 6β, 13- 四乙酰氧基 -8α- 异丁酰氧基 -9β- 糠酰氧基 -4β- 羟基 -β- 二氢沉香呋喃（1α, 2α, 6β, 13-tetraacetoxy-8α-isobutyryloxy-9β-furoyloxy-4β-hydroxy-β-dihydroagarofuan）、1α, 2α, 8β- 三乙酰氧基 -9α- 苯甲酰氧基 -13- 异丁酰氧基 -4β, 6β- 二羟基 -β- 二氢沉香呋喃（1α, 2α, 8β-triacetoxy-9α-benzoyloxy-13-isobutyryloxy-4β, 6β-dihydroxy-β-dihydroagarofuan）[21]， 1α, 2α, 6β- 三乙酰氧基 -8α- 异丁酰氧基 -9β- 呋喃甲酰氧基 -13- 异戊酰氧基 -4β- 羟基 -β- 二氢沉香呋喃［1α, 2α, 6β-triacetoxy-8α-isobutanoyloxy-9β-（furoyloxy）-13- isovaleryloxy -4β-hydroxy-β-dihydroagarofuran］、

1α, 2α, 6β- 三乙酰氧基 -8α, 13- 二异丁酰氧基 -9β- 苯甲酰氧基 -4β- 羟基 -β- 二氢沉香呋喃（1α, 2α, 6β-triacetoxy-8α, 13-diisobutanoyloxy-9β-benzoyloxy-4-hydroxy-β-dihydroagarofuran）、1α, 2α, 6β- 三乙酰氧基 -8α- 异丁酰氧基 -9β- 苯甲酰氧基 -13- 异戊酰氧基 -4β- 羟基 -β- 二氢沉香呋喃（1α, 2α, 6β-triacetoxy-8α-isobutanoyloxy-9β-benzoyloxy-13- isovaleryloxy -4β-hydroxy-β-dihydroagarofuran）、1α, 6β, 8α, 13- 四乙酰氧基 -9α- 苯甲酰氧基 -2α- 羟基 -β- 二氢沉香呋喃（1α, 6β, 8α, 13-tetraacetoxy-9α-benzoyloxy-2α-hydroxy-β-dihydroagarofuran）、1α, 2α- 二乙酰氧基 -8β- 异丁酰氧基 -9α- 苯甲酰氧基 -13- 异戊酰氧基 -4β, 6β- 二羟基 -β- 二氢沉香呋喃［1α, 2α-diacetoxy-8β-isobutanoyloxy-9α-benzoyloxy-13- isovaleryloxy -4β, 6β-dihydroxy-β-dihydroagarofuran］[22]，苦皮藤素（celangulin）[23] 和苦皮藤素 G、H、I（celangulatin G、H、I）[24]；生物碱类：苦皮藤胺碱*（angulatamine）[25] 和雷公藤丝碱*B（wiforsinsine B）[26]；皂苷类：6β- 羟基 -3- 氧化羽扇 -20（29）- 烯［6β-hydroxy-3-oxolup-20（29）-ene］、3β- 羟基齐墩果 -9（11）：12- 二烯［3β-hydroxyolean-9（11）：12-diene］、9, 12- 烯 -3β- 齐墩果烷（9, 12-diene-3β-hydroxyolean）和紫金藤醇*F（triptohypol F）[27]；黄酮类：（＋）- 儿茶素［（＋）-catechin］[26, 27] 和（－）- 表儿茶素［（－）-epicatechin］[27]；甾体类：β- 谷甾醇（β-sitosterol）[26, 27]；脂肪酸类：油酸（oleic acid）[27]。

假种皮含萜类：1α, 2α, 4β, 6β, 8α, 9β, 13- 七羟基 -β- 二氢沉香呋喃（1α, 2α, 4β, 6β, 8α, 9α, 13-heptahydroxy-β-dihydroagarofuran）[28, 29] 和 9β- 苯甲酰氧基 -1α, 8β, 13- 三乙酰氧基 -β- 二氢沉香呋喃（9β- benzoyloxy-1α, 8β, 13-triacetoxy-β-dihydroagarofuran）[28]；甾体类：β- 谷甾醇（β-sitosterol）[28]；酚类：麝香草酚（thymol）和间苯二酚（resorcinol0[29]；醛醇类：卫矛醇（dulcitol）[28]。

【药理作用】抗肿瘤　种子中分离得到的 1, 3- 氧氮杂环己烷新骨架生物碱苦皮藤碱 A 和 B 对肿瘤细胞的增殖有一定的抑制作用；其中苦皮藤碱 B 的抑制作用较弱，对非小细胞肺癌 NCI- H23 细胞的生长半数抑制率（LI_{50}）为 3.0×10^{-5}mmol/L[1]。

【性味与归经】辛、苦，平。归肝、脾经。

【功能与主治】祛风除湿，活血通经，消肿解毒。用于风湿痹痛，跌扑肿痛，闭经，头痛，腰痛，痢疾，肠风下血，痈疽肿毒，水火烫伤，毒蛇咬伤。

【用法与用量】15～30g；或浸酒；外用适量，研末调敷或捣烂敷。

【药用标准】贵州药材 2003。

【临床参考】1. 黄水疮：树皮研粉，加菜油调敷。

2. 闭经：根 30g，加过路黄 30g，水煎，冲黄酒服。

3. 阴道发痒：树皮适量，加黄柏适量，共研细粉，撒敷患处。（1 方至 3 方引自《浙江药用植物志》）

【化学参考文献】

［1］Hu X, Han W, Han Z, et al. Chemical constituents of *Celastrus angulatus*［J］. Chem Nat Compd, 2015, 51（1）：148-151.

［2］赵天增，尹卫平，秦海林，等 . 苦皮藤中一个倍半萜醇酯新活性化合物的结构［J］. 中草药，1999，30（4）：241-244.

［3］Wang Y H, Yang L, Tu Y Q, et al. Two new sesquiterpenes from *Celastrus angulatus*［J］. J Nat Prod, 1997, 60（2）：178-179.

［4］Yin W P, Zhao T Z, Fu J G. Chinese bittersweet alkaloid III, a new compound from *Celastrus angulatus*［J］. J Asian Nat Prod Res, 2001, 3：183-189.

［5］Wang Y H, Yang L, Tu Y Q, et al. Two new sesquiterpenoids from the seeds of *Celastrus angulatus*［J］. J Nat Prod, 1998, 61（7）：942-944.

［6］杨立，王艳红，涂永强，等 . 苦皮藤中两个倍半萜多酯［J］. 中山大学学报（自然科学版），1997，36（4）：123-124.

［7］张海艳，王志尧，常霞，等 . 苦皮藤种子的化学成分分析［J］. 中国实验方剂学杂志，2017，23（16）：57-61.

［8］Wei S P, Ji Z Q, Zhang J W. A new insecticidal sesquiterpene ester from *Celastrus angulatus*［J］. Molecules, 2009,

14：1396-1403.

［9］Wu M J，Zhao T Z，Shang Y J，et al. A new sesquiterpene polyol ester from *Celastrus angulatus*［J］. Chin Chem Lett，2004，15（1）：41-42.

［10］Wei S P，Luan J Y，Ji Z Q，et al. Antitumor sesquiterpenepolyol esters from *Celastrus angulatus*［J］. Chem Nat Compd，2012，47（6）：906-910.

［11］Wakabayashi N，Wu W J，Waters R M，et al. Celangulin：A nonalkaloidal insect antifeedant from Chinese Bittersweet，*Celastrus angulatus*［J］. J Nat Prod，1988，51（3）：537-542.

［12］Wu W J，Tu Y Q，Liu H X，et al. Celangulins II，III，and IV：new insecticidal sesquiterpenoids from *Celastrus angulatus*［J］. J Nat Prod，1992，55（9）：1294-1298.

［13］吴文君，朱靖博，刘惠霞，等. 苦皮藤毒杀成分（苦皮藤素Ⅱ，Ⅲ）的结构鉴定［J］. 西北农业大学学报，1993，21（1）：6-10.

［14］Zhang H Y，Zhao T Z，Dong J J，et al. Four new sesquiterpenepolyol esters from *Celastrus angulatus*［J］. Phytochem Lett，2014，7：101-106.

［15］Zhang H Y，Zhao T Z，Wei Y，et al. Two new sesquiterpene polyol esters from the root barks of *Celastrus angulatus*［J］. J Asian Nat Prod Res，2011，13（4）：304-311.

［16］Ji Z Q，Wu W J，Yang H，et al. Four novel insecticidal sesquiterpene esters from，*Celastrus angulatus*［J］. Nat Prod Res，2007，21（4）：334-342.

［17］朱文丽，沈国鹏，张海艳，等. 苦皮藤根皮的化学成分［J］. 中国实验方剂学杂志，2011，17（14）：117-122.

［18］Wu W J，Wang M G，Zhu J B，et al. Five new insecticidal sesquiterpenoids from *Celastrus angulatus*［J］. J Nat Prod，2001，64（3）：364-367.

［19］Wei S P，Wu W J，Ji Z Q，et al. Two new sesquiterpene polyol esters from *Celastrus angulatus*［J］. Helv Chim Acta，2010，93：1844-1850.

［20］吴文君，刘惠霞，朱靖博，等. 苦皮藤麻醉成分（苦皮藤素Ⅳ）的结构鉴定［J］. 西北农业大学学报，1993，21（1）：1-5.

［21］慕岩峰，孙晓昱. 苦皮藤植物活性成分的分离与结构鉴定［J］. 安徽农业科学，2009，37（23）：10843，10851.

［22］吴文君，王明安，朱靖博，等. 杀虫植物苦皮藤毒杀成分的研究［J］. 有机化学，2002，22（9）：631-637.

［23］吴文君，Wakabaysshi N，Waters R M. 新化合物苦皮藤素₁的结构鉴定［J］. 西北农业大学学报，1989，17（4）：64-68.

［24］Ji Z，Zhang Q，Shi B，et al. Three new insecticidal sesquiterpene pyridine alkaloids from *Celastrus angulatus*［J］. Nat Prod Res，2009，23（5）：470-478.

［25］Liu J，Wu D，Jia Z. A sesquiterpene evoninoate alkaloid from the root bark of *Celastrus angulatus*［J］. Phytochemistry，1993，32（2）：487-488.

［26］陈玲，张海艳，李坤威，等. 苦皮藤根皮化学成分［J］. 中国实验方剂学杂志，2015，21（12）：23-25.

［27］陈佩东，梁敬钰. 苦皮藤根皮的化学成分研究［J］. 海峡药学，2002，14（4）：33-36.

［28］杨征敏，吴文君，姬志勤，等. 苦皮藤果实中农药活性成分的分离和结构鉴定［J］. 西北农林科技大学学报（自然科学版），2001，29（6）：61-64.

［29］杨征敏，吴文君，王明安，等. 苦皮藤假种皮中的杀菌活性成分研究［J］. 农药学报，2001，3（2）：93-96.

【药理参考文献】

［1］尹卫平，赵天增，高令杰. 苦皮藤中新骨架生物碱1，3-氧氮杂环己烷化合物的抗癌活性［J］. 河南科技大学学报（自然科学版），2000，21（3）：67-69.

542. 过山枫（图 542）• *Celastrus aculeatus* Merr.（*Celastrus oblanceifolius* C. H. Wang et P. C. Tsoong）

【别名】穿山龙、坭底蛇（浙江），窄叶南蛇藤。

【形态】常绿藤状灌木。枝粗壮，密生圆形皮孔，无刺或疏生粗短刺；小枝幼时密生微柔毛或短糙毛；

图 542　过山枫　　　　　　　　　　　　摄影　张芬耀

髓实心，白色。冬芽最外 2 枚鳞片特化成三角形刺。叶片近革质，椭圆形或卵状椭圆形，长 3～12cm，宽 1.5～7.5cm，顶端短渐尖，基部楔形，边缘疏生细钝状小锯齿，近基部全缘，两面均无毛，侧脉 4～5 对，网脉不明显；叶柄长 0.6～1.2cm，纤细，上面有狭沟。聚伞花序腋生或侧生，有花 2～3 朵；总花梗长 3～6mm；花单性异株，黄绿色；花瓣 5 枚，被微柔毛；雄花雄蕊 5 枚，花丝被微柔毛；雌花子房卵形，向上收缩，花柱顶端截形，3～4 裂；花盘 5 浅裂。果实球形，直径约 8mm。种子深褐色，具稠密疣点，有橙黄色假种皮。花期 3～4 月，果期 9～10 月。

【生境与分布】生于路旁灌丛中。分布于浙江、江西、福建，另广东、广西及云南均有分布。

【药名与部位】过山枫，藤茎。

【采集加工】全年均可采收，除去杂质，晒干。

【药材性状】呈圆柱形，直径 0.5～3.5cm，长 0.5～6cm，表面灰褐色或灰绿色，有白色圆点状皮孔，粗糙，具纵皱纹。质坚硬，不易折断，断面纤维性，皮部灰褐色，木质部灰白色，可见同心性环纹及密集的小孔，髓部明显。气微，味微辛。

【化学成分】根和茎含甾体类：β- 谷甾醇（β-sitosterol）[1]；酚酸类：对羟基苯甲酸（p-hydroxybenzoic acid）、香草酸（vanillic acid）和 3, 5- 二甲氧基 -4- 羟基苯甲酸（3, 5-dimethoxy-4-hydroxybenzoic acid）[1]；苯并环己酮类：尼木二酚*（nimbidiol）[1, 2]；三萜类：扁蒴藤酚（pristimerol）[1] 和扁蒴藤素（pristimerin）[1, 2]；醛醇类：卫矛醇（dulcitol）[1]；烷烃类：正三十三烷（n-tritriacontane）[1]。

【药理作用】1. 抗炎　根及藤茎 75% 乙醇提取物对热杀死结核分枝杆菌 H37Ra（Mtb）诱导的佐剂性关节炎炎症有抑制作用，不仅能抑制 Lewis 大鼠佐剂性关节炎（AA）的发生，而且还能降低 AA 的病理进程，能升高白细胞介素 -10（IL-10）水平，降低血浆中一氧化氮（NO）水平，增加抗分枝杆菌热休克蛋白 65（Bhsp65）抗体[1]；乙醇提取物能明显抑制 Ⅱ 型胶原诱发的免疫性关节炎的炎症作用，可明显抑制关节软骨内 MMP-3、TIMP-1 和 MMP-3/TIMP-1 的表达，从而保护关节软骨，改善类风湿的关节变化，减少畸形发生[2]。2.抗氧化 根及藤茎中提取的总黄酮对1，1-二苯基-2-三硝基苯肼自由基（DPPH）、2，2'-联氮-二（3-乙基-苯并噻唑-6-磺酸）二铵盐自由基（ABTS）、羟自由基（·OH）均具较强的清除作用[3]。

【性味与归经】微苦，平。归心、肝、肾经。

【功能与主治】祛风除湿，行气活血，消肿解毒。用于风湿痹痛等症。

【用法与用量】15～20g；外用适量。

【药用标准】广西瑶药2014一卷。

【化学参考文献】

［1］Tang W H，Bai S T，Tong L，et al. Chemical constituents from *Celastrus aculeatus* Merr.［J］. Biochem Syst Ecol，2014，54：78-82.

［2］Xie Y，Ding Z B，Duan W J，et al. Isolation and purification of terpenoids from *Celastrus aculeatus* Merr. by high-speed counter-current chromatography［J］. J Med Plants Res，2012，6（12）：2520-2525.

【药理参考文献】

［1］Tong L，Moudgil K D. *Celastrus aculeatus* Merr. suppresses the induction and progression of autoimmune arthritis by modulating immune response to heat-shock protein 65［J］. Arthritis Research & Therapy，2007，9（4）：R70.

［2］朱传武，赵志玲，佟丽，等.过山枫乙醇提取物抗类风湿关节炎疗效观察及免疫机制探讨［J］.解放军药学学报，2006，22（5）：353-356.

［3］丁宗保，李强，佟丽，等.过山枫总黄酮抗氧化作用研究［J］.中药材，2011，34（3）：435-437.

543. 南蛇藤（图543）· *Celastrus orbiculatus* Thunb.

图543 南蛇藤 摄影 张芬耀等

【别名】蔓性落霜红（苏南），降龙草、挂廊鞭（江苏连云港）。

【形态】落叶藤状灌木。小枝四棱形，光滑无毛，灰棕色或棕褐色，皮孔稀疏不明显；髓实心，白色；腋芽小，卵状到卵圆状，长 1～3mm。叶片纸质，倒卵形或近圆形，长 5～13cm，宽 3～9cm，先端圆阔，具有小尖头或短渐尖，基部阔楔形到近钝圆形，边缘具锯齿，两面光滑无毛或叶背脉上具稀疏短柔毛，侧脉 3～6 对；叶柄细，长 0.8～2cm。聚伞花序腋生，间有顶生，花序有花 1～3 朵；雄花萼片钝三角形；花瓣倒椭圆形或长方形；花盘浅杯状，裂片浅；雄蕊长 2～3mm，退化雌蕊不发达；雌花花冠较雄花窄小，花盘稍深厚，肉质，退化雄蕊极短小；子房近球状，花柱长约 1.5mm，柱头 3 深裂。蒴果近球状，直径 8～10mm；种子椭圆状稍扁，赤褐色。花期 5～6 月，果期 7～10 月。

【生境与分布】生于山坡灌丛。分布于华东各省市，另黑龙江、吉林、辽宁、内蒙古、河北、山西、河南、陕西、甘肃、湖北、四川均有分布；朝鲜、日本也有分布。

【药名与部位】南蛇藤果（合欢果、北合欢），果实。南蛇藤，藤茎和根。

【采集加工】南蛇藤果：秋季果实成熟时采摘，除去杂质，晒干。南蛇藤：全年均可采收，除去枝叶，洗净，趁鲜切片，干燥。

【药材性状】南蛇藤果：为蒴果，球形，浅黄色至黄绿色，具宿存花柱，直径约 6mm。基部有时可见细小果柄及绿色的花盘。果皮 2～3 裂，内表面亮黄色，内有 3～6 粒被有红色肉质假种皮的种子。种子卵形或椭圆形，表面光滑。棕褐色。气微，味微酸、辛。

南蛇藤：为椭圆形、类圆形或不规则的斜切片，直径 1～4cm。外表皮灰褐色或灰黄色，粗糙，具不规则纵皱纹及横长的皮孔或裂纹，栓皮呈层片状，易剥落，剥落面呈橙黄色。质硬，切面皮部棕褐色，木质部黄白色。射线颜色较深，呈放射状排列。气特异，味涩。

【药材炮制】南蛇藤果：除去杂质及脱落的果柄。

南蛇藤：除去杂质，洗净，趁鲜切片，干燥。

【化学成分】根含皂苷类：扁蒴藤素（pristimerin）、冠叶南蛇藤酚 A（celaphanol A）、南蛇藤醇（celastrol），即雷公藤红素（tripterine）[1]，木栓酮（friedelin）和 29- 咖啡酰氧基木栓酮（29-affeoyloxy friedeli）[2]；甾体类：β- 谷甾醇（β-sitosterol）[2]。

茎含二萜类：山海棠二萜内酯 A（hypodiolide A）[3]；黄酮类：异槲皮苷（isoquercitrin）、槲皮素 -7-O-β-D- 葡萄糖苷（quercetin-7-O-β-D-glucoside）和（+）- 儿茶素［（+）-catechin］[3]；酚酸类：水杨酸（salicylic acid）和香草酸（vanillic acid）[3]；酚苷类：2, 4, 6- 三甲氧基苯酚 -1-O-β-D- 吡喃葡萄糖苷（2, 4, 6-trimethoxyphenol -1-O-β-D-glucopyranoside）[3]；甾体类：胡萝卜苷（daucosterol）和 β- 谷甾醇（β-sitosterol）[3]。

根茎含单萜类：（1S, 2S, 4R）-1, 8- 反式桉叶素 -2-O-（6-O-α-L- 鼠李糖基）-β-D- 吡喃葡萄糖苷［（1S, 2S, 4R）-1, 8-trans-cineole -2-O-（6-O-α-L- rhamnosyl）-β-D-glucopyranoside］和薜荔苷 A（pumilaside A）[4]；蒽醌类：大黄素 -6-O-β-D- 吡喃葡萄糖苷（emodin-6-O-β-D-glucopyranoside）[4]；酚酸及衍生物：3, 4, 5- 三甲氧基苯酚 -β-D- 吡喃葡萄糖苷（3, 4, 5-trimethoxyphenyl-β-D-glucopyranoside）、丁香酸葡萄糖苷（glucosyringic acid）、3, 4- 二甲氧基苯酚 -1-［6-O-α-L- 鼠李糖基（1→6）-β-D- 葡萄糖苷］{3, 4-dimethoxybenzenephenol-1-［6-O-α-L- rhamnosyl（1→6）-β-D-glucoside］} 和 3, 4, 5- 三甲氧基苯酚 -1-［6-O-α-L- 鼠李糖基（1→6）-β-D- 葡萄糖苷 {3, 4, 5-trimethoxyphenol-1-［6-O-α-L-rhamnosyl（1→6）-β-D-glucoside］}[4]；呋喃类：3- 羟甲基呋喃 -β-D- 吡喃葡萄糖苷（3-furanmethanol-β-D-glucopyranoside）[4]。

种子中含倍半萜类：1β- 乙酰氧基 -8α- 苯甲酰氧基 -9β, 13- 二（β- 吡啶甲酰氧基）-β- 二氢沉香呋喃［1β-acetoxy-8α-benzoyloxy-9α, 13-di（β-nicotinoyloxy）-β-dihydroagarofura］、1β, 2β- 二 羟 基 -6α- 乙酰氧基 -8β, 9β- 二苯甲酰氧基 -β- 二氢沉香呋喃（1β, 2β-dihydroxy- 6α-acetoxy-8β, 9β-dibenzoyloxy-β-dihydroagarofuran）、1β, 2β, 8β, 9β- 四苯甲酰氧基 -6α- 乙酰氧基 -β- 二氢沉香呋喃（1β, 2β, 8β,

9β-tetrabenzoyloxy-6α-acetoxy-β-dihydroagarofuran）[5]，1α, 6β- 二乙酰氧基 -9β- 苯甲酰氧基 -β- 二氢沉香呋喃（1α, 6β-diacetoxy-9β-benzoyloxy-β-dihydroagarofuran）、1α, 6β- 二乙酰氧基 -9β- 肉桂酰氧基 -β- 二氢沉香呋喃（1α, 6β-diacetoxy-9β-cinnamoyloxy-β-dihydroagarofuran）、1α- 乙酰氧基 -6β, 9β- 二苯甲酰氧基 -β- 二氢沉香呋喃（1α-acetoxy-6β, 9β-dibenzoylxy-β-dihydroagarofuran）、1α, 2α- 二乙酰氧基 -9β- 肉桂酰氧基 -β- 二氢沉香呋喃（1α, 2α-diacetoxy-9β-cinnamoyloxy-β-dihydroagarofuran）、1α- 羟基 -2α- 乙酰氧基 -9β- 肉桂酰氧基 -β- 二氢沉香呋喃（1α-hydroxy-2α-acetoxy-9β-cinnamoyloxy-β-dihydroagarofuran）、1α- 乙酰氧基 -2α 羟基 -9β- 肉桂酰氧基 -β- 二氢沉香呋喃（1α-acetoxy-2α-hydroxy-9β-cinnamoyloxy-β-dihydroagarofuran）[6]，1α, 2β- 二乙酰氧基 -9α- 肉桂酰氧基 -β- 二氢沉香呋喃（1α, 2β-diacetoxy-9α-cinnamoyloxy-β-dihydroagarofuran）、1β, 2β- 二乙酰氧基 -6α- 苯甲酰氧基 -9α- 肉桂酸氧基 -β- 二氢沉香呋喃(1β, 2β-diacetoxy-6α-benzoyloxy-9α-cinnamoyloxy-β-dihydroagarofuran)、1β- 乙酰氧基 -9α- 肉桂酰氧基 -β- 二氢沉香呋喃（1β-acetoxy-9α-cinnamoyloxy-β-dihydroagarofuran）[7]，1α, 2α, 8β- 三乙酰氧基 -9β- 肉桂酰氧基 -β- 二氢沉香呋喃（1α, 2α, 8β-triacetoxy-9β-cinnamoyloxy-β-dihydroagarofuran）和 1α, 6β- 二乙酰氧基 -9β- 苯甲酰氧基 -β- 二氢沉香呋喃（1α, 6β-diacetoxy-9β-cinnamoyloxy-β-dihydroagarofuran）[8]。

【药理作用】1. 抗肿瘤　藤茎乙酸乙酯提取物、正丁醇提取物可明显抑制小鼠肉瘤（S180）、肝癌（Heps）移植性肿瘤的生长[1]；藤茎乙酸乙酯提取物能明显抑制人胃癌 SGC-7901 细胞的侵袭和迁移，其机理可能与下调金属基质蛋白酶 MMP2、MMP9 蛋白水平直接相关[2]；藤茎乙酸乙酯提取物对过表达哺乳动物雷帕霉素靶蛋白（mTOR）的人肝癌 HepG2 细胞的增殖有明显的抑制作用，并明显降低细胞内 mTOR 的表达[3]。2. 抗炎　藤茎甲醇提取物对角叉菜所致大鼠的足趾肿胀、乙酸所致小鼠的腹腔毛细血管通透性增加和大鼠棉球肉芽肿生长均有明显的抑制作用[4]。3. 抗菌　藤茎乙醇提取物可有效抑制金黄色葡萄球菌的生长，抗菌作用远优于水煮提取物和超声波提取物[5]。4. 抗氧化　藤茎乙酸乙酯提取物、正丁醇提取物可提高荷瘤小鼠血清超氧化物歧化酶（SOD）活性，降低丙二醛（MDA）含量，具有增强机体抗氧化的作用[1]；藤茎乙醇提取物可通过抑制高脂饮食诱导豚鼠血浆和肝脏中的丙二醛表达、升高超氧化物歧化酶表达发挥其抗氧化作用，抑制低密度脂蛋白（LDL）向 ox-LDL 的转化；并抑制肝脏内诱导型一氧化氮合酶（NOS）的产生，减少一氧化氮（NO）的生成[6]。5. 抗动脉粥样硬化　藤茎乙醇提取物通过调节血浆中低密度脂蛋白与极低密度脂蛋白中 apoB 和 apoE 水平来降低血浆中胆固醇含量，通过调节肝脏内影响胆固醇代谢相关基因或酶的表达调节血浆中血脂水平和脂质在肝脏内的代谢与动脉壁的沉积，通过抑制主动脉壁核转录因子（NF-κB）p65 的表达减轻高脂饮食诱导的豚鼠血浆和主动脉壁相关炎症因子的表达而发挥抗炎作用，从而阻止了动脉粥样硬化的发生和发展[6]。6. 抗生育　雄性大鼠经口喂服南蛇藤水煎提取液 7.5g/kg、22.5g/kg 剂量，连续给药 60 天，可明显减少精子数量、降低精子活力（精子活动力均为 0），出现睾丸生精小管生精障碍，作用呈剂量 - 效应关系[7]。

　　毒性　小鼠灌胃给予南蛇藤茎乙醇提物的最大耐受量（MTD）为 10.0g/kg，半数致死剂量（LD$_{50}$）为 38.17g/kg[6]。

【性味与归经】南蛇藤果：甘，平。南蛇藤：苦，辛，温。归肝、脾、大肠经。

【功能与主治】南蛇藤果：补脾、安神、活血。用于神经衰弱、失眠。南蛇藤：活血祛瘀，祛风除湿。用于跌打损伤，筋骨疼痛，四肢麻木，经闭，瘫痪。

【用法与用量】南蛇藤果：10 ～ 25g。南蛇藤：9 ～ 15g。

【药用标准】南蛇藤果：山西药材 1987、辽宁药材 2009、内蒙古药材 1988 和吉林药品 1977；南蛇藤：湖南药材 2009。

【临床参考】1. 慢性风湿性关节炎：藤茎 30g 先煎 30min，加当归 13g、川芎 10g、红花 10g、路路通 13g、桂枝 9g、木瓜 13g、牛膝 13g、五加皮 13g、枸杞子 13g，水煎，每日 1 剂，分 2 次饭后服，30 天 1 疗程，连续治疗 2 疗程[1]。

　　2. 绞肠痧：鲜根 50g，叶适量，加酒、水各半，炖服，每日 2 次[2]。

3.肢动脉硬化闭塞症：藤茎 30g，加透骨草 30g、八角金盘 10g、胆南星 10g、珍珠菜 20g、毛冬青 20g、生黄芪 30g、生牡蛎 30g、黑元参 10g、路路通 20g、炒川芎 10g、元明粉 10g、生甘草 1g、肉桂粉 3g，偏寒者加当归、附子、桂枝、干姜、鹿角霜；偏热者加川柏、金银花、元参、生地等，水煎服，每日 1 剂[3]。

4.原发性血小板增多症：藤茎 15 ～ 20g，加 500ml 水，武火煮开后文火煮 4h，煎成药量满 100 ～ 150ml，早餐后 10min 1 次顿服[4]。

5.血栓性浅静脉炎：藤茎 30g，加透骨草 30g、肉桂粉 1g、八角金盘 8g、胆南星 10g、黑元参 10g、元明粉 10g、生甘草 10g、路路通 20g、珍珠母 20g、生黄芪 30g、生牡蛎 30g，水煎服，每日 1 剂[5]。

【附注】南蛇藤始载于《植物名实图考》，云："黑茎长韧，参差生叶，叶如南藤，面浓绿，背青白，光润有齿。根茎一色，根圆长，微似蛇，故名。俚医以治无名肿毒，行血气。" 即似本种。

本种的藤茎及根（南蛇藤）孕妇慎服。曾见报道服用南蛇藤续断煎剂后有胃肠道反应，偶可出现白细胞及血小板减少、四肢散在皮下出血、口角疼痛、双眼灼痛、流泪等症状[1]。

本种的叶民间也药用。

本种的果实在辽宁作藤合欢药用。苦皮藤 *Celastrus angulatus* Maxim. 及粉背南蛇藤 *Celastrus hypoleucus*（Oliv.）Warb 的根在贵州作南蛇藤根药用。

【化学参考文献】

［1］Jin H Z, Hwang B Y, Kim H S, et al. Antiinflammatory constituents of *Celastrus orbiculatus* inhibit the NF-kappa bactivition and NO production［J］. J Nat Prod, 2002, 65（1）：89-91.

［2］倪慧艳，张朝晖，宋文静，等.南蛇藤化学成分研究［J］.中国药学杂志，2014，49（21）：1889-1891.

［3］昝珂，陈筱清，王强，等.南蛇藤茎的化学成分研究［J］.中草药，2007，38（10）：1455-1457.

［4］张扬，许海燕，谭俊杰，等.南蛇藤化学成分研究［J］.中国医药工志，2010，41（11）：823-826.

［5］涂永强，宋庆宝，武小莉，等.南蛇藤倍半萜成分研究［J］.化学学报，1993，51：404-408.

［6］王明安，陈馥衡，王明奎，等.南蛇藤种油中的倍半萜成分［J］.天然产物研究与开发，2001，13（2）：5-7.

［7］王明安，陈馥衡.南蛇藤昆虫拒食成分的研究（Ⅰ）［J］.高等学校化学学报，1995，8（16）：1248-1250.

［8］王明安，陈馥衡.南蛇藤昆虫拒食成分的研究（Ⅱ）［J］.高等学校化学学报，1996，8（17）：1250-1252.

【药理参考文献】

［1］张舰，许运明，王维民，等.南蛇藤提取物体内抗肿瘤作用的实验研究［J］.中国中药杂志，2006，31（18）：1514-1516.

［2］王海波，顾昊，赵雪煜，等.南蛇藤提取物通过调控基质金属蛋白酶组及其抑制因子抑制人胃癌 SGC-7901 细胞侵袭转移的研究［J］.中草药，2016，47（8）：1345-1350.

［3］钱亚云，陆松花，赵雪煜，等.南蛇藤提取物对过表达 mTOR 的人肝癌 HepG2 细胞株的影响［J］.世界科学技术——中医药现代化 - 中医研究，2016，18（12）：2132-2136.

［4］杨蒙蒙，佟丽，陈育尧.南蛇藤不同提取部位的抗炎作用实验研究［J］.中药新药与临床药理，2004，15（4）：241-243.

［5］陶虚谷，刘湘新，夏媛媛，等.南蛇藤有效成分的提取工艺及体外抑菌作用研究［J］.湖南畜牧兽医，2012，169（3）：3-6.

［6］张颖.南蛇藤生物活性成分分析及其抗动脉粥样硬化药效评价［D］.济南：山东农业大学博士学位论文，2013.

［7］陈辉.通痹合剂 2 号治疗 RA 近期疗效观察及对雄性大鼠抗生育作用的研究［D］.广州：广州中医药大学博士学位论文，2008.

【临床参考文献】

［1］赵金华.南蛇藤煎剂治疗慢性风湿性关节炎 240 例［J］.右江民族医学院学报，1999，21（2）：162.

［2］相鲁闽，姜毅琳.南蛇藤酒水剂治疗绞肠痧［J］.中国民间疗法，2000，8（11）：45.

［3］胡胜利.透骨通脉饮治疗肢动脉硬化闭塞症 524 例［J］.中国中医药科技，2001，8（2）：127-128.

［4］常玉荣，陈艳芳.一例原发性血小板增多症运用南蛇藤治疗的护理［J］.桂林医学院学报，1997，10（4）：131-132.

［5］胡胜利.中西医结合治疗血栓性浅静脉炎 86 例［J］.中国中西医结合外科杂志，2001，7（3）：47.

【附注参考文献】

[1] 薛秀清，黄光荣，蔡晓虹.南蛇藤、续断煎剂致不良反应3例[J].现代医药卫生，2007，23（4）：554.

3. 雷公藤属 *Tripterygium* Hook.f.

落叶灌木，蔓生、攀援或匍匐状。小枝有棱及皮孔，常被毛。冬芽宽圆锥形，外被2片鳞片。单叶，互生；有柄；托叶锥形，早落。圆锥状聚伞花序常顶生；花小、杂性、白色；花萼5裂，花瓣5枚；雄蕊5枚，花丝细长，着生于花盘边缘；花盘杯状，5浅裂；子房上位，三棱状，不完全3室，每室有2粒胚珠，花柱短，柱头通常6浅裂。蒴果短圆形，有3翅。种子1粒，黑色，无假种皮。

4～5种，分布于东亚。中国4种，分布于华东、华南、西南和东北各省区，法定药用植物2种。华东地区法定药用植物2种。

544. 雷公藤（图 544）• *Tripterygium wilfordii* Hook.f.

图 544　雷公藤　　　　　　　　　　　　　　　摄影　李华东等

【别名】菜虫药（浙江、江苏），断肠草（浙江），黄蜡藤（江苏），水莽藤（江西九江）。

【形态】藤状灌木。当年生小枝密生锈色绒毛，二年生枝具4棱，棕红色，疏生短毛，密生瘤状皮孔。叶纸质，椭圆形、阔椭圆形、阔卵形或卵状长圆形，长4～10cm，宽3～5cm，顶端渐尖至长渐尖，基部钝或近圆形，有时歪斜，两面除中脉及侧脉疏生短柔毛外，其余几无毛；边缘有锯齿，稀重锯齿，侧脉5～7对，向上弯拱，网脉明显；叶柄长4～8mm，幼时密被短柔毛。聚伞花序呈总状排列，顶生，长达10cm，密生黄锈色短柔毛；总花梗长4～10mm，花梗长约4mm；花淡黄白色；花萼5裂，密生短柔毛，裂片三角形；花瓣5枚，长圆形，顶端蚀啮状；雄蕊5枚，花丝细长；花盘5浅裂；子房卵形，3浅裂；花柱顶端6浅裂。翅果有3个膜质的翅。种子1粒，细柱状，黑色。花期5～6月，果期9～10月。

【生境与分布】生于路旁灌丛中。分布于华东各省市，野生或栽培，另长江流域以南各省区均有分布。

【药名与部位】雷公藤，去皮的根。

【采集加工】秋、冬二季采挖，除去须根及泥沙，剥去皮部，干燥；或剥去皮部，趁鲜切片，干燥。

【药材性状】呈圆柱形，常扭曲，近茎处常分枝，长5～15cm，直径0.5～3cm。外皮多剥去，木质部现黄褐色，具纵向沟槽，纹理细腻。切面黄白色至浅棕褐色，密布导管孔，具放射状纹理，有的可见年轮。质坚硬。气微，味苦、微辛。

【药材炮制】除去杂质，略浸，洗净，润软，剥净皮部，切片，干燥。

【化学成分】根皮含萜类：雷酚新内酯（neotriptophenolide）、雷公藤醌酸A（triptoquinonoic acid A）[1]，雷公藤内酯醇，即雷公藤甲素（triptolide）、雷酚萜甲醚（triptonoterpene methyl ether）、雷酚内酯（triptiphenolide）、雷公藤内酯酮（triptonide）[2]、16-羟基雷公藤内酯醇（16-hydroxytriptolide）、15-羟基雷公藤内酯醇（15-hydroxytriptolide），即雷醇内酯（triptolidenol）、雷公藤乙素（tripdiolide）、2-表雷公藤乙素（2-epitripdiolide）[3]、雷酚内酯（triptophenolide）、雷公藤酮（triptonide）、雷酚酮内酯（triptonolide）和12, 14-二羟基-3-氧化-松香-8, 11, 13-三烯（12, 14-dihydroxy-3-oxo-abieta-8, 11, 13-trien）等[4]；皂苷类：雷公藤内酯甲（wilforlide A）、雷公藤内酯三醇（triptriolide）[1]，萨拉子酸（salaspermic acid）、雷公藤红素（tripterine），即南蛇藤素（celastrol）、去甲泽拉木醛（dimethyl zeylasteral）[4]，美登木酸（polpunonic acid）、2-羟基美登木酸（2-hydroxypolpunonic acid）、直楔草酸（orthosphenic acid）、坎高罗宁酸*（cangoronine）、3-羟基-2-氧化-3-木栓-20α-羧酸（3-hydroxy-2-oxo-3-fridelen-20α-carboxylic acid）、雷藤三萜酸A（triptotriterpenic acid A），即3β, 22α-二羟基齐墩果-12-烯-29-酸（3β, 22α-dihydroxy-olean-12-en-29-oic acid）[5, 6]，雷藤三萜酸B（triptotriterpenic acid B），即3β, 22β-二羟基齐墩果-12-烯-29-酸（3β, 22β-dihydroxy-olean-12-en-29-oic acid）[6]、3-表卡英酸（3-epikatonic acid）、雷公藤内酯甲（wiforlide A）和萨拉子酸-3-乙基醚（salaspermic acid-3-ethyl ether）等[7]；生物碱类：雷公藤春碱（wilfortrine）、雷公藤碱（wilfordine）、雷公藤晋碱（wilforgine）、雷公藤次碱（wilforine）、雷公藤碱戊（wilforidine）[4]和雷公藤植碱（wilfordsuine）等[8]；甾体类：β-谷甾醇（β-sitosterol）[2]；酚酸类：紫丁香酸（syringic acid）[2]；呋喃类：3-呋喃酸（3-furoic acid）[2]；醛醇类：卫矛醇（dulcitol）[2]。

　　根木质部含萜类：雷酚萜（triptonoterpene）、雷公藤醌A（triptoquinone A）[4]、雷公藤苯L（triptobenzene L）、雷公藤苯B（triptobenzene B）、雷公藤酚E（wilforol E）、雷公藤海日酸*（triptohairic acid）、山海棠酸（hypoglic acid）[9]、雷公藤奎因*（triptoquine）、异雷酚新内酯（isoneotriptophenolide）、雷公藤素*A、B（triptotin A、B）[10]、雷公藤醌B、H（triptoquinone B、H）、雷萜二酚*（triptonodiol）、日柏酮（hinokione）[11]、16R, 19-二羟基-对映-贝壳杉烷（16R, 19-dihydroxy-ent-kaurane）、（－）-16R-羟基贝壳杉-19-酸［（－）-16R-hydroxykauran-19-oic acid］、（－）-17-羟基-16R-贝壳杉-19-酸［（－）-17-hydroxy-16R-kauran-19-oic acid］、14, 15-雷公藤福定（14, 15-tripterifordin）、雷公藤苯H、J、L、M、N、Q（triptobenzene H、J、L、M、N、Q）[12]；皂苷类：16-羟基-19, 20-环氧贝壳杉烷（16-hydroxy-19, 20-epoxy-kaurane）和山海棠二萜内酯A（tripterfordin A）等[13]，雷公藤素D、E、G、H（triptotin D、E、G、H）、直楔草酸（orthosphenic acid）、22β-羟基-3-氧代-Δ12-齐墩果烯-29-羧酸（22-β-hydroxy-3-oxo-Δ12-oleanen-29-oic acid）、雷公藤三萜酸C（triptotriterpenic acid C）、雷公藤酸A（wilforicacid A）、雷公藤酚A（wilforol A）[14]和3β, 22β-二羟基-29-去甲-D：A-弗瑞德齐墩果-21-酮-2β, 24-内酯（3β, 22β-dihydroxy-29-nor-D：A-friedoolean-21-one-2β, 24-lactone）[15]；生物碱类：雷公藤灵A、B（triptonine A、B）、雷公宁碱*H（wilfonine H）、昆明山海棠素A、B、D（hypoglaunines A、B、D）和卫矛碱（euonymine）等[16]；木脂素类：（＋）-皮树脂醇［（＋）-medioresinol］和丁香脂素（syringaresinol）[12]；黄酮类：蜜橘黄素（nubiletin）[11]和表没食子酰儿茶素（epigallocatechin）[16]；苯醌类：2, 5-二甲氧基苯醌（2,

5-dimethoxybenzoquinone）[16]；低碳羧酸类：琥珀酸（succinic acid）[16]。

根含生物碱类：雷公藤辛碱*C、D、E、F、G、H（wilforsinine C、D、E、F、G、H）[17]；皂苷类：雷公藤三萜酸 B（triptotriterpnic acid B）、22β- 羟基 -3- 氧化齐墩果 -12- 烯 -29- 酸（22β-hydroxy-3-oxo-olean-12-en-29-oic acid）、雷公藤酚 A（wilforol A）、直楔草酸（orthosphenic acid）和雷公藤三萜酸 C（triptotriterpenic acid C）[18]。

地上部分含萜类：雷公藤内醋酮（tripotinde）、雷公藤内酯醇（triptolide）和雷公藤内酯二醇（tripdiolide）等[19]；生物碱类：雷公藤碱（wifordine）、雷公藤次碱（wilforine）、雷公藤宁碱（wifornine）、雷公藤碱戊（wilforidine）、雷公藤晋碱（wilforgine）、雷公藤碱己（wiformine）、雷公藤碱丁（wifortrine）、雷公藤碱庚（wiforzine）、雷公藤碱辛（neowilfordinine）和异卫矛碱（euonine）等[20]。

叶含萜类：雷公藤萜内酯*A、B、C、D、E、F（tripterlide A、B、C、D、E、F）[17]，雷公藤内酯酮（triptonkle）、雷公藤内酯醇（triptolide）、雷公藤内酯二醇（tripdiolide）、雷醇内酯（triptolidenol）、16- 羟基雷公藤内酯醇（16-hydroxytriptolide）、雷公藤氯内酯醇（tripehlorolide）、雷藤内酯三醇（triptriolide）、雷公藤内酯二醇酮（tripdiotolnide）和 13, 14- 环氧 9, 11, 12- 三羟雷公藤内酯（13, 14-epoxide 9, 1l, 12-trihydroxytritolide）等[21]；生物碱类：哌瑞塔司*A（peritassine A）、雷公藤倍碱*A、E（wilfordinine A、E）、昆明山海棠次碱*A、E（hypoglaunine A、E）、卫矛碱（euonymine）、异卫矛碱（euonine）、雷公藤春碱（wilfortrine）和雷公藤晋碱（wilforgine）等[17]；木脂素类：（+）- 南烛木酯酚［（+）-lyoniresinol］、（+）- 异落叶松脂素［（+）-isolariciresinol］和裂榄木脂素（burselignan）[22]；环肽类：环 -（S- 脯氨酸 -R- 苯丙氨酸）［cyclo-（S-Pro-R-Phe）］、环 -（S- 脯氨酸 -R- 亮氨酸）［cyclo-（S-Pro-R-Leu）］和环 -（S- 脯氨酸 -S- 异亮氨酸）［cyclo-（S-Pro-S-Ile）］[22]；酚酸衍生物：邻苯二甲酸二丁酯（dibutyl phthalate）[22]；甾体类：胡萝卜苷（daucoster）和 β- 谷甾醇（β-sitosterol）[22]；酚类衍生物：3- 羟基 -1-（4- 羟基 -3, 5- 二甲氧基苯基）-1- 丙酮［3-hydroxy-1-（4-hydroxy-3, 5-dimethoxyphenyl）-1-propanone］[22]。

【药理作用】1. 抗炎镇痛　茎叶水提取物可明显减轻角叉菜胶所致大鼠的足跖肿胀和二甲苯所致小鼠的耳廓肿胀程度，明显减少乙酸所致小鼠的扭体次数[1]；根制成的流浸膏对巴豆所致小鼠的耳部肿胀有明显的抑制作用，对角叉菜胶和甲醛所致大鼠的足肿胀有明显的抑制作用，对棉球所致大鼠的肉芽肿增生有明显的抑制作用，并明显抑制小鼠腹腔毛细血管通透性的增加，对乙酸所致小鼠的扭体次数有一定的减少作用，并能明显提高热板所致小鼠的痛阈值[2]。2. 免疫抑制　根制成的流浸膏能明显抑制小鼠溶血素的形成，对小鼠 50% 二硝基氯苯丙酮溶液所致迟发型超敏反应具有明显的抑制作用，能明显减轻脾脏和胸腺重量[2]；95% 乙醇粗提物能通过激活小鼠脾脏中的抑制性淋巴细胞（Ts）而实现免疫抑制作用[3]。3. 抗肿瘤　浸膏提取物（TG）能明显延长小鼠肉瘤 S180、小鼠肝腹水癌 H22、小鼠艾氏腹水癌（EAC）、小鼠乳腺癌细胞等移植性荷瘤小鼠的生存期，抑制小鼠肉瘤 S37 移植性荷瘤小鼠的肿瘤生长，对 3- 甲基胆蒽碘油溶液支气管内注入诱发的大鼠实验性肺癌也有明显的抑制作用；体外作用 48h 时可以杀死 95% 以上的人早幼粒白血病 HL60 细胞、杀死 90% 的人霍奇金淋巴瘤 Daudi 细胞[4]。

毒性　小鼠经口灌胃根茎乙醇提取液的半数致死剂量（LD_{50}）为 16.31g/kg（14.74 ～ 18.06g/kg），并在 26.88g/kg、21.5g/kg 剂量下对小鼠肝脏可见颜色灰白，表面呈细颗粒状；光学显微镜下见肝细胞有肿胀、胞浆内有大小不等的空泡及数量不一的细胞凋亡[5]；提取物对 SD 大鼠有明显的生殖毒性，主要表现为雄性大鼠附睾尾内未成熟精子及畸形精子发生率升高，睾丸和附睾的脏器系数减小及发生明显病理学变化，雌性大鼠动情周期紊乱，卵巢和子宫发生明显的病理变化，其毒性机理可能与影响性激素分泌有关[6]。

【性味与归经】苦、辛，温。有毒。

【功能与主治】祛风湿，通络止痛。用于类风湿性关节炎，慢性关节痛，系统性红斑狼疮。

【用法与用量】6 ～ 9，或遵医嘱，先煎 1 ～ 2h。

【药用标准】浙江炮规 2015、上海药材 1994、山东药材 2012、湖北药材 2009、湖南药材 2009 和福建药材 2006。

【临床参考】1.IgA 肾病伴肾功能减退：雷公藤多苷片口服，每次 20mg，每日 3 次，联合小剂量泼尼松片口服[1]。

2. 类风湿性关节炎：雷公藤药酒（根，加白酒浸泡，每毫升药酒相当于根 16mg 浸泡）口服，每次 10ml，每日 2 次，早、晚饭后服用[2]。

【附注】雷公藤始见于《本草纲目拾遗》，云："出江西者力大，土人采之毒鱼，凡蚌螺之属亦死，其性最烈。"并引《汪连仕方》："蒸龙草即震龙根，山人呼为雷公藤，蒸酒服，治风气，合巴山虎为龙虎丹，入水药鱼，人多服即昏。"《植物名实图考》记载："莽草……江西、湖南极多，通呼为水莽子，根尤毒，长至尺余。俗名水莽兜，亦名黄藤，浸水如雄黄色，气极臭。园圃中渍以杀虫，用之颇亟，其叶亦毒。南赣呼为大茶叶，与断肠草无异。"又载："江右产者，其叶如茶，故俗云大茶叶。湘中用其根以毒虫，根长数尺，故谓之黄藤，而水莽则通呼也。"所指即为本种。

凡有心、肝、肾功能不全，严重贫血者及白细胞减少者不宜服用。孕妇及哺乳期妇女禁服。本种的其他部位（如根皮、茎及茎皮、叶等）均有剧毒，其中根皮、茎皮的毒性最大，切记不可内服。

雷公藤过量服用的中毒症状主要表现为剧吐、腹绞痛、腹泻、心音弱快、血压下降、体温降低、休克、尿少、浮肿，后期发生骨髓抑制、黏膜糜烂、脱发、抽搐，甚至发生循环衰竭或肾功能衰竭导致死亡。中毒抢救除及时洗胃、催吐、输液、纠酸外，同时可用鲜萝卜 125g 或莱菔子 250g 炖服。也可用绿豆 125g 及甘草 50g 煎水分次服。雷公藤制剂也有致肝毒性、生殖毒性和血液系统毒性的报道[1]。

【化学参考文献】

［1］阙慧卿，耿莹莹，林绥，等.雷公藤化学成分的研究［J］.中草药，2005，36（11）：1624-1625.

［2］苗抗立，吴国平，郑静.雷公藤二萜等化学成分的研究［C］.2001 年第三届全国医院药品质量监督管理学术研讨会，2001.

［3］林绥，于贤勇，阙慧卿，等.雷公藤中的二萜内酯类成分［J］.药学学报，2005，40（7）：632-635.

［4］吴春敏.雷公藤化学成分与多组分含量测定研究［J］.上海：第二军医大学博士学位论文，2010.

［5］张崇璞，张永钢，吕燮余，等.从雷公藤中分离出一种新成分——雷公藤三萜酸［J］.南京药学院学报，1984，15（3）：69.

［6］苗抗立，张晓康，董颖.雷公藤根皮三萜成分研究［J］.天然产物研究与开发，1999，12（4）：1-7.

［7］彭晓云，杨培明.雷公藤化学成分研究［J］.中国天然药物，2004，2（4）：208-210.

［8］林绥，李援朝，樱井信子，等.雷公藤倍半萜生物碱的研究［J］.植物学报，2001，43（6）：657-649.

［9］姚智，高文远，高石喜久，等.雷公藤中具有抗癌活性的二萜类化合物［J］.中草药，2007，38（11）：1603-1606.

［10］陈玉，杨光忠，赵松，等.雷公藤二萜成分研究［J］.林产化学与工业，2005，25（2）：35-38.

［11］王晓东.雷公藤免疫抑制活性成分研究［D］.天津：天津大学硕士学位论文，2005.

［12］Duan H，Takaishi Y，Momota H，et al. Immunosuppressive diterpenoids from *Tripterygium wilfordii*［J］. Journal of Natural Products，1999，62（11）：1522-1525.

［13］李春玉，李援朝.雷公藤化学成分研究［J］.药学学报，1999，34（8）：605-607.

［14］杨光忠，李援朝.雷公藤抗肿瘤三萜成分的研究［J］.林产化学与工业，2006，26（4）：19-22.

［15］杨光忠，李春玉，李援朝.雷公藤新三萜成分的研究有机化学，2006，26（11）：1529-1532.

［16］陈玉，杨光忠，李援朝.雷公藤化学成分的研究［J］.天然产物研究与开发，2005，17（3）：301-302.

［17］王超.雷公藤叶的化学成分及生物活性研究［D］.北京：北京协和医学院博士学位论文，2013.

［18］陈玉.雷公藤三萜成分的研究［J］.湖北工学院学报，2000，15（4）：42-44.

［19］夏志林，黄寿卿，陈俊元，等.雷公藤茎和叶的化学成分研究［J］.中药通报，1988，13（10）：36-37.

［20］井莉，柯昌强，李希强，等.雷公藤中倍半萜生物碱的分离与结构鉴定构鉴定［J］.中国药物化学杂志，2008，18（3）：210-218.

［21］张崇璞，吕燮余，马鹏程，等.雷公藤叶中二萜化合物的研究［J］.药学学报，1993，28（2）：110-115.

［22］曹煦，李创军，杨敬芝，等.雷公藤叶化学成分研究［J］.中国中药杂志，2011，34（8）：1028-1031.

【药理参考文献】

[1] 李鸣，夏志林. 雷公藤茎、叶的抗炎镇痛药理作用研究 [J]. 海峡医药，1999，11（3）：27-28.

[2] 郑幼兰，林建峰，郑爱光，等. 雷公藤的抗炎、镇痛及免疫功能的实验研究 [J]. 福建药学杂志，1990，2（4）：5-11.

[3] 吴俊，梁晓燕，杨奕，等. 雷公藤对 Ly-22.2$^+$细胞（抑制性 T 淋巴细胞）的激活作用 [J]. 中国病理生理杂志，1996，12（1）：30-32.

[4] 许静亚，杨峻，李乐真，等. 雷公藤抗肿瘤的实验研究 [J]. 中国中西医结合杂志，1992，12（3）：161-164.

[5] 雷晴. 昆明山海棠与雷公藤急性毒性及对 DTH 反应影响的对比研究 [D]. 昆明：昆明医学院硕士学位论文，2006.

[6] 雷夏凌，黄远铿，郭秋平，等. 雷公藤提取物对雄性大鼠生殖系统毒性 [J]. 中国药理学与毒理学杂志，2013，27（3）：585.

【临床参考文献】

[1] 张颖慧，石红光，陈舟，等. 雷公藤多苷联合小剂量糖皮质激素对 IgA 肾病伴肾功能减退患者的疗效观察 [J]. 中国中西医结合肾病杂志，2014，15（4）：341-343.

[2] 姚万仓，年宏芳，朱建炯. 雷公藤药酒治疗难治性类风湿关节炎 56 例分析 [J]. 中国药物与临床，2004，4（5）：395-396.

【附注参考文献】

[1] 张玉萌. 雷公藤制剂致肝毒性、生殖毒性和血液系统毒性不良反应回顾性分析. 中国药物应用与监测，2014，11（3）：173-176.

545. 昆明山海棠（图 545）· *Tripterygium hypoglaucum*（Lévl.）Hutch.

图 545　昆明山海棠

摄影　张芬耀

【别名】黄藤（江西吉安），火把花。

【形态】蔓生灌木。枝疏生红锈色短毛或无毛，有瘤状凸起皮孔。叶纸质，圆形或卵状椭圆形，长6～12cm，宽3～8cm，顶端短渐尖或急尖，基部钝，上面橄榄绿色，下面粉绿白色，有白粉，无毛，边缘密生细锯齿，中脉上面几平坦；侧脉7～9对，网脉微凸起而明显；叶柄长0.5～1.5cm，无毛。圆锥状聚伞花序顶生，密生红锈色短毛；花5数；花萼5深裂，裂片半圆形，边缘有微小蚀啮状，有短毛；花瓣倒卵状椭圆形，边缘有微小蚀啮状，无毛；雄蕊与花瓣同长；子房3深裂；花盘肉质，盘状，5浅裂。翅果有3翅，膜质，长圆形，基部心形。种子1粒，细柱状，黑色。花期5～7月，果期9～10月。

【生境与分布】生于山地灌丛或林缘。分布于浙江、江西、福建，另长江流域以南各省区至西南地区均有分布。

昆明山海棠与雷公藤的区别点：昆明山海棠叶片较大，圆形或卵状椭圆形，叶背具白粉，侧脉7～9对。雷公藤叶片较小，椭圆形或卵状长圆形，叶背无白粉，侧脉5～7对。

【药名与部位】昆明山海棠（火把花根），去皮的根及茎。

【药材性状】呈圆柱形，常弯曲，具分枝，直径0.5～4cm。表面类白色至微红色，具纤维状纵向突起棱线，偶见残存的皮部。质硬，断面纤维性，类白色至淡棕红色，可见针眼状导管孔。根茎具髓。偏心性年轮明显。

【药材炮制】除去杂质，洗净，切片，干燥。

【化学成分】根含皂苷类：山海棠萜酸（hypoglauterpenic acid）、雷公藤三萜酸A（triptotriterpenic acid A）、雷公藤内酯乙（wilforide B）、雷公藤内酯甲（wilforide A）、齐墩果酸乙酸酯（ethyl oleanlate）、齐墩果酸（oleanolic acid）、山海棠内酯（hypoglaulide）、雷公藤三萜酸C（triptotriterpenic acid C）、黑蔓酮酯甲（regelin）、3-氧代齐墩果酸（3-oxo-oleanoic acid）和木栓酮（friedelin）[1-3]；萜类：山海棠二萜内酯A（tripterfordin A）、山海棠素（hypolide）和雷酚新内酯（neotriptophenolid）[3]；甾体类：β-谷甾醇（β-sitosterol）和胡萝卜苷（daucosterol）[3]；黄酮类：原花青素B₂（proanthocyanidin B₂）[3]。

茎含黄酮类：（+）-儿茶素［（+）-catechin］、L-表儿茶素（L-epicatechin）、（-）-表棓儿茶素［（-）-epigallocatechin］和原花青素B-3、B-4（proanthocyanidin B-3、B-4）[4]；萜类：雷酚萜醇（triptonoterpenol）[5]。

根皮含黄酮类：4'-O-（-）甲基表没食子儿茶素［4'-O-（-）methyl epigallocatechin］和（2R, 3R）-3, 5, 7, 3', 5'-五羟基黄烷［（2R, 3R）-3, 5, 7, 3', 5'-pentahydroxyflavan）］[6]；苯苷类：3, 4-二甲氧基苯基-β-D-吡喃葡萄糖苷（3, 4-dimethoxyphenyl-β-D-glucopyranoside）和3, 4, 5-三甲氧基苯基-β-D-吡喃葡萄糖苷（3, 4, 5-trimethoxyphenyl-β-D-glucopyranoside）[6]；生物碱类：雷公藤春碱（wilfortrine）、雷公藤晋碱（wilforgine）和雷公藤碱（wilfordine）[6]；皂苷类：木栓酮（friedelin）、3-O-D-Δ⁹⁽¹¹⁾,¹²-齐墩果二烯（3-O-D-olean-Δ⁹⁽¹¹⁾,¹²-diene）、海棠果醛（canophyllal）、3-乙酰氧基齐墩果酸（3-acetoxyoleanolic acid）和任卡漆-5-烯-3β, 28-二醇（glut-5-en-3β, 28-diol）[7]；萜类：雷酚内酯，即山海棠素（triptophenolide）和雷酚萜甲醚（triptonoterpene methyl ethe）[7]；甾体类：β-谷甾醇（β-sitosterol）和胡萝卜苷（daucosterol）[7]；脂肪酸类：二十三酸（tricosanoic acid）、硬脂酸（stearic acid）和棕榈酸（palmitic acid）[7]。

去皮根部含萜类：雷酚萜酸H（triptobenzene H）、雷藤二萜醌A、B、H（triptoquinone A、B、H）、雷酚萜醇（triptonediol）和雷酚萜（triptonoterpene）[8]。

茎叶含木脂素类：杜仲树脂酚（medioresinol）、（7R, 7'R, 7"R, 8S, 8'S, 8"S）-4, 4", 7", 9"-四羟基-3, 3', 3", 5, 5', 5"-六甲氧基-7, 9'; 7', 9; 4', 8"-氧代-8, 8'-倍半木脂素［（7R, 7'R, 7"R, 8S, 8'S, 8"S）-4, 4", 7", 9"-tetrahydroxy-3, 3', 3", 5, 5', 5"-hexamethoxy-7, 9'; 7', 9; 4', 8"-oxy-8, 8'-sesquineolignan］、（7R, 7'R, 7"S, 8S, 8'S, 8"S）-4, 4", 7", 9"-四羟基-3, 3', 3", 5, 5', 5"-六甲氧基-7, 9'; 7', 9; 4', 8"-氧代-8, 8'-倍半木脂素［（7R, 7'R, 7"S, 8S, 8'S, 8"S）-4, 4", 7", 9"-tetrahydroxy-3, 3', 3", 5, 5', 5"-hexamethoxy-7, 9'; 7', 9; 4', 8"-

oxy-8, 8′-sesquineolignan〕、（7R, 7′R, 8S, 8′S）-4, 4″, 7″, 9″- 四羟基 -3′, 5, 5′, 5″- 四甲氧基 -7, 9′7′, 9；4, 8″- 氧代 -8, 8′- 倍半木脂素〔（7R, 7′R, 8S, 8′S）-4, 4″, 7″, 9″-tetrahydroxy-3′, 5, 5′, 5″-tetramethoxy-7, 9′7′, 9；4, 8″-oxy-8, 8′-sesquineolignan〕和（7R, 7′R, 8S, 8′S)-4, 4″, 7″, 9″- 四羟基 -3′, 3″, 5, 5′, 5″- 五甲氧基 -7, 9′7′, 9；4, 8″- 氧代 -8, 8′- 倍半木脂素〔（7R, 7′R, 8S, 8′S）-4, 4″, 7″, 9″-tetrahydroxy-3′, 3″, 5, 5′, 5″-pentamethoxy-7, 9′7′, 9；4, 8″-oxy-8, 8′-sesquineolignan〕[9]；甾体皂苷类：20α-β-D- 葡萄糖 -3- 羰基孕甾 -4- 烯（20α-β-D-glucopregn-4-en-3-one）、20β-β-D- 葡萄糖 -3- 羰基孕甾 -4- 烯（20β-β-D-glucopregn-4-en-3-one）[9]；甾体类：β- 谷甾醇（β-sitosterol）[9]；苯甲醇类：邻羟基苯甲醇 -1-O-β-D（3′- 苯甲酰基）吡喃葡萄糖苷〔2-hydroxy benzenemethanol -1-O-β-D（3′-benzoyl）glucopyranoside〕、邻羟基苯甲醇（2-hydroxy-benzenemethanol）和 4- 羟基 -2- 甲氧基苯甲醇（4-hydroxy-2-methoxy-benzenemethanol）[9]。

【药理作用】1. 抗炎　不同产地的根乙醇提取物具有抗炎作用，可显著升高小鼠骨髓来源巨噬细胞（BMDM）上清液中的抑炎因子白细胞介素 -10（IL-10），其中湖南岳阳和浙江新昌产者总体抗炎作用优于柳氮磺砒啶[1]。2. 免疫抑制　去皮根茎乙醇提取液对 2, 4- 二硝基氟苯诱发的小鼠变应性接触性皮炎有明显的抑制作用，提示对迟发型超敏反应（DTH）有免疫抑制作用[2]。3. 抗肿瘤　根乙醇提取氯仿萃取所得的总生物碱，在体外能通过诱导细胞凋亡而抑制肺腺癌 A549 细胞的增殖[3]。4. 抗生育　根乙醇提取物分离到的 TH5 对雄性成年 Wistar 大鼠有明显的抗生育作用，其抗生育有效率平均达 97%（86/89），能明显降低大鼠附睾尾部的精子参数（计数、活动率、活动度）[4]。5. 抑制血管平滑肌　提取物 TH-1、THW-4 在体外能有效抑制血管平滑肌细胞（VSMC）的增殖并诱导其凋亡[5, 6]；提取物 TH-1 涂层支架可有效抑制猪冠状动脉内膜增生，可以有效预防冠状动脉经皮腔内冠状动脉介入治疗（PCI）后再狭窄[7]。

毒性　小鼠经口灌胃根茎乙醇提取液的半数致死剂量（LD_{50}）为 34.84g/kg（30.75 ～ 39.46g/kg）；在 65.6g/kg 剂量下，对小鼠肝脏肉眼可见颜色灰白，表面呈细颗粒状；光镜下见肝细胞有肿胀、细胞浆内有大小不等的空泡以及数量不一的细胞凋亡[2]；小鼠经口灌胃 4 批提取物的 LD_{50} 分别为 4.0g/kg、6.6g/kg、4.8g/kg（半成品）、6.2g/kg（成品）[8]；大鼠连续 61 天（每天 1 次）灌胃给予本种根乙醇提取物 220mg/kg 剂量，对大鼠睾丸生精细胞有明显的抑制影响，对肝汇管区、肾间质区有小灶性炎性细胞浸润，停药 1 个月后可恢复，属可逆性影响[9]。

【性味与归经】苦、涩，温。有剧毒。

【功能与主治】祛风除湿，舒筋活络，清热解毒。用于类风湿性关节炎，红斑狼疮。

【用法与用量】0.9 ～ 1.5g；外用适量。

【药用标准】浙江药材 2002、广东药材 2004、广西药材 1996、湖南药材 2009、上海药材 1994、四川药材 2010、云南彝药 2005 二册和云南药品 1996。

【临床参考】1. 激素依赖性皮炎：昆明山海棠片（每片含昆明山海棠干浸膏 0.25g）口服，每次 4 片，每日 3 次，每间隔 2 周减量 1 片，8 周 1 疗程[1]。

2. 老年起病类风湿关节炎：昆明山海棠片（每片 0.18g，相当于生药 1g）口服，每次 3 片，每日 3 次，联合甲氨蝶呤口服，每次 7.5mg，每周 1 次[2]。

3. 寻常型银屑病：昆明山海棠片（主要含雷公藤素甲、丙及雷公藤酮）口服，每次 5 片，每日 3 次，联合甘草酸二胺胶囊口服，每次 3 粒，每日 3 次，连服 4 周[3]。

4. 甲状腺功能亢进症：昆明山海棠片（昆明山海棠提取物）口服，每次 2 片，每日 3 次[4]。

【附注】以火把花之名始载于《本草纲目》草部毒草类钩吻条下，云："……蔓生，叶圆而光。春夏嫩苗毒甚，秋冬枯老稍缓。五六月开花似檊柳花，数十朵作穗。生岭南者花黄，生滇南者花红，呼为火把花。"《植物名实图考》以昆明山海棠之名收载，云："山海棠生昆明山中。树高丈余，大叶如紫荆而粗纹，夏开五瓣小花，绿心黄蕊，密簇成攒。旋结实如风车，形与山药子相类，色嫩红可爱，山人折以售为瓶供。"按上描述为本种无疑。

本种根皮的毒性最大，其他部位如茎、叶等均有剧毒。

孕妇禁服；小儿及育龄期妇女慎服；不可过量或久服，过量服用，可致中毒，甚至死亡[1]。中毒症状及解救方法可参考雷公藤项下有关内容。

【化学参考文献】

［1］张宪民，吴大刚，周激文，等.昆明山海棠根的齐墩果酸型三萜成分［J］.云南植物研究，1993，15（1）：92-96.

［2］张宪民，王传芳，吴大刚.昆明山海棠根的乌索烷型三萜［J］.云南植物研究，1992，14（2）：211-214.

［3］王芳，张瑜，赵余庆.昆明山海棠化学成分的研究［J］.中草药，2011，42（1）：46-49.

［4］张亮.昆明山海棠单宁化学成分研究［J］.中国中药杂志，1998，23（9）：549-550.

［5］丁黎，张正行.昆明山海棠茎化学成分的研究Ⅰ［J］.中国药科大学学报，1991，22（1）：25-26.

［6］谢富贵，李创军，杨静芝，等.昆明山海棠根皮化学成分研究［J］.中药材，2012，35（7）：1083-1087.

［7］刘珍珍，赵荣华，邹忠梅.昆明山海棠根皮化学成分的研究［J］.中国中药杂志，2011，36（18）：2503-2506.

［8］张彦文，范云双，王晓东，等.昆明山海棠中具有免疫抑制活性的二萜化合物［J］.中草药，2007，38（4）：493-496.

［9］李晓蕾，李洪梅，高玲焕，等.昆明山海棠的非萜类化学成分及其抗肿瘤活性研究［J］.2014，39（5）：76-81.

【药理参考文献】

［1］续畅，赵庆国，肖小，等.不同产地昆明山海棠对巨噬细胞炎性因子的影响［J］.国际中医中药杂志，2015，37（11）：1005-1009.

［2］雷晴.昆明山海棠与雷公藤急性毒性及对DTH反应影响的对比研究［D］.昆明：昆明医学院硕士学位论文，2006.

［3］刘乐斌，刘胜学，胡孝贞，等.昆明山海棠总生物碱诱导肺腺癌A549细胞凋亡与细胞周期改变［J］.第三军医大学学报，2007，29（1）：18-20.

［4］周激文，张宪民，骆毅，等.昆明山海棠提取物TH5对雄性大鼠的抗生育活性［J］.生殖医学杂志，1997，6（3）：174-177.

［5］陈妍.昆明山海棠提取物对人血管内皮及血管平滑肌细胞增殖的影响［D］.昆明：昆明医科大学硕士学位论文，2012.

［6］喻卓，孟磊，郭艳红，等.昆明山海棠提取物对血管平滑肌细胞增殖及凋亡的影响［J］.中国中西医结合杂志，2004，24（9）：827-830.

［7］赵华祥.OCT评估昆明山海棠提取物（TH-1）涂层支架预防PCI术后再狭窄有效性研究［D］.昆明：昆明医科大学硕士学位论文，2017.

［8］陈梓璋，胡尧碧，温志坚，等.昆明山海棠提取物的毒理实验［J］.生殖与避孕，1990，10（4）：56-57.

［9］胡尧碧，陈梓璋，温志坚，等.昆明山海棠一般药理及长期毒性研究［J］.重庆中草药研究，2000，41：46-48.

【临床参考文献】

［1］董青生，张绍兰，苗维纳.昆明山海棠递减疗法治疗激素依赖性皮炎34例临床观察［J］.中国皮肤性病学杂志，2014，28（2）：213-214+216.

［2］范仰钢，李国华.昆明山海棠联合甲氨蝶呤治疗老年起病类风湿关节炎［J］.现代医药卫生，2006，22（4）：478-480.

［3］于腾，王倩，孙扬.昆明山海棠片联合甘草酸二胺胶囊治疗寻常型银屑病60例疗效观察［J］.山东医药，2009，49（22）：41.

［4］薛洪霞.昆明山海棠片治疗甲状腺功能亢进症30例疗效观察［J］.河北中医，2012，34（7）：1051-1052.

【附注参考文献】

［1］王正文.大剂量口服昆明山海棠中毒死亡1例［J］.中国皮肤性病学杂志，1994，8（2）：105.

五八 省沽油科 Staphyleaceae

乔木或灌木。叶通常对生，少互生，奇数羽状复叶，稀退化为单叶；常具托叶和小托叶。聚伞花序组成圆锥状花序或总状花序，顶生或腋生；花两性，少杂性或单性，整齐，5 数；萼片和花瓣均呈覆瓦状排列；雄蕊 5 枚，与花瓣互生，着生于环状花盘基部外缘，花药 2 室，纵裂，花丝分离，背着；子房上位，1～3 室，或由 2～3 枚多少合生心皮组成，通常浅裂或深裂，胚珠每室 1 粒至多数，下垂，倒生，着生于中轴胎座上，花柱分离或靠合。果为蒴果、蓇葖果或浆果状。种子每室 1 粒至数粒，具骨质或硬质种皮，有时具假种皮，胚乳少，胚大而直。

5 属，约 60 种，主要分布于北半球温带地区。中国 4 属，约 22 种，南北各地均有分布，主要在西南部，法定药用植物 2 属，3 种。华东地区法定药用植物 2 属，2 种。

省沽油科法定药用植物科特征成分鲜有报道。野鸦椿属含黄酮类、酚酸类等成分。黄酮类包括黄酮醇、花色素等，如紫云英苷（astragalin）、山奈酚 -3-O- 葡萄糖苷（kaempferol-3-O-glucoside）、矢车菊素 -3-木糖基葡萄糖苷（cyanidin-3-xylosyl-glucoside）等；酚酸类如没食子酸（gallic acid）等。

山香圆属含黄酮类、酚酸类、皂苷类等成分。黄酮类包括黄酮、黄酮醇等，如金丝桃苷（hyperoside）、夜漆树苷（rhoifolin）等；酚酸类如没食子酸（gallic acid）、香草酸（vanillic acid）等；皂苷类如熊果酸（ursolic acid）、齐墩果酸（oleanolic acid）等。

1. 野鸦椿属 *Euscaphis* Siebold et Zucc.

落叶小乔木或灌木。叶对生，奇数羽状复叶，小叶片具锯齿，具小托叶及小叶柄；托叶通常早落。聚伞花序组成圆锥花序，顶生；花两性，5 基数，花萼和花瓣均为覆瓦状排列，雄蕊着生于环状花盘基部外缘，花丝基部扩大，花盘具圆齿，围绕子房基部；子房上位，心皮 2 枚或 3 枚，仅在基部稍合生，每心皮有胚珠 1～3 粒，花柱 2 枚或 3 枚，靠合。蓇葖果 1～3 个，果实成熟时开裂，基部稍合生，具有宿存花萼，果皮软骨质或近肉质。种子 1～3 粒，球形或近球形，种皮骨质，假种皮黑色，光滑。

约 3 种和 1 变种，分布于朝鲜、日本。中国 2 种及 1 变种，分布于除东北及西北外的其他省区，法定药用植物 1 种。华东地区法定药用植物 1 种。

546. 野鸦椿（图 546）• *Euscaphis japonica*（Thunb.）Dippel

【**别名**】鸟眼睛、鸡肫皮（浙江），鸡眼睛（江苏镇江），鸟尽柴（江西九江），月月红（江西赣州）。

【**形态**】落叶灌木或小乔木，高达 6m。树皮灰褐色，具纵裂纹。叶对生，奇数羽状复叶，长 12～29cm；小叶对生，纸质，通常 5～9 枚，稀 3 枚或 11 枚，阔卵形、卵形至狭卵形，长 4～9cm，宽 2～5cm，顶端渐尖，基圆钝或阔楔形，边缘具细锐锯齿，上面通常无毛，下面中脉被柔毛，侧脉略明显，网脉不明显；小托叶线状披针形，通常早落。聚伞花序组成圆锥状花序，顶生，长 8～18cm，无毛或近无毛，花小，多数，黄白色，花萼 5 裂，宿存，花瓣 5 枚，雄蕊 5 枚，花丝扁，较花瓣稍短，基部扩大；花盘环状，边缘具齿；子房由 2～3 枚心皮组成；仅基部合生。蓇葖果 1～3 个，果皮软骨质，外面脉纹明显。种子光滑，近圆球形，1～3 粒，假种皮黑色。花期 4～6 月，果期 6～11 月。

【**生境与分布**】生于山坡、山谷、林中或灌丛。分布于安徽、江苏、浙江、江西、福建，另广东、广西、湖南、湖北、云南、贵州、四川、河南、台湾等地均有分布；朝鲜及日本也有分布。

【**药名与部位**】野鸦椿（鸡眼睛），带花或果的枝叶。

【**采集加工**】春、夏、秋三季采收，鲜用或晒干。

图 546　野鸦椿　　　　　　　　摄影　郭增喜等

【**药材性状**】枝皮有不规则的皮孔形成的纵向沟纹，呈棕褐色；木质部黄白色，质坚硬，易折断，断面有髓或中空。羽状复叶单数，完整叶片展平后呈卵形或卵状披针形，长 4 ～ 8cm，宽 2 ～ 4cm，基部圆形至阔楔形，边缘具细锯齿，厚纸质。圆锥花序顶生，花黄白色，直径约 0.5cm。蓇葖果紫红色；种子近圆形，黑色。气微，果皮味微涩，种子味淡而油腻。

【**化学成分**】根含皂苷类：（12R, 13S）-3- 甲氧基 -12, 13- 环蒲公英萜酮 -2, 14- 二烯 -1- 酮 -28- 酸［（12R, 13S）-3-methoxy-12, 13-cyclo-taraxerene-2, 14-dien-1-one-28-oic acid］[1] 和 3β, 19- 二羟基 -24- 反式阿魏酰基熊果烷 -12- 烯 -28- 酸（3β, 19-dihydroxy-24-$trans$-ferulyloxyurs-12-en-28-oic acid）[2]；酚酸及衍生物：没食子酸（gallic acid）、香草醛（vanillin）、3, 3′- 二甲氧基鞣花酸（3, 3′-dimethoxy-ellagic acid）和 3, 3′- 二甲氧基鞣花酸 -4-（5″- 乙酰基）-α-L- 呋喃阿拉伯糖苷［3, 3′-di-O-methyl ellagic acid 4-（5″-acetyl）-α-L- arabinofuranoside］[2]；香豆素类：佛手柑内酯（bergapten）[2]；酯类：7- 羟基 -2- 辛烯 -5- 内酯（7-hydroxy-2-octen-5-olide）和 5- 羰基 - 四氢呋喃 -3- 甲酸乙酯（ethyl 5-oxo-tetrahydro-3-furancarboxylate）[2]；甾体类：β- 谷甾醇（β-sitosterol）[2]。

枝叶含酚酸酯类：3, 4, 5- 三羟基苯甲酸甲酯（methyl 3, 4, 5-trihydroxybenzoate）[3]；内酯类：3, 7- 二羟基 -5- 辛酸内酯（3, 7-dihydroxy-5-octanolide）、5, 7- 二羟基 -2（Z）- 辛烯酸甲酯［methyl 5, 7-dihydroxy-2（Z）-octenoate］和 7- 羟基 -2- 辛烯 -5- 内酯（7-hydroxy-2-octen-5-olide）[3]；降倍半萜类：吐叶醇（vomifoliol）[3]；苯并吡喃类：5, 7- 二羟基 -2- 甲基 - 苯并吡喃 -4- 酮（5, 7-dihydroxy-2-methyl-benzopyran-4-one）[3]。

【**药理作用**】1. 抗炎镇痛　枝叶水提取物对二甲苯所致小鼠的耳肿胀、角叉菜胶和蛋清所致大鼠的足跖肿胀、急性炎症导致的皮肤和腹腔毛细血管通透性增加均具有抑制作用；对冰醋酸导致的慢性炎性疼痛、热板导致的疼痛均有不同程度的镇痛作用[1]；枝叶甲醇提取物的乙酸乙酯萃取部分分离得到的2种酯类化合物能明显抑制由角叉菜胶所致大鼠的足跖肿胀[2]。2. 护肝　果实水提物对大鼠急性酒精性肝损伤具有保护作用，可明显降低急性酒精性肝损害大鼠的谷丙转氨酶（ALT）、天冬氨酸氨基转移酶（AST）含量，并降低总胆红素（TBIL）、直接胆红素（DBIL）含量，起到消除黄疸的作用，降低甘油三酯（TG），改善酒精性肝损害时的脂代谢紊乱[3]；根乙醇总提取物能明显抑制油酸诱导 HepG2 细胞的脂堆积作用，乙醇总提取物的石油醚萃取部位能明显减少 HepG2 细胞内甘油三酯的含量和抑制脂堆积，具有明显抑制脂堆积的作用[4, 5]；果实水提物具有抗大鼠慢性肝纤维化的作用，可明显降低四氯化碳（CCl_4）诱导模型大鼠的血清透明质酸（HA）、层粘连蛋白（LN）、Ⅲ型前胶原蛋白肽（PP Ⅲ）水平，减轻肝细胞的炎症水肿和胶原纤维沉积[6, 7]。3. 抗肿瘤　枝叶甲醇提取物中分离的2种酯类化合物能剂量依赖性地抑制人宫颈癌 HeLa 细胞的增殖[8]。4 抗菌　籽水提物、乙醇提取物对金黄色葡萄球菌、大肠杆菌、甲型溶血性链球菌、乙型溶血性链球菌和肺炎链球菌的生长均有不同程度的抑制作用，其中对甲型溶血性链球菌的抑制作用最明显；乙醇总提取物二氯甲烷、正丁醇萃取部分对各实验菌株的抑制作用最明显[9]。

【性味与归经】辛、甘，平。归心、肺、膀胱经。

【功能与主治】理气止痛，消肿散结，祛风止痒。用于头痛，眩晕，胃痛，脱肛，子宫下垂，阴痒。

【用法与用量】9 ~ 15g；外用适量，煎水洗。

【药用标准】湖南药材 2009、贵州药材 2003 和四川药材 1980。

【临床参考】1. 跌打损伤：鲜根 120g，加金樱子根 60g、苞蔷薇根 60g、牛膝 30g，水煎服。

2. 气滞胃痛：根 30g，水煎服。

3. 月经过多：根 60 ~ 120g，加桂圆肉 30g，水煎服。（1 方至 3 方引自《浙江药用植物志》）

【附注】野鸦椿始载于《植物名实图考》木类，云："野鸦椿生长沙山阜。丛生，高可盈丈，绿条对节，节上发小枝，对叶密排，似椿而短，亦圆；似檀而有尖，细齿疏纹，赭根旁出，略有短须。俚医以为达表之药。秋结红实，壳似赭桐花而微硬，迸裂时，子着壳边如梧桐子，遥望似花瓣上粘黑子。"对照其生长环境、形态特征，均与本种相同。

本种的根及根皮、茎及茎皮民间也药用。

同属近似种福建野鸦椿 *Euscaphis fukienensis* Hsu 种子含皂苷类成分木鳖子酸（momordic acid）、熊果酸（ursolic acid）、3β，19α- 二羟基 - 熊果 -12- 烯 -28α- 酸（3β，19α-dihydroxyurs-12-en-28α-oic acid）、白桦脂酸（betulinic acid）、马斯里酸（maslinic acid）、坡模酸（pomonic acid），以及甾体类 β-谷甾醇（β-sitostero）、胡萝卜苷（aucostro）等成分[1]，文献中文名称该种为野鸦椿，据其拉丁学名和产地分析，应为福建野鸦椿。

【化学参考文献】

[1] Li Y C, Tian K, Sun L J. A new hexacyclic triterpene acid fom the roots of *Euscaphis japonica* and its inhibitory activity on triglyceride accumulation [J]. Fitoterapia，2016，109（1）：261-265.

[2] 田珂，李燕慈，龙慧，等 . 野鸦椿根抑制肝脂堆积活性部位及其化学成分研究 [J]. 中草药，2017，48（8）：1519-1523.

[3] 董玫，广田满 . 野鸦椿的植物化学成分研究 [J]. 天然产物研究与开发，2004，4（14）：34-37.

【药理参考文献】

[1] 李先辉，李春艳，贾薇，等 . 野鸦椿提取物抗炎镇痛效应的研究 [J]. 时珍国医国药，2009，20（8）：2041-2042.

[2] 董玫，张秋霞，广田满 . 野鸦椿酯类化合物抗炎症活性与结构的研究 [J]. 天然产物研究与开发，2004，16（4）：290-293.

[3] 钟飞，高辉 . 野鸦椿果实水提物对急性酒精性肝损伤的保护作用 [J]. 怀化学院学报，2012，30（2）：29-31.

[4] 李燕慈 . 野鸦椿根的化学成分及其抑制脂堆积活性研究 [D]. 武汉：湖北大学硕士学位论文，2016.

[5] 田珂，李燕慈，龙慧，等 . 野鸦椿根抑制肝脂堆积活性部位及其化学成分研究 [J]. 中草药，2017，48（8）：1519-1523.

［6］何玲，高辉，李春艳，等.野鸦椿对肝纤维化大鼠血清 HA LN 及 P Ⅲ P 的影响［J］.山东医学高等专科学校学报，2010，32（6）：411-413.

［7］刘迪栋，文旭，汤勇，等.野鸦椿水提物对大鼠慢性肝纤维化的影响［J］.当代医学，2013，19（15）：33-35.

［8］左敏，倪志宇，许立，等.野鸦椿对 HeLa 细胞的抗增殖作用及其机制的初步研究［J］.癌变 畸变 突变，2008，20（5）：350-353.

［9］罗李娜，向德标，胡乔铭，等.野鸦椿籽不同极性提取物抗菌作用研究［J］.中成药，2014，36（10）：2215-2217.

【附注参考文献】

［1］向德标，胡乔铭，谭洋，等.野鸦椿籽中三萜类化合物的分离与鉴定［J］.中成药，2015，37（4）：793-796.

2. 山香圆属 *Turpinia* Vent.

灌木或小乔木。枝圆柱形。叶对生，奇数羽状复叶、三出复叶，有时为单叶；具叶柄，叶柄两侧通常具腺体；托叶早落，极少缺如。聚伞花序组成圆锥状，顶生或腋生：花小，两性，稀单性，整齐，5 基数；萼片和花瓣均呈覆瓦状排列；雄蕊 5 枚，着生于环状花盘裂齿外面，花盘具圆齿或裂片；子房上位，心皮合生或分裂，3 室，胚珠每室数粒或更多，胚珠倒生，上升，排为 2 列，花柱 3 枚，通常合生，极少分离，不裂，柱头近头状。果为浆果状，果皮肉质或软革质，近圆球形，顶端有时 3 浅裂，花柱脱落后常呈残留痕迹。种子数粒，扁平，具棱，种皮骨质或坚硬，无假种皮，有肉质胚乳。

30 ～ 40 种，分布于亚洲和美洲热带地区。中国约 13 种，分布于西南部及东南部，法定药用植物 2 种。华东地区法定药用植物 1 种。

山香圆属与野鸦椿属的区别点：山香圆属果实肉质而浆果状，果皮肉质或软革质；无假种皮。野鸦椿属果实为蓇葖果，果皮软革质；具假种皮。

547. 锐尖山香圆（图 547）• *Turpinia arguta*（Lindl.）Seem.

【形态】 常绿灌木，高达 4m。常为单叶，对生，近革质，长圆形、椭圆形或长圆形至长椭圆状披针形，长 7 ～ 26cm，宽 2 ～ 7cm，顶端渐尖，基部楔形或近圆钝，边缘具锯齿，齿尖具硬腺体，上面无毛，下面被稀疏柔毛，叶柄顶端或近顶端常具腺体；托叶早落。聚伞花序排成圆锥状，顶生，长 5 ～ 16cm，花白色或芽时带紫红色；花梗短或近无梗；花萼 5 裂；花瓣 5 枚，稍长于萼片；雄蕊 5 枚，较花瓣略长，花丝稍扁，被柔毛；花盘环状或近盘状，包围子房基部；子房被稀疏柔毛，花柱合生，与花瓣近等长，被稀疏柔毛，柱头头状。果为浆果状，表面具细小凸点或稍粗糙。种子 2 ～ 3 粒。花期春季至夏季，果期夏季至秋季。

【生境与分布】 生于杂木林中或林缘。分布于浙江、江西、福建，另广东、广西、云南、贵州、四川等省区均有分布。

【药名与部位】 山香圆叶，叶。

【采集加工】 夏、秋二季叶茂盛时采收，除去杂质，晒干。

【药材性状】 呈椭圆形或长圆形，长 7 ～ 22cm，宽 2 ～ 6cm。先端渐尖，基部楔形，边缘具疏锯齿，近基部全缘，锯齿的顶端具有腺点。上表面绿褐色，具光泽；下表面淡黄绿色，较粗糙，主脉淡黄色至浅褐色，于下表面突起，侧脉羽状；叶柄长 0.5 ～ 1cm。近革质而脆。气芳香，味苦。

【药材炮制】 除去杂质，喷淋清水，稍润，切丝，干燥。

【化学成分】 叶含黄酮类：芹菜素（apigenin）、木犀草素（luteolin）、芹菜素 -7-*O*-β-D- 葡萄糖苷（apigenin-7-*O*-β-D-glucoside）、芹菜素 -7- 新橙皮糖苷（apigenin-7-neohesperidoside），芹菜素 -7-（2'-α-L- 鼠李糖基）芸香糖苷［apigenin-7-（2'-α-L-rhamnosyl）rutinoside］[1]，木犀草素 -7-*O*-β-D- 葡萄糖苷（luteolin-7-*O*-β-D-glucoside）和芹菜素 -7-*O*-β-D- 新橙皮糖苷（apigenin-7-*O*-β-D-neohesperidoside）[2]；

图 547　锐尖山香圆　　　　摄影　张芬耀

酚酸类：香草酸（vanillic acid）、没食子酸（gallic acid）、反式对羟基肉桂酸（*E-p*-hydroxy-cinnamic acid）和焦没食子酸（pyrogallic acid）[3]；环烃酸酐类：环丁二酸酐（butanedioic andydride）[3]；呋喃类：α- 呋喃甲酸（α-furoic acid）[3]；酚酸类：2-（4′- 羟基苄基）-2- 羟基丁二酸 [2-（4′-hydroxybenzyl）-2-hydroxy-butanedioic acid] [3]；皂苷类：熊果酸（ursolic acid）、钩藤苷元 C（uncargenin C）、3β, 6β, 23- 三羟基熊果 -12- 烯 -28- 酸（3β, 6β, 23-trihydroxyurs-12-en-28-oic acid）、3β, 6β, 19α, 23- 四羟基熊果 -12- 烯 -28- 酸（3β, 6β, 19α, 23-tetrahydroxyurs-12-en-28-oic acid）、1α, 3β, 23- 三羟基 -12- 齐墩果 -28- 酸（1α, 3β, 23-trihydroxy-12-oleanen-28-oic acid）、阿江榄仁树葡萄糖苷 II（arjunglucoside II）、野蔷薇苷（rosamultin）、3β-*O*-β-D- 吡喃葡萄糖基肌苷酸（3β-*O*-β-D-glucopyranoyl cincholic acid）、玉叶金花皂苷 S（mussaendoside S）和 3β-*O*-β-D- 吡喃葡萄糖基奎诺酸 -28-*O*-β-D- 吡喃葡萄糖基酯（3β-*O*-β-D-glucopyranosyl quinovic acid-28-*O*-β-D-glucopyranosyl este）[4]。

　　【药理作用】 1. 抗炎　叶提取分离的总黄酮能明显抑制小鼠单核巨噬细胞 RAW264.7 细胞中一氧化氮（NO）的生成以及一氧化氮合酶（iNOS）、环氧化酶 -2（COX-2）及核转录因子（NF-κB）的表达[1]；乙醇提取物中分离的 2 种黄酮苷类化合物能抑制 RAW264.7 细胞在脂多糖（LPS）刺激下一氧化氮的生成，但抗炎作用不明显[2]；叶乙醇提取物中分离的 2 种黄酮类化合物和 2 种五环三菇类化合物能抑制

RAW264.7 细胞一氧化氮的释放，2 种含 3 个酚羟基的有机酸化合物有较明显的自由基清除作用[3]。2. 免疫调节　叶提取物中分离的总黄酮对佐剂性关节炎（AA）大鼠的免疫功能具有调节作用，可纠正 AA 大鼠低下的脾淋巴细胞增殖反应和脾细胞白细胞介素 -2（IL-2）的产生，降低 AA 大鼠腹腔巨噬细胞产生过高的白细胞介素 -1（IL-1）和前列腺素 E_2（PGE_2）[4]。3. 抗菌　叶水提醇沉物、水醇提取物及醇提取物对金黄色葡萄球菌（包括耐青霉素株）均有较强的抑制作用，对乙型溶血性链球菌也有抑制作用，但作用不明显[5]。

【性味与归经】苦，寒。归肺、肝经。

【功能与主治】清热解毒，利咽消肿，活血止痛。用于乳蛾喉痹，咽喉肿痛，疮疡肿毒，跌扑伤痛。

【用法与用量】15 ～ 30g；外用适量。

【药用标准】药典 2010、药典 2015 和江西药材 1996。

【临床参考】1. 跌打损伤：根 15g，加九头狮子草、接骨金粟兰各 15g，煎水兑酒服，并可外搽。

2. 脾脏肿大：根 30 ～ 60g，炖猪肉，食汤及肉。

3. 疮疖肿毒：鲜叶捣烂，外敷患处。（1 方至 3 方引自《湖南药物志》）

【化学参考文献】

［1］孙敬勇，孙洁，武海艳，等 . 山香圆叶化学成分研究［J］. 食品与药品，2012，14（5）：162-165.

［2］李云秋，雷心心，冯育林 . 等 . 锐尖山香圆叶化学成分的研究［J］. 中国药学杂，2012，47（4）：261-264.

［3］李云秋 . 爪瓣山柑及锐尖山香圆叶化学成分的研究［D］. 南京：中国药科大学博士学位论文，2007.

［4］吴敏，赵广才，魏孝义 . 锐尖山香圆叶中三萜类成分的研究［J］. 热带亚热带植物学报，2012，20（1）：78-83.

【药理参考文献】

［1］马双刚，袁绍鹏，侯琦，等 . 山香圆叶中黄酮苷类成分及其抗炎活性研究［J］. 中国中药杂志，2013，38（11）：1747-1750.

［2］陈世华，曾贤，梁昊，等 . 山香圆总黄酮对 LPS 诱导的 RAW264.7 细胞 iNOS，COX-2，NF-κB 表达的影响［J］. 时珍国医国药，2016，27（11）：2629-2631.

［3］孙敬勇 . 胆木和山香圆化学成分及其生物活性研究［D］. 济南：山东大学博士学位论文，2008.

［4］Zhang L，Li J，Yu S C，et al. Therapeutic effects and mechanisms of total flavonoids of *Turpinia arguta* Seem on adjuvant arthritis in rats［J］. Journal of Ethnopharmacology，2008，116（1）：167-172.

［5］杨义方，吴泽榕 . 山香圆不同工艺产品的抗菌作用研究［J］. 中国中药杂志，1986，11（8）：30-32.

五九　茶茱萸科 Icacinaceae

乔木、灌木或藤本。有时具卷须或白色乳汁。单叶，互生，稀对生，通常全缘，无托叶。花排成腋生或顶生的穗状、总状、圆锥状或聚伞花序，稀与叶对生，花两性或有时为单性异株，稀杂性或杂性异株，辐射对称；苞片小或无苞片；花萼小，4～5裂，常为覆瓦状排列，常宿存；花瓣4～5枚，稀无花瓣，分离或合生，常为镊合状排列，顶端多半内折，雄蕊与花瓣同数而对生，花丝分离；子房上位，1室，稀3～5室，花柱通常不发育或2～3枚合生成1枚花柱，柱头2～3裂或合生成头状至盾状；胚珠2粒，稀1粒或每室2粒，倒生，悬垂。果为核果状，有时为翅果，1室，种子1粒，极稀2粒，种皮薄，无假种皮，通常有胚乳，胚通常小。

约58属，400种，广布于热带地区，以南半球较多。中国13属，25种，分布于南部和西南部各省区，法定药用植物2属，2种。华东地区法定药用植物1属，1种。

茶茱萸科法定药用植物主要含生物碱类、萜类、黄酮类等成分。生物碱多为喹啉类，如喜树碱（camptothecin）、10-羟基喜树碱（10-hydroxycamptothecin）、臭味假紫龙树碱A（nothapodytine A）等；萜类如金吉苷酸（kingisidic acid）、雪松醇（cedrol）等；黄酮类母核多为芹菜素和牡荆素，如芹菜素-7-O-葡萄糖苷（apigenin-7-O-glucoside）、芹菜素-7-O-新橙皮苷（apigenin-7-O-neohesperidosid）、牡荆素（vitexin）等。

1. 定心藤属 *Mappianthus* Hand.-Mazz.

木质藤本，被硬粗伏毛。卷须粗壮。叶对生或近对生，全缘，革质，羽状脉；具叶柄。花较小，雌雄异株，被硬毛，排成短而少花、两侧交替腋生的聚伞花序；雄花的花萼小，杯状，5浅裂；花冠较大，钟状漏斗形，肉质，顶端5裂或深裂达1/3，个别可达2/3，裂片镊合状排列，被毛；无花盘；雄蕊5枚，分离，无毛，花丝扁平，基部稍细，向上逐渐扩大，花药长卵形，内向，背部着生；退化子房被毛。雌花与雄花相似而较小。核果长卵圆形，压扁，外果皮薄肉质，被硬伏毛，黄红色，味甜，内果皮薄壳质，具下陷网纹和纵槽，内面平滑，胚小，胚乳裂至中部。

约2种，1种分布于中国南岭山脉以南至越南北部，另1种分布于印度、孟加拉、印度尼西亚。中国1种，分布于华南及西南等省区，法定药用植物1种。华东地区法定药用植物1种。

548. 定心藤（图548）• *Mappianthus iodoides* Hand.-Mazz.

【别名】甜果藤。

【形态】木质藤本。嫩枝深褐色，被黄褐色糙伏毛，具棱，小枝灰色，圆柱形，渐无毛；卷须粗壮。叶长椭圆形至长圆形，长8～17cm，宽3～7cm，顶端渐尖至尾状，基部圆形或楔形，全缘，上面绿色，几无毛，下面淡黄绿色，略被毛，中脉在上面稍凹下，侧脉5～6对，连同中脉及网脉在下面均明显凸起；叶柄被黄褐色糙伏毛。雌、雄花序均交替腋生，长12.5cm；花序轴被糙伏毛；小苞片极小。雄花有香气；花萼杯状，顶端浅5裂；花冠黄色，顶端5裂，裂片卵形，连同花萼外面均密被糙伏毛；雄蕊5枚；子房退化；雌花序粗壮；小苞片短；花序梗长5～8mm。雌花直径1～2mm；花萼浅杯状，5裂；裂片三角形；花瓣5，长圆形，长3～4mm，具退化雄蕊；子房近球形，直径约2mm；花柱短或无；柱头盘状，圆形，5浅裂。核果椭圆形，疏被硬伏毛，成熟时橙黄色，果肉薄而甜。种子1粒。花期4～8月，果期6～12月。

【生境与分布】生于疏林边、沟谷林中或林缘灌丛中。分布于浙江、福建，另广东、广西、云南、贵州、

图 548 定心藤　　　　摄影 徐克学

湖南均有分布；越南也有分布。

【药名与部位】藤蛇总管（定心藤），藤茎。

【采集加工】全年均可采收，割下藤茎，除去枝叶，切片或段，晒干。

【药材性状】为厚片，直径 0.5～5cm；或呈圆柱形，长 10～20cm。表面灰褐色至黄棕色，有灰白色类圆形或长条形皮孔样斑痕，常径向延长。质坚硬，不易折断。断面皮部棕黄色，显颗粒性；木质部淡黄色至橙黄色，具放射状纹理和密集小孔；髓部小，灰白色或黄白色。气微，味淡，微苦涩。

【化学成分】藤茎含生物碱类：青藤碱（sinomenine）[1,2]；酚酸类：香草醛（vanillin）、香草酸（vanillic acid）和没食子酸（gallic acid）[1]；黄酮类：白杨素（chrysin）和槲皮素（quercetin）[1]；皂苷类：蒲公英赛酮（taraxerone）[2]；甾体类：β-谷甾醇（β-sitosterol）和β-胡萝卜苷（β-daucosterol）[2]；倍半萜类：（-）-雪松醇[（-）-cedrol][3]；烷烃类：正十四烷（n-tetradecane）、正十五烷（n-pentadecane）、正十六烷（n-hexadecane）、正十七烷（n-heptadecane）、正十八烷（n-octadecane）、1-碘代十八烷（1-iodo-octadecane）、正二十烷（n-cicosane）和正二十四烷（n-tetracosane）[4]；挥发油类：异丙苯（1-methylethyl benzene）、2-癸酮（2-decanone）、二丁基羟基甲苯（dibutyl hydroxytoluene）、（R）-（-）-14-甲基-8-十六炔-1-醇［（R）-（-）-14-methyl-8-hexadecynyl-1-ol］和角鲨烯（squalene）[4]；脂肪酸及酯类：二十三烷酸（tricosanie acid）[2]，壬酸甲酯（methlnonanoate）、8-炔-壬酸甲酯（methyl 8-ynyl nonanoate）、12-甲基-十三烷酸甲酯（methyl 12-methyl-tridecanoate）、9-棕榈油酸（Z）-甲酯［（Z）-

methyl 9-hexadecenoate］、棕榈酸甲酯（methyl palmitate）、（Z, Z）-9, 8- 十八碳二烯酸［（Z, Z）-9, 8-octadecadienoic acid］、正十七烷酸甲酯（methyl n-heptadecanoate）、亚油酸甲酯（methyl linoleate）、油酸甲酯（methyl linoleate）、硬脂酸甲酯（methyl octadecanote）、9, 10- 甲基十七烷酸甲酯（methyl 9, 10-methyl heptadecanoate）、正十九烷酸甲酯（methyl n-nonadccanoate）、油酸（oleic acid）、花生酸甲酯（methyl eicosanoate）、正二十二烷酸甲酯（methyl n-docosanoate）、正二十三烷酸甲酯（methyl n-tricosanate）、正二十四烷酸甲酯（methyl n-tetracosanoate）和正二十六烷酸甲酯（methyl n-heneicosanoate）[4]。

枝叶含降倍半萜类：9- 羟基 -4, 6- 大柱香波龙二烯 -3- 酮（9-hydroxy-4, 6-megastigmadien-3-one）、9- 羟基 -4, 7- 大柱香波龙二烯 -3- 酮（9-hydroxy-4, 7-megastigmadien-3-one）、布卢门醇 A（blumenol A）、9, 10- 二羟基 -4, 7- 大柱香波龙二烯 -3- 酮（9, 10-dihydroxy-4, 7-megastigmadien-3-one）、5, 12- 环氧基 -9- 羟基 -7- 大柱香波龙二烯 -3- 酮（5, 12-epoxy-9-hydroxy-7-megastigmen-3-one）、5, 12- 环氧基 -6, 9- 二羟基 -7- 大柱香波龙二烯 -3- 酮（5, 12-epoxy-6, 9-dihydroxy-7-megastigmen-3-one）和黑麦草内酯（loliolide）[5]；木脂素类：落叶松树脂醇（lariciresinol）、异落叶松树脂醇（isolariciresinol）、5′- 甲氧基落叶松树脂醇（5′-methoxylariciresinol）、橄榄脂素（olivil）、去氢双松柏醇（dehydrodiconiferylalcohol）、楮实子素 *I（chushizisin I）、3, 3- 二去甲氧基渥路可脂素（3, 3-didemethoxyverrucosin）和4- 表三齿拉雷亚脂素 *（4-epi-larreatricin）[5]。

【药理作用】1. 抗肿瘤　藤茎水提物对 S180、H22 腹水瘤和肉瘤模型小鼠的肿瘤生长具有明显的抑制作用，能延长生存时间[1]；超临界 CO_2 提取挥发油对人胃癌 SGC-7901 细胞、人白血病 K562 细胞的增殖均具有一定的抑制作用，其中对 K562 细胞的抑制作用最为明显[2]。2. 抗氧化　藤茎乙醇提取物不同极性萃取物在体外对 1, 1- 二苯基 -2- 苦三硝基苯肼自由基（DPPH）、羟自由基（•OH）和超氧自由基（O_2^-•）具有清除作用，并能提高还原能力，其中以乙酸乙酯萃取物抗氧化作用最强[3]；微波辅助乙醇提取物中分离的总黄酮对 1, 1- 二苯基 -2- 苦三硝基苯肼自由基有较强的清除作用[4]；藤茎经热水提醇沉得到的水溶性多糖对 1, 1- 二苯基 -2- 苦三硝基苯肼自由基和羟自由基有清除作用[5]；超临界 CO_2 提取挥发油具有抗氧化能力，可抑制过氧化氢（H_2O_2）溶液 -Luminol 体系的化学发光，且呈量 - 效关系[6]。3. 抗动脉粥样硬化　藤茎经微波辅助提取的总黄酮能降低高脂血症大鼠的血清总胆固醇（TC）、甘油三酯（TG）、低密度脂蛋白胆固醇（LDL-C）、丙二醛（MDA），升高高密度脂蛋白胆固醇（HDL-C）、超氧化物歧化酶（SOD）的水平，提高总抗氧化能力（T-AOC），能升高动脉粥样硬化大鼠血清的一氧化氮（NO）水平，降低血管内皮生长因子（VEGF）水平，抵抗脂质过氧化物生成，减少和抑制氧化型低密度脂蛋白（Ox-LDL）的产生，达到降血脂和抗动脉粥样硬化的作用[7-9]。

【性味与归经】微苦、涩，平。归肝、胆经。

【功能与主治】祛风除湿，消肿解毒。用于风湿腰腿痛，跌打损伤，黄疸，毒蛇咬伤。

【用法与用量】9 ～ 15g；外用适量。

【药用标准】广西瑶药 2014 一卷和云南傣药 2005 三册。

【临床参考】1. 心慌心悸：藤茎 20g，水煎，每日分 3 次服[1]。

2. 黄疸病：藤茎 20g，加水菖蒲 10g、大黄藤 20g、竹叶兰 20g、十大功劳（或大树黄连）20g、乌药 20g，水煎服，每日 1 剂，分 3 次服[2]。

3. 失眠：藤茎 20g，加岜心草 6g，切碎晒干，与大枣 15g、冰糖 20g 一并开水泡服[3]。

【化学参考文献】

［1］曾立，尹文清 . 定心藤中酚性成分的研究［J］. 中华中医药杂志，2011，26（4）：838-840.

［2］曾立，尹文清 . 定心藤中化学成分的研究［J］. 药学服务与研究，2010，10（6）：418-421.

［3］陈承声，陈清光，曾陇梅 . 定心藤（Mappianthusiodoies）化学成分研究［J］. 中山大学学报（自然科学版），2000，39（6）：120-122.

［4］曾立，向荣，尹文清，等 . 瑶药定心藤挥发油的提取工艺及其 GC-MS 分析［J］. 中成药，2012，34（8）：1613-

1615.

[5] 蒋芝华, 冯兴阳, 郭微, 等. 定心藤枝叶中化学成分研究 [J]. 中草药, 2018, 49 (2): 282-287.

【药理参考文献】

[1] 庞声航, 余胜民, 黄琳芸, 等. 广西20种传统瑶药抗肿瘤筛选研究 [J]. 广西中医药, 2006, 29 (4): 53-57.

[2] 曾立, 向荣, 傅春燕, 等. 瑶药定心藤挥发油的抗肿瘤活性研究 [J]. 现代肿瘤医学, 2013, 21 (4): 710-712.

[3] 李维峰, 王娅玲, 郭芬, 等. 定心藤醇提物不同极性部分的体外抗氧化活性研究 [J]. 食品工业科技, 2015, 36 (14): 107-110.

[4] 黄琼, 田玉红, 蒲香. 定心藤总黄酮的提取及抗氧化活性的研究 [J]. 中成药, 2012, 34 (11): 2242-2244.

[5] 阿西娜, 黄潇, 刘春兰. 定心藤多糖提取工艺优化及其清除自由基研究 [J]. 时珍国医国药, 2013, 24 (6): 1335-1338.

[6] 曾立, 尹文清, 朱琪, 等. 定心藤挥发油抗氧化活性研究 [J]. 广东农业科学, 2011, 38 (18): 80-82.

[7] 杨光. 定心藤总黄酮对动脉粥样硬化大鼠血脂和NO、VEGF因子的作用机制研究 [D]. 桂林: 桂林医学院硕士学位论文, 2017.

[8] 杨光, 杜云龙, 朱开梅, 等. 定心藤总黄酮对动脉粥样硬化大鼠血脂及一氧化氮和血管内皮生长因子的影响 [J]. 广东医学, 2017, 38 (9): 1309-1313.

[9] 杨光, 杜云龙, 朱开梅, 等. 定心藤总黄酮对高脂血症大鼠降血脂的作用研究 [J]. 重庆医学, 2017, 46 (4): 433-435.

【临床参考文献】

[1] 彭朝忠, 高海泉. 布朗族民间单方录 [J]. 中国民族民间医药杂志, 2004, (4): 246-247.

[2] 林艳芳. 傣药答勒汤治黄疸 [J]. 云南中医中药杂志, 1995, 16 (2): 53-54.

[3] 宁心. 失眠自疗简易方 [J]. 湖南中医药导报, 1998, 4 (12): 40.

六〇 槭树科 Aceraceae

　　落叶，稀为常绿乔木或灌木。冬芽有多数覆瓦状排列的鳞片，少数仅有 2 枚或 4 枚对生鳞片。叶对生，不分裂或掌状分裂，或为复叶。花杂性，雄花与两性花同株或异株，稀单性而雌雄异株；花小，整齐，排成顶生或侧生的伞房花序、总状花序或圆锥花序，顶生花序下部有叶，侧生花序下部无叶，萼片和花瓣各 4～5 枚，有时无花瓣；花盘大，环状或有分裂，稀无花盘；雄蕊 4～12 枚，通常 8 枚，生于花盘内侧或外侧，稀生于花盘上；子房上位，2 室，花柱 2 裂，基部合生，稀不裂，柱头 2 枚，常反卷。果实为 2 个相连的小坚果，两侧各有扁平的长翅，2 翅张开成各种不同角度的翅果，各含种子 1 粒。

　　2 属，200 余种，广布于亚洲、欧洲和美洲北温带，主要分布于中国和日本。中国 2 属，150 余种，广布于南北各地，分布中心在中部和西部地区，法定药用植物 1 属，1 种 2 亚种。华东地区法定药用植物 1 属，1 亚种。

　　槭树科法定药用植物主要含黄酮类、酚酸类、皂苷类、生物碱类、二芳基庚烷衍生物、木脂素类等。黄酮类包括黄酮、黄酮醇、花色素等，如牡荆素（vitexin）、山柰酚 - 3 -O-α-L- 鼠李糖苷（kaempferol-3-O-α-L-rhamnoside）、槲皮素 - 3 -O-α-L- 鼠李糖苷（quercetin-3-O-α-L-rhamnoside）、矢车菊 -3-O- 芸香糖苷（cyaniding-3-O-rutinoside）等；酚酸类多为没食子酸鞣质，如没食子酸甲酯（methyl gallate）、没食子酸（gallic acid）等；皂苷类如 β- 香树脂醇（β-amyrin）、β- 香树脂醇乙酸酯（β-amyrin acetate）等；生物碱包括吲哚类、有机胺类，如禾草碱（gramine）、二翅宁碱 A（dipteronine A）等；二芳基庚烷衍生物如槭苷 I 、IV（aceroside I 、IV）等；木脂素类如黄花菜木脂素 A（cleomiscosin A）、沉香木脂素（aquillochin）等。

　　槭属含二芳基庚烷衍生物类、黄酮类、酚酸类、木脂素类、皂苷类等。二芳基庚烷衍生物类如槭苷 I 、IV（aceroside I 、IV）等；黄酮类包括黄酮、黄酮醇、黄烷、花色素等，如牡荆素（vitexin）、异牡荆素（isovitexin）、三叶豆苷（trifolin）、山柰酚 - 3 -O-α- L - 鼠李糖苷（kaempferol-3-O-α-L-rhamnoside）、儿茶素（catechin）、矢车菊 -3-O- 芸香糖苷（cyaniding-3-O-rutinoside）等；酚酸类多为没食子酸鞣质，如鞣花酸（ellagic acid）、牻牛儿鞣素（geraniin）等；木脂素类如黄花菜木脂素（cleomiscosin A）、沉香木脂素（aquillochin）等；皂苷类如 β- 香树脂醇（β-amyrin）、槭皂苷元（acerocin）、槭萜酸（acerogenic acid）等。

1. 槭树属 *Acer* Linn.

　　落叶或常绿的乔木或灌木。冬芽具多数覆瓦状排列的鳞片，少数仅具 2 枚或 4 枚对生的鳞片。叶对生，单叶或复叶，不裂或分裂。花序由着叶小枝的顶芽生出，下部具叶，或由小枝旁边的侧芽生出，下部无叶；花小，整齐，雄花与两性花同株或异株，稀单性，雌雄异株；萼片与花瓣均 4～5 枚，稀缺花瓣；花盘环状或微裂，稀不发育；雄蕊 4～12 枚，通常 8 枚，生于花盘内侧、外侧，稀生于花盘上；子房 2 室，花柱 2 裂稀不裂，柱头通常反卷。果实系 2 个相连的小坚果，凸起或扁平，侧面有长翅，张开成各种大小不同的角度。

　　200 余种，分布于亚洲、欧洲及美洲。中国 140 余种，广布于南北各地，法定药用植物 3 种。华东地区法定药用植物 1 亚种。

549. 苦茶槭（图 549）· *Acer ginnala* Maxim.subsp.*theiferum*（Fang）Fang

图 549　苦茶槭　　　　　　　　摄影　张芬耀

【别名】桑芽茶、鸡茶（浙江），高茶（安徽池州），茶条槭。

【形态】落叶灌木或小乔木，高达 6m。小枝圆柱形，无毛，当年生枝绿色或带有紫色，多年生枝淡黄色或黄褐色，具皮孔。叶片薄纸质，卵形、卵状长椭圆形至长椭圆形，长 5～10cm，宽 3～6cm，先端锐尖或狭长锐尖，基部圆形或近心形，不分裂或 3～5 浅裂，中裂片远较侧裂片发达，边缘具不规则的锐尖重锯齿，上面深绿色，无毛，下面淡绿色，有白色疏柔毛。伞房花序顶生；花杂性，雄花与两性花同株，萼片 5 枚，黄绿色，外侧近边缘被长柔毛；花瓣 5 枚，白色；雄蕊 8 枚，生于花盘内侧；子房有疏柔毛。翅果，黄绿色或黄褐色，小坚果稍呈压扁状，两翅张开近于直立或呈锐角。花期 5 月，果期 9～10 月。

【生境与分布】生于山坡、溪边、路旁灌丛中或疏林下。分布于安徽、江苏、浙江、江西，另湖北、河南也有分布。

【药名与部位】桑芽茶，叶芽。

【采集加工】清明至谷雨采收，用微火炒焙数分钟，使幼叶变软，取出，揉搓均匀，干燥。

【药材性状】为皱缩、卷曲或不规则的团块状。芽鳞绿色或深绿色，背面具细长柔毛。气清香，味微苦、涩。

【质量要求】色绿，不开口，无屑杂。

【药材炮制】除去叶柄、嫩枝等杂质及老叶，筛去灰屑。

【性味与归经】甘、苦，凉。

【功能与主治】散风清热。用于风热头痛。

【用法与用量】9 ～ 15g。

【药用标准】浙江炮规 2005。

【附注】本种代茶饮用有近百年的历史。由于嫩芽代茶饮服后具有出汗但不留汗渍、汗斑的优点，不会在白胚绸缎上留下汗斑，成为江浙一带丝绸业加工人员夏季特殊的饮料。

苦茶槭的原亚种茶条槭 *Acer ginnala* Maxim. 的嫩芽在民间也作桑芽茶药用。

苦茶槭和茶条槭在 *Flora of China* 中均作为鞑靼槭 *Acer tataricum* Linn. 的亚种，分别定名为 *Acer tataricum* Linn.subsp.*theiferum*（W.P.Fang）Y.S.Chen et P.C.de Jong 和 *Acer tataricum* Linn.subsp.*ginnala*（Maxim.）Wesm.。

六一 七叶树科 Hippocastanaceae

落叶乔木或灌木。叶对生，掌状复叶，有小叶 7～9 枚；无托叶。花排成顶生的聚伞状总状花序或圆锥花序；两性或单性，两侧对称，萼片 4～5 枚，覆瓦状排列，分离或基部合生；花瓣 4～5 枚，分离，不等大，基部具爪，与萼片互生；雄蕊 5～9 枚，分离，花丝长短不一，直立或弯曲，花药纵裂；花盘位于雄蕊的外侧，全缘或稍浅裂；子房上位，3 室，胚珠每室 2 粒，花柱与柱头单一。蒴果，1～3 室，种子通常每室 1 粒，种子大，略呈半球形，外种皮革质，有明显的种脐，无胚乳，子叶肥厚。

2 属，30 余种，主要分布于北温带。中国仅 1 属，10 余种，以西南部的亚热带地区为分布中心，北达黄河流域，东达江苏和浙江，南达广东北部，法定药用植物 1 属，1 种 2 变种。华东地区法定药用植物 1 属，1 种 1 变种。

七叶树科法定药用植物主要含皂苷类、黄酮类、香豆素类等成分。皂苷类如七叶皂苷 I a、I b（aescin I a、I b）、异七叶皂苷 I a、I b（isoaescin I a、I b）等；黄酮类多为黄酮醇，如槲皮苷（quercitrin）、山柰酚（kaempferol）、槲皮素 -3-O-β-D- 吡喃葡萄糖苷（quercetin-3-O-β-D-glucopyranoside）等；香豆素类如秦皮苷（fraxin）、秦皮乙素（esculetin）、秦皮素（fraxetin）等。

1. 七叶树属 *Aesculus* Linn.

落叶乔木或灌木；冬芽大，具数对芽鳞。叶对生，掌状复叶，有小叶 3～9 枚，具长柄；小叶边缘有锯齿，具小叶柄。花排成顶生的总状花序或圆锥花序，直立；花杂性，两侧对称，两性花通常着生于花序的基部；花萼钟状或管状，4～5 浅裂，裂片大小不等，镊合状排列；花瓣 4～5 枚，基部具长爪；雄蕊 5～9 枚，通常 7 枚；子房上位，3 室，胚珠每室 2 粒，花柱单一，细长。蒴果，成熟时 3 瓣裂，光滑或有刺。种子近球形或梨形，仅 1～2 粒发育，种脐常较宽大，无胚乳。

30 余种，分布于亚洲、欧洲和美洲。中国 10 余种，主要分布于西南各省区，法定药用植物 1 种，2 变种。华东地区法定药用植物 1 种，1 变种。

550. 七叶树（图 550） • *Aesculus chinensis* Bge.

【形态】落叶乔木，高达 20m。掌状复叶由 5～7 片小叶组成；叶柄长 5～18cm，小叶片纸质，长圆状披针形至长圆状倒披针形，稀长椭圆形，长 10～18cm，宽 3～6cm，先端短渐尖，基部楔形或宽楔形，边缘通常有钝尖的细锯齿，上面无毛，下面除幼时沿中脉有柔毛外无毛。花序窄圆锥形，长 30～50cm，具短柔毛；花杂性，雄花与两性花同株，花萼筒状钟形，5 浅裂，外面具短柔毛；花瓣 4 枚，白色，下部黄色或橘红色，外面及边缘有短柔毛，基部具瓣柄；雄蕊 6～7 枚，无毛；子房卵圆形，花柱无毛。果实球形或倒卵圆形，顶端钝圆而中部微凹，黄褐色，密生斑点。种子 1～2 粒，近球形，栗褐色，种脐大。花期 5 月，果期 9～10 月。

【生境与分布】华东各省市有栽培，另河南、河北、山西及陕西等省均有栽培，仅秦岭有野生。

【药名与部位】娑罗子（娑罗果、天师栗），成熟种子或果实。

【采集加工】秋季果实成熟时采收，低温干燥。

【药材性状】呈扁球形或类球形，似板栗，直径 1.5～4cm。表面棕色或棕褐色，多皱缩，凹凸不平，略具光泽；种脐色较浅，近圆形，占种子面积的 1/4～1/2；其一侧有 1 条突起的种脊，有的不甚明显。种皮硬而脆，子叶 2，肥厚，坚硬，形似栗仁，黄白色或淡棕色，粉性。气微，味先苦后甜。

【质量要求】粒大质坚，不霉蛀。

图 550　七叶树　　　　　　　　　　摄影　郭增喜

【**药材炮制**】除去杂质，洗净，润软，切厚片，干燥；或用时捣碎。

【**化学成分**】种子含皂苷类：七叶素 IVg、IVh、VIb、IIIa（escin IVg、IVh、VIb、IIIa）、去酰七叶素 I（desacylescin I）[1]，七叶苷 A、B、C、D、E、F、G、H（aesculioside A、B、C、D、E、F、G、H）、七叶素 Ia、Ib（escin Ia、Ib）、异七叶素 Ia、Ib（isoescin Ia、Ib）[2]，异七叶素 IIa、IIb、IIIa、IIIb（isoescin IIa、IIb、IIIa、IIIb）[3]，异七叶素 VIa、VIIa、VIIIa（isoescin VIa、VIIa、VIIIa）[4]，七叶树皂苷 *A、B、C、D、E、F（aesculusosides A、B、C、D、E、F）、中华七叶树皂苷 *A（aesculiside A）、七叶素 IVg、IVh、IV、IVc、IVd、V（escin IVg、IVh、IV、IVc、IVd、V）、异七叶素 V（isoescin V）、21-*O*- 巴豆酰基 -22-*O*- 乙酰基原七叶皂苷配基 -3-*O*-β-D- 吡喃半乳糖（1→2）-β-D- 吡喃葡萄糖（1→4）-β-D- 吡喃葡糖醛酸苷［21-*O*-tigloyl-22-*O*-acetyl protoaescigenin- 3-*O*-β-D-galactopyranosyl（1→2）-β-D-glucopyranosyl（1→4）-β-D-glucopyranosiduronic acid］[5]，七叶素 IVf（escin IVf）[6]和七叶素 Iva、IVb（escins IVb）[7]；黄酮类：七叶树黄酮苷（aescuflavoside）和七叶树黄酮苷 A（aescuflavoside A）[8]；脂肪酸类：亚油酸（linoleic acid）、亚麻酸（linolenic acid）和油酸（oleic acid）[9]。

【**药理作用**】1. 抗炎　果实中提取的总皂苷能明显减轻二甲苯所致小鼠的耳炎症渗出[1]。2. 抑制胃酸　果实水煎液可明显抑制幽门结扎大鼠及胃瘘大鼠的胃酸分泌[2]。3. 保护胃肠道　果实提取物能明显提高小肠推进率，显著减少溃疡指数，各剂量组溃疡抑制率可达到 72% 以上，低剂量组能显著增加小鼠粪便粒数和粪便重量[3]；果实提取物对阿司匹林所致胃溃疡有预防作用[4]。4. 降胆固醇　果实醇提物可显著降低小鼠和大鼠的胆固醇含量[5]。

【性味与归经】甘，温。归肝、胃经。

【功能与主治】理气宽中，和胃止痛。用于胸腹胀闷，胃脘疼痛。

【用法与用量】3～9g。

【药用标准】药典1963—2015、浙江炮规2015和贵州药材1965。

【临床参考】1. 胃脘胀痛：果实6～9g，加八月札、青皮各6～9g，水煎服。

2. 乳房小叶增生：果实9～15g，水煎代茶饮。（1方、2方引自《浙江药用植物志》）

【附注】娑罗子，又名天师栗，始载于《本草纲目》，云："按宋祁《益州方物记》云：天师栗，惟西蜀青城山中有之……似栗而味美，惟独房若橡为异耳。今武当山所卖娑罗子，恐即此物也。"《药性考》云："娑罗子，一枝七叶、九叶，苞如人面，花如牡丹，香白。"《本草纲目拾遗》引《留青日扎》云："娑罗树出西番海中……余在浔州时，官圃一株甚巨，每枝生叶七片，有花穗甚长，而黄如栗花，秋后结实如栗，可食，正所谓七叶树也。"又引长安客话，"卧佛寺内娑罗树二株，子如橡栗，可疗心疾。"上述产地、分布及植物形态，均与本种一致，并应包括同属近似种天师栗。

《中国药典》2015年版一部规定浙江七叶树 *Aesculus chinensis* Bge.var.*chekiangensis*（Hu et Fang）Fang 及天师栗 *Aesculus wilsonii* Rehd.［*Aesculus chinensis* var.*wilsonii*（Rehder）Turland et N.H.Xia］的种子也作娑罗子药用。云南七叶树 *Aesculus wangii* Hu ex Fang 的种子在云南、贵州民间也作娑罗子药用。

【化学参考文献】

［1］Zhao J，Yang X W，Hattori M. Three new triterpene saponins from the seeds of *Aesculus chinensis*［J］. Chem Pharm Bull，2001，49（5）：626-628.

［2］Zhang Z，Koike K，Jia Z，et al. New saponins from the seeds of *Aesculus chinensis*［J］. Chem Pharm Bull，1999，47（11）：1515-1520.

［3］Zhao J，Yang X W. Four new triterpene saponins from the seeds of *Aesculus chinensis*［J］. J Asian Nat Prod Res，2003，5（3）：197-203.

［4］Yang X W，Zhao J，Hattori M. Three new triterpenoid saponins from the seeds of *Aesculus turbinata*［J］. J Asian Nat Prod Res，2008，10（3）：243-247.

［5］Cheng J T，Chen S T，Guo C，et al. Triterpenoid saponins from the seeds of *aesculus chinensis*，and their cytotoxicities［J］. Nat Prod Bioprosp，2018，8（1）：47-56.

［6］Zhao J，Yang X W，Cui Y X，et al. Three new triterpenoid saponins from the seeds of *Aesculus chinensis*［J］. Chin Chem Lett，1999，10（9）：767-770.

［7］Zhao J，Yang X W，Cui Y X，et al. Four triterpene oligoglycosides from the seeds of *Aesculus chinensis*［J］. Chin Chem Lett，1999，10（4）：291-294.

［8］Wei F，Ma S C，Ma L Y，et al. Antiviral flavonoids from the seeds of *Aesculus chinensis*［J］. J Nat Prod，2004，67（4）：650-653.

［9］Sato I，Kofujita H，Tsuda S. Identification of COX inhibitors in the hexane extract of Japanese horse chestnut（*Aesculus turbinata*）seeds［J］. J Vet Med Sci，2007，69（7）：709-712.

【药理参考文献】

［1］戴培兴，马心舫，尤国鸿.娑罗子总皂甙的抗缺氧和抗炎作用的初步观察［J］.中成药研究，1983，（9）：24-25.

［2］洪缨，侯家玉.娑罗子抑制胃酸分泌的实验研究［J］.中药药理与临床，1999，15（1）：25-26.

［3］姜丽岳，傅风华，于昕，等.娑罗子提取物对实验小鼠胃肠道的保护作用研究［J］.时珍国医国药，2008，19（10）：2493-2494.

［4］辛文好，张雷明，王天，等.娑罗子提取物对阿司匹林致胃溃疡作用的研究［J］.中国药物警戒，2010，7（6）：321-323.

［5］沈兴法，卞力，张树人，等.娑罗子降胆固醇作用及毒性的初步观察［J］.中药药理与临床，1985，（00）：146-147.

551. 浙江七叶树（图551）• *Aesculus chinensis* Bge. var. *chekiangensis*（Hu et Fang）Fang

图 551　浙江七叶树　　　　　　　　　　　　　　　　　摄影　李华东

【**形态**】落叶乔木，高达20m。掌状复叶由5～7片小叶组成；叶柄长5～18cm，小叶片纸质，长圆状披针形至长圆状倒披针形，稀长椭圆形，长10～18cm，宽3～6cm，先端短渐尖，基部楔形或宽楔形，边缘通常有钝尖的细锯齿，上面无毛，下面除幼时沿中脉有柔毛外无毛。花序窄圆锥形，长30～50cm，无毛；花杂性，雄花与两性花同株，花萼筒状钟形，5浅裂，外面无毛；花瓣4枚，白色，下部黄色或橘红色，外面及边缘有短柔毛，基部具瓣柄；雄蕊6～7枚，无毛；子房卵圆形，花柱无毛。果实球形或倒卵圆形，顶端钝圆而中部微凹，黄褐色，密生斑点。种子1～2粒，近球形，栗褐色，种脐大。花期5月，果期9～10月。

【**生境与分布**】生于低海拔的丛林中。分布于浙江北部和江苏南部（多是栽培）。

浙江七叶树与七叶树的区别点：浙江七叶树花序、花萼均无毛。七叶树花序、花萼均具短柔毛。

【**药名与部位**】娑罗子（娑罗果），成熟种子或果实。

【**采集加工**】秋季果实成熟时采收，低温干燥。

【**药材性状**】呈扁球形或类球形，似板栗，直径1.5～4cm。表面棕色或棕褐色，多皱缩，凹凸不平，略具光泽；种脐色较浅，近圆形，占种子面积的1/4～1/2；其一侧有1条突起的种脊，有的不甚明显。种皮硬而脆，子叶2，肥厚，坚硬，形似栗仁，黄白色或淡棕色，粉性。气微，味先苦后甜。

【**质量要求**】粒大质坚，不霉蛀。

【药材炮制】除去杂质，洗净，润软，切厚片，干燥；或用时捣碎。

【化学成分】种子含黄酮类：2R, 3R-3, 7, 3′- 三羟基 -5′- 甲氧基二氢黄烷 -5-O-β-D- 吡喃葡萄糖苷（2R, 3R-3, 7, 3′-trihydroxy-5′-methoxyflavane-5-O-β-D-glucopyranoside）、槲皮素 -4′-O-β-D- 吡喃葡萄糖苷（quercetin-4′-O-β-D-glucopyranoside）、槲皮素 -3′-O-β-D- 葡萄糖苷（quercetin-3′-O-β-D-glucoside）、槲皮素 -3-O-β-D- 吡喃木糖基（1 → 2）-β-D- 吡喃葡萄糖苷［quercetin-3-O-β-D-xylopyranosyl（1 → 2）-β-D-glucopyranoside］、槲皮素 -3-O-β-D- 吡喃葡萄糖（1 → 4）-α-L- 吡喃鼠李糖苷［quercetin-3-O-β-D-glucopyranosyl（1 → 4）-α-L-rhamnopyranoside］、山奈酚 -3-O-β-D- 吡喃葡萄糖（1 → 4）-α-L- 吡喃鼠李糖苷［kaempferol-3-O-β-D-glucopyranosyl（1 → 4）-α-L-rhamnopyranoside］、山奈酚 -3-O-β-D- 吡喃木糖基（1 → 2）-β-D- 吡喃葡萄糖苷［kaempferol-3-O-β-D-xylopyranosyl（1 → 2）-β-D-glucopyranoside］、山奈酚 -3-O-β-D- 吡喃木糖基（1 → 2）-β-D- 吡喃葡萄糖基（1 → 3）-β-D- 吡喃葡萄糖苷［kaemferol-3-O-β-D-xylopyranosyl（1 → 2）-β-D-glucopyranosyl（1 → 3）-β-D-glucopyranoside］、（－）- 表儿茶素［（－）-epicatechin］和槲皮素（quercetin）[1]；皂苷类：七叶皂苷 IVe、IVh（escin IVe、IVh）、七叶树皂苷 A（aesculuside A）[2]，七叶皂苷 Ia、Ib、IVc、IVd（escin Ia、Ib、IVc、IVd）和异七叶皂苷 Ia、Ib（isoescin Ia、Ib）[3]。

【性味与归经】甘，温。归肝、胃经。

【功能与主治】理气宽中，和胃止痛。用于胸腹胀闷，胃脘疼痛。

【用法与用量】3 ～ 9g。

【药用标准】药典 1985—2015 和浙江炮规 2015。

【临床参考】1. 胃结石：果实 30g（打碎先下），加荔枝核 30g（打碎先下）、鸡内金 10g、柴胡 10g、郁金 10g、海金沙 3g（冲服）、佛手片 15g、棱术 10g、威灵仙 30g、皂角刺 30g、苍术 10g、白术 10g，水煎两次混匀，取汁 400ml，每日早晚饭前空腹各服 200ml[1]。

2. 视网膜静脉阻塞：果实 15g，加葛根 30g、槐米 30g、三七 3g，水煎取汁 200ml 口服，每天 2 次，每日 1 剂[2]。

【附注】口服用量大于 10g，可导致咽喉部不适、恶心呕吐[1]。

【化学参考文献】

［1］魏书香，王桐，丁丽琴，等 . 浙江七叶树种子的化学成分研究［J］. 中草药，2017，48（15）：3026-3031.

［2］杨秀伟，郭杰 . 浙江七叶树种子中三萜皂苷成分的分离和鉴定［J］. 中国新药杂志，2007，16（17）：1373-1376.

［3］郭杰，杨秀伟 . 浙江七叶树种子中三萜皂苷成分的研究［J］. 中国药学，2004，13（2）：87-91.

【临床参考文献】

［1］宋魁三，吴静 . 自创裟罗化胃石汤攻克胃结石病（附 42 例治验报告）［J］. 承德医学院学报，1993，10（3）：227-229.

［2］曹平，祝艳妮，仝警安 . 通脉增视汤治疗视网膜静脉阻塞 42 例［J］. 陕西中医，2007，28（6）：693-694.

【附注参考文献】

［1］毛美蓉 . 服用娑罗子出现不良反应 2 例报告［J］. 江苏中医药，1997，18（4）：37.

六二 无患子科 Sapindaceae

落叶乔木或灌木，稀草质或木质藤本。羽状复叶或掌状复叶，稀单叶，互生；常无托叶。聚伞圆锥花序或总状花序，顶生或腋生；苞片钻形；花常小，单性，雌雄同株或异株，辐射对称或两侧对称。雄花：萼片4或5（6）枚；花瓣4或5（6）枚，稀无或有1～4枚发育不全，离生，覆瓦状排列，内面基部常有鳞片；花盘肉质，稀无花盘；雄蕊5～10枚，通常8枚，花丝分离，稀基部或中部合生，花药背着，纵裂；退化雌蕊小，常密被毛。雌花：花被与雄花同数；不育雄蕊常与雄花中的能育雄蕊相似，但花丝较短，花药不裂；子房上位，心皮2～4枚，常（1）3室，全缘或2～4裂，花柱顶生或生于子房裂片间，柱头单一；每室有胚珠1粒或2粒，稀多数。蒴果室背开裂，浆果状或核果状，不分裂或深裂为分果爿；每室常有种子1粒。种皮常膜质或革质，假种皮有或无；胚常弯拱，无胚乳或胚乳极薄，子叶肥厚。

约150属，2000余种，广布于热带和亚热带地区。中国25属，52种，主要分布于西南部和东南部地区，法定药用植物5属，5种。华东地区法定药用植物3属，3种。

无患子科法定药用植物科特征成分鲜有报道。无患子属含皂苷类、倍半萜类等成分。皂苷类包括齐墩果烷型、大戟烷型、达玛烷型等，如常春藤皂苷元（hederagenin）、无患子属皂苷 B（sapindoside B）等；倍半萜类如无患子倍半萜苷Ⅰa、Ⅰb（mukurozioside Ⅰa、Ⅰb）等。

分属检索表

1. 果皮肉质；种子无假种皮，花瓣有鳞片 ···1. 无患子属 *Sapindus*
1. 果皮革质或脆壳质；种子具肉质假种皮；花瓣无鳞片或无花瓣。
  2. 萼片覆瓦状排列；小叶下面侧脉腋内有腺孔；花序被星状毛或绒毛 ··············2. 龙眼属 *Dimocarpus*
  2. 萼片镊合状排列；小叶下面侧脉腋内无腺孔；花序被绒毛，无星状毛 ··············3. 荔枝属 *Litchi*

1. 无患子属 *Sapindus* Linn.

落叶乔木。偶数羽状复叶；小叶片全缘，对生或互生。聚伞圆锥花序，顶生或在小枝顶端簇生；苞片钻形；花单性，雌雄同株或异株，辐射对称或两侧对称；萼片（4）5枚，覆瓦状排列；花瓣5枚，基部具爪，内侧基部有2个耳状小鳞片或边缘增厚，或基部无爪，内侧基部有1个大鳞片；花盘肉质，碟状或半月状，有时浅裂；雄蕊8枚，稀更多或较少，花丝中部以下或基部被毛；子房倒卵形或陀螺形，常3浅裂，3室，每室1粒胚珠；花柱顶生。果深裂为3分果爿，常仅有1个或2个发育，发育果爿近球形或倒卵圆形，内侧附着有1个或2个半月形的不育果爿，果皮肉质，富含皂素，在种子着生处被绢毛；种子黑色或淡褐色，种皮骨质，无假种皮，种脐线形；胚弯拱，子叶肥厚，叠生。

约13种，分布于亚洲温暖地区、澳大利亚及美洲南部和北部地区。中国4种，1变种，分布于长江流域及其以南各省区，法定药用植物1种。华东地区法定药用植物1种。

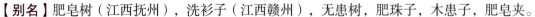

552. 无患子（图552）• *Sapindus mukorossi* Gaertn.（*Sapindus saponaria* Linn.）

【别名】肥皂树（江西抚州），洗衫子（江西赣州），无患树，肥珠子，木患子，肥皂夹。

【形态】落叶乔木。高达25m。小枝绿色，无毛，密生皮孔。羽状复叶小叶5～8对，常近对生；叶纸质，长椭圆状披针形或稍呈镰刀形，长7～15cm，宽2～5cm，先端短尖或短渐尖，基部楔形，稍不对称，

图 552　无患子　　　　　　　　　　　　　　　　　　摄影　郭增喜等

两面无毛或叶背被微柔毛，侧脉 15 ～ 17 对，近平行；小叶柄长约 0.5cm。圆锥花序，顶生。花小；辐射对称；具短柄；萼片卵形或长圆状卵形，外面基部被疏柔毛；花瓣披针形，基部有爪，鳞片 2，小耳状；花盘碟状，无毛；雄蕊伸出花冠外，花丝中部以下密被长柔毛。发育分果爿圆球形，直径达 2.5cm，成熟时淡黄色或橙黄色，不育分果爿残留于发育果爿基部。种子圆球形，黑色或淡褐色。花期 5 ～ 6 月，果期 9 ～ 10 月。

【生境与分布】生于山坡林中，喜温暖湿润，城市有栽培。分布于浙江、江苏、安徽、江西、福建，另广东、广西、贵州、海南、河南、湖北、湖南、四川、台湾、云南也有分布；印度、印度尼西亚、日本、韩国、缅甸、巴布亚新几内亚、泰国和越南北部也有分布。

【药名与部位】无患子根，根。无患子果，成熟果实。无患子，成熟种子。

【采集加工】无患子根：全年均可采挖，除去杂质，切段或块，晒干。无患子果：秋季果实成熟时采收，干燥。无患子：秋季采摘成熟果实，除去果肉，取种子晒干。

【药材性状】无患子根：呈圆柱形，略扭曲，长短不一，直径 1 ～ 5cm，或切成不规则的段、块。表面黄棕色至黄褐色，较粗糙，易剥离。质坚硬，不易折断。断面皮部薄，与木质部交界处常分离；木质部宽而致密，黄白色。气微，味苦。

无患子果：近球形，直径 1.8 ～ 2.5cm。表面浅橙黄色或棕褐色，具有蜡样光泽，并有明显的皱缩纹；基部有一近圆形的果瓣脱落痕迹，浅黄褐色，直径 1 ～ 1.3cm；中间有 1 条微隆起的纵线纹，一端具突起的果柄残基。果皮肉质柔韧，半透明，剥开后显胶质样微粒，有黏性，厚约 2mm；内表面光滑，在种子着生处有绢质长柔毛。种子近球形，直径 1.2 ～ 1.6cm，黑色。

无患子：呈球形，直径约 1.4cm，外表面黑色，光滑。种脐线形，周围有白色绒毛。种皮骨质，坚硬。无胚乳，子叶肥厚，黄色，胚粗壮，稍弯曲。气微，味苦。

【药材炮制】无患子根：洗净，润透，切片。

无患子果：除去杂质。无患子果炭：取无患子果饮片，炒至表面焦黑色，内部焦黄色或焦褐色。

无患子：取无患子饮片，粉碎成块状。

【化学成分】根含皂苷类：无患子苷 * A、B、C、D（sapimukoside A、B、C、D）[1,2]。

果实含皂苷类：常春藤皂苷元 -3-O-（2, 4-O- 二乙酰基 -α-L- 吡喃阿拉伯糖）-（1→3）-α-L- 吡喃鼠李糖 -（1→2）-α-L- 吡喃阿拉伯糖苷［hederagenin- 3-O-（2, 4-O-di-acetyl-α-L-arabinopyranoside）-（1→3）-α-L-rhamnopyranosyl-（1→2）-α-L-arabinopyranoside］、常春藤皂苷元 -3-O-（3, 4-O- 二乙酰基 -α-L- 吡喃阿拉伯糖）-（1→3）-α-L- 吡喃鼠李糖 -（1→2）-α-L- 吡喃阿拉伯糖苷［hederagenin-3-O-（3, 4-O-di-acetyl-α-L-arabinopyranoside）-（1→3）-α-L-rhamnopyranosyl-（1→2）-α-L-arabinopyranoside］、常春藤皂苷元 -3-O-（3-O- 乙酰基 -β-D- 吡喃木糖）-（1→3）-α-L- 吡喃鼠李糖 -（1→2）-α-L- 吡喃阿拉伯糖苷［hederagenin- 3-O-（3-O-acetyl-β-D-xylopyranosyl）-（1→3）-α-L-rhamnopyranosyl-（1→2）-α-L-arabinopyranoside］、常春藤皂苷元 -3-O-（4-O- 乙酰基 -β-D- 吡喃木糖）-（1→3）-α-L- 吡喃鼠李糖 -（1→2）-α-L- 吡喃阿拉伯糖苷［hederagenin -3-O-（4-O-acetyl-β-D-xylopyranosyl）-（1→3）-α-L-rhamnopyranosyl-（1→2）-α-L-arabinopyranoside］、常春藤皂苷元 -3-O-（3, 4-O- 二乙酰基 -β-D- 吡喃木糖）-（1→3）-α-L- 吡喃鼠李糖 -（1→2）-α-L- 吡喃阿拉伯糖苷［hederagenin- 3-O-（3, 4-O-di-acetyl-β-D-xylopyranosyl）-（1→3）-α-L-rhamnopyranosyl-（1→2）-α-L-arabinopyranoside］、常春藤皂苷元 -3-O-β-D- 吡喃木糖 -（1→3）-α-L- 吡喃鼠李糖 -（1→2）-α-L- 吡喃阿拉伯糖苷［hederagenin-3-O-β-D-xylopyranosyl-（1→3）-α-L-rhamnopyranosyl-（1→2）-α-L-arabinopyranoside］、常春藤皂苷元 -3-O-α-L- 吡喃阿拉伯糖苷（hederagenin- 3-O-α-L-arabinopyranoside）[3]、常春藤皂苷元 -3-O-β-D- 吡喃木糖（2→1）-［3-O- 乙酰基 -α-L- 吡喃阿拉伯糖］-28-O-α-L- 吡喃鼠李糖酯 {hederagenin-3-O-β-D-xylopyranosyl（2→1）-［3-O-acetyl-α-L-arabinopyranosyl］-28-O-α-L-rhamnopyranosyl ester}[4]、常春藤皂苷元 -3-O-α-L- 吡喃鼠李糖（3→1）-（2, 4-O- 二乙酰基 -α-L- 吡喃阿拉伯糖）-28-O-β-D- 吡喃葡萄糖 -（2→1）-3-O- 乙酰基 -β-D- 吡喃葡萄糖酯 [hederagenin- 3-O-α-L-rhamnopyranosyl（3→1）-（2, 4-O-diacetyl-α-L-arabinopyranosyl）-28-O-β-D-glucopyranosyl-（2→1）-3-O-acetyl-β-D-glucopyranosyl ester]、常春藤皂苷元 -3-O-α-L- 吡喃阿拉伯糖 -（1→3）-α-L- 吡喃鼠李糖 -（1→2）-α-L- 吡喃阿拉伯糖苷［hederagenin-3-O-α-L-arabinopyranoside-（1→3）-α-L-rhamnopyranosyl-（1→2）-α-L-arabinopyranoside］、常春藤皂苷元 -3-O-β-D- 吡喃木糖 -（1→3）-α-L- 吡喃鼠李糖 -（1→2）-α-L- 吡喃阿拉伯糖苷［hederagenin-3-O-β-D-xylopyranosyl-（1→3）-α-L-rhamnopyranosyl-（1→2）-α-L-arabinopyranoside］[5]、齐墩果酸 -3-O-α-L- 吡喃阿拉伯糖 -（1→3）-α-L- 吡喃鼠李糖 -（1→2）-α-L- 吡喃阿拉伯糖苷［oleanolic acid- 3-O-α-L-arabinofuranosyl-（1→3）-α-L-rhamnopyranosyl-（1→2）-α-L-arabinopyranoside］、常春藤皂苷元 -3-O-5‴-O- 乙酰 -α-L- 呋喃阿拉伯糖 -（1→3）-α-L- 吡喃鼠李糖 -（1→2）-α-L- 吡喃阿拉伯糖苷［hederagenin- 3-O-5‴-O-acetyl-α-L-arabinofuranosyl-（1→3）-α-L-rhamnopyranosyl-（1→2）-α-L-arabinopyranoside］、23-O- 乙酰 - 常春藤皂苷元 -3-O-β-D- 吡喃木糖 -（1→3）-α-L- 吡喃鼠李糖 -（1→2）-α-L- 吡喃阿拉伯糖苷［23-O-acetyl hederagenin-3-O-β-D-xylopyranosyl-（1→3）-α-L-rhamnopyranosyl-（1→2）-α-L-arabinopyranoside］、棉根皂苷元 -3-O-α-L- 吡喃阿拉伯糖 -（1→3）-α-L- 吡喃鼠李糖 -（1→2）-α-L- 吡喃阿拉伯糖苷［gypsogenin- 3-O-α-L-arabinopyranosyl-（1→3）-α-L-rhamnopyranosyl-（1→2）-α-L-arabinopyranoside］、白桦脂酸 -3-O-β-D- 吡喃木糖 -（1→3）-α-L- 吡喃鼠李糖 -(1→2)-α-L- 吡喃阿拉伯糖苷[betulinic acid- 3-O-β-D-xylopyranosyl-（1→3）-α-L-rhamnopyranosyl-（1→2）-α-L-arabinopyranoside][6]、常春藤皂苷元 -3-O-β-D- 吡喃葡萄糖 -（1→3）-β-D- 吡喃木糖

（1→3）-β-D- 吡喃木糖 -（1→3）-α-L- 吡喃鼠李糖 -（1→2）-α-L- 吡喃阿拉伯糖苷［hederagenin-3-O-β-D-glucopyranosyl-（1→3）-β-D-xylopyranosyl-（1→3）-β-D-xylopyranosyl-（1→3）-α-L-rhamnopyranosyl-（1→2）-α-L-arabinopyranoside］[7]，无患子萜苷*K、L、M、N（sapinmusaponins K、L、M、N）、无患子皂苷 G（mukurozisaponin G）、常春藤皂苷元 -3-O-（2-O- 乙酰基 -β-D- 吡喃木糖）-（1→3）-α-L- 吡喃鼠李糖 -（1→2）-α-L- 吡喃阿拉伯糖苷［hederagenin-3-O-（2-O-acetyl-β-D-xylopyranosyl）-（1→3）-α-L-rhamnopyranosyl-（1→2）-α-L-arabinopyranoside］、常春藤皂苷元 -3-O-（3-O- 乙酰基 -β-D- 吡喃木糖）-（1→3）-α-L- 吡喃鼠李糖 -（1→2）-α-L- 吡喃阿拉伯糖苷［hederagenin-3-O-（3-O-acetyl-β-D-xylopyranosyl）-（1→3）-α-L-rhamnopyranosyl-（1→2）-α-L-arabinopyranoside］、无患子皂苷 E1（mukurozisaponin E1）、常春藤皂苷元 -3-O-α-L- 吡喃阿拉伯糖 -（1→3）-α-L- 吡喃鼠李糖 -（1→2）-α-L- 吡喃阿拉伯糖苷［hederagenin-3-O-α-L-arabinopyranosyl-（1→3）-α-L-rhamnopyranosyl-（1→2）-α-L-arabinopyranoside］、无患子属皂苷 A、B（sapindoside A、B）[8]，无患子属皂苷 G（sapindoside G）、4″, 4″″-O- 二乙酰基无患子倍半萜 IIa（4″, 4″″-O-diacetyl mukurozioside IIa）和皮哨子皂苷 Ee（hishoushi saponin Ee）[9]。

虫瘿含苯丙素类：4- 烯丙基 -2- 甲氧苯基 -6-O-β-D- 芹糖基 -（1→6）-β-D- 葡萄糖苷［4-allyl-2-methoxyphenyl-6-O-β-D-apiosyl-（1→6）-β-D-glucoside］和 4- 烯丙基 -2- 甲氧苯基 -3-O-α-L- 吡喃鼠李糖 -（1→6）-β-D- 吡喃葡萄糖苷［4-allyl-2-methoxyphenyl-3-O-α-L-rhamnopyranosyl-（1→6）-β-D-glucopyranoside］[10]；皂苷类：无患子瘿皂苷 A、B、C、D、E（sapinmusaponin A、B、C、D、E）[10]，无患子瘿皂苷 F、G、H、I、J（sapinmusaponin F、G、H、I、J）[11] 和无患子瘿皂苷 O、P（sapinmusaponin O、P）[8]。

【药理作用】1. 抗菌 果皮中提取的皂苷粗提物对大肠杆菌、金黄色葡萄球菌、白色葡萄球菌、枯草杆菌及酵母菌的生长均具有不同程度的抑制作用，其中对酵母菌的抑制作用最明显，在 111.9mg/ml 浓度时抑菌率达 68.4%，对大肠杆菌、枯草杆菌、酵母菌具有明显的杀菌作用，在 111.9mg/ml 浓度下作用 30min 时对酵母菌的杀死率达 100%[1]；果皮乙醇和氯仿提取物在低浓度时对幽门螺杆菌有较明显的抑制作用，在体外采用 10μg/ml 浓度的无患子即具有抗菌作用，在体内口服 2.5mg/ml 7 天的无患子即可治疗幽门螺杆菌的感染[2]。2. 抗肿瘤 果皮甲醇提取物对小鼠黑素瘤 B16F10 及人胃癌 HeLa、MK-1 细胞的增殖具有抑制作用，有效部分集中在单皂苷组分中，双皂苷组分属于无效部位[3]。3. 降血压 无患子皂苷对自发性高血压大鼠有显著的降压作用，并对主动脉内皮损伤及血管重构具有显著的改善作用，其机制可能与抑制炎症因子白细胞介素 -1（IL-1）、白细胞介素 -6（IL-6）、肿瘤坏死因子 -α（TNF-α）及 ICAM-1 的表达，改善自发性高血压大鼠血管内皮慢性炎症状态有关[4]。4. 保护心血管 无患子皂苷可使大鼠心电图 S-T 段抬高的程度明显下降，心肌梗死范围明显缩小，血清超氧化物歧化酶（SOD）和谷胱甘肽过氧化物酶（GSH-Px）的活性显著增强，丙二醛（MDA）含量显著降低，表明能有效保护大鼠实验性心肌缺血损伤，其作用可能与清除氧自由基、提高抗氧化酶活性及抗脂质过氧化有关[5]。5. 护肝 无患子水煎醇沉提取物对四氯化碳、扑热息痛、硫代乙酰胺所致小鼠实验性肝损伤有明显的保护作用，可明显降低上述因素所致急性肝损伤模型小鼠血清天冬氨酸氨基转移酶（AST）、谷丙转氨酶（ALT）含量[6]。6. 增强免疫 根茎水煎醇沉提取物能显著增加小鼠的体重和胸腺的重量，表明对小鼠免疫系统有一定的增强作用[7]。

【性味与归经】无患子根：苦、辛，微寒。归肺、脾经。无患子果：苦、寒，微辛；有小毒。归肺、胃经。无患子：苦，平。

【功能与主治】无患子根：清肺止咳，清热解毒，清热利湿。用于外感发热，咽喉肿痛，肺热咳喘，吐血，带下，白浊，蛇虫咬伤。无患子果：清热除痰，利咽止泻。用于咽喉肿痛，泄泻，白喉，咽喉炎，扁桃体炎，支气管炎，百日咳，急性胃肠炎。无患子：清热，祛痰，消积，杀虫。用于治疗喉痹肿痛，咳喘，食滞，白带，疳积，疮癣肿毒。

【用法与用量】无患子根：15～30g。无患子果：6～10g。无患子：10～30g；外用研末敷患处或煎汤洗熬膏涂。

【药用标准】无患子根：广东药材 2011；无患子果：广西壮药 2008；无患子：部标藏药 1995、山东药材 2002、广西药材 1990、广西壮药 2008 和青海藏药 1992。

【临床参考】1.胆囊炎、胆石症：无患子片（每片含量 0.24g，相当于生药 0.5g）口服，每次 4～6 片，每日 3 次，饭后服，7～10 天为 1 疗程，服完 1 疗程后停 2～3 天，一般治疗 2～3 疗程，儿童量酌减[1]。

2.滴虫性阴道炎：根（去皮洗净）500g，加 1000ml 水浓煎，即为原液备用，使用时用原液 50～100ml，加 1000ml 温开水稀释，冲洗阴道，配合中药内服治疗[2]。

3.哮喘：种子研粉，每次 6g，开水冲服；或根 15～30g，水煎服。

4.皮肤瘙痒、体癣：成熟果实适量，水煎（或加醋同煎），趁热洗患处。

5.流行性感冒：根 15～30g，水煎服。（3 方至 5 方引自《浙江药用植物志》）

【附注】无患子始载于《本草拾遗》，云："子黑如漆珠子，深山大树也。"并引《博物志》："桓叶似柳，子核坚正黑，可作香缨用。"《本草纲目》收载于木部云："生高山中。树甚高大，枝叶皆如椿，特其叶对生。五六月开白花。结实大如弹丸，状如银杏及苦楝子，生青熟黄，老则文皱。黄时肥如油炸之形；味辛气膄且硬。其蒂下有二小子，相黏承之。实中一核，坚黑似肥皂荚之核，而正圆如珠。壳中有仁如榛子仁……"《植物名实图考》载有附图。对照文图，即为本种。

果实有毒，中毒主要症状为恶心、呕吐。孕妇忌服。

本种的果皮、叶及根皮民间也作药用。

【化学参考文献】

［1］Ni W，Hua Y，Teng R W，et al. New tirucallane-type triterpenoid saponins from *Sapindus mukorossi* Gaetn［J］. J Asian Nat Prod Res，2004，6（3）：205-209.

［2］Teng R W，Ni W，Hua Y，et al. Two new tirucallane-type triterpenoid saponins from *Sapindus mukorossi*［J］. Acta Botanica Sinica，2003，45（3）：369-372.

［3］Huang H C，Liao S C，Chang F R，et al. Molluscicidal saponins from *Sapindus mukorossi*，inhibitory agents of golden apple snails，*Pomacea canaliculata*［J］. J Agric Food Chem，2003，51（17）：4916-4919.

［4］Sharma A，Sati S C，Sati O P，et al. A new triterpenoid saponin and antimicrobial activity of ethanolic extract from *Sapindus mukorossi* Gaertn［J］. J Chem，2013，2013：218510-218515

［5］Sharma A，Sati S C，Sati O P，et al. Triterpenoid saponins from the pericarps of *Sapindus mukorossi*［J］. J Chem，2013，613190：1-5.

［6］Hu Q，Chen Y Y，Jiao Q Y，et al. Triterpenoid saponins from the pulp of *Sapindus mukorossi* and their antifungal activities［J］. Phytochemistry，2018，147：1-8.

［7］Zhang X M，Yang D P，Xie Z Y，et al. A new triterpenoid saponin and an oligosaccharide isolated from the fruits of *Sapindus mukorossi*［J］. Nat Prod Res，2014，28（14）：1058-1064.

［8］Huang H C，Wu M D，Tsai W J，et al. Triterpenoid saponins from the fruits and galls of *Sapindus mukorossi*［J］. Phytochemistry，2008，69（7）：1609-1616.

［9］Zhang X M，Yang D P，Xie Z Y，et al. Two new glycosides isolated from *Sapindus mukorossi* fruits：effects on cell apoptosis and caspase-3 activation in human lung carcinoma cells［J］. Nat Prod Res，2015，10：1054283-1054287.

［10］Kuo Y H，Huang H C，Yang K L，et al. New dammarane-type saponins from the galls of *Sapindus mukorossi*［J］. J Agric Food Chem，2005，53（12）：4722-4727.

［11］Huang H C，Tsai W J，Morris-Natschke S L，et al. Sapinmusaponins F-J，bioactive tirucallane-type saponins from the galls of *Sapindus mukorossi*［J］. J Nat Prod，2006，69（5）：763-767.

【药理参考文献】

［1］朱朝阳，胡仁火，孔琼，等. 无患子粗提液抑菌杀菌作用的研究［J］. 安徽农业科学，2014，42（34）：12081-12082，12086.

［2］Ibrahim M，Khan A A，Tiwari S K，et al. Antimicrobial activity of *Sapindus mukorossi* and Rheum emodi extracts against H pylori：*in vitro* and *in vivo* studies［J］. World Journal of Gastroenterology，2006，12（44）：7136-7142.

［3］长尾常敦. 关于肿瘤细胞增殖抑制成分的研究（14）：无患子果皮中的活性成分［J］. 国外医学·中医中药分册，2002，24（4）：246-247.

［4］陈明，陈志武，龙子江，等. 无患子皂苷对自发性高血压大鼠降压及内皮损伤保护作用的实验研究［J］. 中成药，2012，34（10）：1999-2004.

［5］孙立，龙子江，张道福，等. 无患子皂苷对大鼠心肌缺血的保护作用［J］. 中国实验方剂学杂志，2011，17（1）：110-112.

［6］张道英，黄志华，江丽霞，等. 无患子提取物对小鼠实验性肝损伤的保护作用［J］. 时珍国医国药，2009，20（8）：1966-1967.

［7］黄强，张道英. 无患子提取物对小鼠免疫作用的影响［J］. 赣南医学院学报，2013，33（4）：492-493.

【临床参考文献】
［1］孙瑞雄. 无患子根治疗胆囊炎、胆石症疗效观察［J］. 人民军医，1982，（3）：73-74.

［2］黄惠珠，孙幼椿. 无患子为主治疗滴虫性阴道炎的初步观察［J］. 福建中医药，1965，10（2）：31-32.

2. 龙眼属 *Dimocarpus* Lour.

乔木。偶数羽状复叶，互生；小叶对生或近对生，全缘。聚伞圆锥花序常阔大，顶生或近枝顶丛生，被星状毛或绒毛；苞片和小苞片均小，钻形；花单性，雌雄同株，辐射对称；萼杯状，5 深裂，裂片覆瓦状排列，被星状毛或绒毛；花瓣 5 枚或 1～4 枚，常匙形或披针形，无鳞片，有时无花瓣；花盘碟状；雄花：雄蕊 8 枚，伸出，花丝被硬毛，花药长圆形；雌花：子房倒心形，2 或 3 裂，2 或 3 室，密被小瘤体，小瘤体上有成束的星状毛或绒毛，花柱生子房裂片间，柱头 2 或 3 裂；每室胚珠 1 粒。果深裂为 2 或 3 个果爿，通常仅 1 或 2 个发育，发育果爿浆果状，近球形，基部附着不育分果爿，外果皮革质（干时脆壳质），内果皮纸质；种子近球形或椭圆形，种皮革质，平滑，种脐椭圆形，假种皮肉质，包裹种子的全部或一半；胚直，子叶肥厚，并生。

约 20 种，分布于亚洲热带。中国 4 种，在南方广泛栽培，法定药用植物 1 种。华东地区法定药用植物 1 种。

553. 龙眼（图 553）• *Dimocarpus longan* Lour.

【别名】桂圆（通称）。

【形态】常绿乔木，高常 10m 以上，间有高达 40m、胸径达 1m、具板根的大乔木；小枝粗壮，被微柔毛，散生苍白色皮孔。叶连总柄长 15～30cm 或更长；小叶（3）4～5（6）对，薄革质，长圆状椭圆形至长圆状披针形，两侧常不对称，长 6～15cm，宽 2.5～5cm，先端短钝尖，基部极不对称，上侧阔楔形至截平，几与叶轴平行，下侧窄楔尖，叶面深绿色，有光泽，叶背粉绿色，两面无毛；侧脉 12～15 对，仅在叶背凸起；小叶柄长不及 5mm。花序大型，多分枝，顶生和近枝顶腋生，密被星状毛；花梗短；萼片近革质，三角状卵形，长约 2.5mm，两面均被褐黄色绒毛和成束的星状毛；花瓣乳白色，披针形，与萼片近等长，仅外面被微柔毛；花丝被短硬毛。果近球形，直径 1.2～2.5cm，通常黄褐色或有时灰黄色，外面稍粗糙，或少有微凸的小瘤体；种子茶褐色，光亮，全部被肉质的假种皮包裹。花期春夏间，果期夏季。

【生境与分布】常生于堤岸和园圃中，喜高温多湿，在土壤肥沃的丘陵地和平地生长良好，多为栽培。分布于浙江、福建，另中国西南至东南广泛栽培，福建最多，广东次之。云南及广东、广西南部亦见野生或半野生于疏林中；亚洲南部和东南部也常有栽培。

【药名与部位】龙眼肉，假种皮。

【采集加工】夏、秋二季果实成熟时采收，除去壳、核，晒至干爽不黏。

图 553　龙眼　　　　　　　　　　　　　　　　　摄影　徐克学等

【药材性状】为纵向破裂的不规则薄片，或呈囊状，长约 1.5cm，宽 2 ～ 4cm，厚约 0.1cm。棕黄色至棕褐色，半透明。外表面皱缩不平，内表面光亮而有细纵皱纹。薄片者质柔润，囊状者质稍硬。气微香，味甜。

【药材炮制】除去残留核、壳等杂质。

【化学成分】种子含内酯类：龙眼内酯*（longanlactone）[1]；酚酸类：没食子酸乙酯（ethyl gallate）、1-β-O- 没食子酰 -D- 吡喃葡萄糖（1-β-O-galloyl-D-glucopyranose）、没食子酸（gallic acid）、鞣花酸（ellagic acid）、4-O-α-L- 吡喃鼠李糖 - 鞣花酸（4-O-α-L-rhamnopyranosyl-ellagic acid）[2]，9-O-（3- 羧甲基 -4- 对甲酰苯乙烯基）羟丁酸［9-O-（3-carboxymethyl-4-p-formylstyryl）hydroxybutanoic acid］、2- 羟基 -3- 甲氧基咖啡酸 -5-O-β-D- 吡喃葡萄糖苷（2-hydroxy-3-methoxycaffeic acid-5-O-β-D-glucopyranoside）、3′-O- 甲基 -4′-O-（4-O- 没食子酰 -α-L- 吡喃鼠李糖）鞣花酸［3′-O-methyl-4′-O-（4-O-galloyl-α-L-rhamnopyranosyl）ellagic acid］、3′-O- 甲基鞣花酸 -4′-O-β-D- 吡喃葡萄糖苷（3′-O-methyl ellagic acid- 4′-O-β-D-glucopyranoside）[3]和对羟基苯甲酸（4-hydroxybenzoic acid）[4]；多酚类：短叶苏木酚羧酸甲酯（methyl brevifolin carboxylate）和短叶苏木酚（brevifolin）[2]；鞣质类：柯里拉京（corilagin）[2]；皂苷类：齐墩果酸（oleanolic acid）[4]；甾体类：β- 谷甾醇（β-sitosterol）、胡萝卜苷（daucosterol）、（24R）-6β- 羟基 -24- 乙基胆固醇 -4- 烯 -3- 酮［（24R）-6β-hydroxy-24-ethyl-cholest-4-en-3-one］[4]和豆甾醇（stigmasterol）[5]；核苷类：尿嘧啶（uracil）和腺嘌呤核苷（adenosine）[4]；木脂素类：松脂醇（pinoresinol）[4]；烷烃类：2- 甲基 -1, 10- 十一烷二醇（2-methyl-1, 10-undecanediol）[4]

和正二十五烷（n-pentacosane）[5]；酰胺类：rel-（3S, 4S, 5S）-3-［（2′R）-2′- 羟基二十二酰胺］-4- 羟基 -5-［（4″Z）- 十四烷 -4″- 烯］-2, 3, 4, 5- 四氢呋喃 {rel-（3S, 4S, 5S）-3-［（2′R）-2′-hydroxydocosylamino］-4-hydroxy-5-［（4″Z）-tetradecane-4″-ene］-2, 3, 4, 5-tetrahydrofuran} 和 Rel-（3S, 4S, 5S）-3-［（2′R）-2′- 羟基二十四酰胺］-4- 羟基 -5-［（4″Z）- 十四烷 -4″- 烯］-2, 3, 4, 5- 四氢呋喃 {Rel-（3S, 4S, 5S）-3-［（2′R）-2′-hydroxytetracosanoylamino］-4-hydroxy-5-［（4″Z）-tetradecane-4″-ene］-2, 3, 4, 5-tetrahydrofuran}[6]；脑苷脂类：1-O-（β-D- 吡喃葡萄糖基）-（2S, 3S, 4R, 8E）-2-（2′- 羟基二十四酰胺）-8- 十八烯 -1, 3, 4- 三醇［1-O-（β-D-glucopyranosyl）-（2S, 3S, 4R, 8E）-2-（2′-hydroxylignoceroylamino）-8-octadecene-1, 3, 4-triol］、1-O-（β-D- 吡喃葡萄糖基）-（2S, 3S, 4R, 8Z）-2-（2′- 羟基二十四酰胺）-8- 十八烯 -1, 3, 4- 三醇［1-O-（β-D-glucopyranosyl）-（2S, 3S, 4R, 8Z）-2-（2′-hydroxylignoceroylamino）-8-octadecene-1, 3, 4-triol］、1-O-（β-D- 吡喃葡萄糖基）-（2S, 3S, 4R, 8E）-2-（2′- 羟基二十二酰胺）-8- 十八烯 -1, 3, 4- 三醇［1-O-（β-D-glucopyranosyl）-（2S, 3S, 4R, 8E）-2-（2′-hydroxyldocosylamino）-8-octadecene-1, 3, 4-triol］和 1-O-（β-D- 吡喃葡萄糖基）-（2S, 3S, 4R, 8Z）-2-（2′- 羟基二十二酰胺）-8- 十八烯 -1, 3, 4- 三醇［1-O-β-D-glucopyranosyl-（2S, 3S, 4R, 8Z）-2-（2′-hydroxydocosylamino）-8-octadecene-1, 3, 4-triol］[6]；维生素类：烟酸（nicotinic acid）[4]；环烷醇类：1-O- 甲基 -D- 肌醇（1-O-methyl-D-myo-inositol）[4]；其他尚含：苯乙醇（2-phenylethanol）[4]和双（5- 甲酰基糠基）醚［bis（5-formylfurfuryl）ether］[5]。

假种皮含多糖类：龙眼多糖（LP-2）[7]。

果皮含黄酮类：槲皮素（quercetin）[8]；酚酸类：没食子酸甲酯（methyl gallate）[8]，没食子酸（gallic acid）、对羟基苯甲酸庚酯（heptyl p-hydroxybenzoate）、没食子酸甲酯（methyl gallate）、4-O-α-L- 鼠李糖基鞣花酸（4-O-α-L-rhamnopyranosyl ellagic acid）和鞣花酸（ellagic acid）[9]；香豆素类：6- 甲氧基 -7- 甲基香豆素（6-methoxy-7-methyl coumarin）[8]和异莨菪亭（isoscopoletin）[9]；鞣质类：柯里拉京（corilagin）[9]；皂苷类：木栓酮（friedelin）和木栓醇（friedelanol）[9]；甾体类：（24R）- 豆甾 -4- 烯 -3- 酮［（24R）-stigmast-4-en-3-one］、β- 谷甾醇（β-sitosterol）和胡萝卜苷（daucosterol）[9]；呋喃类：β-（2- 呋喃）丙烯酸［β-（2-furyl）acrylic acid］[9]。

叶含黄酮类：槲皮素 -3-O-（3″-O-2‴- 甲基 -2‴- 羟乙基）-β-D- 木糖苷［quercetin- 3-O-（3″-O-2‴-methyl-2‴-hydroxylethyl）-β-D-xyloside］、槲皮素 -3-O-（3″-O-2‴- 甲基 -2‴- 羟乙基）-α-L- 吡喃鼠李糖苷［quercetin- 3-O-（3″-O-2‴-methyl-2‴-hydroxylethyl）-α-L-rhamnopyranoside］、阿福豆苷（afzelin）、山奈酚 -3-O-α-L- 吡喃鼠李糖苷（kaempferol-3-O-α-L-rhamnopyranoside）、（-）- 表儿茶素［（-）-epicatechin］和原花青素 A-2（proanthocyanidin A-2）[10]；皂苷类：木栓酮（friedelin）、表木栓醇（epifriedelanol）和 β- 香树脂醇（β-amyrin）[10]；肽类：N- 苯甲酰苯基丙氨酰 -N- 苯甲酰苯基丙氨酸酯（N-benzoyl phenylalanyl-N-benzoyl phenylalaninate）[10]；甾体类：β- 谷甾醇（β-sitosterol）和胡萝卜苷（daucosterol）[10]；挥发油类：β- 石竹烯（β-caryophyllene）、α- 石竹烯（caryophyllene）、反式角鲨烯（trans-squalene）、δ- 荜澄茄烯（δ-cadinene）和 2, 6- 二叔丁基 -4- 甲基苯酚（2, 6-dibutylated-4-methyl phenol）[11]。

【药理作用】1. 抗氧化　核的乙酸乙酯部位的不同组分均具有一定的抑制脂质过氧化作用和清除羟自由基作用，最高的抑制率和清除率可达到 68.5%[1]；果皮的正己烷、乙酸乙酯、甲醇提取部分均具有抗氧化作用，且甲醇部位的抗氧化作用最强，其次是乙酸乙酯部位、正己烷部位[2]；花的甲醇提取物具有最强的抗氧化作用，其次是乙酸乙酯和正己烷提取物，从甲醇提取物中分离到的表儿茶素和原花色素 A_2 具有一定抑制低密度脂蛋白的作用[3]。2. 降血糖　核的水提液能有效地缓解经四氧嘧啶诱发糖尿病小鼠体内的高血糖症状，降血糖率达 77.4%，具有良好的降血糖作用[4]；叶正丁醇和 95% 乙醇部位均能不同程度降低四氧嘧啶所致糖尿病模型小鼠、肾上腺素所致高血糖模型小鼠的空腹血糖，而对正常小鼠空腹血糖无明显影响[5]。3. 改善记忆　肉（假种皮）水提物和醇提物均可改善东莨菪碱诱导记忆获得性障碍小鼠的学习记忆能力，但二者的作用机制可能存在差异，肉（假种皮）水提物主要通过调节胆碱能神经系统改善学习记忆功能，其主要作用的物质基础可能为多糖或糖蛋白；醇提物则主要通过提高机体抗氧化作用改善学习记忆功能，其主要作用物质可能为多酚、黄酮、磷脂等[6]。4.抗衰老　肉（假种皮）水提液可抑制小鼠肝匀浆过氧化脂质（LPO）的生成，高浓度实验组动物血中谷胱甘肽过氧化物酶（GSH-Px）的含量有显著升高，过氧化脂质及超氧化物歧化酶含量未见改变，实验组动物的 T 细胞检出率显著升高，表明具有一定的抗自由基作用及提高细胞免疫功能的作用[7]。5.抗肿瘤　龙眼多糖对S180肿瘤细胞的增殖有较显著的抑制作用，且能显著增强环磷酰胺的抑瘤率，减少其毒性和不良反应，提示可与抗肿瘤药物配伍应用[8]。6.改善睡眠　肉（假种皮）甲醇提取物与戊巴比妥同时使用，低剂量时能够增强睡眠频率和睡眠时间，与毒蝇蕈醇有协同作用，能增强睡眠初期和增强戊巴比妥诱导的睡眠时间[9]。7.调节内分泌　肉（假种皮）乙醇提取物可明显降低雌性大鼠血浆中 PRL、E2、T 的含量，增加 FSH、P 的含量，但对 LH 的含量无影响，表明可明显影响大鼠垂体－性腺轴的内分泌机能[10]。

【性味与归经】甘，温。归心、脾经。

【功能与主治】补益心脾，养血安神。用于气血不足，心悸怔忡，健忘失眠，血虚萎黄。

【用法与用量】9 ～ 15g。

【药用标准】药典 1963—2015、浙江炮规 2005、新疆药品 1980 二册和台湾 1985 二册。

【临床参考】1.更年期综合征：心络泰浓煎液（假种皮 20g，加熟地 20g、当归 20g、何首乌 10g、远志 10g、柏子仁 30g、菖蒲 12g、川芎 15g 等，浓煎至每毫升含生药 1.27g）口服，每次 50ml，每日 3 次[1]。

2.快速型心律失常：假种皮 30g（另炖，与中药同服），加太子参 30g、酸枣仁 15g、柏子仁 15g、山萸肉 15g、生地 15g、生龙骨 15g、生牡蛎 15g、生乳香 10g、生没药 10g、丹参 20g、苦参 20g、茯苓 12g、琥珀粉 4g（分 3 次冲服），水煎 3 次，浓缩为 600ml，每日 1 剂，分 3 次服[2]。

3.乳糜尿：假种皮 20g，加山茱萸 10g、大米 50g，盐适量，先用水煮米粥，将熟，放假种皮、山茱萸煮熟，加少许盐作早餐，下午加泡假种皮 20g，当茶喝，忌食油，连食 1 ～ 3 月[3]。

4.失眠：假种皮 25g，加冰糖 10g，沸水冲入，加盖闷数分钟，饮汤吃龙眼肉，每日 1 剂[4]。

【附注】始载于《神农本草经》，名龙眼，列为中品。《新修本草》云："龙眼树似荔枝，叶若林檎，花白色，子如槟榔有鳞甲，大如雀卵，味甘酸也。"《开宝本草》云："此树高二丈余，枝叶凌冬不凋，花白色，七月始熟，一名亚荔枝，大者形似槟榔而小有鳞甲，其肉薄于荔枝而甘美堪食。"《本草图经》云："龙眼生南海山谷，今闽广蜀道出荔枝处皆有之 。木高二丈许，似荔枝而叶微小，凌冬不凋。春末夏初生细白花。七月而实成，壳青黄色，文作鳞甲，形圆如弹丸，核若无患而不坚，肉白有浆，甚甘美。其实极繁，每枝常三二十枚。荔枝才过，龙眼即熟，故南人目为荔枝奴。"即为本种。

素有痰火及湿滞中满者慎服龙眼肉，过敏体质者食用时，应少量分次，避免发生变态反应[1]。

本种的种子、果皮、花、叶、树皮及根民间均作药用。

【化学参考文献】

［1］Zheng G，Wei X，Xu L，et al. A new natural lactone from *Dimocarpus longan* Lour. seeds［J］. Molecules，2012，17（8）：9421-9425.

［2］Zheng G，Xu L，Ping W，et al. Polyphenols from longan seeds and their radical-scavenging activity［J］. Food Chem，2009，116（2）：433-436.

［3］Chen J Y，Xu Y J，Ge Z Z，et al. Structural elucidation and antioxidant activity evaluation of key phenolic compounds isolated from longan（*Dimocarpus longan* Lour.）seeds［J］. J Funct Foods，2015，17（4）：872-880.

［4］郑公铭，魏孝义，徐良雄，等 . 龙眼果核化学成分的研究［J］. 中草药，2011，42（6）：1053-1056.

［5］吴妮妮 . 龙眼核的化学成分分析及龙眼核和龙眼壳的抗氧化活性测定［D］. 南宁：广西医科大学硕士学位论文，2007.

［6］郑公铭，李忠军，刘纲勇，等 . 龙眼核中的神经酰胺和脑苷脂的分离和鉴定［J］. 精细化工， 2012，29（8）：38-41，46.

［7］阳佛送 . 龙眼多糖的提取、纯化、结构和抗氧化活性研究［D］. 南宁：广西医科大学硕士学位论文，2008.

［8］廖娜 . 龙眼壳化学成分的研究［D］. 桂林：广西师范大学硕士学位论文，2006.

［9］郑公铭，魏孝义，徐良雄，等. 龙眼果皮化学成分的研究［J］. 中草药，2011，42（8）：1485-1489.

［10］Xue Y，Wang W，Liu Y，et al. Two new flavonol glycosides from *Dimocarpus longan* leaves［J］. Nat Prod Res，2015，29（2）：163-168.

［11］薛咏梅，谢小燕，王文静，等. 滇产龙眼叶挥发油化学成分的分析［J］. 湖北农业科学，2013，52（3）：674-676.

【药理参考文献】

［1］李雪华，吴妮妮，李福森，等. 龙眼核醋酸乙酯部位的抗氧化活性研究［J］. 时珍国医国药，2008，19（8）：1969-1971.

［2］郑公铭，梁红冬，何春娣，等. 龙眼壳抗氧化研究［J］. 化学与生物工程，2007，24（5）：32-33，37.

［3］Hsieh M C，Shen Y J，Kuo Y H，et al. Antioxidative activity and active components of longan（*Dimocarpus longan* Lour.）flower extracts［J］. Journal of Agricultural and Food Chemistry，2008，56（16）：7010-7016.

［4］黄儒强，邹宇晓，刘学铭. 龙眼核提取液的降血糖作用［J］. 天然产物研究与开发，2006，18（6）：991-992.

［5］梁洁，余靓，柳贤福，等. 龙眼叶不同提取物降血糖的实验研究［J］. 时珍国医国药，2013，24（8）：2057-2058.

［6］白亚娟，刘磊，张瑞芬，等. 龙眼果肉提取物改善东莨菪碱诱导小鼠学习记忆功能［J］. 中国农业科学，2016，49（21）：4203-4213.

［7］王惠琴，白洁尘，蒋保季，等. 龙眼肉提取液抗自由基及免疫增强作用的实验研究［J］. 中国老年学杂志，1994，14（4）：227-229.

［8］郑少泉，郑金贵. 龙眼多糖对 S_（180）肉瘤的抑制作用研究［J］. 营养学报，2009，31（6）：619-620.

［9］Yuan M，Hong M，Jae S E，et al. Methanol extract of *Longanae arillus* augments pentobarbital-induced sleep behaviors through the modification of GABAergic systems［J］. Journal of Ethnopharmacology，2009，122（2）：245-250.

［10］许兰芝，王洪岗，耿秀芳，等. 龙眼肉乙醇提取物对雌性大鼠垂体 - 性腺轴的作用［J］. 中医药信息，2002，19（5）：57-58.

【临床参考文献】

［1］卫爱武. 心络泰浓煎液治疗更年期综合征 80 例［J］. 陕西中医，2005，26（10）：995-996.

［2］刘军，高宪虹. 定心汤加味治疗快速型心律失常 60 例［J］. 上海中医药杂志，2000，34（2）：21-22.

［3］陈协平，林阿素. 龙眼肉山茱萸粥治疗乳糜尿 16 例［J］. 河北中医，2001，23（2）：87.

［4］王学发. 失眠的食疗方法［J］. 医疗保健器具，2005，（5）：35.

【附注参考文献】

［1］程宏，霍劲松. 大量食用龙眼肉致变态反应 1 例［J］. 人民军医，2009，52（9）：621.

3. 荔枝属 *Litchi* Sonn.

乔木。偶数羽状复叶，互生，无托叶。聚伞圆锥花序顶生，被金黄色短绒毛；苞片和小苞片均小；花单性，雌雄同株，辐射对称；花萼杯状，4 或 5 浅裂，裂片镊合状排列；无花瓣；花盘碟状，全缘；雄花雄蕊 6～8 枚，伸出，花丝线状，被柔毛；雌花子房有短柄，倒心状，2（～3）裂，2（～3）室，花柱着生在子房裂片间，柱头 2 裂或 3 裂，每室胚珠 1 粒。果深裂为 2 个或 3 个果爿，常仅 1 个或 2 个发育，果皮革质（干时脆壳质），有龟甲状裂纹，散生圆锥状小凸体，有时近平滑。种皮褐色，光亮，革质，假种皮肉质，包被种子全部或下半部；胚直，子叶并生。

1 种，分布于亚洲东南部，在亚热带地区广泛种植。中国 1 种，分布于中国南部，法定药用植物 1 种。华东地区法定药用植物 1 种。

554. 荔枝（图 554）· *Litchi chinensis* Sonn.

【别名】离枝（福建）。

【形态】常绿乔木，高约 10m，有时可达 15m 或更高，树皮灰黑色；小枝圆柱状，褐红色，密生白色皮孔。

图 554　荔枝　　　　摄影　徐克学

叶连总柄长 10～25cm 或更长；小叶 2 或 3（4）对，薄革质或革质，披针形、卵状披针形或长椭圆状披针形，长 6～15cm，宽 2～4cm，顶端骤尖或短尾尖，全缘，叶面深绿色，有光泽，叶背粉绿色，两面无毛；侧脉纤细，叶面不明显，叶背明显或稍凸起；小叶柄长 7～8mm。花序顶生，阔大，多分枝；花梗纤细，长 2～4mm，有时粗短；花萼被金黄色短绒毛；雄蕊 6～7（8）枚，花丝长约 4mm；子房密覆小瘤体和硬毛。果卵圆形至近球形，长 2～3.5cm，熟时常暗红色至鲜红色；种子全部被肉质假种皮包裹。花期春季，果期夏季。

【生境与分布】多为栽培。分布于浙江、福建，另中国西南部、南部和东南部广泛栽培，尤以广东和福建南部栽培最盛；亚洲东南部也有栽培，非洲、美洲和大洋洲都有引种记录。

【药名与部位】荔枝核，成熟种子。

【采集加工】夏季果实成熟时采收，除去果皮及假种皮，洗净，干燥。

【药材性状】呈长圆形或卵圆形，略扁，长 1.5～2.2cm，直径 1～1.5cm。表面棕红色或紫棕色，平滑，有光泽，略有凹陷及细波纹，一端有类圆形黄棕色的种脐，直径约 7mm。质硬。子叶 2，棕黄色。气微，味微甘、苦、涩。

【药材炮制】荔枝核：用时捣碎。盐荔枝核：取荔枝核饮片，捣碎，与盐水拌匀，闷透，炒干。炒荔枝核：取荔枝核饮片，炒至表面微具焦斑时，取出，摊凉。

【化学成分】叶含黄酮类：（-）- 表儿茶素［（-）-epicatechin］[1]，槲皮素 -3-O-α-L- 鼠李糖基（1→2）-β-D- 半乳糖 -7-O-α-L- 鼠李糖苷［quercetin-3-O-α-L-rhamnosyl（1→2）-β-D-galactoside-7-O-α-L-rhamnoside］、槲皮素 -3-O-α-L- 鼠李糖 -7-O-α-L- 鼠李糖基（1→2）-β-D- 葡萄糖苷［quercetin-3-O-α-L-rhamnoside-7-O-α-L-rhamnosyl（1→2）-β-D-glucoside］、山奈酚 -3-O-α-L- 鼠李糖 -7-O-α-L- 鼠李糖基（1→2）-β-D- 半乳糖苷［kaempferol-3-O-α-L-rhamnoside-7-O-α-L-rhamnosyl（1→2）-β-D-galactoside］、山奈酚 -3-O-α-L- 鼠李糖 -7-O-α-L- 鼠李糖基（1→2）-β-D- 葡萄糖苷［kaempferol-3-O-α-L-rhamnoside-7-O-α-L-rhamnosyl（1→2）-β-D-glucoside］[2]，木犀草素（luteolin）、山奈酚 -3-O-β- 葡萄糖苷（kaempferol-3-O-β-glucoside）、山奈酚 -3-O-α- 鼠李糖苷（kaempferol-3-O-α-rhamnoside）和槲皮素 -3-O- 芸香糖苷（quercetin-3-O-rutinoside）[3]；木脂素类：4, 4′, 9′- 三羟基 -3, 3′- 二甲氧基苯基四氢萘木脂素 -9-O-β-D- 吡喃核糖苷（4, 4′, 9′-trihydroxy-3, 3′-dimethoxyphenyl tetrahydronaphthalene lignan-9-O-β-D-ribopyranoside）、4, 4′, 9′- 三羟基 -3, 5, 3′- 三甲氧苯基四氢萘木脂素 -9-O-β-D- 吡喃核糖苷（4, 4′, 9′-trihydroxy-3, 5, 3′-trimethoxyphenyl tetrahydronaphthalene lignan-9-O-β-D-ribopyranoside）[2]，开环异落叶松树脂醇 -9′-O-β-D- 木糖苷（seco-isolariciresinol-9′-O-β-D-xyloside）、4, 7, 7′, 8′, 9, 9′- 六羟基 -3, 3′- 二甲氧基 -8, 4′- 氧化新木脂素（4, 7, 7′, 8′, 9, 9′-hexahydroxy-3, 3′-dimethoxy-8, 4′-oxyneolignan）[4]，尔雷酚 *C（ehletianol C）、倍半西班牙冷杉醇 B（sesquipinsapol B）和黑色五味子单体苷（schizandriside）[5]；鞣质类：肉桂鞣质 B₁（cinnamtannin B₁）[4]；色原烷类：荔枝生育三烯酚 *A、B、C、D、E、F、G（litchtocotrienol A、B、C、D、E、F、G）、大环荔枝生育三烯酚 *A（macrolitchtocotrienol A）和环荔枝生育三烯酚 *A（cyclolitchtocotrienol A）[6]；酚酸类：原花青素 A₂、B₂（procyanidin A₂、B₂）[1]。

果皮含黄酮类：双 -（8- 表儿茶素）甲烷［bis-（8-epicatechinyl）methane］、去氢二表儿茶素 A（dehydrodiepicatechin A）、原花青素 A₁、A₂（procyanidin A₁、A₂）、（-）- 表儿茶素［（-）-epicatechin］、8-（2- 吡咯烷酮 -5）-（-）- 表儿茶素［8-（2-pyrrolidinone-5）-（-）-epicatechin］、（-）- 表儿茶素 -8-C-β-D- 吡喃葡萄糖苷［（-）-epicatechin-8-C-β-D-glucopyranoside］、柚皮素 -7-O-（2, 6- 二 -O-α-L- 吡喃鼠李糖）-β-D- 吡喃葡萄糖苷［naringenin-7-O-（2, 6-di-O-α-L-rhamnopyranosyl）-β-D-glucopyranoside］、芦丁（rutin）[7]、槲皮素（quercetin）、柯伊利叶素（chrysoeriol）、山奈酚 -3-O-β-D- 葡萄糖苷（kaemperol-3-O-β-D-glucoside）、海芒果素（manghaslin）、异鼠李素 -3-O- 刺槐二糖苷（isorhamnetin-3-O-robinobioside）、（+）- 没食子儿茶素［（+）-gallocatechin］和（-）- 表儿茶素 -3-O- 没食子酸酯［（-）-epicatechin-3-O-gallate］[8]；色原烷类：2α- 甲氧基色原烷 -3α, 5, 7- 三醇（2α-methoxychroman-3α, 5, 7-triol）[9]；木脂素类：异落叶松树脂醇 -9-O-β-D- 木糖苷（isolariciresinol-9-O-β-D-xyloside）、（+）-5- 甲氧基异落叶松树脂醇 -9-O-β-D- 吡喃木糖苷［（+）-5-methoxyisolariciresinol-9-O-β-D-xylopyranoside］[8]，（+）- 异落叶松树脂醇 -9-O-α-L- 吡喃阿拉伯糖苷［（+）-isolariciresinol-9-O-α-L-arabinopyranoside］、裂榄木脂素 -9-O-α-L- 吡喃阿拉伯糖苷（burselignan-9-O-α-L-arabinopyranoside）、（-）- 开环异落叶松树脂醇 -9-O-α-L- 吡喃阿拉伯糖苷［（-）-secoisolariciresinol-9-O-α-L-arabinopyranoside］和拟刺茄素（sisymbrifolin）[9]；倍半萜类：β-D- 吡喃葡萄糖基二氢红花菜豆酸苷（β-D-glucopyranosyl dihydrophaseoside）和柑橘苷 A（citroside A）[9]；鞣质类：肉桂鞣质 B₁（cinnamtannin B₁）[8]；酚酸类：香草酸（vanillic acid）[8]；酚苷类：它乔糖苷（tachioside）和异它乔糖苷（isotachioside）[8]；挥发油类：石竹烯（caryophyllene）和 α- 荜澄茄油烯（α-cubebene）等[10]；联苯类：3, 4, 3′, 4′- 四羟基联苯（3, 4, 3′, 4′-tetrahydroxy-biphenyl）[8]。

假种皮含黄酮类：山奈酚 -3-O- 芸香糖苷（kaempferol-3-O-rutinoside）、异鼠李素 -3-O- 芸香糖苷（isorhamnetin-3-O-rutinoside）、槲皮素 -3-O- 芸香糖 -（1→2）-O- 鼠李糖苷［quercetin-3-O-rutinoside-（1→2）-O-rhamnoside］、山奈酚 -3-O- 芸香糖 -（1→2）-O- 鼠李糖苷［kaempferol-3-O-rutinosyl-

（1→2）-O-rhamnoside］和异鼠李素 -3-O- 芸香糖 -（1→2）-O- 鼠李糖苷［isorhamnetin-3-O-rutinosyl-（1→2）-O-rhamnoside］[11]；多糖类：荔枝多糖（LC polysaccharide）[12]；酚酸类：原花青素 B_2（procyanidin B_2）[11]。

种子含脂肪酸苷类：荔枝苷 C（litchioside C）[13]；黄酮类：（2S）- 乔松素 -7-O-（6″-O-α-L- 阿拉伯糖 -β-D- 吡喃葡萄糖苷）［（2S）-pinocembrin-7-O-（6″-O-α-L-arabinosyl-β-D-glucopyranoside）］、槲皮素（quercetin）、根皮苷（phlorhizin）、乔松素 -7-O- 葡萄糖苷（pinocembrin-7-O-glucoside）、山奈酚 -7-O-β-D- 吡喃葡萄糖苷（kaempferol-7-O-β-D-glucopyranoside）、金粉蕨素（onychin）、柚皮芸香苷（nairutin）、水仙苷（narcissin）、乔松素 -7-O-［（6″-O-β-D- 吡喃葡萄糖）-β-D- 吡喃葡萄糖苷］{pinocembrin-7-O-［（6″-O-β-D-glucopyranosyl）-β-D-glucopyranoside］}、乔松素 -7-O-［（2″, 6″- 二 -O-α-L- 鼠李糖）-β-D- 葡萄糖苷］{pinocembrin-7-O-［（2″, 6″-di-O-α-L-rhamnopyranosyl）-β-D-glucopyranoside］}[14]、（2R）- 柚皮素 -7-O-（3-O-α-L- 吡喃鼠李糖 -β-D- 吡喃葡萄糖苷）［（2R）-naringenin-7-O-（3-O-α-L-rhamnopyranosyl-β-D-glucopyranoside）］、（2S）- 乔松素 7-O-（6-O-α-L- 吡喃鼠李糖 -β-D- 吡喃葡萄糖苷）［（2S）-pinocembrin-7-O-（6-O-α-L-rhamnopyranosyl-β-D-glucopyranoside）］[15]、（-）- 表儿茶素［（-）-epicatechin］和芦丁（rutin）[16]；酚酸类：原花青素 A_1、A_2（procyanidin A_1、A_2）、原儿茶醛（protocatechuic aldehyde）和原儿茶酸（protocatechuic acid）[16]；甾体类：胡萝卜苷（daucosterol）[16]。

【药理作用】1. 降血糖　核的水提物和醇提物能控制肾上腺素（Adr）、葡萄糖（Glu）和四氧嘧啶（ALX）所致动物空腹血糖（FBG）的升高，降低 ALX-DM 小鼠的空腹血糖（FBG），但不降低正常大鼠和高血脂小鼠的血糖，认为具有类似双胍类降糖药的降血糖作用[1]。2. 调节血脂　种仁油含有 50.3% 的不饱和脂肪酸和 30.85% 的环丙烷基长链脂肪酸，可以显著降低高脂大鼠总胆固醇和低密度脂蛋白胆固醇含量，同时增加高密度脂蛋白胆固醇含量，使高密度脂蛋白胆固醇含量 / 总胆固醇含量值显著升高，提示种仁油可改善血脂含量[2]；核的水提物和醇提物能对抗 ALX 所致的自由基损伤，提高超氧化物歧化酶（SOD）活性，加速自由基及其代谢产物丙二醛（MDA）的清除，此作用可减弱自由基损伤和抑制脂质过氧化反应，并产生协同降血糖和调脂，对正常动物的血脂及超氧化物歧化酶活性、丙二醛含量未见明显影响[1]。3. 抗肿瘤　核的水提物能显著抑制 S180 肿瘤细胞和肝癌细胞的生长，显著升高肝癌荷瘤小鼠体内 Bcl-2 的含量，显著促进肝癌细胞的凋亡，其机制可能与升高动物体内的 Bcl-2 含量及促进癌细胞的凋亡有关[3]；荔枝果皮乙酸乙酯提取物具有抗乳腺癌作用，其中分离得到的表儿茶素和原花色素 B_2 的毒性相对低于紫杉醇在人乳腺癌细胞系和肺成纤维细胞方面的毒性[4]。4. 护肝　核的总黄酮对肝纤维化模型大鼠肝细胞损伤具有一定的改善作用，其机制可能与上调 Bcl-2、下调 Bax 表达有关[5]。5. 抗病毒　核的黄酮类化合物在 Hep-2 细胞中对呼吸道合胞病毒（RSV）有抑制作用，抗呼吸道合胞病毒的半数抑制浓度（IC_{50}）为 58.6mg/L，治疗指数（TI）为 2.6，体外抗呼吸道合胞病毒的作用与病毒唑相当，且对呼吸道合胞病毒抑制作用存在明显的量 - 效关系[6]；核总皂苷在体外也具有一定的抗乙型肝炎病毒（HBV）的作用[7]。6. 增强免疫　荔枝多糖可显著提高小鼠腹腔巨噬细胞的吞噬百分率和吞噬指数，促进溶血素及溶血空斑的形成，促进淋巴细胞转化，表明具有增强小鼠免疫功能的作用[8]。

【性味与归经】甘、微苦，温。归肝、肾经。

【功能与主治】行气散结，祛寒止痛。用于寒疝腹痛，睾丸肿痛。

【用法与用量】4.5～9g。

【药用标准】药典 1963—2015、浙江炮规 2015、新疆药品 1980 二册和台湾 1985 二册。

【临床参考】1. 胃痛：种子 15g，加生百合 40g、乌药 15g、川楝子 20g、生白芍 20g、生甘草 10g、生麦芽 30g，水煎 3 次混匀后口服，每日 2 次；随证加减，胃寒肢冷、面色苍白、舌淡苔白、脉沉弱者，属胃阳虚，加党参 30g、桂枝 10g、良姜 15g、干姜 10g；五心烦热、颧红、口咽干、舌红少苔、脉细数，属胃阴虚者，加沙参 10g、麦芽 10g、生地 15g、玉竹 20g；胀满甚、善太息、舌隐青、脉沉实，属胃脘气滞，加香橼 25g、佛手 10g、香附 10g、木香 5g；刺痛不移、日轻夜重、舌边尖有紫黑斑块或小点、脉沉涩，属胃脘血瘀者，加丹参 30g、蒲黄 10g、五灵脂 10g、红花 10g；嘈杂吞酸、呕恶不思饮食、呃逆嗳气、舌红、苔黄白而腻、脉滑数，属伤食胃痛，加神曲 10g、山楂 10g、鸡内金 10g、莱菔子 15g；胃脘暴痛、上腹部拘急、四肢厥冷、舌淡白、脉沉紧，为寒邪犯胃，重用白芍、甘草，加附子 10g，干姜、良姜、香附各 15g；胃脘灼热而痛、面红或目赤、口干渴、牙痛、龈肿、舌红苔黄、脉洪数，属胃火炽盛，加生石膏 40g、大黄 10g、黄连 10g；便溏、尿少、浮肿者，加茯苓 30g、车前子 25g、桑白皮 25g；乏力、气短、四肢倦怠者，加麦冬 10g、五味子 10g、党参 30g；胃酸多、胃灼热而痛者，加大贝母 30g、乌贼骨（捣碎）30g、黄连 5g；溃疡痛者加乳香 10g、没药 10g、三七粉 5g（分 3 次用汤药冲服）[1]。

2. 小儿鞘膜积液：种子 10g，加橘核 10g、川楝子 6g、炙甘草 6g、桂枝 6g、茯苓 15g、车前草 15g，水煎，分 2 次服[2]。

3. 早期 2 型糖尿病肾病：种子 20g，加黄连 12g、黄芩 10g、天花粉 10g、水蛭 6g、地龙 10g、白花蛇舌草 30g、黄芪 10g、当归 10g、白茅根 30g、胡芦巴 10g、黄柏 12g、蝉蜕 10g，水煎，每天 1 剂，早晚分服[3]。

【附注】荔枝始载于《食疗本草》。《南方草木状》云："荔枝树高五六丈余，如桂树，绿叶蓬蓬，冬夏荣茂。青华朱实，实大如鸡子，核黄黑，似熟莲子。实白如肪，甘而多汁，似安石榴，有甜酢者，至日将中，翕然俱赤，则可食也。一树下子百斛。"《本草图经》云："荔枝生岭南及巴中，今闽之泉、福、漳州、蜀之嘉、蜀、渝、涪州、兴化军及二广州郡皆有之。其品闽中第一，蜀川次之，岭南为下。其木高二三丈，自径尺至于合抱，颇类桂木、冬青之属，叶蓬蓬然，四时荣茂不凋……其花青白，状若冠之蕤缨。实如松花之初者，壳若罗文，初青渐红。肉淡白如肪玉，味甘而多汁。五六月盛熟时，彼方皆燕会其下以赏之。"并有附图。《本草纲目》云："荔枝炎方之果，性最畏寒，易种而根浮。其木甚耐久，有经数百年犹结实者。其实生时肉白，干时肉红。日晒火烘，卤浸蜜煎，皆可致远。成朵晒干者谓之荔锦。按白居易荔枝图序云："荔枝生巴峡间。树形团团如帷盖，叶如冬青。花如橘而春荣，实如丹而夏熟，朵如蒲桃，核如枇杷。壳如红缯，膜如紫绡，瓤肉莹白如冰雪，浆液甘酸如醴酪。大略如彼，其实过之。若离本枝，一日而色变，二日而香变，三日而味变，四五日外，色香味尽去矣。"即为本种

本种的假种皮（荔枝肉）阴虚火旺者慎服。

荔枝肉、果壳、叶、根民间也作药用。

【化学参考文献】

[1] Castellain R C, Gesser M, Tonini F, et al. Chemical composition, antioxidant and antinociceptive properties of *Litchi chinensis* leaves [J]. J Pharm Pharmacol, 2014, 66（12）: 1796-1807.

[2] 黄绍军. 荔枝叶化学成分的研究 [D]. 桂林：广西师范大学硕士学位论文, 2005.

[3] 温玲蓉. 荔枝叶活性成分鉴定及其生物活性研究 [D]. 广州：华南理工大学硕士学位论文, 2013.

[4] Wen L, You L, Yang X, et al. Identification of phenolics in litchi and evaluation of anticancer cell proliferation activity and intracellular antioxidant activity [J]. Free Radical Bio Med, 2015, 84（1）: 171-184.

[5] Wen L, He J, Wu D, et al. Identification of sesquilignans in litchi（*Litchi chinensis* Sonn.）leaf and their anticancer activities [J]. J Funct Foods, 2014, 8（1）: 26-34.

[6] Lin Y C, Chang J C, Shiyie C, et al. New Bioactive Chromanes from *Litchi chinensis* [J]. J Agric Food Chem, 2015, 63（9）: 2472-2478.

[7] Ma Q, Xie H, Li S, et al. Flavonoids from the pericarps of *Litchi chinensis* [J]. J Agric Food Chem, 2014, 62（5）: 1073-1078.

[8] 关小丽, 黄永林, 刘春丽, 等. 荔枝皮化学成分的研究（II）[J]. 中药材, 2016, 39（6）: 1291-1295.

[9] Ma Q, Xie H, Jiang Y, et al. Phenolics and sesquiterpenes from litchi pericarp [J]. J Funct Foods, 2014, 9（1）: 156-161.

[10] 宋光泉, 卜宪章, 古练权. 荔枝果皮提取物化学成分的GC-MS分析 [J]. 中山大学学报（自然科学版）, 1999, 38（4）: 48-51.

[11] 吕强. 荔枝果肉酚类物质分离纯化、鉴定及降糖活性研究 [D]. 杭州：浙江大学博士学位论文, 2015.

［12］Jing Y，Huang L，Lv W，et al. Structural characterization of a novel polysaccharide from pulp tissues of *Litchi chinensis* and its immunomodulatory activity［J］. J Agric Food Chem，2014，62（4）：902-911.

［13］Xu X，Xie H，Xu L，et al. A novel cyclopropyl-containing fatty acid glucoside from the seeds of *Litchi chinensis*［J］. Fitoterapia，2011，82（3）：485-488.

［14］Ren S，Duo-Duo X U，Gao Y，et al. Flavonoids from litchi（*Litchi chinensis* Sonn.）seeds and their inhibitory activities on α-glucosidase［J］. Chem Res Chin Univ，2013，29（4）：682-685.

［15］Ren S，Xu D，Pan Z，et al. Two flavanone compounds from litchi（*Litchi chinensis* Sonn.）seeds，one previously unreported，and appraisal of their α-glucosidase inhibitory activities［J］. Food Chem，2011，127（4）：1760-1763.

［16］丁丽. 荔枝核化学成分的研究［D］. 天津：天津科技大学硕士学位论文，2006.

【药理参考文献】

［1］潘竞锵，刘惠纯，刘广南，等. 荔枝核降血糖、调血脂和抗氧化的实验研究［J］. 广东药学，1999，9（1）：47-50.

［2］宁正祥，彭凯文，秦燕，等. 荔枝种仁油对大鼠血脂水平的影响［J］. 营养学报，1996，18（2）：159-162.

［3］肖柳英，洪晖菁，潘竞锵，等. 荔枝核的抑瘤作用及对肝癌组织端粒酶活性的影响［J］. 中国药房，2007，18（18）：1366-1368.

［4］Zhao M，Yang B，Wang J，et al. Immunomodulatory and anticancer activities of flavonoids extracted from litchi（*Litchi chinensis* Sonn.）pericarp［J］. International Immunopharmacology，2007，7（2）：162-166.

［5］周学东，刘庆涛. 荔枝核总黄酮对肝纤维化模型大鼠肝细胞损伤的改善作用［J］. 中国药房，2015，26（22）：3099-3102.

［6］梁荣感，刘卫兵，唐祖年，等. 荔枝核黄酮类化合物体外抗呼吸道合胞病毒的作用［J］. 第四军医大学学报，2006，27（20）：1881-1883.

［7］蒋蔚峰，陈建宗，张娟，等. 荔枝核总皂苷体外抗乙型肝炎病毒的作用［J］. 第四军医大学学报，2008，29（2）：100-103.

［8］李雪华，李福森，韦巍，等. 荔枝多糖对小鼠免疫功能的影响［J］. 时珍国医国药，2008，19（9）：2119-2120.

【临床参考文献】

［1］臧向博. 百荔汤治疗胃痛 86 例［J］. 陕西中医，2012，33（10）：1315-1316.

［2］王娜娜，吴明阳. 金杰运用自拟方治疗小儿鞘膜积液验案一则［J］. 中国民间疗法，2016，24（9）：8.

［3］孙科. 连花荔苓愈肾汤治疗早期 2 型糖尿病肾病临床研究［J］. 中医学报，2015，30（10）：1417-1419.

六三　清风藤科 Sabiaceae

落叶或常绿乔木、灌木或攀援木质藤本。单叶或奇数羽状复叶，互生；叶片全缘或有锯齿，侧脉直伸，达叶缘；无托叶。花两性或杂性异株，辐射对称或两侧对称；聚伞花序、圆锥花序或单生，顶生或腋生；萼片（3～4）5枚，分离或基部合生，覆瓦状排列；花瓣（4）5枚，覆瓦状排列；雄蕊（4）5枚，与花瓣对生，全部发育或外面3枚不发育，花药2室；花盘杯状、枕状或环状；子房上位，无柄，2（3）室，每室有胚珠1～2粒，花柱合生。核果。种子无胚乳，子叶折叠，胚根弯曲。

3属，约80种，分布于热带及亚洲东部和美洲南部。中国2属，46种，分布于西南部和东南部，西北部仅有少数，法定药用植物1属，4种。华东地区法定药用植物1属，1种。

清风藤科法定药用植物科特征成分鲜有报道。青风藤属含生物碱类、皂苷类等成分。生物碱类如清风藤碱 A（sinoacutine A）、原阿片碱（protopine）、阿魏酰酪胺（feruloyl tyramine）等；皂苷类如白桦脂醇（betulin）、木栓酮（friedelin）、羽扇豆醇（lupeol）、齐墩果酸（oleanolic acid）等。

1. 清风藤属 *Sabia* Colebr.

落叶或常绿木质藤本。冬芽小，小枝基部有宿存芽鳞。单叶，全缘；羽状脉。花小，两性，稀杂性；花单生叶腋，或成腋生聚伞花序，有时成聚伞圆锥花序。萼片5（4）枚，覆瓦状排列；花瓣5枚，稀为4枚，与萼片近对生；雄蕊5枚，稀为4枚，全部发育，着生于花盘基部，花药内侧向纵裂；子房2室，每室有胚珠2粒，基部为一杯状花盘所围绕，花柱2枚，合生。核果，具2个分果爿，常仅1个发育，花柱宿存，中果皮肉质，内果皮（核）脆壳质，有蜂窝状凹穴。种子1粒，近肾形。

30余种，分布于亚洲东南部。中国约有17种，分布于西南部和东南部，西北部仅有少数，法定药用植物4种。华东地区法定药用植物1种。

555. 灰背清风藤（图 555）• *Sabia discolor* Dunn

【别名】白背清风藤（浙江）。

【形态】常绿攀援木质藤本；嫩枝具纵条纹，无毛，老枝棕褐色，具白色蜡层。芽鳞阔卵形。叶纸质，卵形、椭圆状卵形或椭圆形，长4～7cm，宽2～4cm，先端尖或钝，基部圆或阔楔形，两面无毛，叶面绿色，干后黑色，叶背灰白色；侧脉3～5对；叶柄长7～1.5cm。聚伞花序呈伞状，花4～5朵，无毛，长2～3cm，总花梗长1～1.5cm，花梗长4～7mm；萼片5，三角状卵形，长0.5～1mm，具缘毛；花瓣5枚，卵形或椭圆状卵形，长2～3mm，有脉纹；雄蕊5枚，长2～2.5mm，花药长圆形，外向开裂；花盘杯状；子房无毛。分果爿成熟时红色，倒卵状圆形或倒卵形，长约5mm；核中肋显著凸起呈翅状，两侧具不规则的块状凹穴，腹部凸出。花期3～4月，果期5～8月。

【生境与分布】生于海拔1000m以下的山地灌木林间。分布于浙江、福建、江西，另广东、广西等省区也有分布。

【药名与部位】广藤根，藤茎。

【采集加工】全年均可采收，洗净，切段，晒干。

【药材性状】呈圆柱形，表面灰绿色或灰褐色，略粗糙，具纵皱纹，直径0.5～3cm。质坚硬，不易折断，断面纤维性，皮部棕褐色，木质部棕黄色或黄白色，粗者可见多数直达皮部的放射状车轮纹（射线），髓部明显。气微，味淡。

图 555　灰背清风藤　　　　　　　　　　摄影　张芬耀

【**药材炮制**】洗净，润透，切片，干燥。

【**化学成分**】枝叶含皂苷类：白桦脂醇（betulin）和齐墩果酸（oleanolic acid）[1]；黄酮类：槲皮素（quercetin）和芦丁（rutin）[1]；生物碱类：5-氧阿朴菲碱（5-fuseine）[1]；甾体类：β-谷甾醇（β-sitosterol）和胡萝卜苷（daucosterol）[1]。

【**性味与归经**】甘、苦，平。归肝、肾经。

【**功能与主治**】祛风除湿，活血止痛，散毒消肿。用于风湿骨痛，甲状腺肿，跌打损伤，肝炎。

【**用法与用量**】15～30g；外用适量。

【**药用标准**】广西瑶药 2014 一卷。

【**化学参考文献**】

［1］刘布鸣，黄艳，李齐修，等 . 瑶药白背清风藤的化学成分研究［J］. 广西科学，2014，21（3）：257-259.

六四　凤仙花科 Balsaminaceae

常为一年生或多年生草本。茎常肉质。单叶，螺旋状互生、对生或轮生；叶片边缘具齿。花排成腋生或近顶生总状或假伞形花序，簇生或单生。花两性；两侧对称；萼片 3（5）枚，两侧各 1 小片，下方 1 枚萼片（亦称唇瓣）大，花瓣状，常呈舟状、漏斗状或囊状，基部渐狭或急收缩成具蜜腺的距，距短或细长，直、内弯或拳卷，顶端肿胀，急尖或稀 2 裂，稀无距；花瓣 5 枚，分离，位于背面的 1 枚（旗瓣）离生，扁平或兜状，下面每侧的 2 个花瓣合生成翼瓣，翼瓣 2 裂；雄蕊 5 枚，花丝内侧具鳞片状附属物，花丝上部和花药联合或贴生，环绕子房和柱头；子房上位，（4）5 室，每室具 2 至多数倒生胚珠，花柱极短或无花柱。蒴果不同程度肉质化，稀呈假浆果，4 或 5 裂片弹裂。种子无胚乳。

2 属，900 余种，主要分布于亚洲热带和亚热带及非洲，少数种分布于欧洲，亚洲温带地区及北美洲也有分布。中国 2 属，220 余种，遍及全国，法定药用植物 1 属，7 种。华东地区法定药用植物 1 属，1 种。

凤仙花科法定药用植物科特征成分鲜有报道。凤仙花属含黄酮类、萘醌类、香豆素类等成分。黄酮类包括黄酮、黄酮醇、花青素等，如木犀草苷（luteolin-7-glucoside）、芹菜素（apigenin）、槲皮素（quercetin）、山奈酚 -3-O-β-D- 吡喃葡萄糖苷（kaempferol-3-O-β-D-glucopyranoside）、翠雀花素（delphinidin）等；萘醌类如散沫花醌（lawsone）等；香豆素类如东莨菪素（scopoletin）、异白蜡树定（isofraxidin）等。

1. 凤仙花属 Impatiens Linn.

一年生或多年生肉质草本。茎通常肉质，下部节上常生根。单叶，螺旋状排列、对生或轮生，无托叶或有时叶柄基部具 1 对托叶状腺体，羽状脉，边缘具圆齿或锯齿，齿端具小尖头，齿基部常具腺状小尖。花两性，两侧对称，常呈 180° 倒置，排成腋生或近顶生总状花序或假伞形花序，或无总花梗，簇生或单生，萼片 3（5）枚，侧生萼片离生或合生，全缘或具齿；花瓣 5 枚，分离，旗瓣离生，背面常有鸡冠状突起，下面 4 枚侧生的花瓣成对合生成翼瓣，雄蕊 5 枚，与花瓣互生，花丝短，扁平，内侧具鳞片状附属物，在雌蕊上部联合或贴生，环绕子房和柱头，在柱头成熟前脱落；花药 2 室，缝裂或孔裂；雌蕊心皮 4 枚或 5 枚；花柱 1 枚，极短或无花柱，柱头 1～5 枚。果实为不同程度肉质、弹裂的蒴果，果实成熟时种子从裂片中弹出。

900 多种，分布于热带、东半球的亚热带山区，温带的亚洲、欧洲、北美洲也有分布。中国 220 余种，遍及全国，法定药用植物 7 种。华东地区法定药用植物 1 种。

556. 凤仙花（图 556）· Impatiens balsamina Linn.

【别名】指甲花（通称），急性子、风仙透骨草（浙江）。

【形态】一年生肉质草本。株高 60～100cm。茎粗壮，下部节常膨大，基部具多数纤维状根。叶互生；叶片披针形、狭椭圆形或倒披针形，长 4～12cm，先端尖或渐尖，基部楔形，边缘有锐锯齿，向基部常有数对无柄的黑色腺体；叶柄两侧具数对具柄的腺体。花 1～3 朵簇生于叶腋；花单瓣或重瓣，白色、粉红色或紫色；花萼的唇瓣深舟状，长 13～19mm，被柔毛，基部急尖成内弯的距；花瓣的旗瓣圆状、兜状，先端微凹，背面中肋具狭龙骨状突起，顶端具小尖，翼瓣具短柄，2 裂，下部裂片小，倒卵状长圆形，上部裂片近圆形，先端 2 浅裂，外缘近基部具小耳；雄蕊 5 枚；子房纺锤形，密被柔毛。蒴果宽纺锤状，两端尖，密被柔毛。种子多数，圆球状，黑褐色。花期 7～10 月。

【生境与分布】各地庭园广泛栽培，为习见的观赏花卉。华东地区均有栽培，几遍全国；原产于亚

图 556　凤仙花　　　　摄影　徐克学等

洲东南部，现在世界广泛栽培。

【**药名与部位**】急性子，成熟种子。凤仙花，花。透骨草（凤仙透骨草），茎枝。

【**采集加工**】急性子：秋季果实成熟，尚未开裂时采收，取出种子，干燥。凤仙花：夏、秋二季花初开时采收，除去花梗及杂质，阴干。透骨草：秋季采收，除去杂质及茎基，干燥。

【**药材性状**】急性子：呈椭圆形、扁圆形或卵圆形，长 2 ～ 3mm，宽 1.5 ～ 2.5mm。表面棕褐色或灰褐色，粗糙，有稀疏的白色或浅黄棕色小点，种脐位于狭端，稍突出。质坚实，种皮薄，子叶灰白色，半透明，油质。气微，味淡、微苦。

凤仙花：多皱缩成团，花瓣粉红色、红色、紫红色或白色，单瓣或重瓣，干燥后显棕色。完整者展开后，萼片 2 枚，卵形或卵状披针形；唇瓣深舟状，被柔毛，基部急尖成长 1 ～ 1.5cm 内弯的距；旗瓣圆形，先端微凹，背面中肋具突起；翼瓣 2 裂，下部裂片小，上部裂片近圆形，先端 2 浅裂；雄蕊 5 枚；子房纺锤形，密被柔毛。体轻。气芳香，味微酸。

透骨草：略呈长圆柱形，稍弯曲，多分枝，长 30 ～ 60cm，直径 1 ～ 2cm。表面黄棕色至红棕色，具纵沟纹，节膨大，有深棕的叶痕。体轻，质脆，易折断，断面中空或有髓。气微，味微酸。

【质量要求】急性子：净籽，无泥屑。凤仙花：色白或红黄，无梗、叶。透骨草：色红，斩根。

【药材炮制】急性子：除去果皮等杂质，筛去灰屑。

凤仙花：除去枝梗、杂质，筛去灰屑。

透骨草：除去须根、叶等杂质及茎基，洗净，切段，干燥。

【化学成分】花含皂苷类：凤仙花苷*A、B、C、D（balsaminside A、B、C、D）、（3β）-降齐墩果烷-3-O-β-D-吡喃葡萄糖-（1→2）-O-[β-D-吡喃木糖苷-（1→4）]β-D-吡喃葡萄糖醛酸苷{（3β）-norolean-3-O-β-D-glucopyranosyl-（1→2）-O-[β-D-xylopyranosyl-（1→4）]β-D-glucopyranosiduronic acid}和3-O-β-D-吡喃木糖（1→2）-β-D-吡喃葡萄糖-28-O-β-D-吡喃葡萄糖齐墩果酸[3-O-β-D-xylopyranosyl（1→2）-β-D-glucopyranosyl-28-O-β-D-glucopyranosyl oleanolic acid][1]；萘醌类：凤仙花酮B、D、E（balsaminone B、D、E）、2-甲氧基-1，4-萘醌（2-methoxyl-1，4-naphthoquinone）[2]，凤仙花*（balsamitril）、凤仙花腈-3-O-β-D-葡萄糖苷（balsamitril-3-O-β-D-glucoside）、（3S，4R）-3，4-二羟基-3，4-二氢萘-1（2H）-酮[（3S，4R）-3，4-dihydroxy-3，4-dihydronaphthalen-1（2H）-one]和反式-（3S，4S）-3，4-二羟基-1-四氢萘酮[trans-（3S，4S）-3，4-dihydroxy-1-tetralone][3]；酚酸类：对羟基苯甲酸（p-hydroxybenzoic acid）、对羟基苯甲酸甲酯（methyl p-hydroxybenzoate）、原儿茶酸（protocatechuic acid）、香草酸（vanilic acid）、反式-对香豆酸（trans-p-coumaric acid）和反式阿魏酸（trans-ferulic acid）[3]；黄酮类：山奈酚（kaempferol）、山奈酚-3-葡萄糖苷（kaempferol-3-glucoside）、山奈酚-3-葡萄糖鼠李糖苷（kaempferol-3-glucosyl rhamnoside）和山奈酚-3-（对香豆酰基）葡萄糖苷[kaempferol-3-（p-coumaroyl）glucoside][4]；酚类：对苯二酚（p-hydroquinone）和酪醇（tyrosol）[3]；丙烯酸苷类：6-O-（E）-对羟基肉桂酰基-β-D-葡萄糖[6-O-（E）-p-hydroxy-cinnamoyl-β-D-glucose]和6-O-（E）-对羟基肉桂酰基-α-D-葡萄糖[6-O-（E）-p-hydroxy-cinnamoyl-α-D-glucose][1]；生物碱类：金色酰胺醇酯（autantiamide acetate）和α-D-吡喃葡萄糖基-（1→1'）-3'-氨基-3'-脱氧-β-D-吡喃葡萄糖苷[α-D-glucopyranosyl-（1→1'）-3'-amino-3'-deoxy-β-D-glucopyranoside][1]；脂肪酸酯类：9（E），11（Z），13（E）-十八碳三烯酰基甘油酯[9（E），11（Z），13（E）-octadecatrienoyl glycerol ester][1]。

种子含黄酮类：槲皮素-3-O-[α-L-鼠李糖-（1→2）-β-D-吡喃葡萄糖基]-5-O-β-D-吡喃葡萄糖苷{quercetin-3-O-[α-L-rhamnose-（1→2）-β-Dglucopyranosyl]-5-O-β-D-glucopyranoside}和槲皮素-3-O-[（6'''-O-咖啡酰）-α-L-鼠李糖-（1→2）-β-D-吡喃葡萄糖基]-5-O-β-D-吡喃葡萄糖苷{quercetin-3-O-[（6'''-O-caffeoyl）-α-L-rhamnose-（1→2）-β-D-glucopyranosyl]-5-O-β-D-glucopyranoside}[5]；皂苷类：凤仙萜四醇苷A、B、C、D、E（hosenkoside A、B、C、D、E）[6]。

茎含萘类：1α，2α-二醇-4α-乙氧基-1，2，3，4-四氢萘（1α，2α-diol-4α-ethoxy-1，2，3，4-tetrahydronaphthalene）、1α，2α，4β-三醇-1，2，3，4-四氢萘（1α，2α，4β-triol-1，2，3，4-tetrahydronaphthalene）[7]和1，2，4-三羟基萘-1，4-双-β-D-吡喃葡萄糖苷（1，2，4-trihydronaphthalene-1，4-di-β-D-glucopyranoside），即散沫花苷（lawsoniaside）[8]；萘醌类：2-甲氧基-1，4-萘醌（2-methoxy-1，4-naphthoquinone）[8]；酚酸类：香草酸（vanillic acid）和原儿茶酸（protocatechuic acid）[8]；黄酮类：芦丁（rutin）[8]；酰胺类：大豆脑苷Ⅰ（soya-cerebroside Ⅰ）[8]；香豆素类：七叶内酯（esculetin）[8]。

叶含萘醌类：2-甲氧基-1，4-萘醌（2-methoxy-1，4-naphthoquinone）[9]。

【药理作用】1.抗菌　花水提物在体外当浓度高于1.00g/ml时，对金黄色葡萄球菌、大肠杆菌、白色念珠菌、变形杆菌、铜绿假单胞菌、鲍曼不动杆菌及肺炎克雷伯菌的生长均有抑制作用；花水提物小鼠灌胃给予5.0g/kg剂量，能抑制金黄色葡萄球菌和大肠杆菌的生长[1]；总黄酮提取物对犬小孢子菌和白色念珠菌均有一定的抑制作用，最低抑菌浓度（MIC）分别为0.7813mg/ml和1.563mg/ml，最低杀菌浓度（MBC）分别为0.7813mg/ml和3.125mg/ml[2]。2.抗氧化　花石油醚、环己烷、乙酸乙酯、丙酮、无水乙醇和水提取物均具有抗氧化作用，其中水提物的抗氧化作用最强，100g水提物的抗氧化作用与2.3g维生素C（VC）、0.76g槲皮素和0.02g芦丁相当[3]。3.抗肿瘤　提取得到的凤仙花酮A、B（balsaminone

A、B）对肺癌 A549 细胞的增殖具有显著的抑制作用，20μmol/L、40μmol/L、60μmol/L 和 80μmol/L 浓度的凤仙花酮 A 和凤仙花酮 B 作用 48h 均对 A549 细胞的增殖有显著的抑制作用[4]。4. 抗过敏　白色花瓣乙醇提取物中得到的山柰酚 -3- 芸香糖苷（kaempferol-3-rutinoside）和 2- 羟基 -1, 4- 萘醌（2-hydroxy-1, 4-naphthoquinone）具有显著的抗过敏作用[5]。5. 止泻　水提物能对抗番泻叶煎剂所致小鼠的泄泻以及小鼠的小肠推进和胃排空有一定的抑制作用[6]。

【性味与归经】急性子：微苦、辛，温；有小毒。归肺、肝经。凤仙花：甘、微苦，温。归肝、胆、脾经。透骨草：辛、苦，温。

【功能与主治】急性子：破血软坚，消积。用于癥瘕痞块，经闭，噎膈。凤仙花：祛风活血，消肿止痛。用于风湿痹痛，腰胁疼痛，妇女经闭腹痛，产后瘀血未尽，跌打损伤，痈疽，疔疮，鹅掌风，灰指甲。透骨草：散风祛湿，解毒止痛。用于风湿关节痛；外用于疮疡肿毒。

【用法与用量】急性子：3 ～ 4.5g；凤仙花：1.5 ～ 3g；内服煎汤、浸酒；外用捣敷或煎水熏洗。透骨草：10 ～ 15g，或入丸、散；外用煎水熏洗。

【药用标准】急性子：药典 1963—2015、浙江炮规 2005、贵州药材 1965、新疆维药 1993 和新疆药品 1980 二册；凤仙花：部标蒙药 1998、浙江炮规 2005、湖北药材 2009、内蒙古蒙药 1986、山东药材 2002、上海药材 1994、贵州药材 2003 和新疆药品 1980 二册；透骨草：药典 1977、浙江炮规 2005、上海药材 1994、湖北药材 2009、北京药材 1998、河南药材 1993、湖南药材 2009 和新疆药品 1980 二册。

【临床参考】1. 甲沟炎：鲜花 100g 捣烂，敷患指甲盖及甲沟周围，每 12h 换药 1 次，7 天 1 疗程，待局部红肿消退后巩固 1 或 2 疗程[1]。

2. 颈椎骨质增生：鲜全草捣烂，或干品烘干研末，酒、醋各 30% 调敷患处，每 4h 或 1 天 1 次，10 天 1 疗程[2]。

3. 灰指甲：花用 30% 冰醋酸或米醋浸泡后，外敷灰指甲，创口贴覆盖，每日换药 1 ～ 2 次，换药前用小刀刮除病甲部分[3]。

4. 闭经：种子（酒炒）30g，加当归 15g、赤芍 30g、桃仁（碎如泥）15g、红花 12g、鬼箭羽 20g、五灵脂 12g、牡丹皮 18g、川芎 10g、延胡索、制香附、苍术、白术、半夏、茯苓各 15g，水煎服[4]。

5. 中风半身不遂：种子研末 5g，加水蛭粉 5g，装胶囊口服（为 1 次量），每日 2 次，同时服用补阳还五汤加减[5]。

【附注】急性子始见于明《救荒本草》"小桃红"条下云："人家园圃多种，今处处有之。苗高二尺许，叶似桃叶而旁边有细锯齿。开红花，结实形类桃样，极小，有子似萝卜子，取之易迸散，俗称急性子。"《本草纲目》草部"凤仙"条下云："凤仙人家多种之，极易生。二月下子，五月可再种。苗高二三尺，茎有红白二色，其大如指，中空而脆。叶长而尖，似桃柳叶而有锯齿。桠间开花，或黄、或白、或红、或紫、或碧、或杂色，亦自变易，状如飞禽，自夏初至秋尽，开谢相续。结实累然，大如樱桃，其形微长，色如毛桃，生青熟黄，犯之即自裂，皮卷如拳。苞中有子，似萝卜子而小，褐色。"即为本种。

急性子及凤仙花孕妇慎用；透骨草孕妇禁服。

本种的根民间也作药用。

【化学参考文献】

［1］Li Q, Cao J Q, Yuan W H, et al. New triterpene saponins from flowers of *Impatiens balsamina* L. and their anti-hepatic fibrosis activity［J］. J Funct Foods, 2017, 33：188-193.

［2］Li Q, Guo Z H, Wang K B, et al. Two new 1, 4-naphthoquinone derivatives from *Impatiens balsamina* L. flowers［J］. Phytochemistry Lett, 2015, 14：8-11.

［3］Chung S K, Lalita S, Sun Y K, et al. Two new phenolic compounds from the white flower of *Impatiens balsamina*［J］. Phytochemistry Lett, 2015, 14：215-220.

［4］Lin H, Zhao F P, Lian S C, et al. Separation of kaempferols in *Impatiens balsamina* flowers by capillary electrophoresis with electrochemical detection［J］. J Chromatography A, 2001, 909（2）：297-303

［5］Lei J，Qian S H，Jiang J Q. Two new flavone glycosides from the seeds of *Impatiens balsamina* L.［J］. J Asian Nat Prod Res，2010，12（12）：1033-1037.

［6］Noboru S，Akemi U，Nobuaki S，et al. Hosenkosides A，B，C，D，and E，novel baccharane glycosides from the seeds of *Impatiens balsamina*［J］. Tetrahedron，1994，50（17）：4973-4986

［7］Chen X M，Qian S H，Feng F. Two new tetrahydronaphthalenes from the stem of *Impatiens balsamina* L.［J］. Chin Chem Lett，2010，21（4）：440-442

［8］陈秀梅，钱士辉，冯锋.凤仙透骨草的化学成分［J］.药学与临床研究，2009，17（1）：31-33.

［9］Ding Z S，Jiang F S，Chen N P，et al. Isolation and identification of an anti-tumor component from leaves of *Impatiens balsamina*［J］. Molecules，2008，13（2）：220-229

【药理参考文献】

［1］秦海宏，贾琳钰，阎建义，等.凤仙花水提物体外和体内的抑菌活性［J］.吉林大学学报（医学版），2013，39（1）：60-64.

［2］卞晓霞，罗跃娥，王文洁，等.凤仙透骨草总黄酮的抑菌活性研究［J］.中医药信息，2015，32（2）：12-14.

［3］胡喜兰，韩照祥，刘玉芬，等.凤仙花提取物的抗氧化活性研究［J］.食品科学，2007，28（2）：48-50.

［4］裴慧，钱士辉.急性子中 balsaminone A 和 balsaminone B 对人肺癌 A549 细胞生长及周期的影响［J］.植物资源与环境学报，2011，20（2）：15-18.

［5］左风.一种实用、快速筛选抗过敏物质的方法：凤仙花的抗过敏作用［J］.国外医学.中医中药分册，1998，20（4）：53-54.

［6］王惠国，汤红翠，秦海宏，等.凤仙花水提物对小鼠腹泻抑制作用的研究［J］.大连大学学报，2017，38（3）：48-50，58.

【临床参考文献】

［1］余育承，郑秀东，吴玉兰.鲜凤仙花外用治疗甲沟炎［J］.新中医，2009，41（9）：3.

［2］陆治伦.凤仙花外用治疗颈椎骨质增生［J］.贵阳中医学院学报，2001，23（4）：47.

［3］徐奇伟.凤仙花外敷治疗灰指甲 50 例［J］.中国社区医师（医学专业），2010，12（8）：123.

［4］马有运.急性子临床应用举隅［J］.上海中医药杂志，2007，41（1）：78.

［5］李丛，李红光.急性子散加减论治中风半身不遂［J］.中国中医药信息杂志，2003，10（S1）：56.

六五　鼠李科 Rhamnaceae

乔木、灌木或藤本状，稀草本。枝常具刺。单叶，互生、对生或近对生；叶片全缘或具锯齿，羽状脉或基出脉；托叶小，早落或宿存，有时呈刺状。聚伞花序、聚伞状总状花序、聚伞状或穗状圆锥花序，有时单生或数朵簇生；花两性或单性，稀杂性，雌雄异株。花小，整齐；花常5（4）基数；花萼钟状或筒状，萼片镊合状排列，内面中肋中部有时具喙状突起；花瓣较小，匙形或兜状，基部常具爪，着生于萼筒，有时无花瓣；雄蕊与花瓣对生；花盘杯状或盘状；子房上位、半上位或下位，常2或3（4）室，每室有1粒倒生胚珠。核果、浆果状核果、蒴果或坚果，萼筒宿存。种子背部有时具沟，或基部具孔状开口；胚乳少或无，胚大而直。

约50属，900余种，广布于温带至热带地区。中国13属，137种，分布遍及全国，法定药用植物7属，19种。华东地区法定药用植物4属，6种。

鼠李科法定药用植物主要含皂苷类、生物碱类、黄酮类、蒽醌类等成分。皂苷类如酸枣仁皂苷A、B（jujuboside A、B）、白桦脂酸（betulinic acid）等；生物碱包括肽类和异喹啉类，如枳椇碱A（hovenine A）、光千金藤碱（stepharine）等；黄酮类包括黄酮、黄酮醇、二氢黄酮醇、异黄酮、黄烷等，如芹菜苷元（apigenin）、紫云英苷（astragalin）、没食子儿茶精（gallocatechin）、二氢杨梅素（dihydromyricetin）等；蒽醌类如大黄素（emodin）、大黄酚（chrysophanol）等。

枳椇属含皂苷类、生物碱类、黄酮类等成分。皂苷类多为达玛烷型，如酸枣苷元（jujubogenin）、枳椇皂苷D（hovenia saponin D）等；生物碱多为肽类，如枳椇碱A（hovenine A）、伏冉宁（frangulanine）、黑麦草碱（perlolyrine）等；黄酮类包括黄酮、黄酮醇、黄烷、二氢黄酮醇等，如芹菜苷元（apigenin）、芦丁（rutin）、没食子儿茶精（gallocatechin）、二氢杨梅素（dihydromyricetin）等。

勾儿茶属含黄酮类、木脂素类、香豆素类等成分。黄酮类包括黄酮、黄酮醇、二氢黄酮、二氢黄酮醇、异黄酮、查耳酮等，如紫云英苷（astragalin）、杨梅苷（myricitrin）、花旗松素（taxifolin）、（+）-儿茶素 [（+）-catechin] 等；木脂素类如裸柄吊钟花苷（koaburaside）、勾儿茶醇（berchmol）等；香豆素类如东莨菪素（scopoletin）等。

枣属含皂苷类、黄酮类、生物碱类、核苷类等成分。皂苷类多为羽扇豆烷型、齐墩果烷型、熊果烷型、美洲茶烷型，如白桦脂酸（betulinic acid）、麦珠子酸（alphitolic acid）、齐墩果酸（oleanolic acid）、马斯里酸（maslinic acid）、熊果酸（ursolic acid）、2α-羟基熊果酸（2α-hydroxyursolic acid）、美洲茶酸（ceanothic acid）、表美洲茶酸（epiceanothic acid）等；黄酮类包括黄酮、黄酮醇等，如木犀草素 -7-O-葡萄糖苷（luteolin-7-O-glucoside）、山柰酚 -3-O-芸香糖苷（kaempferol-3-O-rutinoside）、酸枣黄素（zivulgarin）等；生物碱主要为环肽类和异喹啉类，环肽类如滇刺枣碱 M（mauritine M）、水陆枣碱 D（amphibine D）等，异喹啉类如光千金藤碱（stepharine）、N- 去甲基荷叶碱（N-nornuciferine）、巴婆碱（asimilobine）等；核苷类如鸟嘌呤核苷（guanosine）、次黄嘌呤（hypoxanthine）、腺嘌呤（adenine）等。

分属检索表

1. 叶片具羽状脉。
　2. 托叶小，早落；穗状花序或穗状圆锥花序，稀总状花序·························雀梅藤属 Sageretia
　2. 托叶基部合生，宿存，稀脱落；聚伞总状花序或聚伞圆锥花序·····················勾儿茶属 Berchemia
1. 叶片具基生 3 出脉，稀 5 出脉。
　3. 枝无皮刺；果序轴扭曲，肉质····································枳椇属 Hovenia
　3. 枝常具皮刺；果序轴不扭曲，非肉质·································枣属 Ziziphus

1. 雀梅藤属 *Sageretia* Brongn.

藤状或直立灌木，稀小乔木。枝刺有或无，小枝互生或近对生。叶片边缘有锯齿，稀近全缘，羽状脉；具柄；托叶小，早落。穗状花序或穗状圆锥花序，稀总状花序。花小，两性；5基数；通常无柄或近无柄；萼片三角形，内面顶端常增厚，中肋凸起成小喙；花瓣匙形，顶端2浅裂；雄蕊背着药，与花瓣等长或稍长于花瓣；花盘肉质，杯状，全缘或5裂；子房上位，基部与花盘合生，2或3室，每室1粒胚珠，花柱短，柱头头状，不裂或2或3浅裂。浆果状核果，具2或3个不裂的分核，基部为宿存的萼筒包围。种子扁平，稍不对称，两端凹陷。

约34种，主要分布于亚洲南部和东部，少数种类分布于美洲和非洲。中国16种3变种，分布于华东、华中以及广东、广西、四川、云南、贵州，西藏等省区，法定药用植物2种。华东地区法定药用植物1种。

557. 雀梅藤（图557）• *Sageretia thea*（Osbeck）Johnst.［*Sageretia theezans*（Linn.）Brongn.］

图 557　雀梅藤　　　　　　　　　　　　　　摄影　郭增喜等

【别名】对接刺（通称），碎米子（浙江），雀梅（上海），对角刺（江苏）。

【形态】攀援或直立灌木。小枝对生或近对生，具刺，密被短柔毛。叶近对生或互生；叶片纸质或薄革质，椭圆形或卵状椭圆形，稀卵圆形或近圆形，长0.8～4.5cm，宽0.7～2.5cm，基部圆形或近心形，边缘有细锯齿，叶面无毛，叶背无毛或沿脉被柔毛，侧脉3～5对，叶面侧脉不明显，叶背主脉和侧脉均明显凸起；叶柄长 2～7mm，被柔毛。穗状花序或圆锥状穗状花序，顶生或腋生，疏散；花序轴长 2～5cm，密被短柔毛。花芳香；无柄；花萼外被疏柔毛；萼片小，三角形或三角状卵形；花瓣淡黄绿色，常内卷。核果近圆球状，成熟时黑色或紫黑色。花期 7～11 月，果熟期翌年 3～5 月。

【生境与分布】生于海拔 2100m 以下丘陵、山地路旁和林缘。分布于华东各省市，另华中以及广东、广西、四川、云南等省区均有分布；印度、日本、朝鲜、泰国、越南也有分布。

【药名与部位】雀梅藤，根及茎。

【采集加工】全年可采，洗净干燥；或趁鲜时切厚片，干燥。

【药材性状】呈不规则的圆柱形，常弯曲，有分枝，直径 0.3～4.5cm；或为类圆形的厚片。表面灰褐色或棕褐色，茎具细纹。质硬。横切面皮部薄，棕褐色；木质部宽广，黄白色至浅红棕色，有细密的放射状纹及年轮，茎中心有细小的髓。气微，味微苦。

【药材炮制】除去杂质，洗净，切片，干燥。

【化学成分】茎含皂苷类：木栓酮（friedlin）、表木栓醇（epi-friedelinol）和 3- 乙酰基奥寇梯木醇（3-acetyl ocoffilol）[1]；蒽醌类：大黄素 -6- 甲醚（emodin-6-methyl ether），即大黄素甲醚（physcion）、大黄素（emodin）[1]；甾体类：β- 谷甾醇（β-sitosterol）和 β- 谷甾醇 -β-D- 葡萄糖苷（β-sitosterol-β-D-gloucoside）[1]。

根茎含皂苷类：木栓酮（friedlin）和蒲公英萜醇（taraxerol）[2]；酚酸类：紫丁香酸（syringic acid）和葡萄糖紫丁香酸（gluco-syringic acid）[2]；甾体类：β- 谷甾醇（β-sitosterol）和胡萝卜苷（daucosterol）[2]。

果实含花青素类：矢车菊色素 -3- 槐糖 -5- 葡萄糖苷（cyanidin-3-furose-5-glucoside）、矮牵牛素 -3-（6′- 丙二酰）葡萄糖苷［petunia-3-（6′-malonyl）glucoside］、锦葵素 -3- 葡萄糖苷［malvaxin-3-glucoside］和芍药素 -3-（6′- 丙二酰）葡萄糖苷［peonidin-3-（6′-malonyl）glucoside］[3]。

叶含黄酮类：7, 4′-O- 二甲基杨梅苷 -3-O-R-L- 吡喃鼠李糖苷（7, 4′-O-dimethyl myricetin 3-O-R-L-rhamnopyranoside）、杨梅苷（myricetrin）、山奈酚 3-O-R-L- 吡喃鼠李糖苷（kaempferol 3-O-R-L-rhamnopyranoside）、欧洲白花丹素* - 3-O-R-L- 鼠李糖苷（europetin-3-O-R-L-rhamnoside）和 7-O- 甲基槲皮素 -3-O-R-L- 吡喃鼠李糖苷（7-O-methyl quercetin-3-O-R-L-rhamnopyranoside）[4]。

【药理作用】抗菌　根的水煎液在体外对金黄色葡萄球菌、变形杆菌、枯草杆菌、伤寒杆菌的生长有抑制作用，并随浓度的增高而作用增强，其中对金黄色葡萄球菌和变形杆菌的抑制作用最敏感，水煎液在体内能降低变形杆菌感染小鼠的死亡率[1]。

【性味与归经】甘，淡。平。

【功能与主治】清热解毒，利湿退黄。用于急性黄疸型肝炎。

【用法与用量】10～17g。

【药用标准】浙江药材 2002 和广西瑶药 2014 一卷。

【临床参考】1. 甲状腺囊肿、乳腺瘤：根 100g 洗净切片，晒干，分 3 次煎服，每次加红糖 15g、白酒 3～5ml 调服[1]。

2. 疮疡肿毒：鲜叶适量，捣烂外敷，或水煎洗患处。

3. 咳嗽气喘：根 9～15g，水煎服。（2 方、3 方引自《浙江药用植物志》）

【附注】本种的叶民间也药用。

毛叶雀梅藤 Sageretia thea（Osbeck）Johnst.var.tomentosa（Schneid.）Y.L.Chen et P.K.Chou 的地上部分在广西也作雀梅藤药用。

【化学参考文献】

［1］巢琪，刘星堦 . 雀梅藤的化学成分 3- 乙酰基 Ocotillol 的分离鉴定［J］. 上海医科大学学报，1987，14（5）：393-395.

［2］徐丽珍，杨小江，李斌 . 雀梅藤化学成分的研究［J］. 中国中药杂志，1994，19（11）：675-676，702.

［3］乔宽.雀梅浆果中花青素成分研究［D］.南宁：广西大学硕士学位论文，2013.

［4］Chung S Y，Kim Y C，Takaya Y K，et al. Novel Flavonol glycoside，7-*O*-methyl mearnsitrin，from *Sageretia theezans* and its antioxidant effect［J］. J Agr Food Chem，2004，52（15）：4664-4668.

【药理参考文献】

［1］刘树喜，黄琪珍，孙华.草药雀梅藤抗菌试验研究［J］.云南中医学院学报，1990，13（2）：23-24.

【临床参考文献】

［1］万嘉锺.雀梅藤治疗甲状腺囊肿、乳腺瘤 20 例疗效观察［J］.云南中医学院学报，1982，（1）：14-15.

2. 勾儿茶属 *Berchemia* Neck.ex DC.

落叶藤状或直立灌木，稀小乔木。幼枝常无毛，老枝平滑；无托叶刺。叶互生；叶片全缘，羽状脉；托叶基部合生，宿存，稀脱落。聚伞总状花序或聚伞圆锥花序，顶生或兼腋生，稀 1～3 花腋生。花两性，具柄，无毛；5 基数；有柄；萼筒短，萼片内面中肋顶端增厚；花瓣匙形或兜状，两侧内卷，短于萼片或与萼片等长，基部具短爪；雄蕊背着药，与花瓣等长或稍短；花盘厚，齿轮状，具 10 个不等裂齿；子房上位，中部以下藏于花盘内，2 室，每室 1 粒胚珠；花柱短粗，柱头头状，微凹或 2 浅裂。核果近椭圆柱状，稀倒卵球状，花柱宿存，萼筒宿存，花盘常增大。

约 31 种，主产亚洲东部及东南部，北美洲和新喀里多尼亚各产 1 种。中国 19 种，6 变种，分布于华东、华中、华南以及西南地区，法定药用植物 5 种。华东地区法定药用植物 3 种。

分种检索表

> 1. 花序常无分枝，聚伞总状花序。
>> 2. 小枝密被柔毛；叶柄长不及 2mm···铁包金 *B.lineata*
>> 2. 小枝无毛；叶柄长 0.6～1cm；花绿色·····························牯岭勾儿茶 *B.kulingensis*
> 1. 花序分枝，聚伞圆锥花序···多花勾儿茶 *B.floribunda*

558. 铁包金（图 558）· *Berchemia lineata*（Linn.）DC.

【别名】老鼠耳、密叶勾儿茶。

【形态】藤状或灌木，高达 2m；小枝密被柔毛。叶纸质，长圆形或椭圆形，长 0.5～2cm，宽 0.4～1.2cm，顶端圆或钝，具小尖头，基部圆，两面无毛，侧脉 4～5（6）对；叶柄短，长不超过 2mm，被短柔毛；托叶披针形，稍长于叶柄，宿存。花常数个至 10 余个密集成顶生聚伞总状花序，或有时 1～5 个簇生于花序下部叶腋，近无总花梗。花白色，长 4～5mm，无毛，花梗长 2.5～4mm，无毛；花芽卵圆形，长过于宽，顶端钝；萼片线形或狭披针状线形，顶端尖，萼筒短，盘状；花瓣匙形，顶端钝。核果圆柱状，顶端钝，长 5～6mm，成熟时黑色或紫黑色，花盘和萼筒宿存；果柄长 4.5～5mm，被短柔毛。花期 7～10 月，果期 11 月。

【生境与分布】生于低海拔的山野、路旁或开旷地上。分布于福建，另台湾、广东、广西均有分布；印度、日本和越南也有分布。

【药名与部位】铁包金，根。

【采集加工】全年均可采挖，洗净，切段或片，晒干。

【药材性状】呈圆柱状或为块片状，粗细不等，段长 2～3cm，片厚 0.5～1cm，外皮黑褐色，或棕褐色，有网状裂隙及纵皱，较薄，易与木质部分离。质坚硬，断面木质部甚大，暗黄棕色至橙黄色，有

图 558　铁包金　　　　　　　　　　　　摄影　刘兴剑等

多数点状小凹窝分散排列。气微，味微苦。

　　【药材炮制】除去杂质，未切片者洗净，润透，切片，干燥。

　　【化学成分】地上部分和全株含黄酮类：（-）-（1'R, 2'S）- 赤式 -5- 羟基 -7-（1', 2'- 二羟基丙基）-2-甲基 - 色原酮 [（-）-（1'R, 2'S）-erythro-5-hydroxy-7-（1', 2'-dihydroxypropyl）-2-methyl-chromone]、5-羟基 -7-（2'- 羟丙基）-2- 甲基 - 色原酮 [5-hydroxy-7-（2'-hydroxypropyl）-2-methyl-chromone]、5, 7- 二羟基 -2- 甲基色原酮（5, 7-dihydroxy-2-methyl-chromone）、5- 羟基 -7-（2- 羟基丙基）-2- [3- 羟基 -2-（4-羟基 -3, 5- 二甲氧基苄基）丙基]- 色原酮 {5-hydroxy-7-（2-hydroxypropyl）-2-[3-hydroxy-2-（4-hydroxy-3, 5-dimethoxybenzyl）propyl]-chromone}、5, 7- 二羟基 -2-（2, 4- 二羟戊基）- 色原酮 [5, 7-dihydroxy-2-（2, 4-dihydroxypentyl）-chromone]、5, 7- 二羟基 -2- 甲基色原酮 -7-O-β-D- 葡萄糖苷（5, 7-dihydroxy-2-methyl chromone-7-O-β-D-glucoside）、5- 甲氧基 -2- 甲基 - 色原酮（5-methoxy-2-methyl chromone）、柚皮素（naringenin）、圣草酚（erioquinoline）、（+）- 香橙素 [（+）-dihydrokaempferol]、（+）- 二氢槲皮素 [（+）-dihydroquercetin]，即（+）- 花旗松素 [（+）-axifolin]、（+）- 水合儿茶素 [（+）-catechin hydrate]、（+）- 表没食子儿茶素 [（+）-epigallocatechin][1]，槲皮素（quercetin）、异鼠李素（isorhamnetin）和槲皮素 -7- 甲基醚（quercetin-7-methyl ether）[2]；蒽醌类：芦荟大黄素（aloeemodin）、2, 6- 二甲氧基对苯醌（2, 6-dimethoxy-p-benzoquinone）、多花二醌 A、C（floribundiquinone A、C）、大黄酚 -1-O-β-D- 葡萄糖苷（chrysophanol-1-O-β-D-glucoside）、大黄素 -3-O-α-L- 鼠李糖苷（emodin-3-O-α-L-rhamnoside）[1, 2]，大黄素（emodin）、大黄酚（chrysophanol）和大黄素甲醚（physcion）[2]；木脂素类：丁香树脂酚（syringaresinol）、（+）- 马台树脂醇 [（+）-matairesinol]、（+）- 南烛树脂酚 [（+）-lyoniresinol]、（+）- 南烛木树脂酚 -3α-O-β-D- 吡喃葡萄糖苷 [（+）-lyoniresinol-3α-

O-β-D-glucopyranoside］和（＋）- 异落叶松脂素［（＋）-isolariciresinol］[1]；皂苷类：羊齿烯醇（fernenol）[1]和异乔木萜醇（isoarborinol）[2]；甾体类：胡萝卜苷（daucosterol）[1]和β- 谷甾醇（β-sitosterol）[2]。

根含蒽醌类：大黄酚（chrysophanol）、大黄素甲醚（physcion）、多花二醌 D（floribundiquinone D）和 2- 乙酰大黄素甲醚（2-acetyl physcion）[3]；脂肪酸类：正十六烷酸（*n*- hexadecanoic acid）和正十八烷酸（*n*-octadecanoic acid）[3]；甾体类：β- 谷甾醇（β-sitosterol）和豆甾醇（stigmasterol）[3]；皂苷类：羊齿烯醇（fernenol）[3]。

【药理作用】1. 抗肿瘤　总黄酮能抑制小鼠移植瘤 S180 的生长，高、中、低剂量组的抑瘤率分别为 50.35%、35.66%、23.08%[1]；总黄酮各剂量组可升高小鼠血清超氧化物歧化酶（SOD）含量，降低丙二醛（MDA）含量，并具有一定的量 - 效关系[1]。2. 护肝　提取物对四氯化碳（CCl_4）和异硫氰酸 -α- 萘酯所致的急性肝损伤具有保肝、降酶、退黄的作用，其中氯仿层、石油醚层、乙酸乙酯层和正丁醇层高剂量组（0.4g/kg）能明显降低四氯化碳所致急性肝损伤小鼠血清中的谷丙转氨酶（ALT）、天冬氨酸氨基转移酶（AST）含量，并能明显升高血清中总蛋白质和白蛋白含量；氯仿层、石油醚层和正丁醇层可降低异硫氰酸 -α- 萘酯所致小鼠的黄疸水平[2]。3. 抗氧化　总黄酮对 1,1- 二苯基 -2- 三硝苯肼自由基（DPPH）、超氧阴离子自由基（O_2^-·）和羟自由基（·OH）具有一定的清除作用，但作用弱于维生素 C[3]。4. 抗炎镇痛　提取物具有显著的抗炎、镇痛作用；其中氯仿层、石油醚层和乙酸乙酯层提取物能明显抑制巴豆油所致小鼠的耳廓肿胀；氯仿层、石油醚层、乙酸乙酯层和正丁醇层能明显减少乙酸所致小鼠的扭体次数[4]。

【性味与归经】苦，平。

【功能与主治】化瘀血，祛风湿，消肿毒。用于肺痨久咳，咯血，吐血，跌打损伤，风湿疼痛，痈肿，荨麻疹。

【用法与用量】30 ～ 90g。

【药用标准】上海药材 1994、广东药材 2004、海南药材 2011、广西药材 1990 和贵州药品 1994。

【临床参考】1. 风湿性心脏病：根 30g，加茴心草 9g、莲子 9g、大枣 9g，水煎，每天服 2 次，1 剂服 2 天，连服 1 ～ 2 个月，阴虚者加生地、麦冬，肾阳虚者加鹿仙草，气血虚者加党参、黄芪、当归，血瘀者加丹参[1]。

2. 膝骨性关节炎：铁包金按摩膏（铁包金、大黄、木瓜、木通、三棱等 20 余味药物组成）外涂，取坐位，屈膝 90°，暴露膝关节，寻找髌周的内外膝眼、内外侧副韧带起止点的压痛点，在压痛点及周围涂抹铁包金按摩膏，并用手掌小鱼际轻轻揉搓 5min，促进药物吸收，每天早晚各治疗 1 次[2]。

3. 气滞血瘀型腰椎间盘突出症：铁包金巴布膏（铁包金、乳香、没药、当归、三棱、莪术、血竭、大黄、生川乌、生草乌、木瓜、木鳖子、木通、肉桂、白芨、赤芍、透骨草）外贴，贴于椎间盘突出节段棘间或压痛点，每天 1 贴，7 天为 1 疗程，连用 3 疗程[3]。

4. 肩周炎：铁包金刮痧药膏（主要药物铁包金、大黄、生川乌、生草乌、木瓜等）刮痧，患者取端坐位，选择有靠背的椅子，在肩井、肩贞、臂臑、肩髃、曲池、手三里、外关等穴位上均匀涂上铁包金药膏，手握牛角板，应用腕力，力量适中，速度均匀，单向、循经络方向轻轻刮拭穴位，每个部位 20 ～ 30 次，遇痛点时重点刮拭，以皮肤微微发红发热为度，每天 1 次，每次 30min，连续治疗 2 周[4]。

5. 肺结核：根 60g，加川破石 60g、阿胶 9g、白及 9g、瓜蒌仁 9g、北杏 9g、川贝母 9g、紫苑 9g、百合 9g、枇杷叶 9g，水煎分 2 次服，每日 1 剂[5]。

6. 关节风湿痛、流火：根 60 ～ 90g，水煎加黄酒冲服。（《福建中草药》）

7. 烫火伤：根适量，捣烂，调茶油外敷患处。

8. 疗疮：根 30g，捣烂，加盐少许，敷患处；并用白菊 60g，甘草 5g，水煎服。（7 方、8 方引自《岭南草药志》）

【化学参考文献】

［1］沈玉霞. 铁包金化学成分的研究［D］. 武汉：中南民族大学硕士学位论文，2011.

［2］张国利.铁包金化学成分研究［D］.武汉：湖北中医药大学硕士学位论文，2011.

［3］曾晓君，胡颖，文晓琼，等.瑶药铁包金化学成分研究［J］.中药材，2012，35（2）：223-225.

　　【药理参考文献】

［1］陈小龙，滕红丽，沈玉霞，等.铁包金总黄酮体内对S180实体瘤的抑制作用［J］.中国药理学通报，2011，27（1）：121-124.

［2］吴玉强，邓家刚，钟正贤，等.铁包金提取物抗肝损伤作用的研究［J］.时珍国医国药，2009，20（4）：854-855.

［3］黄秋洁，叶勇，欧贤红，等.两种药用植物总黄酮体外抗氧化活性比较［J］.医药导报，2013，32（5）：576-578.

［4］吴玉强，杨兴，邓家刚，等.铁包金提取物镇痛抗炎作用的研究［J］.时珍国医国药，2008，19（4）：825-826.

　　【临床参考文献】

［1］刘树喜.草药铁包金根为主治疗心血管疾病14例［J］.云南中医学院学报，1983，（2）：32-36.

［2］罗星华，易爱江，戎宽，等.铁包金按摩膏治疗膝骨性关节炎36例［J］.湖南中医杂志，2013，29（7）：79-80.

［3］赵腾飞，蔡萍，戎宽，等.铁包金巴布膏治疗气滞血瘀型腰椎间盘突出症60例临床观察[J].湖南中医杂志，2017，33（5）：82-84.

［4］冯岚，唐华星，匡建军.铁包金药物刮痧在肩周炎应用中效果观察［J］.湖南中医杂志，2016，32（7）：130-132.

［5］何泽芬.铁破汤的采用经过和四年来的临床效果［J］.中国防痨，1958，（6）：8-9.

559. 牯岭勾儿茶（图 559）· *Berchemia kulingensis* Schneid.

图 559　牯岭勾儿茶　　　　　　　　　　　　　　摄影　张芬耀等

【别名】小叶勾儿茶。

【形态】藤状或攀援灌木。茎长达 3m；小枝、花序梗和花梗均无毛。叶片纸质，卵状椭圆形或卵状长圆形，长 2 ～ 6.5cm，宽 1.5 ～ 3.5cm，先端钝圆或锐尖，具小尖头，基部圆形或近心形，两面无毛或叶背沿脉疏被短柔毛，侧脉 7 ～ 9 对，稀达 10 对，两面稍凸起；叶柄长 0.6 ～ 1.0cm，无毛或幼时疏被短柔毛；托叶披针形，宿存或脱落。花常 2 或 3 朵簇生成近无梗或具短梗、无分枝的疏散聚伞总状花序，顶生，稀窄聚伞圆锥花序，花序长 3 ～ 5cm。花梗长约 3mm；萼片三角形，边缘疏生缘毛；花瓣绿色，倒卵圆形。核果椭圆柱状，长 7 ～ 9mm，直径约 4mm，成熟时红色至黑紫色，盘状花盘宿存；果柄长 2 ～ 4mm。花期 6 ～ 7 月，果熟期翌年 4 ～ 6 月。

【生境与分布】生于海拔 300 ～ 2150m 山谷灌丛、林缘或疏林中。分布于安徽、江苏、浙江、江西、福建，另湖北、湖南、四川、贵州及广西等省区均有分布。

【药名与部位】铁包金，根或叶。

【采集加工】全年均可采收，除去杂质，晒干。

【药材性状】根呈圆柱状，粗细不一；栓皮不易脱落，黑褐色或棕褐色，有网状裂隙纵皱；质坚硬，断面木质部甚大，暗黄棕色至橙黄色。叶片卵状椭圆形至卵状长圆形，长 2.5 ～ 5cm，宽 1.2 ～ 3.5cm，先端尖锐有小尖头，基部圆形或近心形，全缘或上半部分有波状齿，上表面绿色，下表面灰绿色，两面无毛，侧脉每边 7 ～ 10 条，背脉显著，叶柄长 0.6 ～ 1.5cm。质脆，易碎。无臭，味微苦涩。

【化学成分】叶芽含多糖：组成多糖的单糖主要为 D- 半乳糖（D-galactose）、D- 葡萄糖（D-glucose）、D- 阿拉伯糖（D-arabinose）和 D- 甘露糖（D-mannose）等[1]。

【药理作用】增强免疫　从中提取的多糖具有增强老龄小鼠免疫和抗过氧化损伤的作用，能提高老龄小鼠碳粒廓清指数和吞噬指数，增加脾脏指数和胸腺指数，升高血清 IgG 和 IgM 水平，提高血清和肝脏超氧化物歧化酶（SOD）、谷胱甘肽还原酶活性，并降低血清和肝脏中的丙二醛（MDA）含量[1]。

【性味与归经】苦，凉。

【功能与主治】化瘀血，祛风湿，消肿毒。用于肺痨久咳，咯血，跌扑损伤，风湿疼痛，痈肿，麻疹。

【用法与用量】30 ～ 90g；外用适量，捣烂敷或煎水洗。

【药用标准】贵州药材 2003。

【临床参考】小儿疳积：根，加白马骨（茜草科六月雪）等量，红枣、冰糖适量，炖服。（《浙江天目山药用植物志》）

【化学参考文献】

[1] 俞浩，张孝林，毛斌斌，等. 牯岭勾儿茶多糖对老龄小鼠免疫功能及抗氧化能力的影响[J]. 食品工业科技，2014，35（5）：350-363.

【药理参考文献】

[1] 俞浩，张孝林，毛斌斌，等. 牯岭勾儿茶多糖对老龄小鼠免疫功能及抗氧化能力的影响[J]. 食品工业科技，2014，35（5）：350-353.

560. 多花勾儿茶（图 560）• *Berchemia floribunda*（Wall.）Brongn.（*Berchemia giraldiana* Schneid.）

【别名】牛鼻拳。

【形态】藤状或直立灌木。小枝光滑无毛。叶片纸质；小枝上部叶片卵圆形、卵状椭圆形或卵状披针形，长 4 ～ 9cm，宽 2 ～ 5cm，顶端锐尖；小枝下部叶片较大，椭圆形，长达 11cm，宽达 6.5cm，先端钝或圆形，稀短渐尖，基部圆形，稀心形，两面无毛或叶背基部沿脉疏被柔毛，常有白粉，干后栗色，侧脉

图 560　多花勾儿茶　　　　　　　　　　　摄影　郭增喜等

9 ～ 12 对，两面稍凸起；叶柄长 1 ～ 2cm，稀达 5cm，无毛；托叶披针形，宿存或脱落。聚伞圆锥花序，顶生，花序轴长达 15cm，无毛或微被毛。花梗长约 2mm；萼片三角形；花瓣倒卵圆形。核果椭圆柱状，长 0.7 ～ 1.0cm，直径约 0.5cm，盘状花盘宿存；果柄长约 3mm，无毛。花期 7 ～ 8 月，果熟期翌年 5 ～ 7 月。

【生境与分布】生于海拔 2600m 以下的山谷、山坡林下或灌丛中。分布于安徽、江苏、浙江、福建、江西、另河南、湖北、湖南、甘肃、山西、陕西、四川、云南、贵州、西藏、广东、广西、香港和海南等省区均有分布；不丹、印度、尼泊尔、泰国、越南和日本也有分布。

【药名与部位】铁包金，根或叶。黄鳝藤，全草。勾儿茶，藤茎或茎。

【采集加工】铁包金：全年均可采收，除去杂质，晒干。黄鳝藤：全年均可采收，除去杂质，干燥。勾儿茶：秋季采收，切段，晒干。

【药材性状】铁包金：根呈圆柱状，粗细不一；栓皮不易脱落，黑褐色或棕褐色，有网状裂隙纵皱；质坚硬，断面木质部甚大，暗黄棕色至橙黄色。叶片狭卵形至卵状椭圆形，长 3 ～ 8cm，宽 1 ～ 4cm，上表面淡绿色，下表面灰白色，侧脉每边 7 ～ 12 条，叶片先端钝或渐尖，基部圆形，全缘。叶柄长 1 ～ 2cm，托叶狭披针形，宿存。质脆，易碎。无臭，味微苦涩。

黄鳝藤：根扁长圆形，上粗下细，有分枝，稍弯曲，直径 0.4 ～ 2cm；表面灰褐色至棕褐色，有纵沟及突起的类圆形根痕及须根，近茎基部较粗糙，着生多数须根。茎圆柱形，直径 0.5 ～ 1.2cm；表面黄绿色，略光滑，具条形或不规则斑纹和类圆形突起的枝痕；质坚硬，不易折断，断面不平坦，韧皮部黄棕色，木质部黄色；髓部明显，灰白色或淡黄色。叶互生，多卷曲，上面深绿色，下面灰白色；完整叶片展平后呈狭卵形至卵状椭圆形，长 3～8cm，宽 1～4cm，顶端短渐尖，基部圆形或近心形，全缘。花小，圆锥花序顶生。核果卵形至倒卵形。气微，味淡、微涩。

勾儿茶：茎呈圆柱形，表面棕褐色，有明显的纵皱纹，质坚硬，不易折断。切面棕黄色，密布针孔样导管，同心环纹不甚明显。髓小居中，棕色。气微，味淡微涩。

【药材炮制】 黄鳝藤：除去杂质，洗净，润透，切段，干燥。

【化学成分】 根含蒽醌类：多花二醌 A、B、C、D、E（floribundiquinone A、B、C、D、E）[1, 2]、2-乙酰大黄素甲醚（2-acetyl physcion）、10-（大黄酚 -7′）-10-羟基大黄酚 -9-蒽酮 [10-（chrysophanol-7′）-10-hydroxy-chrysophanol-9-anthrone]、大黄素甲醚（physcion）、大黄酚（chrysophanol）、长蠕孢素（helminthosporin）、芦荟大黄素（aloe-emodin）、石黄衣素，即咕吨灵（xanthorin）[1]和 2-乙酰基 -1,8-二羟基 -6-甲氧基 -3-甲基蒽醌（2-acetyl-1, 8-dihydroxy-6-methoxy-3-methyl anthraquinone）[2]；黄酮类：（2R, 3R）-3, 3′, 5, 5′, 7-五羟基黄烷酮 [（2R, 3R）-3, 3′, 5, 5′, 7-pentahydroxyflavanone][1]；皂苷类：羽扇豆醇（lupeol）[1]；甾体类：β-谷甾醇（β-sitosterol）和胡萝卜苷（daucosterol）[1]。

皮含四氢萘类：多花勾儿茶苷 * A、B（berchemiaside A、B）[3]；黄酮类：槲皮素 -3-O-2-乙酰基 -α-L-阿拉伯呋喃糖苷（quercetin-3-O-2-acetyl-α-L-arabinofuranoside）、圣草酚（eriodictyol）、香橙素（aromadendrin）、反式二氢槲皮素（trans-dihydroquercetin）、顺式二氢槲皮素（cis-dihydroquercetin）、山奈酚（kaempferol）、山奈酚 -3-O-α-L-阿拉伯呋喃糖苷（kaempferol-3-O-α-L-arabinofuranoside）、槲皮素（quercetin）、槲皮素 -3-O-α-L-阿拉伯呋喃糖苷（quercetin-3-O-α-L-arabinofuranoside）、槲皮素 -3′-甲基醚（quercetin-3′-methyl ether），即 3-O-α-L-阿拉伯呋喃糖苷（3-O-α- L-arabinofuranoside）和墨沙酮（maesopsin）[3]。

全草含黄酮类：香橙素 -4′-O-β-D-吡喃葡萄糖苷（aromadendrin-4′-O-β-D-glucopyranoside）和红镰霉素 -6-龙胆二糖苷（rubrofusarin-6-gentiobioside）[4]；酚酸类：对羟基苯甲酸（p-hydroxybenzoic acid）和 3, 4-二羟基苯甲酸（3, 4-dihydroxybenzoic acid）[4]。

【药理作用】 抗氧化　果实和叶的多酚类成分在体外均具有较好的抗氧化作用，当总多酚浓度为 5～400μg/ml 时，叶多酚总抗氧化作用与维生素 C 相当，而果实多酚总抗氧化作用较维生素 C 低；果实多酚对清除 1, 1-二苯基 -2-三硝苯肼自由基（DPPH）的作用与维生素 C 相当，叶多酚清除作用强于果实。叶和果实多酚对超氧阴离子自由基（$O_2^- \cdot$）均具有一定的清除作用，但清除作用均低于维生素 C；叶和果实多酚对羟自由基（·OH）均具有较强的清除作用，清除作用与维生素 C 相当[1]。

【性味与归经】 铁包金：苦，凉。黄鳝藤：甘、微涩、微温。归肝经。勾儿茶：甘、微涩、微温。归肝、大肠经。

【功能与主治】 铁包金：化瘀血，祛风湿，消肿毒。用于肺痨久咳，咯血，跌扑损伤，风湿疼痛，痈肿，麻疹。黄鳝藤：祛风利湿，活血止痛。用于风湿痹痛，痛经，产后瘀滞腹痛；外治骨折，肿痛。勾儿茶：祛风除湿，活血止痛。用于风湿痹痛，胃痛，痛经，产后腹痛，跌打损伤，骨结核，骨髓炎，小儿疳积，肝炎，肝硬化。

【用法与用量】 铁包金：30～90g；外用适量，捣烂敷或煎水洗。黄鳝藤：15～30g。勾儿茶：15～30g。

【药用标准】 铁包金：贵州药材 2003；黄鳝藤：江西药材 2014 和广西瑶药 2014 一卷；勾儿茶：湖南药材 2009。

【附注】 本种始载于《植物名实图考》蔓草类，云："黄鳝藤产宁都。长茎黑褐色，根纹斑驳，起粟，黄黑如鳝鱼形，故名。叶如薄荷，无锯齿而劲。"根据所述形态与附图，其特征均与本种一致。

多叶勾儿茶 Berchemia polyphylla Wall ex Laws. 及光枝勾儿茶 Berchemia polyphylla Wall ex Laws.var. leioclada Hand.-Mazz. 的根和叶在贵州也作铁包金药用。

【化学参考文献】

［1］魏鑫. 多花勾儿茶的化学成分及生物活性研究［D］. 北京：中国协和医科大学硕士学位论文，2007.

［2］Wei X，Jiang J S，Feng Z M，et al. New anthraquinone derivatives from the roots of *Berchemia floribunda*［J］. Chin Chem Lett，2007，4：412-414.

［3］Wang Y F，Cao J X，Efferth T，et al. Cytotoxic and new tetralone derivatives from *Berchemia floribunda*（ WALL. ）Brongn.［J］. Chem Biodivers，2006，3（6）：646-653.

［4］肖丽丽. 黄鳝藤化学成分及质量标准的研究［D］. 南昌：南昌大学硕士学位论文，2013.

【药理参考文献】

［1］姚姝凤，成江，刘小攀，等. 响应面法优化多花勾儿茶果实多酚提取工艺及其抗氧化活性研究［J］. 安徽农业科学，2017，45（5）：124-128.

3. 枳椇属 *Hovenia* Thunb.

落叶乔木，稀灌木。冬芽被毛。幼枝常被茸毛或柔毛。叶互生；叶片边缘有锯齿，基生3出脉，具长柄。聚伞圆锥花序顶生或兼腋生。花两性；5基数，白色或黄绿色；萼片三角形，内面中肋凸起；花瓣着生于花盘下，基部具爪，两侧内卷，抱持雄蕊；花丝线状披针形，背着药；花盘肉质，有毛；子房上位，1/2～2/3藏于花盘内，基部与花盘合生，3室，每室1粒胚珠，花柱3裂。浆果状核果，近圆球状，外果皮革质，常与纸质或膜质的内果皮分离；顶端有残存花柱，基部具宿存萼筒；果序轴扭曲，肉质。种子3粒，扁圆球状，背面凸起，腹面平而微凹，或中部具棱，基部内凹，常具灰白色乳头状突起。

3种，分布于中国、朝鲜、日本和印度。中国3种，除东北以及内蒙古、宁夏、青海、新疆、台湾外的其他省区均有分布，法定药用植物1种。华东地区法定药用植物1种。

561. 枳椇（图561）• *Hovenia acerba* Lindl.（*Hovenia dulcis* Thunb.）

【别名】鸡爪树（安徽、江苏），拐枣（上海、安徽），金果梨（浙江），南枳椇（安徽），枳椇子。

【形态】乔木。高达25m。嫩枝、幼叶两面及叶柄初时有棕褐色柔毛，后渐脱落。叶片纸质至厚纸质，椭圆状卵圆形、宽卵圆形或心形，长8～17cm，宽6～12cm，顶端短渐尖，基部平截或心形，稀近圆形或宽楔形，常不对称，边缘具整齐浅钝的细锯齿，上部叶有不明显齿，稀近全缘，基生3出脉，叶背无毛或沿脉及脉腋有稀疏短柔毛；叶柄长2～5cm。二歧式聚伞圆锥花序顶生和腋生。花直径5～6.5mm；萼片具网状脉纹或纵条纹；花瓣黄绿色，椭圆状匙形，基部具短爪；花盘被柔毛；花柱分裂至中部，稀浅裂或深裂。浆果状核果近圆球状，熟时黄褐色或棕褐色；果序轴明显膨大，扭曲，肉质，无毛。种子褐色或紫黑色，有光泽。花期5～7月，果期8～10月。

【生境与分布】生于海拔2100m以下山坡林缘或疏林中，庭院宅旁常有栽培。分布于浙江、江苏、安徽，另陕西、甘肃、福建、河南、湖北、湖南、广东、广西、四川、贵州、云南等省区均有分布；不丹、印度、缅甸和尼泊尔也有分布。

【药名与部位】万寿果（枳椇），果实。枳椇子（枳椇），成熟种子。

【采集加工】万寿果：秋冬季果实成熟时，连肉质果序轴一并采下，晒干。枳椇子：秋季果实成熟时采收，取出种子，干燥。

【药材性状】万寿果：为带肉质果序轴的果实，肉质果序轴肥厚，膨大，多分枝，弯曲不直，形似鸡爪；长3～5cm或更长，直径4～6mm；表面棕褐色，有纵皱纹，略具光泽。质松易断。果实近圆形，表面黑棕色，上有3条浅沟及网状条纹，先端略尖，下有细果柄，内有种子3枚。气微，味甜。

枳椇子：呈扁圆形，直径3～5.5mm，厚1.5～2.5mm。表面棕红色、棕黑色或绿棕色，有光泽，平

图 561　枳椇　　　　摄影　张芬耀等

滑或散生小凹点。顶端有微凸的合点，基部凹陷处有点状种脐，背面稍隆起，腹面较平坦，有一条纵向隆起的种脊。质坚硬，胚乳乳白色，子叶淡黄色，均有油性。气微，味微涩。

【质量要求】枳椇子：色紫红，有光泽，无杂。

【药材炮制】枳椇子：除去果梗等杂质，洗净，干燥；用时捣碎。

【化学成分】叶含黄酮类：山柰酚（kaempferol）、槲皮素（quercetin）、异槲皮苷（isoquercetin）、山柰酚 -3-O-α-L- 吡喃鼠李糖（1 → 6）-β-D 吡喃半乳糖苷［kaempferol-3-O-α-L-rhamnopyranosyl（1 → 6）-β-D-galactopyranoside］、山柰酚 -3-O- 芸香糖（kaempferol-3-O-rutinoside）、槲皮素 -3-α-L- 吡喃鼠李糖（1 → 6）-O-β-D- 吡喃半乳糖苷［quercetin-3-α-L-rhamnopyranosyl（1 → 6）-O-β-D-galactopyranoslde］和芦丁（rutin）[1]；皂苷类：枳椇属皂苷 C_2（hovenia saponin C_2）和枳椇皂苷 A（hovacerboside A）[2]；酚酸类：3-O- 香豆酰奎宁酸（3-O-coumaroyl quinic acid）[3]；氨基酸：4- 羟基 -N- 甲基脯氨酸（4-hydroxy-N-methyl proline）[3]。

种子含黄酮类：山柰酚（kaempferol）、洋芹素（apigenin）、4′, 5, 7- 三羟基 -3′, 5′- 二甲氧基黄酮（4′, 5, 7-trihydroxy-3′, 5′-methoxyflavanone）、杨梅黄素（myricetin）、槲皮素（quercetin）、双氢杨梅黄素（dihydromyricetin）[4]、枳椇素 A、B、C、D（hovenin A、B、C、D）[5,6]，落叶黄素（laricetrin）、（2R, 3R）- 双氢山柰酚［（2R, 3R）-dihydrokaempferol］、（2R, 3R）-3, 3′, 5′, 5, 7- 五羟基双氢黄酮［（2R, 3R）-3, 3′, 5′, 5, 7-pentahydroflavanone］、枳椇子素 *I（hovenitin I）、（+）- 圣草酚［（+）-eriodictyol］、（−）- 没食子儿茶素［（−）-gallocatechin］、杨梅素 -3-O-β-D- 吡喃葡萄糖苷（myricetin-3-O-β-D-glucopyranoside）、牡荆素 -2″-O-β-D- 吡喃葡萄糖苷（vitexin-2″-O-β-D-glucopyranoside）、异牡荆素 -2″-O-β-D- 吡喃葡萄糖苷（isovitexin -2″-O-β-D-glucopyranoside）、异斯皮诺素（isospinosin）和根皮素 -3′, 5′- 二 -C-β-D- 吡喃葡萄糖苷（phloretin-3′, 5′-di-C-β-D- glucopyranoside）[5]；皂苷类：枳椇子萜苷 *A、B（acerboside A、B）[5,7]，2α,

3β- 二羟基白桦酯酸（2α, 3β-dihydroxy-betulinic acid）、白桦酯醇（betulin）、3β- 羟基 -18（19）- 烯 - 齐墩果烷 -28- 甲酸［3β-hydroxy-18（19）-ene-oleanane-28-carboxylic acid］[8] 和 3β- 羟基 -3- 去氧模绕酮酸（3β-hydroxy-3-deoxymoronic acid）[9]；酚酸类：香草酸（vanillic acid）[4] 和五倍子酸（gallic acid）[5]；甾体类：β- 谷甾醇（β-Sitosterol）、胡萝卜苷（daucosterol）[9] 和 $\Delta^{5, 22}$- 豆甾二烯 -3β- 醇（stigmasta-5, 22-dien-3β-ol）[10]；蒽醌类：大黄素（emodin）[4]；氨基酸：（-）- 色氨酸［（-）-Try］[5]；烷烃类：正二十八烷醇（n-octacosanol）和二十烷酸（eicosane acid）[10]。

【药理作用】1. 抗氧化　果梗提取物含有的多酚，具有抗氧化作用[1]；乙酸乙酯提取物具有抗细胞氧化作用，在体外可通过抑制细胞内活性氧的产生而抑制细胞凋亡，促进肝细胞增殖，表现出抗氧化作用[2]；多糖提取物对羟自由基（·OH）、2, 2′- 联氮 - 二（3- 乙基 - 苯并噻唑 -6- 磺酸）二铵盐自由基（ABTS）和 1, 1- 二苯基 -2- 三硝苯肼自由基（DPPH）均具有较强的清除作用，最大清除率分别达到 76.2%、91.3% 和 96.8%[3]。2. 解酒护肝　液态深层发酵工艺酿造的果醋具有明显的解酒护肝作用，可加速小鼠血液中乙醇的代谢分解，提高还原型谷胱甘肽含量、增强小鼠肝脏中乙醇脱氢酶活力、降低丙二醛（MDA）含量[4]。3. 增强免疫　果柄提取的多糖对环磷酰胺所致免疫低下小鼠的非特异性免疫和特异性免疫均有增强作用，高、中、低（400mg/kg、200mg/kg、100mg/kg）剂量均能显著提高模型小鼠的脾脏指数、脾淋巴细胞增殖、廓清指数、吞噬指数、半数溶血值及足趾厚度差，并提高白细胞介素 -2（IL-2）、白细胞介素 -4（IL-4）、诱生干扰素 -γ（IFN-γ）水平[5]。4. 降血脂　液态深层发酵酿造的果醋具有减肥和降血脂作用，可抑制小鼠体内过剩脂肪的吸收，降低血清总胆固醇（TC）和甘油三酯（TG）含量[6]。5. 抑制肾结石　皮水提取物对大鼠肾结石有一定的治疗作用，可恢复肾结石大鼠的体重，增加 24h 排尿量，促进血液中钙的排泄和代谢，减少肾组织中结石的形成，并降低血清尿素氮、肌酐水平，减缓大鼠肾组织因结石引起的损伤和病变[7]。

【性味与归经】万寿果：甘，平。归胃经。枳椇子：甘、酸。归心、脾经。

【功能与主治】万寿果：解酒毒，止渴除烦，止呕，利尿通便。用于醉酒，烦渴，呕吐，二便不利。枳椇子：止渴除烦，解酒毒，利二便。用于酒醉，烦热，口渴呕吐，二便不利。

【用法与用量】万寿果：6 ～ 15g。枳椇子：10 ～ 15g。

【药用标准】万寿果：广西壮药 2011 二卷和新疆药品 1980 二册。枳椇子：药典 1963、部标中药材 1992、浙江炮规 2015、贵州药材 2003、江苏药材 1989、四川药材 2010 和内蒙古药材 1988。

【临床参考】1. 酒精性肝病：种子 30g，加楮实子 30g、丹参 20g、三七 10g、陈皮 15g、大腹皮 20g、白术 20g、车前子 30g、泽泻 20g、茯苓 20g、桂枝 20g、鸡内金 20g、焦三仙各 10g，水煎，每天 1 剂，分 2 次服[1]。

2. 湿热蕴结型痛风：种子 15g，加黄柏 12g、生薏仁 30g、忍冬藤 30g、怀牛膝 15g、土茯苓 30g、田七片 10g、萆薢 15g、车前子 10g，水煎服，每天 1 剂[2]。

3. 醉酒：种子 12g，水煎服；或加葛花 9g，水煎服。（《浙江药用植物志》）

【附注】本种在陆玑《诗疏》中已有记载，称为木蜜，入药始载于《新修本草》，云："其树径尺，木名白石，叶如桑柘，其子作房似珊瑚，核在其端，人皆食之。"《本草纲目》收载于果部，谓："枳椇木高三四丈，叶圆大如桑柘，夏月开花，枝头结实，如鸡爪形，长寸许，扭曲，开作二三歧，俨若鸡之足距，嫩时青色，经霜乃黄，嚼之味甘如蜜。每开歧尽处，结一二小子，状如蔓荆子，内有扁核赤色，如酸枣仁形。"即为本种。

本种的叶、树皮及根民间也作药用。

北枳椇 *Hovenia dulcis* Tunb. 及毛果枳椇 *Hovenia trichocarpa* Chun et Tsiang 的果实民间也作枳椇子药用。

【化学参考文献】

［1］梁侨丽，丁林生 . 枳椇叶的化学成分研究（Ⅰ）［J］. 中草药，1996，27（10）：581-583.

［2］梁侨丽，丁林生．枳椇叶的化学成分研究（Ⅲ）［J］.中国药科大学学报，1996，27（7）：401-404.

［3］梁侨丽，丁林生．枳椇叶化学成分研究（Ⅱ）［J］.中草药，1997，28（8）：457-459.

［4］沙美，丁林生．枳椇子的化学成分研究［J］.中国药科大学学报，2001，32（6）：18-20.

［5］徐方方．枳椇子的化学成分研究［D］.广州：暨南大学硕士学位论文，2011.

［6］Zhang X Q，Xu F F，Wang L，et al. Two pairs of new diastereoisomeric flavonolignans from the seeds of *Hovenia acerba*［J］. Phytochemistry Letters，2012，5（2）：292-296.

［7］Xu F F，Zhang X Q，Zhang J，et al. Two methyl-migrated 16，17-seco-dammarane triterpenoid saponins from the seeds of *Hovenia acerba*［J］. Journal of Asian Natural Products Research，2012，14（2）：135-140.

［8］张晶，陈全成，田义新，等．枳椇子中的萜类成分［J］.中国天然药物，2007，5（4）：315-316.

［9］张晶，陈全成，Young Ho Kim，等．枳椇子中甾类化合物的分离［J］.中药材，2006，29（1）：21-23.

［10］申向荣，张德志．枳椇子石油醚部位的化学成分研究［J］.广东药学院学报，2006，22（6）：594-595.

【药理参考文献】

［1］向进乐，李志西，李欢，等．枳椇果梗不同极性多酚及抗氧化活性研究［J］.食品科学，2011，32（15）：25-29.

［2］张洪，詹慧，张福明，等．枳椇子醋酸乙酯提取物的抗细胞氧化机制［J］.中国医院药学杂志，2012，32（8）：617-620，654.

［3］张保，李立天，张萌，等．拐枣枝多糖提取工艺优化与其抗氧化性研究［J］.中国酿造，2016，35（7）：155-160.

［4］杨艳，李志西，王玮瑜，等．枳椇醋解酒护肝作用的研究［J］.西北农业学报，2011，20（5）：203-206.

［5］叶文斌，樊亮，王昱，等．拐枣多糖对环磷酰胺诱导免疫低下小鼠免疫功能的影响［J］.现代食品科，2016，32（7）：26-32.

［6］李红蕊，李志西，赵晓野，等．红枣醋和枳椇醋减肥降血脂作用研究［J］.西北农业学报，2009，18（2）：257-260.

［7］任群利，林冰，周英，等．枳椇皮提取物对肾结石大鼠的治疗作用［J］.中国现代医学杂志，2017，27（14）：24-27.

【临床参考文献】

［1］于立红，卢秉久．卢秉久教授配伍运用楮实子与枳椇子治疗酒精性肝病经验［J］.浙江中医药大学学报，2013，37（7）：884-885.

［2］崔广恒，黎治荣，谭选江．枳椇痛风汤治疗湿热蕴结型急性痛风性关节炎的临床观察［J］.中国医药指南，2011，9（3）：123-124.

4. 枣属 *Ziziphus* Mill.

落叶或常绿乔木，或藤状灌木。枝常具皮刺。叶互生；叶片边缘有锯齿，稀全缘，基生3出脉，稀5出脉；具柄；托叶常刺状。花单生或数朵成聚伞花序、聚伞总状花序或聚伞圆锥花序，腋生或顶生。花小，黄绿色，两性；5基数；萼片卵状三角形或三角形，内面有凸起中肋；花瓣基部具爪，与雄蕊近等长，有时无花瓣；花盘肉质，5或10齿裂；子房圆球状，下半部或大部藏于花盘内，2室，稀3或4室，每室1粒胚珠，花柱2裂，稀3或4裂。核果，不开裂，顶端有小尖头，萼筒宿存，中果皮肉质或软木栓质，内果皮硬骨质或木质。种子无或有稀少胚乳；子叶肥厚。

约100种，主要分布于亚洲、美洲热带和亚热带地区，少数种分布于非洲和两半球温带。中国12种3变种，除了黑龙江、内蒙古、青海、宁夏、山东和台湾外，其他省区均有分布。法定药用植物5种。华东地区法定药用植物1种。

562. 枣（图562）· *Ziziphus jujuba* Mill.

【别名】红枣、大枣（安徽），角针（江苏连云港），枣树、刺枣（福建），酸枣子（江苏徐州），红枣树。

【形态】落叶小乔木，稀灌木。株高达10m。枝分长枝、短枝和无芽小枝，具2个托叶刺，长刺直伸，

图 562 枣 摄影 李华东等

长达 3cm,短刺下弯,长 4～6mm。当年生小枝绿色,下垂,单生或 2～7 个簇生短枝。叶片纸质,卵圆形、卵状椭圆形或卵状长圆形,长 3～7cm,宽 1～3cm,先端钝或圆形,稀锐尖,基部近圆形,边缘具钝齿,两面无毛或叶背沿脉疏被微毛;叶柄长 1～6mm,长枝叶柄长达 1cm。花单生或 2 至数朵密集成聚伞花序,腋生。萼片卵状三角形;花瓣淡黄绿色,倒卵圆形,基部有爪,与雄蕊等长。核果长圆球状或长卵圆球状,长 2.0～3.5cm,直径 1.5～2.0cm,成熟时红色,后变红紫色,中果皮肉质,味甜,核两端尖;果柄长达 0.5cm。种子扁椭圆球状。花期 5～7 月,果期 8～9 月。

【生境与分布】生于海拔 1700m 以下山区、丘陵或平原。华东各省市均有栽培,另分布于西北、华中以及吉林、辽宁、河北、广东、广西、四川、贵州、云南等省区。非洲、亚洲、欧洲及美国北部和南部也有分布。

【药名与部位】大枣(胶枣),成熟果实。枣树皮,树皮。

【采集加工】大枣:秋季果实成熟时采收,干燥。枣树皮:全年均可采收,春季最佳,从枣树主干上将老皮刮下,晒干。

【药材性状】大枣:呈椭圆形或球形,长 2～3.5cm,直径 1.5～2.5cm。表面暗红色,略带光泽,有不规则皱纹。基部凹陷,有短果梗。外果皮薄,中果皮棕黄色或淡褐色,肉质,柔软,富糖性而油润。果核纺锤形,两端锐尖,质坚硬。气微香,味甜。

枣树皮:呈不规则板片状,长宽不一,厚 0.3～1cm。外表面灰褐色,粗糙,有明显的不规则纵、横裂纹或纵裂槽纹。内表面呈灰黄色或棕黄色。质硬而脆,易折断,断面不平坦,略呈层片状,有数条亮黄色线纹。气微香,味苦、涩。

【质量要求】大枣:色红褐,坚实,不霉。

【药材炮制】大枣：除去杂质，洗净，晒干；用时破开或去核。

黑枣：取大枣，除去杂质及霉、蛀者，抢水洗净，蒸制，干燥。

【化学成分】果实含皂苷类：蛇藤酸*（colubrinic acid）、大枣酸*（zizyberanalic acid）、麦珠子酸（alphitolic acid）、3-O-顺式-对香豆酰基麦珠子酸（3-O-cis-p-coumaroyl alphitolic acid）、3-O-反式对香豆酰基麦珠子酸（3-O-trans-p-coumaroyl alphitolic acid）、桦木酸（betulinic acid）、桦木酮酸（betulonic acid）、美洲茶酸（ceanothic acid）[1]，美洲茶烯酸*（ceanothenic acid）、熊果酸（ursonic acid）、表美洲茶酸（epiceanothic acid）[2]，2α-羟基熊果酸（2α-hydroxyursolic acid）、山楂酸（maslinic acid）[3]、3-O-顺式对香豆酰基山楂酸（3-O-cis-p-coumaroyl maslinic acid）、3-O-反式对香豆酰基山楂酸（3-O-trans-p-coumaroyl maslinic acid）[4]和酸枣仁皂苷B（jujuboside B）[5]；酰胺脑苷脂类：（2S, 3S, 4R, 8E）-2-[（2′R）-2′-羟基二十四酰基]-8-十八烯-1, 3, 4-三醇{（2S, 3S, 4R, 8E）-2-[（2′R）-2′-hydroxy-tetracosanoyl]-8-octadecene-1, 3, 4-triol}和1-O-β-D-吡喃葡萄糖-（2S, 3S, 4R, 8E）-2-[（2′R）-2′-羟基二十四酰基]-8-十八烯-1, 3, 4-三醇{1-O-β-D-glucopyranosyl-（2S, 3S, 4R, 8E）-2-[（2′R）-2′-hydroxy-tetracosanoyl]-8-octadecene-1, 3, 4-triol}[3]；甾体类：3β, 6β-豆甾-4-烯-3, 6-二醇（3β, 6β-stigmast-4-en-3, 6-diol）、β-谷甾醇（β-sitosterol）[3]和胡萝卜苷（daucosterol）[5]；香豆素类：东莨菪内酯（scopoletin）[5]；醇苷类：无刺枣苷Ⅱ（zizybeoside Ⅱ）[5]；脂肪酸类：十七烷酸（heptadecanoic acid）和二十四酸（tetracosanoic acid）[5]；生物碱类：原荷叶碱（nornuciferine）、观音莲明碱（lysicamine）和无刺枣环肽I（daechucyclopeptide I）[6]；酚酸类：对羟基间甲氧基苯甲酸（4-hydroxy-3-methoxybenzoic acid）[5]；黄酮类：槲皮素（quercetin）[5]、芦丁（rutin）和当药黄素（swertisin）等[5, 7]；多糖类：大枣多糖-1（ZJ polysaccharide-1）、大枣多糖-2（ZJ polysaccharide -2）、大枣多糖-9（ZJ polysaccharide -9）和大枣多糖-10（ZJ polysaccharide -10）[8, 9]；氨基酸：天冬氨酸（Asp）、谷氨酸（Glu）和赖氨酸（Lys）等[10]；其他尚含：二氢阿尔伯糖醇酸甲酯（methyl dihydroalphitolate）[11]。

枣核含脂肪酸类：油酸（oleic acid）、亚油酸（linoleic acid）、肉豆蔻酸（myristic acid）和棕榈酸（palmitic acid）等[10]。

茎皮含皂苷类：大枣酸*（zizyberanalic acid）[12]；花青素类：原花青素PZ-5（proanthocyanide PZ-5）[13]；环肽生物碱：斯枯替宁C（scutianine C）、枣碱A（ziziphine A）[14]，圆板枣碱*A（nummularine A）、枣苯碱*A、B、C（jubanine A、B、C）、安木非宾碱H（amphibin H）和滇刺枣碱A、D（mauritine A、D）[15]。

叶含皂苷类：枣树皂苷Ⅰ、Ⅱ、Ⅲ、Ⅵ（jujubasaponin Ⅰ、Ⅱ、Ⅲ、Ⅵ）、酸枣仁皂苷B（jujuboside B）和大枣苷（ziziphin）等[7, 16, 17]。

【药理作用】1.抗氧化　果皮和果实提取物对1, 1-二苯基-2-三硝苯肼自由基（DPPH）具有较强的清除作用，其主要作用成分为果皮和果肉中的多酚类化合物[1-3]；果实提取的大枣多糖对1, 1-二苯基-2-三硝苯肼自由基、2, 2′-联氮-二（3-乙基-苯并噻唑-6-磺酸）二铵盐自由基（ABTS）和羟自由基（·OH）均有较强的清除作用，并呈浓度依赖性[4]；提取的大枣多糖对D-半乳糖所致半衰老模型小鼠血浆、肝匀浆及脑匀浆中的血浆过氧化脂质含量有明显的降低作用，同时可提高小鼠体内超氧化物歧化酶（SOD）活性[4]；果实70%乙醇提取物对羟自由基、1, 1-二苯基-2-三硝苯肼自由基和超氧阴离子自由基（O_2^-·）均具有较强的清除作用，且清除作用与多酚的浓度成正比[5]。2.抗炎　果实提取的大枣多糖可显著降低脂多糖诱导的RAW264.7巨噬细胞中的炎症因子、环氧合酶-2（COX-2）、肿瘤坏死因子-α（TNF-α）、白细胞介素-1β（IL-1β）和白细胞介素-6（IL-6）的含量，表明大枣多糖具有较强的抗炎作用[6]。3.保护心肌　果皮提取的多酚类化合物可明显降低异丙肾上腺素诱导的心肌缺血大鼠和铝诱导的氧化应激受损大鼠的丙二醛含量，升高超氧化物歧化酶、Ca^{2+}-ATP和Mg^{2+}-ATP的含量，以预防异丙肾上腺素诱导的心肌损伤，并减少大鼠铝毒性[7]。4.补气生血　果实提取的大枣多糖可使放血和环磷酰胺并用所致的气血双虚模型大鼠的胸腺皮质淋巴细胞的线粒体密度、比表面、比膜面和常染色质体密度显著升高，异染色质体密度和核比表面显著降低，由此得出大枣多糖能明显减轻气血双虚模型鼠胸腺、脾脏组织淋巴细胞超微结构的病理改变，其机制可能通过升高气血双虚鼠的血清粒 - 巨噬细胞集落刺激因子水平起到补血、改善细胞能量代谢，从而起到补气生血的作用[8, 9]。

【性味与归经】大枣：甘，温。归脾、胃、心经。枣树皮：苦、涩，温。归肺、大肠经。

【功能与主治】大枣：补中益气，养血安神。用于脾虚食少，乏力便溏，妇人脏躁。枣树皮：涩肠止泻，镇咳止血。用于泄泻，痢疾，咳嗽，崩漏，外伤出血，烧烫伤。

【用法与用量】大枣：6 ～ 15g。枣树皮：6 ～ 9g；研末吞服 1.5 ～ 3g；外用适量。

【药用标准】大枣：药典 1977—2015、浙江炮规 2015、北京药材 1998、新疆药品 1980 二册和台湾 2013；枣树皮：山东药材 2012。

【临床参考】1. 脑卒中后抑郁：果实 10 枚，加甘草 18g、淮小麦 60g、炒枣仁 30g、茯苓 15g、川芎 6g，水煎取汁 200ml，每日 1 剂，分 2 次服，同时联合口服氟哌噻吨美利曲辛片[1]。

2. 脏躁：果实 20 枚（温水浸发），加干莲子 30g（温水浸发）、甘草 15g（纱布包）、淮小麦 60g、粳米 60g、山药 30g、鲜百合 40g，服用方法：将莲子与甘草纱包同煮，至莲子半烂，取出甘草纱包丢弃，取汁备用，再加大枣、粳米、淮小麦武火煮沸后加百合文火煮烂，每日 1 剂[2]。

3. 自汗：果实 10 枚，加甘草 15g、浮小麦 30 ～ 60g，加水 500ml，文火煎煮后去渣留汁 300ml，再加红糖适量煎煮，每日 1 剂，分 3 次温服[3]。

4. 女性更年期综合征：果实 10g，加淮小麦 30g，黄芪、鹿角胶各 20g，菟丝子、党参、龟板、山药、枸杞子各 15g，山茱萸、远志、郁金、酸枣仁各 10g，炙甘草 5g，水煎服，每日 1 剂[4]。

5. 小儿多动症：果实 10 枚，加甘草 10g、淮小麦 50g，先将淮小麦洗净冷水浸泡 2h，文火煎熬至麦熟，加入甘草、大枣煎煮，至枣烂易去皮为止，饮汤食枣，每日 3 次[5]。

6. 肺心病急性发作期：果实 20g，加葶苈 15g，水煎，每日 1 剂，早晚分服，寒痰壅盛者加茯苓 30g、半夏、白术、苏子、陈皮、当归、厚朴、桂枝、甘草各 10g；脾肾阳虚者加车前子、泽泻、茯苓、白芍各 10g，白术、猪苓、陈皮、半夏、贝母、桔梗、桂皮各 6g[6]。

7. 肺结核：果实 12g，加葶苈 15g、桃仁 15g、红花 10g、乳香 8g、没药 10g、赤芍 15g、陈皮 12g、三七粉 8g，水煎，取 100ml，每日 1 剂，分早晚 2 次鼻饲，同时联合抗结核治疗[7]。

【附注】大枣始载于《神农本草经》，列为上品。《名医别录》谓："生河东平泽。"又云："今青州出者形大核细，多膏甚甜。"《本草图经》云："大枣，干枣也，生枣并生河东。今近北州郡皆有，而青、晋、绛州者特佳。"《本草纲目》云："枣木赤心有刺，四月生小叶，尖觥光泽，五月开小花，白色微青。南北皆有，惟青、晋所出者肥大甘美，入药为良。"古代认为山东、山西为大枣的主要产地。

凡湿盛、痰凝、食滞、虫积及齿病者慎服。

本种的果核、叶及根民间也作药用。无刺枣 *Ziziphus jujuba* Mill.var.*inermis*（Bge.）Rehd. 的果实在北京及台湾也作大枣药用。

【化学参考文献】

[1] Lee S M, Park J G, Lee Y H, et al. Anti-complementary activity of triterpenoides from fruits of *Zizyphus jujuba*［J］. Biol Pharm Bull，2004，27（11）：1883-1886.

[2] Guo S，Duan J A，Tang Y P，et al. Triterpenoid acids from *Ziziphus jujuba*［J］. Chem Nat Compd，2011，47（1）：138.

[3] Sheng G，Tang Y P，Duan J A，et al. Chemical constituents from the fruits of *Ziziphus jujuba*［J］. Chin J Nat Med，2009，7（7）：115-118.

[4] Yagi A，Okamura N，Haraguchi Y，et al. Studies on the constituents of *Zizyphi fructus* II. structure of new p-coumaroylates of maslinic acid［J］. Chem Pharm Bull，1978，26（10）：3075-3079.

[5] 牛继伟 . 大枣化学成分研究［D］. 咸阳：西北农林科技大学硕士学位论文，2008.

[6] Lewis J R. Amaryllidaceae，muscarine，imidazole，oxazole，thiazole and peptide alkaloids，and other miscellaneous alkaloids［J］. Nat Prod Rep，1986，3（6）：587.

［7］刘世军，唐志书，崔春利，等 . 大枣化学成分的研究进展［J］. 云南中医学院学报，2015，38（3）：96-100.

［8］杨云，弓建红，马相斌 . 大枣中性多糖的化学研究［J］. 时珍国医国药，2005，16（12）：1215-1216.

［9］杨云，李振国，孟江，等 . 大枣多糖的分离、纯化及分子量的测定［J］. 世界科学技术，2003，5（3）：53-55.

［10］王葳，张秀珍 . 大枣的化学成分［J］. 植物杂志，1991，5：14.

［11］Bai G，Ren Y L，Zhang B，et al. Studies on Chemical Constituent of *Ziziphus jujuba* in Hebei China［J］. Chem Res Chinese U，1992，8（2）：177-179.

［12］Kundu A B，Barik B R，Mondal D N，et al. Zizyberanalic acid，A pentacyclic triterpenoid of *Zizyphus jujuba*［J］. Phytochemistry，1989，28（11）：3155-3158.

［13］Malik A，Kuliev Z A，Akhmedov U A，et al. New Oligomeric Proanthocyanidine from *Ziziphus jujuba*［J］. Chem Nat Compd，2002，38（1）：40-42.

［14］Tripathi M，Pandey M B，Jha R N，et al. Cyclopeptide alkaloids from *Zizyphus jujuba*［J］. Fitoterapia，2001，72（5）：507-510.

［15］R. Tschesche，I. Khokhar，H. Wilhelm，et al. Jubanin A und jubanin B，neue cyclopeptidealkaloide aus *Ziziphus jujuba*［J］. Phytochemistry，1976，15（4）：541-542.

［16］Yoshikawa K，Shimono N，Arihara S. Antisweet substances，jujubasaponins I–III from *Zizyphus jujuba*，revised structure of ziziphin［J］. Tetrahedron Lett，1991，32（48）：7059-7062.

［17］Yoshikawa K，Shimono N，Arihara S. Antisweet natural products. VI. jujubasaponins IV，V and VI from *Zizyphus jujuba* MILL.［J］. Chem Pharm Bull，1992，40（9）：2275-2278.

【药理参考文献】

［1］Xue Z，Feng W，Cao J，et al. Antioxidant activity and total phenolic contents in peel and pulp of Chinese jujube（*Ziziphus jujuba* Mill）fruits［J］. Journal of Food Biochemistry，2010，33（5）：613-629.

［2］Zhang H，Jiang L，Ye S，et al. Systematic evaluation of antioxidant capacities of the ethanolic extract of different tissues of jujube（*Ziziphus jujuba* Mill. ）from China［J］. Food & Chemical Toxicology，2010，48（6）：1461-1465.

［3］Önder K L，Sezai E L，Memnune S G，et al. Total phenolics and antioxidant activity of jujube（*Zizyphus jujuba* Mill. ）genotypes selected from Turkey［J］. African Journal of Biotechnology，2009，8（2）：303-307.

［4］周运峰，苗明三，李根林 . 大枣多糖抗氧化作用研究［J］. 中国中西医结合杂志，1997，17（s1）：197-198.

［5］张瑞妮 . 红枣多酚的提取分离及体外抗氧化活性研究［D］. 西安：陕西师范大学硕士学位论文，2013.

［6］展锐，邵金辉 . 大枣多糖抗氧化及抗炎活性的研究［J］. 现代食品科技，2017，33（12）：38-43.

［7］Cheng D，Zhu C，Cao J，et al. The protective effects of polyphenols from jujube peel（*Ziziphus jujube* Mill）on isoproterenol-induced myocardial ischemia and aluminum-induced oxidative damage in rats［J］. Food & Chemical Toxicology，2012，50（5）：1302-1308.

［8］苗明三，方晓艳，苗艳艳 . 大枣多糖对大鼠气血双虚模型胸腺、脾脏中淋巴细胞超微结构影响的可能途径［J］. 中国组织工程研究，2006，10（27）：96-99.

［9］郭乃丽，苗明三 . 大枣多糖对气血双虚模型小鼠全血细胞和血清粒 - 巨噬细胞集落刺激因子水平的影响［J］. 中国组织工程研究，2006，10（15）：146-147.

【临床参考文献】

［1］郑锦英 . 甘麦大枣汤合酸枣仁汤加减治疗脑卒中后抑郁疗效观察［J］. 北京中医药，2009，28（4）：291-292.

［2］庞志英 . 甘麦大枣汤加减治疗脏躁 32 例［J］. 河南中医，2010，30（2）：129.

［3］李言庆，慈兆胜，姜海 . 甘麦大枣汤治疗 20 例自汗证疗效观察［J］. 社区医学杂志，2007，5（4）：68.

［4］苟才仙 . 甘麦大枣汤治疗女性更年期综合征疗效观察［J］. 亚太传统医药，2015，11（11）：127-128.

［5］赵怀康 . 甘麦大枣汤治疗小儿多动症疗效观察［J］. 中国社区医师，2005，21（3）：42.

［6］温仲乐，王俊伟 . 观察葶苈大枣泻肺汤在肺心病急性发作期治疗中的临床疗效［J］. 转化医学电子杂志，2016，3（2）：36-37.

［7］张军国，王新宏，万月强，等 . 加味葶苈大枣泻肺汤对肺结核免疫调节及临床疗效研究［J］. 世界中医药，2016，11（9）：1724-1727.

六六 葡萄科 Vitaceae

攀援木质藤本，稀草质藤本。枝具卷须，卷须常与叶对生。叶为单叶、掌状复叶或羽状复叶；互生；托叶小，常早落，稀大而宿存。伞房状或圆锥状多歧聚伞花序、复二歧聚伞花序，顶生或假顶生、腋生或假腋生；花两性或杂性同株或异株。花小；4 或 5 基数；花萼碟状或浅杯状，萼片细小；花瓣与萼片同数，分离或黏合呈帽状脱落；雄蕊与花瓣对生，在两性花中发育，在单性花雄花中较小或极不发达，败育；花盘环状或分裂，稀极不明显；子房上位，常 2 室，每室 2 粒胚珠，或多室而每室仅有 1 粒胚珠。浆果，有种子 1 至多粒。胚小，具胚乳。

约 15 属，700 余种，主要分布于热带和亚热带，少数分布于温带。中国 8 属，约 140 种，遍及全国，法定药用植物 7 属，25 种。华东地区法定药用植物 6 属，12 种。

葡萄科法定药用植物主要含黄酮类、芪类、皂苷类、生物碱类、香豆素类等成分。黄酮类包括黄酮、黄酮醇、黄烷、花色素等，如芹菜素（apigenin）、金丝桃苷（hyperoside）、儿茶素（catechin）、矢车菊苷（chrysanthemin）等；芪类如紫檀芪（pterostilbene）、蛇葡萄素 A（ampelopsisin A）等；皂苷类如 β-香树脂醇（β-amyrin）、白桦脂酸（betulinic acid）、羽扇豆醇（lupeol）、木栓酮（friedelin）等。

大戟属含二萜类、皂苷类、黄酮类等成分。二萜类骨架类型有 20 余种，包括巴豆烷型、巨大戟烷型、松香烷型等，如甘遂宁 A、B、C、D、E（ansuinin A、B、C、D、E）等；皂苷类如大戟二烯醇（euphol）、绿玉树醇（tirucallol）等；黄酮类包括黄酮、黄酮醇等，如芹菜素 -7-O-β-D- 葡萄糖苷（apigenin-7-O-β-D-glucoside）、槲皮苷（quercitrin）等。

蛇葡萄属含黄酮类、芪类、皂苷类等成分。黄酮类包括黄酮、黄酮醇、二氢黄酮、二氢黄酮醇、黄烷等，如芹菜素（apigenin）、杨梅树皮素（myricetin）、橙皮素（hesperetin）、花旗松素（taxifolin）等；芪类如白藜芦醇苷（polydatin）、蛇葡萄素 A、B、C、D、H（ampelopsisin A、B、C、D、H）等；皂苷类如羽扇豆醇（lupeol）、β- 香树脂醇（β-amyrin）、齐墩果酸（oleanplic acid）、白桦脂酸（betulinic acid）等。

白粉藤属含黄酮类、芪类、皂苷类、香豆素类、生物碱类等成分。黄酮类包括黄酮、黄酮醇等，如芹菜素（apigenin）、木犀草素（luteolin）、山柰酚 -3- 鼠李糖苷（kaempferol-3-rhamnoside）等；芪类如白藜芦醇（resveratrol）、云杉芪酚（piceatannol）；皂苷类如 β- 香树脂醇（β-amyrin）、蒲公英赛醇（taraxerol）等；香豆素类如岩白菜素（bergenin）等。

葡萄属含黄酮类、酚酸类、芪类、皂苷类等成分。黄酮类包括黄酮醇、二氢黄酮醇、花色素、黄烷等，如槲皮素（quercetin）、落新妇苷（astilbin）、矢车菊素（cyanidin）、（+）- 儿茶素［（+）-catechin］等；酚酸类多为鞣质，如表没食子酚儿茶素（epicatechin）、（-）- 表儿茶精没食子酸酯［（-）-epicatechin gallate］等；芪类如白藜芦醇（resveratrol）、紫檀芪（pterostilbene）等；皂苷类如羽扇豆醇（lupeol）、白桦脂醇（betulin）、木栓酮（friedelin）等。

分属检索表

1. 草质藤本，叶为具 5 小叶的鸟足状复叶·······················1. 乌蔹莓属 Cayratia
1. 木质藤本，通常为单叶、掌状复叶或羽状复叶。
  2. 卷须 4 ～ 7，总状多分枝，顶端遇附着物时扩大成吸盘·············2. 爬山虎属 Parthenocissus
  2. 卷须不分枝或 2 叉分枝，通常顶端不扩大成吸盘。
    3. 花瓣黏合，凋谢时呈帽状脱落·······················3. 葡萄属 Vitis
    3. 花瓣分离，凋谢时各自分离脱落。
      4. 花通常 5 数·······························4. 蛇葡萄属 Ampelopsis

4. 花通常 4 数。

  5. 花序与叶对生；种子腹面两侧洼穴极短，位于种子基部或下部·············5. 白粉藤属 Cissus

  5. 花序腋生或假腋生；种子腹面两侧洼穴与种子近等长·············6. 崖爬藤属 Tetrastigma

1. 乌蔹莓属 Cayratia Juss.

木质或草质藤本。卷须常 2 或 3 叉分枝，稀总状多分枝。叶为鸟足状 5 小叶复叶，有时为 3 小叶。花两性或杂性同株；伞房状多歧聚伞花序或复二歧聚伞花序，腋生或假腋生，稀与叶对生。花 4 基数，花萼碟形；花瓣展开，各自分离脱落；雄蕊 4 枚；花盘发达，4 浅裂或波状浅裂；子房下部与花盘合生，2 室，每室 2 粒胚珠，花柱短，柱头不分裂，微扩大或不明显扩大。浆果；有种子 1～4 粒。种子呈半圆球状，背面凸起，腹面平，有 1 近圆形孔被膜封闭，或种子倒卵球状，腹面两侧洼穴与种子近等长。

约 30 种，分布于亚洲、大洋洲和非洲。中国 16 种，南北均有分布，法定药用植物 1 种。华东地区法定药用植物 1 种。

563. 乌蔹莓（图 563）• Cayratia japonica（Thunb.）Gagnep.

图 563 乌蔹莓

摄影 赵维良等

【别名】五爪金龙、五叶莓（浙江）。

【形态】草质藤本。幼枝疏被柔毛，后渐脱落；卷须 2 或 3 叉分枝。叶为鸟足状 5 小叶复叶，稀混生有 3 小叶复叶；中央小叶片长椭圆形或椭圆状披针形，长 2.5 ～ 4.5cm，宽 1.5 ～ 4.5cm，边缘有疏锯齿，侧生小叶较小，成对着生于同一小叶柄上，其上的小叶片椭圆形或长椭圆形，叶两面无毛或背面微被短毛，侧脉 5 ～ 9 对；叶柄达 10cm，中央小叶柄长达 2.5cm，侧生小叶无柄或有短柄。复二歧聚伞花序，腋生或假顶生；花序梗长达 13cm，无毛或微被短毛；花梗短，近无毛；花萼碟形，外侧被乳突状毛或近无毛；花瓣外侧被乳突状毛；花盘发达，橙红色，4 浅裂。浆果近圆球状，成熟时黑色，有光泽。花期 6 ～ 7 月，果熟期 8 ～ 9 月。

【生境与分布】生于海拔 300 ～ 2500m 山坡、路边、沟谷、草丛或灌丛中。华东均有分布，另分布于华中、华南以及陕西、四川、贵州、云南等省区；不丹、印度、印度尼西亚、日本、韩国、老挝、马来西亚、缅甸、尼泊尔、菲律宾、泰国、越南和澳大利亚也有分布。

【药名与部位】乌蔹莓，全草。

【采集加工】夏、秋二季采收，干燥。

【药材性状】茎圆柱形，扭曲，有纵棱，表面黄绿色或紫褐色，卷须二歧分叉，与叶对生。叶多皱缩，完整者展平后椭圆状卵形，顶端急尖或渐尖，基部楔形，边缘具疏锯齿。聚伞花序（果）腋生，具长柄，果实卵形，长约 7mm，灰黑色。气微，味淡。

【药材炮制】除去杂质，喷潮，略润，切短段，干燥，筛去灰屑。

【化学成分】全草含黄酮类：槲皮素（quercetin）、花旗松素（taxifolin）、木犀草苷（galuteolin）、芹菜素 -7- 葡萄糖苷（apigenin-7-O-glucoside）、3- 甲基查耳酮（3-methyl chalcone）[1]，木犀草素（luteolin）、芹菜素（apigenin）[1,2]，木犀草素 -7-O-D- 葡萄糖苷（luteolin7-O-D-glueoside）和圣草酚（eriodictyol）[2]；皂苷类：香树素（aromadendrin）、羽扇豆醇（lupeol）[1]，无羁萜（friedelin）和无羁萜 -3β- 醇（friedelin-3β-ol）[3]；甾体类：β- 谷甾醇（β-sitosterol）和胡萝卜苷（daucosterol）[2,3]；香豆素类：秦皮乙素（esculetin）[2]；脂肪酸类：棕榈酸（palmitic acid）、硬脂酸（stearic acid）[3] 和柠檬酸三乙酯（triethyl citrate）[2]；酚酸酯类：反式咖啡酸乙酯（ethyl trans-caffeate）、邻苯二甲酸二乙基己酯（bis-ethylhexyl phthalate）和 3, 4- 二羟基苯甲酸乙酯（ethyl 3, 4-dihydmxybenzoate）[2]；内酯类：金盏菊花素（calendin）[2]；生物碱类：吲哚 -3- 甲醛（3-formylindole）[2]；烷烃类：三十一烷（hentriacontane）[3]；呋喃酮类：5- 羟基 -3, 4- 二甲基 -5- 戊基 -2（5H）- 呋喃酮［5-hydroxy-3, 4-dimethyl-5-pentyl-2（5H）-furanone］[2]。

【药理作用】1. 抗炎镇痛　全草水提剂可明显提高热板法所致小鼠的痛阈值[1]；水提液高、低剂量组和相应水部位可明显抑制二甲苯所致小鼠的耳廓肿胀，明显抑制蛋清所致大鼠的足跖肿胀，显著抑制大鼠棉球肉芽肿；水提液高、低剂量组和石油醚部位给药后可明显提高热板所致小鼠的痛阈值，减少乙酸所致小鼠的扭体次数[2]。2. 抗菌　全草水提液对金黄色葡萄球菌、表皮葡萄球菌、大肠杆菌、绿脓杆菌、变形杆菌、伤寒杆菌、痢疾杆菌的生长均有抑制作用[3]。

【性味与归经】苦、酸，寒。归心、肝、胃经。

【功能与主治】清热利湿，解毒消肿。用于痈肿，疔疮，痄腮，丹毒，风湿痛，黄疸，痢疾，尿血，白浊。

【用法与用量】25 ～ 50g。

【药用标准】浙江炮规 2015、上海药材 1994 和贵州药材 2003。

【临床参考】1. 乳痈：全草，制膏，外敷患处，隔日更换 1 次，配合中药内服[1]。

2. 高位复杂性肛瘘术后创面：全草，制膏，外敷创面，再敷凡士林油纱条，每日 1 次[2]。

3. 火毒蕴结型肛痈：全草，制膏，外敷患处，每日 2 次[3]。

4. 痛风性关节炎：全草，制膏，外敷患处，每日 1 次[4]。

5. 急性扭挫伤：鲜根皮，洗净晾干，除去木质部分，加少许食盐或醋，捣成糊状，均匀涂在纱布上外敷患处[5]。

6. 急性腮腺炎：鲜全草 120g（干品 9 ～ 15g），煎成药液，分 2 次服完，小孩、体弱者酌减[6]。

【附注】始载于《新修本草》，谓："乌蔹莓，蔓生，叶似白蔹，生平泽。"《蜀本草》谓："或生人家篱墙间，俗呼为茏草……。"《本草图经》云："蔓生，茎端五叶，花青白色，俗呼为五叶莓，叶有五桠，子黑。"《本草纲目》谓："塍堑间甚多，其藤柔而有棱，一枝一须，凡五叶。叶长而光，有疏齿，面青背淡。七八月结苞成簇，青白色。花大如粟，黄色四出。结实大如龙葵子，生青熟紫，内有细子。其根白色，大者如指，长一二尺，捣之多涎滑。"以上所述，当为本种。

【化学参考文献】

［1］崔传文.乌蔹莓的化学成分及其活性研究［D］.厦门：厦门大学硕士学位论文，2012.

［2］崔传文，孙翠玲，陈全成，等.乌蔹莓化学成分的初步探究［J］.中国中药杂志，2012，37（19）：2906-2909.

［3］李京民，王静苹，袁立明.乌蔹莓化学成分的研究［J］.中医药学报，1995，2：52-53.

【药理参考文献】

［1］颜峰光，钟兴华，宓嘉琪，等.乌蔹莓水煎剂对小鼠镇痛作用初探［J］.中国医药指南，2013，11（9）：457-458.

［2］梁生林，黄芳辉，钟兴华，等.乌蔹莓抗炎镇痛有效部位的筛选［J］.中草药，2016，47（4）：634-639.

［3］林建荣，李苿，邓翠娥，等.乌蔹莓抗菌效应的实验观察［J］.时珍国医国药，2006，11（9）：1649-1650.

【临床参考文献】

［1］余穗娟.内消散合外敷乌蔹莓膏治疗乳痈101例［J］.南京中医药大学学报，1995，11（5）：60.

［2］郑雪平，王业皇，樊志敏，等.乌蔹莓膏治疗高位复杂性肛瘘术后创面的临床观察［J］.中国药房，2016，27（32）：4534-4536.

［3］苏莉，郑雪平.乌蔹莓膏治疗火毒蕴结型肛痈临床观察［J］.中华中医药杂志，2017，32（8）：3822-3824.

［4］曹旺滨.中药外敷治疗痛风性关节炎24例临床观察［J］.实用中医内科杂志，2010，24（4）：69.

［5］龚敏，夏俐俐.乌蔹莓治疗急性扭挫伤［J］.浙江中医杂志，1997，32（9）：423.

［6］陈龙耀.乌蔹莓煎液治疗急性腮腺炎［J］.新中医，1978，（1）：15.

2. 爬山虎属 *Parthenocissus* Planch.

木质藤本。卷须4～7总状多分枝，相隔2节间断与叶对生，幼时顶端膨大或细尖微卷曲而不膨大，遇附着物时扩大成吸盘。单叶、掌状3或5出复叶，互生。圆锥状或伞房状疏散多歧聚伞花序，顶生或假顶生。花两性；5数；花瓣展开，各自分离脱落；雄蕊5枚；花盘不明显或偶有5个蜜腺状花盘，子房2室，每室2粒胚珠，花柱明显。浆果球状，种子1～4粒；果柄顶端增粗，常有瘤状突起。种子倒卵圆球状，种脐在背面中部呈圆形，腹部中棱脊突出，两侧洼穴呈沟状从基部向上斜展达种子顶端。

约13种，分布于亚洲和北美。中国10种（含引种1种），遍及全国，法定药用植物2种。华东地区法定药用植物1种。

564. 地锦（图564）• *Parthenocissus tricuspidata*（Sieb.et Zucc.）Planch.

【别名】地锦草、野枫藤（浙江），爬墙虎（安徽），爬山虎、捆石龙（江苏）。

【形态】木质藤本。小枝无毛，老枝无木栓翅；卷须5～9分枝，幼时顶端膨大呈圆球形，遇附着物时扩大成吸盘。叶片异型；叶柄长可达22cm。能育枝（短枝）上叶片宽倒卵圆形，长10～20cm，宽8～17cm，顶端3浅裂，基部心形，边缘有粗锯齿，两面无毛或叶背面沿脉被短柔毛；不育枝（长枝）上的叶常3全裂或为三出复叶，中央小叶片倒卵圆形，侧生小叶片斜卵圆形，边缘有粗锯齿，幼枝上常为单叶，较小，卵圆形，不分裂。多歧聚伞花序生于短枝上，基部分支，主轴不明显，花序梗长可达3.5cm，近无毛。花梗短；花萼碟形，全缘或呈波状，无毛；花瓣长椭圆形。果实圆球状，直径1～1.5cm，成熟时蓝黑色，常被白粉，种子1～3粒。花期5～8月，果期9～11月。

【生境与分布】各地有野生或栽培，常攀援于岩石、树干或墙壁上。分布于华东、华中以及吉林、辽宁、

图 564　地锦　　　　　　　　　　　　摄影　赵维良等

河北、山西、甘肃、陕西、广东、广西、四川和贵州等省区；韩国和日本也有分布。

【药名与部位】大风藤，茎及根。

【采集加工】全年均可采收，除去杂质，切段，干燥。

【药材性状】根呈类圆形，直径 3 ～ 8cm，具须状根。茎呈圆柱形，长短不一，直径 1 ～ 3cm；表面灰棕色或灰褐色，有顶端扩大成吸盘的卷须及纵裂痕；质坚硬，不易折断，断面纤维性，木质部与韧皮部易分离，韧皮部棕色，呈纤维状，木质部淡黄色，质疏松，有多数类圆形小孔。气微，味淡。

【药材炮制】除去杂质，洗净，润透，切片，干燥。

【化学成分】茎含芪及衍生物：白藜芦醇（resveratrol）[1]，白皮杉醇（piceatannol）、虎杖苷（piceid）、苍白粉藤醇（pallidol）、四方白粉藤素 A*（quadrangularins A）、凸花冠素 B（cyphostemmin B）、α- 葡萄素（α-viniferin）、桦木脂酚 A*（betulifol A）、地锦芪素 *A、B（parthenostilbenin A、B）、月桂苯乙酮 A（myrciaphenone A）[2]，异白蔹素 F（isoampelopsin F）[3] 和地锦酚 *A（tricuspidatol A）[4]；黄酮类：儿茶素（catechin）[2]；喹啉类：1, 2- 二氢 -2- 氧代喹啉 -4- 羧酸乙酯（ethyl 1, 2-dihydroxy-2-oxoquinoline-4-carboxylate）和 1, 2- 二氢 -2- 氧代喹啉 -4- 羧酸甲酯（methyl 1, 2-dihydroxy-2-oxoquinoline-4-carboxylate）[1]；甾体类：β- 谷甾醇（β-sitosterol）[1]。

　　叶含酚酸酯类：咖啡酰基甘醇酸甲酯（methyl caffeoyl glycolate）、咖啡酰酒石酸二甲酯（dimethyl caffeoyl tartarate）、咖啡酰酒石酸单甲酯（monomethyl caffeoyl tartronate）和咖啡酸甲酯（methyl caffeate）[5]；皂苷类：2α- 羟基熊果酸（2α-hdroxyursolic acid）和 2, 24- 二羟基熊果酸（2, 24-dihydroxyursolic acid）[5]；黄酮类：槲皮素（quercetin）、槲皮素 -3-O-β-D- 糖苷甲酯（quercetin-3-O-β-D-glucuronide methyl ester）和山奈酚（kaempferol）[5]；芪及衍生物：云杉新苷（piceid）、云杉新苷 -(1→6)-β-D- 吡喃葡萄糖苷［piceid-(1→6)-β-D-glucopyranoside］、白藜芦醇（resveratrol）和长柱矛果豆素 A、C（longistylin A、C）[6]；甾体类：β- 谷甾醇葡萄糖苷（β-sitosterol glucoside）[5]。

【药理作用】1.抗氧化　茎提取的多糖成分具有较强清除羟自由基(·OH)、超氧阴离子自由基($O_2^-\cdot$)和1,1-二苯基-2-三硝基苯肼自由基(DPPH)的作用，是一种天然的抗氧化物[1]。2.抗菌　果实、茎和根提取的多糖成分对金黄色葡萄球菌和大肠杆菌等部分细菌和真菌的生长具有抑制作用，其抑制作用强度随多糖浓度增大而增强，但对酵母菌无抑制作用[2]。2.抗病毒　茎叶乙醇提取物在病毒感染细胞过程中和感染1.5h后加入对禽传染性支气管炎病毒(IBV)的增殖有明显的抑制作用，说明其乙醇提取物能直接作用于病毒，有明显的治疗作用[3]。

【性味与归经】辛、微涩，温。归肝、脾经。

【功能与主治】祛风止痛，活血通络。用于风湿痹痛，中风半身不遂，偏正头痛，产后血瘀，腹生结块，跌打损伤，痈肿疮毒，溃疡不敛。

【用法与用量】10～15g。

【药用标准】江西药材2014。

【临床参考】1.膝骨性关节炎：藤茎30g，加生川乌、生草乌、宽筋藤、透骨草、海桐皮、千斤拔、红花、苏木、艾叶、两面针各30g，加水3000ml武火浓煎至500ml后装瓶备用；用沸水5000ml倒入盆中，加入药液1000ml熏洗患处，每天2次，每次30min[1]。

2.强直性脊柱炎：藤茎100g，加通城虎、虎杖、毛老虎、虎杖、九节风、透骨消、五加皮、三七、骨碎补各100g，土鳖虫、地龙各150g，桂枝80g，打粉过20目钢筛，白酒与醋以3：1调和药粉，制成厚度为1～1.5cm药饼，外敷患处，用风湿电泳仪配合药物离子导入，每天1次，每次50min[2]。

3.半身不遂：藤茎30g，加锦鸡儿根、千斤拔根各30g，大血藤根15g，冰糖少许，水煎服。

4.偏头痛、筋骨痛：藤茎30g，加当归9g、川芎6g、大枣3枚，水煎服。

5.疬子：鲜根皮捣烂，和酒酿拌匀敷患处；另取根15～30g，水煎服。（3方至5方引自《浙江药用植物志》）

【附注】地锦始载于《本草拾遗》。《证类本草》："地锦，生淮南林下，叶如鸭掌，藤蔓着地，节处有根，亦缘树石，冬月不死，山人产后用之。"《植物名实图考》蔓草类载："常春藤……结子圆碧如珠……然枝蔓下有细足，黏瓴镝极牢，疾风甚雨，不能震撼。"似与本种一致。

防己科植物木防己 *Cocculus orbiculatus*(Linn.)Candolle 的根及茎在湖南、贵州作大风藤药用，应注意区别。

《中国植物志》收载大戟科植物地锦 *Euphorbia humifusa* Willd.ex Schlecht.，中文名与本种相同，应注意区别。

【化学参考文献】

[1] 王燕芳，张昌桂，姚瑞茹，等.爬山虎化学成分的研究[J].药学学报，1982，17(6)：466-468.

[2] Kim H J，Saleem M，Seo S H，et al. Two new antioxidant stilbene dimers，parthenostilbenins A and B from *Parthenocissus tricuspidata*[J].Planta Medica，2005，71(10)：973-976.

[3] Tanaka T，Ohyama M，Morimoto K，et al. A resveratrol dimer from *Parthenocissus tricuspidata*[J].Phytochemistry，1998，48(7)：1241-1243.

[4] Lins A P，Felicio J D，Braggio M M，et al. A resveratrol dimer from *Parthenocissus tricuspidata*[J].Phytochemistry，1991，30(9)：3144-3146.

[5] Saleem M，Kim H J，Jin C，et al. Antioxidant caffeic acid derivatives from leaves of *Parthenocissus tricuspidata*[J].Arch Pharm Res，2004，27(3)：300-304.

[6] Son I H，Chung I M，Lee S J，et al. Antiplasmodial activity of novel stilbene derivatives isolated from *Parthenocissus tricuspidata* from South Korea[J].Parasitology Res，2007，101(1)：237-241.

【药理参考文献】

[1] 梁晓霞，尹恒，孔令茜，等.爬山虎多糖的体外抗氧化活性研究[J].天然产物研究与开发，2015，27：451-454.

[2] 董爱文，陈建华，周辉，等.爬山虎多糖的提取及抑菌作用[J].现代食品科技，2003，19(3)：15-17.

［3］王真，安红柳，梁雄燕，等.爬山虎乙醇提取物抗 IBV 的机制研究［J］.黑龙江畜牧兽医，2017，（10）：145-147.

　　【临床参考文献】

［1］钟远鸣，米琨，贺启荣，等.中药熏洗与股四头肌功能锻炼治疗膝关节骨关节炎［J］.中国临床康复，2006，10（43）：43-45.

［2］唐业建.五虎散外敷加按摩治疗强直性脊柱炎 48 例［J］.新中医，2007，39（7）：62-63.

3. 葡萄属 *Vitis* Linn.

　　木质藤本。卷须叉状分枝，与叶对生。单叶，稀为掌状复叶；托叶常早落。聚伞圆锥花序与叶对生；花 5 基数，常杂性异株，稀两性。花萼碟状，萼片细小；花瓣凋谢时呈帽状黏合整体脱落；花盘明显，5 裂；雄蕊在雌花中不发达，败育；子房 2 室，每室 2 粒胚珠，花柱纤细，柱头微扩大。浆果，肉质，有种子 2～4 粒。种子基部有短喙，种脐在种子背部呈圆形或近圆形，腹面两侧洼穴狭窄呈沟状或较宽呈倒卵状长圆形，从种子基部向上常达 1/3 处。

　　约 60 种，分布于温带和亚热带地区，主要产于中国和美洲东北部。中国 37 种，遍及全国，法定药用植物 4 种。华东地区法定药用植物 3 种。

分种检索表

1. 小枝有皮刺……………………………………………………………………………………刺葡萄 *V.davidii*
1. 小枝无皮刺或嫩枝有极稀疏皮刺。
　2. 幼时小枝、叶柄、叶背、花序梗及花序轴均密被蛛丝状绒毛或柔毛，后渐脱落变稀疏；种子两侧洼穴向上达种子 3/4 处…………………………………………………………蘡薁 *V.bryoniifolia*
　2. 小枝无毛或疏被柔毛，叶背面疏被柔毛或近无毛；种子腹面两侧洼穴向上达种子 1/4 处…………………………………………………………………………………………………葡萄 *V.vinifera*

565. 刺葡萄（图 565）• *Vitis davidii*（Roman.du Caill.）Foëx

　　【别名】山葡萄。

　　【形态】木质藤本。小枝无毛，具皮刺和纵棱，刺长 2～4mm；卷须 2 叉分枝。叶片卵圆形或卵状椭圆形，长 5～15cm，宽 4～16cm，先端急尖或短尾尖，基部心形，边缘有锐细锯齿，不分裂或不明显 3 浅裂，两面无毛，基出脉 5，沿中脉有侧脉 4 或 5 对，网脉明显，叶背较叶面突出；叶柄长达 13cm，无毛或疏生软小皮刺。聚伞圆锥花序与叶对生，长达 24cm，花序梗长达 2.5cm，无毛。花青绿色；花萼碟形，不明显 5 浅裂；花瓣呈帽状黏合脱落；子房圆锥形。浆果圆球状，直径 1.2～2.5cm，成熟时紫色或紫红色。种子椭圆倒卵球状，腹面两侧洼穴向上达种子 3/4 处。花期 4～6 月，果期 7～10 月。

　　【生境与分布】生于海拔 600～1800m 山坡杂木林中。分布于安徽、江苏、浙江、福建、江西，另陕西、河南、甘肃、湖北、湖南、广东、广西、四川、贵州及云南等省区均有分布。

　　【药名与部位】独正杆，根。

　　【采集加工】全年均可采挖，除去泥沙，切段，晒干。

　　【药材性状】呈不规则纺锤形或圆柱形，稍弯曲，长 32～100cm，直径 0.5～5.5cm。表面粗糙，黑褐色或棕褐色，外皮易剥离，具纵皱纹及支根痕，质硬，不易折断。切断面皮层较窄，易脱落，棕褐色，纤维状；木质部黄棕色或红棕色，具多数小孔（导管）组成同心环纹，呈放射状排列。味甘，气微。

　　【药材炮制】除去杂质，洗净，切厚片，晒干。

图 565　刺葡萄

摄影　郭增喜等

【化学成分】地上部分含芪类：白藜芦醇（resveratrol）、白蔹素 E（ampelopsin E）、毛葡萄酚 A（heyneanol A）、去氢黄柏苷 B、G（amurensin B、G）、异 - ε - 葡萄素（iso- ε -viniferin）和葡萄素 A（vitisin A）[1]。

【药理作用】1.抗氧化　果皮多酚在体外对 2，2′- 联氮－二（3- 乙基－苯并噻唑 -6- 磺酸）二铵盐自由基（ABTS）、1，1- 二苯基 -2- 三硝基苯肼自由基（DPPH）有较强的清除作用，对清除羟自由基（·OH）、亚铁离子的螯合和抑制大鼠脑匀浆脂质过氧化的作用较弱[1]。2. 促骨愈合　根正醇提物的正丁醇部位及乙酸乙酯部位对大鼠桡骨骨折愈合有显著的促进作用，可显著升高左前肢桡骨骨折模型大鼠血清碱性磷酸酶含量，提前钙浓度峰值发生时间及钙浓度降低时间，提前软骨细胞及纤维性骨痂发生时间，增加骨痂生长速度、提前骨折部位塑形及骨髓腔贯通时间，上调 VEGF mRNA 表达水平[2]。

【性味与归经】甘，平。归肝、胃经。

【功能与主治】活血散瘀，消肿止痛，消积。用于癥瘕积聚，筋骨疼痛，跌打损伤，小儿疳积等。

【用法与用量】30 ～ 60g。

【药用标准】湖北药材 2009。

【临床参考】1.慢性关节炎：鲜根 60g，加大血藤、五味子根、山莓、百两金、娃儿藤根、钩藤各 9 ～ 15g，肉汤炖服。

2. 跌打损伤：根 30g，水煎服。（1 方、2 方引自《浙江药用植物志》）

3. 筋骨伤痛：根 120g，水煎，冲黄酒、红糖服。（《浙江天目山药用植物志》）

【化学参考文献】

［1］杨敬芝，周立新，丁怡 .刺葡萄化学成分的研究 . ［J］.中国中药杂志，2001，26（8）：553-555.

【药理参考文献】

［1］金晓敏，朱彩云，夏道宗，等 .刺葡萄皮多酚提取工艺优化及其抗氧化活性研究［J］.云南中医学院学报，2016，

39（1）：21-26.

［2］徐元翠，万仲贤，黄华斌，等．独正杆不同极性部位促进 SD 大鼠骨折愈合活性研究［J］．环球中医药，2018，11（2）：177-181.

566. 蘡薁（图 566）• *Vitis bryoniifolia* Bunge（*Vitis adstricta* Hance）

图 566　蘡薁　　　　　　　　摄影　张芬耀等

【别名】野葡萄。

【形态】木质藤本。幼时小枝、叶柄、叶背、花序梗及花序轴均密被蛛丝状绒毛或柔毛，后渐脱落变稀疏；卷须 2 叉分枝。叶片宽卵圆形、三角状卵圆形或卵状椭圆形，长 2.5 ～ 8.0cm，宽 2 ～ 8cm，3 或 5（7）深裂或浅裂，稀兼有不裂，裂片边缘具缺刻状粗齿，顶端急尖或短渐尖，基部心形、深心形、浅心形或近截形，叶面疏被短柔毛，基出脉 5，沿中脉有侧脉 4 ～ 6 对，两面网脉均不明显；叶柄长达 4.5cm。聚伞圆锥花序，长达 12cm；花序梗长达 2.5cm。花梗无毛；花萼碟形，近全缘；花瓣呈帽状黏合脱落；花盘 5 裂。浆果圆球状，直径达 0.8cm，成熟时紫色或紫红色。种子倒卵圆球状，两侧洼穴向上达种子 3/4 处。花期 4 ～ 8 月，果期 6 ～ 10 月。

【生境与分布】生于海拔 150 ～ 2500m 丘陵山地的沟谷、山坡、林缘或灌丛。分布于华东各省市，另华中、华南以及山西、陕西、四川和云南等省区均有分布。

【药名与部位】山葡萄，茎和叶。

【采集加工】7 ～ 8 月茎、叶茂盛时采收，晒干。

【药材性状】为藤本，常缠绕成束。茎细长，扁圆柱形，幼枝密被深灰色或灰棕色茸毛。下部茎皮呈长裂片状剥落。质硬脆，断面较平坦，灰棕色。卷须与叶对生。单叶互生，多皱缩，完整叶片阔卵圆形，长宽 6～14cm，通常 3～5 深裂，基部心形，边缘具浅而不整齐的粗锯齿，上表面灰棕色，疏生短茸毛，下表面色浅，密被灰棕色茸毛；叶柄通常被毛。气微，味酸、甘、涩。

【药材炮制】除去杂质，切段。

【化学成分】地上部分含酚苷类：3,5- 二甲氧基 -4- 羟基 - 苯丙醇 -9-O-β-D- 吡喃葡萄糖苷（3,5-dimethoxyl-4-hydroxyl phenylpropanol-9-O-β-D-glycopyranoside）和 O- 羟基 - 苯甲基糖苷（O-hydroxybenzylglycoside）[1]；黄酮类：儿茶素（catechin）[1]；芪及衍生物：白藜芦醇 -3-O-β-D- 吡喃葡萄糖苷（resveratrol-3-O-β-D-glucopyranoside）、宫部苔草酚 C（miyabenol C）、顺式宫部苔草酚 C（cis-miyabenol C）、白蔹素 C（ampelopsin C）、α- 葡萄素（α-viniferin）和（+）- 葡萄素［（+）-viniferin］[1]；苯丙素类：紫丁香苷（syringin）和二氢紫丁香苷（dihydrosyringin）[1]。

【药理作用】利尿　茎叶的乙醇、乙酸乙酯和正丁醇提取物能明显增加小鼠的排尿量[1]。

【性味与归经】甘、淡，凉。归心、肾经。

【功能与主治】清热利湿，解毒消肿，凉血止血。用于淋证，痢疾，哕逆，风湿痹痛，跌打损伤，瘰疬，湿疹，疮痈肿毒，崩漏，血淋，外伤出血。

【用法与用量】15～30g。

【药用标准】广东药材 2011。

【临床参考】亚急性重症肝炎：蘡薁合剂（茎叶 100g，加赤芍 60g、田基黄 30g、生大黄 10g、生甘草 10g），水煎取汁 120ml，保留灌肠大于 1h，每天 2 次[1]。

【附注】蘡薁始载于《本草经集注》。《新修本草》谓："薁，山葡萄，并堪为酒。"《本草拾遗》载："薁是山蒲桃，斫断藤吹，气出一头如通草。"《本草图经》在葡萄条下谓："江东出一种实细而味酸，谓之蘡薁子。"《本草纲目》谓："蘡薁野生林墅间，亦可插植。蔓、叶、花、实与葡萄无异。其实小而圆，色不甚紫也。《诗》云：六月食薁即此。其茎吹之，气出有汁如通草也。"《植物名实图考》在三十二卷果类列附条谓："蘡薁即野葡萄。"以上本草所述基本与本种相符。

本种的果实、根民间也药用。

【化学参考文献】

[1] Dou D Q, Ren J, Maggie C, et al. Polyphenols from *Vitis thunbergii* Sieb. et Zucc.［J］. J Chin Pharma Sci, 2003, 12（2）: 57-59.

【药理参考文献】

[1] 冯晓东, 陈一村, 蔡聪艺, 等. 山葡萄不同提取部位对小鼠的利尿作用［J］. 汕头大学医学院学报, 2015, 28（3）: 132-133.

【临床参考文献】

[1] 陈国良, 肖志鸿, 陈志杰, 等. 蘡薁合剂保留灌肠治疗亚急性重症肝炎临床研究［J］. 中国医药学报, 2001, 16（2）: 42-44.

567. 葡萄（图 567）· *Vitis vinifera* Linn.

【别名】山葫芦（山东），蒲陶、草龙珠（上海），琐琐葡萄。

【形态】木质藤本。小枝无毛或疏被柔毛；卷须 2 叉分枝。叶片宽卵圆形，3 或 5 浅裂或中裂，有时不分裂，长 7～18cm，宽 6～16cm，先端急尖，基部深心形，两侧常靠合，边缘具缺刻状粗锯齿，齿深而粗大，叶背面疏被柔毛或近无毛，基出脉 5，沿中脉有侧脉 4 或 5 对；叶柄可长达 9cm；托叶早落。聚伞圆锥花序密集，长达 20cm，基部分枝发达，花序梗长达 4cm，近无毛或疏被蛛丝状绒毛。花梗无毛；花萼浅碟形，边缘呈波状；花瓣呈帽状黏合脱落；花盘 5 浅裂；子房卵圆形。浆果圆球状或椭圆球状，

图 567　葡萄　　　　　　　　　　　　　　　　　　摄影　郭增喜等

直径约 2cm，成熟时紫红色或紫黑色，常被白粉。种子倒卵球状，腹面两侧洼穴向上达种子 1/4 处。花期 4～5 月，果熟期 8～9 月。

　　【生境与分布】华东各省市普遍栽培。中国引进栽培历史悠久，各地均有栽培。原产于亚洲西南部和欧洲东南部，现世界各地栽培。

　　【药名与部位】琐琐葡萄（马奶子葡萄干），成熟果实。

　　【采集加工】秋季果实成熟时，剪下果序，阴干。

　　【药材性状】呈类圆形，直径 2～7mm。表面暗红色或略带黄绿色，皱缩不平，顶端有一点状突起，底部常有残存的棕红色果柄，长 2～6mm。质较柔软，易撕裂，富糖质。气微，味甜微酸。

　　【化学成分】果实含黄酮类：异槲皮苷（isoquercitrin）、槲皮素 -3-O-β-D- 葡萄糖醛酸钠盐（quercetin-3-O-β-D-glucuronate sodium）和槲皮素 -3-O-β-D- 吡喃葡萄糖醛酸乙酯苷（quercetin-3-O-β-D-glucuronopyranoside ethyl ester）[1]；皂苷类：齐墩果酸（oleanolic acid）[1]；酚酸类：没食子酸（gallic acid）和单咖啡酰酒石酸（monocaffeyl tartaric acid）[1]；元素：钾（K）、钠（Na）、锌（Zn）、铜（Cu）、锰（Mn）、铅（Pb）和硒（Se）[2]。

　　叶含花青素类：花青素 -3-O- 葡萄糖苷（cyanidin-3-O-glucoside）和芍药色素 -3-O- 葡萄糖苷（peonidin-3-O-glucoside）[3]；黄酮类：槲皮苷 -3-O- 葡萄糖苷酸（quercetin-3-O-glucuronide）、槲皮苷 -3-O- 半乳糖苷（quercetin-3-O-galactoside）、槲皮苷 -3-O- 葡萄糖苷（quercetin-3-O-glucoside）和芦丁（rutin）[3]；酚酸类：反式咖啡酰酒石酸（$trans$-caftaric acid）[3]。

　　【药理作用】1. 降血糖　种子 70% 乙醇提取物可显著降低链尿霉素所致糖尿病模型大鼠的血糖、乙酰胆碱酯酶及单胺氧化酶含量[1]；茎皮三氯甲烷及乙醇提取物可显著降低四氧嘧啶所致糖尿病模型大鼠的血糖，显著升高超氧化物歧化酶（SOD）、过氧化氢（H_2O_2）及过氧化物酶（POD）含量，减少脂质过氧化反应[2]；叶乙醇提取物可显著降低链脲佐菌素所致糖尿病模型大鼠的血糖，而对正常大鼠血糖无影响[3]。2. 护肝　根乙醇提取物可显著降低四氯化碳所致肝损伤模型小鼠的血清谷丙转氨酶（ALT）、天冬氨酸氨基转移酶（AST）、碱性磷酸酶（ALP）及总胆红素（TBIL）含量，可显著升高血清总蛋白质含量[4]；种子乙醇提取物可显著抑制对乙酰氨基酚所致肝损伤模型大鼠的天冬氨酸氨基转移酶、谷丙转氨酶、碱性磷酸酶、总胆红素、丙二醛（MDA）含量的升高，以及超氧化物歧化酶（SOD）、过氧化氢酶（CAT）、谷胱甘肽过氧化物酶（GSH-Px）含量的降低[5]；果实中提取的总三萜可显著降低卡介苗整体致敏和脂多糖离体攻击法所致原代肝细胞免疫损伤模型大鼠的谷丙转氨酶、天冬氨酸氨基转移酶及一氧化氮的含量[6]。3. 护肾　种子提取物可减轻肾脏缺血模型大鼠的肾脏损伤，减少对肌酐廓清率及尿排出量的影响，减少局部缺血所致的肾脏过氧化物上升[7]。4. 镇痛　果实 70% 甲醇提取物可明显减少乙酸所致大鼠的扭体次数，且具有剂量依赖性，可显著延长热板所致大鼠的疼痛反应时间[8]。5. 抗肿瘤　叶水提物对肝癌 HepG2 细胞有明显的细胞毒作用，而与阿霉素联用时则作用消失[9]；种子中提取的原花青素可使悬浮培养的乳腺癌 MCF-7 细胞凋亡，表现为细胞染色质 DNA 断裂及软琼脂集落形成受阻[10]。6. 抗氧化　叶乙醇提取物可显著降低肾脏及肝脏的过氧化脂质含量，显著升高肾脏及肝脏中谷胱甘肽含量[3]。7. 抗菌　全草乙醇及正丁醇提取部分对大肠杆菌、金黄色葡萄球菌、枯草杆菌和短小芽孢杆菌的生长均有抑制作用[11]。8. 抗阿尔茨海默病　果实提取的总黄酮可抑制 $A\beta_{25-35}$ 所致阿尔茨海默病模型大鼠的核转录因子 -κB 的水平[12]；多糖可显著改善大鼠学习记忆能力，明显改善海马神经元细胞形态，增加正常海马神经元数量，降低海马神经元异常凋亡率[13]。9. 抗病毒　果实中提取的总三萜对流感病毒 A（H1N1）型狗肾传代细胞在感染前后均有抑制作用[14]。10. 抗突变　种子中提取的原花青素可显著抑制环磷酰胺诱发小鼠的骨髓多染红细胞微核细胞发生率，能提高肝脏谷胱甘肽 -S- 转移酶活力及谷胱甘肽含量[15]。

【性味与归经】平。

【功能与主治】活血，退热。用于脾胃不和，头晕腰酸、神志不安、咳嗽气喘。民间用于小儿麻疹。

【用法与用量】15 ～ 30g。

【药用标准】部标维药 1999、部标蒙药 1998、新疆维药 1993、内蒙古蒙药 1986、新疆药品 1987、甘肃药材 2009 和青海藏药 1992。

【临床参考】1. 精神疲惫、记忆减退：果实适量，加等量黄芪、山药、熟地、黑芝麻、莲子、菟丝子、麦冬，研为细末，炼蜜为丸，每日服 10g[1]。

2. 风湿性关节炎：果实 6 个，加生核桃仁 6 个、无核小枣 6 个、好茶叶 9g、穿山甲 9g、大铜钱 3 个，水煎服，每日 1 剂[2]。

3. 妊娠呕吐、浮肿、小便不利：根 30g，水煎服。

4. 吐血：根 9 ～ 15g，加侧柏叶 9 ～ 15g、白茅根 30g，水煎服。

5. 筋伤骨折：鲜根适量，捣烂敷患处。

6. 咽喉肿痛、小儿腹泻：叶 15 ～ 30g，水煎服。（3 方至 6 方引自《浙江药用植物志》）

【附注】葡萄始载于《神农本草经》，列为上品。《名医别录》云："生陇西五原敦煌山谷。"《蜀本草》载："蔓生，苗叶似蘡薁而大，子有紫、白二色，又有似马乳者，又有圆者，皆以其形为名，又有无核者，七月、八月熟。"《本草图经》云："苗作藤蔓而极长大，盛者一二本绵被山谷间。花极细而黄白色。"《本草纲目》谓："葡萄折藤压之最易生。春月萌苞生叶，颇似栝楼叶，而有五尖，生须延蔓，引数十丈。三月开小花，成穗，黄白色。仍连着实，星编珠聚，七八月熟，有紫、白二色，西人及太原、平阳皆作葡萄干，货之四方。中有绿葡萄，熟时色绿。云南所出者，大如枣，味尤长。西边琐琐葡萄，大如五味子而无核。"《本草纲目拾遗》云："琐琐葡萄，出吐鲁番，北京货之，形如胡椒，系葡萄之别种也。"据以上记述，即为本种。

阴虚内热，胃肠实热或痰热内蕴者慎服。

本种的叶、根民间也药用。

【化学参考文献】

［1］刘涛，马龙，赵军，等．琐琐葡萄化学成分研究［J］．天然产物研究与开发，2010，22（6）：1009-1011.

［2］周晓英，汪君，刘海．维吾尔药琐琐葡萄中无机元素含量测定及紫外光谱分析［J］．中国民族医药杂志，2004，10（2）：26-28.

［3］Dresch R R，Dresch M K，Guerreiro A F，et al. Phenolic compounds from the leaves of *Vitis labrusca* and *Vitis vinifera* L. as a source of waste byproducts：development and validation of LC method anda ntichemotactic activity［J］．Food Analytical Methods，2014，7（3）：527-539.

【药理参考文献】

［1］Chitra V，Udayasri N，Narayanan J. Effect of *Vitis vinifera* fruit seed extract against streptozocin induced diabetes related Alzheimer's disease in Wistar rats［J］．International Journal of Pharmaceutical Sciences Review & Research，2015，33（1）：1-7.

［2］Mansoor A，Ashajyothi C，Lakshmikantha R Y，et al. Evaluation of antidiabetic activity of *Vitis vinifera* stem bark［J］．Journal of Pharmacy Research，2012，5（11）：5239-5242.

［3］Şendoğdu N，Aslan M，Orhan D D，et al. Antidiabetic and antioxidant effects of *Vitis vinifera* L. leaves in streptozotocin-diabetic rats［J］．Turkish Journal of Pharmaceutical Sciences，2006，3（1）：7-17.

［4］Sharma S K，Suman，Vasudeva N. Hepatoprotective activity of *Vitis vinifera* root extract against carbon tetrachloride-induced liver damage in rats［J］．Acta Poloniae Pharmaceutica，2012，69（5）：933-937.

［5］Swapna R S，Sowjanya P，Srinivasa R N，et，al. Effect of *Vitis vinifera* L. seed extract on hepatic marker enzymes and oxidative stress against acetaminophen induced hepatotoxicity in rats［J］．International Journal of Pharceutical and Chemical Sciences，22013，2（2）：738-742.

［6］刘涛，马龙，赵军，等．琐琐葡萄三萜类成分在体外对大鼠免疫性肝损伤的保护作用［J］．新疆医科大学学报，2007，30（11）：1222-1225.

［7］Bezerra S，Silva J D，Teixeira P J，et al. Efeito protetor da *Vitis vinifera* na lesãorenal aguda isquêmica em ratos［J］．J Bras Nefrol，2008，30（2）：99-104.

［8］Zeghad N，Madi A，Helmi S，et al. *In vivo* analgesic activity and safety assessment of *Vitis vinifera* L. and *Punica granatum* L. fruits extracts［J］．Tropical Journal of Pharmaceutical Research，2017，16（3）：553-561.

［9］Ali Z K. The anti-proliferative activity of *Vitis vinifera* leaves of water extract alone and in combination with doxorubicin against liver cancer cell line［J］．World Journal of Pharmaceutical Research，2017，6（6）：1373-1380.

［10］韩炯，李莹，刘新平，等．葡萄籽提取物原花青素诱导乳腺癌 MCF-7 细胞脱落凋亡［J］．中草药，2003，34（8）：722-725.

［11］艾克白尔·买买提，迪丽拜尔·托乎提，阿不都拉·阿巴斯．琐琐葡萄乙酸乙酯提液和正丁醇提液抑菌作用初步研究［J］．食品科学，2007，28（9）：66-68.

［12］马丽娟，吴燕倪，袁芳．琐琐葡萄黄酮对阿尔茨海默病大鼠 NF-κB/IκB-α 信号通路的影响［J］．时珍国医国药，2017，28（10）：2325-2328.

［13］李悦，马丽娟，袁芳，等．琐琐葡萄多糖对阿尔茨海默病模型大鼠行为学和形态学的影响［J］．中国医药导报，2016，13（29）：8-11.

［14］何华，马龙，徐良军，等．新疆琐琐葡萄提取物抗流感病毒 A（H1N1）亚型作用研究［J］．中国食品卫生杂志，2009，21（5）：392-397.

［15］孙志广，赵万洲，陆茵，等．葡萄籽原花青素对环磷酰胺诱发小鼠骨髓多染红细胞微核形成的抑制作用及其机理探讨［J］．时珍国医国药，2000，11（5）：386-387.

【临床参考文献】

［1］李志文．名医施今墨延年方三则［J］．医学文选，1994，（2）：58.

［2］马俊环．治疗风湿性关节炎验方［J］．河北新医药，1977，（1）：15.

4. 蛇葡萄属 *Ampelopsis* Michx.

木质藤本。卷须叉状分枝，相隔 2（3）节或多节间断与叶对生。单叶、羽状复叶或掌状复叶，互生。花两性或杂性同株；伞房状多歧聚伞花序或复二歧聚伞花序，与叶对生或顶生。花小；花萼盘形，不明显5浅裂或不裂；花瓣5枚，开展，各自分离脱落；雄蕊5枚；花盘发达，边缘波状浅裂；花柱明显，柱头不明显扩大；子房2室，每室有2粒胚珠。浆果圆球状，有种子1～4粒。种子倒卵圆球状，种脐在种子背面中部呈椭圆形或条形，两侧洼穴呈倒卵形或狭窄，从基部向上达种子近中部。

约30种，分布于亚洲以及北美和中美洲。中国17种，遍及全国，法定药用植物7种。华东地区法定药用植物5种。

分种检索表

1. 单叶···异叶蛇葡萄 A.humulifolia
1. 复叶。
  2. 掌状复叶。
    3. 叶具3小叶；叶轴和小叶柄无关节，叶轴无翅··················三裂蛇葡萄 A.delavayana
    3. 叶具3或5小叶；叶轴和小叶柄有关节，叶轴具翅················白蔹 A.japonica
  2. 羽状复叶。
    4. 小枝、叶柄和花序均无毛····································显齿蛇葡萄 A.grossedentata
    4. 小枝、叶柄和花序梗均被短柔毛································广东蛇葡萄 A.cantoniensis

568. 异叶蛇葡萄（图 568）• *Ampelopsis heterophylla*（Thunb.）Sieb.et Zucc. ［*Ampelopsis humulifolia* Bunge var.*heterophylla*（Thunb.）K.Koch］

图 568　异叶蛇葡萄　　　　　　　　　　　　　摄影　李华东等

【别名】葎叶蛇葡萄（江苏）。

【形态】木质藤本。小枝、叶柄及花梗疏被柔毛；小枝圆柱形，有纵棱纹。卷须 2 或 3 叉分枝。单叶；叶片纸质，心形或卵圆形，3 或 5 中裂或深裂，稀浅裂，常混生有不裂叶，长 3.5 ～ 14cm，宽 3 ～ 12cm，顶端渐尖或短渐尖，基部心形，边缘有圆钝齿，齿端具小尖头，叶面无毛，叶背沿脉疏被短柔毛，基出脉 5 条，侧脉 4 或 5 对。聚伞花序与叶对生，花序梗长 2 ～ 4cm，与花梗和花萼均被疏短柔毛或无毛。花萼浅裂；花瓣长圆形或卵状三角形，近无毛。浆果圆球状或肾状，直径 6mm，成熟时蓝黑色。花期 4 ～ 6 月，果期 7 ～ 10 月。

【生境与分布】生于海拔 200 ～ 1800m 的山坡、沟谷、灌丛、林缘或疏林中。分布于华东各省市，另东北、华中以及四川、贵州、云南、广东和广西有分布；日本也有分布。

【药名与部位】紫麻，根。

【采集加工】秋季采挖，除去杂质，洗净，干燥。

【药材性状】为不规则的圆柱形，有分支，外皮扭曲，较薄，棕褐色，外皮脱落处略呈紫红色，断面皮部窄，木质部黄白色。气微，味微苦。

【化学成分】根含甾体类：β- 谷甾醇（β-sitosterol）、胡萝卜苷（daucosterol）[1] 和 3- 羟基 - 胆甾 -8, 14- 二烯 -23- 酮（3-hydroxy-8，14-cholestadien-23-one）[2]；酚酸及酯类：没食子酸（gallic acid）、没食子酸乙酯（ethyl gallate）[1]；皂苷类：羽扇豆醇（lupeol）[1]；黄酮类：（+）- 儿茶素［（+）-catechol］[1]。

【药理作用】1.抗氧化　根醇提取物可抑制黄嘌呤氧化酶和脂质氧化酶的作用，是 2, 2′- 联氮－二（3-乙基－苯并噻唑 -6- 磺酸）二铵盐自由基（ABTS）的清除剂[1]。2. 抗病毒　叶醇提物可直接杀伤柯萨奇病毒 B3，但有一定毒副作用[2]。3. 护肝　根醇提取物对 D- 氨基半乳糖（D-GalN）所致急性肝损伤大鼠的肝细胞有一定程度的修复作用，且在一定剂量下具有显著的降酶保肝作用[3]。

【性味与归经】甘，苦，寒。归心、肝、胃经。

【功能与主治】清热补虚，散瘀通络，解毒。用于产后心烦口渴，中风半身不遂，跌扑损伤，痈肿恶疮。

【用法与用量】15 ～ 30g；外用适量，捣烂敷。

【药用标准】贵州药材 2003。

【附注】紫葛始载于《新修本草》，谓："苗似葡萄，根紫色，大者径二三寸，苗长丈许。"《蜀本草》谓："蔓生，叶似蘡薁，根皮肉俱紫色，所在山谷有之，今出雍州，三月八月采根皮日干。"《本草图经》云："紫葛，旧不载所出州土，云生山谷，今惟江宁府台州有之，春生冬枯，似葡萄而紫色，长丈许，大者径二三寸，叶似蘡薁，根皮俱紫色，三月八月采根皮日干。"《植物名实图考》谓："紫葛，湖南谓之赤葛藤。叶似野葡萄，而根长如葛，色紫，盖即葛之别种。"即为本种。

【化学参考文献】

[1] 张琼光, 谭文界, 陈科力. 异叶蛇葡萄根化学成分研究 [J]. 中药材, 2003, 26（9）: 636-637.

[2] 张琼光. 异叶蛇葡萄的化学成分研究 [D]. 武汉: 湖北中医学院硕士学位论文, 2003.

【药理参考文献】

[1] 陈科力, 叶丛进, Geoff W P, 等. 异叶蛇葡萄和蛇葡萄提取物抑制黄嘌呤氧化酶和脂质氧化酶的活性研究 [J]. 中药材, 2004, 27（9）: 650-653.

[2] 张巧玲, 杨占秋, 陈科力, 等. 4 种药用植物提取物体外抗柯萨奇病毒 B3 作用的研究 [J]. 武汉大学学报（医学版）, 2005, 26（2）: 157-160.

[3] 陈科力, 张秀明, 李瀚旻, 等. 三种蛇葡萄根抗 D-GalN 致急性肝损伤的实验研究 [J]. 中药材, 1999,（7）: 353-354.

569. 三裂蛇葡萄（图 569）• *Ampelopsis delavayana*（Franch.）Planch.

图 569　三裂蛇葡萄　　　　　　　　　　摄影　张芬耀

【别名】玉葡萄，绿葡萄。

【形态】木质藤本。小枝有纵棱，幼时疏被短柔毛，后渐脱落；卷须 2 ～ 3 叉分枝。叶柄长 3 ～ 10cm，疏被柔毛；掌状 3 小叶复叶，小枝上部常兼有单叶，顶生小叶菱状披针形或椭圆状披针形，长 5 ～ 13cm，宽 2 ～ 4cm，先端渐尖，基部楔形，侧生小叶明显不对称，偏卵状椭圆形或卵状披针形，基部近楔形，极偏斜，边缘有粗锯齿，叶两面沿脉疏被柔毛，侧脉 5 ～ 7 对，网脉两面均不明显；小叶片有柄或无柄。多歧聚伞花序，与叶对生，花序梗长可达 4cm。花梗短，与花序梗均被短柔毛；花萼碟形，边缘波状浅裂，无毛；花瓣 5 枚，卵状椭圆形，外侧无毛；雄蕊 5 枚，花药卵圆状，长宽近相等；花盘明显，5 浅裂；子房下部与花盘合生，花柱明显，柱头稍扩大。果实近圆球状，直径约 8mm，有种子 2 或 3 粒。种子倒卵球状，顶端圆形，基部有短喙。花期 6 ～ 8 月，果期 9 ～ 11 月。

【生境与分布】生于海拔 50 ～ 2200m 山坡疏林中。分布于华东各省市，另华中和吉林、辽宁、内蒙古、河北、陕西、甘肃、四川、贵州、云南、广东及广西等省区也有分布；日本也有分布。

【药名与部位】玉葡萄根，根。

【采集加工】秋季采挖，除去泥沙，晒干。

【药材性状】呈圆柱形，略弯曲，长 13 ～ 30cm，直径 0.5 ～ 1.5cm。表面暗褐色，有纵皱纹。质硬而脆，易折断，断面皮部较厚，红褐色，粉性，木质部色较淡，纤维性，皮部与木质部易脱离。气微，味涩。

【药材炮制】除去杂质，洗净，润透，切片，晒干，或研成细粉。

【化学成分】根含黄酮类：红橘素（tangeretin）和儿茶素（catechin）[1]；倍半萜类：2, 9- 二羟基 -4, 7- 大柱香波龙二烯 -3- 酮（2, 9-dihydroxy-4, 7-megastigmadien-3-one）[1]；皂苷类：羽扇豆醇（lupeol）[1]；甾体类：胡萝卜苷（daucosterol）、β- 谷甾醇（β-sitosterol）和胆甾 -5- 烯 -3β- 醇（cholest-5-en-3β-ol）[1]；脂肪酸类：二十九烷酸（nonacosanoic acid）、棕榈酸（palmitic acid）、9, 12, 15- 十八碳三烯酸甘油酯（9, 12, 15-trioctadecatrienoin）和9- 十八碳烯酸单甘油酯（9-monooleoylglycerol）[1]；酚酸类：水杨酸（salicylic acid）[1]；酚苷类：2- 苯甲基 -O-β-D- 吡喃木糖基 -（1→6）-O-β-D- 吡喃葡萄糖苷［2-methylphenyl -O-β-D-xylopyranosyl-（1→6）-O-β-D-glucopyranoside］和 2- 苯甲基 -O-α- 阿拉伯呋喃糖基 -（1→6）-O-β-D- 吡喃葡萄糖苷［2-methylphenyl-O-α-arabinofuranosyl-（1→6）-O-β-glucopyranoside］[2]。

【药理作用】1. 抗炎镇痛　根醇提物对乙酸所致的扭体、热板法所致的疼痛，二甲苯所致小鼠的耳肿胀和乙酸所致小鼠腹腔毛细血管通透性增加均有非常显著的抗炎镇痛作用[1]。2. 耐缺氧　根醇提取物对常压耐缺氧、对抗特异性心肌缺氧、对抗脑缺血缺氧和游泳所致的常压缺氧、特异性心肌缺氧、脑缺血缺氧及游泳的存活时间均有明显的延长作用，且常压缺氧最明显[2]。3. 抗菌　根提取分离的化合物 2- 甲苯基 -O-β-D- 吡喃木糖 -（1→6）-O-β-D- 吡喃葡萄糖苷［2-methylphenyl-O-β-D-xylopyranosyl-（1→6）-O-β-D-glucopyranoside］和 2- 甲基苯基 O-α- 阿拉伯呋喃糖基 -（1→6）-O-β- 吡喃葡萄糖苷［2-methylphenyl O-α-arabinofuranosyl-（1→6）-O-β-glucopyranoside］对大肠杆菌、铜绿假单胞菌和金黄色葡萄球菌的生长均有较好的抑制作用[3]。

【性味与归经】涩、微苦，温。归肝、肾、膀胱、大肠经。

【功能与主治】散瘀止痛，消炎，止血。用于肠炎腹泻，跌扑损伤；外治烧、烫伤，外伤出血，骨折。

【用法与用量】9 ～ 15g；外用干粉撒敷或用蛋清调拌敷患处。

【药用标准】药典 1977、云南彝药 2005 二册和云南药品 1996。

【化学参考文献】

［1］逯珍花 . 玉葡萄根化学成分及质量控制指标的研究［D］. 昆明：云南中医学院硕士学位论文，2012.

［2］Mei S X, Li X H, Yang L G, et al. Chemical constituents from the roots of *Ampelopsis delavayana* and their antibacterial activities［J］. Natural Product Research, 2016, 31（2）：S1-S21.

【药理参考文献】

［1］张杰，尤星，段新瑜，等 . 玉葡萄根抗炎镇痛作用研究［J］. 大理大学学报，2006, 5（10）：22-24.

［2］刘晓波，刘晓正，晏彩芬，等 . 玉葡萄根耐缺氧作用的研究［J］. 云南中医中药杂志，2007, 28（11）：39-40.

［3］Mei S X, Li X H, Yang L G, et al. Chemical constituents from the roots of *Ampelopsis delavayana* and their antibacterial activities［J］. Natural Product Research, 2016, 31（2）：S1-S21.

570. 白蔹（图 570）· *Ampelopsis japonica*（Thunb.）Makino

【别名】无爪藤、野番薯、地老鼠（浙江），箭猪腰（江苏南京），猫儿卵。

【形态】木质藤本。块根肉质，纺锤形、圆柱形或近圆球形；卷须不分枝或顶端有短分叉。掌状复叶具 3 或 5 小叶；小叶片长 4 ～ 14cm，宽 6 ～ 12cm，羽状深裂或边缘具深锯齿而不分裂，3 小叶者中央小叶片有 1 个关节或无关节，基部窄呈翅状；掌状 5 小叶者中央小叶片和侧生小叶片深裂至基部，小裂片与叶轴连接处有 1 ～ 3 个关节，关节间有翅，侧生小叶较小，无关节或有 1 个关节，叶片两面无毛或叶背有时沿脉疏被短柔毛；叶柄长达 4cm。聚伞花序，花序梗纤细，长达 8cm，常缠绕。花梗极短或近无柄；花萼碟形，5 浅裂，边缘波状浅裂；花瓣宽卵圆形。果实圆球状，直径约 1cm，成熟时蓝色或白色，有种子 1 ～ 3 粒。花期 5 ～ 6 月，果熟期 9 ～ 10 月。

【生境与分布】生于海拔 100 ～ 900m 的山坡、路旁、疏林或荒地，药圃有栽培。分布于华东各省市，另华中和吉林、辽宁、河北、山西、陕西、四川、贵州、广东和广西等省区均有分布。

图 570　白蔹　　　摄影　张芬耀等

【**药名与部位**】白蔹，块根。

【**采集加工**】春、秋二季采挖，除去泥沙及细根，切成纵瓣或斜片，晒干或低温干燥。

【**药材性状**】纵瓣呈长圆形或近纺锤形，长 4～10cm。直径 1～2cm。切面周边常向内卷曲，中部有 1 突起的棱线。外皮红棕色或红褐色，有纵皱纹、细横纹及横长皮孔，易层层脱落，脱落处呈淡红棕色。斜片呈卵圆形，长 2.5～5cm，宽 2～3cm。切面类白色或浅红棕色，可见放射状纹理，周边较厚，微翘起或略弯曲。体轻，质硬脆，易折断，折断时，有粉尘飞出。气微，味甘。

【**质量要求**】内色白，不霉蛀。

【**药材炮制**】除去杂质，洗净，润透，切厚片，干燥。

【**化学成分**】叶含酚酸及苷类：没食子酸（gallic acid）、1, 2, 6- 三氧 - 没食子酰基 -β-D- 吡喃葡萄糖苷（1, 2, 6-tri-O-galloyl-β-D-glucopyranoside）、1, 2, 3, 6- 四氧 - 没食子酰基 -β-D- 吡喃葡萄糖苷（1, 2, 3, 6-tetra-O-galloyl-β-D-glucopyranoside）、1, 2, 4, 6- 四氧 - 没食子酰基 -β-D- 吡喃葡萄糖苷（1, 2, 4, 6-tetra-O-galloyl-β-D-glucopyranoside）、1, 2, 3, 4, 6- 五氧 - 没食子酰基 -β-D- 吡喃葡萄糖苷（1, 2, 3,

4, 6-penat-*O*-galloyl-β-D-glucopyranoside）[1]，二聚没食子酸（digallic acid）、l, 4, 6 - 三氧 - 没食子酰基 -β-D- 吡喃葡萄糖苷（l, 4, 6-tri-*O*-galloyl-β-D-glucopyranoside）、2, 4, 6 - 三氧 - 没食子酰基 -D- 吡喃葡萄糖苷（2, 4, 6-tri-*O*-galloyl-D-glucopyranoside）、2, 3, 4, 6- 四氧 - 没食子酰基 -D- 吡喃葡萄糖苷（2, 3, 4, 6-tetra-*O*-galloyl-D-glucopyranoside）和 6-*O*- 二聚没食子酰基 -1, 2, 3- 三氧 - 没食子酰基 -β-D- 吡喃葡萄糖苷（6-*O*-digalloyl-1, 2, 3-tri-*O*-galloyl-β-D-glucopyranoside）[2]；黄酮类：槲皮素 -3-*O*-α-L- 鼠李糖苷［quercetin-3-*O*-α-L-rhamnoside］和槲皮素 -3-*O*-（2-*O*- 没食子酰基）-α-L- 鼠李糖苷［quercetin-3-*O*-（2-*O*-galloyl）-α-L-rhamnoside］[2]。

块根含酚酸类：没食子酸（gallic acid）、咖啡酸（caffeic acid）、阿魏酸（ferulic acid）[3]，原儿茶酸（protocatechuic acid）、龙胆酸（gentistic acid）[4]，α- 生育酚（α-tocopherol）、丹皮酚（paeonol）[5]，没食子酸乙酯（ethyl gallate）、香豆酸（coumalic acid）和对羟基苯乙醇（4-hydroxyphenethyl alcohol）[6]；蒽醌类：大黄酚（chrysophanol）、大黄素（emodin）、大黄素甲醚（physcion）和大黄素 -8-*O*-β-D- 吡喃葡萄糖苷（emodin-8-*O*-β-D-glucopyranoside）[4]；皂苷类：齐墩果酸（oleanolic acid）、羽扇豆醇（lupeol）[4]，3α- 反式 - 阿魏酰氧基 -2α-*O*- 乙酰熊果 -12- 烯 -28- 酸（3α-*trans*-feruloyloxy-2α-*O*-acetylurs-12-en-28-oic acid）和 3α- 反式 - 阿魏酰氧基 -2α- 羟基熊果 -12- 烯 -28- 酸甲酯（methyl 3α-*trans*-feruloyloxy-2α-hydroxyurs-12-en-28-oate）[7]；黄酮类：香橙素（aromadendrin）、（+）- 儿茶素［（＋）-catechin］、（－）- 表儿茶素［（－）-epieatechin］、（＋）- 没食子酸儿茶素［（＋）-galloeatechin］和（－）- 表儿茶素没食子酸酯［（-）-epieatechingallate］[6]；甾体类：7β- 羟基 -β- 谷甾醇（7β-hydroxy-β-sitosterol）[3]，胡萝卜苷（daucosterol）、多孔甾 -5- 烯 -3β, 7α- 二醇（poriferast-5-en-3β, 7α-diol）[4]，β- 谷甾醇（β-sitosterol）、β- 谷甾醇亚油酸酯（β-sitosterol linoleate）、5α, 8α- 表过氧化麦角甾 -6, 22- 二烯 -3β- 醇（5α, 8α-epidioxyergosta-6, 22-dien-3β-ol）[5]，豆甾醇 -β-D- 葡萄糖苷（stigmasterol-β-D-glucoside）和豆甾醇（stigmasterol）[8]；芪类：白藜芦醇（resveratrol）[9]；木脂素类：五味子苷（schizandriside）[4]；脂肪酸类：十六碳酸（hexadecanoic acid）、富马酸（fumaric acid）[10]，棕榈酸（palmitic acid）、二十八烷酸（octocosoic acid）和三十烷酸（triacontanoic acid）[4]；核苷类：尿苷（uridine）和腺苷（adenosine）[3]；烷醇类：4- 对樟烷 -1, 8- 二醇（4-*p*-menthane-1, 8-diol）、4- 酮松脂醇（4-keto pinoresinol）[5] 和卫矛醇（dulcitol）[10]；挥发油类：3- 甲基苯乙酮（3-methylacetophenone）、1, 3- 二取代异丙基 -5- 甲苯（1, 3-di-iso-propyl-5-methylbenzene）、2, 6- 二叔丁基对苯醌（2, 6-ditertbutyl-*p*-benzoquinone）、7- 甲氧基甲基 -2, 7- 二甲基环庚 -1-3-5- 三烯（7-methoxymethyl-2, 7-dimethyl cyclohepta-1, 3, 5-triene）、1-（1, 5- 二甲基 -4- 己烯基）-4- 甲基苯［1-（1, 5-dimethyl-4-hexenyl）-4-methylbenzene］、蒽（anthracene）、邻苯二甲酸二异丁酯［bis（2-methylpropyl）1, 2-benzenedicarboxylate］、2- 甲基蒽（2-methyl anthracene）、2- 苯基萘（2-phenyl naphthalene）、荧蒽（fluoranthene）、二十七烷（heptacosane）和 9-（2′, 2′- 二甲基丙苯腙)-3, 6- 二氯 -2, 7- 双 -2［2-（二乙胺）- 乙氧基］芴 {9-（2′, 2′-dimethyl propanoilhydrazono)-3, 6-dichloro-2, 7-bis-2 [2-（diethylamino）-ethoxy］fluorine} 等[11]；糖类：甲基 -α-D- 呋喃果糖苷（methyl-α-D-frucofuranoside）、β-D- 呋喃果糖（β-D-frucofuranose）、甲基 -β-D- 呋喃果糖苷（methyl-β-D-frucofuranoside）和 β-D- 吡喃果糖甲苷（methyl-β-D-frucopyranoside）[12]；醌类：α- 生育醌（α-tocopherolquinone）[5]；芳香醛类：香草醛（vanillin）[5]；吡咯类：α- 甲基吡咯酮（α-methyl pyrrole ketone）[5]；其他尚含：灰葡萄孢菌素 *D（botcinin D）、毛色二孢素（lasiodiplodin）和臭牡丹素 *A（bungein A）[5] 等。

【药理作用】1. 抗肿瘤　块根乙醇提取物在体外可明显抑制人乳腺癌 MDA-MB-231 细胞的转移与侵袭，其作用与抑制金属蛋白酶 -2（MMP-2）和金属蛋白酶 -9（MMP-9）有关[1]；乙醚和乙酸乙酯部位及从乙酸乙酯部位分离得到的部分组分对人肝癌 HepG2 细胞的增殖有较强的抑制作用，且具有明显的浓度依赖性[2]；分离得到的没食子酸对人肝癌 HepG2 细胞的增殖也有抑制作用，抗肿瘤作用机制可能是通过降低细胞线粒体的膜电位而诱导细胞凋亡[3]；块根甲醇提取物在体外对骨髓瘤细胞的增殖有明显的抑制作用，并促其凋亡[4]。2. 免疫调节　从块根分离纯化得到的多糖 PAJM-A 对刀豆蛋白（ConA）诱导的

T 淋巴细胞和脂多糖（LPS）诱导的 B 淋巴细胞有较显著的增殖作用，发挥免疫调节作用[5]；块根乙醇提取物中正丁醇萃取部位有较好的抗补体作用，此作用与免疫调节相关[6]。3. 抗菌　块根乙醇提取物中正丁醇萃取部位对金黄色葡萄球菌、革兰氏阴性菌和大肠杆菌的生长均具有较好的抑制作用[6]，对串珠镰孢菌的生长在一定浓度下（2.5mg/ml）也有明显的抑制作用[7]。4. 抗炎　块根水提物在体外可明显抑制 poly（I：C）诱导的炎症因子（白细胞介素 -1β、白细胞介素 -6、白细胞介素 -8 和肿瘤坏死因子 -α）的表达，抑制作用与半胱氨酸天冬氨酸蛋白酶 -1 的释放和下调核因子 -κB 信号通路有关；水提物可明显抑制表皮增生[8]。5. 抗氧化　块根醇提取物不同极性部位具有清除自由基和铁离子还原的作用，其作用呈量 - 效关系，其中多酚含量较高的乙酸乙酯部位和正丁醇部位的抗氧化作用及还原能力相对较强，提示多酚类成分可能为白蔹抗氧化的主要作用成分[9]。

【性味与归经】 苦，微寒。归心、胃经。

【功能与主治】 清热解毒，消痈散结。用于痈疽发背，疔疮，瘰疬，水火烫伤。

【用法与用量】 4.5 ～ 9g；外用适量，煎汤洗或研极细粉敷患处。

【药用标准】 药典 1963—2015、浙江炮规 2015、贵州药材 1965、新疆药品 1980 二册、香港药材六册和台湾 2013。

【临床参考】 1. 慢性皮肤溃疡：块根 30g，加当归 120g、白芷 30g、煅炉甘石 20g、血竭 24g、紫草 12g，制成膏剂，外敷疮面，每天或隔天换药 1 次[1]。

2. 骨折并发张力性水泡：块根，加生大黄等份，研细末，经 120 目筛，装瓶高压消毒，使用时，水泡已破者，用0.1% 新洁尔液消毒疮面后撒药粉，若水泡未破者，先用消毒针头抽液后再敷药，厚度约0.2cm，消毒纱布覆盖，3 天换药 1 次[2]。

3. 支气管咯血：块根 9g，加白芍 12g、白薇 9g、白及 15g、白毛夏枯草 20g，加水 550ml 煎至 250ml，渣加水 350ml，煎至 150ml，每日 1 剂，分 2 次饱腹服[3]。

4. 痤疮：块根 100g，加穿心莲 100g、白及 100g、白僵蚕 100g、杏仁 100g、十大功劳 120g、薄荷 40g、冰片 10g、乳香 80g、轻粉 20g，研末，取药末 10 ～ 15g，加蒸馏水调成糊状，涂敷在脸上做面膜，负离子机喷雾 20min 后洗去面膜[4]。

【附注】 始载于《神农本草经》，列为下品。《本草经集注》云："近道处处有之，作藤生，根如白芷。"《新修本草》云："根似天门冬，一株下有十许根，皮赤黑，肉白，如芍药，殊不似白芷。"《本草图经》云："今江淮州郡及荆、襄、怀、孟、商、齐诸州皆有之。二月生苗，多在林中作蔓，赤茎，叶小如桑，五月开花，七月结实。根如鸡鸭卵，三五枝同窝，皮赤黑，肉白，二月八月采根。"《植物名实图考》以"鹅抱蛋"为名，云："鹅抱蛋生延昌山中。蔓生，细茎有节，本紫梢绿。叶如菊叶，深齿如岐，叶下有附茎，叶宽三四分。根如麦冬而大，赭长有横黑纹，五六枚一窝。"即为本种。

本种的块根不宜与川乌、制川乌、草乌、制草乌、附子同用。

果实民间也作药用。

另有乌头叶蛇葡萄 *Ampelopsis aconitifolia* Bunge 的块根在西北及华北民间也作白蔹药用。

【化学参考文献】

［1］俞文胜，陈新民，杨磊，等.白蔹单宁化学成分的研究［J］.天然产物研究与开发，1995，7（1）：15-18.

［2］俞文胜，陈新民，杨磊.白蔹多酚类化学成分的研究（Ⅱ）［J］.中药材，1995，18（6）：297-301.

［3］白学莉，单文静.白蔹的化学成分研究［J］.中国药业，2017，26（1）：16-18.

［4］赫军.白蔹化学成分的研究［D］.沈阳：沈阳药科大学硕士学位论文，2008.

［5］米君令，吴纯洁，孙灵根，等.白蔹化学成分研究［J］.中国实验方剂学杂志，2013，19（18）：86-89.

［6］毕宝宝.白蔹资源可持续利用的初步研究［D］.开封：河南大学硕士学位论文，2015.

［7］Mi J L, Wu C J, Li F M, et al. Two new triterpenoids from *Ampelopsis japonica*（Thunb.）Makino［J］. Natural Product Research，2014，28（1）：52-56.

［8］陈爱军.白蔹活性成分提取工艺研究［D］.衡阳：南华大学硕士学位论文，2016.

［9］杭佳.中药白蔹抗肿瘤活性部位化学成分及药材质量控制研究［D］.武汉：湖北中医药大学硕士学位论文，2013.

［10］邹济高，金蓉鸾，何宏贤.白蔹化学成分研究［J］.中药材，2000，23（2）：91-93.

［11］高欢，王文娜，孙琦，等.白蔹挥发油化学成分分析［J］.特产烟酒，2014，1：52-54.

［12］刘庆博，李飞，刘佳，等.白蔹的化学成分研究［J］.药学实践杂志，2011，29（4）：284，314.

【药理参考文献】

［1］Nho K J，Chun J M，Kim D S，et al. *Ampelopsis japonica* ethanol extract suppresses migration and invasion in human MDA-MB-231 breast cancer cells［J］.Molecular Medicine Reports，2015，11（5）：3722-3728.

［2］张梦美，叶晓川，黄必胜，等.白蔹抗肿瘤活性部位的筛选研究［J］.湖北中医药大学学报，2012，14（2）：40-42.

［3］杭佳，张梦美，叶晓川，等.白蔹药效成分没食子酸抑制人肝癌 HepG2 细胞生长及作用机制研究［J］.中国实验方剂学杂志，2013，19（1）：291-295.

［4］张寒，梁晓莉，贾敏，等.白蔹甲醇提取物对骨髓瘤细胞 SP20 增殖及凋亡的影响［J］.中药新药与临床药理，2013，24（3）：239-241.

［5］李岩，赵宏，王宇亮，等.白蔹多糖的分离纯化及其对小鼠脾细胞增殖的影响［J］.安徽农业科学，2016，44（17）：137-140.

［6］汪秀，朱红薇，朱长俊.白蔹提取物抗补体和抗菌活性研究［J］.嘉兴学院学报，2011，23（6）：88-91.

［7］朱长俊，朱红薇.白蔹正丁醇提取物抗菌作用研究［J］.中国民族民间医药，2011，20（1）：67-68.

［8］Choi M R，Choi D K，Kim K D，et al. *Ampelopsis japonica* Makino extract inhibits the inflammatory reaction induced by pathogen-associated molecular patterns in epidermal keratinocytes［J］.Annals of Dermatology，2016，28（3）：352-359.

［9］张小燕，孙志猛，叶晓川.白蔹醇提物不同极性部位的体外抗氧化活性研究［J］.华西药学杂志，2017，32（6）：607-609.

【临床参考文献】

［1］韩晓明，孙加洪，李明宏，等.疮愈速治疗慢性皮肤溃疡的临床研究［J］.新中医，2008，40（11）：27-28.

［2］乔洪杰，田显林.大白散治疗骨折并发张力性水泡［J］.河南中医，1998，18（1）：61.

［3］胡宏中.五白汤治疗支气管扩张咯血 36 例［J］.陕西中医，2001，22（10）：584.

［4］吴淑华.中西药面膜倒模治疗痤疮 115 例［J］.中国医学美学·美容医学，1996，5（2）：106.

571. 显齿蛇葡萄（图 571）· *Ampelopsis grossedentata*（Hand.-Mazz.）W.T.Wang ［*Ampelopsis cantoniensis*（Hook.et Arn.）Plamch var. *grossedentata* Hand.-Mazz.］

【别名】藤茶（上海），甜菜藤。

【形态】木质藤本。小枝圆柱形，有显著纵棱纹，无毛。卷须 2 叉分枝，相隔 2 节间断与叶对生。一至二回羽状复叶，二回羽状复叶者基部 1 对为 3 小叶，小叶宽卵形或长椭圆形，长 2～5cm，宽 1～2.5cm，顶端急尖或渐尖，基部阔楔形或近圆形，边缘具粗锯齿，两面无毛，干时同色；叶柄长 1～2cm，无毛；托叶早落。伞房状多歧聚伞花序与叶对生，花序梗长 1.5～3.5cm，无毛。花萼碟状，边缘波状浅裂，无毛；花瓣卵状椭圆形；花药卵圆形，长略大于宽；花盘发达，波状浅裂；子房下部与花盘合生，花柱钻形，柱头不明显扩大。果近球形，直径 0.6～1cm，有种子 2～4 粒。种子腹面两侧洼穴向上达种子近中部。花期 5～8 月，果期 8～12 月。

【生境与分布】生于海拔 200～1500m 沟谷林中或山坡灌丛。分布于福建、江西，另湖北、广东、海南、广西、贵州及云南等省区均有分布；越南也有分布。

【药名与部位】显齿蛇葡萄，新鲜或干燥嫩枝叶。甜茶藤，地上部分。

【采集加工】显齿蛇葡萄：6 月采摘，晒干或烘干，或鲜用。甜茶藤：夏、秋季采收，除去杂质，干燥。

图 571　显齿蛇葡萄　　　　　　　　　　　　摄影　徐克学

【**药材性状**】显齿蛇葡萄: 茎略呈圆柱形, 直径 0.5～3mm。表面黄绿色至黄棕色, 具纵棱。质脆, 易折断, 断面略显纤维性。叶多皱缩卷曲, 表面暗灰绿色, 被有淡黄白色颗粒状物; 完整叶片展开后呈长椭圆形、狭菱形、菱状卵形或披针形, 长 2～5cm, 宽 1～2cm, 边缘有锯齿, 基部楔形。气清香, 味微甘、苦。

甜茶藤: 常缠结成团, 茎扭曲, 长可达 2m, 直径 2～8mm; 表面黄棕色至暗棕色, 散生点状疣状突起; 质坚韧, 不易折断, 断面中部有髓。卷须与叶对生, 分叉。叶多皱缩、破碎。叶展平后为 1～2 回奇数羽状复叶, 完整者有小叶 5～7 枚, 小叶片薄纸质, 卵形或卵状矩圆形, 长 2～5cm, 宽 1～3.5cm, 先端短尖或渐尖, 基部楔形或宽楔形, 边缘具疏锯齿。顶生小叶有柄, 侧生小叶无柄或有短柄。全体无毛或沿叶脉有疏短毛。气微, 味微甘。

【**药材炮制**】甜茶藤: 除去杂质, 洗净, 稍润, 切段, 干燥。

【**化学成分**】茎叶含黄酮类: 槲皮素(quercetin)、槲皮素 -3-*O*-β-D- 葡萄糖苷(quercetin-3-*O*-β-D-glucoside)、花旗松素(taxifolin)、洋芹素, 即芹菜素(apigenin)、蛇葡萄素(ampelopsin)[1], 福建茶素(ampelopsin)、杨梅黄素(myricetin)、杨梅苷(myricitrin)[2], 芦丁(rutin)、洋芹苷(apiin)[3], 双氢杨梅黄素(dihydromyricetin)、杨梅黄素 -3′-*O*-β-D- 吡喃半乳糖苷(myricetin-3′-*O*-β-D-galactopyranoside)[4], 二裂雏菊亭酮*(bellidifodin)、阿福豆素(afzelechin)、二氢山柰酚(dihydrokaempferol)、杨梅素 -3-*O*-L- 鼠李糖苷(myricetin-3-*O*-L-rhamnoside)、槲皮素 -3-*O*-α-L- 吡喃鼠李糖苷(quercetin-3-*O*-α-L-rhamnopyranoside)、杨梅素 -3′-*O*-β-D- 吡喃木糖苷(myricetin-3′-*O*-β-D-xylopyranoside)、杨梅素 -3′-*O*-β-D- 葡萄糖苷(myricetin-3′-*O*-β-D-glucoside)、紫云英苷(astragalin)[5], 5, 7, 3′, 4′, 5′- 五羟基二氢黄酮(5, 7, 3′, 4′, 5′-pentahydroxyflavanone)、(2*R*, 3*S*)-5, 7, 3′, 4′, 5′- 五羟基二氢黄酮醇[(2*R*, 3*S*)-5, 7, 3′, 4′, 5′-pentahydroxyflavanonol][6], 橙皮素(hesperetin)、山柰酚(kaempferol)[7]、二氢槲皮素(dihydroquercetin)[8]和二氢杨梅素(dihydromyricetin)[9]; 蒽

醌类：大黄素（archin）[1]；酚酸类：没食子酸甲酯（gallicin）[3]，没食子酸（gallic acid）、没食子酸乙酯（ethyl gallate）和没食子酰 -β-D- 葡萄糖苷（galloyl-β-D-glucopyranoside）[6]；皂苷类：齐墩果酸（oleanolic acid）[7]；甾体类：β- 谷甾醇（β-sitosterol）和豆甾醇（stigmasterol）[8]；挥发油类：十四烷（tetradecane）、雪松醇（cedrol）、十四烯（tetradecene）、叶绿醇（phytol）、二十四烷（tetracosane）和十九烷（nonadecane）等[10]；脂肪酸类：亚油酸（linoleic acid）[10]和棕榈酸（palmitic acid）[1]；其他尚含：龙涎香醇（ambrein）[2]。

【药理作用】1. 抗菌　幼嫩茎叶水、乙酸乙酯和乙醇提取物对金黄色葡萄球菌、枯草杆菌的生长均有很强的抑制作用；对黑曲霉、黄曲霉、青霉及交链霉的生长也有不同程度的抑制作用，且对黑曲霉、黄曲霉的最低抑菌浓度（MIC）分别为 0.7%、1.1%；对金黄色葡萄球菌、枯草杆菌的最低抑菌浓度均小于 0.07%[1]；根、茎和幼叶提取物对大肠杆菌、金黄色葡萄球菌、鸡沙门氏杆菌、粪肠球菌和阴沟肠杆菌的生长均有不同程度的抑制作用，其中幼叶提取物的抗菌作用最强[2]；提取的黄酮类化合物山柰酚（kaempferol）对金黄色葡萄球菌、表皮葡萄球菌和大肠杆菌的生长有明显的抑制作用，最小抑制浓度分别大于 0.125mg/ml、小于 0.0625g/ml 和小于 0.0156 25mg/ml；提取的杨梅素（myricetin）、槲皮素（quercetin）对绿脓杆菌的生长有明显的抑制作用，最小抑制浓度小于 0.0625mg/ml；提取的山柰酚、芦丁（rutin）和槲皮素对枯草芽孢杆菌的生长有明显的抑制作用，最小抑制浓度小于 0.125mg/ml[3]。2. 抗氧化　提取分离的山柰酚、芦丁、槲皮素等 9 种单体黄酮类化合物对羟自由基（·OH）、超氧阴离子自由（O_2^-·）基和 1, 1- 二苯基 -2- 三硝基苯肼自由基（DPPH）均有较强的清除作用[3]；幼嫩茎叶水提取物具有很强的油脂抗氧化作用，0.7% 的提取物对菜油、猪油的氧化抑制率比 0.2% 生姜提取物分别高出 46.5%、62.2%[4]；提取分离纯化的二氢杨梅素（dihydromyricetin）对 1, 1- 二苯基 -2- 三硝基苯肼自由基的清除率高达 73.3% ～ 91.5%，在 $FeSO_4$ 依他酸引发的亚油酸过氧化体系中的抗氧化机制为络合 Fe^{2+}，阻止了由 Fe^{2+} 引发的亚油酸过氧化[5]；嫩茎叶乙醇提取物对 1, 1- 二苯基 -2- 三硝基苯肼自由基、羟自由基、超氧阴离子自由基均具有明显的清除作用，其中总抗氧化作用的最佳浓度为 90.23mg/ml，其余指标的半数抑制浓度（IC_{50}）依次为 7.85mg/L、17.94mg/L 和 13.09mg/L；乙酸乙酯提取物对 2, 2′- 联氮 - 二（3- 乙基 - 苯并噻唑 -6- 磺酸）二铵盐自由基（ABTS）的清除作用最强（TEAC 值为 8.97mmol/g），石油醚提取物的抗脂质过氧化作用最明显[6]；其中清除 1, 1- 二苯基 -2- 三硝基苯肼自由基的主要成分为茎中黄酮和酚类化合物[7, 8]；藤茶中提取分离的二氢杨梅素清除 1, 1- 二苯基 -2- 三硝基苯肼自由基的作用高于芦丁，在浓度达 50mg/L 时其清除率高于维生素 C，但其作用随二氢杨梅素浓度的增加清除作用增强[9]；提取分离的蛇葡萄素可通过激活 ERK 和 Akt 的信号途径来强化细胞的抗氧化防御，同时诱导血红素氧合酶 -1 的表达，从而保护 PC12 细胞中过氧化氢诱导的细胞凋亡，起到抗氧化作用[10]；提取的藤茶多酚对羟自由基和超氧阴离子自由基具有一定的清除作用，在浓度相同的情况下，藤茶多酚对羟自由基和超氧阴离子自由基的清除作用比维生素 C 强，其半数抑制浓度分别为 159.09μg/ml 和 30.97μg/ml[11]；水提醇沉法提取的藤茶多糖在体外一定浓度范围内具有显著的抗氧化作用，能抑制小鼠肝组织及肝线粒体丙二醛的含量，并可减少红细胞诱导溶血和肝线粒体肿胀程度，明显降低小鼠体内肝组织中的丙二醛（MDA）含量[12]；70% 的乙酸乙酯提取物对 1, 1- 二苯基 -2- 三硝基苯肼自由基和 2, 2′- 联氮 - 二（3- 乙基 - 苯并噻唑 -6- 磺酸）二铵盐自由基具有较强的清除作用[17]。3. 抗炎镇痛　干燥茎叶提取的藤茶总黄酮对二甲苯所致小鼠的耳廓急性炎症有较强的抑制作用[13]；嫩叶水提物对小鼠巴豆油所致小鼠的耳廓水肿、角叉菜胶所致大鼠的足肿胀、甲醛所致大鼠的足肿胀及腹腔毛细血管通透性增加均具有明显的抑制作用，对大鼠棉球肉芽肿增生也具有抑制作用，能减少乙酸所致小鼠的扭体次数和减轻热板所致小鼠的疼痛反应，并能提高小鼠的痛阈值[14]，提示其对急性、亚急性炎症的渗出过程具有抑制作用，对慢性增殖性炎症也有抑制作用，具有较好的抗炎镇痛作用[15]；分离纯化的二氢杨梅素既能降低脂多糖（LPS）所致小鼠体内促炎性细胞因子如肿瘤坏死因子 -α（TNF-α）、白细胞介素 -1β（IL-1β）和白细胞介素 -6（IL-6）的含量，也能增加抗炎细胞因子白细胞介素 -10（IL-10）的含量，又能减少巨噬细胞中一氧化氮合酶（NOS）、肿瘤坏死因子和环氧合酶 -2（COX-2）的蛋白质表达量[16]。4. 降血糖　正己烷提取物（HE）、氯仿提取物（CE）、乙酸乙酯提取物（EAE）、甲醇提取物（ME）和 70% 乙醇提取物对糖尿病小鼠均具有一定的降血糖作用，特别是正己烷提取物的降血糖作用非常明显，可使血清胰岛素的含量得到明显升高[17]；叶提取物能显著降低糖尿病小鼠的血糖[19]。5. 降血脂　水提取物对大鼠总胆固醇、甘油三酯（TG）有明显的降低作用，对高密度脂蛋白有明显的升高作用[18]；叶提取物能显著降低糖尿病小鼠的低密度脂蛋白、总胆固醇和甘油三酯的含量，升高胰岛素和高密度脂蛋白的含量[19]。6. 抗肿瘤　茎叶提取物可显著诱导 LNcap 细胞凋亡，在加入提取物 24h 后，肿瘤细胞的凋亡率显著上升，且呈量－效关系[20]；提取分离的二氢杨梅素能抑制人乳腺癌 MDA-MB-231 细胞的增殖、明胶酶活性和 MMP-2/-9 蛋白表达水平，并抑制 MMP-2/-9 mRNA 的表达水平，且对细胞无毒性[21, 22]，其机制与参与抑制 mTOR 的激活和调节相关的上游信号通路有关[23]；茎叶提取的多糖成分能显著提高荷瘤小鼠迟发性超敏反应、腹腔巨噬细胞吞噬率与吞噬指数、小鼠血清溶血素含量与脾细胞抗体形成等指标，并显著抑制 S180 小鼠血清低密度脂蛋白含量和提高红细胞过氧化氢酶（CAT）活性[24]。7. 降血压　叶提取的总黄酮给予原发性高血压大鼠 10 周后能明显降低血压和降低血清中血浆肾素、血管紧张素 II、内皮缩血管肽和丙二醛的含量，提高一氧化氮、超氧化物歧化酶（SOD）、过氧化氢酶、谷胱甘肽的含量，起到降血压的作用[25]。8. 增强免疫　茎叶中提取的单体化合物能明显提高小鼠的脾脏指数和增强小鼠腹腔巨噬细胞吞噬鸡红细胞的能力，增强刀豆蛋白所致小鼠淋巴细胞增殖反应，并明显增加小鼠体内溶血素抗体水平和抑制 2, 4- 二硝基氯苯所致小鼠的耳肿胀[26]；茎叶提取的总黄酮能显著提高正常小鼠的单核巨噬细胞吞噬能力，明显促进血清溶血素和补体 C3 的生成，并提高总补体活性，均呈一定的剂量依赖性[27]。9. 抗病毒　茎叶提取的单一化合物对感染鸭血清 DHBV-DNA 水平有显著的抑制作用，且停药 3 天未见明显的反跳现象，表明茎叶提取的单一化合物有抗乙肝病毒的作用[28]。

【性味与归经】 显齿蛇葡萄：甘、淡、凉。归肺、肝、胃经。甜茶藤：甘、淡、凉。归肝、胆、肺经。

【功能与主治】 显齿蛇葡萄：清热解毒，利湿消肿。用于感冒发热，咽喉肿痛，湿热黄疸，目赤肿痛，痈肿疮疖。甜茶藤：利湿退黄，疏风清热。用于黄疸型肝炎，感冒风热，咽喉肿痛。

【用法与用量】 显齿蛇葡萄：15 ～ 30g，鲜品加倍；外用适量，煎水洗。甜茶藤：15 ～ 30g。

【药用标准】 显齿蛇葡萄：福建药材 2006 和湖南药材 2009；甜茶藤：广西壮药 2008。

【临床参考】 急性咽炎风热证：显齿蛇葡萄冲剂（以嫩梢、嫩叶提取而成）口服，每次 1 包，每日 3 次，6 天为 1 疗程[1]。

【化学参考文献】

［1］王定勇，刘佳铭，章骏德，等. 显齿蛇葡萄（藤茶）化学成分研究 [J]. 亚热带植物科学，1998，27（2）：39-44.

［2］袁阿兴，黄筱美，陈劲. 显齿蛇葡萄化学成分的研究 [J]. 中国中药杂志，1998，34（6）：359-360.

［3］张友胜，杨伟丽，崔春. 显齿蛇葡萄化学成分的研究 [J]. 中草药，2003，34（5）：402-403.

［4］Zhang Y S, Zhang Q Y, Li-Ying L I, et al. Chemical Constituents from *Ampelopsis grossedentata* [J]. J Chinese Pharm Sci, 2006, 15（4）：211-214.

［5］付明，黎晓英，王登宇，等. 显齿蛇葡萄叶中黄酮类化合物的研究 [J]. 中国药学杂志，2015，50（7）：574-578.

［6］白秀秀，夏广萍，赵娜夏，等. 张家界产莓茶中的酚性化学成分 [J]. 中药材，2013，36（1）：65-67.

［7］何桂霞，裴刚，杜方麓，等. 藤茶化学成分的研究 [J]. 中国现代中药，2007，9（12）：11-13.

［8］王岩，周莉玲，李锐，等. 显齿蛇葡萄化学成分的研究 [J]. 中药材，2002，25（4）：254-256.

［9］张友胜，宁正祥，杨书珍，等. 显齿蛇葡萄中二氢杨梅树皮素的抗氧化作用及其机制（英文）[J]. 药学学报，2003，38（4）：241-244.

［10］张友胜，杨伟丽，熊浩平. 显齿蛇葡萄挥发油化学成分分析 [J]. 湖南农业大学学报（自科版），2001，27（2）：100-101.

【药理参考文献】

［1］熊大胜，朱金桃，刘朝阳. 显齿蛇葡萄幼嫩茎叶提取物抑菌作用的研究 [J]. 食品科学，2000，21（2）：48-50.

［2］刘胜贵，张祺麟，李娟. 显齿蛇葡萄提取物体外抑菌试验的研究 [J]. 氨基酸和生物资源，2006，28（2）：12-14.

［3］孔琪. 显齿蛇葡萄提取物与主要黄酮类化合物及衍生物的抗菌抗氧化活性研究 [D]. 贵阳：贵州师范大学硕士学位论文，2015.

［4］王文龙，田宗城，熊大胜，等 . 显齿蛇葡萄提取物抗油脂氧化作用研究［J］. 中国野生植物资源，2004，23（4）：46-47.

［5］张友胜，宁正祥，杨书珍，等 . 显齿蛇葡萄中二氢杨梅树皮素的抗氧化作用及其机制（英文）［J］. 药学学报，2003，38（4）：241-244.

［6］肖晓莹 . 显齿蛇葡萄黄酮化合物提取及其提取物抗氧化活性研究［D］. 福州：福建农林大学硕士学位论文，2013.

［7］Wang Y，Ying L，Sun D，et al. Supercritical carbon dioxide extraction of bioactive compounds from *Ampelopsis grossedentata* stems：Process optimization and antioxidant activity［J］. International Journal of Molecular Sciences，2011，12（10）：6856-6870.

［8］Zheng X J，Xiao H，Zeng Z，et al. Composition and serum antioxidation of the main flavonoids from fermented vine tea（*Ampelopsis grossedentata*）［J］. Journal of Functional Foods，2014，9（1）：290-294.

［9］梁琍，邱岚，赵成刚 . 梵净山野生藤茶中二氢杨梅素的提取及体外抗氧化研究［J］. 广州化工，2015，43（3）：48-50.

［10］Kou X，Shen K，An Y，et al. Ampelopsin inhibits H_2O_2-induced apoptosis by ERK and Akt signaling pathways and up-regulation of heme oxygenase-1［J］. Phytotherapy Research，2012，26（7）：988-994.

［11］肖浩，郑小江，朱玉婷 . 藤茶多酚体外抗氧化作用［J］. 食品与生物技术学报，2011，30（5）：679-682.

［12］罗祖友，严奉伟，薛照辉，等 . 藤茶多糖的抗氧化作用研究［J］. 食品科学，2004，25（11）：291-295.

［13］陈帅，郁建平 . 藤茶总黄酮抗炎及抑菌作用的实验研究［J］. 贵阳中医学院学报，2013，34（1）：1-3.

［14］林建峰，李双官，朱惠，等 . 藤茶的抗炎镇痛作用研究［J］. 福建医药杂志，1995，17（4）：39-40.

［15］钟正贤，周桂芬，陈学芬，等 . 藤茶总黄酮药理作用的实验研究［J］. 中国中医药科技，2004，11（4）：224-225.

［16］Hou X L，Tong Q，Wang W Q，et al. Suppression of inflammatory responses by dihydromyricetin，a flavonoid from *Ampelopsis grossedentata*，via Inhibiting the activation of NF-κB and MAPK signaling pathways［J］. Journal of Natural Products，2015，78（7）：1689-96.

［17］张斌 . 显齿蛇葡萄提取物的体内和体外降血糖效果［J］. 中国老年学杂志，2017，37（2）：321-323.

［18］陈玉琼，向班贵，倪德江，等 . 恩施富硒藤茶降血脂作用研究［J］. 营养学报，2006，28（5）：448-449.

［19］漆姣媚，蒋燕群，张杰，等 . 显齿蛇葡萄总黄酮降血糖作用研究［J］. 中国药学杂志，2017，52（19）：1685-1690.

［20］姚欣，林静瑜，倪峰，等 . 藤茶提取物对人前列腺癌 LNcap 细胞凋亡作用研究［J］. 中国民族民间医药，2015，（5）：26-27.

［21］Zhou F Z，Zhang X Y，Zhan Y J，et al. Dihydromyricetin inhibits cell invasion and down-regulates MMP-2/-9 protein expression levels in human breast cancer cells［J］. Progress in Biochemistry & Biophysics，2012，39（4）：352-358.

［22］Zhao Z，Yin J Q，Wu M S，et al. Dihydromyricetin activates AMP-activated protein kinase and P38（MAPK）exerting antitumor potential in osteosarcoma［J］. Cancer Prevention Research，2014，7（9）：927.

［23］Xia J，Guo S，Fang T，et al. Dihydromyricetin induces autophagy in HepG2 cells involved in inhibition of mTOR and regulating its upstream pathways［J］. Food & Chemical Toxicology，2014，66（4）：7-13.

［24］罗祖友，陈根洪，陈业，等 . 藤茶多糖抗肿瘤及免疫调节作用的研究［J］. 食品科学，2007，28（8）：457-461.

［25］赵喜兰 . 显齿蛇葡萄叶总黄酮对原发性高血压大鼠的降血压研究［J］. 食品工业科技，2016，37（6）：351-355.

［26］曾春晖，杨柯，王燕 . 广西藤茶提取物 APS 对免疫功能的影响［J］. 中成药，2007，29（7）：976-978.

［27］阎莉，郑作文，卫智权 . 广西藤茶总黄酮对正常小鼠免疫功能的影响［J］. 中国药物应用与监测，2008，5（4）：5-7.

［28］阎莉，郑作文 . 藤茶双氢杨梅树皮素抗鸭乙肝病毒的实验研究［J］. 中国中药杂志，2009，34（7）：908-910.

【临床参考文献】

［1］徐爱良，李向阳，徐运安，等 . 显齿蛇葡萄冲剂治疗急性咽炎风热证临床观察［J］. 中国中医药信息杂志，2004，11（4）：347-348.

572. 广东蛇葡萄（图 572）• *Ampelopsis cantoniensis*（Hook.et Arn.）Planch.

【别名】过山龙。

【形态】木质藤本。小枝幼时与叶柄及花序梗均被短柔毛；卷须 2 叉分枝。2 回羽状复叶或小枝上部

图 572　广东蛇葡萄　　　　　　　　　　　摄影　张芬耀

有 1 回羽状复叶，2 回羽状复叶者基部 1 对常为 3 小叶；小叶片卵圆形、卵状椭圆形或长椭圆形，长 3 ～ 11cm，宽 1.5 ～ 6cm，先端急尖、渐尖或短尾尖，基部楔形，叶面无毛，叶背沿叶脉基部疏被短柔毛，后渐脱落，边缘有稀疏而不明显钝齿，侧脉 4 ～ 7 对；叶柄长达 8cm，顶生小叶柄长达 3cm，侧生小叶柄稍短。伞房状多歧聚伞花序，顶生或与叶对生；花序梗长达 4cm。花梗短，近无毛；花萼碟形，边缘呈波状；花瓣卵状椭圆形。果实近圆球状，直径约 7mm，有种子 2 ～ 4 粒。花期 4 ～ 7 月，果期 8 ～ 11 月。

【生境与分布】生于海拔 100 ～ 850m 的山坡林中。分布于安徽、江苏、浙江、福建、江西，另湖北、湖南、贵州、云南、西藏、广东、广西、海南、台湾及香港等省区也有分布；日本、马来西亚、泰国、越南也有分布。

【药名与部位】藤茶，地上部分。

【采集加工】8 ～ 12 月采收，切段，干燥。

【药材性状】茎为短柱状或片状；表面灰褐色至褐色，外皮脱落处呈红棕色，可见突起的红棕色点状皮孔；质硬。切面皮部棕色至棕褐色，木质部导管孔密布，射线放射状。叶皱缩，多破碎，绿色至黄绿色，完整者展开呈椭圆形或卵圆形，长 3 ～ 6.5cm，宽 1.5 ～ 3.5cm，先端渐尖，基部截形，全缘，主脉两面凸起，有的主脉紫红色。气微，味微苦。

【化学成分】藤茎含黄酮类：山柰酚（kaempferol）、二氢木犀草素（dihydroluteolin）、槲皮素（quercetin）、二氢槲皮素（dihydrooquercetin）、槲皮素 -3-O-α-L- 鼠李糖苷（quercetin-3-O-α-L-rhamnoside）、杨梅素 -3-O-α-L- 鼠李糖苷（myricetin-3-O-α-L-rhamnoside）、山柰酚 -3-O-α-L- 鼠李糖苷（kaempferol-3-O-α-L-rhamnoside）、表儿茶素 -3-O- 没食子酸酯（epicatechin-3-O-gallate）[1]，3, 5, 7- 三羟基色原酮（3, 5, 7-trihydroxychromone）、5, 7, 3′, 4′, 5′- 五羟基二氢黄酮（5, 7, 3′, 4′, 5′-pentahydroxyflavanone）、花旗松

素（taxifolin）、杨梅苷（myricitrin）[2]，蛇葡萄素（ampelopsin）和杨梅素（myricetin）[3]；芪类：白藜芦醇（resveratrol）[1]；酚酸类：没食子酸（gallic acid）[1]和香草酸（vanillic acid）[2]；香豆素类：5,7-二羟基香豆素（5,7-dihydroxycoumarin）[1]；萜类：粤蛇葡萄醇（cantonienol）、脱落酸（abscisic acid）和香木兰烷-4β,10β-二醇（aromadendrane-4β,10β-diol）、12-氧化左旋哈氏豆属酸［12-oxo-（-）hardwickiic acid］[2]；皂苷类：白桦脂酸（betulinic acid）和悬铃木酸（platanic acid）[2]；木脂素类：甘密脂素 A、B（nectandrin A、B）[2]；其他尚含：圆柚酮，即香柏酮（nootkatone）[2]。

叶含黄酮类：根皮素（phloretin）和 5,7,3′,5′-四羟基黄烷酮（5,7,3′,5′-tetrahydroxyflavanone）[4]。

【药理作用】1. 抗血管生成　地上部分 90% 乙醇提取物的乙酸乙酯萃取部分分离得到的化合物白藜芦醇（resveratrol）、3,5,7-三羟基色原酮（3,5,7-trihydroxychromone）和甘密脂素 A、B（nectandrin A、B）能明显抑制斑马鱼节间血流，其抗斑马鱼血管生成的半数有效浓度（EC_{50}）分别为 138.17μg/ml、56.96μg/ml 和 31.58μg/ml[1]。2. 抗病毒　根或全草乙醇提取物在体外对乙肝病毒细胞转染的 2215 细胞中的乙肝表面抗原、乙肝 e 抗原均有一定的抑制作用，且 125μg/ml、62.5μg/ml 浓度组对乙肝表面抗原、乙肝 e 抗原的表达有非常显著的抑制作用[2]。3. 抗炎　叶中提取分离的化合物根皮素（phloretin）和 5,7,3′,5′-四羟基黄烷酮（5,7,3′,5′-tetrahydroxyflavanone）可抑制脂多糖诱导的一氧化氮合酶（NOS）的升高，且具有一定的剂量依赖性[3]。

【性味与归经】微甘，凉。归心、脾、肾经。

【功能与主治】清火解毒，利水消肿，除风止痛。用于水肿，六淋证（尿黄、尿血、血尿、脓尿、石尿、白尿）；乳痈；疔疮痈疖，湿疹；附骨疽；食菌中毒。

【用法与用量】15 ～ 30g。亦可泡水代茶饮；外用适量。

【药用标准】云南傣药Ⅱ 2005 五册。

【化学参考文献】

［1］吴新星，黄日明，徐志防，等. 广东蛇葡萄的化学成分研究［J］. 天然产物研究与开发，2014，26（11）：1771-1774.

［2］魏建国，杨大松，陈维云，等. 粤蛇葡萄的化学成分及其抗血管生成活性研究［J］. 中草药，2014，45（7）：900-905.

［3］刘文粢，王玫馨，周爱群，等. 中药粤蛇葡萄的研究 1. 质量分析和黄酮类成分的分离鉴定［J］. 中山大学学报（医学科学版），1989，10（3）：32-35.

［4］Van T N，Cuong T D，Hung T M，et al. Anti-inflammatory compounds from *Ampelopsis cantoniensis*［J］. Nat Prod Commun，2015，10（3）：383-385.

【药理参考文献】

［1］魏建国，杨大松，陈维云，等. 粤蛇葡萄的化学成分及其抗血管生成活性研究［J］. 中草药，2014，45（7）：900-905.

［2］陈梅玲，陈夏静，李果，等. 无刺根乙醇提取物抗乙肝病毒体外实验研究［J］. 湖北中医杂志，2016，38（5）：65-67.

［3］Van T N，Cuong T D，Hung T M，et al. Anti-inflammatory compounds from *Ampelopsis cantoniensis*［J］. Natural Product Communications，2015，10（3）：383-385.

5. 白粉藤属 *Cissus* Linn.

木质或半木质藤本。卷须不分枝或 2 叉分枝，稀总状多分枝。单叶或掌状复叶，互生。花 4 数，两性或杂性同株，花序为复二歧聚伞花序或二级分枝集生成伞形，与叶对生；花瓣各自分离脱落；雄蕊 4 枚；花盘发达，边缘呈波状或微 4 裂；花柱明显，柱头不分裂或 2 裂；子房 2 室，每室有 2 粒胚珠。果实为肉质浆果，有种子 1 ～ 2 粒。种子倒卵椭圆形或椭圆形，种脐在种子背面基部或近基部，与种脊相似，种子腹侧极短，仅处于种子基部或下部。

160 余种，主要分布于泛热带。中国 15 种，分布于中国南部，法定药用植物 5 种。华东地区法定药用植物 1 种。

573. 苦郎藤（图 573）• *Cissus assamica*（M.A.Lawson）Craib

图 573　苦郎藤　　　　　　　　摄影　陈彬等

【别名】苦朗藤、毛叶白粉藤。

【形态】木质藤本。植株常被稀疏丁字形毛或脱落近无毛。小枝圆柱形，有纵棱纹。卷须 2 叉分枝，相隔 2 节间断与叶对生。叶阔心形或心状卵圆形，长 5 ～ 7cm，宽 4 ～ 14cm，顶端短尾尖或急尖，基部心形，边缘具锐锯齿；基出脉 5 条，侧脉 4 ～ 6 对；叶柄长 2 ～ 9cm；托叶草质，卵圆形，顶端圆钝。花序与叶对生，二级分枝呈伞形；花萼碟形，边缘全缘或波状；花瓣 4 枚，三角状卵形，长 1.5 ～ 2mm；雄蕊 4 枚，花药卵圆形，长宽近相等；花盘明显，4 裂；子房下部与花盘合生，花柱钻形。果实倒卵圆形，成熟时紫黑色。种子椭圆形，基部尖锐，表面有突出尖锐棱纹，腹部中棱脊突出，两侧洼穴呈沟状，向上达种子上部 1/3 处。花期 5 ～ 6 月，果期 7 ～ 10 月。

【生境与分布】生于海拔 200 ～ 1600m 山谷溪边林中、林缘或山坡灌丛。分布于江西、福建，另湖南、广东、广西、四川、贵州、云南和西藏等省区均有分布；不丹、柬埔寨、印度、尼泊尔、泰国和越南也有分布。

【药名与部位】安痛藤，藤茎。

【采集加工】夏、秋二季采收，除去细枝及叶，洗净，切长段，干燥。

【药材性状】茎呈椭圆形或扁圆形，直径 0.3 ～ 1.5cm。表面黑褐色或灰褐色，有棱状条纹，并伴有多数红褐色点状突起的皮孔。节明显，节间长 5 ～ 10cm。断面不平坦，皮部窄，木质部呈黄褐色，射线辐射状，导管孔明显，木质部易纵向片状分离，中心髓部红褐色。气微，味淡，口尝有滑腻感。

【药材炮制】除去杂质，洗净，润透，切片，干燥。

【药理作用】抗炎镇痛　藤茎水煎液对福氏佐剂所致类风湿性关节炎模型大鼠的关节肿胀有明显的减轻作用，可降低多发性关节炎指数，同时可明显减少乙酸所致小鼠的扭体次数[1]。

【性味与归经】淡、微涩，平。归肺、胃经。

【功能与主治】祛风止痛，舒筋活络，拔脓消肿。用于跌打损伤，扭伤，风湿关节疼痛，骨折，痈疮肿毒。

【用法与用量】6～9g；外用鲜品适量，捣碎敷患处。

【药用标准】湖南药材 2009 和江西药材 1996。

【附注】孕妇禁服。

本种的根民间也药用。

毛叶苦朗藤（毛叶白粉藤）*Cissus assamica*（Laws.）Craib（*Cissus assamica* Craib var. *pilosissima* Gagnep.）的藤茎在湖南也作安痛藤药用。

【药理参考文献】

[1] 黄丽萍，谢一辉，肖百全，等. 安痛藤对大鼠佐剂性关节炎的实验研究 [J]. 时珍国医国药，2006，17（11）：2139-2140.

6. 崖爬藤属 *Tetrastigma*（Miq.）Planch.

木质攀援藤本，稀为草质藤本。卷须不分枝或 2 叉分枝，与叶对生。叶为 3 小叶、掌状 5 小叶、鸟足状 5 或 7 小叶，稀为单叶。花杂性异株；多歧聚伞花序、伞形花序或复聚伞花序，腋生或假腋生。花 4 基数；花萼小，不裂或 4 齿裂；花瓣展开，各自分离脱落；雄蕊在雌花中败育；雄花的花盘发达，雌花花盘较小或不明显；子房 2 室，每室胚珠 2 粒；花柱明显或不明显，柱头常 4 裂，稀不规则分裂。浆果；有种子 1～4 粒。胚乳 T 形、W 形或呈嚼烂状。

约 100 种，分布于亚洲至大洋洲。中国 45 种，分布于南部地区，法定药用植物 5 种。华东地区法定药用植物 1 种。

574. 三叶崖爬藤（图 574）· *Tetrastigma hemsleyanum* Diels et Gilg

【别名】三叶青（通称），金线吊葫芦、丝线吊金钟（浙江）。

【形态】多年生常绿草质藤本。小枝纤细，无毛或疏被柔毛；卷须不分枝。3 小叶掌状复叶，中央小叶片披针形、长椭圆状披针形或卵状披针形，长 3～10cm，宽 1.5～3.0cm，顶端常渐尖，基部楔形或近圆形，两面均无毛，边缘有稀疏锯齿；侧生小叶片基部不对称，侧脉 5 或 6 对，网脉不明显；叶柄长达 7.5cm，无毛或疏被柔毛，中央小叶柄长达 1.8cm，侧生小叶柄较短。花序腋生，长达 5cm，下部有节，节上有苞片，或假顶生而基部无节和苞片，二级分枝常 4，集生呈伞形，花二歧状着生于分枝末端。花萼碟形，萼齿卵状三角形；花瓣卵圆形，顶端有小角。果实近圆球状，直径约 6mm，有种子 1 粒。花期 4～6 月，果熟期 8～11 月。

【生境与分布】生于海拔 300～1300m 山坡灌丛、山谷或溪边林下岩石缝中。分布于安徽、江苏、浙江、福建、江西，另湖北、湖南、广东、广西、台湾等省区以及西南地区也有分布；印度也有分布。

【药名与部位】三叶青，新鲜或干燥块根。

【采集加工】全年均可采挖，洗净，干燥。

【药材性状】干品呈类圆球形或不规则块状，长 1.5～5cm，直径 0.5～3cm。表面棕褐色，较光滑或有皱纹。质坚，断面平坦，粉性，浅棕红色或类白色。气微，味微甜。

鲜品呈纺锤形、葫芦形或椭圆形，长 1～7.5cm，直径 0.5～4cm。表面灰褐色至黑褐色，较光滑。切面白色，皮部较窄，形成层环明显。质脆。

图 574　三叶崖爬藤　　　　　　　　　　　　　　摄影　李华东等

【药材炮制】三叶青：干品除去杂质，洗净，润软，切片，干燥。三叶青粉：取原药，研成细粉。鲜三叶青：取鲜三叶青临用时洗净，切成厚片或捣烂备用。

【化学成分】块根含黄酮类：槲皮素（quercetin）、山柰酚（kaempferol）、山柰酚 -3-O- 新橙皮糖苷（kaempferol-3-O-neohesperidoside）[1]，异槲皮苷（isoquercitrin）[2]，儿茶素（catechin）、L- 表儿茶素（L-epicatechin）、表没食子儿茶素（epigallocatechin）[3]、芦丁（rutin）、山柰酚 -3-O- 芸香糖苷（kaempferol-3-O-rutinoside）、紫云英苷（astragalin）[4]，鼠李柠檬素（rhamnocitrin）和山柰酚 -7-O-α-L-吡喃鼠李糖苷（kaempferol-7-O-α-L-rhamnopyranoside）[5]；花青素类：原花青素 B₁、B₂（procyanidin B₁、B₂）[3]；芪及衍生物：氧化白藜芦醇（oxyresveratrol）[3]、白藜芦醇（resveratrol）、云杉新苷（piceid）和白皮杉醇葡萄糖苷（astringin）[5]；酚醛类：原儿茶醛（protocatechualdehyde）[3]；甾体类：β- 谷甾醇（β-sitosterol）、胡萝卜苷（daucosterol）和 6'-O- 苯甲酰基胡萝卜苷（6'-O-benzoyl daucosterol）[5,6]；蒽醌类：大黄素（emodin）、大黄素 -8-O-β-D- 吡喃葡萄糖苷（emodin-8-O-β-D-glucopyranoside）和大黄素甲醚 -8-O-β-D- 吡喃葡萄糖苷（physcione-8-O-β-D-glucopyranoside）[5]；香豆素类：补骨脂内酯（psoralene）[7]；脂肪酸类：豆蔻酸（myristic acid）、十五酸（pentadecylic acid）、十七酸（margaric acid）、硬脂酸（stearic acid）、油酸（oleic acid）、亚油酸（linoleic acid）、亚麻酸甲酯（methyl linolenate）、棕榈酸（palmitic acid）、（10E, 12E）-9- 羟基 -10, 12- 十八碳二烯酸［（10E, 12E）-9-hydroxyoctadeca-10, 12-dienoic acid］、9, 12- 十八碳二烯酸（9, 12-octadecenoic acid）、9, 12, 15- 十九碳三烯酸（9, 12, 15-nonadecatrienoic acid）、α- 亚麻酸（α-linolenic acid）、9, 12, 15- 二十碳三烯酸（9, 12, 15-eicotrienoic acid）和二十酸（eicosanoic acid）等[7-9]；烯酮类：（4R, 5R）-4- 羟基 -5- 异丙基 -2- 甲基环己 -2- 烯酮［（4R, 5R）-4-hydroxy-5-isopropyl-2-methyl cyclohex-2-enone］和（4S, 5R）-4- 羟基 -5- 异丙基 -2-甲基环己 -2- 烯酮［（4S, 5R）-4-hydroxy-5-isopropyl-2-methyl cyclohex-2-enone］[8]；酚酸类：水杨酸（salicylic acid）、苯甲酸（benzoic acid）、绿原酸（chlorogenic acid）、对羟基苯甲酸（p-hydroxybenzoic acid）、原儿茶酸（protocatechuic acid）[3]，反式 -4- 羟基肉桂酸（trans-4-hydroxycinnamic acid）[2] 和肉桂酸（cinnamic acid）[8]；糖类：D- 果糖（D-fructose）和木酮糖（xylulose）[9]；苯衍生物：二苯胺（diphenylamine）、苯甲醇（benzyl alcohol）、苯乙醇（benzene ethanol）、异丙苯（cumene）和苯酚（phenol）[7]；其他尚含：（3R, 4R, 6S）-3, 6- 二羟基 -1- 薄荷烯［（3R, 4R, 6S）-3, 6-dihydroxy-1-menthene］[8]。

地上部分含黄酮类：山柰酚 -7-O-β-L- 吡喃鼠李糖 -3-O-β-D- 吡喃葡萄糖苷（kaempferol-7-O-β-L-rhamnopyranosyl-3-O-β-D-glucopyranoside）[10]，芹菜素 -6- 碳 -α-L-β-D- 吡喃阿拉伯糖（1-4）-α-L- 吡喃鼠李糖苷［apigenin-6-C-α-L-arabinopyranosyl（1-4）-α-L-rhamnopyranoside］、芹菜素 -8- 碳 -α-L- 吡喃阿拉伯糖（1-4）- α-L- 吡喃鼠李糖苷［apigenin-8-C-α-L-arabinopyranosyl（1-4）-α-L-rhamnopyranoside］、芹菜素 -6, 8- 二 - 碳 -β-D- 吡喃葡萄糖苷（apigenin-6, 8-di-C-β-D-glucopyranoside）[11]，芹菜素 -6-α-L- 吡喃鼠李糖（1-4）- α-L- 吡喃阿拉伯糖苷［apigenin-6-α-L-rhamnopyranosyl（1-4）-α-L-arabinopyranoside］、芹菜素 -8-α-L- 吡喃鼠李糖（1-4）-α-L- 吡喃阿拉伯糖苷［apigenin-8-α-L-rhamnopyranosyl（1-4）-α-L-arabinopyranoside］、山柰酚 -7-O-α-L- 吡喃鼠李糖基 -3-O-β-D- 吡喃葡萄糖苷（kaempferol-7-O-α-L-rhamnopyranosyl-3-O-β-D-glucopyranoside）和芹菜素 -6, 8- 二 -β-D- 吡喃葡萄糖苷（apigenin-6, 8-di-β-D-glucopyran oside）[12]；皂苷类：蒲公英萜酮（taraxerone）、蒲公英萜醇（taraxerol）和 α- 香树脂醇（α-amyrin）[12]；甾体类：β- 谷甾醇（β-sitosterol）、麦角甾醇（ergosterol）和胡萝卜苷（daucosterol）[12]；酚酸类：没食子酸乙酯（ethyl gallate）和水杨酸（salicylic acid）[10, 12]；脂肪酸类：三十二酸（lacceroic acid）[10, 12]；低碳羧酸类：丁二酸（succinic acid）[10, 12]；环肽类：环四谷氨肽（cyclotetraglutamipeptide）[10, 12]。

【药理作用】1. 抗肿瘤　不同浓度根水提物及其含药血清在体外对人宫颈癌 HeLa229 细胞和人恶性黑色素瘤 A375 细胞的增殖均有抑制作用，呈现出剂量依赖性；水提物在体内对小鼠 S180 肉瘤的生长具有一定的抑制作用[1]；乙酸乙酯提取物可诱导人结肠癌 HT-29 细胞凋亡，以浓度依赖方式诱导 annexin V 染色阳性细胞百分率和组蛋白 /DNA 碎片增加，一定浓度作用于 HeLa 细胞 6h、12h 和 24h，细胞色素 c 和 Bax 蛋白表达上调[2]；三叶青黄酮能够抑制人非小细胞肺癌 A549 细胞的侵袭转移，抑制 A549 细胞增殖程度与用药浓度、时间呈正相关，随着药物浓度的增高，细胞集落形成的数量明显减少，细胞向划痕区的迁移速度不断减慢；穿过 Transwell 小室的侵袭细胞亦明显减少，MMP-2、MMP-9 蛋白表达逐渐降低，其抑制增殖、促进凋亡作用的机制可能与激活 p38MAPK 途径和 ERK 途径有关[3]；从根提取的黄酮可显著抑制路易斯肺癌细胞 C57BL/6（B6）小鼠调节 T 细胞的形成，可显著降低血清中转化生长因子 β、前列腺素 E_2（PGE_2）和环氧合酶 2（COX-2）的含量，这些细胞因子与 T 细胞的形成密切相关[4]；三叶青黄酮可明显升高食管癌 EC9706 细胞的抑制率，可明显降低 EC9706 细胞黏附率、迁移率、侵袭细胞数；三叶青黄酮可明显降低 Notch1 阳性细胞率和 mRNA 表达，其抑制 EC9706 细胞的增殖、降低细胞迁移和侵袭能力可能与下调 Notch1 有关[5]。2. 护肝　从根提取的多糖可明显降低四氯化碳所致急性肝损伤模型小鼠血清中的谷丙转氨酶（ALT）、天冬氨酸氨基转移酶（AST）、丙二醛（MDA）含量，明显升高血清超氧化物歧化酶（SOD）含量，对急性肝损伤具有阻抗作用[6]。3. 抗炎　根制成的冻干粉对二甲苯所致小鼠的耳廓肿胀在一定浓度下有抑制作用，对乙酸所致小鼠腹腔毛细血管的通透性增加有抑制作用，在一定剂量下能显著抑制由角叉菜胶所致大鼠的足跖肿胀[7]。

【性味与归经】微苦，平。归肝、肺经。

【功能与主治】清热解毒，消肿止痛，化痰。用于小儿高热惊风、百日咳、疔疮痈肿、淋巴结结核、毒蛇咬伤。

【用法与用量】3 ～ 6g；鲜品 9 ～ 15g；外用适量，研末敷。

【药用标准】浙江药材 2000 和湖南药材 2009。

【临床参考】1. 小儿外感发热：块根 15g，加金银花、鱼腥草各 15g，生石膏（先煎）30g，麦冬

20g，连翘、白僵蚕、黄芩、生谷芽、生麦芽各 10g，生甘草 6g，水煎 2 次，每日 1 剂，分 4 ～ 6 次服[1]。

2. 重症肝炎：块根 10g，加水牛角 40g、茵陈 40g、生大黄 10g、广郁金 15g、田基黄 30g、苍术 10g、白术 10g、山栀 10g、丹参 40g、田基黄 30g、大活血 30g、生麦芽 20g、生谷芽 20g、虎杖 30g，水煎服，每日 1 剂，同时配合西医常规治疗[2]。

3. 肺热型慢性肺心病：块根 15g，加焦山栀 10g、炒黄芩 15g、金银花 20g、前胡 10g、瓜蒌皮 15g、桑白皮 10g、广地龙 10g、丹皮 10g，水煎服，每日 1 剂，若发热温度高，加知母 10g、生石膏（先煎）30g；少尿足肿，加用车前子（包煎）10g，猪苓、茯苓皮各 15g，同时联合西药常规抗感染、化痰、止咳、平喘、利尿治疗[3]。

4. 中晚期原发性肝癌：中肝合剂（块根 34.4g，加重楼 28.7g，炒白芍、白茅根、路路通各 34.4g，白茅藤、焦山楂、仙鹤草、金钱草、平地木、半枝莲、白花蛇舌草各 86g，青皮、炙鸡内金、陈皮、温郁金、三棱、焦山栀各 25.8g，水煎成 1000ml）口服，每次 30ml，每日 3 次，连续服 1 个月，同时配合西医常规治疗[4]。

【附注】以蛇附子之名始载于《植物名实图考》，谓："蛇附子产建昌。蔓生，茎如初生小竹，有节。一枝三叶，叶长有尖，圆齿疏纹。对叶生须，须就地生，根大如麦冬。"又载有石猴子，谓："石猴子产南安，蔓生细茎，茎距根近处有粗节手指大，如麦门冬黑褐色。节间有细须缭绕，短枝三叶，叶微似月季花叶。"与本种基本相似。

孕妇禁服。

【化学参考文献】

[1] 李瑛琦，陆文超，于治国 . 三叶青的化学成分研究 [J] . 中草药，2003，34（11）：982-983.

[2] 陈丽芸 . 三叶青化学成分及抗肿瘤活性研究 [D] . 福州：福建中医药大学硕士学位论文，2014.

[3] 傅志勤，黄泽豪，林婧，等 . 蛇附子化学成分及抗氧化活性研究 [J] . 中草药，2015，46（11）：1583-1588.

[4] 范世明，黄泽豪，林婧，等 . 蛇附子中 4 种黄酮类成分的分离及含量测定 [J] . 中药材，2014，37（12）：2226-2230.

[5] 曾婷 . 石猴子化学成分的研究 [D] . 广州：中科院华南植物园硕士学位论文，2013.

[6] 杨大坚，刘红亚，李新中，等 . 破石珠化学成分研究 [J] . 中国中药杂志，1998，23（7）：419-421.

[7] 霍昕，杨迈嘉，刘文炜，等 . 三叶青块根乙醚提取物成分研究 [J] . 药物分析杂志，2008，28（10）：1651-1653.

[8] 徐硕，金鹏飞，惠慧，等 . 三叶青石油醚萃取部位的化学成分研究 [J] . 西北药学杂志，2017，32（3）：270-272.

[9] 胡铁娟，程林，浦锦宝，等 . 三叶青石油醚萃取物的 GC-MS 分析 [J] . 中国中医科技，2013，20（1）：46-47.

[10] 刘东，鞠建华，林耕，等 . 中国特有植物三叶崖爬藤化学成分的研究 [J] . 中国药学杂志，2000，35（11）：31-33.

[11] 刘东，鞠建华，林耕，等 . 三叶崖爬藤中的新黄酮碳甙 [J] . 植物学报，2002，44（2）：227-229.

[12] 刘东 . 三叶崖爬藤、狭叶崖爬藤及西藏枸兰化学成分研究 [D] . 北京：中国协和医科大学博士学位论文，2000.

【药理参考文献】

[1] 丁丽，纪其雄，吕雯婷，等 . 三叶青水提物体内、体外抗肿瘤作用的研究 [J] . 中成药，2013，35（5）：1076-1078.

[2] 刘跃银，夏红 . 三叶青乙酸乙酯提取物诱导人结肠癌 HT-29 细胞凋亡 [J] . 湖南师范大学学报（医学版），2010，7（4）：22-24.

[3] 钟良瑞，魏克民 . 三叶青黄酮对肺癌 A549 细胞生长抑制与 MAPKs 通路关系的研究 [J] . 中国药理学通报，2014，30（1）：101-104.

[4] Feng Z，Hao W，Lin X，et al. Antitumor activity of total flavonoids from *Tetrastigma hemsleyanum* Diels et Gilg is associated with the inhibition of regulatory T cells in mice [J]. Oncotargets & Therapy，2014，7：947-956.

[5] 张胜强，张洪艳，黄建伟，等 . Notch1 下调对三叶青黄酮抑制食管癌 EC9706 细胞迁移和侵袭的影响 [J] . 中国实验方剂学杂志，2017，（5）：162-167.

[6] 马丹丹，李伟平，马哲龙，等 . 三叶青多糖抗肝损伤作用的研究 [J] . 医学研究杂志，2012，41（1）：33-36.

[7] 任泽明，戴关海，童晔玲，等 . 三叶青冻干粉抗炎作用的实验研究 [J] . 中国现代医生，2013，51（30）：13-14.

【临床参考文献】

［1］徐有水.三叶青石膏汤治疗小儿外感发热 72 例［J］.实用中医药杂志，2006，22（7）：412.

［2］张显耀，章立清.中西合参治疗重症肝炎 48 例［J］.中国民间疗法，2000，8（10）：23-24.

［3］沈企华.中西医结合治疗慢性肺心病 124 例分析［J］.实用中医内科杂志，2005，19（2）：141.

［4］姜初明，龚黎燕.中肝合剂治疗中晚期原发性肝癌 58 例［J］.中国中西医结合杂志，2005，25（9）：848-849.

六七　锦葵科 Malvaceae

草本、灌木或乔木。植株常被星状毛或鳞秕。茎皮纤维发达，具黏液细胞。单叶，互生；叶片常掌状分裂，裂片边缘有锯齿，稀全缘，常具掌状脉；有托叶。花两性，辐射对称，花单生、簇生或为总状花序、圆锥花序、聚伞花序，顶生或腋生。花萼 3～5 枚，分离或合生，常附有总苞状的小苞片（又称副萼片）3 至多数，分离或基部联合，有时无副萼片；花瓣 5 枚，分离，近基部与雄蕊柱合生；雄蕊多数，合生成雄蕊柱，雄蕊柱顶端或上部有分离花丝，花药 1 室，纵裂，花粉有刺；子房上位，2 至多室，常 5 室，中轴胎座，每室具胚珠 1 至多粒，花柱单一，下部被雄蕊柱包围，上部分支或不分支呈棒状，花柱分支与心皮同数或为其 2 倍。蒴果，常分裂成分果，稀为浆果状。种子肾形或倒卵形，胚弯曲，有胚乳，子叶扁平，折叠状或回旋状。

约 50 属，1000 余种，分布于热带至温带地区。中国 18 属，83 种 36 变种和变型，分布几遍全国，以热带和亚热带地区种类较多，法定药用植物 8 属，19 种 1 变种 3 变型。华东地区法定药用植物 8 属，14 种。

锦葵科法定药用植物主要含苯丙素类、黄酮类、生物碱类等成分。苯丙素类包括简单苯丙素、木脂素、香豆素等，简单苯丙素如绿原酸（chlorogenic acid）、桂皮酸（cinnamic acid）等，木脂素如杜仲树脂酚（medioresinol）、松脂酚（pinoresinol）等，香豆素如东莨菪素（scopoletin）、滨蒿内酯（scoparone）等；黄酮类包括黄酮、黄酮醇等，如白杨素（chrysin）、刺槐素（acacetin）、棉花皮异苷（gossypitrin）、山奈酚 -3-O- 葡萄糖苷（kaempferol-3-O-glucoside）等；生物碱包括吲哚类、喹唑酮类、有机胺类等，如下箴刺桐碱（hypaphorine）、鸭嘴花碱酮（vasicinone）、甜菜碱（betaine）等。

苘麻属含黄酮类、酚酸类等成分。黄酮类多为黄酮醇，如槲皮素 -3-O-β-D- 吡喃葡萄糖苷（quercetin-3-O-β-D-glucopyranoside）、槲皮素 -3-O-β-D- 芸香糖苷（quercetin-3-O-β-D-rutinoside）等；酚酸类如对 -香豆酸（p-coumaric acid）、丁香酸（syringic acid）等。

梵天花属含黄酮类、酚酸类、香豆素类等成分。黄酮类包括黄酮、黄酮醇等，如黄芩素（baicalein）、阿福豆苷（afzelin）、紫云英苷（astragalin）等；酚酸类如丁香酸（syringic acid）、原儿茶酸（protocatechuic acid）等；香豆素类如东莨菪素（scopoletin）等。

木槿属含木脂素类、倍半萜醌类、皂苷类、黄酮类等成分。木脂素类如松脂酚（pinoresinol）、杜仲树脂酚（medioresinol）等；倍半萜醌类如门萨二酮 C、D、E、F（mansonone C、D、E、F）等；皂苷类如白桦脂醇（betulin）等；黄酮类包括黄酮、黄酮醇等，如芹菜素 -7-O- 葡萄糖苷（apigenin-7-O-glucoside）、山奈酚 -3-O- 芸香糖苷（kaemoferol-3-O-rutinoside）等。

分属检索表

1. 蒴果不分裂成分果；子房由数枚合生心皮组成。
 2. 花柱不分支；种子有绵毛 ··· 1. 棉属 Gossypium
 2. 花柱分支；种子无绵毛。
  3. 草本；花萼佛焰苞状，一侧开裂，早落 ······························· 2. 秋葵属 Abelmoschus
  3. 木本；花萼钟状，宿存 ·· 3. 木槿属 Hibiscus
1. 蒴果分裂成分果，果片与花托或果轴脱离；子房由数枚离生心皮组成。
 4. 花柱分支与心皮同数；分果表面无钩刺。
  5. 无小苞片（副萼）。
   6. 子房每室有胚珠 1 粒 ·· 4. 黄花稔属 Sida

　　　6. 子房每室有胚珠 2 ～ 9 粒······················5. 苘麻属 *Abutilon*
　　5. 有小苞片（副萼）。
　　　7. 小苞片 3 枚，分离··························6. 锦葵属 *Malva*
　　　7. 小苞片 6 ～ 9 枚，基部合生··················7. 蜀葵属 *Althaea*
　　4. 花柱分支为心皮的 2 倍；分果表面有钩刺·············8. 梵天花属 *Urena*

1. 棉属 *Gossypium* Linn.

　　一年生或多年生草本，稀灌木状或乔木状。植株常具黑褐色腺点和柔毛。叶掌状分裂。花大，单生叶腋。花白色、黄色或粉红色；小苞片 3 枚，稀 5 ～ 7 枚，叶片状，顶端分裂呈流苏状或具不整齐粗齿，基部心形，分离或合生，具腺点；花萼杯状，近平截或 5 裂；花瓣 5 枚，芽时旋转排列；雄蕊柱着生多数具花药的花丝，顶端平截；子房 3 ～ 5 室，每室具胚珠 2 至多数，花柱棒状，不裂，顶端有槽纹。蒴果球形或卵圆形，室背开裂。种子密被白色长绵毛，或混生不易剥离的短纤毛。

　　约 30 种，分布于热带和亚热带地区。中国 4 种 2 变种，均为引进栽培，法定药用植物 4 种。华东地区法定药用植物 4 种。

分种检索表

1. 叶片掌状 3 浅裂，稀 5 裂，裂片宽三角状卵形··············陆地棉 *G.hirsutum*
1. 叶片掌状 3 ～ 5 深裂，裂片非上述形状。
　2. 叶柄、花萼和花梗均有黑色腺点；小苞片 5，分离···········海岛棉 *G.barbadense*
　2. 叶柄、花萼和花梗均无黑色腺点；小苞片 3，基部合生。
　　3. 叶裂片长圆状披针形；小苞片三角形，长大于宽··········树棉 *G.arboreum*
　　3. 叶裂片宽卵形；小苞片宽三角形，宽大于长············草棉 *G.herbaceum*

575. 陆地棉（图 575）· *Gossypium hirsutum* Linn.

　　【别名】大陆棉、美洲棉。

　　【形态】一年生草本或亚灌木，高达 1.5m。小枝疏被长柔毛。叶片宽卵形或近圆形，长宽近相等，直径 5 ～ 12cm，基部心形或平截，通常 3 浅裂，稀 5 裂，中裂片通常深裂达叶片之半，裂片宽三角状卵形，先端尖，上面沿叶脉被粗毛，背面疏被长柔毛；叶柄长达 14cm，疏被柔毛；托叶卵状镰形，长 5 ～ 8mm，早落。花单生叶腋。花梗通常较叶柄略短；小苞片 3 枚，分离，基部心形，具 1 腺体，具 7 ～ 9 齿，长达 4cm，宽约 2.5cm，被长柔毛和纤毛；花萼杯状，5 齿裂，裂片三角形，具缘毛；花冠白色或淡黄色，后变淡黄色或紫色；雄蕊柱长 1 ～ 2cm。蒴果，卵圆形，3 或 4 室，长达 5cm，先端具喙。种子卵圆形，具白色长绵毛和灰白色不易剥离的短绵毛。花期 7 ～ 8 月，果期 9 ～ 10 月。

　　【生境与分布】山东、安徽、浙江、福建、江西等省有栽培，另河北、山西、湖北、湖南、广东、海南、广西、贵州、云南、四川、陕西、甘肃、新疆等省区均有栽培。原产中美洲，现亚洲和非洲亚热带广泛栽培。

　　【药名与部位】棉花根，根。棉花子，成熟种子。棉花花，花。

　　【采集加工】棉花根：秋季采收棉花后采割其根，晒干。棉花子：秋、冬季采收棉花后，收集已除去纤维的种子，除去杂质，晒干。棉花花：秋季花开未落地时采收，阴干。

　　【药材性状】棉花根：呈圆柱形，稍弯曲，长 10 ～ 20cm，直径 0.2 ～ 2cm。表面黄棕色，有不规则

图 575　陆地棉　　　　摄影　徐克学

的皱纹及横列皮孔，皮部薄，红棕色，易剥离，质硬，折断面纤维性，黄白色，无臭，味淡。

棉花子：呈卵圆形，长约 8mm，直径约 5mm；种子两端具灰白色不易剥开的短棉毛；外种皮灰黄色，坚硬；内种皮棕黄色，膜质；胚乳灰白色，富油质。气微，味淡。

棉花花：呈筒状，多皱缩，长 2.5～4.5cm。花瓣 5 枚，黄色，内面基部紫色，长几乎为苞片的 2 倍。小苞片 3 枚，分离，基部心形。花萼杯状，5 齿裂。雄蕊多数，花丝联合成筒状。质脆。气微香，味微苦。

【化学成分】酚类：棉酚（gossypol）[1]。

【药理作用】抗生育　种子对雄性大鼠具有抗生育作用，活性成分为棉酚（gossypol）[1]。

【性味与归经】棉花根：甘，温。棉花子：辛，热。棉花花：湿热（维医）。

【功能与主治】棉花根：补气，止咳，平喘，用于慢性支气管炎，体虚浮肿，子宫脱垂。棉花子：补肾强腰，催乳，止痛，止血。用于腰虚腰痛，乳汁缺少及胃痛，便血，崩漏。棉花花：益心补脑，安神养神，消肿祛炎。用于脑弱神疲，心悸心烦，机体炎肿，皮肤瘙痒，烧伤热痛。

【用法与用量】棉花根：18～30g。棉花子：9～15g。棉花花：15g。

【药用标准】棉花根：上海药材 1994 和广西药材 1990；棉花子：上海药材 1994、新疆维药 2010 一册和新疆药品 1980 二册；棉花花：部标维药 1999 和新疆维药 1993。

【临床参考】1. 慢性支气管炎：根 30g，加车前草 15g、虎杖 15g，水煎服。

2. 子宫脱垂：根 60g，加生枳壳 12g，水煎服。

3. 久病体虚：根 30g，水煎服。

4. 肺结核：根 30g，加仙鹤草 30g、枸骨根 15g、鲜金不换叶 10 片，水煎服。

5. 乳汁不通：种子 9g，加黄芪 9g、甘草 6g，水煎服。

6. 功能性子宫出血：种子（炒焦）9g，加陈棕炭 9g、贯众炭 9g，共研细末，每次 9g，开水送服，每日 3 次。（1 方至 6 方引自《浙江药用植物志》）

【附注】棉花子阴虚火旺患者禁服。棉花根孕妇忌服。

棉花子有毒，内服宜控制剂量，中毒症状为初见头昏，胃中灼热感，恶心呕吐，腹胀腹痛，继而出现精神委靡、下肢麻痹、腰酸背痛等症状，严重者可神志昏迷，抽搐，瞳孔散大，对光反射迟钝或消失，血压下降。个别患者可因呼吸、循环衰竭而死亡。

棉花子压榨所得的棉子油和渣（棉子饼）有毒，是一种细胞原浆毒，对实质细胞、神经、血管均具有毒性。

【化学参考文献】

［1］王月娥，罗英德，唐希灿. 棉籽粉及棉酚的抗生育作用研究［J］. 药学学报，1979，14（11）：662-669.

【药理参考文献】

［1］王月娥，罗英德，唐希灿. 棉籽粉及棉酚的抗生育作用研究［J］. 药学学报，1979，14（11）：662-669.

576. 海岛棉（图 576）• *Gossypium barbadense* Linn.

图 576　海岛棉

摄影　徐克学等

【别名】光籽棉（浙江），长绒棉（安徽）。

【形态】一年生亚灌木或灌木，高达2m。全株疏被柔毛或近无毛，小枝深紫色，具棱。叶片近圆形，直径7～12cm，掌状3～5深裂，深裂达叶片中部以下，裂片卵形或长圆形；叶柄通常长于叶片，散生黑色腺点；托叶披针状镰形，长约1cm，常早落。花单朵顶生或腋生，花梗常短于叶柄，被星状长柔毛和黑色腺点；小苞片5枚或更多，分离，宽卵形，基部心形，长达5cm，边缘具10～15长粗齿；花萼杯状，顶端近平截，具黑色腺点；花冠钟形，淡黄色，内侧基部紫色，花瓣倒卵形，边缘有缺刻，被星状长柔毛；雄蕊柱长约3cm，无毛。蒴果，长圆状卵形，通常3室，稀为4室，长达5cm，基部膨大，顶端尖，被腺点。种子卵形，先端具喙，被易剥离的白色长绵毛。

【生境与分布】山东、安徽、浙江、福建、江西等省有栽培，另广东、海南、广西、云南、四川、新疆等省区均有栽培。原产于南美洲热带和印度群岛。现全世界各热带、亚热带地区广泛栽培。

【药名与部位】棉花子，种子。

【采集加工】秋季摘棉花后，收集已摘除棉绒的种子，晒干。

【药材性状】呈卵形，长约1cm，直径约0.5cm。外被少量白色绒毛，种皮棕色或褐色。质硬。种仁乳白色，富油性。气微，味淡。

【药理作用】1.抗生育　种子对雄性大鼠具有抗生育作用，活性成分为棉酚[1]。2.降血压　叶榨汁后的20%甲醇洗脱部位（fⅡ）具有降血压作用，且呈剂量相关性，其机制可能与乙酰胆碱受体有关[2]。

【性味与归经】二级湿热（维医）。

【功能与主治】生湿生热，填补精液，肥体催乳，利尿消炎，祛寒固精，强身壮阳。主治干寒性或异常黑胆质性疾病（维医），如干性精液不足，体瘦乳少，小便不利，急、慢性肾炎，寒性早泄，体弱阳痿等。

【用法与用量】6～12g。

【药用标准】新疆维药2010一册。

【附注】禁忌和毒性基本同陆地棉。

【药理参考文献】

[1] 周瑞华，林晓东. 从天然植物制取（一）棉酚[J]. 药学学报，1987，22（8）：603-607.

[2] Hasrat J A，Pieters L，Vlietinck A J. Medicinal plants in suriname：hypotensive effect of *Gossypium barbadense*[J]. Journal of Pharmacy & Pharmacology，2004，56（3）：381-387.

577. 树棉（图577）· *Gossypium arboreum* Linn.

【别名】中棉（浙江、山东），亚洲棉、鸡脚棉、本地棉（浙江）。

【形态】一年生草本或亚灌木，高2～3m。幼枝被长柔毛。叶片直径4～8cm，掌状3～5深裂，有时深裂至叶片中部以下，裂片长圆状披针形，上面疏被星状柔毛，背面被星状绒毛，沿脉密被长柔毛；叶柄长2～7cm，被绒毛和长柔毛；托叶线形，早落。花单生叶腋；花梗长1.5～2.5cm，被长柔毛；小苞片3枚，三角形，长约2.5cm，长大于宽，基部合生，顶端近全缘或有3～4齿裂，沿脉被星状长柔毛；花萼浅杯状，顶端近平截；花冠淡黄色，内侧基部暗紫色，花瓣5枚，倒卵形，长4～5cm；雄蕊柱长达2cm。蒴果，圆锥形，通常3室，稀4或5室，长约3cm，具喙，无毛，有多数油腺状细点。种子卵圆形，被白色长柔毛和不易剥离的短纤毛。花期7～8月，果期9～10月。

【生境与分布】安徽、浙江、江西等省有栽培，另河北、山西、湖北、湖南、广东、海南、云南、四川、陕西、甘肃等省均有栽培；原产于印度，现亚洲和非洲热带广泛栽培。

【药名与部位】棉花子，种子。

图 577　树棉　　　　　　　　　　　　　　摄影　秋微

【药理作用】抗氧化　叶水提物具有清除 1，1- 二苯基 -2- 三硝基苯肼自由基（DPPH）的作用，防止过氧化氢（H_2O_2）诱导成纤维细胞的损伤[1]。

【药用标准】新疆药品 1980 二册。

【附注】禁忌和毒性基本同陆地棉。

《中国植物志》等著作描述本种叶掌状 5 深裂，笔者观察本种叶常见掌状 3 深裂，故在形态描述中予以表述。

【药理参考文献】

[1] Annan K，Houghton P J. Antibacterial，antioxidant and fibroblast growth stimulation of aqueous extracts of *Ficus asperifolia* Miq. and *Gossypium arboreum* L. wound-healing plants of Ghana［J］. Journal of Ethnopharmacology，2008，119（1）：141-144.

578. 草棉（图 578）• *Gossypium herbaceum* Linn.

【别名】阿拉伯棉、小棉（浙江）。

【形态】一年生草本或亚灌木，高达 1.5m。幼枝及叶疏被柔毛。叶片近心形，宽 5 ～ 10cm，通常宽大于长，掌状 5 深裂，深裂不达叶片的中部，裂片宽卵形，先端短尖，基部心形，上面被星状长硬毛，

图 578　草棉　　　　摄影　赵芬良

下面被细绒毛，沿脉被长柔毛；叶柄长 3～8cm，被长柔毛；托叶线形，长 0.5～1cm，早落。花单生叶腋，花梗长 1～2cm，被长柔毛；小苞片 3 枚，宽三角形，长 2～3cm，宽大于长，顶端有 6～8 齿，沿脉疏被长柔毛，基部合生；花萼杯状，5 浅裂；花冠黄色，内侧基部紫色，花径 5～7cm；雄蕊柱长 1～2cm。蒴果，卵圆形，通常 3～4 室，长约 3cm，先端具喙。种子斜圆锥形，长约 1cm，被白色长绵毛及短纤毛。花果期 7～9 月。

　　【生境与分布】安徽、浙江、福建等省有栽培，另湖北、湖南、广东、海南、贵州、云南、四川、陕西、甘肃、新疆等省区均有栽培；原产于阿拉伯和小亚细亚。

　　【药名与部位】棉花子，种子。棉花花，花。棉子油，成熟种子的脂肪油。

　　【采集加工】棉花花：秋季花开未落地时采收，阴干。

　　【药材性状】棉花花：呈筒状，多皱缩，长 2.5～4.5cm。花瓣 5 枚，黄色，内面基部紫色，长几乎为苞片的 2 倍。小苞片 3 枚，分离，基部心形。花萼杯状，5 齿裂。雄蕊多数，花丝联合成筒状。质脆。气微香，味微苦。

　　棉子油：为淡黄色或黄色的油。无臭或几乎无臭。味温和。

【药理作用】 1. 护肝 花瓣的总黄酮提取物（FGF）对 D- 半乳糖胺、四氯化碳和扑热息痛所致急性肝损伤大、小鼠的肝脏具有保护作用[1]；不同工艺提取的黄酮类化合物（FGF-Ⅰ、FGF-Ⅱ）对 D- 半乳糖胺所致大鼠肝损伤均有一定的护肝作用[2]。2. 抗凝血 花瓣的不同黄酮类化合物对二磷酸腺苷（ADP）诱导大鼠的血小板聚集均有明显的抑制作用，均能使动 - 静脉旁路血栓模型大鼠的血栓湿重明显减轻[3]。3. 抗抑郁 种子中提取的黄酮类有效部位在多种抑郁动物模型上显示明确的抗抑郁作用，其机制可能为增强中枢 5- 羟色胺（5-HT）和去甲肾上腺素（NE）神经系统功能，抑制单胺氧化酶活性及上调海马 BDNF 信号转导通路，从而促进神经营养和神经可塑性[4]。

【性味与归经】 棉花花：湿热（维医）。

【功能与主治】 棉花花：益心补脑，安神养神，消肿祛炎。用于脑弱神疲，心悸心烦，机体炎肿，皮肤瘙痒，烧伤热痛。

【用法与用量】 棉花花：15g。棉子油：一次 10 ～ 25ml。

【药用标准】 棉花子：新疆药品 1980 二册；棉花花：部标维药 1999 和新疆维药 1993；棉子油：药典 1953 和中华药典 1930。

【临床参考】 闭经、痛经：鲜根适量，水煎服。（《浙江天目山药用植物志》）

【附注】 本草记载首见于《本草纲目》，云："木绵有草、木二种：似木者名古贝，似草者名古终……江南、淮北所种木绵，四月下种，茎弱如蔓，高者四五尺，叶有三尖如枫叶，入秋开花黄色，如葵花而小，亦有红紫者，结实大如桃，中有白绵，绵中有子，大如梧子，亦有紫绵者，八月采柴，谓之绵花。"应属草棉和陆地棉等种。

禁忌和毒性基本同陆地棉。

【药理参考文献】

［1］苏巴提·吐尔地，帕尔哈提·克里木，阿斯亚·拜山伯 . 草棉花总黄酮对大、小鼠急性实验性肝损伤的影响［J］. 新疆医科大学学报，2005，28（3）：205-209.

［2］巴吐尔·买买提明，程路峰，闫冬，等 . 草棉花花瓣提取物对大鼠肝损伤的保护作用［J］. 中国中药杂志，2008，33（15）：1873-1876.

［3］白杰 . 草棉花花瓣提取物对大鼠血小板聚集及动 - 静脉旁路血栓形成的影响［D］. 乌鲁木齐：新疆医科大学硕士学位论文，2004.

［4］赵楠 . 棉籽总黄酮抗抑郁作用及可能机制的研究［D］. 北京：中国人民解放军军事医学科学院硕士学位论文，2007.

2. 秋葵属 *Abelmoschus* Medicus

一年生、二年生或多年生草本。全株疏被长硬毛。叶片掌状分裂或不分裂。花单生叶腋或数朵聚生于茎顶端；小苞片 4 ～ 15 枚，线形，极少为披针形，宿存；花萼佛焰苞状，一侧开裂，顶端具 5 齿，花后脱落；花冠漏斗形，花瓣 5 枚，黄色或红色；雄蕊柱短于花冠，着生多数具花药的花丝；子房 5 室，每室具多数胚珠，花柱 5 裂。蒴果，室背开裂，密被长硬毛。种子肾形或球形，多数，无毛。

约 15 种，分布于东半球热带和亚热带地区。中国 6 种 1 变种（包括栽培种），分布于东南至西南各省区，法定药用植物 2 种。华东地区法定药用植物 1 种。

579. 黄蜀葵（图 579）· *Abelmoschus manihot*（Linn.）Medic.

【别名】 秋葵（通称），黄秋葵（上海），秋茄花、山棉花（浙江），棉花葵、假阳桃（福建），黄花莲、鸡爪莲（江西）。

【形态】 一年生或多年生草本，高 1 ～ 2m。全株被长硬毛。叶片近圆形，长宽 10 ～ 30cm，掌状 5 ～ 9 深裂，裂片长圆状披针形，先端渐尖，边缘具钝锯齿；叶柄长 6 ～ 20cm；托叶披针形，长达 1.5cm。花

图 579 黄蜀葵 摄影 郭增喜等

单生茎端叶腋；花梗长 1 ～ 3cm；小苞片 4 ～ 5 枚，卵状披针形，长达 0.8 ～ 1.5cm，疏被长硬毛；花萼佛焰苞状，顶端具 5 齿，稍长于小苞片，被柔毛，果时脱落；花冠漏斗状，淡黄色，内侧基部紫色，直径达 12cm，花瓣 5 枚，宽倒卵形；雄蕊柱长 1.2 ～ 2cm，基部着生花药；子房被毛，花柱分支 5 条，柱头紫黑色，匙状盘形。蒴果，卵状椭圆形或卵状长圆形，长 4 ～ 6cm，被淡黄色硬毛；果柄长达 8cm。种子多数，肾形，具数条由短柔毛组成的纵条纹。花期 8 ～ 10 月，果期 10 ～ 11 月。

【生境与分布】生于山谷或路边草丛，安徽、浙江、江苏、山东、江西、福建等省有栽培，偶见逸生，另辽宁、河北、山西、陕西、河南、湖北、湖南、广东、广西、贵州、云南、四川及西藏等省区，野生或栽培。

【药名与部位】黄蜀葵根，除去栓皮层的初生根。秋葵子（黄葵子），成熟种子。黄蜀葵花，花冠。

【采集加工】黄蜀葵根：挖取初生根，除去栓皮，干燥。秋葵子：果实成熟后采割全草，晒干，打下种子，筛去泥沙杂质，晒干。黄蜀葵花：夏、秋二季花开时采摘，及时干燥。

【药材性状】黄蜀葵根：为下端尖狭略带分枝的根条。类白色，长 10cm 以上，直径 0.5 ～ 1cm。

秋葵子：呈橘瓣形，略胖，长 3.5 ～ 7mm，宽 2.5 ～ 4.5mm，厚约 2.5mm，灰褐色或灰黑色。一边中央凹陷，两端突起。种皮表面可见连接两端的弧线形条纹。用放大镜观察，可见弧形条纹由橘黄色疣状突起相连而成。质坚硬，不易破碎，剖开后可见子叶 2 枚，呈黄白色，富油性。气微，味淡。

黄蜀葵花：多皱缩破碎，完整的花瓣呈三角状阔倒卵形，长 7 ～ 10cm，宽 7 ～ 12cm，表面有纵向脉纹，呈放射状，淡棕色，边缘浅波状；内面基部紫褐色。雄蕊多数，联合成管状，长 1.5 ～ 2.5cm，花药近无柄。柱头紫黑色，匙状盘形，5 裂。气微香，味甘淡。

【药材炮制】黄蜀葵花：除去杂质及灰屑。

【化学成分】花含黄酮类：槲皮素 -3′- 洋槐糖苷（quercetin-3′-acacia glycoside）、槲皮素 -3′- 葡萄糖

苷（quercetin-3′-glucoside）、金丝桃苷（hyperoside）、槲皮素（quercetin）、杨梅素（myricetin）[1]，杨梅素 -3-O-β-D- 吡喃葡萄糖苷（myricetin-3-O-β-D-glucopyranoside）[2]，棉花素 -8-O- 葡萄糖醛酸苷（gossypetin-8-O-glucuronide）[3] 和黄蜀葵花苷 *A、B、C、D、E、F（floramanoside A、B、C、D、E、F）[4]；脂肪烷及衍生物：正三十烷醇（n-triacontanol）、正二十四烷（n-tetracosane）[2]，十六烷（hexadecane）、6, 10- 二甲基 -2- 十一烷酮（6, 10-dimethyl-2-undecanone）、二十一烷（heneicosane）、十八烷（octadecane）、2, 6, 10, 15- 四甲基十七烷（2, 6, 10, 15-tetramethyl heptadecane）和二十二烷（docosane）[5]；甾体类：β- 谷甾醇（β-sitosterol）和 β- 谷甾醇 -3-O-β-D- 葡萄糖苷（β-sitosterol-3-O-β-D-glucoside）[2]；核苷类：鸟苷（guanosine）和腺苷（adenosine）[2]；酚酸类：2, 4- 二羟基苯甲酸（2, 4-dihydroxybenzoic acid））[2]；脂肪酸酯类：1-O- 单十六烷酸甘油酯（glycerol 1-O-monohexadecanoate）、正三十七烷酸（n-heptatriacontanoic acid）、顺丁烯二酸（cis-maleic acid）[2]，十四烷酸（tetradecanoic acid）、十六酸（hexadecanoic acid）、十一烯酸烯丙酯（allyl undecylenate）和（Z, Z）-9, 12- 二烯十八酸［（Z, Z）-9, 12-octadecadienoic acid］[5]。

【药理作用】1. 镇痛　花总黄酮可减少乙酸所致小鼠的扭体次数，明显减轻福尔马林所致小鼠疼痛的Ⅰ、Ⅱ相反应，明显减轻氯化钾所致家兔的疼痛反应[1]；花乙醇萃取物可显著减少乙酸所致小鼠的扭体次数[2]。2. 抗菌　花总黄酮能显著缩短感染性豚鼠口腔黏膜溃疡的愈合时间和 50% 缩小时间，在体外对表皮葡萄球菌、金黄色葡萄球菌和白色念珠菌的生长均有抑制作用[3]。3. 抗炎　花总黄酮可显著抑制二甲苯所致小鼠的耳肿胀程度和抑制新生肉芽组织的形成[4]；叶石油醚和甲醇提取物可抑制角叉菜胶和组胺所致小鼠的足水肿[5]。4. 抗病毒　花总黄酮对单纯疱疹病毒Ⅰ型（HSV1）和单纯疱疹病毒Ⅱ型（HSV2）均有一定的抑制作用[6]；花中提取的金丝桃苷（hyperoside）可抑制人肝癌细胞中乙肝 e 抗原（HBeAg）和乙肝表面抗原（HBsAg）的产生[7]。5. 降血糖　花中提取的黄酮和咖啡酸（caffeic acid）、胡萝卜苷（daucosterol）和二氧咖啡酰奎尼酸（dioxycafeoyl quinic acid）对葡萄糖吸收均有不同程度的促进作用[8]。6. 心肌保护　花总黄酮可降低损伤心肌组织的丙二醛（MDA）含量，提高超氧化物歧化酶（SOD）的活力，抑制血清中磷酸肌酸激酶（CPK）的生成，也可以剂量依赖性抑制乳酸脱氢酶（LDH）的释放，减少心肌细胞凋亡的发生率，增强 Bcl-2 蛋白的表达[9]；花总黄酮可抑制冠状动脉结扎造成的急性心肌梗死大鼠血清中磷酸肌酸激酶（CPK）、乳酸脱氢酶（LDH）的升高，降低血清游离脂肪酸含量，降低急性心肌梗死大鼠的梗死面积[10]。7. 护脑　花总黄酮可延长小鼠缺氧后的存活时间、提高脑缺血后小鼠的存活率及抑制脑组织中丙二醛含量的增高，可改善脑缺血再灌注损伤所致兔的脑电图（EEG）变化、抑制丙二醛含量的增高、抑制乳酸脱氢酶含量的减少[11]。8. 增加骨密度　叶对切除卵巢大鼠的股骨及其干骺端股密度以及骨干骨矿含量均有升高作用[12]。

【性味与归经】秋葵子：甘，寒。黄蜀葵花：甘、寒。归肾、膀胱经。

【功能与主治】秋葵子：清热解毒，润燥滑肠。用于大便秘结，小便不利，水肿，尿路结石，乳汁不通。黄蜀葵花：清利湿热，消肿解毒。用于湿热壅遏，淋浊水肿；外治痈疽肿毒，水火烫伤。

【用法与用量】秋葵子：4.5 ～ 9g。黄蜀葵花：10 ～ 30g；研末内服，3 ～ 5g；外用适量，研末调敷。

【药用标准】黄蜀葵根：中华药典 1930；秋葵子：上海药材 1994 和四川药材 2010；黄蜀葵花：药典 2010、药典 2015、江苏药材 1989 增补和山东药材 2002。

【临床参考】1. 口腔溃疡：黄蜀葵糊剂（主要成分为黄蜀葵花醇浸膏），涂布溃疡面，每日 1 次[1]。

2. 烧伤：花若干，麻油适量浸泡 3 昼夜后，文火加热至药焦黄，去渣，备用，用时将其涂于创面，每日 3 ～ 4 次[2]。

3. 肾炎：叶、花晒干或焙干，籽炒熟，分别碾成粉，过筛，每次 2 ～ 5g，急性肾炎每日 3 ～ 4 次，慢性肾炎每日 1 ～ 2 次[3]。

4. 痈肿疔疮：鲜叶或花，加适量的食盐捣烂成膏状，将膏涂于疮肿面，每日换药 1 ～ 2 次，或干后即换[3]。

5. 气血虚：根茎 30g，加星宿菜 6g，用瘦猪肉煎汤服。（江西《草药手册》）

6. 尿路感染：茎叶 9g，水煎服。（《安徽中草药》）

7. 流行性腮腺炎：根 15g，加藤黄 9g，共研粉，浸入 500ml 95% 乙醇中，以浸出液外涂患部，每日 2～3 次。

8. 消化不良：种子 9g，水煎服。

9. 乳汁不通：种子 3g，研粉，温酒送服。（7 方至 9 方引自《浙江药用植物志》）

【附注】黄蜀葵始载于《嘉祐本草》，云："黄蜀葵花，近道处处有之。春生苗叶，与蜀葵颇相似，叶尖狭多刻缺，夏末开花，浅黄色。"《本草纲目》载："叶大如蓖麻叶，深绿色，开歧丫，有五尖如人爪形，旁有小尖。六月开花，大如碗，鹅黄色，紫心六瓣而侧，且开午收暮落，人亦呼为侧金盏花。随即结角，大如拇指，长二寸许，本大末尖，六棱有毛，老则黑色。其棱自绽，内有六房……其子累累在房内，状如苘麻子，色黑。其茎长者六七尺，剥皮可作绳索。"其原植物应属本种。

黄蜀葵花孕妇禁服。

本种的茎及叶民间也药用。

黄葵（麝香黄葵）*Abelmoschus moschatus*（Linn.）Medic. 的种子在青海及西藏也作黄葵子药用。此外，刚毛黄蜀葵 *Abelmoschus manihot*（Linn.）Medic.var.*pungens*（Roxb.）Hochr. 在民间也作黄蜀葵药用。

【化学参考文献】

［1］王先荣，王兆全，李颖. 黄蜀葵的化学成分研究［J］. 植物学报，1981，23（3）：56-61.

［2］赖先银，赵玉英，梁鸿. 黄蜀葵花化学成分的研究［J］. 中国中药杂志，2005，31（19）：1597-160.

［3］Lai X Y，Zhao Y Y，Liang H. A flavonoid glucuronide from *Abelmoschus manihot*（L.）Medik.［J］. Biochemical Systematics & Ecology，2007，35（12）：891-893.

［4］Yi Z，Wei H，Li C，et al. Antioxidative flavonol glycosides from the flowers of *Abelmouschus manihot*［J］. Journal of Natural Medicines，2013，67（1）：78-85.

［5］张元媛，贾晓妮，曹永翔，等. 黄蜀葵花化学成分研究［J］. 西北药学杂志，2008，23（2）：80-82.

【药理参考文献】

［1］范丽，董六一，陈志武，等. 黄蜀葵花总黄酮镇痛作用研究［J］. 中药药理与临床，2003，19（1）：12-14.

［2］韦筠韵，宋必卫，葛建丹. 黄蜀葵花的 SFE-CO₂（乙醇）提取工艺及镇痛活性研究［J］. 浙江工业大学学报，2008，36（1）：30-34.

［3］张红艳，董六一，江勤，等. 黄蜀葵花总黄酮抗感染性口腔粘膜溃疡及体外抗菌作用［J］. 安徽医药，2006，10（11）：810-811.

［4］范丽，董六一，江勤，等. 黄蜀葵花总黄酮抗炎解热作用［J］. 安徽医科大学学报，2003，38（1）：25-27.

［5］Jain P S，Todarwal A A，Bari S B，et al. Isolation of phytoconstituents and evaluation of anti-inflammatory activity of the leaves of *Abelmoschus manihot*［J］. Pharmacognosy Communications，2011，1（2）：2-7.

［6］江勤，董六一，方明，等. 黄蜀葵花总黄酮体外抗单纯疱疹病毒作用［J］. 安徽医药，2006，10（2）：93-94.

［7］Wu L L，Yang X B，Huang Z M，et al. *In vivo* and *in vitro* antiviral activity of hyperoside extracted from *Abelmoschus manihot*（L.）Medik.［J］. Acta Pharmacologica Sinica，2010，28（3）：404-409.

［8］陈刚. 黄蜀葵花的化学成分和降糖活性研究［D］. 北京：中国人民解放军军事医学科学院博士学位论文，2006.

［9］李庆林，王成永，彭代银，等. 黄蜀葵花总黄酮对心肌缺血再灌注损伤的保护作用研究［J］. 中国实验方剂学杂志，2006，12（2）：39-42.

［10］李庆林，陈志武. 黄蜀葵花总黄酮对心肌损伤的保护作用及其机制［J］. 中国药理学通报，2001，17（4）：466-468.

［11］郭岩，陈志武. 黄蜀葵总黄酮对全脑缺血损伤的保护作用［J］. 中国药理学通报，2002，18（6）：692-695.

［12］Puel C，Mathey J，Kati-Coulibaly S，et al. Preventive effect of *Abelmoschus manihot*（L.）Medik. on bone loss in the ovariectomised rats［J］. Journal of Ethnopharmacology，2005，99（1）：55-60.

【临床参考文献】

[1] 韩晓兰, 司徒曼丽. 黄蜀葵糊剂治疗口腔粘膜溃疡 82 例 [J]. 安徽中医临床杂志, 1997, 9（6）：308.

[2] 张素华. 黄蜀葵油外敷治疗小面积烧伤 [J]. 中国中药杂志, 1997, 22（9）：59.

[3] 孔押根. 黄蜀葵治疗肾炎、疖痈 [J]. 人民军医, 1976,（12）：95.

3. 木槿属 *Hibiscus* Linn.

草本、灌木或乔木。叶互生, 叶片掌状分裂或不裂, 叶脉掌状, 具托叶。花两性, 5 数, 常单生叶腋; 小苞片 5 至多数, 分离或基部合生。花萼钟状, 稀杯状或管状, 5 齿裂, 宿存; 花瓣 5 枚, 颜色多样, 基部与雄蕊柱合生; 雄蕊柱散生多数具花药的花丝, 顶端平截或 5 齿裂; 子房 5 室, 每室有 3 至多数胚珠, 花柱 5 裂, 柱头头状。蒴果, 圆球形, 室背开裂成 5 果爿。种子肾形, 被毛或腺状乳突。

约 200 种, 分布于热带和亚热带地区。中国 24 种, 16 变种或变型（包括引进栽培种）, 分布于全国各地, 法定药用植物 4 种, 1 变种, 3 变型。华东地区法定药用植物 4 种。

分种检索表

1. 草本···玫瑰茄 *H.sabdariffa*
1. 灌木或小乔木。
　2. 常绿灌木; 叶片不分裂···朱槿 *H.rosa-sinensis*
　2. 落叶灌木或小乔木; 叶片分裂, 稀不裂。
　　3. 叶片卵状心形, 5 ～ 7 掌状分裂; 叶柄长 5cm 以上·······································木芙蓉 *H.mutabilis*
　　3. 叶片菱形或三角状卵形, 3 裂, 稀不裂; 叶柄长不超过 2.5cm··························木槿 *H.syriacus*

580. 玫瑰茄（图 580） • *Hibiscus sabdariffa* Linn.

【别名】山茄。

【形态】多年生草本, 高 1 ～ 2m。茎淡紫色, 无毛。茎下部叶片卵形, 常不分裂, 上部叶片掌状 3 深裂, 裂片长 2 ～ 8cm, 宽 0.5 ～ 2cm, 边缘有锯齿, 基部近圆形或宽楔形, 两面无毛; 基出脉 3 ～ 5 条, 背面沿中脉有腺体; 叶柄长 2 ～ 12cm, 疏被长柔毛; 托叶线形, 长约 1cm, 疏被长柔毛。花单生叶腋, 有短柄; 小苞片 8 ～ 12 枚, 紫红色, 肉质, 披针形, 疏被长硬毛, 近顶端有刺状附属物, 基部与花萼贴生; 花萼杯状, 紫红色, 肉质, 疏被刺和粗毛, 基部合生, 裂片 5 枚, 三角状渐尖; 花冠黄色, 内面基部深红色, 直径 4 ～ 7cm, 花瓣 5 枚, 倒卵形; 雄蕊柱长达 2.5cm; 子房被粗毛; 花柱分支 5 条, 柱头头状。蒴果, 卵圆形, 直径约 1.5cm, 密被长粗毛。种子小, 肾形, 无毛。花果期 7 ～ 10 月。

【生境与分布】常栽培于庭院、公园及温室, 浙江、江苏、福建和上海有栽培, 另台湾、海南、广东、四川、云南等省均有栽培。

【药名与部位】玫瑰茄, 花萼和小苞片。

【采集加工】夏、秋采收, 鲜用或晒干。

【药材性状】全体皱缩略压扁, 表面紫红色或紫黑色。小苞片 8 ～ 12, 披针形, 长 5 ～ 10mm, 肉质, 近顶端具刺状附属物, 基部与花萼合生, 疏被长硬毛。花萼杯状, 长约 3cm, 厚软革质, 5 裂, 裂片顶端长渐尖, 基部具 1 腺体, 疏被小刺和粗毛。

【药材炮制】除去杂质, 晒干。

【化学成分】花含脂肪酸: 肉豆蔻酸（myristic acid）、棕榈油酸（palmitoleic acid）、棕榈酸

图 580　玫瑰茄　　　摄影　徐克学等

（palmitic acid）、亚油酸（linoleic acid）、油酸（oleic acid）、硬脂酸（stearic acid）、（10E）-10-十九烯酸［（10E）-10-nonadecyenoic acid］和花生酸（eicosanoic acid）等[1]；挥发油类：5-甲基-2-糠醛（5-methy1-2-furaldehyde）、苯乙醛（benzeneacetaldehyde）、2-甲基苯酚（2-methyl phenol）、2-甲氧基苯酚（2-methoxyphenol）、2,6-二甲基苯酚（2,6-dimethyl phenol）、2-乙基苯酚（2-ethyl phenol）、2,4-二甲基苯酚（2,4-dimethyl phenol）、1-甲基环辛烯（1-methyl cyclooctene）、3-乙基苯酚（3-ethyl phenol）、2-甲氧基-4-甲基苯酚（2-methoxy-4-methyl phenol）、3,4-二甲基苯酚（3,4-dimethyl phenol）、2-乙基-6-甲基苯酚（2-ethyl-6-methyl phenol）、1-乙基-4-甲氧基苯（1-ethyl-4-methoxybenzen）、4-乙基苯甲醛（4-ethyl benzaldehyde）、邻苯二甲酸二丁酯（dibutyl phthalate）和油酸甲酯（methyl oleate）等[2]；花青素类：花翠素-3-O-桑布双糖苷（delphinidin-3-O-sambubioside）、芍药色素-3-O-桑布双糖苷（peonidin-3-O-sambubioside）、花青色素-3-O-桑布双糖苷（cyanidin-3-O-sambubioside）、花翠素-3-O-葡萄糖苷（delphinidin-3-O-glucoside）、花青色素-3-O-葡萄糖苷（cyanidin-3-O-glucoside）和芍药花色素-3-O-木糖基鼠李糖苷（peonidin-3-O-xylosyl rhamnoside）[3]。

　　叶含脂肪酸类：羟基柠檬酸（hydroxycitric acid）和木槿酸（hibiscus acid）[4]；酚酸类：绿原酸

（chlorogenic acid）和 5-O- 咖啡酰莽草酸（5-O-caffeoyl shikimic acid）[4]；黄酮类：杨梅素 -3- 阿拉伯半乳糖苷（myricetin-3-arabinogalactoside）、槲皮素 -3- 桑布双糖苷（quercetin-3-sambubioside）、芦丁（rutin）、山奈酚 -3-O- 芸香糖苷（kaempferol-3-O-rutinoside）、山奈酚 -3-（对香豆酰葡萄糖苷）［kaempferol-3-（p-coumaryl glucoside）］和槲皮素（quercetin）[4]；花青素类：花翠素 -3- 桑布双糖苷（delphinidin-3-sambubioside）和花青素 -3- 桑布双糖苷（cyanidin-3-sambubinoside）[4]；生物碱类：N- 阿魏酰酪胺（N-feruloyl tyramine）[4]。

【药理作用】1. 抗菌　花萼醇提物可抑制大肠杆菌和金黄色葡萄球菌蛋白质和核酸的合成[1]；花萼甲醇提取物对金黄色葡萄球菌、嗜热脂肪芽孢杆菌、藤黄微球菌、沙雷氏菌、梭状芽孢杆菌、大肠杆菌、克雷伯氏菌、肺炎杆菌、蜡状芽孢杆菌和荧光假单胞菌的生长均有抑制作用[2]。2. 抗氧化　花萼提取的粗多糖对 1, 1- 二苯基 -2- 三硝基苯肼自由基（DPPH）、羟自由基（·OH）和超氧阴离子自由基（O_2·）均具有一定的清除作用[3, 4]；花醇提物对 1, 1- 二苯基 -2- 三硝基苯肼自由基具有清除作用，抑制黄嘌呤氧化酶（XO）活性，降低由叔丁基氢过氧化物（t-BHP）诱导大鼠的肝氧化损伤细胞中乳酸脱氢酶（LDH）的渗出和丙二醛（MDA）的含量[5]。3. 抗动脉粥样硬化　水提取物可抑制胆固醇喂养兔主动脉中的严重动脉粥样硬化,减少泡沫细胞形成并抑制平滑肌细胞迁移和兔血管中的钙化[6]。4. 降血压　水提取物可降低原发性和 2 型糖尿病合并轻度高血压患者的舒张压和收缩压[7]。

【性味与归经】酸，凉。归肾经。

【功能与主治】清热解渴，敛肺止咳。用于高血压，咳嗽，中暑，酒醉。

【用法与用量】内服：9 ～ 15g，开水泡服或煎服。

【药用标准】福建药材 2006 和广西药材 1990。

【临床参考】1. 高血压：玫瑰茄降压片（每片含花萼浸膏 0.64g、氢氧化铝 20mg）口服，每次 5 片，每日 3 次[1]。

2. 顽固性失眠：花 9g，加大枣 3 枚，水煎服，每次 250 ～ 300ml，每天 3 ～ 5 次，胃酸过多者慎用[2]。

【化学参考文献】

［1］张冰涛，赵婷，邹艳敏，等 . 玫瑰茄花萼中脂肪酸成分的 GC-MS 分析［J］. 江苏大学学报（医学版），2012，22（2）：147-150.

［2］董莎莎，宝福凯，吕青，等 . 玫瑰茄挥发油的 GC-MS 分析及其抗菌活性研究［J］. 大理学院学报，2009，8（6）：1-4.

［3］Zhang B，Mao G，Zheng D，et al. Separation，identification，antioxidant，and anti-tumor activities of *Hibiscus sabdariffa* L. extracts［J］. Sep Sci Technol，2014，49（9）：1379-1388.

［4］Rodríguezmedina I C，Beltrándebón R，Micol M V，et al. Direct characterization of aqueous extract of *Hibiscus sabdariffa* using HPLC with diode array detection coupled to ESI and ion trap MS［J］. J Sep Sci，2009，32（20）：3441-3448.

【药理参考文献】

［1］李梦淼，谢鲲鹏，隋佳琪，等 . 玫瑰茄醇提物的抑菌活性及其作用机制［J］. 中国生物化学与分子生物学报，2015，31（10）：1057-1063.

［2］Tolulope M. Cytotoxicity and antibacterial activity of methanolic extract of *Hibiscus sabdariffa*［J］. Journal of Medicinal Plant Research，2007，1（1）：9-13.

［3］郑大恒，王末，李倩，等 . 响应面法优化玫瑰茄粗多糖提取工艺及其抗氧化活性的研究［J］. 生物技术进展，2018，（2）：161-168，191.

［4］王锐，周云，何嵋，等 . 玫瑰茄粗多糖清除 DPPH 自由基活性研究［J］. 中国农学通报，2011，27（8）：128-131.

［5］Tseng T H，Kao E S，Chu C Y，et al. Protective effects of dried flower extracts of *Hibiscus sabdariffa* L. against oxidative stress in rat primary hepatocytes［J］. Food & Chemical Toxicology，1997，35（12）：1159-1164.

［6］Chen C C，Hsu J D，Wang S F，et al. *Hibiscus sabdariffa* extract inhibits the development of atherosclerosis in cholesterol-fed rabbits［J］. Journal of Agricultural & Food Chemistry，2003，51（18）：5472.

［7］Faraji M H，Tarkhani A H H. The effect of sour tea（*Hibiscus sabdariffa*）on essential hypertension［J］. Journal of Ethnopharmacology，1999，65（3）：231-236.

【临床参考文献】

［1］李寅生，何其昌，黄锡琛.玫瑰茄治疗高血压病 128 例近期疗效观察［J］.福建医药杂志，1979，（4）：64.

［2］阎兰，汤迎伟.玫瑰茄治疗顽固性失眠 1 例［J］.西北国防医学杂志，2009，30（4）：267.

581. 朱槿（图 581）· *Hibiscus rosa-sinensis* Linn.

图 581　朱槿　　　　　　　　　　　　　　　　摄影　徐克学

【别名】扶桑（通称），佛桑（浙江）。

【形态】常绿灌木，高 1～3m。小枝疏被星状柔毛。叶片长卵形或宽卵形，长 4～9cm，先端渐尖，基部圆形或楔形，边缘有粗齿或缺刻，上面无毛，背面沿脉有疏柔毛；叶柄长 0.5～3cm，被长柔毛；托叶线形，长 0.5～1.2cm，疏被柔毛。花单生小枝上部叶腋，常下垂；花梗长 3～7cm，疏被星状柔毛或近无毛，近顶端具关节；小苞片 6～7 枚，线形，长 0.7～1.5cm，疏被星状柔毛，基部合生；花萼钟状，长约 2cm，被星状柔毛，裂片 5 枚，卵形或披针形；花冠漏斗状，直径 6～10cm，红色、粉红色或淡黄色，花瓣倒卵形，先端圆或微具缺刻，疏被柔毛；雄蕊柱伸出花冠外；花柱分支 5 条，柱头头状。蒴果，卵圆形，长约 2cm，无毛，顶端有短喙。花果期全年。

【生境与分布】栽培于庭院、公园，常盆栽观赏，山东、安徽、浙江、福建、江西等省有栽培，另河北、台湾、湖北、湖南、广东、香港、海南、广西、贵州、云南、四川等省区均有栽培，原产于中国南部地区。

【药名与部位】扶桑花，花。

【采集加工】夏秋季及初冬花初开时择晴天采收，晒干。

【药材性状】皱缩成长条状，长 5.5～7cm。小苞片 6～7 枚，线形，分离，比萼短。花萼黄棕色，长约 2.5cm，有星状毛，5 裂，裂片披针形或尖角形。花瓣 5，紫色或黄紫色，有的为重瓣，花瓣顶端圆或具粗圆齿，但不分裂。雄蕊管长，突出于花冠之外，上部有多数具花药的花丝。子房 5 棱形，被毛，花柱 5 枚。体轻，气清香，味淡。

【药理作用】1. 抗生育　花乙醇提取物对小鼠胚胎发育有明显的抑制作用，对小鼠离体子宫平滑肌有较强的收缩作用[1]。2. 抗早孕　花醚提取物对大鼠、小鼠均有显著终止妊娠的作用，并使动物的血清生殖激素不同程度的降低；在体外具有明显抑制人早期胎盘绒毛组织的生长及人绒毛膜促性腺激素（HCG）和孕酮的分泌；可显著增加离体非孕子宫的活动能力[2, 3]。3. 抗氧化　花所含的色素具有较强的还原力，对卵黄脂蛋白脂质过氧化有良好的抑制作用，同时具有较强的清除 1，1- 二苯基 -2- 三硝基苯肼自由基（DPPH）、超氧阴离子自由基（$O_2^-\cdot$）和羟自由基（·OH）的作用[4]。4. 抗心肌缺氧　花乙酸乙酯溶物可明显延长夹闭气管小鼠的心电消失时间和异丙肾上腺素处理的小鼠心肌耐缺氧时间[5, 6]；花可增加心脏超氧化物歧化酶（SOD）、还原型谷胱甘肽和过氧化氢酶（CAT）含量[7]。5. 降血压　花乙酸乙酯溶物可明显降低家兔的收缩压与舒张压，对离体蛙心的心率及振幅呈梯度抑制作用；花石油醚提取物、氯仿提取物、70% 乙醇提取物和提取的单体化合物均有降血压的作用[8]。6. 降血糖　花乙醇提取物可减少链脲佐菌素诱导的糖尿病大鼠的血糖、总胆固醇和血清甘油三酯含量[9]；叶水提物可明显改善链脲佐菌素糖尿病大鼠的葡萄糖耐量[10]。

【性味与归经】甘，平。

【功能与主治】清热解毒，利水消肿。用于痰火咳嗽，鼻衄，痢疾，赤白浊，痈肿，毒疮，汗斑。

【用法与用量】6～12g；外用适量，捣烂敷患处。

【药用标准】广西药材 1990。

【临床参考】1. 产后乳房胀痛：鲜叶 500g，捣烂分成 2 份，敷于乳房的外表，露出乳头和乳晕，30min 后温水洗净，配合正确的挤奶姿势排乳，间隔 2h 后重复[1]。

2. 化疗性静脉炎：鲜叶捣烂为糊状，按 1/3～1/5 的比例加入赤砂糖，与捣烂的鲜叶混合，微波炉加热 1～2min，敷药于静脉炎处，每日 2 次[2]。

【附注】朱槿始载于《南方草木状》，谓："朱槿一名赤槿，一名日及，花、茎、叶皆如桑。其叶光而厚。木高四五尺，而枝叶婆娑。其花深红色，五出，大如蜀葵，重敷柔泽。有蕊一条，长于花叶……一丛之上，日开数百朵，朝开暮落。"《本草纲目》载："扶桑，产南方，乃木槿别种。其枝柯柔弱，叶深绿，微涩如桑。其花有红、黄、白三色，红者尤贵，呼为朱槿。"又云："东海日出处有扶桑树，此花光艳照日，其叶似桑，因以比之。"即应系本种。

本种的根及叶民间也药用。

【药理参考文献】

［1］赵翠兰，江燕，李开源. 朱槿花乙醇提取物对小白鼠的抗生育作用［J］. 云南中医中药杂志，1995，16（6）：57-58.

［2］江燕，赵翠兰，李开源，等. 扶桑花提取物的抗早孕作用研究［J］. 中国民族民间医药，2001，（51）：226-229.

［3］江燕，赵翠兰，李开源，等. 扶桑花石油醚提取物（HR-1）的抗早孕作用以及对大鼠血清生殖激素的影响（英文）［J］. 云南大学学报（自然科学版），1998，20（3）：162-165.

［4］张福娣，游纪萍，陈新香，等. 扶桑花色素的抗氧化作用研究［J］. 中国食品学报，2010，10（6）：72-76.

［5］江燕，赵翠兰，李开源，等. 扶桑花乙酸乙酯溶物（HR-3）对心血管活动影响的初探［J］. 云南大学学报（自然科学版），1998，20（6）：469-472.

［6］常征. 扶桑花乙酸乙酯溶物（HR-3）对小鼠心率心电图和常压耐缺氧能力的影响［J］. 陕西师范大学学报（自然科学版），2005，33（s1）：128-131.

［7］Gauthaman K K，Saleem M T，Thanislas P T，et al. Cardioprotective effect of the *Hibiscus rosa sinensis*，flowers in an oxidative stress model of myocardial ischemic reperfusion injury in rat［J］. BMC Complementary and Alternative

Medicine，2006，6（1）：32.

［8］汤树良.扶桑花氯仿提取物中 5 个新成分的分离及其降血压作用［J］.国外医药·植物药分册，2006，21（1）：26-27.

［9］Sachdewa A，Khemani L D. Effect of *Hibiscus rosa-sinensis* Linn. ethanol flower extract on blood glucose and lipid profile in streptozotocin induced diabetes in rats［J］. Journal of Ethnopharmacology，2003，89（1）：61-66.

［10］Sachdewa A，Nigam R，Khemani L D. Hypoglycemic effect of *Hibiscus rosa-sinensis* L. leaf extract in glucose and streptozotocin induced hyperglycemic rats［J］. Indian Journal of Experimental Biology，2001，39（3）：284-286.

【临床参考文献】

［1］罗春苗，杨西宁，刘颖菊，等.扶桑叶捣烂外敷治疗产后乳房胀痛临床观察［J］.广西中医药，2007，30（6）：17-18.

［2］韦坚，雷奕.扶桑叶外敷治疗化疗性静脉炎［J］.护理学报，2006，13（2）：56.

582. 木芙蓉（图 582）• *Hibiscus mutabilis* Linn.［*Hibiscus mutabilis* Linn.f.*plenus*（Andrews）S.Y.Hu；*Hibucus mutabilis* 'Plenus'］

图 582　木芙蓉　　　　　　　　　　摄影　郭增喜等

【别名】芙蓉花（上海、江苏），醉酒芙蓉（福建），木棉（江苏南京），重瓣木芙蓉。

【形态】落叶灌木或小乔木，高达 5m。小枝、叶、叶柄、花梗、苞片及花萼均被星状毛与硬毛相混的细绒毛。叶片卵状心形，直径 10～15cm，常 5～7 掌状分裂，裂片三角形，先端渐尖，边缘具钝齿，掌状脉 5～11 条；叶柄长 5～20cm；托叶披针形，长 0.5～0.8cm，早落。花单生枝端叶腋；花梗长达 10cm，近顶端有关节；小苞片 8～10 枚，线形，长达 1.6cm，基部合生；花萼钟形，长约 3cm，裂片 5 枚，卵形，先端渐尖；花冠初开时白色或淡红色，后变深红色，直径达 10cm，花瓣 5 枚，近圆形，基部有髯毛；

雄蕊柱长 2 ～ 3cm，无毛；花柱分支 5 条，疏被柔毛，柱头头状。蒴果，扁球形，直径约 2.5cm，被淡黄色刚毛或绵毛，果爿 5 片，种子肾形，背面被长柔毛。花果期 8 ～ 11 月。

【生境与分布】栽培于庭园、公园、村旁、水边，福建、山东、江苏、安徽、浙江等省有栽培，另云南、广东、台湾等地均有栽培。原产湖南。

【药名与部位】木芙蓉花（芙蓉花），花。木芙蓉叶，叶。

【采集加工】木芙蓉花：秋季花开时采收，干燥。木芙蓉叶：夏、秋二季采收，干燥。

【药材性状】木芙蓉花：卷缩呈不规则卵圆形，长 1.5 ～ 3cm，直径 1.5 ～ 2.5cm。副萼片 8 ～ 12 枚，线形，被毛；花萼钟状，上部 5 裂，灰绿色，被星状毛；花冠黄白色、淡红色或棕色，皱缩，花瓣 5 或重瓣，外面被毛；雄蕊多数，花丝联合呈筒状。质软。气微，味微辛。

木芙蓉叶：多卷缩、破碎，全体被毛。完整叶片展平后呈卵圆状心形，宽 10 ～ 20cm，掌状 3 ～ 7 浅裂，裂片三角形，边缘有钝齿。上表面暗黄绿色，下表面灰绿色，密被短柔毛及星状毛；叶脉 7 ～ 11 条，于两面突起。叶柄长 5 ～ 20cm。气微，味微辛。

【质量要求】木芙蓉花：无叶，不霉蛀。木芙蓉叶：色绿，无杂，不蛀。

【药材炮制】木芙蓉花：除去杂质，筛去灰屑。

木芙蓉叶：除去杂质，洗净，切丝，干燥。

【化学成分】叶含黄酮类：芹菜素（apigenin）、木犀草素（luteolin）、山柰酚（kaempferol）、岳桦素（ermanine）、槲皮素（quercetin）、百蕊草素 -3-O- 鼠李糖苷（kaempeerol-3-O-rhamnoside）、牡荆素（vitexin）、百蕊草素 -7-O-β-D- 葡萄糖苷（kaempeerol-7-O-β-D-glucoside）、异荭草苷（isoorientin）、金丝桃苷（hyperin）、棉花素（gossypetin）、杨梅素 -3-O-β-D- 葡萄糖苷（myricetin-3-O-β-D-glucoside）、异鼠李素 -3-O-β-D- 葡萄糖苷（isorhamnetin-3-O-β-D-glucoside）、商陆黄素 -3-O-β-D- 葡萄糖苷（ombuin-3-O-β-D-glucoside）、3, 4′- 二甲基槲皮素 -3-O-β-D- 葡萄糖苷（3, 4′-dimethyl quercetin-3-O-β-D-glucoside）、2″- 乙酰基紫云英苷（2″-acetyl astragalin）、山柰酚 -3-O-β-D-（6″- 乙酰基半乳糖苷）［kaempferol-3-O-β-D-（6″-acetyl galactoside）］、槲皮素 -3-O-β-D-（2″- 乙酰基半乳糖苷）［quercetin-3-O-β-D-（2″-acetyl galactoside）］、槲皮素 -3-O-β-D-（6″- 乙酰基葡萄糖苷）［quercetin-3-O-β-D-（6″-acetyl glucoside）］、异鼠李素 -3-O-β-D-（6″- 乙酰基半乳糖苷）［isorhamnetin-3-O-β-D-（6″-acetyl galactoside）］、5, 7, 3′- 三羟基 -6, 8, 4′- 三甲氧基黄酮 -5-（6″- 乙酰基葡萄糖苷）［5, 7, 3′-trihydroxy-6, 8, 4′-trimethoxyflavone-5-（6″-acety glucoside）］、山柰酚 -3-O- 山黧豆糖苷（kaempferol-3-O-lathyroside）、芦丁（rutin）、杨梅素 -3-O- 芸香糖苷（myricetin-3-O-rutinoside）、杨梅素 -3-O- 新橘皮糖苷（myricetin-3-O-neohesperidoside）、柽柳黄素 -3- 芸香糖苷（tamarixetin-3-rutinoside）、3, 3′- 二甲基槲皮素 -7-O-3′- 芸香糖苷（3, 3′-dimethyl quercetin-7-O-3′-rutinoside）、槲皮素 -3- 芹菜苷 -7- 鼠李糖基 -（1 → 6）- 半乳糖苷［kaempferol-3-apioside-7-rhamnosyl-（1 → 6）-galactoside］、槲皮素 -3- 葡萄糖基 -（1 → 4）- 木糖基（1 → 4）- 鼠李糖苷［quercetin-3-glucosyl-（1 → 4）-xylosyl-（1 → 4）-rhamnoside］、山柰酚 -3- 新橘皮糖苷 -7- 鼠李糖苷（kaempferol-3-neohesperidoside-7-rhamnoside）、槲皮素 -3- 洋槐糖苷 -7- 鼠李糖苷（quercetin-3-robinobioside-7-rhamnoside）、异鼠李素 -3- 木糖基 -（1 → 3）- 鼠李糖基 -（1 → 6）- 葡萄糖苷［isorhamnetin-3-xylosyl-（1 → 3）-rhamnosyl-（1 → 6）-glucoside］、银椴苷（tiliroside）、蒺藜苷（tribuloside）、山柰酚 -3-O-β-D-（2″- 对香豆酰）- 葡萄糖苷［kaempferol-3-O-β-D-（2″-p- coumaroyl）-glucoside］、山柰酚 -3-O-β-D-（3″- 对香豆酰）- 葡萄糖苷［kaempferol-3-O-β-D-（3″-p-coumaroyl）-glucoside］、槲皮素 -3- 木糖苷 -7- 葡萄糖苷（quercetin-3-xyloside-7-glucoside）、槲皮素 -3- 阿拉伯糖苷 -7- 葡萄糖苷（quercetin-3-arabinoside-7-glucoside）[1]，山柰酚 -3-O-β- 芸香糖苷（kaempferol-3-O-β-rutinoside）、山柰酚 -3-O-β- 刺槐双糖苷（kaempferol-3-O-β-robinobinoside）和山柰酚 -3-O-β-D-（6-E- 对羟基桂皮酰基）- 吡喃葡萄糖苷［kaempferol-3-O-β-D-（6-E-p-hydroxycinnamoyl）-glucopyranoside］[2]；皂苷类：乌拉尔新苷（uralenneoside）、3- 反式对香豆酰救必应酸（3-trans-p-coumaroyl rotundic acid）、顺式对香豆酰科罗索酸（cis-p-coumaroyl corosolic acid）、3-O- 顺式香豆酰马斯里酸（3-O-cis-coumaroyl maslinic acid）、2-O- 反式香豆酰马斯里酸（2-O-trans-coumaroyl maslinic acid）、熊果酸（ursolic acid）、齐墩果酸（oleanic acid）和马斯里酸（maslinic acid）[1]；酚酸及苷类：顺式对香豆酸 -4-［芹糖 -（1→2）- 葡萄糖苷］{cis-p-coumaric acid-4-［apiosyl-（1→2）-glucoside］、反式对香豆酸 -4-［芹糖 -（1→2）- 葡萄糖苷］{trans-p-coumaric acid-4-［apiosyl-（1→2）-glucoside]}、水杨酸 -β-D- 葡萄糖苷（salicylic acid-β-D-glucoside）、对羟基肉桂酸（p-hydroxycinnamic acid）、3- 羟基肉桂酸（3-hydroxycinnamic acid）、咖啡酸（caffeic acid）、4-O-β-D- 葡萄糖基 -4- 对羟基肉桂酸乙酯（ethyl 4-O-β-D-glucosyl-4-hydroxycinnamate）[1] 和水杨酸（salicylic acid）[2]；脂肪酸类：壬二酸（azelaic acid）、癸二酸（sebacic acid）[1] 和二十四烷酸（tetracosanoic acid）[2]；香豆素类：秦皮苷（fraxin）、马栗树皮苷（esculin）和七叶亭（esculetin）[1]；甾体类：β- 谷甾醇（β-sitosterol）和胡萝卜苷（daucosterol）[2]；蒽醌类：大黄素（emodin）[2]；挥发油类：（5E）-6, 10- 二甲基 -5, 9- 十一烯 -2- 酮［（5E）-6, 10-dimethyl-5, 9-hendecene-2-one］、叶绿醇（phytol）、六氢法呢醇（hexahydrofarnesol）、4- 异丙基 -1, 6- 二甲基 -1, 2, 3, 4, 4α, 7, 8, 8α- 八氢 -1- 萘酚（4-isopropyl-1, 6-dimethyl-1, 2, 3, 4, 4α, 7, 8, 8α- octahydro-1-naphthol）、大根香叶酮（germacrone）、六氢法呢烷丙酮（hexahydrofarmesyl acetone）、（5E, 9E）- 6, 10, 14- 三甲基 - 5, 9, 13- 十五碳三烯 -2- 酮［（5E, 9E）-6, 10, 14-trimethyl-5, 9, 13-pentacontriene-2-one］、（5E）-6, 10- 二甲基 -5, 9- 十一烯 -2- 酮［（5E）-6, 10-dimethyl-5, 9-hendecene-2-ketone］和反式橙花叔醇（trans-nerolidol）等[3,4]；元素：铅（Pb）、镉（Cd）、铬（Cr）、铜（Cu）、汞（Hg）、硒（Se）和砷（As）[5]；糖类：龙胆三糖（gentianose）[1]。

茎含二萜类：木芙蓉萜*A（hibtherin A）[6]。

【药理作用】1. 抗炎 叶提取物对小鼠腹腔毛细血管通透性增加、鹿角菜及蛋清所致大鼠的足肿胀和二甲苯所致的非特异性耳肿胀均有抑制作用[1, 2]。2. 镇痛 叶提取物可减少 0.7% 乙酸所致小鼠的扭体次数[1]；茎皮提取物能明显减少腹膜内乙酸诱导小鼠的扭体和拉伸次数[3]。3. 抗菌 叶的乙醇、乙酸乙酯、丙酮提取物对大肠杆菌、粪肠球菌、变形杆菌、金黄色葡萄球菌和枯草芽孢杆菌的生长均有抑制作用，其中 70% 乙醇提取物的抑制作用最为明显[4]。4. 护肾 叶的醇提物可减轻肾缺血再灌注大鼠肾组织病理损伤，降低血清尿素氮（BUN）、肌酐（Crea）和白细胞介素 -1（IL-1）的含量[5]。5. 抗氧化 叶水提物可显著升高糖尿病大鼠血清超氧化物歧化酶（SOD）、谷胱甘肽过氧化物酶（GSH-Px）和肝脏血清超氧化物歧化酶、谷胱甘肽（GSH）的含量，增强组织清除自由基的作用[6]。6. 抗病毒 叶水煎醇沉的沉淀物在体外对呼吸道合胞病毒（RSV）、甲型流感病毒（Flu A）和副流感病毒（HPIVs）的活性有抑制作用，在体内可抑制由呼吸道合胞病毒引起的小鼠上呼吸道感染[7]。7. 护肝 叶醇提物可降低肝纤维化大鼠的血清谷丙转氨酶（ALT）、天冬氨酸氨基转移酶（AST）、透明质酸（HA）、层黏蛋白（LN）、血清Ⅲ型前胶原（PC Ⅲ）、血清 C- 肽（Ⅳ -C）和血清丙二醛（MDA）含量，升高超氧化物歧化酶、谷胱甘肽过氧化物酶和血清白蛋白（ALB）含量[8]；花、茎和叶中分离的脱脂极性酚类成分可降低四氯化碳诱导肝损伤大鼠血清中肝损伤标志物（谷丙转氨酶、碱性磷酸酶、天冬氨酸氨基转移酶）的含量[9]。8. 抗过敏 花瓣甲醇提取物可减少鸡蛋白溶菌酶（HEL）致敏小鼠尾静脉的血流量[10]。

【性味与归经】木芙蓉花：微辛，凉。归肺、肝经。木芙蓉叶：微辛，凉。归肺、肝经。

【功能与主治】木芙蓉花：清肺凉血，散热解毒，消肿排脓。用于肺热咳嗽，瘰疬，肠痈，白带；外用于痈疽脓肿，脓耳，无名肿毒，烧、烫伤。木芙蓉叶：清肺凉血，散热解毒，消肿排脓。用于肺热咳嗽，瘰疬，肠痈；外用于痈疽脓肿，脓耳，无名肿毒，烧、烫伤。

【用法与用量】木芙蓉花：10 ～ 30g；外用适量，干品研末油调或熬膏。木芙蓉叶：10 ～ 30g；外用适量，研末油调或熬膏。

【药用标准】木芙蓉花：部标中药材 1992、浙江炮规 2015 和贵州药材 2003；木芙蓉叶：药典 1977、药典 2015、部标中药材 1992、浙江炮规 2015、贵州药材 2003、广西壮药 2008、广东药材 2011 和新疆药品 1980 二册。

【临床参考】1. 结节性脂膜炎：叶适量研末，以鸡蛋清调敷患处[1]。

2. 滴虫性阴道炎及霉菌性阴道炎：叶适量，水煎，清洗阴道，每日 1 次；或叶制成片剂，纳入阴道，每晚 1 次[2]。

3. 静脉输液外渗引起的肿痛：鲜叶洗净，取适量，捣碎直接外敷于外渗部位，约 5mm 薄层，每 8～10h 更换 1 次[3]。

4. 小儿鼻窦炎：复方木芙蓉涂鼻膏（主要药味木芙蓉叶）涂鼻[4]。

5. 乳汁不通：鲜叶 62g 洗净、晾干、捣烂，涂于乳房胀痛部位，用纱布覆盖，胶布固定，每日 2 次，每次 60min[5]。

6. 眼睑带状疱疹：鲜花及叶洗净，捣碎极细至出汁，用一二层纱布包住敷患眼，每次 1～1.5h，重者每日 2 次，轻者每日 1 次[6]。

7. 软组织挫伤、感染：鲜叶 100g，加生地黄 50g、郁金 9g、桃仁 3g，制成药饼湿敷患处，干后即换[7]。

8. 阑尾脓肿：鲜根 150～250g 捣碎，加米酒 30～50g 拌均，用火煨热，敷于包块表面，防止灼伤，每日 1 次，病情重者配合常规抗感染治疗[8]。

9. 急性乳腺炎：鲜叶 100～150g，捣烂，茶油调合外敷患处，每日 2～3 次，长时间保留，需授乳时，温开水洗净乳房，并及时排空乳汁[9]。

10. 少儿乳房异常发育症：鲜叶数片，洗净后晾干，加入适量米醋捣烂调成糊状，直接敷在乳头肿大部位，每日 1 次[10]。

11. 肌注硬结：鲜叶 50g 或干叶 25g 洗净、晾干、捣碎，加凡士林 200g 调成 1 ∶ 4 软膏，涂于硬结处，无菌纱布敷盖，每日 1 次[11]。

【附注】以地芙蓉之名始载于《本草图经》。《本草纲目》载：木芙蓉处处有之，插条即生，小木也。其干丛生如荆，高者丈许。其叶大如桐，有五尖及七尖者，冬凋夏茂。秋半始着花，花类牡丹、芍药，有红者、白者、黄者、千叶者，最耐寒而不落，不结实 。"《植物名实图考》载："木芙蓉即拒霜花 。"根据此记述的形态特征，并对照其附图，即为本种。

芙蓉花与芙蓉叶虚寒者及孕妇禁服；根孕妇禁服。

本种的根民间也供药用。

标准尚收载重瓣木芙蓉 *Hibiscus mutabilis* Linn.f.*plenus*（Andrews）S.Y.Hu（*Hibucus mutabilis* 'Plenus'），本书把其并入木芙蓉 *Hibiscus mutabilis* Linn.。

【化学参考文献】

[1] 李军茂，何明珍，欧阳辉，等.超高效液相色谱与飞行时间质谱联用快速鉴别木芙蓉叶的化学成分[J].中国药学杂志，2016，51（14）：1162-1168.

[2] 姚莉韵，陆阳，陈泽乃.木芙蓉叶化学成分研究[J].中草药，2003，34（3）：201-203.

[3] 邓亚利，孙平川，杨继民，等.木芙蓉挥发性成分的 GC-MS 分析[J].西北药学杂志，2009，24（2）：109-110.

[4] 邓亚利，周莉玲，丁世全，等.木芙蓉挥发油成分研究[J].医药导报，2008，27（11）：1310-1311.

[5] 马敬原，田源红，张英，等.木芙蓉叶中微量元素研究[J].微量元素与健康研究，2013，30（1）：33-35.

[6] Ma Y H，Li Y K，Yang H Y，et al. A new diterpenoid from the steam of *Hibiscus mutabilis* Linn. [J]. Asian J Chem，2009，21（8）：6601-6603.

【药理参考文献】

[1] 符诗聪，荣征星，张凤华，等.木芙蓉叶有效部位的抗炎与镇痛实验研究[J].中国中西医结合杂志，2002，22（s1）：222-224.

[2] 付文彧，罗仕华，符诗聪，等.木芙蓉叶有效组分抗非特异性炎症的实验研究[J].中国骨伤，2003，16（8）：474-476.

[3] Ghogare P B，Bhalke R D，Girme A S，et al. Analgesic activity of bark of *Hibiscus mutabilis* [J]. Dhaka University Journal of Pharmaceutical Sciences，2007，6（1）：55-57.

[4] 李昌灵，刘胜贵，吴镝，等.木芙蓉叶提取物的抑菌作用研究[J].食品工业科技，2009，30（11）：97-98.

[5] 符诗聪，罗仕华，周玲珠，等．木芙蓉叶有效组分对大鼠肾缺血再灌注损伤的保护作用 [J]．广西科学，2004，9（2）：131-133.

[6] 王立勉．木芙蓉叶提取物对糖尿病大鼠抗氧化能力的影响 [J]．海峡药学，2014，26（12）：28-30.

[7] 张丽，周长征．木芙蓉叶提取物抗病毒作用实验研究 [J]．长春中医药大学学报，2013，29（1）：28-30.

[8] 沈钦海，秦召敏，孙志军．木芙蓉叶提取物对大鼠慢性肝损伤的实验性研究 [J]．时珍国医国药，2010，21（5）：1273-1274.

[9] Mandal S C，Pal S C，Raut D N. Hepatoprotective effect of standardized antioxidant phenolic fractions of *Hibiscus mutabilis* Linn. [J]. Der Pharmacia Sinica，2014，5（3）：46-51.

[10] Iwaoka E，Oku H，Takahashi Y，et al. Allergy-preventive effects of *Hibiscus mutabilis*'versicolor'and a novel allergy-preventive flavonoid glycoside [J]. Biological & Pharmaceutical Bulletin，2009，32（3）：509-512.

【临床参考文献】

[1] 张忠华．木芙蓉叶外用治疗结节性脂膜炎一例 [J]．辽宁中医杂志，1993，20（12）：31.

[2] 林浩然，郑幼兰，陈仁通，等．木芙蓉治疗滴虫性阴道炎及霉菌性阴道炎的实验和临床研究 [J]．医学研究通讯，1990，19（10）：22-25.

[3] 林七华．木芙蓉叶外敷治疗静脉输液外渗 42 例效果观察及护理 [J]．齐鲁护理杂志，2013，19（1）：94-95.

[4] 陆兰翠．复方木芙蓉涂鼻膏治疗小儿鼻窦炎的效果分析 [J]．中国当代医药，2013，20（24）：129-130.

[5] 严艳燕．木芙蓉叶外敷配合乳房穴位按摩治疗产后乳汁不通 55 例 [J]．浙江中医杂志，2014，49（9）：663.

[6] 唐鸥，杨东．木芙蓉花及叶联合西药治疗眼睑带状疱疹 35 例 [J]．四川中医，2006，24（1）：99.

[7] 林仁辉，陈家绰．木芙蓉叶等外敷治疗软组织挫伤、感染 [J]．广西赤脚医生，1976，（1）：46.

[8] 王金洪．木芙蓉根外敷治疗阑尾脓肿 42 例体会 [J]．中国乡村医师杂志，1996，12（5）：39-40.

[9] 陈庆雨，杨红英．木芙蓉叶治疗急性乳腺炎 36 例 [J]．福建中医药，2005，36（6）：55.

[10] 黄水香，欧丽卿．木芙蓉叶外敷治疗少儿乳房异常发育症 60 例疗效观察 [J]．中国妇幼保健，2004，19（1）：60.

[11] 王文玲，王秀香．木芙蓉叶外敷治疗肌注硬结 [J]．中医外治杂志，2002，11（5）：44.

583. 木槿（图 583）· *Hibiscus syriacus* Linn.

【别名】槿漆（浙江），木棉、荆条、槿树（江苏），喇叭花、朝开暮落花（福建），平条子（江苏连云港）。

【形态】落叶灌木，高 2～6m。小枝密被黄色星状绒毛。叶片菱形或三角状卵形，长 3～10cm，宽 2～4cm，3 裂，稀不裂，先端钝，基部楔形，边缘有不整齐锯齿，基脉 3 条，下面沿脉微被毛或近无毛；叶柄长 0.5～2.5cm，疏被星状柔毛；托叶线形，长约 0.6cm，疏被柔毛。花单生枝端叶腋；花梗长达 1.5cm，被星状绒毛；小苞片 6～8 枚，线形，长 0.6～1.5cm，基部稍合生，被星状毛；花萼钟形，长 1.4～2cm，裂片 5 枚，三角形，密被星状绒毛；花冠钟形，淡紫色，直径 5～6cm，花瓣 5 枚，倒卵形；雄蕊柱长约 3cm，不伸出或稍伸出花冠外；花柱分支 5 条，无毛。蒴果，卵圆形，密被黄色星状绒毛。种子肾形，背部被黄白色长柔毛。花果期 7～11 月。

【生境与分布】栽培于庭院、公园、村旁，山东、江苏、安徽、浙江、江西、福建等省有栽培，另山西、河南、台湾、湖北、湖南、广东、海南、广西、贵州、云南、四川、陕西及甘肃等省区均有分布或栽培。

【药名与部位】朝天子（木槿果），果实。木槿花，新鲜或干燥花。木槿皮（川槿皮），茎皮。

【采集加工】朝天子：秋季果实成熟时采收，除去杂质，干燥。木槿花：夏季花半开放时采收，干燥。木槿皮：春、夏二季采剥，干燥。

【药材性状】朝天子：呈卵圆形或短圆形，长约 2cm，直径约 1.6cm。表面灰绿色至棕褐色，密被星状短柔毛。顶端短尖，有的已开裂为 5 瓣。宿存花萼 5 裂。种子扁肾形，长 3～4mm，灰褐色，四周密生多数乳白色至灰黄色的长柔毛。气微，味甘。

图 583　木槿　　　摄影　赵维良等

木槿花：皱缩呈卵状或不规则圆柱状，长 1.5 ～ 3.5cm，宽 1 ～ 2cm，常带有被星状毛的短花梗。副萼片 6 ～ 7 枚，线形；花萼钟状，灰黄绿色，先端 5 裂，裂片三角状，被星状毛；花冠类白色、黄白色或浅棕黄色，单瓣者 5 片，重瓣者 10 余片；雄蕊多数，花丝联合呈筒状。气微香，味淡。

木槿皮：多为卷筒状或槽状的段，厚 0.1 ～ 0.3cm。外表面青灰色至灰褐色，有不规则纵皱纹及点状皮孔；内表面灰黄色，光滑，有细纵纹。切面有灰黄色与白色相间的齿形纹理。质坚韧。气微，味淡。

【质量要求】朝天子：完整，无泥屑。木槿花：色白成朵不散瓣，无梗叶，不虫蛀。木槿皮：灰白色，无木心，不霉。

【药材炮制】朝天子：除去果梗等杂质，筛去灰屑。

木槿花：除去枝、叶等杂质，筛去灰屑。

木槿皮：除去杂质，洗净，润软，切段，干燥。

【化学成分】叶含黄酮类：山柰酚（kaempferol）、异牡荆素（isovitexin）、牡荆素（vitexin）、芹菜素（apigenin）、芹菜素 -7-*O*-β-D- 吡喃葡萄糖苷（apigenin-7-*O*-β-D-glucopyranoside）、木犀草素 -7-*O*-β-D- 吡喃葡萄糖苷（luteolin-7-*O*-β-D-glucopyranoside）、牡荆素 -7-*O*-β-D- 吡喃葡萄糖苷（vitexin-7-*O*-β-D-glucopyranoside）和芦丁（rutin）[1]；甾体类：β- 谷甾醇（β-sitosterol）、胡萝卜苷（daucosterol）和豆甾 -4-

烯 -3- 酮（stigmast-4-en-3-one）[1]；皂苷类：β- 香树脂醇（β-amyrin）、齐墩果酸（oleanolic acid）和木栓酮（friedelin）[1]；酚类：木槿素 A（syriacusin A）[1]。

花含挥发油及脂肪酸类：豆蔻酸（tetradecanoic acid）、邻苯二甲酸丁基 -2- 异丁酯（butyl-2-isobutyl 1, 2-benzenedicarboxylate）、十三烷酸（tridecanoic acid）、棕榈酸（palmitic acid）、珠光脂酸（heptadecanoic acid）和亚油酸（linoleic acid），即（Z, Z）- 9, 12- 十八烷（碳）二烯酸 ［（Z, Z）-9, 12-octadecadienoic acid］、油酸（oleic acid）、硬脂酸（octadecanoic acid）、二十一烷（heneicosane）和二十九烷（nonacosane）等[2]。

根皮含萘类：2, 7- 二羟基 -6- 甲基 -8- 甲氧基 -l- 萘甲醛（2, 7-dihydroxy-6-methyl-8-methoxy-l-naphthalene carbaldehyde）、2- 羟基 -6- 羟甲基 -7, 8- 二甲氧基 -l- 萘甲醛（2-hydroxy-6-hydroxymethyl-7, 8-dimethoxy-1-naphthalene carbaldehyde）和 1- 羧基 -2, 8- 二羟基 -6- 甲基 -7- 甲氧基萘碳酰内酯（1 → 8）［1-carboxy-2, 8-dihydroxy-6-methyl-7-methoxynaphthalene carbolactone（1 → 8）］[3]；皂苷类：3β, 23, 28- 三羟基 -12- 齐墩果烯 -23- 咖啡酸酯（3β, 23, 28-trihydroxy-12-oleanene-23-caffeate）和 3β, 23, 28- 三羟基 -12- 齐墩果烯 -3β- 咖啡酸酯（3β, 23, 28-trihydroxy-12-oleanene-3β-caffeate）[4]。

【药理作用】1. 抗氧化　根皮所含化合物可抑制大鼠肝微粒体中的脂质过氧化作用，抑制单胺氧化酶活性[1, 2]。2. 抗肿瘤　丙酮提取物、甲醇提取物和水提取物对肺癌细胞有细胞毒作用，在体内可抑制胰癌（A549）皮下异种移植肿瘤的生长[3]。

【性味与归经】朝天子：甘，平。木槿花：甘、淡，凉。归脾、肺经。木槿皮：甘、苦，凉。归大肠、肝、脾经。

【功能与主治】朝天子：清肺化痰，解毒止痛。用于痰喘咳嗽，风热头痛；外用于黄水疮。木槿花：清湿热，凉血。用于痢疾，腹泻，痔疮出血，白带；外用于疖肿。木槿皮：清热，利湿，解毒，止痒。用于肠风泻血，痢疾，脱肛，白带，疥癣，痔疮等症。

【用法与用量】朝天子：9 ～ 15g；外用适量。木槿花：3 ～ 9g；外用鲜品适量捣敷患处。木槿皮：3 ～ 9g；外用适量。

【药用标准】朝天子：浙江炮规 2015、上海药材 1994 和江苏药材 1989；木槿花：药典 1963、药典 1977、部标中药材 1992、浙江炮规 2015、广西壮药 2008、贵州药材 2003、河南药材 1991、江苏药材 1989 和内蒙古药材 1988；木槿皮：部标中药材 1992、浙江炮规 2015、江苏药材 1989、内蒙古药材 1988、四川药材 1987 和新疆药品 1980 二册。

【临床参考】1. 小儿（3 ～ 5 岁）腹泻：花 20g，加白扁豆花 20g、焦山楂 10g、炒山药 15g、鸡内金 6g，水煎服，每日 1 剂，分 3 次服[1]。

2. 内耳性眩晕：花 10g，加荠荠菜 50g、鸡蛋 4 个、黄砂糖 40g，加水煮熟，吃蛋喝汤[2]。

3. 慢性肾小球肾炎：花 60g，加龙葵 60g，研细末，每日早晚各服 3g[3]。

4. 带下病：花 15g，水煎服，每日 1 次[4]。

5. 带状疱疹：鲜叶 3 ～ 9g，加食盐 1 ～ 2g，捣成糊状，外敷患处，每日 2 次[5]。

【附注】木槿始载于《本草拾遗》。《本草衍义》谓："木槿如小葵，花淡红色，五叶成一花，朝开暮敛……湖南北人家多种植为篱障。"《本草纲目》载："木槿皮及花，并滑如葵花……色如紫荆……川中来者，气厚力优，故尤有效。"以上所述特征与本种相符。

白花单瓣木槿 Hibiscus syriacus Linn.f.totus-albus T.Moore、白花重瓣木槿 Hibiscus syriacus Linn. f.albus-plenus London、紫花重瓣木槿 Hibiscus syriacus Linn.f.violaceus Gagnep.f. 及长苞木槿 Hibiscus syriacus Linn.var.longibracteatus S.Y.Hu 的根皮在四川作木槿皮药用。此外，白花重瓣木槿的花在四川也作木槿花药用。

【化学参考文献】

［1］卫强，纪小影，徐飞，等 . 木槿叶化学成分及抑制 α- 葡萄糖苷酶活性研究［J］. 中药材，2015，38（5）：975-979.

［2］蔡定建，戎敢，靖青秀，等.木槿花挥发油化学成分的 GC/MS 分析［J］.中国农学通报，2009，25（21）：93-96.

［3］Yoo I D，Yun B S，Lee I K，et al. Three naphthalenes from root bark of *Hibiscus syriacus*［J］. Phytochemistry，1998，47（5）：799-802.

［4］Yun B S，Ryoo I J，Lee I K，et al. Two bioactive pentacyclic triterpene esters from the root bark of *Hibiscus syriacus*［J］. J Nat Prod，1999，62（5）：764-766.

【药理参考文献】

［1］Lee S J，Yun Y S，Lee I K，et al. An antioxidant lignan and other constituents from the root bark of *Hibiscus syriacus*［J］. Planta Medica，1999，65（7）：658-660.

［2］Yun B S，Lee I K，Inja Ryoo A，et al. Coumarins with monoamine oxidase inhibitory activity and antioxidative coumarino-lignans from *Hibiscus syriacus*［J］. Journal of Natural Products，2001，64（9）：1238-1240.

［3］Cheng Y L，Lee S C，Harn H J，et al. The extract of *Hibiscus syriacus* inducing apoptosis by activating p53 and AIF in human lung cancer cells［J］. American Journal of Chinese Medicine，2008，36（1）：171-184.

【临床参考文献】

［1］刘华，王树元.扁槿花煎剂治疗小儿腹泻［J］.辽宁中医杂志，1980，7（5）：16.

［2］屈振廷，王峰.木槿花茶治疗内耳性眩晕［J］.河南中医，1989，9（4）：40.

［3］黎俊民.木槿花临证应用心得［J］.辽宁中医药大学学报，2006，8（6）：127.

［4］龚明.木槿花治疗带下证［J］.中国民间疗法，1996，14（3）：47.

［5］张满萍，俞春兰，王燕，等.鲜木槿叶外敷用于带状疱疹的疗效观察［J］.护理与康复，2017，16（1）：58-59.

4. 黄花稔属 *Sida* Linn.

草本或亚灌木。全株被星状毛。叶不分裂或稍分裂，边缘有锯齿。花单生、簇生或为圆锥花序或伞房花序，腋生或顶生；无小苞片。花萼杯状或钟状，5 裂；花冠黄色，花瓣 5，基部合生；雄蕊柱顶端着生多数具花药的花丝；子房由 5～10 枚心皮组成，5～10 室，每室具 1 粒倒生胚珠，花柱分支与心皮同数，柱头头状。分果盘状或球形，分果爿顶端具 2 芒，或具喙，成熟时各分果爿自中轴脱落。种子光滑或种脐被毛。

100～150 种，广布全球。中国 14 种，4 变种，分布于华东至西南各省区，法定药用植物 2 种。华东地区法定药用植物 1 种。

584. 白背黄花稔（图 584）· *Sida rhombifolia* Linn.

【别名】 金午时花（浙江）。

【形态】 直立亚灌木，高达 1m。分枝多，小枝被星状柔毛。叶片菱形或长圆状披针形，长 2～5cm，宽 0.5～2cm，先端圆或具短尖头，基部宽楔形，边缘有锯齿，上面疏被星状柔毛或近无毛，下面被灰白色星状柔毛；叶柄长 2～5mm，被星状柔毛；托叶刺毛状，与叶柄等长或短于叶柄。花单生于叶腋，花梗长 1～2cm，密被星状柔毛，中部以上具关节；花萼杯状，长 3～5mm，5 裂，裂片三角形，被星状短绵毛；花冠黄色，花径约 1cm，花瓣倒卵形，长约 0.8cm；雄蕊柱无毛，疏被腺状乳突，长约 0.5cm；花柱分支 8～10 条，分果半球形，直径约 0.7cm；分果爿 8～10 片，被星状柔毛，顶端具 2 短芒。种子黑褐色，顶端有短毛。花期 5～6 月，果期 7～10 月。

【生境与分布】 生于路边、村旁、荒草地、沟谷，分布于江苏、浙江、福建，另台湾、广东、广西、香港、海南、贵州、湖北、湖南、四川及云南等省区均有分布。

【药名与部位】 黄花母，全草。

【采集加工】 秋季采收，洗净，晒干。

【药材性状】 长短不一，幼枝被星状柔毛，老枝无毛，有网眼状纹理。叶多破碎，卷缩，完整叶呈长圆状披针形或菱形，叶上面暗绿色，下面灰绿色，被星状柔毛。花生于叶腋，黄色。气微香，味淡。

图 584　白背黄花稔　　　　　　　　　　　　摄影　张芬耀

【**药材炮制**】除去泥沙，洗净，晒干，切段。

【**化学成分**】地上部分含香豆素类：东莨菪素（scopoletin）和蒿属香豆素（scoporone）[1]；黄酮类：山奈酚（kaempferol）和山奈酚 -3-*O*-β-D- 葡萄糖基 -6″-α-D- 鼠李糖（kaempferol-3-*O*-β-D-glycosyl-6″-α-D-rhamnose）[1]；生物碱类：喹叨啉酮*（quindolinone）、11- 甲氧基 - 喹叨啉（11-methoxy-quindoline）、喹叨啉（quindoline）[1]，β- 苯乙胺（β-phenethylamine）、*N*- 甲基 -β- 苯乙胺（*N*-methyl-β-phenethylamine）、麻黄素（ephedrine）、ψ- 麻黄素（ψ-ephedrine）、鸭嘴花酚碱（vasicinol）、鸭嘴花碱酮（vasicinone）、鸭嘴花碱（vasicine）、胆碱（choline）和甜菜碱（betaine）[2]；酚酸酯类：阿魏酸乙氧基酯（ethoxyl ferulate）[1]。

根含生物碱类：β- 苯乙胺（β-phenethylamine）、*N*- 甲基 -β- 苯乙胺（*N*-methyl-β-phenethylamine）、麻黄素（ephedrine）、ψ- 麻黄素（ψ-ephedrine）、鸭嘴花酚碱（vasicinol）、鸭嘴花碱酮（vasicinone）、鸭嘴花碱（vasicine）、胆碱（choline）和甜菜碱（betaine）[2]。

全草含甾体类：蜕皮激素（ecdysone）、20- 羟基蜕皮激素（20-hydroxyecdysone）、2- 脱氧 -20- 羟基蜕皮激素 -3-*O*-β-D- 吡喃葡萄糖苷（2-deoxy-20-hydroxyecdysone-3-*O*-β-D-glucopyranoside）、20- 羟基蜕皮激素 -3-*O*-β-D- 吡喃葡萄糖苷（20-hydroxyecdysone-3-*O*-β-D-glucopyranoside）、25- 乙酰氧基 -20- 羟基蜕皮激素 -3-*O*-β-D- 吡喃葡萄糖苷（25-acetoxy-20-hydroxyecdysone-3-*O*-β-D-glucopyranoside）、蕨甾酮 -3-*O*-β-D- 吡喃葡萄糖苷（pterosterone-3-*O*-β-D-glucopyranoside）和蜕皮激素 -3-*O*-β-D- 吡喃葡萄糖苷（ecdysone-3-*O*-β-D-glucopyranoside）[3]。

【**性味与归经**】味甘、辛，凉。归心、肝、肺、大肠、小肠经。

【**功能与主治**】清热利湿，解毒消肿。用于感冒高热，咽喉肿痛，湿热泻痢，黄疸，带下，淋症，风湿痿弱，头晕，劳倦乏力，痔血，痈疽疔疮。

【用法与用量】15～30g；外用适量，捣敷。

【药用标准】海南药材 2011。

【化学参考文献】

［1］Chaves O S，Teles Y C，Monteiro M M，et al. Alkaloids and phenolic compounds from *Sida rhombifolia* L.（Malvaceae）and vasorelaxant activity of two indoquinoline alkaloids［J］. Molecules，2017，22（1）：1-9.

［2］Prakash A，Varma R K，Ghosal S. Alkaloidal constituents of *Sida acuta*，*Sida humilis*，*Sida rhombifolia* and *Sida spinosa*［J］. Planta Med：Journal of Medicinal Plant Research，1981，43：384-388.

［3］Atul N J，Rahul S P，Bharathi A，et al. Ecdysteroid glycosides from *Sida rhombifolia* L.［J］. Chem Biodivers，2007，4（9）：2225-2230.

5. 苘麻属 *Abutilon* Miller

草本、亚灌木或灌木。叶互生，叶片分裂或不分裂，基部常心形，掌状脉。花单生或成圆锥花序，顶生或腋生；无小苞片；花萼钟状或杯状，5裂；花冠钟状或轮状，5裂；花瓣5枚，基部联合，与雄蕊柱合生；雄蕊柱顶端具多数分离花丝；子房8～20室，每室2～9粒胚珠，花柱分支与心皮同数。果近球形，陀螺状、磨盘状或灯笼状，分果片8～20片，成熟时与中轴分离。种子小，肾形，被星状毛或乳突状腺毛。

约150种，分布于热带或亚热带地区。中国9种，包括引入栽培种，分布于南北各省区，法定药用植物2种。华东地区法定药用植物1种。

585. 苘麻（图 585）• *Abutilon theophrasti* Medic.（*Abutilon avicennae* Gaertn.）

图 585 苘麻

摄影 李华东等

【别名】白麻、青麻（浙江），塘麻（安徽），孔麻（上海），磨盘草、车轮草（江西），空麻子、野苎麻子（江苏）。

【形态】一年生草本或亚灌木状，高 0.5～2m。茎被柔毛，上部多分枝。叶互生，叶片圆心形，长 3～12cm，宽与长近相等，先端长渐尖，基部心形，边缘有锯齿，两面密被星状柔毛；叶柄长 3～12cm，被星状柔毛；托叶披针形，早落。花单生叶腋；花梗长 1～3cm，被柔毛，近顶端具关节；花萼杯状，密被短绒毛，5 裂，裂片卵状披针形，长约 0.6cm；花冠黄色，花瓣倒卵形，长约 1cm；雄蕊柱光滑无毛；心皮 15～20 枚，顶端平截，轮状排列，密被柔毛。分果半球形，直径约 2cm，长约 1.2cm，分果爿 15～20 片，被硬毛，顶端具 2 长芒。种子小，肾形，黑褐色，被星状柔毛。花期 6～8 月，果期 8～10 月。

【生境与分布】生于路边、荒草地、田野间或村旁，垂直分布可达海拔 1000m。分布于山东、江苏、安徽、浙江、福建、江西，另吉林、辽宁、河北、河南、山西、台湾、湖北、湖南、广东、广西、海南、贵州、云南、四川、陕西、宁夏、新疆等省区均有分布。

【药名与部位】苘麻子（冬葵子），成熟种子。苘麻，全草。

【采集加工】苘麻子：秋季果实成熟时采收，取出种子，干燥。苘麻：八九月间拔起全株，除净泥土，晒干。

【药材性状】苘麻子：呈三角状肾形，长 3.5～6mm，宽 2.5～4.5mm，厚 1～2mm。表面灰黑色或暗褐色，有白色稀疏绒毛，凹陷处有类椭圆状种脐，淡棕色，四周有放射状细纹。种皮坚硬，子叶 2 枚，重叠折曲，富油性。气微，味淡。

苘麻：全长 80～100cm。主根发达，圆锥形，着生多数细侧根。茎圆柱形，外表黄绿色或暗绿色，被软毛；断面皮部黄褐色，纤维性强；木质部淡黄色，髓部大，疏松。叶多卷曲或破碎，完整叶展平后，叶片圆心形，直径 7～15cm，先端尖，基部心形，叶缘有锯齿，两面密生柔毛；叶柄长 3～12cm，被柔毛。蒴果常见存在，有 15～20 分果瓣，排列成轮状，顶端有 2 长芒。种子肾形或三角状肾形，扁平，褐色，微具毛。气微，味微苦。

【质量要求】苘麻子：粒饱满，无泥屑。

【药材炮制】苘麻子：除去杂质，洗净，干燥。用时捣碎。

【化学成分】种子含脂肪酸类：棕榈酸（palmitic acid）、硬脂酸（stearic acid）、油酸（oleic acid）、亚油酸（lioleic acid）、8-甲基癸酸（8-methyl-6-nonenoic acid）、9-十二碳烯酸（9-dodecenoic acid）、11, 14-二十碳二烯酸（11, 14-eicosadienoic acid）、7-十六碳烯酸（7-hexadecenoic acid）、13-二十碳烯酸（13-eicosenoic acid），即瓜拿纳酸*（paullinic acid）和 2,4-十六碳二烯酸（2,4-hexadecadienoic acid）[1]；元素：锌（Zn）、硼（B）、铁（Fe）、镍（Ni）、锰（Mn）、铜（Cu）、钒（V）、钼（Mo）和铬（Cr）[2]。

叶含挥发油类：二十六醇（hexacosanol）和二十九烷醇（nonacosanol）[3]；甾体类：谷甾醇（sitosterol）和豆甾醇（stigmasterol）[3]；元素：铬（Cr）、砷（As）、钒（V）、镍（Ni）和锂（Li）[4]。

根含挥发油和脂肪酸类：3-羟基-4-甲氧基苯甲醛（3-hydroxy-4-meyhoxybenzaldehyde）、3-壬炔-2-醇（3-nonyn-2-ol）、（E）-3-十四烯［（E）-3-tetradecene］、维生素 A 乙酸酯（vitamin A acetate），即视黄醇乙酸酯(retinol acetate)、环戊烷十一烷酸酯*（cyclopentane undecanate）、1-十九烷醇（1-nonadecanol）、1-二十醇（1-eicosanol）、壬酸（nonanoic acid）、8-壬炔酸（8-nonynoic acid）、十二烷基十六酸酯（dodecyl hexadecanate）、十三烷酸（tridecanoic acid）、n-十六酸（n-hexadecanoic acid）、棕榈酸（palmitic acid）和油酸（oleic acid）等[5]。

【药理作用】1.抗炎镇痛　茎、叶 70% 乙醇提取物的乙酸乙酯及正丁醇提取物可显著抑制二甲苯所致小鼠的耳廓肿胀；乙酸乙酯层、水层及正丁醇层均能减少小鼠肉芽肿重量；乙酸乙酯及正丁醇层能显著抑制乙酸刺激腹腔黏膜引起的疼痛反应，减少扭体次数；正丁醇层可明显提高热板所致小鼠的痛阈值，且作用时间持久[1]。2.抗菌　叶醇提物的正丁醇、乙酸乙酯及乙醚萃取部位对大肠肝菌、金黄色葡萄球菌、枯草芽孢杆菌、苏云金芽孢杆菌的生长具有较强的抑制作用；叶、花醇提物对大肠肝菌、金黄色葡萄球菌、枯草芽孢杆菌、苏云金芽孢杆菌生长的抑制作用不明显[2]。

【性味与归经】苘麻子：苦，平。归大肠、小肠、膀胱经。苘麻：苦，平。

【功能与主治】苘麻子：清热利湿，解毒，退翳。用于赤白痢疾，淋病涩痛，痈肿，目翳。苘麻：解毒，祛风。治痢疾、中耳炎，耳鸣，耳聋，关节酸痛。民间用做安胎药。

【用法与用量】苘麻子：3～9g。苘麻：9～30g；外用捣敷。

【药用标准】苘麻子：药典1977—2015、浙江炮规2015、内蒙古蒙药1986、新疆药品1980二册和台湾2013；苘麻：上海药材1994。

【临床参考】1. 尿道炎、小便涩痛：种子15g，水煎服。

2. 浮肿、尿少：种子15g，加茯苓15g，水煎服；或种子9g，加泽泻9g、茯苓皮15g、车前子12g，水煎服。

3. 痢疾：种子炒黄研粉，每次3g，开水送服，每天3次。

4. 耳鸣：种子12g，水煎服。

5. 产后乳少、乳汁不下、乳房胀痛：种子60g，水酒各半煎服；或种子12g，加王不留行12g、漏芦15g、黄芪15g，猪蹄2只，水煮，食肉喝汤，或种子研粉，每次6g，黄酒冲服，每日2次。（1方至5方引自《浙江药用植物志》）

【附注】苘麻始载于《新修本草》。《本草纲目》载："苘麻今之白麻也。多生卑湿处，人亦种之。叶大似桐叶，团而有尖。六七月开黄花。结实如半磨形，有齿，嫩青老黑。中子扁黑，状如黄葵子。"上述并对照附图，应为本种。

孕妇慎服。

本种的全草及根民间也药用。

【化学参考文献】

［1］申长慧，高锦，王淼，等 . 苘麻子中脂肪酸成分的 GC-MS 分析［J］. 中国实验方剂学杂志，2013，19（19）：136-139.

［2］马爱华，张俊慧 . 冬葵子和苘麻子中无机元素含量测定及对比分析［J］. 时珍国医国药，1999，10（2）：94.

［3］Kiyamova S E，Khidyrova N K，Kukina T P，et al. Neutral constituents from leaves of plants of the family Malvaceae. I. *Abutilon theophrasti*［J］. Chemistry of Natural Compounds，2012，48（2）：297-298.

［4］李明铭，田春莲，李丹，等 . 电感耦合等离子体发射法同时测定苘麻不同部位的 7 种元素含量［J］. 药学服务与研究，2009，9（5）：360-362.

［5］宋爱华，田春莲，刘晓坤，等 . 中药材苘麻根中弱极性成分的 GC-MS 分析［J］. 沈阳药科大学学报，2013，30（2）：132-135.

【药理参考文献】

［1］苏连杰，阳丽华，张晓敏，等 . 苘麻茎叶抗炎镇痛活性部位研究［J］. 中国中医药科技，2010，17（4）：314.

［2］库尔班尼沙·买提卡思木 . 苘麻黄酮类化合物的提取分离及其体外抗菌研究［D］. 乌鲁木齐：新疆大学硕士学位论文，2009.

6. 锦葵属 *Malva* Linn.

一年生、二年生或多年生草本。叶互生，叶片掌状分裂或有角。花单生或簇生于叶腋，常有花梗或近无梗；小苞片3枚，线状披针形或长圆形，分离；花萼杯状，5裂；花瓣5枚，先端常凹缺，白色、玫瑰红色或紫红色；雄蕊柱顶端着生花药；子房有心皮9～15枚，每心皮有1粒胚珠，花柱分支与心皮同数。分果圆盘状，分果爿平滑或具网纹，被柔毛或无毛，成熟时各分果爿彼此分离且与中轴脱离，果轴圆筒形。种子肾形。

约30种，分布于亚洲、欧洲和非洲北部。中国4种，分布于全国各地，法定药用植物3种，华东地区法定药用植物1种。

586. 野葵（图 586）• *Malva verticillata* Linn.

图 586　野葵　　　　摄影　徐克学等

【别名】冬葵、苋葵、马蹄菜（浙江），圆叶锦葵（山东）。

【形态】二年生草本，高 50 ～ 100cm。茎被星状长柔毛。叶片轮廓肾形或圆形，直径 5 ～ 11cm，通常掌状 5 ～ 7 裂，裂片三角形，具钝尖头，边缘有钝齿，两面被极稀疏糙伏毛或近无毛；叶柄长 2 ～ 8cm，近无毛；托叶卵状披针形，被星状柔毛。花 3 至数朵簇生叶腋，花梗极短或近无梗；小苞片 3 枚，线状披针形，长 5 ～ 6mm，被纤毛；花萼杯状，5 裂，裂片宽三角形，疏被星状长硬毛；花冠较萼片略长，白色或淡红色，花瓣 5 枚，长 6 ～ 8mm，先端凹入基部有爪；雄蕊柱长约 4mm，被毛；花柱分支 10 ～ 11 条，分果扁球形，直径 0.5 ～ 0.7cm，分果爿 10 ～ 11 片，背面平滑无毛，两侧有网纹。种子小，肾形，紫褐色，无毛。花期 4 ～ 5 月，果期 6 ～ 8 月。

【生境与分布】生于丘陵、平原、路旁、村边或荒草地，垂直分布可达 800m。分布于山东、江苏、安徽、浙江、福建、江西，另东北、华北、华中、西南及西北等省区均有分布。

【药名与部位】土黄芪，根。冬葵果，带宿花萼的果实。冬葵子，成熟种子。江巴（冬葵），花和果实。

【采集加工】土黄芪：夏、秋季采挖，洗净，干燥。冬葵果：夏、秋二季果实成熟时采收，除去杂质，阴干。冬葵子：秋季果实成熟时割取果序，晒干，打下种子，除去杂质。江巴：夏季采花，秋季果实成熟时采集，晒干。

【药材性状】土黄芪：主根长圆锥形，有多数支根及须根，表面灰黄色至黄棕色，具纵皱纹。体轻，质韧，断面富纤维性，皮部白色，木质部淡黄色。气微，味淡。

冬葵果：呈扁球状盘形，直径 4～7mm。外被膜质宿萼，宿萼钟状，黄绿色或黄棕色，有的微带紫色，先端 5 齿裂，裂片内卷，其外有条状披针形的小苞片 3 片。果梗细短。果实由分果瓣 10～12 枚组成，在圆锥形中轴周围排成 1 轮，分果类扁圆形，直径 1.4～2.5mm。表面黄白色或黄棕色，具隆起的环向细脉纹。种子肾形，棕黄色或黑褐色。气微，味涩。

冬葵子：呈类圆形扁平之橘瓣状或微呈肾形，细小，直径 1.5～2mm；较薄的一边有一凹陷窝，另面圆滑；种子呈棕褐色，有时残留有棕黄色包壳（果皮），在放大镜下可见环形细网纹。质坚硬，破碎后微香，味淡。

江巴：花皱缩成棒状，花梗极短；苞片 3，线状披针形，长 5～6mm，被长硬毛；萼片广三角形，被毛；花瓣淡红色，倒卵形，长约为花萼的 2 倍，先端微凹；雄蕊管长 4mm，被毛；子房 10～11 室，花柱分支 10～11 条。气清香，味微苦。果呈扁球状盘形，高 0.6～2cm，直径 4～7mm，外被膜质宿萼。宿萼钟状，黄绿色或黄棕色，有的微带紫色，萼片广三角形，被星状毛和长硬毛，先端 5 齿裂，裂片内卷，其外有小苞片 3～7 枚，条状披针形或宽披针形。果实盘形，分果瓣 10～12 片，直径 4～7mm，扁圆形，中央内凹，在圆锥形中轴周围排成一轮，表面黄白色或黄棕色，具隆起的环向细脉纹；果梗细短。种子肾形，棕黄色或黑褐色，背部边缘竖起如鸡冠状，侧面有斜纹。

【药材炮制】江巴：除去杂质，晒干。

【化学成分】叶含酯类：四十碳烷棕榈酸酯*（tetracontanyl palmitate）[1]。

种子含多糖类：野葵多糖 I*（MV polysaccharide-I）[2]，野葵多糖 -IIA*（MV polysaccharide -IIA）、野葵多糖 -IIG*（MV polysaccharide -IIG）[3]，野葵多糖 -V*（MV polysaccharide-V）[4]，野葵多糖 -VI*（MV polysaccharide- VI）[5] 和野葵多糖 -IVA*（MV polysaccharide-IVA）[6]；皂苷类：野葵苷*（verticilloside）[7]；甾体类：胡萝卜苷（daucosterol）和 β- 谷甾醇（β-sitosterol）[7]；脂肪酸类：肉豆蔻油酸（myristoleic acid）[7]；糖类：蔗糖（sucrose）和棉子糖（raffinose）[7]。

果实含挥发油类：（E）-2- 辛烯醛［（E）-2-octenal］、（Z）-2- 辛烯 -2- 醇［（Z）-2-octen-2-ol］和（Z）-2- 壬烯醛［（Z）-2-nonenal］等[8]。

【药理作用】1. 抑制破骨细胞　种子水提物可激活核转录因子 -κB 配体信号传递的受体激活剂，显著抑制 c-fos 蛋白及活化 T 细胞核因子 1 蛋白的表达，显著抑制 c-Jun 氨基末端激酶、p38、IκBα、磷脂酶 γ2 的磷酸化，显著抑制破骨细胞的吸收作用，下调再吸收标记的 mRNA 表达[1]。2. 利尿　果实的石油醚提取物、乙酸乙酯提取物对大鼠排尿有显著的促进作用[2]。3. 抗胃溃疡　种子水提物可减少利血平所致胃溃疡模型小鼠的溃疡面积、胃液量、血清中白细胞介素 -6（IL-6）、白细胞介素 -12（IL-12）、肿瘤坏死因子 -α（TNF-α）、γ 干扰素、胃动素及 P 物质含量，升高 pH，增加生长抑素及血管活性肠肽的含量，增强小鼠胃组织中超氧化物歧化酶（SOD）及谷胱甘肽过氧化物酶（GSH-Px）活性，增加一氧化氮（NO）含量，减少丙二醛（MDA）含量[3]。4. 抗氧化　果实中提取的多糖可显著清除羟自由基及超氧阴离子自由基，可显著降低丙二醛的含量[4]。5. 抗肿瘤　种子中提取得到的蛋白质可诱导结肠癌 DLD1 细胞及膀胱癌 T24 细胞发生 G_1 期阻滞并诱导其肿瘤细胞凋亡，而对人正常细胞无影响[5]。

【性味与归经】土黄芪：甘、淡，平。归脾、肺经。冬葵果：甘、涩，凉。江巴：甘、涩，凉。

【功能与主治】土黄芪：益气健脾，托脓生肌。用于乏力自汗；痈疮托脓，疮疡溃烂久不收口；产后胞衣不下，通乳。冬葵果：清热利尿，消肿。用于尿闭，水肿，口渴；尿路感染。冬葵子：润化，软化，熟津液，利胆肝，利尿。用于感冒、咽喉胸痛、肠炎、小便不利、痛，声哑。江巴：利尿通淋，清热消肿，强肾，止渴。花用于遗精；果用于尿闭、淋病、水肿、口渴、肾热、膀胱热。

【用法与用量】土黄芪：15～30g。冬葵果：3～9g。冬葵子：3～9g。江巴：6～15g。

【药用标准】土黄芪：云南彝药Ⅱ 2005 四册；冬葵果：药典 1977—2015、内蒙古蒙药 1986、藏药 1979 和台湾 2013；冬葵子：新疆维药 1993；江巴：部标藏药 1995 和青海藏药 1992。

【临床参考】淋病、尿闭、膀胱结石：果实适量，水煎服[1]。

【附注】冬葵子始载于《神农本草经》。《名医别录》云："生少室山，十二月采。"《救荒本草》云："冬葵菜，苗高二三尺，茎及花叶似蜀葵而差小。"《本草纲目》谓："葵菜，古人种为常食。今人种者颇鲜。有紫茎、白茎二种，以白茎为胜。大叶小花，花紫黄色，其最小者名鸭脚葵。其实大如指顶，皮薄而扁，实内子轻虚如榆荚仁。四五月种者可留子。六七月种者为秋葵，八九月种者为冬葵，经年收采。正月复种者为春葵，然宿根至春亦生。"即似本种。

脾虚肠滑者禁服。孕妇慎服。

野葵的根在云南作土黄芪药用，果实民间作冬葵子药用。

【化学参考文献】

［1］Shahabuddin M. Phytochemical constituents from the leaves of *Malva verticillata* L.［J］. J Pharmacognosy and Phytochem，2017，6（1）：16-22.

［2］Shimizu N，Tomoda M. Constituents of the seed of *Malva verticillata*. Ⅰ. structural features of the major neutral polysaccharide［J］. Chem Pharm Bull，1987，35（12）：4981-4984.

［3］Shimizu N，Tomoda M. Constituents of the Seed of *Malva verticillata*. Ⅱ.：characterization of two novel neutral polysaccharides［J］. Chem Pharm Bull，2008，36（8）：2778-2783.

［4］Gonda R，Tomoda M，Kanari M，et al. Constituents of the seed of *Malva verticillata*. Ⅲ. characterization of the major pectic peptidoglycan and oligosaccharides［J］. Chem Pharm Bull，2008，36（8）：2790-2795.

［5］Gonda R，Tomoda M，Kanari M，et al. Constituents of the seed of *Malva verticillate*. Ⅵ. characterization and immunological activities of a novel acidic polysaccharide［J］. Chem Pharm Bull，1990，38（10）：2771-2774.

［6］Gonda R，Tomoda M，Shimizu N，et al. Characterization of an acidic polysaccharide from the seeds of *Malva verticillata* stimulating the phagocytic activity of cells of the RES［J］. Planta Med，1990，56（1）：73-76.

［7］Kim J A，Yang S Y，Kang S，et al. Verticilloside, a new daucosteryl derivative from the seeds of *Malva verticillata*［J］. Nat Prod Sci，2011，17（4）：350-353.

［8］李增春，徐宁，杨利青，等. 蒙药冬葵果挥发油化学成分分析［J］. 中成药，2008，30（6）：922-924.

【药理参考文献】

［1］Shim K S，Lee C J，Yim N H，et al. A water extract of *Malva verticillata*，seeds suppresses osteoclastogenesis and bone resorption stimulated by RANK ligand［J］. Bmc Complementary & Alternative Medicine，2016，16（1）：332.

［2］何晓燕，刘毅，刘薇. 藏药玛宁江巴提取物对大鼠利尿作用的初步研究［J］. 现代生物医学进展，2010，10（9）：1727-1728.

［3］朱凯，赵欣. 冬葵子对胃溃疡模型小鼠的预防效果研究［J］. 中国药房，2015，26（1）：49-52.

［4］乌兰格日乐，赵杰，巴虎山. 冬葵果多糖的抗氧化作用研究［J］. 天然产物研究与开发，2012，24（4）：536-538.

［5］陈美兰. 冬葵子抗肿瘤蛋白诱导细胞凋亡分子机制研究［D］. 太原：山西大学硕士学位论文，2015.

【临床参考文献】

［1］孟和毕力格，吴香杰. 蒙药材冬葵果的研究进展［J］. 中国民族医药杂志，2012，18（12）：37-40.

7. 蜀葵属 *Althaea* Linn.

一年生至多年生草本。全株被长柔毛。叶片轮廓近圆形，掌状浅裂或深裂；托叶先端 3 裂。花单生叶腋或成顶生总状花序；小苞片 6～9 枚，基部合生呈杯状。花萼钟状，5 齿裂，基部合生；花冠漏斗状，花色丰富；花瓣基部具爪；雄蕊柱顶端着生花药，花丝短；子房由多数心皮组成，多室，每室 1 粒胚珠，花柱分支与心皮同数，丝状，柱头线形。分果盘状，分果爿多数，成熟时与中轴分离脱落。

约 60 种，分布于亚洲和欧洲温带地区。中国 2 种，分布于西南各省区和新疆，法定药用植物 1 种。华东地区法定药用植物 1 种。

587. 蜀葵（图 587）• *Althaea rosea*（Linn.）Cavan.［*Alcea rosea* Linn.］

图 587　蜀葵　　　摄影　徐克学等

【别名】一丈红（浙江，上海）。

【形态】二年生直立草本，高达 2.5m。全株密被星状毛和刚毛。茎常不分枝。叶片轮廓近圆形，直径 6 ~ 17cm，掌状 5 ~ 7 浅裂，裂片三角形或近圆形，边缘有锯齿；叶柄长 5 ~ 18cm；托叶卵形，长 5 ~ 8mm，先端 3 裂，具长缘毛。花单生或数朵簇生叶腋或成顶生总状花序，常具叶状苞片；小苞片 6 ~ 7 枚，基部合生；花萼钟形，5 裂，裂片卵状三角形，长约 1.5cm；花冠直径 6 ~ 10cm，红色、紫色、白色、黄色、粉红色、黑紫色，单瓣或重瓣，花瓣倒卵状三角形，基部有爪；雄蕊柱长约 2cm，花丝纤细；花柱分支与心皮同数，被柔毛。分果盘状，直径约 2cm，被柔毛。果柄长达 2.5cm；分果爿多数，近圆形，背部厚 1cm，具纵槽。种子小，肾形。花期 4～7 月，果期 8～9 月。

【生境与分布】原产中国西南部。华东地区各省区均有栽培，有时逸为野生，另全国各地均有栽培。

【药名与部位】蜀葵子（江巴），成熟果实。蜀葵花（江巴），花。

【采集加工】蜀葵子：夏秋季果实成熟时采收，除去盘状花萼等杂质，果实晒干。蜀葵花：夏季采摘，晒干。

【药材性状】蜀葵子：呈扁圆形，直径 4～8mm，表面灰黑色，具放射状纹理，中部略凸起，种脐部凹陷，边缘白色，并具一环状纵沟。除去果皮，种子呈三角状肾形，表面棕褐色，长 3～4mm，质坚，子叶黄白色。气微，味淡。

蜀葵花：呈不规则圆柱状或长卵形，长 3～5cm，少数带有花萼的残片。花冠 5 瓣或重瓣，多黏结成团，用水湿润展开后呈倒卵形，先端边缘具不规则齿裂或全缘，基部爪的两侧有成簇密集的茸毛。雄蕊多数，花丝联合呈筒状，花药黄色。花瓣白色，质柔韧而薄，干时稍脆。气微芳香，味淡。

【化学成分】花含黄酮类：银椴苷（tiliroside）、柚皮素（naringenin）[1]、紫云英苷（astragalin）、山奈酚（kaempferol）、洋芹素（apigenin）、香橙素（aromadendrin）、异甘草苷（isoliquiritin）、南酸枣苷（choerospondin）、虎耳草苷（saxifragin）、4′, 5, 7, 8- 四羟基 -3- 甲氧基黄酮（4′, 5, 7, 8-tetrahydroxy-3-methoxyflavone）、芦丁（rutin）[2]、木犀草素 -4′-O-β-D-6″- 乙酰基吡喃葡萄糖苷（luteolin-4′-O-β-D-6″-acetyl glucopyranoside）[3]、（2R, 3R）- 二氢山奈酚 -4-O-β-D- 吡喃葡萄糖苷［（2R, 3R）-dihydrokaempferol-4-O-β-D-glucopyranoside］、（2R, 3R）-(＋)- 花旗松素素［（2R, 3R）-(＋)-taxifolin］、（2R, 3R）- 花旗松素 -3-O-β-D- 吡喃葡萄糖苷［（2R, 3R）-taxifolin-3-O-β-glucopyranoside］、（2R, 3R）- 花旗松素 -7-O-β-D- 吡喃葡萄糖苷［（2R, 3R）-taxifolin-7-O-β-D-glucopyranoside］、（2R, 3R）- 二氢杨梅素 -3′-O- 葡萄糖苷［（2R, 3R）-dihydromyricetin-3′-O-glucoside］、（2R, 3R）-3, 5, 6, 7, 4′- 五羟基黄酮醇［（2R, 3R）-3, 5, 6, 7, 4′-pentahydroxyflavanonol］、（2S）-4′, 5, 7- 三羟基黄烷酮［（2S）-4′, 5, 7-trihydroxyflavanone］、南酸枣苷（choerospondin）[4]、槲皮素（quercetin）、槲皮素 -3-O-β-D- 吡喃葡萄糖苷（quercetin-3-O-β-D-glucopyranoside）、槲皮素 -3-O-（6″-O- 反式对香豆酰基）β-D- 吡喃葡萄糖苷［quercetin-3-O-（6″-O-trans-p-coumaroy1）-β-D-glucopyranoside］、槲皮素 -3-O- 芸香糖苷（quercetin-3-O-rutinoside）、槲皮素 -7-O-β-D- 吡喃葡萄糖苷（quercetin-7-O-β-D-glucopyranoside）、槲皮素 -4′-O-β-D- 吡喃葡萄糖苷（quercefin-4′-O-β-D-glucopyranoside）、槲皮素 -3′- 甲氧基 -3-O-β-D- 芸香糖苷（quercetin-3′-methoxy-3-O-β-D-rutinoside）、杨梅素 -3-O-β-D- 吡喃葡萄糖苷（myricetin-3-O-β-D-glucopyranoside）、芹菜素 -4-O-β-D- 吡喃葡萄糖苷（apigenin-4-O-β-D-glucopyranoside）[5]、木犀草素（luteolin）、木犀草素 -4-O-β-D- 吡喃葡萄糖苷（luteolin-4-O-β-D-glucopyranoside）、山奈酚（kaempferol）、山奈酚 -3-O-β-D- 吡喃葡萄糖苷（kaempferol-3-O-β-D-glucopyranoside）、山奈酚 -3-O-（6″-O- 反式对香豆酰基）-β-D- 吡喃葡萄糖苷［kaempferol-3-O-（6″-O-trans-p-coumaroyl）-β-D-glucopyranoside］、山奈酚 -3-O-（6″-O- 顺式对香豆酰基）-β-D- 吡喃葡萄糖苷［kaempferol-3-O-（6″-O-cis-p-coumaroyl）-β-D-glucopyranoside］、山奈酚 -3-O-（6″-O- 阿魏酰基）-β-D- 葡萄糖苷［kaempferol-3-O-（6″-O-feruloyl）-β-D-glucoside］、山奈酚 -3-O- 芸香糖苷（kaempferol-3-O-rutinoside）和山奈酚 -4-O-β-D- 吡喃葡萄糖苷（kaempferol-4-O-β-D-glucopyranoside）[6]；酚酸类：茴香酸（anisic acid）、肉桂酸（cinnamic acid）、香豆酸（p-coumaric acid）、阿魏酸（ferulic acid）和水杨酸（salicylic acid）[1]；甾体类：β- 谷甾醇（β-sitosterol）和胡萝卜苷（daueosterol）[1]；烷烃类：正二十九烷（n-nonacosane）[1]。

种子含挥发油类：乙酸乙酯（ethyl acetate）、苯（benzene）、甲苯（methylbenzene）、2, 3- 二甲基 -4- 甲氧基苯酚（2, 3-dimethyl-4-methoxyphenol）、石竹烯（caryophyllene）、乙苯（ethylbenzene）、对二甲苯（para-xylene）、邻二甲苯（ortho-xylene）、3- 蒈烯（3-carene）和 l- 甲基 -2- 乙基苯（l-methyl-2-ethylbenzene）等[7]；脂肪酸类：棕榈烯酸（palmitoleic acid）、肉豆蔻酸（myristic acid）、月桂酸（lauric acid）、葵酸（decanoic acid）、棕榈酸（palmatic acid）、亚油酸（linoleic acid）、油酸（oleic acid）和亚麻酸（linolenic acid）[7]。

叶含挥发油类：植醇（phytol）、四氢香叶基丙酮（tetrahydrogeranyl acetone）、醋酸香叶酯（geranyl acetate）、辛醛（octanal）、乙酰丙酮（acetyl acetone）、硬脂醇（stearyl alcohol）、异蒲勒醇（isopulegol）、α-生育酚（α-tocopherol）和二十八烷（octacosane）等[8]；甾体类：β-谷甾醇（β-sitosterol）[8]；皂苷类：α-香树脂醇（α-amyrin）和β-香树脂醇（β-amyrin）[8]。

根和茎含氨基酸：苏氨酸（Thr）、丝氨酸（Ser）和谷氨酸（Glu）等[9]。

【药理作用】1. 改善心血管　花乙醇提取物可显著增加离体豚鼠冠状动脉流量、后肢血管流量，显著抑制血小板聚集和血栓的形成，对麻醉猫的血压具有一过性降低作用[1]。2. 抗炎镇痛　花乙醇提取物可显著减少乙酸所致小鼠的扭体次数及光辐射热所致大鼠的甩尾次数，显著抑制乙酸刺激腹部毛细血管通透性增加和角叉菜及右旋糖酐所致的足浮肿，显著抑制炎症组织前列腺素的释放[2]。3. 护肾　根提取物可显著增加 1% 乙二醇所致草酸钙肾结石模型大鼠的尿量及尿 Ca^{2+}，显著降低血中尿素氮及肌酐含量，显著升高大鼠肾脏中谷胱甘肽及超氧化物歧化酶的含量，显著降低肾脏中丙二醛含量，保护肾小管细胞，减轻肾小管扩张程度，减轻肾间质慢性炎症[3]。

【性味与归经】蜀葵子：湿寒。蜀葵花：二级湿寒（维医）。

【功能与主治】蜀葵子：生湿生寒，成熟异常胆液质，清热止咳，消炎止痛，清肠除疡，利尿排石等。用于干热或胆液质疾病，头痛脑热，干热引起的咳嗽，肠道溃疡，膀胱及肾结石。蜀葵花：润肺止咳，发汗平喘，消肿透疹，安神益心。用于咳喘不止，咯痰不爽，小儿麻疹，便秘痔疮，失眠健忘，汗出不畅。

【用法与用量】蜀葵子：内服，6～24g。蜀葵花：6～10g。

【药用标准】蜀葵子：新疆维药 2010 一册、部标藏药 1995 和青海藏药 1992；蜀葵花：部标维药 1999、部标藏药 1995、青海藏药 1992、山东药材 2002、新疆维药 1993 和内蒙古蒙药 1986。

【临床参考】1. 慢性泪囊炎泪道阻塞：清通泪道液（果实 18g，加黄柏 25g、硼砂 12g、冰片 4g，配制成无菌液体），取 30% 清通泪道液适量冲洗泪道，取 3% 清通泪道液点眼[1]。

2. 白带：花研粉，每次 3g，开水冲服，每日 2 次。

3. 水肿、大小便不畅、尿路结石：种子研粉，每次 6g，开水送服，每日 2 次。

4. 痢疾、急性尿道炎：根 9～15g，水煎服。

5. 月经不调：花 3～9g，水煎服。（2 方至 5 方引自《浙江药用植物志》）

【附注】蜀葵始载于《尔雅义疏》。《本草纲目》引《图经本草》云："蜀葵似葵，花如木槿花，有五色。"又云："蜀葵处处人家植之。春初种子，冬月宿根亦自生苗，嫩时亦可茹食。叶似葵菜而大，亦似丝瓜叶，有歧叉。过小满后长茎，高五六尺。花似木槿而大，有深红、浅红、紫黑、白色，单叶、千叶之异。……其实大如指头，皮薄而扁，内仁如马兜铃仁及芜荑仁。" 即为本种。

孕妇禁服。

本种的嫩茎叶及根民间也药用。

【化学参考文献】

［1］冯育林，徐丽珍，杨世林，等. 蜀葵花的化学成分研究（Ⅰ）［J］. 中草药，2005，36（11）：1610-1612.

［2］冯育林，李云秋，徐丽珍，等. 蜀葵花的化学成分研究（Ⅱ）——黄酮类成分研究［J］. 中草药，2006，37（11）：1622-1624.

［3］冯育林，李贺然，李云秋，等. 蜀葵花中的一个新黄酮苷［J］. 中国药学杂志，2008，43（6）：415-416.

［4］晁利平，陈秋，石萍萍，等. 蜀葵花中二氢黄酮类成分的分离与结构鉴定［J］. 天津中医药大学学报，2015，34（4）：233-236.

［5］张祎，陈秋，晁利平，等. 维药蜀葵花化学成分的分离与鉴定（Ⅱ）［J］. 沈阳药科大学学报，2015，32（9）：681-684.

［6］张祎，晁利平，陈秋，等. 维药蜀葵花黄酮类成分的分离与结构鉴定［J］. 天津中医药大学学报，2016，35（1）：36-39.

［7］阿孜古丽·依明，艾尼娃尔·艾克木，宋凤凤. 药蜀葵种子挥发油的提取与分离鉴定［J］. 新疆医科大学学报，

2013，36（9）：1275-1277.

［8］Rakhmatova M Z，Kiyamova S E，Khidyrova N K，et al. Neutral constituents of *Alcea rosea* leaves［J］. Chem Nat Compd，2015，51（4）：1-2.

［9］Azizov U M，Mirakilova D B，Umarova N T，et al. Chemical composition of dry extracts from *Alcea rosea*［J］. Chem Nat Compd，2007，43（5）：508-511.

【药理参考文献】
［1］王东风，尚久余，于庆海.蜀葵花对心血管系统的作用研究［J］.沈阳药科大学学报，1988，5（4）：272-274.

［2］王东风，尚久余，于庆海.蜀葵花镇痛杭炎作用研究［J］.中国中药杂志，1989，14（1）：46-48.

［3］姚家喜，钱彪，王勤章，等.蜀葵根预防和治疗大鼠肾草酸钙结石的效果评价及机制初探［J］.天津医药，2014，42（4）：329-332.

【临床参考文献】
［1］李霜诚，阎俊，刘东.清通泪道液治疗慢性泪囊炎泪道阻塞130例［J］.陕西中医，1999，20（6）：251-252.

8. 梵天花属 *Urena* Linn.

多年生草本或灌木。全株被星状柔毛。叶互生，圆形或卵形，掌状分裂或波状。花单生或近簇生叶腋，或集生小枝顶端；小苞片钟形或杯状，5裂。花萼碟状，5深裂；花冠粉红色，花瓣5枚，被星状柔毛；雄蕊柱与花瓣等长，顶端平截或浅齿裂；子房5室，每室1粒胚珠，花柱分支10条，反曲，柱头盘状。分果近球形，分果爿具钩刺，不开裂，成熟时与中轴分离。种子倒卵状三棱形或肾形。

约6种，分布于两半球热带和亚热带地区。中国3种5变种，分布于长江以南各省区，法定药用植物1种。华东地区法定药用植物1种。

588. 地桃花（图588）· *Urena lobata* Linn.

【别名】肖梵天花、野棉花（浙江），千下槌（江西）。

【形态】亚灌木，高约1m。小枝被星状绒毛。小枝下部叶片近圆形，长3～6cm，宽4～7cm，3～5浅裂，基部圆形或近心形，边缘有不整齐锯齿；小枝上部叶片长圆形或披针形，长4～7cm，宽1.5～3cm，基部楔形；叶片上面疏被柔毛，下面密被灰白色星状绒毛；叶柄长达4cm，被星状柔毛；托叶线形，早落。花单生或数朵簇生叶腋。花梗长约3mm，被绵毛；小苞片长约5mm，基部合生，被星状柔毛；花萼杯状，5裂；花冠淡红色，花瓣倒卵形，长约1.5cm，外面被星状柔毛；雄蕊柱长约1.5cm，无毛；花柱分支10条，疏被长硬毛。分果扁球形，直径0.5～1cm，分果爿被星状柔毛和钩状刺。种子小，肾形，无毛。花果期7～11月。

【生境与分布】生于路边、旷地、疏林下、灌丛中。分布于江苏、安徽、浙江、福建、江西，另台湾、湖北、湖南、广东、广西、香港、海南、贵州、云南、四川及西藏等省区均有分布。

【药名与部位】地桃花（肖梵天花），地上部分。

【采集加工】秋季采收，除去杂质，晒干，或鲜用。

【药材性状】茎呈棕黑色至棕黄色，具粗浅的网纹。质硬。木质部断面不平坦，皮部纤维性。叶大多已破碎，完整者多皱缩，上表面深绿色，下表面粉绿色，密被短柔毛和星状毛，掌状网脉，下面突出，叶腋常有宿存的托叶。气微，味淡。

【药材炮制】除去杂质，洗净，润软，切段，干燥。

【化学成分】地上部分含黄酮类：山柰酚 -3-*O*-β-D- 呋喃型芹菜糖（1-2）-β-D- 吡喃葡萄糖 -7-*O*-α-L-吡喃鼠李糖苷［kaempferol-3-*O*-β-D-apiofuranosyl（1→2）-β-D-glucopyranosyl-7-*O*-α-L-rhamnopyranoside］、山柰酚 -4′-*O*-β-D- 呋喃型芹菜糖 -3-*O*-β-D- 吡喃葡萄糖基 -7-*O*-α-L- 吡喃鼠李糖苷（kaempferol-4′-*O*-β-D-

图 588 地桃花 摄影 徐克学

apiofuranosyl-3-*O*-β-D-glucopyranosyl-7-*O*-α-L-rhamnopyranoside）、5, 6, 7, 4′- 四 羟 基 黄 酮 -6-*O*-β-D- 吡喃阿拉伯糖基 -7-*O*-α-L- 吡喃鼠李糖苷（5, 6, 7, 4′-tetrahydroxyflavone-6-*O*-β-D-arabinopyranosyl-7-*O*-α-L-rhamnopyranoside）[1]，槲皮素 -3-*O*-β-D- 吡喃葡萄糖 -（1→2）-β-D- 吡喃半乳糖苷［quercetin-3-*O*-β-D-glucopyranosyl-（1→2）-β-D-galactopyranoside］、槲皮素 -3-*O*-β-D- 呋喃芹糖 -（1→2）-β-D- 吡喃葡萄糖 -7-*O*-α-L- 吡喃鼠李糖苷［quercetin-3-*O*-β-D-apiofuranosyl-（1→2）-β-D-glucopyranosyl-7-*O*-α-L-rhamnopyranoside］、山奈酚 -3-*O*-β-D- 呋喃芹糖 -（1→2）-β-D- 吡喃葡萄糖 -7-*O*-α-L- 吡喃鼠李糖 苷［kaempfero1-3-*O*-β-D-apiofuranosyl-（1→2）-β-D-glucopyranosyl-7-*O*-α-L-rhamnopyranoside］、槲 皮 素 -3-*O*-β-D- 吡 喃 葡 萄 糖 -7-*O*-α-L- 吡 喃 鼠 李 糖 苷（quercetin-3-*O*-β-D-glucopyranosyl-7-*O*-α-L-rhamnopyranoside）、槲皮素 -3-*O*-β-D- 吡喃葡萄糖 -（1→2）-β-D- 吡喃葡萄糖苷［quercetin-3-*O*-β-D-glucopyranosyl-（1→2）-β-D-glucopyranoside］、山奈酚 -3-*O*-α-L- 吡喃鼠李糖 -（1→6）-β-D- 吡喃葡萄糖 -（1→2）-β-D- 吡喃葡萄糖苷［kaempferol-3-*O*-α-L-rhamnopyranosyl-（1→6）-β-D-glucopyranosyl-（1→2）-β-D-glucopyranoside］、山奈酚 -3-*O*-β-D- 吡 喃 葡 萄 糖 -（1→2）-［α-L- 吡 喃 鼠 李 糖 -（1→6）］-β-D- 吡喃葡萄糖苷 {kaempferol-3-*O*-β-D-glucopyranosyl-（1→2）-［α-L-rhamnopyranosyl-

（1→6）］-β-D-glucopyranoside}、山奈酚 -3-O-β-D- 吡喃葡萄糖 -（1→2）-β-D- 吡喃葡萄糖苷
［kaempferol-3-O-β-D-glucopyranosyl-（1→2）-β-D-glucopyranoside］[2]，芹菜素 -6-C-（6″-O- 反式咖啡
酰基）-β-D- 吡喃葡萄糖苷［apigenin-6-C-（6″-O-trans-caffeoy1）-β-D-glucopyranoside］、银锻苷（tiliroside）、
山奈酚 -3-O-（6″-O- 顺式对香豆酰基）-β-D- 吡喃葡萄糖苷［kaempfero1-3-O-（6″-O-cis-p-coumaroy1）-β-
D-glucopyranoside］、山奈酚 -3-O-β-D- 吡喃葡萄糖 -（1→2）-β-D- 吡喃半乳糖苷［kaempferol-3-O-β-D-
glucopyranosyl-（1→2）-β-D-galactopyranoside）、芦丁（rutin）、紫云英苷（astragalin）、黄芩苷（baicalin）、
杨梅苷（myricetrin）、异槲皮苷（isoquercitrin）、黄芩素（baicalein）、木犀草素（1uteolin）、芹菜素（apigenin）、
山奈酚（kaempferol）和槲皮素（quercetin）[3]；木脂素类：肥牛木素 -4-O-β-D- 葡萄糖苷（ceplignan-4-
O-β-D-glucoside）[4]；烯酸苷类：地桃花苷 *A（urenoside A）[4]。

果实含甾体类：麦角甾醇过氧化物（ergosterol peroxide）、胡萝卜甾醇（daucosterol）、7α-
甲氧基谷甾醇（7α-methoxysitosterol）、7- 羟基谷甾醇（7-hydroxysitosterol）和 7α- 羟基谷甾
醇（7α-hydroxysitosterol）[5]；黄酮类：山奈酚 -3-O-β-D- 吡喃葡萄糖苷（kaempferol-3-O-β-D-
glucopyranoside）和银锻苷（tiliroside）[5]；酚酸类：苯甲酸（benzoic acid）和原儿茶酸（protocatechuic
acid）[5]；皂苷类：苦瓜皂苷 A（monordicophenoide A）[5]；多醇类：丙三醇（glycerol）[5]；核苷类：
β- 腺苷（β-adenosine）[5]；氨基酸类：L- 色氨酸（L-Try）[5]。

全草含黄酮类：芹菜素 -6-C-α-L- 鼠李糖苷（apigenin-6-C-α-L-rhamnoside），异分歧素 *（isofurcatain）、
6, 8- 二羟基山奈酚 -3-O-β-D- 葡萄糖苷（6, 8-dihydroxykaempferol-3-O-β-D-glycoside）、黄芩素 -7-O-
α-L- 鼠李糖苷（baicalein-7-O-α-L-rhamnoside）、槲皮素 -4'-O-α-L- 鼠李糖（1→6）-O-β-D- 葡萄糖苷
［quercetin-4'-O-α-L-rhamnosyl（1→6）-O-β-D-glycoside］[6]，山奈酚（kaempferol）、芦丁（rutin）、
槲皮素（quercetin）、阿福豆苷（afzelin）、紫云英苷（astragalin）、银椴苷（tiliroside）、山奈酚 -3-O-β-D-
吡喃葡萄糖苷 -7-O-α-L- 鼠李糖苷（kaempferol-3-O-β-D-glycopyranoside-7-O-α-L-rhamnoside），即过山蕨
素（campsibisin*）、山奈酚 -7-O-α-L- 鼠李糖苷（kaempferol-7-O-α-L-rhamnoside）、山奈酚 -7-O-α-L- 鼠
李糖 -4'-O-β-D- 吡喃葡萄糖苷（kaempferol-7-O-α-L-rhamnoside-4'-O-β-D-glycopyranoside）和大花红景天
苷（crenuloside）[7]；酚酸类：苯甲酸（benzoic acid）、邻苯二甲酸二异丁酯（diisobutyl phthalate）、
丁香酸葡萄糖苷（glucosyringic acid）[8]，丁香酸（syringic acid）、水杨酸（salicylic acid）、原儿茶酸
（protocatechuic acid）、原儿茶酸甲酯（methyl protocatechuate）和咖啡酸（caffeic acid）[8]；脂肪酸类：
马来酸（maleic acid）、三十六碳酸（hexatriacontanoic acid）、十五碳酸（pentadecanoic acid）、十六碳
酸（hexadecanoic acid）和十七碳酸（heptadecanoic acid）[8]；香豆素类：东莨菪亭（scopoletin）和七叶
苷（esculin）[6]；酰胺类：己内酰胺（caprolactam）[6]；其他尚含：梣皮素（fraxitin）[6]。

叶含木脂素类：（-）- 络石苷元［（-）-trachelogenin］[9]；皂苷类：铁线莲皂苷 S（clematoside S）[9]；
挥发油类：β- 蒎烯（β-pinene）、正十七烷（n-heptadecane）、双戊烯（dipentene）、（-）- 乙酸冰片酯
［（-）-bornyl acetate］、（-）- 异丁香烯［（-）-isocaryophyllene］、长叶烯（longifolene）、松香酸甲
酯（methyl abietate）、石竹素（epoxycaryophyllene）、正十七烷（n-heptadecane）、正三十烷（n-triacontane）、
脱氢枞酸甲酯，即脱氢松香酸甲酯（methyl dehydroabietate）和反式石竹烯（trans-caryophyllene）等[10]。

茎含挥发油类：β- 蒎烯（β-pinene）、（+）- 柠檬烯［（+）-limonene］、长叶烯（longifolene）、
α- 律草烯（α-humulene）、松香酸甲酯（methyl abietate）、3, 17- 二酮 -5β- 雄甾烷（3, 17-dione-5β-
androatane）、4, 8- 二甲基 -2- 异丙基菲（4, 8-dimethyl-2-isopropyl phenanthrene）、α- 蒎烯（α-pinene）、
反式石竹烯（trans-caryophyllene）和松香酸甲酯（methyl abietate）等[10]。

【药理作用】1. 抗菌　花水提取物在体外对金黄色葡萄球菌、铜绿假单胞菌、大肠杆菌、肺炎链球
菌和普通变形杆菌的生长均具有一定的抑制作用，对金黄色葡萄球菌和普通变形杆菌的抑制作用更为显
著[1]；地上部分水提液可显著降低滴鼻法建立的金黄色葡萄球菌肺炎模型小鼠肺组织中的菌落数，减少
支气管炎性渗出物和肺泡炎性细胞浸润，促进肺泡结构恢复正常，减少小鼠白细胞计数、中性粒细胞百

分比、中性粒细胞绝对值和血清免疫球蛋白 IgG、IgM 的水平[2]。2. 抗炎　地上部分水提物可抑制二甲苯所致小鼠的耳廓肿胀，抑制角叉菜胶所致小鼠的足趾肿胀[3]。3. 抗氧化　花水提醇沉物具有一定的还原 Fe^{3+}、清除羟自由基（·OH）和 1，1- 二苯基 -2- 三硝基苯肼自由基（DPPH）的作用，其中水提醇沉部位过聚酰胺树脂和 D101 大孔树脂柱分离纯化得到的部位是抗氧化作用强的成分，而聚酰胺 40% 乙醇部位及 20% 乙醇部位的抗氧化作用较强[4]。

【性味与归经】 甘、辛，凉。归脾、肺经。

【功能与主治】 祛风利湿，活血消肿，清热解毒。用于感冒，风湿痹痛，痢疾，泄泻，淋证，带下，月经不调，跌打肿痛，喉痹，乳痈，疮疖，毒蛇咬伤。

【用法与用量】 15 ～ 30g，鲜品 50 ～ 100g。

【药用标准】 湖南药材 2009、福建药材 2006、广西药材 1990 和广西壮药 2008。

【临床参考】 1. 流感：地上部分 30 ～ 60g，加鸭跖草 30g、土常山 30g、救必应 15g、草鞋根 15g、山栀根 9g、白背叶根 9g，咽痛加木蝴蝶、岗梅根、山豆根，咳嗽加橡皮木、大叶金花草，兼便秘加望江南，每日 1 剂，水煎，分早晚服[1]。

2. 癫（精神分裂症）：茎 60g，加枫香叶 30g、车前草 15g，水煎，每日 1 剂，分 2 次服。（《壮族民间用药选编》）

3. 肠炎、痢疾、上呼吸道感染、风湿痹痛、慢性肾炎、白带：根茎 30g，水煎服。（《广西本草选编》）

4. 痢疾、消化不良：根 30g，加火炭母、桃金娘根、凤尾草各 15g，水煎 1h 服，每日 1 剂，连服 2 ～ 4 日。（《常见中草药手册》）

【附注】 脾胃虚寒者禁服。

粗叶地桃花 *Urena lobata* Linn.var.*scabriuscula*（DC.）Walp. 民间也作地桃花药用。

【化学参考文献】

[1] Lu Jia，You-Mei A，Lin-Lin Jing，et al. Three new flavonoid glycosides from *Urena lobata* [J]. J Asian Nat Prod Res，2011，13（10）：907-914.

[2] 史小平，苏聪，齐博文，等 . 地桃花中黄酮苷类成分研究 [J]. 中国药学杂志，2017，52（19）：1670-1674.

[3] 苏聪，杨万青，蒋丹，等 . 地桃花中黄酮类成分研究 [J]. 中草药，2015，46（14）：2034-2039.

[4] Jia L，Bi Y F，Jing L L，et al. Two new compounds from *Urena lobata* L. [J]. J Asian Nat Prod Res，2010，12（11）：962-967.

[5] Shrestha S，Park J H，Cho J G，et al. Phytochemical constituents of the *Urena lobata* fruit [J]. Chem Nat Compd，2016，52（1）：178-180.

[6] 贾陆，毕跃峰，敬林林，等 . 地桃花化学成分研究 [J]. 中国药学杂志，2010，45（14）：1054-1056.

[7] 贾陆，敬林林，周胜安，等 . 地桃花化学成分研究 . Ⅰ . 黄酮类化学成分 [J]. 中国医药工业杂志，2009，40（9）：662-665.

[8] 贾陆，郭海波，敬林林，等 . 地桃花化学成分研究 . Ⅱ . 酚酸类等化学成分 [J]. 中国医药工业杂志，2009，40（10）：746-749.

[9] Gao X L，Liao Y，Wang J，et al. Discovery of a potent anti-yeast triterpenoid saponin，clematoside-S from *Urena lobata* L. [J]. Int J Mol Sci，2015，16（3）：4731-4743

[10] 唐春丽，黄业玲，卢澄生 . 地桃花茎和叶挥发性成分 GC-MS 分析 [J]. 广西中医药大学学报，2014，17（2）：67-68.

【药理参考文献】

[1] 陈勇，谢臻，韦韬，等 . 地桃花水提物的体外抗菌实验研究 [J]. 亚太传统医药，2011，7（10）：29-30.

[2] 黄小理，邹小琴，杨玉芳，等 . 广西地桃花对金黄色葡萄球菌肺炎小鼠的体内抗菌作用 [J]. 中国实验方剂学杂志，2015，21（11）：116-120.

[3] 蒙小菲，黄振光，杨玉芳，等 . 广西地桃花水提物的急性毒性和体内抗炎作用的研究 [J]. 广西医科大学学报，

2015，32（6）：901-904.

［4］薛井中，刘帅兵，王立升，等.地桃花提取物体外抗氧化活性研究［J］.食品工业，2013，34（10）：162-165.

【临床参考文献】

［1］贾微，温海成，范小婷，等.壮医地桃花抗感汤治疗流感临床观察［J］.中医临床研究，2014，6（31）：63-64.

六八　梧桐科 Sterculiaceae

乔木或灌木,稀草本或藤本。植株幼嫩部分常有星状毛。单叶,稀为掌状复叶,互生;叶片全缘或掌状分裂;常有托叶。花单性、两性或杂性;圆锥花序、聚伞花序、总状花序或伞房花序,稀为单生,腋生,稀顶生;萼片5枚,稀3～4枚,多少合生,稀完全分离,镊合状排列;花瓣5枚,或无花瓣,分离或基部与雌雄蕊柄合生,覆瓦状排列;常有雌雄蕊柄;花丝常合生呈管状,具5枚与萼片对生的舌状或线状退化雄蕊,有时无退化雄蕊,花药2室,纵裂;雌蕊由2～5(稀10～12)枚多少合生的心皮或单心皮组成,子房上位,2～5室,心皮与室同数,每室胚珠2粒至或多数,花柱1枚或与心皮同数。蒴果或蓇葖果,开裂或不开裂,稀浆果或核果。种子有胚乳或无胚乳。

68属,约1500种,分布于东、西两半球热带和亚热带地区。中国17属,约80余种6变种,主要分布于西南部至东部地区,法定药用植物5属,7种。华东地区法定药用植物3属,3种。

梧桐科法定药用植物科特征成分鲜有报道。山芝麻属含皂苷类、黄酮类、倍半萜醌类、木脂素类等成分。皂苷类如山芝麻酸甲酯(methyl helicterate)、白桦脂酸(betulinic acid)、齐墩果酸(oleanolic acid)等;黄酮类多为黄酮醇,如山奈酚-3-*O*-半乳糖苷(kaempferol-3-*O*-galactoside)、蜀葵苷元-8-*O*-葡萄糖苷醛酸苷(herbacetin-8-*O*-glucuronide)等;倍半萜醌类如门萨二酮E、F、H(mansonone E、F、H)等;木脂素类如杜仲树脂酚(medioresinol)、丁香树脂酚(syringaresinol)等。

分属检索表

1. 乔木;树皮青绿色;叶掌状分裂;花无花瓣;蓇葖果·······························1. 梧桐属 *Firmiana*
1. 乔木或灌木;树皮非青绿色;叶不分裂或非掌状分裂;花有花瓣;蒴果。
　2. 雄蕊10枚;种子无翅···2. 山芝麻属 *Helicteres*
　2. 雄蕊15枚;种子有翅···3. 翅子树属 *Pterospermum*

1. 梧桐属 *Firmiana* Marsili

乔木或灌木。单叶,掌状3～5裂,稀全缘。花单性或杂性;圆锥花序,稀总状花序,腋生或顶生;花萼5深裂,稀4裂,萼片外卷;无花瓣;花托向上延伸成雄蕊柱或子房柄;雄蕊10～15枚,花药聚集于雌雄蕊柄顶端呈头状,有退化雌蕊;雌花子房5室,基部包围着不育花药,每室2或多数胚珠,花柱基部合生,柱头与心皮同数而分离。蓇葖果,有柄,果皮膜质,成熟前开裂成叶片状果爿;每蓇葖有1或多粒种子,着生于叶状果爿内缘。种子球形。

约15种,分布于亚洲和非洲东部。中国4种,分布于南北各省区,法定药用植物1种。华东地区法定药用植物1种。

589. 梧桐(图589) • *Firmiana platanifolia*(Linn.f.)Marsili〔*Firmiana simplex*(Linn.)W.Wight〕

【别名】青桐、桐麻树(安徽),大梧桐、青皮梧桐(江苏连云港),调羹树(江西上饶)。

【形态】落叶乔木,高达15m。树皮光滑,青绿色。叶片轮廓心形,长、宽15～30cm,掌状3～5裂,

图 589　梧桐　　　　　　　　　　　　　　　　摄影　徐克学等

裂片三角形，先端渐尖，基部深心形，两面无毛或微柔毛，基出脉 7 条；叶柄与叶片近等长。圆锥花序顶生，长达 50cm；花淡黄绿色；萼片线形，长约 0.8cm，外卷，被淡黄色柔毛；退化子房极小，梨形；雌花子房球形，被毛。蓇葖果，膜质，有柄，成熟前开裂成叶片状，长达 11cm，被短柔毛或近无毛，每蓇葖有种子 2 ～ 4 粒，圆球形，着生于叶状果 爿内缘，有皱纹。花期 6 ～ 7 月，果期 11 月。

【生境与分布】生于山坡、路边、疏林中或村旁，山东、江苏、安徽、浙江及福建有栽培，另陕西、山西、台湾、湖北、湖南、广东、香港、海南、广西、贵州及云南均有野生或栽培。

【药名与部位】梧桐根，根。梧桐子，成熟种子。梧桐叶，叶。

【采集加工】梧桐根：秋季采挖，除去泥沙、须根，洗净，晒干。梧桐子：秋末冬初采收，除去杂质，晒干。梧桐叶：夏、秋季采收，除去杂质，晒干。

【药材性状】梧桐根：呈不规则圆柱形，弯曲，长 6 ～ 50cm，直径 1 ～ 10cm。表面灰棕色或棕褐色，有纵纹。体轻，韧性强，易纵裂，不易折断，断面纤维性，皮部棕褐色或黄棕色，易剥落，木质部黄白色。气腥，味微苦。

梧桐子：呈圆球形，直径 5 ～ 8mm。表面黄棕色至棕色，微具光泽，具明显隆起的网状皱纹，质轻而硬。除去种皮，可见淡红色的数层外胚乳，内为肥厚的类白色内胚乳。富油性，子叶 2 片，薄而大，黄色，紧贴于内胚乳上，气微，味微甜。

梧桐叶：多卷曲，破碎，黄绿色或黄褐色。完整者展开呈心形，掌状 3 ～ 5 深裂，直径 15 ～ 30cm，宽 11 ～ 20cm，裂片三角形，顶端渐尖，基部心形，上下表面无毛或略被短柔毛，脉掌状。叶柄约与叶片等长，被褐色毛。质脆，气微香，味微苦涩。

【质量要求】梧桐子：色黄，无泥杂。

【药材炮制】 梧桐根：洗净，微润，切片，干燥，除去碎屑。

梧桐子：除去杂质，用时捣碎。炒梧桐子：取梧桐子饮片，炒至外表面变为黄棕色并有香气时，取出，放冷，用时捣碎。

梧桐叶：除去杂质，略洗，切碎，干燥。

【化学成分】 茎含木脂素类：梧桐醇*A、B（firmianol A、B）、（+）-胡椒醇［（+）-piperitol］、（+）-松脂醇［（+）-pinoresinol］、（-）-松脂醇［（-）-pinoresinol］、（+）-丁香树脂酚［（+）-syringaresinol］、醉鱼草醇A、E（buddlenol A、E）、（1S^*, 2R^*, 5R^*, 6S^*）-6-（4-羟基-3-甲氧基苯基）-2-（3, 4-甲氧基烯二氢苯基）-3, 7-二氧代二环-［3.3.0］-齐墩果-1-醇{（1S^*, 2R^*, 5R^*, 6S^*）-6-（4-hydroxy-3-methoxyphenyl）-2-（3, 4-methoxylenedioxyphenyl）-3, 7-dioxybicyclo［3.3.0］-oactan-1-ol}、（+）-芝麻素［（+）-sesamin］、（+）-7'-甲氧基落叶松脂醇［（+）-7'-methoxylariciresinol］、蛇菰脂醛素，即蛇菰宁（balanophonin）、（-）-5-甲氧基蛇菰脂醛素［（-）-5-methoxybalanophonin］、苏式-（7R, 8R）-愈创木基甘油-β-松柏基醛醚［threo-（7R, 8R）-guaiacyl glycerol-β-coniferylaldehyde ether］、赤式-（7S, 8R）-愈创木基甘油-β-松柏基醛醚［erythro-（7S, 8R）-guaiacyl glycerol-β-coniferylaldehyde ether］、苏式愈创木基甘油-8-O-4'-芥子基醇醚（threo-guaiacyl glycerol-8-O-4'-sinapyl alcohol ether）、赤式愈创木基甘油-8-O-4'-松柏基醇醚（erythro-syringyl glycerol-8-O-4'-coniferyl alcohol ether）、苏式愈创木基甘油-8-O-4'-松柏基醇醚（threo-guaiacyl glycerol-8-O-4'-coniferyl alcohol ether）、苏式愈创木基甘油-8'-香草醛醚（threo-guaiacyl glycerol-8'-vanillin ether）[1]、桐木素*（simplidin）和两面针宁（nitidanin）[2]；香豆素类：东莨菪内酯（scopoletin）和沉香木质素（aquillochin）[2]；黄酮类：柽柳黄素-3-鼠李糖苷（tamarixetin-3-rhamnoside）和槲皮苷（quercitrin）[2]。

花含甾体类：3β, 7β, 12β-三羟基胆甾烷-24-烯（3β, 7β, 12β-trihydroxy-cholostane-24-ene）[3]，胡萝卜苷（daucosterol）[3, 4]和β-谷甾醇（β-sitosterol）[3-5]；皂苷类：α-香酯甾醇（α-balsaminasterol）、木栓烷（friedelano）[3]，熊果酸（ursolic acid）[3, 4]和齐墩果酸（oleanolic acid）[3-5]；黄酮类：7, 4'-二羟基黄酮（7, 4'-dihydroxylflavone）、槲皮素-3-O-α-L-半乳糖苷（quercetin-3-O-α-L-galactoside）、5, 4'-二羟基-7-甲氧基黄酮（5, 4'-dihydroxyl-7-methoxyflavone）、二氢芹菜素（dihydroapigenin）[3]，4'-甲氧基-7-羟基黄酮（4'-methoxy-7-hydroxyflavone）[3, 4]和芹菜素（apigenin）[3-5]；烷烃类：6-甲基三十二烷（6-methyl dotriacontane）[3]；脂肪酸酯类：4-十八碳烯酸乙酯（ethyl 4-octadecenoate）[3]；酚醛类：对羟基苯甲醛（4-hydroxy-benzaldehyde）[3, 4]。

根皮含萘醌类：梧桐醌*A、B、C（firmianone A、B、C）[6]。

【药理作用】 1. 止血　种子的水煎剂可使大鼠创伤性出血时间明显缩短，对家兔凝血时间、凝血酶原时间、血浆复钙时间和血小板计数等无明显影响[1]，止血机制可能为促进循环血小板聚集[2]。2. 降血压　种子中提取的总生物碱具有温和的降血压作用，其机制可能与抑制胆碱酯酶作用有关[3]。

【性味与归经】 梧桐根：甘，平。归肺、肝、肾、大肠经。梧桐子：甘，平。归心、肺、肾经。梧桐叶：湿寒（维医）。

【功能与主治】 梧桐根：祛风除湿，调经止血，解毒疗疮。用于风湿关节疼痛，肠风下血，月经不调，跌打损伤。梧桐子：顺气，和胃，健脾消滞。用于伤食，胃痛，疝气；外用治小儿口疮。梧桐叶：活血，清热解毒，降血脂，养颜。用于肢体麻木，高血压，白癜风。

【用法与用量】 梧桐根：15～30g；鲜品30～50g，煎汤或捣汁；外用适量，捣敷。梧桐子：3～10g；外用煅存性。研粉撒患处。梧桐叶：3～5g。

【药用标准】 梧桐根：湖北药材 2009 和贵州药材 2003；梧桐子：部标中药材 1992、贵州药材 2003 和江苏药材 1989；梧桐叶：新疆维药 2010 一册。

【临床参考】 1. 口疮、烂疮：种子数枚，烧灰存性，研细为末，和鸡蛋清调成糊状涂患处，每日 2～3 次[1]。

2. 疝气：种子适量，炒香去壳食之，每次 2～3 枚，每日 2 次[1]。

3. 伤食腹泻：种子适量，炒焦研细为末，温开水送服，每次 3g，每日 2 次[1]。

4. 白发：种子 9g，加何首乌 15g、黑芝麻 9g、熟地黄 15g，水煎服，每日 2 次[1]。

5. 刀伤出血：叶适量，研细末外敷，每日数次[1]。

6. 久泻不止：叶适量，水煎数沸，只泡两脚跟，每日 1～2 次[1]。

7. 臁疮：叶适量洗净，用针刺细孔，然后用开水浸泡，全叶敷患处，每日换数次[1]。

8. 风湿骨痛：叶 12g，加威灵仙 10g，水煎服，每日 2 次[1]。

9. 跌打损伤：叶 12g，加红花 10g、三七 3g，水煎服，每日 2 次[1]。

10. 哮喘：叶 12g，加麻黄 6g、杏仁 6g、地龙 6g，水煎服，每日 2 次[1]。

11. 痔疮：叶 7 片，加硫黄 1.86g，加水、醋等量煎汤熏洗，每日 2 次[1]。

12. 高血压：叶适量，水煎服，每次 100ml，每日 2～3 次[1]。

13. 水肿：花 15g，加车前草 10g，水煎服，每日 2 次[1]。

14. 烧烫伤：花适量，研细末外敷，每日 3 次[1]。

15. 疔疮：花适量研细末，和仙人掌适量捣糊状敷患处，每日 2～3 次[1]。

16. 骨折：根，加三百棒、震天雷、大血藤各等份，水煎服，每日 2 次[1]。

17. 哮喘：根 15g，水煎服，每日 2 次[1]。

18. 风湿痛：根 100g，加等量水、酒，煎服，每日 2 次；或白皮 50g，加威灵仙 10g、防风 10g，水煎服，每日 2 次[1]。

19. 月经不调：白皮适量，加牛膝 10g，水煎服，每日 2 次[1]。

20. 痔疮：白皮适量，水煎熏洗，每日 2 次[1]。

【附注】本种入药始载于《本草经集注》，云："桐树有四种……梧桐色白，叶似青桐而有子，子肥亦可食。"《本草图经》云："梧桐皮白，叶青而有子，子肥美可食。"并附梧桐图。《本草纲目》谓："梧桐处处有之。树似桐而皮青不皱，其木无节直生，理细而性紧。叶似桐而稍小，光滑有尖。其花细蕊，坠下如醭。其荚长三寸许，五片合成，老则裂开如箕，谓之橐鄂。其子缀于橐鄂上，多者五六，少或二三。子大如胡椒，其皮皱。"即为本种。

本种的花及去栓皮的干皮民间也药用。

【化学参考文献】

[1] Woo K W，Suh W S，Subedi L，et al. Bioactive lignan derivatives from the stems of *Firmiana simplex*［J］. Bioorg Med Chem Lett，2016，26（3）：730-733.

[2] Son Y K，Lee M H，Han Y N. A new antipsychotic effective neolignan from *Firmiana simplex*［J］. Arch Pharm Res，2005，28（1）：34-38.

[3] 陈春英. 梧桐花和瑞香狼毒化学成分的研究［D］. 兰州：西北师范大学硕士学位论文，2011.

[4] 杨彩霞，陈春英，朱宇惠. 梧桐花石油醚提取物化学成分分析［J］. 安徽农业科学，2010，38（32）：18144-18145.

[5] 丁绪亮，李尔广，石彩雨. 梧桐花化学成分的研究［J］. 南京医学院学报，1986，6（4）：251，305.

[6] Bai H，Li S，Yin F，et al. Isoprenylated naphthoquinone dimers firmianones A，B，and C from *Firmiana platanifolia*［J］. J Nat Prod，2005，68（8）：1159-1163.

【药理参考文献】

[1] 车锡平，王秉文. 梧桐子的止血作用［J］. 西安交通大学学报（医学版），1983，4（2）：142-143.

[2] 邱培伦，王美纳. 梧桐子对循环血小板聚集的影响［J］. 西安交通大学学报（医学版），1983，4（2）：142-143，159.

[3] 邱培伦，王美纳，邓秀玲，等. 梧桐子的降压作用［J］. 西安交通大学学报（医学版），1984，5（3）：263-267.

【临床参考文献】

[1] 刘宝华，张爱军，田顺华，等. 梧桐的临床应用［J］. 中医药信息，2005，22（1）：24.

2. 山芝麻属 *Helicteres* Linn.

乔木或灌木。小枝被星状柔毛。单叶，全缘或有锯齿。花两性；单生或排成聚伞花序，腋生，稀顶生；小苞片细小。花萼筒状，5 裂，裂片常呈二唇状；花瓣 5 枚，相等或呈二唇状，基部具长爪且常具耳状附属体；雄蕊 10 枚，着生于伸长的雌雄蕊柄顶端，花丝基部合生，包围雌蕊，退化雄蕊 5 枚，着生于发育雄蕊之内；子房 5 室，具 5 棱，每室有多数胚珠；花柱 5 枚，线形。蒴果，成熟时直伸或螺旋状扭曲，通常密被毛。种子有瘤状突起。

约 60 种，分布于亚洲热带及美洲。中国 9 种，主要分布于长江以南各省区，法定药用植物 2 种。华东地区法定药用植物 1 种。

590. 山芝麻（图 590） • *Helicteres angustifolia* Linn.

图 590 山芝麻 摄影 徐克学

【**形态**】小灌木，高达 1.2m。小枝被灰绿色或灰黄色星状短柔毛。叶片窄长圆形或线状披针形，长 3.5 ～ 5cm，宽 1.5 ～ 2.5cm，先端钝尖，基部圆形，全缘，上面几无毛，背面被灰白色或淡黄色星状绒毛且混生有刚毛；叶柄长 0.5 ～ 0.7cm。聚伞花序有花 2 至数朵。花梗常有锥状小苞片 4 枚；花萼管状，被星状短柔毛，5 裂，裂片三角形；花瓣 5 枚，大小不相等，淡红色或紫红色，较花萼略长，基部有 2 个耳状附属体；雄蕊 10 枚，退化雄蕊 5 枚；子房每室约有 10 粒胚珠。蒴果，卵状长圆形，长 1.2 ～ 2cm，顶端尖，密被星状绒毛且混生长绒毛。种子小，具小斑点。花期几乎全年。

【生境与分布】生于丘陵山地或草坡。分布于浙江南部、福建、江西，另台湾、湖南、广东、香港、海南、广西、贵州、南部及云南均有分布。

【药名与部位】山芝麻，根或全草。

【采集加工】全年均可采挖，除去杂质，洗净，切段，晒干。

【药材性状】根呈圆柱形，稍弯曲，直径 0.3 ～ 1.5cm。表面灰黄色至灰褐色，有不规则的纵纹，部分栓皮易膜状脱落。质坚硬，不易折断，断面皮部棕色，纤维性，易与木质部撕离，木质部黄白色。茎呈圆柱形，直径 0.3 ～ 1cm。表面灰棕色至棕褐色，小茎密被黄绿色短柔毛，有不规则的网纹或纵皱纹及类圆形皮孔和枝痕。叶多已破碎，完整叶湿润展平后呈线状披针形或狭长圆形，长 3 ～ 8cm，宽 1 ～ 2.5cm；先端急尖或钝，基部钝圆或宽楔形；上面无毛或近无毛，下面密被灰黄色星状柔毛。蒴果长圆形，被毛，5 裂；种子多数。

【药材炮制】除去杂质，洗净，切段或厚片，干燥。

【化学成分】根和地上部分含皂苷类：3β- 羟基 -27- 苯甲酸基羽扇 -20（29）- 烯 -28- 羧酸［3β-hydroxy-27-benzoyloxylup-20（29）-en-28-oic acid］、3β- 羟基 -27- 苯甲酸基羽扇 -20（29）- 烯 -28- 羧酸甲酯［methyl 3β-hydroxy-27-benzoyloxylup-20（29）-en-28-oate］、山芝麻酸（helicteric acid）、山芝麻酸甲酯（methyl helicterate）、3β- 乙酰氧基 -27-（对 - 羟基苯甲酸基）- 羽扇 -20（29）- 烯 -28- 羧酸甲酯［methyl 3β-acetoxyl-27-（p-hydroxyl benzoyloxy）-lup-20（29）-en-28-oate］、3β- 乙酰氧基羽扇 -20（29）- 烯 -28- 醇［3β-acetoxylup-20（29）-en-28-ol］、3β- 羟基羽扇 -20（29）- 烯 -28- 羧酸 3- 咖啡酸酯［3β-hydroxylup-20（29）-en-28-oic acid 3-caffeate］、白桦脂酸（betulinic acid）、葫芦素 D、J（cucurbitacin D、J）和齐墩果酸（oleanolic acid）[1]；香豆素类：6, 7, 9α- 三羟基 -3, 8, 11α- 三甲基环己［d, e］- 香豆素 {6, 7, 9α-trihydroxy-3, 8, 11α-trimethyl cyclohexo-［d, e］-coumarin}[1]；甾体类：β- 谷甾醇（β-sitosterol）[1]；萘醌类：曼宋酮 E、F、H（mansonone E、F、H）和曼宋酮 H 甲酯（mansonone H methyl ester）[1]；木脂素类：落叶松树脂醇（lariciresinol）、二氢去氢二松柏醇（dihydrodehydrodiconiferyl alcohol）、（+）- 松脂醇［（+）-pinoresinol］和鹅掌揪树脂酚 B（lirioresinol B）[1]；甾体类：2α, 7β, 20α- 三羟基 -3β, 21- 二甲氧基 -5- 孕烯（2α, 7β, 20α-trihydroxy-3β, 21-dimethoxy-5-pregnene）[1]；苯丙素类：松柏醇（coniferyl alcohol）[1]；黄酮类：山奈酚 -3-O-β-D- 吡喃葡萄糖苷（kaempferol-3-O-β-D-glucopyranoside）、5, 8- 二羟基 -7, 4′- 二甲氧基黄酮（5, 8-dihydroxy-7, 4′-dimethoxyflavone）和 8-O-β-D- 葡糖醛酸海波拉亭 -4′- 甲醚（8-O-β-D-glucuronyl hypolaetin-4′-methyl ether）[1]；酚酸类：迷迭香酸（rosmarinic acid）[1]；烯醛类：3-（3, 4- 二甲氧基苯基）-2- 丙烯醛［3-（3, 4-dimethoxyphenyl）-2-propenal］[1]。

地上部分含木脂素类：尔草脂醇 C-7″-O-β-D- 吡喃葡萄糖苷（hedyotol C- 7″-O-β-D-glucopyranoside）和尔草脂醇 D-7″-O-β-D- 吡喃葡萄糖苷（hedyotol D -7″-O-β-D-glucopyranoside）[2]；苯丙素类：柔毛润楠素*（machicendonal）和（7S, 8R）- 二氢去氢二松柏醇［（7S, 8R）-dihydrodehydrodiconiferyl alcohol］[2]；黄酮类：山奈酚（kaempferol）、山奈酚 -3-O-β-D- 吡喃葡萄糖苷（kaempferol-3-O-β-D-glucopyranoside）、翻白叶苷 A（potengriffioside A）、5, 7, 8, 3′- 四羟基 -4′- 甲氧基黄酮（5, 7, 8, 3′-tetrahydroxy-4′-methoxyflavone）、5, 7, 8- 三羟基 -4′- 甲氧基黄酮（5, 7, 8-trihydroxy-4′-methoxyflavone）、橙皮苷（hesperidin）和高圣草酚 -7-O-β-D- 吡喃葡萄糖苷（homoeriodictyol-7-O-β-D-glucopyranoside）[2]。

根含倍半萜类：3, 6, 9- 三甲基 - 吡喃［2, 3, 4-de］色 -2- 酮 {3, 6, 9-trimethyl pyrano［2, 3, 4-de］chromen-2-one}、6-［2-（5- 乙酰基 -2, 7- 二甲基 -8- 氧化二环［4.2.0］八 -1, 3, 5- 三烯 -7）-2- 氧化 - 乙基］-3, 9- 二甲基萘酚［1, 8-bc］吡喃 -7, 8- 二酮 {6-［2-（5-acetyl-2, 7-dimethyl-8-oxo-bicyclo［4.2.0］octa-1, 3, 5-trien-7）-2-oxo-ethy1］-3, 9-dimethylnaphtho［1, 8-bc］pyran-7, 8-dione} 和 3- 羟基 -2, 2, 5, 8- 四甲基 -2H- 萘酚［1, 8-bc］呋喃 -6, 7- 二酮 {3-hydroxy-2, 2, 5, 8-tetramethyl-2H-naphtho［1, 8-bc］furan-6, 7-dione}[3]；香豆素类：山芝麻内酯（heliclactone）[4]；皂苷类：山芝麻酸（helicteric acid）[5]、山芝麻宁酸甲酯（methyl helicterilate）、山芝麻宁酸（helicterilic acid）、白桦脂酸（betulic acid）、齐墩果酸

（oleanolic acid）[5,6]，山芝麻酸甲酯（methyl helicterate）[6]，3β- 羟基 -12- 烯 -27- 苯甲酰氧基齐墩果 -28- 羧酸甲酯（methyl 3β-hydroxyolean-12-en-27-benzoyloxy-28-oate）、3β-O- 对羟基 -（E）- 肉桂酰 -12- 烯 - 齐墩果 -28- 羧酸［3β-O-（p-hydroxy-（E）-cinnamoyl）-12-en-oleanen-28-oic acid］[7]，白桦脂醇 -3- 乙酸酯（3-acetoxybetulin）、3β- 乙酰氧基 -27-（对 - 羟基）苯甲酸基羽扇 -20（29）- 烯 -28- 羧酸甲酯［methyl 3β-acetoxy-27-（p-hydroxyl）benzoyloxylup-20（29）-en-28-oate］、3β- 乙酰氧基 -27- 苯甲酸基羽扇 -20（29）- 烯 -28- 羧酸［3β-acetoxy-27-benzoyloxylup-20（29）-en-28-oic acid］、3β- 乙酰氧基白桦脂酸（3β-acetoxybetulinic acid）、圆齿火棘酸（pyracrenic acid）、异葫芦素 D（isocucurbitacin D）、3β- 乙酰氧基 -27-［（4- 羟基苯甲酰基）氧代齐墩果 -12- 烯 -28- 羧酸甲酯 { methyl 3β-acetoxy-27-［（4-hydroxybenzoyl）oxy］olean-12-en-28-oate}[8]，葫芦素 B、D、E、I（cucurbitacin B、D、E、I）[8,9]，己降葫芦素 I（hexanorcucurbitacin I）、3β- 乙酰氧基白桦脂酸（3β-acetoxybetulinic acid）和 3β- 乙酰氧基 -27-（对 - 羟基）苯甲酸基羽扇 -20（29）- 烯 -28- 羧酸［3β-acetoxy-27-（p-hydroxyl）benzoyloxylup-20（29）-en-28-oic acid］[9]；甾体类：β- 谷甾醇（β-sitosterol）[6,8]，2α，7β，20α- 三羟基 -3β，21- 二甲氧基 -5- 孕烯（2α，7β，20α-trihydroxy-3β，21-dimethoxy-5-pregnene）、胡萝卜苷（daucosterol）[8]和山芝麻孕甾素*A、B（heligenin A、B）[9]；生物碱类：山芝麻喹诺酮*A（helicterone A）[9]；黄酮类：翻白叶苷 A（potengriffioside A）[9]；木脂素类：（7S，8R）- 二氢去氢二松柏醇［（7S，8R）-dihydrodehydrodiconiferyl alcohol］和（7S，8R）- 川素馨木脂苷［（7S，8R）-urolignoside］[9]；酚酸及衍生物：迷迭香酸（rosmarinic acid）、丁香酸 -4-O-α-L- 吡喃鼠李糖苷（syringic acid-4-O-α-L-rhamnopyranoside）和原儿茶醛（protocatechuic aldehyde）[9]；脂肪酸类：十六烷酸（hexadecanoic acid）[8]。

根皮含皂苷类：葫芦素 B-2- 硫酸盐（cucurbitacin B-2-sulfate）、葫芦素 G-2-O-β-D- 吡喃葡萄糖苷（cucurbitacin G-2-O-β-D-glucopyranoside）、海绿甾苷 I、III（arvenin I、III）[10]，3β- 乙酰氧基 -27-［（E）- 肉桂酸基］羽扇 -20（29）- 烯 -28- 羧酸甲酯 { methyl 3β-acetoxy-27-［（E）-cinnamoyloxy］lup-20（29）-en-28-ote}、3β- 乙酰氧基 -27-［4- 羟基苯甲酸基］羽扇 -20（29）- 烯 -28- 羧酸 {3β-acetoxy-27-［（4-hydroxybenzoyl）oxy］lup-20（29）-en-28-oic acid}、3β- 乙酰氧基 -27-［（4- 羟基苯甲酸基）氧］齐墩果 -12- 烯 -28- 羧酸甲酯 { methyl 3β-acetoxy-27-［（4-hydroxybenzoyl）oxy］olean-12-en-28-oate}、3β- 乙酰氧基 -27-（苯甲酸基）齐墩果 -12- 烯 -28- 羧酸甲酯 { methyl 3β-acetoxy-27-（benzoyloxy）olean-12-en-28-oate}、3β，27- 二羟基羽扇 -20（29）- 烯 -28- 酸［3β，27-dihydroxylup-20（29）-en-28-oic acid］，即棋子豆盘酸（cylicodiscic acid）、3β-O- 反式香豆酰基白桦脂酸（3β-O-trans-coumaroyl betulinic acid）、圆齿火棘酸（pyracrenic acid）、3β-O- 反式阿魏酰白桦脂酸（3β-O-trans-feruloyl betulinic acid）、3β-O- 反式香豆酰基肉毒毒素（3β-O-trans-coumaroyl botulin）、3β-O- 顺式香豆酰基肉毒毒素（3β-O-cis-coumaroyl botulin）、3β-O- 反式咖啡酰氧基肉毒毒素（3β-O-trans-caffeoyl botulin）和 3β-O- 反式阿魏酰肉毒毒素（3β-O-trans-feruloyl botulin）[11]。

【药理作用】1. 抗炎镇痛止血　根水提物能显著抑制二甲苯所致小鼠的耳廓肿胀，抑制乙酸所致小鼠腹腔毛细血管通透性增高，提高热板所致小鼠的痛阈值，减少乙酸所致的扭体次数，具有抗炎镇痛作用[1]；全株正丁醇部位能抑制小鼠耳肿胀、大鼠足肿胀、减少小鼠扭体次数、提高痛阈值、缩短小鼠凝血和止血时间[2]。2. 抗病毒　根水提物在鸭体内有一定的抑制鸭乙肝病毒（HBV）DNA 的作用[3]，在体外含药血清在 HepG2.2.15 细胞培养中可明显抑制细胞乙肝病毒 DNA 的复制[4]，其作用有明显的量效和时效反应关系。3. 护肝　根水提物具有抗脂质过氧化作用，能保护四氯化碳（CCl₄）所致小鼠的肝损伤[5]；对免疫性肝损伤具有保护作用，其机制可能与调整 T 细胞亚群的活性和减少炎性细胞因子的作用有关[6]；能显著改善肝纤维化大鼠的肝脏组织结构，减轻肝纤维化，其机制可能与抑制 I 型胶原（Col I）有关[7]。4. 抗肿瘤　根中分离纯化的木脂素类可抑制人类淋巴样白血病 Molt 4B 细胞的生长，并诱导细胞的程序性死亡[8]。

【性味与归经】苦，寒。有小毒。归肺、大肠经。

【功能与主治】清热解毒。用于感冒发热，扁桃体炎，咽喉炎，腮腺炎，湿疹，痔疮。

【用法与用量】9 ～ 15g；外用适量，煎汤或研末敷患处。

【药用标准】药典 1977、湖南药材 2009、广东药材 2004、广西药材 1990、广西壮药 2008、河南药材 1993 和海南药材 2011。

【临床参考】1. 小儿急性咽炎、扁桃体炎：复方土牛膝颗粒（全草 160g，加广东土牛膝 400g、岗梅根 400g、野菊花 160g、水杨梅根 400g、淡竹叶 160g、一点红 160g，加水浸过药面，泡约 30min 后，煎煮 2 次，合并 2 次滤液，浓缩至适量，加乙醇等量使沉淀，取上清液浓缩成相对密度约为 1.30 的稠膏，加蔗糖粉适量，制成颗粒 1000g，口服，每次 5 ～ 10g，每日 3 次，3 天为 1 疗程[1]。

2. 难愈性褥疮：毛冬青膏（根皮 100g，加毛冬青叶及根皮 200g、大黄 100g、冰片 30 片、蜂蜜适量，制备成膏），用无菌纱布做成毛冬青膏纱布疮面外敷，每日 2 次[2]。

3. 虫咬肿痛：蛇黄散（由蛇麟草、大黄、三角草、独行千里、山芝麻按 3∶2∶2∶2∶1 组成，制成散剂，每包含生药 20g），用凉开水调成薄板状外敷患处，每次 1 ～ 2 包，每日 1 次[3]。

4. 声带小结：全草 12g，加丹皮 12g、桃仁 12g、茅根 12g、玄参 12g、桔梗 10g、甘草 6g、千张纸 6g、蝉衣 6g，水煎服，每日 1 剂[4]。

【附注】山芝麻始载于《生草药性备要》，谓："根治疮，去毒，止血，埋口；又能润大肠，食多大便必快。"

孕妇及虚寒者慎服；山芝麻的根、茎、叶和果实均有毒，误服过量，则引起腹泻、恶心等不良反应。

【化学参考文献】

[1] Chen W L, Tang W D, Lou L G, et al. Pregnane, coumarin and lupane derivatives and cytotoxic constituents from *Helicteres angustifolia*[J]. Phytochemistry, 2006, 67（10）：1041-1047.

[2] Yin X, Lu Y, Cheng Z H, et al. Anti-complementary components of *Helicteres angustifolia*[J]. molecules, 2016, 21（11）：1506.

[3] Guo X D, Huang Z S, Bao Y D, et al. Two new sequiterpenoids from *Helicteres angustifolia*[J]. Chin Chem Lett, 2005, 16（1）：49-52.

[4] 王明时，刘卫国，李景荣，等. 山芝麻内酯化学结构的测定[J]. 化学学报，1988，46：45-48.

[5] 苏丹，高玉桥，梁耀光，等. 高速逆流色谱法分离制备山芝麻中的三萜类成分[J]. 中药材，2016，39（5）：1053-1056.

[6] 刘卫国，王明时. 山芝麻中三个新三萜化合物的结构测定[J]. 药学学报，1985，20（11）：842-851.

[7] 郭新东，安林坤，徐迪，等. 山芝麻中的新三萜化合物[J]. 高等学校化学学报，2003，24（11）：2022-2023.

[8] Wei Y, Wang G, Zhang X, et al. Studies on chemical constituents in roots of *Helicteres angustifolia*[J]. China J Chin Mater Med, 2011, 36（9）：1193-1197.

[9] Wang G C, Li T, Wei Y R, et al. Two pregnane derivatives and a quinolone alkaloid from *Helicteres angustifolia*[J]. Fitoterapia, 2012, 83（8）：1643-1647.

[10] Chen Z T, Lee S W, Chen C M. Cucurbitacin B 2-sulfate and cucurbitacin glucosides from the root bark of *Helicteres angustifolia*[J]. Chem Pharma Bull, 2006, 54（11）：1605-1607.

[11] Pan M H, Chen C M, Lee S W, et al. Cytotoxic triterpenoids from the root bark of *Helicteres angustifolia*[J]. Chem Biodivers, 2008, 5（4）：565-574.

【药理参考文献】

[1] 高玉桥，胡莹，张文霞. 山芝麻的抗炎镇痛作用研究[J]. 今日药学，2012，22（5）：267-269.

[2] 蒋才武，杜冲，伍敏，等. 壮药山芝麻抗炎镇痛止血有效部位的研究[J]. 中华中医药杂志，2010，25（10）：1672-1674.

[3] 黄权芳，杨辉，韦刚，等. 山芝麻抗鸭乙型肝炎病毒作用[J]. 中国实验方剂学杂志，2011，17（20）：179-181.

[4] 黄权芳，韦刚，杨辉，等. 山芝麻含药血清对 HepG2.2.15 细胞 HBV 复制的抑制作用[J]. 时珍国医国药，2012，23（7）：2683-2684.

［5］林兴，黄权芳，张士军，等.山芝麻对 CCl₄ 诱导小鼠肝损伤的脂质过氧化反应的影响［J］.中国实验方剂学杂志，2010，16（10）：147-149.

［6］林兴，黄权芳，张士军，等.山芝麻水提取物对小鼠免疫性肝损伤的保护作用［J］.中国现代应用药学，2012，29（1）：1-5.

［7］林兴，黄权芳，张士军，等.山芝麻提取物对肝纤维化大鼠肝组织 Col Ⅰ mRNA 和 Col Ⅰ 蛋白表达的影响［J］.中国药房，2010，21（43）：4041-4043.

［8］Chen W，Tang W，Lou L，et al. Pregnane，coumarin and lupane derivatives and cytotoxic constituents from *Helicteres angustifolia*［J］.Phytochemistry，2006，67（10）：1041-1047.

【临床参考文献】

［1］徐庆文，孙一帆，梅全喜，等.复方土牛膝颗粒治疗小儿急性咽炎、扁桃体炎临床疗效观察［J］.中国药房，2007，18（30）：2372-2374.

［2］曾展清.毛冬青膏治疗难愈性褥疮29例［J］.中国社区医师，2003，18（3）：46.

［3］陈茂潮，林棉，缪英年，等.蛇黄散治疗虫咬肿痛疗效观察［J］.吉林中医药，2006，26（9）：36.

［4］古翔儒，古庆家.中西医结合治疗声带小结60例疗效观察［J］.中国中西医结合耳鼻咽喉科杂志，2003，11（3）：153.

3. 翅子树属 *Pterospermum* Schreber

乔木或灌木。植株被星状绒毛或鳞秕。单叶，革质，分裂或不分裂，全缘或有锯齿，基部常偏斜；托叶早落。花两性；单生或数朵排成聚伞花序；小苞片 3 枚，条裂、掌状分裂或不裂，稀无小苞片；花萼 5 裂；花瓣 5 枚；雌雄蕊柄远较雄蕊短；雄蕊 15 枚，每 3 枚集合成束，花药 2 室，药隔有凸尖头，退化雄蕊 5 枚，线状，较花丝长，与雄蕊群互生；子房 5 室，每室有多数倒生胚珠，中轴胎座，花柱棒状或线状，柱头具 5 纵沟。蒴果，木质或革质，室背开裂为 5 果爿。种子有膜质长圆形翅。

约 40 种，分布于亚洲热带和亚热带地区。中国 40 种，主要分布于东南和西南省区，法定药用植物 1 种。华东地区法定药用植物 1 种。

591. 翻白叶树（图 591）· *Pterospermum heterophyllum* Hance

【形态】乔木，高达 20m。小枝被黄褐色星状绒毛。叶片二型，幼龄树或萌蘖枝上的叶盾形，长、宽约 15cm，掌状 3～5 裂，基部平截或近半圆，上面几无毛，背面密被黄褐色星状绒毛；叶柄长达 12cm；生于成年树上的叶片长圆形或卵状长圆形，长 7～15cm，宽 3～10cm，基部钝、平截或斜心形，背面密被黄褐色绒毛，叶柄长 1～2cm，被毛。花单朵或 2～4 朵排成聚伞花序，腋生；花梗长 0.5～1.5cm；小苞片鳞片状；花青白色；萼片 5 枚，线形，长达 2.8cm，两面被柔毛；花瓣 5 枚，倒披针形，与萼片等长；雌雄蕊具短柄。蒴果，木质，长圆状卵圆形，长约 6cm，被黄褐色绒毛，果柄粗，长 1～1.5cm。种子具膜质翅。花期秋季。

【生境与分布】生于丘陵或沟谷地带，垂直分布可达 500m。分布于福建，另湖南、广东、香港、海南、广西、贵州南部及云南均有分布。

【药名与部位】半枫荷（翻白叶树），根。

【采集加工】全年可采，挖取根部，洗净，切成片、段，晒干。

【药材性状】呈不规则的片、段。栓皮较薄，表面灰褐色或棕褐色，有纵皱纹及疣状皮孔，质较坚硬。皮部棕色或棕褐色，纤维性，易与木质部分离。木质部浅棕色或浅红棕色，纹理致密，纵断面纹理有纵纹及不规则裂隙。气微，味淡，微涩。

【药材炮制】除去杂质，切薄片，干燥。

【化学成分】根含皂苷类：白桦脂醇（betulin）[1]，蒲公英萜醇（taraxerol）、白桦脂酸（betulinic

图 591 翻白叶树 摄影 徐克学

acid）、苏门树脂酸（sumaresinolic acid）[1,2]，白桦脂醇（betulin）、蒲公英赛 -14- 烯 -1α, 3β- 二醇
（taraxer-14-en-1α, 3β-diol）、3β- 羟基蒲公英赛 -14- 烯 -1- 酮（3β-hydroxytaraxer-14-en-1-one）[2]，
3β- 羟基 -12- 烯 -28- 熊果酸（3β-hydroxy-12-en-28-ursolic acid）和 2β, 3β- 二羟基 -12- 烯 -28- 齐墩果酸
（2β, 3β-dihydroxy-12-en-28-oleanolic acid）[3]；萘醌类：5- 羟基 -2- 甲氧基 -1, 4- 萘醌（5-hydroxy-
2-methoxy-1, 4-naphthoquinone）[1,2]；黄酮类：5, 7- 二羟基 -6, 8- 二甲基色酮（5, 7-dihydroxy-6,
8-dimethyl chromone）[1,2]，（－）- 表儿茶素［（－）-epicatechin］、圣草酚（eriodictyol）、花旗松
素（taxifolin）和槲皮素（quercetin）[3]；甾体类：β- 谷甾醇（β-sitosterol）[1,2]，6β- 羟基豆甾 -4-
烯 -3- 酮（6β-hydroxystigmast-4-en-3-one）[2] 和豆甾 -4- 烯 -3- 酮（cholest-4-en-3-one）[3]；酰胺类：
金色酰胺醇酯（asperglaucide）[3]；木脂素类：5, 5′- 二甲氧基 -9-β-D- 木糖基 -（－）- 异落叶松脂素
［5, 5′-dimethoxy-9-β-D-xylopyranosyl-（－）-isolariciresinol］[3]，（＋）- 南烛木树脂酚 -3α-O-β-D- 吡
喃葡萄糖苷［（＋）-lyoniresinol-3α-O-β-D-glucopyranoside］、（－）- 南烛木树脂酚 -3α-O-β-D- 吡喃
葡萄糖苷［（－）-lyoniresinol-3α-O-β-D-glucopyranoside］、（－）- 南烛木树脂酚 -2α-O-β-D- 吡喃葡
萄糖苷［（－）-lyoniresinol-2α-O-β-D-glucopyranoside］、（－）- 异落叶松树脂酚 -6-O-β-D- 吡喃葡萄
糖苷［（－）-isolariciresinol-6-O-β-D-glucopyranoside］和（－）-8, 8′- 二甲氧基开环异落叶松树脂酚 -1-
O-β-D- 吡喃葡萄糖苷［（－）-8, 8′-dimethoxy-secoisolariciresinol-1-O-β-D-glucopyranoside］[4]；香豆

素类：莨菪苷（scopolin）[4]；单萜苷类：长寿花糖苷（roseoside）[4]；酚苷类：2- 甲氧基 -4- 羟基苯酚 -1-O-β-D- 呋喃芹菜糖基 -（1 → 6）-O-β-D- 吡喃葡萄糖苷 [2-methoxy-4-hydroxyphenol-1-O-β-D-apiofuranosyl-（1 → 6）-O-β-D-glucopyranoside][3]，2, 6- 二甲氧基 -4- 羟基苯酚 -1-O-β-D- 吡喃葡萄糖苷（2, 6-dimethoxy-4-hydroxyphenol-1-O-β-D-glucopyranoside）、3- 甲氧基 -4- 羟基苯酚 -1-O-β-D- 吡喃葡萄糖苷（3-methoxy-4-hydroxyphenol-1-O-β-D-glucopyranoside）、4- 羟基 -2- 甲氧基苯酚 -1-O-β-D- 吡喃葡萄糖苷（4-hydroxy-2-methoxyphenol-1-O-β-D-glucopyranoside）和甲基熊果苷（methylarbutin）[4]；醇苷类：（+）-3- 氧化 -α- 紫罗兰 *-O-β-D- 吡喃葡萄糖苷 [（+）-3-oxo-α-ionyl-O-β-D-glucopyranoside][4]；脂肪酸类：α- 棕榈精（α-monpalmitin）和棕榈酸（palmitic acid）[1,2]。

　　茎含联苄类：翻白叶树酸 *（heterophyllic acid）[5]；酚苷类：翻白叶树苷 * A、B、C（heterophylloside A、B、C）、虎皮楠苷（oldhamioside）和 6'-O- 香草酰异它乔糖苷（6'-O-vanilloyl isotachioside）[5]。

　　【药理作用】细胞毒　根乙醇提取物的石油醚部位对卵巢癌 A2780 细胞具有细胞毒作用，半数抑制浓度（IC_{50}）为 3.84μg/ml；30% 乙醇洗脱部分对结肠癌 HCT-8 细胞、肝癌 Bel-7402 细胞、胃癌 BGC823 细胞和肺癌 A549 细胞具有细胞毒作用，其半数抑制浓度分别为 3.68μg/ml、3.64μg/ml、1.51μg/ml 和 2.40μg/ml[1]。

　　【性味与归经】味甘、微淡，性微温。归肝、肾经。

　　【功能与主治】祛风除湿，舒筋活络，消肿止痛。用于风湿痹痛。腰腿痛。半身不遂，肢体麻痹，跌打损伤，产后风寒。

　　【用法与用量】15 ～ 30g，水煎服或浸酒。

　　【药用标准】上海药材 1994、海南药材 2011、广东药材 2004 和广西瑶药 2014 一卷。

　　【附注】本种以半枫荷之名始见于《岭南采药录》，云："半枫荷，本质作红黄色者，谓之血荷，功用较白色者为佳。" 半枫荷，木本。同一株而其叶异形，幼叶如枫叶，渐长至无裂而与荷叶略似，故称半枫荷。

　　桑科植物二色波罗蜜 Artocarpus styracifolius Pierre 的根及茎在广西作半枫荷药用；金缕梅科植物半枫荷 Semiliquidambar cathayensis Chang 的树皮在贵州作半枫荷药用，应注意区别。

【化学参考文献】

［1］石妍，李帅，李红玉，等 . 翻白叶树根化学成分的研究 [J] . 中国中药杂志，2008，33（16）：1994-1996.

［2］Li S，Shi Y，Shang X Y，et al. Triterpenoids from the roots of Pterospermum heterophyllum Hance [J] . J Asian Nat Prod Res，2009，11（7）：652-657.

［3］韦柳斌，陈金嫚，叶文才，等 . 翻白叶树根化学成分研究 [J] . 中国中药杂志，2012，37（13）：1981-1984.

［4］王蒙蒙，李帅，罗光明，等 . 翻白叶树根的化学成分研究 [J] . 中草药，2012，43（9）：1699-1703.

［5］Li D X，Yin Y P，Li J，et al. Bibenzyl and phenolic glycosides from Pterospermum heterophyllum [J] . Phytochem Lett，2015，11：220-223.

【药理参考文献】

［1］王蒙蒙，李帅，罗光明，等 . 翻白叶树根的化学成分研究 [J] . 中草药，2012，43（9）：1699-1703.

六九　猕猴桃科 Actinidiaceae

常绿或落叶，乔木、灌木或藤本。单叶，互生；无托叶。花两性或单性，雌雄异株；聚伞花序、总状花序或单花腋生；萼片 5 枚，稀 2～3 枚，覆瓦状排列，稀镊合状排列；花瓣 5 枚或更多，覆瓦状排列，分离或基部合生，早落；雄蕊 10 枚或多数，2 轮或螺旋状密集排列，花药背着，纵裂或顶孔裂；雌蕊 3 枚至多数，子房上位，3～5 室或多室，每室有胚珠 10 至多数；中轴胎座，花柱 5 枚或多数，离生或合生，通常宿存。浆果或蒴果。种子 1 粒至极多数，具肉质假种皮。

4 属，约 380 种，分布于亚洲及美洲热带地区，少数种类分布亚洲温带及大洋洲。中国 4 属，约 106 种，主要分布于长江以南各省区，法定药用植物 1 属，5 种 1 变种。华东地区法定药用植物 1 属，5 种。

猕猴桃科法定药用植物科特征成分鲜有报道。猕猴桃属含皂苷类、黄酮类、蒽醌类等成分。皂苷类包括熊果烷型、齐墩果烷型、羽扇豆烷型等，以熊果烷型居多，如 23- 羟基熊果酸（23-hydroxyursolic acid）、2α，3β，23- 三羟基 -12- 烯 -28- 齐墩果酸（2α，3β，23-trihydroxyolean-12-en-28-oic acid）、白桦脂酸（betulinic acid）等；黄酮类包括黄酮醇、查耳酮、花青素、黄烷等，以黄酮醇居多，如山奈酚 -3-O-β-D- 葡萄糖苷（kaempferol-3-O-β-D-glucoside）、飞燕草素 -3-O-β-D- 吡喃半乳糖苷（delphinidin 3-O-β-D-galactopyranoside）、（-）- 表儿茶素［（-）-epicatechin］等；蒽醌类如大黄素甲醚（physcion）、大黄酸（rhein）、蒽醌苷（anthraglycoside）等。

1. 猕猴桃属 *Actinidia* Lindl.

落叶木质藤本，稀为常绿。植株被毛或无毛。髓心片层状或实心；冬芽小，包于膨大叶柄基部内。单叶，互生；叶片边缘有锯齿，稀近全缘，羽状脉；有叶柄；无托叶。花雌雄异株；单生或成腋生的聚伞花序，稀多回分枝；具苞片；萼片 2～5 枚，分离或基部合生，覆瓦状排列，稀镊合状排列；花瓣 5～12 枚；雄蕊多数；花药丁字着生，2 室，纵裂，常基部分叉；无花盘；子房上位，多室，中轴胎座，侧生胚珠多数，花柱与心皮同数，离生；雄花有退化雌蕊。浆果、球形、卵形或柱状长圆形。种子多数，细小。

约 64 种，少数分布于俄罗斯远东地区、朝鲜、日本、喜马拉雅地区及中南半岛。中国约 57 种，37 变种，分布于西南地区，以秦岭以南和横断山脉以东为主，法定药用植物 5 种。华东地区法定药用植物 5 种。

分种检索表

1. 小枝无毛或近无毛；髓实心；果实无毛，无斑点。
  2. 叶片卵形或椭圆形，上面无毛，背面脉腋有髯毛；果实无宿存萼片 ⋯⋯⋯⋯⋯ 大籽猕猴桃 *A.macrosperma*
  2. 叶片宽卵形或长卵形，两面无毛；果实有宿存萼片 ⋯⋯⋯⋯⋯⋯⋯⋯⋯⋯⋯⋯ 对萼猕猴桃 *A.valvata*
1. 小枝密被绒毛，或幼时被绒毛，后渐脱落无毛；髓心片层状；果实被毛，有斑点或无斑点。
  3. 小枝被毛脱落；果实有斑点，被黄色绒毛，或仅两端被绒毛。
    4. 叶片近圆形，先端钝圆、微凹或平截；果实被绒毛，后渐脱落 ⋯⋯⋯⋯⋯ 中华猕猴桃 *A.chinensis*
    4. 叶片宽卵形、近圆形或长卵形，先端短尖或渐尖；果实无毛或两端被绒毛 ⋯ 阔叶猕猴桃 *A.latifolia*
  3. 小枝被毛不脱落；果实无斑点，被灰白色绒毛 ⋯⋯⋯⋯⋯⋯⋯⋯⋯⋯⋯⋯ 毛花猕猴桃 *A.eriantha*

592. 大籽猕猴桃（图 592） · *Actinidia macrosperma* C.F.Liang

图 592 大籽猕猴桃　　　　　　　　　　　　　　　　　摄影 郭增喜

【别名】梅叶猕猴桃（浙江）。

【形态】落叶藤本。嫩枝淡绿色，无毛或疏被锈色短腺毛，老枝浅灰色或灰褐色，具明显皮孔；髓实心，白色。叶片纸质或革质，卵形、宽卵形、椭圆形或菱状椭圆形，长 3～9cm，宽 2.5～6.5cm，先端渐尖或骤尖，基部宽楔形或圆形，边缘有锯齿或近全缘，上面绿色，无毛，背面脉腋有髯毛，侧脉 4～6 对；叶柄长 1.5～2.2cm，无毛。花常单生，直径 2～3cm；萼片 2 枚，卵形或卵圆形，绿色，长 1～1.2cm，先端骤尖，无毛，花瓣 5～6 枚，白色，瓢状倒卵形，长 1～1.5cm；花药黄色；子房无毛。浆果，圆球形或卵圆形，长 3～3.5cm，成熟时橘黄色，无毛，无斑点，具乳头状喙；无宿存萼片。种子较大，长约 4mm。花期 5～6 月，果期 6～10 月。

【生境与分布】生于低山丘陵中或林缘，垂直分布可达 800m。分布于江苏、安徽、浙江及江西西北部，另湖北、广东北部均有分布。

【药名与部位】猫人参，根及地下茎。

【采集加工】夏、秋二季采挖，趁鲜斫片，干燥。

【药材性状】为不规则的厚片或段。表面红棕色或紫褐色，粗糙，有纵裂纹。切面皮部棕红色，有较多的白色亮晶状物。木质部浅棕红色，导管孔散布（根）或呈环状排列（茎）。有的有灰棕色的髓（茎）。质坚硬，水浸后有黏滑感。气微，味微。

【药材炮制】除去杂质；粗块者润软，切厚片，干燥。

【化学成分】叶含挥发油类：1, 2 二甲基 -2, 3- 二氢 -1- 吲哚（1, 2-dimethyl-2, 3-dihydro-1-indole）、柠檬醇（citric alcohol）、柠檬醛（citral）、苯甲醇（benzenemethanol）和 6, 10- 二甲基 -1, 6- 二烯基 -12- 十二醇（6, 10-dimethyl-1, 6-dien-12-dodecanol）[1]。

根含皂苷类：$2\alpha, 3\alpha, 24$- 三羟基 -12- 烯 - 齐墩果烷（12-oleanene-$2\alpha, 3\alpha, 24$-triol）、积雪草酸（asiatic acid）、熊果酸（ursolic acid）[2]、5, 12- 二烯熊果酸 -3-O-α-D- 半乳糖苷（5, 12-diene-oic acid-3-O-α-D-galactoside）、2, 3, 16, 23- 四羟基熊果 -12- 烯 -28- 酸（2, 3, 16, 23-tetrahydroxyurs-12-en-28-oic acid）和 $2\alpha, 3\beta, 23$- 三羟基熊果 -12- 烯 -28- 酸（$2\alpha, 3\beta, 23$-trihydroxyurs-12-en-28-oic acid）[3]；酚苷类：异它乔糖苷（isotachioside）[2]；黄酮类：儿茶素（catechin）和表儿茶素（epicatechin）[2]；甾体类：胡萝卜苷（daucosterol）和 β- 谷甾醇（β-sitosterol）[2]。

【药理作用】1. 抗肿瘤　茎乙醇提取物的石油醚、氯仿、乙酸乙酯部位在体外对人肺癌 A549 细胞的增殖具有明显的抑制作用，对肉瘤 S180 细胞荷瘤模型小鼠、人肺癌 A549 细胞荷瘤模型 BALB/cA 裸鼠的瘤体细胞的生长均有抑制作用，且呈一定的量 - 效关系；分离出的活性单体对 A549 细胞的作用机制与诱导细胞凋亡有关[1]。2. 抗氧化　茎乙醇提取物石油醚、氯仿、乙酸乙酯、正丁醇及水提部位对 1, 1- 二苯基 -2- 三硝基苯肼自由基（DPPH）均具有清除作用和铁还原 / 抗氧化作用（FRAP），各部位自由基清除作用及铁还原 / 抗氧化作用依次均为：正丁醇 > 乙酸乙醇 > 水 > 氯仿 > 石油醚[1]。3. 免疫调节　茎水提物和多糖可显著升高已致敏鸡红细胞的 S180 细胞荷瘤小鼠的抗体溶血素，可增强荷瘤小鼠自然杀伤（NK）细胞的作用；茎水提物可促进荷瘤小鼠 T 淋巴细胞的增殖、增强荷瘤小鼠腹腔巨噬细胞吞噬作用[1]。4. 抗菌　茎提取物的不同部位具有抗菌作用，各部位的抗菌作用强弱依次为：挥发油 > 氯仿部位 > 乙酸乙酯部位 > 正丁醇部位 > 石油醚部位 > 水部位，其中氯仿部位对枯草芽孢杆菌、大肠杆菌及白色念珠菌的生长具有较强的抑制作用，乙酸乙酯部位对枯草芽孢杆菌和大肠杆菌的生长具有较强的抑制作用；挥发油对大肠杆菌、白色念珠菌及烟曲霉的生长有较强的抑制作用；气相色谱 - 质谱（GC-MS）分析揭示其挥发油的主要成分 β- 芳樟醇（48.17%）可能是抗菌作用较强的成分[1]。

【性味与归经】辛，温。

【功能与主治】解毒消肿，祛风止痛。用于深部浓肿、骨髓炎、风湿痹痛、疮疡肿毒，麻风病、白带，以及萎缩性胃炎和消化道肿瘤的治疗。

【用法与用量】30 ～ 60g，可用至 150g。

【药用标准】浙江药材 2000。

【临床参考】1. 肝硬化腹水：根 30g，加半枝莲、生薏苡仁、过路黄、茵陈各 30g，石见穿、谷芽、麦芽、茯苓、泽泻、生瓦楞、郁金、焦六曲、焦山楂各 15g，大腹皮 10g，青皮、陈皮各 5g，水煎，每日 1 剂，分 2 次服[1]。

2. 肺癌：根 15g，加绞股蓝 15g、藤梨根 30g、白花蛇舌草 20g、半边莲 30g、薏苡仁 30g、郁金 12g、枳壳 12g、生甘草 6g，水煎服[2]。

3. 股骨头坏死、骨髓炎：根适量，水煎服[3]。

4. 上呼吸道感染、夏季热、白带：根 30g，水煎服[3]。

5. 白带：鲜根皮 60g，加六月雪 15g、贯众 30g、金灯藤 45g，水煎服[3]。

【化学参考文献】

［1］王之灿，陈绍瑗，姜维梅，等. 药用植物猫人参化学成分研究（Ⅲ）——挥发油成分分析 [J]. 分析试验室，2003，22（s1）：78.

［2］丁丽丽，王顺春，王峥涛. 猫人参化学成分的研究 [J]. 中国中药杂志，2007，32（18）：1893-1895.

［3］冯懿挺. 药用植物化学成分及生物活性研究 [D]. 杭州，浙江大学硕士学位论文，2005.

【药理参考文献】

［1］陆胤.中草药猫人参的活性评价及其功能性产品的开发［D］.杭州：浙江大学博士学位论文，2007.

【临床参考文献】

［1］金瑞芝，王国强.猫人参治疗臌胀例释.浙江中医杂志，1998，33（1）：35.

［2］周兴兆.唐福安论肺癌证治.浙江中医学院学报，2000，24（2）：45.

［3］来平凡，章红燕.浙江地区习用中药猫人参研究进展［J］.浙江中医学院学报，2002，26（1）：77-78.

593. 对萼猕猴桃（图 593）· *Actinidia valvata* Dunn

图 593　对萼猕猴桃　　　　　　　　摄影　李华东等

【别名】镊合猕猴桃。

【形态】落叶木质藤本。小枝无毛或近无毛；髓实心，白色。叶片宽卵形或长卵形，长 5～14cm，宽 4～8cm，先端渐尖或钝圆，基部宽楔形或平截或稍圆，边缘有小齿，两面无毛；叶脉不显著；叶柄无毛，紫红色，长 1.5～2cm。花序有花 2～3 朵或单花着生于叶腋，花序梗长约 1cm；花梗长不及 1cm，被微毛；萼片 2～3 枚，卵形或长圆状卵形，无毛或微被柔毛；花瓣 7～9 枚，白色，长圆状倒卵形，长 1～1.5cm；子房瓶状，无毛。浆果，卵圆形或倒卵圆形，长达 2.5cm，无毛，无斑点，顶端具尖喙，成熟时橙黄色。宿存萼片反折。花期 5 月，果期 9～10 月。

【生境与分布】生于山坡林缘、沟谷、疏林中或灌丛中，垂直分布可达 300～1000m。分布于安徽、浙江、江西、福建，另湖北、湖南、广东、河南及陕西均有分布。

【**药名与部位**】猫人参，根及地下茎。

【**采集加工**】夏、秋二季采挖，趁鲜斫片，干燥。

【**药材性状**】为不规则的厚片或段。表面浅黄棕色至棕褐色，粗糙，有纵裂纹。切面皮部类白色，有时可见白色亮晶状物，木质部黄白色至淡棕色，导管孔散布（根）或呈环状排列（茎）。有的有灰棕色的髓（茎）。质坚硬，水浸后有黏滑感。气微，味微涩，辛。

【**药材炮制**】除去杂质；粗块者润软，切厚片，干燥。

【**化学成分**】叶含皂苷类：科罗索酸（corosolic acid）、2α, 3β, 24- 三羟基熊果烷 -12- 烯 -28- 酸（2α, 3β, 24-trihydroxyurs-12-en-28-oic acid）、2α, 3α, 24- 三羟基熊果烷 -12- 烯 -28- 酸（2α, 3α, 24-trihydroxyurs-12-en-28-oic acid）和 2α, 3α, 19α, 24- 四羟基熊果烷 -12- 烯 -28- 酸（2α, 3α, 19α, 24-tetrahydroxyurs-12-en-28-oic acid）[1]。

根含皂苷类：毛花猕猴桃酸 B（eriantic B）、积雪草酸（asiatic acid）、熊果酸（ursolic acid）、2α, 3α, 24- 三羟基 -12- 烯 -28- 熊果酸（2α, 3α, 24-trihydroxyurs-12-en-28-oic acid）、2α, 3β, 19, 23- 四羟基 -12- 烯 -28- 熊果酸（2α, 3β, 19, 23-tetrahydroxyurs-12-en-28-oic acid）、2α, 3β, 24- 三羟基 -12- 烯 -28- 熊果酸（2α, 3β, 24-trihydroxyurs-12-en-28-oic acid）、3β-（反式对香豆素酰基）-2α, 24- 二羟基 -12- 烯 -28- 熊果酸 [3β-（*trans-p*-coumaroyl）-2α, 24-dihydroxyurs-12-en-28-oic acid]、3β-（反式对香豆素酰基）-2α, 23- 二羟基 -12- 烯 -28- 熊果酸 [3β-（*trans-p*-coumaroyl）-2α, 23-dihydroxyurs-12-en-28-oic acid][2]，科罗索酸（corosolic acid）、2α, 3α, 23, 24- 四羟基熊果烷 -12- 烯 -28- 酸（2α, 3α, 23, 24-tetrahydroxyurs-12-en-28-oic acid）、2α, 3α, 24- 三羟基熊果烷酸 -11- 烯 -13β, 28- 内酯（2α, 3α, 24-trihydroxyurs-11-en-28-oic acid-13β, 28-lactone）、2α, 3α, 24- 三羟基齐墩果烷 -12- 烯 -28- 酸（2α, 3α, 24-trihydroxyolean-12-en-28-oic acid）、2α, 3α, 19α, 24- 四羟基熊果烷 -12- 烯 -28- 酸（2α, 3α, 19α, 24-tetrahydroxyurs-12-en-28-oic acid）、2α, 3α, 24- 三羟基熊果烷 -12, 20（30）- 二烯 -28- 酸 [2α, 3α, 24-trihydroxyurs-12, 20（30）-dien-28-oic acid]、齐墩果酸（oleanolic acid）[3]，2α, 3α, 20β, 23, 24, 30- 六羟基熊果烷 -12- 烯 -28- 酸 -*O*-β-D- 吡喃葡萄糖苷（2α, 3α, 20β, 23, 24, 30-hexahydroxyurs-12-en-28-oic acid-*O*-β-D-glucopyranoside）、30-*O*-β-D- 吡喃葡萄糖基 -2α, 3α, 24, 30- 四羟基熊果烷 -12（13），18（19）- 二烯 -28- 酸 -*O*-β-D- 吡喃葡萄糖苷 [30-*O*-β-D-glucopyranosyl-2α, 3α, 24, 30-tetrahydroxyurs-12（13），18（19）-dien-28-oic acid-*O*-β-D-glucopyranoside]、2α, 3β, 23, 30- 四羟基熊果烷 -12（13），18（19）- 二烯 -28- 酸 -*O*-β-D- 吡喃葡萄糖苷 [2α, 3β, 23, 30-tetrahydroxyurs-12（13），18（19）-dien-28-oic acid-*O*-β-D-glucopyranoside]、2α, 3β, 6α, 19α, 23- 五羟基熊果烷 -12- 烯 -28- 酸 -*O*-β-D- 吡喃葡萄糖苷（2α, 3β, 6α, 19α, 23-pentahydroxyurs-12-en-28-oic acid-*O*-β-D-glucopyranoside）、2α, 3α, 16α, 19α, 24- 五羟基齐墩果烷 -12- 烯 -28- 酸 -*O*-β-D- 吡喃葡萄糖苷（2α, 3α, 16α, 19α, 24-pentahydroxyolean-12-en-28-oic acid-*O*-β-D-glucopyranoside）、2α, 3β, 6α, 23, 24, 19α- 六羟基齐墩果烷 -12- 烯 -28- 酸 -*O*-β-D- 吡喃葡萄糖苷（2α, 3β, 6α, 23, 24, 19α-hexahydroxyoleanane-12-en-28-oic acid-*O*-β-D-glucopyranoside）、2α, 3β, 24, 30- 四羟基熊果烷 -12（13），19（20）- 二烯 -28- 酸 -*O*-β-D- 吡喃葡萄糖苷 [2α, 3β, 24, 30-tetrahydroxyurs-12（13），19（20）-dien-28-oic acid-*O*-β-D-glucopyranoside]、2α, 3β, 19, 23- 四羟基熊果烷 -12- 烯 -28- 酸 -*O*-β-D- 吡喃葡萄糖苷（2α, 3β, 19α, 23-tetrahydroxyurs-12-en-28-oic acid-*O*-β-D-glucopyranoside）、2α, 3α, 19α, 24- 四羟基齐墩果烷 -12- 烯 -28- 酸 -*O*-β-D- 吡喃葡萄糖苷（2α, 3α, 19α, 24-tetrahydroxyoleanane-12-en-28-oic acid-*O*-β-D-glucopyranoside）[4] 和羽扇豆醇（lupeol）[5]；甾体类：β- 谷甾醇（β-sitosterol）、胡萝卜苷（daucosterol）[2]，5α-2- 亚甲基胆甾 -3- 醇（5α-2-methylene-cholest-3-ol）、豆甾醇（stigmasterol）和 22, 23- 二溴豆甾醇乙酯（22, 23-dibromostigmasterol acetate）[5]；挥发油类：草酸烯丙基十五烷醇酯（allyl pentadecyl oxalate）、双环 [4, 4, 1] 十一烷 -1, 3, 5, 7, 9- 五烯 {bicyclo [4, 4, 1] undeca-1, 3, 5, 7, 9-pentaene}、2- 乙基 -2- 丙基己醇（2-ethyl-2-propyl-1-hexanol）、2- 溴代十二烷（2-bromododecane）、2, 4- 二 -（1, 1- 二甲基乙基）- 苯酚

［2, 4-bis-（1, 1-dimethlethyl）-phenol］、2, 2- 二甲基十四烷（2, 2-dimethyl tetradecane）、2, 7, 10- 三甲基十二烷（2, 7, 10-trimethyl dodecane）、1- 碘 -2- 甲基十一烷（1-iodo-2-methlundecane）、2, 6, 10, 15- 四甲基十七烷（2, 6, 10, 15-tetramethyl heptadecane）、正十六烷酸（n-hexadecanoic acid）、十六碳烯酸乙酯（ethyl hexadecanoate）、三环［4, 1, 1, 0（2, 5）］辛烷{tricyclo［4, 1, 1, 0（2, 5）］octane}、11, 14- 二十碳二烯酸甲酯（methyl 11, 14-eicosadienoate）、亚麻酸乙酯（ethyl linolenate）、二十烷（eicosane）、9- 辛基十七烷（9-octyl heptadecane）、2, 2, 4, 15, 17, 17- 六甲基 -7, 12- 二（3, 5, 5- 三甲基己基）十八烷［2, 2, 4, 15, 17, 17-hexamethyl-7, 12-bis（3, 5, 5-trimethylhexyl）-octadecane］、1- 三十七烷醇（1-heptatriacotanol）、2-甲基 -3-（3- 甲基丁烷 -2- 烯基）-2-（4- 甲基戊烷 -3- 烯基）环氧丙烷［2-methyl-3-（3-methyl-but-2-enyl）-2-（4-methyl-pent-3-enyl）-oxetane］、22, 23- 二溴豆甾醇（22, 23-dibromostigmasterol）、溴化法呢基醇（farmesyl bromide）、3- 氧代 - 齐墩果烷 -12- 烯（3-oxo-olean-12-en）、蒽（anthracene）、邻氟苯基硫醇（O-fluorothiophenol）和苯并噻唑（benzothiazole）[5]。

【药理作用】**抗肿瘤** 根乙醇提取物分离得的猫人参总皂苷在体外可抑制肝癌 BEL-7402、MHCC-97-H 细胞的迁移、黏附、侵袭、趋化等转移相关的运动作用，在体内可抑制肝癌 H22 细胞皮下移植模型小鼠原发性瘤体和转移性瘤结节的生长，抑制肝癌细胞的生长和转移，降低瘤内微血管密度（MVD）、血管内皮生长因子（VEGF）、碱性成纤维细胞生长因子（bFGF）的表达；猫人参总皂苷能明显抑制小鼠肝癌转移灶的形成、促进瘤灶坏死、减少转移[1]；根乙醇提取物连续灌胃 16 周（每天 1 次），可改善胃癌前病变（PLGC）模型大鼠的一般状况，延缓胃癌前病变病理形态的加重，减少胃癌前病变的发生率，抑制胃癌前病变大鼠胃黏膜上皮 B 淋巴细胞瘤 -2（Bcl-2）和 G_1/S- 特异性周期蛋白 -D1（CyclinDl）的表达，提高 Bcl-2 相关 X 蛋白（Bax）、半胱氨酸天冬氨酸蛋白酶 -3（Caspase-3）的表达，抑制磷脂酰肌醇 3 激酶（PI3K）/ 蛋白激酶（Akt）/ 哺乳动物雷帕霉素靶蛋白（mTOR）通路相关蛋白质的表达，促进抗肿瘤基因肝激酶 B1（LKB1）的表达[2]。

【性味与归经】辛，温。

【功能与主治】解毒消肿，祛风止痛。用于深部浓肿、骨髓炎、风湿痹痛、疮疡肿毒，麻风病、白带，以及萎缩性胃炎和消化道肿瘤的治疗。

【用法与用量】30 ～ 60g，可用至 150g。

【药用标准】浙江药材 2000 和上海药材 1994。

【临床参考】1. 痈疖：鲜根 45g，加凌霄根 9g，水煎服。

2. 上呼吸道感染、夏季热、白带：根 30g，水煎服。

3. 麻风病：根 90 ～ 120g，浓煎 4h 以上，顿服。（1 方至 3 方引自《浙江药用植物志》）

【化学参考文献】

［1］Xin H L, Wu Y C, Xu Y F, et al. Four triterpenoids with cytotoxic activity from the leaves of *Actitnidia valvata*［J］. Chin J tural Med，2010，8（4）：260-263.

［2］袁珂，朱建鑫，张耀，等. 猫人参化学成分研究［J］. 中草药，2008，39（4）：505-507.

［3］徐一新，项昭保，陈晓晶，等. 中药猫人参中的抗肿瘤活性成分［J］. 第二军医大学学报，2011，32（7）：749-753.

［4］辛海量. 猫人参化学成分及其品质评价研究［D］. 上海：第二军医大学博士学位论文，2008.

［5］辛海量，徐燕丰，吴迎春，等. 猫人参化学成分的气相色谱 - 质谱联用分析［J］. 时珍国医国药，2009，20（6）：1299-1300.

【药理参考文献】

［1］郑国银. 猫人参总皂苷抑制肝癌生长和转移的实验研究［D］. 上海：第二军医大学硕士学位论文，2008.

［2］王霞. 猫人参醇提取物对胃癌前病变大鼠干预的机制研究［D］. 南京：南京中医药大学博士学位论文，2014.

594. 中华猕猴桃（图 594）· *Actinidia chinensis* Planch.

图 594　中华猕猴桃　　　　　　　　　　摄影　郭增喜等

【别名】羊桃（安徽），藤梨（浙江），孤狸桃（江西吉安），猕猴桃。

【形态】落叶藤本。芽鳞密被褐色绒毛。小枝被灰白色绒毛、褐色长硬毛或锈色硬刺毛，后渐脱落近无毛；髓心白色或淡褐色，片层状。叶片纸质，营养枝上的叶片宽卵圆形或椭圆形，先端短渐尖或骤尖；花枝上的叶片近圆形，长 6 ～ 17cm，宽 7 ～ 15cm，先端钝圆、微凹或平截，基部平截或浅心形，边缘有睫毛状小齿，上面无毛或沿中脉及侧脉疏被毛，背面密被灰白色或淡褐色星状绒毛；叶柄长 3 ～ 12cm，被灰白色或黄褐色毛。聚伞花序有花 1 ～ 3 朵；花白色至橙黄色；花梗长达 1.5cm；萼片常为 5，稀 3 或 7，宽卵形或卵状长圆形，长达 1cm，密被平伏黄褐色绒毛；花瓣常为 5，稀 3 或 7，宽倒卵形，基部有短爪；子房密被绒毛和糙毛。浆果，近球形，卵形或长圆形，长 4 ～ 6cm，被灰褐色绒毛，成熟时渐脱落，具淡褐色斑点；宿存萼片反折。花期 5 ～ 6 月，果期 8 ～ 10 月。

【生境与分布】生于山地林中、灌丛或次生疏林中，垂直分布 200 ～ 2600m。分布于江苏、安徽、浙江及福建，另长江流域以南各省区均有分布。

【药名与部位】猕猴桃根（藤梨根），根及地下茎。猕猴桃，新鲜或干燥成熟果实。

【采集加工】猕猴桃根：全年均可采挖，洗净，趁鲜切厚片，干燥。猕猴桃：秋季采收，除去杂质，干燥。

【药材性状】猕猴桃根：为不规则形的块片，厚 0.5 ～ 1cm。外皮棕褐色或灰棕色，具纵沟及横裂纹。切面皮部棕褐色，可见浅色颗粒状的石细胞群及白色结晶状物，木质部淡棕色，有多数导管孔。地下茎有节片状的髓。质坚硬。气微，味淡、微涩。

猕猴桃：呈近球形、圆柱形、倒卵形或椭圆形，多干瘪皱缩，长 4～6cm。表面黄褐色或绿褐色，被茸毛、长硬毛或刺状长硬毛，有的秃净，具小而多的淡褐色斑点，先端喙不明显，微尖，基部果柄长 1.2～4cm。宿存萼反折；果肉外部绿色，内部黄色。种子细小，长 2.5mm。气微，味酸、甘、微涩。

【药材炮制】猕猴桃根：除去杂质，筛去灰屑。

【化学成分】果实含皂苷类：3β- 乙酰氧基 -12- 烯 -28- 熊果酸（3β-acetyloxyurs-12-en-28-oic acid）、2α，3β- 二羟基 -12- 烯 -28- 熊果酸（2α，3β-dihydroxyurs-12-en-28-oic acid）、2α，3α- 二羟基 -12- 烯 -28- 熊果酸（2α，3α-dihydroxyurs-12-en-28-oic acid）、2α，3α- 二羟基 -12- 烯 -28- 齐墩果酸（2α，3α-dihydroxyolean-12-en-28-oic acid）、齐墩果酸（olean acid）和熊果酸（ursolic acid）[1]；甾体类：胡萝卜苷（daucosterol）和 β- 谷甾醇（β-sitosterol）[1]。

根含皂苷类：熊果酸（ursolic acid）、2α，3β，24- 三羟基 -12- 烯 -28- 熊果酸（2α，3β，24-trihydroxyurs-12-en-28-oic acid）、2α，3β- 二羟基 -12- 烯 -28- 熊果酸（2α，3β-dihydroxyurs-12-en-28-oic acid）、2α，3α，24- 三羟基 -12- 烯 -28 熊果酸（2α，3α，24-trihydroxyurs-12-en-28-oic acid）、2α，3β，23- 三羟基 -12- 烯 -28- 熊果酸（2α，3β，23-trihydroxyurs-12-en-28-oic acid）、2α，3α，23- 三羟基 -12- 烯 -28- 熊果酸（2α，3α，23-trihydroxyurs-12-en-28-oic acid）、2α，3α，19α，24- 四羟基 -12- 烯 -28- 熊果酸（2α，3α，19α，24-tetrahydroxyurs-12-en-28-oic acid）、2α，3α，19α，23，24- 五羟基 -12- 烯 -28- 熊果酸（2α，3α，19α，23，24-pentahydroxyurs-12-en-28-oic acid）、2α，3β，19α，23- 四羟基 -12- 烯 -28- 熊果酸（2α，3β，19α，23-tetrahydroxyurs-12-en-28-oic acid）、2α，3α，19α，24- 四羟基 -12- 烯 -28- 熊果酸 -28-O-β-D- 葡萄糖苷（2α，3α，19α，24-tetrahydroxyurs-12-en-28-oic acid-28-O-β-D-glucopyranoside）、2α，3α，24- 三羟基 -12，20（30）- 二烯 -28- 熊果酸（2α，3α，24-trihydroxyurs-12，20（30）-dien-28-oic acid）、2α，3β- 二羟基 -12- 烯 -28- 齐墩果酸（2α，3β-dihydroxyolean-12-en-28-oic acid）、2α，3α，24- 三羟基 -12- 烯 -28- 齐墩果酸（2α，3α，24-trihydroxyolean-12-en-28-oic acid）、12α- 氯代 -2α，3β，13β，23- 五羟基 -28 齐墩果酸 -13- 内酯（12α-chloro-2α，3β，13β，23-tetrahydroxyolean-28-oic acid-13-lactone）[2]，3β，23- 二羟基 -12- 烯 -28- 熊果酸（3β，23-hydroxyurs-12-en-28-oic acid）、3β，24- 二羟基 -12- 烯 -28- 熊果酸（3β，24-hydroxyurs-12-en-28-oic acid）、2α，3α，23，24- 四羟基 -12- 烯 -28- 熊果酸（2α，3α，23，24-tetrahydroxyurs-12-en-28-oic acid）[3]，2α- 羟基齐墩果酸（2α-hydroxyoleanolic acid）、2α- 羟基熊果酸（2α-hydroxyursolic acid）、蔷薇酸（euscaphic acid）、23- 羟基熊果酸（23-hydroxyursolic acid）、3β-O- 乙酰熊果酸（3β-O-acetylursolic acid）[4,5]，3- 表科罗索酸（3-epicorosolic acid）、3β- 羟基 -12，18 二烯 -28- 熊果酸（3β-hydroxyurs-12，18-dien-28-oic acid）、2α，3α，23- 三羟基 -12，20（30）- 二烯 -28- 熊果酸［2α，3α，23-trihydroxyurs-12，20（30）-dien-28-oic acid］、2α，3β- 二羟基熊果 -12- 烯 -28，30- 内酯（2α，3β-dihydroxyurs-12-en-28，30-olide）、2α，3β，24- 三羟基熊果 -12- 烯 -28，30- 内酯（2α，3β，24-trihydroxyurs-12-en-28，30-olide）、齐墩果酸（olean acid）[6]、2α，3β，19α，23- 四羟基熊果 -12- 烯 -28-O-β-D- 吡喃葡萄糖苷（2α，3β，19α，23-tetrahydroxyurs-12-en-28-O-β-D-glucopyranoside）和 2β，3β，23α- 三羟基齐墩果 -12- 烯 -28- 酸（2β，3β，23α-trihydroxyolean-12-en-28-oic acid）等[7]；黄酮类：阿福豆素（afzelechin）、表阿福豆素（epiafzelechin）、儿茶素（catechin）、表儿茶素（epicatechin）、槲皮素 -3-α-L- 鼠李糖苷（quercetin-3-α-L-rhamnoside）、槲皮素 -β-D- 葡萄糖苷（quercitrin-β-D-glucoside）、芦丁（rutin）[8] 和 4，4′- 二羟基二氢查耳酮 -2′-O-β-D- 吡喃葡萄苷（4，4′-dihydroxyl dihydrochalcone-2′-O-β-D-glucopyranoside）[2]；蒽醌类：大黄素（emodin）、ω- 羟基大黄素（ω-hydroxyemodin）、大黄素甲醚（physcion）、大黄素 -8- 甲醚（emodin-8-methyl ether）、大黄酸（rhein）和大黄素 -8-β-D- 吡喃葡萄糖苷（emodin-8-β-D-glucopyranoside）[9]；核苷类：尿嘧啶（uracil）和腺嘌呤（adenine）[6]；含氮苷类：猕猴桃脑苷脂 A、B（actinidin A、B）[10]；酚类：猕猴桃酚 *A、B、C、D（planchol A、B、C、D）[8]。

【药理作用】1. 抗氧化　根脱脂后残渣经沸水提、脱色、脱蛋白质、反复纯化后得到的两个多糖 ACPS1 和 ACPS2，对 1，1- 二苯基 -2- 三硝基苯肼自由基（DPPH）有较强的清除作用；ACPS1 和 ACPS2

对过氧化氢诱导的人肾上皮 HEK-293 细胞的氧化损伤也具有一定的保护作用[1]。2. 免疫调节　从根提取的两个多糖 ACPS1 和 ACPS2 能增强巨噬细胞 RAW264.7 的吞噬能力，刺激巨噬细胞释放一氧化氮[1]。3. 抗肿瘤　根水煎液对人胃癌 BGC-823 细胞的生长、增殖均有较好的抑制作用，且有一定的浓度依赖性，并促进增加半胱天冬酶 -3（Caspase-3）活性片段蛋白的表达水平[2]；根乙酸乙酯提取物可抑制结肠癌 SW480 细胞的增殖，促进抑癌基因（*p53*）、细胞周期蛋白依靠性激酶抑制剂（p21）基因蛋白表达的增加，抑制 G_1/S- 特异性周期蛋白 -D1（CyclinD1）基因表达，从而使结肠癌 SW480 细胞周期停滞在 DNA 合成前期（G_1 期），阻滞肿瘤细胞的增殖，诱导肿瘤细胞的凋亡[3]。4. 护肝　根乙醇提取物浓缩液经石油醚、氯仿、乙酸乙酯、正丁醇等提取过程后，经多次纯化去蛋白质得到的中华猕猴桃根多糖（ACPS）能显著降低由四氯化碳诱导急性肝损伤小鼠血清中的谷丙转氨酶（ALT）和天冬氨酸氨基转移酶（AST）含量；多糖提取物可减轻小鼠肝细胞受损，使肝形态结构清晰，未见明显坏死和炎性浸润细胞[4]。

【性味与归经】猕猴桃根：苦、涩、凉。猕猴桃：酸、甘、寒。归胃、肝、肾经。

【功能与主治】猕猴桃根：清热解毒，活血散结，祛风利湿。用于风湿性关节炎，淋巴结结核，跌扑损伤，痈疖，高血压，胃癌。猕猴桃：清热解热，止渴，健胃，通淋。用于烦热，消渴，消化不良，湿热黄疸，石淋，痔疮。

【用法与用量】猕猴桃根：15 ～ 60g。猕猴桃：30 ～ 60g。

【药用标准】猕猴桃根：药典 1977、浙江炮规 2015、上海药材 1994、湖南药材 2009、贵州药材 2003、湖北药材 2009 和江苏药材 1989 增补；猕猴桃：贵州药材 2003 和贵州药品 1994。

【临床参考】1. 高脂血症：鲜果实去皮、压榨、过滤，加适量单糖浆，按 1 ∶ 1 加蒸馏水配制成中华猕猴桃糖浆，每次 30ml，每日 3 次，3 个月 1 疗程[1]。

2. 颈淋巴结结核：根 30g，加海藻、黄药子、夏枯草各 9g，水煎服。

3. 急性肝炎：根 60 ～ 90g，红枣 12 枚，水煎代茶。

4. 消化不良、呕吐：根 15 ～ 30g，水煎服。

5. 乳汁不下：根 30 ～ 60g，水煎冲红糖、黄酒服。

6. 疖肿：根 30 ～ 60g，水煎服，另用鲜根白皮捣烂外敷。

7. 跌打损伤：根 30 ～ 60g，水煎服，另用鲜根白皮加酒糟或白酒捣烂，烘热，外敷伤处。（2 方至 7 方引自《浙江药用植物志》）

【附注】始载于《开宝本草》，谓："生山谷，藤生著树，叶圆有毛，其果形似鸭鹅卵大，其皮褐色，经霜始甘美可食。"《本草衍义》云："猕猴桃，今永兴军南山甚多，食之解实热，过多则令人脏寒泄，十月烂熟，色淡绿，生则极酸，子繁细，其色如芥子，枝条柔弱，高二三丈，多附木而生，浅山傍道则有存者，深山则多为猴所食。"《植物名实图考》载："李时珍解羊桃云，叶大如掌，上绿下白，有毛，似苎麻而团。"和"枝条有液，亦极黏。"此正是本种之特征。

猕猴桃脾胃虚寒者慎服。猕猴桃根孕妇慎服。

硬毛猕猴桃 *Actinidia chinensis* Planch.var.*hispida* C.F.Liang 的根在湖北作藤梨根药用。

【化学参考文献】

［1］马凤爱，吴德玲，许凤清，等 . 中华猕猴桃果实化学成分的研究［J］. 中成药，2016，38（3）：591-593.

［2］Yi X X，Zhao B X，Yong S J，et al. Two new triterpenoids from the roots of *Actinidia chinensis*［J］. Fitoterapia，2010，81：920-924.

［3］陈希慧，蔡民庭，覃益民，等 . 中华猕猴桃根的化学成分研究［J］. 合成化学，1997，5（A10）：394.

［4］崔莹，张雪梅，陈纪军，等 . 中华猕猴桃根的化学成分研究［J］. 中国中药杂志，2007，32（16）：1663-1665.

［5］Zhu W J，Yu D H，Zhao M，et al. Antiangiogenic triterpenes isolated from Chinese herbal medicine *Actinidia chinensis* Planch［J］. Anti-cancer agents in med chem，2013，13（2）：195-198.

［6］周雪峰 . 冷水七、中华猕猴桃根的物质基础研究［D］. 武汉：华中科技大学博士学位论文，2008.

［7］杨帆 . 藤梨根中化学成分的研究［D］. 成都：西南交通大学硕士学位论文，2007.

[8] Chang J，Case R. Cytotoxic phenolic constituents from the root of *Actinidia chinensis* [J]. Planta Med，2005，71（10）：955-959.

【药理参考文献】

[1] 张琳.中华猕猴桃根化学成分及其生物活性研究[D].咸阳：西北农林科技大学硕士学位论文，2015.

[2] 饶敏，吴宁，李红梅，等.野生猕猴桃根水煎液对人胃癌细胞的抑制作用及机制[J].山东医药，2012，52（1）：37-38.

[3] 杨晓丹，郑振东，韩涛，等.中华猕猴桃根乙酸乙酯部分抑制结肠癌 SW480 细胞增殖作用[J].临床军医杂志，2016，44（1）：55-59.

[4] 周雪峰.冷水七、中华猕猴桃根的物质基础研究[D].武汉：华中科技大学博士学位论文，2008.

【临床参考文献】

[1] 何素琴.中华猕猴桃糖浆治疗高脂血症 40 例[J].实用中医药杂志，2008，24（3）：152.

595. 阔叶猕猴桃（图 595）· *Actinidia latifolia*（Gardn.et Champ.）Merr.

图 595　阔叶猕猴桃　　　　　　　　　　　　　　　摄影　邱燕连等

【别名】多花猕猴桃（浙江）。

【形态】落叶藤本。幼枝被黄褐色绒毛，后渐脱落无毛；髓心白色，片层状或实心，后变中空。叶片坚纸质，宽卵形、近圆形或长卵形，长 8～14cm，宽 5～10cm，先端短尖或渐尖，基部圆形或微心形，上面无毛，背面密被星状绒毛；叶柄长 3～7cm，近无毛。花序为 3～4 歧聚伞花序，具多花，花径 1.4～1.6cm；花序梗长 2.5～8.5cm，无毛；花梗长 0.5～1.5cm，果时延长；被绒毛；萼片 5 枚，瓢状卵形，开花时对折，被暗黄色绒毛；花瓣 5～8 枚，长圆形或倒卵状长圆形，长 0.6～0.8cm，上部及边缘白色，下部中间橙色；子房密被暗黄色绒毛。浆果，圆柱形或卵状圆柱形，成熟时暗绿色，长 3～3.5cm，径 2～2.5cm，具斑点，无毛或两端疏被绒毛。花期 5～6 月，果期 10～11 月。

【生境与分布】生于山地灌丛、沟谷或疏林中，垂直分布可达 450～800m。分布于安徽、浙江、福建及江西，另台湾、湖北、湖南、四川、云南、贵州、广西、广东等省区均有分布。

【药名与部位】高维果汁，果实。

【化学成分】根含皂苷类：2β, 3β, 23- 三羟基 -12- 烯 -28- 熊果酸（2β, 3β, 23-trihydroxyurs-12-en-28-oic-acid）和 2β, 3α, 24- 三羟基 -12- 烯 -28- 熊果酸（2β, 3α, 24-trihydroxyurs-12-en-28-oic-acid）[1]；脂肪酸及酯类：十八烷酸（octadecanoic acid）、油酸（oleic acid）、（Z, Z）-9, 12- 十八碳二烯酸 [（Z, Z）-9, 12-octadecadienoic acid]、3- 甲基己酸（3-methyl hexanoic acid）、十六烷酸乙酯（ethyl hexadecanoate）和十八烷酸乙酯（ethyl octadecanoate）[1]；酚酸类：邻苯二甲酸二丁酯（dibutyl phthalate）[1]。

【药理作用】抗氧化　根乙醇提取物的总浸膏及不同极性溶剂提取物能清除 1, 1- 二苯基 -2- 三硝基苯肼自由基（DPPH），将铁氰化钾还原转化成亚铁氰化钾（黄血盐），其总浸膏、各极性溶剂提取物的自由基清除作用和总还原力作用的排序均为氯仿相＞总浸膏＞乙酸乙酯相＞正丁醇相＞石油醚相＞水相，其中氯仿相和总浸膏对自由基的清除作用优于阳性对照 2, 6- 二叔丁基 -4- 甲基苯酚（BHT），但各提取物的总还原力均不及 2, 6- 二叔丁基 -4- 甲基苯酚[1]。

【药用标准】江苏苏药管注（2000）429 号文所附标准。

【化学参考文献】

[1]崔亚飞 . 阔叶猕猴桃根部、卤蕨根部的抗氧化活性与化学成分的研究［D］. 南宁：广西师范学院硕士学位论文，2012.

【药理参考文献】

[1]崔亚飞 . 阔叶猕猴桃根部、卤蕨根部的抗氧化活性与化学成分的研究［D］. 南宁：广西师范学院硕士学位论文，2012.

596. 毛花猕猴桃（图 596）• Actinidia eriantha Benth.

【别名】毛冬瓜（通称），毛杨桃（浙江），紫花杨桃（江西）。

【形态】落叶藤本。小枝、叶柄、花序及萼片均密被乳白色或淡黄色柔毛。髓心白色，片层状。叶片厚纸质，卵形或宽卵形，长 8～16cm，宽 6～11cm，先端短尖或短渐尖，基部圆形、平截或浅心形，边缘有硬尖小齿，上面幼时被糙伏毛，后渐脱落，仅中脉和侧脉疏被毛，背面密被乳白色或淡黄色星状绒毛；叶柄长 1.5～3cm，被毛。聚伞花序有 1～3 花，花径 2～3cm；花序梗长 0.5～1cm；花梗长 0.3～0.5mm；萼片 2～3 枚，瓢状宽卵形，长约 0.9cm，密被绒毛；花瓣 5，倒卵形，长约 1.4cm，先端及边缘橙黄色，中部及基部粉红色；子房密被白色绒毛。浆果，柱状卵圆形，长 3.5～4.5cm，径 2.5～3cm，密被灰白色绒毛；宿存萼片反折。花期 5～6 月，果期 10～11 月。

【生境与分布】生于山地灌丛、疏林下或沟谷，垂直分布可达 250～1000m。分布于安徽南部、浙江、福建、江西，另湖北、西部、湖南、广东、广西东北部及贵州等省区均有分布。

【药名与部位】白山毛桃根，根。

【采集加工】秋季采挖，除去杂质，洗净，干燥。

【药材性状】直径 0.5～7cm。表面红棕色至紫褐色，凹凸不平，有纵向沟纹。切面浅棕色，导管孔明显，皮部与木质部交界处可见白色结晶状物。质轻而韧，不易折断，断面柴性。气微，味微涩。

【药材炮制】除去杂质，洗净，润软，切厚片，干燥。

【化学成分】根含皂苷类：2β, 3β- 二羟基 -23- 氧化 -12- 烯 -28- 熊果酸（2β, 3β-dihydroxy-23-oxours-12-en-28-oic acid）、2α, 3β, 23- 三羟基 -12- 烯 - 熊果酸（2α, 3β, 23-trihydroxyurs-12-en-28-oic acid）、2α, 3β- 二羟基 -12- 烯 -28- 熊果酸（2α, 3β-dihydroxyurs-12-en-28-oic acid）[1]，熊果酸（ursolic acid）、

图 596　毛花猕猴桃　　　　　　　摄影　张芬耀

2α, 3α, 24- 三羟基 -12 烯 -28- 熊果酸（2α, 3α, 24-trihydroxyurs-12-en-28-oic acid）、毛花猕猴桃酸 A、B（eriantic acid A、B）[2]，2β, 3β- 二羟基 -23- 氧代 -12- 烯 -28- 熊果酸（2β, 3β-dihydroxy-23-oxours-12-en-28-oic acid）和 2α, 3α- 二羟基 -23- 甲氧基 -12- 烯 -28- 熊果酸（2α, 3α-dihydroxy-23-methoxyurs-12-en-28-oic acid）[3]；甾体类：β- 谷甾醇（β-sitosterol）和胡萝卜苷（dancosterol）[1]。

地上部分含皂苷类：熊果酸（ursolic acid）、2α, 3α, 24- 三羟基 -12- 烯 -28- 熊果酸（2α, 3α, 24-trihydroxyurs-12-en-28-oic acid）和 2α, 3β, 24- 三羟基 -12- 烯 -28- 熊果酸（2α, 3β, 24-trihydroxyurs-12-en-28-oic acid）[4]；甾体类：β- 谷甾醇（β-sitosterol）和胡萝卜苷（dancosterol）[4]。

【药理作用】1. 抗肿瘤　甲醇提取物的氯仿部位和乙酸乙酯部位对肝癌 SMMC-7721 细胞的生长有抑制作用[1]；根水提物可通过诱导细胞凋亡来抑制人红白血病 K562 细胞的增殖，且呈时间和浓度依赖性[2]；根水提物经乙醇沉淀、渗透和凝胶过滤分离得到的总多糖（AEP）及纯化的 4 种多糖化合物 AEPA、AEPB、AEPC、AEPD 可抑制移植荷瘤模型小鼠的肿瘤生长[3]。2. 免疫调节　根提取的总多糖及 4 种多糖化合物 AEPA、AEPB、AEPC、AEPD 可明显促进小鼠腹水瘤 S180 细胞、小鼠肝癌 H22 细胞荷瘤小鼠的脾细胞增殖，提高脾细胞中白细胞介素 -2（IL-2）和干扰素 -γ（IFN-γ）的水平，增强自然杀伤细胞（NK）和细胞毒素 T 淋巴细胞（CTL）的活性，提高免疫球蛋白 IgG、IgG2a、IgG2b 的水平[3]。

【性味与归经】淡，微辛，寒。归肝、大肠、胃经。

【功能与主治】清热解毒，利湿消肿。用于热毒痈肿，乳痈，臌胀，风湿痹痛，跌打损伤。

【用法与用量】30 ~ 60g；外用适量捣敷。

【药用标准】浙江炮规 2015。

【临床参考】子宫体腺癌术后阴道出血：根 250g，加瘦猪肉 200g，炖汤服，每日 1 次[1]。

【化学参考文献】

［1］白素平，黄初升. 毛花猕猴桃三萜化学成分的研究［J］. 天然产物研究与开发，1997，9（1）：15-18.

［2］黄初升，张壮鑫，李干孙，等. 毛花猕猴桃中的两个新三萜化合物［J］. 植物分类与资源学报，1988，10（1）：95-102.

［3］郭辉辉. 毛花猕猴桃氯仿层单体化合物分离及其抗肿瘤活性机制研究［D］. 杭州：浙江理工大学硕士学位论文，2013.

［4］白素平，黄初升. 毛花猕猴桃地上部分化学成分的研究［J］. 中草药，1997，28（2）：69-72.

【药理参考文献】

［1］王晓明，杨祖立，施意，等. 毛冬瓜对肝癌细胞株 SMMC-7721 的抑制作用［J］. 浙江理工大学学报，2011，28（4）：606-610.

［2］王水英，程晓东. 白山毛桃根提取物对人红白血病 K562 细胞作用研究［J］. 疑难病杂志，2013，12（5）：368-370.

［3］Xu H S，Wu Y W，Xu S F，et al. Antitumor and immunomodulatory activity of polysaccharides from the roots of *Actinidia eriantha*［J］. Journal of Ethnopharmacology，2009，125：310-317.

【临床参考文献】

［1］罗汉中. 毛花猕猴桃根治疗子宫体腺癌术后阴道出血一例［J］. 福建中医药，1985，（1）：58.

七〇 山茶科 Theaceae

常绿或半常绿，乔木或灌木。叶革质，互生，羽状脉，全缘或有锯齿；有叶柄，无托叶。花两性，稀单性雌雄异株，单生或簇生。苞片 2 至多数；萼片 5 至多数，脱落或宿存，有时向花瓣过渡；花瓣 5 至多数，基部常联合，白色、红色或黄色；雄蕊多数，多轮排列，稀 5 枚、10 枚或 15 枚，花丝分离或基部联合成束，常与花瓣合生，花药 2 室，背部或基部着生，纵裂；子房上位，稀半下位，2～10 室；每室 2 至多数胚珠；中轴胎座；花柱分离或联合，柱头与心皮同数。蒴果、核果或浆果状。种子球形或不规则多角形，有时扁平具翅。

36 属，700 余种，广布于热带和亚热带地区。中国 15 属，500 余种，分布于长江以南各省区，法定药用植物 2 属，8 种 1 变种。华东地区法定药用植物 1 属，3 种。

山茶科法定药用植物科特征成分鲜有报道。山茶属含皂苷类、黄酮类、酚酸类等成分。皂苷类苷元多为齐墩果烷型，如山茶皂苷元 B、D（camelliagenin B、D）、山茶皂苷 I（camellidin I）等；黄酮类包括黄酮、黄酮醇等，如芹菜素（apigenin）、槲皮素（quercetin）等；酚酸类多为鞣质，如 L- 表没食子儿茶素（L-epigallocatechin）、没食子儿茶素（gallocatechin）、L- 表儿茶素（L-epicatechin）、没食子酸（gallic acid）等。

1. 山茶属 *Camellia* Linn.

常绿灌木、乔木或小乔木。叶革质，边缘有锯齿，稀基部抱茎；花两性，单生或数朵簇生于叶腋；花梗短；苞片 2～6 枚或更多；萼片 5～6 枚，分离或基部联合，脱落或宿存；花瓣 5～14 枚，白色、红色或黄色，基部稍联合；雄蕊多数，2～6 轮排列，外轮花丝下部常连成短筒，背着或基着；子房上位，3～5 室，花柱分离或联合，每室 2～5 粒胚珠。蒴果 2～5 片裂，果片木质，具中轴，常脱落，或 1 室发育而无中轴。种子大，球形或半球形，种皮角质，胚乳丰富。

约 28 种，主要分布于东亚热带地区，少数产亚洲热带地区。中国 240 种，分布于东南至西南部，法定药用植物 7 种 1 变种。华东地区法定药用植物 3 种。

分种检索表

1. 幼枝光滑无毛；花红色···山茶 *C.japonica*
1. 幼枝被毛；花白色。
　2. 叶片革质；叶柄被粗毛；花无梗或近无梗··油茶 *C.oleifera*
　2. 叶片薄革质；叶柄无毛；花有明显花梗···茶 *C.sinensis*

597. 山茶（图 597）• *Camellia japonica* Linn.

【别名】红山茶、红花茶、海棠花（浙江），耐冬（山东）。

【形态】乔木、小乔木或灌木状，高 1.5～13m。幼枝光滑无毛。叶革质，椭圆形，长 5～10cm，先端渐尖或骤急尖，基部宽楔形，两面无毛，侧脉 7～8 对，边缘有钝齿；叶柄长达 1.5cm。花单朵顶生或叶腋，红色；花无柄。苞片和萼片均为 10 枚，半圆形或圆形，长达 2cm，被绢毛，后渐脱落；花瓣 6～7 枚，外侧 2 枚近圆形，离生，被毛，内侧花瓣倒卵形，长达 4.5cm，基部联合，无毛；雄蕊 3 轮，长达 3cm，外轮联合花丝筒长 1.5cm；子房无毛，花柱长约 2.5cm，顶端 3 裂。蒴果，球形，直径 3～5cm，3 片裂，

图 597 山茶   摄影 郭增喜等

每室种子 1 ～ 2 粒。花期 12 月至翌年 3 月。

【生境与分布】生于山坡疏林中或溪边林下，垂直分布 300 ～ 1100m 地带。浙江、山东、江苏、安徽等省区有分布和栽培，另湖北、台湾、广东及云南有分布和栽培。

【药名与部位】山茶花，花。

【采集加工】3 ～ 4 月花初开时采摘，晒干或低温烘干。

【药材性状】卷缩成不规则球形或块状，长 2 ～ 3.8cm，宽 1.5 ～ 3.5cm。黄棕色或黄褐色。花萼 5 片至多数，覆瓦状排列，表面密布灰白色的细绒毛，有的不带花萼；花瓣 5 ～ 6 枚，基部合生，上端卷缩，展平后呈倒卵形，先端微凹，具细脉纹；雄蕊多数，2 轮，外轮花丝联合，并贴生于花瓣基部，常不带子房；无柄。体轻，质脆。气微香，味甘淡。

【质量要求】色红，含苞未开，不霉不蛀。

【药材炮制】除去杂质及茎叶，筛去灰屑。

【化学成分】叶含黄酮类：槲皮素（quercetin）、（－）- 表儿茶素［（－）-epicatechin］和特利马素（tellimagrandin）[1]；多酚酸类：木麻黄素（casuariin）、小木麻黄素（strictinin）、1, 2, 3, 4, 6- 五 -O- 没食子酰基 -β-D- 葡萄糖（1, 2, 3, 4, 6-penta-O-galloyl-β-D-glucose）、花梗鞣素或英国栎精（pedunculagin）、榛子素 A（heterophylliin A）和山茶鞣质 A、B、C（camelliatannin A、B、C）[1]。

【药理作用】1. 降血糖　花甲醇提取物的丁醇组分对经口给予葡糖糖的雄性大鼠血糖的升高有明显的抑制作用[1]。2. 保护胃黏膜　花甲醇提取物的丁醇组分对乙醇诱导的大鼠胃黏膜损伤有显著的保护作用[1]；果实乙醇提取物对盐酸 / 乙醇诱导的小鼠胃黏膜损伤有明显的保护作用[2]。3. 抗氧化　花乙醇提取物中的有效成分（ECJ）可减轻双侧颈总动脉结扎法脑缺血再灌注模型小鼠的脑损伤，改善学习记忆能力，降低髓过氧化物酶（MPO）含量[3]；花乙醇提取物的有效成分预处理后可明显减少小鼠大脑中动脉栓塞（MCAO）模型的脑梗死面积并可明显降低血清中乳酸脱氢酶（LDH）、丙二醛（MDA）的含量[4]；叶乙醇提取物在体内可降外人角膜上皮（HCE）细胞的凋亡，并显著改善过氧化物氧化还原酶（PRX）1、4、5 以及锰依赖的过氧化物歧化酶（MnSOD）的作用[5]；花瓣 95% 乙醇提取物的乙酸乙酯和正丁醇萃取物具有良好的体外抗氧化作用，可明显清除 1, 1- 二苯基 -2- 三硝基苯肼自由基（DPPH）[6]。4. 抗炎 乙醇提取物在眼部局部滴注可显著降低实验性干眼模型小鼠的大多数抗炎细胞因子如肿瘤坏死因子 -α（TNF-α）、白细胞介素 -1β（IL-1β）、白细胞介素 -6（IL-6）、趋化因子、干扰素诱导蛋白 -10（IP-10）、膜结合免疫球蛋白（MLG）和细胞内活性氧簇（ROS）的含量[5]。5. 降血脂 花瓣 95% 乙醇提取物的乙酸乙酯和正丁醇萃取物在体外模拟人体胃消化环境下，具有较好的降血脂作用，可明显结合牛黄胆酸盐、甘氨胆酸钠和胆酸钠[6]。

【性味与归经】苦、微辛，寒。

【功能与主治】凉血止血，散瘀消肿。用于吐血、衄血，血崩，肠风血痢，跌打损伤，烫火伤。

【用法与用量】5 ～ 10g；外用适量，研末，麻油调敷。

【药用标准】江苏药材 1989 和上海药材 1994。

【临床参考】1. 细菌性痢疾：花 6g，加铁苋菜 20g、地锦草 30g，水煎服，每日 1 剂[1]。

2. 哺乳妇女乳头皲裂：花适量，焙干，研极细末，麻油适量，调涂患处，每日 3 ～ 5 次[1]。

3. 小面积烫火伤：花适量，烘干，研细末，麻油调涂伤处，每日 3 ～ 5 次[1]。

4. 吐血、鼻出血、肠风下血：花 6 ～ 9g，加炒山栀、侧柏叶、生地各 6 ～ 9g，水煎服，每日 1 剂。

5. 外伤出血：花焙干，研粉外敷。（4 方、5 方引自《浙江药用植物志》）

【附注】山茶之名始载于《本草纲目》，谓："山茶产南方。树生，高者丈许，枝干交加，叶颇似茶叶而厚硬，有棱，中阔头尖，面绿背淡，深冬开花，红瓣黄蕊。"并有附图。《本草纲目拾遗》云："云溪方以落地花仰者为贵，山茶多种，以千叶大红者为胜，入药。"卷七花部在宝珠山茶中又引《百草镜》云："山茶多种，唯宝珠入药，其花大红四瓣，大瓣之中，又生碎瓣极多。"，对照《植物名实图考》附图，似为本种。

中焦虚寒而无瘀者慎用。

本种的根、叶及种子民间也药用。

滇山茶 Camellia reticulata Lindl. 的花在上海作山茶花药用；怒江红山茶 Camellia saluenensis Stapf 的花及花蕾在云南作红山茶花药用。

【化学参考文献】

［1］金哲雄，曲中原. 山茶叶化学成分研究（Ⅰ）［J］. 中草药，2010，41（7）：1068-1072.

【药理参考文献】

［1］松田久司. 山茶花的药理作用［J］. 国际中医中药杂志，2002，24（5）：316.

［2］Akanda M R，Park B Y. Involvement of MAPK/NF-κB signal transduction pathways：Camellia japonica mitigates inflammation and gastric ulcer［J］. Biomedicine & Pharmacotherapy，2017，95：1139-1146.

［3］尹明华，洪森荣. 缺血再灌注对小鼠学习记忆的损伤及山茶花提取物的保护作用［J］. 中国康复医学杂志，2008，23（3）：245-247.

［4］卢炜卓，文继月，陈攻，等. 山茶花提取物预处理对小鼠脑缺血损伤的影响［J］. 铜陵职业技术学院学报，2013，12（1）：27-28.

［5］Lee H S，Choi J H，Cui L，et al. Anti-inflammatory and antioxidative effects of Camellia japonica on human corneal epithelial cells and experimental dry eye：in vivo and in vitro study［J］. Invest Ophthalmol Vis Sci，2017，58（2）：1196-1207.

［6］高瑜珑. 山茶花降血脂、抗氧化功能及有效成分分析［D］. 金华：浙江师范大学硕士学位论文，2016.

【临床参考文献】

［1］刘光泉.山茶花药用小方［N］.民族医药报，2006-11-24（2）.

598. 油茶（图 598）• *Camellia oleifera* Abel

图 598　油茶

摄影　张芬耀等

【别名】桃茶（福建），小叶油茶。

【形态】小乔木或灌木，高 2～8m。树皮灰黄褐色；幼枝被粗毛。叶片革质，椭圆形或倒卵形，长 3～10cm，宽 2～4.5cm，先端钝尖，基部楔形，两面中脉被柔毛，侧脉 5～6 对，边缘有细齿，叶柄有粗毛。花 1～2 朵顶生或腋生，白色，直径 6～9cm；花无梗或近无梗。苞片与萼片均为 8～10 枚，分化不明显，革质，宽卵形，长达 1.2cm，外则被绢毛，边缘有睫毛，花后脱落；花瓣 5～7 枚，倒卵形，长 2.5～4cm，先端凹缺或 2 浅裂，外侧被丝状毛；雄蕊长 1～1.5cm；子房被毛，3～5 室，花柱长约 1cm，顶端 3 裂。蒴果，圆球形，直径达 5cm，通常 3 室，每室 1～2 粒种子。花期 10～12 月，果期翌年 9～11 月。

【生境与分布】生于山地林中，垂直分布可达 2000m。浙江、江苏、安徽、福建、江西等省有分布或栽培，另陕西、河南、广东、广西、湖南、湖北、云南、贵州及四川等省区均有分布和栽培。

【药名与部位】茶油，成熟种子压榨而得的脂肪油。

【药材性状】为淡黄色的澄清液体。

【化学成分】根含皂苷类：22α-*O*- 当归酰基玉蕊醇 A₁（22α-*O*-angeloyl barrigenol A₁）、21β，22α-*O*- 二当归酰基玉蕊醇 R₁（21β，22α-*O*-diangeloyl barrigenol R₁）、21β，22α-*O*- 二当归酰基玉蕊皂苷元 C（21β，22α-*O*-diangeloyl barringtogenol C）[1]，21β，22α-*O*- 二当归酰基山茶皂苷元 E（21β，22α-*O*-diangeloyl theasapogenol E)、21β-O- 当归酰基 -22α-O-（2- 甲基丁酰基）山茶皂苷元 E［21β-O-angeloyl-22α-O-（2-methylbutyryl）theasapogenol E］、21β-O- 当归酰基 -22-α-（2- 甲基丁酰基）-R₁- 玉蕊醇［21β-O-angeloyl-22α-O-（2-methylbutyryl）-R₁-barrigenol］、油茶根素 I、II、III、IV（oleiferaol I、II、III、IV）、21β-O- 当归酰基 -22α-O-（2- 甲基丁酰基）玉蕊皂苷元 C［21β-O-angeloyl-22α-O-（2-methylbutyryl）barringtogenol C］、油茶皂苷 I、II、III、IV、V（oleiferaol saponin I、II、III、IV、V）[2]，油茶苷 *A、B、C、D、F、E、G、H（oleiferoside A、B、C、D、F、E、G、H）[3]，油茶苷 *U、V（oleiferoside U、V）[4] 和油茶苷 *O、N（oleiferoside O、N）[5]；酚酸类：邻苯二甲酸二丁酯（dibutyl phthalate）、间羟基苯甲酸（m-hydroxybenzoic acid）、原儿茶酸（protocatechuic acid）和对羟基苯甲酸（p-hydroxybenzoic acid）[1]；甾体类：β- 谷甾醇（β-sitosterol）和胡萝卜苷（daucosterol）[1]；脂肪酸类：正十五烷酸（n-pentadecanoic acid）[1]。

茎含皂苷类：白桦脂酸（betulinic acid）、齐墩果酸（oleanolic acid）、3-O-β-D- 吡喃葡萄糖（1→2）［β-D- 吡喃葡萄糖（1→2）-β-D- 吡喃木糖（1→3）］-β-D- 吡喃葡萄糖醛酸 -15α, 16α, 28- 三羟基 -22α- 当归酰氧基齐墩果 -12- 烯 {3-O-β-D-glucopyranosyl-（1→2）［β-D-glucopyranosyl（1→2）-β-D-xylopyranosyl（1→3）］-β-D-glucuronopyranosyl-22α-angeloyloxyolean-12-ene-15α, 16α, 28-triol}、3-O-β-D- 吡喃半乳糖（1→2）-β-D- 吡喃葡萄糖（1→2）-β-D- 吡喃木糖（1→3）-β-D- 葡萄糖醛酸 -15α, 16α, 28- 三羟基 -22α- 当归酰氧基齐墩果 -12- 烯［3-O-β-D-galactopyranosyl-（1→2）-β-D-glucopyranosyl-（1→2）-β-D-xylopyranosyl-（1→3）-β-D-glucuronopyranosyl-22α-angeloyloxyolean-12-ene-15α, 16α, 28-triol］、3-O-β-D- 吡喃葡萄糖（1→2）-β-D- 吡喃木糖（1→2）-α-L- 吡喃阿拉伯糖（1→3）-β-D- 吡喃葡萄糖醛酸 -15α, 16α, 28- 三羟基 -22α- 当归酰氧基齐墩果 -12- 烯［3-O-β-D-glucopyranosyl-（1→2）-β-D-xylopyranosyl-（1→2）-α-L-arabinopyranosyl（1→3）-β-D-glucuronopyranosyl-22α-angeloyloxyolean-12-ene-15α, 16α, 28-triol］、3-O-β-D- 吡喃半乳糖（1→2）-β-D- 吡喃木糖（1→2）-α-L- 吡喃阿拉伯糖（1→3）-β-D- 吡喃葡萄糖醛酸 -15α, 16α, 28- 三羟基 -22α- 当归酰氧基齐墩果 -12- 烯［3-O-β-D-galactopyranosyl-（1→2）-β-D-xylopyranosyl-（1→2）-α-L-arabinopyranosyl-（1→3）-β-D-glucuronopyranosyl-22α-angeloyloxyolean-12-ene-15α, 16α, 28-triol］、3-O-β-D- 吡喃半乳糖（1→2）［β-D- 吡喃木糖（1→2）-β-D- 吡喃半乳糖（1→3）］-β-D- 吡喃葡萄糖醛酸 -16α, 28- 二羟基 -22α- 巴豆酰氧基齐墩果 -12- 烯 -23- 醛 {3-O-β-D-galactopyranosyl-（1→2）［β-D-xylopyranosyl（1→2）-β-D-galactopyranosyl-（1→3）］-β-D-glucuronopyranosyl-22α-tigloyloxyolean-12-ene-23-aldehyde-16α, 28-diol}、3-O-β-D- 吡喃半乳糖（1→2)-β-D- 吡喃木糖（1→2）-β-D- 吡喃半乳糖（1→3）-β-D- 吡喃葡萄糖醛酸 -16α, 28- 二羟基 -22α- 当归酰氧基齐墩果 -12- 烯 -23- 醛［3-O-β-D-galactopyranosyl-（1→2）-β-D-xylopyranosyl（1→2）-β-D-galactopyranosyl（1→3）-β-D-glucuronopyranosyl-22α-angeloyloxyolean-12-ene-23-aldehyde-16α, 28-diol］、3-O-β-D- 吡喃半乳糖（1→2）-β-D- 吡喃木糖（1→2）-β-D- 吡喃半乳糖（1→3）-β-D- 吡喃葡萄糖醛酸 -16α, 28- 二羟基 -22α- 当归酰氧基齐墩果 -12- 烯［3-O-β-D-galactopyranosyl（1→2）-β-D-xylopyranosyl-（1→2）-β-D-galactopyranosyl（1→3）-β-D-glucuronopyranosyl-22α-angeloyloxyolean-12-ene-16α, 28-diol］、3-O-β-D- 吡喃半乳糖（1→2）-β-D- 吡喃木糖（1→2）-β-D- 吡喃半乳糖（1→3）-β-D- 吡喃葡萄糖醛酸 -16α, 28- 二羟基 -22α-O-（2- 甲基丁酰基）齐墩果 -12- 烯 -23- 醛［3-O-β-D-galactopyranosyl（1→2）-β-D-xylopyranosyl（1→2）-β-D-galactopyranosyl（1→3）-β-D-glucuronopyranosyl-22α-O-（2-methylbutyloyl）-12-ene-23-aldehyde-16α, 28-diol］、3-O-β-D- 半乳糖（1→2）-β-D- 吡喃葡萄糖（1→2)-β-D- 吡喃半乳糖（1→3)-β-D- 吡喃葡萄糖醛酸 -16α, 28- 二羟基 -22α- 巴豆酰氧基齐墩果 -12- 烯 -23- 醛［3-O-β-D-galactopyranosyl（1→2）-β-D-glucopyranosyl（1→2）-β-D-galactopyranosyl-（1→3）-β-D-glucuronopyranosyl-22α-tigloyloxyolean-12-ene-23-aldehyde-16α, 28-diol］、3-O-β-D- 吡喃半乳糖（1→2）-β-D- 吡喃半乳糖（1→2）-β-D- 吡喃木糖（1→3）-β-D- 吡喃葡萄糖醛酸 -15α, 16α, 28- 三羟基 -22α- 当归酰氧基齐墩果 -12- 烯［3-O-β-D-galactopyranosyl（1→2）-β-D-galactopyranosyl（1→2）-β-D-xylopyranosyl

（1→3）-β-D-glucuronopyranosyl-22α-angeloyloxyolean-12-ene-15α, 16α, 28-triol］、3-O-β-D- 吡 喃 葡萄糖（1→2）-β-D- 吡喃葡萄糖（1→2）-β-D- 吡喃木糖（1→3）-β-D- 吡喃葡萄糖醛酸甲酯苷 -15α, 16α, 28- 三羟基 -22α- 当归酰氧基齐墩果 -12- 烯［3-O-β-D-glucopyranosyl（1→2）-β-D-glucopyranosyl-（1→2）-β-D-xylopyranosyl-（1→3）-β-D-glucuronopyranosyl-22α-angeloyloxyolean-12-ene-15α, 16α, 28-triol］、3-O-β-D- 吡喃半乳糖（1→2）-β-D- 吡喃葡萄糖（1→2）-α-L- 吡喃阿拉伯糖（1→3）-β-D- 吡喃葡萄糖醛酸 -16α, 28- 二羟基 -22α- 巴豆酰氧基齐墩果 -12- 烯 -23- 醛［3-O-β-D-galactopyranosyl-（1→2）-β-D-glucopyranosyl-（1→2）-α-L-arabinopyranosyl-（1→3）-β-D-glucuronopyranosyl-22α-tigloyloxyolean-12-ene-23-aldehyde-16α, 28-diol］[6-8] 和油茶皂苷 Aa、B₂（camelliasaponin Aa、B₂）[9]；木脂素类：α- 铁杉脂素（α-conidendrin）、丁香脂素（syringaresinol）、（−）- 杜仲树脂酚［（−）-medioresinol］、（−）- 松脂素［（−）-pinoresinol］和 3′, 4-O- 二甲基雪松素（3′, 4-O-dimethyl cedrusin）[6,7]；黄酮类：黄芩新素 II（skullcapflavone II）[6,7]；苯丙素苷类：毛蕊花糖苷（acteoside）[6]。

叶含皂苷类：羽扇豆烷醇（lupeol）和齐墩果酸（oleanolic acid）[10]；黄酮类：山奈酚（kaemferol）、山奈酚 -3-O-（2″, 6″- 二 -O-E-p- 羟基桂皮酰基）-β-D- 吡喃葡萄糖苷［kaemferol-3-O-（2″, 6″-di-O-E-p-hydroxycoumaroyl）-β-D-glucopyranoside］、槲皮素（quercetin）、槲皮素 -3-O-β-D- 吡喃葡萄糖苷（quercetin-3-O-β-D-glucopyranoside）、槲皮素 -3-O-β-D- 吡喃半乳糖苷（quercetin-3-O-β-D-galactopyranoside）和槲皮素 -3-O-α-L- 鼠李糖苷（quercetin-3-O-α-L-rhamnoside）[10]；甾体类：胡萝卜苷（daucosterol）[10]；鞣质类：油茶素 A*（camellioferin A）[11]；联苄类：1-（3′, 5′- 二羟基）苯基 -2-（4″-O-β-D- 吡喃葡萄糖）苯乙烷［1-（3′, 5′-dihydroxy）phenyl-2-（4″-O-β-D-glucopyranosyl）phenylethane］、1-（3′, 5′- 二甲氧基）苯基 -2-（4″-O-β-D- 吡喃葡萄糖）苯乙烷［1-（3′, 5′-dimethoxy）phenyl-2-（4″-O-β-D-glucopyranosyl）phenylethane］和 1-（3′, 5′- 二甲氧基）苯基 -2-［4″-O-β-D- 吡喃葡萄糖（6→1）-O-α-L- 吡喃鼠李糖］苯乙烷｛1-（3′, 5′-dimethoxy）phenyl-2-［4″-O-β-D-glucopyranosyl（6→1）-O-α-L-rhamnopyranosyl］phenylethane｝[12]。

枝含挥发油类：芳樟醇（linalool）、α- 萜品醇（α-terpineol）、蒽（anthracene）和葡萄螺环烷（spirocyclane）等[13]。

果壳含皂苷类：齐墩果酸（oleanolic acid）、皂皮酸（quillaic acid）和齐墩果酸 -3-O-β-D- 葡萄糖苷（oleanolic acid-3-O-β-D-glucopyranoside）[14]；蒽醌类：大黄素（emodin）[14] 和 ω- 羟基大黄素（ω-hydroxyemodin）[15]；黄酮类：柚皮苷（naringoside）[14] 和 4′, 5, 7- 三羟基二氢黄酮（4′, 5, 7-trihydroxyflavanone）[15]；甾体类：3α- 菠菜甾醇（3α-spinasterol）和麦角甾 -4, 6, 8（14）, 22- 四烯 -3- 酮［ergosta-4, 6, 8（14）, 22-tetraen-3-one］[15]；联苄类：1-（3′, 5′- 二甲氧基）苯基 -2-（4″- 羟基）苯基乙烷［1-（3′, 5′-dimethoxy）-phenyl-2-（4″-hydroxy）phenylethane］[15]。

【药理作用】1. 抗菌　榨油后的种子水提物对大肠杆菌、肺炎链球菌及金黄色葡萄球菌的生长有明显的抑制作用，对 3 种菌株的最小抑菌浓度（MIC）均为 0.5g/ml[1]；嫩枝挥发油对大肠杆菌、金黄色葡萄球菌、铜绿假单胞菌、白色念珠菌、假丝酵母等菌株的生长均有一定的抑制作用[2]。2. 抗肿瘤　种子不同溶剂提取物（95% 乙醇提取物、水提取物、60% 丙酮 - 水提取物）在体外对人肺癌（A549）、人胃癌（SGC-7901）和人黑色素瘤（A375）细胞的增殖均有抑制作用，其抑制作用的强弱程度为油茶籽丙酮 - 水提取物＞油茶籽醇提取物＞油茶籽水提取物[3]；肉质果和叶醇提取液对小鼠 H22 实体瘤的生长具有明显的抑制作用，并对小鼠脾指数、胸腺指数、白细胞数无明显影响，同时能显著增加血液嗜中性粒细胞数，表明抑瘤作用明显且对小鼠免疫系统的毒副作用小[4]。3. 抗氧化　种子油能有效清除超氧阴离子自由基（O_2^-·）和羟自由基（·OH），其对羟自由基的清除作用略强于对超氧阴离子自由基的清除作用[5]；叶醇提取物对 1, 1- 二苯基 -2- 三硝基肼自由基（DPPH）具有明显的清除作用[6]；肉质果和叶也均具有一定的抗氧化作用，能直接清除活性氧自由基，提高超氧化物歧化酶的活性（SOD）及降低丙二醛（MDA）的含量[7]。4. 抗凝血　叶水提物能延长小鼠的凝血时间和尾出血时间，能抑制下腔静脉血栓形成，具有抗凝血及抗血栓形成的作用[8]。5. 降血脂　种子油能显著降低大鼠血清总胆固醇（TC）、甘油三酯（TG）的含量，对大鼠高密度脂蛋白胆固醇（HDL-C）无显著影响[9]。6.降血糖　叶、果和种子乙醇提取物均能一定程度降低 2 型糖尿病小鼠的血糖[10]；种子多糖对正常小鼠和四氧嘧啶所致高血糖小鼠的血糖均具有一定的降低作用[11]。7.抗生育　果皮 60% 丙酮提取物、醇提物、多元酚富集物和油茶皂素在体外对兔精子呈现出明显的剂量依赖性杀伤作用，3min 时的最低杀伤浓度依次为 5mg/ml、5mg/ml、5mg/ml、0.078mg/ml，其作用与阳性药壬苯醇醚作用相当，对精子杀伤作用的强弱顺序为油茶皂素＞油茶果皮多元酚富集物＞ 60% 丙酮提取物＞醇提物，兔分别给予 60% 丙酮提取物、醇提物、多元酚富集物每种提取物两个浓度 5mg/ml、1.25mg/ml 和油茶皂素 0.078mg/ml、0.039mg/ml 后交配，5min 内阴道内均未发现有活的精子，对精子的杀伤率均为 100%，提示油茶提取物具有较强的体外杀精子作用和体内抗生育作用[12]。

【药用标准】药典 1977—2015。

【临床参考】1.新生儿硬肿症：茶油适量，均匀涂于患处，按摩 10 ～ 15min[1]。

2.输液外渗引起的肿胀：茶油 30g，加丹参粉 20g，调成糊状，热敷肿胀部位，每次 30min，每日 3 次[2]。

3.放射性皮炎：茶油适量涂于创面，每日 4 ～ 5 次[3]。

【附注】《救荒本草》云："作（楂）油法：每岁于寒露前三日收取楂子则多油，迟则油干。收子宜晾之高处，令透风，过半月则罅发，取去斗，欲急开则摊晒一两日尽开矣。开后取子晒极干，入碓硙中碾细，蒸熟，榨油如常法。"《本草纲目拾遗》云："茶油，煎熬不熟，食之令人泻。"上述描述即为本种之榨油法。《随息居饮食谱》所载之茶油，亦为本种之油。

茶油脾虚便溏者慎服。

本种的根、叶、花及茶油粑（种子榨去脂肪后的种饼）民间也作药用。

【化学参考文献】

［1］佟小静，陈重，李夏，等.油茶根化学成分的研究［J］.中草药，2011，42（10）：1936-1938.

［2］佟小静.油茶根化学成分研究［D］.苏州：苏州大学硕士学位论文，2011.

［3］Li X，Zhao J，Peng C，et al. Cytotoxic triterpenoid glycosides from the roots of *Camellia oleifera*［J］. Planta Med，2014，80（7）：590-598.

［4］Zhang Z Y，Wu J P，Gao B B，et al. Two new 28-nor-oleanane-type triterpene saponins from roots of *Camellia oleifera* and their cytotoxic activity［J］. J Asian Nat Prod Res，2016，18（7）：669-676.

［5］Yang P，Li X，Liu Y L，et al. Two triterpenoid glycosides from the roots of *Camellia oleifera* and their cytotoxic activity［J］. J Asian Nat Prod Res，2015，17（8）：800-807.

［6］鄢庆伟.油茶化学成分研究［D］.南昌：南昌大学硕士学位论文，2016.

［7］鄢庆伟，钟瑞建，周国平，等.油茶茎化学成分研究［J］.中药材，2015，38（10）：2102-2104.

［8］Yan Q W，Fu H Z，Luo Y H，et al. Two new triterpenoid glycosides from the stems of *Camellia oleifera* Abel［J］. Nat Prod Res，2016，30（13）：1484-1492.

［9］焦玉兰，付辉政，周国平，等.油茶茎中 1 个新的三萜皂苷［J］.中草药，2016，47（15）：2592-2596.

［10］陈跃龙，冯宝民，唐玲，等.油茶叶的化学成分［J］.沈阳药科大学学报，2010，（4）：292-294.

［11］Yoshida T，Nakazawa T，Hatano T，et al. A dimeric hydrolysable tannin from *Camellia oleifera*［J］. Phytochemistry，1994，37（1）：241-244.

［12］Chen Y，Ling T，Feng B，et al. New bibenzyl glycosides from leaves of *Camellia oleifera* Abel. with cytotoxic activities［J］. Fitoterapia，2011，82（3）：481-484.

［13］龙正海，杨再昌，杨雄志.油茶树嫩枝挥发油 GC-MS 分析及其体内外抗菌作用［J］.食品与生物技术学报，2008，27（2）：47-51.

［14］陈仕平，黄燕，吴磊，等.油茶果壳化学成分研究［J］.生物化工，2017，3（6）：21-23.

［15］王玲琼，徐巧林，董丽梅，等.油茶果壳化学成分研究［J］.热带亚热带植物学报，2017，25（1）：81-86.

【药理参考文献】

［1］张元丽，蒋林宏，何利惠，等.油茶提取物抑菌作用的研究［J］.当代畜牧，2014，（5）：51-52.

［2］龙正海, 杨再昌, 杨雄志. 油茶树嫩枝挥发油 GC-MS 分析及其体内外抗菌作用［J］. 食品与生物技术学报, 2008, 27（2）: 47-51.

［3］唐玲, 葛迎春, 刘平, 等. 油茶籽提取物对体外培养不同肿瘤细胞增殖的抑制作用［J］. 辽宁中医药大学学报, 2008, 10（10）: 141-144.

［4］彭凌, 席小燕, 朱必凤. 油茶肉质果和肉质叶提取液对 H22 移植性实体瘤小鼠的影响［J］. 江苏农业科学, 2009,（4）: 381-382.

［5］毛方华, 王鸿飞, 刘飞, 等. 油茶籽油的提取及其对自由基清除作用的研究［J］. 西北林学院学报, 2009, 24（5）: 125-128, 194.

［6］李姣娟, 黄克瀛, 龚建良, 等. 油茶叶乙醇提取物清除 DPPH 自由基作用的研究［J］. 林产化学与工业, 2008, 28（2）: 82-86.

［7］彭凌, 席小燕, 刘主, 等. 油茶肉质果、叶提取液抗氧化作用的研究［J］. 食品研究与开发, 2007, 28（8）: 14-17.

［8］钱海兵, 王祥培. 油茶叶水提物抗凝血及抗血栓形成作用研究［J］. 安徽农业科学, 210, 38（21）: 11136-11137.

［9］唐琦, 严家俊. 油茶籽油对大鼠降血脂和预防脂肪肝的影响［J］. 广东化工, 2016, 43（1）: 36-37, 28.

［10］张伟云, 洪珠凤, 陈全成, 等. 油茶醇提物对 2 型糖尿病小鼠血糖的作用［J］. 海峡药学, 2017, 29（1）: 21-24.

［11］张宽朝, 马皖燕, 文汉. 油茶籽多糖降血糖作用的初步研究［J］. 食品工业科技, 2014, 35（2）: 337-339, 345.

［12］唐玲, 陈跃龙, 师海波, 等. 油茶杀精子和抗生育作用的实验研究［J］. 中成药, 2009, 31（2）: 184-187.

【临床参考文献】

［1］邹昌顺, 戴红敏, 孙殿芳. 外用茶油按摩治疗新生儿硬肿症的护理［J］. 医药产业资讯, 2006, 3（21）: 89.

［2］卓新. 丹参加茶油湿热敷治疗静脉输液外渗的疗效观察［J］. 中外医疗, 2012, 31（6）: 115-116.

［3］林惠芳, 吴曦, 林敏. 茶油治疗放射性皮炎 40 例［J］. 福建中医药, 2013, 44（6）: 47-48.

599. 茶（图 599）• *Camellia sinensis*（Linn.）O.Ktze.

【别名】茶树。

【形态】灌木或小乔木, 高 1 ～ 6m。幼枝被柔毛。叶片薄革质, 长圆形或椭圆形, 长 4 ～ 10cm, 宽 2 ～ 3.5cm, 基部楔形, 上面无毛, 背面疏被平伏柔毛或被柔毛, 侧脉 5 ～ 7 对, 边缘具锯齿, 叶柄无毛。花 1 ～ 3 朵腋生, 白色, 直径 2.5 ～ 3.5cm; 花梗长 0.6 ～ 1cm; 苞片 2 枚, 早落; 萼片 5 ～ 6 枚, 宽卵形或圆形, 长 3 ～ 5mm, 边缘有睫毛, 宿存; 花瓣 5 ～ 6 枚, 宽卵形或近圆形, 内凹, 长 1 ～ 1.6cm; 雄蕊多数, 外轮花丝联合呈短筒状与花瓣合生; 子房 3 室, 密被柔毛, 花柱联合, 先端 3 裂。蒴果, 近球形或三角状球形, 直径 2 ～ 2.5cm, 3 瓣开裂, 每室 1 ～ 2 粒种子。花期 9 ～ 11 月, 果期翌年 10 ～ 11 月。

【生境与分布】生于山坡灌丛、路边或沟谷, 垂直分布可达 2200m。浙江、江苏、安徽、福建等省有分布或栽培, 另陕西、河南、湖南、广东、海南、广西、云南、贵州、四川、西藏等省区均有分布和栽培。

【药名与部位】茶树根, 根。茶叶（绿茶叶）, 嫩叶。

【采集加工】茶树根: 全年均可采挖, 洗净, 干燥; 或趁鲜切厚片, 晒干。茶叶: 春、夏二季采收, 烘干或炒干。

【药材性状】茶树根: 呈圆柱形, 粗细不一, 有分枝。外表灰白色至灰褐色, 刮去灰白色栓皮的木质部呈棕褐色。质坚实, 不易折断, 断面木质部淡黄色至棕黄色, 纹理细致。气微, 味微苦。

茶叶: 呈皱缩的珠状、条状或片状。叶片深绿色或绿褐色, 长椭圆形、椭圆状披针形或倒卵状披针形, 先端渐尖, 有时稍钝, 基部楔形, 边缘有锯齿; 上表面无毛, 下表面被短柔毛, 具羽状网脉; 叶柄短, 略扁。气清香, 味微苦、涩。

【质量要求】茶叶: 香气浓, 不霉。

【药材炮制】茶树根: 除去杂质, 洗净, 润软, 切厚片, 干燥; 已切厚片者, 筛去灰屑。

图 599　茶　　　　　　　　　　　　　　摄影　郭增喜等

茶叶：除去老叶、梗等杂质，筛去灰屑。

【化学成分】根含皂苷类：茶树素 *A、B、C（camellisin A、B、C）和熊果酸（ursolic acid）[1]；甾体类：菠菜甾醇（chondrillasterol）和 α- 甾酮（α-spinasterone）[1]；木脂素类：落叶松树脂醇（lariciresinol）、松脂醇（pinoresinol）、4-O- 甲基雪松素（4-O-methyl cedrusin）和（＋）- 蛇菰脂醛素［（＋）-balanophonin］[1]；酚酸衍生物：（E）- 阿魏醛［（E）-ferulaldehyde］[1]；萜类：5- 大柱香波龙烯 -3, 9- 二醇（5-megastigmene-3, 9-diol）、（6R, 9R）-9- 羟基 -4- 大柱香波龙烯 -3- 酮［（6R, 9R）-9-hydroxy-4-megastigmen-3-one］、4, 5- 二氢布卢门醇 A（4, 5-dihydroblumenol A）和布卢门醇 B（blumenol B）[1]；脂肪酸及酯类：十六烷酸甘油酯（glycerol 1-hexadecanoate）和十六烷酸（hexadecanoic acid）[1]。

花含皂苷类：茶花皂苷 A、B、C（floratheasaponin A、B、C）[2]。

叶含生物碱类：咖啡因（caffeine）和可可碱（theobromine）[3]；黄酮类：山柰酚（kaempferol）、（＋）- 儿茶素［（＋）-catechin］[3]，槲皮素（quercetin）、（－）- 表儿茶素［（－）-epicatechin］、芦丁（rutin）[4]，山柰酚 -3-O-β-D- 吡喃葡萄糖苷（kaempferol-3-O-β-D-glucopyranoside）、槲皮素 -3-O-β-D- 吡喃葡萄糖苷（quercetin-3-O-β-D-glucopyranoside）、山柰酚 -3-O- 芸香糖苷（kaempferol-3-O-rutinoside）和槲皮素 -3-O-α-L- 呋喃阿拉伯糖苷（quercetin-3-O-α-L-arabinofuranoside）[5]，表没食子儿茶素没食子酸酯 -（4β→6）- 表没食子儿茶素没食子酸酯［epigallocatechin gallate-（4β→6）-epigallocatechin gallate］、表儿茶素没食子酸酯 -（4β→6）- 表没食子儿茶素没食子酸酯［epicatechin gallate-（4β→6）-epigallocatechin gallate］、表没食子儿茶素没食子酸 -（4β→6）- 表儿茶素没食子酸酯［epigallocatechin gallate-（4β→6）-epicatechin gallate］、表儿茶素没食子酸酯 -（4β→6）- 表儿茶素没食子酸酯［epicatechin gallate-（4β→6）-epicatechin gallate ］、（ － ）- 表没食子儿茶素二没食子酸酯 ［（ － ）-epigallocatechin digallate ］、（ － ）- 表儿茶素二没食子酸酯 ［（ － ）-epicatechin digallate ］[6]和茶树槲皮苷*A、B、C、D（camelliquercetiside A、B、C、D）[7]；酚酸类：没食子酸（gallic acid）[3]，4- 羟基苯甲酸（4-hydroxybenzonic acid）、原儿茶酸（protocatechuic acid）[4]和绿原酸甲酯（methyl chlorogenate）[5]；甾体类：胡萝卜苷（daucosterol）[3]、β- 谷甾醇（β-sitosterol）和 α- 菠甾醇（α-spinasterol）[8]；脂肪酸类：（Z）-9- 十六碳烯酸 ［（Z）-9-hexadecenoic acid ］[3]和棕榈酸（palmitic acid）[8]；皂苷类：木栓酮（friedelin）和 α- 香树脂醇（α-amyrin）[8]；核苷类：尿嘧啶（uracil）[5]；挥发油类：氧化石竹烯（caryophyllene oxide）、β- 紫罗兰酮（β-lonone）、β- 环柠檬醛（β-cyclocitral）和石竹烯（caryophyllen）等[9]；萘胺类：苯基 -β- 萘胺（phenyl-β-naphthylamine）[3]；烷烃苷类：正丁基 -β-D- 吡喃果糖苷（n-butyl-β-D-fructopyranoside）[5]。

种子含皂苷类：茶叶皂苷 I（foliatheasaponin I）、阿萨姆皂苷 A、B、C、D、F、I）（assamsaponin A、B、C、D、F、I）[10]和茶皂苷 A_1、A_2、A_3、F_1、F_2、F_3（theasaponins A_1、A_2、A_3、F_1、F_2、F_3）[11]；黄酮类：山茶苷 A、B（camelliaside A、B）[12]。

【药理作用】1. 抗突变　叶丙酮提取物对 2- 氨基芴（2-AF）、黄曲霉毒素 B_1（AFB_1）及迭氮钠（NaN_3）诱导的 TA98、TA100 菌株引起的回复突变有显著的抑制作用[1]。2. 抗动脉粥样硬化　叶能明显延缓或防止家兔主动脉内膜脂质斑块的形成[2]；茶叶中提取的茶黄烷醇类对喂饲胆固醇所致家兔的动脉硬化具有明显的预防作用，能明显降低兔的血脂，增高 CAMP/CGMP 的值，减轻主动脉斑块、心肌血管阻塞程度[3]。3. 降血脂　叶所含的茶多酚可显著降低高脂血症小鼠血清中的总胆固醇（TC）、甘油三酯（TG）、低密度脂蛋白胆固醇（LDL-C）、谷丙转氨酶（ALT）和天冬氨酸氨基转移酶（AST），明显升高高密度脂蛋白胆固醇（HDL-C），降低肝脏组织中的丙二醛（MDA）含量[4]；根能有效降低高脂大鼠的总胆固醇、甘油三酯，升高高密度脂蛋白，对卵磷脂胆固醇酰基转移酶（LCAT）的活性也有一定的提高作用，其作用类似西药非诺贝特[5]。4. 抗肿瘤　绿茶水提取物能明显抑制亚硝胺类诱发小鼠食管乳头状瘤及前胃癌和食管癌的发生[6]，茶多酚在 400 ～ 800mg/ml 浓度时能诱导 DNA 片段化，并显示剂量相关；更高浓度的茶多酚（> 800mg/ml）能导致肿瘤细胞凋亡和细胞溶解，受茶多酚和其衍生物影响，上皮细胞能在一定时间和一定剂量范围内增强细胞凋亡蛋白酶的活性，表明茶多酚和表没食子儿茶素没食子酸酯（EGCG）通过 FADD 依赖途径诱导细胞凋亡蛋白酶 8 介导的肠上皮细胞凋亡[7]。5. 降血糖　茶多酚能抑制糖尿病大鼠口服蔗糖和淀粉后 1h 和 2h 的血糖升高，稳定糖尿病大鼠的糖化血红蛋白，升高其一氧化氮而降低其内皮素，表明茶多酚能改善糖尿病大鼠的糖耐量，其机制可能与茶多酚能抑制淀粉酶有关[8]；茶多糖可刺激胰岛素释放，改善胰岛功能，减轻自发性糖尿病小鼠的肝脏损伤，并改善胰岛素抵抗，降低血糖[9]。6. 抗菌　茶多酚对金黄色葡萄球菌、普通变形杆菌、伤寒沙门氏杆菌、志贺氏痢疾杆菌、铜绿色假单胞杆菌、枯草杆菌、口腔变异链球菌、大肠杆菌的生长均有抑制作用，其最低抑制浓度分别为 0.08%、0.01%、0.03%、0.04%、0.08%、0.08%、0.1%、0.1%[10]。7. 抗病毒　茶多酚对流感病毒、轮状病毒、牛冠状病毒、人免疫缺陷病毒（HIV）、腺病毒、EB 病毒和人乳头状瘤病毒（HPV）等多种病毒都有较好的抑制作用，主要的作用成分是表没食子儿茶素没食子酸酯（EGCG）[11]。8. 免疫调节　茶多糖能显著促进肉仔鸡胸腺的生长发育（$P < 0.05$），可明显升高血清中的免疫球蛋白 IgG 的水平，提高 T- 淋巴细胞数和淋巴细胞转化率，增强白细胞吞噬能力，但对法氏囊的生长发育无明显作用[12]；茶多酚对丝裂原诱导小鼠脾淋巴细胞和巨噬细胞的增殖具有明显的增强作用，可显著增强刀豆蛋白 A（ConA）诱导小鼠离体脾淋巴细胞及离体巨噬细胞的增殖，表明茶多酚具有免疫增强作用[13]。9. 抗氧化　茶多酚对红细胞氧化溶血和过氧化氢所致的氧化溶血具有显著的抑制作用，并对超氧阴离子自由基（$O_2^- \cdot$）具有一定的清除作用，对 Fe^{2+} 络合作用次之，对羟自由基（·OH）的清除作用相对较弱[14]；茶多糖能显著提高肉仔鸡血清中的超氧化物歧化酶（SOD）、谷胱甘肽过氧化酶（GSH-Px）和过氧化氢酶（CAT）的活性，并能明显降低血清中的丙二醛（MDA）含量[12]。

【性味与归经】茶树根：苦、涩，凉。归心、肝、肺经。茶叶：苦、甘，凉。归心、肺、胃经。

【功能与主治】茶树根：宁心，利尿，利咽，退黄，止泻。用于心悸怔忡，水肿，口疮，咽痛，黄疮，泻痢，牛皮癣。茶叶：清头目，治烦渴，消食化痰，利尿，解毒。用于头痛，目昏，嗜睡，心烦口渴，食积痰滞，痢疾。

【用法与用量】茶树根：15～30g。茶叶：3～9g。

【药用标准】茶树根：浙江炮规 2015 和上海药材 1994；茶叶：浙江炮规 2015、江苏药材 1989、山东药材 2012、福建药材 2006、广西药材 1996、湖南药材 2009、江西药材 1996、湖北药材 2009 和北京药材 1998。

【临床参考】1.急性阴囊湿疹：嫩叶焙干后研末，适量外敷，每日 2 次[1]。

2.室性早搏：根 30g，加生甘草、炙甘草、泽泻各 30g，苦参 15g，水煎服[2]。

3.新生儿红臀：嫩叶适量（绿茶为佳），文火焙干，研末后敷在皮损处，大小便后重敷[3]。

4.顽固性尿布疹炎：嫩叶 25g，加沸水 500ml 浸泡，待水温冷却至 50℃后，用纱布蘸茶水反复敷洗局部 10～15min，每日 2 次[4]。

5.糖尿病足：嫩叶 150g，加水 3000ml，浸泡 10min，煮沸 5min，取 2000ml，泡洗足部 20～30min，每日 2 次[5]。

【附注】作"茗"首载于《新修本草》中。《茶经》云："茶者，南方之嘉木也，自一尺二尺，迺至数十尺。其巴山峡川有两人合抱者，伐而掇之，其树如瓜芦，叶如栀子，花如白蔷薇，实如栟榈，蒂如丁香，根如胡桃"；《本草图经》云："茗、苦搽旧不著所出州郡，今闽浙蜀荆江湖淮南山中皆有之……今通谓之茶，茶茶声近，故呼之。春中始生嫩叶，蒸焙去苦水，末之乃可饮，与古所食殊不同也。"并有附图。按以上所述及其附图均与本种相符。

茶叶脾胃虚寒者慎服。失眠及习惯性便秘者禁服。服人参、土茯苓、使君子及含铁药物者禁服。服使君子饮茶易致呃，过量易致呕吐、失眠等。

本种的花及果实民间也作药用。

【化学参考文献】

[1] Lei C, Hu Z, Pu J X, et al. Camellisins A-C, three new triterpenoids from the roots of *Camellia sinensis* [J]. Chem Pharm Bull, 2010, 41（52）：939-943.

[2] Yoshikawa M, Morikawa T, Yamamoto K, et al. Floratheasaponins A-C, acylated oleanane-type triterpene oligoglycosides with anti-hyperlipidemic activities from flowers of the tea plant（*Camellia sinensis*）[J]. J Nat Prod, 2005, 68（9）：1360-1365.

[3] 赵楠，高慧媛，孙博航，等.茶叶的化学成分[J].沈阳药科大学学报，2007，24（4）：211-214.

[4] 赵楠.茶叶的化学成分研究[D].沈阳：沈阳药科大学硕士学位论文，2007.

[5] 李敏，高慧媛，孙博航，等.茶叶正丁醇萃取物化学成分的分离与鉴定[J].沈阳药科大学学报，2008，25（10）：785-789.

[6] Savitri K N, Maduwantha B, Kumar V, et al. Separation of proanthocyanidins isolated from tea leaves using high-speed counter-current chromatography [J]. J Chromatogr A, 2009, 1216（19）：4295-4302.

[7] Manir M M, Kim J K, Lee B G, et al. Tea catechins and flavonoids from the leaves of *Camellia sinensis* inhibit yeast alcohol dehydrogenase [J]. Future Med Chem, 2005, 13（17）：2376-2381.

[8] 李敏.茶叶的化学成分研究[D].沈阳：沈阳药科大学硕士学位论文，2007.

[9] 田光辉，刘存芳，赖普辉，等.茶叶挥发性成分及其生物活性的研究[J].食品科技，2007，32（12）：78-82.

[10] 李宁，李铣，冯志国.中国产山茶种子中总皂苷的分离与鉴定[J].沈阳药科大学学报，2008，25（7）：544-548.

[11] Toshio M, Li N, Akifumi N, et al. Triterpene saponins with gastroprotective effects from tea seed（the seeds of *Camellia sinensis*）[J]. J Nat Prod, 2006, 69（2）：185.

[12] Sekine T, Arita J, Yamaguchi A, et al. Two flavonol glycosides from seeds of *Camellia sinensis* [J]. Phytochemistry, 1991, 30（3）：991-995.

【药理参考文献】

[1] 阮萃才，梁远，刘宗河.茶叶的抗突变作用[J].广西医学院学报，1988，5（4）：27-31.

［2］高国栋，王恒生，赵霖，等.茶叶预防动脉粥样硬化的实验观察［J］.河北医药，1985，7（1）：3-4.

［3］鲍军，洪允祥，楼建国，等.茶黄烷醇类防治动脉粥样硬化的实验研究［J］.南京中医学院学报，1989，（3）：35-37，58.

［4］吴正平.茶多酚对小鼠高脂血症与脂肪肝的预防作用［J］.中国实验方剂学杂志，2010，16（2）：94-95.

［5］何立人，周敏，蒋冰冰，等.茶树根对大鼠血浆脂质的调整作用［J］.上海中医药杂志，1992，（8）：32-34.

［6］林培中，程书钧，张金生，等.绿茶抑制致癌物诱发小鼠前胃，食管肿瘤的研究（简报）［J］.中国医学科学院学报，1990，12（2）：156.

［7］Helieh S O，Jeffrey L E. Green tea polyphenols mediated apoptosis in intestinal epithelial cells by a fadd-dependent pathway［J］. Journal of Cancer Therapy，2010，1（3）：105.

［8］汤圣兴，陈月平，王安才，等.茶多酚对链脲佐链菌素诱发糖尿病大鼠降糖作用的实验研究［J］.中药药理与临床，2001，17（3）：17-19.

［9］高茜.茶多糖对 db/db 小鼠血糖及胰岛功能的影响［D］.石家庄：河北医科大学硕士论文，2013.

［10］董金甫，李瑶卿，洪绍梅.茶多酚（TPP）对 8 种致病菌最低抑制浓度的研究［J］.食品科学，1995，16（1）：6-12.

［11］张文明，陈朝银，韩本勇，等.茶多酚的抗病毒活性研究［J］.云南中医学院学报，2007，30（6）：57-59.

［12］胡忠泽，金光明，王立克，等.茶多糖对肉仔鸡免疫功能和抗氧化能力的影响［J］.茶叶科学，2005，25（1）：61-64.

［13］郭春宏，李正翔.茶多酚免疫药理作用研究［J］.天津医科大学学报，2009，15（1）：102-104.

［14］于淑池，刘畅，王乘慧，等.安吉白茶茶多酚的抗氧化活性研究［J］.时珍国医国药，2012，23（5）：1184-1187.

【临床参考文献】

［1］韩书芝，刘宏雨.绿茶茶叶末治疗急性阴囊湿疹的护理［J］.河北医药，2012，34（13）：2077.

［2］王福明.老茶树根汤治疗室性早搏 32 例［J］.浙江中医杂志，2000，35（10）：15.

［3］邵立平.茶叶治疗新生儿红臀 210 例临床观察［J］.齐鲁护理杂志，2007，13（17）：55-56.

［4］韦艳飞，韦杨智，蓝秀花.茶叶治疗顽固性尿布皮炎效果观察［J］.护理实践与研究，2013，10（15）：111.

［5］李小翡，覃焕玲，骆书秀，等.茶叶水泡洗治疗糖尿病足的效果观察［J］.内科，2015，10（2）：239-240.

七一　藤黄科 Guttiferae

一年生或多年生草本、灌木或小乔木，有时具黄色或白色胶液。单叶，对生，有时轮生，全缘，常有透明腺点或黑色腺体；羽状脉或三出脉；通常无托叶。花两性、单性或杂性，辐射对称；花单生或组成聚伞花序或伞状花序，顶生，稀腋生；小苞片通常着生于花萼下方；萼片通常 4～5 枚，覆瓦状排列或交互对生；花瓣通常 4～5 枚，离生，覆瓦状排列或旋转状排列；雄蕊多数，花丝分离或常合生成 3～5 束；子房上位，3～5 室或 1 室，心皮 3～5 枚，合生，具中轴胎座、侧生胎座或基生胎座；胚珠倒生或横生，每室有胚珠 1 至多数；花柱与心皮同数，分离或合生，常呈放射状。果为蒴果，稀浆果或核果。种子多数或仅 1 粒；胚直或弯曲，无胚乳，假种皮有或无。

约 40 属，1000 余种，主要分布于热带，少数分布于温带。中国 8 属，约 87 种，分布几遍及全国各地，法定药用植物 4 属，10 种。华东地区法定药用植物 1 属，5 种。

藤黄科法定药用植物主要含蒽酮类、黄酮类、间苯三酚类、皂苷类等成分。蒽酮类多为二蒽酮，如金丝桃素（hypericin）、伪金丝桃素（pseudohypericin）等；黄酮类包括黄酮、黄酮醇、查耳酮、黄烷、花色素类等，如木犀草素（luteolin）、槲皮素（quercetin）等；间苯三酚类如沙诺赛林（sarothralin）、湿生金丝桃素 A（uliginosin A）等。

金丝桃属含蒽酮类、黄酮类、间苯三酚类、香豆素类、酚酸类等成分。蒽酮类多为二蒽酮，如金丝桃素（hypericin）、伪金丝桃素（pseudohypericin）、原金丝桃素（protohypericin）等；黄酮类包括黄酮、黄酮醇、查耳酮、黄烷、花色素类等，如木犀草素（luteolin）、杨梅素（myricetin）、儿茶素（catechin）、白矢车菊苷元（leucocyanidin）等；间苯三酚类如贯叶金丝桃素（hyperforin），地耳草素 A、B、C、D（japonicine A、B、C、D）、沙诺赛林（sarothralin）、湿生金丝桃素 A（uliginosin A）等；香豆素类如伞形花内酯（umbelliferone）、东莨菪素（scopoletin）等。

1. 金丝桃属 *Hypericum* Linn.

一年生至多年生草本或灌木，无毛或被柔毛，常有透明、暗淡、黑色或红色油腺点。叶对生，全缘，有柄或无柄。花两性，通常 5 数，稀 4 数；花单生或组成伞房状聚伞花序顶生或腋生；萼片 5 枚，覆瓦状排列；花瓣 5 枚，黄色至金黄色，稀白色，通常不对称，宿存或脱落；雄蕊多数，花丝分离或基部联合成 3～5 束，各束与花瓣对生，花丝纤细，花药背着或近基着，纵向开裂，药隔上有腺体；子房 3～5 室，中轴胎座，稀 1 室，侧膜胎座，每胎座有多数胚珠；花柱 3～5 枚，离生或合生，柱头小或多少呈头状。蒴果，室间开裂，果常有树脂条纹或囊状腺体。种子细小，多数，具网纹，常两侧或一侧具龙骨状突起或稍具翅，无假种皮。

约 400 种，广布世界。中国约 55 种 8 亚种，主要分布于西南地区，法定药用植物 5 种。华东地区法定药用植物 5 种。

分种检索表

1. 草本。
  2. 叶片基部联合 ···元宝草 *H.sampsonii*
  2. 叶片基部不联合。
    3. 叶片长常不超过 2cm；花柱 3 枚。
      4. 叶片椭圆状或线形；边缘有黑色腺点；雄蕊成 3 束 ····················贯叶连翘 *H.perforatum*
      4. 叶片卵形或卵状三角形，边缘无黑色腺点；雄蕊不成束 ················地耳草 *H.japonicum*
    3. 叶片长 4～10cm；花柱 5 枚 ··黄海棠 *H.ascyron*
1. 灌木 ···金丝梅 *H.patulum*

600. 元宝草（图 600） • *Hypericum sampsonii* Hance

图 600　元宝草　　　　摄影　张芬耀

【别名】穿心草、蜻蜓草（浙江），蜡烛灯台（浙江杭州），散雪丹（江西赣州），黄叶连翘（安徽六安），对月莲、合掌草（福建）。

【形态】多年生草本，高达 1m。全株光滑无毛，茎圆柱形，无腺点，有 2 纵肋。叶对生，无柄，基部合生为一体而茎贯穿其中心，两叶略向上开展而呈元宝状；叶片长圆形、椭圆状披针形或倒披针形，长 3.5～8cm，宽 2～3cm，两面散生透明或间有黑色腺点，边缘密生黑色腺点，侧脉约 4 对，斜向上升，近边缘弧状连接，两面中脉明显，网脉细而稀疏。聚伞花序伞房状，顶生；花梗长 2～3mm；萼片 5 枚，长圆形、长圆状匙形或长圆状线形，先端圆，边缘疏生黑色腺点；花瓣 5 枚，淡黄色，椭圆状长圆形，边缘有黑色腺体，宿存；雄蕊 3 束，宿存，每束有雄蕊 10～14 枚，花药淡黄色，具黑腺点；花柱 3 枚，分离。蒴果宽卵圆形或卵圆状圆锥形，具 3 果爿，长约 0.8cm，具黄褐色囊状腺体。种子小，黄褐色，表面有明显的细蜂窝纹。花期 5～6 月，果期 7～8 月。

【生境与分布】生于山坡、路边、草地、灌丛中、田边或沟边，垂直分布可达 1200m。分布于浙江、江苏、安徽、福建、江西，另河南、湖北、湖南、广东、广西、贵州、云南、四川、甘肃、陕西等省区均有分布。

【药名与部位】元宝草（湖北刘寄奴），全草。

【采集加工】夏、秋二季采挖，除去泥沙，晒干。

【药材性状】常碎断。根呈细圆柱形，稍弯曲，长 3 ～ 7cm，支根细小，淡棕色。茎圆柱形，直径 0.2 ～ 0.5cm，表面棕黄色，断面中空。叶对生，两叶基部完全合生，略呈元宝状，棕褐色，皱缩破碎，两叶片展平后长 7 ～ 13cm，宽 0.5 ～ 2cm，全缘，茎自中部贯穿，下表面有多数黑色腺点。聚伞花序顶生，花小，黄色。蒴果卵圆形，种子细小，多数。气微，味淡。

【化学成分】地上部分含有黄酮类：1- 羟基 -7- 甲氧基𠮩酮（1-hydroxy-7-methoxyxanthone）、2- 羟基 -5- 甲氧基𠮩酮（2-hydroxy-5-methoxyxanthone）、1, 3- 二羟基 -2- 甲氧基𠮩酮（1, 3-dihydroxy-2-methoxyxanthone）、1, 7- 二羟基 -2- 甲氧基𠮩酮（1, 7-dihydroxy-2-methoxyxanthone）、1, 7- 二羟基 -4- 甲氧基𠮩酮（1, 7-dihydroxy-4-methoxyxanthone）、槲皮素（quercetin）、山柰酚（kaempferol）、3, 8″- 联芹菜苷元（3, 8″-biapigenin）[1], 1, 3, 6, 7- 四羟基𠮩酮（1, 3, 6, 7-tetrahydroxyxanthone）[2], 1, 3, 5- 三羟基𠮩酮（1, 3, 5-trihydroxyxanthone）、芒果苷（mangiferin）[3] 和金丝桃𠮩酮*A、B（hypericumxanthone A、B）[4]；间苯三酚衍生物：2, 4, 6- 三甲氧基 -3′, 5′- 二羟基二苯甲酮（3′, 5′-dihydroxy-2, 4, 6-trimethoxyl benzophenone），即元宝草素 A（sampsine A）、2, 4, 6- 三甲氧基 -3′- 羟基二苯甲酮 -5′-O-α-L- 吡喃鼠李糖苷（3′-hydroxy-2, 4, 6-trimethoxyl benzophenone-5′-O-α-L-rhamnopyranoside），即元宝草素 B（sampsine B）、2- 羟基 -4, 6- 二甲氧基二苯甲酮（2-hydroxy-4, 6-dimethoxyl benzophenone）和 2, 4, 6, 3′, 5′- 五甲氧基二苯甲酮（2, 4, 6, 3′, 5′-pentamethoxyl benzophenone）[5], 元宝醇*A、B、C、D、E、F（sampsonol A、B、C、D、E、F）[6], 去甲元宝酮*A、B、C、D（norsampsone A、B、C、D）[7], 元宝草酰素*A、B、C、D（hyperisampsin A、B、C、D）[8], 糙枝金丝桃酮 K（hyperibone K）、金丝元宝草酮*R、S（hypersampsone R、S）[9], 二氧元宝酮*A、B（dioxasampsone A、B）[10] 和元宝草塞素*H、I、J、K、L、M（hyperisampsin H、I、J、K、L、M）[11]；酚酸类：阿魏酸（ferulic acid）、咖啡酸甲酯（methyl caffeate）、香草酸（vanillic acid）[1], 苯甲酸（benzoic acid）和没食子酸（gallic acid）[2]；甾体类：β- 谷甾醇（β-sitosterol）[1] 和豆甾醇（stigmasterol）[2]；烷醇类：二十八烷醇（octacosanol）[2]；脂肪酸类：三十烷酸（triacontanoic acid）[2]。

根含间苯三酚衍生物：过氧化元宝酮*A、B（peroxysampsone A、B）和普鲁肯酮 C（plukenetione C）[12]。

全草含苯三酚衍生物：元宝草酮 A、F、K（sampsonione A、F、K）[13], 2, 6- 二羟基 -4, 3′, 5′- 三甲氧基二苯甲酮（2, 6-dihydroxy-4, 3′, 5′-trimethoxybenzophenone）[14], 2, 6- 二羟基 -4- [（E）-5- 羟基 -3, 7- 二甲基辛烷 -2, 7- 二烯氧基] 二苯甲酮 {2, 6-dihydroxy-4-[（E）-5-hydroxy-3, 7-dimethylocta-2, 7-dienyloxy] benzophenone} 和 2, 6- 二羟基 -4- [（E）-7- 羟基 -3, 7- 二甲基辛烷 -2- 烯氧基] 二苯甲酮 {2, 6-dihydroxy-4-[（E）-7-hydroxy-3, 7-dimethylocta-2-enyloxy] benzophenone}[15]；黄酮类：金丝梅酮（patulone）、1, 7- 二羟基 -4- 甲氧基𠮩酮（1, 7-dihydroxy-4-methoxyxanthone）、1, 3, 6, 7- 四羟基 -8-（3- 甲基 - 丁 -2- 烯基）𠮩酮 [1, 3, 6, 7-tetrahydroxy-8-（3-methyl-but-2-enyl）-xanthone][13], 木犀草素（luteolin）、山柰酚（kaempferol）[14], 金丝桃𠮩酮*（hyperxanthone）[15], 金丝桃苷（hyperin）、山柰酚 -3-O- 葡萄糖苷（kaempferol-3-O-glucoside）、5, 7, 4′- 三羟基黄酮醇（5, 7, 4′-trihydroxyflavonol）、5, 7, 3′, 4′- 四羟基 - 黄酮醇（5, 7, 3′, 4′-tetrahydroxyflavonol）、1, 7- 二羟基𠮩酮（1, 7-dihydroxyxanthone）、1, 3, 5, 6- 四羟基𠮩酮（1, 3, 5, 6-tetrahydroxyxanthone）[16], 1, 3- 二羟基 -5- 甲氧基𠮩酮（1, 3-dihydroxy-5-methoxyxanthone）、1, 3, 6, 7- 四羟基𠮩酮（1, 3, 6, 7-tetrahydroxyxanthone）和槲皮素（quercetin）[17]；酚酸类：对羟基苯甲酸（p-hydroxybenzoic acid）、3, 4- 二羟基苯甲酸（3, 4-dihydroxybenzoic acid）[16] 和苯甲酸（benzoic acid）[17]；皂苷类：白桦脂酸（betulinic acid）[16]；甾体类：β- 谷甾醇（β-sitosterol）[17]；蒽醌类：1, 3, 6- 三羟基 -2- 甲基蒽醌（1, 3, 6-trihydroxy-2-methyl anthraquinone）[14] 和 R-（-）- 醌茜素 -6-O-β-D- 吡喃木糖苷 [R-（-）-skyrin-6-O-β-D-xylopyranoside][15]；挥发油类：苯甲醛（benzaldehyde）、萘（naphthalene）、壬烷（n-nonane）、十一烷（n-undecane）和苯乙酮（acetophenone）等[18]；脂肪酸酯类：棕榈酸乙酯（ethyl palmitate）[18]。

【药理作用】 1.抗肿瘤　地上部分的氯仿萃取部位可结合维甲酸受体（RXRα）抑制 RXRα 转录活性而引起肺癌 H460 细胞的凋亡，这些有效部位可诱导肺癌 H460 细胞 RXRα 出核，其作用依赖于细胞内 RXRα 的量，而且元宝草诱导 RXRα 出核在浓度上与细胞凋亡有密切相关[1]。2.抗抑郁　地上部分提取物正丁醇萃取部分和水层部分均显示有较好的抗抑郁作用，其中正丁醇萃取部分各剂量组均可增加大鼠成功逃避次数，减少悬尾小鼠的不动时间；水层部分中、小剂量组可抑制利血平所致小鼠的体温降低，其抗抑郁作用机制可能是元宝草提取物与去甲肾上腺素（NA）和多巴胺（DA）受体关系密切有关[2]；元宝草总黄酮成分能有效缩短小鼠的游泳不动时间，且存在剂量依赖关系[3]。3.抗病毒　地上部分三氯甲烷和正丁醇部位对 H5N1 病毒有一定的抑制作用[4]。

【性味与归经】 苦、辛，寒。归肝、脾经。

【功能与主治】 调经通络，止血，解毒。用于月经不调，跌仆损伤，风湿腰痛，吐血，咳血，痈肿，毒蛇咬伤。

【用法与用量】 9～15g；外用适量。

【药用标准】 湖南药材 2009、湖北药材 2009、四川药材 2010 和贵州药材 2003。

【临床参考】 1.月经不调：全草 25g，加大苋菜 15g，米烧酒 100ml，热泡 1 天，每次服 10ml，日服 2 次，连服 5 天[1]；或全草 15～30g，加益母草 9g，金锦香根 15g，水煎，黄酒为引，于经前 7 天开始服，连服 5 剂。（《浙江药用植物志》）

2.肺结核咯血：全草 15～30g，加百部 12g，仙鹤草、紫金牛、牯岭勾儿茶各 15g，水煎服，一般需服 1～3 个月。（《浙江药用植物志》）

【附注】 元宝草始载于《本草从新》，谓："生江浙田塍间，一茎直上，叶对节生，如元宝向上，或三四层或五六层。"《本草纲目拾遗》云："此草有两种……一种，独叶，茎穿叶心，入药以独叶者为胜。"又引《百草镜》云："元宝草生阴土，近水处多有之，穿茎直上，或五六层或六七层，小满后开花黄色。"《植物名实图考》二十五卷芳草类载："元宝草，江西、湖南山原、园圃皆有之。独茎细绿，长叶上翘，茎穿叶心，分枝复生小叶，春开小黄花五瓣，花罢结实，根香清馥。"又云："土医以叶异状，故有相思、灯台、双合合诸名。或云患乳悬，取悬置胸间，左乳悬右，右乳悬左，即愈。"《简易草药》有茅草香子，治痧症极效。"即为本种。

无瘀滞者及孕妇禁服。

【化学参考文献】
［1］史莉莉，徐满萍，谭海波，等.元宝草化学成分的研究［J］.山西大学学报（自然科学版），2016，39（2）：264-268.

［2］郭澄，郑清明，郑汉臣.元宝草的化学成分研究［J］.药学服务与研究，2005，5（4）：341-344.

［3］郭澄，郑清明，郑汉臣.元宝草叫酮成分的研究［J］.中国药学杂志，2007，42（6）：418-420.

［4］Xin W B，Mao Z J，Jin G L，et al. Two new xanthones from *Hypericum sampsonii* and biological activity of the isolated compounds［J］. Phytother Res，2011，25（4）：536-539.

［5］邱玉琴，田文静，李畅，等.元宝草中 2 个新化合物［J］.中草药，2015，46（5）：625-628.

［6］Xin W B，Man X H，Zheng C J，et al. Prenylated phloroglucinol derivatives from *Hypericum sampsonii*［J］. Fitoterapia，2012，83（8）：1540-1547.

［7］Tian W J，Yu Y，Yao X J，et al. Norsampsones A-D，four new decarbonyl polycyclic polyprenylated acylphloroglucinols from *Hypericum sampsonii*［J］. Org Lett，2015，46（2）：3448-3451.

［8］Zhu H，Chen C，Yang J，et al. Bioactive Acylphloroglucinols with Adamantyl Skeleton from *Hypericum sampsonii*［J］. Org Lett，2014，16（24）：6322-6325.

［9］Chen J J，Chen H J，Lin Y L. Novel polyprenylated phloroglucinols from *Hypericum sampsonii*［J］. Molecules，2014，19（12）：19836-19844.

［10］Tian W J，Qiu Y Q，Yao X J，et al. Dioxasampsones A and B，two polycyclic polyprenylated acylphloroglucinols with unusual epoxy-ring-fused skeleton from *Hypericum sampsonii*［J］. Org Lett，2014，16（24）：6346.

［11］Zhu H，Chen C，Tong Q，et al. Hyperisampsins H-M，cytotoxic polycyclic polyprenylated acylphloroglucinols from *Hypericum sampsonii*［J］. Sci Rep，2015，5：14772.

［12］Zhi X，Yong X，Yi X，et al. Prenylated benzophenone peroxide derivatives from *Hypericum sampsonii*［J］. Chem Biodivers，2010，7（4）：953-958.

［13］李祖强，罗蕾，马国义，等.滇产元宝草中的元宝草酮及酮成分［J］.中草药，2004，35（2）：131-134.

［14］殷红军，李彬，周琪，等.元宝草中一个新的二苯甲酮［J］.天然药物研究与开发，2013，25：875-877.

［15］Don M J，Huang Y J，Huang R L，et al. New phenolic principles from *Hypericum sampsonii*［J］. Chem Pharm Bull，2004，52（7）：866-869.

［16］康佳敏，欧阳胜，肖炳坤，等.元宝草化学成分的分离与鉴定［J］.时珍国医国药，2011，22（11）：2641-2642.

［17］东鸿鑫，夏超，刘媛，等.元宝草化学成分研究［J］.植物资源与环境学报，2015，24（1）：110-112.

［18］肖炳坤，杨建云，黄荣清，等.元宝草挥发性成分 GC/MS 分析［J］.解放军药学学报，2016，32（1）：22-24.

【药理参考文献】

［1］韩春兰，孙德福，吴道军，等.元宝草以 RXRα 为靶点诱导肺癌细胞凋亡［J］.武警医学，2007，18（10）：729-732.

［2］石金城，闫显光，刘媛，等.元宝草抗抑郁活性部位筛选研究［J］.辽宁中医药大学学报，2010，12（5）：7-9.

［3］郭澄，郑清明，郑汉臣.元宝草黄酮类成分的抗抑郁作用研究［J］.药学实践杂志，2005，23（6）：345-347，361.

［4］殷红军.元宝草抗 H5N1 活性成分的研究［D］.合肥：安徽医科大学硕士学位论文，2014：53-55.

【临床参考文献】

［1］萧成纹.侗族医药验方集锦（十）［J］.中国民族民间医药杂志，2006，（6）：363-365.

601. 贯叶连翘（图 601）· *Hypericum perforatum* Linn.

【别名】贯叶金丝桃。

【形态】多年生草本，高 20～60cm。全株无毛。茎直立，多分枝，茎及分枝两侧各有 1 纵线棱。叶片紧靠密集，椭圆形或线形，长 1～2cm，宽 0.3～0.7cm，先端钝形，基部近心形而稍抱茎，全缘，微反卷，上面绿色，背面白绿色，散生透明或黑色腺点；侧脉 2 对，网脉稀疏，不明显；无叶柄。二歧状聚伞花序组成圆锥花序，着生于茎及分枝顶端；萼片长圆形或披针形，长 3～4mm，宽 1～1.2mm，先端尖或渐尖，边缘有黑色腺点；花瓣黄色，长圆形或长圆状椭圆形，长约 1.2cm，宽约 0.5cm，边缘及上部常有黑色腺点，花后宿存；雄蕊多数，3 束，每束有雄蕊约 15 枚，花丝长短不等；花柱 3 枚，自基部微张开。蒴果长圆状卵圆形，具背生腺条及侧生黄褐色囊状腺体。种子小，黑褐色，圆柱形，有纵向条棱，表面有细蜂窝纹。花期 7～8 月，果期 9～10 月。

【生境与分布】山坡、路边、荒草地、疏林下及河边，垂直分布 500～2100m。分布于山东、江苏、江西，另河南、湖北、湖南、贵州、四川、陕西、甘肃及新疆均有分布。

【药名与部位】贯叶金丝桃（贯叶连翘），地上部分。

【采集加工】夏、秋二季开花时采割，阴干或低温烘干。

【药材性状】茎呈圆柱形，长 10～100cm，多分枝，茎和分枝两侧各具一条纵棱，小枝细瘦，对生于叶腋。单叶对生，无柄抱茎，叶片披针形或长椭圆形，长 1～2cm，宽 0.3～0.7cm，散布透明或黑色的腺点，黑色腺点大多分布于叶片边缘或近顶端。聚伞花序顶生，花黄色，花萼、花瓣各 5 枚，长圆形或披针形，边缘有黑色腺点；雄蕊多数，合生为 3 束，花柱 3 枚。气微，味微苦涩。

【化学成分】地上部分含黄酮类：槲皮素（quercetin）、槲皮苷（quercitrin）、山柰酚（kaempferol）、1, 7- 二羟基𠮿酮（1, 7-dihydroxyxanthone）、双花金丝桃酮 -（5- 羟甲基 -6- 愈创木基 -2, 3：3′, 2′, 4′- 甲氧基 - 𠮿酮 -1, 4- 二氧杂环）［kielcorin-（5-hydroxymethyl-6-guaiacyl-2, 3：3′, 2′, 4′-methoxy-xanthone-1, 4-dioxane）］、2, 5- 二甲基 -7- 羟基色原酮（2, 5-dimethyl-7-hydroxychromone）[1]、金丝桃苷（hyperoside）、6″-O- 乙酰金丝桃苷（6″-O-acetyl hyperoside）[2]，（2S, 3R）-2-（3, 4- 二羟苯基）-3, 5, 7- 三羟基 -2- 甲氧基 -3-（2-

图 601　贯叶连翘　　　　　　摄影　陆耕宇

丙酰）色原 -4- 酮 [（2S, 3R）-2-（3, 4-dihydroxyphenyl）-3, 5, 7-trihydroxy-2-methoxy-3-（2-propanoyl）chroman-4-one]、山奈酚 -3-O- 芸香糖苷（kaempferol-3-O-rutinoside）、杨梅素（myricetin）、芦丁（rutin）、木犀草素（luteolin）[3]、3, 5, 7- 三羟基 -3′, 4′- 异丙基二氧黄酮（3, 5, 7-trihydroxy-3′, 4′-isopropyldioxy-flavone）[4] 和 5- 羟基 -7- 甲氧基 -3- 甲基色原 -4- 酮（5-hydroxy-7-methoxy-3-methyl chromen-4-one）[5]；蒽醌类：大黄素（emodin）[1]；酚酸类：香草酸（vanillic acid）[1]、（R）- 二羟基苯甲酸 -1′- 丙三醇酯 [（R）-dihydroxy-benzoic acid-1′-glycerol ester]、2, 6- 二甲氧基 -4- 二氢奎宁 -1-O-β-D- 吡喃葡萄糖苷（2, 6-dimethoxy-4-dihydroquinine-1-O-β-D-glucopyranoside）、丁香酸 -4-O-β- 吡喃葡萄糖苷（syringic acid-4-O-β-glucopyranoside）、1-O- 对香豆酰葡萄糖（1-O-p-coumaroyl glucose）和原儿茶酸（protocatechuic acid）[3]；甾体类：β- 谷甾醇（β-sitosterol）和胡萝卜苷（daucosterol）[2]；皂苷类：3- 表熊果酸（3-epi-ursolic acid）、万花木酸（myriaboric acid）[2] 和熊果酸（ursolic acid）[3]；间苯三酚衍生物：贯叶金丝桃素（hyperforin）、吡喃酮 [7, 28-b] 贯叶金丝桃素 {pyrano [7, 28-b] hyperforin}[6]；环己酮类：（2R, 3R, 4S, 6R）-6- 甲氧羰基 -3- 甲基 -4, 6- 二（3- 甲基 -2- 丁烯基）-2-（2- 甲基 -1- 丙酰基）-3-（4- 甲基 -3- 戊烯基）环己酮 [（2R, 3R, 4S, 6R）-6-methoxycarbonyl-3-methyl-4, 6-di（3-methyl-2-butenyl）-2-（2-methyl-1-propanoyl）-3-（4-methyl-3-pentenyl）cyclohexanone] 和（2R, 3R, 4S, 6S）-3- 甲基 -4, 6- 二（3- 甲基 -2- 丁烯基）-2-（2- 甲基 -1- 丙酰基）-3-（4- 甲基 -3- 戊烯基）- 环己酮 [（2R, 3R, 4S, 6S）-3-

methyl-4, 6-di（3-methyl-2-butenyl）-2-（2-methyl-1-propanoyl）-3-（4-methyl-3-pentenyl）-cyclohexanone］[6]；萜类：（7E, 6R, 9S）-9- 羟基 -4, 7- 大柱香波龙二烯 -3- 酮［（7E, 6R, 9S）-9-hydroxy-4, 7-megastigmadien-3-one］、（6S, 9R）- 长寿花糖苷［（6S, 9R）-roseoside］[3]；呋喃酮类：5- 甲基 -5-（4, 8, 12- 三甲基 - 十三烷基）- 二氢呋喃 -2- 酮［5-methyl-5-（4, 8, 12-trimethyl tridecyl）-dihydrofuran-2-one］[5]；糖类：D- 甘露醇（D-mannitol）[3]；烷醇类：正二十八烷醇（n-octacosanol）[3]；酯类：邻苯二甲酸二异丁酯（diisobutyl phthalate）[3]。

全草含挥发油类：芳樟醇（linalool）、4- 甲氧基丙烯基苯（4-methoxypropenyl benzene）、苯乙醛（benzeneacetaldehyde）、蘑菇醇（mushroom alcohol）、绿花白千层醇（viridiflorol）[7,8]、氧化石竹烯（caryophyllene oxide）、斯巴醇（spathulenol）、环十二烷（cyclododecane）、月桂酸（dodecanoic acid）[9,10]、苄醇（benzyl alcohol）、环十四烷（cyclotetradecane）、苯并呋喃酮（benzofuranone）和喇叭茶醇（ledol）等[10]。

叶含挥发油类：石竹烯（caryophyllene）、2- 甲基辛烷（2-methyl octane）、3- 甲基壬烷（3-methyl nonane）、十六酸（hexadecanoic acid）、大根香叶烯（germacrene）和八氢萘（octahydronaphthalene）等[11]。

【药理作用】1.抗抑郁　地上部分提取物能剂量依赖性地使小鼠尾悬挂失望时间缩短，能剂量依赖性地使大鼠强迫游泳的不动时间缩短，表明其在行为绝望抑郁模型动物上有明显的抗抑郁作用[1]；总黄酮可降低脑内的单胺氧化酶（MAO），可对抗利血平所致抑郁症模型小鼠的眼睑下垂及减少自主活动，显著增加脑内的 5- 羟色胺（5-HT）、去甲肾上腺素（NE），可使原来不会引起异常反应的 5- 羟色胺酸引起小鼠产生震颤反应，还可明显对抗小鼠行为绝望及获得性无助，延长小鼠睡眠时间[2]。2.抗病毒　地上部分醇提物可抑制流感病毒的增殖，对流感病毒引起小鼠肺炎实变有明显的抑制作用，能延长流感病毒感染小鼠的生存时间[3]；水提和醇提物具有抗乙肝病毒的作用，其作用机制可能与对乙肝表面抗原（HBsAg）、乙肝 e 抗原（HBeAg）两抗原分泌的抑制作用有关[4]。3.抗菌　地上部分总提取物对临床分离的 11 株对常用抗生素有耐药性的革兰氏阳性菌株均有较强的抑菌和杀菌作用[5]。4.抗肿瘤　地上部分提取的金丝桃素提取物对人肺癌 A549 细胞的生长具有抑制及诱导细胞凋亡的作用，金丝桃素在体外对人肺癌 A549 细胞具有杀伤作用，其抗肿瘤作用呈剂量与光照能量的依赖性[6]。5.抗炎镇痛　地上部分提取物具有明显的抗炎镇痛作用。能明显抑制二甲苯所致小鼠的耳廓肿胀、大鼠棉球肉芽肿的增重、甲醛所致小鼠的舔足时间和甲醛所致小鼠的足跖肿胀[7]。6.改善记忆　地上部分醇提物可明显减少鼠跳台和避暗的错误次数，显著提高小鼠脑中的单胺氧化酶 B（MAO-B）、超氧化物歧化酶（SOD）、丙二醛（MDA）、乙酰胆碱酶（AchE），表明其能提高小鼠的学习记忆能力[8]。

【性味与归经】辛，寒。归肝经。

【功能与主治】疏肝解郁，清热利湿，消肿通乳。用于肝气郁结，情志不畅，心胸郁闷，关节肿痛，乳痈，乳少。

【用法与用量】2 ～ 3g。

【药用标准】药典 2005—2015、部标维药 1999、新疆药品 1980 一册和贵州药材 2003。

【临床参考】1.经前期紧张综合征：地上部分，加当归、川芎、芍药、茯苓、泽泻、白术、香附、生麦芽、益母草，水煎，每日 1 剂，分早晚 2 次服用，月经前 1 周开始，月经提前、量多者加女贞子、旱莲草；经前乳胀者加八月札、凌霄花；经前头痛者加葛根、白芷；经前浮肿者加车前子、大腹皮；经前泄泻者加木香、炮姜；经前烦躁者加苏子、珍珠母；经前口疮者加天花粉、人中白；经前发热者加青蒿、白薇；经前失眠者加酸枣仁、合欢皮[1]。

2.抑郁症：地上部分制成酊剂（每 100ml 相当于原药 20g）口服，每日 10ml[2]。

3.吐血、崩漏：地上部分 15g，加旱莲草 12g、蒲黄炭 10g，水煎服。（《中药志》）

4.乳少：地上部分 30g，炖肉，服汤食肉。（《贵州民间药物》）

5.无名肿毒、烫火伤：鲜全草捣烂敷患处；干粉用麻油或蛋清调敷。（《中草药学》）

【附注】《植物名实图考》卷五载："元宝草产建昌，赪茎有节，对叶附茎，四面攒生如枸杞叶而圆，梢端开小黄花如槐米，土人采治热症。"《本草纲目拾遗》载："元宝草……此草有两种，一种两叶包茎，亦对芦生。"据上所述及附图，当系本种。

【化学参考文献】

［1］殷志琦，叶文才.国产贯叶连翘化学成分的研究［J］.中国药科大学学报，2002，33（4）：277-279.

［2］殷志琦，叶文才，赵守训.贯叶连翘的化学成分研究［J］.中草药，2001，32（6）：487-488.

［3］马洁.贯叶金丝桃和腺点金丝桃的化学成分研究［D］.北京：北京协和医学院、中国医学科学院博士学位论文，2012.

［4］Dou Y L，Qin T S，Ling O U，et al. An isopropyldioxy flavonol from *Hypericum perforatum* L.［J］. J Pharm Sci，2004，13（2）：112-114.

［5］Shan M D，An T Y，Hu L H，et al. Diterpene derivative and chromone from *Hypericum perforatum*［J］. Nat Prod Res，2004，18（1）：15-19.

［6］Shan M D，Hu L H，Chen Z L. Three new hyperforin analogues from *Hypericum perforatum*［J］. J Nat Prod，2001，64（1）：127-130.

［7］肖炳坤，杨建云，黄荣清，等.贯叶金丝桃挥发油成分的 GC-MS 分析［J］.中国实验方剂学杂志，2016，22（11）：64-67.

［8］王小芳，董晓宁，闫世才.贯叶连翘挥发性化学成分研究［J］.西北植物学报，2006，26（6）：1259-1262.

［9］吕英刚，刘世安，吴敏菊，等.山东贯叶连翘挥发油成分分析［J］.中国中医药信息杂志，2007，14（8）：42-43.

［10］李惠成，张兵.西北产贯叶连翘挥发性化学成分研究［J］.宝鸡文理学院学报（自然科学版），2006，26（3）：200-203.

［11］曾虹燕，周朴华.贯叶连翘挥发性成分分析［J］.中药材，2000，23（12）：752-753.

【药理参考文献】

［1］储智勇，汤文，卞俊，等.贯叶金丝桃提取物对行为绝望鼠抑郁模型的抗抑郁作用［J］.解放军药学学报，2003，19（6）：426-428.

［2］徐立，魏翠娥，赵明波，等.贯叶金丝桃总黄酮对小鼠抑郁症模型的实验研究［J］.中国中药杂志，2005，30（15）：1184-1188.

［3］杨子峰，徐活腾，刘妮，等.贯叶金丝桃醇提物抗流感病毒作用的研究［J］.现代中西医结合杂志，2004，13（6）：712-713.

［4］肖会泉，杨子峰，刘妮，等.贯叶金丝桃提取物抗乙型肝炎病毒的体外实验研究［J］.中药材，2005，28（3）：213-214.

［5］李宏，姜怀春.贯叶连翘总提取物对 11 株致病细菌的抗菌作用［J］.河南师范大学学报（自然科学版），2006，34（2）：98-102.

［6］王晓利，张俊松，刘金钏，等.贯叶金丝桃中金丝桃素提取物对人肺癌细胞 A549 的体外杀伤效应［J］.中成药，2007，29（7）：1058-1061.

［7］徐元翠.贯叶连翘提取物抗炎镇痛作用实验研究［J］.中国药师，2010，13（10）：1435-1436.

［8］姚五湖，龙斌，周日笑.贯叶连翘提取物提高衰老小鼠学习记忆能力的研究［J］.今日药学，2010，20（4）：37-39.

【临床参考文献】

［1］曾真，韩钟博.贯叶连翘合剂治疗经前期紧张综合征——55 例临床资料分析［J］.中成药，2001，23（2）：32-34.

［2］阮鹏，阮浩然.贯叶连翘与中医辨证治疗抑郁症临床研究［J］.上海中医药杂志，2006，40（10）：24-25.

602. 地耳草（图 602）• *Hypericum japonicum* Thunb.ex Murray

【别名】小元宝草、四方草、千重楼、田基黄、七层塔（浙江），犁头草（江西）。

【形态】一年生或多年生草本，高 15～40cm。茎纤细，单一或多少簇生，直立或外倾，具 4 纵线棱，常有淡色腺点。叶片常卵形或卵状三角形，长 0.3～1.8cm，宽 0.2～0.8cm，先端尖或圆钝，基部心形抱茎或平截，全缘，散生透明腺点，边缘无腺点；三出脉；无叶柄。聚伞花序，顶生；花小，直径约 0.6cm，

图 602　地耳草　　　　　　　　　　　　　摄影　李华东等

花梗纤细，长达 1cm；萼片 5 枚，窄长圆形、披针形或椭圆形，长 4～5mm；花瓣 5 枚，白色、淡黄色至橙黄色，椭圆形或长圆形，无腺点，花后宿存；雄蕊 5～30 枚，不成束，基部联合，宿存，花药黄色，具松脂状腺体。子房 1 室，花柱 3 枚，离生，宿存。蒴果短圆柱形或圆球形，长达 0.6cm，无腺条纹。种子小，淡黄色，圆柱形，具细蜂窝网纹。花期 3～8 月，果期 6～10 月。

【生境与分布】生于路边草丛、田边、荒草地、沟边，垂直分布可达 2800m。分布于山东、浙江、江苏、安徽、福建及江西，另河南、湖北、湖南、广东、广西、贵州、云南、四川、西藏等省区均有分布。

【药名与部位】地耳草（田基黄），全草。

【采集加工】秋季采收，干燥。

【药材性状】长 20～40cm。根须状，黄褐色。茎单一或基部分枝，黄绿色或黄棕色，略具四棱；质脆，易折断，断面中空。叶对生，无柄；展平叶片卵形或卵圆形，长 0.4～1.6cm，全缘，具腺点，基出脉 3～5 条。聚伞花序顶生，花小，橙黄色，萼片、花瓣均为 5 片。无臭，味微苦。

【药材炮制】除去杂质，洗净，切段，干燥。

【化学成分】全草含黄酮类：田基黄双㕮酮素 D（jacarelhyperol D）[1]，1, 6- 二羟基异巴西红厚壳素 -5-O-β-D- 葡萄糖苷（1, 6-dihydroxyisojacereubin-5-O-β-D-glucoside）、3, 6, 7- 三羟基 -1- 甲氧基㕮酮（3, 6, 7-trihydroxy-1-methoxy-xanthone）[2]，金丝桃苷（hyperoside）、小麦黄素（tricin）、槲皮素 -7-O-α-L- 鼠李糖苷（quercetin-7-O-α-L-rhamnoside）、异槲皮苷（isoquercitrin）、异巴西红厚壳素（isojacareubin）[3]，槲皮素 -3-O-β-D- 葡萄糖醛酸苷（quercetin-3-O-β-D-glucuronide）、3, 8″- 双芹菜素（3, 8″-biapigenin）、田基黄双㕮酮（bijaponicaxanthone）[4]，6- 脱氧异巴西红厚壳素（6-deoxyisojacareubin）、1, 3, 5, 6- 四羟基咕吨酮素（1, 3, 5, 6-tetrahydroxyxanthonin）、1, 3, 6, 7- 四羟基咕吨酮素（1, 3, 6, 7-tetrahydroxyxanthonin）、1, 3, 5, 6- 四羟基 -4- 异戊二烯㕮酮（l, 3, 5, 6-tetrahydroxy-4-prenylxanthone）、异巴西红厚壳素 -5- 葡萄

糖苷（isojacareubin-5-glucoside），即田基黄𠮷酮苷 * （japonicaxanthoneside）、3, 6, 7- 三羟基 -1- 甲氧基 𠮷酮（3, 6, 7-trihydroxy-1-methoxyxanthone）、田基黄双𠮷酮素 A、C、D（jacarelhyperol A、C、D）、 3, 7- 二羟基色原酮 -5-O- 鼠李糖苷（3, 7-dihydroxychromone-5-O-rhamnoside）[5]，槲皮素（quercetin）、 （-）- 表儿茶素［（-）-epicatechin］、槲皮苷（quercitrin）[6]，3, 5, 7, 3′, 5′- 五羟基二氢黄酮醇（3, 5, 7, 3′, 5′-pentahydroxydihydroflavonol）、5, 7, 3′, 4′- 四羟基 -3- 甲氧基黄酮（5, 7, 3′, 4′-tetrahydroxy-3-methoxyflavone）、山柰酚（kaempferol）[7]，二羟基山柰酚（dihydrokaempferol）和二羟基槲皮素（dihydroquercetin）[8]；间苯三酚衍生物：4, 6- 二甲基 -1-O-［α-L- 吡喃鼠李糖 -（1→6）-β-D- 吡喃葡萄糖苷］珊瑚醇 * {4, 6-dimethyl-1-O-［α-L-rhamnopyranosyl-（1→6）-β-D-glucopyranosyl］multifidol}[8] 和田基黄棱素 A、B（sarothralen A、B）[9]；酚酸及衍生物：4- 羟基 -3- 甲氧基苯甲酸（4-hydroxy-3-methoxy-benzoic acid）[5]，咖啡酸十八烷酯（octadecyl caffeate）、3, 4- 二羟基苯甲酸（3, 4-dihydroxy-benzoic acid）[6]，绿原酸（chlorogenic acid）[8]，邻苯二酚（1, 2-benzenediol）、反式咖啡酸（trans-caffeic acid）和 2, 5- 二羟基苯甲酸（2, 5-dihydroxy-benzoic acid）[10]；甾体类：豆甾醇（stigmasterol）、胡萝卜苷（daucosterol）[5]，豆甾醇 -3-O-β-D- 吡喃葡萄糖苷（stigmasterol-3-O-β-D-glucopyranoside）[4] 和 β- 谷甾醇（β-sitosterol）[6]；皂苷类：白桦脂酸（betulinic acid）[4]；烷烃及脂肪酸类：正十三烷醇（n-tridecanol）、 3-（4- 羟基 -3- 甲氧基苯基）- 反式丙烯酸二十六醇酯［hexacosanol 3-（4-hydroxy-3-ethoxyphenyl）-trans-acryliceylenate］和正三十四烷酸（n-tetratriacontanoic acid）[5]。

地上部分含间苯三酚衍生物：（±）- 地耳醇 * A、B、C、D［（±）-japonicol A、B、C、D］[11]， 地耳草醇 * A、B、C、D、E、F、G、H（hyperjaponol A、B、C、D、E、F、G、H）[12, 13] 和田基黄棱素 A、B、C、D（sarothralen A、B、C、D）[13]；黄酮类：1, 5- 二羟基𠮷酮 -6-O-β-D- 葡萄糖苷（1, 5-dihydroxyxanthone-6-O-β-D-glucoside）、1, 3, 5, 6- 四羟基 -4- 异戊二烯基𠮷酮（1, 3, 5, 6-tetrahydroxy-4-prenylxanthone）、田基黄双𠮷酮（bijaponicaxanthone）、1, 5, 6- 三羟基𠮷酮（1, 5, 6-trihydroxyxanthone）、 异巴西红厚壳素（isojacareubin）、6- 脱氧异巴西红厚壳素（6-deoxyisojacareubin）、1, 7- 二羟基𠮷酮（1, 7-dihydroxyxanthone）、1, 5- 二羟基 -4- 甲氧基𠮷酮（1, 5-dihydroxy-4-methoxyxanthone）和 1, 2, 5- 三羟基𠮷酮（1, 2, 5-trihydroxyxanthone）[14]；吡喃酮类：地耳吡喃酮 * A、B（japopyrone A、B）[15]。

茎叶含挥发油类：壬烷（nonane）、十一烷（undecane）、十四醇（tetradecanol）和（E）-β- 金合欢烯［（E）-β-farnesene］等[16]。

根含挥发油类：乙酸月桂酯（lauryl acetate）、3- 甲基环氧乙烷甲醇（3-methy loxiranemethanol）、 壬烷（nonane）和癸醛（decanal）等[16]。

【药理作用】1. 护肝　全草对四氯化碳及 D- 氨基半乳糖（D-Gal）所致大鼠的谷丙转氨酶（ALT）、 天冬氨酸氨基转移酶（AST）的升高有明显的降低作用，表明对大鼠急性肝损伤具有保护作用[1]。2. 抗肿瘤　全草制成的田基黄注射液对人喉癌 Hep-2 和人宫颈癌 HeLa 细胞的增殖有抑制作用，使细胞收缩、 不贴壁和死亡[2]。3. 免疫增强　全草制成的田基黄注射液能明显提高外周血中性粒细胞（PMN）吞噬率及 T 淋巴细胞百分率，提高支气管肺泡灌洗液（BALF）中 T 淋巴细胞百分率，但对外周血白细胞移行抑制指数（MI）及肺泡巨噬细胞（AM）吞噬率无明显影响[3]。4. 抗菌　全草总黄酮提取物对大肠杆菌、枯草芽孢杆菌和金黄色葡萄球菌的生长均具有明显的抑制作用，最小抑菌浓度分别为 3.125μg/ml、 6.25μg/ml、1.5625μg/ml；总黄酮浓度为 12.5μg/ml 的田基黄提取物对大肠杆菌、金黄色葡萄球菌和枯草芽孢杆菌的生长抑制作用最强[4]。5. 抗氧化　全草甲醇提取物能有效抑制脂质的氧化分解，具有较好抑制由活性氧造成的小牛胸腺 DNA 氧化损伤的作用[5]。6. 抗病毒　全草醇提物可明显抑制甲Ⅲ型流感病毒引起小鼠肺组织的炎性实变，降低甲Ⅲ型流感病毒感染小鼠的死亡率[6]；水提取物对Ⅰ型单纯疱疹病毒有抑制作用；氯仿提取物对乙肝表面抗原和乙肝 e 抗原有抑制作用[7]。

【性味与归经】苦、辛，平。归肝、脾经。

【功能与主治】清利湿热，散瘀消肿。用于急、慢性肝炎，疮疖痈肿。

【用法与用量】9 ～ 15g。

【药用标准】药典 1977、部标中药材 1992、浙江炮规 2015、湖南药材 1993、四川药材 1987 增补、贵州药材 1988、广东药材 2004、海南药材 2011 和香港药材五册。

【临床参考】1. 慢性肾功能不全：地耳草配方颗粒（每包相当于 15g 全草生药量）口服，每次 2 包，每日 3 次[1]。

2. 小儿黄疸型传染性肝炎：全草 500g，加白芍 10g、丹参 10g、栀子 10g、柴胡 10g、郁金 15g、木香 5g、神曲 10g，水煎服，每剂服 2 日，每日服 3 次，半个月 1 疗程[2]。

3. 急性结膜炎：全草 30 ～ 60g，煎水熏洗患眼，每天 3 次。

4. 急性肾炎、阑尾炎：鲜全草 60g，水煎服。

5. 肠炎：鲜全草 45g，加鲜凤尾草 30g，水酒各半煎服。

6. 疮肿痈疽、跌打扭伤：鲜全草适量，捣烂外敷。（3 方至 6 方引自《浙江药用植物志》）

【附注】本种始载于《生草药性备要》。《植物名实图考》称地耳草，云："高三四寸，丛生，叶如小虫儿卧单，叶初生甚红，叶皆抱茎上耸，老则变绿，梢端春开小黄花。"并有附图。据其描述及其附图，即为本种。

可引起光敏性皮炎[1]。

【化学参考文献】

[1] Zhang W D, Fu P, Liu R H, et al. A new bisxanthone from *Hypericum japonicum* [J]. Chin Chem Lett, 2005, 78（6）: 74-75.

[2] Fu P, Zhang W D, Liu R H, et al. Two new xanthones from *Hypericum japonicum* [J]. Nat Prod Res, 2006, 20（13）: 1237-1240.

[3] 熊丽. 田基黄抗肿瘤活性成分与含量测定方法研究 [D]. 沈阳：沈阳药科大学硕士学位论文，2008.

[4] 张琳，金媛媛，田景奎. 田基黄的化学成分研究 [J]. 中国药学杂志，2007，42（5）：341-344.

[5] 傅芃. 田基黄活性成分的研究 [D]. 上海：第二军医大学硕士学位论文，2005.

[6] 吕洁，孔令义. 田基黄的化学成分研究 [J]. 中国现代中药，2007，9（11）：12-14.

[7] 傅芃，李廷钊，柳润辉，等. 田基黄黄酮类化学成分的研究 [J]. 中国天然药物，2004，2（5）：283-284.

[8] Wang X W, Mao Y, Wang N L, et al. A new phloroglucinol diglycoside derivative from *Hypericum japonicum* Thunb [J]. Molecules, 2008, 13（11）: 2796.

[9] Ishiguro K, Yamaki M, Kashihara M, et al. Sarothralen A and B, new antibiotic compounds from *Hypericum japonicum* [J]. Planta Med, 1986, 52（4）: 288-290.

[10] 金媛媛. 田基黄的化学成分研究 [D]. 杭州：浙江大学硕士学位论文，2006.

[11] Hu L, Xue Y, Zhang J, et al.（±）-Japonicols A-D, acylphloroglucinol-based meroterpenoid enantiomers with anti-KSHV activities from *Hypericum japonicum* [J]. J Nat Prod, 2016, 79（5）: A-G.

[12] Wu R, Le Z, Wang Z, et al. Hyperjaponol H, a new bioactive filicinic acid-based meroterpenoid from *Hypericum japonicum* Thunb. ex Murray. [J]. Molecules, 2018, 23（3）: 683.

[13] 胡琳珍. 地耳草化学成分及药理活性研究 [D]. 武汉：华中科技大学博士学位论文，2016.

[14] Wu Q L, Wang S P, Du L J, et al. Xanthones from *Hypericum japonicum* and *H. henryi* [J]. Phytochemistry, 1998, 49（5）: 1395.

[15] Hu L, Wang Z, Zhang J, et al. Two new bioactive α-pyrones from *Hypericum japonicum* [J]. Molecules, 2016, 21（4）: 515.

[16] 李雪峰，张珍贞，欧阳玉祝，等. 田基黄挥发油化学成分的 GC-MS 分析 [J]. 广东化工，2013，40（2）：94-95.

【药理参考文献】

[1] 李沛波，唐西，杨立伟，等. 田基黄对大鼠急性肝损伤的保护作用 [J]. 中药材，2006，1（1）：55-56.

[2] 黎七雄，孙忠义，陈金和. 田基黄对人喉癌 Hep-2 和人宫颈癌 HeLa 细胞株生长的抑制作用 [J]. 华西药学杂志，1993，8（2）：93-94.

［3］周小玲，柯美珍，宋志军. 田基黄对大鼠呼吸道及全身免疫功能的影响［J］. 广西医科大学学报，2001，18（2）：211-212.

［4］李雪峰，符智荣，魏燕，等. 田基黄总黄酮提取物的抑菌性能研究［J］. 应用化工，2014，43（3）：432-434.

［5］Samaga P V，Rai V R. Evaluation of pharmacological properties and phenolic profile of *Hypericum japonicum* Thunb. from Western Ghats of India［J］. Journal of Pharmacy Research，2013，7（7）：626-632.

［6］刘妮，胡溪柳，孟以蓉，等. 田基黄体内抗甲 3 型流感病毒作用研究［J］. 中药材，2008，31（7）：1022-1024.

［7］甘远奇，邹淳，徐坚. 对 5 种中草药抗 I 型单纯疱疹病毒的实验研究［J］. 江西中医学院学报，1993，5（2）：45-46.

【临床参考文献】

［1］余晓红. 地耳草颗粒治疗慢性肾功能不全 23 例［J］. 华西医学，2009，24（10）：2711.

［2］张连光. 地耳草治疗小儿黄疸型传染性肝炎［J］. 中国民族民间医药杂志，1999，（3）：174.

【附注参考文献】

［1］成力雯. 地耳草致光敏性皮疹一例［J］. 现代应用药学，1996，13（4）：65.

603. 黄海棠（图 603）• *Hypericum ascyron* Linn.

图 603　黄海棠　　　　　　　　　　　　摄影　李华东等

【别名】湖南连翘、红旱莲（浙江），大金雀、大叶牛心菜（山东），六安茶（江苏），降龙草（安徽），连翘（福建）。

【形态】多年生草本，高 0.5 ～ 1.3m。茎单一或数茎丛生，不分枝或上部有分枝，有 4 纵线棱。叶片披针形、长圆状披针形、长圆状卵形或椭圆形，长 4 ～ 10cm，宽约 2cm，先端圆钝或急尖，基部楔形或心形且抱茎，背面疏被腺点；叶无柄。顶生聚伞花序有花 1 至多数；花大，直径约 3cm；花梗长 0.5 ～ 3cm；

萼片 5 枚，卵形、披针形、椭圆形或长圆形，长 0.3～1.5cm，宽达 0.7cm，先端尖锐或钝；花瓣 5 枚，金黄色，倒卵形或倒披针形，长 1.5～4cm，宽 0.5～2cm，宿存；雄蕊多数，5 束，每束具雄蕊约 30 枚，花药金黄色，具松脂状腺点；花柱 5 枚，基部联合。蒴果卵圆形或圆锥形，长约 2cm，5 裂成 5 果爿，成熟时深褐色。种子小，圆柱形，棕色或黄褐色。花期 7～8 月，果期 8～9 月。

【生境与分布】生于山坡疏林下、林缘、草丛、草甸、溪边、河岸，垂直分布可达 2800m。除新疆、青海及海南外，全国各地均有分布。

【药名与部位】红旱莲（湖北刘寄奴、刘寄奴），地上部分。

【采集加工】秋季果实成熟时采收，干燥。

【药材性状】茎略四棱柱形，表面棕褐色，外皮易开裂；切面类白色，中空。叶对生，无柄；叶片全缘，红棕色，两面均有透明小腺点。蒴果圆锥形，棕褐色。种子多数，椭圆形，略弯曲，长约 1mm，褐色。气微，味微苦、涩。

【质量要求】色红，连果带叶，无根。

【药材炮制】除去杂质，抢水洗净，润软，切段，干燥。

【化学成分】地上部分含皂苷类：3, 4- 开环齐墩果 -13（18）- 烯 -12, 19- 二酮 -3- 酸［3, 4-seco-olean-13（18）-ene-12, 19-dione-3-oic acid］、木栓酮（friedelin）[1]，19α- 羟基熊果酸（19α-hydroxyursolic acid）、6β, 19α- 二羟基熊果酸（6β, 19α-dihydroxy-ursolic acid）和万花木酸（myriaboric acid）[2]；间苯三酚衍生物：黄海棠酮*A、B、C、D、E、F、G、H（hyperascyrone A、B、C、D、E、F、G、H）和托马酮*A、B、E、F、G、H（tomoeone A、B、E、F、G、H）[3,4]；甾体类：β- 谷甾醇（β-sitosterol）、豆甾醇（stigmasterol）[2]，麦角甾醇过氧化物（ergosterol peroxide）[4] 和菜油甾醇（campesterol）[5]；黄酮类：槲皮素（quercetin）、山柰酚（kaempferol）、金丝桃苷（hyperoside）、槲皮素 -3-O-α-L- 阿拉伯呋喃糖苷（quercetin-3-O-α-L-arabinofuranoside）[2]、槲皮素 -3-O-β-D- 吡喃葡萄糖苷（quercetin-3-O-β-D-glucopyranoside）和山柰酚 -3-O-β-D- 吡喃葡萄糖苷（kaempferol-3-O-β-D-glucopyranoside）[5]；酚酸类：对羟基苯甲酸（4-hydroxybenzoic acid）和原儿茶酸（protocatechuic acid）[5]；烷醇类：正二十九烷醇（n-nonacosanol）[2]。

全草含皂苷类：木栓酮（friedelin）[6]，熊果酸（ursolic acid）和白桦酸（betulinic acid）[7]；烷烃及烷醇类：正二十八烷醇（n-octacosanol）、正二十八烷（n-octacosane）和正十八烷（n-octadecane）[6]；脂肪酸类：十一酸（hendecanoic acid）、正二十六酸（n-hexacosanoic acid）、正二十烷酸（n-eicosanoic acid）、十八烷酸（octadecanoic acid）和正三十烷酸（n-triacontanoic acid）[6]；间苯三酚衍生物：呋喃贯叶金丝桃素（furohyperforin）和呋喃甲基贯叶金丝桃素（furoadhyperforin）[6]；黄酮类：槲皮素（quercetin）、山柰酚（kaempferol）、槲皮素 -3-O-β-D- 半乳糖苷（quercetin-3-O-β-D-galactoside）、槲皮素 -3-O-β-D- 吡喃葡萄糖苷（quercetin-3-O-β-D-glucopyranoside）、山柰酚 -3-O-β-D- 吡喃葡萄糖苷（kaempferol-3-O-β-D-glucopyranoside）、3, 5, 8, 3′, 4′- 五羟基黄酮（3, 5, 8, 3′, 4′-pentahydroxyflavone）[7]、槲皮苷（quercitrin）、芦丁（rutin）、金丝桃苷（hyperoside）、1, 7- 二羟基𠮷酮（1, 7-dihydroxyxanthone）、2, 3- 二甲氧基𠮷酮（2, 3-dimethoxyxanthone）和1- 羟基 -7- 甲氧基𠮷酮（1-hydroxy-7-methoxyxanthone）[8]；甾体类：胡萝卜苷（daucosterol）和 β- 谷甾醇（β-sitosterol）[8]；蒽酮类：大萼金丝桃素 B、C（hypercalin B、C）[8]。

叶含间苯三酚衍生物：托马酮*A、B、C、D、E、F、G、H（tomoeone A、B、C、D、E、F、G、H）[9]；蒽酮类：大萼金丝桃素 B、C（hypercalin B、C）[9]。

【药理作用】1. 抗炎镇痛 水提物对二甲苯所致小鼠的耳肿胀、角叉菜胶和蛋清所致大鼠的足跖肿胀、急性炎症所致小鼠的皮肤和腹腔毛细血管通透性、冰醋酸所致小鼠的慢性炎性疼痛及热板所致的疼痛均有不同程度的抑制作用[1]。2. 止咳平喘 全草水煎液具有止咳、祛痰、平喘的作用，可对抗由乙酰胆碱所致的支气管收缩，并能持续 1～2h[2]。3. 抗菌 水煎剂对金黄色葡萄球菌及白色葡萄球菌的生长有非常显著的抑制作用；对肺炎杆菌、肺炎双球菌、卡他球菌的生长也有一定的抑制作用[2]。4. 护肝 醇提物的乙酸乙酯萃取部位能极显著抑制四氯化碳（CCl_4）肝损伤小鼠的谷丙转氨酶（ALT）、天冬氨酸氨基转移酶（AST）活性升高；正丁醇部位能显著抑制四氯化碳肝损伤小鼠的谷丙转氨酶、天冬氨酸氨基转移酶活性升高；乙酸乙酯部位能抑制酒精性肝损伤小鼠的谷丙转氨酶、天冬氨酸氨基转移酶活性升高[3]。5.抗抑郁　全草醇提物在聚酰胺层析柱上的 30% 乙醇洗脱部分能明显缩短小鼠强迫游泳绝望时间[4]。

【性味与归经】微苦，寒。

【功能与主治】平肝，止血，解毒，消肿。用于肝旺头痛，吐血，便血，跌扑损伤，疮疖。

【用法与用量】9 ～ 12g。

【药用标准】浙江炮规 2015、上海药材 1994、湖南药材 2009、湖北药材 2009、河南药材 1993、江苏药材 1989、江西药材 2014、吉林药品 1977 和辽宁药品 1987。

【临床参考】喘息型慢性支气管炎：红旱莲糖衣片（生药 1.4 g / 片）口服，每次 6 片，每日 3 次[1]。

【附注】湖南连翘始载于《植物名实图考》，云："湖南连翘生山坡。独茎方棱，长叶对生，极似刘寄奴，梢端叶际开五瓣黄花，大如杯，长须迸露，中有绿心，如壶芦形。一枝三花，亦有一花者，土人即呼黄花刘寄奴，以治损伤，败毒。"参考其附图，所述即为本种。

脾胃虚寒者慎服。

【化学参考文献】

［1］Chen C，Wei G，Zhu H，et al. A new 3，4-seco-oleanane-type triterpenoid with an unusual enedione moiety from *Hypericum ascyron*［J］. Fitoterapia，2015，103：227-230.

［2］高颖，韩力，孙亮，等. 长柱金丝桃的化学成分［J］. 中国天然药物，2007，5（6）：413-416.

［3］Zhu H，Chen C，Liu J，et al. Hyperascyrones A-H，polyprenylated spirocyclic acylphloroglucinol derivatives from *Hypericum ascyron* Linn.［J］. Phytochemistry，2015，115：222-230.

［4］朱虎成. 元宝草和黄海棠化学成分及生物活性研究［D］. 武汉：华中科技大学博士学位论文，2014.

［5］李光熙. 长柱金丝桃的活性成分研究［D］. 延吉：延边大学硕士学位论文，2011.

［6］许芳，高万，邢建国，等. 红旱莲石油醚部位的化学成分研究［J］. 西北药学杂志，2016，31（4）：331-333.

［7］宋艳丽. 黄海棠、梭梭、槐花、槲栎活性成分研究［D］. 开封：河南大学硕士学位论文，2010.

［8］徐芳辉，丁宇翔，王强. 黄海棠乙酸乙酯部位的化学成分研究［J］. 中药材，2016，39（2）：322-325.

［9］Hashida W，Tanaka N，Kashiwada Y，et al. Tomoeones A-H，cytotoxic phloroglucinol derivatives from *Hypericum ascyron*［J］. Phytochemistry，2008，69（11）：2225-2230.

【药理参考文献】

［1］吕江明，贾薇，李春艳. 黄海棠提取物抗炎镇痛效应的研究［J］. 实用中西医结合临床，2008，8（4）：87-89.

［2］皖南医学院药理、微生物教研组，寿县卫生局中草药研究组. 红旱莲的药理作用［J］. 安徽医学，1977，（1）：84-88.

［3］刁磊，陈惠杰. 长柱金丝桃提取物对四氯化碳和酒精诱导小鼠肝损伤的保护作用研究［J］. 黑龙江畜牧兽医，2015，（1）：151-153.

［4］杨连荣，张哲锋，齐乐辉，等. 长柱金丝桃抗抑郁作用有效部位的实验研究［J］. 哈尔滨商业大学学报（自然科学版），2010，26（1）：4-5，25.

【临床参考文献】

［1］蒋春亭，徐兆煜，倪光玉，等. 红旱莲治疗喘息型慢性支气管炎 100 例临床观察［J］. 安徽医学，1980，（1）：38-40.

604. 金丝梅（图 604）• *Hypericum patulum* Thunb.ex Murray

【别名】金丝海棠、木本黄开口、水面油、金线蝴蝶（浙江），芒种花、云南连翘（福建）。

【形态】半常绿灌木，常呈丛生状，高 0.3 ～ 1.5m。小枝有 2 纵线棱，红色或暗褐色。叶片卵形、卵状披针形或长卵形，长 1.5 ～ 6cm，宽 0.5 ～ 3cm，先端钝或圆钝，常有小凸尖，基部宽楔形，上面绿

图 604　金丝梅　　　　　　　　　　　　　　　摄影　张芬耀

色，背面苍白色，散生透明腺点及短腺条；侧脉约 3 对；叶柄极短。花单生或数朵成聚伞花序，生于枝端；花大，直经 2.5 ～ 5cm；花梗长 0.2 ～ 0.7cm；萼片 5 枚，宽卵形或卵状长圆形，先端常有小尖突，边缘有啮蚀状细齿及缘毛，宿存；花瓣 5 枚，金黄色，长圆状倒卵形或宽倒卵形，长 1.2 ～ 1.8cm，宽 1 ～ 1.4cm，凋落；雄蕊多数，5 束，每束有雄蕊 50 ～ 70 枚，花药金黄色；花柱 5 枚，分离。蒴果卵形，5 裂成 5 果爿。种子小，圆柱形，深褐色，表面有不明显细蜂窝纹。花期 6 ～ 7 月，果期 8 ～ 10 月。

【生境与分布】生于山坡、路边、沟谷、疏林下，垂直分布 300 ～ 2400m。分布于安徽、浙江、江西及福建，另台湾、湖北、湖南、广西、贵州、云南、四川、陕西、甘肃等省区均有分布。

【药名与部位】金丝梅（大过路黄），新鲜成熟果实。

【采集加工】夏、秋二季采收。

【药材性状】蒴果，卵形，有宿存的萼，长 0.8 ～ 2cm，直径 0.5 ～ 1.5cm，表面绿色或绿棕色。气微，味苦、微辛。

【化学成分】叶含萜类：金丝梅素 *A、B（hypatulin A、B）[1]。

全草含挥发油类：α- 蒎烯（α-pinene）、β- 石竹烯（β-caryophyllene）、2, 4α, 5, 6, 7, 8- 六氢 -3, 5, 5, 9-四甲基 -(R)-1H- 苯并环庚烯 [2, 4α, 5, 6, 7, 8-hexahydro-3, 5, 5, 9-tetramethyl-(R)-1H-benzocycloheptene]、β- 金合欢烯（β-farmesene）、α- 律草烯（α-humulene）、长叶烯（longifolene）、α- 金合欢烯（α-farmesene）和榄香烯（elemene）等[2]。

【药理作用】抗氧化　地上部分醇提物具有清除 1, 1- 二苯基 -2- 三硝基苯肼自由基（DPPH）的作用，经对石油醚、氯仿、乙酸乙酯和水 4 个不同萃取部位的比较，其对自由基的清除作用最强的为乙酸乙酯部位[1]。

【性味与归经】苦，寒。归肝、肾、膀胱经。

【功能与主治】清热解毒，凉血止血。用于痢疾，痔疮出血，跌扑损伤，牙痛，鼻衄。

【用法与用量】15 ～ 30g。

【药用标准】贵州药材 2003。

【临床参考】腰背痛、便血：全草适量，水煎服。（《浙江药用植物志》）

【化学参考文献】

［1］Tanaka N，Yano Y，Tatano Y，et al. Hypatulins A and B，meroterpenes from *Hypericum patulum*［J］. Org Lett，2016，18（20）：5360.

［2］张兰胜，董光平，刘光明 . 芒种花挥发油化学成分研究［J］. 中药材，2009，32（2）：224-226.

【药理参考文献】

［1］段静雨，李岩，王健慧，等 . DPPH 法测定金丝梅体外抗氧化活性［J］. 徐州医学院学报，2009，29（9）：618-620.

七二　柽柳科 Tamaricaceae

灌木、亚灌木或小乔木。单叶，互生，叶片常呈鳞片状，草质或肉质，多有泌盐腺体；无托叶。花两性，稀单性，辐射对称；花通常集生成总状花序或圆锥花序，稀单生；花萼4～5深裂，宿存；花瓣4～5枚，分离，花后脱落或宿存；下位花盘常肥厚，蜜腺状；雄蕊4～5枚，着生于花盘上，花丝分离，稀基部结合成束，或联合至中部呈筒状，贴生于花盘；花药丁字着生，2室，纵裂；子房上位，1室或有不完全的隔膜，具胚珠2至多数，花柱3～5枚，分离或合生，柱头3～5枚，有时无花柱。蒴果，圆锥形，室背开裂。种子多数，被毛或顶端有芒柱或具翅。

约3属，120余种，广布于北半球。中国3属，32种，分布几遍及全国，法定药用植物2属，4种。华东地区法定药用植物1属，1种。

柽柳科法定药用植物科特征成分鲜有报道。柽柳属含黄酮类、酚酸类等成分。黄酮类包括黄酮醇、查耳酮、黄烷等，如芦丁（rutin）、2′, 4′-二羟基查耳酮（2′, 4′, -dihydroxy chalcone）、乔松素（pinocembrin）等；酚酸类如鞣花酸（ellagic acid）、没食子酸（gallic acid）等。

1. 柽柳属 *Tamarix* Linn.

落叶灌木或小乔木。分枝多，小枝多数细长而柔软，除木质化长枝外，尚有多数纤细绿色营养枝，秋后脱落。叶片鳞片状，互生，多有泌盐腺体；无托叶。花两性，4～5数；总状花序，春季着生于去年生老枝上，或夏秋二季着生于当年生枝顶端组成圆锥花序或总状花序；苞片1枚；花萼4～5深裂，宿存；花瓣与花萼裂片同数，花后脱落或宿存，白色或淡红色；花盘常4～5裂，裂片先端全缘或凹缺至深裂；雄蕊4～5枚，与萼片对生，花丝线状，分离，着生于花盘裂片间，或着生于花盘裂片顶端，或与花盘裂片融合；花药心形；雌蕊由3～4枚心皮组成，子房上位，圆锥状，1室，胚珠多数，花柱3～4枚，柱头头状。蒴果3瓣裂。种子多数，细小，被白色长柔毛，顶端具短芒柱。

约90种，分布于亚洲、非洲和欧洲。中国18种1变种，主要分布于西北、华北，法定药用植物1种。华东地区法定药用植物1种。

605. 柽柳（图605）• *Tamarix chinensis* Lour.

【别名】西河柳、垂丝柳（浙江），西湖杨（江苏南京），红荆条（山东），三春柳、观音柳（安徽）。

【形态】灌木或小乔木，高达8m。幼枝纤细，常下垂，红紫色或暗紫红色，有光泽。叶片钻形或卵状披针形，长1～3mm，叶背面有龙骨状突起，先端内弯。春季总状花序侧生于去年生小枝上，长3～6cm，下垂；夏秋二季总状花序，长3～5cm，着生于当年生枝顶端组成疏散圆锥花；苞片长卵形或三角状卵形；花瓣粉红色，果时宿存；花盘5裂，或每一裂片再裂成10裂片，紫红色，肉质；雄蕊5枚，花丝着生于花盘裂片间；花柱3枚，棍棒状。蒴果，圆锥形。花果期4～9月，果期10月。

【生境与分布】生于河流冲积平原、河、荒沙地、潮湿盐碱地或沿海滩涂。分布于山东、浙江、江苏北部，另吉林、辽宁、内蒙古、河北、河南、陕西、山西、宁夏、甘肃及青海均有分布，东部和西南各省区均有栽培。

【药名与部位】西河柳（柽柳），细嫩枝叶。

【采集加工】夏季花未开时采收，阴干。

【药材性状】茎枝呈细圆柱形，直径0.5～1.5mm。表面灰绿色；有多数互生的鳞片状小叶。质脆，易折断。稍粗的枝表面红褐色，叶片常脱落而残留突起的叶基，断面黄白色，中心有髓。气微，味淡。

图 605　柽柳　　　　摄影　赵维良等

【药材炮制】除去老枝及杂质，洗净，稍润，切段，干燥。

【化学成分】嫩枝叶含脂肪酸及酯类：十六酸甲脂（methyl hexadecanoate）、11, 14-十八碳二烯酸（methyl 11, 14-octadecadienoic acid）、9-十八碳烯酸甲酯（methyl 9-octadecenoate）[1]和硬脂酸（stearic acid）[2]；挥发油类：柽柳酚（tamarixinol）、正三十一烷（n-hentriacontane）、正三十一烷醇-（12）［hentriacontanol-（12）］、三十二烷醇乙酸酯（tricosanol acetate）[2]和植醇（phytol）[3]；皂苷类：柽柳酮（tamarixone）、柽柳醇（tamarixol）[2]、白桦脂醇（betulin）、白桦脂酸（betulinic acid）、羽扇豆醇（lupeol）、24-亚甲基环阿尔廷醇（24-methylene-cycoartanol）、杨梅二醇（myricadiol）、异杨梅二醇（isomyricadiol）、异油桐醇酸（isoaleuritolic acid）、油桐醇酸-3-对羟基肉桂酸（soaleuritolic acid-3-p-hydroxycinnamate）、马斯里酸（maslinic acid）[3]、2α, 3β-二羟基熊果-12-烯-28-酸（2α, 3β-dihydroxy-urs-12-en-28-oic acid）、β-香树脂醇乙酸酯（β-amyrin acetate）、12-齐墩果烯-2α, 3β, 23-三醇（2α, 3β, 23-trihydroxyolean-12-ene）[4]和异柽柳烯（isotamarixen）[5]；黄酮类：3′, 4′-二甲基槲皮素（3′, 4′-dimethyl quercetin）[2]、柽柳素-7-O-β-D-葡萄糖苷（tamarixetin-7-O-β-D-glucoside）、柽柳素-3-O-α-L-鼠李糖苷（tamarixetin-3-O-α-L-rhamnoside）、芦丁（rutin）、5, 7, 3′, 5′-四羟基-6, 4′-二甲氧基黄酮（5, 7, 3′, 5′-tetrahydroxy-6, 4′-dimethoxyflavone）、槲皮素-7, 3′, 4′-三甲醚（quercetin-7, 3′, 4′-trimethyl ether）、

山奈酚 -3-O-β-D- 葡萄糖醛酸苷（kaempferol-3-O-β-D-glucuronide）、芹菜素（apigenin）、鼠李柠檬素（rhamnocitrin）、山奈酚（kaempferol）、柽柳素（tamarixetin）[4]、4′- 甲氧基山奈酚（4′-methyl kaempferol）、4′,7- 二甲氧基山奈酚（4′, 7-dimethyl kaempferol）[5]、山奈酚 -4′- 甲醚（kaempferol-4′-methylether）、槲皮素 -3′,4′- 二甲醚（quercetin-3′, 4′-dimethylether）、山奈酚 -7, 4′- 二甲醚（kaempferol-7, 4′-dimethylether）、槲皮素（quercetin）[6] 和异鼠李素（isorhamnetin）[7]；酚酸类：3- 甲氧基没食子酸甲酯（methyl 3-methoxyl gallate）、二十六烷基 -3- 咖啡酸酯（hexacosyl-3-caffeate）、阿魏酸（ferulic acid）[5]、没食子酸（gallic acid）[6]、没食子酸甲酯 -3- 甲醚（methyl gallate-3-methylether）和 2- 羟基 -4- 甲氧基肉桂酸（2-hydroxy-4-methoxycinnamic acid）[7]；甾体类：β- 谷甾醇（β-sitosterol）和胡萝卜苷（daucosterol）[2]；生物碱类：去氢骆驼蓬碱（tetepathine）[5]；木脂素类：罗汉松脂素（matairesinol）[5]。

花含挥发性油和脂肪酸类：十五烷（pentadecane）、6, 10, 14- 三甲基 -2- 十五烷酮（6, 10, 14-trimethyl-2-pentadecanone）、5, 6- 二氢 -6- 戊基 -2H- 吡喃 -2- 酮（5, 6-dihydro-6-pentyl-2H-pyran-2-one）等[8]、5- 羟甲基 -2- 呋喃甲醛（5-hydroxymethyl-2-furaldehyde）[9]、二十九烷（nonacosane）、二十七烷（heptacosane）和 9- 十八碳炔酸（9-octadecynoic acid）等[10]；酚酸酯类：邻苯二甲酸二（2- 甲氧基丙基）酯［di（2-methoxypropyl）phthalate］和邻苯二甲酸二丁酯（dibutyl phthalate）等[9]。

果实含挥发油类：糠醛（furfural）、苯酚（phenol）和正己酸（hexanoic acid）等[11]。

【药理作用】1. 护肝　嫩枝乙醇提取物对酒精性肝损伤具有保护作用，能显著降低肝损伤小鼠的肝脏指数，明显减轻脂肪蓄积和炎症反应，显著降低血清中的谷丙转氨酶（ALT）和天冬氨酸氨基转移酶（AST），并在高剂量条件下显著降低肝脏中的丙二醛（MDA）含量，显著升高超氧化物歧化酶（SOD）活性，显著减少肝脏中的炎性小体组成成分（NLRP3）、凋亡相关微粒蛋白（ASC）、半胱氨酸蛋白酶 -1（Caspase-1）和相关炎性因子白细胞介素 -1β（IL-1β）的表达[1]。2. 抗肿瘤　嫩枝水提物可刺激小鼠脾细胞增殖，对人白血病 K562 细胞及人食管癌 TE13 细胞的增殖有一定的抑制作用，但对人卵巢癌 SK-OV3 细胞及人胰腺癌 BXPC-3 细胞和 PANC-1 细胞的增殖基本无抑制作用[2]。

【性味与归经】甘、辛，平。归心、肺、胃经。

【功能与主治】散风，解表，透疹。用于麻疹不透，风湿痹痛。

【用法与用量】3 ～ 6g；外用适量，煎汤擦洗。

【药用标准】药典 1963—2015、浙江炮规 2005、内蒙古蒙药 1986 和新疆药品 1980 二册。

【临床参考】1. 类风湿性关节炎：嫩茎枝 30g，加功劳叶 30g、豨莶草 15g、赤芍 12g、防己 10g、威灵仙 15 g、虎杖根 30 g、秦艽 10g、地鳖虫 10g、当归 10g，每日 1 剂，每剂煎 3 次分服[1]。

2. 小儿寻常疣：鲜花 10 ～ 20g，将花置于疣表面，以手反复搓揉呈绿泥状，使疣表面硬痂脱失，充血发红，以有刺痛感为度，除去药渣，自然晾干，每 2 ～ 3 日 1 次，轻者 1 次，重者 3 次[2]。

3. 药疹：枝、叶适量水煎，内服加外洗，每日 1 次[3]。

4. 预防麻疹：带叶细嫩茎枝研粉，每次 9g，开水送服，每天 2 次。

5. 麻疹不透：带叶细嫩茎枝 9g，水煎服；或 60 ～ 90g，煎水趁热熏洗、轻擦全身（擦时应注意不要受凉）。

6. 风热感冒：带叶细嫩茎枝 9g，加荆芥 6g、蝉蜕 3g、薄荷 3g、生甘草 3g，水煎服。

7. 风湿痹痛、血沉偏高：带叶细嫩茎枝 15 ～ 30g，水煎服；或带叶细嫩茎枝 60g，加接骨木、桑枝、鸡血藤、忍冬藤各 30g，水煎服；或带叶细嫩茎枝 30g，加虎杖根、鸡血藤各 30g，水煎服。

8. 风疹、疥癣：带叶细嫩茎枝适量，煎水洗患处。（4 方至 8 方引自《浙江药用植物志》）

【附注】以赤柽木始载于宋《日华子本草》。《开宝本草》云：“生河西沙地，皮赤色，叶细。”柽柳之名则见于《本草图经》“柳华”条下，云：“赤柽木，生河西沙地，皮赤，叶细，即是今所谓柽柳者，又名春柳。”《本草纲目》云：“柽柳，小干弱枝，插之易生。赤皮，细叶如丝，婀娜可爱。一年三次作花，花穗长三四寸，水红色如蓼花色。”综上所述并参考《植物名实图考》附图，即柽柳或同属植物。

麻疹已透及体虚多汗者禁服。

本种的细嫩枝叶在贵州作三春柳药用。

另外，多枝柽柳 *Tamarix ramosissima* Ledeb. 在内蒙古、宁夏、甘肃、青海及新疆等省区民间也作柽柳药用。

【化学参考文献】

［1］王斌，李国强，管华诗．柽柳挥发油成分及无机元素的 GC/MS 和 ICP-MS 分析［J］．质谱学报，2007，28（3）：161-164.

［2］姜岩青，左春旭．柽柳化学成分的研究［J］．药学学报，1988，23（10）：749-755.

［3］王斌，姜登钊，李国强，等．柽柳抗肿瘤萜类成分研究［J］．中草药，2009，40（5）：697-701.

［4］陈柳生，梁晓欣，蔡自由，等．柽柳的化学成分研究［J］．中草药，2014，45（13）：1829-1833.

［5］赵磊，彭雪晶，夏鹏飞，等．柽柳化学成分研究［J］．中药材，2014，37（1）：61-63.

［6］张秀尧，凌罗庆，毛泉明．西河柳化学成分的研究［J］．中草药，1989，20（3）：4-5.

［7］张秀尧，凌罗庆，王惠康．西河柳化学成分的研究（Ⅱ）［J］．中草药，1991，22（7）：299-300.

［8］吴彩霞，刘广河，康文艺．柽柳花挥发性成分研究［J］．中国药房，2010，21（15）：1406-1407.

［9］白红进，周忠波，汪河滨．柽柳花乙醇提取物化学成分的 GC-MS 分析［J］．中国野生植物资源，2007，26（3）：66-67.

［10］白红进，赵小亮，蒋卉．红柳花脂溶性化学成分的研究［J］．塔里木大学学报，2006，18（3）：29-31.

［11］马合木提·买买提明，米丽班·霍加，赛力慢·哈得尔，等．GC-MS 法分析柽柳实挥发油的化学成分［J］．华西药学杂志，2015，30（2）：219-221.

【药理参考文献】

［1］张钰，韩琛，王朝霞，等．柽柳对小鼠酒精性肝损伤的保护作用及机制［J］．山东大学学报（医学版），2017，55（2）：61-67.

［2］梁文杰，王志超，马国平．柽柳水提物对小鼠脾细胞及肿瘤细胞增殖反应的影响［J］．时珍国医国药，2010，21（11）：3005-3006.

【临床参考文献】

［1］梅周元．"柽柳功劳汤"治疗类风湿性关节炎的体会［J］．江苏中医，1989，10（7）：13-14.

［2］李炳照，李春雷．柽柳花治疗小儿寻常疣 122 例疗效观察［J］．中级医刊，1996，33（11）：59.

［3］宋霞林．柽柳治愈药疹 1 例［J］．湖南中医药导报，1997，3（5）：48-49.

七三 堇菜科 Violaceae

多年生或二年生草本、半灌木或小灌木，稀为一年生草本、攀援灌木或小乔木。单叶，常互生，稀对生，全缘、有锯齿或分裂，有叶柄；托叶小或叶状。花单生或组成腋生或顶生的穗状、总状或圆锥状花序，两性或单性，稀杂性，辐射对称或两侧对称，有 2 枚小苞片，有时有闭锁花；萼片 5 枚，同形或异形，覆瓦状，宿存；花瓣下位，5 枚，覆瓦状或旋转状，异形，下面 1 枚通常较大，基部囊状或有距；雄蕊 5 枚，通常下位，花药直立，分离或围绕子房成环状靠合，药隔延伸于药室顶端成膜质附属物，花丝很短或无，下方 2 枚雄蕊基部有距状蜜腺；子房上位，完全被雄蕊覆盖，1 室，由 3～5 心皮联合构成，具 3～5 侧膜胎座，花柱单一稀分裂，柱头形状多变化，胚珠 1 至多数，倒生。果实为沿室背弹裂的蒴果或为浆果状；种子无柄或具极短的种柄，种皮坚硬，有光泽，常有油质体，有时具翅。

约 22 属，900 多种，广布世界各洲，温带、亚热带及热带均产。中国 4 属，130 多种，广布于全国各地，法定药用植物 1 属，10 种。华东地区法定药用植物 1 属，6 种。

堇菜科法定药用植物科特征成分鲜有报道。堇菜属含黄酮类、香豆素类、皂苷类等成分。黄酮类包括黄酮、黄酮醇、异黄酮等，如木犀草素（luteolin）、紫云英苷（astragalin）、异槲皮苷（isoquercitrin）等；香豆素类如七叶内酯（esculetin）、东莨菪素（scopoletin）等；皂苷类如木栓酮（friedelin）等。

1. 堇菜属 *Viola* Linn.

多年生或二年生草本，稀亚灌木，有地下茎。茎有或缺如，有时具匍匐茎。单叶，互生或基生，全缘、具齿或分裂；托叶叶状，离生或多少贴生于叶柄。花两性，两侧对称，单生，常二态（闭锁花花期迟于开花授粉型花）；花梗腋生，具 2 小苞片。萼片略同形，基部常耳状。花瓣异形，下部花瓣最大且基部形成距。花丝离生，很短，花药离生或常聚集成围绕胚珠的鞘，下部两花药基部具距状或乳突状蜜腺，伸入下方花瓣的距中，药隔向上延伸出明显的膜质附属物。子房 3 心皮，侧膜胎座；花柱近直立或常多少向下弯曲，多少增厚或有时尖端渐细，顶部平整或具各种附属物；花柱顶部与柱头形状多样。蒴果三瓣裂弹开，果爿龙骨状，背部增厚。种子球状至卵状，假种皮有或无。

约 550 种，全球分布，主要分布于北半球温带地区。中国 96 种，南北各地均有分布，法定药用植物 10 种。华东地区法定药用植物 6 种。

分种检索表

1. 植株无地上茎，不具匍匐枝。
  2. 花瓣的距常长于 5mm，侧面花瓣无毛或微被毛。
    3. 叶片通常为长圆状披针形 ·· 紫花地丁 *V. philippica*
    3. 叶片卵形、宽卵形或三角状卵形 ································ 犁头草 *V. japonica*
  2. 花瓣的距常短于 4mm，侧面花瓣有毛。
    4. 叶片基部下延至叶柄成明显的宽翅 ······················ 戟叶堇菜 *V. betonicifolia*
    4. 叶片基部不明显下延至叶柄或具窄翅 ···················· 长萼堇菜 *V. inconspicua*
1. 植株具匍匐枝或有时具匍匐枝。
  5. 通体被毛，稀无毛；叶片卵形或卵状长圆形，叶柄具明显的翅 ············ 七星莲 *V. diffusa*
  5. 全体无毛；叶圆形或肾形，叶柄无翅 ·························· 深圆齿堇菜 *V. davidii*

606. 紫花地丁（图 606）• *Viola philippica* Cav.（*Viola yedoensis* Makino）

图 606　紫花地丁　　　　　摄影　李华东等

【**别名**】白毛堇菜（安徽），光瓣堇菜。

【**形态**】二年生草本，高 4～20cm。无地上茎，有主根，根状茎短，节密生。叶基生，莲座状；托叶膜质，灰绿色或绿色，2/3～4/5 贴生于叶柄，离生部分线状披针形，边缘疏生具腺体的流苏状细齿或近全缘；叶柄在花期常 1～2 倍于叶片长，上部有极狭的翅，果期增长；叶片长圆状披针形或三角状卵形，长 2～6cm，宽 0.5～1.5cm，无毛或略被短毛，先端钝圆，基部截形或楔形，稀微心形，边缘浅圆锯齿状，果期叶片增大。花通常多，淡紫色至堇色，稀白色，喉部色浅并有紫色条纹；花梗与叶等长或长于叶，近中部有 2 线形小苞片；萼片卵形至卵状披针形，顶部锐尖，附属物短，长 1～1.5mm，末端圆或锯齿状；花瓣倒卵形或长圆状倒卵形，侧瓣无毛或稍有毛，下瓣大，长 1.3～2cm（含距），内侧具紫色脉；距细管状，长约 7mm。子房卵状，无毛；花柱棒状，柱头三角形，顶部略平，前端具短喙。蒴果椭圆形，长 5～12mm，无毛。花期 4～5 月，果期 5～9 月。

【生境与分布】生于山坡草地、林缘或路边，垂直海拔可达 1700m。分布于华东各省市，另重庆、甘肃、广东、广西、贵州、海南、河北、黑龙江、河南、湖北、吉林、辽宁、内蒙古、宁夏、陕西、山西、四川、台湾、云南等省区均有分布；柬埔寨、印度、印度尼西亚、日本、韩国、老挝、蒙古国、菲律宾、越南也有分布。

【药名与部位】紫花地丁，全草。

【采集加工】春、秋二季采收，除去杂质，晒干。

【药材性状】多皱缩成团。主根长圆锥形，直径 1～3mm；淡黄棕色，有细纵皱纹。叶基生，灰绿色，展平后叶片呈披针形或卵状披针形，长 1.5～6cm，宽 1～2cm；先端钝，基部截形或稍心形，边缘具钝锯齿，两面有毛；叶柄细，长 2～6cm，上部具明显狭翅。花茎纤细；花瓣 5 枚，紫堇色或淡棕色；花距细管状。蒴果椭圆形或 3 裂，种子多数，淡棕色。气微，味微苦而稍黏。

【质量要求】紫花，色绿，无泥砂、杂草。

【药材炮制】除去杂质，洗净，切段，干燥。

【化学成分】全草含黄酮类：山柰酚 -3-O- 吡喃鼠李糖苷（kaempferol-3-O-rhamnopyranoside）[1]，芹菜素 -6-C-α-L- 吡喃阿拉伯糖 -8-C-β-L- 吡喃阿拉伯糖苷（apigenin-6-C-α-L-arabinopyranosyl-8-C-β-L-arabinopyranoside）、芹菜素 -6, 8- 二 -C-α-L- 吡喃阿拉伯糖苷（apigenin-6, 8-di-C-α-L-arabinopyranoside）、芹菜素 -6-C-α-L- 吡喃阿拉伯糖 -8-C-β-D- 吡喃葡萄糖苷（apigenin-6-C-α-L-arabinopyranosyl-8-C-β-D-glucopyranoside），即异夏佛托苷（isoschaftoside）、芹菜素 -6-C-β-D- 吡喃葡萄糖 -8-C-α-L- 吡喃阿拉伯糖苷（apigenin-6-C-β-D-glucopyranosyl-8-C-α-L-arabinopyranoside），即夏佛塔苷（schaftoside）、芹菜素 -6-C-β-D- 吡喃葡萄糖 -8-C-β-L- 吡喃阿拉伯糖苷（apigenin-6-C-β-D-glucopyranosyl-8-C-β-L-arabinopyranoside），即新夏佛塔苷（neoschaftoside）、芹菜素 -6, 8- 二 -C-β-D- 吡喃葡萄糖苷 -2（apigenin-6, 8-di-C-β-D-glucopyranoside-2），即维采宁（vicenin-2）、芹菜素 -6-C-α-L- 吡喃阿拉伯糖 -8-C-β-D- 吡喃木糖苷（apigenin-6-C-α-L-arabinopyranosyl-8-C-β-D-xylopyranoside）、芹菜素 -6-C-β-D- 吡喃木糖 -8-C-α-L- 吡喃阿拉伯糖苷（apigenin-6-C-β-D-xylopyranosyl-8-C-α-L-arabinopyranoside）、木犀草素 -6-C-β-D- 吡喃葡萄糖苷（luteolin-6-C-β-D-glucopyranoside）、木犀草素 -6-C-α-L- 吡喃阿拉伯糖基 -8-C-β-D- 吡喃葡萄糖苷（luteolin-6-C-α-L-arabinopyranosyl-8-C-β-D-glucopyranoside）[2]，槲皮素 -3-O-β-D- 葡萄糖苷（quercetin-3-O-β-D-glucoside）、山柰酚 -3-O-β-D- 葡萄糖苷（kaempferol-3-O-β-D-glucoside）、芹菜素（apigenin）[3]，金圣草素（chrysoeriol）、金合欢素 -7-O-β-D- 葡萄糖苷（acacetin-7-O-β-D-glucoside）、金合欢素 -7-O-β-D- 芹糖基 -（1→2）-β-D- 葡萄糖苷［acacetin-7-O-β-D-apiosyl-（1→2）-β-D-glucoside］[4]，槲皮素 -3-O-β-D- 葡萄糖 -（1→4）-O-α-L- 鼠李糖苷［quercetin-3-O-β-D-glucosyl-（1→4）-O-α-L-rhamnoside］、山柰酚 -3-O- 芸香糖苷（kaempferol-3-O-rutinoside）、山柰酚 -3-O-β-D- 葡萄糖 -（1→2）-O-α-L- 鼠李糖苷［kaempferol-3-O-β-D-glucosyl-（1→2）-O-α-L-rhamnoside］、柚皮素（naringenin）[5]，山柰酚 -3-O-β-D- 槐糖 -7-O-α-L- 吡喃鼠李糖苷（kaempferol-3-O-β-D-sophorosyl-7-O-α-L-rhamnopyranoside）、山柰酚 -3, 7- 二 -O-α-L- 吡喃鼠李糖苷（kaempferol-3, 7-di-O-α-L-rhamnopyranoside）、芹菜素 -6-C-β-D- 吡喃葡萄糖 -8-C-β-D- 吡喃木糖苷（apigenin-6-C-β-D-glucopyranosyl-8-C-β-D-xylopyranoside）[6]，木犀草素（luteolin）、槲皮素（quercetin）、5, 7- 二羟基 -3, 6- 二甲氧基黄酮（5, 7-dihydroxy-3, 6-dimethoxyflavone）和芦丁（rutin）[7]；酚酸及酯类：对羟基苯甲酸（p-hydroxybenzoic acid）、反式对羟基桂皮酸（trans-p-hydroxycinnamic acid）、咖啡酸（caffeic acid）、3, 4- 二羟基苯甲酸（3, 4-dihydroxybenzoic acid）、3- 羟基 -4- 甲氧基苯甲酸甲酯（methyl 3-hydroxy-4-methoxybenzoate）、2- 羟基 -1-（4- 羟基 -3- 甲氧基）苯基 -1- 丙酮［2-hydroxy-1-（4-hydroxy-3-methoxy）phenyl-1-propanone］和奎宁酸（quinic acid）[7]；生物碱类：二十四酰对羟基苯乙胺（terracosanoyl-p-hydroxy-phenethylamine）[1]，金色酰胺醇酯（aurantiamide acetate）、金色酰胺醇（aurantiamide）[4]，6- 羟甲基 -3- 吡啶醇（6-hydroxymethyl-3-pyridinol）[8]；二元羧酸类：丁二酸（butane dioic acid）[1]；脂肪酸及酯类：棕榈酸（palmitic acid）[1]，硬脂酸（stearic acid）和棕榈酸甲酯（methyl palmitate）[9]；肽类：环状紫菌素 VY1、Y1、Y2、Y3、Y4、Y5（cycloviolacin VY1、Y1、Y2、Y3、Y4、Y5）[10,11]和天花病毒肽*E（varv peptide E）[11]；甾体类：β-谷甾醇（β-sitosterol）和胡萝卜苷（daucosterol）[3]；萜类：黑麦草内酯（loliolide）、异黑麦草内酯（isololiolide）[4]，4-欧洲赤松烯-3,10-二醇（4-muurolene-3,10-diol）[7]和去氢黑麦草内酯（dehydrololiolide）[8]；香豆素类：菊苣（cichoriin）、锯齿春黄菊苷*（prionanthoside）、七叶苷（esculin）、莨菪亭（scopoletin）、双七叶内酯（euphorbetin）[3]，6,7-二羟基香豆素（6,7-dihydroxycoumarin）、6-羟基香豆素-7-［O-α-L-鼠李糖基-（1→6）-O-β-D-葡萄糖苷］{6-hydroxy-7-［O-α-L-rhamnosyl-（6→1）-O-β-D-glucoside］coumarin}[5]，秦皮乙素（aesculetin）[6]，7-羟基-8-甲氧基香豆素（7-hydroxy-8-methoxycoumarin）[7]，七叶苷原（esculetin）、异莨菪亭（isoscopoletin）、5,5'-双（6,7-二羟基香豆素）［5,5'-bi（6,7-dihydroxycoumarin）］和6,6',7,7'-四羟基-5,8'-二香豆素［6,6',7,7'-tetrahydroxy-5,8'-bicoumarin］[8]；挥发油类：正十一烷（n-undecane）、正十二烷（n-dodecane）、檀香烯（santalene）、α-松油烯（α-terpinene）、1-十一烯（1-undene）和β-雪松烯（β-himachalene）等[12]。

【药理作用】1. 抗病毒　全草水煎液在体内外均显示有抗乙肝病毒（HBV）的作用，在体外水煎液对HepG2.2.15 细胞无毒性，对乙肝表面抗原（HBsAg）、乙肝 e 抗原（HBeAg）都有一定的抑制作用，其中对乙肝表面抗原的抑制作用随细胞培养时间的延长而作用逐渐增强，至第 9 天抑制作用能达到 35.4%，对乙肝 e 抗原的抑制率在第 6 天最高，达到 38.6%；水浸物能有效抑制乙肝病毒 DNA 的复制，最高抑制率达到 86.1%，其中 3mg/ml 浓度至第 9 天抑制率仍有 42.3%，在体内 6mg/（kg·d）剂量条件下具有抑制 D 乙肝病毒复制的作用[1]；分离得到的环肽（cycloviolacin VY1）在体外具有较强的抗流感病毒作用，其半数抑制浓度（IC_{50}）为（2.27±0.20）μg/ml，作用强于奥司他韦[2]；分离得到的化合物环肽（cycloviolacin Y5）在体外具有抗人类免疫缺陷病毒（HIV）的作用，其半数有效浓度（EC_{50}）为 0.04μmol/L[3]。2. 抗菌　全草乙醇提取物对金黄色葡萄球菌、痢疾杆菌、大肠杆菌、金黄色葡萄球菌（分离）、变形杆菌的生长均具有抑制作用，其作用随浓度的增高而增强[4]。3. 抗炎镇痛　全草水提物及醇提物均具有显著的抗炎作用，对二甲苯所致小鼠的耳肿胀及角叉菜胶所致小鼠的足肿胀均有显著的抑制作用，并可不同程度降低角叉菜胶致炎小鼠血清肿瘤坏死因子-α（TNF-α）、白细胞介素-1β（IL-1β）及炎性组织中的前列腺素 E_2（PGE_2）含量，作用强弱与剂量呈正相关，其机制可能与降低肿瘤坏死因子-α、白细胞介素-1β及炎性组织中的前列腺素 E_2 表达有关[5]；全草水提物具有较强的镇痛作用，可显著减少乙酸所致小鼠的扭体次数，显著提高热板所致痛小鼠的痛阈值[6]。4. 抗氧化　全草分离得到的山奈酚-3-O-β-D-槐糖-7-O-α-L-鼠李糖苷（kaempferol-3-O-β-D-sophorosyl-7-O-α-L-rhamnoside）、山奈酚-3,7-二-O-α-L-鼠李糖苷（kaempferol-3,7-di-O-α-L-rhamnoside）、芹菜素-6,8-二-C-β-D-葡萄糖苷（apigenin-6,8-di-C-β-D-glucoside）、腺苷（adenosine）、秦皮乙素（aesculetin）和山奈酚-3-O-β-D-葡萄糖-7-O-α-L-鼠李糖苷（kaempferol-3-O-β-D-glucosyl-7-O-α-L-rhamnoside）均对 1,1-二苯基-2-三硝基苯肼基自由基（DPPH）具有一定的清除作用[7]。5. 解热　全草乙醇提取物的石油醚和乙酸乙酯部位具有较强的解热作用，低剂量组乙醇提取物，低剂量和中剂量组的石油醚组，低、中、高剂量乙酸乙酯组对家兔体温上升均有抑制作用，并除乙醇提取物组外，其他提取物组的血清 CH50 水平均低于模型组[8]。

【性味与归经】苦、辛，寒。归心、肝经。

【功能与主治】清热解毒，凉血消肿。用于疔疮肿毒，痈疽发背，丹毒，毒蛇咬伤。

【用法与用量】15～30g。

【药用标准】药典 1977—2015、浙江炮规 2015、内蒙古蒙药 1986、新疆药品 1980 二册、香港药材五册和台湾 2013。

【临床参考】1. 盆腔炎：全草 30g，加半枝莲 20g、鸡血藤 15g，党参、红花、桃仁、红花、香附、黄连、延胡索各 10g，取 450ml 水煎服，早晚 2 次，每次 150ml，7 天 1 疗程，连用 2 疗程[1]。

2. 静脉炎：全草 150g，加温开水 20ml，用手指揉搓至草药变烂发黏，敷于患处，针眼处用酒精棉球覆盖，敷料包扎，每日换药 1 次[2]。

3. 早期疖肿：鲜全草 100 ～ 150g，洗净，加少量食盐，捣烂敷患处，每日换药 2 次[3]。

4. 毒蛇咬伤：鲜全草适量，捣烂，绞取汁 1 酒杯内服，渣加雄黄少许，调敷患处。

5. 黄疸型肝炎：全草 30g，水煎服；或鲜全草 60 ～ 90g，加蜂蜜 30g，水煎服。（4 方、5 方引自《浙江药用植物志》）

6. 腮腺炎：鲜全草 9g，加白矾 6g，捣烂外敷患处，每日 1 换。（《青岛中草药手册》）

7. 淋巴结核：全草 15g，加夏枯草 12g、元参 9g、大贝母 9g、牡蛎 15g，水煎服（《青海常用中草药手册》）

【附注】本种以堇堇菜之名始载于《救荒本草》，云："堇堇菜，一名箭头草。生田野中。苗初塌地生。叶似铍箭头样，而叶蒂甚长。其后，叶间窜葶，开紫花。结三瓣蒴儿，中有子如芥子大，茶褐色。"《本草纲目》云："紫花地丁，处处有之。其叶似柳而微细，夏开紫花结角。"根据形态描述，并参照附图，所指应为本种及同属近似种。

阴疽漫肿无头及脾胃虚寒者慎服。

龙胆科灰绿龙胆 *Gentiana yokusai* Burkill 的全草在四川作紫花地丁药用；此外，白花堇菜 *Viola lactiflora* Nakai（*Viola patrinii* acut.non DC.ex Ging.）在华东诸省民间也作紫花地丁药用，应注意区别。

【化学参考文献】

[1] 肖永庆，毕俊英，刘晓宏，等. 地丁化学成分的研究[J]. 植物学报，1987，29（5）：532-536.

[2] Xie C，Veitch N C，Houghton P J，et al. Flavone C - glycosides from *Viola yedoensis* Makino [J]. Chem Pharm Bull，2003，51（10）：1204-1207.

[3] Zhou H Y，Qin M J，Hong J L，et al. Chemical constituents of *Viola yedoensis* [J]. Chin J Nat Med，2009，7（4）：290-292.

[4] 徐金钟，曾珊珊，瞿海斌. 紫花地丁化学成分研究[J]. 中草药，2010，41（9）：1423-1425.

[5] 柳航，胡巍，方芸. 紫花地丁乙酸乙酯部位的化学成分研究[J]. 安徽医药，2015，19（6）：1068-1071.

[6] 曹捷，秦艳，尹成乐，等. 紫花地丁化学成分及抗氧化活性[J]. 中国实验方剂学杂志，2013，19（21）：77-81.

[7] 陈胡兰，董小萍，张梅，等. 紫花地丁化学成分研究[J]. 中草药，2010，41（6）：874-877.

[8] 黄霁秋，杨敬芝，薛清春，等. 紫花地丁化学成分研究[J]. 中国中药杂志，2009，34（9）：1114-1116.

[9] 杨鹏鹏，闫福林，梁一兵，等. 紫花地丁化学成分的研究[J]. 新乡医学院学报，2008，25（2）：185-187.

[10] Wang C L，Colgrave M L，Gustafson K R，et al. Anti-HIV cyclotides from the Chinese medicinal herb *Viola yedoensis* [J]. J Nat Prod，2008，71（1）：47.

[11] 刘忞之，杨燕，张书香，等. 紫花地丁中抗甲型 H1N1 流感病毒的环肽[J]. 药学学报，2014，（6）：905-912.

[12] 陈胡兰，孙建，秦凡非，等. 紫花地丁石油醚部位的气相色谱 - 质谱联用分析[J]. 成都中医药大学学报，2013，36（1）：50-52.

【药理参考文献】

[1] 王玉，吴中明，敖弟书. 紫花地丁抗乙型肝炎病毒的实验研究[J]. 中药药理与临床，2011，27（5）：70-74.

[2] 刘忞之，杨燕，张书香，等. 紫花地丁中抗甲型 H1N1 流感病毒的环肽[J]. 药学学报，2014，49（6）：905-912.

[3] 王立青. 紫花地丁中的抗 HIV 环肽[J]. 国外医药（植物药分册），2008，23（6）：267.

[4] 康怀兴. 紫花地丁的抗菌活性分析[J]. 中国民族民间医药，2012，21（14）：51-52.

[5] 李艳丽，胡彦武. 紫花地丁抗炎作用及机制研究[J]. 中国实验方剂学杂志，2012，18（24）：244-247.

[6] 李艳丽，胡彦武. 紫花地丁水提物急性毒性试验及其抗炎镇痛作用研究[J]. 湖北农业科学，2013，52（2）：390-392.

[7] 曹捷，秦艳，尹成乐，等. 紫花地丁化学成分及抗氧化活性[J]. 中国实验方剂学杂志，2013，19（21）：77-81.

[8] Pan Y Y，Song Z P，Zhu G F，et al. Antipyretic effects of liposoluble fractions of *Viola yedoensis* [J]. Chinese Herbal Medicines，2015，7（1）：80-87.

【临床参考文献】

[1] 王志红. 紫花地丁汤治疗盆腔炎 84 例临床疗效研究[J]. 中药药理与临床，2015，31（3）：156-157.

［2］林树德，黄晓红，张臻颖.紫花地丁泥治疗静脉炎 50 例［J］.福建医药杂志，1993，15（4）：72.

［3］杜桂玲.紫花地丁治疗早期疖肿体会［J］.江西中医药，1996，（S2）：101.

607. 犁头草（图 607）• *Viola japonica* Langsd.ex DC.（*Viola cordifolia auct.non* W.Beck.）

图 607 犁头草　　　　　　　　　　　　　　　　　摄影　张芬耀

【**形态**】多年生草本。无地上茎，根状茎短，粗壮，密生节，支根多数。叶基生，莲座状；托叶狭卵状，约 2/3 与叶柄合生，边缘微生纤毛；叶柄与叶片常近等长，果期增长，最上部具极狭的翼；叶片卵形、宽卵形或三角状卵形，长 3～8cm，宽 3～5.5cm，顶部急尖或微钝，基部心形或浅心形，边缘有锯齿，两面疏生柔毛，稀近无毛。花浅紫色；花梗不超出叶长，被柔毛或无毛，近中部着生 2 线状披针形小苞片；萼片宽披针形，基部附属物 2～3mm，顶部截形或 2 齿状的；上方花瓣和侧面花瓣长圆状倒卵形，内面疏生须毛或无毛，下方花瓣狭倒卵形，长 1.7～2cm（含距），顶端微凹；距圆柱状，长 6～8mm；下部 2 雄蕊的距长 2～3mm，纤细。子房圆锥形，无毛，花柱棒状，基部微膝屈，上部加厚；柱头顶部平，两侧和下面具明显的边缘，顶部有喙。蒴果椭圆形，约 1cm。花期 11 月至翌年 4 月，果期 5～10 月。

【生境与分布】生于阳光充足或半阴的低地，垂直海拔可达 1100m。分布于浙江、江苏、安徽、福建、江西、上海，另贵州、湖北、湖南、四川等省均有分布；日本、韩国也有分布。

【药名与部位】地丁草（梨头草），全草。

【采集加工】春、秋二季采收，除去泥沙及杂草，晒干。或鲜用。

【药材性状】常皱缩成团。主根为细圆柱形，有时分枝，直径 1～3mm；表面浅灰黄色或浅灰褐色，有细纵皱纹。叶基生，有长柄；完整叶片展平后呈长卵形、三角状卵形或广卵形，长 2.5～5cm，宽 2～4cm，先端钝，基部宽心形或浅心形，边缘有锯齿，有的上表面或下表面叶脉处可见短毛；灰绿色。有的有花，花茎纤细，花瓣 5 片，淡紫棕色，距长囊形，长约 7mm。蒴果长圆形或三裂，内有多数淡棕色种子。气微，味微苦而稍黏。

【药材炮制】除去杂质，抢水洗净，稍晾，切段，干燥。

【性味与归经】辛、苦，寒。

【功能与主治】清热解毒，消肿。用于痈疽疔疮，毒蛇咬伤，丹毒，黄疸，无名肿毒，尿路感染。

【用法与用量】15～30g；外用鲜品适量，捣烂敷患处。

【药用标准】江苏药材 1989 和贵州药材 2003。

【临床参考】1. 化脓性关节炎：全草 40g，小儿减半（热毒内盛，血凝毒聚者）；或全草 40g，加北黄芪 30g，加水 500ml 煎至 200ml，早晚温服，每日 1 剂；同时，全草 40g，加鸡蛋白捣烂调匀，外敷患处，每日 1 剂，7 剂 1 疗程，连用 2～6 疗程[1]。

2. 腮腺炎：全草 6g，加吴萸子 9g、虎杖根 4.5g、胆南星 3g，共研粉，药粉 2～5 岁 6g，6～10 岁 9g，11～15 岁 12g，15 岁以上 15g，用醋适量调成糊状，外敷双涌泉穴[2]。

3. 痈疽疔毒：鲜全草适量捣烂，加蜂蜜少许调敷患处；另取鲜全草 30g，水煎服。

4. 阑尾炎：鲜全草 30g，加鲜蒲公英 30g、鲜马齿苋 30g，水煎服。（3 方、4 方引自《安徽中草药》）

5. 痈疽溃烂久不收口：全草，加木芙蓉花等量，捣极烂，敷患处；或焙干研末，撒患处，外用纱布敷贴，每日换药 1 次，至愈合为止。

6. 痔疮：全草，加甘草适量，捣烂敷患处。（5 方、6 方引自江西《中草药手册》）

7. 湿热肠痈下血：鲜全草 60g，加鲜蒲公英 60g，水煎服。（《秦岭巴山天然药物志》）

8. 化脓性骨髓炎：鲜全草，加鲜三叉苦叶等量，捣烂外敷。（《全国中草药汇编》）

【附注】《植物名实图考》在"犁头草"下记载："犁头草即菫菫菜。南北所产，叶长圆、尖缺各异；花亦有白紫之别，又有宝剑草、半边莲诸名，而结实则同。"所指应为本种及同属近似种。

戟叶菫菜 Viola betonicifolia J.E.Smith 全草在贵州作梨头草药用。

《江苏省中药材标准》（1989 年版）等收载的"地丁草"基原为心叶菫菜 Viola cordifolia W. Beck.（Viola concordifolia C. J. Wang）等种。Becker 发表 Viola cordifolia 时，主要根据云南蒙自的标本进行描述，同时也引证了江苏南京的标本。陈又生的研究已将仅分布于云南等省的 Viola yunnanfuensis 和 Viola cordifolia 归并。以往将华东地区常用地丁草定为 Viola cordifolia 系由于 Becker 引证的江苏标本而误定，其原植物实际为犁头草 Viola japonica Langsd.ex DC.。

【临床参考文献】

[1] 刘毓. 中草药梨头草治疗化脓性关节炎的临床疗效观察 [D]. 广州：广州中医药大学硕士学位论文，2007.

[2] 胡祖德. 治验方三则 [J]. 新中医，1974，（1）：43.

608. 戟叶堇菜（图 608）• *Viola betonicifolia* J.E.Smith（*Viola betonicifolia* Sm.subsp.*nepalensis* W.Beck.）

图 608　戟叶堇菜　　　　摄影　张芬耀

【**别名**】尼泊尔堇菜（安徽），箭叶堇菜。

【**形态**】多年生草本。无地上茎，根状茎斜生或直立，粗短。叶基生，莲座状；托叶深棕色，披针形，约 3/4 与叶柄合生，离生部分线形至披针形，全缘或具疏齿；叶柄长 3～14cm，上端有明显的狭翅；叶片狭披针形、狭三角状戟形或三角状卵形，长 2～9cm，宽 0.5～3cm，基部截形或浅心形或稍成戟形，边缘具疏而浅的圆齿，花期后叶增大。花白色、浅紫色或深紫色，具深色条纹；花梗与叶等长或长于叶，纤细，通常无毛，中部具 2 线形小苞片；萼片卵状披针形或披针形，顶部多少锐尖，基部附属物较短，长 0.5～1mm，具 3 脉，边缘狭膜质，末端圆，有时微钝齿状；上方花瓣倒卵形，侧瓣长圆状倒卵形，内侧基部均有须毛，下瓣通常较短，长 1.3～1.5cm（含距）；距管状，粗短，长 2～6mm，直或略向上弯曲；花药及药隔附属物约 2mm，下部雄蕊的距 1～3mm；子房卵状球形，花柱棒状，微膝状前屈，上部渐粗，前部有短喙。蒴果椭圆形至长圆形，长 6～9mm，无毛。花期 2～5 月，果期 5～9 月。

【**生境与分布**】生于田野、路边、山坡草地、灌丛和林缘，海拔 1500（～2500）m 以下。分布于浙江、江苏、安徽、福建、江西，另重庆、广东、广西、贵州、海南、河南、湖北、湖南、陕西、四川、台湾、西藏、云南等省区均有分布；阿富汗、不丹、日本、印度、印度尼西亚、喀什米尔、马来西亚、缅甸、尼泊尔、菲律宾、斯里兰卡、泰国、越南和澳大利亚北部也有分布。

【药名与部位】浙紫花地丁（地丁草），全草。

【采集加工】春、秋二季采收，除去杂质，干燥。或鲜用。

【药材性状】多皱缩成团。主根细圆柱形，直径 1～3mm，灰棕色或棕褐色，有细纵皱纹。叶基生，灰绿色或黄绿色，展平后叶片三角状披针形或箭状披针形，长 2～9cm，宽 1～7cm，先端钝尖，基部箭状心形，浅心形或近截形；叶柄细，长 2～15cm，上部具狭翼；托叶大部分与叶柄合生，披针形，具紫褐色斑点。花梗纤细，其中下部至中上部具 2 枚苞片；萼片 5，卵状披针形，附器短；花瓣 5，蓝紫色，侧瓣内侧有须毛，下瓣基部有短粗筒状的矩。蒴果椭圆形，成熟时分裂成 3 瓣，果爿质硬而有棱脊，内有多数淡黄棕色细小的圆形种子。气微，味微苦而稍黏。

【药材炮制】除去杂质，洗净，切段，干燥。

【化学成分】全草含醌类：3- 甲氧基戟叶堇菜酮*（3-methoxydalbergione）[1]；酚酸类：2, 4- 二羟基 -5- 甲氧基肉桂酸（2, 4-dihydroxy-5-methoxycinnamic acid）[2]。

【药理作用】解热镇静　全草正己烷提取部位具有解热镇静作用，对酵母菌诱导的发热模型有非常显著的解热作用，且呈剂量依赖性；正己烷提取物腹腔注射 300mg/kg 剂量时对戊四唑诱导的惊厥及腹腔注射 300mg/kg、400mg/kg、500mg/kg 剂量时对耳和面部抽搐（第一阶段）及全身痉挛（第二阶段）在 24h 内均具有非常明显的保护作用，保护率达 100%，而对其余阶段仅显示延长潜伏期的作用。正己烷提取物剂量为 400mg/kg 和 500mg/kg 时其作用最为显著，潜伏时间延长至 25.34min，但对马钱子诱导的惊厥无明显的保护作用[1]。

【性味与归经】苦、辛、寒。归心、肝经。

【功能与主治】清热解毒，凉血消肿。用于疔疮肿毒，痈疽发背，丹毒，毒蛇咬伤。

【用法与用量】15～30g；外用鲜品适量，捣烂敷患处。

【药用标准】浙江药材 2007、四川药材 2010、江苏药材 1989 和贵州药材 2003。

【临床参考】1. 伤口流水：叶适量，加鱼蜡叶、线鸡尾、鸡屎藤，捣烂外敷，或水煎洗伤处。

2. 目疾：全草 15g，加小苦菜、满天星各 15 g，捣烂敷患处。（1 方、2 方引自《湖南药物志》）

3. 肠痈：全草 9g，加红藤 9g，水煎服。（《秦岭巴山天然药物志》）

【附注】孕妇慎服。

【化学参考文献】

［1］Naveed M D. A new urease inhibitor from *Viola betonicifolia*［J］. Molecules，2014，19（10）：16770-16778.

［2］Muhammad N，Saeed M D，Adhikari A，et al. Isolation of a new bioactive cinnamic acid derivative from the whole plant of *Viola betonicifolia*［J］. J Enzym Inhib Med Chem，2013，28（5）：997-1001.

【药理参考文献】

［1］Naveed M M，Muhammad S，Haroon K，et al. Antipyretic and anticonvulsant activity of n-hexane fraction of *Viola betonicifolia*［J］. Asian Pacific Journal of Tropical Biomedicine，2013，3（4）：280-283.

609. 长萼堇菜（图 609）• *Viola inconspicua* Blume（*Viola confusa* Champ）

【别名】短毛堇菜。

【形态】二年生草本。无地上茎，根状茎较粗壮，长 1～2cm，节密生。叶基生，莲座状；托叶约 3/4 贴生于叶柄，离生部分披针形，边缘疏生流苏状锯齿，稀全缘，常具褐色锈点；叶柄长 2～7cm，常无毛或稀具短柔毛；叶片三角状卵形，长 1.5～7cm，宽 1～3.5cm，基部宽心形，下延至叶柄的 1/3 处，常具 2 圆形的垂片。花淡紫色，具深色条纹；花梗与叶片等长或略长，纤细，中部略偏上处具 2 线形小苞片；

图 609　长萼堇菜　　　　　　　　　　　　　　　　　摄影　李华东等

萼片卵状披针形，无毛或具纤毛，附属物伸长，具浅缺刻；花瓣长圆状倒卵形，长 7～9mm；侧瓣具须或稀无毛；下瓣长 1～1.2cm（含距）；距管状，长 1.8～3（～4）mm，直，钝圆；下部雄蕊的距角状，基部宽，顶部锐尖；子房球状，无毛；花柱棒状，基部微膝屈；柱头顶部平，侧面具宽边，前部具短喙。蒴果长圆形，长 8～10mm，无毛。种子深绿色，卵状球形。花期 11～4 月，果期 6～11 月。

【生境与分布】生于草地、田边、路缘、林缘，海拔 1600（～2400）m 以下。分布于浙江、江苏、安徽、福建、江西、上海，另广东、广西、贵州、海南、河南、湖北、陕西（东南部）、四川、台湾、云南等省区均有分布；印度、印度尼西亚、日本、马来西亚、缅甸、巴布亚新几内亚、菲律宾、越南也有分布。

【药名与部位】浙紫花地丁（地丁草），全草。

【采集加工】春、秋二季采收，除去杂质，干燥。

【药材性状】主根圆锥形，淡黄棕色，有细纵皱纹。托叶大部分与叶柄合生，淡绿色或苍白色，微具紫褐色斑点；叶片灰绿色，三角状卵形或犁头形，基部截形或心形，边缘具钝锯齿，无毛。萼片 5，附器 3 长 2 短，可与萼片等长；花瓣 5，侧瓣内侧无须毛，下瓣距粗筒状。蒴果椭圆形，成熟时分裂为 3 果爿，果爿质硬而有棱脊，俗称"砻糠瓣"，内有多数淡棕色细小的圆形种子。气微，味微苦而稍黏。

【药材炮制】除去杂质，洗净，切段，干燥。

【化学成分】花含挥发油类：二十一烷（heneicosane）、1- 辛烯 -3- 醇（1-octen-3-ol）、二甲基硫醚（dimethyl sulfide）、六氢化金合欢基丙酮（hexahydro-farnesyl acetone）和（Z）-2- 壬烯醛 ［（Z）-2-nonenal］[1]等。

叶含挥发油类：（Z）-3- 已烯 -1- 醇 ［（Z）-3-hexen-1-ol］、水杨酸甲酯（methyl salicylate）、（Z）-2- 壬烯醛 ［（Z）-2-nonenal］、植醇（phytol）和（E）-2- 已烯醛水杨酸甲酯 ［（E）-2-hexenal methyl salicylate］[1]等。

根含挥发油类：1- 壬醇（1-nonanol）、1- 辛烯 -3- 醇（1-octen-3-ol）、（Z）-2- 壬烯醛 ［（Z）-2-nonenal］和（E）-2- 壬烯基 -1- 醇 ［（E）-2-nonen-1-ol］[1]等。

【药理作用】1. 抗氧化　全草提取的多糖具有抗氧化作用，在浓度为 1～5mg/ml 时对 2, 2′- 联氮 - 二 -（3- 乙基苯并噻唑 -6- 磺酸）二铵盐自由基（ABTS）、1, 1- 二苯基 -2- 三硝基苯肼自由基（DPPH）具有清除作用，多糖浓度为 5mg/ml 时对 2, 2′- 联氮 - 二 -（3- 乙基苯并噻唑 -6- 磺酸）二铵盐自由基的清除率为 48.3%，对 1, 1- 二苯基 -2- 三硝基苯肼自由基的清除率为 58.0%；对铁离子抗氧化还原力（FRAP）具有还原作用，且随着多糖浓度的增加而增强；多糖浓度为 5mg/ml 时，铁离子抗氧化还原力为（1.75±0.04）μmol Trolox/mg[1]。2. 抗肿瘤　全草提取的多糖对肿瘤 MCF-7 细胞的增殖有明显的抑制作用[1]。

【性味与归经】苦、辛，寒。归心、肝经。

【功能与主治】清热解毒，凉血消肿。用于疗疮肿毒，痈疽发背，丹毒，毒蛇咬伤。

【用法与用量】15～30g。

【药用标准】浙江炮规 2015、江苏药材 1989、四川药材 2010 和贵州药材 2003。

【临床参考】1. 扁桃体炎、结膜炎：鲜全草 30g，加朱砂根 15g，水煎服。（《福建药物志》）

2. 毒蛇咬伤：鲜全草适量，加鲜半边莲、鲜连钱草适量，捣烂外敷。（《江西草药》）

3. 湿热肠痈下血：鲜全草 24～30g（干者 15～24g），水煎，饭前服，每日 2 次。（《贵阳民间药草》）

4. 食积饱胀：全草 15g，淘米水煎服。（《贵州民间药物》）

【化学参考文献】

［1］李咏梅，龚元，姜艳萍 . 黔产长萼堇菜不同部位的挥发性成分分析测定［J］. 贵州农业科学，2017，45（3）：14-17.

【药理参考文献】

［1］徐鸿涛 . 网售堇菜 ITS 鉴定与长萼堇菜多糖分离工艺和药用功能研究［D］. 广州：广东药科大学硕士学位论文，2017.

610. 七星莲（图 610）• *Viola diffusa* Ging.

【别名】匍伏堇（安徽），蔓茎堇菜。

【形态】二年生草本。全株被糙毛或白色柔毛，稀无毛。根状茎短，具大量白色小根及须根；匍匐枝从基生叶腋中抽出，先端生莲座状叶丛。基生叶多数，莲座状，或在匍匐枝上互生；托叶约 1/3 贴生于叶柄，离生部分线状披针形，边缘具睫毛状齿；叶柄长 1.5～6cm；叶片卵形或卵状长圆形，长 1.5～6.5cm，宽 1.5～3cm，先端稍圆钝，基部楔形或截形，稀浅心形，显著下延至叶柄，叶缘钝齿状且具纤毛，两面通常具白色柔毛。花淡紫色或近白色；花梗长 1.5～8.5cm，中部具 2 线形小苞片；萼片披针形，基部附属物短，末端圆或微齿状；侧面花瓣长 6～8mm，内面无毛，下方花瓣约 6mm（含距），距短，约 1.5mm，微伸出萼片附属物；下部 2 雄蕊的距三角形；子房无毛，花柱棒状，微膝屈，柱头前部具喙。蒴果长圆形，长 6～7mm，无毛，常具宿存的花柱。花期 3～5 月，果期 5～10 月。

图 610　七星莲　　　摄影　张芬耀等

【生境与分布】生于山区林地、林缘、草坡、溪谷、石缝，海拔 2000m 以下。分布于浙江、江苏、安徽、福建、江西，另重庆、甘肃、广东、广西、贵州、海南、河南、湖北、湖南、陕西、四川、台湾、西藏等省区均有分布；不丹、日本、印度、印度尼西亚、马来西亚、缅甸、尼泊尔、巴布亚新几内亚、菲律宾、泰国、越南也有分布。

【药名与部位】匍伏堇（茶匙癀），全草。

【采集加工】夏、秋二季采挖，晒干。或鲜用。

【药材性状】长 5 ～ 12cm，全体被白毛。匍伏茎细弱，长 3 ～ 6cm，有细棱线及须根。叶基生，叶片薄而皱缩，展平后呈卵形至卵状椭圆形，长 2 ～ 6cm，宽 1.5 ～ 3cm；黄绿色或灰绿色，先端钝，边缘有钝圆齿，基部宽楔形，下延于柄呈狭翅状，长 1.5 ～ 5cm。花梗长 5 ～ 9cm，中部有披针形苞片 2 片，花冠黄白色或淡紫色，有距。蒴果长椭圆形，3 瓣裂。种子细小，棕黄色。气微，稍有黄瓜味。

【药材炮制】除去杂质，筛去灰屑。

【化学成分】全草含皂苷类：七星莲萜 *A、B（violaic A、B）、七星莲萜内酯 *（violalide）、表木栓酮（epifriedelanol）和木栓酮（friedelin）[1]；甾体类：桐甾醇（clerosterol）、桐甾半乳糖苷（clerosterol galactoside）、松藻酮 *（decortinone）、松藻醇 *（decortinol）、异松藻醇 *（isodecortinol）、豆甾 -25- 烯 -3β，5α，6β- 三醇（stigmast-25-ene-3β，5α，6β-triol）和啤酒甾醇（cerevisterol）[1]；脂肪酸类：棕榈酸（palmitic acid）[1]。

【药理作用】 1. 抗乙肝 全草提取物中分离得到的 5 个木栓烷型化合物对 HepG2.2.15 细胞培养上清液中的乙肝表面抗原（HBsAg）、乙肝 e 抗原（HBeAg）有抑制作用，其中具有七元内酯的化合物对乙肝病毒（HBV）的抑制作用最明显[1]。2. 护肝 全草水提物对亚急性肝损伤大鼠的肝脏具有保护作用，能明显降低血清中的谷丙转氨酶（ALT）、天冬氨酸氨基转移酶（AST）、碱性磷酸酶（ALP）活性及肝匀浆中丙二醛（MDA）的含量，明显提高超氧化物歧化酶的活性[2]；全草提取物对酒精性肝损伤具有保护作用，能降低血清中的谷丙转氨酶、天冬氨酸氨基转移酶活性，降低血清和肝脏中的甘油三酯（TG）含量，使微粒体苯胺羟化酶（ANH）活性降低，使细胞质中乙醇脱氢酶（ADH）和乙醛脱氢酶（ALDH）活性升高，降低肝脏中的丙二醛含量，升高超氧化物歧化酶（SOD）和谷胱甘肽过氧化物酶（GSH-Px）活性[3]；提取物对肝纤维化有一定的治疗作用，治疗组可明显减少肝纤维化组织面积，明显降低谷丙转氨酶、天冬氨酸氨基转移酶和碱性磷酸酶活性，使肝小叶结构较为正常，肝内 I、Ⅲ 型胶原及生长转化因子 β_1（TGF-β_1）表达的平均值与模型组和正常对照组均有显著性差异[4]。3. 增强免疫 全草水提物对小鼠非特异免疫功能有促进作用，0.8mg/ml 和 0.4mg/ml 剂量组能增加免疫器官重量，提高正常小鼠腹腔巨噬细胞的吞噬率和吞噬指数[5]。4. 改善心肌 全草水提物对异丙肾上腺素（ISO）所致急性心肌缺血有一定的保护作用，0.8g/kg 和 1.6g/kg 治疗组可降低大鼠 Ⅱ 导联心电图（ECG）S-T 段抬高和心率加快，降低肌酸激酶（CK）、肌酸激酶同工酶（CK-MB）活性[6]；水提物对自由基损伤心肌细胞具有保护作用，在体外不同浓度的提取物可减少培养液中乳酸脱氢酶（LDH）的漏出，增加细胞存活率[7]。5. 改善血指标 全草水提物对红细胞自氧氧化过程中的损伤具有保护作用，能抵抗氧自由基引发的膜脂质氧化，保护红细胞膜[8]；提取物可明显提高环磷酰胺损伤后小白鼠的外周白细胞数，能明显升高失血性贫血兔的红细胞和白细胞总数[9]。6. 调整肠道菌群 全草醇提物和水提物均能调整肠道菌群失调，醇提物的作用优于水提物[10]。

【性味与归经】 苦，寒。归肺、脾经。

【功能与主治】 祛风，清热，利尿，解毒。用于风热咳嗽，痢疾，淋浊，痈肿疮毒，眼睑炎，烫伤。

【用法与用量】 内服：煎汤，9～15g（鲜品 30～60g）；外用捣敷。

【药用标准】 药典 1977 和福建药材 2006。

【临床参考】 1. 下尿路感染：鲜全草 30g，加鲜三白草 30g、鲜石豆兰 30g，水煎服[1]。

2. 小儿久咳音嘶：鲜全草 15g，加冰糖适量炖服。

3. 疔痈疮毒：鲜全草适量，捣烂外敷；或全草研粉，制成 30% 软膏外敷。

4. 急性肝炎：全草 30g，加虎杖 15g，水煎服。

5. 肺脓疡：全草 30g，加筋骨草 30g，水煎服。

6. 急性结膜炎：鲜全草适量，捣烂，敷于患眼侧太阳穴，每天换药 2 次，另取鲜全草 30g，水煎服。

7. 睑缘炎：鲜全草 30g，洗净，切碎，加鸡蛋 1 枚同煮食，每天 1 次，连服 2～3 天。（2 方至 7 方引自《浙江药用植物志》）

8. 急性肾炎：全草 30～60g，捣烂煎蛋，半量服用，半量敷脐部，每日 1 次，连用 3 天。（福建晋江《中草药手册》）

【附注】 七星莲始载于《植物名实图考》，云："七星莲生长沙山石上。铺地引蔓，与石吊兰相似，而叶阔薄而有白脉。本细，末团圆，齿乱，根如短发。又从叶下生蔓，四面傍引，从蔓上生叶，叶下复生根、须，一丛居中，六丛环外。根既别植，蔓仍牵带，故有七星之名。俚医以治红、白痢。"所述及附图与本种一致。

本种全草在福建作地白草药用。

【化学参考文献】

[1] 戴娇娇. 蔓茎堇菜化学成分及体外抗乙型肝炎病毒的研究 [D]. 广州：南方医科大学硕士学位论文，2012.

【药理参考文献】

[1] 李志健. 蔓茎堇菜化学成分分析与结构修饰及体外抗乙型肝炎病毒的研究 [C]. 中国化学会. 中国化学会第十一届全

国天然有机化学学术会议论文集（第四册），2016：1.

［2］李春艳，李先辉，朱菲莹，等．黄瓜香水提物对大鼠亚急性肝损伤的保护作用［J］．湖南师范大学学报（医学版），2011，8（2）：89-91.

［3］张军，李先辉．黄瓜香提取物对大鼠酒精性肝损伤氧化应激的实验研究［J］．中国中西医结合消化杂志，2010，18（4）：247-250.

［4］翁榕安，李先辉，李春艳．黄瓜香提取物对实验性肝纤维化大鼠肝内Ⅰ、Ⅲ型胶原及生长转化因子-β₁表达的影响［J］．食品科技，2010，35（8）：271-273，277.

［5］李春艳，李先辉，吕江明，等．黄瓜香对小鼠免疫功能调节的实验研究［J］．时珍国医国药，2008，19（1）：40-41.

［6］何轩，彭光勇，黄露露，等．黄瓜香对大鼠急性心肌缺血的作用研究［J］．医学理论与实践，2013，26（14）：1821-1822，1848.

［7］何轩，彭光勇，黄露露，等．黄瓜香水提物对自由基损伤心肌细胞的作用［J］．吉首大学学报（自然科学版），2013，34（3）：66-68.

［8］刘子后，刘振华，李先辉，等．湘西土家药黄瓜香对红细胞自氧氧化溶血的影响［J］．中国民族民间医药杂志，2007，（4）：233-234，248.

［9］魏云，刘礼意．蔓茎堇菜对外周血细胞数及骨髓细胞数的影响［J］．湖南医学，1994，11（5）：263-264.

［10］梁立春，王跃新，崔国利，等．黄瓜香水、醇提取液对肠道菌群的调整作用的比较［J］．中国微生态学杂志，2010，22（11）：998-1000.

【临床参考文献】

［1］巩军波，傅彩彪，舒灯红．匍三兰合剂治疗下尿路感染体会［J］．中医临床研究，2015，7（26）：108-109.

611. 深圆齿堇菜（图 611）· *Viola davidii* Franch.（*Viola schneideri* W.Beck.）

【别名】浅圆齿堇菜。

【形态】多年生草本，高 7～10cm。全株无毛，几无地上茎；根状茎斜生，节短，密生支根；具匍匐枝，长 10～15cm，叶与花散生其上，节上具不定根，末端常长成新植株。叶基生；托叶通常离生，棕色，宽披针形，长 1～1.5cm，正面具棕色条纹，边缘具微毛状齿，顶部长锐尖；叶柄不等长，最长的达 5cm；叶片圆形或肾形，上面深绿色，下面灰绿色，长 2～7cm，宽 1.5～3.5cm，先端圆钝，基部深凹呈心形，叶缘具浅圆齿，两面无毛，干燥时具棕色腺点。花白色或紫色；花梗长于或近等长于叶，中部以上具 2 线形小苞片；萼片披针形或卵状披针形，基部附属物短，边缘狭膜质，末端截形。花瓣长圆形倒卵状，侧瓣具须毛，下瓣短；距短囊状，长 1.5～2mm；下方雄蕊的距长圆状，短，近等长于花药。子房长圆状，无毛；柱头棒状，基部近直立，向上渐厚；柱头两侧明显具宽边，顶部有喙。蒴果长圆形，5～7mm，无毛。花期 3～5 月和 9 月，果期 5～10 月。

【生境与分布】生于山林，林缘，草坡，溪谷，路边，海拔 1200～2800m。分布于浙江、福建、江西，另重庆、广东、广西、贵州、湖北、湖南、四川、西藏、云南等省区均有分布。

【药名与部位】地丁草，全草。

【采集加工】春、夏二季采收，除去杂质，晒干。

【药材性状】根茎具短而明显节，密生细根；匍匐枝长 10～30cm，散生叶及花。叶近基生，棕绿色，叶片呈卵形、宽卵形或近卵圆形，先端圆或钝，基部深心形，边缘每侧具 6～8 个浅圆齿；托叶大部分离生。

【药材炮制】除去杂质，快速洗净，切段，干燥。

【性味与归经】苦、辛，寒。归心、肝经。

【功能与主治】清热解毒，凉血消肿。用于疮疡肿毒，咽喉肿痛，乳痈，肠痈，湿热黄疸，目赤肿痛，毒蛇咬伤，跌打损伤，外伤出血。

【用法与用量】9～15g；外用鲜品适量，捣烂敷患处。

图 611　深圆齿堇菜　　　　　　　　　　　　　摄影　张芬耀

【药用标准】四川药材 2010。

【附注】深圆齿堇菜 *Viola davidii* Franch 和浅圆齿堇菜 *Viola schneideri* W.Beck 实为同一种，前者发表在先，故将后者并入前者。

七四　旌节花科 Stachyuraceae

　　落叶或常绿灌木或小乔木，稀为攀援状灌木。小枝具白色髓心。冬芽小，具2～6枚鳞片，覆瓦状排列。单叶，互生；叶片边缘有锯齿；托叶小，早落。总状花序或穗状花序着生于去年生枝叶腋，直立或下垂；花小，辐射对称，两性或雌雄异株，先叶开放，具短梗或近无梗；花梗基部有1苞片，花基部有2小苞片，基部联合；萼片、花瓣均4枚，覆瓦状排列，分离；雄蕊8枚，2轮排列，离生，花丝钻形，花药2室，丁字着生，内向纵裂；能结实花的雄蕊短于雌蕊，花药色浅，无花粉，胚珠发育较大；不结实花的雄蕊与雌蕊近等长，花药黄色，有花粉；子房上位，4室，胚珠多数，生于中轴胎座；花柱短而单一，柱头头状，顶端4浅裂。浆果球形，外果皮革质。种子小，多数，具柔软的假种皮，胚乳丰富，肉质，胚直生。

　　1属，约15种6变种，分布于亚洲东部，从喜马拉雅山脉东部至中国秦岭以南向东延伸到日本。中国1属，约10种5变种，法定药用植物1属，2种。华东地区药用植物1属，2种。

　　旌节花科法定药用植物的化学成分鲜有研究，仅报道含多糖类，组成多糖的单糖有 L- 鼠李糖（L-rhamnose）、D- 果糖（D-fructose）、D- 半乳糖（D-galactose）等。

1. 旌节花属 *Stachyurus* Siebold et Zucc.

　　属的特征与科同。

612. 中国旌节花（图 612）· *Stachyurus chinensis* Franch.

图 612　中国旌节花

摄影　李华东

【别名】画眉杠（浙江），旌节花。

【形态】落叶灌木，高 2 ～ 4m。叶片纸质或膜质，卵形、长圆状卵形或长圆状椭圆形，长 5 ～ 12cm，宽 3.5 ～ 6cm，先端渐尖或短尾状渐尖，基部钝圆或浅心形，边缘有锯齿；侧脉 5 ～ 6 对，上面无毛，背面幼时沿主脉和侧脉疏被短柔毛；叶柄暗紫色，长 1 ～ 2cm。穗状花序腋生，先叶开放，长 5 ～ 10cm，无梗，常下垂；苞片 1 枚，椭圆形，长约 3mm；花梗极短或无柄；小苞片 2 枚，卵形；萼片 4 枚，卵形；花瓣 4 枚，黄绿色，卵形；雄蕊 8 枚，与花瓣近等长；子房瓶状，被微柔毛，柱头头状，不裂。浆果球形，直径约 0.7cm，近无柄或有短柄。花期 3 ～ 4 月，果期 5 ～ 7 月。

【生境与分布】生于山坡林中、林缘、沟谷、溪边或灌丛中，垂直分布 400 ～ 3000m。分布于安徽、浙江、福建、江西，另华中和西南地区各省区以及陕西、甘肃、广东、广西均有分布。

【药名与部位】小通草，茎髓。

【采集加工】秋季采茎，截段，趁鲜取出茎髓，理直，干燥。

【药材性状】呈圆柱形，长 30 ～ 50cm，直径 0.5 ～ 1cm。表面白色或淡黄色，无纹理。体轻，质松软，捏之能变形，有弹性，易折断，断面平坦，无空心，显银白色光泽。水浸后有黏滑感。气微，味淡。

【质量要求】色白成条，不霉黑。

【药材炮制】除去杂质，切段。

【化学成分】茎髓含糖类：L- 鼠李糖（L-rhamnose）、D- 果糖（D-fructose）和 D- 半乳糖（D-galactose）[1]。

【药理作用】抗炎解热　茎髓水煎液对角叉菜胶所致大鼠的足肿胀有一定的抑制作用，对啤酒酵母（或角叉菜胶）所致的发热模型大鼠有一定的解热作用[1, 2]。

【性味与归经】甘、淡，寒。归肺、胃经。

【功能与主治】清热，利尿，下乳。用于小便不利，乳汁不下，尿路感染。

【用法与用量】2.5 ～ 4.5g。

【药用标准】药典 1977—2015、浙江炮规 2015、贵州药材 1988、河南药材 1991 和四川药材 1987。

【临床参考】1. 小便不通：茎髓 15g，加车前子 15g、水菖蒲 15g、灯芯草 3g、生石膏 3g，水煎服。

2. 闭经：茎髓 9 ～ 15g，加川牛膝 9 ～ 15g，水煎服。（1 方、2 方引自《浙江药用植物志》）

【附注】气虚无湿热及孕妇慎服。

本种的叶和根民间也药用。

虎耳草科云南绣球 Hydrangea yunnanensis Rehd. 的茎髓在四川、蔷薇科棣棠花 Kerria japonica（Linn.）DC. 的茎髓和五加科穗序鹅掌柴 Schefflera delavayi（Fr.）Harms. 的叶柄髓部在贵州均作小通草药用。

【化学参考文献】

［1］江海霞，张丽萍，赵海 . 不同品种小通草多糖的含量及单糖组成研究［J］. 中药材，2010，33（3）：347-348.

【药理参考文献】

［1］沈映君，曾南，贾敏如，等 . 几种通草及小通草的抗炎、解热、利尿作用的实验研究［J］. 中国中药杂志，1998，23（11）：687-690.

［2］沈映君，曾南，苏亮，等 . 八种通草的解热、抗炎作用实验研究［J］. 四川生理科学杂志，1995，（z1）：4.

613. 西域旌节花（图 613）· *Stachyurus himalaicus* Hook.f.et Thoms ex Benth.

【别名】喜马拉雅旌节花（浙江），喜马山旌节花。

【形态】落叶灌木或小乔木，高 2 ～ 5m。叶片坚纸质或薄革质，披针形或长圆状披针形，长 8 ～ 13cm，宽 3.5 ～ 5.5cm，先端渐尖或长渐尖，基部钝圆，边缘有细密锐锯齿，齿尖骨质并增厚；侧脉 5 ～ 7 对；叶柄紫红色，长 0.5 ～ 1.5cm。穗状花序腋生，长 5 ～ 13cm，无梗，常下垂；苞片 1 枚，三角形；小苞片 2 枚，宽卵形，先端急尖，基部联合；萼片 4 枚，宽卵形；花瓣 4 枚，倒卵形；雄蕊 8 枚，常短于花瓣；

图 613　西域旌节花　　　　　　　　摄影　张芬耀等

子房卵状长圆形，柱头头状，不裂。浆果近球形，直径约 0.8cm，无柄或近无柄，具宿存花柱。花期 3 ~ 4 月，果期 5 ~ 8 月。

【生境与分布】生于山路边、灌丛、阔叶林下或溪沟边，垂直分布 400 ~ 3000m。分布于浙江、江西，另华中、西南地区各省区以及台湾、甘肃、广东、广西均有分布。

中国旌节花与西域旌节花主要区别点：中国旌节花叶片纸质或膜质，卵形、长圆状卵形或长圆状椭圆形。西域旌节花叶片坚纸质或薄革质，披针形或长圆状披针形。

【药名与部位】小通草，茎髓。

【采集加工】秋季采茎，截段，趁鲜取出茎髓，理直，干燥。

【药材性状】呈圆柱形，长 30 ~ 50cm，直径 0.5 ~ 1cm。表面白色或淡黄色，无纹理。体轻，质松软，捏之能变形，有弹性，易折断，断面平坦，无空心，显银白色光泽。水浸后有黏滑感。气微，味淡。

【药材炮制】除去杂质，切段。

【药理作用】1. 免疫调节　茎髓提取的多糖成分对小鼠血清溶酶菌有一定的影响，且与剂量有较明显的相关性；多糖成分对巨噬细胞的吞噬作用也有一定的促进作用[1]；多糖成分能促进小鼠溶血素抗体生成，并与剂量呈正相关性[1]。2. 抗过氧化氢酶　茎髓提取的多糖成分可较明显地抑制小鼠血清过氧化氢酶的活性，且有明显的量－效关系[1]。3. 利尿　茎髓水提液对大鼠有利尿作用，但作用不明显[2]。4. 抗氧化　茎髓提取的多糖能降低 9 月龄小鼠肝脏及血清中的过氧化脂质产物的含量，并对小鼠心肌及脑组织中老化代谢产物脂褐素（LF）含量有明显的降低作用，同时能提高小鼠全血老化相关酶超氧化物歧化酶（SOD）的活性[3]。

【性味与归经】甘、淡，寒。归肺、胃经。

【功能与主治】清热，利尿，下乳。用于小便不利，乳汁不下，尿路感染。

【用法与用量】2.5～4.5g。

【药用标准】药典 1977—2015、浙江炮规 2015、贵州药材 1988、河南药材 1991 和四川药材 1987。

【临床参考】1. 小便黄赤：茎髓 6g，加木通 4.5g、车前子 9g（布包），水煎服。

2. 热病烦躁、小便不利：茎髓 6g，加栀子、生地、淡竹叶、知母、黄芩各 9g，水煎服。

3. 急性尿道炎：茎髓 6g，加地肤子、车前子（布包）各 15g，水煎服。（1 方至 3 方引自《安徽中药志》）

4. 毒蛇咬伤：嫩茎叶，捣烂敷伤口周围。

5. 骨折：叶，捣烂敷伤处。（4 方、5 方引自《广西民族药简编》）

【附注】气虚无湿热及孕妇慎服。

本种的叶和根民间也药用。

四川旌节花 *Stachyurus szechuanense* Fang、云南旌节花 *Stachyurus yunnanensis* Franch.、凹叶旌节花 *Stachyurus retusus* Yang 和柳叶旌节花 *Stachyurus salicifolius* Franch. 等植物茎髓在各地民间也作小通草药用。

【药理参考文献】

［1］沈映君，曾南，刘俊，等. 四种通草多糖药理活性的初步研究［J］. 四川生理科学杂志，1995，（z1）：34.

［2］贾敏如，沈映君，蒋麟，等. 七种通草对大鼠利尿作用的初步研究［J］. 中药材，1991，14（9）：40-42.

［3］曾南，沈映君，贾敏如. 通草及小通草多糖抗氧化作用的实验研究［J］. 中国中药杂志，1999，24（1）：46-48.

七五　秋海棠科 Begoniaceae

多年生肉质草本，稀为亚灌木。茎直立、匍匐状，稀攀援状，或无地上茎，仅有根状茎、球茎或块茎。单叶，互生，稀为复叶，边缘有齿或分裂，极稀全缘，通常基部偏斜，两侧不相等；具长柄；托叶早落。花单性，雌雄同株，稀异株，两侧对称或辐射对称，通常多花组成聚伞花序；花被片花瓣状；雄花花被片 2～4（～10）枚，离生，2 轮排列。外轮 2 枚较大，内轮花被片狭小；雄蕊多数，花丝离生或基部合生，花药 2 枚，基着，药隔有时延伸；雌花花被片 2～5（6～10）枚，通常较小，离生，稀合生；雌蕊有 2～5（～7）枚心皮，子房下位，稀半下位，1 室而具 3 个侧膜胎座，或 2～3（～7）室而具中轴胎座，每室胎座有 1～2 裂片，裂片常不分支，花柱离生或基部合生，柱头呈螺旋状、头状、肾状及 U 形，并带刺状乳突。蒴果，有时呈浆果状，常有不等大 3 翅，稀具近等大 3 翅或无翅而具棱。种子极多数，微小，近球形。

3 属，1400 种以上，分布于热带或亚热带地区。中国 1 属，170 余种，主要分布于南部和中部地区，法定药用植物 1 属，5 种。华东地区法定药用植物 1 属，1 种。

秋海棠科法定药用植物主要含黄酮类、皂苷类、甾体类等成分。黄酮类包括黄酮醇、黄烷等，如芦丁（tutin）、儿茶素（catechin）等；皂苷类包括四环三萜、五环三萜，如葫芦素 B、D（cucurbitacin B、D）、β- 香树脂醇（β-amyrin）等。

1. 秋海棠属 *Begonia* Linn.

多年生肉质草本，极稀为亚灌木，具根状茎，根状茎球形、块状、圆柱状或伸长呈长圆柱状。茎直立，匍匐，稀攀援状或常缩短而无地上茎。单叶，稀掌状复叶，互生或全部基生；叶片常偏斜，基部两侧不对称，边缘常有不规则疏浅锯齿，常浅裂至深裂，稀全缘，基部叶脉通常掌状；叶柄较长；托叶膜质，早落。花单性，雌雄同株；花常 2～4 至数朵组成聚伞花序，有时呈圆锥状，具梗；有苞片；花被片花冠状；雄花花被片 2～4 枚，2 枚对生或 4 枚交互对生，通常外轮较大，内轮较小，花丝离生或基部合生，稀合成单体，花药 2 室，顶生或侧生，纵裂；雌花花被片 2～5（6～8）枚；雌蕊由 2～3～4（5～7）枚心皮组成；子房下位，1 室，具 3 个侧膜胎座，或具中轴胎座，每胎座有 1～2 裂片，裂片常不分支，柱头膨大，扭曲呈螺旋状或 U 形，常有带刺状乳突。蒴果，有时呈浆果状，常具不等大 3 翅，少数种类无翅而具 3～4 棱或小角状突起。种子极多数，细小，长圆形，光滑或有纹理。

1400 种以上，分布于热带或亚热带地区。中国 170 余种，主要分布于长江以南各省区，法定药用植物 5 种。华东地区法定药用植物 1 种。

614. 紫背天葵（图 614）• *Begonia fimbristipula* Hance

【别名】紫背秋海棠。

【形态】多年生草本，高 4～15cm。块茎球形，无地上茎。叶基生，常 1～2 枚，具长柄；叶片宽卵形，长 6～13cm，宽 4.5～8.5cm，先端尖或渐尖，基部稍偏斜，心形，边缘有不整齐重锯齿，有时呈缺刻状，齿尖有长芒，上面疏被短毛，背面淡绿色，沿叶脉被毛，常有不明显白色小斑点；叶柄长 4～11.5cm，被卷曲长毛；托叶小，卵状披针形，顶端有刺芒，边缘撕裂状。聚伞花序近基出，花序梗长 6～18cm，紫红色，无毛，具 2～4 花；花粉红色；雄花花被片 4，外侧 2 枚宽卵形，内侧 2 枚倒卵状长圆状；雌花花被片 3，外面 2 枚宽卵形或近圆形，内侧 1 枚倒卵形；子房 3 室，每室胎座有 2 裂片，花柱 3 枚，近离生，或中部以下合生，柱头扭曲呈环状。蒴果倒卵状长圆形，下垂，长约 1cm，无毛，具不等大 3 翅。花期 5 月，果期 6～8 月。

图 614　紫背天葵　　　　　摄影　张芬耀

【生境与分布】生于山顶疏林下、潮湿岩石上、悬崖石缝中或山坡林下，垂直分布 700 ～ 1200m。分布于浙江南部、福建、江西，另湖南、广东、海南、香港、广西、云南均有分布。

【药名与部位】红天葵，叶。

【采集加工】夏、秋季采收，洗净，晒干。或鲜用。

【药材性状】卷缩成不规则团块。完整叶呈卵形或阔卵形，长 2.5 ～ 7cm，宽 2 ～ 6cm，顶端渐尖，基部心形，近对称，边缘有不规则重锯齿和短柔毛，紫红色至暗紫色，两面均被疏或密的粗伏毛，脉上被毛较密，掌状脉 7 ～ 9 条，小脉纤细，明显。叶柄长 2 ～ 6cm，被粗毛。薄纸质。气浓，味酸，用手搓之刺鼻，水浸液呈玫瑰红色。

【化学成分】叶含花色苷类：矢车菊素（cyanidin）、矢车菊素 -3- 葡萄糖苷（cyanidin-3-glucoside）、矢车菊素 -3- 葡萄糖木糖苷（cyanidin-3-glucosylxyloside）、矢车菊素 - 酰基葡萄糖苷（cyanidin-acylglucoside）和矢车菊素 -3- 乙酰基葡萄糖芸香糖苷（cyanidin-3-acylglucosyl rutinoside）[1]；维生素类：维生素 B_1（vitamin B_1）和维生素 B_6（vitamin B_6）[2]；元素：钙（Ca）、磷（P）、钾（K）、钠（Na）、镁（Mg）、铁（Fe）、

碘（I）、锗（Ge）、锌（Zn）、镉（Cd）、镍（Ni）、铅（Pb）和硅（Si）等[2]。

根含葫芦素类：葫芦素 B、D、O、Q（cucurbitacin B、D、O、Q）[3]；黄酮类：芦丁（rutin）、（﹣）-儿茶素［（﹣）-catechin］、表阿夫儿茶素（epiafzelechin）和阿夫儿茶素（afzelechin）[3]；甾体类：豆甾醇（stigmasterol）、β- 谷甾醇（β-sitosterol）、豆甾醇 -3-O-β-D- 吡喃葡萄糖苷（stigmasterol-3-O-β-D-glucopyranoside）和胡萝卜苷（daucosterol）[3]。

【药理作用】抗氧化　70% 乙醇提取的黄酮类化合物对 1，1- 二苯基 -2- 三硝基苯肼自由基（DPPH）和超氧阴离子自由基（O_2^-•）有较强的清除作用[1]。

【性味与归经】甘、淡，凉。

【功能与主治】清热凉血，止咳化痰，散瘀消肿。用于中暑发热，肺热咳嗽，咯血，淋巴结结核，血瘀腹痛，扭挫伤，骨折，烧烫伤。

【用法与用量】6 ～ 9g；外用适量，鲜品捣烂敷患处。

【药用标准】广西药材 1990。

【临床参考】1. 脑梗死：紫背天葵提取液（全草 0.5kg，加入 12 倍量水，浸泡 30min 后，加热煎煮 1h，过滤）口服，每次 150ml，每日 3 次，14 天 1 疗程，连用 2 疗程，同时配合复方丹参注射液治疗[1]。

2. 高血压病：紫背天葵汁（5% 紫背天葵浓缩液）口服，每次 15ml，每日 3 次，30 天 1 疗程[2]。

3. 乙型脑炎辅助治疗：块茎 1 ～ 2 粒，浸酒，捣碎，开水冲服。（《福建药物志》）

4. 肺结核咯血、肺炎、鼻衄：全草 15g，加黄柏 9g，水煎服。

5. 疔疮肿毒、血瘀腹痛：全草 9 ～ 12g，加菊花三七 15g，水煎服。（4 方、5 方引自《湖南药物志》）

6. 肺结核咯血、淋巴结肿大：全草 20g，水煎，冲血余炭服。（《广西民族药简编》）

【化学参考文献】

［1］戚树源. 鼎湖山紫背天葵花青素成份的分析［J］. 植物生理学通讯，1987，（4）：45-49.

［2］李乃明，陈光浩，吴海珊，等. 紫背天葵化学成分的分析［J］. 广州医学院学报，1993，21（1）：62-64.

［3］蔡红，王明奎. 天葵秋海棠根部的化学成分［J］. 应用与环境生物学报，1999，5（1）：103-105.

【药理参考文献】

［1］李巧云. 紫背天葵总黄酮提取、分离纯化及其抗氧化性的研究［D］. 福州：福建农林大学硕士学位论文，2011.

【临床参考文献】

［1］王红珊，曹毅敏，杨莹，等. 紫背天葵联合复方丹参注射液治疗脑梗死的临床观察［J］. 中国药房，2013，24（12）：1108-1110.

［2］王球华. 紫背天葵治疗 56 例高血压病临床观察［J］. 基层医刊，1984，（2）：35-36.

七六 仙人掌科 Cactaceae

多年生肉质草本、灌木或乔木。茎直立、匍匐、悬垂或攀援；茎肉质，多汁，常缢缩成茎段，茎段呈圆柱状、球状、侧平或叶状，有沟槽，具棱、角、瘤突或平坦，有水汁；小窠螺旋状散生，或沿棱、角或瘤突着生，常有腋芽或短枝变态形成的刺，稀无刺。刺或毛和花均从小窠生出。叶退化呈鳞片状、针状、钻形或圆锥状，早落，稀扁平、圆柱形或完全退化；无托叶。花单生，无花梗，稀有柄并组成聚伞花序；两性，稀单性，辐射对称或左右对称；花托与子房合生，稀分生，上部常延伸成花托筒；花被片多数，外轮萼片状，内轮花瓣状，或无明显分化，螺旋状排列，基部联合呈筒状；雄蕊多数，螺旋状或排成2列，花药基部着生，2室。雌蕊由3至多数心皮合生而成；子房下位，1室；胚珠多数，着生于3至多数侧膜胎座上。浆果，肉质，常有黏液。种子多数，种皮坚硬。

约108属，约2000种，分布于美洲热带至温热地区。中国引种约60属，600余种，其中4属约7种在南部及西南部已野化，法定药用植物1属，1种。华东地区法定药用植物1属，1种。

仙人掌科法定药用植物科特征成分鲜有报道。仙人掌属含生物碱类、黄酮类、皂苷类等成分。生物碱包括吲哚类、吡啶类、有机酰胺类等，如甜菜素（betanidin）、异甜菜素（isobetanidin）、甜菜苷（betanin）、异甜菜苷（isobetanin）、梨果仙人掌黄素（indicaxanthin）、酪胺（tyramine）、胆碱（choline）等；黄酮类多为黄酮、黄酮醇，如木犀草素（luteolin）、槲皮苷（quercitrin）、异槲皮苷（isoquercitrin）等；皂苷类如木栓酮（friedelin）、蒲公英赛醇（taraxerol）等。

1. 仙人掌属 *Opuntia* Mill.

肉质灌木或小乔木。茎直立、匍匐或上升，分枝侧扁、圆柱状、棍棒状或近球形，稀具棱或瘤突，缢缩成茎段，茎段散生小窠；小窠具绵毛、倒刺刚毛和刺；刺针形、钻形、刚毛状或扁平。叶钻形、针形、锥形或圆柱状，肉质，早落，稀宿存，无叶脉和叶柄。花单生于二年生枝上部的小窠，无柄，两性，稀单性；花被片多数，分离，着生于花托檐部，下部的较小，萼片状，上部的花瓣状开展，黄色或红色；雄蕊多数，螺旋状着生。子房下位，侧膜胎座；花柱圆柱状，柱头5～10枚，长圆形。浆果，成熟时紫色、红色、黄色或白色，肉质或干燥，顶端平截或凹陷，常有刺。种子细小，多数或少数，稀1粒，具骨质假种皮，白色或黄褐色，肾状椭圆状或近圆形，边缘有时具角。

约250种，原产美洲热带至温带地区。中国引种栽培约30种，其中4种在南部和西南地区已野化，法定药用植物1种。华东地区法定药用植物1种。

615. 仙人掌（图615）• *Opuntia stricta*（Haw.）Haw.var.*dillenii*（Ker-Gawl.）Benson［*Opuntia dillenii*（Ker-Gawl.）Haw］

【形态】肉质灌木，常呈丛生状，高1～3m。茎下部木质，圆柱形，上部有分枝；茎段扁平，肉质，宽倒卵形或近圆形，长10～35cm，宽7.5～20cm，厚1.2～2cm，先端圆，边缘常不规则波状，基部楔形或渐窄，绿色或蓝绿色，无毛；小窠散生，突出，每小窠刺1～10枚，密生短绵毛和倒刺刚毛，刺有淡褐色横纹，钻形，坚硬，长1.2～4cm。叶钻形，生于小窠，较小，绿色，早落。花辐射状，单生于茎顶端的小窠上；花被片倒卵形或匙状倒卵形，长达3cm，外部绿色，向内渐变为黄色；雄蕊多数，花丝淡黄色；柱头5枚，黄白色。浆果，倒卵球形，顶端凹陷，基部渐窄成柄状，长4～6cm，直径2.5～4cm，成熟时紫红色。花果期6～12月。

图 615　仙人掌　　　　摄影　徐克学

【生境与分布】喜温暖、干燥的气候，不耐寒，山东、安徽、浙江、江苏、福建、江西有栽培，需在温室越冬，另中国南方沿海地区均有栽培，部分地区已野化。原产加勒比海地区海滨。

【药名与部位】仙人掌，地上部分。

【采集加工】全年可采，用刀削除小瘤体上的利刺和刺毛，除去杂质，鲜用或晒干。

【药材性状】近基部老茎呈圆柱形，其余均呈掌状，扁平，每节呈倒卵形至椭圆形，每节长 6～25cm 或更长，直径 4～15cm，厚 0.2～0.6cm，表面灰绿色至黄棕色，具多数因削除小瘤体上的利刺和刺毛而残留的痕迹。质松脆，易折断，断面略呈粉性，灰绿色、黄绿色至黄棕色。气微，味酸。

【药材炮制】除去杂质，切段，晒干。

【化学成分】茎含黄酮类：槲皮素 -3-O- 甲基 -7-O-β-D- 葡萄糖苷（quercetin-3-O-methyl-7-O-β-D-glucoside）、山奈酚 -7-O-β-D- 葡萄糖苷（kaempferol-7-O-β-D-glucoside）、山奈酚 -7-O-β-D- 葡萄糖基 -（1→4）-β-D- 葡萄糖苷［kaempferol-7-O-β-D-glucosyl-（1→4）-β-D-glucoside］、海杧果素*（manghaslin）[1]、3-O- 甲基槲皮素 -3′-O-β-D- 吡喃葡萄糖苷（3-O-methyl quercetin-3′-O-β-D-glucopyranoside）、山奈酚 -7-O-β-D- 吡喃葡萄糖基 -（1→2）-β-D- 吡喃葡萄糖苷［kaempferol-7-O-β-D-glucopyranosyl-（1→2）-β-D-glucopyranoside］、3-O- 甲基山奈酚（3-O-methyl kaempferol）和槲皮素（quercetin）[2]；萜类：6R*-9,

10- 二羟基 -4- 大柱香波龙烯 -3- 酮（6R^*-9, 10-dihydroxy-4-megastigmen-3-one），即仙人掌酮（opuntione）[3]；皂苷类：2- 羟基里白醇（2-hydroxydiplopterol）和香橙素（aromadendrin）[2]；苯乙酮类：4- 羟基苯乙酮（4-hydroxy-acetophenone）和草夹竹桃苷（androsin）[4]；黄酮类：3-O- 甲基异鼠李黄素（3-O-methyl isorhamnetin）、异鼠李黄素 -3-O- 鼠李糖苷（isorhamnetin-3-O-rhamnoside）、芦丁（rutin）[5]、3-O- 甲基槲皮素（3-O-methyl quercetin）、山奈酚（kaempferol）、山奈甲黄素（kaempferide）、异鼠李黄素（isorhamnetin）[6] 和山奈酚 -7-O-β-D- 吡喃葡萄糖（1→4）-β-D- 吡喃葡萄糖苷［kaempferol-7-O-β-D-glucopyranosyl（1→4）-β-D-glucopyranoside］[7]；木脂素类：（-）- 丁香脂素 -4-O-β-D- 吡喃葡萄糖苷［（-）-syringaresinol-4-O-β-D-glucopyranoside］[3]，（-）- 莱昂树脂醇［（-）-lyoniresinol］、鹅掌楸苷（liriodendrin）、留兰香木脂素 B（spicatolignan B）和开环异落叶松脂醇（secoisolariciresinol）[2]；生物碱类：橙黄胡椒酰胺乙酸酯（aurantiamide acetate）、（-）- 新刺孢曲霉素 A［（-）-neoechinulin A］、海胆灵（echinuline）[2]；色素类：甜菜花青素（betacyanine）和甜菜苷（betanin）[8]；甾体类：β- 谷甾醇（β-sitosterol）[6]；酚酸及其酯类：3, 4- 二羟基苯甲酸乙酯（ethyl 3, 4-dihydroxy benzoate）、3, 4- 二羟基苯甲酸（3, 4-dihydroxy benzoic acid）[1]，（E）- 阿魏酸甲酯［methyl（E）-ferulate］[3]，对羟基苯甲酸（p-hydroxybenzoic acid）、E- 咖啡酸十八烷醇酯（E-octadecyl caffeate）[2]，云杉素*（piceine）、3′, 5′- 二甲氧基 -4′-O-β-D- 吡喃葡萄糖基桂皮酸（3′, 5′-dimethoxy-4′-O-β-D-glucopyranosyl cinnamic acid）[4]，香草酸（vanillic acid）[5]，愈创木基甘油 -β- 阿魏酸醚（guaiacylglycerol-β-ferulic acid ether）、香豆酸甲酯（methyl coumarate）、对羟基苯甲酸甲酯（methyl 4-hydroxybenzoate）和苯甲酸（benzoic acid）[9]；低碳羧酸类：琥珀酸（succinic acid）和 D- 酒石酸（D-tartaric acid）[3]；吡喃酮类：4- 乙氧基 -6- 羟甲基 -α- 吡喃酮（4-ethyoxyl-6-hydroxymethyl-α-pyrone）[5]；内酯苷类：仙人掌苷 I（opuntioside I）[7]；多元羧酸酯类：仙人掌酯（opuntiaester）[9]；烷醇类：正十七醇（n-heptadecanol）[5]。

【药理作用】 1. 抗菌　茎乙醇提取物和乙酸乙酯提取物对巨大芽孢杆菌、金黄色葡萄球菌、大肠杆菌、青霉菌和枯草芽孢杆菌生长的抑制作用较好[1]；茎 95% 乙醇和水浸提液对多种微生物的生长均有较明显的抑制作用，尤其是 95% 乙醇提取液对变形杆菌、大肠杆菌、枯草芽孢杆菌、蜡状芽孢杆菌、金黄色葡萄球菌、青霉、赤酵母和啤酒酵母的生长抑制作用更好[2]；醇提取液对细菌的繁殖有较好的抑制作用，对金黄色葡萄球菌和大肠杆菌的抑制作用最强，最低抑菌浓度为 6.25%，而对霉菌的抑制作用较小，且不同溶剂提取物对同一种菌的抑制作用差别较大；乙醇浸提液的抑菌作用优于水提取液[3]。2. 降血脂血糖　茎提取的多糖类化合物对动脉粥样硬化模型大鼠的总胆固醇（TC）、甘油三酯（TG）和低密度脂蛋白胆固醇（LDL-C）均有降低作用，其各含量均低于相同时间的模型对照[4]；干粉和浸出液对喂食猪油所致的高脂模型小鼠血清总胆固醇、甘油三酯和动脉硬化指数（AI）均有极显著的降低作用，并对高密度脂蛋白胆固醇（HDL-C）也有极显著的升高作用[5]。3. 抗炎　茎提取的仙人掌多糖对热板法和乙酸所致的疼痛小鼠的舔足反应均具有明显的抑制作用[6]；茎水提液对乙酸所致小鼠毛细血管通透性和蛋清所致小鼠的足肿胀均有不同程度的抑制作用[7]。4. 免疫调节　茎提取的多糖成分能调节糖尿病小鼠一氧化氮（NO）至正常水平，极显著增强糖尿病小鼠巨噬细胞的吞噬功能，显著增强免疫抑制小鼠血清溶血素 IgM、血清 IgG 的水平，并明显增强免疫抑制小鼠 T、B 淋巴细胞的增殖能力，提高小鼠的非特异性免疫、体液免疫、细胞免疫，调节 T 细胞亚群比例，从而增强免疫抑制小鼠的免疫功能[8, 9]。5. 抗肿瘤　茎醇提物和水提物对 S180 小鼠的肿瘤生长均有抑制作用，并能延长艾氏腹水瘤（EAC）小鼠的存活期，对抑瘤率和生命延长率的作用醇提取物明显强于水提取物[10]，其机制可能是多糖通过降低钙泵的活性，改变荷瘤小鼠细胞膜的物质、能量平衡，促进肿瘤细胞的凋亡而发挥抗肿瘤作用；水煎液对环磷酰胺所致的诱变效应有一定的抑制作用，对环磷酰胺所致的染色体损伤也有一定的保护和修复作用[11]。6. 神经保护　提取的多糖对大脑中动脉栓塞（MCAO）诱导的缺血再灌注损伤模型大鼠的神经行为学评分平均下降、梗死灶体积减少、皮质及海马组织神经细胞丢失、神经胶质增生、核固缩、核深染等形态学均有明显的改善[12]。7. 抗凝血　茎提取物均可使凝血系统的出血时间、凝血时间及凝血酶原时间明显降低，并使全血浆凝块溶解时间延长，血小板数变化呈现先降后升的变化过程[13]。

【性味与归经】苦，寒。归胃、肺、大肠经。

【功能与主治】行气活血，凉血止血，解毒消肿。用于胃痛，痞块，痢疾，喉痛，肺热咳嗽，痔血，疮疡疔疖，乳痈，痄腮，蚊虫咬伤，烫伤。

【用法与用量】10～30g；或焙干研末，3～6g；外用适量，鲜品捣烂敷。

【药用标准】贵州药材 2003、广西药材 1996、海南药材 2011 和云南彝药 Ⅱ 2005 四册。

【临床参考】1. 甘露醇致静脉炎：鲜地上部分适量，去刺，捣烂如泥，外敷于患处及周围 2～3cm 范围皮肤，厚度约 1mm，早晚各 1 次，每次 1h，1 周 1 疗程[1]。

2. 剖宫产后乳胀：鲜地上部分 200g，去刺，捣烂成糊状，平均分成两份，沿乳根渐向乳头，敷于乳房外表，露出乳头和乳晕，用纱布包裹固定，有硬结处加厚覆盖，30min 后温水洗净[2]。

3. 流行性腮腺炎：鲜地上部分适量，去刺，捣烂成糊状，加适量蛋清拌匀，外敷患处，每日更换 1～2 次[3]。

4. 胃痛、急性菌痢：鲜地上部分 30～60g，水煎服。（《浙江药用植物志》）

【附注】《本草纲目拾遗》引《云南通志》云："仙人掌叶肥厚如掌，多刺，相接成枝，花名玉英，色红黄，实似山瓜，可食。"《植物名实图考》引《岭南杂记》云："仙人掌，人家种于田畔，以止牛践，种于墙头，以辟火灾，无叶、枝青而扁厚有刺，每层有数枝，杈枒而生，绝无可观。"又云："人呼为老鸦舌，郡中有高至八九尺及丈许者。"即为本种。

仙人掌汁入眼，使人失明。

本种的花、果实民间也药用。

团扇仙人掌（普通仙人掌）*Opuntia vulgaris* Mill. 及梨果仙人掌 *Opuntia ficus-indica* Mill. 民间也作仙人掌药用。

【化学参考文献】

［1］邱鹰昆，窦德强，裴玉萍，等. 仙人掌的化学成分研究［J］. 中国药科大学学报，2005，36（3）：213-215.

［2］吴琼，华会明，李占林. 仙人掌化学成分的分离与鉴定［J］. 中国药物化学杂志，2013，23（2）：120-126.

［3］王政，丘鹰昆. 仙人掌的化学成分研究［J］. 中草药，2012，43（9）：1688-1690.

［4］邱鹰昆，窦德强，徐碧霞，等. 仙人掌肉质茎的化学成分［J］. 沈阳药科大学学报，2005，22（4）：263-266.

［5］邱鹰昆，窦德强，裴玉萍，等. 仙人掌中一个新 α- 吡喃酮成分的分离与结构鉴定［J］. 药学学报，2003，38（7）：523-525.

［6］丘鹰昆，吉川雅之，李育浩，等. 仙人掌肉质茎成分的分离与结构鉴定［J］. 沈阳药科大学学报，2000，17（4）：267-268.

［7］Qiu Y K, Chen Y J, Pei Y P, et al. New constitutents from the fresh stems of *Opuntia dillenii*［J］. J Chin Pharm Sci, 2003，12（1）：1-5.

［8］张凤仙，刘梅芳. 仙人掌红色素的研究［J］. 天然产物研究与开发，1992，4（2）：15-22.

［9］邱鹰昆，窦德强，吉川雅之，等. 仙人掌茎化学成分的研究［J］. 中草药，2005，36（10）：1445-1447.

【药理参考文献】

［1］赵声兰，陈朝银，段家贵. 仙人掌提取物的抑菌作用研究［J］. 食品工业科技，2003，24（5）：40-43.

［2］翁佩芳. 仙人掌浸提液的抑菌作用［J］. 宁波大学学报（理工版），2001，14（1）：39-42.

［3］姜成，申晓慧，李春丰，等. 仙人掌提取物抑菌作用的研究［J］. 北方农业学报，2013，（3）：38-39.

［4］王玉春，齐占朋，刘振中，等. 仙人掌多糖对大鼠动脉粥样硬化的治疗作用及其机制［J］. 药学学报，2015，40（4）：453-458.

［5］饶颖竹，陈蓉，莫锦坚，等. 仙人掌对小鼠实验性高脂血症的降脂作用［J］. 中国康复医学杂志，2004，19（7）：523-525.

［6］戴小华，吕乐，刘欢欢. 仙人掌多糖抗炎镇痛作用研究［J］. 畜牧与兽医，2012，44（s1）：286-287.

［7］王桂秋，强苓. 仙人掌抗炎作用的实验研究［J］. 哈尔滨医药，1991，（4）：45-46.

［8］张松莲.仙人掌多糖免疫调节作用的研究［D］.长沙：湖南农业大学硕士学位论文，2007.

［9］张松莲，赵龙岩，袁清霞，等.仙人掌多糖主要组分对糖尿病小鼠的免疫调节作用［J］.中国生化药物杂志，2012，33（5）：532-536.

［10］韦国锋，韦启后，黄祖良，等.两种仙人掌提取物抗肿瘤作用的研究［J］.时珍国医国药，2006，17（12）：2435-2436.

［11］高淑清.仙人掌抗肿瘤作用机制研究进展［C］.海峡两岸肿瘤学术会议.2006.

［12］唐焜，谢小慧，陈志达，等.仙人掌多糖对大鼠局灶性脑缺血的神经保护作用［J］.医药导报，2012，31（9）：1109-1112.

［13］贺建国，李健，贺建昌，等.仙人掌凝血作用的实验研究［J］.广东药学院学报，2001，17（2）：106-107.

【临床参考文献】

［1］高爱华，喻靖，邵卫.仙人掌外敷治疗甘露醇所致静脉炎临床观察［J］.中国中医急症，2013，22（3）：478-479.

［2］周栩茹，韩庆，崔华英.仙人掌外敷配合手法按摩治疗剖宫产后乳胀效果观察［J］.海南医学，2012，23（11）：67-69.

［3］钱小芳.仙人掌加蛋清外敷治疗流行性腮腺炎效果观察［J］.现代临床护理，2009，8（2）：55-56.

七七　瑞香科 Thymelaeaceae

灌木或小乔木，稀为草本；树皮韧皮纤维发达。单叶，互生或对生，全缘，基部有关节；羽状脉；具短柄，无托叶。花两性或单性，雌雄同株或异株，由多花组成顶生或腋生的总状花序、穗状花序或头状花序，稀单生或数朵簇生。花萼花瓣状，萼筒圆筒形、钟状、漏斗状或壶状，裂片 4～5 枚，覆瓦状排列；花瓣缺或为鳞片状，与花萼裂片同数；雄蕊与花萼裂片同数或为其 2 倍，稀 2 枚或 1 枚，花丝着生于萼筒中部或喉部，排列成 1 轮或 2 轮，花药 2 室，内向纵裂；花盘环状、鳞片状或无花盘；子房上位，1 室，有胚珠 1 粒，稀 2～3 粒，悬垂，花柱短或丝状，柱头头状或棒状。浆果、核果或坚果，稀为蒴果。种子下垂或倒生，胚乳丰富，胚直生。

24 属，800 余种，分布于热带至温带，南美洲、太平洋诸岛有分布。中国 10 属，约 100 种，主要分布于长江流域及以南地区，法定药用植物 5 属，12 种 1 变种。华东地区药用植物 3 属，4 种。

瑞香科法定药用植物主要含黄酮类、香豆素类、木脂素类等成分。黄酮类包括黄酮、黄酮醇、二氢黄酮、黄烷等，以双黄酮居多，如新狼毒素 A（neochamaejasmin A）、瑞香狼毒素 A（ruixianglangdusu A）、瑞香黄烷 K（daphnodorin K）、穗花杉双黄酮（amentoflavone）等；香豆素类如瑞香苷（daphnin）、西瑞香素（daphnoretin）等；木脂素类如落叶松脂素（lariciresinol）、马台树脂醇（matairesinol）等。

瑞香属含黄酮类、香豆素类、木脂素类、皂苷类等成分。黄酮类包括黄酮、二氢黄酮、黄烷等，如芫花素（genkwanin）、荭草苷（orientin）、瑞香黄烷 E、F、G、H（daphnodorin E、F、G、H）等；香豆素类如瑞香素（daphnetin）、伞花内酯（umbelliferone）、西瑞香素（daphnoretin）等；木脂素类如落叶松脂素（lariciresinol）、马台树脂醇（matairesinol）等；皂苷类如 α- 香树脂醇乙酸酯（α-amyrin acetate）、齐墩果酸（oleanic acid）等。

结香属含黄酮类、香豆素类、苯丙素类等成分。黄酮类包括黄酮、黄酮醇、黄烷等，如芹菜素（apigenin）、山柰酚 -3-O-D- 吡喃葡萄糖苷（kaempferol-3-O-D-glucopyranoside）、瑞香黄烷 A、B、C（daphnodorin A、B、C）等；香豆素类如 5，7- 二甲氧基香豆素（5，7-bimethoxycoumarin）、西瑞香素（daphnoretin）等；苯丙素类如紫丁香苷（syringin）、松柏苷（coniferin）等。

分属检索表

1. 叶对生或互生；穗状花序、总状花序，如为头状花序，则花序梗直立或无花序梗。
　2. 花序具脱落性的总苞片；下位花盘环状偏斜或杯状……………………………………1. 瑞香属 Daphne
　2. 花序无总苞片；下位花盘鳞片状或舌状……………………………………2. 荛花属 Wikstroemia
1. 叶互生，常簇生于枝顶端；头状花序花密集呈绒球状；花序梗下弯…………3. 结香属 Edgeworthia

1. 瑞香属 Daphne Linn.

落叶或常绿灌木或亚灌木。冬芽小。叶互生，稀对生，具短柄。花两性或单性；通常为头状花序或簇生，稀为圆锥花序、总状花序或穗状花序，顶生，稀腋生，常有苞片。萼筒白色、玫瑰色、蓝色、黄色或淡绿色，顶端裂片 4～5 片，花瓣状，覆瓦状排列；无花瓣；雄蕊 8 枚或 10 枚，2 轮排列，花丝短，常不伸出花冠喉部；花盘杯状、环状或偏向一侧呈鳞片状；子房上位，常无柄，具下垂胚珠 1 粒，花柱短或无花柱，柱头头状。核果肉质或干燥而革质，常为近干燥的萼筒所包围，有时花萼筒全部脱落而裸露，通常为黄色或黄色；种子 1 粒，种皮薄壳质，胚肉质，无胚乳。

约 80 种，分布于欧洲、中亚、东亚至中国和日本。中国约 43 种，全国各地均有分布，主产西南和西北部，法定药用植物 6 种 1 变种。华东地区药用植物 1 种 1 变种。

616. 毛瑞香（图616）• *Daphne kiusiana* Miq.var.*atrocaulis*（Rehd.）F.Maekawa

图616 毛瑞香

摄影 李华东等

【**别名**】贼腰带、白瑞香（浙江），紫茎瑞香（安徽）。

【**形态**】常绿灌木，高0.65～1m。幼枝光滑无毛。叶互生，稀对生，有时簇生枝顶，薄革质，叶片长圆状披针形、倒披针形或椭圆形，长5～11cm，宽1.5～3.5cm，先端渐尖或尾尖，基部下延，楔形，全缘，两面均无毛，上面中脉凹陷，侧脉8～12对；叶柄长0.5～1.2cm，两侧有窄翅。头状花序顶生，花白色、黄色或淡紫色，无花序梗；苞片披针形长圆状，长0.5～1.2cm，先端尾状渐尖或短渐尖，边缘有睫毛；花萼筒长1～1.4mm，外侧被丝状毛，裂片4枚，卵形或三角形，长3.5～6mm；雄蕊8枚，2轮排裂，分别着生于花萼筒中部和上部；花盘短杯状，全缘或波状，外侧被毛；子房椭圆形，顶端渐窄成花柱，无毛。核果宽椭圆形或卵状椭圆形，直径约0.9cm，成熟时红色；果柄短，被毛。花期11月至翌年2月，果期4～5月。

【**生境与分布**】生于山坡疏林下、林缘或灌丛中，垂直分布600～2100m。分布于江苏、浙江、安徽、江西，另台湾、湖北、湖南、广西、贵州、四川均有分布。

【**药名与部位**】毛瑞香，全株。

【**采集加工**】全年均可采收，切段，晒干。

【**药材性状**】根呈圆柱形，有分枝，表面棕褐色或灰黄色，有黄色横长突起的皮孔，直径0.5～4cm。质坚韧，不易折断，断面皮部纤维性强，似棉花状。茎枝为圆柱形，表面棕褐色或棕红色，有纵皱纹、叶柄残基及横长皮孔，直径 0.3 ～ 2cm。质坚韧，难折断，断面皮部易与木质部分离，皮部纤维性强。叶薄革质，多皱缩破损，完整叶片呈椭圆形或倒披针形，长 5 ～ 16cm，宽 2 ～ 4cm，先端钝尖，基部楔形，全缘，主脉背面突出，表面光滑。气微，味辛辣。

【药材炮制】除去杂质，洗净，切片，干燥。

【化学成分】根含香豆素类：西瑞香素 -7-O- 葡萄糖苷（daphnoretin-7-O-glucoside）[1]，双白瑞香素（daphnoretin）、瑞香素（daphnetin）[2,3]，7- 甲氧基 -8- 羟基香豆素（7-methoxy-8-hydroxycoumarin）和双白瑞香素 -7-O-β-D- 吡喃葡萄糖苷（daphnorein-7-O-β-D-glucopyranoside）[4]；黄酮类：芫根苷（yuenkanin），即 D- 樱草糖基芫花素（D-primeverosyl genkwanine）[1,4]，瑞香黄烷 D$_1$、D$_2$（daphnodorin D$_1$、D$_2$）[1]，芫花素（genkwanin）、5，7，4′- 三羟基黄酮 -3- 醇（5，7，4′-trihydroxyflavone-3-ol）[2]，山奈酚（kaempferol）、瑞香新素（daphneticin）、瑞香黄烷甲（daphneflavan I）和瑞香黄烷 E、F（daphnodorins E、F）[4]；木脂素类：瑞香醇酮（daphneolone）[1]，水飞蓟素（silybin）[4] 和 D- (-) - 落叶松树脂醇 [D- (-) -lariciresinol] [3]；甾体类：β- 谷甾醇（β-sitosterol）和胡萝卜苷（daucosterol）[2]；苯丙素类：紫丁香苷（syringin）[1]；酚酸类：对羟基苯甲酸乙酯（4-hydroxy ethylbenzoate）、反式 -2- 丙烯酸 -3- (3，4- 二羟基苯基) - 二十二烷酯 [trans-2-prapenaic acid 3- (3，4-dihydroayphenyl) -decosyl ester] [2]，咖啡酸正二十二酯（n-eicosanyl caffeate）和对羟基苯甲酸（p-hydroxybenzoic）[4]；生物碱类：2，4- 二羟基嘧啶（2,4-dihydroxypyrimidine）[2,4]；烷醇类：正二十八烷醇（n-octacosanol）[4]。

全株含香豆素类：伞型花内酯（umbeliferone）和 7- 甲氧基 -8- 羟基香豆素（7-methoxy-8-hydroxycoumarin）[5]；黄酮类：芹菜素（apigenin）和木犀草素（luteolin）[5]；甾体类：β- 谷甾醇（β-sitosterol）和胡萝卜苷（daucosterol）[5]；皂苷类：降香萜醇乙酸酯（bauerenyl acetate）[5]。

【性味与归经】辛、苦，温。有小毒。归肺、脾经。

【功能与主治】祛风除湿，调经止痛，解毒。用于风湿骨痛，手足麻木，月经不调，闭经，产后风湿，跌打损伤，骨折，脱臼。

【用法与用量】3 ～ 15g；外用适量。

【药用标准】广西瑶药 2014 一卷。

【临床参考】咽喉炎：鲜根 6 ～ 9g，加凉开水，捣烂绞汁咽服。（《浙江药用植物志》）

【附注】始载于《本草纲目拾遗》，云："乳源山多白瑞香，冬月盛开如雪，名雪花。……有紫色者，香尤烈，杂众花中，众往往无香，皆为所夺，一名夺香花，干者入药用。"即为本种。

本种有毒。

本种的花和根，民间均作药用。

文献称本种所含的芫花素 -5-O-β-D- 木糖 - (1 → 6) -β-D- 葡萄糖苷 [genkwanin-5-O-β-D-xylosyl- (1 → 6) -β-D-glucoside，i.e.D-primeverosyl genkwanine] 的中文名为芫花苷[1]，英文名为 yuankanin[2]，其实正确的应为芫根苷（yuenkanin）[3]。

【化学参考文献】

[1] 张薇，张卫东，李廷钊，等.毛瑞香酚性成分研究 [J].天然产物研究与开发，2005，17 (1)：26-28.

[2] 张薇，张卫东，李廷钊，等.毛瑞香化学成分研究 [J].中国中药杂志，2005，30 (7)：513-515.

[3] 王伟文，周炳南，王成瑞.瑞香科植物毛瑞香的化学成分研究 [J].中草药，1995，26 (11)：566-567，615.

[4] 张薇.三种瑞香属药用植物的活性成分研究 [D].上海：第二军医大学博士学位论文，2006.

[5] 贾靓，闵知大.毛瑞香化学成分的研究 [J].中草药，2005，36 (9)：35-36.

【附注参考文献】

[1] 耿立冬，张村，肖永庆.了哥王化学成分研究 [J].中国中药杂志，2006，31 (10)：817-819.

[2] 冀春茹，刘延泽，冯卫东，等.芫花叶黄酮化合物的研究——芫根苷的结构 [J].中草药，1986，17 (11)：7-9.

[3] 李庶藩，王忠信.芫花黄酮成分的分离和鉴定 [J].中草药，1983，14 (9)：8-10.

617. 芫花（图 617）• *Daphne genkwa* Sieb.et Zucc.

图 617　芫花　　　　　　　　　　　　摄影　刘兴剑等

【**别名**】药鱼草（江苏、安徽），老鼠花（江苏），闹鱼花（安徽），头痛皮、石棉皮、泡米花（江西）。

【**形态**】落叶灌木，高 0.65～1m。幼枝纤细，黄绿色，密被淡黄色丝状毛，老枝褐色或带紫红色，无毛。叶对生，稀互生，纸质，叶片卵形、卵状披针形或椭圆形，长 3～4cm，宽 1～1.5cm，上面无毛，背面幼时密被丝状柔毛，后渐脱落仅沿叶脉基部疏被毛，侧脉 5～7 对；叶柄短，被柔毛。花数朵簇生叶腋，淡紫红色或紫色，先叶开放；花梗短，被柔毛；萼筒长 0.6～1cm，外侧被丝状柔毛；裂片 4 枚，卵形或长圆形，先端圆，外侧疏被柔毛；雄蕊 8 枚，2 轮排列；分别着生于花萼筒中部和上部，花盘环状，不发达；子房倒卵形，密被绒毛，花柱短或几无花柱，柱头橘红色。核果椭圆形，肉质，白色，长约 4mm，具种子 1 粒。花期 3～5 月，果期 6～7 月。

【**生境与分布**】生于山路边、疏林下或农田边，垂直分布 300～1000m。分布于山东、安徽、江苏、浙江、福建、江西，另华中地区各省区及甘肃、陕西、山西、河北、贵州、四川均有分布。

毛瑞香与芫花的主要区别点：毛瑞香为常绿灌木；幼枝光滑无毛；叶互生，稀对生。芫花为落叶小灌木；幼枝密被红色丝状毛；叶对生，稀互生。

【**药名与部位**】芫花根，根。芫花，花蕾。芫花条，枝条。

【**采集加工**】芫花根：全年均可采挖，除去泥沙，切段，晒干。芫花：春季花未开放时采收，除去杂质，干燥。芫花条：4～5 月割取枝条，晒干。

【**药材性状**】芫花根：呈长圆柱形，下部有分枝，长 10～20cm，直径 0.5～2cm。表面棕褐色至红棕色，具纵皱纹及横长的皮孔。栓皮剥落处常见有白色棉絮状纤维。体轻，质硬，不易折断，断面皮部类白色，木质部黄白色，外围韧皮部呈纤维性。气微，味淡、辛。

芫花：常 3 ～ 7 朵簇生于短花轴上，基部有苞片 1 ～ 2 片，多脱落为单朵。单朵呈棒槌状，多弯曲，长 1 ～ 1.7cm，直径约 1.5mm；花被筒表面淡紫色或灰绿色，密被短柔毛，先端 4 裂，裂片淡紫色或黄棕色。质软。气微，味甘、微辛。

芫花条：呈长圆柱形，长短不一，稍扭曲，具分枝，长 50 ～ 90cm，直径 0.3 ～ 1cm。表面红棕色至棕色，幼枝密被淡黄色绢状毛，老枝无毛。密生微突起的叶痕、枝痕和芽痕。质柔韧，不易折断，断面皮部有细密银白色絮状纤维，木质部淡黄色。气微，味微甘、苦。

【药材炮制】芫花根：除去泥沙，切段，干燥。

芫花：除去花梗、叶及枝等杂质。筛去灰屑。醋芫花：取芫花饮片，与醋拌匀，稍闷，炒至表面微黄色时，取出，摊凉。

芫花条：除去杂质，洗净，切段，干燥。

【化学成分】根含黄酮类：毛瑞香素 H-3- 甲醚（daphnodorin H-3-methyl ether）、毛瑞香素 H-3″- 甲醚（daphnodorin H-3″-methyl ether）、毛瑞香素 G-3″- 甲醚（daphnodorin G-3″-methyl ether）[1]，3- 羟基毛瑞香素 D_1（3-hydroxydaphnodorin D_1）、2′- 羟基 -3- 甲氧基毛瑞香素 D_1（2′-hydroxy-3-methoxydaphnodorin D_1）、3- 甲氧基毛瑞香素 H（3-methoxydaphnodorin H）、3″- 甲氧基毛瑞香素 G、H（3″-methoxydaphnodorin G、H）、芫花素（genkwanin）、芫根苷（yuenkanin）和毛瑞香素 B、G（daphnodorin B、G）[2]；香豆素类：7- 羟基 -6- 甲氧基 -4［（2- 氧杂 -2H-1- 苯并吡喃 -7- 基）- 氧基］-2H-1- 苯并吡喃 -2- 酮 {7-hydorxy-6-methoxy-4-［（2-oxo-2H-l-benzopyran-7-yl）-oxyl］-2H-1-benzopyran-2-one}、伞形花内酯（umbelliferone）、瑞香苷（daphnin）、西瑞香素（daphnoretin）[2]和异西瑞香素（isodaphnoretin）[3]；二萜原酸酯类：芫花酯甲（yuanhuacine）、芫花酯乙（yuanhuadine）、芫花烯（genkwadaphnin）和芫花酯丁（yuanhuatine）[2]；甾体类：β- 谷甾醇（β-sitosterol）[2]。

枝条含黄酮类：芫花素（genkwanin）、木犀草素（luteolin）、芹菜素（apigenin）、山奈酚（kaempferol）、瑞香黄烷素 B（daphnodorin B）、染料木素（genistein）、二氢山奈酚（dihydrokaempferol）和槲皮素（quercetin）[4]；酚酸类：对羟基苯甲酸（p-hydroxybenzonic acid）、对羟基苯甲酸乙酯（ethyl 4-hydroxybenzoate）、咖啡酸正二十烷酯（n-eicosanyl caffeate）、咖啡酸正二十二烷酯（n-docosyl caffeate）和咖啡酸正十八烷酯（n-octadecyl caffeate）[4]；甾体类：β- 谷甾醇（β-sitosterol）和胡萝卜苷（daucosterol）[4]；香豆素类：西瑞香素（daphnoretin）[5]和伞形花内酯（umbelliferone）[6]；苯丙素类：丁香苷（syringin）和丁香醛（syringaldehyde）[4]；木脂素类：（+）落叶松脂醇［（+）lariciresinol］[4]，二氢刺五加苷 B（dihydroelentheroside B）、刺五加苷 E（eleutheroside E）、左旋松脂醇［（-）-pinoresinol］、丁香树脂酚（syringaresinol）和松脂醇 -4-O-β-D- 吡喃葡萄糖苷（pinoresinol-4-O-β-D-glucopyranoside）[6]；脂肪酸酯类：十六烷酸 -1- 甘油酯（1-glyceryl hexadecoate）[4]。

叶含黄酮类：木犀草素（luteolin）、芹菜素（apigenin）[7]，异槲皮苷（iso-quercetrin）、木犀草苷（galuteolin）[8]，芫花叶苷（yuanhuanin）和羟基芫花素（hydroxyl genkwanin）[9]；木脂素类：芫花木内脂（genkdaphin）[10]。

花含黄酮类：木犀草素（luteolin）、羟基芫花素（hydroxyl genkwanin）、芹菜素（apigenin）、芫花素（genkwanin）[7]，3′- 羟基芫花素（3′-hydroxygenkwanin）、山奈酚 -3-O-β-D-（6″- 对香豆酰）- 吡喃葡萄糖苷［kaempferol-3-O-β-D-（6″-p-coumaroyl）-glucopyranoside］、山奈酚 -3-O-β-D- 葡萄糖苷（kaempferol-3-O-β-D-glucoside）、3′- 羟基芫花素 -3′-O-β-D- 葡萄糖苷（3′-hydroxygenkwanin-3′-O-β-D-glucoside）、芫花素 -5-O-β-D- 葡萄糖苷（genkwanin-5-O-β-D-glucoside）[11]、柚皮素（naringenin）、山奈酚（kaempferol）、槲皮素（quercetiu）、牡荆素（vitenxin）、异牡荆素（isovitexin）、槲皮苷（quercitrin）、芦丁（rutin）[12]、芫根苷（yuenkanin）、芫花素 -5-O-β-D- 葡萄糖苷（genkwanin-5-O-β-D-glucoside）、

木犀草素 -7- 甲氧基 -3′-O-β-D- 葡萄糖苷（luteolin-7-O-methoxy-3′-O-β-D-glucoside）[13]，3′, 4′, 7- 三甲氧基木犀草素（3′, 4′, 7-trimethoxyl luteolin）、6, 8- 二羟基山奈酚（6, 8-dihydroxykaempferol）、椴苷（tiliroside）、椴苷 -7-O-β-D- 葡萄糖苷（tiliroside-7-O-β-D-glucoside）[14]，洋芹素 -7, 4′- 二甲醚（apiolin-7, 4′-dimethyl ether）、金合欢素（acacetin）、3, 7- 二甲氧基 -5, 4′- 二羟基黄酮（3, 7-dimethoxyl-5, 4′-dihydroxyflavone）、7- 甲氧基 - 木犀草素 -5-O-β-D- 葡萄糖苷（7-methoxyl-luteolin-5-O-β-D-glucoside）、芫花素 -4′-O-β-D- 芸香糖苷（genkwanin-4′-O-β-D-rutinoside）、木犀草素 -5-O-β-D- 葡萄糖苷（luteolin-5-O-β-D-glucoside）、芫花素 -5-O-β-D- 茜黄樱草糖苷（genkwanin-5-O-β-D-primeveroside）、5α, 8α- 表没食子儿茶素 -6, 22- 二烯 -3β- 醇（5α, 8α-epidioxyergosta-6, 22-dien-3β-ol）[15]和 4′, 7- 二甲氧基 -5- 羟基黄酮（4′, 7-dimethoxy-5-hydroxyflovone）[16]；酚酸类：原儿茶酸（protocatechuate）、咖啡酸（caffeic acid）和绿原酸（chlorogenic acid）[12]；木脂素类：（−）- 杜仲树脂酚［（−）-medioresinol］、（−）- 丁香树脂醇［（−）-syringaresinol］和（−）- 松脂醇［（−）-pinoresinol］[14]；神经酰胺类：（2S, 3S, 4R, 8E）-2-［（2′R）-2′- 羟基二十二烷酸酰胺］-十八烷 -1, 3, 4- 三醇［（2S, 3S, 4R, 8E）-2-［（2′R）-2′-hydroxyl docosanosylamino］-octadecane-1, 3, 4-triol］[15]和金色酰胺醇酯（aurantiamide acetate）[16]；皂苷类：木栓酮（friedelin）和 δ - 香树酯酮（δ -amyrone）[15]；甾体类：β- 谷甾醇（β-sitosterol）、胡萝卜苷（daucosterol）[13]和 7α- 羟基谷甾醇（7α-hydroayl sitosterol）[15]；苯丙素类：西瑞香素（daphnoretin）、丁香树脂醇（syringaresinol）和浙贝素（zhebeiresinol）[15]；芳基戊烷类：瑞香醇酮（daphneolon）和瑞香烯酮（daphnenone）[15]；叶绿素类：17³- 脱镁叶绿素乙酯（17³-ethoxyphaeophorbide）[15]；二萜原酸酯类：芫花酯甲（yuanhuacine）、芫花酯乙（yuanhuadine）[17]，芫花酯丙（yuanhuafine）[18]，芫花酯丁（yuanhuatine）[19]和芫花烯（genkwadaphnin）[20]；烷烃类：二十八烷（octacosane）和三十二烷（dotriacontane）[16]。

根含二萜原酸酯类：芫花酯甲（yuanhuacine）、芫花酯乙（yuanhuadine）、芫花酯戊（yuanhuapine）、芫花酯己（yuanhuajine）和芫花酯庚（yuanhuagine）[21]。

花芽含二萜原酸酯类：芫花黄素 A、B、C、D、E、F、G、H、I、J、K、L（genkwanine A、B、C、D、E、F、G、H、I、J、K、L）[22]。

【药理作用】1. 抗炎镇痛　芫花总黄酮能抑制脂多糖协同干扰素 γ 诱导 RAW264.7 巨噬细胞炎症模型鼠中的激活细胞中一氧化氮合酶（NOS）基因和蛋白质的表达，从而降低一氧化氮稳定产物亚硝酸盐的产生，抑制环氧化酶（COX-2）基因和蛋白质的表达，同时抑制细胞因子白细胞介素 -1β（IL-1β）、白细胞介素 -6（IL-6）、肿瘤坏死因子 -α（TNF-α）的基因表达，部分机制为抑制 ERK/MAPK 信号通路中 ERK 蛋白磷酸化而达到多靶点的抗炎作用[1]；根乙醇提取物能明显减轻佐剂性关节炎大鼠的痛觉反应和抑制足肿胀，能显著抑制炎症组织中前列腺素 E_2（PGE_2）和白细胞介素 -1β 的形成并提高超氧化物歧化酶（SOD）和过氧化氢酶（CAT）的活性，能明显降低佐剂性关节炎大鼠脑组织中诱导型一氧化氮合酶的活性从而降低一氧化氮的水平；可显著抑制模型大鼠脊髓 c-Fos 蛋白的表达，具有显著的镇痛作用，其镇痛机制可能是通过抑制前列腺素 E_2 和白细胞介素 -1β 的形成、降低脑组织一氧化氮合酶的活性从而减少一氧化氮的生成，以及增强超氧化物歧化酶和过氧化氢酶的活性以抑制脂质过氧化反应来实现的[2]；芫花根总黄酮可使佐剂性关节炎大鼠的痛阈值提高和疼痛级别降低，显著减少炎症组织中前列腺素 E_2 的含量，提升炎症组织中超氧化物歧化酶的活性，说明芫花根总黄酮具有较好的镇痛效果，其机制可能和抑制前列腺素 E_2 生成，提升超氧化物歧化酶活性有关[3]。2. 免疫调节　芫花根总黄酮对环磷酰胺所致小鼠的免疫功能增强和减弱均有显著的下调和提升作用；可促进腹腔巨噬细胞分泌白细胞介素 -1（IL-1），并可显著促进刀豆蛋白（ConA）诱导小鼠的 T 淋巴细胞增殖、白细胞介素 -2（IL-2）的分泌；单独使用可显著减弱 2, 4- 二硝基氯苯所致小鼠的免疫耐受，与环磷酰胺合用能增强 2, 4- 二硝基氯苯所致小鼠的免疫耐受[4]；根分离得到的部分酚类化合物对巨噬细胞分泌白细胞介素 -1β、T 淋巴细胞增殖及分泌白细胞介素 -2 有显著的提高作用[5]。3. 抗肿瘤　芫花根总黄酮对人卵巢浆液性上皮癌 HO8910 细胞移植瘤模型裸鼠的肿瘤生长有显著的抑制作用，对移植瘤裸鼠的淋巴细胞增殖、自然杀伤（NK）细胞的杀伤都有明显的提高作用，在体外对肿瘤细胞的细胞毒活性明显大于对正常细胞 K293-T 的细胞毒活性[6]。4. 抗真菌　花的水煎液和糊剂均可显著降低须毛癣菌皮肤创面感染所致体癣模型豚鼠和大鼠的体癣症状积分，增高皮肤逆培养转阴率，显著改善体癣的症状及病理变化[7]。5. 抗病毒　花水提物可有效抑制肠道病毒 71 型（EV71）的复制，并能抑制病毒附着与渗透宿主细胞，发挥抗病毒作用而不产生细胞毒副作用[8]。6. 减肥　花蕾分离得到的芹菜素可抑制有丝分裂克隆扩增和脂肪生成相关因子，上调多种 C/EBPβ 抑制剂表达，从而抑制 3T3-L1 前脂肪细胞分化，抑制脂肪的生成[9]。

【性味与归经】芫花根：辛、苦，温；有毒。芫花：苦、辛，温；有毒。归肺、脾、肾经。芫花条：辛、苦，温；有毒。归肺、脾、肾经。

【功能与主治】芫花根：逐水，解毒，散结。用于水肿，瘰疬，乳痈，痔瘘，疥疮，风湿痹痛。芫花：泻水逐饮，解毒杀虫。用于水肿胀满，胸腹积水，痰饮积聚，气逆喘咳，二便不利；外用于疥癣秃疮，冻疮。芫花条：逐水，祛痰，解毒杀虫，散风祛湿。用于水肿胀满，痰饮积聚，风湿疾病；外治疥癣。

【用法与用量】芫花根：1.5～4.5g；外用适量，敷患处。芫花：1.5～3g。芫花条：1.5～3g。

【药用标准】芫花根：浙江药材 2005 和湖北药材 2009；芫花：药典 1963—2015、浙江炮规 2005、新疆药品 1980 二册和台湾 1985 一册；芫花条：山东药材 2012。

【临床参考】1. 淋巴结核：花蕾 0.6g，加甜酒 60g，晚间空腹 1 次送服，同时给予异烟肼口服，每日 3 次，每次 100mg[1]。

2. 冻伤：花蕾 9g，加甘草 9g，加水 2000ml，水煎洗患处，每剂洗 3～5 次，每日 3 次[1]。

3. 肝硬化腹水、渗出性胸膜炎、胸腔积液：花蕾，加甘遂、大戟各等量，研粉，每日 1.5～3g，用大枣 10 枚煎汤空腹送服，年老体弱者禁用，疗程不超过 5～6 天。

4. 风湿性关节炎、类风湿性关节炎：根皮 9g，浸于 500ml 烧酒内，7 天后，每日服 10～20ml。

5. 跌打损伤：根皮研粉，每次 3g，温开水送服；或根皮适量，加黄酒磨成糊状，贴敷伤处。（3 方至 5 方引自《浙江药用植物志》）

【附注】芫花始载于《神农本草经》，列为下品。《本草纲目》列入毒草类。《吴普本草》谓："二月生叶青，加厚则黑，华有紫、赤、白者，三月实落尽，叶乃生。"《蜀本草》谓："近道处处有之，苗高二三尺，叶似白前及柳叶，根皮黄似桑根，正月二月花发，紫碧色，叶未生时收。"《本草图经》云："芫花生淮源川谷，今在处有之。宿根旧枝，茎紫，长一二尺。根入土，深三五寸，白色，似榆根。春生苗，叶小而尖，似杨柳枝叶。二月开紫花，颇似紫荆，而作穗又似藤花而细。三月三日采，阴干。其花须未成蕊，蒂细小，未生叶时收之，叶生花落，即不堪用。"即为本种。

芫花反甘草，不可久服，体质虚弱，或有严重心脏病、溃疡病、消化道出血及孕妇忌服。芫花根及芫花条反甘草，孕妇及体虚者禁服。全株均有毒，尤以花为剧。

【化学参考文献】

［1］郑维发，石枫. 芫花根醇提物中三个新的双黄酮类化合物（英文）［J］. 药学学报，2005，40（5）：438-442.

［2］王莉. 芫花根总黄酮的药理作用和芫花根的化学成分研究［D］. 扬州：扬州大学硕士学位论文，2004.

［3］Zheng W F，Shi F. Isolation and identification of a new dicoumar in from the roots of *Daphne genkwa*［J］. 药学学报，2004，39（12）：990-992.

［4］和蕾，史琪荣，柳润辉，等. 芫花条中抗炎活性成分［J］. 第二军医大学学报，2008，29（10）：1221-1226.

［5］马天波，刘思贞，徐国永，等. 芫花条化学成分的研究［J］. 中草药，1994，25（1）：7-9，53.

［6］李天景，徐贝贝，白景，等. 芫花枝条化学成分研究［J］. 中草药，2011，42（9）：1702-1705.

［7］谢锦艳，范崇庆，宋小妹，等. 多成分同时比较芫花及芫花叶化学组成［J］. 中国实验方剂学杂志，2014，20（18）：99-102.

［8］张保献，原思通，张静修，等. 芫花的现代研究概况［J］. 中国中医药信息杂志，1995，2（10）：21-24.

［9］王彩芳，胡晓娟，谢松梅. 芫花叶的黄酮类化学成分分析［J］. 郑州大学学报（医学版），2003，38（1）：107-108.

［10］汪茂田，李宴子，赵天增，等. 芫花叶中的新木脂素内酯［J］. 药学学报，1990，25（11）：866-868.

［11］宋丽丽.芫花中黄酮类成分的研究［D］.长春：吉林大学硕士学位论文，2008.

［12］程晓叶，史贺，廖曼，等.芫花与黄芫花特征图谱以及主要化学成分含量的比较研究［J］.药物分析杂志，2018，38（2）：241-250.

［13］宋丽丽，李绪文，颜佩芳，等.芫花化学成分研究［J］.中草药，2010，41（4）：536-538.

［14］孙倩，武洁，李菲菲，等.芫花化学成分的分离与鉴定［J］.沈阳药科大学学报，2014，31（2）：94-98.

［15］陈艳琰，段金廒，唐于平，等.芫花化学成分研究［J］.中草药，2013，44（4）：397-402.

［16］王彩芳，李娆娆，黄兰岚，等.芫花化学成分研究［J］.中药材，2009，32（4）：508-511.

［17］林乐文，米广太，候竹影，等.芫花花有效成分的研究（简报）抗生育药物芫花酯A的分离与结构［J］.山东医学院学报，1983，（1）：46-47.

［18］王成瑞，黄慧珠，徐任生，等.新的二萜原酸酯芫花酯丙的分离与结构［J］.中国药学杂志，1982，17（3）：46.

［19］胡邦豪，沙怀，于东防，等.一种抗生育有效成份—芫花酯丁的 ^{1}HNMR 结构鉴定［J］.波谱学杂志，1984，1（5）：477-480.

［20］李玲芝，宋少江，高品一.芫花的化学成分及药理作用研究进展［J］.沈阳药科大学学报，2007，24（9）：587-592.

［21］Zhang S X，Li X N，Zhang F H，et al. Preparation of yuanhuacine and relative daphne diterpeneesters from *Daphne genkwa* and structure-activity relationship of potent inhibitory activity against DNA topoisomerase I［J］. Bioorg Med Chem，2006，14（1）：3888-3895.

［22］Zhang Z J，Fan C Q，Ding J，et al. Novel diterpenoids with potent inhibitory activity against endothelium cell HMEC and cytotoxic activities from a well-known TCM plant *Daphne genkwa*［J］. Bioorg Med Chem，2005，13（3）：645-655.

【药理参考文献】

［1］章丹丹，凌霜，张洪平，等.芫花总黄酮的抗炎机制研究［J］.上海中医药杂志，2010，44（8）：58-62.

［2］郑维发，石枫，王莉.芫花根乙醇提取物的镇痛活性［J］.中草药，2006，37（3）：1262-1269.

［3］王莉，郑维发，王建华，等.芫花根总黄酮的镇痛作用及其机制研究［J］.宁夏医学杂志，2005，27（1）：21-23.

［4］郑维发，王莉，石枫，等.芫花根总黄酮对小鼠细胞免疫功能的调节作用［J］.解放军药学学报，2004，20（4）：241-245.

［5］石枫，郑维发.芫花根的酚类成分及其免疫调节活性［J］.江苏师范大学学报（自然科学版），2004，22（4）：34-40.

［6］姚晶萍，倪延群，王莹威，等.芫花根总黄酮抗肿瘤活性的研究［J］.首都食品与医药，2011，（14）：19-22.

［7］汤佩佩，苗明三.芫花外用对豚鼠及大鼠体癣模型的影响［J］.中华中医药杂志，2014，29（3）：722-726.

［8］Chang C W，Leu Y L，Horng J T. *Daphne genkwa* Sieb. et Zucc. Water-soluble extracts act on enterovirus 71 by inhibiting viral entry［J］. Viruses，2012，4（4）：539-556.

［9］Kim M A，Kang K，Lee H J，et al. Apigenin isolated from *Daphne genkwa* Siebold et Zucc. inhibits 3T3-L1 preadipocyte differentiation through a modulation of mitotic clonal expansion［J］. Life Sciences，2014，101（1-2）：64-72.

【临床参考文献】

［1］倪菊泉.芫花的临床应用［J］.赤脚医生杂志，1978，（3）：44-46，3.

2. 荛花属 *Wikstroemia* Endl.

落叶或常绿灌木或小乔木。叶对生，稀互生或轮生。花两性；穗状花序、总状花序或头状花序，有时组成圆锥花序；花梗短或无花梗；无苞片；花萼筒管状，细长，外侧常有短柔毛；喉部无鳞片，裂片 4 片，稀为 5 片，开展；无花瓣；雄蕊 8 枚，2 轮排列，上轮生于花萼筒喉部，下轮生于萼筒中、下部，花丝极短；花盘膜质，分裂成鳞片状，鳞片 1～5 枚，线形，常分离；子房 1 室，具 1 粒倒生胚珠，花柱短，柱头头状。核果球形，肉质或干燥，常包于萼筒基部。种皮薄壳质，胚乳少或无胚乳。

约 70 种，分布于亚洲热带和亚热带，澳大利亚至东、西太平洋群岛。中国 39 种，全国各地有分布，主产长江流域以南，西南及华南地区，法定药用植物 2 种。华东地区法定药用植物 1 种。

618. 了哥王（图 618）• *Wikstroemia indica*（Linn.）C.A.Mey.

图 618　了哥王　　　　　　　　　　　　　　　摄影　徐克学

【别名】黄皮子、小金腰带（江西），山棉皮（江西赣州），红山之一（浙江），南岭荛花。

【形态】落叶灌木，高 0.5 ～ 2m。全株无毛。小枝柔韧，常带红褐色或紫褐色。叶对生，纸质，长圆形、椭圆状长圆形或披针形，长 2 ～ 5cm，宽 0.5 ～ 1.5cm，先端钝或短尖，基部宽楔形或狭楔形，全缘；侧脉纤细，两面无毛；叶柄短或近无柄。总状花序较短，顶生；花序梗长 0.5 ～ 1cm，无毛；花梗长 1 ～ 2cm；花萼筒管状，黄绿色，长 0.6 ～ 0.8cm，无毛，裂片 4，宽卵形或长圆形，长约 3mm；雄蕊 8 枚，2 轮排列，着生于花萼筒喉部及中上部，花丝短；花盘常深裂成 2 或 4 鳞片；子房倒卵形或长椭圆形，无毛或顶端被淡黄色绒毛，花柱极短，柱头近球形。核果卵形或椭圆形，长约 0.7cm，成熟时鲜红色或暗紫黑色。花期 5 ～ 10 月，果期 8 ～ 11 月。

【生境与分布】生于山坡林下、山谷溪边或石山上。垂直分布可达 1500m。分布于浙江、福建、江西，另湖南、广东、台湾、海南、广西、贵州、云南、西藏均有分布。

【药名与部位】了哥王，根或根皮。

【采集加工】全年均可采挖，洗净，晒干，或剥取根皮，晒干。或鲜用。

【药材性状】根呈弯曲的长圆柱形，常有分枝，直径 0.5 ～ 3cm；表面黄棕色或暗棕色，有略突起的支根痕、不规则的纵沟纹及少数横裂纹，有的可见横长皮孔状突起；质硬而韧，断面皮部类白色，易剥离，木质部淡黄色。根皮呈扭曲的条带状，厚 1.5 ～ 4mm；栓皮或有剥落，强纤维性，纤维绒毛状。气微，味微苦甘，嚼后有持久的灼热不适感。

【药材炮制】了哥王：除去杂质，洗净，略润，切段，干燥。蒸了哥王：取了哥王饮片，蒸 4 ～ 6 h，取出，干燥。

【化学成分】茎皮含木脂素类：（+）- 去甲络石苷元［（＋)-nortracheloegnin］，即荛脂醇（wikstromol）[1]；香豆素类：西瑞香素 -7-O-β-D- 葡萄糖苷（daphnoretin-7-O-β-D-glucoside）[2]；黄酮类：槲皮苷（quercitrin）、大黄素甲醚（physcion）、山奈酚 -3- 芸香糖苷（kaempferol-3-rutinoside），即烟花苷（nicotiflorin）、芫花素 -5-O-β-D- 木糖 -（1→6）-β-D- 葡萄糖苷（genkwanin-5-O-β-D-xylosyl-（1→6）-β-D-glucoside），即芫根苷（yuenkanin）[2]；酰胺类：伞形香青酰胺（anabellamide）[2]。

根及根皮含黄酮类：黄花夹竹桃黄酮（thevetiaflavone）[3]，柚皮素（naringin）、3, 5, 7- 三羟基 -4'- 甲氧基二氢黄酮醇（3, 5, 7-trihydroxy-4'-methoxydihydroflavonol）[4]，刺五加酮（ciwujiatone）、异鼠李素 -3-O- 刺槐双糖苷（isorhamnrtin-3-O-robinobioside）、荛花弯酮 *A、B（wikstaiwanone A、B）[5]，槲皮素 -7-O-α-D-L- 鼠李糖苷（quercetin-7-O-α-D-L-rhamnoside）和芦丁（rutin）[6]；蒽醌类：芦荟大黄素 -8-O-β-D- 葡萄糖苷（aloeemodin-8-O-β-D-glucoside）[5] 和芦荟大黄素（aloeemodin）[7]；甾体类：豆甾醇（stigmasterol）[3] 和 16- 妊娠双烯醇酮（16-dehydropregnenolone）[8]；木脂素类：杜仲树脂醇［（+）-medioresinol］[3]，丁香脂素（syringaresinol）、松脂酚（pinoresinol）和异落叶松脂素（isolariciresinol）[5]；香豆素类：结香素（edgeworin）、西瑞香素（daphnoretin）、瑞香汀素（daphnogitin）[3]，刺蒴麻百莱素 *（triumbelletin）[5,8] 和东莨菪素（scopoletin）[6]；酚酸及酯类：对羟基苯甲酸（4-hydroxybenzoic acid）、苯甲酸（benzoic acid）[4]，绿原酸（chlorogenic acid）[5]，邻苯二甲酸二丁酯（di-n-butylphthalate）、对羟基苯甲酸甲酯（methyl p-hydroxybenzoate）和 2, 4, 6- 三羟基苯甲酸甲酯（methyl 2, 4, 6-trihydroxy benzoate）[9]；糖类：D- 甘露醇（D-mannitol）[6]；醇和脂肪酸酯类：正十八烷醇（1-octadecanol）、29- 廿九内酯（29-nonacosanolide）[7] 和赤杨二醇（alnusdiol）[5]。

根茎含蒽醌类：大黄酚（chrysophanol）和木犀草素（luteolin）[10]；酚酸类：阿魏酸（ferulic acid）和没食子酸（gallic acid）[10]；脂肪酸酯类：硬脂酸甲酯（methyl stearate）[10]；倍半萜类：原莪术醇（procurcumol）和齐墩果瑞香醛（oleodaphnal）[11]；甾体类：豆甾烷 -4- 烯 -3β, 6α- 二醇（stigmastane 4-en-3β, 6α-diol）[11]，豆甾烷 -3, 6- 二醇（stigmastane-3, 6-diol）、β- 谷甾醇醋酸酯（β-sitosterol acetate）和 β- 谷甾醇油酸酯（β-sitosteryl oleate）[12]。

茎皮含甾体类：胡萝卜苷（daucosterol）[13]；香豆素类：伞形花内酯（umbelliferone）和 6'- 羟基 -7-O-7'- 双香豆素（6'-hydroxy-7-O-7'-dicoumarin）[13]。

全株含挥发油类：6, 10, 14- 三甲基 -2- 十五酮（6, 10, 14-trimethyl-2-pentadecanone）、β- 桉叶油醇（β-eudesmol）和 5- 十八碳烯（5-octadecene）等[14]；肪酸酯类：十二烷酸（dodecanoic acid）、十五烷酸（pentadecanoic acid）、十六烷酸（hexadecanoic acid）、9- 十六碳烯酸（9-hexadecenoic acid）、9- 十八碳烯酸（9-octadecenoic acid）和 9, 12- 十八碳二烯酸（9, 12-octadecadienoic acid）[14]。

叶含香豆素类：西瑞香素（daphnoretin）和异西瑞香素（isodaphnoretin）[15]；黄酮类：杨梅素（myricetin）、槲皮素（quercetin）、山奈酚（kaempferol）和芫花素（genkwanin）[15]。

【药理作用】1. 抗炎　根茎石油醚、乙酸乙酯提取物可抑制蛋清所致大鼠的足趾肿胀[1, 2]，并抑制乙酸所致小鼠腹腔毛细血管通透性[1]；提取的浸膏制成的片剂可抑制二甲苯所致小鼠的耳肿胀[2, 3]；由浸膏制成的片在 3.6g/kg、7.2g/kg 剂量下可明显抑制琼脂所致大鼠的肉芽肿[3]；根提取分离的了哥王酮 *（indicanone）、鹅掌楸树脂酚 B（lirioresinol B）、5, 5- 二 - 去甲络石糖苷元（bis-5, 5-nortrachelogenin）可阻止炎症部位一氧化氮（NO）的产生，了哥王酮还可抑制诱导一氧化氮合成酶（NOS）基因的表达[4, 5]。2. 抗菌　由浸膏制成的片在体外对乙型溶血性链球菌、肺炎双球菌、金黄色葡萄球菌、绿脓杆菌和大肠杆菌的生长均具有较强的抑制作用[3]；水煎液对大肠杆菌、金黄色葡萄球菌、藤黄八叠球菌和枯草芽孢杆菌的生长均有不同程度的抑制作用，其最低抑菌浓度（MIC）和最低杀菌浓度（MBC）：大肠杆菌为 156mg/ml 和 312mg/ml，枯草芽孢杆菌和金黄色葡萄球菌均为 78mg/ml 和 156mg/ml，藤黄八叠球菌为 39mg/ml 和 78mg/ml，抑菌强度的敏感菌依次为藤黄八叠球菌、金黄色葡萄球菌、枯草芽孢杆菌、大肠杆菌[6]；茎皮的乙酸乙酯、正丁醇提取物对金黄色葡萄球菌、金黄色标准葡萄球菌、腐生葡萄球菌等的抑制作用相对较强，特别对腐生葡萄球菌具有较强的抑制作用，且乙酸乙酯提物的抑菌作用远远强于正丁醇提取物[7]；根、茎、皮、叶等不同部位的水提液对多种细菌的生长均有较强的抑制作用[8]。3. 抗病毒　提取的 7- 羟基 -6- 甲氧基 -3，7'- 二醚（daphnoretin）对人肝癌 Hep3B 细胞中乙肝表面抗原（HBsAg）的表达具有明显的抑制作用，并对人肝癌细胞中乙肝表面抗原基因表达也具有抑制作用[9]；根中提取分离得到的瑞香黄烷素 B（daphnodorin B）和芫花醇 A（genkwanol A）均有抗 HIV-I 活性的作用[10]；乙酸乙酯萃取部位分离得到的西瑞香素具有明显的抗呼吸道合胞病毒（RSV）的作用，其半数抑制浓度（IC_{50}）为 7.81μg/ml，选择性指数 SI（C_{50}/IC_{50}）为 32.01[11]。4. 抗肿瘤　水煎剂对淋巴细胞性白血病、小鼠淋巴肉瘤 -1 号腹水型、艾氏腹水癌、子宫颈癌均有明显的抑制作用[12]；提取的黄酮类苷蓿素（tricin）、山柰酚 -3-O-β-D- 葡萄糖苷（kaempferol-3-O-β-D-glucopyranoside）均有抗白血病的作用[12]；在抗小鼠淋巴性白血病 P338 试验中，荛脂醇（wikstromol）在剂量分别为 16mg/kg、10 mg/kg、4 mg/kg、2mg/kg、1mg/kg（LD_{50}=65mg/kg）时，其 T/C 值分别为 154%、146%、137%、141%、130%，显示了一定的抗肿瘤作用[13]；提取分离的西瑞香素在体外对人肺腺癌 AGZY-83-a 细胞、人喉癌 Hep2 细胞和人肝癌 HepG2 细胞的增殖均有明显的抑制作用，且呈浓度依赖性[14]。

【性味与归经】苦、辛，微温；有毒。

【功能与主治】消炎解毒，散瘀逐水。用于支气管炎，肺炎，腮腺炎，淋巴结炎，风湿痛，晚期血吸虫病腹水，疮疖痈疽。

【用法与用量】根 15～30g；根皮 9～21g，久煎后服用；外用鲜根捣烂敷患处或干根浸酒敷患处。

【药用标准】药典 1977、浙江炮规 2015、上海药材 1994、贵州药材 2003、广东药材 2004、湖南药材 2009 和广西壮药 2008。

【临床参考】1. 急性扁桃体炎、急性咽炎、急性气管 - 支气管炎：了哥王片（了哥王浸膏制剂）口服，每次 3 片，每日 3 次，连服 7 天[1]。

2. 化脓性皮肤病：了哥王片（了哥王根提取物）口服，每次 3 片，每日 3 次，连服 3～4 天[2]。

3. 肝硬化辅助治疗：根 6g（先煎 1h 以上），根据湿热蕴结、气滞血瘀、肝肾阴虚、肝郁脾虚型，随证用药，每日 1 剂，1 月 1 疗程，疗程间隔 3～5 天，一般治疗 2～3 疗程[3]。

4. 阿米巴痢疾：根内皮 15g，加甘草 6g，水煎至成乳白色，分 2 次服，或灌肠。

5. 疔疮肿毒、蛇虫咬伤、小儿头疮：鲜茎叶捣烂外敷或绞汁外搽；或全草研粉，用凡士林调成 20% 软膏外敷。

6. 寻常疣：疣局部消毒后，用消毒三棱针挑破或刮平，以鲜果直接涂擦，或干果的乙醇浸出液涂擦，每日 1 次，每次擦 4～5min，连用 2～3 天。（4 方至 6 方引自《浙江药用植物志》）

7. 风湿骨痛、麻风：根 9g，加鸡肉 120g，加水炖 7h，1 次服下。

8. 睾丸炎：根去皮切碎，猪小肚 1 只，净水适量，同煮 4h，连服数次。（7 方、8 方引自《岭南草药志》）

9. 癌性胸腹水：根 12g（先煎），加半边莲、陈葫芦各 30g，水煎服，每日 1 剂。（《抗癌本草》）

【附注】以九信菜之名始载于《生草药性备要》。《岭南采药录》始称了哥王，云："有大毒，能杀人，性平，此药毒狗，犬食必死。……，灌木类。叶披针形，其子红色，八哥、雀爱食之，遇损伤掺之，即止血。"似与本种一致。

体质虚弱者慎服，孕妇禁服。粉碎或煎煮时易引起皮肤过敏。果实、叶、茎和根皮均有毒。

本种的果实民间也药用。

文献称本种所含的芫花素 -5-O-β-D- 木糖 -（1→6）-β-D- 葡萄糖苷［genkwanin-5-O-β-D-xylosyl-（1→6）-β-D-glucoside，i.e.D-primeverosyl genkwanine］的中文名为芫花苷[1]，英文名为 yuankanin[2]，其实正确的应为芫根苷（yuenkanin）[3]。

【化学参考文献】

［1］崔熙.了哥王中有药理活性的新木脂体：（+）-Nortrachelogenin［J］.国外医学·药学分册，1981，2（1）：35.

［2］耿立冬，张村，肖永庆.了哥王化学成分研究［J］.中国中药杂志，2006，31（10）：817-819.

［3］么焕开，仲英，尹俊亭.了哥王的化学成分研究（Ⅰ）［J］.中草药，2007，38（5）：669-670.

［4］尹永芹，张鑫，黄峰，等.了哥王的化学成分研究［J］.中国现代应用药学，2012，29（8）：697-699.

［5］邵萌，黄晓君，孙学刚，等.了哥王根茎中的酚性成分及其抗肿瘤活性研究［J］.天然产物研究与开发，2014，26（6）：851-855.

［6］赵洁.了哥王化学成分研究［J］.中药材，2009，32（8）：1234-1235.

［7］么焕开，张文婷，高艺桑，等.了哥王化学成分研究［J］.中药材，2010，33（7）：1093-1095.

［8］佟立今，孙立新，孙丽霞，等.了哥王化学成分的分离与鉴定［J］.中国药物化学杂志，2015，25（1）：50-53.

［9］黄伟欢，薛珺一，李药兰，等.了哥王芳香类化学成分研究［J］.中药材，2008，32（8）：1174-1176.

［10］易文燕，刘明，陈敏，等.了哥王化学成分研究［J］.时珍国医国药，2012，23（12）：3001-3003.

［11］国光梅，汪冶，李玮，等.了哥王石油醚提取部位化学成分研究［J］.科学技术与工程，2014，14（21）：188-190.

［12］国光梅，李玮，汪冶.了哥王甾醇化合物的研究［J］.山地农业生物学报，2012，31（1）：77-79.

［13］耿立冬，张村，肖永庆.了哥王中的1个新双香豆素［J］.中国中药杂志，2006，31（1）：43-45.

［14］梁勇，林德球，郭宝江，等.了哥王挥发油的化学成分分析［J］.精细化工，2005，22（5）：357-358.

［15］张立，刘慧琼，肖玥，等.了哥王叶子化学成分研究（Ⅰ）［J］.亚太传统医药，2012，8（8）：41-43.

【药理参考文献】

［1］覃婕媛.了哥王化学成分及抗炎药理研究［D］.成都：西南交通大学硕士学位论文，2009.

［2］柯雪红，王丽新，黄可儿.了哥王片抗炎消肿及镇痛作用研究［J］.时珍国医国药，2003，14（10）：603-604.

［3］方铝，朱令元，刘维兰，等.了哥王片抗炎抑菌作用的实验研究［J］.中国中医药信息杂志，2000，7（1）：28.

［4］Wang L Y, Unehara T, Kitanaka S. Anti-inflammatory activity of new guaiane type sesquiterpene from *Wikstroemia indica*［J］. Chemical & Pharmaceutical Bulletin, 2005, 53（1）: 137.

［5］Wang L Y, Unehara N, Kitanaka S. Lignans from the roots of *Wikstroemia indica* and their DPPH radical scavenging and nitric oxide inhibitory activities［J］. Chemical & Pharmaceutical Bulletin, 2005, 53（10）: 1348-1351.

［6］杨振宇，杜智敏.了哥王水煎液的抑菌作用研究［J］.哈尔滨医科大学学报，2006，40（5）：362-364.

［7］熊友香，尤志勉，程东庆，等.了哥王不同提取部位抑菌作用研究［J］.中国中医药信息杂志，2008，15（10）：42-43.

［8］谢宗万.全国中草药汇编［M］.上册.北京：人民卫生出版社，1996：10.

［9］Chen H C, Chou C K, Kuo Y H, et al. Identification of a protein kinase C（PKC）activator, daphnoretin, that suppresses hepatitis B virus gene expression in human hepatoma cells［J］. Biochemical Pharmacology, 1996, 52（7）: 1025.

［10］Ke H, Kobayashi H, Dong A J, et al. Antifungal, antimitotic and anti-HIV-1 agents from the roots of *Wikstroemia indica*（letter）［J］. Planta Medica, 2000, 66（6）: 564-567.

［11］薛珺一.了哥王细胞毒性和抗病毒活性成分研究［D］.广州：暨南大学硕士学位论文，2007.

［12］李国雄.中药抗癌成分［J］.国外医学·药学分册，1985，（3）：135-138.

［13］顾关云，郭济贤.瑞香科的抗癌木脂体［J］.国外医学·药学分册，1980，（5）：284-286.

［14］杨振宇，郭薇，吴东媛，等.了哥王中西瑞香素的提取分离及抗肿瘤作用研究［J］.天然产物研究与开发，2008，20（3）：522-526.

【临床参考文献】

［1］张婕斐，裘建社，徐新锋，等.了哥王片治疗急性扁桃体炎、急性咽炎、急性气管-支气管炎的临床观察［J］.中国医院用药评价与分析，2014，14（3）：248-251.

［2］彭国缘，祝斌，肖飞.了哥王片治疗化脓性皮肤病200例的体会［J］.中国医院药学杂志，2006，26（8）：1022.

［3］陆道树.辨证加了哥王治疗肝硬化24例［J］.广西中医药，1994，17（2）：5-7.

【附注参考文献】

［1］耿立冬，张村，肖永庆.了哥王化学成分研究［J］.中国中药杂志，2006，31（10）：817-819.

［2］冀春茹，刘延泽，冯卫东，等.芫花叶黄酮化合物的研究——芫根苷的结构［J］.中草药，1986，17（11）：7-9.

［3］李庶藩，王忠信. 芫花黄酮成分的分离和鉴定［J］. 中草药，1983，14（9）：8-10.

3. 结香属 *Edgeworthia* Meisn.

落叶或常绿灌木。树皮强韧；多分枝；叶互生，常簇生于枝顶端。花两性，头状花序顶生或腋生；花多数，先叶开放或与叶同时开放，花序梗长短不等；苞片数枚组成1总苞；小苞片早落；花梗有关节；萼管筒状，裂片4片，向外展开，外面密被毛，内面无毛；无花瓣；雄蕊8枚，2轮，着生于花萼筒喉部，花药箭状长圆形；花盘杯状，浅裂；子房上位，1室，无柄，有丛生小刚毛，花柱长，下部有丝状髯毛，柱头棒状，被乳突；花盘杯状，浅裂，基部为宿存花萼筒所包。果实干燥或稍肉质，果皮革质。种皮质硬而脆。

5种，分布于亚洲，自喜马拉雅山至缅甸、日本和美洲东南部。中国4种（其中1种为引进栽培），主要分布于长江流域以南及西南地区，法定药用植物1种。华东地区法定药用植物1种。

619. 结香（图619）• *Edgeworthia chrysantha* Lindl.

图 619　结香　　　　　　　　　　　　　　　摄影　李华东等

【别名】黄瑞香、三桠、密蒙花（安徽）。

【形态】落叶灌木，高达2m。茎皮极强韧；小枝粗壮，有皮孔，常呈三叉状分枝，棕红色或褐色，幼时被绢状柔毛，叶迹大。叶互生，纸质，椭圆状长圆状、披针形或倒披针形，长6～16cm，宽2～5cm，先端急尖或钝，基部楔形，下延，两面疏被柔毛，背面沿脉有长硬毛；侧脉10～20对；叶柄长1～1.5cm，被柔毛。花先叶开放，头状花序顶生或腋生；花序梗长1～2cm，较粗壮，下弯，被白色长硬毛，有花30～50朵，集成绒球状，无花梗；总苞片通常6枚，披针形、椭圆形或狭卵形，长1.2～3cm，开花时脱落；花黄色，芳香；花萼筒长1～2cm，密被丝状毛，内面无毛；裂片4，花瓣状，长约3.5mm；雄蕊8，在萼筒内排成 2 轮，上轮 4 枚与花萼裂片对生，下轮与花萼裂片互生。核果卵形，绿色，顶端有毛。花期 3 ～ 4 月，果期 8 月。

【生境与分布】生于山坡、路边、山谷、疏林下或灌丛中。分布于安徽、江苏、浙江、福建、江西，另华中地区以及广东、广西、贵州、四川、云南、陕西均有分布。

【药名与部位】黄瑞香，全草。

【采集加工】全年均可采收，洗净，切片，晒干。

【药材性状】根呈长圆锥形，多弯曲，有分枝，有纵皱纹，表面灰黄色；质坚韧；断面淡黄色，皮部纤维性强。茎呈圆柱形，有纵皱纹、叶痕及黄色横长皮孔，表面棕红色或棕褐色；质坚韧；断面皮部白色，易与木质部分离，纤维性强，木质部黄白色，可见年轮和放射状纹理。叶多破碎，全缘，表面被柔毛。气微，味辛辣。

【化学成分】花含挥发油及烷烃衍生物：γ- 萜品烯（γ-terpinene）、乙酸苄酯（benzyl acetate）、2-苯乙基乙酸酯（2-phenylethyl acetate）、3, 7- 二甲基 -2, 6- 辛二烯 -1- 醇乙酯（3, 7-dimethyl-2, 6-octadien-l-ol acetate）、水杨酸甲酯（methyl salicylate）、苯甲酸甲酯（methyl benzoate）、反式罗勒烯（trans-ocimene）、苯甲醛（benzaldehyde）、3- 甲基 -3- 癸烯 -2- 酮（3-methyl-3-decen-2-one）等[1]，乙酸（acetic acid）、二去氢 -4- 甲基 -1-（1- 甲基乙基）- 二环［3.1.0］己烷 {didehydro-4-methyl-1-（1-methylethyl）-bicyclo ［3.1.0］hexane}、苯甲醛（benzaldehyde）、4- 甲基 -1-（1- 甲基乙基）- 二环［3.1.0］2- 己烯 {4-methyl-1-（1-methylethyl）-bicyclo［3.1.0］hex-2-ene}、己酸（hexanoic acid）、1- 甲基 -4-（1- 亚异丙基）- 环己烯［1-methyl-4-（1-methylethylidene）-cyclohexene］、桉树脑（eucalyptol）、苯甲醇（benzyl alcohol）、1- 甲基 -4-（1- 甲基乙基）-1, 4- 环己间二烯［1-methyl-4-（1-methylethyl）-1, 4-cyclohexadienel］、苯乙醇（phenylethyl alcohol）、4- 甲基 -1-（1- 甲基乙基）-3- 环己烯 -1- 醇［4-methyl-1-（1-methylethyl）-3-cyclohexen-1-ol］、2- 羟基苯甲酸甲酯（methyl 2-hydroxy benzenecarboxylate）、正癸醛（decanal）、十四烷（tetradecane）、十二醛（dodecanal）、十五烷（pentadecane）、十六醛（hexadecanal）、4-（4- 羟基 -3- 甲氧苯基）-2- 丁酮［4-（4-hydroxy-3-methoxyphenyl）-2-butanone］、8- 十七碳烯（8-heptadecene）、十七烷（heptadecane）、6, 10, 14- 三甲基 -2- 十五烷酮（6, 10, 14-trimethyl-2-pentadecanone）、正十六烷酸（n-hexadecanoic acid）和二十三烷（tricosane）[2]；香豆素类：结香苷 C（edgeworoside C）、7- 羟基香豆素（7-hydroxycoumarin）、西瑞香素（daphnoretin）[3]、伞形花内酯（umbelliferone）[4]和 N-（对羟基苯乙基）- 对香豆酰胺［N-（p-hydroxyphenylethyl）-p-coumaramide］[5]；黄酮类：4′, 5, 7- 三羟基黄酮醇 -3-O-β-D-（6″- 对羟基桂皮酰基）- 葡萄糖苷［4′, 5, 7-trihydroflavonol-3-O-β-D-（6″-p-hydroxycinnamoyl）-glucoside］，即银椴苷（tiliroside）和山奈酚 -3-O-β-D- 葡萄糖苷（kaempferol-3-O-β-D-glucoside）[4]；核苷类：2- 脱氧尿嘧啶苷（2-deoxyuridine）、尿嘧啶苷（uridine）、胸腺嘧啶（thymine）和尿嘧啶（uracil）[5]；甾体类：谷甾醇 -3-O-6- 亚油酰 -β-D- 吡喃葡萄糖苷（sitosterol-3-O-6-linoleoyl-β-D-glucopyranoside）和谷甾醇 -3-O-6- 亚麻烯基 -β-D- 吡喃葡萄糖苷（sitosterol-3-O-6-linolenoyl-β-D-giucopyranoside）[6]；酚酸类：对羟基苯甲酸（p-phydroxy benzoic acid）、原儿茶醛（protocatchuic aldehyde）和咖啡酸（caffeic acid）[5]；生物碱类：酪胺（tyamine）[6]；糖醇类：卫矛醇（dulcitol）[5]；萜类：蚱酮（grasshopper ketone）[6]。

根及茎皮含香豆素类：结香苷 C、A（edgeworoside C、A）、西瑞香素（daphnoretin）、7- 羟基香豆素（7-hydroxycoumarin）、5, 7- 二甲氧基香豆素（5, 7-dimethoxycoumarin）[7]，结香素（edgeworin）、结香苷 B（edgeworoside B）、芸香素（rutarensin）[8]和结香酸（edgeworic acid）[9]；黄酮类：4′, 5, 7- 三羟基黄酮醇 -3-O-β-（6″- 对羟基桂皮酰基）- 葡萄糖苷［4′, 5, 7-trihydroxy flavonol-3-O-β-（6″-p-dihydroxy cinnamyl）-glucoside］，即银椴苷（tiliroside）[9]，结香黄烷素 *A、B、C、I（edgechrins A、B、C、I）和瑞香黄烷 A、B、C、I（daphnodorin A、B、C、I）[10]；核苷类：尿嘧啶（uacil）、乙酰胺（acetamide）和甘露醇（mannitol）[9]；甾体类：β- 谷甾醇（β-sitosterol）、胡萝卜苷（daucosterol）和豆甾醇（stigmasterol）[9]；脂肪酸及酯类：丁二酸（succinic acid）、二十四烷酸（tetracosanoic acid）、二十二

烷酸（docosanoic acid）、二十二烷酸单甘油酯（glyceryl monodocosanoate）和二十四烷酸单甘油酯（glyceryl monotetracosanoate）[9]；苯丙素类：丁香苷（syringin[7]；糖醇类：卫矛醇（dulcitol），即半乳糖醇（galactitol）[7]；糖类：蔗糖（sucrose）[7]等。

【药理作用】 1. 抗炎镇痛　茎及根皮提取物能明显抑制 RAW264.7 巨噬细胞产生一氧化氮（NO），并对二甲苯所致小鼠的耳廓肿胀和弗氏完全佐剂所致小鼠的足肿胀有一定的抑制作用；结香提取物的石油醚、氯仿、乙酸乙酯、正丁醇 4 个部位均有一定的抗炎作用，其中结香氯仿的抗炎作用最明显。同时，从氯仿部位分离出的结香素和结香苷 A 有抗炎作用，且随着剂量的增大而作用增强，而结香苷 C 的抗炎作用不明显[1]；结香总提取物以及结香石油醚、氯仿、乙酸乙酯和正丁醇各部位对乙酸所致小鼠的疼痛有明显的抑制作用[1]。2. 抗菌　花的石油醚部位、氯仿部位、乙酸乙酯部位、正丁醇部位对革兰氏阳性菌（菌枯草芽孢杆菌、蜡样芽孢杆菌）、革兰氏阴性菌（大肠杆菌、产气杆菌）的生长均有抑制作用[2]。3. 抗氧化　花乙酸乙酯萃取物具有明显的铁还原能力；石油醚萃取物具有明显的清除羟自由基（·OH）和亚硝酸盐的作用，氯仿萃取物清除超氧阴离子自由基（$O_2·$）的作用最明显[2]。

【性味与归经】 甘，温。归肝、肾经。

【功能与主治】 舒筋络，益肝肾。用于跌打损伤，风湿痹痛，夜盲症，小儿抽筋。

【用法与用量】 15 ～ 30g；外用适量。

【药用标准】 广西瑶药 2014 一卷。

【临床参考】 1. 风湿痹痛、跌打损伤：根 15g，水煎服。

2. 肺虚久咳、夜盲症：花 9 ～ 15g，水煎服。

3. 疔疮：鲜叶适量，捣烂外敷。（1 方至 3 方引自《浙江药用植物志》）

【附注】 结香始载于明《群芳谱》。清《花镜》云："结香，俗名黄瑞香，干叶皆似瑞香，而枝甚柔韧，可绾结。花色鹅黄，比瑞香差长，亦与瑞香同时放，但花落后始生叶，而香大不如。"即为本种。

本种的花蕾现不少地区混充药材密蒙花出售，本种花蕾多数散生或由多数小花结成半圆球形的头状花序。直径 1.5 ～ 2cm，表面密被淡绿黄色、有光泽的绢丝状毛茸。应注意区别。

【化学参考文献】

［1］李祖光，李新华，刘文涵，等. 结香鲜花香气化学成分的研究［J］. 林产化学与工业，2004，24（1）：83-86.

［2］姬志强，武小红，康文艺，等. 河南产结香花蕾和花的挥发性成分研究［J］. 河南大学学报（医学版），2008，27（1）：23-27.

［3］童胜强，颜继忠，叶拥军，等. 结香花化学成分的研究［J］. 时珍国医国药，2006，17（1）：44-45.

［4］张海军，赵玉英，欧阳荔，等. 结香化学成分的研究［J］. 天然产物研究与开发，1997，9（1）：24-27.

［5］张海军，赵玉英，洪少良，等. 结香化学成分的研究（Ⅱ）［J］. 中草药，1998，29（3）：156-158.

［6］Hashimoto T，Tori M，Asakawa Y，et al. Piscicidal sterol acyl-glucosides from *Edgeworthia chrysantha*［J］. Phytochemistry，1991，30（9）：2927-2931.

［7］颜继忠，童胜强，盛柳青，等. 结香化学成分的研究［J］. 中国现代应用药学，2004，21（S2）：31-33.

［8］Baba K，Tabata Y，Taniguti M，et al. Chemical studies on theconstituents of the thymelaeaceous plants. part VI. Coumarins from *Edgeworthia chrysantha*［J］. Phytochemistry，1989，28（1）：221-225.

［9］盛柳青. 结香茎皮化学成分的研究［D］. 杭州：浙江工业大学硕士学位论文，2005.

［10］Zhou T，Zhang S，Liu S，et al. Daphnodorin dimers from Edge-worthia chrysantha with α-glucosidase inhibitory activity［J］. Phytochem Lett，2010，3（4）：242-247.

【药理参考文献】

［1］Hu X J，Jin H Z，Xu W Z，et al. Anti-inflammatory and analgesic activities of *Edgeworthia chrysantha* and its effective chemical constituents［J］. Biological & Pharmaceutical Bulletin，2008，31（9）：1761.

［2］韩佳. 结香花化学成分的提取分离及其抑菌、抗氧化活性研究［D］. 成都：西南交通大学硕士学位论文，2012.

七八　胡颓子科 Elaeagnaceae

常绿或落叶灌木或藤状灌木。全株被银白色、褐色或锈色盾状鳞片或星芒状鳞片。枝有刺或无刺。单叶互生，稀对生或轮生，全缘，羽状脉；叶有柄，无托叶。花两性或单性，稀杂性，花冠整齐，白色或黄色，芳香；花单朵或数朵组成腋生的伞形花序，花萼筒状，顶端4裂，稀2裂，常在子房顶部缢缩，花蕾时镊合状排列；无花瓣；雄蕊4枚，着生于萼筒喉部或下部，与裂片互生，或生于基部，与裂片同数或为其倍数，花丝短或几无花丝，花药内向，纵裂，2室，背部着生；子房上位，包于萼筒内，1枚心皮，1室，1粒胚珠，花柱单一，直立或弯曲，柱头棒状或偏向一侧膨大；花盘常不明显。瘦果，或坚果为增厚萼筒所包围，呈核果状，成熟时红色或黄色，种皮骨质或膜质；无胚乳或几无胚乳，具2枚肉质子叶。

3属，80余种，分布于亚洲、欧洲和北美洲。中国2属，60余种，遍布全国各地，法定药用植物2属，11种3亚种。华东地区法定药用植物1属，4种。

胡颓子科法定药用植物主要含生物碱类、黄酮类、皂苷类等成分。生物碱主要为吲哚类，如胡颓子碱（eleagnine）、四氢哈尔醇（tetrahydroharmol）、哈尔醇（harmol）等；黄酮类多为黄酮醇，如槲皮素（quercetin）、异鼠李素（isorhamnetin）、山柰酚（kaempferol）等；皂苷类包括齐墩果烷型、乌苏烷型、羽扇豆烷型，如山楂酸（crategolic acid）、羽扇豆醇（lupeol）、白桦脂醇（betulin）等。

胡颓子属含黄酮类、皂苷类、生物碱类等成分。黄酮类包括黄酮、黄酮醇、二氢黄酮等，如牡荆素（vitexin）、山柰酚-3-O-β-D-葡萄糖苷（kaempferol-3-O-β-D-glucoside）、柚皮素-7-O-β-D-吡喃葡萄糖苷（naringenin-7-O-β-D-glucopyranoside）等；皂苷类包括齐墩果烷型、熊果烷型、羽扇豆烷型等，如熊果酸（ursolic acid）、白桦脂醇（betulin）等；生物碱多为吲哚类，如胡颓子碱（eleagnine）、四氢哈尔醇（tetrahydroharmol）等。

1. 胡颓子属 *Elaeagnus* Linn.

常绿或落叶灌木、小乔木或攀援状灌木，常有棘刺，全株被鳞片或星芒状鳞片。冬芽小，卵圆形，外有数枚鳞片。单叶互生，全缘，稀波状，上面鳞片或星芒状鳞片老时常脱落，下面密被鳞片或星芒状鳞片。花两性，稀杂性，单生或数朵簇生叶腋；有花梗；萼筒上部4裂；雄蕊4枚，着生于萼筒喉部，与裂片互生，花丝极短，不外露，花药纵裂；花柱细长，顶端弯曲。坚果被肉质萼筒所包围，核果椭圆形，具8肋，内面有白色丝毛。

约80种，主要分布于亚洲、欧洲和北美洲。中国约55种，主要分布于长江流域及以南各地区，法定药用植物7种。华东地区法定药用植物4种。

分种检索表

1. 直立灌木，枝干有棘刺。
  2. 叶片倒卵形或倒卵状披针形；侧脉4～5对；萼筒杯状………………………………福建胡颓子 *E.oldhami*
  2. 叶片非上述形；侧脉5～8对；萼筒非杯状。
    3. 叶片宽椭圆形或倒卵状椭圆形，先端骤渐尖；侧脉5～7对，上面网脉不明显…宜昌胡颓子 *E.henryi*
    3. 叶片椭圆形或宽椭圆形，先端钝；侧脉7～8对，上面网脉明显………………………胡颓子 *E.pungens*
1. 蔓生或藤状灌木，枝干无棘刺。…………………………………………………………蔓胡颓子 *E.glabra*

620. 福建胡颓子（图 620） • *Elaeagnus oldhami* Maxim.

图 620 福建胡颓子　　　　　　　　　　　　摄影　邱燕连

【形态】常绿直立灌木，高 1.5 ～ 2m。枝有粗棘刺，刺长 1 ～ 4cm，基部生花和叶；当年生枝密被褐色或锈色鳞片。叶片近革质，倒卵形或倒卵状披针形，长 3 ～ 6cm，宽 1.5 ～ 2.5cm，先端圆，基部楔形，幼时上面密被银白色鳞片，背面密被银白色和散生深褐色鳞片，上面网脉不明显，侧脉 4 ～ 5 对；叶柄长 0.4 ～ 0.7cm。花数朵簇生于短枝叶腋呈总状花序，花淡白色，被鳞片；花梗长 3 ～ 4mm；萼筒杯状，在裂片之下稍缢缩，在子房之上缢缩，裂片三角形，与萼筒等长或长于萼筒，顶端钝尖，两面无毛或疏被白色星状毛；雌蕊 4 枚，花丝极短，花药长圆形；花柱直立，无毛。果实卵圆形，长 0.5 ～ 0.8cm，幼时密被银白色鳞片，成熟时红色，萼筒宿存。花期 11 ～ 12 月，果期翌年 2 ～ 3 月。

【生境与分布】生于向阳旷地，垂直分布可达 500m。分布于福建，另台湾、广东均有分布。

【药名与部位】福建胡颓子叶，叶。

【采集加工】秋季采收，晒干。或鲜用。

【药材性状】略皱缩，有的破碎，叶片展平后完整者呈倒卵形或倒卵状披针形，长 2 ～ 5cm，宽 1.5 ～ 3.5cm，先端圆，基部渐窄，全缘，或微波状而反卷，上表面黄褐色，下表面密被银白色鳞片，并散生少数褐色鳞片，叶柄长 0.4 ～ 0.8cm。近革质或革质，质脆，气微，味淡。

【药材炮制】除去杂质，洗净，切丝，晒干。

【化学成分】叶含皂苷类：齐墩果酸（oleanolic acid）、熊果酸（ursolic acid）、熊果醇（uvaol）、白桦脂醇（betulin）、羽扇豆醇（lupeol）、3-*O*-（*Z*）- 香豆酰齐墩果酸［3-*O*-（*Z*）-coumaroyl oleanolic acid］、3-*O*-（*E*）- 香豆酰齐墩果酸［3-*O*-（*E*）-coumaroyl oleanolic acid］、3-*O*- 咖啡酰齐墩果酸（3-*O*-caffeoyl oleanolic acid）、3-*O*-（*Z*）- 香豆酰熊果酸［3-*O*-（*Z*）-coumaroyl ursolic acid］、3-*O*-（*E*）- 香豆酰熊果

酸［3-*O*-（*E*）-coumaroyl ursolic acid］、3-*O*- 咖啡酰熊果酸（3-*O*-caffeoyl ursolic acid）、3β, 13β- 二羟基齐墩果酸 -11- 烯 -28- 甲酸（3β, 13β-dihydroxyolean-11-en-28-oic acid）、3β, 13β- 二羟基熊果酸 -11- 烯 -28- 酸（3β, 13β-dihydroxyurs-11-en-28-oic acid）[1], 3-*O*-（*E*）- 羟基肉桂酰齐墩果酸［3-*O*-（*E*）-hydroxycoumaroyl oleanolic acid］和 3-*O*-（*Z*）- 羟基肉桂酰熊果酸［3-*O*-（*Z*）-hydroxycoumaroyl ursolic acid］[1,2]；黄酮类：山奈酚（kaempferol）、香树素（aromadendrin）、表没食子儿茶素（epigallocatechin）、顺式银椴苷（*cis*-tiliroside）和反式银椴苷（*trans*-tiliroside）[1]；酚酸类：原儿茶酸（protocatechuic acid）、水杨酸（salicylic acid）、反式阿魏酸（*trans*-ferulic acid）、反式对香豆酸（*trans*-*p*-coumaric acid）、丁香酸（syringic acid）和 3-*O*- 甲基没食子酸（3-*O*-methyl gallic acid）[1]；木脂素类：异美商陆酚 B（isoamericanol B）[1]。

【药理作用】1. 抗炎镇痛　叶提取得到的木脂素异美沙醇 B 能抑制脂多糖（LPS）所致 RAW264.7 细胞一氧化氮（NO）的产生，并对细胞活性无明显影响[1]；叶甲醇提取物可减少乙酸所致小鼠的扭体次数，减少福尔马林所致小鼠的舔爪子的时间，减轻 γ- 卡拉胶所致小鼠的足肿胀，升高小鼠肝组织中的超氧化物歧化酶（SOD）和谷胱甘肽过氧化物酶（GPX），降低肿胀组织中的丙二醛（MDA）、一氧化氮、白细胞介素 -1β（IL-1β）、白细胞介素 -6（IL-6）、肿瘤坏死因子 -α（TNF-α）和环氧合酶 -2（COX-2）[2]。2. 抗肿瘤　从叶分离的化合物 3-*O*-（*Z*）- 香豆酰基齐墩果酸［3-*O*-（*Z*）-coumaroyl oleanolic acid］、3-*O*- 咖啡酰基齐墩果酸（3-*O*-caffeoyl oleanolic acid）、3-*O*-（*Z*）- 香豆酰基熊果酸［3-*O*-（*Z*）-coumaroyl ursolic acid］、3-*O*- 咖啡酰基熊果酸（3-*O*-caffeoyl ursolic acid）和反式银椴苷（*trans*-tiliroside）对非小细胞肺癌 A549 细胞有明显的细胞毒作用[3]。

【性味与归经】苦、酸，微温。归肺经。

【功能与主治】敛肺，止咳平喘，益肾固涩。用于咳嗽气喘，慢性肝炎，痨倦乏力，腹泻，胃痛，消化不良，肾亏腰痛，盗汗，遗精，白带。

【用法与用量】内服：30 ～ 60g，水煎服；外用鲜叶捣烂敷患处。

【药用标准】福建药材 2006。

【附注】孕妇忌服。

【化学参考文献】

［1］Liao C R，Kuo Y H，Ho Y L，et al. Studies on cytotoxic constituents from the leaves of *Elaeagnus oldhamii* Maxim. in nonsmall cell lung cancer A549 cells［J］. Molecules，2014，19（7）：9515-9534.

［2］Liao C R，Ho Y L，Huang G J，et al. One lignanoid compound and four triterpenoid compounds with anti-inflammatory activity from the leaves of *Elaeagnus oldhamii* Maxim［J］. Molecules，2013，18（11）：13218-13227.

【药理参考文献】

［1］Liao C R，Ho Y L，Huang G J，et al. One lignanoid compound and four triterpenoid compounds with anti-inflammatory activity from the leaves of *Elaeagnus oldhamii* Maxim［J］. Molecules，2013，18（11）：13218-13227.

［2］Liao C R，Chang Y S，Peng W H，et al. Analgesic and anti-inflammatory activities of the methanol extract of *Elaeagnus oldhamii* Maxim. in mice［J］. American Journal of Chinese Medicine，2012，40（3）：581-597.

［3］Liao C R，Kuo Y H，Ho Y L，et al. Studies on cytotoxic constituents from the leaves of *Elaeagnus oldhamii* Maxim. in nonsmall cell lung cancer A549 cells［J］. Molecules，2014，19（7）：9515-9534.

621. 宜昌胡颓子（图 621）• *Elaeagnus henryi* Warb.

【形态】常绿直立灌木，高 1.5 ～ 5m。棘刺粗短，刺长 0.8 ～ 2cm；幼枝被鳞片。叶片革质，宽椭圆形或倒卵状椭圆形，长 6 ～ 15cm，宽 2 ～ 6cm，幼时被褐色鳞片，先端骤渐尖，基部圆钝，上面深绿色，背面银白色，密被白色和少数褐色鳞片，侧脉 5 ～ 7 对，网脉在上面不明显；叶柄粗壮，长 0.8 ～ 1.5cm。花 1 ～ 5 朵生于短枝叶腋呈总状花序，花淡白色，密被鳞片；花梗长 2 ～ 5mm；萼筒圆筒状漏斗形，长 0.6 ～ 0.8cm，在裂片之下扩展，向下渐窄，在子房之上稍缢缩，裂片三角形，内面有白色星状柔毛和少

图 621　宜昌胡颓子　　　　　　　　　　　　摄影　张芬耀等

数褐色鳞片；雄蕊 4 枚，花丝极短；花柱无毛，稍长于雄蕊。果实长圆形，长 1.8cm，幼时被银白色和稀疏褐色鳞片，成熟时红色；果核内面有丝状绵毛；果柄长达 0.8cm。花期 10 ～ 11 月，果期翌年 4 月。

　　【生境与分布】生于山路边、沟谷、溪边或灌丛中，垂直分布 450 ～ 2300m。分布于浙江、安徽、福建、江西，另西南地区以及湖南、湖北、陕西、广东、广西均有分布。

　　【药名与部位】羊奶奶叶（胡颓子叶），叶。

　　【采集加工】夏季采收，晒干。

　　【药材性状】完整叶片呈倒卵状阔椭圆形或阔圆形，长 6 ～ 15cm，宽 3 ～ 5cm，顶端渐尖，基部宽楔形或圆钝，边缘稍反卷，质稍硬脆。表面绿色并具光泽，下表面银灰色密被白色鳞片和散生少数褐色鳞片。侧脉 5 ～ 7 对，与中脉呈 45° ～ 50° 展开，网脉不明显，叶柄粗壮，长 0.8 ～ 1.6cm。气微，微苦。

　　【化学成分】果实含烷烃及烯烃类：4, 6, 6- 三甲基 -2-（3- 甲基 -1, 3- 二丙烯）-3- 氧三环［5.1.0.0（2, 4）］辛烷 {4, 6, 6-trimethyl-2-（3-methyl-1, 3-dienyl）-3-oxytricyclo［5.1.0.0（2, 4）］octane}、十七烷（heptadecane）、2, 6, 10, 14- 四甲基十六烷（2, 6, 10, 14-tetramethyl hexadecane）、十八烷（octadecane）和 Z-5- 十九碳烯（Z-5-noadecene）[1]；呋喃类：5- 溴 -4- 氧化 -4, 5, 6, 7- 四氢苯并呋喃（5-bromo-4-oxo-4, 5, 6, 7-tetrahydrobenzofuranan）和苯并［b］萘并［2, 3-d］呋喃 {benzo［b］naphtho［2, 3-d］furan}[1]；皂苷类：羽扇豆醇（lupeol）[1]；甾体类：菜油甾醇（campesterol）和蒲公英甾醇（taraxasterol）[1]；维生素：维生素 C（vitamin C）[2]；元素：钾（K）、钙（Ca）、锌（Zn）、钼（Mo）、铁（Fe）、铜（Cu）和硒（Se）[2]。

【药理作用】止咳祛痰　叶的水提物在体内能明显延长惊厥前时间，能延长氨水引起的小鼠咳嗽潜伏期和降低咳嗽频率，也能增强小鼠气管酚红排出量[1]。

【性味与归经】苦，平。

【功能与主治】止咳平喘，消肿止血。用于咳喘，外伤出血。

【用法与用量】15～20g。

【药用标准】贵州药材2003。

【附注】另据报道，根含黄酮类：槲皮素（quercetin）[1]；果实含黄酮类：异鼠李素（isorhamnetin）[2]但仅见含量测定研究的文献。

【化学参考文献】

[1] 吴彩霞，邢煜君，曹乃锋，等.宜昌胡颓子根挥发性成分的HS-SPME-GC-MS研究[J].中国实验方剂学杂志，2010，16（10）：53-55.
[2] 朱碧华，马雪梅，胡雪雁，等.胡颓子属5种常绿植物果实性状与食用价值[J].福建林业科技，2017，44（2）：73-76.

【药理参考文献】

[1] Ge Y，Zhang F，Qin Q，et al. *In vivo* evaluation of the antiasthmatic，antitussive，and expectorant activities and chemical components of three *Elaeagnus* leaves[J]. Evidence-Based Complementray and Alternative Medicine，2015，12：428208.

【附注参考文献】

[1] 杨林，谢瑶，孙志伟，等.HPLC法测定宜昌胡颓子根中槲皮素的含量[J].中国医学创新，2015，12（30）：96-98.
[2] 杨林，谢瑶，孙志伟，等.HPLC法测定红鸡踢香中异鼠李素的含量[J].北京农业，2015，（11）：204-205.

622. 胡颓子（图 622）· *Elaeagnus pungens* Thunb.

【别名】斑楂、浆米草、旗柳（浙江），绿豆（安徽）。

【形态】常绿直立灌木，高1.3～4m。棘刺顶生或腋生，长2～4cm，密生锈色鳞片。叶片革质，椭圆形或宽椭圆形，长5～10cm，宽1.8～5cm，先端钝，基部钝或圆形，侧脉7～8对，上面侧脉凸起，网脉明显，背面侧脉不明显；叶柄长0.5～0.8cm。花1～3朵簇着生于短枝叶腋成伞形总状花序，花淡白色，下垂，芳香，密被银白色和稀疏褐色鳞片；花梗长0.3～0.5cm；萼筒圆筒形或近漏斗状圆筒形，长0.5～0.7cm，在子房之上缢缩；裂片三角形或长圆状三角形，长约3mm，内面疏生白色星状柔毛；花丝极短；花药长圆形；花柱直立，无毛。果实椭圆形，长1.2～1.4cm，幼时被褐色鳞片，成熟时红色；果核内面有白色丝状绵毛；果柄长0.4～0.6cm。花期9～12月，果期翌年4～6月。

【生境与分布】生于山路边、溪边、旷地或灌木丛中，垂直分布可达1000m。分布于江苏、浙江、安徽、福建、江西。另华中地区以及贵州、广东、广西、四川均有分布。

【药名与部位】胡颓子根，根。胡颓子叶，叶。

【采集加工】胡颓子根：全年可采，洗净，晒干。胡颓子叶：夏、秋季采收，晒干。

【药材性状】胡颓子根：多为不规则的段块，长2～4cm，直径1～1.5cm；外表面灰褐色或棕褐色，粗糙不平，栓皮多不整齐纵裂而呈鳞片状，脱落处呈棕红色或棕色。有的可见支根痕。根皮内表面浅黄色或浅棕黄色，具网状纹理，根皮折断面呈明显纤维状，内侧呈层状，易沿纵切向撕成薄层，其表面观呈致密网眼状，浅黄色。木质部占根的大部分，浅黄色。质地坚实，难折断，横断面隐约可见同心环层。气微，味涩。

胡颓子叶：稍皱缩，展平后呈椭圆形或长椭圆形，革质，长4～10cm，宽2～5cm。先端钝或稍尖，基部圆形，边缘微波状而反卷，上表面黄绿色，有光泽，下表面灰白色，散在分布褐色鳞片；叶柄长6～12mm。气微，味微涩。

图 622　胡颓子　　　　　　　　　　　　　　　　　　摄影　李华东等

【**药材炮制**】胡颓子叶：除去杂质，洗净，切丝，干燥。

【**化学成分**】叶含黄酮类：山柰酚 -3-*O*-β-D- 吡喃葡萄糖 -（1→3）-α-L- 吡喃鼠李糖基 -（1→6）-［α-L-
吡喃鼠李糖（1→2）］-β-D- 吡喃半乳糖苷 -7-*O*-β-D- 吡喃葡萄糖苷 {kaempferol-3-*O*-β-D-glucopyranosyl-
（1→3）-α-L-rhamnopyranosyl-（1→6）-［α-L-rhamnopyranosyl（1→2）］-β-D-galactopyranoside-7-*O*-
β-D-glucopyranoside}、山柰酚 -3-*O*-α-L- 吡喃鼠李糖 -（1→6）-［α-L- 吡喃鼠李糖 -（1→2）-β-D- 吡喃
半乳糖苷 -7-*O*-β-D- 吡喃葡萄糖苷 {kaempferol-3-*O*-α-L-rhamnopyranosyl-（1→6）-［α-L-rhamnopyranosyl-
（1→2）］-β-D-galactopyranoside-7-*O*-β-D-glucopyranoside}[1]，山柰酚 -3-*O*-β-D- 吡喃葡萄糖 -（1→3）-
α-L- 吡喃鼠李糖 -（1→6）［α-L- 吡喃鼠李糖（1→2）]-β-D- 吡喃半乳糖苷 {kaempferol-3-*O*-β-D-glucopyranosyl-
（1→3）-α-L-rhamnopyranosyl-（1→6）-［α-L-rhamnopyranosyl（1→2）］-β-D-galactopyranoside}、
异鼠李素 -3-*O*-β-D- 吡喃葡萄糖 -（1→3）-α-L- 吡喃鼠李糖基 -（1→6）-β-D- 吡喃半乳糖苷［isorhamnetin-
3-*O*-β-D-glucopyranosyl-（1→3）-α-L-rhamnopyranosyl-（1→6）-β-D-galactopyranoside］[2]，山柰酚 -3-
O-β-D- 葡萄糖苷（kaempferol-3-*O*-β-D-glucoside）、山柰酚 -3-*O*-β-D-（6″- 对羟基桂皮酰基）葡萄糖苷
［kaempferol-3-*O*-β-D-（6″-*p*-hydroxycoumaroyl）glucoside］[3]，山柰酚（kaemferol）、槲皮素（quercetin）、
银椴苷（transtiliroside）、芦丁（rutin）、葛花苷（kakkalide）、山柰酚 -7-*O*-β-D- 吡喃葡萄糖苷
（kaemepferol-7-*O*-β-D-glucopyranoside）、3′- 甲氧基槲皮素（3′-*O*-methoxyquercetin）[4]，山柰酚 -3-*O*-β-
D-6-*O*-（对羟基桂皮酰基）-吡喃葡萄糖苷［kaempferol-3-*O*-β-D-6-*O*-（*p*-hydroxycinnamyl）-glucopyranoside］[5]，
山柰酚 -3-*O*-β-D- 吡喃葡萄糖 -（1→3）-α-L- 吡喃鼠李糖 -（1→6）-β-D- 吡喃半乳糖苷［kaempferol-
3-*O*-β-D-glucopyranosyl-（1→3）-α-L-rhamnopyranosyl-（1→6）-β-D-galactopyranoside］、山柰酚 -3-

O-β-D- 吡喃葡萄糖 -（1 → 3）-α-L- 吡喃鼠李糖 -（1 → 6）-β-D- 吡喃半乳糖苷 -7-*O*-β-D- 吡喃葡萄糖苷 ［kaempferol-3-*O*-β-D-glucopyranosyl-（1 → 3）-α-L-rhamnopyranosyl-（1 → 6）-β-D-galactopymnoside-7-*O*-β-D-glucopyranoside］[6]，3, 5- 二羟基 -4, 7- 二甲氧基黄酮（3, 5-dihydroxy-4, 7-dimethoxyflavone）[7]，3′- 甲氧基槲皮素（3′-methoxyl quercetin）[8]，3, 3′- 二甲氧基槲皮素（3, 3′-dimethoxyl quercetin）、3- 甲氧基山奈酚（3-methoxyl kaempferol）和山奈酚 -3-*O*-β-D- 吡喃葡萄糖苷（kaempferol-3-*O*-β-D-glucopyranoside）[9]；萜类：（6*S*, 9*S*）-6, 9- 二羟基大柱香波龙烷 -4- 大柱香波龙烯 -3- 酮 -9-*O*-β-D- 吡喃葡萄糖苷 ［（6*S*, 9*S*）-6, 9-dihydroxymegastiman-4-megastigmen-3-one-9-*O*-β-D-glucopyranoside］、（6*S*, 9*S*）-6, 9- 二羟基大柱香波龙烷 -4- 大柱香波龙烯 -3- 酮 -9-*O*-β-D- 呋喃芹糖基 -（1 → 6）-β-D- 吡喃葡萄糖苷 ［（6*S*, 9*S*）-6, 9-dihydroxymegastiman-4-megastigmen-3-one-9-*O*-β-D-apiofuranosyl-（1 → 6）-β-D-glucopyranoside］、布卢门醇 C-9-*O*-β-D- 吡喃葡萄糖苷（blumenol C-9-*O*-β-D-glucopyranoside）和布卢门醇 C-9-*O*-β-D- 呋喃芹糖基 -（1 → 6）-β-D- 吡喃葡萄糖苷 ［blumenol C-9-*O*-β-D-apiofuranosyl-（1 → 6）-β-D-glucopyranoside］[1]；皂苷类：羽扇豆醇（1upeol）和齐墩果酸（oleanolic acid）[7]；木脂素类：连翘苷（phillyrin）[3]；酚酸及衍生物：水杨酸（salicylic acid）、香草酸（vanillic acid）、没食子酸（gallic acid）、3′-*O*- 甲基鞣花酸 -4-*O*-α-L- 鼠李糖苷（3′-*O*-methyl-ellagic acid-4-*O*-α-L-rhamnicoside）[4]，3′-*O*- 甲基鞣花酸 -4-*O*-α-L- 鼠李糖苷（3′-*O*-methyl-ellagic acid-4-*O*-α-L-rhamnicoside）[8]，对羟基苯甲酸（*p*-hydroxybenzoic acid）、咖啡酸甲酯（methyl caffeate）、3, 5- 二羟基苯甲酸甲酯（methyl 3, 5-dihydroxybenzoate）和对甲氧基苯甲酸（*p*-methoxybenzoic acid）[9]；甾体类：β- 谷甾醇（β-sitosterol）[4]，豆甾 -4- 烯 -3, 6- 二酮（stigmast-4-ene-3, 6-dione）和胡萝卜苷（daucostero1）[5]；挥发油及脂肪酸类：3, 3- 二甲基 -5- 氧化 -2- 己醇烯丙酸酯（3, 3-dimethyl-5-oxo-2-hexanolallyl ester）[4]，正三十一烷（*n*-hentriantane）[7]，十四碳酸（myristic acid）、十五碳酸（pentadecanoic acid）、十六碳酸（hexadecanoic acid）、十七碳酸（heptadecanoic acid）、二十三烷（tricosane）、二十四烷（tetracosane）、二十五烷（pentacosan）、二十六烷（hexacosane）、十八碳二烯酸（octadecadienoic acid），即亚油酸（linoleic acid）和十二碳酸（dodecanoic acid）等[10]；环烷醇类：L-2-*O*- 甲基 - 手 - 肌醇（L-2-*O*-methyl chiro-insitol）[3]和甲基肌醇[5]；元素：铁（Fe）、锰（Mn）、铬（Cr）、镁（Mg）、钾（K）和锌（Zn）等[11]。

　　【药理作用】祛痰止咳平喘　叶乙酸乙酯及正丁醇提取物对氨水引咳所致小鼠的咳嗽具有明显的止咳作用，对气管酚红中的含痰小鼠具有明显的祛痰作用，对 2% 氯化乙酰胆碱和 0.1% 磷酸组胺混合液引起的小鼠哮喘均有明显的平喘作用[1]。

　　【性味与归经】胡颓子根：酸，平。胡颓子叶：酸，微温。归肺经。

　　【功能与主治】胡颓子根：祛风利湿，止血。用于风湿关节痛，跌打损伤，吐血，咯血，便血。胡颓子叶：敛肺，止咳平喘。主治肺虚咳嗽，气喘，咯血。

　　【用法与用量】胡颓子根：9g。胡颓子叶：9 ～ 15g。

　　【药用标准】胡颓子根：上海药材 1994；胡颓子叶：药典 1977、浙江炮规 2015、湖北药材 2009、上海药材 1994、贵州药材 2003 和湖南药材 2009。

　　【临床参考】1. 风寒型急性支气管炎：叶 9g，加鹅不食草 6g、紫苏叶 9g、生姜 3 片，水煎，每日 1 剂，分 2 ～ 3 次服[1]。

　　2. 慢性骨髓炎术后：根 50g，加黑豆子 50g、忍冬藤 50g、黄芪 30g、党参 15g、山药 12g、白术 12g、茯苓 10g、陈皮 10g、当归 15g、砂仁 6g，水煎服，每次 200ml，每日 2 次，连服 6 个月，配合九华膏外敷[2]。

　　3. 急、慢性肝炎：根 9g，加麦冬、阴行草、川萆薢、车前草各 9g，水煎服。

　　4. 风湿性关节炎、吐血、咯血、便血、月经过多：根 30 ～ 60g，水煎服。

　　5. 跌打损伤：根 30g，加娃儿藤 15g、徐长卿根 9g，酒水各半煎服。

　　6. 慢性气管炎：叶 9 ～ 15g，水煎服；或叶 30g，加鱼腥草 30g、制半夏 9g、羊乳 9g，水煎服。（3

方至 6 方引自《浙江药用植物志》）

7. 脚软无力：果 15g，加席草根 15g，煮鸡蛋食。

8. 痔疮：果煎水，洗患处。（7 方、8 方引自《湖南药物志》）

9. 崩漏、白带、大便下血经久不愈：果 60g，加猪大肠 90g，大枣 5 个，黄酒适量，加水煮熟，肠和汤同服。（《河南中草药手册》）

10. 痈疽发背、金创出血：鲜叶捣烂敷患处。（《泉州本草》）

11. 脾虚久泄：根 30g，加桂圆肉 15g，水煎服。（《安徽中草药》）

【附注】本种始载于《本草拾遗》，谓："胡颓子生平林间，树高丈余，叶阴白，冬不凋，冬花，春熟最早。"《本草纲目》云："胡颓即卢都子也。其树高六七尺，其枝柔软如蔓，其叶微似棠梨，长狭而尖，面青背白，俱有细点如星，老则星起如麸，经冬不凋。春前生花朵如丁香，蒂极细，倒垂，正月乃敷白花，结实小长，俨如山茱萸，上亦有细星斑点，生青熟红，立夏前采食，酸涩。核亦如山茱萸，但有八棱，软而不坚。核内白棉如丝，中有小仁。"结合《植物名实图考》附图即为本种。

风寒外邪未尽及痰实壅阻咳喘者不宜服用。

本种的果实民间也药用。

【化学参考文献】

［1］Shang Y Y, Qin Q, Li M S, et al. Flavonol glycosides from the leaves of *Elaeagnus pungens*［J］. Nat Prod Res, 2016, 31（9）: 1066-1072.

［2］Ge Y B, Li M S, Mei Z N, et al. Two new flavonol glycosides from the leaves of *Elaeagnus pungens*［J］. J Asian Nat Prod Res, 2013, 15（10）: 1073-1079.

［3］郭明娟，江洪波，田祥琴，等．胡颓子叶的化学成分［J］．华西药学杂志，2008，23（4）：381-383.

［4］黄丽杰，刘伟，崔永霞．胡颓子叶化学成分的研究［J］．中成药，2015，37（4）：796-800.

［5］付义成，王晓静，贾献慧，等．胡颓子叶化学成分研究［J］．中草药，2008，39（5）：671-672.

［6］李孟顺，廖矛川，葛月宾，等．胡颓子叶水溶性化学成分的研究［J］．中国中药杂志，2012，37（9）：1224-1226.

［7］赵鑫，黄浩，朱瑞良．中药胡颓子叶的脂溶性化学成分研究［J］．中成药，2006，28（3）：403-405.

［8］付义成，王晓静，贾献慧，等．胡颓子叶正丁醇部位化学成分及其细胞毒活性初步研究［J］．中药材，2009，32（12）：1848-1850.

［9］赵鑫，朱瑞良，姜标，等．胡颓子有效部位化学成分研究［J］．中国中药杂志，2006，31（6）：472.

［10］贾献慧，王晓静，牟忠祥，等．中药胡颓子叶的挥发油成分分析［J］．中成药，2009，31（6）：947-948.

［11］尚严，林帅军，崔永霞，等．不同产地胡颓子叶微量元素及重金属的测定［J］．中医研究，2016，29（7）：71-73.

【药理参考文献】

［1］李广胜，鲁光华，陈宁，等．胡颓子叶不同提取物药理活性的比较研究［J］．中国药理学通报，2014，30（8）：1181-1182.

【临床参考文献】

［1］卢昌义．草药治疗急性气管炎［J］．赤脚医生杂志，1978，（1）：14.

［2］黄臻，孙绍裘．胡颓子根汤合九华膏治疗慢性骨髓炎术后 15 例［J］．湖南中医杂志，2008，24（3）：46-47.

623. 蔓胡颓子（图 623）· *Elaeagnus glabra* Thunb.

【别名】藤木楂、柿果（浙江），藤胡颓子。

【形态】常绿蔓生或攀援状灌木。藤茎长达 5m。枝无棘刺。幼枝被锈色鳞片。叶片革质或薄革质，卵形或卵状椭圆，长 4～12cm，宽 2.5～5cm，先端渐尖，基部圆形，稀宽楔形，上面深绿色，有光泽，幼时有褐色鳞片，背面铜绿色或灰绿色，被褐色鳞片，侧脉 6～8 对；叶柄长 0.5～0.8cm。花数朵簇生于短枝叶腋成伞形总状花序，花淡白色，下垂，密被银白色和少数褐色鳞片；花梗长 2～4mm。萼筒漏

图 623　蔓胡颓子　　　　　　　　　　　　　　　摄影　张芬耀

斗形，在裂片之下扩展向基部渐窄，在子房之上稍缢缩，裂片宽卵形，内面有星状柔毛；花丝和花药极短；花柱无毛，顶端弯曲。果实长圆形，长 1.4～2cm，被锈色鳞片，成熟时红色；果柄长达 0.6cm。花期 9～11月，果期翌年 4～5 月。

【生境与分布】生于向阳山坡、路边或灌丛中，垂直分布可达 1000m。分布于安徽、江苏、浙江、福建、江西，另华中、西南地区以及台湾、广东、广西均有分布。

【药名与部位】羊奶奶叶（胡颓子叶），叶。

【采集加工】夏季采收，晒干。

【药材性状】完整叶片呈倒卵状阔椭圆形或阔圆形，长 6～15cm，宽 3～5cm，顶端渐尖，基部宽楔形或圆钝，边缘稍反卷，质稍硬脆。表面绿色并具光泽，下表面银灰色密被白色和散生少数褐色鳞片。侧脉 5～7 对，与中脉呈 45°～50° 展开，网脉不明显，叶柄粗壮，长 0.8～1.6cm。气微，微苦。

【化学成分】根含甾体类：3β- 羟基豆甾 -5- 烯 -7- 酮（3β-hydroxysteroidal-5-ene-7-ketone）和豆甾 -5-烯 -3β，7α- 二醇（stigmastane-5-ene-3β，7α-diol）[1]。

果实含维生素类：维生素 C（vitamin C）[2,3]；元素：钾（K）、钙（Ca）、锌（Zn）、钼（Mo）、铁（Fe）、铜（Cu）和硒（Se）[2,3]。

【药理作用】抗肿瘤　皮的甲醇提取物可呈剂量依赖性地抑制人纤维肉瘤 HT1080 细胞的侵袭，并可抑制 MMP-2 和 MMP-9 酶的活性及相应蛋白质的表达[1]。

【性味与归经】苦，平。

【功能与主治】止咳平喘，消肿止血。用于咳喘，外伤出血。

【用法与用量】15 ～ 20g。

【药用标准】贵州药材 2003。

【临床参考】1. 支气管哮喘、慢性气管炎、感冒咳嗽：叶研粉，1.5 ～ 3g，吞服。

2. 胃溃疡病：根 30g，加水 1000ml，煮至 500ml，另取鸡蛋 1 个，打碎放碗内搅匀，冲药汁分 2 次温服，10 天 1 疗程。

3. 跌打肿痛：根 15 ～ 24g，水煎服。（1 方至 3 方引自《浙江药用植物志》）

4. 吐血、尿路结石：根 30 ～ 60g，水煎服。（《广西本草选编》）

5. 水泻、痢疾：根 30g，水煎服。

6. 血痢、痔疮出血：根 15 ～ 30g，煮甜酒服。

7. 血崩：根 120g，加赤芍 9g，熬甜酒服。（5 方至 7 方引自《贵州草药》）

【附注】以阳春子之名始载于《植物名实图考》，云："阳春子，湖南处处有之，丛生，赭茎有硬荚，长叶如橘叶而不尖，面绿背白……"按其所述及附图，似为本种。

本种的果实、根及全株民间也药用。

宜昌胡颓子 Elaeagnus henryi Warb.、胡颓子 Elaeagnus pungens Thunb. 的叶在贵州作羊奶奶叶（胡颓子叶）药用。

据报道，本种尚含黄酮类成分表儿茶素（epigaillocatechin）[1]，但未注明药用部位。

【化学参考文献】

[1] 陆俊，王珺，成策，等 . 胡颓子属植物化学成分与药理活性研究进展［J］. 中药材，2015，38（4）：855-861.

[2] 朱碧华，马雪梅，胡雪雁，等 . 胡颓子属 5 种常绿植物果实性状与食用价值［J］. 福建林业科技，2017，44（2）：73-76.

[3] 彭诚 . 恩施州胡颓子资源及其营养成分分析［J］. 湖北民族学院学报（自然科学版），2009，27（3）：279-281.

【药理参考文献】

[1] Li L H，Baek I K，Kim J H，et al. Methanol extract of Elaeagnus glabra，a Korean medicinal plant，inhibits HT1080 tumor cell invasion［J］. Oncology Reports，2009，21（2）：559-563.

【附注参考文献】

[1] 陆俊，王珺，成策，等 . 胡颓子属植物化学成分与药理活性研究进展［J］. 中药材，2015，38（4）：855-861.

七九　千屈菜科 Lythraceae

草本、灌木或乔木。枝通常四棱形，有时具棘状短枝。叶对生，稀轮生或互生，全缘；托叶小或无托叶。花两性，辐射对称，稀两侧对称；单生或簇生，或组成顶生或腋生的穗状、总状或圆锥花序；花萼管状或钟状，与子房分离或包围子房，平滑或有棱，有时具距，3～5裂，镊合状排列，裂片间有时具附属体；花瓣与萼片同数，或无花瓣，花瓣着生于萼筒边缘；雄蕊常为花瓣倍数，有时少数至多数，着生于萼筒上，花丝长短不等，花药2室，纵裂；子房上位，无柄或几无柄，2～6室，每室有倒生胚珠数粒，花柱单一，长短不等，柱头头状，稀2裂。蒴果，横裂、瓣裂或不规则开裂，稀不裂。种子多数，形状不一，有翅或无翅，无胚乳，子叶常平展。

约25属，550余种，分布于世界各地，主产热带和亚热带地区。中国11属，约48种，广布全国各地，法定药用植物3属，3种。华东地区法定药用植物2属，2种。

千屈菜科法定药用植物科特征成分鲜有报道。紫薇属含酚酸类、皂苷类、生物碱类、黄酮类等成分。酚酸类多为鞣质，如花梗鞣素（pedunculagin）、3，3′，4′-三甲基鞣花酸（3，3′，4′-trimethylellagic acid）等；皂苷类包括四环三萜和五环三萜，四环三萜多为环木菠萝烷型，五环三萜分属于齐墩果烷型、熊果烷型、羽扇豆烷型、木栓烷型、何帕烷型等，如阿江榄仁酸（arjunolic acid）、麦珠子酸（alphitolic acid）等；生物碱多为喹诺里西啶类，如印车前明碱（lagerstremine）、紫薇碱（lagerine）等；黄酮类包括黄酮醇、花色素等，如金丝桃苷（hyperoside）、矮牵牛素-3-阿拉伯糖苷（petunidin-3-arabinoside）等。

1. 千屈菜属 *Lythrum* Linn.

一年生或多年生草本，稀为灌木。叶对生或轮生，稀为互生。花单生叶腋或多花组成穗状、聚伞或总状花序；花辐射对称，稀两侧对称，4～6基数，萼管长筒形，稀为宽钟状，具8～12棱，4～6齿裂，裂齿间有明显附属体；花瓣4～6枚，稀无花瓣；雄蕊4～12枚，1～2轮排列，长短不等；子房2室，无柄或几无柄，花柱线形。蒴果包于宿萼内，通常2瓣裂，每瓣上部再2裂。种子多数，细小。

约35种，广布世界各地。中国4种，主要分布于西南和北部，法定药用植物1种。华东地区法定药用植物1种。

624. 千屈菜（图624）• *Lythrum salicaria* Linn.

【形态】多年生草本，高1～1.5m。根茎粗壮。茎直立，多分枝，枝有4～6棱，幼时被白色柔毛，后渐脱落。叶对生或3枚轮生，披针形或宽披针形，长4～10cm，宽0.8～1.5cm，先端钝或短尖，基部圆或心形，有时稍抱茎，无柄。聚伞状花序组成穗状花丛，花梗和花序梗极短；苞片宽披针形或三角状卵形；萼筒长0.5～0.8cm，6齿裂，有纵棱12条，三角形，附属体针状；花瓣6，紫红色或紫色，基部有短爪；雄蕊12，6长6短，着生于萼筒上部，伸出萼筒外。蒴果椭圆形，包于宿萼内。花果期7～9月。

【生境与分布】生于水塘边、湖边、沟边或潮湿地带，分布于山东、安徽、江苏、浙江、江西、福建，另东北、华北、西北、西南各省区均有分布或栽培。

【药名与部位】铁菱角，根。千屈菜，地上部分。

【采集加工】铁菱角：夏、秋季采挖，除去泥沙，干燥，火燎除去须根。千屈菜：夏、秋季花期采收，除去杂质，晒干。

【药材性状】铁菱角：根头部膨大，下部聚生数个微扭曲的圆锥形根，长2～6cm，直径0.2～1.8cm。表面红棕色至棕黑色，具不规则扭曲的纵皱纹及疣状突起的须根痕或须根，根头部可见残存的茎基或茎痕。质地坚硬，不易折断，断面黄白色或棕色，具微细放射状纹理。气微，味涩。

图 624 千屈菜　　　　摄影　徐克学

千屈菜：茎近方形，多分枝，长 30 ～ 100cm，直径 0.2 ～ 0.4cm，表面棕褐色至灰棕色，质坚硬，易折断，断面纤维性，中空。叶对生，狭披针形，多皱缩卷曲，易破碎。有的可见顶生复总状花序，花淡紫色或已结果。全体被白色柔毛或无毛。气微，味淡微涩。

【**药材炮制**】铁菱角：除去泥沙及须根，润软，切片，干燥。

千屈菜：除去杂质，喷淋清水，稍润，切段，晾干。

【**化学成分**】地上部分含黄酮类：荭草苷（orientin）、异荭草苷（isoorientin）、牡荆黄素（vitexin）和异牡荆黄素（isovitexin）[1]；皂苷类：齐墩果酸（oleanolic acid）、熊果酸（ursolic acid）[1] 和 3β- 羟基 -20（29）- 羽扇豆烯 -28- 酸甲酯［methyl 3β-hydroxy-20（29）-lupen-28-oate］[2]；鞣质类：栎木鞣花素（vescalagin）[1]；甾体类：β- 谷甾醇（β-sitosterol）[2]。

全草含皂苷类：白桦脂酸（betulinic acid）、2α，3α，24- 三羟基熊果酸 -12（13）- 烯 -28- 熊果酸［2α，3α，24-trihydroxy-12（13）-en-urs-28-oic acid］、23- 环木菠萝烯 -3β，25- 二醇（cycloart-23-ene-3β，25-diol）、6-O-（E）- 芥子酰基西伯利亚远志醇*［6-O-（E）-sinapoyl poligalitol］、熊果酸（ursolic acid）、齐墩果酸（oleanolic acid）、6-O- 没食子酰基熊果苷（6-O-galloyl arbutin）和 4-O-11- 甲基齐墩果苷对羟苯基 -（6′-11- 甲基齐墩果苷）-β-D- 吡喃葡萄糖苷［4-O-11-methyl oleoside-p-hydroxyphenyl-

（6'-11-methyl oleoside）-β-D-glucopyranoside］[3]；生物碱类：橙黄胡椒酰胺乙酸酯（aurantiamide acetate）和隐品巴马亭（muramine）[3]；香豆素类：秦皮乙素（aesculetin）[3]；黄酮类：芹菜素（apigenin）、槲皮素 -3-O-（6″-咖啡酰基）-β-D- 吡喃半乳糖苷［quercetin-3-O-（6″-caffeoyl）-β-D-galactopyranoside］、5，3'- 二羟基 -3，6，4'- 三甲氧基 -7-O-β-D- 吡喃葡萄糖苷黄酮（5，3'-dihydroxy-3，6，4'-trimethoxyl-7-O-β-D-glucopyranoside flavonoid）和 5，6，3'，4'- 四羟基 -3，7- 二甲氧基黄酮（5，6，3'，4'-tetrahydroxy-3，7-dimethoxyflavone）[3]；甾体类：7- 氧化 -8- 谷甾醇（7-oxo-8-sitosterol）[3]；酚酸类：阿魏酰 -6'-O-α-D- 吡喃葡萄糖苷（feruloyl-6'-O-α-D-glucopyranoside）[3]；木脂素类：对映异落叶松脂素（ent-isolariciresinol）[3]；烯酸类：（2E，6S）-2，6- 二甲基 -6-O-β-D- 吡喃木糖氧基 -2，7- 三叶睡菜酸［（2E，6S）-2，6-dimethyl-6-O-β-D-xylpyranosyloxy-2，7-menthiafolic acid］[3]；萜类：（1'S，6'R）-8'- 羟基脱落酸 -β-D- 葡萄糖苷［（1'S，6'R）-8'-hydroxyabseisic acid-β-D-glucoside］[3]。

【药理作用】1. 抗炎镇痛　全草水提物可调节脂多糖诱导的白细胞介素 -8（IL-8），但对基质金属蛋白酶 -9 无影响，其机制可能为同时刺激细胞松弛素 A/f-MLP 来刺激弹性蛋白酶和髓过氧化物酶的释放及 f-MLP- 和 PMA 诱导的活性氧产生，此外提取物还可抑制中性粒细胞表面上整合蛋白 CD11b 的表达而不影响选择蛋白 CD62L 的脱落[1]；地上部分的甲醇提取物可减少对苯醌所致小鼠的扭体次数及减轻角叉菜所致小鼠的足肿胀[2]。2. 抑制胆固醇酰基转移酶　地上部分 80% 甲醇提取物中分离得到的桦木酸（betulinic acid）及 3β- 羟基 -20（29）- 羽扇豆烯 -28- 酸甲酯［methyl 3β-hydroxy-20（29）-lupen-28-oate］可抑制胆固醇酰基转移酶 -1 及胆固醇酰基转移酶 -2 的活性[3]。3. 降血糖　茎及花乙醚提取物可显著降低葡萄糖及肾上腺素所致高血糖模型大鼠的血糖，同时可降低四氧嘧啶和链脲佐菌素所致糖尿病模型大鼠和四氧嘧啶所致的糖尿病模型小鼠的血糖及链脲佐菌素模型大鼠的 γ- 谷氨酰转肽酶活性；茎乙醚提取物可降低链脲佐菌素模型大鼠的乳酸脱氢酶（LDH）活性，而花乙醚提取物能显著促进链脲佐菌素模型大鼠天冬氨酸氨基转移酶（AST）的升高[4]。4. 抗凝血　花提取的糖复合物在体外可显著抑制血块的形成[5]。5. 镇咳　花多聚糖 - 多酚提取物可减少柠檬酸咳嗽模型豚鼠的咳嗽次数，扩张气管及支气管[6]。6. 抗氧化　地上部分的甲醇提取物具有显著的铁离子还原能力及清除 1，1- 二苯基 -2- 三硝基苯肼自由基（DPPH）的作用[2]。

【性味与归经】铁菱角：苦，寒。归肝、大肠经。千屈菜：苦，寒。归大肠、肝经。

【功能与主治】铁菱角：清热解毒，止血敛疮。用于痢疾，便血，血崩，吐血，衄血，外伤出血；外用治溃疡。千屈菜：清热解毒，破血通经。用于湿热泄泻，痢疾，瘀滞闭经，便血，外伤出血等。

【用法与用量】铁菱角：10 ～ 30g；外用研末敷患处。千屈菜：10 ～ 30g。

【药用标准】铁菱角：湖南药材 2009；千屈菜：湖北药材 2009。

【临床参考】1. 乳糜尿：全草 30g（鲜全草 60g），加水煮沸 20min，煎水约 300ml，加白糖 15g，若为血性乳糜尿，加红糖适量，早、晚各 1 次[1]。

2. 痢疾：全草 12g，加马鞭草 15g、陈茶叶 12g，水煎服。

3. 瘀滞经闭：全草 12g，加马鞭草 15g、红花 9g，水煎冲黄酒适量温服。（2 方、3 方引自《浙江药用植物志》）

4. 肠炎：全草 15g，加马齿苋 15g，水煎服。（《贵州民间药物》）

【附注】千屈菜始载于《救荒本草》，云："生田野中。苗高二尺许，茎方四楞，叶似山梗菜叶而不尖，又似柳叶菜叶亦短小，叶头颇齐，叶皆相对生，稍间开红紫花，叶味甜。"并附图。当与本种一致。

根（铁菱角）孕妇禁服。

光千屈菜 Lythrum anceps（Koehne）Mak. 在中国北部和东北部诸省民间也作千屈菜药用。

【化学参考文献】

［1］Becker H，Scher J M，Speakman J B，et al. Bioactivity guided isolation of antimicrobial compounds from *Lythrum salicaria*［J］. Fitoterapia，2005，76（6）：580-584.

［2］Kim G S，Lee S E，Jeong T S，et al. Human Acyl-CoA：Cholesterol acyltransferase（hACAT）-inhibiting triterpenes from *Lythrum salicaria* L.［J］. J Korean Soc Appl Bio Chem，2011，54（4）：628-632.

［3］江波，李明珠，庹雪．千屈菜的化学成分研究［J］．中国药学杂志，2015，50（14）：1190-1195.

【药理参考文献】

［1］Piwowarski J P，Kiss A K. Contribution of C-glucosidic ellagitannins to *Lythrum salicaria* L. influence on pro-inflammatory functions of human neutrophils［J］. Journal of Natural Medicines，2015，69（1）：100.

［2］Tunalier Z，Koşar M，Küpeli E，et al. Antioxidant，anti-inflammatory，anti-nociceptive activities and composition of *Lythrum salicaria* L. extracts［J］. Journal of Ethnopharmacology，2007，110（3）：539-547.

［3］Kim G S，Lee S E，Jeong T S，et al. Human Acyl-CoA：Cholesterol acyltransferase（hACAT）-inhibiting triterpenes from *Lythrum salicaria* L.［J］. Journal of the Korean Society for Applied Biological Chemistry，2011，54（4）：628-632.

［4］Lamela M，Cadavid I，Calleja J M. Effects of *Lythrum salicaria* extracts on hyperglycemic rats and mice［J］. Journal of Ethnopharmacology，1986，15（2）：153-60.

［5］Pawlaczyk I，Capek P，Czerchawski L，et al. An anticoagulant effect and chemical characterization of *Lythrum salicaria* L. glycoconjugates［J］. Carbohydrate Polymers，2011，86（1）：277-284.

［6］Šutovská M，Capek P，Fraňová S，et al. Antitussive and bronchodilatory effects of *Lythrum salicaria* polysaccharide-polyphenolic conjugate［J］. International Journal of Biological Macromolecules，2012，51（5）：794-799.

【临床参考文献】

［1］高连昌．千屈菜治疗乳糜尿［J］．山东医药，1979，（3）：35.

2. 紫薇属 *Lagerstroemia* Linn.

落叶或常绿灌木或乔木。叶对生、近对生或集生小枝上部，全缘；托叶极小，圆锥状，脱落。花两性，辐射对称；圆锥花序，顶生或腋生；花梗在小苞片着生处具关节；花萼半球形或陀螺形，常有棱或狭翅，5～9裂；花瓣通常6，或与萼裂片同数，基部有细长的爪，边缘波状或皱褶；雄蕊6至多数，着生于萼筒近基部，花丝细长，长短不等；子房无柄，3～6室，每室有多数胚珠，花柱长，柱头头状。蒴果木质，基部有宿萼包围，多数与萼黏合，成熟时背室开裂为3～6果爿。种子多数，细小，顶端有翅。

约55种，分布于亚洲东部、东南部、南部热带、亚热带及大洋洲。中国16种，引种栽培约2种，主要分布于西南至台湾，法定药用植物1种。华东地区法定药用植物1种。

千屈菜属与紫薇属的主要区别点：千屈菜属为一年生或多年生草本。紫薇属为灌木或乔木。

625. 紫薇（图 625）· *Lagerstroemia indica* Linn.

【别名】怕痒树（浙江），痒痒树（安徽），百日红（山东）。

【形态】落叶灌木、乔木或小乔木，高3～8m。树皮平滑，灰色或灰褐色。枝干常扭曲，幼枝有4棱，稍呈翅状。叶互生或对生，叶片椭圆形、倒卵形或长椭圆形，长2.5～7cm，宽1.5～4cm，先端短尖或钝，基部宽楔形或近圆形，两面无毛或背面沿中脉有柔毛；侧脉3～7对；叶柄极短或无柄。圆锥花序顶生，长达30cm；花梗长达1.5cm；花萼6裂，裂片三角形；花瓣6，淡红色、紫色或白色，边缘皱缩，基部有细长爪；雄蕊多数，外侧6枚花丝较长，着生于花萼上；子房3～6室，无毛。蒴果椭圆状球形，长1～1.3cm，成熟时或干后紫红色，室背开裂。花期6～9月，果期9～12月。

【生境与分布】生于向阳山坡、林中、路边、林缘，垂直分布可达2800m。山东、江苏、安徽、浙江、福建、江西有栽培或野化，另华中、华北、华南、西南、东北各省区均有栽培或野化；原产朝鲜、日本、越南、菲律宾及澳大利亚。

【药名与部位】紫荆皮，树皮。紫薇叶，新鲜或干燥叶。紫薇花，花。

【采集加工】紫荆皮：夏、秋二季老树干皮脱落时收集，干燥。紫薇叶：春、夏二季采收，洗净，鲜用或晒干。紫薇花：5～8月采摘，晒干。

图 625　紫薇　　　　摄影　赵维良等

【**药材性状**】紫荆皮：呈不规则卷筒状或半卷筒状，长 4 ～ 20cm，厚约 0.1cm，宽 0.5 ～ 4cm。外表面灰棕色，具细致的纵横纹；内表面黄棕色，光滑。质脆，易折断。无臭，味淡、微涩。

紫薇叶：纸质，完整叶片展平后呈椭圆形、倒卵形或长椭圆形，长 2.5 ～ 7cm，宽 1.5 ～ 4cm，先端短尖或钝形，有时微凹，基部阔楔形或近圆形，无毛或下表面沿中脉有微柔毛；侧脉 3 ～ 7 对。气微，味淡。

紫薇花：多皱缩成团，直径约 3cm，淡红紫色；花萼绿色，长约 1cm，先端 6 浅裂，宿存；花瓣 6 枚，下部有细长的爪，瓣面近圆球而呈皱波状，边缘有不规则的缺刻；雄蕊多数，生于萼筒基部，外轮 6 枚，花丝较长。气微，味淡。

【**化学成分**】茎含皂苷类：紫薇苷*（lagerindiside）、四角风车子苷 I（quadranoside I）、白桦脂酸（betulinic acid）、3β- 乙酰氧基 -12- 齐墩果烯 -28- 酸（3β-acetoxyolean-12-en-28-acid）、阿江榄仁酸 -28-O-吡喃葡萄糖苷（arjunolic acid-28-O-glucopyranoside）、常春藤皂苷元（hederagenin）、阿江榄仁酸（arjunolic acid）、齐墩果酸（oleanolic acid）、山楂酸（maslinic acid）和 3β, 23- 二羟基 -1- 氧化 -12- 烯 -28- 齐墩果酸（3β, 23-dihydroxy-1-oxo-olean-12-en-28-oic acid）[1]。

叶含皂苷类：7- 氧化 -3β- 羟基 -5, 20（29）- 二烯 -24- 降羽扇烷［7-oxo-3β-hydroxy-5, 20（29）-diene-24-norlupane］、20（29）- 烯 -1β, 2α, 3β- 羽扇豆三醇［lup-20（29）-en-1β, 2α, 3β-triol］、21- 羟基 -1, 12- 二

烯 -3- 羽扇豆酮（21-hydroxylupa-1, 12-dien-3-one）和紫薇素*（lageflorin）[2]。

茎叶含酚酸酯类：紫薇乙酸酯 A（lagerstroemiate A）[3]；黄酮类：桑根皮醇（morusinol）、新环桑根皮素（neocyclomorusin）[3]；木脂素类：（+）- 表丁香树脂酚 -4-*O*-β-D- 吡喃葡萄糖苷［（+）-episyringaresinol-4-*O*-β-D-glucopyranoside］和云南拟单性木兰素*A（yunnanensin A）[3]。

【药理作用】 1. 抗氧化　花 70% 乙醇提取物的乙酸乙酯部位具有较强清除 1，1- 二苯基 -2- 三硝基苯肼自由基（DPPH）、2，2′- 联氨 - 二（3- 乙基 - 苯并噻唑 -6- 磺酸）二氨盐自由基（ABTS）和还原 Fe^{3+} 的作用[1]。2. 降血糖　70% 乙醇提取的石油醚、乙酸乙酯和正丁醇萃取部位在体外对 α- 葡萄糖苷酶均有较好的抑制作用；乙酸乙酯及正丁醇萃取部位可显著降低四氧嘧啶诱导的糖尿病模型小鼠餐后及空腹血糖[2]。3. 抗炎　茎叶 95% 乙醇提取物的乙酸乙酯萃取部位可显著抑制 2% 巴豆油所致小鼠的耳肿胀[3]。4. 抗肿瘤　茎叶 95% 乙醇提取物的三氯甲烷萃取部位对人肝癌 HepG2 细胞的增殖有抑制作用，乙酸乙酯萃取部位对人肝癌 HepG2 细胞及人卵巢癌 A2780 细胞的增殖有抑制作用[3]。

【性味与归经】 紫荆皮：苦，寒。归肝、肾、肺经。紫薇叶：苦、涩，寒。归肝、脾、大肠经。紫薇花：苦、微酸，寒。归肝、脾、肺经。

【功能与主治】 紫荆皮：清热解毒，祛风利湿，散瘀止血。用于咽喉肿痛，乳痈，带下，丹毒，无名肿毒，疥癣，跌扑损伤，内外伤出血。紫薇叶：清热解毒，凉血止血。用于痈疮肿毒，乳痈，痢疾，湿疹，外伤出血。紫薇花：清热解毒，凉血止血。用于带下，肺痨咳血，小儿惊风，小儿胎毒，疮疖痈疽，疥癣。

【用法与用量】 紫荆皮：9 ～ 15g；外用适量，研末调敷，或煎水洗。紫薇叶：10 ～ 15g；外用适量，煎水洗或鲜品捣烂敷。紫薇花：10 ～ 15g；外用适量，研末调敷，或煎水洗。

【药用标准】 紫荆皮：贵州药材 2003 和四川药材 1987；紫薇叶：贵州药材 2003；紫薇花：贵州药材 2003。

【临床参考】 1. 各种出血、黄疸、痢疾：根 15 ～ 30g，水煎服。

2. 痈疽肿毒、乳腺炎：鲜叶适量，捣烂外敷。

3. 湿疹：叶适量，水煎取汁，搽洗患处。（1 方至 3 方引自《浙江药用植物志》）

4. 小儿惊风：花 3 ～ 9g，水煎服。（《恩施中草药手册》）

5. 偏头痛：根 30g，加猪瘦肉 60g（或鸡蛋、鸭蛋各 1 个）同煮食。（江西《中草药手册》）

6. 癣疥：根皮研末，调醋敷患处。

7. 鹤膝风：根皮研末，每次 3g，用酒吞服。

8. 白带：根皮 15g，加胭脂花根、白鸡冠花各 15g，煨水服。（6 方至 8 方引自《贵州草药》）

【附注】 紫薇花始载于《滇南本草》。《植物名实图考》群芳类据《曲洧旧闻》云："红薇花，或曰便是不耐痒树也。其花夏开，秋犹不落，世呼百日红。"并附图。所述特征及附图形态均与本种一致。

花与叶孕妇禁服。

【化学参考文献】

［1］Woo K W，Cha J M，Sang U C，et al. A new triterpene glycoside from the stems of *Lagerstroemia indica*［J］. Arch Pharm Res，2016，39（5）：631-635.

［2］Jeelani S，Khuroo M A. A new pentacyclic triterpenoid from *Lagerstroemia indica*［J］. Chem Nat Compd，2014，50（4）：681-683.

［3］张迪，倪刚，唐源江，等. 紫薇茎叶的化学成分研究［J］. 中草药，2015，46（15）：2209-2211.

【药理参考文献】

［1］孔祥密，崔雪靖，常美芳，等. 紫薇花的抗氧化活性研究［J］. 天然产物研究与开发，2015，27：264-266.

［2］常美芳. 紫薇花和银薇花降血糖作用研究［D］. 郑州：河南大学硕士学位论文，2015.

［3］张迪. 紫薇茎叶的化学成分与生物活性研究［D］. 泉州：华侨大学硕士学位论文，2016.

八〇　石榴科 Punicaceae

落叶乔木或灌木。冬芽小，具4枚鳞片。单叶，对生或簇生，有时呈螺旋状排列；无托叶。花两性，辐射对称。花单朵或数朵簇生，或成组成聚伞花序，顶生或近顶生；花萼筒钟状或筒状，萼片5～9枚，肉质而厚，镊合状排列，宿存，花瓣5～9枚，多皱褶，覆瓦状排列；雄蕊着生于萼筒内壁上部，多数，花丝分离，花药背部着生，2室，纵裂；子房下位或半下位，心皮多数，1轮或2～3轮，初时呈同心环状排列，后渐呈叠生（外轮移至内轮之上），最低一轮为中轴胎座，较高的1～2轮为侧膜胎座，胚珠多数；花柱单一，柱头头状。浆果圆球形，顶端有宿存花萼裂片，果皮厚革质，内有薄隔膜；种子多数，种皮外层肉质，内层骨质；胚直立，无胚乳，子叶旋卷状。

1属，2种，原产地中海至亚洲西部。中国引种栽培1属，1种5栽培变种，南北各地均有栽培，法定药用植物1属，1种1栽培变种。华东地区法定药用植物1属，1种1栽培变种。

石榴科法定药用植物主要含酚酸类、黄酮类、生物碱类、皂苷类等成分。酚酸类以鞣质为主，如3,3'-二甲氧基-鞣花酸（3, 3'-dimethoxyl ellagicacid）、没食子酸甲酯（methyl gallate）等；黄酮类包括黄酮、黄酮醇、黄烷、花色素等，如木犀草素-4'-O-β-D-吡喃葡萄糖苷（luteolin-4'-O-β-D-glucopyranoside）、槲皮素（quercetin）、儿茶素（catechin）、矢车菊-3-O-葡萄糖苷（cyanidin-3-O-glucoside）等；生物碱多为哌啶类，如石榴皮碱（pelletierine）、甲基异石榴皮碱（methyl isopelletierine）等；皂苷类如木栓酮（friedelin）、白桦脂酸（betulinic acid）等。

1. 石榴属 *Punica* Linn.

属的特征与科同。

626. 石榴（图626）• *Punica granatum* Linn.

【别名】安石榴（山东），石榴树。

【形态】落叶灌木或小乔木，高3～8m。幼枝有棱角，无毛，老枝近圆形，顶端常成尖锐长刺。叶对生或簇生，长圆状披针形，长2～9cm，宽1～2cm，先端短尖或微凹，基部狭楔形，上面光亮，背面中脉凸起；叶柄长0.5～0.7cm。花1至数朵生于枝顶或叶腋，有短柄；花萼钟形，橘红色或淡黄色，长2～3cm，顶端5～7裂，裂片卵状三角形，外侧近顶端有一黄绿色腺体，边缘有小乳突；花瓣与萼裂片同数，生于萼筒内，倒卵形，长1.5～3cm，宽1～2cm，先端圆，通常红色，皱褶。蒴果近球形，直径5～12cm，成熟时黄褐色至深红色，稀暗紫色。种子多数，钝角形，肉质外种皮红色或淡红色。花期5～7月，果期8～11月。

【生境与分布】生于150～1500m地带，喜温暖、湿润及阳光充足的气候。山东、江苏、安徽、浙江、福建、江西有栽培，另中国大部分地区均有栽培；原产巴尔干半岛至伊朗。

【药名与部位】石榴子，种子。石榴花，花瓣。石榴叶，叶。石榴皮，果皮。石榴根皮，根皮或茎皮。

【采集加工】石榴子：秋季采摘成熟果实，置通风干燥处，待果皮风干后，剥取种子，晒干。石榴花：花后期收集自然脱落的花瓣，晾干。石榴叶：春季或秋季采收，及时晒干。石榴皮：秋季果实成熟时采收，收集果皮，干燥。

【药材性状】石榴子：为略长而具棱的颗粒，常粘连成团块。单粒一端较大，长5～9mm，直径3～4mm。外层为黄红色至暗褐色的肉质外种皮，有皱纹，富糖性而黏。中层为淡黄棕色至淡红棕色的内中皮，质较硬。种仁乳白色。气微，味酸、微甜。

图 626　石榴　　　　　　　　　　　　　摄影　赵维良等

石榴花：多皱缩，有的破碎，完整者展平后呈卵形或卵圆形，长 20～30mm，宽 20～25mm。花瓣红色或暗红色，羽状网脉，主脉基部宽至先端渐细，顶端圆形，边缘微波状，具疏而浅的钝锯齿，基部宽楔形或近圆形。薄而质脆，易碎。气微，味苦涩。

石榴叶：多卷缩，叶柄短。完整叶片展平后呈全缘长椭圆状披针形，长 3～9cm，宽 1～2cm。先端尖或微凹，基部渐狭，叶两面灰绿色或墨绿色，侧脉细密。质脆，气微，味涩。

石榴皮：呈不规则的片状或瓢状，大小不一，厚 1.5～3mm。外表面红棕色、棕黄色或暗棕色，略有光泽，粗糙，有多数疣状突起，有的有突起的筒状宿萼及粗短果梗或果梗痕。内表面黄色或红棕色，有隆起呈网状的果蒂残痕。质硬而脆，断面黄色，略显颗粒状。气微，味苦涩。

石榴根皮：为管形之卷片或反曲之皮片。干皮之厚为 0.5～3.5mm。表面呈淡黄色或淡灰棕色，有纵皱纹，广卵形之皮孔，黄棕色之沟纹，灰色之地衣，及已磨损之栓皮。内面呈淡黄色或淡黄棕色，有细微之条纹，折断面平坦，呈淡绿色。根之表面，呈棕黄色，内面呈暗黄色，臭微味收敛，微苦而不适。

【药材炮制】石榴叶：除去杂质，洗净，晒干。

石榴皮：除去杂质，洗净，切块，干燥。石榴皮炭：取石榴皮饮片，炒至浓烟上冒，表面焦黑色，内部棕褐色时，微喷水，灭尽火星，取出，晾干。

【化学成分】花含酚酸类：石榴花酸酯 *（pomegranatate）、鞣花酸（ellagic acid）、3, 3', 4'-O- 三甲基鞣花酸（3, 3', 4'-tri-O-methyl ellagic acid）、短叶苏木酚酸乙酯（ethyl brevifolincarboxylate）[1]，7, 8- 二羟基 -3- 羧甲基香豆素 -5- 羧酸（7, 8-dihydroxy-3-carboxymethyl coumarin-5-carboxylic acid）、石榴单宁 *C（punicatannin C）、马疯木素 A（hippomanin A）、路边青鞣质 D（gemin D）、1, 6- 二 -O- 棓酰 -β-D- 葡萄糖（1, 6-di-O-galloyl-β-D-glucose）、3, 6- 二 -O- 棓酰 -β-D- 葡萄糖（3, 6-di-O-galloyl-β-D-glucose）、3, 4, 6- 三 -O- 棓酰 -β-D- 葡萄糖（3, 4, 6-tri-O-galloyl-β-D-glucose）、没食子酸 -3-O-β-D-（6'-O- 棓酰）- 吡喃葡萄糖苷 [gallic acid-3-O-β-D-（6'-O-galloyl）-glucopyranoside]、叶下珠鞣质 E（phyllanthusiin E）、短叶苏木酚

酸（brevifolincarboxylic acid）[2]，没食子酸（gallic acid）、没食子酸乙酯（ethyl gallate）[3]，没食子酸葡萄糖苷（gallic acid glucoside）[4]和对香豆酸（p-coumaric acid）[5]；酚苷类：毛果枳椇苷 C（hovetrichoside C）和根皮苷（phloridzin）[2]；黄酮类：木犀草素（luteolin）、8-O-甲基雷杜辛（8-O-methylretusin）、7-羟基 -4', 6- 二甲氧基异黄酮（7-hydroxy-4', 6-dimethoxyisoflavon）、刺芒柄花素（formononetin）、小麦亭（tricetin）[3]、苜蓿素（tricin）、芦丁（rutin）、芹菜素（apigenin）、芹菜素 -7-O- 葡萄糖苷（apigenin-7-O-glucoside）、儿茶素（catechin）[6]，石榴黄烷酮醇*（punicaflavanol）和石榴黄酮醇木糖苷*（granatumflavanyl xyloside）[4]；皂苷类：山楂酸（maslinic acid）[1]，蒲公英萜酮（taraxerone）、齐墩果酸（oleanolic acid）、熊果酸（ursolic acid）[3]和绵毛斯烷*-3β- 吡喃葡萄糖醛酸基 l-（6'→1''）- 吡喃葡萄糖醛酸苷 [lanastan-3β-glucuronopyranosyl-（6'→1''）-glucuronopyranoside）][7]；挥发油及脂肪酸类：2S, 3S, 4S- 三羟基戊酸（2S, 3S, 4S-trihydroxypentanoic acid）[5]，糠醛（furfural）、棕榈酸（palmitic acid）、月桂烯（myrcene）、苯乙醇（phenethyl alcohol）、水杨酸甲酯（methyl salicylate）、红没药烯（bisabolene）、法呢醇（farnesol）、戊酸苯乙酯（2-phenethyl pentanoate）、棕榈酸甲酯（methyl palmitate）、二十一烷（heneicosane）和苯乙醛（phenyl acetaldehyde）[8]；甾体类：胡萝卜苷（daucosterol）[1]和 β- 谷甾醇（β-stitosterol）[5]；糖类：D- 半乳糖醇（D-dulcitol）[3]和蔗糖（sucrose）[6]。

叶含黄酮类：槲皮素 -3-O-β-D- 葡萄糖苷（quercetin-3-O-β-D-glucoside）、木犀草素 -3'-O-β-D- 葡萄糖苷（luteolin-3'-O-β-D-glucoside）[9]，芹菜素 -4'-O-β- 吡喃葡萄糖苷（apigenin-4'-O-β-glucopyranoside）、木犀草素 -4'-O-β-D- 吡喃葡萄糖苷（luteolin-4'-O-β-D-glucopyranoside）、木犀草素 -3'-O-β-D- 吡喃葡萄糖苷（luteolin-3'-O-β-D-glucopyranoside）和木犀草素 -3'-O-β-D- 吡喃木糖苷（luteolin-3'-O-β-D-xylopyranoside）[10]；酚酸类：没食子酸（gallic acid）、鞣花酸（ellagic acid）[9]，1, 2, 4- 三 -O- 棓酰 -β- 吡喃葡萄糖（1, 2, 4-tri-O-galloyl-β-glucopyranose）、1, 3, 4- 三 -O- 棓酰 -β- 吡喃葡萄糖（1, 3, 4-tri-O-galloyl-β-glucopyranose）、1, 4- 二 -O- 棓酰 -3, 6-（R）- 六羟基二苯基 -β- 吡喃葡萄糖 [1, 4-di-O-galloyl-3, 6-（R）-hexahydroxydiphenyl-β-glucopyranose]和知叶老灌草素羧酸 -10- 硫酸氢钾（brevifolin carboxylic acid-10-monopotassium sulphate）[11]；甾体类：β- 谷甾醇（β-sitosterol）和胡萝卜苷（daucosterol）[9]。

茎皮含黄酮类：柚皮素 -4'- 甲醚 -7-O-α-L- 呋喃阿拉伯糖基（1→6）-β-D- 吡喃葡萄糖苷 [naringenin-4'-methyl ether-7-O-α-L-arabinofuranosyl（1→6）-β-D-glucopyranoside]、圣草酚 -7-O-α-L- 呋喃阿拉伯糖基（1→6）-β-D- 吡喃葡萄糖苷 [eriodictyol-7-O-α-L-arabinofuranosyl（1→6）-β-D-glucopyranoside][12]，槲皮苷 -3, 4'- 二甲醚 -7-O-α-L- 呋喃阿拉伯糖基（1→6）-β-D- 吡喃葡萄糖苷 [quercetin-3, 4'-dimethyl ether-7-O-α-L-arabinofuranosyl（1→6）-β-D-glucopyranoside]、槲皮苷（quercetin）和花葵素 -3, 5- 二葡萄糖（pelargonidine-3, 5-diglucoside）[13]；酚酸类：鞣花酸（ellagic acid）[13]和胡马酸*（humarain）[14]。

心材含酚酸类：3-O- 甲基鞣花酸 -4-O-α-L- 吡喃鼠李糖苷（3-O-methyl ellagic acid-4-O-α-L-rhamnopyranoside）、3, 4'-O- 二甲基鞣花酸 -4-O-α-L- 吡喃鼠李糖苷（3, 4'-O-dimethyl ellagic acid-4-O-α-L-rhamnopyranoside）、3-O- 甲基鞣花酸（3-O-methylellagic acid）、4, 4'-O- 二甲基鞣花酸（4, 4'-O-dimethyl ellagic acid）[15]，二鞣花酸鼠李糖（1→4）吡喃葡萄糖苷 [diellagic acid rhamnosyl（1→4）glucopyranoside]、5-O- 没食子酰基石榴皮新鞣质 D（5-O-galloyl punicacortein D）、石榴皮新鞣质 D（punicacortein D）、石榴皮鞣素（punicalin）、安石榴苷（punicalagin）和 2-O- 棓酰石榴皮鞣素（2-O-galloyl punicalin）[16]。

果皮含酚酸类：没食子酸（gallic acid）、安石榴磷（punicalin）、安石榴苷（punicalagin）、鞣云实精（corilagin）、鞣花酸（ellagic acid）[17]，石榴皮鞣素（punicalin）[18]，8-（3, 5- 二羟苯基）-1- 丙辛基 2, 4- 二羟基 -6- 十一烷安息香酸盐 [8-（3, 5-dihydroxyphenyl）-1-propyloctyl-2, 4-dihydroxy-6-undecyl benzoate]和黄棓酸（flavogallonic acid）[19]；皂苷类：石榴萜酮*（punicaone）、齐墩果酸（oleanic acid）、1β- 羟基 -3- 酮基 -12- 烯 -28- 齐墩果酸（1β-hydroxy-3-keto-olean-12-en-28-oic acid）[19]，马缨丹酸（lantanolic acid）、马缨丹异酸（lantic acid）、3β, 24- 二羟基 -12- 烯 -28- 熊果酸（3β, 24-dihydroxyurs-12-en-28-oic acid）、羽扇豆醇（lupeol）、白桦脂酸（betulinic acid）、白桦脂醇（betulin）和无羁萜（friedelin）[19]；

木脂素类：芝麻素（sesamin）和 4- 羟基芝麻素（4-hydroxysesamin）[19]；甾体类：β- 谷甾醇乙酯（β-sitosteryl acetate）[19]；萜类：龙脑（borneol）[19]；生物碱类：安石榴碱*（punigratane）[20]；内酯类：瓦尔酮酸二内酯*（valoneic acid dilactone）[21]。

种子含酚酸类：3, 3′- 二 -O- 甲基鞣花酸（3, 3′-di-O-methyl ellagic acid）、3, 3′, 4′- 三 -O- 甲基鞣花酸（3, 3′, 4′-tri-O-methyl ellagic acid）、松柏 -9-O-［β-D- 呋喃芹菜糖（1 → 6）-O-β-D- 吡喃葡萄糖苷 {coniferyl-9-O-［β-D-apiofuranosyl（1 → 6）-O-β-D-glucopyranoside}、芥子 -9-O-［β-D- 呋喃芹菜糖（1 → 6）-O β-D- 吡喃葡萄糖苷 {sinapyl-9-O-［β-D-apiofuranosyl（1 → 6）-O-β-D-glucopyranoside}[22] 和没食子酸（gallic acid）[23]；黄酮类：天竺葵素 -3- 半乳糖（pelargonidin-3-galactose）、槲皮素（quercetin）和杨梅素（myricetin）[23]；甾体类：胡萝卜苷（daucosterol）[22], β- 谷甾醇（β-stitosterol）、菜油甾醇（campesterol）、谷甾烷醇（sitostanol）和豆甾醇（stigmasterol）[24]；脂肪酸类：顺式，顺式 -9, 12- 十八碳二烯酸（cis, cis-9, 12-octadecadienoic acid）、顺式 -9- 十八碳烯酸（cis-9-octadecenoic acid）和棕榈酸（palmitic acid）等[24], 石榴酸（punicic acid）、十七碳酸（heptadecanoic acid）、硬脂酸（octadecanoic acid）、亚麻酸（octadecatrienoic acid）、花生烯酸（eicosenoic acid）、11- 花生烯酸（11-eicosenoic acid）、二十二碳酸（docosanoic acid）、油酸（oleic acid）和亚油酸（linoleic acid）等[25]；内酯类：3- 甲基去甲氧基卡瓦胡椒内酯（3-methyl demethoxyyangonin）和 3- 甲基双去甲卡瓦胡椒内酯（3-methyl bisnoryangonin）[26]；黄酮类：淫羊藿次苷 D₁（icariside D₁）[22]；维生素类：维生素 E（vitamin E）[24]；苯烷基苷类：苯乙基芸香糖苷（phenethyl rutinoside）[22]；其他尚含：花青素 -3- 葡萄糖（cyanidin-3-glucose）[23]。

【药理作用】1. 抗炎镇痛　果皮 70% 乙醇提取物可显著减少电热板所致的深度二级烫伤模型大鼠的烫伤面积，减少炎症细胞浸润、成纤维细胞及肉芽组织，增加烧伤皮肤中新胶原纤维[1]；果皮、花及叶 50% 提取物可显著抑制角叉菜所致小鼠的足肿胀，且具有剂量依赖性，可显著提高热板所致小鼠的痛阈值[2]。2. 抗氧化　果皮甲醇提取物及石榴汁可降低肝脏及肾脏组织中脂质过氧化及一氧化氮的水平，显著升高超氧化物歧化酶（SOD）及过氧化氢酶（CAT）的水平[3]；叶总黄酮对 1, 1- 二苯基 -2- 三硝基苯肼自由基（DPPH）和羟自由基（·OH）具有明显的清除作用，作用强度与维生素 C 接近[4]。3. 抗抑郁　果实水提物可减少强迫游泳实验及悬尾实验中小鼠的不动时间[5]。4. 止吐　叶乙醇提取物可减少无水硫酸铜所致小鸡的呕吐次数[6]。5. 解毒　石榴汁可显著提高大鼠体内因注射四氯化碳而降低的促黄体生成素（LH）和卵泡刺激素（FSH），显著降低内源性睾丸抗氧化酶、超氧化物歧化酶、过氧化氢酶、谷胱甘肽过氧化物酶（GSH-Px）、谷胱甘肽 -S- 转移酶（GST）、谷胱甘肽还原酶（GR）的活性和谷胱甘肽（GSH）的含量，恢复四氯化碳所致大鼠的精子及睾丸间质细胞的退化[7]；果皮水提物可轻微改善铅中毒大鼠的血清蛋白质、氨基转移酶和尿素，而对正常大鼠可导致其肝中央静脉充血和肾小管上皮细胞变性[8]。6. 抗菌　果皮水提物可显著抑制金黄色葡萄球菌的生长[9]；果皮多酚对金黄色葡萄球菌、普通变形菌和蜡样芽孢杆菌的生长均具有抑制作用[10]。7. 降血糖血脂　叶鞣质可显著降低高脂饮食所致高脂合并高血糖模型小鼠的外周血总胆固醇（TC）、甘油三酯（TG）和血糖（Glu），升高肝糖原。在体外可明显促进 HepG2 细胞对葡萄糖的利用，增加胞内糖原含量[11]；种子油可显著降低高脂膳食大鼠的血清总胆固醇、甘油三酯、低密度脂蛋白胆固醇（LDL-C）及动脉硬化指数（AI）[12]；果皮鞣质可显著降低链脲佐菌素所致糖尿病模型大鼠的葡萄糖、总胆固醇、甘油三酯及低密度脂蛋白含量及谷丙转氨酶的活性，提高高密度脂蛋白含量[13]；石榴花多酚可降低小剂量链脲佐菌素加高脂饲料诱导的胰岛素抵抗模型大鼠的空腹血糖和空腹血清胰岛素、白细胞介素 -6 及大鼠血栓烷 B 2，增加心肌组织过氧化物酶增殖物激活受体 -γ mRNA 基因表达[14]。8. 护肝　叶多酚可显著降低酒精性肝损伤模型小鼠血清中的谷丙转氨酶、天冬氨酸氨基转移酶及甘油三酯，且具有剂量依赖性，此外还可改善模型小鼠的肝组织病变[15]；果皮鞣质与 DNA 分子可发生显著作用，对溴化乙锭引起的大鼠肝细胞受损 DNA 有保护作用[16]；花多酚可显著降低喂食高脂饲料所致非酒精性脂肪肝模型小鼠的血清总胆固醇、谷丙转氨酶（ALT）及天冬氨酸氨基转移酶（AST），升高血清高密度脂蛋白胆固醇（HDL-C），显著降低小鼠肝脏中总胆固醇及甘油三酯，改善脂质蓄积造成小鼠肝脏的病理损伤[17]。9. 胃黏膜保护 果皮中提取的鞣质可显著抑制幽门结扎型胃溃疡模型大鼠胃溃疡的形成，促进胃黏液的分泌，显著升高前列腺素 E_2（PGE_2）及 6- 酮 $PGF_{1\alpha}$[18]；果皮鞣质可显著修复乙醇性胃黏膜损伤模型大鼠的胃黏膜损伤，可显著抑制模型大鼠丙二醛的升高及一氧化氮的降低，抑制神经元型一氧化氮合酶（nNOS）、内皮型一氧化氮合酶（eNOS）的活性[19]。10. 心血管调节 果皮多酚可显著降低麻醉家兔的收缩压、心率、呼吸频率和幅度[20]。11. 止泻 果皮水提物可显著降低番泻叶所致脾虚泄泻模型小鼠血清中的血清分泌性免疫球蛋白 A，提高 T 淋巴细胞百分率及转化率、腹腔吞噬细胞百分率及吞噬指数、胸腺 / 脾脏指数，并改善小鼠腹泻症状[21]。12. 抑制精子活力 果皮鞣质在体外对精子的活力具有抑制作用，其中丙酮提取物20% 三氯甲烷洗脱部位的作用最强[22]。13. 护肾 果皮鞣质可降低腺嘌呤所致慢性肾衰模型大鼠的血肌酐（Scr）、尿素氮（BUN）、甲基胍（MG）、胍基琥珀酸（GSA）和磷离子（P_i^{3+}），升高钙离子（Ca^{2+}），且可使慢性肾衰竭大鼠的肾结构基本恢复正常[23]。14. 抗病毒 果皮水提液在体外可抑制乙肝病毒（HBV）DNA 聚合酶活性，且具有剂量依赖性，可使病毒形态出现成团聚集、外壳缺失、核壳破裂[24]。15. 抗肿瘤 果皮多酚对人前列腺癌 PC-3 细胞的增殖具有抑制作用，将细胞周期阻滞在 G_1 期并显著促进其凋亡，此外可使裸鼠 PC-3 细胞移植瘤组织细胞核溶解并促进其细胞坏死，降低裸鼠血清中血管内皮生长因子，提高血清中的肿瘤坏死因子[25]。

【性味与归经】石榴子：酸、甘，温。石榴花：二级干寒（维医）。石榴叶：酸、涩，温。归心、大肠经。石榴皮：酸、涩，温。归大肠经。

【功能与主治】石榴子：温中健胃。用于食欲不振，胃寒痛，胀满，消化不良，泄泻。石榴叶：收敛止泻，解毒杀虫，活血化瘀。用于泄泻，痘风疮，癣疮，跌打损伤，高脂血症，高胆固醇症。石榴花：收敛止泻，止汗止血。用于腹泻日久；外用治疗出血不止，口舌生疮，脱肛痔疮，口臭牙痛，皮肤瘙痒。石榴皮：涩肠止泻，止血，驱虫。用于久泻，久痢，便血，脱肛，崩漏，白带，虫积腹痛。

【用法与用量】石榴子：6 ～ 9g，多入丸散服。石榴花：1 ～ 6g。石榴叶：10 ～ 30g。石榴皮：3 ～ 9g。

【药用标准】石榴子：药典 1977、部标藏药 1995、部标维药 1999、藏药 1979、青海藏药 1992、新疆维药 2010 一册和内蒙古蒙药 1986；石榴花：部标维药 1999；石榴叶：山东药材 2012；石榴皮：药典 1963—2015、浙江炮规 2005、山东药材 1995 和新疆药品 1987；石榴根皮：中华药典 1930 和台湾 2013。

【临床参考】1. 糖尿病腹泻：根皮 20g，加赤石脂 10g、党参 15g、白术 20g、葛根 30g、青皮 8g、当归 15g、郁金 20g、柴胡 10g、升麻 10g，湿盛者加苍术、佩兰；久泻不止加肉豆蔻、诃子，水煎服[1]。

2. 痢疾、泄泻：果皮 15 ～ 30g，或加红糖适量，水煎，分 2 次服，连服 3 ～ 5 天。

3. 慢性扁桃体炎：果皮适量，煎汁含漱。

4. 稻田性皮炎：果皮 120g，加水适量，煎汁，浸洗患处。

5. 烫伤：果皮适量，研粉，加冰片少许，麻油调均敷患处。（2 方至 5 方引自《浙江药用植物志》）

6. 中耳炎：花适量，瓦上焙干，加冰片少许，研细，吹耳内。（江西《草药手册》）

7. 肾结石：根皮 30g，加金钱草 30g，煎服。（苏州医学院《中草药手册》）

【附注】石榴亦名安石榴，始载于《雷公炮炙论》《本草经集注》云："石榴以花赤可爱，故人多植之。"《本草图经》云："今处处有之……木不甚高大，枝柯附干，自地便生作丛。种极易息，折其条盘土中便生。花有黄、赤二色。实亦有甘、酢二种，甘者可食，酢者入药。"《本草衍义》云："安石榴有酸、淡二种。旋开单叶花，旋结实，实中子红，孙枝甚多，秋后经霜，则自坼裂。"《本草纲目》云："石榴五月开花，有红、黄、白三色。"又："榴者，瘤也，丹实垂垂如赘瘤也。"并引《事类合璧》云："榴大如杯，赤色有黑斑点，皮中如蜂窠，有黄膜隔之，子形如人齿，淡红色，亦有洁白如雪者。"即为本种。

果皮有一定的毒性，用量不宜过大。根皮有毒。（《浙江药用植物志》）

【化学参考文献】

［1］Wang R，Wang W，Wang L，et al. Constituents of the flowers of *Punica granatum*［J］. Fitoterapia，2006，77（7）：534-537.

［2］Yuan T，Wan C，Ma H，et al. New phenolics from the flowers of *Punica granatum* and their *in vitro* α-glucosidase inhibitory activities［J］. Planta Medica，2013，79（17）：1674-1679.

［3］黄斌，金晨，何玉琴，等. 石榴花的化学成分分离鉴定［J］. 中国实验方剂学杂志，2018，24（1）：56-59.

［4］Salah E R，Ma Q，Kandil Z A，et al. Triterpenes as uncompetitive inhibitors of α-glucosidase from flowers of *Punica granatum* L.［J］. Nat Prod Res，2014，28（23）：2191-2194.

［5］杨彦霞，闫福林，王翔. 石榴花化学成分研究［J］. 中药材，2014，37（5）：804-807.

［6］Bagri P，Ali M，Sultana S，et al. New flavonoids from *Punica granatum* flowers［J］. Chem Nat Compd，2010，46（2）：201-204.

［7］Zoobi J，Mohd A. A new lanostanyl diglucuronoside from the flowers of *Punica granatum* L.［J］. Int Res Pharmacy，2011，2（7）：141-144.

［8］陈志伟，程鹏，王如刚，等. 石榴花挥发油化学成分的 GC-MS 分析及体外抗氧化活性测定［J］. 中国医院药学杂志，2013，33（4）：280-282.

［9］孔阳，马养民. 石榴叶抗植物病原菌的活性成分［J］. 青岛科技大学学报（自然科学版），2016，37（3）：292-296.

［10］Nawwar M A M，Hussein S A M，Merfort I. Leaf phenolics of *Punica granatum*［J］. Phytochemistry，1994，37（37）：1175-1177.

［11］Hussein S A M，Barakat H H，Merfort I，et al. Tannins from the leaves of *Punica granatum*［J］. Phytochemistry，1997，45（4）：819-823.

［12］Srivastava R，Chauhan D，Chauhan J S. A flavonoid diglycoside from *Punica granatum*［J］. Indian J Chem，2001，40B：170-172.

［13］Chauhan D，Chauhan J S. Flavonoid diglycoside from *Punica granatum*［J］. Pharmaceutical Biology，2001，39（2）：155-157.

［14］Tantray M A，Akbar S，Khan R，et al. Humarain：a new dimeric gallic acid glycoside from *Punica granatum* L. bark［J］. Fitoterapia，2009，80（4）：223-225.

［15］Eltoumy S A，Rauwald H W. Two new ellagic acid rhamnosides from *Punica granatum* heartwood［J］. Planta Medica，2003，69（7）：682-684.

［16］El-Toumy S A A，Rauwald H W. Two ellagitannins from *Punica granatum* heartwood［J］. Phytochemistry，2002，61（8）：971-974.

［17］周本宏，易慧兰，郭咸希，等. HPLC-ESI-MS 对石榴皮中鞣质类化学成分的初步分析［J］. 中国药师，2015，18（2）：201-204.

［18］Vishal J，Murugananthan G，Deepak M，et al. Isolation and standardization of various phytochemical constituents from methanolic extracts of fruit rinds of *Punica granatum*［J］. Chin J Nat Med，2011，9（6）：414-420.

［19］Jiang H Z，Ma Q Y，Fan H J，et al. Fatty acid synthase inhibitors isolated from *Punica granatum* L.［J］. J Brazilian Chem Soc，2012，23（5）：889-893.

［20］Rafiq Z，Narasimhan S，Vennila R，et al. Punigratane，a novel pyrrolidine alkaloid from *Punica granatum* rind with putative efflux inhibition activity［J］. Nat Prod Res，2016，30（23）：2682-2687.

［21］Jain V，Viswanatha G L，Manohar D，et al. Isolation of antidiabetic principle from fruit rinds of *Punica granatum*［J］. Evid-Based Compl Alt Med，2012，（4）：147202.

［22］Wang R F，Xie W D，Zhang Z，et al. Bioactive compounds from the seeds of *Punica granatum*（Pomegranate）［J］. J Nat Prod，2004，67（12）：2096-2098.

［23］Naz S，Siddiqi R，Ahmad S，et al. Antibacterial activity directed isolation of compounds from *Punica granatum*［J］. J Food Sci，2007，72（9）：M341-M345.

［24］Fernandes L，Pereira J A，Lopéz-Cortés I，et al. Fatty acid，vitamin E and sterols composition of seed oils from nine different pomegranate（*Punica granatum* L.）cultivars grown in Spain［J］. J Food Compos Anal，2015，39：13-22.

［25］聂阳，熊红仔，甘柯林，等. GC-MS 比较两种提取方法石榴籽油的化学成分［J］. 中国现代中药，2009，11（12）：18-20.

［26］Hammerschmidt L，Wray V，Lin W H，et al. New styrylpyrones from the fungal endophyte *Penicillium glabrum*，isolated from *Punica granatum*［J］. Phytochem Lett，2012，5（3）：600-603.

【药理参考文献】

［1］Ma K，Du M D，Liao M D，et al. Evaluation of wound healing effect of *Punica granatum* L. peel extract on deep second-degree burns in rats［J］. Tropical Journal of Pharmaceutical Research January，2015，14（1）：73-78.

［2］Bagri P，Ali M，Aeri V，et al. Evalution of anti-inflammatory and analgesic activity of *Punica Granatum* Linn.［J］. International Journal of Drug Development & Research，2015，2（4）：698-702.

［3］Moneim A A，Dkhil M A，Al Q S. Studies on the effect of pomegranate（*Punica granatum*）juice and peel on liver and kidney in adult male rats［J］. Journal of Medicinal Plant Research，2011，5（20）：5083-5088.

［4］郑丹丹，王京龙，王占一，等.石榴叶总黄酮的提取工艺及抗氧化活性考察［J］.中国实验方剂学杂志，2016，22（6）：12-16.

［5］Rajeshwari S S，Aadhya S M，Vinay S L，et al. Screening of antidepressant activity of *Punica granatum* in mice［J］. Pharmacogn J，2017，9（1）：27-29.

［6］Jainendra K B，Narender B，Vasudha B. Phytochemical screening and evaluation of antiemetic activity of *Punica granatum* leaves［J］. European Journal Pharmaceutical and Medical Research，2017，4（4）：526-532.

［7］Alolayan E M，Elkhadragy M F，Metwally D M，et al. Protective effects of pomegranate（*Punica granatum*）juice on testes against carbon tetrachloride intoxication in rats［J］. Bmc Complementary & Alternative Medicine，2014，14（1）：164.

［8］Nahed F Z，Shahenaz M H，Sanaa A E. Effect of aqueous extract of *Punica granatum* peel on the oxidative damage induced by lead intoxication in rats［J］. Zagazig Veterinary Journal，2017，45（2）：112-124.

［9］Kumar E K，Putta S，Sastry N Y，et al. In-vitro antimicrobial and antioxidant activities of aqueous pericarp extract of *Punica granatum*［J］. Journal of Applied Pharmaceutical Science，2013，3（8）：107-112.

［10］王玲，焦士蓉，雷梦林，等.石榴皮多酚的提取及抑菌作用［J］.安徽农业科学，2010，38（17）：8995-8997.

［11］花雷，张晓娜，雷帆，等.石榴叶鞣质对高血脂小鼠糖代谢影响及其机制［J］.世界科学技术：中医药现代化，2009，11（4）：545-550.

［12］李雪梅，张颖，王枫.石榴籽油对高脂膳食大鼠血脂的影响［J］.公共卫生与预防医学，2009，20（5）：39-41.

［13］谭红军，杨林，罗春华，等.石榴皮鞣质对糖尿病大鼠血脂的影响及对肝脏的保护作用［J］.医学研究杂志，2012，41（10）：80-82.

［14］窦勤，魏媛媛，李郁，等.石榴花多酚对糖尿病大鼠 IL-6、TXB2 及 PPAR-γ mRNA 基因表达的影响［J］.中国药理学通报，2010，26（6）：794-797.

［15］邢佳.石榴叶多酚对酒精性肝损伤的保护作用研究［D］.南京：南京师范大学硕士学位论文，2015.

［16］周本宏，郭志磊，王慧媛，等.荧光探针法研究石榴皮鞣质提取物对大鼠肝细胞 DNA 的保护作用［J］.中国医院药学杂志，2008，28（22）：1906-1909.

［17］闫冬.石榴花多酚对非酒精性脂肪肝的作用及机制初探［D］.乌鲁木齐：新疆医科大学博士学位论文，2014.

［18］邱红梅，赖舒，尚京川，等.石榴皮提取物对大鼠幽门结扎所致胃损伤的保护作用研究［J］.中国药房，2011，22（7）：594-596.

［19］邱红梅，赖舒，尚京川，等.石榴皮鞣质对大鼠乙醇性胃黏膜损伤的保护作用研究［J］.中国药房，2012，23（27）：2509-2512.

［20］盛书娟，王玺德，崔希云，等.石榴皮水提物对麻醉家兔血压及呼吸运动的影响［J］.时珍国医国药，2012，23（3）：555-557.

［21］吴苗敏，单丽娟.石榴皮水煎液对脾虚泄泻模型小鼠血清 sIgA 等影响的实验研究［J］.中华中医药学刊，2012，30（12）：2748-2750.

［22］周本宏，吴玥，刘春，等.石榴皮鞣质体外抑精活性部位的筛选［J］.广东药学院学报，2006，22（6）：632-633.

［23］杨林，周本宏，冯琪，等.石榴皮鞣质降低尿毒素作用的研究［J］.中国药房，2007，18（30）：2345-2347.

［24］张杰，詹炳炎，姚学军，等.石榴皮对乙型肝炎病毒（HBV）的体外灭活作用及其临床意义［J］.中药药理与临床，1997，13（4）：29-31.

［25］王春梅.石榴皮多酚抗肿瘤活性机制的初步研究［D］.乌鲁木齐：新疆医科大学硕士学位论文，2013.

【临床参考文献】

［1］张泽安.重用石榴皮治疗糖尿病腹泻体会［J］.中国中医药现代远程教育，2005，3（12）：56.

627. 白石榴（图 627）• *Punica granatum* 'Albescens'

图 627　白石榴　　　　　　　　　摄影　李华东等

【**别名**】银榴花（浙江）。

【**形态**】落叶灌木或小乔木，高约6m。幼枝有棱角，无毛，老枝近圆形，顶端常成尖锐长刺。叶对生或簇生，椭圆形、倒卵形或长圆形，长2～9cm，宽1～2cm，先端短尖或微凹，基部狭楔形，上面光亮，背面中脉凸起；叶柄长0.5～0.7cm。花1至数朵生于枝顶或叶腋，有短柄；花萼钟形，淡黄色或淡红色，长2～3cm，顶端5～7裂，裂片卵状三角形，外侧近顶端有一黄绿色腺体，边缘有小乳突；花瓣与萼裂片同数，生于萼筒内，倒卵形，长1.5～3cm，宽1～2cm，先端圆钝，白色，皱褶。蒴果近球形，直径6～10cm，成熟时淡白色或淡黄色。种子多数，肉质外种皮红色。花期5～7月，果期9～11月。

【**生境与分布**】生于150～1500m地带，喜温暖、湿润及阳光充足的气候。山东、江苏、安徽、浙江、福建、江西有栽培，另中国大部分地区均有栽培；原产巴尔干半岛至伊朗。

石榴与白石榴主要区别点：石榴的花为红色。白石榴的花为白色。

【**药名与部位**】白石榴花，花。

【**药材炮制**】白石榴花：除去杂质，筛去灰屑。白石榴花炭：取白石榴花饮片，炒至浓烟上冒、表面焦黑色时，微喷水，灭尽火星，取出，晾干。

【**功能与主治**】固涩，止血。

【**药用标准**】浙江炮规2005。

【**临床参考**】1. 慢性痢疾性腹泻：花2～4朵（＜2岁2朵、＞3岁3～4朵），加水100ml炖煮，加少许冰糖服，每日2次[1]。

2. 久痢：花 9 ～ 15g，水煎服。

3. 前列腺炎：鲜根 30g，炖精猪肉服。（2 方、3 方引自《福建中草药》）

4. 风湿肢节疼痛：鲜根 90g，加冰糖 30g，井水 1 大碗炖，分 3 次服。（福建《民间实用草药》）

5. 带多而清稀：花 10g，加白鸡冠花 15g，水煎服。（《四川中药志》）

【附注】重瓣白花石榴 Punica granatum 'Multiplex' 的花民间也作白石榴花药用。

本种的根民间也药用。

【临床参考文献】

［1］高虹 . 白石榴花治疗慢性细菌性痢疾 68 例疗效观察［J］. 福建医药杂志，1995，17（2）：157.

八一　蓝果树科 Nyssaceae

落叶乔木，稀为灌木。单叶，互生，卵形或椭圆形，全缘或有锯齿；无托叶。花单性或杂性，雌蕊同株或异株；头状花序、总状花序或伞形花序；花瓣 5 ～ 8 枚，覆瓦状排列，雄蕊数目为花瓣数 2 倍，稀较少，2 轮排列，花丝钻形或线形，花药内向开裂；花盘垫状；雄花的花萼较小；雌花花萼上部 5 齿裂，萼筒与子房合生，子房下位，1 室，具倒生下垂胚珠 1 粒，花柱钻形或锥形，柱头头状或分裂。核果或翅果，顶端有宿存花萼和花盘。种子 1 粒，胚乳肉质，种皮薄，子叶叶状。

3 属，约 10 种，分布于亚洲和美洲。中国 3 属，9 种，主要分布于长江以南各省区，法定药用植物 1 属，1 种。华东地区法定药用植物 1 属，1 种。

蓝果树科法定药用植物主要含生物碱类、木脂素类、皂苷类、酚酸类等成分。生物碱类如长春花苷内酰胺（vincoside lactam）、喜树碱（camptothecin）、10- 羟基喜树碱（10-hydroxycamptothecin）等；木脂素类如丁香树脂酚 -4，4′-*O*- 二 -β-D- 葡萄糖苷（syringaresinol-4，4′-*O*-bis-β-D-glucoside）、丁香脂素（syringaresinol）等；皂苷类包括齐墩果烷型、熊果烷型、羽扇豆烷型等，如熊果酸（ursolic acid）、2α，3β- 二羟基 -12- 齐墩果烯 -28- 酸（2α，3β-dihydroxy-12-oleanen-28-oic acid）、白桦脂酸（betulinic acid）等；酚酸类如 3，4′-*O*- 二甲基鞣花酸（3，4′-*O*-dimethyl ellagic acid）、丁香酸（syringic acid）等。

1. 喜树属 *Camptotheca* Decne.

落叶乔木。树皮灰色，浅纵裂。小枝有皮孔，幼枝被灰色微柔毛。叶互生，有柄，全缘，羽状脉。花杂性同株；头状花序着生于枝端及枝上部叶腋，常 2 至数个组成总状，稀单生；雄花序位于下部，雌花序位于上部；每花下部有舟状苞片 2 枚；花萼杯状，5 齿裂；花瓣 5 枚，卵形，覆瓦状排列；雄蕊 10 枚，着生于花盘周围，2 轮排列，花丝不等长，外轮较内轮长，花药 4 室；子房下位，在雄花中不发育，在雌花和两性花中发育良好，1 室，花盘明显，微裂，胚珠 1 粒，下垂，花柱顶端 2 ～ 3 裂。头状果序圆球形，具翅果 15 ～ 20 枚，翅果长圆形，具狭翅，顶端有宿存花盘痕迹，无果柄。种子 1 粒。

为中国特有单种属。主要分布于西南部和中南部地区，东部和中部地区常见栽培，法定药用植物 1 种。华东地区法定药用植物 1 种。

628. 喜树（图 628）· *Camptotheca acuminata* Decne.

【别名】旱莲木。

【形态】落叶乔木，高 20 ～ 25m。树皮灰色，浅纵裂。小枝有长圆形或圆形皮孔，幼枝被灰色微柔毛。叶互生，叶片长圆形、长卵形或椭圆形，长 12 ～ 28cm，宽 6 ～ 12cm，先端短尖，基部圆形或宽楔形，稀近心形，全缘或呈波状，幼时上面沿脉被柔毛，背面疏被柔毛；侧脉 10 ～ 15 对；叶柄长达 3cm，幼时被微柔毛，后渐脱落。头状花序近球形，直径 1.5 ～ 2cm，数个头状花序常再排成圆锥状，顶生或腋生；通常上部为雌花序，下部为雄花序，总花梗长 4 ～ 6cm，苞片 3 枚，两面有短柔毛；花萼 5 裂，边缘有纤毛；花瓣 5 枚，淡绿色，外侧密被短柔毛；花盘微裂；花柱 2 ～ 3 裂。头状果序圆球形，具翅果 15 ～ 20 枚或以上，翅果长圆形，长 2 ～ 2.5cm，顶端有宿存花盘，两侧有狭翅，成熟时褐色。花期 5 ～ 7 月，果期 8 ～ 10 月。

【生境与分布】生于山坡林中，垂直分布可达 1000m。分布于江苏、安徽、浙江、福建、江西，另湖北、湖南、广东、广西、贵州、云南、四川等省区均有分布。

【药名与部位】喜树果，成熟果实。

图 628 喜树　　　　　　　　　　　　　　　　　　　　摄影　郭增喜等

【采集加工】秋季采收，干燥。

【药材性状】呈长椭圆形，长 2～2.5cm，宽 0.5～0.7cm，先端平截，有柱头残基；基部变狭，可见着生在花盘上的椭圆形凹点痕，两边有翅。表面棕色至棕黑色，微有光泽，有纵皱纹，有时可见数条角棱和黑色斑点。质韧，不易折断，断面纤维性，内有种子 1 粒，干缩成细条状。气微，味苦。

【化学成分】果实含生物碱类：10-O-（1-β-D- 葡萄糖基）喜树碱［10-O-（1-β-D-glucosyl）campto-thecin］、短小蛇根草苷（pumiloside）、长春苷内酰胺（vincoside-lactam）、直夹竹桃胺酸 *（strictosidinic acid）[1]，喜树碱（camptothecin）、10- 羟基喜树碱（10-hydroxycamptothecin）、10- 甲氧基喜树碱（10-methoxycamptothecin）、11- 甲氧基喜树碱（11-methoxycamptothecin）、脱氧喜树碱（deoxycamptothecine）、喜树次碱（venoterpine）、喜果苷（vineosamide）[2] 和 11- 羟基喜树碱（11-hydroxycamptothecin）[3]；黄酮类：金丝桃苷（hyperoside）[1]；木脂素类：丁香树脂酚 -4, 4'-O- 二 -β-D- 葡萄糖苷（syringaresinol-4, 4'-O-bis-β-D-glucoside）[1] 和丁香脂素（syringaresinol）[3]；皂苷类：白桦脂酸 [2]、23-O-（E）- 阿魏酰 -2α, 3α- 二羟基 -12- 烯 -28- 熊果酸［23-O-（E）-feruloyl-2α, 3α-dihydroxyurs-12-en-28-oic acid］、23-O-（E）- 阿魏酰 -2α, 3β- 二羟基 -12- 烯 -28- 熊果酸［23-O-（E）-feruloyl-2α, 3β-dihydroxyurs-12-en-28-oic acid］、3β-O-（E）- 阿魏酰 -2α, 23- 二羟基 -12- 烯 -28- 熊果酸［3β-O-（E）-feruloyl-2α, 23-dihydroxyurs-12-en-28-oic acid］、23-O-（E）- 对香豆酰 -2α, 3β- 二羟基 -12- 烯 -28- 熊果酸［23-O-（E）-p-coumaroyl-2α, 3β-dihydroxyurs-12-en-28-oic acid］、23-O-（E）-p- 香豆酰 -2α, 3α- 二羟基 -12- 烯 -28- 熊果酸［23-O-（E）-p-coumaroyl-2α, 3α-dihydroxyurs-12-en-28-oic acid］和 23-O-（Z）- 对香豆酰 -2α, 3α, 19α- 三羟基 -12- 烯 -28- 熊果酸［23-O-（Z）-p-coumaroyl-2α, 3α, 19α-trihydroxyurs-12-en-28-oic acid］[4]；酚酸类：3, 4'-O- 二甲基鞣花酸（3, 4'-O-dimethyl ellagic acid）、3, 3', 4-O- 三甲基鞣花酸（3, 3', 4-O-trimethyl ellagic acid）、3, 4-O, O- 次甲基 -3'-O- 亚甲基鞣花酸（3, 4-O, O-methylene-3'-O-methyl ellagic acid）、3,

4-O, O- 次甲基鞣花酸（3, 4-O, O-methylene ellagic acid）、3, 4-O, O- 亚甲基 -3′, 4′-O- 二甲基 -5′- 甲基鞣花酸（3, 4-O, O-methylene-3, 4′-O-dimethyl-5′-methyl ellagic acid）、3, 3′, 4, 4′, 5′-O- 五甲基鞣花酸（3, 3′, 4, 4′, 5′-O-pentamethyl ellagic acid）、3, 4-O, O- 亚甲基 -3′, 4′-O- 二甲基 -5′- 羟基鞣花酸（3, 4-O, O-methylene-3, 4′-O-dimethyl-5′-hydroxyellagic acid）、丁香酸（syringic acid）[3], 3, 4-O, O- 亚甲基 -3′, 4′-O- 二甲基鞣花酸（3, 4-O, O-methylene-3′, 4′-O-dimethyl ellagic acid）、3′-O- 甲基鞣花酸 -4′-O- 葡萄糖苷（3′-O-methyl ellagic acid-4′-O-glucoside）、鞣花酸 -4′-O- 鼠李糖苷（ellagic acid-4′-O-rhamnoside）和 3, 3′, 4, 4′-O- 四甲基 -5′- 甲氧基鞣花酸（3, 3′, 4, 4′-O-tetramethyl-5′-methoxyellagic acid）[5]；脂肪酸类：亚麻酸（linolenic acid）、油酸（oleic acid）和亚油酸（linoleic acid）等[6]；挥发油类：4- 松油醇（4-terpineol）、壬醛（nonanal）、顺 -3- 己烯醇（cis-3-hexenol）、1- 己烯醇（1-hexanol）、己醛（hexanal）、水杨酸甲酯（methyl salicylate）、3- 乙基戊基甲酮（3-octanone）、对伞花烃（p-cymene）、莰酮（camphor）、丁子香酚（eugenol）和（E）- 氧化芳樟醇［（E）-linalool oxide］等[7]；甾体类：β- 谷甾醇（β-sitosterol）[3]；萜类：脱落酸，即止权酸（abscisic acid）[3]。

根含生物碱：喜树碱（camptothecin）和喜树次碱（venoterpine）[8]；酚酸类：鞣花酸 -3, 3′, 4- 三甲醚（ellagic acid-3, 3′, 4-trimethyl ether）[8]。

根和叶含酚酸类：3, 3′, 4-O- 三甲基鞣花酸（3, 3′, 4-tri-O-methyl ellagic acid）、3, 4-O- 亚甲基 -3′-O- 甲基鞣花酸（3, 4-O-methylene-3′-O-methyl ellagic acid）、3, 4-O- 亚甲基 -3′, 4′-O- 二甲基鞣花酸（3, 4-O-methylene-3′, 4′-di-O-methyl ellagic acid）和 3, 4-O- 亚甲基 -3′, 4′, 5′-O- 三甲基鞣花酸（3, 4-O-methylene-3′, 4′, 5′-tri-O-methyl ellagic acid）[9]；皂苷类：熊果酸（ursolic acid）、齐墩果酸（oleanolic acid）、2α, 3β, - 二羟基 -12- 熊果烯 -28- 酸（2α, 3β, -dihydroxy-12-ursen-28-oic acid）、2α, 3β- 二羟基 -12- 齐墩果烯 -28- 酸（2α, 3β, dihydroxy-12-oleanen-28-oic acid）、2α, 3β, 23- 三羟基 -12- 熊果烯 -28- 酸（2α, 3β, 23-trihydroxy-12-ursen-28-oic acid）、2α, 3β, 23- 三羟基 -12- 齐墩果烯 -28- 酸（2α, 3β, 23-trihydroxy-12-oleanen-28-oic acid）、2α, 3α, - 二羟基 -12- 熊果烯 -28- 酸（2α, 3α, -dihydroxy-12-ursen-28-oic acid）和 2α, 3β- 二羟基 -12- 熊果烯 -28- 酸（2α, 3β-dihydroxy-12-oleanen-28-oic acid）[9]。

叶含生物碱类：喜树碱（camptothecin）、10- 羟基喜树碱（10-hydroxycamptothecin）、9- 甲氧基喜树碱（9-methoxycamptothecin）和 20- 脱氧喜树碱（20-deoxocamptothecin）[10]；酚酸类：3, 4-O, O- 亚甲基 -3′- 甲氧基 -4-O′- 羟基鞣花酸（3, 4-O, O-methylene-3′-methoxy-4′-O-hydroxyl ellagic acid）、3, 4-O, O- 亚甲基 -3′, 4′, 5′- 甲氧基鞣花酸（3, 4-O, O-methylene-3, 4′, 5′-methoxyl ellagic acid）、3, 4-O, O- 亚甲基 -3′, 4′- 甲氧基鞣花酸（3, 4-O, O-methylene-3′, 4′-methoxyl ellagic acid）、3, 4-O, O- 亚甲基 -3′- 乙氧基 -4′- 甲氧基鞣花酸（3, 4-O, O-methylene-3′-ethoxy-4′-methoxyl ellagic acid）和 3, 4-O, O- 亚甲基 -3′, 4′- 二甲氧基 -5′- 甲基鞣花酸（3, 4-O, O-methylene-3′, 4′-dimethoxy-5′-methyl ellagic acid）[10]；

种子含挥发油类：苯乙醇（phenylethyl alcohol）、萘（naphthalene）、壬酸（nonanoic acid）、癸酸（decanoic acid）、古巴烯（copaene）、正十四烷（n-tetradecane）、苯甲醛（benzaldehyde）、丁酸芳樟醇酯（linalyl butyrate）、α- 松油醇（α-terpineol）、β- 石竹烯（β-caryophyllene）和顺式芳樟醇氧化物（cis-linalool oxide）等[11]。

【药理作用】1. 抗肿瘤 喜树果苷类成分对小鼠 S180 肉瘤的生长有明显的抑制作用，对小鼠免疫器官重量无明显影响[1]。2. 抗病毒 喜树果水提液可减少感染单纯疱疹病毒Ⅱ型（HSV-2）BGM 细胞的病变，有明显抗单纯疱疹病毒Ⅱ型的作用[2]。

【性味与归经】苦、辛，寒；有毒。归脾、胃、肝经。

【功能与主治】清热解毒，散结消癥。用于食道癌，贲门癌，胃癌，肠癌，肝癌，白血病，牛皮癣，疮疡。

【用法与用量】3 ～ 9g；或研末吞。或制剂用。

【药用标准】贵州药材 2003、广西壮药 2008、广西瑶药 2014 一卷、广西药材 1990 和四川药材 2010。

【临床参考】1. 白癜风：喜树果浸膏搽剂（喜树果浸膏粉 5g，溶于 100ml 二甲基亚砜与蒸馏水按7：3 的比例制成的混合溶液中即可）外用，每日 1 次，连用 2 周[1]。

2. 银屑病：喜树果贴膏（每平方厘米含 80 目喜树果粉 2mg）外贴，2 ～ 3 天换药 1 次[2]。

3. 疖肿、疮痈初起：嫩叶 1 握，食盐少许捣烂外敷。（江西《中草药学》）

【附注】 喜树原名旱莲，始载于《植物名实图考》木类，云："旱莲生南昌西山。赭干绿枝，叶如楮叶之无花权者，秋结实作齐头笸子，百十攒聚如毬；大如莲实。"并附果枝图。所述与本种一致。

本种的根、叶和果实均有毒，内服不宜过量。

本种的根和叶民间也作药用。

【化学参考文献】

[1] Guo Q，Yuan Q. A novel 10-hydroxycamptothecin-glucoside from the fruit of *Camptotheca acuminata*［J］. Nat Prod Res，2015，30（9）：1053-1059.

[2] 徐任生、赵志远、林隆泽、等. 抗癌植物喜树化学成分的研究Ⅱ. 喜树果中的化学成分［J］. 化学学报，1977，（Z1）：76-83.

[3] 林隆泽、宋纯清、徐任生. 抗癌植物喜树化学成分的研究Ⅴ. 喜树果中的其它化学成分［J］. 化学通报，1978，（6）：9-10.

[4] Li G Q，Chen N H，Zhang Y B，et al. Six new pentacyclic triterpenoids from the fruit of *Camptotheca acuminata*［J］. Chemistry & Biodiversity，2016，14：e1600180.

[5] 郭群、袁桥玉. 高效液相色谱－电喷雾质谱联用分析喜树果鞣花酸类成分［J］. 林业科技，2012，37（1）：21-23.

[6] 刘展眉、崔英德、方岩雄. 喜树果脂肪酸化学成分分析［J］. 中草药，2006，37（4）：517-519.

[7] 高玉琼、杨迺嘉、黄建城、等. 喜树果、叶及树枝的挥发性成分 GC-MS 分析［J］. 中国药学杂志，2008，43（3）：171-173.

[8] 林隆泽、赵志远、徐任生. 抗癌植物喜树化学成分的研究Ⅰ. 喜树根的化学成分［J］. 化学学报，1977，（Z1）：110-114.

[9] Pasqua G，Silvestrini A，Monacelli B，et al. Triterpenoids and ellagic acid derivatives from in vitro cultures of *Camptotheca acuminata* Decaisne［J］. Plant Physio Biochemi，2006，44（4）：220-225.

[10] 尤珠双、徐晓燕、郭成、等. 液质联用技术快速识别喜树叶提取物中的微量活性成分［J］. 云南民族大学学报（自然科学版），2011，20（5）：340-347.

[11] 于涛、王洋、殷丽君、等. 喜树种子挥发油化学成分的研究［J］. 植物研究，1999，19（2）：59-62.

【药理参考文献】

[1] 万军梅、郭群. 喜树果苷类成分体内抗肿瘤作用的初步研究［J］. 武汉职业技术学院学报，2011，10（3）：90-91.

[2] 李闻文、阎祖炜、施凯. 喜树果粗提液抗单纯疱疹病毒实验研究［J］. 中南大学学报（医学版），2002，27（2）：121-122.

【临床参考文献】

[1] 瞿平元、王永昌、蔡正良、等. 喜树果浸膏搽剂治疗白癜风 81 例临床观察［J］. 中国麻风皮肤病杂志，2005，21（3）：231.

[2] 刘启文、李茂吉、陈绪森. 喜树果贴膏治疗银屑病 10 例［J］. 皮肤病与性病，1991，13（3）：46.

八二　八角枫科 Alangiaceae

落叶乔木或灌木。小枝有时略呈"之"字形。单叶，互生，全缘或掌状分裂，基部常不对称；叶脉羽状或掌状脉；有叶柄；无托叶。花两性，整齐，白色或淡黄色，微香；聚伞花序，腋生，稀为伞形花序或单生；苞片早落；花序梗有关节；花萼小，钟状，与子房合生，萼齿4～10枚；花瓣4～10枚，线形，在花雷时镊合状排列，基部黏合，开花时向上端外卷；雄蕊与花瓣同数或为花瓣2～4倍，花丝微扁，分离或基部与花瓣稍黏合，内侧常被微毛，花药2室，线形，纵裂；花盘褥状，近球形；子房下位，1室，柱头头状或棒状，不裂或2～4裂，胚珠单生，下垂。核果椭圆形或近球形，顶端宿存萼齿及花盘。种子1粒，有大型胚和丰富的胚乳，子叶长圆形或近圆形。

1属，30余种，分布于亚洲、大洋洲和非洲。中国1属，约9种，广布长江以南各省区，法定药用植物1属，3种。华东地区法定药用植物1属，2种。

八角枫科法定药用植物主要含酚酸类、生物碱类等成分。酚酸类如水杨苷（salicoside）、柳穿鱼香堇苷 C（linarionoside C）等；生物碱包括异喹啉类、吡啶类等，如八角枫马京（alangimarckine）、印八角枫林碱（alangimarine）、消旋毒藜碱［（±）-anabasine］等。

1. 八角枫属 *Alangium* Linn.

属的特征与科同。

629. 八角枫（图 629）• *Alangium chinense*（Lour.）Harms

【别名】华瓜木（安徽）。

【形态】落叶乔木或灌木，高3～15m。小枝淡灰色，常呈"之"字形，无毛或微被柔毛。叶形变化大，通常卵形或近圆形，长12～26cm，宽5～15cm，3～7裂或不裂，全缘或微波状，顶端渐尖或急尖，基部两侧不对称，斜截形或斜心形，背面脉腋有簇毛；基出掌状脉3～7条；叶柄长达3.5cm，无毛；萌发枝上的叶常5～7裂，基部心形。二歧聚伞花序腋生，具花3～30朵；萼片6～8枚，齿状；花瓣与萼齿同数，线形，长达1.5cm，白色或淡黄色；雄蕊与花瓣同数，花丝被短柔毛，微扁，药隔无毛；柱头头状，常2～4裂。核果近圆形或椭圆形，长0.5～0.7cm，成熟时黑色，顶端宿存萼齿及花盘。花期6～8月，果期8～9月。

【生境与分布】生于山坡、路边或疏林中，垂直分布可达1800m。分布于山东、安徽、江苏、浙江、福建、江西，另华中、华南、西南各省区以及甘肃、陕西等省均有分布。

【药名与部位】八角枫，细根及须根。

【采集加工】夏、秋季采挖，除去泥沙，晒干。

【药材性状】细根呈长圆柱形，略弯曲，有分枝，长短不一，直径2～8mm；表面黄棕色或灰褐色，具细纵纹，有的外皮纵裂。须根纤细。质硬而脆，断面黄白色。气微，味淡。

【质量要求】以须根多者为佳。

【药材炮制】除去泥沙等杂质，喷水稍润（忌水洗），切段，干燥。

【化学成分】根含生物碱类：8-羟基-3-羟甲基-6,9-二甲基-7H-苯并［de］异喹啉-7-酮 {8-hydroxy-3-hydroxymethyl-6,9-dimethyl-7H-benzo［de］isoquinolin-7-one}、4,5-二甲氧基铁屎米-6-酮（4,5-dimethoxycanthin-6-one）、2-羟基-*N*-羟苄基新烟碱（2-hydroxy-*N*-hydroxybenzyl anabasine）[1]，新烟碱（anabasine）[2]，5-羟基-2-羟甲基吡啶（2-hydroxymethyl-5-hydroxypyridine）[3]，（2*R*）-*N*-羟苄基新烟碱［（2*R*）-*N*-

图 629 八角枫 摄影 赵维良等

hydroxybenzyl anabasine]、（2S）-N- 羟 苄 基 新 烟 碱［（2S）-N-hydroxybenzyl anabasine］、（2S）-2- 羟基 -N- 羟苄基新烟碱［（2S）-2-hydroxy-N-hydroxybenzyl anabasine］、（2R）-2- 羟基 -N- 羟苄基新烟碱［（2R）-2-hydroxy-N-hydroxybenzyl anabasine］和 8- 羟 基 -3, 6, 9- 三 甲 基 -7H- 苯 并［de］喹啉 -7- 酮 {8-hydroxy-3, 6, 9-trimethyl-7H-benzo［de］quinolin-7-one}[4]；核苷类：尿嘧啶（uracil）、尿苷（uridine）、胸苷（thymidine）和 2, 6- 脱氧果糖嗪（2, 6-deoxyfructosazine）[3]；萘醌类：曼宋酮 H、E、C（mansonones H、E、C）[4]；酚苷类：水杨苷（salicin）[2]，八角枫苷 A（chinenside A）、鄂西香茶菜苷（henryoside）、6'-O-β-D- 吡喃葡萄糖鄂西香茶菜苷（henryoside-6'-O-β-D-glucoside）、香荚兰醇苷（vanilloloside）、异它乔糖苷（isotachioside）、它乔糖苷（tachioside）[3]，5β, 6β- 二羟基环己 -2- 烯 -1-O-β- 葡萄糖苷（5β, 6β-dihydroxycyclohex-2-en-1-O-β-glucopyranoside）、大血藤苷 D（cuneataside D）、7-O-β- 吡喃葡萄糖基水杨苷（7-O-β-glucopyranosyl salicin）、6''-O-β-D- 吡喃葡萄糖基鄂西香茶菜苷（6''-O-β-D-glucopyranosyl henryoside）、水杨苷 -6'-O-β-D- 呋喃芹糖苷（salicin-6'-O-β-D-apiofuranoside）[5]，2-（羟甲基）苯酚 -1-O- 吡喃葡萄糖 -（1 → 6）- 吡喃鼠李糖苷［2-（hydroxymethyl）phenol-1-O-glucopyranose-（1 → 6）-rhamnopyranoside］和 2-（乙氧甲基）苯酚 -1-O-β-D- 吡喃葡萄糖苷［2-（ethoxymethyl）phenol-1-O-β-D-glucopyranoside］[6]；甾体类：β- 谷甾醇（β-sitosterol）[2]、胡萝卜苷（daucosterol）和豆甾 -9（11）- 烯 -3- 醇［stigmast-9（11）-en-3-ol］[7]；萜类：（6R, 7E, 9R）-9- 羟基 -4, 7- 巨豆二烯 -3- 酮 -9-O-β-D-（6'-O-β-D- 呋喃芹糖基）吡喃葡萄糖苷［（6R, 7E, 9R）-9-hydroxy-4, 7-megastigmadien-3-one-9-O-β-D-（6'-O-β-D-apiofuranosyl）glucopyranoside］，即 枇 杷 苷（erijaposide*）、（1S, 4S）-7- 羟基去氢白菖烯［（1S, 4S）-7-hydroxycalamenene］、（1R, 4S）-7- 羟基去氢白菖烯［（1R, 4S）-7-hydroxycalamenene］、马钱苷酸（loganin acid）[2]，（6R, 7E, 9R）-9- 羟基 -4, 7- 巨豆二烯 -3- 酮 -9-O-β-D-（6'-O-β-D- 呋喃芹糖基）- 吡喃葡萄糖苷［（6R, 7E, 9R）-9-hydroxy-4, 7-megastigmadien-3-one-9-O-β-D-

（6'-O-β-D-apiofuranosyl）-glucopyranoside］ 和（6R, 9R）- 巨 豆 -4- 烯 -9- 醇 -3- 酮 -O-β-D-（6'-O-β-D-呋喃芹糖基）吡喃葡萄糖苷 [（6R, 9R）-megastigman-4-en-9-ol-3-one-O-β-D-（6'-O-β-D-apiofuranosyl）glucopyranoside］[3]；青榆烯 C（lacinilene C）、7- 羟基卡达烯（7-hydroxycadalene）、2, 7- 二羟基卡达烯（2, 7-dihydroxycadalene）、（1S, 4R）-7, 8- 二羟基卡拉稀 [（1S, 4R）-7, 8-dihydroxycalamenene］、3S, 4R, 5S, 8R, 10R- 四羟基墨西哥菊酮（3S, 4R, 5S, 8R, 10R-tetrahydroperezinone）、（1S）-1- 甲氧基青榆烯 C [（1S）-1-methoxyl acinilene C］[4]，（2S, 7S, 11S）-（8E, 12Z）-2, 10- 二羟基溪苔酮 *[（2S, 7S, 11S）-（8E, 12Z）-2, 10-dihydroxypellialactone］、（2S, 4S, 7S, 11S）-（8E, 12Z）-2, 4, 10- 三羟基溪苔酮 *[（2S, 4S, 7S, 11S）-（8E, 12Z）-2, 4, 10-trihydroxy-pellialactone］、3S, 4R, 5S, 8S, 10S- 四羟基墨西哥菊酮（3S, 4R, 5S, 8S, 10S-tetrahydroperezinone）、3S, 4R, 5S, 8S, 10S, 11R-12- 羟基 - 四羟基墨西哥菊酮（3S, 4R, 5S, 8S, 10S, 11R-12-hydroxy-tetrahydroperezinone）和（5S, 8R）-2- 羟基 -3, 8- 二甲基 -5- 乙烯基 -5, 6, 7, 8- 四羟基萘 -1, 4- 二酮 [（5S, 8R）-2-hydroxy-3, 8-dimethyl-5-vinyl-5, 6, 7, 8-tetrahydronaphthalene-1, 4-dione］[8]；呋喃类：（11S）-6- 羟基 -5-（11- 羟基丙基 -12- 基）-3, 8- 二甲基 -2H- 苯并呋喃 -2- 酮 [（11S）-6-hydroxy-5-（11-hydroxypropan-12-yl）-3, 8-dimethyl-2H-chromen-2-one］[8]；木脂素类：（+）- 异落叶松树脂酚 -3α-O-β-D- 吡喃葡萄糖苷 [（+）-isolariciresinol-3α-O-β-D-glucopyranoside］、（+）- 南烛木树脂酚 -3α-O-β-D- 吡喃葡萄糖苷 [（+）-lyoniresinol-3α-O-β-D-glucopyranoside］、（7S, 8R）- 川素馨木脂苷 [（7S, 8R）-urolignoside］[3] 和（7R, 8R）- 苏式 -4, 7, 9, 9'- 四羟基 -3, 5, 2'- 三甲氧基 -8-O-4'- 新木脂素 [（7R, 8R）-threo-4, 7, 9, 9'-tetrahydroxy-3, 5, 2'-trimethoxy-8-O-4'-neolignan］[6]；酚酸及衍生物类：没食子酸甲酯（gallincin）[2]，2- 羟基 -3-O-β-D- 吡喃葡萄糖苯甲酸（2-hydroxy-3-O-β-D-glucopyranosyl benzoic acid）、龙胆酸 -5-O-β-D- 葡萄糖苷（gentisic acid-5-O-β-D-glucoside）、没食子酸 -3-O-β-D- 葡萄糖苷（gallic acid-3-O-β-D-glucoside）、水杨酸甲酯 -6-O-β-D- 吡喃葡萄糖苷（methyl salicylate-6-O-β-D-glucopyranosyl benzoic acid）、丁香酸葡萄糖苷（glucosyringic acid）、3, 4'-O- 二甲基鞣花酸（3, 4'-O-dimethyl ellagic acid）、没食子酸（gallincin）、3'-O- 甲基 -3, 4- 亚甲二氧基鞣花酸 -4'-O-β-D- 吡喃葡萄糖苷（3'-O-methyl-3, 4-methylenedioxyellagic acid-4'-O-β-D-glucopyranoside）、没食子酸乙酯（ethyl gallate）[3]，4, 4'- 二 -O- 甲基鞣花酸（4, 4'-di-O-methyl ellagic acid）、β- 没食子酸葡萄糖苷（β-glucogallin）、食里酸 *（edulilic acid）[5] 和 3, 4- 二甲氧基鞣花酸（3, 4-di-O-methyl ellagic acid）[7]；氨基酸：八角枫宁苷 *（alanchinin）和 2-（2'- 环戊烯基）甘氨酸 [2-（2'-cyclopentenyl）glycine］[5]；挥发油类：水杨醇（salicylic alcohol）、香草醛（vanillin）[3]，正三十一烷（n-hentriacontane）、正十四烷（n-tetradecane）[7] 和 4- 环己烯 -1, 2, 3- 三醇（4-cyclohexene-1, 2, 3-triol）[5]。

枝叶含挥发油类：α- 侧柏烯（α-thujene）、α- 蒎烯（α-pinene）、桧烯（sabinene）、β- 蒎烯（β-pinene）、对伞花烃（p-cymene）、1, 8- 桉树脑（1, 8-cineole）、萜烯 -4- 醇（terpinen-4-ol）、α- 松油醇（α-terpinol）、黄樟油精（safrole）和丁子香酚甲酯（eugenol methyl ether）[9]；酚苷类：苄醇 -β-D- 吡喃葡萄糖基 -（1→2）-[β-D- 木糖基 -（1→6）]-β-D- 吡喃葡萄糖苷 {benzyl alcohol-β-D-glucopyranosyl-（1→2）-[β-D-xylopyranosyl-（1→6）]-β-D-glucopyranoside}、2'-O-β-D- 吡喃葡萄糖基水杨苷（2'-O-β-D-glucopyranosyl salicin）、2'-O-β-D- 吡喃葡萄糖基 -6'-O-β-D- 木糖基水杨苷（2'-O-β-D-glucopyranosyl-6'-O-β-D-xylopyranosyl salicin）、苄醇 -β-D- 木糖基（1→6）-β-D- 吡喃葡萄糖苷 [benzyl alcohol-β-D-xylopyranosyl（1→6）-β-D-glucopyranoside］、Z- 环己 -3- 烯 -1- 醇 -β-D- 木 糖 基（1 → 6）-β-D- 吡 喃 葡 萄 糖 苷 [Z-hex-3-en-1-ol-β-D-xylopyranosyl（1→6）-β-D-glucopyranoside］、水杨苷（salicin）、6'-O-β-D- 吡喃木糖基水杨苷（6'-O-β-D-xylopyranosyl salicin）、4', 6'-O-（S）- 六羟基二苄基水杨苷 [4', 6'-O-（S）-hexahydroxydiphenoyl salicin］、鄂西香茶菜苷（henryoside）和 6'-O-β- 吡喃葡萄糖基鄂西香茶菜苷（6'-O-β-glucopyranosyl henryoside）[10]；4', 6'-O-（R）- 六羟基二苄基水杨苷 [4', 6'-O-（R）-hexahydroxydiphenoyl salicin］和邻苯二酚 -1-O-β-D- 吡喃木糖基（1→6）-β-D- 吡喃葡萄糖苷 [pyrocatechol-1-O-β-D-xylopyranosyl（1→6）-β-D-glucopyranoside］[11]；酚酸苷类：6'-O- 没食子酰基水杨苷（6'-O-galloyl salicin）和 4', 6'- 二 -O- 没食子酰基水杨苷（4', 6'-di-O-galloyl salicin）[11]。

茎含皂苷类：（3E, 23E）-3- 咖啡酰基 -23- 香豆酰常春藤皂苷元 [（3E, 23E）-3-caffeoyl-23-coumaroyl hederagenin]、（3E, 23E）- 二香豆酰常春藤皂苷元 [（3E, 23E）-dicoumaroyl hederagenin] 和（23E）- 香豆酰常春藤皂苷元 [（23E）-coumaroyl hederagenin] 和（23Z）- 香豆酰常春藤皂苷元 [（23Z）-coumaroyl hederagenin][12]；挥发油及脂肪酸类：二十烷二烯（eicodiene）、十六烷酸（hexadecanoic acid）、亚油酸（linoleic acid）、（Z, Z, Z）-9, 12, 15- 十八三烯 -1- 醇 [（Z, Z, Z）-9, 12, 15-octadecene-1-ol]、硬脂酸（stearic acid）、二十三烷（tricosane）、二十四烷（tetracosane）、二十五烷（pentacosane）、7- 己基二十烷（7-hexyleicosane）、二十八烷（octacosane）、2, 3- 二甲基己烷（2, 3-dimethyl hexane）、2- 甲基庚烷（2-methyl heptane）、4- 甲基庚烷（4-methyl heptane）、3- 甲基庚烷（3-methyl heptane）、3- 氯 -3-甲基戊烷（3-chlorin-3-methyl pentane）、辛烷（octane）、1- 己醇（1-hexyl alcohol）、四氯己烯（tetrachlorine hexane）和癸烷（decane）[13]。

【药理作用】1. 抗菌 叶和花水煎液和 70% 乙醇回流提取物对大肠杆菌、沙门氏菌、金黄色葡萄球菌和绿脓杆菌的生长有抑制作用[1]。2. 松弛肌肉 从须根分离的八角枫碱（alamarine）能阻断神经肌接点的传导，有明显的横纹肌松弛作用[2]。3. 抗炎 醇提物、八角枫总碱可明显减轻佐剂性关节炎大鼠的足肿胀度，降低其关节炎指数，改善关节的病理学变化[3]。4. 抗病毒 根所含的倍半萜类和生物碱化合物可抑制柯萨奇病毒 B3 的活性[4]。5. 抗氧化 倍半萜类和生物碱化合物可抑制 Fe^{2+}/ 半胱氨酸诱导大鼠的肝微粒体脂质过氧化[4]。6. 抗肿瘤 从根分离的生物碱 8- 羟基 -3- 羟甲基 -6，9- 二甲基 -7H- 苯并 [de] 异喹啉 -7- 酮 {（8-hydroxy-3-hydroxymethyl-6，9-dimethyl-7H-benzo [de] isoquinolin-7-one）} 对人源肿瘤细胞的增殖具有一定的细胞毒作用[5]。

毒性 须根水煎剂经口给予对小鼠可引起肺泡腔出血、肺间质出血、肝窦扩张、瘀血、肝细胞水肿、蛛网膜下腔出血等[6]。

【性味与归经】辛，微温；有小毒。

【功能与主治】祛风除湿，舒筋活络，散瘀止痛。用于风湿痹痛，四肢麻木，跌扑损伤。

【用法与用量】3 ～ 9g。

【药用标准】药典 1977、浙江炮规 2005、广西壮药 2008、广西瑶药 2014 一卷、云南药品 1996、广东药材 2004、海南药材 2011、湖北药材 2009、湖南药材 2009 和贵州药材 2003。

【临床参考】1. 不明原因的不孕症：根研粉 5 ～ 6g，加猪肉 50g 或鸡蛋 1 个炖，放油盐，在月经干净后的第二天晚上临睡前趁热服下（服药后有疲倦、肢体粗重、酸软无力、头晕恶心等感觉，卧床休息 12h 以上），翌日可同房[1]。

2. 精神分裂症：根切碎晒干，打成粉口服，每次 2 ～ 3g，每日 2 次，1 个月 1 疗程[2]。

3. 泛发性神经性皮炎：鲜根 500g，水煎外洗 3 ～ 4 次，每次浸泡约 30min，同时配合土茯苓 10g、胡黄连 12g、白鲜皮 15g、桑白皮 10g 等水煎内服[3]。

4. 风湿骨痛、跌打损伤：取鲜根或花叶捣烂，敷于患部，每日 1 次；或取根或花叶烘干研粉，用 1/2 凡士林调为软膏，敷于患部，每日 1 次[4]。

5. 骨结核：鲜枝 50 ～ 100g，加水 300ml，煎开后 15min，取出药水，加入白酒 40ml，分 2 次服[4]。

6. 乳结疼痛：叶数十张，抽去粗筋，捣烂敷中指（左乳痛敷右中指，右乳痛敷左中指），轻者 1 次，重者 3 次。

7. 刀伤出血：叶适量，研末，撒伤口上，可防破伤风。（6 方、7 方引自《贵阳民间药草》）

8. 乳头皲裂：鲜叶适量，捣烂敷中指。（《玉溪中草药》）

9. 漆疮：叶适量，煎汤外洗。（《广西本草选编》）

10. 鹤膝风初起：鲜叶捣烂，加醋敷患处，干则换。（《安徽中草药》）

11. 胸腹胀满：花 9g，水煎服。（《青岛中草药手册》）

【附注】 称八角金盘始载于《本草从新》，谓："八角金盘……树高二三尺，叶如臭梧桐而八角，秋开白花细簇。"《本草纲目拾遗》称之为木八角，云："木八角，木高二三尺，叶如木芙蓉，八角有芒，其叶近蒂处红色者佳，秋开白花细簇。"《植物名实图考》载："江西、湖南极多，不经樵采，高至丈余。其叶角甚多，八角言其大者耳。"参照《植物名实图考》之附图，所指与本种颇似。

根、叶、花及树枝均有毒。曾有人用鲜须根 40g 洗净，加入水酒（糯米酒）400ml，煎沸 20min，去渣，服药汤，发生毒藜碱中毒死亡[1]。内服不宜过量，孕妇、小儿及年老体弱者禁服。

本种叶及花民间也药用。

【化学参考文献】

[1] 邢欢欢，周堃，杨艳，等 . 八角枫根中 1 个新的生物碱及其细胞毒活性研究 [J] . 中国中药杂志，2017，42（2）：303-306.

[2] 郑伟 . 八角枫中 5 种成分的同时测定及乙酸乙酯部位化学成分的研究 [D] . 武汉：华中科技大学硕士学位论文，2016.

[3] 岳跃栋 . 双斑獐牙菜和八角枫的化学成分与生物活性研究 [D] . 武汉：华中科技大学硕士学位论文，2016.

[4] Zhang Y，Liu Y B，Li Y，et al. Sesquiterpenes and alkaloids from the roots of *Alangium chinense* [J] . J Nat Prod，2013，76（6）：1058.

[5] Zhang X H，Liu S S，Xuan L J. Cyclopentenylglycines and other constituents from *Alangium chinense* [J] . Biochem Syst Ecol，2009，37（3）：214-217.

[6] Zhang Y，Liu Y B，Li Y，et al. Phenolic constituents from the roots of *Alangium chinense* [J] . Chin Chem Lett，2017，16（1）：32-36.

[7] 李咏梅 . 通光藤和八角枫化学成分的研究 [D] . 贵阳：贵州大学硕士学位论文，2008.

[8] Zhang Y，Liu Y B，Li Y，et al. Terpenoids from the roots of *Alangium chinense* [J] . J Asian Nat Prod Res，2015，17（11）：1025-1038.

[9] 龚复俊，张银华 . 八角枫挥发油化学成分研究 [J] . 植物科学学报，1999，17（4）：350-352.

[10] Itoh A，Tanahashi T，Nagakura N，et al. Glycosides of benzyl and salicyl alcohols from *Alangium chinense* [J] . Chem Pharma Bull，2001，49（10）：1343-1345.

[11] Atsuko I，Takao T，Sanae I，et al. Five phenolic glycosides from *Alangium chinense* [J] . J Nat Prod，2000，63（1）：95.

[12] 马启珍，杨亚南，蒋少青，等 . 八角枫茎中的新齐敦果烷型三萜成分 [J] . 中山大学学报（自然科学版），2015，54（6）：111-114.

[13] 宋培浪，韩伟，程力，等 . 黔产八角枫茎叶精油成分研究 [J] . 贵州化工，2006，31（6）：20-21.

【药理参考文献】

[1] 舒刚，唐婵，林居纯，等 . 八角枫花、叶体外抑菌活性的初步研究 [J] . 江苏农业科学，2012，40（6）：286-288.

[2] 浙江医科大学 . 八角枫碱肌肉松弛作用的研究 [J] . 中医杂志，1974，（10）：45-48.

[3] 张威，徐红梅，任娜，等 . 八角枫对佐剂性关节炎大鼠的治疗作用及毒性 [J] . 合肥工业大学学报（自然科学版），2012，35（6）：832-836.

[4] Zhang Y，Liu Y B，Li Y，et al. Sesquiterpenes and alkaloids from the roots of *Alangium chinense* [J] . Journal of Natural Products，2013，76（6）：1058.

[5] 邢欢欢，周堃，杨艳，等 . 八角枫根中 1 个新的生物碱及其细胞毒活性研究 [J] . 中国中药杂志，2017，42（2）：303-306.

[6] 张长银，张礼俊，胡永良，等 . 小鼠急性八角枫中毒的病理学观察 [J] . 法医学杂志，2009，25（5）：329-331.

【临床参考文献】

[1] 舒振兴，李雯 . 八角枫治疗不孕症 [J] . 云南中医学院学报，1982，（4）：42-43.

[2] 解放军 372 陆军医院精神科 . 八角枫治疗精神分裂症 50 例临床小结 [J] . 新医学，1977，3（4）：275.

[3] 彭享娣 . 以八角枫浸洗为主治疗泛发性神经性皮炎一例报道 [J] . 湖北中医杂志，1979，（2）：53-56.

[4] 苏爱诚 . 八角枫临床应用简述 [J] . 中国民族医药杂志，2004，（S1）：160-161.

【附注参考文献】

[1] 张昌华，王登文，许小明，等 . 八角枫中毒死亡 1 例 [J] . 法医学杂志，2008，24（2）：155-156.

630. 瓜木（图 630）・*Alangium platanifolium*（Sieb.et Zucc.）Harms

图 630　瓜木　　　　　　　　　　　　　　　　　　　　　摄影　徐克学等

【形态】落叶灌木或小乔木，高 2～7m。小枝绿色，呈"之"字形，被短柔毛。叶片近圆形或宽卵形，长 10～18cm，宽 8～15cm，3～5 裂，稀 7 裂或不裂，裂片先端钝尖，基部两侧常不对称，宽楔形或心形，幼时两面被柔毛；基出掌状脉 3～5 条，羽状侧脉 3～5 对；叶柄长达 10cm。聚伞花序腋生，有花 3～7 朵；花序梗与花梗近等长，或稍短于花梗；花萼近钟形，外侧被稀疏短柔毛，萼齿 5 枚，三角形；花瓣 6～7 枚，线形，长达 3.5cm，白色或黄白色，外侧被短柔毛；雄蕊与花瓣同数，花丝长 0.8～1.4cm，被短柔毛，花药长达 2cm，药隔无毛或外侧被疏柔毛；花柱长达 3.6cm，柱头扁平。核果长椭圆形或长卵圆形，长 0.8～1.2cm，顶端宿存萼齿及花盘。花期 6～7 月，果期 8～10 月。

【生境与分布】生于向阳山坡、山地或疏林中，垂直分布可达 2000m。分布于山东、江苏、安徽、浙江、福建，另东北、华中、华南、西南地区各省区以及甘肃、陕西均有分布。

八角枫与瓜木主要区别点：八角枫小枝淡灰色，无毛或微被柔毛；叶片卵形或近圆形，基部斜截形或斜心形，背面脉腋有簇毛；二歧聚伞花序有花 3～30 朵。瓜木小枝绿色，被短柔毛；叶片近圆形或宽卵形，基部宽楔形或心形，幼时两面被柔毛；聚伞花序有花 3～7 朵。

【药名与部位】八角枫（白龙须、白金条），细须根（白龙须）或支根（白金条）。

【采集加工】全年均可采挖，除去泥沙，洗净，晒干。

【药材性状】白龙须：须根纤长，略弯曲，有分枝，长 10～30cm，直径 0.04～0.15cm。表面黄棕色或灰褐色，具细纵纹，有的外皮纵裂。质硬而脆，断面黄白色。气微，味淡或微甘辛。

白金条：呈圆柱形，略波状弯曲，长短不一，直径 0.2～1cm，有分枝，可见须根痕。表面灰黄色至棕黄色，栓皮纵裂。质坚硬，折断面不平坦，纤维性，黄白色。气微，味淡微辛。

【**药理作用**】松弛肌肉　根皮乙醇提取物中分离的化合物能与 M 受体特异性结合，对狗的肌肉具有明显的松弛作用[1]。2.睡眠　干燥根皮乙醇提取物中分离的化合物能改变阳性对照物与腺苷 1、阿片、5HT1A、5HT1C 及多巴胺 1 等受体的结合，增强戊巴比妥诱导的睡眠作用[1]。

【**性味与归经**】辛、苦，温；有毒。归肝、肾、心经。

【**功能与主治**】祛风除湿，舒筋活络，散瘀止痛。用于风湿痹痛，四肢麻木，跌扑损伤。

【**用法与用量**】白龙须 1 ～ 3g；白金条 3 ～ 6g；泡酒服。

【**药用标准**】贵州药材 2003。

【**附注**】本种的须根及支根毒性较大，其主要成分易溶于脂肪中，故不宜与肉类共煮内服，以防中毒。不宜过量或长期服用。孕妇禁服。老、弱、幼及心肺功能不全者慎服。

本种的叶及花民间也药用，也有毒性。

【**药理参考文献**】

［1］张敏，陆阳.瓜木的中枢神经系统活性成分［J］.中草药，1999，（2）：2.

八三 桃金娘科 Myrtaceae

乔木或灌木。单叶，对生或互生，羽状脉或基出脉，全缘，常有透明油腺点；无托叶。花两性或杂性，辐射对称；单花或多花排成伞房状、穗状、总状或头状花序；萼筒与子房合生，萼片 4～5 裂或更多，有时黏合；花瓣 4～5 枚，或无花瓣，分离或联成帽状；雄蕊多数，着生于花盘边缘，花丝分离或联成短筒或成束与花瓣对生，花药 2 室，背着或基生，纵裂或顶裂，药隔末端常有 1 腺体；子房下位或半下位，心皮 2 枚至多数，1 室或多室，或有假隔膜，胚珠每室 1 至多粒，花柱及柱头单一。蒴果、浆果、核果或坚果，有时具分核，顶端或具萼檐。种子 1 至多粒，无胚乳或有薄胚乳，种皮坚硬或薄膜质。

约 100 属，3000 余种，分布于热带美洲、热带亚洲、非洲和大洋洲。中国原产及引进 6 属，约 126 种，主要分布于广东、广西及云南等靠近热带的地区，法定药用植物 8 属，14 种。华东地区法定药用植物 4 属，5 种。

桃金娘科法定药用植物主要含皂苷类、黄酮类、酚酸类等成分。皂苷类多为齐墩果烷型、熊果烷型、羽扇豆烷型五环三萜，如白桦脂酸（betulinic acid）、熊果酸（ursolic acid）等；黄酮类多为黄酮醇，如槲皮素（quercetin）、槲皮苷（quercitrin）等；酚酸类多为鞣质。

桉属含挥发油类、皂苷类、间苯三酚类、黄酮类等成分。挥发油含牻牛儿醇（geraniol）、桉叶素（eucalyptol）、龙脑（borneol）等成分；皂苷类多为齐墩果烷型、熊果烷型，如 3β- 羟基 - 齐墩果烷 -11，13（18）- 二烯 -28- 酸［3β-hydroxy-oleana-11，13（18）-dien-28-oic acid］、熊果酸（ursolic acid）等；间苯三酚类如大叶桉酚甲（robustaol A）、岗松醇（baeckeol）等；黄酮类包括黄酮醇、花色素等，如芦丁（rutin）、白矢车菊苷元（leucocyanidin）等。

分属检索表

1. 叶具基出脉、离基脉，或仅有 1 条主脉而侧脉不明显。
  2. 叶具基出脉 3～7 枚，或仅有 1 条主脉。
    3. 叶对生，叶片线形；仅具主脉 1 条···1. 岗松属 Baeckea
    3. 叶互生，叶片披针形或窄长圆形；具基出脉 3～7 条···········2. 白千层属 Melaleuca
  2. 叶具离基脉 3～5 条···3. 桃金娘属 Rhodomyrtus
1. 叶具羽状脉···4. 桉属 Eucalyptus

1. 岗松属 Baeckea Linn.

小乔木或灌木。叶对生，叶片线形或披针形，全缘，有腺点，具 1 主脉，无侧脉或不明显。花小，白色或红色，5 基数，有柄或无柄；花单生叶腋或多花排成聚伞花序；小苞片 2 枚，细小，早落；萼筒钟形或半球形，与子房合生，萼齿 5 枚，膜质，宿存；花瓣 5 枚，圆形；雄蕊常 5～10 枚，短于花瓣，花丝短，花药背着；子房下位或半下位，稀上位，2～3 室，每室有胚珠数粒，花柱短，柱头稍扩大。蒴果开裂为 2～3 瓣，每室有种子 1～3 粒。种子肾形，有角，胚直，无胚乳。

约 500 种，分布于亚洲热带及非洲。中国 1 种，主要分布于南部地区，引进栽培 70 余种，法定药用植物 1 种。华东地区法定药用植物 1 种。

631. 岗松（图 631）• *Baeckea frutescens* Linn.

图 631　岗松　　　　　　摄影　徐克学

【形态】小乔木或灌木状，多分枝，高达 1.5m。全株无毛。叶对生，无柄或有短柄，叶片线形，长 0.5～1cm，宽约 1mm，先端尖，上面中脉凹陷，背面中脉凸起，有透明腺点，具 1 中脉，无侧脉，近无柄。花小，黄白色，单生叶腋，直径 2～3mm，具短柄，基部有 2 小苞片，苞片早落；萼筒钟形，长约 1.5mm，萼齿 5 枚，膜质，细小，三角形，宿存；花瓣 5 枚，近圆形，分离，长约 1.5mm，基部窄成短柄；雄蕊 10 枚，成对与萼齿对生，短于花瓣；子房下位，3 室，每室有 2 粒胚珠，花柱短，宿存。蒴果小，长 1～2mm。种子扁平，有角。花期夏秋季。

【生境与分布】生于荒山酸性红壤，分布于浙江、福建、江西，另广东、香港、海南及广西均有分布。

【药名与部位】岗松，带花果的干燥叶。岗松油，带花果枝叶经蒸馏提取的挥发油。

【采集加工】岗松：夏季开花时将叶及花、果捋下，阴干。

【药材性状】岗松：叶有短柄，叶片条形或条状锥形，长 0.5～1cm，宽 0.3～0.5mm；黄绿色，先端急尖，基部渐狭，全缘；密生透明圆形腺点，上表面有槽，下表面隆起。花小，黄白色，具短梗。蒴果长约 1mm。气微香，味苦、涩。

岗松油：为淡黄色至棕红色的液体；气芳香，味辛、凉。

【化学成分】全草含黄酮类：5-羟基-6-甲基-7-甲氧基-二氢黄酮（5-hydroxy-6-methyl-7-methoxy-flavanone）、5-羟基-7-甲氧基-8-甲基二氢黄酮（5-hydroxy-7-methoxy-8-methyl flavanone）、5-羟基-7-甲氧基-2-异丙基色原酮（5-hydroxy-7-methoxy-2-isopropyl chromone）[1]，6, 8-二甲基山奈酚-3-O-α-L-

鼠李糖苷（6, 8-dimethyl kaempferol-3-O-α-L-rhamnoside）、槲皮素（quercetin）、槲皮素 -3-O-α-L- 鼠李糖苷（quercetin-3-O-α-L-rhamnoside）、杨梅素（myricetin）和杨梅素 -3-O-α-L- 鼠李糖苷（myricetin-3-O-α-L-rhamnoside）[2]；皂苷类：白桦脂酸（betulinic acid）、齐墩果酸（oleanolic acid）[1] 和熊果酸（ursolic acid）[2]；酚酸类：没食子酸乙酯（ethyl gallate）[1]、1, 3- 二羟基 -2-（2′- 甲基丙酰基）-5- 甲氧基 -6- 甲基苯［1, 3-dihydroxy-2-（2′-methoxyl propionyl）-5-methoxy-6-methyl benzene］和没食子酸（gallic acid）[2]；甾体类：β- 谷甾醇（β-sitosterol）[1]；挥发油类：γ- 萜品烯（γ-terpinene）、冰片（borneol）、α- 松油醇（α-terpineol）和 α- 蛇麻烯（α-humulene）[3]。

枝叶含黄酮类：槲皮素（quercetin）、槲皮素 -3-O-α-L- 吡喃鼠李糖苷（quercetin-3-O-α-L-rhamnopyranoside）、杨梅素（myricetin）、杨梅素 -3-O-α-L- 吡喃鼠李糖苷（myricetin-3-O-α-L-rhamnopyranoside）、槲皮素 -3-O-α-L- 呋喃阿拉伯糖苷（quercetin-3-O-α-L-arabinofuranoside）、槲皮素 -3-O-β-D- 吡喃木糖苷（quercetin-3-O-β-D-xylopyranoside）、槲皮素 -3-O-α-L- 吡喃阿拉伯糖苷（quercetin-3-O-α-L-arabinopyranoside）、槲皮素 -4′-O-β-D- 吡喃葡萄糖苷（quercetin-4′-O-β-D-glucopyranoside）、山奈酚 3-O-α-L- 呋喃阿拉伯糖苷（kaempferol-3-O-α-L-arabinofuranoside）、山奈酚 -3-O-α-L- 吡喃鼠李糖苷（kaempferol-3-O-α-L-rhamnopyranoside）、杨梅素 -3-O-（2″-O- 没食子酰基）-α-L- 吡喃鼠李糖苷［myricetin-3-O-（2″-O-galloyl）-α-L-rhamnopyranoside］和杨梅素 -3-O-（3″-O- 没食子酰基）-α-L- 吡喃鼠李糖苷［myricetin-3-O-（3″-O-galloyl）-α-L-rhamnopyranoside］[4]。

叶含挥发油类：α- 蒎烯（α-pinene）、对伞花烃，即对聚伞花素（p-cymene）、反式香苇醇（trans-carveol）、桃金娘烯醛（myrtenal）、1, 8- 桉树脑（1, 8-cineol）、香芹酮（d-carvone）、柠檬烯（limonene）、α- 胡椒烯（α-copaene）、芳樟醇（linalool）、4- 萜品烯醇（4-terpinenol）、西岗醇（occidentalol）、愈创薁（guaiazulene）、龙脑（dorneol）、榄香醇（elemol）、橙花醇（nerol）、百里香酚（thymol）、丁香烯（caryophyllene）、菖蒲烯（cadlamenene）、δ - 杜松醇（δ -cadinol）[5]、α- 侧柏烯（α-thujene）、β- 蒎烯（β-pinene）、间聚伞花素（m-cymene）、桉叶素（cineole）、4- 蒈烯（4-carene）和萜品 -4- 醇（tcrpincol-4）[6]；环戊烯酮类：岗松烯酮*A、B、C（frutescencenone A、B、C）[7]。

【药理作用】1. 抗炎　茎叶总黄酮能显著降低 RAW264.7 巨噬细胞中肿瘤坏死因子 -α（TNF-α）及白细胞介素 -6（IL-6），诱导一氧化氮合酶（NOS）、环氧酶 -2（COX-2）的表达，并显著抑制二甲苯所致小鼠的耳廓肿胀、腹腔毛细血管通透性及大鼠棉球肉芽肿增生[1]；枝叶和根茎水、醇提取物均能抑制巴豆油所致小鼠的耳廓肿胀和小鼠腹腔毛细血管通透性[2, 3]；叶挥发油对巴豆油所致小鼠的耳肿胀有抑制作用[4]；根醇提取物能显著抑制佐剂性关节炎大鼠的原发性和继发性足跖肿胀，降低关节炎评分、免疫器官系数，改善大鼠踝关节病理状态，下调佐剂性关节炎大鼠血清中的炎症因子肿瘤坏死因子、白细胞介素 -6 和白细胞介素 -1β（IL-1β）[5]。2. 抗氧化　总黄酮能显著提高小鼠血清超氧化物歧化酶（SOD）、谷胱甘肽过氧化物酶的活性，明显降低丙二醛（MDA）含量[6]；叶可显著抑制铜诱导的低密度脂蛋白氧化，抑制动脉硬化[7]。3. 抗菌　枝叶和根茎水、醇提取物对乙型副伤寒沙门氏菌、福氏志贺氏菌、金黄色葡萄球菌的生长均有明显的抑制作用[2, 3]；带有花朵的枝叶挥发油在体外对大肠杆菌、绿脓杆菌、金黄色葡萄球菌、短小芽孢杆菌、蜡样芽孢杆菌、白色念珠菌的生长均有明显的抑制作用[8]；叶乙醇提取物对革兰氏阳性菌耐甲氧西林金黄色葡萄球菌、金黄色葡萄球菌和芽孢杆菌和革兰氏阴性菌克雷白氏杆菌的生长有抑制作用[9]。4. 镇痛　枝叶和根茎水、醇提取物可减少乙酸所致小鼠的扭体次数[2, 3]。5. 抗过敏　枝叶和根茎水、醇提取物可抑制 2, 4- 二硝基氯苯所致小鼠的超敏反应[2, 3]。6. 免疫增强　枝叶和根茎水、醇提取物能促进单核巨噬细胞的吞噬功能[2, 3]。7. 护肝　枝叶和根茎水、醇提取物能明显降低肝损伤小鼠血清谷丙转氨酶（ALT）、天冬氨酸氨基转移酶（AST）活性，并能升高总蛋白质（TP）、白蛋白（ALB）含量[2, 3]；叶挥发油对四氯化碳、硫代乙酰胺、醋酸强的松龙引起小鼠的血清谷丙转氨酶升高有明显的降低作用，减少磺溴酞钠试验（BSP）潴留量[4]。8. 退黄　枝叶和根茎水、醇提取物可降低黄疸小鼠血清总胆红素（TBIL）[2, 3]。9. 止痒　带有花朵枝叶挥发油能显著提高豚鼠对组织胺的致痒阈值[8]。10. 抗滴虫　带有花朵枝叶挥发油在体外能杀灭阴道毛滴虫，可用于治疗阴道炎[8]。11. 抗肿

瘤　叶中分离的环戊烯酮化合物对人肺癌 A549、胰腺癌 PSN-1 和乳腺癌 MDA-MB-231 细胞的增殖具有一定抑制作用[10]。

【性味与归经】岗松：苦、涩、寒。归肺、胃经。岗松油：辛、凉。归肺、肝经。

【功能与主治】岗松：清利湿热，杀虫止痒。用于急性胃肠炎；外治滴虫性阴道炎，皮肤湿疹。岗松油：杀虫止痒，清热利湿，祛痱止痛。用于跌打损伤，风湿痛，淋病，疥疮，脚癣。

【用法与用量】岗松：3 ～ 9g；外用适量。岗松油：外用适量。

【药用标准】岗松：药典 1977、广西壮药 2008 和广西瑶药 2014 一卷；岗松油：广西壮药 2008 和广西药材 1996。

【临床参考】1. 肠道滴虫：鲜叶 90g，加水 1500ml，煎至 750ml，每天 1 剂，取 250ml 分 3 次服完，剩余 500ml 灌肠 1 次，5 天 1 疗程[1]。

2. 脚癣、皮肤瘙痒：全草，水煎熏洗。

3. 风湿筋骨痛、胃痛腹胀、肠胃腹泻：根 15 ～ 30g，水煎服。（2 方、3 方引自江西《草药手册》）

4. 感冒高热、胃痛、风湿筋骨痛、膀胱炎：根 15 ～ 30g，水煎服。（《广西本草选编》）

5. 烧烫伤：叶研末，调茶油涂患处。（《福建药物志》）

6. 肝炎：根 30g，水煎调糖服。（《惠阳地区中草药》）

【化学参考文献】

［1］陈家源，牙启康，卢文杰，等 . 岗松化学成分的研究［J］. 天然产物研究与开发，2008，20（5）：827-829.

［2］卢文杰，牙启康，陈家源，等 . 岗松中的一个新黄酮醇苷类化合物［J］. 药学学报，2008，43（10）：1032-1035.

［3］Jantan I，Ahmad A S，Bakar S A A，et al. Constituents of the essential oil of *Baeckea frutescens* L. from Malaysia［J］. Flavour Fragrance J，2015，13（4）：245-247.

［4］周俊能，侯继芹，范氏英，等 . 岗松枝叶正丁醇萃取部位的化学成分［J］. 药学与临床研究，2017，25（5）：389-392.

［5］纪晓多，赵国立，濮全龙，等 . 岗松挥发油的色谱 - 质谱分析［J］. 药学学报，1980，15（12）：766-768.

［6］沈美英，何正洪 . 岗松挥发油化学成份的研究［J］. 广西林业科学，1993，22（4）：157-158.

［7］Ito T，Nisa K，Kodama T，et al. Two new cyclopentenones and a new furanone from *Baeckea frutescens* and their cytotoxicities［J］. Fitoterapia，2016，112：132-135.

【药理参考文献】

［1］邱宏聪，张伟，赵冰冰，等 . 岗松总黄酮体内外抗炎作用研究［J］. 中药材，2015，38（8）：1710-1713.

［2］李燕婧，陈学芬，钟正贤，等 . 岗松水提物药理作用的实验研究［J］. 中药材，2007，30（11）：1429-1432.

［3］李燕婧，陈学芬，钟正贤，等 . 岗松醇提物药理作用的实验研究［J］. 中国中医药科技，2009，16（3）：192-194.

［4］相正心，何兴全，周桂芬，等 . 岗松挥发油对实验性肝损害的防治作用［J］. 药学学报，1983，18（9）：654-659.

［5］赵会勤，李超杰，徐玉洁，等 . 瑶药岗松抗佐剂性大鼠关节炎的实验研究［J］. 中国民族民间医药，2017，26（5）：37-41.

［6］潘照斌，李裴朝，廖月娥，等 . 岗松总黄酮抗氧化及抗炎作用研究［J］. 中国药师，2012，15（4）：477-478.

［7］Kamiya K，Satake T. Chemical constituents of *Baeckea frutescens* leaves inhibit copper-induced low-density lipoprotein oxidation［J］. Fitoterapia，2010，81（3）：185-189.

［8］周军，韦桂宁，周智，等 . 岗松油治疗阴道炎的实验研究［J］. 中药药理与临床，2010，（3）：34-35.

［9］Razmavar S，Abdulla M A，Ismail S B，et al. Antibacterial activity of leaf extracts of *Baeckea frutescens* against methicillin-resistant *Staphylococcus aureus*［J］. Biomed Research International，2014，2014：521287-521291.

［10］Ito T，Nisa K，Kodama T，et al. Two new cyclopentenones and a new furanone from *Baeckea frutescens* and their cytotoxicities［J］. Fitoterapia，2016，112：132-135.

【临床参考文献】

［1］韩舜初 . 岗松治疗肠道滴虫病［J］. 广西赤脚医生，1976，（9）：26.

2. 白千层属 *Melaleuca* Linn.

乔木或灌木。叶互生，稀对生，具透明油腺点，具基出脉数条；叶柄短或无柄。穗状花序或头状花序，有时单生叶腋；无花梗；花序轴于开花后继续生长；苞片脱落。萼筒近球形或钟形，萼片5枚，脱落或宿存；花瓣5枚；雄蕊多数，绿白色，花丝基部联成5束，与花瓣对生；花药背着，药室平行，纵裂；子房下位或半下位，与萼齿合生，先端突出，3室，花柱线形，柱头多少扩大，胚珠多数。蒴果球形或半球形，顶端开裂。种子三角形，胚直立。

约100种，分布于大洋洲各地。中国引进栽培2种，法定药用植物1种。华东地区法定药用植物1种。

632. 白千层（图 632）• *Melaleuca leucadendron* Linn.

图 632 白千层　　摄影　徐克学等

【**形态**】乔木，高达20m。树皮灰白色，厚而松软，呈薄片状剥落。幼枝灰白色。叶互生，革质，披针形或窄长圆形，长4～10cm，宽1～2cm，两端尖，具基出脉3～7条，侧脉多数，有腺点；叶柄极短。花白色，无柄，密集着生于枝顶排成穗状花序，长达15cm，花序轴被毛，花后继续长成一有叶的新枝。萼筒卵圆形，长约3mm，外侧被柔毛，萼齿5枚，圆形，长约1mm；花瓣5枚，长2～3mm；

雄蕊长约 1cm，基部合生成 5 束与花瓣对生；花柱线形，长于雄蕊。蒴果顶端 3 裂，杯状或半球形，宽 0.6 ～ 0.7cm，顶端平截。花期每年 3 ～ 4 次。

【生境与分布】喜生于温暖湿润的气候条件，不耐寒。福建有栽培，另广西、广东、海南及台湾均有栽培。原产澳大利亚。

【药名与部位】玉树油，枝叶经蒸馏提取的挥发油。

【药材性状】为无色或淡黄色的澄明液体；有特异清凉香气。

【化学成分】叶含黄酮类：染料木素（genistein）、木犀草素（luteolin）、芦丁（rutin）[1] 和白千层酮*A、B、C、D（leucadenone A、B、C、D）[2]；酚酸及其衍生物：柠檬酸（citric acid）、反式肉桂酸（trans-cinnamic acid）、反式肉桂醛（trans-cinnamaldehyde）、水杨酸（salicylic acid）、香草酸（vanillic acid）、苯甲酸（benzoic acid）和香草醛（vanillin）[1]；皂苷类：白桦脂酸（betulinic acid）、熊果酸（ursolic acid）[1]，28- 去甲羽扇 -20（29）- 烯 -3β, 17β- 二醇 [28-norlup-20（29）-ene-3β, 17β-diol]、白桦脂醛（betulinaldehyde）、桦木酸（betulinic acid）、3β- 乙酰基 - 羽扇 -20（29）- 烯 -28- 酸 [3β-acetyl-lup-20（29）-en-28-oic acid]、悬铃木酸（platanic acid）、3- 氧代羽扇烷 -20（29）- 烯 -28 酸 [3-oxolup-20（29）-en-28-oic acid][3]，熊果醛*（ursolaldehyde）、2α- 羟基熊果酸（2α-hydroxyursolic acid）、3β- 顺式对香豆酰氧基 -2α- 羟基熊果 -12- 烯 -28- 酸（3β-cis-p-coumaroyloxy-2α-hydroxyurs-12-en-28-oic acid）、3β- 反式对香豆酰氧基 -2α- 羟基熊果 -12- 烯 -28- 酸（3β-trans-p-coumaroyloxy-2α-hydroxyurs-12-en-28-oic acid）、3β- 顺式对咖啡酰氧基 -2α- 羟基熊果 -12, 20（30）- 二烯 -28- 酸 [3β-cis-p-coumaroyloxy-2α-hydroxyurs-12, 20（30）-dien-28-oic acid]、顺式 -3β- 咖啡酰氧基 -2α- 羟基熊果 -12- 烯 -28- 酸（cis-3β-caffeoyloxy-2α-hydroxyurs-12-en-28-oic acid）和反式 -3β- 咖啡酰氧基 -2α- 羟基熊果 -12- 烯 -28- 酸（trans-3β-caffeoyloxy-2α-hydroxyurs-12-en-28-oic acid）[4]；挥发油类：蒎烯（pinene）、桉树脑（eucalyptol）、α- 松油醇（α-terpineol）、凤蝶醇（selinenol）[5]，（2E, 6E）- 法尼醇 [（2E, 6E）-farnesol]、植醇（phytol）、鲨烯（squalene）、别香橙烯（alloaromadendrene）、喇叭烯（ledene）、喇叭茶醇（palustrol）、白千层醇（viridiflorol）和喇叭醇（ledol）[3]。

心材含皂苷类：大戟 -7, 24- 二烯 -3β, 22β- 二醇（eupha-7, 24-diene-3β, 22β-diol）和 3α- 羟基 -13（18）- 齐墩果烯 -27, 28- 二酸 [3α-hydroxy-13（18）-oleanene-27, 28-dioic acid][6]；甾体类：20- 蒲公英甾烯 -3α, 28- 二醇（20-taraxastene-3α, 28-diol）和 3α, 27- 二羟基 -28, 20β- 蒲公英甾内酯（3α, 27-dihydroxy-28, 20β-taraxastanolide）[6]。

果实含挥发油类：蒎烯（pinene）、D- 柠檬烯（D-limonene）、桉树脑（eucalyptol）、水菖蒲烯（calarene）和凤蝶醇（selinenol）[5]；酚酸类：1, 2, 3- 三 -O- 没食子酰基 -β-D- 葡萄糖（1, 2, 3-tri-O-galloyl-β-D-glucose）、1, 2, 3, 6- 四 -O- 没食子酰基 -β-D- 葡萄糖（1, 2, 3, 6-tetra-O-galloyl-β-D-glucose）、特里马素Ⅱ（tellimagrandin Ⅱ）、玫瑰鞣质 D，即皱褶菌素 D（rugosin D）和 1, 2- 二 -O- 没食子酰基 -3-O- 二没食子酰基 -4, 6-O-（S）- 六羟基二苯酚基 -β-D- 葡萄糖 [1, 2-di-O-galloyl-3-O-digalloyl-4, 6-O-（S）-hexahydroxydiphenoyl-β-D-glucose][7]。

【药理作用】1. 抗菌　叶和果实挥发油对金黄色葡萄球菌、枯草芽孢杆菌、桉树青枯病菌、番茄疮痂病菌、黄瓜角斑病菌、溶血葡萄球菌和大肠杆菌的生长均具有抑制作用[1, 2]。2. 抗氧化　叶所含的油对 1, 1- 二苯基 -2- 三硝基苯肼自由基（DPPH）具有清除作用[3]；正丁醇提取物可抑制脂多糖（LPS）诱导的一氧化氮（NO）和前列腺素 E_2（PGE_2）的产生[4]。3. 抗炎　正丁醇提取物可抑制脂多糖诱导的环氧合酶 -2（COX-2）和诱导型一氧化氮合酶（iNOS）的表达，可抑制 IκBα 的磷酸化及其降解核因子 -κB 的活性，有抑制核因子 -κB 转录的作用[4]。

【功能与主治】祛风止痛。

【药用标准】福建药材 2006 和中华药典 1930。

【临床参考】1. 感冒发热：叶 9 ～ 15g，水煎服。（《海南岛常用中草药手册》）

2. 风湿骨痛、神经痛、肠炎腹泻：叶 6 ～ 9g，水煎服。

3. 过敏性皮炎、湿疹：鲜叶适量，煎汤洗。

4. 神经衰弱、失眠：皮 6～9g，水煎服。（2 方至 4 方引自广州部队《常用中草药手册》）

【化学参考文献】

［1］范超君，陈湛娟，鲍长余，等.白千层叶的化学成分研究［J］.林产化学与工业，2012，32（5）：97-100.

［2］Lee C K. Leucadenone A-D，the novel class flavanone from the leaves of *Melaleuca leucadendron* L.［J］. Tetrahedron Lett，1999，40（40）：7255-7259.

［3］Lee C K. A new norlupene from the leaves of *Melaleuca leucadendron*［J］. J Nat Prod，1998，61（3）：375-376.

［4］Lee C K. Ursane triterpenoids from leaves of *melaleuca leucadendron*［J］. Phytochemistry，1998，49（4）：1119-1122.

［5］汪燕，冯皓，余炳伟，等.白千层叶片和果实挥发油化学成分及抗菌活性［J］.福建林业科技，2016，43（4）：8-12.

［6］Lee C K，Chang M H. Four new triterpenes from the heartwood of *Melaleuca leucadendron*［J］. J Chin Chem Society，1999，45（2）：1003-1005.

［7］Yoshida T，Maruyama T，Nitta A，et al. An hydrolysable tannin and accompanying polyphenols from *Melaleuca leucadendron*［J］. Phytochemistry，1996，42（4）：1171-1173.

【药理参考文献】

［1］汪燕，冯皓，余炳伟，等.白千层叶片和果实挥发油化学成分及抗菌活性［J］.福建林业科技，2016，43（4）：8-12.

［2］Valdés A F，Martínez J M，Lizama R S，et al. In vitro anti-microbial activity of the Cuban medicinal plants *Simarouba glauca* DC，*Melaleuca leucadendron* L. and *Artemisia absinthium* L.［J］. Memórias Do Instituto Oswaldo Cruz，2008，103（6）：615-618.

［3］Rini P，Ohtani Y. Antioxidant，anti-hyaluronidase and antifungal activities of *Melaleuca leucadendron* Linn. leaf oils［J］. Journal of Wood Science，2012，58（5）：429-436.

［4］Jeonghee S，Yun J M. Antioxidant and anti-inflammatory activities of butanol extract of *Melaleuca leucadendron* L.［J］. Preventive Nutrition & Food Science，2012，17（1）：22-28.

3. 桃金娘属 *Rhodomyrtus*（DC.）Reich.

灌木或乔木。叶对生，具离基 3～5 出脉。花较大，1～3 朵腋生。萼筒陀螺形、卵形或圆形，萼齿 4～5 枚，宿存；花瓣 4～5 枚；雄蕊多数，分离，排成多轮，花药丁字着生或基部着生，纵裂；子房下位，与萼筒合生，1～3 室，每室有 2 列胚珠，或在 2 列胚珠之间有假隔膜而成 2～6 室，有时假隔膜横列，将子房分割为上下叠置的多数假室，花柱线形，柱头扩大呈头状或盾状。浆果卵状、壶状或球形。种子多数，肾形或球形，多少压扁，种皮坚硬，胚弯曲或螺旋状，胚轴长。

约 18 种，分布于热带亚洲及大洋洲。中国 1 种，主要分布于南部和东南部地区，法定药用植物 1 种。华东地区法定药用植物 1 种。

633. 桃金娘（图 633）• *Rhodomyrtus tomentosa*（Ait.）Hassk.

【形态】灌木，高 1～2m。叶对生，椭圆形或倒卵形，长 3～8cm，宽 1～4cm，先端圆或钝常微凹，基部宽楔形或楔形，上面无毛或仅幼时被毛，背面被灰白色绒毛，离基 3 出脉直达叶片顶端且相联合；侧脉每边 7～8 条，边脉离叶缘约 4mm；叶柄长 0.4～0.7cm，被绒毛。花常单生，紫红色，直径 2～4cm，具长柄；萼筒倒卵形，长约 0.6cm，被灰色绒毛，基部具 2 苞片，萼齿 5 枚，近圆形，长 0.4～0.5cm，宿存；花瓣 5 枚，倒卵形，长 1.3～2cm；外侧被灰色绒毛；雄蕊多数，红色，长约 0.8cm，花药圆形；子房下位，3 室，花柱长 1cm，基部被绒毛，柱头头状。浆果卵状壶形，长 1.5～2cm，成熟时黑色。种子每室 2 列。花期 4～5 月，果期 7～8 月。

【生境与分布】生于丘陵坡地，分布于浙江、福建、江西，另湖南、广西、广东、香港、海南、台湾、贵州及云南均有分布。

图 633　桃金娘　　　　　　　　　　　　　　　摄影　徐克学等

【**药名与部位**】桃金娘根（岗稔根），根。岗稔子（桃金娘果），成熟果实。

【**采集加工**】桃金娘根：全年均可采收，洗净，晒干；或趁鲜切片，晒干。岗稔子：秋季果实成熟时采收，干燥。或鲜用。

【**药材性状**】桃金娘根：为不规则的片或短段，直径 0.5～3cm。外皮灰棕色或黑褐色，粗糙，易脱落，脱落处呈赭红色或棕红色，有粗糙纵纹。切面皮部薄；木质部宽广，浅棕色至浅红棕色，可见同心环纹。质硬，不易折断。气微，味微涩。

岗稔子：略呈长圆形，杯状，长 0.5～1.2cm，直径约至 1.5cm，一端稍尖，另一端平截，表面棕红色、灰黄色、灰红色或紫棕色，具浅黄色毛茸；顶端有宿存花萼 5 枚，呈半圆形片状，残存或脱落。果实破开后可见内有众多的黄白色扁平形种子；质坚硬，断面不平坦。气微，味微甜，涩。

【**药材炮制**】桃金娘根：除去须根等杂质，洗净，润软，切厚片，干燥；已切厚片者，筛去灰屑。

岗稔子：除去杂质，洗净，干燥。

【**化学成分**】根含皂苷类：桃金娘苷*A、B（tomentoid A、B）、3β-O- 反式对香豆酰基 -2α, 23- 二羟基齐墩果 -12- 烯 -28- 羧酸（3β-O-trans-p-coumaroyl-2α, 23-dihydroxyolean-12-en-28-oic acid）、3β-O- 顺式对香豆酰基 -2α, 23- 二羟基齐墩果 -12- 烯 -28- 羧酸（3β-O-cis-p-coumaroyl-2α, 23-dihydroxyolean-12-en-28-oic acid）、阿江榄仁酸（arjunolic acid）、常春藤皂苷元（hederagenin）[1]、2α, 3β, 23- 三羟基齐墩果烷 -11, 13（18）- 二烯 -28- 酸 [2α, 3β, 23-trihydroxyoleanane-11, 13（18）-diene-28-oic acid]、3β, 23- 二羟基齐墩果烷 -18- 烯 -28- 酸（3β, 23-dihydroxy-oleanane-18-ene-28-oic acid）、羽扇豆醇（lupeol）、白桦脂醇（betulin）、白桦脂酸（betulinic acid）和无羁萜（friedelin）[2]；甾体类：β- 谷甾醇（β-sitosterol）[2]；木脂素类：依伐肝素 B（evafolin B）和 8, 8′- 双 - 二氢松柏基双阿魏酸盐 [8, 8′-bis-（dihydroconiferyl）-diferuloylate] [2]；香豆素类：β- 羟基丙酮香豆素（β-hydroxypropiovanillone）[2]；酚酸类：没食子酸（gallic acid）、没食子酸甲酯（methyl gallate）[2]和栗木鞣花素（castalagin）[3]；挥发油类：二甲酸二丁酯（dibutyl phthalate）、2H-1, 4-苯二氮-2-酮（2H-1, 4-benzodiazepin-2-one）和（9E, 12Z）-9, 12-十四碳二烯-1-醇［（9E, 12Z）-9, 12-tetradecadien-1-ol］等[4]；脂肪酸类：棕榈油酸（palmitoleic acid）[4]；酚类：苏氏-2, 3-双-（4-羟基-3-甲氧基苯基）-3-甲氧基丙醇［thero-2, 3-bis-（4-hydroxy-3-methoxyphenyl）-3-methoxy-propanol］[2]。

茎含木脂素类：（-）-（2R, 3R）-1, 4-O-二阿魏酰基开环异落叶松树脂酚［（-）-（2R, 3R）-1, 4-O-diferuloyl secoisolariciresinol］[5]；皂苷类：3-O-（E）-香豆酰基齐墩果酸［3-O-（E）-coumaroyl oleanolic acid］和阿江榄仁酸（arjunolic acid）[5]；酚酸类：反式-三十烷基-4-羟基肉桂酸酯（trans-triacontyl-4-hydroxyl cinnamate）、3, 3′, 4, 4′-四-O-甲基弗拉维拉酸（3, 3′, 4, 4′-tetra-O-methyl flavellagic acid）和4-羟基-3-甲氧基苯甲酸（4-hydroxy-3-methoxybenzoic acid）和没食子酸（gallic acid）[5]。

叶含黄酮类：3, 7, 3′-三甲氧基-5, 4′, 5′-三羟基黄酮（3, 7, 3′-trimethoxy-5, 4′, 5′-trihydroxyflavone）、5, 7, 3′, 5′-四羟基黄酮（5, 7, 3′, 5′-tetrahydroxyflavone）、艾纳香素（blumeatin）、7, 4′-二甲氧基二氢槲皮素（7, 4′-dimethoxy-dihydroquercetin）、4′-二甲氧基二氢槲皮素（4′-dimethoxy-dihydroquercetin）、柚皮素（naringenin）、槲皮素（quercetin）、杨梅素（myricetin）[6]，杨梅素-3-O-α-L-呋喃阿拉伯糖苷（myricetin-3-O-α-L-arabinofuranoside）、杨梅素-3-O-β-L-葡萄糖苷（myricetin-3-O-β-L-glucoside）[7]，杨梅素-3-O-α-L-鼠李糖苷（myricetin-3-O-α-L-rhamnoside）[7], 风车子属醇*（combretol）[8]、杨梅素-3, 7, 3′-三甲醚-5′-O-β-吡喃葡萄糖苷（myricetin-3, 7, 3′-trimethyl ether-5′-O-β-glucopyranoside）、二氢槲皮素-4′-甲醚（dihydroquercetin-4′-methyl ether）、杨梅素-3, 7, 3′-三甲醚（myricetin-3, 7, 3′-trimethyl ether）[9]、连翘苷（laricitrin）和山奈酚-3-O-α-L-呋喃阿拉伯糖苷（kaempferol-3-O-α-L-arabinofuranoside）[10]；酚酸类：花梗鞣素（pedunculagin）、木麻黄鞣质（casuariin）、山稔甲素（tomentosin）[3]、肉桂酸甲酯（methyl cinnamate）、2, 6-二羟基苯甲酸苯甲酯（2, 6-dihydroxy-benzyl benzoate），即八角醇酯*（verimol K）[6]、3, 3′, 4-三-O-甲基鞣花酸（3, 3′, 4-tri-O-methyl ellagic acid）[8]和没食子酸（gallic acid）[9]；间苯三酚衍生物类：罗丹松酮F（rhodomyrtosone F）[6]、罗丹松酮A、B、D（rhodomyrtosone A、B、D）[8]、罗丹松酮C（rhodomyrtosone C）[6,8,9]、罗丹明酮（rhodomyrtone）[6,8-10]、白藓酮A、B（tomentosone A、B）[11]和白藓酮C（tomentosone C）[9]；蒽类：2, 4, 7, 8, 9, 10-六羟基-3-甲氧基蒽-6-O-β-L-吡喃鼠李糖苷（2, 4, 7, 8, 9, 10-hexahydroxy-3-methoxyanthracene-6-O-β-L-rhamnopyranoside）、4, 8, 9, 10-四羟基-2, 3, 7-三甲氧基蒽-6-O-β-D-吡喃葡萄糖苷（4, 8, 9, 10-tetrahydroxy-2, 3, 7-trimethoxyanthracene-6-O-β-D-glucopyranoside）[6]、4, 8, 9, 10-四羟基-2, 3, 7-三甲氧基蒽-6-O-β-D-吡喃葡萄糖苷（4, 8, 9, 10-terahydroxy-2, 3, 7-trimethoxyanthracene-6-O-β-D-glucopyranoside）、2, 4, 7, 8, 9, 10-六羟基-3-甲氧蒽-6-O-α-L-吡喃鼠李糖苷（2, 4, 7, 8, 9, 10-hexahydroxy-3-methoxyanthracene-6-O-α-L-rhamnopyranoside）[9]和4, 8, 9, 10-四羟基-2, 3, 7-三甲氧基蒽醌-6-O-β-D-吡喃葡萄糖苷（4, 8, 9, 10-tetrahydroxy-2, 3, 7-trimethoxyanthracene-6-O-β-D-glucopyranoside）[10]；生物碱类：毛果芸香碱（trichocarpine）[9]；皂苷类：羽扇豆醇（lupeol）、23-羟基委陵菜酸（23-hydroxytormentic acid）和2α, 3β, 19α, 23-四羟基熊果-12-烯-28-酸-β-D-吡喃葡萄糖苷（2α, 3β, 19α, 23-tetrahydroxyurs-12-en-28-oic acid-β-D-glucopyranoside）[10]；甾体类：豆甾醇（stigmasterol）[10]；萜类：（6R, 7E, 9R）-9-羟基-4, 7-巨豆二烯-3-酮［（6R, 7E, 9R）-9-hydroxy-4, 7-megastigmadien-3-one］[8]、桃金娘二酮*E、F、G、H、I、J、K、L、M（tomentodione E、F、G、H、I、J、K、L、M）[12]、桃金娘萜*A、B（rhodomyrtial A、B）、罗丹酮A（rhodomentone A）和桃金娘二酮*A、B、C、D（tomentodione A、B、C、D）[13]；酚及酚苷类：（2R, 4′R, 8′R）-α-生育酚［（2R, 4′R, 8′R）-α-tocopherol］、（2R, 4′R, 8′R）-新生育酚［（2R, 4′R, 8′R）-neotocopherol］，即（2R, 4′R, 8′R）-β-生育酚［（2R, 4′R, 8′R）-β-tocopherol］、α-生育酚A（α-tocopherol A）、α-生育酚对苯醌（α-tocopherol quinone）[6]、α-生育酚（α-tocopherol）[8]和六羟基联苯基-（2, 3-D-葡萄糖）［hexahydroxydiphenyl-（2, 3-D-glucose）］[7]；呋喃环酮类：沃森碘酮A，即沃森尼康（watsonianone A）[6]和沃森尼康C（watsonianone C）[9]；其他尚含：（-）-α-环孢菌酮［（-）-α-tocospirone］[6]和内过氧化物 G_3（endoperoxide G_3）[8]。

果实含甾体类：4-豆甾烯-3-酮（stigmast-4-en-3-one）[5]；间苯三酚类：罗丹明酮（rhodomyrtone）

和罗丹松酮 I、D（rhodomyrtosone I、D）[5]；皂苷类：齐墩果酸（oleanolic acid）[5]；酚酸类：没食子酸甲酯（methyl gallate）和 3-O- 甲基鞣花酸 -4-O-α- 吡喃鼠李糖苷（3-O-methyl ellagic acid-4-O-α-rhamnopyranoside）[5]。

种子含蒽酮类：1, 4, 7- 三羟基 -2- 甲氧基 -6- 甲基蒽 -9, 10- 二酮（1, 4, 7-trihydroxy-2-methoxy-6-methyl anthracene-9, 10-dione）[14]。

【药理作用】1. 止血　提取物能促进大鼠颈总动脉血栓形成，诱导全血血小板聚集，其机制可能与下调血小板环磷酸腺苷（cAMP）、环磷酸鸟苷（cGMP）和一氧化氮（NO）含量有关[1]。2. 抗氧化　果实 75% 乙醇提取物对 1, 1- 二苯基 -2- 三硝基苯肼自由基（DPPH）均有一定的清除作用，其中云南、贵州地区的果实作用较强，酚类成分为其活性成分[2]；果实中提取的黄酮类成分对 1, 1- 二苯基 -2- 三硝基苯肼自由基、羟自由基（·OH）、超氧阴离子自由基（O_2^-·）均有清除作用并能抑制脂质过氧化作用[3]。3. 抗菌　叶乙醇提取物能抑制痤疮丙酸杆菌的生长[4]，耐甲氧西林金黄色葡萄球菌在人 HaCaT 角质细胞的黏附、侵袭和细胞内存活[5]；叶中分离纯化的桃金娘酚酮 C*（tomentosone C）和酰基间苯三酚桃金娘酮（acylphloroglucinol rhodomyrtone）的最低抑菌浓度（MIC）分别为 3.66μg/ml 和 1.83μg/ml[6]。4. 抗炎　叶 95% 甲醇提取物能剂量依赖性地抑制脂多糖诱导的 RAW264.7 细胞和腹膜巨噬细胞的一氧化氮和前列腺素 E_2（PGE_2）的产生，其机制可能为抑制 Syk/Src/NF-κB 和 IRAK1/IRAK4/AP-1 信号通路[7]；果实中分离纯化的瓦特斯尼酮 A*（watsonianone A）通过激活硫氧还蛋白系统、降低细胞内活性氧而起到对抗呼吸道合胞体病毒诱导的炎症反应[8]；叶中提取的挥发油能改善慢性阻塞肺疾病（COPD）大鼠模型气道炎症[9]。5. 护肝　根中提取的多糖类成分对 D- 半乳糖胺诱导的急性肝损伤模型大鼠肝细胞具有保护作用，具有保肝降酶和抗氧化的作用[10]。

【性味与归经】桃金娘根：甘、涩，平。归肝、肾经。岗稔子：甘、微涩，平。归心、肝、肾、大肠经。

【功能与主治】桃金娘根：养血通络，止血止痛。用于胸胁疼痛，风湿痹痛，崩漏，腰肌劳损。岗稔子：补血，收敛，止血。用于血虚证，吐血衄血、便血血崩，带下。

【用法与用量】桃金娘根：15 ～ 30g。岗稔子：15 ～ 30g，鲜用加倍。

【药用标准】桃金娘根：药典 1977、浙江炮规 2015、上海药材 1994、湖南药材 2009、广东药材 2004 和海南药材 2011；岗稔子：广东药材 2004、广西壮药 2008、广西药材 1996 和海南药材 2011。

【临床参考】1. 支气管扩张并感染：桃金娘油肠溶胶囊（桃金娘提取物）口服，每次 1 粒，每日 3 次，连服 7 天[1]。

2. 慢性咽炎：桃金娘油胶囊口服，每次 300mg，每日 3 次，15 天为 1 疗程[2]。

3. 慢性支气管炎：桃金娘油胶囊口服，每次 300mg，每日 3 次饭后服，15 天为 1 疗程，连服 2 疗程，配合中药内服[3]。

4. 慢性阻塞性肺疾病急性加重期：桃金娘油肠溶胶囊餐前口服，每次 300mg，每日 3 次，连用 2 周，配合中药内服[4]。

5. 肝炎：根 30g，水煎服。

6. 中心性视网膜炎：根 60g，加决明子、枸杞子各 15g，水煎服。

7. 烫伤：根切片，炒至半焦，研粉，高压消毒后，油调敷患处。（5 方至 7 方引自《浙江药用植物志》）

8. 胃气病：鲜根 60g，加羊肉 150g，黄酒炒，冲入适量清水煎服。

9. 劳伤出血、糖尿病：根 30 ～ 60g，加猪瘦肉炖服。（8 方、9 方引自《闽东本草》）

【附注】清赵学敏《本草纲目拾遗》中引《粤志》，云："草花之以娘名者，有桃金娘。丛生野间，似梅而微锐，似桃而色倍赪，中茎纯紫，丝缀深黄如金粟，名桃金娘。八九月实熟，青绀若牛乳状。产桂林，今广州亦多有之。花行血。子味甘入脾，养血明目"应为本种。

果实大便秘结者禁服。

本种的叶及花民间也药用。

【化学参考文献】

［1］Zhang Y B，Li W，Zhang Z M，et al. Two new triterpenoids from the roots of *Rhodomyrtus tomentosa*［J］. Chem Soc Jpn，2016，45：368-370.

［2］蔡云婷，耿华伟.桃金娘根的化学成分研究［J］.中药材，2016，39（6）：1303-1307.

［3］刘延泽，吴养洁.桃金娘中可水解丹宁的分离与结构［J］.天然产物研究与开发，1998，10（1）：14-19.

［4］高桂花.桃金娘根中挥发性成分研究［J］.济宁医学院学报，2015，38（1）：26-27.

［5］Hiranrat A，Chitbankluoi W，Mahabusarakam W，et al. A new flavellagic acid derivative and phloroglucinol from *Rhodomyrtus tomentosa*［J］. Nat Prod Res，2012，26（20）：1904-1909.

［6］周学明，刘洪新，陈寿，等.桃金娘叶的化学成分研究［J］.中草药，2016，47（15）：2614-2620.

［7］候爱君，刘延泽，吴养洁.桃金娘中的黄酮苷和一种逆没食子丹宁［J］.中草药，1999，30（9）：645-648.

［8］Hiranrat A，Mahabusarakam W. New acylphloroglucinols from the leaves of *Rhodomyrtus tomentosa*［J］. Tetrahedron，2008，64（49）：11193-11197.

［9］Liu H X，Tan H B，Qiu S X. Antimicrobial acylphloroglucinols from the leaves of *Rhodomyrtus tomentosa*［J］. J Asian Nat Prod Res，2016，18（6）：535-541.

［10］朱春福，刘洪新，贺峦，等.桃金娘叶的化学成分研究［J］.热带亚热带植物学报，2015，23（1）：103-108.

［11］Hiranrat A，Mahabusarakam W，Carroll A R，et al. Tomentosones A and B，hexacyclic phloroglucinol derivatives from the Thai shrub *Rhodomyrtus tomentosa*［J］. J Org Chem，2012，77（1）：680-683.

［12］Zhang Y L，Zhou X W，Wu L，et al. Isolation，structure elucidation，and absolute configuration of syncarpic acid-conjugated terpenoids from *Rhodomyrtus tomentosa*［J］. J Nat Prod，2017，80（4）：989-998.

［13］Zhang Y L，Chen C，Wang X B，et al. Rhodomyrtials A and B，two meroterpenoids with a triketone-sesquiterpene-triketone skeleton from *Rhodomyrtus tomentosa*：structural elucidation and biomimetic synthesis［J］. Org Lett，2016，18（16）：4068-4071.

［14］Chen T，Yu C G，Yang B L. Structure elucidation and NMR assignments for two new quinones from fructus rhodomyrti of *Rhodomyrtus tomentosa*［J］. Chem Nat Compd，2011，47（4）：524-526.

【药理参考文献】

［1］李果明，沈毅华，刘文.桃金娘对颈动脉血栓形成的影响及其机制的实验研究［J］.山东医药，2012，52（43）：14-16.

［2］肖婷，崔炯谟，郭正红，等.不同产地桃金娘果中5种酚类成分的测定及其抗氧化作用研究［J］.中草药，2014，45（18）：2703-2706.

［3］Wu P，Ma G，Li N，et al. Investigation of in vitro and in vivo antioxidant activities of flavonoids rich extract from the berries of *Rhodomyrtus tomentosa*（Ait.）Hassk.［J］. Food Chemistry，2015，173：194-202.

［4］Saising J，Voravuthikunchai S P. Anti Propionibacterium acnes activity of rhodomyrtone，an effective compound from *Rhodomyrtus tomentosa*（Aiton）Hassk. leaves［J］. Anaerobe，2012，18（4）：400-404.

［5］Srisuwan S，Voravuthikunchai S P. *Rhodomyrtus tomentosa* leaf extract inhibits methicillin-resistant *Staphylococcus aureus* Adhesion，invasion，and intracellular survival in human HaCaT Keratinocytes［J］. Microbial Drug Resistance，2017，23（8）：1002-1012.

［6］Liu H X，Tan H B，Qiu S X. Antimicrobial acylphloroglucinols from the leaves of *Rhodomyrtus tomentosa*［J］. Journal of Asian Natural Products Research，2016，18（6）：535-541.

［7］Jeong D，Yang W S，Yang Y，et al. In vitro，and in vivo，anti-inflammatory effect of *Rhodomyrtus tomentosa* methanol extract［J］. Journal of Ethnopharmacology，2013，146（1）：205-213.

［8］Zhuang L，Chen L F，Zhang Y B，et al. Watsonianone A from *Rhodomyrtus tomentosa* fruit attenuates respiratory-syncytial-virus-induced inflammation *in vitro*［J］. J Agric Food Chem，2017，65（17）：3481-3489.

［9］曹丽华，康健，王洋，等.标准桃金娘油对慢性阻塞性肺疾病大鼠气道炎症的影响［J］.大连医科大学学报，2010，32（1）：18-21.

［10］陈旭，杜正彩.桃金娘多糖对大鼠急性肝损伤保护作用的研究［J］.安徽农业科学，2010，38（11）：5644.

【临床参考文献】

［1］吴瑞杰，洪惠敏，刘杰，等.桃金娘油治疗支气管扩张并感染的临床应用［J］.海峡药学，2017，29（1）：83-84.

［2］张青松，程学良，杨滨.标准桃金娘油辅助治疗慢性咽炎疗效观察［J］.海南医学，2009，20（5）：87-88.

［3］季宏耀，岳佩瑜，路兴志，等．自拟平喘汤联合桃金娘油治疗慢性支气管炎疗效观察［J］.湖北中医药大学学报，2016，18（6）：34-36.

［4］花照泉，畅亦杰．益气清肺汤联合标准桃金娘油治疗 AECOPD 的临床疗效研究［J］.中国中药杂志，2013，38（3）：440-442.

4. 桉属 *Eucalyptus* L'Herit.

乔木或灌木，常含有鞣质树脂。叶型多变，幼时叶与成熟叶异型，幼时叶多为对生，无柄或有柄，有腺毛；成熟叶革质，互生、全缘，有柄，有透明腺点；羽状脉，具边脉。花两性，多花排成伞形花序或圆锥花序，顶生或腋生，单花或 2～3 朵簇生于叶腋。萼筒钟形、倒圆锥形或长椭圆形；花瓣基部宽，与萼片合生成帽状体，或二者不结合而有两层帽状体，花开放时帽状体脱落；雄蕊多数，离生，着生于花盘，花药基着或背着，药室 2 个，纵裂或孔裂，外围雄蕊常缺花药；子房与萼筒合生，顶端凸起，3～6 室，胚珠多数，花柱不裂。蒴果全部或下半部藏于萼筒内，上半部突出时常形成 3～6 果片，花盘有时扩大，突出萼筒形成果缘。种子微小，多数，大部分不发育，发育种子卵圆形或有角，种皮坚硬，有时扩大成翅。

600 余种，主要分布于澳大利亚及其附近岛屿，现全球热带亚热带地区广泛引种栽培。中国先后引进近 100 种，法定药用植物 4 种。华东地区法定药用植物 2 种。

634. 柠檬桉（图 634） • *Eucalyptus citriodora* Hook.f.

图 634　柠檬桉

摄影　张芬耀等

【形态】乔木,高达 28m。树皮薄,灰白色,光滑,大片状剥落。幼态叶叶片披针形,有腺毛,基部圆,叶柄盾状着生;成熟叶叶片狭披针形,长 10～15cm,宽约 1cm,微弯,两面均有黑色腺点,揉之有浓厚的柠檬香气;羽状脉,具边脉;叶柄长 1.5～2cm。圆锥花序腋生;花梗短,有 2 棱;花蕾倒卵形,长约 0.7cm;萼筒卵形,长约 0.5cm;帽状体半球形,稍宽于萼筒,先端圆,有 1 小尖突;雄蕊长约 0.7cm,排成 2 列,花药椭圆形,背部着生,药室平行。蒴果壶形,长 1～1.2cm,直径约 1cm;果爿 3～4 爿,藏于萼筒内。花期 4～12 月,果熟期翌年 11 月。

【生境与分布】生于山地、丘陵等低海拔地带,喜温暖、湿润的气候,不耐寒。浙江、福建有栽培,另台湾、广东、海南及广西均有栽培;原产澳大利亚东部和东北部。

【药名与部位】柠檬桉叶,叶或带叶嫩枝。

【采集加工】秋季晴天采收,阴干。

【药材性状】幼叶长圆形,长 7～15cm,宽 3～6cm,有腺毛,基部圆形;老叶卵状狭披针形,长 10～25cm,宽约 1cm,灰绿色,两面均无毛,对光或在放大镜下可见多数油点和散在的暗褐色腺鳞,先端渐尖,基部楔形,边全缘。中脉两面凸起,侧脉多数,纤细,斜举,于近叶缘处汇合成 1 明显的边脉。叶柄稍扭曲,长 1～2cm,粗约 2mm。薄革质,质脆易碎。揉之有柠檬香气,味苦涩而辛凉。

【药材炮制】除去杂质,切碎,阴干。

【化学成分】叶含挥发油类:1R-α- 蒎烯(1R-α-pinene)、β- 蒎烯(β-pinene)、1- 异丙基 -2- 甲基苯(1-isopropyl-2-methyl benzene)、(R)-(+)- 柠檬烯[(R)-(+)-limonene]、桉树脑(eucalyptol)、β- 反式罗勒烯(β-trans-ocimene)、γ- 松油烯(γ-terpinen)、(+)-4- 蒈烯[(+)-4-carene]、α- 松油醇(α-terpineol)、香茅醇(citronellol)、石竹烯(caryophyllene)、愈创木醇(guaiol)、α- 桉叶醇(α-eudesmol)[1]、异胡薄荷醇(isopulegol)、乙酸香茅酯(citronellyl acetate)、β- 石竹烯(β-caryophyllene)[2]、薄荷醇(menthol)、新薄荷醇(neomenthol)、右旋香茅醇,即(R)-3,7- 二甲基 -6- 辛 -1- 醇[(R)-3,7-dimethyl-6-octen-1-ol]、对薄烷 -3,8- 二醇(p-menthane-3,8-diol)、二氢月桂烯(dihydromyrcene)[3]、新异胡薄荷醇(neoisopulegol)、2-(1- 羟基 -1- 甲基乙基)-5- 甲基环己醇[2-(1-hydroxy-1-methylethyl)-5-methyl cyclohexanol],即对薄荷基 -3,8- 二醇(p-mentha-3,8-diol)、水化松油醇(terpin hydrate)、3-(乙酰氧基甲基)-2,2,4- 三甲基环己醇[3-(acetyloxymethyl)-2,2,4-trimethyl cyclohexanol]、十氢 -1- 十一烷基 - 樟脑(decahydro-1-undecyl naphthalene)、别香树烯(alloaromadendrene)、依兰油醇(muurolol)、杜松醇(cadinol)[4]、香茅醛(citronellal)、牻牛儿醇(geraniol)和 δ- 杜松烯(δ-cadinene)[5]、对薄烷顺式 -3,8- 二醇(p-menthane-cis-3,8-diol)和对薄烷反式 -3,8- 二醇(p-menthane-trans-3,8-diol)[6];黄酮类:桉树素(eucalyptin)[6]、槲皮素(quercetin)、杨梅树皮素(myricetin)、槲皮素 -3-O- 葡萄糖苷(quercetin-3-O-glucoside)、杨梅树皮素 -3-O- 鼠李糖苷(myricetin-3-O-rhamnoside)、杨梅树皮素 -3-O- 葡萄糖苷(myricetin-3-O-glucoside)[7]、柠檬桉苷*C(citrioside C)、山柰酚 -3-O-β-D- 吡喃葡萄糖基 -(12)-α-L- 鼠李糖苷[kaempferol-3-O-β-D-glucopyranosyl-(12)-α-L-rhamnoside]、山柰酚 -3-O-α-L- 鼠李糖苷(kaempferol-3-O-α-L-rhamnoside)和槲皮素 -3-O-α-L- 鼠李糖苷(quercetin-3-O-α-L-rhamnoside)[8];酚酸类:阿魏酸(ferulic acid)[6]、鞣花酸(ellagic acid)、栗木鞣花素(castalagin)和二棓酰六羟基联苯二酰葡萄糖(digalloyl hexahydroxydiphenoyl glucose)[9];环己酮类:柠檬桉苷(citriodorin)[10]。

果实含挥发油:2- 甲基 -5-(1- 甲基乙基)- 双环[3.1.0]己 -2- 烯{2-methyl-5-(1-methylethyl)-bicyclo[3.1.0]hex-2-ene}、1R-α- 蒎烯(1R-α-pinene)、β- 蒎烯(β-pinene)、1- 异丙基 -2- 甲基苯(1-isopropyl-2-methyl benzene)、(R)-(+)- 柠檬烯[(R)-(+)-limonene]、桉树脑(eucalyptol)、β- 半反式罗勒烯(β-trans-ocimene)、γ- 松油烯(γ-terpinen)、(+)-4- 蒈烯[(+)-4-carene]、异胡薄荷醇(isopulegol)、α- 松油醇(α-terpineol)、香茅醇(citronellol)、石竹烯(caryophyllene)和愈创木醇(guaiol)[1]。

【药理作用】1.抗菌 从叶分离的精油对红色毛癣菌、荚膜组织胞浆菌、白色念珠菌、新型隐球菌、白色念珠菌和大肠杆菌的生长具有抑制作用[1]。2.抗氧化　从叶分离的精油与主要单帖化合物具有总抗氧化、铁还原抗氧化（FRAP）和亚铁离子螯合的作用，对1，1-二苯基-2-三硝基苯肼自由基（DPPH）和过氧化氢（H_2O_2）有清除作用，对脂质过氧化有抑制作用[2]。3.抗炎　从叶分离的精油对甲醛诱导大鼠的水肿和乙酸所致的腹部痉挛有抑制作用[3]。

【性味与归经】苦，温。

【功能与主治】消肿散毒。用于腹泻肚痛，痢疾，流感，流脑，风湿痛，麻疹，皮肤湿疹。

【用法与用量】6～10g；外用适量，煎汤熏洗患处。

【药用标准】广西药材1996。

【临床参考】1.中、轻度烧伤：柠檬桉树脂粉500g，加大黄粉250g、冰片20g、蒸馏水1500ml、植物油500ml，混合并充分搅拌成浆糊状装入瓶中，高压消毒后备用，创面消毒后外敷，每日1～2次，3天后洗净再涂[1]。

2.疟疾：叶7片，水煎，冲泡鸡蛋1个，或酥饼1～2个，于发作前1～2h服。

3.外伤或轻度感染伤口：树脂适量，研末，加2～3倍量的75%乙醇，搅拌，促溶，静置沉淀，取上清液，兑入4倍浓茶液搅匀，将绷带或纱布浸入，高压消毒，创面清洁后用浸药液绷带或纱布敷上；或树脂25g，研末，放入100ml甘油中，3天后甘油呈黑红色即可使用，为减少刺激，可加蒸馏水适量，涂于清洁后创面。（2方、3方引自《福建药物志》）

【化学参考文献】

［1］屈恋，张闻扬，刘雄民，等.柠檬桉果实、叶挥发油的成分分析及对比［J］.食品工业科技，2016，37（12）：71-75.

［2］田玉红，刘雄民，周永红，等.柠檬桉叶挥发性成分的提取及成分分析［J］.广西科学院学报，2006，23（z1）：651-654.

［3］陈婷婷，黄炳生，周晓农，等.柠檬桉叶挥发油化学成分气相色谱-质谱分析研究［J］.现代医药卫生，2012，28（1）：3-5.

［4］黎贵卿，陆顺忠，曾辉，等.柠檬桉枝叶挥发性成分的研究［J］.广西林业科学，2012，41（4）：352-355.

［5］Costa A V，Pinheiro P F，Queiroz V D，et al. Chemical composition of essential oil from *Eucalyptus citriodora* leaves and insecticidal activity against *Myzus persicae* and *Frankliniella schultzei*［J］.J Essent Oil Bear Pl，2015，18（2）：374-381.

［6］沈兆邦，虞启庄.柠檬桉叶化学成分研究（一报）［J］.林产化学与工业，1986，（3）：30-33.

［7］沈兆邦，徐建平.柠檬桉叶化学成分研究（二报）——黄酮类化合物的分离鉴定［J］.林产化学与工业，1987，（2）：29-35.

［8］Zhou Z L，Yin W Q，Zou X P，et al. Flavonoid glycosides and potential antivirus activity of isolated compounds from the leaves of *Eucalyptus citriodora*［J］.J Korean Soc Appl Bio Chem，2014，57（6）：813-817.

［9］沈兆邦，虞启庄.柠檬桉叶化学成分研究（四报）——单宁组分研究［J］.林产化学与工业，1990，（2）：71-76.

［10］沈兆邦，虞启庄，王永银，等.柠檬桉叶化学成分研究（三报）——柠檬桉苷的分离纯化及结构鉴定［J］.林产化学与工业，1987，（2）：36-44，52.

【药理参考文献】

［1］Luqman S，Dwivedi G R，Darokar M P，et al. Antimicrobial activity of *Eucalyptus citriodora* essential oil［J］.International Journal of Essential Oil Therapeutics，2008，2（2）：69-75.

［2］Singh H P，Kaur S，Negi K，et al. Assessment of in vitro antioxidant activity of essential oil of *Eucalyptus citriodora*（lemon-scented Eucalypt；Myrtaceae）and its major constituents［J］.LWT-Food Science and Technology，2012，48（2）：237-241.

［3］Gbenou J D，Ahounou J F，Akakpo H B，et al. Phytochemical composition of *Cymbopogon citratus*，and *Eucalyptus citriodora*，essential oils and their anti-inflammatory and analgesic properties on Wistar rats［J］.Molecular Biology Reports，2013，40（2）：1127-1134.

【临床参考文献】

［1］黄跃东.柠檬桉树脂糊剂治疗中、轻度烧伤234例［J］.福建中医药，1989，20（5）：23-24.

635. 桉树（图 635）• *Eucalyptus robusta* Smith

图 635 桉树

摄影 张芬耀等

【别名】大叶桉。

【形态】乔木，高达 20m。树皮厚而稍松软，深褐色，有不规则斜裂沟，不剥落。幼枝有棱。幼态叶对生，叶片卵形，长 10～11cm，宽 3～7cm，有柄；成熟叶叶片披针状卵形或椭圆状卵形，厚革质，长 8～17cm，宽 3～7cm，基部偏斜，两面均有腺点；侧脉至近边缘连接成边脉；叶柄长 1.5～2.5cm。伞形花序粗大，有 4～8 花，花序梗扁，长不及 2.5cm；花梗短，扁平；花蕾长达 2cm；萼筒半球形或圆锥形，长达 0.9cm；帽状体约与萼筒等长，顶端收缩成喙；雄蕊长 1～1.2cm，花药椭圆形，药室纵裂。蒴果，卵状壶形，长 1～1.5cm，直径 1～1.2cm；果爿 3～4 爿，深藏于萼筒内。花期 4～9 月，果熟期翌年 9 月。

【生境与分布】生于山地、丘陵等低海拔地带，喜温暖、湿润的气候条件，不耐寒。浙江、福建有栽培，另台湾、广东、广西、四川及云南均有栽培；原产澳大利亚。

桉树与柠檬桉的主要区别点：桉树树皮厚而稍松软，深褐色，有不规则斜裂沟，不剥落；幼枝有棱。幼态叶对生，叶片卵形；成熟叶叶片披针状卵形或椭圆状卵形；花序为伞形。柠檬桉树皮薄，灰白色，光滑，大片状剥落；幼态叶叶片披针形，有腺毛，叶柄盾状着生；成熟叶叶片狭披针形；花序为圆锥形。

【药名与部位】柠檬桉叶，叶或带叶嫩枝。

【采集加工】秋季晴天采收，阴干。

【药材性状】幼叶长圆形，长 7～15cm，宽 3～6cm，有腺毛，基部圆形；老叶卵状狭披针形，长 10～25cm，宽约 1cm，灰绿色，两面均无毛，对光或在放大镜下可见多数油点和散在的暗褐色腺鳞，先端渐尖，基部楔形，边全缘。中脉两面凸起，侧脉多数，纤细，斜举，于近叶缘处汇合成1明显的边脉。叶柄稍扭曲，长1～2cm，粗约2mm。薄革质，质脆易碎。揉之有柠檬香气，味苦涩而辛凉。

【药材炮制】 除去杂质，切碎，阴干。

【化学成分】 叶含间苯三酚衍生物类：大叶桉苷A、B、C、D、E（robustaside A、B、C、D、E）[1]；酚酸类：反式对羟基肉桂酸（trans-4-hydroxycinnamic acid）、（－）-橄榄苦苷酸［（－）-oleuropeic acid］、没食子酸（gallic acid）和4-甲氧基鞣花酸-3′-O-α-L-鼠李糖苷（4-methoxyellagic acid-3′-O-α-rhamnoside）[1]；黄酮类：（－）-2S-8-甲基-5，7，4′-三羟基二氢黄酮-7-O-β-D-葡萄糖苷［（－）-2S-8-methyl-5，7，4′-trihydroxyflavanone-7-O-β-D-glucoside］、槲皮素-4′-没食子酸酯-3-O-α-L-阿拉伯糖（quercetin-4′-gallicate-3-O-α-L-arabinoside）、山奈酚（kaempferol）、槲皮素（quercetin）、山奈酚-3-O-α-L-阿拉伯苷（kaempferol-3-O-α-L-arabinoside）、番石榴苷（guaijaverin）、三叶豆苷（trifolin）、金丝桃苷（hyperin）和槲皮素-3-O-（6′-正丁基）-葡萄糖苷酸［quercetin-3-O-（6′-n-butyl-glucuronide）］[1]；吡喃酮类：苯并吡喃酮苷（chromene glucoside）[1]；挥发油类：异戊醛（isovaleraldehyde）、异戊酸（isovaleric acid）、α-蒎烯（α-pinene）、1，8-桉树脑（1，8-cineole）、松香芹醇（pinocarveol）、冰片（borneol）、α-松油醇（α-terpineol）、二氧柠檬烯（limonene dioxide）、E-3（10）-蒈烯-4-醇［E-3（10）-caren-4-ol］、蒎烷二醇（pinanediol）、1，3，3-三甲基-2-氧杂二环［2.2.2］辛烷-6-乙酸酯｛1，3，3-trimethyl-2-oxabicyclo［2.2.2］octan-6-acetate｝[2]、莰烯（camphene）、β-蒎烯（β-pinene）、1-甲基-3-（1-甲基乙基）-苯［1-methyl-3-（1-methylethyl）-benzene］、右旋柠檬烯（D-limonene）、桉油精（eucalyptol）、葑醇（fenchol）、L-松香芹醇（L-pinocarveol）、1-甲基-4-（1-甲基亚乙基）-环己醇［1-methyl-4-（1-methylethylidene）-cyclohexanol］、雅榄蓝烯（eremophilene）、别香橙烯（alloaromadendrene）、表蓝桉醇（epiglobulol）、（－）-蓝桉烯［（－）-globulol］、蛇麻烷-1，6-二烯-3-醇（humulane-1，6-dien-3-ol）、2-（4a，8-二甲基-2，3，4，4a，5，6，7，8-八氢-2-萘基）-2-丙醇［2-（4a，8-dimethyl-2，3，4，4a，5，6，7，8-octahydro-2-naphthalenyl）-2-propanol］、1，4，6-三甲基-2-阿杂弗洛烯酮*（1，4，6-trimethyl-2-azafluorenone）[3]，1，2-苯二甲酸单（2-乙基己基）酯［1，2-benzenedicarboxylic acid mono（2-ethylhexyl）ester］、1-甲基-4-（1-甲基乙基）-1，4环己二烯［1-methyl-4-（1-methylethyl）-1，4-cyclohexadiene］、9-十八烯酸甲基酯［methyl 9-octadecenoate］、丁酸2-甲基丙酯（2-methyl propyl butanoate）、草酸丁基异己酯（butyl isohexyl oxalate）、2，2′-二亚甲基［6-（1，1-二甲基乙基）-4-甲基］苯酚｛2，2′-bismethylene［6-（1，1-dimethylethyl）-4-methyl］phenol｝、亚硫酸环己烷甲基十四烷基酯（cyclohexylmethyl tetradecyl sulfurous acid ester）[4]，α-蒎烯（α-pinene）、γ-松油烯（γ-terpinene）[5]和4-羟基十四烷醇（4-hydroxyl tetradecanol）[6]。

果实含挥发油类：对孟烷-1-烯-4-醇（p-menth-1-en-4-ol）、α-乙酰松油醇（α-terpineolacetate）、α-古芸烯（α-gurjunene）、香橙烯（aromadendrene）、别香橙烯（alloaromadendrene）、喇叭茶烯（ledene）、表兰桉醇（epiglobulol）和兰桉醇（globulol）[7]。

【药理作用】 1.抗菌　叶石油醚提取物对金黄色葡萄球菌和枯草芽孢杆菌的生长有抑制作用；叶乙酸乙酯提取物对金黄色葡萄球菌和大肠杆菌的生长有抑制作用；叶甲醇、95%乙醇、丙酮和无水乙醇提取物对金黄色葡萄球菌、大肠杆菌、枯草芽孢杆菌、绿色木霉菌和青霉菌的生长均具有不同程度的抑制作用[1]；叶粗提物对大肠杆菌、金黄色葡萄球菌、蜡样芽孢杆菌的生长均具有抑制作用[2]。2.抗疟　从叶分离的酚性油状物对感染伯氏疟原虫株的小鼠有抗疟作用[3]。3.抗氧化　从叶分离的总酚类化合物具有明显的抗氧化作用，作用强度与抗坏血酸相当[3]。4.抗肿瘤　从叶分离的总酚类化合物对胰腺癌、乳腺癌、肺癌、脑癌、皮肤癌、结肠癌和卵巢癌细胞均具有明显的细胞毒作用[4]。

【性味与归经】 苦，温。

【功能与主治】 消肿散毒。用于腹泻肚痛，痢疾，流感，流脑，风湿痛，麻疹，皮肤湿疹。

【用法与用量】 6～10g；外用适量，煎汤熏洗患处。

【药用标准】 广西药材1996。

【临床参考】1. 预防流感、乙脑：鲜叶 500g，加水适量煎汁，制成 100% 煎液，喉头喷雾；或叶 6 ～ 9g（鲜叶 15 ～ 30g），水煎服。

2. 丝虫病：叶（连枝）90g，切碎，水煎 3h，临睡前 1 次服完。

3. 肾盂肾炎：叶制成 100% 煎剂，每次服 30ml，每日 3 ～ 4 次，15 天 1 疗程。

4. 疔肿、皮肤溃疡：叶水煎浓缩成滴水成珠，加凡士林调敷患处。

5. 皮肤创面消毒：叶制成 15% 煎液或 25% 蒸馏液，外用。

6. 顽固性湿疹、阴道霉菌感染：叶 30g，水煎洗患处，每日 2 次。（1 方至 6 方引自《浙江药用植物志》）

7. 神经性皮炎（顽癣样厚皮干湿疹、瘙痒剧烈）：叶 150g，煎水约 5 碗，待温度适宜时浸洗患处。（《岭南草药志》）

8. 哮喘：叶 12g，加白英 3g、黄荆 3g，水煎服。

9. 手脚癣：叶适量，研末撒患处。

10. 急性乳腺炎：鲜叶 30g，加白英 30g，煎水内服。（9 方至 11 方引自江西《草药手册》）

11. 糖尿病：叶 40g，加拔仔心叶 40g、白猪母菜 40g，炖排骨服。（《台湾药用植物志》）

12. 急、慢性化脓性中耳炎：鲜叶水煎成 5% 溶液，每日滴耳 3 ～ 4 次。（《福建药物志》）

13. 荨麻疹：鲜叶 15 ～ 30g，水煎服。（《福建中草药》）

【附注】内服用量不宜过大，以免呕吐。

本种的果实民间也药用。

【化学参考文献】

［1］郭倩仪. 大叶桉的化学成分及 UPLC 指纹图谱研究［D］. 广州：暨南大学硕士学位论文，2013.

［2］田玉红，刘雄民，周永红，等. 大叶桉叶挥发性成分的提取及分析［J］. 中国药学杂志（自然科学版），2006，41（18）：1436-1437.

［3］唐伟军，周菊峰，李晓宁，等. 大叶桉叶挥发油的化学成分研究［J］. 分析科学学报，2006，22（2）：182-186.

［4］李群，谭韵雅，王平，等. 大叶桉叶水浸提液成分分析［J］. 广西植物，2014，34（4）：520-524.

［5］兰美兵，李啸红，余永莉，等. 广东产大叶桉叶挥发油的化学成分和遗传毒理学研究［J］. 中药药理与临床，2012，28（6）：82-85.

［6］周军平，关雄泰. 药用大叶桉叶有机成分分析［J］. 湖北医药学院学报，1996，15（3）：121-123.

［7］钟伏生，罗永明，单荷珍，等. 大叶桉果实挥发油成分分析［J］. 时珍国医国药，2006，17（6）：942.

【药理参考文献】

［1］吕东元，周玉成，张晶晶，等. 大叶桉不同溶剂提取物的抑菌活性研究［J］. 中国民族民间医药，2009，18（16）：1-2.

［2］王岳峰，余延春，杨国军，等. 大叶桉黄酮类化合物的分析及抑菌活性的研究［J］. 中华中医药学刊，2004，22（11）：2135.

［3］秦国伟，田英，顾浩明，等. 大叶桉酚性油状物和其抗疟作用［J］. 中国药学杂志，1984，19（9）：42-43.

［4］Quan V V，Hirun S，Chuen T L K，et al. Physicochemical antioxidant and anti-cancer activity of a *Eucalyptus robusta*（Sm.）leaf aqueous extract［J］. Industrial Crops & Products，2015，64（1）：167-174.

八四　野牡丹科 Melastomataceae

草本、灌木或小乔木，地生，少数附生。枝条对生。单叶，对生，偶有轮生，基出脉常 3～5 条，稀 7 或 9 条，侧脉多数，平行，稀羽状脉，叶片边缘常有缘毛；具柄，少数无柄；无托叶。花两性，辐射对称，通常为 4～5 数，常组成各式花序，稀单生；花萼漏斗形、钟形或杯形，常四棱，与子房基部合生，稀分离，裂片常 4～5 片；花瓣 4～5 枚，颜色鲜艳，着生于萼管喉部，常与萼片互生，螺旋状或覆瓦状排列，分离，少有基部合生；雄蕊与花瓣同数或为其 2 倍，异型或同型，花丝丝状，花药 2 室，极少 4 室，单孔开裂，稀 2 孔裂或纵裂，药隔常有附属体或下部有距；子房下位或半下位，稀上位，子房室数与花瓣同数或 1 室，花柱单生，胚珠多数。蒴果、浆果或浆果状核果，常与宿存花萼贴生。种子通常多数，细小。

166 属，约 4500 种，主要分布于热带和亚热带地区。中国 21 属，114 种，分布于西藏南部和长江流域以南各省区，法定药用植物 3 属，7 种。华东地区法定药用植物 2 属，4 种。

野牡丹科法定药用植物科特征成分鲜有报道。金锦香属含黄酮类、皂苷类等成分。黄酮类多为黄酮醇、二氢黄酮醇，如槲皮素 -3-O-β-D- 葡萄糖苷（quercetin-3-O-β-D-glucoside）、杨梅素（myricetin）等；皂苷类如齐墩果酸（oleanolic acid）等。

野牡丹属含黄酮类、酚酸类、皂苷类等成分。黄酮类包括黄酮、黄酮醇、花色素类等，如木犀草素 -7-O-β-D- 葡萄糖苷（luteolin-7-O-β-D-glucoside）、金丝桃苷（hyperoside）、4- 甲基芍药花青素 -7-O-β-D- 葡萄糖苷（4-methylpeonidin-7-O-β-D-glucoside）等；酚酸类如没食子酸（gallic acid）、对香豆酸（p-coumaric acid）等；皂苷类包括齐墩果烷型、熊果烷型、羽扇豆烷型等，如齐墩果酸（oleanolic acid）、α- 香树脂醇（α-amyrin）、白桦脂酸（betulinic acid）等。

1. 金锦香属 Osbeckia Linn.

草本、亚灌木或灌木。茎四棱形或六棱形。叶对生，有时 3 枚轮生，通常被毛，全缘，具缘毛，基出脉 3～7 条，具柄或几无柄。花常排成头状、总状或圆锥花序，顶生；萼管坛状或长坛状，通常具刺毛状突起或星状附属物，少被单毛，萼裂片 4～5 枚，裂片间有毛刷状附属物；花瓣 4～5 枚，倒卵形至广卵形；雄蕊 8～10 枚，同型，等长或近等长，常偏向一侧，花丝较花药短或近相等，花药单孔开裂，药隔基部微下延，稍膨大或成短距；子房半下位，4～5 室，顶端常具 1 圈刚毛。蒴果卵形或长卵形，顶孔最先开裂，后 4～5 纵裂，宿存花萼包藏蒴果，中部以上常缢缩成颈，呈坛状，顶端平截。种子小，肾形或马蹄状弯曲，有小斑点。

约 50 种，分布于亚洲至非洲的热带及亚热带地区。中国 5 种，分布于南部及西南地区，法定药用植物 3 种。华东地区法定药用植物 2 种。

636. 金锦香（图 636）• Osbeckia chinensis Linn.

【别名】金石榴（浙江）。

【形态】草本或亚灌木，高 20～60cm。茎四棱形，被紧贴的糙伏毛。叶对生，叶片条形或条状披针形，长 2～5cm，宽 0.4～0.8（～1）cm，全缘，两面被糙伏毛，基出脉 3 或 5；叶柄极短。顶生头状花序具花 2～8 朵，稀更多，无花梗，基部具叶状总苞 2～6 枚，苞片卵状披针形；花萼通常带红色，无毛或具 1～5 枚刺毛突起，萼管长约 6mm，萼裂片 4，三角状卵形，与萼管近等长，具缘毛，裂片基部间外缘有 1 刺毛突起；花瓣 4，淡紫红色或粉红色，长约 1cm，具缘毛；雄蕊 8，偏于一侧，花药顶端有长喙；子房近球形，顶端有刚毛 16 条。蒴果卵状球形，为坛状宿存萼所包，长约 6mm，4 纵裂，紫红色，外面无毛或

图 636　金锦香　　　　摄影　张芬耀等

具少数刺毛突起。种子细小，马蹄形弯曲。花期 7 ～ 9 月，果期 9 ～ 11 月。

【生境与分布】生于空旷的山坡草地、田边或疏林下，垂直分布可达 1100m。分布于浙江、江苏、安徽、福建、江西，另湖北、湖南、广西、贵州、四川、云南、广东、海南、台湾等省区均有分布。

【药名与部位】朝天罐根，根。金锦香（硬地丁、金石榴），全草。

【采集加工】朝天罐根：冬季采挖，除去须根，洗净，干燥。金锦香：夏末秋初果期采挖，除去泥土，晒干。

【药材性状】朝天罐根：根头膨大，呈不规则的团块状，直径 1.3 ～ 3.5cm，上方有茎基痕 1 至数个。根呈长圆锥形或圆柱形，直径 0.4 ～ 3cm，常弯曲，有分枝。表面浅棕黄色或暗褐色，栓皮翘起部分呈薄片状，脱落处露出细密的纵皱纹。质坚硬，不易折断。横切面皮部褐色，木质部黄白色，有时可见同心环纹和放射纹。气微，味涩。

金锦香：长 15 ～ 60cm，根较粗壮，圆柱形，灰褐色，质硬而脆。茎呈四棱形，黄绿色，被紧贴的金黄色粗浮毛，老茎略呈圆柱形，褐色。叶对生，有短柄；叶片展平后呈条形或条状披针形，长 2 ～ 5cm，宽 2 ～ 7mm，先端尖，基部钝圆，上表面黄绿色，下表面色较浅，两面均被金黄色毛，基出脉 3 ～ 5 条，侧脉不明显。花数朵，无梗，排成顶生的头状花序；花冠暗紫红色，皱缩，易脱落。蒴果钟状，浅棕黄色至黄棕色，顶端平截。气微，味涩，微甘。

【药材炮制】金锦香：除去杂质，抢水洗净，切段，晒干。

【化学成分】全草含黄酮类：槲皮素 -3-O-β-D- 吡喃葡萄糖苷（quercetin-3-O-β-D-glucopyranoside）、槲皮素 -3-O-β-D- 吡喃鼠李糖苷（quercetin-3-O-β-D-rhamnopyranoside）、山奈酚 -6-C-β-D- 吡喃葡萄糖苷（kaempferol-6-C-β-D-glucopyranoside）[1]、山奈酚 -3-O-β-L- 吡喃鼠李糖苷（kaempferol-3-O-β-L-ramnopyranoside）、槲皮素 -3-O-β-D- 吡喃半乳糖苷（quercetin-3-O-β-D-galactopyranoside）、槲皮素 -3-O-β-L- 吡喃鼠李糖苷（quercetin-3-O-β-L-rhamnopyranoside）、山奈酚 -6-C-β-D- 吡喃葡萄糖苷（kaempferol-6-C-β-D-glucopyranoside）、槲皮素 -3-O-β-L- 吡喃鼠李糖苷 -2″- 乙酸酯（quercetin-3-O-β-L-rhamnopyranosyl-2″-acetate）、山奈酚 -3-O-β-D- 吡喃葡萄糖 -3″, 6″- 二 -O-E-（4- 羟基）- 肉桂酸酯［kaempferol-3-O-β-D-glucopyranosyl-3″, 6″-bis-O-E-（4-hydroxy）-cinnamate］、4′- 羟基黄酮 -3-O-（6-O- 反式 -p- 香豆酰基）-β-D- 吡喃葡萄糖苷［4′-hydroxyflavone-3-O-（6-O-trans-p-coumaroyl）-β-D-glucopyranoside］、山奈酚 -3-O-β-D- 吡喃葡萄糖 -6″-O-E-（4- 羟基）- 肉桂酸酯［kaempferol-3-O-β-D-glucopyranosyl-6″-O-E-（4-hydroxy）-cinnamate］[2]和槲皮素（quercetin）[3]；甾体类：β- 谷甾醇（β-sitosterol）[1,2]，胡萝卜苷（daucosterol）[1-3]和胆甾 -5- 烯 -2, 3, 21- 三醇（cholest-5-ene-2, 3, 21-triol）[2]；皂苷类：3β- 羟基 -9（11）- 羊齿烯 -23- 酸［3β-hydroxy-9（11）-fernen-23-oic acid］、1, 2- 二羟基 -9（11）- 乔木萜烯 -3- 酮［1, 2-dihydroxy-9（11）-arborinen-3-one］[2]和熊果酸（ursolic acid）[3]；呋喃类：2- 呋喃甲酸（2-furoic acid）[3]；低碳羧酸类：琥珀酸（succinic acid）[3]；酚酸类：3, 3′- 二甲氧基 - 鞣花酸 -4-O-β-D- 吡喃葡萄糖苷（4-O-β-D-glucopyranosyl-3, 3′-di-O-methyl ellagic acid）、3, 3′, 4′- 三甲氧基 - 鞣花酸 -4-O-β-D- 吡喃葡萄糖苷（4-O-β-D-glucopyranosyl-3, 3′, 4′-tri-O-methyl ellagic acid）[1,2]和 3- 甲氧基 - 鞣花酸 -4-O-β-D- 吡喃葡萄糖苷（4-O-β-D-glucopyranosyl-3-O-methyl ellagic acid）[2]。

【药理作用】降血糖　根 80% 甲醇提取物能降低正常和四氧嘧啶所致糖尿病模型小鼠的血糖，呈时效和剂量依赖性[1]。

【性味与归经】朝天罐根：苦、涩，寒。归脾、肾、肺、肝经。

金锦香：微甘、涩，平；淡，凉。归肺、胃、大肠经。

【功能与主治】朝天罐根：清热，收敛，止泻，调经止血。用于痢疾，腹泻，月经不调，带下，疮疡，痔疮。金锦香：清热利湿，消肿解毒。用于痢疾，胃肠炎，阑尾炎，支气管哮喘，咯血，淋巴结核、白带，小儿疳积，惊风，痔疮，脱肛，疖肿。

【用法与用量】朝天罐根：6 ～ 15g；外用适量，煎水洗，研末涂敷或捣烂敷。金锦香：水煎服：15 ～ 60g。

【药用标准】朝天罐根：贵州药材 2003；金锦香：药典 1977、福建药材 2006 和广东药材 2011。

【临床参考】1. 慢性非特异性肠炎：全草 100g，加千斤拔根 200g、五指毛桃根 200g、香附 150g、益母草 150g、干姜 100g，粳米或优质黏米 300g，将前 5 种药物分别洗净、晒干、切碎，拌入白酒 150ml、米醋 100ml，晾干，慢火炒至焦黄，干姜炒成炭，粳米炒至焦黄，混合，加蜜糖 300g，拌匀、炙香，罐装密封备用，每次 50g，每日 3 次，冲开水约 50ml，热焗 15min 后滤去药渣代茶饮，连服 10 天 1 疗程，连用 1 ～ 2 个疗程[1]。

2. 慢性肝炎：连香冲剂（每袋 12g，含金锦香、马尾连各 10g）口服，每次 1 袋，每日 2 ～ 3 次，连服 1 月[2]。

3. 臀部肿块：全草 12g，加白花蛇舌草 30g、马尾黄连 12g、广郁金 9g、紫丹参 9g、白芍 12g、山楂 15g、茯苓 9g，水煎服[3]。

4. 支气管哮喘：全草 60g 切碎，加猪瘦肉 120g，水适量，煎汤饭后服，每日 2 次，小儿分量减半[4]。

5. 肺脓疡：全草 15g，加狗舍草 15g，烧酒 250ml，加盖隔水炖服。

6. 细菌性痢疾：鲜全草 15 ～ 30g，水煎服。

7. 咯血、阿米巴痢疾：根 30 ～ 90g，水煎服。

8. 阿米巴干脓疡：全草 30g，加生白术 15g、红枣 5 枚，水煎服。

9. 月经不调：根 30 ～ 60g，加益母草 9g，水煎，冲黄酒、红糖服。（5 方至 9 方引自《浙江药用植物志》）

10. 风寒咳嗽：全草 15g，水煎服。

11. 赤白痢、水泻：全草 15 ～ 30g，水煎服。（10 方、11 方引自《湖南药物志》）

【附注】假朝天罐 *Osbeckia crinita* Benth.ex C.B.Clarke、朝天罐（阔叶金锦香）*Osbeckia opipara* C.Y.Wu et C.Chen 的根在贵州及广西也作朝天罐根（或朝天罐）药用。

三叶金锦香 *Osbeckia mairei* Craib 及星毛金锦香 *Osbeckia sikkimensis* Craib 在民间也作金锦香药用。

【化学参考文献】

［1］程忠泉，杨丹，赵友兴，等 . 金锦香的化学成分研究［J］. 安徽农学通报，2010，16（17）：44-46.

［2］赵友兴，杨丹，马青云，等 . 金锦香的化学成分研究［J］. 中草药，2010，42（6）：1061-1065.

［3］曾宪仪，方乍浦，马建中 . 金锦香化学成分研究［J］. 中国中药杂志，1991，16（2）：99-101，127.

【药理参考文献】

［1］Syiem D，Khup P Z. Study of the traditionally used medicinal plant *Osbeckia chinensis* for hypoglycemic and anti-hyperglycemic effects in mice［J］. Pharmaceutical Biology，2006，44（8）：613-618.

【临床参考文献】

［1］梁品一 . 壮乡验方治慢性非特异性结肠炎［J］. 医学文选，1991，10（4）：6.

［2］邬祥惠，钱冠珍，杨佩珍，等 . 连香冲剂治疗慢性肝炎的疗效分析［J］. 中成药研究，1984，（1）：17-18.

［3］丁正栋 . 中草药治愈臀部肿块［J］. 浙江中医学院学报，1978，（1）：63-64.

［4］黄锦清，萧钦朗 . 金石榴治疗 14 例支气管哮喘［J］. 福建中医药，1966，（1）：23.

637. 朝天罐（图 637）• *Osbeckia opipara* C.Y.Wu et C.Chen

【别名】金钟石榴（浙江），高脚红缸（江西），倒水莲（福建），阔叶金锦香（安徽）。

【形态】灌木，高可达 1.2m。茎四棱形，稀六棱形，被糙伏毛。叶对生，有时 3 枚轮生，卵形至卵状披针形，长 6 ～ 10cm，宽 1.8 ～ 3.4cm，全缘，具缘毛，两面被糙伏毛、微柔毛及透明腺点，基出脉 5；叶柄长 0.5 ～ 1cm。圆锥花序，顶生，长 7 ～ 22cm，由稀疏的聚伞花序排列而成，花梗短或几无，苞片卵形；萼管长约 1.2cm，外面被多轮刺毛状有柄星状毛和微柔毛，萼裂片 4，长三角形或卵状三角形，长约 1.1cm；花瓣深红色至紫色，卵形，长约 2cm，无缘毛；雄蕊 8，常偏向一侧，花丝较花药短，花药顶端具长喙，药隔基部稍膨大，末端具 2 刺毛；子房卵形，顶端有 1 圈刚毛，上半部被稀疏微柔毛。蒴果长卵形，为长坛状宿存萼所包，长约 1.5cm，外面被刺毛状有柄星状毛。花果期 7 ～ 9 月。

【生境与分布】生于海拔 250 ～ 800m 的山坡、沟边灌木丛或山坡林缘。分布于浙江、江苏、福建、江西，另湖南、广西、贵州、四川、广东、海南、台湾等省区均有分布。

朝天罐和金锦香的区别点：朝天罐为灌木；叶大，叶片卵形至卵状披针形；圆锥花序，花萼被多轮刺毛状有柄星状毛和微柔毛；宿存萼长坛状。金锦香为草本或亚灌木；叶细小，叶片条形或条状披针形；头状花序，花萼无毛或具 1 ～ 5 枚刺毛突起；宿存萼坛状。

【药名与部位】朝天罐根，根。

【采集加工】冬季采挖，除去须根，洗净，干燥。

【药材性状】根头膨大，呈不规则的团块状，直径 1.3 ～ 3.5cm，上方有茎基痕 1 至数个。根呈长圆锥形或圆柱形，直径 0.4 ～ 3cm，常弯曲，有分枝。表面浅棕黄色或暗褐色，栓皮翘起部分呈薄片状，脱落处露出细密的纵皱纹。质坚硬，不易折断。横切面皮部褐色，木质部黄白色，有时可见同心环纹和放射纹。气微，味涩。

【化学成分】根含内酯类：淫羊藿苷（lasiodiplodin）和去甲基淫羊藿苷（de-*O*-methyl lasiodiplodin）[1]；甾体类：5α, 8α- 表二氧 -（22*E*, 24*R*）- 麦角甾 -6, 22- 二烯 -3β- 醇［5α, 8α-epidioxy-（22*E*, 24*R*）-ergosta-6,

图 637　朝天罐　　　　摄影　徐克学等

22-dien-3β-ol〕和（24*R*）- 豆甾 -4- 烯 -3- 酮〔（24*R*）-stigmast-4-ene-3-one〕[1]；皂苷类：桦木酸（betulintic acid）和 2α- 羟基熊果酸（2α-hydroxyursolic acid）[1]；黄酮类：甲基丁香色原酮（eugenitin）[1]；酚酸类：3, 3′, 4′- 三 -*O*- 甲基鞣花酸（3, 3′, 4′-tri-*O*-methyl ellagic acid）[1]；挥发油类：2, 3- 二氢 -2- 羟基 -2, 4- 二甲基 -5- 反式丙烯基呋喃 -3- 酮（2, 3-dihydro-2-hydroxy-2, 4-dimethyl-5-*trans*-propenylfuran-3-one）、5- 羟甲基糠醛（5-hydroxymethyl furaldehyde）和催吐萝芙木醇（vomifoliol）[1]；烷基芳香烃：整合酶素（integracin）[1]。

【药理作用】抗炎　根水提物对乙酸所致小鼠腹腔毛细血管通透性增高、二甲苯所致小鼠的耳廓肿胀和小鼠棉球肉芽肿有明显的抑制作用，可显著降低小鼠背部气囊炎性渗出液中前列腺素 E_2（PGE_2）的含量[1]；根 75% 乙醇提取物的乙酸乙酯萃取部位和正丁醇萃取部位为其抗炎作用部位，其作用机制为有效降低肿瘤坏死因子 α（TNF-α）mRNA 的表达[2]。

【性味与归经】苦、涩，寒。归脾、肾、肺、肝经。

【功能与主治】清热，收敛，止泻，调经止血。用于痢疾，腹泻，月经不调，带下，疮疡，痔疮。

【用法与用量】6 ～ 15g；外用适量，煎水洗，研末涂敷或捣烂敷。

【药用标准】贵州药材 2003。

【临床参考】1. 功能性子宫出血：根 30g，切片，水煎，加入甜酒 30ml 1 次服完，每日 1 剂[1]。

2. 痢疾、急性肠胃炎：鲜根 60 ～ 120g，水煎分 2 次服。

3. 月经不调：根 30g，加野海棠、梵天花根各 15g，艾叶 6g，水煎服。

4. 白带：根 30g，加鸡冠花 15g，山药、栌兰各 12g，菟丝子 9g，陈皮 2.5g，水煎服。

5.肺结核咳血、痔疮出血：根 15 ～ 30g，水煎服。（2 方至 5 方引自《浙江药用植物志》）

【化学参考文献】

［1］Wang H S，Wang Y H，Shi Y N，et al. Chemical constituents in roots of *Osbeckia opipara*［J］. China J Chin Mater Med，2009，34（4）：414-418.

【药理参考文献】

［1］蒋霞，黎格，杨柯，等.民族药朝天罐提取物抗炎作用及机理研究［J］.时珍国医国药，2010，21（10）：2693-2694.

［2］蒋霞，邹小琴，王小洁，等. 朝天罐根抗炎活性部位及作用机制的研究［J］.广西医科大学学报，2015，32（4）：547-550.

【临床参考文献】

［1］黄静.民间方治功能性子宫出血［N］.民族医药报，2000-06-30（002）.

2. 野牡丹属 *Melastoma* Linn.

灌木。茎四棱形或近圆形，通常被粗毛或鳞片状糙伏毛。叶对生，被毛，全缘，基出脉 5 或 7，稀 3 或 9；叶具柄。花单生、簇生或组成圆锥花序，顶生或生于分枝顶端；花萼坛状球形，被毛或鳞片状糙伏毛，萼裂片 5，披针形至卵形，裂片间有小裂片或无；花瓣与花萼裂片同数，淡红色至红色或紫红色，通常为倒卵形，偏斜；雄蕊 10 枚，5 长 5 短，长者带紫色，花药披针形，药隔基部伸长，呈柄状，弯曲，末端 2 裂，短者黄色，药隔不伸长，但花药基部前方具 1 对小瘤；子房半下位，5 室，顶端常密被毛；胚珠多数，着生于中轴胎座上。蒴果卵形，稍肉质，顶孔开裂或横裂；宿存萼坛状球形，顶端平截，密被粗毛或鳞片状糙伏毛；种子小，近马蹄形。

约 22 种，分布于亚洲东南部至大洋洲北部以及太平洋诸岛屿。中国 5 种，分布于长江流域以南各省区，法定药用植物 3 种。华东地区法定药用植物 2 种。

金锦香属和野牡丹属的区别点：金锦香属的雄蕊同型，等长或近等长；花萼常具刺毛状突起或星状附属物；宿存萼坛状或长坛状，中部以上常缢缩成颈。野牡丹属的雄蕊异型，5 长 5 短；花萼被毛或鳞片状糙伏毛；宿存萼坛状球形，中部以上无颈。

638. 地菍（图 638）• *Melastoma dodecandrum* Lour.

【别名】野落茄、地石榴、紫茄子、山辣茄（浙江），库卢子（江西），地稔。

【形态】小灌木，高 10 ～ 30cm。茎匍匐，分枝多，下部伏地，逐节生根。叶片卵形或椭圆形，顶端急尖，基部阔楔形，长 1 ～ 4cm，宽 0.8 ～ 2（～ 3）cm，全缘或具细密的浅齿，基出脉 3 或 5，两面被稀疏糙伏毛；叶柄长 2 ～ 6（～ 15）mm。花序顶生，聚伞状，具花（1 ～）3 朵，基部有叶状总苞 2 枚，常较叶小；苞片卵形；花梗被糙伏毛；萼筒长约 5mm，被基部膨大的糙伏毛，萼裂片 5，披针形，疏被糙毛，边缘具刺毛状缘毛，裂片间具 1 小裂片；花瓣淡紫红色至紫红色，菱状倒卵形，长 1.2 ～ 2cm，顶端有 1 束刺毛，被疏缘毛；雄蕊长者药隔基部延伸，弯曲，末端具 2 个小瘤，短者药隔不伸延，药隔基部具 2 个小瘤；子房下位，顶端具刺毛。果坛状球形，近顶端略缢缩，平截，肉质，不开裂，直径约 7mm；宿存萼被稀疏糙伏毛。花期 5 ～ 7 月，果期 7 ～ 9 月。

【生境与分布】生于山坡矮草丛中，垂直分布可达 1250m。分布于浙江、安徽、福建、江西，另湖北、湖南、广东、广西、贵州、四川均有分布。

【药名与部位】嘎狗噜（地稔、地菍），全草。

【采集加工】夏季采收，洗净，干燥。

【药材性状】根呈类圆形，直径 2 ～ 3mm，表面黄白色至棕黄色。茎呈棕色，直径约 1.5mm，表面有纵条纹，节处有须根。叶对生，叶片深绿色，多皱缩破碎，完整者展开后呈椭圆形或卵形，长 1 ～ 4cm，

图 638　地菍　　　　　　　　　　　　　　摄影　徐克学等

宽 0.8～3cm，仅上面边缘或下面脉上有稀疏的糙伏毛。有时可见花或果，花萼 5 裂，花瓣 5 枚。果坛状球形，上部平截，略缢缩。气微，味微酸涩。

【药材炮制】除去杂质，洗净，切段，干燥。

【化学成分】全草含黄酮类：萹蓄苷（avicularin）、3, 7, 4′- 三甲氧基槲皮素（3, 7, 4′-trimethoxy-quercetin）[1]，槲皮素（quercetin）、槲皮素 -3-O-β-D- 吡喃葡萄糖苷（quercetin-3-O-β-D-glucopyranoside）、槲皮素 -3-O-（6″-O- 反式香豆酰基）-β-D- 吡喃葡萄糖苷［quercetin-3-O-（6″-O-trans-coumaroyl）-β-D-glucopyranoside］、山奈酚（kaempferol）、山奈酚 -3-O-β-D- 吡喃葡萄糖苷（kaempferol-3-O-β-D-glucopyranoside）、山奈酚 -3-O-［2″, 6″-O- 双反式对香豆酰基］-β-D- 吡喃葡萄糖苷 {kaempferol-3-O-［2″, 6″-di-O-trans-coumaroyl］-β-D-glucopyranoside}、木犀草素 -7-O-（6″- 对香豆酰基）-β-D- 吡喃葡萄糖苷［luteolin-7-O-（6″-p-coumaroyl）-β-D-glucopyranoside］、芹菜素（apigenin）、芹菜素 -7-O-β-D-（6″- 乙酰基）- 吡喃葡萄糖苷［apigenin-7-O-β-D-（6″-acetyl）-glucopyranoside］、柚皮素（naringenin）、异牡荆素（isovitexin）和表儿茶素 -［8, 7-e］-4β-（4- 羟基苯）-3, 4- 二羟基 -2（3H）- 吡喃酮 {epicatechin-［8, 7-e］-4β-（4-hydroxyphenyl）-3, 4-dihydroxyl-2（3H）-pyranone}[2]；甾体类：胡萝卜苷（daucosterol）[1]；皂苷类：齐墩果酸（oleanolic acid）[1]；内酯类：苍术内酯酮（atractylenolidone）[1]。

地上部分含皂苷类：熊果酸（ursolic acid）、白桦脂酸（betulinic acid）、积雪草酸（asiatic acid）和终油酸（terminolic acid）[3]；甾体类：胡萝卜苷 -6′-O- 二十烷酸盐（daucosterol-6′-O-eicosanoate）、胡萝卜苷（daucosterol）和吡哆甾醇*（cellobiosylsterol）[3]；黄酮类：牡荆素（vitexin）、山奈酚 -3-O-β-D- 吡喃葡萄糖苷（kaempferol-3-O-β-D-glucopyranoside）、异牡荆素（isovitexin）、槲皮素 -3-O-β-D-（6″- 没食子酰基）- 吡喃葡萄糖苷［quercetin-3-O-β-D-（6″-galloyl）glucopyranoside］、槲皮素 -3-O-β-D- 吡喃葡萄糖苷（quercetin-3-O-β-D-glucopyranoside）、木犀草素 -6-C-β- 吡喃葡萄糖苷（luteolin-6-

C-β-glucopyranoside）、槲皮素 -3-O-β- 刺槐苷（quercetin-3-O-β-robinobioside）和山柰酚 -3-O-β- 刺槐苷（kaempferol-3-O-β-robinobioside）[3]；酚苷类：4- 羟基 -3- 甲氧基苯基 -1-O-（6′-O- 没食子酰基）-β-D- 吡喃葡萄糖苷［4-hydroxy-3-methoxyphenyl-1-O-（6′-O-galloyl）-β-D-glucopyranoside］[3]；酚酸类：大麻黄鞣宁（casuarinin）[3]；脑苷脂类：龙血藤苷 B（dracontioside B）[3]。

【药理作用】1. 止血　全草 50% 乙醇提取液可缩短玻片法和毛细管法所致小鼠的凝血时间，缩短断尾法所致小鼠的出血时间，止血作用成分主要集中在 50% 乙醇提取物的正丁醇部位[1]；全草经硫酸铵沉淀及透析提取的地稔凝集素具有红细胞凝集作用[2]。2. 降血糖血脂　全草水提物[3]、醇提物[4]对高血糖模型小鼠的血糖均有显著的降低作用，对正常小鼠血糖无影响，降血糖的作用部位主要为醇提物的乙酸乙酯萃取部位和正丁醇萃取部位，并均能明显降低糖尿病小鼠的空腹血糖，改善血脂代谢紊乱，同时具有抗氧化作用，以乙酸乙酯部位作用最佳[5-7]；全草水提取物能明显降低高脂血症小鼠血清中的总胆固醇（TC）、甘油三酯（TG）、低密度脂蛋白胆固醇（LDL-C），升高血清中的高密度脂蛋白胆固醇（HDL-C）[8]。3. 抗炎镇痛　全草水提取物能减少乙酸所致小鼠的扭体次数，提高热板所致小鼠的痛阈值，减轻二甲苯所致小鼠的耳肿胀、甲醛所致大鼠的足跖肿胀和纸片肉芽肿程度[9]。4. 护肝　全草水提物对四氯化碳（CCl_4）所致小鼠急性肝损伤有一定的保护作用[10]。

【性味与归经】甘、涩，凉 . 归肝、脾、肺经。

【功能与主治】清热解毒，活血止血；用于食积，淋症，痛经，脱肛。

【用法与用量】15 ～ 30g；外用适量。

【药用标准】浙江炮规 2015、湖南药材 2009、贵州药材 2003、海南药材 2011 和广东药材 2004。

【临床参考】1. 肾盂肾炎：鲜根 250g，加海金沙鲜根 30g，水煎服；水肿加车前子 9g、马兰根 15 ～ 30g，水煎服。

2. 痢疾：根 60g，水煎加糖服；若久痢不愈，加凤尾草 60g，水煎服。

3. 消化道出血：全草 30 ～ 60g，水煎服。

4. 白带：根 60g，加三百草根、白木槿花各 30g，瘦猪肉适量炖熟，食肉服汤。（1 方至 4 方引自《浙江药用植物志》）

5. 败血症：鲜全草 30g，加何首乌 30g、白芷 30g、肉桂 15g，加水煎成 500ml，每次服 20ml，每日 3 次。

6. 疟母（脾肿大）：鲜全草 60g，加鸡蛋 2 个，酒水各半炖服。（5 方、6 方引自《福建中草药临床手册》）

7. 腰部挫伤：根 30 ～ 60g，水煎内服。（《福建民间草药》）

8. 口腔糜烂：全草 30 ～ 60g，水煎服。（《北海民间常用中草药》）

9. 瘰疬：全草连根 30g，加瘦猪肉 60g，或鸡蛋 2 个，同煮服。

10. 痔疮：全草 250g，加明矾 90g、五倍子 15g、醋 500g，炖醋熏洗，另用白芷、地苓叶、五倍子同研细末，麻油调抹患处。

11. 久嗽不止：根 30g，加百合、桑根各 30g，猪肺 1 只，水煎服。（9 方至 11 方引自《闽东本草》）

【附注】地稔以山地稔之名首载于《生草药性备要》。《植物名实图考》云："地稔生江西山同，铺地生，叶如杏叶而小柔厚，有直纹三道，叶中开粉紫花，团瓣如杏花，中有小缺。土医以治劳损，根大如指，长数寸。" 即为本种。

孕妇慎服。

本种的根及果实民间也入药，孕妇慎服。

【化学参考文献】

［1］林绥，李援朝，郭玉瑜，等 . 地稔的化学成分研究（Ⅱ）［J］. 中草药，2009，40（8）：1192-1195.

［2］程森，孟令杰，周兴栋，等 . 地稔中黄酮及其苷类化学成分研究［J］. 中国中药杂志，2014，39（17）：3301-3305.

［3］Yang G X，Zhang R Z，Lou B，et al. Chemical constituents from *Melastoma dodecandrum* and their inhibitory activity on interleukin-8 production in HT-29 cells［J］. Nat Prod Res，2014，28（17）：1383-1387.

【药理参考文献】

［1］陈丙銮，陈宝儿，谷金灿.地稔的止血活性初探［J］.现代中药研究与实践，2012，26（3）：40-41，45.

［2］邓政东，程爱芳，李秀丽.地稔凝集素的提取及凝血活性的研究［J］.黑龙江农业科学，2015，（2）：56-58.

［3］李丽，周芳.地稔提取物对高血糖模型小鼠血糖的影响［J］.中国实验方剂学杂志，2011，17（20）：187-189.

［4］李丽，罗泽萍，杨秀芬，等.地稔醇提物对糖尿病模型小鼠血糖的影响［J］.中国老年学杂志，2014，34（11）：3091-3093.

［5］李丽，罗泽萍，周焕第，等.瑶药地稔不同提取部位的降血糖活性研究［J］.中成药，2014，36（5）：1065-1068.

［6］李丽，罗泽萍，周焕第，等.地稔正丁醇萃取物对链脲佐菌素致糖尿病模型小鼠的影响［J］.医药导报，2014，33（2）：173-176.

［7］李丽，罗泽萍，周焕第，等.地稔乙酸乙酯提取部位对糖尿病小鼠血糖、血脂及抗氧化作用的影响［J］.中国老年学杂志，2015，35（12）：3250-3252.

［8］李丽，罗泽萍，周焕第，等.地稔提取物降血脂作用的实验研究［J］.时珍国医国药，2012，23（11）：2783-2784.

［9］雷后兴，鄢连和，李水福，等.畲药地稔水煎液的镇痛抗炎作用研究［J］.中国民族医药杂志，2008，14（3）：45-47.

［10］李丽，周焕第，罗泽萍，等.瑶药地稔对四氯化碳致小鼠急性肝损伤的保护作用［J］.时珍国医国药，2014，25（4）：819-820.

639. 野牡丹（图 639）• *Melastoma candidum* D.Don

图 639　野牡丹

摄影　张芬耀等

【形态】灌木，高 0.5 ～ 1.5m。分枝多，茎上密被紧贴鳞片状糙伏毛，毛基部扁平而稍阔，边缘细流苏状。叶片卵形至广卵形，顶端急尖，基部近圆形或浅心形，长 4 ～ 10cm，宽 2 ～ 6cm，全缘，基出脉 7 条，稀 5 条，两面密被糙伏毛及短柔毛；叶柄长 5 ～ 15mm。伞房花序顶生，近头状，具花 3 ～ 7 朵，稀单生，基部具叶状总苞 2 枚；苞片披针形或狭披针形；花梗长 3 ～ 20mm，密被鳞片状糙伏毛；萼筒长约 1cm，裂片三角状披针形，与萼管等长或略长，两面均被毛；花瓣玫红色，倒卵形，长 3 ～ 4cm，顶端圆形，密被缘毛；雄蕊长者药隔基部伸长，弯曲，末端 2 深裂，短者药隔不伸延，药室基部具 1 对小瘤；子房半下位，密被糙伏毛，顶端具 1 圈刚毛。蒴果坛状球形，与宿存萼贴生，直径 8 ～ 12mm；宿存萼密被鳞片状糙伏毛。花期 5 ～ 7 月，果期 10 ～ 12 月。

【生境与分布】生于海拔约 120m 以下的山坡松林下或稀疏的灌草丛中。分布于浙江、福建，另湖南、广西、云南、广东、海南、台湾等省区均有分布。

野牡丹和地菍的区别点：野牡丹为灌木，高达 1.5m；叶、花、果均较大，且密被鳞片状糙伏毛；花序近头状。地菍为匍匐小灌木，高 10 ～ 30cm；叶、花、果较小，且被稀疏糙伏毛；花序聚伞状。

【药名与部位】羊开口（野牡丹），根。

【采集加工】秋、冬季采挖，洗净，趁鲜切片，晒干。

【药材性状】为不规则的切片，大小厚薄不一，外皮浅棕红色或棕褐色，平坦，有浅的纵沟纹。皮薄，厚 0.5 ～ 2mm，易脱落，脱落处呈浅棕色，有细密弯曲的纵纹，质硬而致密，切面浅黄棕色或浅棕色，中部颜色较深。气微，味涩。

【药材炮制】除去杂质。

【化学成分】叶含黄酮类：槲皮苷（quercitrin）、槲皮素（quercetin）和山奈酚 -3-O-（2″, 6″- 二 -O- 对反式香豆酰基）葡萄糖苷［kaempferol-3-O-（2″-di-O-p-$trans$-coumaroyl）-glucoside］[1]，原花青素 B2（procyanidin B2）和蜡菊苷*（helichrysoside）[2]；生物碱类：金酰胺（auranamide）和糙叶败酱碱（patriscabratine）[1]；皂苷类：α- 香树脂醇（α-amyrin）[1]；酚酸及酯类：栗木鞣花素（castalagin）[2]和溴氰菊酯 A、E、F（malabathrin A、E、F）[3]。

花含黄酮类：柚皮素（naringenin）、山奈酚（kaempferol）、山奈酚 -3-O-D- 葡萄糖苷（kaempferol-3-O-D-glucoside）和山奈酚 -3-O-（2″, 6″- 二 -O- 对反式香豆酰基）- 葡萄糖苷［kaempferol-3-O-（2″, 6″-di-O-p-$trans$-coumaroyl）-glucoside］[4]。

【药理作用】1. 止泻　叶水提物可降低蓖麻油、硫酸镁所致小鼠的腹泻指数和稀便率，抑制小鼠的胃肠道推进运动[1]。2. 血凝调节　叶和根水提物在低剂量（10mg/kg）时有止血、促凝血作用，高剂量（20mg/ml）时有抗凝血作用[2]；水提取物（5mg/kg）可促进大鼠颈总动脉血栓形成，堵塞率为（86.56±1.54）%，200mg/L、400mg/L、800mg/L 水提物均能诱导全血血小板聚集，并减少血小板环磷酸腺苷（cAMP）、环磷酸鸟苷（cGMP）和一氧化氮（NO）的含量[3]；叶水提物的固相萃取部分 B（subfraction B）中分离的肉桂酸及衍生物具有延长凝血时间的作用，其抗凝机制可能与通过影响内源性凝血途径有关[4]。3. 抗炎镇痛解热　根水提物能减轻二甲苯所致小鼠的耳肿胀、棉球肉芽肿及乙酸所致小鼠腹腔毛细血管通透性，提高热板法所致小鼠的痛阈值[5]。4. 免疫增强　根水提物能增加免疫抑制小鼠的肝脏指数和不同程度增加免疫低下小鼠的脾脏指数、胸腺指数、廓清指数和吞噬指数[5]。5. 抗菌　茎和根不同提取物（水、丙酮、乙醇、乙酸乙酯、正己烷）对多种革兰氏阴性菌和革兰氏阴性菌的生长均有一定的抑制作用，其中丙酮提取物和乙醇提取物的抗菌作用较强[6]；花和果实甲醇提取物对单核细胞增多性李斯特氏菌和金黄色葡萄球菌的生长均有一定的抑制作用[7]。6. 抗胃溃疡　叶水提物[8]、甲醇提取物[9]对大鼠酒精性胃溃疡具有保护作用，能减少溃疡面积、降低溃疡指数。7. 降血压　叶中分离的栗木鞣花素（castalagin）、原花青素 B2（procyanidin B2）、蜡菊苷（helichrysoside）通过抑制交感神经和扩张血管可降低自发性高血压模型大鼠的血压[10]。8. 调节血糖血脂　叶乙醇提取物能降低四氧嘧啶诱导糖尿病大鼠的血糖并改善糖尿病大鼠的血脂代谢紊乱[11]。9. 抗氧化　花乙酸乙酯提取物和甲醇提取物以及从中分离纯化的柚皮素

（naringenin）、山柰酚（kaempferol）、山柰酚-3-*O*-D-葡萄糖苷（kaempferol-3-*O*-D-glucoside）、山柰酚-3-*O*-（2″，6″-二-*O*-反式对香豆酰基）-葡萄糖苷［kaempferol-3-*O*-（2″，6″-di-*O*-*p-trans*-coumaroyl）-glucoside］均对1,1-二苯基-2-三硝基苯肼自由基（DPPH）具有清除作用[12]。10.抗肿瘤　分离得到的柚皮素（naringenin）和山柰酚-3-*O*-（2″，6″-二-*O*-反式对香豆酰基）-葡萄糖苷［kaempferol-3-*O*-（2″，6″-di-*O*-*p-trans*-coumaroyl）-glucoside］具有抑制人乳腺癌 MCF7 细胞增殖的作用[12]。

【性味与归经】苦、涩，凉。归脾、胃、肺、肝经。

【功能与主治】行气利湿，化瘀止血，解毒。用于脘腹胀痛，肠炎，痢疾，肝炎，淋浊，咳血，吐血，衄血，便血，月经过多，痛经，白带，疝气痛，血栓性脉管炎，疮疡溃烂，带状疱疹，跌打肿痛。

【用法与用量】9～15g。

【药用标准】湖南药材 2009、广东药材 2011 和广西瑶药 2014 一卷。

【临床参考】1.腰部扭伤：根 15g，加川续断 9g、两面针 9g、白簕葜 15g、盐肤木 15g、南蛇藤 15g，水煎服，每日 1 剂，孕妇忌用[1]。

2.小儿急性腹泻：野牡丹止痢片（每片含干燥全株生药 3.3g）口服，每日 3 次，1 岁以内每次 1 片，1～3 岁每次 2 片，4～6 岁每次 3 片，7～12 岁每次 4 片[2]。

3.细菌性痢疾：根 60g，加火炭母 60g，每日 1 剂，水煎 3 次分服，亦可同剂量灌肠。（《四川中药志》）

4.产后腹痛：鲜叶 250g，切碎炒，酒淬服。（《新会草药》）

5.风湿性关节炎：根 60g，加夏枯草 15g、酒 60g，水煎，分 2 次服。（福州军区《中草药手册》）

6.跌打损伤、瘀血作痛：根 60g，浸酒 500g，每次服 1 小杯（约 30g）。（《泉州本草》）

7.肺结核咯血：叶 12～18g，水煎服，每日 2 次。（《文山中草药》）

8.子宫出血：果实 15g（炒黑），水煎服。（《陆川本草》）

9.妇人经闭或难产：果实研末，每次 9g，泡酒服。（《泉州本草》）

10.乳汁稀少：果实 15g，或加穿山甲 9g、通草 6g、猪脚 1 节，水炖服。（《福建中草药》）

11.产后子宫阵痛：果实 6g，捣烂冲酒服。（《闽南民间草药》）

【附注】本种的全株及果实、种子民间也药用，孕妇慎服。

同属展毛野牡丹 *Melastoma normale* D.Don 的根在广西也作羊开口药用，其水浓煎剂、水浸膏片治疗慢性气管炎、肺心病均有效[1]。

【化学参考文献】

［1］Sirat H M，Susanti D，Ahmad F，et al. Amides，triterpene and flavonoids from the leaves of *Melastoma malabathricum* L.［J］. J Nat Med，2010，64（4）：492-495.

［2］Cheng J T，Hsu F L，Chen H F. Antihypertensive principles from the leaves of *Melastoma candidum*［J］. Planta Medica，1993，59（05）：405-406.

［3］Yoshida T，Nakata F，Hosotani K，et al. Tannins and related polyphenols of melastomataceous plants. V. three new complex tannins from *Melastoma malabathricum* L.［J］. Chem. pharm. bull，1992，40（7）：1727-1732.

［4］Susanti D，Sirat H M，Ahmad F，et al. Antioxidant and cytotoxic flavonoids from the flowers of *Melastoma malabathricum* L.［J］. Food Chem，2007，103（3）：710-716.

【药理参考文献】

［1］Sunilson J A，Anandarajagopal K，Kumari A V，et al. Antidiarrhoeal activity of leaves of *Melastoma malabathricum* Linn.［J］. Indian Journal of Pharmaceutical Sciences，2009，71（6）：691-695.

［2］周毅，黄智艺，杨夏敏，等.野牡丹提取物对实验动物血栓形成的影响［J］.现代医学，2012，40（3）：263-266.

［3］刘惠，沈毅华，刘文.野牡丹提取物对血小板聚集的影响［J］.广东医科大学学报，2012，30（5）：482-483.

［4］Khoo L T，Abdullah J O，Abas F，et al. Bioassay-Guided Fractionation of *Melastoma malabathricum* Linn. leaf solid phase extraction fraction and its anticoagulant activity［J］. Molecules，2015，20（3）：3697-3715.

［5］梁春玲，周玖瑶，吴俊标，等.野牡丹抗炎镇痛作用及其对小鼠免疫功能影响的研究［J］.中国药师，2012，15（11）：

1547-1550.

[6] Wang Y C，Hsingwen H，Liao W L. Antibacterial activity of *Melastoma candidum* D. Don [J] . LWT-Food Science and Technology，2008，41（10）：1793-1798.

[7] Omar S N C，Abdullah J O，Khairoji K A，et al. Effects of flower and fruit extracts of *Melastoma malabathricum* Linn. on growth of pathogenic bacteria：*Listeria monocytogenes*，*Staphylococcus aureus*，*Escherichia coli*，and *Salmonella typhimurium* [J] . Evidence-Based Complementray and Alternative Medicine，2013，1155：459089-459100.

[8] Fouad H，Abdulla M A，Noor S M，et al. Gastroprotective effects of *Melastoma malabathricum* aqueous leaf extract against ethanol-induced gastric ulcer in rats [J] . American Journal of Biochemistry & Biotechnology，2008，4（4）：438-441.

[9] Zabidi Z，Wan Z W，Mamat S S，et al. Antiulcer activity of methanol extract of *Melastoma malabathricum* leaves in rats [J] . Medical Principles & Practice，2012，21（5）：501-503.

[10] Cheng J T，Hsu F L，Chen H F. Antihypertensive principles from the leaves of *Melastoma candidum* [J] . Planta Medica，1993，59（05）：405-406.

[11] Balamurugan K，Nishanthini A，Mohan V R. Antidiabetic and antihyperlipidaemic activity of ethanol extract of *Melastoma malabathricum* Linn. leaf in alloxan induced diabetic rats [J] . Asian Pacific Journal of Tropical Biomedicine，2014，4（1）：S442-S448.

[12] Susanti D，Sirat H M，Ahmad F，et al. Antioxidant and cytotoxic flavonoids from the flowers of *Melastoma malabathricum* L. [J] . Food Chemistry，2007，103（3）：710-716.

【临床参考文献】

[1] 郑仁松 . 验方治腰部扭伤痛 104 例 [J] . 福建中医药，1994，25（5）：9.

[2] 殷国华，吴琼，刘丽敏，等 . 野牡丹治疗小儿急性腹泻临床观察 [J] . 临床荟萃，1997，12（21）：1001-1002.

【附注参考文献】

[1] 张坤瑞 . 草药野牡丹治疗慢性气管炎、肺心病一千二百二十六例报告 [J] . 成都医药通讯，1979，（1）：49-57.

八五　菱科 Trapaceae

一年生水生草本，浮水或半挺水。根二型：着泥根黑色，细长，呈铁丝状；同化根淡绿褐色，呈羽状丝裂。茎细长，近水面节间缩短。叶二型：浮水叶叠簇生于茎顶，呈莲座状；叶片菱状圆形，中上部边缘具齿；叶柄上部膨大成海绵质气囊；托叶 2 枚，腋生；沉水叶对生，叶片羽状细裂，无梗，早落。花单生叶腋，两性；具短梗，水上开花；花萼与子房基部合生，裂片 4，排成 2 轮；花瓣 4，着生于花盘的边缘；花盘常呈鸡冠状分裂或全缘；雄蕊 4；子房半下位，2 室，每室 1 粒胚珠，仅 1 粒胚珠发育。果实坚果状，倒卵形或菱形，表面有时具各种结节物和刺角，具刺状角 2 或 4，稀无角，果的顶端具喙。种子 1 粒。

1 属，约 30 种，分布于欧亚及非洲的热带、亚热带和温带地区，北美和澳大利亚有引种栽培。中国 1 属，15 种 11 变种，分布于全国各地，法定药用植物 1 属，3 种。华东地区法定药用植物 1 属，3 种。

菱科法定药用植物主要含皂苷类、黄酮类、酚酸类等成分。皂苷类如 α- 香树脂醇（α-amyrin）、齐墩果酸（oleanolic acid）、熊果酸（ursolic acid）等；黄酮类包括黄酮醇、二氢黄酮等，如槲皮苷（quercitrin）、柚皮素（naringenin）等；酚酸类如没食子酸（gallic acid）、鞣花酸（ellagic acid）等。

1. 菱属 *Trapa* Linn.

属的特征与科同。

分种检索表

1. 叶片较大；果实较大，具 2 个刺状角。
  2. 幼果绿色，2 肩角直伸或斜举，先端平直或略下弯，不呈牛角形·······························1. 菱 *T.bispinosa*
  2. 幼果紫红色，2 肩角水平开展，先端向下弯曲，呈弯牛角形·······················2. 乌菱 *T.bicornis*
1. 叶片较小；果实较小，具 4 个尖锐刺角······························3. 细果野菱 *T.maximowiczii*

640. 菱（图 640）· *Trapa bispinosa* Roxb.

【别名】菱角、二角菱（安徽）。

【形态】一年生浮水草本。茎细长。浮水叶互生，旋叠聚生于主茎或分枝茎的顶端，呈莲座状的菱盘，叶片菱圆形或三角状菱圆形，长 3.5～4cm，宽 4.2～5cm，边缘中上部具不整齐的圆凸齿或锯齿，中下部全缘，基部楔形或近圆形，叶面深亮绿色，无毛，背面灰褐色或绿色，密被淡灰色或棕褐色短毛，脉间有棕色斑块；叶柄长 5～17cm，上部稍膨大，被短毛；沉水叶小，早落。花小，两性，单生于叶腋；萼筒 4 深裂，外面被淡黄色短毛；花瓣 4，白色；雄蕊 4；子房半下位，2 室，柱头头状；花盘鸡冠状。果实三角状菱形，高 2cm，2 肩角直伸或斜举，长约 1.5cm，刺角基部稍增粗，无腰角，果喙不明显，果皮幼时绿色，具淡灰色长毛；种子 1，白色。花期 5～10 月，果期 7～11 月。

【生境与分布】生于湖湾、池塘、河湾。华东地区均有分布，另黑龙江、吉林、辽宁、陕西、河北、河南、湖北、湖南、广东、广西等省区有分布；全国各地均有栽培。

【药名与部位】红菱壳，果皮。菱角，果实。

【药理作用】1. 抗氧化　果实水提物中分离的多糖类成分具有清除 1，1- 二苯基 -2- 三硝基苯肼自由基（DPPH）的作用[1]。2. 免疫调节　果实水提物中分离的多糖类成分可增强小鼠巨噬细胞 RAW264.7 释放一氧化氮（NO），能刺激小鼠脾细胞和胸腺细胞的增殖，最佳浓度分别为 50μg/ml 和 25μg/ml[1]。3. 神

图 640　菱　　　　　　　　　　　　　　　　　　　　　　　摄影　张芬耀

经保护　果实 50% 乙醇提取物能减少 D- 半乳糖诱导衰老模型小鼠大脑皮层的脂褐质沉积，其机制与抗氧化作用有关[2]。4.抗肿瘤　果皮醇和水提取物能抑制肺癌 A549 细胞的生长，其作用醇提取物优于水提取物[3]。5.降血糖　果皮水提物具有抑制糖基化的作用，半数抑制浓度（IC_{50}）为 2.53μg/ml[4]。

【药用标准】红菱壳：上海药材 1994 附录；菱角：药典 1977 附录—2015 附录。

【临床参考】1.寻常疣：鲜果实 1 枚，洗净后切除一角，带皮使用，以断面在疣体表面不断摩擦，每次摩擦至疣体角质层软化脱掉，微有痛感和点状出血为止，每次约 3 min，每日 3 次[1]。

2.脾虚泄泻：鲜果实 100g（去壳），加蜜枣 2 个，水煮食，每日 3 次[2]。

3.月经过多：鲜果实 250g，水煎 1h 后滤汁，加红糖适量服[2]。

【附注】菱始载于《名医别录》。《本草经集注》谓："芰实庐江间最多，皆取火燔，以为米充粮。"宋《本草图经》谓"芰，菱实也……今处处有之，叶浮水上，花黄白色，花落而实生，渐向水中乃熟。实有二种，一种四角，一种两角。两角中又有嫩皮而紫色者，谓之浮菱，食之尤美。"《本草纲目》谓："芰菱有湖泺处则有之。菱落泥中，最易生发。有野菱、家菱，皆三月生蔓延引。叶浮水上，扁而有尖，光面如镜……五六月开小白花……其实有数种：或三角、四角，或两角、无角。野菱自生湖中，叶、实俱小。其角硬直刺人……家菱种于陂塘，叶、实俱大，角软而脆，亦有两角弯卷如弓形者。"其中李时珍所述的家菱，即为本种。

脾胃虚寒，中焦气滞者慎服。

本种的菱蒂（果柄）、菱粉（果肉中的淀粉）、叶及茎民间也药用。

【药理参考文献】

［1］Ramsankar S，Nandan C，Sen I，et al. Structural studies of an antioxidant，immunoenhancing polysaccharide isolated from the kernel of *Trapa bispinosa* fruit［J］. Journal of Carbohydrate Chemistry，2012，31（9）：686-701.

［2］Ambikar D B，Harle U N，Khandare R A，et al. Neuroprotective effect of hydroalcoholic extract of dried fruits of *Trapa bispinosa* Roxb on lipofuscinogenesis and fluorescence product in brain of D-galactose induced ageing accelerated mice［J］. Indian Journal of Experimental Biology，2010，48（4）：378-382.

［3］伍茶花，丁扬洲，裴刚，等.不同菱角壳提取物抑制肺癌 A549 细胞生长的研究［J］.湖南中医药大学学报，2012，32（1）：27-30.

［4］Takeshita S，Yagi M，Uemura T，et al. Peel extract of water chestnut（*Trapa bispinosa* Roxb.）inhibits glycation，degradesα-dicarbonyl compound，and breaks advanced glycation end product crosslinks［J］. Glycative Stress Research，2015，2（2）：72-79.

【临床参考文献】

［1］刘锋.菱角摩擦法治疗寻常疣20例［J］.中国民间疗法，2011，19（9）：10.

［2］黄正光.农家菱角治病便方［J］.专业户，2000，（1）：50.

641. 乌菱（图 641）• *Trapa bicornis* Osbeck

图 641　乌菱　　　　　　　　　　　　摄影　李华东等

【别名】红菱。

【形态】一年生浮水或半挺水草本。茎细长。浮水叶互生，聚生于茎端，在水面形成莲座状菱盘，叶片宽菱形，长 3～4.5cm，宽 4～6cm，边缘上部具不规则具牙齿，下部全缘，基部宽楔形，叶面光滑，暗绿色，叶背绿色，带紫红色，具短柔毛，叶脉上常有色斑；叶柄长（2）5～18cm，粗壮，上部多少膨大，被短柔毛；沉水叶小，早落。花小，单生于叶腋，花梗长 1～1.5cm；萼筒 4 裂，仅一对萼裂被毛，其中 2 裂片演变为角；花瓣 4，白色，着生于上位花盘的边缘，雄蕊 4；子房半下位，2 室。果实倒三角状元宝形，高 2.5～3.6cm，具水平开展的 2 肩角，先端向下弯曲，两角间端阔 7～8cm，弯牛角形，果喙不明显，果皮幼时紫红色；种子 1，白色。花期 5～10 月，果期 7～9 月。

【生境与分布】生于水流缓慢的湖泊、河流、池塘、沼泽，垂直分布可达 2700m。华东地区均有分布和栽培，黑龙江、吉林、辽宁、河北、河南、内蒙古、陕西、新疆、台湾、广东、海南、广西、湖北、湖南、贵州、四川、西藏、云南等省区均有分布和栽培。

【药名与部位】菱角，果实。

【采集加工】8～9 月果实成熟时采收，干燥。

【药材性状】呈倒三角形，略扁，具两角，平展，先端向下弯曲。表面黄棕色至棕褐色，腹背具有花萼脱落的残痕，基部突出并具果梗脱落后的方形基痕，中部两面具近三角形的凹陷，并有多数纵棱。种子 1 粒，近三角形，种皮薄，红棕色，种仁灰黄色。气微，味淡。

【药材炮制】除去外壳，取仁，炒至表面色变黄。

【性味与归经】甘，锐、轻、稀、温（蒙医）。

【功能与主治】补肾，强壮。用于肾寒，腰腿痛，游痛症，阳痿，遗精，体虚。

【用法与用量】3～6g。

【药用标准】部标蒙药 1998 和内蒙古蒙药 1986。

642. 细果野菱（图 642）• *Trapa maximowiczii* Korsh.

图 642　细果野菱　　　　　　　　摄影　张芬耀等

【别名】四角马氏菱（江西），野菱、菱角（安徽）。

【形态】一年生浮水草本。茎细长，直径 1～2.5mm。浮水叶生于茎顶部，排成松散的莲座状，叶片菱状三角形，长 1.5～3cm，宽 2～4cm，上部边缘具粗齿或缺刻状尖齿，下部全缘，顶端圆钝或短尖，基部宽楔形，叶面无毛，深绿色，叶背绿色或有时略带紫色，基部常黑褐色或具 2 个黑斑，无毛或脉上具稀疏短柔毛；叶柄 5～15cm，纤细，有时近叶端具细长的纺锤形海绵质膨大。花小，单生于叶腋，花梗细，无毛；萼筒 4 裂，绿色，无毛；花瓣 4 枚，白色，或带微紫红色，雄蕊 4 枚；子房半下位，花柱细，柱头近球状；花盘全缘。果三角状菱形，高 0.8～1.5cm，具刺角 4，2 肩角斜向上，2 腰角斜下伸，细锥状；果喙细圆锥形成尖头帽状，无果冠。花期 5～10 月，果期 7～9 月。

【生境与分布】生于湖泊、池塘、河湾或田沟等静水淡水水域中，垂直分布可达 2000m。华东地区均有分布，另黑龙江、吉林、辽宁、河北、河南、陕西、台湾、广东、海南、湖北、湖南、四川、云南、贵州等省区均有分布。

【药名与部位】菱角，果实。

【采集加工】全年均可采收，洗净，晒干。

【药用标准】药典 1977 附录—2015 附录。

【临床参考】1. 胃溃疡：带茎果实 30～60g，水煎服，或加生米仁 30g，水煎服；或菱壳 30g，加龙葵、蒲公英各 15～24g，枸橘 9～15g，水煎服。

2. 月经过多：鲜果实 0.5kg，水煎取汁，冲红糖服。

3. 痢疾、便血：菱壳 120～250g，水煎服。

4. 皮肤多发性赘疣：鲜菱梗涂擦或捣烂外敷。（1 方至 4 方引自《浙江药用植物志》）

【附注】《本草纲目》谓："野菱自生湖中，叶、实俱小，其角硬直刺人，其色嫩青老黑。"《本草纲目拾遗》载："刺菱乃小菱也，生杭州西湖，里六桥一带多有之，以其四角尖如针芒刺手，故名。……其菱大者如蚕豆，小者如黄豆，味绝鲜美，虽至秋老，亦不甚大。"《花镜》："一种最小而四角有刺者，曰刺菱，野生，非人所植，花紫色，人曝其实为菱米，可以点茶。"即本种。

本种的根民间也药用。

八六　柳叶菜科 Onagraceae

一年或多年生草本，有时呈亚灌木或灌木状，偶为小乔木，陆生或水生。单叶，互生或对生；托叶小，脱落或无托叶。花两性，稀单性，单生于叶腋，或排成穗状、总状或圆锥花序生于枝顶；花通常 4 数，稀 2 或 5 数，花筒（由花萼、花冠，有时还有花丝之下部合生而成）有或无，萼片通常为 4 或 5 枚，稀为 2 枚；花瓣 4 枚，少数为 2 或无瓣，着生子房上，与萼片互生；雄蕊与花瓣同数或为其倍数，生于花瓣上；子房下位，稀为半下位，1 ～ 5 室，多数为 4 室，每室胚珠 1 粒或多数，中轴胎座，花柱 1 枚，柱头头状或具裂片。蒴果，开裂或不开裂，有时坚果状或为浆果。种子小，多数或少数，稀 1，无胚乳。

17 属，约 650 种，广泛分布于各大洲温带和亚热带地区，以北美洲西部地区为最多。中国 7 属，68 种，分布于全国各地，法定药用植物 2 属，3 种。华东地区法定药用植物 1 属，2 种。

柳叶菜科法定药用植物主要含黄酮类、皂苷类、酚酸类等成分。黄酮类多为黄酮醇，如金丝桃苷（hyperoside）、槲皮素 -3-O-α-L- 鼠李糖苷（quercetin-3-O-α-L-rhamnoside）、番石榴苷（guaijaverin）等；皂苷类包括齐墩果烷型、熊果烷型、羽扇豆烷型等，如熊果酸（ursolic acid）、齐墩果酸（oleanolic acid）、白桦脂酸（betulinic acid）等；酚酸类如没食子酸（gallic acid）、迷迭香酸（rosmarinic acid）等。

1. 丁香蓼属 *Ludwigia* Linn.

直立或匍匐草本，稀灌木或小乔木，多水生。叶互生或对生，稀轮生，托叶常早落。花单生叶腋，或排成顶生的穗状或总状花序；小苞片 2 枚；无花筒；萼片 4 或 5 枚，稀 3 枚，宿存；花瓣 4 或 5 枚，稀 3 枚或无，黄色，偶有白色；雄蕊与萼片同数或为萼片的 2 倍；子房下位，子房室数与萼片数相等；花柱单一，柱头头状，常浅裂，裂片数与子房室数一致；胚珠多数，每室多列或 1 列，稀上部多列而下部 1 列。蒴果线形或长圆形，室间开裂、室背开裂、不规则开裂或不裂。种子多数，无毛，种脊显著或不显著。

约 82 种，除南极洲之外的全部大陆上都有分布。中国 9 种，分布于华东、华南与西南，法定药用植物 2 种。华东地区法定药用植物 2 种。

643. 水龙（图 643）· *Ludwigia adscendens*（Linn.）Hara（*Jussiaea repens* Linn.）

【别名】过江藤（浙江）。

【形态】多年生浮水或匍匐状草本。有根状茎，浮水茎长可达 3m，节上有白色呼吸根，具多数丝状根；直立茎高达 60cm，通常无毛，但旱生环境的茎上则常被柔毛。叶互生，叶片倒卵形至倒卵状披针形，长 3 ～ 6.5cm，宽 1.2 ～ 2.5cm，先端常圆钝，基部渐狭成柄；叶柄长 0.3 ～ 1.5cm。花两性，单生于叶腋，花梗细长，长 2.6 ～ 6.5cm，小苞片鳞片状，生于花梗上部；萼片 5 枚，三角形至三角状披针形，被短柔毛；花瓣 5 枚，乳白色或淡黄色，倒卵形，长 8 ～ 14mm，先端圆形；雄蕊数为萼片的 2 倍；花盘隆起，近花瓣处有蜜腺；子房下位，与萼筒贴生，花柱 1 枚，柱头膨大，顶端 5 浅裂。蒴果淡褐色，圆柱状，具 10 条纵棱，长 2 ～ 3cm，径 3 ～ 4mm，果皮薄，不规则开裂。种子多数，每室 1 行，嵌入木质内果皮内，淡褐色。花期 5 ～ 8 月，果期 8 ～ 11 月。

【生境与分布】生于水田或浅水池塘中，垂直分布可达 1600m。分布于浙江、江苏、江西、福建，另广东、广西、海南、湖南、台湾、云南等省区有分布。

【药名与部位】过塘蛇，全草。

【采集加工】夏、秋季采收，洗净，晒干。

图 643　水龙　　　　　　　　　　摄影　黄健

【**药材性状**】常缠绕成团。茎扁圆柱形，直径 3 ～ 5mm，红棕色或灰绿色，有纵直条纹，质较柔韧，下部节上着生多数黑色毛发状须根，白色囊状浮器已扁瘪不明显或脱落。单叶互生，皱缩多破碎，完整者展开呈倒卵形至长圆状倒卵形。气微，味淡。

【**药材炮制**】除去杂质，洗净，切段，干燥。

【**化学成分**】全草含皂苷类：白桦脂酸（bentulinic acid）、熊果酸（ursolic acid）和齐墩果酸（oleanolic acid）[1]；甾体类：β- 谷甾醇（β-sitosterol）[1]；脂肪酸类：棕榈酸（palmitic acid）[1]；酚酸类：没食子酸（gallic acid）和迷迭香酸（rosmarinic acid）[2]；黄酮类：槲皮素 -3-*O*-α-L- 鼠李糖苷（quercetin-3-*O*-α-L-rhamnoside）[1]，槲皮素 -3-*O*-β-D- 吡喃葡萄糖苷（quercetin 3-*O*-β-D-glucopyranoside）和山奈酚 -3-*O*-D- 吡喃葡萄糖苷（kaempferol-3-*O*-D-glucopyranoside）[2]。

地上部分含黄酮类：槲皮素（quercetin）、槲皮苷（quercetrin）、番石榴苷（guaijaverin）、瑞诺苷（reynoutrin）、胡桃苷（juglanin）、萹蓄苷（avicularin）、金丝桃苷（hyperin）、三叶豆苷（trifolin）、芦丁（rutin）、山奈酚（kaempferol）[3]，萹蓄苷 -2″-（4‴-*O*-n- 正戊酰）- 没食子酸［avicularin-2″-（4‴-*O*-n-pentanoyl）-gallate］、三叶豆苷 -2″-*O*- 没食子酸（trifolin-2″-*O*-gallate）和金丝桃苷 -2″-*O*- 没食子酸（hyperin-2″-*O*-gallate）[3]。

【**药理作用**】1. 抗氧化　全草乙醇提取物能抑制 1, 1- 二苯基 -2- 三硝基苯肼自由基（DPPH）乙醇溶液的吸光度，抑制率达 94.7%[1]。2. 抗菌　全草乙醇总提取物及其乙酸乙酯、正丁醇部的 0.9% 氯化钠溶液在体外对金黄色葡萄球菌、表皮金黄色葡萄球菌、大肠杆菌、绿脓杆菌的生长均有直接的抑制作用，抑菌作用呈浓度依赖关系，且对表皮金黄色葡萄球菌的抑制作用最强，对大肠杆菌的抑制作用较弱[2]。

【**性味与归经**】苦、甘、淡，寒。归肺、肝、膀胱经。

【**功能与主治**】清热，解毒，利尿。用于感冒发热，咽喉肿痛，燥热咳嗽，高热烦渴，口疮，风火牙痛，麻疹，疟腮，丹毒，痈肿疔疮，酒齄，淋浊，跌打损伤，水火烫伤，毒蛇、狂犬咬伤。

【用法与用量】15～30g；外用适量，研末调敷。

【药用标准】广东药材 2011 和广西药材 1990。

【临床参考】1. 带状疱疹：鲜全草一握，洗净捣烂成糊状，随痛处敷之，上覆以纱布，胶布固定，早晚各 1 次；或全草 1.5kg，用 75% 医用酒精 5L，浸泡 15 天制成水龙酊剂，每 2h 涂搽患处 1 次，一般当即疼痛就能减轻，2～3 天皮损基本消失而愈[1]；或鲜全草捣烂取汁，糯米粉调匀，涂抹患处。（《浙江药用植物志》）

2. 伤暑：鲜全草 30～60g，水煎服。（《广东中草药》）

3. 小儿麻疹初期发热：全草 30g，加野菊花叶 30g，水煎服。（《北海民间常用中草药手册》）

4. 风火牙痛：鲜全草 60g，水煎服。（《广西常用中草药手册》）

5. 膏淋：鲜全草 60g，加鲜野牡丹根 45g，水煎服。（《福建药物志》）

6. 感冒、热淋：鲜全草 30～60g，水煎服。

7. 痈肿：鲜全草适量，食盐少许，捣烂敷患处。（6 方、7 方引自《浙江药用植物志》）

【附注】以过塘蛇之名始载于《生草药性备要》。《本草纲目拾遗》以"玉钗草"为正名收载，并引录《李氏草秘》云："此草对叶圆梗，生近田水沟中。治打伤跌肿损折，捣汁服之……"又引汪连仕，《采药书》云："……开白花者，草里银钗，白玉钗草。治妇女白带白淫，合生白酒煎服。"其后如《本草求原》和《岭南采药录》等均有录著。据上所述，即为本种。

脾胃虚寒者慎服。

【化学参考文献】

[1] 卢汝梅，谭新武，廖彭莹，等．水龙化学成分的研究［J］.中国实验方剂学杂志，2010，16（14）：99-101.

[2] Huang H L，Li D L，Li X M，et al. Antioxidative principals of *Jussiaea repens*：an edible medicinal plant［J］. Int J Food Sci Tech，2007，42：1219-1227.

[3] Marzouk M S，Soliman F M，Shehata I A，et al. Flavonoids and biological activities of *Jussiaea repens*［J］. Nat Prod Res，2007，21（5）：436-443.

【药理参考文献】

[1] 张尊听，贺云，刘谦光，等．分光光度法测定太白山 20 种中草药的抗氧化活性［J］.分析试验室，2002，21（2）：50-52.

[2] 谭新武．水龙、棕榈花的化学成分与药理活性研究［D］.南宁：广西中医药大学硕士学位论文，2009.

【临床参考文献】

[1] 李友第，薛祥骥．水龙草治疗带状疱疹［J］.浙江中医杂志，2002，37（10）：436.

644. 丁香蓼（图 644）· *Ludwigia prostrata* Roxb.（*Ludwigia epilobiloides* Maxim.）

【别名】黄花水丁香、水蓼、水荒菜（浙江）。

【形态】一年生直立草本，高可达 1.5m。茎粗壮，四棱形，多分枝，略带红紫色。单叶互生，叶片窄椭圆形至窄披针形，长（2～）3～10cm，宽（0.5～）0.7～2cm，近无毛，顶端渐尖，基部渐狭，全缘；叶柄短。花 1～2 朵生于叶腋，无梗，基部有 2 小苞片；萼筒与子房合生，裂片 4～5（6），三角状卵形，被微柔毛；花瓣与萼裂同数，黄色，倒卵形，稍短于花萼裂片，早落；雄蕊与萼片同数；花盘无毛。蒴果圆柱状，长 1.5～2cm，几无梗，直立或微弯，稍带紫色，初时具 4～5 棱，成熟后室背不规则破裂，每室有 1 或 2 列稀疏嵌埋于木栓质内果皮的种子，种子狭卵球状，稍歪斜，多数，细小，淡褐色，种脊不明显。花期 7～10 月，果期 9～11 月。

【生境与分布】生于田间水旁，或沼泽地，垂直分布可达 1600m。分布于浙江、安徽、江苏、江西、

图 644 丁香蓼　　　　　　　摄影　李华东

福建，另广东、广西、贵州、海南、黑龙江、河北、河南、湖北、湖南、吉林、辽宁、内蒙古、山西、陕西、山东、四川、云南、台湾等省区有分布。

　　丁香蓼和水龙的区别点：丁香蓼为一年生直立草本，花 1～2 朵生于叶腋，无梗，雄蕊和萼片同数。水龙为多年生浮水草本或匍匐状草本，花单生于叶腋，花梗细长，雄蕊数为萼片的 2 倍。

　　【药名与部位】丁香蓼，全草。

　　【采集加工】夏、秋季采收，除去杂质，干燥。

　　【药材性状】全株光滑无毛，长 0.2～1m，直径 0.2～0.8cm。主根明显，多分枝。茎基部平卧或斜升，节上多根；上部多分枝，有棱角约 5 条，暗紫色或棕绿色，易折断，断面灰白色，中空。单叶互生，多皱缩，完整者展平后呈披针形，全缘，先端渐尖，基部渐狭，长 4～7cm，宽 1～2cm。花 1～2 朵，腋生，无梗。花萼、花瓣均 4～5 裂，萼宿存，花瓣椭圆形，先端钝圆，基部窄或短爪状，早落。蒴果条状四棱形，直立或弯曲，紫红色，先端具宿萼。种子细小，光滑，棕黄色。气微，味咸、微苦。

　　【药材炮制】除去杂质，喷淋清水，稍润，切段，干燥。

　　【化学成分】全草含酚酸类：没食子酸（gallic acid）等[1]。

　　【性味与归经】苦，凉。归肺、肝、胃、膀胱经。

【功能与主治】清热解毒，利湿消肿。用于肠炎，痢疾，病毒性肝炎，肾炎水肿，膀胱炎，痔疮及白带。

【用法与用量】10～15g。

【药用标准】湖南药材 2009。

【临床参考】1. 顽固性湿疹：鲜全草 200g，加水 3000ml 煮 20min，然后倒入盆中熏蒸患处，上覆盖毛巾，随感觉温热程度而调节距离，避免烫伤，待水温降至不烫手时再充分浸洗患部，约 30min，每日 2 次，病情特别顽固的可熏洗 3～4 次，一直熏洗到痊愈为止[1]。

2. 急性喉炎：鲜全草 60g，水煎后取汤分 2 份，1 份调冰糖服，1 份调醋含漱。（《福建药物志》）

3. 水肿：全草 30g，水煎，酌加冰糖，饭前服，每日 2 次。（《福建民间草药》）

4. 跌打损伤出血：全草 30g，加苏木 15g、桃仁 6g、红花 6g，水煎，用黄酒 125g 冲服。（《河南中草药手册》）

5. 细菌性痢疾、肠炎：鲜全草 30～45g，加红枣 5 枚，水煎服。

6. 淋症：鲜全草 60g，水煎调冰糖或蜂蜜服；砂淋加车前子 15g，血淋加细叶鼠曲草 9～15g，膏淋加野牡丹根 15g，水煎服。

7. 湿热带下：鲜全草 45g，加白鸡冠花 9～15g，水煎服。（5 方至 7 方引自《浙江药用植物志》）

【附注】以草里金钗之名始载《本草纲目拾遗》中。又引汪连仕《采药书》云："草里金钗开黄花，细茎，独苗直上，如醒头草。治金疮活血，白浊遗精。"即为本种。

本种的根民间也药用。

【化学参考文献】

[1] 刘立群，朱晓薇，刘法锦，等.丁香蓼抗菌痢有效成分的研究 [J].中草药，1986，17（8）：2-4.

【临床参考文献】

[1] 陈捷东.丁香蓼治疗顽固性湿疹 10 例 [J].福建中医药，1998，29（2）：34.

参 考 书 籍

安徽省革命委员会卫生局 . 1975. 安徽中草药 . 合肥：安徽人民出版社

蔡光先，卜献春，陈立峰 . 2004. 湖南药物志 . 第四卷 . 长沙：湖南科学技术出版社

蔡光先，贺又舜，杜方麓 . 2004. 湖南药物志 . 第三卷 . 长沙：湖南科学技术出版社

蔡光先，潘远根，谢昭明 . 2004. 湖南药物志 . 第一卷 . 长沙：湖南科学技术出版社

蔡光先，吴泽君，周德生 . 2004. 湖南药物志 . 第五卷 . 长沙：湖南科学技术出版社

蔡光先，萧德华，刘春海 . 2004. 湖南药物志 . 第六卷 . 长沙：湖南科学技术出版社

蔡光先，张炳填，潘清平 . 2004. 湖南药物志 . 第二卷 . 长沙：湖南科学技术出版社

蔡光先，周慎，谭光波 . 2004. 湖南药物志 . 第七卷 . 长沙：湖南科学技术出版社

常敏毅编著，白永权主译 . 1992. 抗癌本草 . 长沙：湖南科学技术出版社

陈邦杰，吴鹏陈，裴佩熹，等 . 1965. 黄山植物的研究 . 上海：上海科学技术

陈家瑞 . 2000. 中国植物志·第五十三卷（第二分册）. 北京：科学出版社

陈介 . 1984. 中国植物志·第五十三卷（第一分册）. 北京：科学出版社

陈书坤 . 1997. 中国植物志·第四十三卷（第三分册）. 北京：科学出版社

陈书坤 . 1999. 中国植物志·第四十五卷（第二分册）. 北京：科学出版社

陈艺林 . 1982. 中国植物志·第四十八卷（第一分册）. 北京：科学出版社

陈艺林 . 2001. 中国植物志·第四十七卷（第二分册）. 北京：科学出版社

诚静容，黄普华 . 1999. 中国植物志·第四十五卷（第三分册）. 北京：科学出版社

重庆市卫生局 . 1962. 重庆草药·第 3 集 . 重庆：重庆人民出版社

方鼎 . 1985. 壮族民间用药选编 . 南宁：广西民族出版社

方文培，张泽荣 . 1983. 中国植物志·第五十二卷（第二分册）. 北京：科学出版社

方文培 . 1981. 中国植物志·第四十六卷 . 北京：科学出版社

冯国楣 . 1984. 中国植物志·第四十九卷（第二分册）. 北京：科学出版社

福建省科学技术委员会，《福建植物志》编写组 . 1985. 福建植物志·第二卷 . 福州：福建科学技术出版社

福建省科学技术委员会，《福建植物志》编写组 . 1985. 福建植物志·第三卷 . 福州：福建科学技术出版社

福建省科学技术委员会，《福建植物志》编写组 . 1989. 福建植物志·第四卷 . 福州：福建科学技术出版社

福建省医药研究所 . 1970. 福建中草药·第 1 册 . 福州：福建医药研究所

福建省医药研究所 . 1971. 福建中草药处方 . 福州：福建省新华书店

福建省医药研究所 . 1979. 福建药物志·第一册 . 福州：福建人民出版社

福建中医研究所 . 1983. 福建药物志·第二册 . 福州：福建科学技术出版社

福建中医研究所中药研究室 . 1960. 福建民间草药 . 福州：福建人民出版社

甘慈尧 . 2016. 浙南本草新编 . 北京：中国中医药出版社

甘伟松 . 1965. 台湾药用植物志 . 台北："国立中国医药研究所"

谷粹芝 . 1999. 中国植物志·第五十二卷（第一分册）. 北京：科学出版社

广东省中医药研究所，华南植物研究所 . 1961. 岭南草药志 . 上海：上海科学技术出版社

广西壮族自治区革命委员会卫生局 . 1974. 广西本草选编 . 南宁：广西人民出版社

广州部队后勤部卫生部 . 1969. 常用中草药手册 . 北京：人民卫生出版社

贵阳市卫生局 . 1959. 贵阳民间药草 . 贵阳：贵州人民出版社

贵州省中医研究所 . 1965. 贵州民间药物·第一辑 . 贵阳：贵州人民出版社

贵州省中医研究所 . 1970. 贵州草药·第 1 集 . 贵阳：贵州人民出版社

国家中医药管理局《中华本草》编委会 . 2009. 中华本草·1～10 . 上海：上海科学技术出版社

侯学煜 . 1982. 中国植被地理及优势植物化学成分 . 北京：科学出版社

（明）胡濙 . 1984. 卫生易简方 . 北京：人民卫生出版社

湖北省革命委员会卫生局 . 1978. 湖北中草药志 . 武汉：湖北人民出版社

湖北中医学院教育革命组 . 1971. 中草药土方土法 . 武汉：湖北人民出版社

黄成就 . 1997. 中国植物志·第四十三卷（第二分册）. 北京：科学出版社

黄燮才，周珍诚，张骏 . 1980. 广西民族药简编 . 南宁：广西壮族自治区卫生局药品检验所

江纪武，靳朝东 . 2015. 世界药用植物速查辞典 . 北京：中国医药科技出版社

江西省卫生局革命委员会 . 1970. 江西草药 . 南昌：江西省新华书店出版社

江西省中医药研究所 . 1959. 江西民间草药·第 1 集 . 南昌：江西人民出版社

兰州军区后勤部卫生部 . 1971. 陕甘宁青中草药选 . 西安：陕甘宁青出版社

李秉滔 . 1994. 中国植物志·第四十四卷（第一分册）. 北京：科学出版社

李朝銮 . 1998. 中国植物志·第四十八卷（第二分册）. 北京：科学出版社

李世全 . 1987. 秦岭巴山天然药物志 . 西安：陕西科学技术出版社

李锡文 . 1990. 中国植物志·第五十卷（第二分册）. 北京：科学出版社

林瑞超等 . 2011. 中国药材标准名录 . 北京：科学出版社

刘启新 . 2015. 江苏植物志·第三卷 . 南京：江苏凤凰科学技术出版社

刘玉壶，罗献瑞 . 1985. 中国植物志·第四十七卷（第一分册）. 北京：科学出版社

路军章 . 2011. 常见中草药实用手册 . 北京：华龄出版社

马金双 . 1997. 中国植物志·第四十四卷（第三分册）. 北京：科学出版社

潘超美 . 2015. 中国民间生草药原色图谱 . 广州：广东科技出版社

裴鑑，单人骅 . 1959. 江苏南部种子植物手册 . 北京：科学出版社

丘华兴 . 1996. 中国植物志·第四十四卷（第二分册）. 北京：科学出版社

裘宝林 . 1993. 浙江植物志·第四卷 . 杭州：浙江科学技术出版社

泉州市卫生局，泉州市科学技术委员会 . 1963. 泉州本草·第 3 集 . 泉州：泉州报印刷

山西省革命委员会卫生局 . 1972. 山西中草药 . 太原：山西人民出版社

四川中药志协作编写组 . 1979. 四川中药志·第一卷 . 成都：四川人民出版社

王国强 . 2014. 全国中草药汇编第三版（卷一——卷三）. 北京：人民卫生出版社

王庆瑞 . 1991. 中国植物志·第五十一卷 . 北京：科学出版社

吴寿金，赵泰，勤用琪 . 2002. 现代中草药成分化学 . 北京：中国医药科技出版社

吴征镒，孙航，周浙昆，等 . 2010. 中国种子植物区系地理 . 北京：科学出版社

叶橘泉 . 2013. 叶橘泉食物中药与便方（增订本）. 北京：中国中医药出版社

云南省卫生局革命委员会编 . 1971. 云南中草药 . 昆明：云南人民出版社

张宏达 . 1998. 中国植物志·第四十九卷（第三分册）. 北京：科学出版社

张树仁，马其云 . 2006. 中国植物志·中名和拉丁名总索引 . 北京：科学出版社

赵维良 . 2017. 中国法定药用植物 . 北京：科学出版社

浙江省卫生厅 . 1965. 浙江天目山药用植物志·上集 . 杭州：浙江人民出版社

浙江药用植物志编写组 . 1980. 浙江药用植物志·上、下册 . 杭州：浙江科学技术出版社

郑勉，闵天禄 . 1980. 中国植物志·第四十五卷（第一分册）. 北京：科学出版社

中国科学院江西分院 . 1960. A 江西植物志 . 南昌：江西人民出版社

周荣汉 . 1993. 中药资源学 . 北京：中国医药科技出版社

（明）朱橚 . 1959. 普济方 . 北京：人民卫生出版社

朱家楠 . 2001. 拉汉英种子植物名称 . 第 2 版 . 北京：科学出版社

庄兆祥，李宁汉 . 1981. 香港中草药 . 香港：商务印书馆香港分馆

Flora of China 编委会 . 1999—2013. Flora of China. Vol. 12-Vol. 15. 科学出版社，密苏里植物园出版社

中文索引

拉丁文索引

(R-8152.01)

责任编辑：刘 亚 曹丽英

封面设计：黄华斌

www.sciencep.com

科学出版社中医药出版分社
联系电话：010-64019031 010-64037449
E-mail:med-prof@mail.sciencep.com

ISBN 978-7-03-061385-1

定 价：418.00 元